21世纪高等院校教材

烟草原料学

闫克玉　赵铭钦　主编

科学出版社
北京

内 容 简 介

本书共三篇十八章。第一篇为烟草原料概述，包括国内外烟草生产概况、烟草类型和烟制品类型、烟草生态学、烟草生物学、烟草产量和质量的矛盾及统一矛盾的措施、烟草营养与施肥、烟草栽培制度等。主要介绍烟草原料的基本知识、生产特点和国内外烟草生产基本情况。第二篇为烟草原料生产，主要论述各种类型烟草（如烤烟、白肋烟、香料烟、雪茄烟、其他晾晒烟）的生产原理和技术。以烟草生长发育、生理生化代谢和烟叶质量形成为核心，以提高烟叶品质为目标，重点论述烟草营养与施肥技术、水分生理与供水技术、烟叶致香物质形成与转化规律、烟叶成熟与采收技术、烟叶调制原理与技术等。第三篇为烟草原料初加工，主要包括烟叶分级原理与技术、打叶复烤原理与技术、烟叶贮存与养护、烟叶发酵与陈化的原理和调控技术等。

本书内容丰富，资料翔实，注重理论与实践相结合，具有科学性、先进性、系统性和实用性，可作为烟草专业教材使用，也可作为烟草科研和生产者的参考书。

图书在版编目（CIP）数据

烟草原料学/闫克玉，赵铭钦主编.—北京：科学出版社，2008
（21世纪高等院校教材）
ISBN 978-7-03-022395-1

Ⅰ.烟…　Ⅱ.①闫…②赵…　Ⅲ.烟叶-高等学校-教材　Ⅳ.TS424

中国版本图书馆 CIP 数据核字（2008）第 094739 号

责任编辑：张静秋 / 责任校对：张怡君
责任印制：赵　博 / 封面设计：耕者设计工作室

科学出版社出版
北京东黄城根北街 16 号
邮政编码：100717
http://www.sciencep.com
北京凌奇印刷有限责任公司印刷
科学出版社发行　各地新华书店经销
*
2008 年 8 月第　一　版　开本：787×1092　1/16
2025 年 1 月第十四次印刷　印张：34 1/2　插页：9
字数：830 000

定价：148.00 元

（如有印装质量问题，我社负责调换）

编写人员名单

主　　编　闫克玉（郑州轻工业学院）

　　　　　　赵铭钦（河南农业大学）

副 主 编　储国海（浙江中烟工业有限责任公司）

　　　　　　周小忠（浙江中烟工业有限责任公司杭州制造部）

　　　　　　闫洪洋（中国烟草总公司职工技术培训中心）

编　　者　韩富根（河南农业大学）

　　　　　　吴　军（河南农业大学）

　　　　　　林建胜（山东中烟工业有限责任公司技术中心）

　　　　　　程传玲（郑州轻工业学院）

　　　　　　闫洪喜（浙江中烟工业有限责任公司杭州制造部）

　　　　　　白建保（中国烟草总公司职工技术培训中心）

　　　　　　雷永和（云南省烟草科学研究所）

前　　言

烟草原料学是烟草专业的核心课程之一，内容涉及烟草生态学、烟草栽培学、烟草调制学、烟草病虫害防治、烟叶分级、烟叶质量评价、打叶复烤、烟叶贮存管理和烟叶发酵陈化等。其核心是研究烟草原料，即各种类型烟叶在不同的生产和加工环节中其质量的形成和变化规律，为卷烟工业合理利用烟叶资源并进行合理加工奠定基础。因此，通过本课程的学习可以掌握烟草生长发育规律和适宜的生态环境，烟草栽培与调制的理论和技术，烟草病虫害防治方法，熟练掌握烟叶分级原理和技术、烟叶质量评价方法、烟叶陈化变化规律和调控技术，从而运用这些理论和技术提高烟叶质量及烟制品质量。

自改革开放以来，我国烟草行业逐步确立了专卖制度和集中管理体制，有力地促进了烟草行业的全面技术进步。随着烟草生产推行品种良种化、种植区域化、栽培技术规范化和加强中外技术合作，烟草科技飞速发展，为适应卷烟工业对烟叶质量的要求，围绕提高烟叶质量的关键技术进行了全面系统的研究，获得了一系列科研新成果，并在推广这些成果的过程中带动了烟草生产水平的提高，使我国烟草生产技术达到或接近世界先进水平。

烟草栽培以烟草生长发育、生理变化和烟叶质量形成为核心，以提高烟叶质量为目标，重点开展烟草生长发育、营养平衡和施肥技术、水分生理和灌溉技术、烟草化控技术、烟草致香物质形成和转化规律等研究。

烟草调制以研究烟叶在成熟和调制过程中质量形成的本质及其与环境条件的关系为核心，确定烟叶工艺成熟标准，确定科学的调制工艺技术。根据调制工艺需要设计先进实用的调制设备，形成了三段式烘烤技术并迅速在全国推广应用。烤房设备改造和烘烤技术的创新，有效地提高了烟叶烘烤质量。

烟叶分级以研究烟叶质量内涵和烟叶等级质量与品种、栽培、调制、土壤、气候的关系为核心，确定烟叶分级体系和方法，以烟叶内在质量和外观质量统一的原理，制定了科学先进的烤烟、白肋烟和香料烟分级国家标准，按照标准并依据分级因素，利用感官的方法，能将烟叶分清等级，达到表里一致，有力地促进了烟叶生产技术和烟叶质量的提高。

综观烟草科技的迅速发展和烟草生产的巨大变化，涌现出了许许多多新成果、新技术、新方法。为了迎接21世纪知识经济的挑战，满足烟草专业学生学习的需要，培养学生的原始创新能力，促使作者编写本书。在编写过程中以高度的责任感，注重基础理论、基础知识和基本技能的培养，精心策划，科学选材，合理编排，突出重点，突破难点，将长期从事烟草专业教学、科研和生产实践所积累的资料与国内外的最新成果融为一体，同时根据国内外烟草生产发展状况，系统阐述烟叶原料的栽培、调制、分级、质量评价及初步加工的理论和技术，力求概念准确、层次清晰、理论先进、技术成熟、实用性强。

闫克玉编写第一、九章，赵铭钦编写第三、四、六章，储国海编写第五、十一章，周小忠编写第十、十二章，闫洪洋编写第十五章，韩富根和吴军编写第七、八、十三、十四章，林建胜编写第十六章，程传玲编写第二、十七章，闫洪喜编写第十八章。书中彩图主要引自白建保和雷永和的著作。全书由闫克玉和赵铭钦审核统稿。

在本书编写过程中，参阅了国内外大量的研究报告和信息资料，所引用的文献尽量列于书后，但仍会有些资料未能列出。在读硕士研究生王光耀、于静、贾玉红等帮助查阅资料，整理校对书稿，以及打印工作，在此谨向他们表示深深的谢意。

烟草原料学的内容很多，其知识体系和内容处于不断变化和完善之中，目前尚无同样的专著可资借鉴，加之作者水平所限，书中难免有不妥之处，敬请读者批评指正。

编　者

2008年5月20日

目　　录

第二篇 烟草原料生产

第三篇　烟草原料初加工

第一篇　烟草原料概论

第一章　烟草原料概论

第一节　烟草的起源与传播

一、烟草的起源

烟草具有悠久的历史。国外最早有关烟草的证据来自于墨西哥贾帕思州倍伦克地区一座建于公元432年的神殿内的浮雕。该浮雕展现了玛雅人在举行祭祀典礼时头人吸烟和教士通过管状烟斗喷烟的形象。另一处证据是考古学家在美国亚利桑那州北部印第安人穴居的寓所里发现了遗留的松散烟草和烟斗中吸剩下的烟灰，年代约为公元650年，这些遗物经分析含有烟碱。

烟草属于茄科（Solanaceae）烟属（*Nicotiana*），目前已发现的烟属有66个种，主要发现于美洲、大洋洲及南太平洋的少数岛屿。因为烟草含有使人兴奋和陶醉的烟碱，约有十几个种被土著居民用于宗教仪式、医治疾病或获得快乐。多数的烟草种或全部种的自然分布，在白人到达美洲之前，已经被人工栽培并扩散开，它们被用作嚼烟、鼻烟、斗烟、雪茄烟或芦苇卷烟。

烟草历史的记载是从哥伦布发现美洲大陆开始的。1492年，热那亚人克利斯托弗·哥伦布（Christopher Columbus）在西班牙王室的资助下，率领船队横渡大西洋，克服种种困难，在西印度群岛的圣萨尔瓦多登陆，发现了新大陆，最后到达古巴、海地。1492年10月11日，他和他的伙伴们到达圣萨尔瓦多的瓜拉尼岛时，看到“无数人，男男女女，手里拿着火把和草叶在吸”，哥伦布等航海人员被那些“吞云吐雾”的印第安人惊呆了。只见他们一手持着点燃的木棒，一手拿着一根长管，嘴巴和鼻孔里喷出一缕缕浓雾般的青烟，经过调查，原来是当地居民把一种草叶（烟草叶）卷在玉米叶里进行抽吸。哥伦布在日记里有一段记载：“星期一，10月25日，在海上，约在圣大马利亚岛与裴南第大岛之间，遇一人驾独木舟由圣大马利亚岛驶往裴南第大岛，其人携土制面包一块，其大如拳，水一瓢，红土少许，粉碎后搓揉，外加干叶，这些干叶在伊等心中极具价值，在圣萨尔瓦多曾馈我少许……”

由以上证据和记载可知：烟草原是美洲特有的一种植物，而吸食烟草的习惯也源于美洲。在1492年之前，烟草还不曾为植物学家所知，而且在其他大陆上也未发现。但是，这个观点引起过不少争论，有的历史学家推断烟草原产于中国，是远在冰河时期从亚洲传到北美洲的阿拉斯加，后又从北美洲传到南美洲。也有人认为，烟草是由非洲传到美洲的。有关烟草起源的说法很多，但是很多说法都缺少足够的历史和其他方面的证据。所以烟草原产于中南美洲这一说法由于有相关证据的支持而得到世界各国烟草专家的认可。

二、烟草的传播

随着航海和交通的发达，烟草逐渐传入世界各地。1531 年西班牙人从墨西哥引进烟种，在海地开始种植，并在附近岛屿上扩种。1545 年曾有文献记载加拿大人有吸烟的习惯，1558 年巴西出现了关于烟草的记载。1612 年美国人约翰·沃尔福（John Rolfe）首先在弗吉尼亚州的詹姆斯敦种植烟草，马里兰州大约是在 1631 年开始种植烟草。

1558 年航海到美洲的水手葡萄牙人高斯（Gause），第一次把烟草种子带到葡萄牙，并把烟草种在首都里斯本。1559 年烟草被引种到西班牙。1560 年法国驻葡萄牙大使琼·尼可特（Jean Nicot）将烟草种子带回法国，并宣传是一种药用植物，在庭院作为观赏植物来试种，后来又把烟草献给皇后卡萨琳，从此皇后开始迷上鼻烟，并称其为尼可特草，烟草在法国上层社会也风行起来，而且把烟草中所特有的一种刺激物称为尼古丁（nicotine）。1753 年，植物分类学家林奈（Linnaeus）就用这个字作为烟草属的属名（*Nicotiana*）。以后又由葡萄牙人于 1561 年传入意大利，1565 年传入英国，1600 年传入德国、瑞士和荷兰，从而逐渐传遍欧洲。

烟草传入亚洲大约是在 16 世纪前后，多是从西班牙、葡萄牙和墨西哥传入的。据资料记载，1565 年西班牙人入侵菲律宾，即把烟草传入了菲律宾。1599 年传入印度，1600 年传入日本，1616 年传入朝鲜，传入中国是在明朝万历年间（1573～1620），但尚未见到具体的年代记载。

烟草是于 15～16 世纪由西班牙和葡萄牙在掠夺殖民地过程中传入非洲的。1560 年葡萄牙人把烟草引入东非，1652 年引入南非，传入西非可能年代更早。至于中非的现代烟草主产国家引种烟草的时间要晚得多，1889 年马拉维引种烟草，1893 年津巴布韦引种烟草。

大洋洲本地就有烟草，但这些烟草只是烟草属中的几个野生种，如香花烟草等，只是作为观赏植物。大洋洲过去曾是英国的殖民地，现在种植的普通烟草可能是由欧洲传入的。

综上所述，世界烟草传播始自国际航海事业发展之后，可将 1492 年哥伦布到达新大陆发现印第安人吸烟并带回种子作为起点。16 世纪后半叶，欧洲种植烟草已很普遍。今天世界上独具一格的土耳其烟草，是 1850 年在尼瓦多尔、哥伦比亚所引进种演变而来的。美国烟草最初是由移居到弗吉尼亚的移民开始种植，逐渐发展至西南各州，经历栽培选育，形成今天的美国烟草。著名的哈瓦那雪茄烟草，是 1560 年古巴从墨西哥引种，经选育形成的。1565 年西班牙人将烟草由古巴经太平洋传入菲律宾，这就是马尼拉烟草的起源。

对于烟草的起源与传播，左天觉做了深入的研究和探讨，整理出了烟草种植和使用的编年记载（表 1-1）。

表 1-1　烟草种植及使用早期大事记

时间/年	内　容
1492	哥伦布发现阿拉韦克人，并接受了“干烟草”
1499	阿美利哥维斯普西报告在委内瑞拉某岛上有人使用嚼烟
1545	在加拿大蒙特利尔附近的伊洛克瓦发现印第安人有抽烟的习惯
1556	在法国首次种植烟草为人们所知
1558	在巴西和葡萄牙发现烟草
1559	在西班牙发现烟草
1560	在东非发现黄花烟草
1565	在英国发现烟草
1600	烟草开始引进意大利、德国、挪威、俄国、波斯、印度、印度尼西亚、日本、中国及非洲西海岸
1612	约翰·沃尔夫在弗吉尼亚州詹姆斯敦首次做商业性种植，供出口
1631	烟草生产扩大到马里兰州并逐渐扩大到其他地区
1650	(1) 葡萄牙人将烟草带到南非及其他国家 (2) 西班牙人将烟草带到菲律宾及其他中美洲和西印度群岛
1700	(1) 新西兰开始生产烟草 (2) 普通烟草引进澳大利亚，香甜烟草（*N. suaveolens*）在此之前开始种植

资料来源：Tso，1990

三、烟草制品的演变

烟草制品是一种特殊的消费品。它的存在，与其他商品一样，取决于消费者的需求。由于其消费方式和对消费者产生的作用有着与众不同的独特之处，也就是它能在心理和生理上给消费者带来某些别的东西所不能替代的愉快和满足，所以它一经出现就紧紧地吸引着众多的消费者。然而，烟草制品随着消费者的需求也经历了一个漫长的演变过程，逐渐形成了现代各式各样的类型。

哥伦布发现新大陆时，就看到了当地人利用烟草的情形，他们用一片较大干叶片把较小干叶碎片卷成管状，在其一端抽吸，这大概就是最初的雪茄烟。大约也是在这个时期，哥伦布还看到了当地的另一种利用烟草的情形，就是在两鼻孔里插入树枝状的叉管，然后吸入烟末，这实际上就是最初的鼻烟。随后，哥伦布还看到了当地人使用嚼烟的情形。

1518 年，墨西哥人在中空的芦苇管一端闷烧烟叶，从另一端抽吸，这就是最初的斗烟。据布鲁克斯（Brooks）资料记载，1500 年巴西也有关于吸斗烟的仪式，30 年后，加拿大人用中空的木头或石头吸烟，并且开始使用单词“烟斗”。

1518 年，墨西哥人用玉米包叶裹烟叶进行抽吸，这可能就是最初的卷烟，以后发展为用纸卷烟。西班牙可能是这种制品的发源地，用棕树叶卷烟丝燃吸。通过那不勒斯（Naplis）很快传播到葡萄牙、意大利、希腊、土耳其，后来传到了俄国的南部和东方国家。俄国和伊比利亚半岛战争（19 世纪 30 年代）把这种制品引进到法国，改进后命名为“卷烟”，“卷烟”这个词是西班牙语“Sigarito”的法语变异词。

研究者普遍认为，克里米亚战争（1853～1856）确实使英国普及了卷烟。参战的英国军人学会了抽吸卷烟，一位叫罗伯特·匹·格洛格（Robert P. Gloag）的人，从克里米亚战争中带回俄国的卷烟，开始了卷烟制作业。格洛格被誉为大不列颠第一个卷烟制作者。现在所熟悉的“菲利蒲·莫瑞斯”是当时伦敦Bond街的烟草零售商，他于1854年开始生产卷烟。那时所有的卷烟都是手工卷制的，一个熟练的卷烟工人1min可以卷制40支烟。

在美国，1864年开始生产卷烟，最早的生产中心是纽约市的F. S. Kinney公司，年产量大约几百万支。在弗吉尼亚-北卡罗来纳地区卷烟生产是从1875年开始的。

最初的卷烟机大约是在1879年发明的，弗吉尼亚Roanoke公司的青年人詹姆斯·邦萨克（Jems Bonsack）成功地设计了一台卷烟机，并于1880年获得了专利权。他解决了三个主要的问题。一是如何使喂料一致；二是如何形成纸的管子并添满烟丝；三是如何将卷成的烟支棒切成长度相等的烟支。1884年美国就生产了好几台邦萨克机器。

1881年以后，Jams Buchanan Duke在Duke公司担任指导工作，当邦萨克机器开始使用时，Duke很快就意识到了它的潜力，并购买了一些初期的机器。Duke很走运，在他的工厂里工作的一个人是机器制造方面的天才，他们对这种机器进行了改进，结果在1886年，Duke's正式投入生产。到1889年底，Duke的公司得到了迅速的扩大，并且吸收了其他四个公司（Allen、Goodwin、Ginter和Kinney）来领导美国的卷烟生产，并组成了美国烟草公司。

早期的卷烟，主要原料是香料烟，即晒烟型香烟。1839年烤烟发明以后，逐渐被用作卷烟的原料。因为烤烟更能提供醇和的味道，而且适用于纸管卷烟，因此这种烟就称为烤烟型卷烟。1911年，R. J. Reynold把含有大量白肋烟的Prince Albert斗烟烟丝掺在卷烟中制成一种叫骆驼牌的卷烟，这种烟发展到现在为混合型卷烟。它的产生对卷烟的发展促进作用最大，同时也标志着现代美国卷烟的真正诞生。随后，卷烟开始在各类烟草制品中占领统治地位。

第二节　世界烟草生产概况

一、世界烟叶生产概况

（一）烟叶分布概况

世界烟草的生产遍及各大洲，大体在北纬60°到南纬45°范围内，而最佳地区则在北纬30°到40°之间。烟草生长期间，尤其是成熟期间，外界环境条件（如日照、温度等），必须达到一定程度才有利于成熟烟叶香气物质的合成。

世界上生产烟草的国家和地区大约有120多个。从产量看，亚洲的产量最多，约占世界总产量的50%，主产国是中国、印度、土耳其、印度尼西亚、日本、菲律宾、巴基斯坦、泰国和韩国等；北美洲的产量次之，约占世界总产量的25%，主产国是美国、加拿大、古巴；产量居第三位的是欧洲，约占世界总产量的20%，主产国是原苏联、意大利、希腊、保加利亚、原南斯拉夫等；产量居第四位的是南美洲，约占世界总产量的10%，主产国有巴西、智利、阿根廷等；产量居第五位的是非洲，主产国有津巴布韦、赞比亚和马拉维等国家。产量居第六位的是大洋洲，主产国有澳大利亚、新西兰等。

就不同类型烟草的产量来说，全世界以烤烟为最多，占世界烟草总产量的50%左右，主要生产国家有中国、美国、巴西、加拿大、日本、印度、津巴布韦、韩国、阿根廷、泰国等。中国的烤烟产量占世界总产量的50%，美国占10%以上。烟叶质量好的国家包括美国、加拿大、巴西和津巴布韦。深色晾烟和晒烟产量占第二位，约占世界烟草总产量的20%，主要生产国有印度、中国、巴西、印度尼西亚和古巴。深色晾烟和晒烟是烟草商品的一大类型，地方性强，这种烟调制后要经过各种发酵工艺。其中20%的深色晾晒烟进行国际贸易。主要用于生产深色纸烟、雪茄烟、斗烟，除此以外也有少量的嚼烟和鼻烟。香料烟产量居第三位，约占世界烟草总产量的14%，主要生产国是原苏联、土耳其、保加利亚、希腊、原南斯拉夫、罗马尼亚和意大利，约占世界香料烟总产量的97%，质量优的国家是土耳其和希腊。白肋烟产量居第四位，占世界烟草总产量的10%左右，主要产于美国、日本、韩国、巴西、墨西哥、西班牙、保加利亚和原南斯拉夫等。美国白肋烟产量约占世界白肋烟总产量38%左右，居于首位。其他尚有少量淡色烟、雪茄烟等，美国产量最多，约占50%，其次为韩国、意大利、巴西、日本。马里兰烟几乎全部产自美国。

（二）烟叶生产概况

全世界每年烟草种植面积400万hm^2左右，总产量600万吨左右，每年贸易量200万吨左右，进出口基本平衡。每年消费量600万吨左右，年初库存与年终库存基本平衡，为550万～700万吨。

在1960年，全球的烟叶产量大约为340万吨。在20世纪60年代末期，世界烟草产量增长到400万吨。在20世纪70年代中期，达到530万吨，1980年减少到470万吨，1985年又增长到620万吨。在1997年，世界烟草产量达到了772万吨的最高水平。

据朱显灵等报道，2005年世界烟叶总产量比2004年增加3.44万吨，增幅为0.69%；其中烤烟比2004年多11.21万吨，增幅为2.98%；白肋烟比2004年减少8.41万吨，降幅为9.51%；香料烟比2004年多0.64万吨，增幅为1.78%。也就是说，2005年烤烟和香料烟的产量有所增加，而白肋烟产量稍有下降（表1-2）。烤烟增加主要来自于中国，香料烟增加主要来自于土耳其和保加利亚等香料烟主要出口国，白肋烟减少主要是因为美国、马拉维和巴西等主要出口国产量下降所致（表1-3）。

表1-2 历年世界烟草生产概况（烟叶/10^3t；卷烟/10亿支）

烟草类型 \ 年份	1996	1997	1998	1999	2000	2001	2002	2003	2004	2005
烤烟	3992.6	5185.4	3488.1	3646.3	3721.5	3506.2	3649.9	3591.6	3761.3	3873.4
白肋烟	813.8	937.1	882.2	893.6	798.1	769.4	812.6	774.6	883.9	799.8
香料烟	517.5	645.6	598.0	591.8	531.1	434.7	417.5	340.2	359.4	365.8
烟叶总量	5323.9	6768.1	4968.3	5131.7	5050.7	4710.3	4880.0	4706.4	5004.6	5039.2
卷烟产量	5667.6	5659.9	5626.6	5500.9	5582.0	5643.8	5659.7	5731.6	5824.9	—

资料来源：朱显灵等，2006

根据环球烟叶公司《supply and demand，2005》和美国农业部《production，supply and distribution》整理

表 1-3　主要国家历年烟叶生产量（10^3 t）

国家＼年份	1996	1997	1998	1999	2000	2001	2002	2003	2004	2005
中国	2233.0	3183.5	1616.0	1766.0	1867.5	1861.0	1789.0	1851.0	1751.0	1840.5
巴西	390.5	530.9	399.6	543.0	520.0	496.9	628.2	595.2	845.0	831.7
美国	645.8	746.5	639.7	548.1	399.0	402.8	394.6	353.8	354.1	303.9
印度	163.5	197.8	194.9	207.5	185.5	169.8	189.5	211.9	247.0	259.6
阿根廷	85.7	112.3	110.9	102.0	103.5	90.9	120.8	107.4	146.3	151.0
马拉维	133.3	148.8	127.7	125.7	152.9	123.5	136.6	116.4	174.7	144.5
土耳其	224.6	294.4	253.5	242.9	197.6	141.4	156.1	109.0	124.0	133.3
希腊	124.9	128.9	124.0	126.9	123.6	118.3	116.2	111.7	112.2	112.7
意大利	109.0	107.7	110.9	107.1	107.1	108.6	105.8	109.8	103.7	102.9
津巴布韦	201.6	187.3	215.9	192.1	236.9	202.5	165.8	81.8	69.9	73.3
其他国家	1011.9	1129.9	1175.1	1170.4	1157.0	1094.7	1077.4	1058.4	1076.8	1085.8
合　计	5323.8	6768.0	4968.2	5131.7	5050.6	4710.4	4880.0	4706.4	5004.7	5039.2

资料来源：朱显灵等，2006
Universal Leaf Tobacco Company. Inc. 2005

巴西是近几年世界烟叶生产最引人瞩目的国家，从 1998 年以来，产量不断增加，其总产量已占世界 16.9%（2004）。巴西烟叶大部分用于出口，据报道，巴西烟叶产量已占世界出口烟叶总量的 70%。然而其产量一直不够稳定（表 1-3），由于气候干旱，巴西 2005 年烟叶产量较 2004 年产量有所下降，这种状况令世界烟草产业比较担忧。

美国烟叶产量近年来一直呈下滑趋势。2005 年，美国取消了生产配额限制，但是烟叶产量不仅没有增加，反而有所下降。配额补贴取消以后，烟叶价格明显下降（烤烟和白肋烟价格分别从 2003 年的 4.07 美元/kg 和 4.39 美元/kg 下降到 2004 年的 3.20 美元/kg 和 3.31 美元/kg），但是与巴西（烤烟和白肋烟售价分别为 1.76 美元/kg 和 1.56 美元/kg）和非洲国家烟叶价格相比仍然相差一倍甚至几倍。

与之相比，印度近年来烟叶生产发展迅速（表 1-3）。自 2001 年起，印度烟叶产量逐年增加，至 2004 年种植面积已达 42.8 万 hm^2。印度热量丰富，雨量充沛，土地面积大，增产的潜力很大。

津巴布韦作为非洲传统的烟叶生产大国，近年来由于政府推行土地改革，烟叶生产受到影响，至今产量仍然较低。2005 年产量（7.33 万吨）虽然较 2004 年产量（6.99 万吨）稍有增加，但尚不足 2000 年产量（23.69 万吨）的 1/3。津巴布韦烟叶生产恢复到历史最高水平尚需时日，因此跨国烟草公司积极帮助坦桑尼亚、赞比亚、乌干达、莫桑比克等国发展烟叶生产，近年来这些国家烟叶产量增长迅速。

1. 烤烟

2005 年世界烤烟产量达到 387.34 万吨，比 2004 年增加 11.2 万吨，增长幅度达 3%。作为世界最主要的烤烟生产国，中国 2005 年烟叶产量达 181.2 万吨，占世界总产量的 46.78%，比 2004 年增加 11.2 万吨，正好占据了世界总产量增加的全部份额。主要烟叶生产国近年来生产情况见表 1-4。

表 1-4 世界主要烟叶生产国 1996～2005 年烤烟生产量（10^3 t）

国家＼年份	1996	1997	1998	1999	2000	2001	2002	2003	2004	2005
阿根廷	58.8	75.3	82.4	61.0	65.0	55.2	71.0	69.1	90.5	91.1
孟加拉国	16.2	21.5	24.0	25.1	29.5	31.0	40.0	39.5	42.5	42.0
巴西	318.1	429.9	315.9	441.4	425.0	408.2	512.7	479.9	701.3	694.3
加拿大	68.6	74.5	71.4	68.7	51.6	55.1	52.2	44.1	40.3	38.7
法国	9.0	7.6	9.3	9.9	9.8	10.2	11.2	11.8	11.0	11.5
希腊	30.8	30.6	30.6	30.6	32.6	36.0	40.4	43.6	45.4	45.4
印度	152.9	183.9	186.2	197.0	177.0	59.8	183.3	201.4	238.3	245.0
印尼	29.5	33.6	26.6	33.4	53.4	45.8	23.2	36.4	36.2	39.5
意大利	47.8	47.6	48.2	48.2	49.1	49.7	48.8	52.1	49.3	50.0
马拉维	15.4	14.9	13.9	14.3	10.7	8.2	11.2	13.7	23.2	25.5
菲律宾	35.0	40.0	47.0	32.8	36.6	36.1	36.5	39.3	24.0	20.0
南非	20.1	23.6	24.0	25.0	23.0	25.4	24.9	27.4	24.9	20.4
西班牙	27.5	28.2	28.8	29.7	29.9	28.4	29.5	29.0	30.2	30.6
坦桑尼亚	27.3	36.8	32.8	18.4	18.8	25.9	23.0	30.1	41.4	52.0
泰国	17.7	25.0	29.0	27.0	25.0	25.2	22.0	22.5	19.0	18.0
乌干达	4.2	5.1	7.5	11.0	10.3	12.4	18.9	18.3	20.0	20.0
美国	406.8	460.1	370.0	296.7	255.9	246.9	258.6	230.3	226.5	195.0
赞比亚	2.6	3.0	4.33	4.4	4.4	3.7	4.9	7.1	16.1	22.3
津巴布韦	201.6	187.3	215.9	192.1	236.9	202.5	165.8	81.8	69.9	73.3
中国	2150.0	3100.0	1550.0	1700.0	1800.0	1800.0	1733.0	1800.0	1700.0	1812.0
其他出口国	27.7	20.4	28.6	35.1	40.0	36.2	36.3	37.6	39.3	42.5
其他产烟国	325.0	336.5	341.7	344.5	337.0	304.3	302.5	276.6	272.0	284.3
总　计	3992.6	5185.4	3488.1	3646.3	3721.5	3506.2	3649.9	3591.6	3761.3	3873.4

资料来源：朱显灵等，2006
Universal Leaf Tobacco Company. Inc. 2005

由表 1-4 可知：2005 年主要烤烟出口国烤烟产量为 177.71 万吨，比 2004 年少 1.2 万吨（减少 0.7%）。然而这些国家 2004 年和 2005 年的产量（178.9 万吨和 177.7 万吨）比在 1998～2003 年间的平均水平（155.2 万吨）高 15%左右。

在主要烟草出口国当中，巴西烤烟产量持续走高。2005 年 69.4 万吨的产量与 2004 年 70.1 万吨的产量基本持平，不过比之前所预计的 73 万吨要少。由于产量大，质量不佳，因此销售不畅，导致该国烟叶库存增加。

津巴布韦烤烟产量在政府实行土地改革政策后，从 2000 年以来连续四年下跌，2005 年终于实现了增长，产量达 7.33 万吨，比 2004 年增加 0.34 万吨。不过，2005 年津巴布韦烤烟质量较低，其主要原因是气候干旱，另一个原因是许多生产者是近几年分得土地的新烟农，他们缺乏技术，生产规模小，基础设施差，因而所产烟叶质量不高。与此同时，非洲其他国家的烟叶产量也有所增加。津巴布韦、马拉维、坦桑尼亚、赞比亚、乌干达、莫桑比克、南非、肯尼亚和民主刚果 9 国 2005 年的烤烟总产量达 23.5 万吨。

美国联邦政府 2004 年取消了烟草生产的配额限制和政府计划，烟叶生产完全受市场控制和调节。原来预计，2005年烤烟产量可达21.55万吨，但是由于受不利气候条件的影响，烤烟实际产量为19.5万吨，比2004年减少3.15万吨（13.9%），下降幅度相当大。

中国烟叶生产在国家烟草专卖局的领导下，通过计划种植，增加投入和技术扶持，种植面积和产量自1999年以来一直相对稳定。2005年尽管许多烟区受到不同程度的水旱灾害；烤烟产量仍然达到181.2万吨，比2004年增加11.2万吨。

2. 白肋烟

由表1-5可知，2005年世界白肋烟产量达80万吨，比2004年减少8.4万吨（9.5%）。这是由于马拉维、美国和乌干达等几个白肋烟主要出口国2005年的产量都有明显减少，上述三国2005年减产的总量达到5.12万吨，分别较2004年下降了21.45%、14.66%和54%。由于不利气候的影响及肥料减少，马拉维2005年白肋烟产量从2004年创记录的15.15万吨减少至11.90万吨，回到过去10年的平均水平；美国烟叶生产在政府取消了价格支持和配额限制后，完全受自由市场控制，烟农面对价格下降等诸多风险，种烟积极性下降，种植面积减少，导致白肋烟产量减少近1.90万吨；在过去的6年中，乌干达白肋烟产量年平均增长54%。2005年白肋烟生产由于需求下降以及大量未售烟叶积压，生产减少，产量较之上一年的1.85万吨减少到0.85万吨，减少幅度超过一半，为所有国家之最。

表1-5 各主要生产国历年白肋烟产量（10^3 t）

国家＼年份	1996	1997	1998	1999	2000	2001	2002	2003	2004	2005
阿根廷	26.9	37.0	28.5	41.0	38.5	35.7	49.8	38.3	55.8	59.9
巴西	72.4	101.0	83.7	101.6	95.0	88.7	115.5	115.3	143.7	137.4
智利	6.6	7.0	7.0	7.1	5.8	3.8	3.2	3.0	4.8	5.5
哥伦比亚	2.2	2.3	2.7	3.0	3.2	4.0	5.3	5.6	5.7	5.4
法国	6.7	6.6	7.8	7.5	8.4	8.7	9.3	10.4	8.7	10.2
希腊	12.3	12.3	12.4	12.0	12.3	12.4	12.0	10.3	10.2	10.2
危地马拉	10.8	14.9	16.7	12.6	12.0	12.3	9.9	11.4	12.7	12.4
印度	10.6	13.9	8.7	10.5	8.5	10.0	6.2	10.5	8.7	10.2
意大利	49.9	49.0	50.6	46.9	48.0	49.9	51.8	52.4	52.1	51.0
马拉维	117.9	133.9	113.8	111.4	142.2	115.3	125.4	102.7	151.5	119.0
墨西哥	25.9	19.7	33.1	26.1	23.3	20.0	14.5	16.8	13.1	11.5
莫桑比克	2.9	3.1	2.3	3.4	6.1	12.4	19.0	23.4	39.4	44.1
中国	75.0	77.5	60.0	60.0	61.5	55.0	50.0	45.0	45.0	23.0
菲律宾	12.3	7.9	13.4	18.9	26.5	19.8	24.9	24.8	9.2	7.5
西班牙	2.4	2.4	2.5	5.4	6.0	5.7	6.4	7.1	6.5	5.6
泰国	25.0	38.0	40.0	40.0	28.0	38.0	42.0	43.2	45.0	42.0
乌干达	1.3	2.6	3.0	5.7	5.5	6.8	14.9	17.0	18.5	8.5
美国	239.0	286.4	260.7	251.4	143.1	155.9	136.0	123.5	127.6	108.9
赞比亚	1.9	4.1	3.0	3.2	3.3	3.6	8.3	11.7	23.8	22.0
其他出口国	7.6	6.4	9.8	15.8	15.1	12.6	14.3	12.8	11.1	12.4
其他产烟国	104.2	111.1	113.5	110.1	105.8	98.8	93.9	89.4	90.8	88.7
总计	813.8	937.1	882.2	893.6	798.1	769.4	812.6	774.6	883.9	799.8

资料来源：朱显灵等，2006

Universal Leaf Tobacco Company. Inc. 2005

在主要出口国中，莫桑比克2005年的白肋烟产量增加了0.47万吨，达到4.41万吨，增长幅度达11.93%，延续了自1999年以来的发展势头。2005年阿根廷白肋烟产量增加了0.41万吨，增幅为7.35%，比2004年的增长幅度（45.7%）明显偏低。

2005年，中国白肋烟产量为2.30万吨，比上一年减少近一半（49%），主要是国内外市场对中国白肋烟需求减少所致。

3. 香料烟

由表1-6可知，2004年世界香料烟和半香料烟产量达35.94万吨，比2003年增加1.9万吨（5.6%），这也改变了自1997年以来世界香料烟产量持续下滑的局面。其中主要香料烟出口国产量增加了6.5%，俄罗斯等东欧国家下降了4.6%，其他生产国产量增加了15.9%。

表1-6 各主要生产国历年香料烟生产量（10^3 t）

国家\年份	1996	1997	1998	1999	2000	2001	2002	2003	2004	2005
保加利亚	28.2	52.9	26.8	29.8	22.6	27.6	31.1	28.5	33.5	36.4
希腊	81.8	86.0	81.0	84.3	78.7	69.9	63.8	57.8	56.6	57.1
意大利	11.3	11.1	12.1	12.0	10.0	9.0	5.2	5.3	2.3	1.9
马其顿	13.6	25.2	35.7	31.3	20.7	22.6	26.3	19.7	20.1	23.7
泰国	10.0	14.5	10.0	11.0	9.0	9.0	6.8	6.4	5.0	5.8
土耳其	224.6	294.4	253.5	242.9	197.6	141.4	156.1	109.0	124.0	133.3
其他产烟国	147.9	161.5	178.8	180.5	192.4	155.2	128.1	113.5	117.9	107.8
总　计	517.5	645.6	598.0	591.8	531.1	434.7	417.5	340.2	359.4	365.8

资料来源：朱显灵等，2006
Universal Leaf Tobacco Company. Inc. 2005

作为世界上最大的香料烟生产国，2004年土耳其香料烟产量较2003年增加了1.5万吨（13.76%），达到12.4万吨，占世界香料烟总产量的34.5%，占主要出口国产量的一半以上（51.35%）；与之相似，保加利亚香料烟产量也较前一年增加了0.5万吨（17.54%），达到3.35万吨。这两个国家的增加量超过了全部香料烟主要出口国增产的总和，同时也抵消了其他国家产量下降的影响。

作为传统的香料烟生产国之一，希腊2004年香料烟产量减少了0.12万吨（2.1%），延续了其自1999年以来产量下降的趋势。虽然其产量仍然接近主要出口国产量的1/4（23.44%），但与其1997年的最高产量相比，产量已减少1/3（34.2%）；意大利香料烟产量减少更为明显，2004年产量不及2003年的1/2（减少56.6%），尚不足主要出口国产量的1/100（0.95%），只占世界香料烟总产量的0.64%，明显少于其周边诸国的产量，作为主要香料烟出口国已名不符实。

4. 其他类型烟草

世界深色晾烟产量约占世界烟叶总产量的20%，其中20%的深色晾烟进入国际贸易。印度深色晾烟的种植面积居全球之冠，且总产量不断上升，1966年总产量为24万吨，1976年为28万吨。中国深色晾烟产量低于印度，深色晾烟生产主要分布于湖北和四川两省。巴西深色晾烟产量1976年为7.3万吨，主要产于巴西南部的北里奥格朗德和圣卡塔林纳。

印度尼西亚的大部分岛屿生产供国内消费的地方性晾烟，爪哇主要生产大量的雪茄芯叶烟，并且出口销路很好。

在印度棉兰城周围，即代利和卡村自然地种植了雪茄外包皮烟。雪茄烟叶出口到荷兰、德国、比利时、英国、法国、西班牙、日本、美国及北欧国家。

古巴的深色晾烟是雪茄烟和纸烟原料。主要产烟区是圣克拉省和卡马圭省的西部，雪茄外包皮烟主要产于哈瓦那西南部的地区，且使用遮阴栽培。

深色晾烟一直是菲律宾的主要烟型，虽然近年烤烟生产急剧发展，但还是以深色晾烟的产量为最大。大量的深色晾烟供国内消费，有一半的深色晾烟向美国和西班牙出口。菲律宾深色晾烟的种植区有卡加延山谷、拉乌尼翁、阿布拉、南依罗戈和新怡诗夏省。

美国出产各种类型的晾烟，过去总产量一度很高，近年来有所下降。

阿根廷的深色晾烟产量十分稳定，总产量约 4.5 万吨，产区位于阿根廷的东部，主要生产两种烟型，即 Correntino Crollo 和 Misionero Crillo，分别产于科连特斯和密西昂奈斯地区。向法国和原联邦德国出口 Correntino 型烟，向美国、法国等出口 Misionero 型烟。

法国是欧盟中最大的深色晾烟生产国。1976 年产量达 5.6 万吨，种植品种几乎都为 PB（parguay bel）。主要分布于格勒诺布尔、卡奥尔、马尔芒德、佩里格、尼奥尔、图尔和斯特拉斯特附近。一半以上的烟草集中分布于法国西南部。

意大利有两种深色晾烟，即 Hostrano 和 Bene Ventano，都用于国内消费。

原联邦德国主要种植 Badischer Cendertheimer 和 Badicher Barlege 两种烟型，主要供国内消费。

（三）烟叶质量概况

烟叶质量是一个综合性和动态性概念。优质烟叶的内涵与外延很广，受多种因素影响，它随时间、地点、人们消费习惯的改变而不断变化，不同的时间、不同的国家和地区、不同的消费者对优质烟叶的要求是不同的，即烟叶质量概念表现出时间性、对应性和区域性。随着经济增长方式的转变、产品结构的调整，以及烟叶不同用途的需求，人们对烟叶质量的要求不断变化，烟叶质量的内容也不断发展、演变和完善。影响烟叶质量的因素很多，它是气候、土壤、品种、农业生产措施共同作用的结果。烟草商品质量是从烟草的感官质量、外观质量、理化指标、安全性等方面进行评价。

目前烤烟质量仍以美国出产的最佳，且质量长期稳定。与美国烤烟质量相接近的有加拿大、巴西、津巴布韦、马拉维等国，质量也较稳定。多年来，这些国家的烟叶成熟度高、油分足、色泽好、组织疏松，烟碱含量较高，化学成分比例协调，香气足，吃味好。主要化学成分含量为：总糖 16%～22%，还原糖 18%～20%，烟碱 1.5%～3.5%，总氮 1.5%～3.5%，蛋白质 7%～9%。这类烤烟在国际市场上销售价格高，其中以美国的为最高（1987 年出口价为 6.43 美元/kg）。正是由于美国的烟叶质量好，其出口量才稳居世界首位。1991 年美国烟叶的总出口量为 22.65 万吨，价值 14.276 亿美元，平均出口价为6.63美元/kg（包括烤烟和白肋烟等）。但自1993年起，由于巴西烤烟质量的提高和出口价格很适合广大进口国的需求，其烟叶出口量首次超过了美国，并一直居世界首位。上述国家烤烟质量高的主要原因是这些国家烟农的烟叶质量观念和意识都很强，他们把优质当作指导自己行动的第一要素，切实实现了种植区域化、良种化和规范化，认真执行了整套优质烟生产技术。一是重视培育良种，推广良种；二是测土配方施肥，施用烟草专用复合肥；三是控制种植密度和留叶数，每公顷种植约16 500株，每株留有效叶18片；四是烟叶充分成熟采收、科学烘烤，并普遍采用燃油为燃料的密集烤房烘烤。

白肋烟质量目前以美国为最佳，在国际市场上价格最高，1987年烟叶出口价为5.68美元/kg。国际上优质白肋烟的概念是：叶色近红黄或红黄，组织疏松，叶面有颗粒物质；白肋烟的香味突出、香味浓。主要化学成分含量为：还原糖0.4%左右，烟碱3%左右，总氮2%～4%，蛋白质16%～25%，总挥发碱0.6%～0.9%，总灰分15%～20%。美国等生产优质白肋烟的国家都推广了一整套先进的栽培技术，多年来一直采用整株收获、整株晾制方法。晾制是在晾房中可调节湿度条件下进行，使烟叶变黄、定色、干筋等过程缓慢进行，晾制时间为45～55天。整株晾制过程中，茎秆可不断给烟叶供给水分，使之发生一系列的生物化学变化后再干燥。晾制过程中，茎秆与叶片之间是物质再分配的过程；这种物质再分配过程有利于烟叶内在质量的改进。近几年来，由于国际市场白肋烟看好（原因是混合型卷烟产销量增加），许多国家（如马拉维等国）都日益重视白肋烟生产，同时也通过一些技术措施使白肋烟质量有所提高，并开始在国际市场上开拓出一定的出口市场，向美国的霸主地位提出了挑战。

土耳其、希腊生产的香料烟是国际上公认的典型优质香料烟，其特点是叶片小、烟筋细、香料烟的香气突出，香味浓郁。主要化学成分含量为：总糖6%～8%，烟碱0.5%～1.0%，总氮2.0%，蛋白质7%～12%，总灰分12%～16%。希腊所产的香料烟，主要有3个类型，即芳香型、中性型和吃味型。芳香型香料烟叶片较小，具有优美、强烈的芳香气味，此芳香型以希腊种植的巴斯马型为代表。中性型具有香料烟的一些芳香特征，但其香味具有刺激性或逊于芳香型，形态特征依品种不同变化较大。吃味型烟叶芳香中等，具有特殊吃味，可作为混合型卷烟的基本吃味原料，其代表品系为沙姆逊型。希腊、土耳其的香料烟品质优良主要由于具备生产优质香料烟所需的气候、土壤条件和一套独特的栽培调制技术。从国际市场上看，除土耳其和希腊外，其他国家的香料烟因质量原因目前还很难对这两个国家形成威胁。

近年来烟叶中的农药残留量已成为国际烟叶市场评价和选购烟叶的重要因素，许多国家对烟叶中的农药残留允许量（即限量）作出了规定。例如，德国规定了11种农药残留量的限量，包括其异构体和代谢物，意大利规定了69种农药残留量的最大允许限度，美国于1988年起执行美国国会于1985年通过的烟叶调整条例修正案，条例规定了每批进口烟叶都必须对其16种农药残留量进行检测，如果有一种以上的农药残留量超过最大允许值，不允许出口。1989年发表了重新修改的烟叶检测规程，对农药残留量分为限量、推荐量、暂时最大量三类，并在16种农药的残留量基础上增加了6种，已达22种。同时，美国也规定烟农不得使用一些未经批准的农药。

（四）烟叶市场概况

1. 烟叶贸易概况

在烟叶的贸易方面，每年全世界烟叶进出口总量约占总产量的30%左右，约为160万～200万吨。出口量较多的国家有美国、巴西、津巴布韦、土耳其、印度、希腊、保加利亚、马拉维和意大利等，约占总出口量的60%。美国是烟叶出口大国，每年出口烟叶25万～30万吨，同时美国也是烟叶进口大国，每年进口烟叶15万～25万吨。只有出口没有进口的国家有巴西、津巴布韦、土耳其、马拉维、古巴、墨西哥、朝鲜和刚果等。进口较多，出口较少的国家有英国、德国、法国、日本、捷克和俄罗斯等。只有进口没有出口的国家和地区有越南、埃及、伊拉克、伊朗、阿尔及利亚、安哥拉、玻利维亚、挪威、以色列和中国香港等。

自20世纪80年代以来，世界烟叶贸易总量和贸易额呈稳步上升趋势。其中，世界烟叶出口总量随着世界卷烟产销量的增加而逐步上升，到1997年世界烟叶出口总量已达创记录的192.9万吨（农场销售量，下同），与1985年的141.5万吨相比，增长36.32%，年平均增长3%左右；世界烟叶进口总量总体上也呈稳步增加趋势，1997年世界烟叶进口总量已达197.4万吨，与1990年的161.73万吨相比，增长22.06%。2004年世界烟叶出口总量为209.6万吨，与2003年基本持平。

从2000年至2004年的整体发展态势看，除2000年世界烟叶出口量为196万吨外，2001～2004年基本保持在200万～210万吨。从主要烟叶出口国家的发展趋势来看，巴西烟叶出口量不仅持续位居第一，而且近年保持着较高的增长速度，2004年巴西烟叶出口量比2003年提高了21%；中国的烟叶出口近几年保持着平稳增长之势；美国的烟叶出口量保持基本稳定；土耳其、意大利略有下降，马拉维有所上升。

2004年，世界烟叶进口总量为186.4万吨，比2003年下降了8.3%。从几个主要的烟叶进口国家2000～2004年进口量的变化可知，俄罗斯一直是烟叶进口第一大国，2000年以来，一直维持在28万吨左右；美国第二，稳步上升，从2000年的20万吨左右上升到27万吨；德国逐年下降，从2000年的25万吨下降到18万吨；荷兰和英国基本保持不变，维持在10万吨左右；日本有所下降，现在进口量不足10万吨。

2. 烟叶市场的特点

自20世纪80年代以来，世界烟叶市场的竞争格局已发生了十分明显的变化，竞争更加激烈。主要呈现出以下特点：

(1) 高度集中。从美国农业部公布的世界主要烟叶生产国10余年来烟叶出口量统计数据可知：尽管全世界有120个以上的国家生产烟叶，但1997年烟叶出口量超过1万吨的国家只有26个。这26个国家的烟叶出口总量达175.69万吨，占世界总出口量的91.07%。其中，巴西、美国、津巴布韦、印度、土耳其、马拉维、意大利、希腊、中国和德国这十大烟叶出口国1997年的烟叶出口总量为141.7万吨，占世界总出口量的73.49%。出口量居前5位的巴西、美国、津巴布韦、印度和土耳其的出口总量就占世界总出口量的近50%。世界烟叶市场已呈现高度集中态势，这种格局在今后一段时间还不会发生太大的改变。

(2) 竞争激烈。纵观世界烟叶市场，在1992年以前相当长的一段时期内，美国一直占据着世界烟叶出口市场的第一位，主要原因是美国烟叶的综合品质好而且长期稳定。主要表现为：烤烟成熟度好、组织疏松、油分足、化学成分协调、香气足、吃味好；白肋烟色泽好，组织疏松，具有十分明显的白肋烟香味特征，香气突出、香味浓。美国的烟叶品质可以从美国非常高的烟叶出口价格（约6美元/kg）上反映出来。

但20世纪80年代以来，随着世界烟叶出口市场竞争的日益激烈，几个主要烟叶生产国都加大了烟叶出口的力度，世界烟叶出口市场又出现了新的形势和格局。巴西、津巴布韦、马拉维、印度、中国、德国和阿根廷等国的烟叶出口量逐年上升，成为支撑世界烟叶出口量增加的重要因素。尤其是巴西、津巴布韦、马拉维等国通过不断地提高烟叶品质和生产适销对路的产品，不但烟叶出口量不断增加，而且也提高了其烟叶在国际市场上的信誉。如巴西的烟叶出口量从1985年的20万吨增加到1997年的29.4万吨，增长了47%，从1993年起其烟叶的出口量已超过了美国，成为世界第一大烟叶出口国。津巴布韦的烟叶出口量也从1985年的9.86万吨增加到了1997年的18.9万吨，上升了91.7%，对出口量居世界第二位的美国提出了强有力的挑战。

世界烟叶市场已出现了非常激烈的竞争形势，而且未来的竞争将更加激烈，原因是越来越多的国家已把扩大烟叶出口作为本国烟草行业未来生存和发展的一条重要途径以及出口创汇的重要来源。

(3) 世界主要烟叶出口国的烟叶出口率较高。由近几年的统计数字可知：世界主要烟叶出口国的烟叶出口量占烟叶总产量的比例比较大，有的国家甚至高达80%以上，这些国家生产的烟叶主要是用于出口，只有一小部分用于国内消费。以1997年的统计数字为例，世界主要烟叶生产国巴西、美国、津巴布韦、印度、土耳其、马拉维、意大利和希腊烟叶的出口率分别为53.94%、29.41%、89.57%、22.52%、51.50%、74.31%、78.68%和74.24%，平均出口率为59.27%，即世界主要烟叶出口国一半以上的烟叶用于出口，而国内消费的却不足一半。

(4) 烟叶出口是一些国家创汇的重要来源。目前，烟叶已成为一些国家出口创汇的拳头产品，烟叶出口也为这些国家创造了大量的外汇，部分国家的烟叶创汇额已占全国创汇总额的50%以上（如马拉维等）。1995年美国的烟叶出口额已达14亿美元，且近几年来美国每年的烟叶贸易顺差都在6亿美元以上。1995年津巴布韦的烟叶出口额也高达4.44亿美元，成为该国的第一大创汇商品。

(5) 烟叶出口价格差别明显。目前世界各国烟叶的平均出口价格相差十分悬殊，最高水平与最低水平的差距高达4倍至5倍，有的烟叶品种甚至高达10余倍（如香料烟）。美国烤烟和白肋烟的出口价格最高，出口价格接近6美元/kg，其他国家烤烟和白肋烟的出口价格均在4美元/kg以下。土耳其的香料烟出口价格最高，平均出口价格在4美元/kg以上。造成烟叶出口价格有很大差别的原因主要是烟叶品质的好坏和是否适合国际市场的需求。另外，不同国家烟叶生产成本差异较大也是烟叶出口价格差异较大的一个主要原因。

二、世界卷烟生产概况

（一）卷烟生产概况

1997 年世界卷烟总产量达 56 000 亿支（相当于 11 200 万箱），烟草制品的总销售额高达 3400 亿美元，为各国政府上缴的直接税收为 1250 亿美元（仅指消费税）。

烟草行业在许多国家的经济和社会生活中占有十分重要的地位，为这些国家的发展做出了重要贡献。据美国烟草商协会（TMA）统计，1997 年美国烟草行业对国民生产总值的贡献为 1113 亿美元。烟草行业也创造了大量的就业机会，例如，中国烟草行业为 3000 万人提供了就业机会（1996）；印度为 2600 万人提供了就业机会（1998）；美国烟草业创造了超过 306 万个以上的就业机会（1995）。世界上超过 1.75 亿人用于维持生活的收入直接来自于烟草行业。

目前，全球共有 132 个国家和地区生产卷烟。据朱显灵等报道，2004 年度，世界卷烟产量稍有增加，达到 58 294 亿支（相当于 11 649.8 万箱），较 2003 年增加 923 亿支（184.6 万箱）。增产主要来自中国、印度、乌克兰、菲律宾、波兰、越南、埃及、巴基斯坦等国，而欧美一些国家的产量则有所降低，下降比例较大的有西班牙、英国、日本等。美国卷烟产量下降较小，但是如果加上其烟草公司在海外的扩张，美国烟草公司的实际生产并没有减少。2004 年前 20 位主要卷烟生产国的产量为 47 087 亿支，占世界总产量的 81%（表 1-7）。近 10 年来中国一直是世界第一大卷烟生产国，2004 年卷烟产量占世界卷烟总产量的 32.9%，2004 年产量比 2003 年增加 4.72%；美国作为世界第二大卷烟生产国，2004 产量占世界卷烟总产量的 8.5%，比 2003 年降低 1.36%，但从表 1-7 可以看出，2004 年卷烟产量减少的幅度明显变缓；俄罗斯作为世界第三大卷烟生产国，产量占世界总产量的 6.60%，虽然近年来产量有所下降，但是在过去 10 年中，卷烟产量增加了 186%，为世界上卷烟产量增加最多的国家；乌克兰、越南和巴基斯坦等国的卷烟生产与俄罗斯有相似之处，这表明跨国烟草公司通过建新厂和收购或兼并工厂，实现生产的转移和扩张战略已经收到明显的实效；日本、印尼和德国等主要卷烟生产国卷烟产量变化不太大，而英国的卷烟产量下降较多，2004 年比 2003 年下降了 7.6%，近 10 年间，英国卷烟产量下降了 27.8%。

表 1-7　世界主要卷烟生产国 1996～2004 年卷烟生产量（10 亿支）

国家＼年份	1996	1997	1998	1999	2000	2001	2002	2003	2004
中国	1700.3	1683.6	1674.7	1644.0	1668.2	1699.5	1722.5	1789.1	1873.6
美国	754.5	722.8	674.7	610.2	594.3	562.8	532.0	499.4	492.6
俄罗斯	141.9	177.1	210.7	283.1	341.4	374.0	390.0	385.0	382.0
日本	275.7	268.5	269.8	269.0	260.0	258.9	251.0	240.0	234.6
印尼	217.4	247.4	232.2	233.2	237.1	236.6	213.3	214.7	211.7
德国	203.6	181.6	181.9	204.6	206.8	213.8	212.5	205.2	208.3
巴西	182.5	182.8	183.1	122.6	118.7	118.7	122.0	134.1	131.7
韩国	93.0	92.7	101.0	96.2	98.8	97.7	93.8	122.3	127.5

续表

国家＼年份	1996	1997	1998	1999	2000	2001	2002	2003	2004
土耳其	109.0	112.0	119.3	119.4	122.2	125.3	130.0	120.9	117.9
荷兰	111.2	116.2	116.3	120.0	123.1	120.4	126.3	115.6	115.2
乌克兰	43.0	53.4	58.8	53.7	57.9	69.4	80.9	96.8	108.9
英国	170.3	170.2	163.5	134.6	126.1	126.1	133.0	107.9	99.7
印度	102.0	99.0	98.0	97.0	97.0	86.3	90.5	92.0	97.0
菲律宾	79.0	67.1	67.1	68.6	73.2	79.0	81.0	85.8	88.8
波兰	95.2	95.8	96.7	94.6	83.3	80.6	80.9	81.5	86.8
越南	42.0	41.5	43.9	42.8	50.9	63.3	68.5	77.4	82.2
埃及	49.0	53.6	56.6	58.1	61.9	63.7	65.1	73.7	77.0
巴基斯坦	45.5	46.1	48.2	51.6	48.5	58.1	60.1	62.1	71.8
西班牙	70.5	73.1	79.5	73.2	71.6	62.3	62.8	59.1	54.1
墨西哥	46.8	47.0	47.2	47.2	48.8	49.4	48.9	48.1	47.3
其他国家	1135.2	1128.4	1103.4	1077.2	1092.2	1097.9	1094.6	1120.9	1116.2
世界总计	5667.6	5659.9	5626.6	5500.9	5582.0	5643.8	5659.7	5731.6	5824.9

资料来源：朱显灵等，2006
Universal Leaf Tobacco Company. Inc. 2005

目前，全球卷烟出口量约为 10 000 亿支，主要出口国是美国、英国、德国、荷兰和巴西；进口量最大的国家是日本、俄罗斯、法国、意大利、沙特阿拉伯和乌克兰。世界烟草行业跨国巨头有菲利浦·莫瑞斯公司、英美烟草公司、日本烟草公司、帝国烟草公司等。2001 年菲利浦·莫瑞斯公司卷烟产销总量为 9000 亿支，占全世界市场份额的 17%；英美烟草公司卷烟产销总量为 8250 亿支，占全世界市场份额的 15.3%；日本烟草公司卷烟产销总量为 4500 亿支，占全世界市场份额的 8.3%；帝国烟草公司加上收购的利是美烟草公司，产销总量大约为 1795 亿支，占世界市场份额的 3.3%。以上四大跨国烟草公司的卷烟总产销量为 23 545 亿支，占全球市场份额的 44%。再加上雷诺士烟草公司的 965 亿支和加莱赫烟草公司的近 500 亿支，国际几大烟草公司占全世界市场的份额近 50%。

长期以来，国际的主流卷烟类型分为美式混合型和英式烤烟型两大类。其中美式混合型卷烟在国际市场上占主导地位，约占世界卷烟市场 70%左右（不包括中国市场）；英式烤烟型卷烟则主要集中在英国及英联邦国家。两者的市场趋势为美式混合型卷烟在开拓新兴的卷烟市场方面占绝对优势，但两者在各自固有的传统消费市场也难以互相渗透。这主要是由于两类卷烟在化学成分和吸食口味上存在较大差异，根源是两类卷烟原料及配方结构不同。美式混合型卷烟由烤烟、白肋烟、香料烟和马里兰烟按一定比例混合而成，晾晒烟较高的氮化合物含量特性和其特殊处理工艺而形成的特有香气特征，是混合型卷烟香气特别、劲头较大的主要原因，晾晒烟较低的糖含量和较高的灰分含量使其燃烧性好而且焦油量较低，口感干净略带苦味。而英式烤烟型卷烟原料类型相对单一，较高的糖含量和较低的烟碱含量使其烟气较柔和、口感舒适而且易于吸食。两类卷烟之间这种较大差异和卷烟消费者的习惯，决定了两类卷烟在国际市场上难以相互替代。

（二）卷烟消费概况

据估计，现在全球约有 13 亿人吸烟，其中 9 亿在发展中国家，4 亿在发达国家。

从性别来看，这 13 亿人中，男性占 78%，女性占 22%。

从卷烟消费类型来看，近年来全球中低焦油卷烟市场不断扩大。欧盟从 2004 年 1 月 1 日开始执行新的卷烟最高限量标准，规定欧盟市场上出售的卷烟，其焦油、烟碱和一氧化碳含量分别不能超过 10mg/支、1mg/支和 10mg/支，并且不能冠以“柔和”、“淡味”之类的字样。在日本市场，焦油量在 3mg/支以下的卷烟在 2004 年所占市场份额已达 22.5%。与此同时，美式混合型卷烟市场也在不断扩大，2004 年美式混合型卷烟占全球卷烟总量的比例已接近 40%，比上年上升了两个百分点。

（三）卷烟市场概况

1. 卷烟贸易概况

20 世纪 80 年代初以来，世界卷烟贸易总量呈较大幅度逐年增加的趋势，国际市场上的卷烟进出口贸易十分活跃，竞争也十分激烈。从 1985 年到 1997 年，全世界的卷烟出口总量（除 1991 年外）逐年均以较大的幅度上升，卷烟总出口量已从 1985 年的 3378.5 亿支增加到 1997 年的 11 024.5 亿支，出口量增加了 226.4%，年平均增长率超过了 11%。1985 年到 1997 年世界卷烟总进口量从整体上也呈逐年上升趋势，1997 年世界卷烟总进口量 6953 亿支，与 1985 年的 2316 亿支相比增长 200.22%，年均增长超过 12%。

2. 卷烟市场特点

（1）竞争十分激烈。由于世界范围的反吸烟运动愈演愈烈，烟草行业受到来自医疗卫生部门和各国政府的压力越来越大，使部分发达国家的卷烟市场呈现出逐步萎缩趋势，国内卷烟市场的竞争已达白热化，烟草行业的处境更加艰难。因而发达国家的烟草公司都把向国外发展作为自己的首选目标，进而使世界卷烟市场上的竞争越来越激烈。世界卷烟市场竞争的激烈程度远比烟叶市场的竞争要激烈得多。

目前，包括西方发达国家在内的世界许多国家以及大型跨国烟草公司都把大力发展卷烟出口和尽可能多地占领国外卷烟市场作为自己的首要任务。他们通过广告，对体育、公众娱乐和社会活动的赞助，采用在海外广泛建立独资、合资、合作企业和直接收购国外烟草企业等手段，积极开拓国际市场，使其在国际卷烟市场上的销售量不断上升，卷烟等烟草制品的出口量也不断增加，并且在某些国家已形成了垄断地位。

（2）东欧和亚洲国家已成为世界卷烟市场的热点。目前东欧和亚洲国家已成为世界卷烟市场的竞争热点。许多国家，尤其是西方发达国家以及许多大型跨国烟草公司已把打入并占领东欧和亚洲市场作为其首要目标。近年来，大型跨国烟草公司十分重视东欧市场的开拓和占领，逐步扩大了在东欧各国的投资规模，加大了针对当地消费者的广告宣传和促销力度。目前，已初见成效，初步控制了东欧各国的卷烟市场。另外他们也加大了对亚洲市场的投资，扩大了其产品在亚洲市场上的份额。

（3）世界卷烟市场出现垄断态势。同世界烟叶市场一样，世界卷烟市场也存在着向少数国家和部分大型跨国烟草公司集中的态势，而且这种趋势越来越明显。1997 年卷烟出口量超过 100 亿支的国家只有 15 个，但出口总量已达 9791 亿支，占世界卷烟出口总量的 88.81%，其中超过 500 亿支的 9 个国家的总出口量为 8784.5 亿支，占世界总出口量约 80%。1997 年美国卷烟出口量为 2400 亿支，占世界的 21.77%。世界大型烟草公司的卷烟出口量也增加很快。目前，他们在世界卷烟出口市场上已占有较大的份额，如 1998 年美国菲莫公司生产的万宝路牌卷烟一个牌号，在世界市场上的总销售量就高达 4600 亿支，除在美国本土销售 1639.8 亿支之外，在国外市场的销售量达到了 2960 亿支（包括出口和海外生产的卷烟）。

（4）卷烟、雪茄烟等烟草制品的出口已成为某些国家出口创汇的重要途径。烟草制品是一种嗜好性消费品，它不仅生产成本低，而且还是一种高税利商品，卷烟的销售量越大，为国家创造的税收、外汇和就业机会就越多。许多国家都把大力扩大卷烟、雪茄烟等的出口作为政府的一项重要任务，有力地促进了本国生产的烟草制品的出口，为国家创造了大量的外汇。烟草业已成为某些国家创造贸易顺差的重要途径。如美国，自 20 世纪 90 年代初以来，卷烟出口额一直保持在 50 亿美元左右，最高记录近 60 亿美元。80 年代初以来，美国烟草业创造的贸易顺差一直在上升，1995 年达到了 58 亿美元，其中仅卷烟产品创造的贸易顺差就高达约 50 亿美元，成为该国第二大创贸易顺差最多的商品（居第一位的是谷物和饲料）。古巴的雪茄烟出口也为该国创造了大量的外汇。

第三节　我国烟草生产概况

一、烟草的传播

烟草传入中国的具体时间和地点，有多种说法，不过不少史籍记载烟草于明万历年间（1573～1620）传入福建漳州、泉州一带。

明福建莆田人姚旅（？～1612）所著《露书》卷十《错篇》记载：“吕宋国（今菲律宾）出一草，曰淡巴菰，一名曰醺，以火烧一头，以一头向口，烟气从管中入喉，能令人醉，且可辟瘴气。有人携漳州种之，今反多于吕宋，载入其国售之。”该书成于明万历三十九年（1611）。

明末，方以智《物理小识》记载：“淡把姑烟草，万历末携至漳泉者，马氏造之曰淡肉果。”张介宾《景岳全书》曰：“此物（烟草）自古未闻也。近自我明万历时始出于闽、广之间，自后吴、楚皆种植之矣。”

《漳州府志》初刻于明崇祯元年（1628），其中《风土志·物产》提及烟草传入之事：“淡芭菰种出东洋，近多莳之者。茎叶皆如牡菊而高大，花如蒲公英，有子如车前子。取叶洒酒阴干之，细切如丝，燃少许置管中吸其烟，令人微醉。云可辟瘴。此外夷吐火之习，闾左少年竟为豪举，然遂有眩仆者。”

由上可知，16 世纪末或 17 世纪初，福建漳州地区已有晒晾烟种植，且已向吕宋出口，足见生产已具相当规模，吸烟风气开始流行。我国烟草栽培的历史，根据可查到的资料，始于 16 世纪中叶。根据文字记载，烟草传入我国的时间是明朝万历年间，具体年代则没有更准确的记载。传入的路线也有几种可能性，可分为南北两条路线。

南线：第一种情况是由吕宋直接传到我国福建漳、泉两州。吕宋，即菲律宾群岛的吕宋岛，和我国闽广地区隔海相望，两国人民历来交往十分密切，因此，烟草从菲律宾传入我国的说法是比较确切的，也是比较可信的。第二种情况是自吕宋先传入澳门，再经我国台湾传到大陆，也有文字可考证。第三种情况是自南洋或越南传入广东，时间在1620～1627年间。“交趾”古时通常指五岭以南，后来交趾府、交趾县今均属越南北部地区。元、明时期指南海以西的海洋和沿海各国，今统称为“南洋”。这些地区与我国闽广接壤，有频繁的经济、文化联系，从那里传入烟草也是有可能的。

北线：1616～1617年，由朝鲜引进我国东北。高丽就是现在的朝鲜。17世纪前期朝鲜烟草种植已相当普遍，我国东北多次从朝鲜运进烟草，因此，烟草除了从南线引入外，从朝鲜引种栽培也是一个方面。

由于我国幅员辽阔，边界线很长，古代农作物引种又不受任何法规限制，所以烟草由多条路线传入我国也是有可能的。

二、烟草的发展

《景岳全书》为明代名医张介宾所撰，该书记录了吸烟免疫的实例，如“求其习服之始，则向以征滇之役，师旅深入瘴地，无不染病，独一营安然无恙，问其所以，则众皆服烟，由是遍传。而今则西南一方无分老幼，朝夕不能间矣。予初得此物亦疑贰，及习服数次乃悉其功用之捷，有如是者因著性如此。然此物属纯阳，善行善散，惟阴滞者用之如神。若阳盛气越而多燥多火及气虚气短而多汗者皆不宜用。或疑其能顷刻醉人，性必有毒。今彼处习服既久，初未闻其妨人者，抑又何耶？盖其阳气强猛，人不能胜，故下咽即醉，既不能散邪，亦必耗气，理固然也。然烟气易散而人气随复，阳气留中，旋亦生气，此其耗中有补，故人多喜服而未见其损者以此”。

清代吸烟人口的增多，刺激了烟草的生产，种植面积不断扩大。北至黑龙江，南至海南岛，烟草种植遍布各个地区。最著名的是福建，闽西“八邑之膏腴田地，种烟者十居三四”；闽南沿海“烟草之植，耗地十之七八”。种烟虽然花费较多的人工、肥料，但由于烟草的商品属性明显，利润高于粮食和蔬菜，因此吸引许多农民种烟。农民把相当一部分的烟草作为商品出售，突破了烟草生产原有的自给自足的经济模式，促进了烟草商品化进程。

17世纪30年代，广东已有烟草栽培。17世纪末，太湖流域烟草已普遍栽种，浙江嘉兴、江苏苏州地区都有大量的种植，甚至当时我国东南重镇——上海，不仅大量种植烟草，而且就地自产自销，专职手工业者从事烟草加工，制成商品供客商运销。在东南、华中一些地方均已广泛种植，“种谷之田，半为种烟之地”。西南古滇也是无处不植，有的地方“种烟之地，半占农田，卖烟之家，倍多米铺”。陕西汉中、城古一带“沃土腴田，尽种烟草，盛夏日霁，弥望原野，皆此物也”。东北“三省俱产，而吉林产者极佳”。到了18世纪末，烟草种植已遍及全国。

自18世纪以后，我国烟制品逐渐增多，应用范围也渐广，制烟已趋向手工工业生产。如清乾隆时陆耀撰的《烟谱》，对各地烟草生产情况就有详细的记载。嘉庆时陈琮缉成的《烟草谱》中有下列记载：“以百里所产，常供数省之用”；“衡烟出湖南，蒲成烟出江西，油丝烟出北京，青烟出山西，兰花香烟出云南……水烟出甘肃之玉泉，又名西尖”。可见清代中后期我国烟草栽培及其工业生产已相当兴盛。另据包世臣《安吴四种·卷六》对清道光九年（1829）山东济宁烟制品生产情况的描述：“其生产以烟叶为大宗。业此者六家，每年买卖至白银二百万两。其工人四百余名。”说明当时制烟已渐趋手工业的工厂化生产。

19 世纪中叶，我国烟草商品化生产有所发展，上海、汉口、天津、广州、大连等大商埠的烟叶流转量已相当可观。据海关资料，19 世纪 90 年代仅上海的年平均烟叶流转量即达 1.25 万吨以上。由于市场的扩大，也刺激了烟草生产的发展，许多地方形成了品质优良的烟草制品，且行销各地。如安徽的宿松、桐城，江西的赣县、九江，湖北的善化、黄冈以及江苏的苏州等，都是在这一时期发展起来的。

以上所指的都是晾晒烟，至于我国烤烟栽培的历史则较晚。烤烟在我国的传播和卷烟的输入，是随着帝国主义对我国的侵略和掠夺而开始的。

烤烟作为卷烟的原料，原产于美国，旧称熏烟叶、黄色烟叶、美烟或弗吉尼亚烟。英美烟草公司为谋求廉价的原料，从 1904 年开始，派出技术人员到中国各地开始长达 10 年的调查，推广烤烟。1913～1914 年，先后在山东潍坊、河南许昌、安徽凤阳等地试种烤烟并取得成功，同时日本移民在中国台湾的花莲试种烤烟也获成功。1917 年，日本东亚烟草株式会社在辽宁凤城、复县进行烤烟种植调查，随后开始试种烤烟。与此同时，英美烟公司、南洋兄弟烟草公司、东亚烟草株式会社，纷纷在烟叶产地设立复烤厂和烟叶收购场（站）。随着卷烟工业的发展，烤烟种植面积不断扩大，形成以鲁豫皖三省为主的黄淮烟区、以辽宁为主的东北烟区、以滇黔川为主的西南烟区。1937 年，鲁豫皖三省烤烟收成达到近 10 万吨。抗日战争爆发后，鲁豫皖烟区受到严重破坏，烤烟收成锐减。东北烟区被日军占领后，实行烟叶种植组合的统治政策，烤烟种植面积由战前的 4.7 万亩扩大到 1942 年的 33 万亩，产量达到 2.1 万吨。此间，由于鲁豫皖烟区沦陷，西南后方卷烟原料短缺，国民政府遂重点培植西南烟区，先后成立四川郫县烟叶示范场、贵州省农业改进所、云南烟草改进所推广烤烟种植，使滇黔川三省烤烟种植面积不断增加。抗日战争胜利后，云南、贵州、四川三省的烤烟种植面积分别达到 30.1 万亩、45.06 万亩、18.9 万亩。传统烟区豫皖两省的烟叶种植面积恢复很快，1948 年分别达到 86.7 万亩和 31.7 万亩。1948 年，全国烤烟种植面积达到 274 万亩，产量为 18.18 万吨。

我国白肋烟最早于 20 世纪 30 年代，曾在山东、辽宁等省试种。20 世纪 60 年代中期，湖北等省又试种白肋烟，并最先在建始县试种成功。其后，在恩施、宣恩、咸丰、巴东等县（市）相继发展种植。川东也有一定种植面积。20 世纪末，云南宾川引种白肋烟成功。目前，鄂西、川东、渝东已发展成我国白肋烟主要产区。

20 世纪 50 年代初，浙江省新昌县引种香料烟成功，并发展成我国最早的香料烟生产基地。近年来，云南保山、湖北郧西、新疆伊犁等地相继试种香料烟成功，并发展成我国香料烟主要产区。

20 世纪 80 年代初，湖北五峰县等地引种马里兰烟成功，逐渐发展成为我国马里兰烟主要产区。近几年云南省保山地区试种马里兰烟，并逐步扩大了生产。

三、烟叶生产概况

（一）生产概况

1913～1936 年，山东、河南和安徽三省烤烟逐步增加，1916 年产量为 1089 吨，

1919～1923 年间，全国总产量年平均为 1.68 万吨，1920 年达到 2.45 万吨。1931 年包括东北地区在内的全国烤烟总产量从上一年的 5.28 万吨减少到 4.9 万吨。

1937 年前，全国常年烤烟产量约 8 万吨，其中，河南省约 3.2 万吨，山东省约 2.3 万吨。抗日战争爆发后，山东、河南、安徽等烤烟主产区相继为日军所占据，因连年战乱，烤烟生产受到很大影响。战争爆发的第二年，全国烤烟产量下降到 3.63 万吨。到 1942 年，山东省烤烟种植面积下降到 10.7 万亩，产量降至 5500 吨。1943 年前后，河南种植面积下滑到 22.7 万亩，产量仅为 6000 吨。而东北种植面积由战前的 4.7 万亩扩增至 30 万亩。到 1942 年，东北为 33 万亩，总产量达 2.1 万吨。

抗日战争中，西南后方卷烟和卷烟原料奇缺，云南、贵州、四川等省开始种植烤烟。1941 年，云南省昆明县和富民县试种红花大金元品种 180 亩，取得成功。到 1948 年，云南全省种植面积达到 28 万亩，遍布 70 多个县。1946 年，贵州省烤烟种植范围已扩展到 20 多个县，总产量在 2500 吨以上。至 1948 年，贵州已有种烟县 50 多个，总产量约 2 万吨。四川省 1941 年烤烟种植面积有 7000 亩，总产量约 680 吨，后来全省烤烟产量逐渐发展到 2500 吨左右。台湾省 1941 年烤烟种植达到历史最高水平，产量达 4700 吨。

抗日战争胜利后，国内烟厂急需原料，烟价较高，对烤烟的恢复和发展非常有利。1946 年，烤烟种植面积已超过战前水平，东北烤烟种植面积达到 45.2 万亩，豫、鲁、皖、滇、黔、川六省烤烟面积共约 90 余万亩，全国烤烟种植总面积达到 137 万余亩，总产量为 10.24 万吨。1947 年，烤烟生产进一步得到发展，豫、鲁、皖、滇、黔、川六省的种植面积增加到 126 万亩。1948 年，全国烤烟种植面积达到 247 万亩，创历史最高水平。

1949～1950 年，全国烤烟种植面积一度下降。一方面由于 1947、1948 年产烟较多、库存较大，加之美国输入大量烟叶和卷烟，致使国内烟叶及卷烟滞销；另一方面运销不畅。烟价大跌，严重打击了烟农种烟积极性。1949 年，烤烟面积仅 127.55 万亩。1950 年，种植面积 117.95 万亩，产量 5.65 万吨，卷烟原料出现严重不足。

为了恢复和发展烤烟生产，政府对烤烟生产制定“重点恢复老烟区，适当发展新烟区”的方针，并给予政策和物资上的扶持。1952 年，烤烟面积恢复到 290.66 万亩，总产量增加到 22.16 万吨。1956 年全国烤烟种植面积扩大到 583.29 万亩，产量增加到 39.9 万吨，烤烟品质也有所提高，基本上扭转了高档卷烟原料依赖进口的局面。20 世纪 50 年代末和 60 年代初，由于各种影响，烤烟生产急剧下降。1961 年种植面积下降到 220.57 万亩，产量下降到 9.6 万吨，造成卷烟原料极度缺乏。又因浮夸思想泛滥，一些产烟区争相“放卫星”，搞“吨烟田”，如辽宁省单产 300kg 以上的生产队有 20 个，250kg 以上的生产大队有 30 多个，严重影响烟叶质量，加之收购等级混乱，致使高等级混乱，致使高等级烟叶由 1952 年至 1955 年的平均 3.5%左右下降到 1%以下。

1962 年，老产区的烤烟生产有所恢复，河南、山东、安徽、云南、贵州、辽宁、吉林等老烟区面积比 1961 年增加 5.8%，全国烤烟种植面积增至 273.49 万亩，总产量恢复到 13.72 万吨。1963 年 12 月，国务院在北京召开全国烟叶生产会议，提出加强对烟叶生产的领导，改进烟叶收购和奖售办法，保证烟区所需的肥料、煤炭、木材等物资供应。根据国务院决定，1963 年成立中国烟草工业公司（烟草托拉斯），1964 年对重点烤烟产区的烟叶收购、复烤、分配、调拨实行统一管理。

1965年，全国烤烟种植面积448.58万亩，产量37.21万吨。1966年，种植面积560.32万亩，产量60.2万吨。1967年，全国烤烟种植面积为623.11万亩，产量59.59万吨。1967年之后，烟草生产和流通管理机构多数不能正常开展工作，烟草托拉斯被批判为“条条专政”而被解散，一些合理的奖售政策和措施被批判为“物质刺激”而被取消，烟农的生产积极性被大大挫伤，烤烟生产再一次出现下滑。1970年，种植面积下降到443.18万亩，产量下降到39.9万吨，比1967年分别下降了28%和33%。

由于烤烟生产大幅度下降，卷烟工业原料出现紧张，连续五年使用烤烟库存，烟叶供需矛盾加剧，国家重新制定一些扶持烟叶生产的政策，包括对出售烟叶奖励化肥、粮食、布匹等。1974年烤烟种植面积回升到588.76万亩，河南、山东、云南、贵州、安徽等省得到了恢复性发展，广西、湖南等新烟区也发展很快。1975年达到695.18万亩，产量70.08万吨，收购量68.55万吨。1976年以后，全国烤烟种植面积进一步扩大，许多原来不种烤烟的省份，如河北、陕西、山西、甘肃等省也争相发展烤烟，青海省也开始试种。湖南烤烟3年时间增加3倍，不仅自给，还支援其他省。1977年全国烤烟总产量达到了101.17万吨，收购量97.51万吨。1978年种植面积达到921.87万亩，收购量102.38万吨。

1979年，国家提高粮食收购价格，而烟叶的收购价格却未提高，相对降低了烟粮比价。烤烟主产区河南、山东两省，由1970年烟粮比价1∶5.72和1∶5.13分别降到1∶4.31和1∶4.19。农民认为种烟不合算，弃烟种粮，导致种烟面积缩小，产量下降。1979年全国烟草种植面积减少到746.08万亩，产量79.56万吨，1980年又下降到611.31万亩，73.20万吨，卷烟原料缺口较大。1981年，国务院将烟叶价格提高20%，烟粮比价趋于合理，种植面积恢复到893.23万亩，产量129.17万吨，实现产需基本平衡。

进入20世纪80年代，国家对烟草实行专卖管理体制，设立中国烟草总公司和国家烟草专卖局，烟叶生产实行集中统一管理，虽个别年份有所起伏，基本上发展比较平稳，没有大起大落。

20世纪90年代，由于市场经济的发展，烟叶收购价格多次调整，粮棉价格持续走低，烟粮比价过高，地方行政干预力度加大，加价抢购等原因引起超种超收局面愈演愈烈。尽管国家烟草专卖局多次采取措施进行整顿，取得一定效果，但超种局面未根本扭转。1996年种植面积达到2086.7万亩，收购量262.76万吨，1997年种植面积上升到2570.3万亩，收购量343.75万吨，比国家计划超收140万吨。造成“收不了、调不出、存不下”的严重局面。烟叶大量积压，工商库存剧增，占压资金数十亿元，许多烟叶经营部门出现亏损。国家烟草专卖局要求各地采取果断措施，对烟叶生产“既要控得住，又要稳得住”。通过与烟农全面签订烟叶产购合同、严格按合同组织收购，较好地落实了国家种植和收购计划。1998年全国烤烟种植面积压缩到1526.3万亩，收购量减少到145.19万吨，烟叶工商库存也消化了45万多吨。

据1999年调查，全国种烟市143个，种烟县611个，种烟乡5539个，种烟村76501个，种烟农户567.7万户，种烟面积1449.39万亩，其中采用包衣种子播种面积962.9万亩，塑料大棚育苗种植面积136.2万亩，地膜覆盖面积672.4万亩。

1980～2000年各省（自治区）烤烟种植面积、收购量见表1-8、表1-9、表1-10。

表 1-8　1980～1986 年全国分省（自治区）烤烟种植面积（万亩）、收购量（万吨）统计表

地　区	1980		1981		1982		1983		1984		1985		1986	
	面积	收购量	面积	收购量	面积	收购量	面积	收购量	面积	收购量	面积	收购量	面积	收购量
河北	1.60	0.15	2.30	0.23	4.70	0.60	2.60	0.31	2.75	0.39	5.10	0.48	3.23	0.24
山西	0.30			0.20	8.10	0.94			1.31	0.17	2.20	0.21		
内蒙古											0.60	0.05	0.80	0.07
辽宁	13.06	2.20	16.03	2.42	17.34	2.91	13.13	1.73	13.70	2.16	14.22	1.75	10.05	0.88
吉林	9.00	1.26	10.60	1.19	13.20	2.03	10.00	0.92	11.00	1.62	11.80	1.46	10.30	0.96
黑龙江	12.50	2.11	25.80	3.44	59.20	6.30	41.40	4.10	45.75	5.20	58.50	6.89	59.00	6.43
江苏	3.87	0.28	6.55	0.81	7.70	0.92	7.00	0.69	6.24	0.51	6.10	0.68	7.00	0.42
安徽	23.35	2.05	63.42	7.67	101.22	9.34	54.80	3.99	56.64	6.41	58.70	5.94	46.23	3.50
福建	16.20	1.17	24.90	1.69	37.20	3.01	23.60	0.53	29.10	1.60	41.30	2.61	29.50	1.75
江西	4.65	0.08	4.93	0.12	5.57	0.17	4.50	0.05	4.40	0.07	7.20	0.12	3.00	0.19
山东	106.00	14.95	131.28	20.02	161.08	31.58	116.21	18.58	113.85	17.21	165.68	22.29	117.00	10.71
河南	141.50	18.02	216.50	38.95	367.20	47.77	219.00	29.55	261.00	39.27	325.68	45.59	304.00	32.48
湖北	14.50	1.67	34.90	4.42	84.90	5.69	29.67	3.39	42.00	3.39	52.70	5.71	62.81	3.93
湖南	40.45	4.34	63.11	7.03	98.11	10.46	59.57	5.30	76.00	7.71	127.00	10.96	94.00	6.97
广东	16.75	0.73	20.48	1.19	23.74	1.73	21.59	0.97	15.35	0.75	29.60	0.70	13.30	0.72
广西	42.00	3.38	51.00	4.16	46.80	1.79	22.40	1.13	20.78	0.90	16.00	0.93	9.70	0.75
四川	22.00	2.03	26.00	2.60	45.50	4.65	27.30	2.16	37.00	3.72	55.70	5.59	65.00	5.18
贵州	59.60	5.30	83.40	12.03	130.00	16.39	101.00	11.76	142.00	21.64	240.00	22.86	185.00	14.64
云南	79.03	10.26	97.94	16.14	138.26	24.67	110.40	13.52	168.28	25.20	300.20	37.22	265.00	25.09
陕西	4.70	0.52	12.80	1.39	23.30	2.87	19.46	1.86	32.20	3.82	50.10	5.42	38.00	3.74
甘肃	0.25		1.29	0.14	3.29		1.69	0.21	3.00	0.31	2.30	0.30	2.20	0.18
全国总计	611.31	70.48	893.23	125.81	1355.94	173.83	855.32	100.74	1093.35	142.03	1355.00	177.78	1325.12	119.04

表 1-9　1987～1993 年全国分省（自治区）烤烟种植面积（万亩）、收购量（万吨）统计表

地区	1987		1988		1989		1990		1991		1992		1993	
	面积	收购量	面积	收购量	面积	收购量	面积	收购量	面积	收购量	面积	收购量	面积	收购量
河北	3.20	0.23	6.70	0.55	13.90	1.03	13.00	1.04	13.00	1.20	4.60	0.58	5.09	0.56
山西	1.70	0.16	5.00	0.28	11.00	0.65	12.00	0.53	12.00	1.01	12.40	1.27	20.00	1.14
内蒙	1.26	0.08	2.00	0.16	4.72	0.26	6.00	0.30	6.00	0.51	2.50	0.34	2.45	0.37
辽宁	13.00	1.41	18.30	2.15	35.20	3.01	36.50	2.56	41.00	2.39	22.25	2.96	27.30	2.85
吉林	11.80	1.35	23.18	2.28	40.00	2.91	31.68	2.31	42.00	3.84	45.00	4.57	37.00	2.98
黑龙江	70.00	6.57	100.00	9.39	172.00	16.54	170.00	15.56	160.00	14.00	95.00	9.42	98.79	9.43
江苏	2.20	0.25	8.00	0.85	22.70	1.27	10.40	0.46	10.00	0.29	6.00	0.43	2.50	0.11
安徽	40.00	3.91	56.40	7.96	74.00	4.74	65.00	5.14	70.00	4.48	65.00	5.86	31.00	2.64
福建	33.20	1.71	40.00	2.54	45.00	2.33	50.00	3.56	57.40	5.05	70.00	6.41	85.00	8.92
江西	6.00	0.16	15.00	0.36	13.50	0.52	18.00	1.34	30.00	1.67	30.00	2.48	30.00	3.19
山东	113.00	15.22	132.00	19.13	131.50	19.24	131.50	17.18	131.55	14.84	125.00	11.36	120.00	9.52
河南	247.00	35.48	337.00	47.86	366.80	35.40	310.00	32.94	300.00	39.69	320.00	38.77	320.00	20.23
湖北	78.00	3.22	70.00	6.94	73.30	4.87	70.00	5.34	74.50	7.30	90.00	9.79	76.00	6.13
湖南	85.00	7.44	120.00	10.36	146.00	12.72	117.00	9.48	120.00	10.58	145.00	16.31	136.00	13.13
广东	18.70	1.07	36.00	1.73	39.93	2.34	39.00	2.79	37.00	3.98	47.56	4.73	49.82	3.84
广西	18.00	0.87	25.40	1.62	38.05	2.97	35.00	2.41	49.85	3.57	45.10	4.85	45.00	4.52
四川	71.00	4.79	80.71	8.24	117.00	9.00	100.00	9.10	100.00	12.88	128.10	16.34	130.00	13.56
贵州	210.00	16.98	270.00	25.41	303.00	28.18	300.00	26.66	270.00	34.88	350.00	41.88	380.00	40.56
云南	256.00	31.79	320.00	48.52	331.00	42.49	340.00	40.75	360.00	53.96	490.00	73.08	693.00	77.84
陕西	45.00	4.28	72.26	9.35	120.00	9.73	100.00	10.35	105.00	13.03	100.00	11.65	80.00	7.60
甘肃	1.98	0.30	5.04	1.01	8.90	0.87		1.46	15.00	2.75	24.50	2.98	20.00	2.93
重庆					1.57	0.08	1.33	0.07	2.27	0.20	8.00	0.27	6.50	0.56
宁夏												0.04		
新疆					1.40	0.07	1.00		0.75			0.03		
全国	1335.04	137.27	1743.99	206.69	2110.48	200.58	1971.52	191.33	2007.41	232.11	2222.91	226.40	2395.45	232.61

表 1-10 1994～2000 年全国分省（自治区）烤烟种植面积（万亩）、收购量（万吨）统计表

地区	1994		1995		1996		1997		1998		1999		2000	
	面积	收购量	面积	收购量	面积	收购量	面积	收购量	面积	收购量	面积	收购量	面积	收购量
河北	5.00	0.16	5.00	0.44	6.54	0.88	9.70	1.46	5.00	0.51	4.20	0.50	4.20	0.42
山西	15.10	0.26	10.00	0.66	11.20	1.26	16.00	1.48	8.20	0.52	8.90	0.63	8.40	0.78
内蒙	2.10		2.70	0.27	10.40	1.52	19.80	2.26	5.00	0.65	5.00	0.78	5.21	0.64
辽宁	25.10	1.86	20.00	1.93	34.60	4.81	37.00	4.55	20.50	2.05	24.00	2.25	24.00	2.39
吉林	26.50	0.27	26.50	2.87	27.00	3.87	31.50	3.82	18.70	1.41	17.70	1.64	16.86	1.62
黑龙江	80.00	7.95	82.00	8.64	105.00	14.81	110.00	13.23	63.00	5.69	57.25	6.65	56.02	6.70
江苏	2.00	0.88	1.80											
安徽	30.00	1.65	30.55	2.85	39.40	4.54	42.60	5.80	28.00	2.36	29.34	2.34	22.13	0.72
福建	59.60	2.88	46.00	3.11	52.76	6.31	84.80	11.15	55.00	4.67	58.40	6.20	65.20	6.63
江西	22.60	0.35	17.67	1.00	14.00	1.28	23.00	2.44	16.80	1.31	15.00	1.41	14.95	1.55
山东	100.00	7.84	75.00	8.87	90.00	12.94	100.00	16.14	75.90	8.54	76.00	8.93	66.00	7.61
河南	201.00	15.94	170.00	13.96	150.00	17.13	218.00	33.17	168.00	15.11	150.00	14.85	156.30	12.73
湖北	65.00	3.85	50.00	4.91	66.00	8.02	86.40	11.71	52.00	4.33	52.04	5.18	52.56	4.95
湖南	100.00	5.22	95.00	3.08	117.00	9.75	163.00	20.04	93.00	5.71	72.30	5.83	80.00	7.80
广东	35.00	1.92	30.00	1.96	31.80	2.89	37.50	4.98	33.60	3.30	30.26	3.43	30.08	3.80
广西	33.60	1.28	15.00	0.56	23.00	1.89	45.00	4.45	19.10	1.07	11.00	0.59	11.55	1.10
四川	120.00	5.43	102.00	9.26	137.00	17.82	103.00	12.49	42.00	4.06	37.57	4.92	40.60	5.43
贵州	310.00	24.37	328.00	28.59	398.00	50.79	498.00	62.86	232.00	23.07	230.00	25.38	229.40	23.43
云南	540.00	62.92	652.00	71.26	654.00	85.59	692.00	105.80	458.70	50.03	455.30	53.73	444.68	56.50
陕西	72.00	5.44	65.00	5.96	75.00	10.29	80.00	10.90	69.00	5.89	56.00	6.28	56.00	6.16
甘肃	11.00	6.69	28.00	4.04	40.00	5.86	63.00	1.69	9.50	0.61	8.89	2.04	18.01	0.80
宁夏													0.75	0.10
重庆	4.50		3.00	0.11	4.00	0.33	110.00	12.87	48.70	4.15	49.90	5.48	57.96	5.30
新疆						0.18		0.47	3.00	0.15	0.35	0.05	0.50	0.15
全国	1860.30	157.25	1854.38	174.24	2086.70	262.76	2570.30	343.75	1526.30	145.19	1449.39	159.08	1461.36	156.97

注：1. 台湾省数据未含在内

2. 1994 年为移栽面积

资料来源：中国烟叶生产构销公司编《烟叶资料汇编（1949～1985）》

中国烟叶生产构销公司编《烟叶资料汇编（1986～1993）》

1994～2000 年数据由中国烟叶生产构销公司提供

进入21世纪，国家烟草专卖局在“十五”计划中提出要坚持“市场引导，计划种植，主攻质量，调整布局”和数量上明确“控得住、稳得住”的指导方针，以“控制总量，提高质量，改善结构，增加效益”作为工作重点。“十五”期间保持烟叶年收购量稳定在180万吨左右，烤烟上中等烟比例要达到90%以上，其中上等烟比例达到30%以上。2001年烟叶种植面积1429万亩，收购烟叶141.7万吨；2002年种植1445万亩，收购158.8万吨；2003年种植1439万亩，收购157.2万吨；2004年种植1507万亩，收购181万吨；2005年种植1674万亩，收购210万吨。

中国是世界上烟叶产量最大的国家，经过多年的努力，中国烟叶生产布局更加优化，适用技术更加普及，组织管理更加科学，生产整体水平全面提高，烟叶生产保持了平稳发展的趋势。主要表现在：烟叶生产规模持续保持稳定，布局进一步优化。通过市场引导，烟叶生产逐步向适宜区转移，烟叶生产集中度提高。烤烟生产形成4个生产烟区，其中西南烟区由于自然条件适宜，烟叶质量较好，是全国最大的烤烟产区，产量占全国60%以上。西南烟区包括：云南、贵州、四川、重庆；黄淮烟区包括：河南、山东、安徽、陕西；中南烟区包括：湖北、湖南、江西、广东、广西、福建；东北烟区包括：黑龙江、吉林、辽宁。

中国种植的烟叶类型较多，主要有：烤烟、白肋烟、晒烟和香料烟，其中烤烟量最大，产量占烟叶总产量的80%以上，其他依次是晾晒烟、白肋烟和香料烟（表1-11）。

表1-11　2003年中国分省（自治区）各类型烟草产量（吨）

省份 \ 烟草类型	烤烟	白肋烟	香料烟	其他晾晒烟
河北	3 405	—	—	—
山西	4 185	—	—	—
内蒙古	4 015	—	—	—
辽宁	15 115	—	—	—
吉林	16 165	—	—	2 060
黑龙江	45 000	—	—	—
安徽	10 045	—	—	—
福建	83 685	—	—	—
江西	16 280	—	—	—
山东	61 045	—	—	—
河南	122 195	—	—	—
湖北	51 375	15 135	400	1 525
湖南	82 500	185	—	—
广东	27 400	—	—	175
广西	13 980	—	—	2 925
四川	68 515	—	—	—
贵州	210 325	—	—	—
云南	619 365	—	—	—
重庆	62 575	1 855	—	—
陕西	40 500	—	—	—
甘肃	7 205	—	—	—
宁夏	355	—	—	—
合　计	1 565 235	17 175	400	6 685

烟草是我国主要经济作物之一，种植面积虽只占总耕地面积的7‰左右，但经济价值较大，为国家积累了巨额资金，对发展国民经济和满足人民生活需要都起了重要的作用。我国幅员辽阔，大部分地区处于亚热带和温带，土壤类型多样，有适宜种植各类型烟草的自然环境，完全有条件建立不同类型烟草的商品基地，生产优质烟叶，以满足卷烟工业和外贸出口需要。根据因地制宜、适当集中的原则，应该对现有产区加以适当调整，开辟部分新产区，并使之逐步发展为区域化、专业化生产基地。

（二）烟叶质量概况

烟叶作为卷烟工业的原料，当人们对卷烟质量的需求发生变化时，或卷烟配方的某种需要时，卷烟企业对烟叶质量的要求也相应变化。20世纪60～70年代，卷烟工业对烟叶质量的要求是颜色金黄、光泽鲜亮、组织细致、烟碱含量较低、糖分含量相对较高的“黄、鲜、净”烟叶，为了生产这种烟叶，一般采用高密度栽培和多留叶管理。20世纪80年代中期以后，为了适应卷烟降焦减害和提高吸烟安全性的趋势，卷烟工业和原料生产都努力追求低焦油、低危害、高香气的目标，要求烟叶颜色橘黄、香气浓郁、吃味醇和、烟碱含量适中。因此，农业生产上采取了合理施肥、平衡营养、适当密度、适当留叶、严格把握烟叶成熟度等措施，使我国烟叶质量朝着正确的目标逐步提高。目前，主要产区烟叶质量已经接近或达到了国际优质烟的质量水平。但是，与先进产烟国相比，国产烟叶在内在质量和配方效果上尚有差距，除整体香气量不足外，诸如部位之间烟叶厚度、单叶重、烟碱含量、烟气浓度差异明显，烟叶等级之间的成熟度、色度、身份、烟气质量差异也较大。这些差异是烟叶生产的深层次技术问题，解决这些问题是我国烟叶生产跃居世界先进水平的关键。

1. 外观特征

国外烟叶的成熟度好、结构疏松、香气好。卷烟工艺专家认为，进口烟叶焦甜香味十分突出，烟气入口即能给出准确的评判。这种内在质量与烟叶的外观特征有显著的相关关系，橘黄色、色度浓、身份好、成熟度好的烟叶，才具备这种香气。国产烟叶外观质量的突出问题是成熟度不够，结构较紧密，色度欠佳。

（1）成熟度。成熟度是烟叶化学成分和形态结构在叶面的反映。烟叶的身份与成熟度往往是相联系的，身份薄的烟叶往往难以体现成熟度，身份厚的烟叶才易于体现出成熟度。国产烟叶的成熟度是一大缺陷，不管叶片厚薄，成熟度往往不够。

（2）叶片结构。叶片结构是叶片细胞发育状态和密度在叶面上的反映，以疏松柔软为好。叶片结构与成熟度有密切的关系，成熟度好的烟叶结构疏松，成熟度差的叶片结构紧密。国产烟叶成熟度不够，色度欠浓，叶片结构尚疏松或紧密的比例仍较大，上部叶尤其如此。

（3）叶质重。叶质重即烟叶单位叶面积质量。国外下部烟叶单位叶面积重为60～70g/m^2，中部叶70～80g/m^2，上部叶80～90g/m^2，而国产烟叶下部叶多为50～55g/m^2，中部叶多为55～70g/m^2，上部叶多为75～90g/m^2。决定单位叶面积重的因素主要是骨架物质和内含物，同样的叶面积，骨架物质相对较稳定，而内含物的可塑性较大。叶面积较大，叶质重低的烟叶，显然是“灌浆”不够，我国大多产区的中下部叶叶质重较低，多为 50～60g/m^2。部分省份上部叶的叶质重与巴西烟叶持平，但低于津巴布韦烟叶。

(4) 叶片厚度。下部、中部、上部烟叶厚度分别以 0.08～0.1mm、0.1～0.12mm、0.12～0.14mm 为宜。从近年来各省送样的情况看，国产烟叶的厚度与巴西、津巴布韦烟叶相差不大，但从实际生产情况来看，国产烟叶中、下部烟叶叶片较薄。

(5) 含梗率。含梗率越高，出片率越低。国外烟叶下部叶含梗率约 30%～32%，中部叶约 27%～30%，上部叶约 25%～26%；而国产烟叶下部叶含梗率约 32%～35%，中部叶约 30%～33.9%，上部叶约 27%～30%。国产烟叶的含梗率比国外烟叶平均高 2%～4%。叶片的含梗率受遗传控制，同时也受栽培技术的影响。现阶段我们种植的大多为国外品种，造成叶片含梗率高的主要原因是栽培技术因素。

2. 化学成分

化学成分是烟叶质量的内涵，只有化学成分协调时烟叶的外观特征好，内在品质也好。现阶段国产烟叶还原糖含量适宜，还原糖占总糖的比例偏低；烟碱和淀粉含量普遍偏高。这些问题都与烟田氮用量较高和烟叶成熟度较低有关。

(1) 还原糖。还原糖是可溶性糖，可消除蛋白质燃烧产生的不良气味，对烟叶质量起到平衡作用，一般要求 16%～22%为宜。糖分含量过高或过低都会使叶片化学成分失衡，而还原糖占总糖的 90%以上时，烟叶的成熟度好，比例越低成熟度越差。国产烟叶的还原糖含量多在适宜范围之内，主要问题是还原糖占总糖的比例偏低。其原因是叶片在田间生长的成熟度和烘烤成熟度不够。

(2) 烟碱。烟碱是烟叶的核心化学成分，烟香和生理强度均因有了烟碱才有所体现。下部叶适宜烟碱含量为 1.5%～2.0%、中部叶 2.0%～2.8%、上部叶 2.5%～3.5%，国外烟叶大多在此范围之内。国产烟叶由于在不同历史阶段追求的目标有差异，导致不同历史阶段烟叶烟碱含量差别较大。但是烟碱含量是容易调节的，目前的整体水平较好。部分产区出现的问题是上部叶烟碱含量偏高。

(3) 淀粉。淀粉燃烧产生杂气，同时烟叶淀粉含量过高时，说明叶片化学成分的转化不完全或不协调。津巴布韦要求烤烟淀粉含量在 3%左右，巴西烟叶多为 4%。现阶段国产烟叶淀粉含量在 5%左右，约 20%的烟叶淀粉含量高于 6%。叶片淀粉含量也是受多种因素制约的，采收的烟叶欠熟、烘烤中物质转化不充分等均会造成淀粉含量过高。

除上述的外观质量、物理特性和常规化学成分外，我国烟叶与进口烟叶相比，虽然有部分烟叶香气质的纯正程度和香气量达到或接近了进口烟叶的水平，但数量远远不能满足工业需要，整体质量差异较大。

总之，我国烟叶在品质上与一些烟叶出口大国相比还有明显的差距，特别是与美国烟叶相比，我国烤烟的差距主要体现在烟叶的香气质和香气量以及烟叶化学成分的协调方面。在白肋烟方面，主要是国产白肋烟化学成分很不协调（烟碱量偏高、含氮量偏低、氮碱比例失调、钾含量偏低等），缺乏白肋烟的特征，香气和吃味不明显。我国香料烟在品质上与土耳其香料烟相比也有较大差距。

四、卷烟生产概况

（一）生产概况

1. 卷烟工业的起步

烟草传入我国后，早期的消费形式是斗烟。1582年意大利商人首次带来鼻烟，到1662～1772年期间已很盛行，相应的发展了许多鼻烟壶，至今仍是出色的工艺美术品。1736～1795年间水烟已相当普及。1821～1850年间广东出现了用小纸片卷烟丝吸用的形式。

1888年，上海美商老晋隆洋行开始输入美国烟草公司的品海、小美女牌卷烟。1890年，老晋隆洋行取得美国邦萨克卷烟机在中国的专销权，引进卷烟机，在中国制造香烟。同时大量卷烟从上海、天津、牛庄（营口）、长江各口岸输入中国。清末外国卷烟输入每年不下20万箱。

1895年，中国在中日甲午战争失败后，被迫签订《马关条约》，允许外国资本在中国设立工厂。从此，外国资本主义由商品输出转为资本输出。进入20世纪，美国、英国、日本、俄罗斯、希腊等国纷纷在中国的通商口岸投资设厂，卷烟工业逐步发展起来。1902年，英美烟草公司利用其控股的上海浦东美国纸烟公司工厂和美商老晋隆洋行在中国开始经营活动，随后又在汉口等地建立烟厂，逐步扩大卷烟制造能力。

在外国烟草资本进入中国的同时，中国民族资本卷烟工业也开始兴起。1902年，北洋农务局在保定筹备北洋烟草公司，试制国产卷烟，得到慈禧太后和光绪皇帝的嘉奖。翌年，在清廷北洋大臣兼直隶总督袁世凯的支持下，北洋农务局与北京工艺商局在天津创建官商合办的北洋烟草股份有限公司，生产龙球、双龙地球、地球牌卷烟。天津、北京、上海、烟台、汉口先后开办了30多家民族资本烟厂。1904年，美国政府胁迫清政府续签《限禁来美华工保护寓美华人条约》，遭到中国人民的强烈反对，引发了反美爱国运动，“不吸美国烟”成为民众的呼声，促进了民族卷烟工业的发展。1905年，旅日华侨简照南、简玉阶等集资10万元港币成立广东南洋烟草公司，次年生产白鹤、飞马、双喜牌等卷烟，市场销售一路看好。但因卷烟制造技术不精，并受到英美烟草公司产品的竞争与倾轧，1908年广东南洋烟草公司被迫清理拍卖。1909年，简照南兄弟在其叔父简铭石的支持下，以港币13万元的投资资本，易名广东南洋兄弟烟草公司，重整旗鼓，继续营业。并且改良制造技术，提高质量，以国货吸引消费者，使产品受到欢迎，南洋兄弟烟草公司成为民族卷烟工业的代表。

2. 卷烟工业的成长

在民国时期的卷烟工业发展过程中，英美烟草公司一直处于垄断地位。抗日战争前，英美烟草公司先后在上海、汉口、香港、沈阳、哈尔滨、天津、青岛、营口建立了11家烟厂、6家印刷厂、6家复烤厂、1家烟机厂和1家包装材料厂，职工人数共计25 000人，其卷烟产量1937年达到112万箱。1938～1941年，英美烟草公司的年平均产销量为90万箱，占全国卷烟总产销量的60%以上。而中国民族卷烟工业由于自身经济实力薄弱、设备陈旧落后，又具有分散性、依赖性和投机性，始终难以获得独立、持久、充分的发展，在与外国资本的竞争中往往处于不利地位。综观民族卷烟工业的发展历史，与帝国主义的侵略、民族运动的兴衰密切相关。每一次民族运动的掀起和高涨，都带来民族烟厂兴起和繁荣；而每一次民族危机的出现和深化，都致使一大批民族企业萧条和倒闭。民国时期，上海是烟草工业的中心，大约集中了全国60%以上的卷烟厂。特别是1919年，南洋兄弟烟草公司总部迁到上海，并在上海先后建立4家烟厂后，上海民族卷烟工业更加集中。1925年爆发的“五卅”运动，掀起群众性提倡国货、抵制洋货的高潮，英美烟草公司卷烟产销量骤减，华商卷烟畅销。至1927年，上海民族资本烟厂已由“五卅”运动前的14家，增加到182家，为原来的13倍。但是好景不长，1928年以后，由于英美烟草公司采取种种对策，国民政府对国产卷烟不断加重赋税等原因，民族卷烟工业日趋衰退。此后，提倡国货呼声虽未间断，但始终未能与外国资本形成强烈的竞争。相反，英美烟草公司发展很快，1928年生产卷烟51万箱，并逐年增加产量。1937年中国卷烟总产量为166万箱，其中英美烟草公司占67%。抗日战争爆发后，上海南洋兄弟烟草公司总厂和华成烟草公司虹口厂遭到日军飞机轰炸破坏；随着天津、青岛、上海、汉口等地沦陷，民族烟厂在产供销各方面进一步受到日本侵略者的控制和垄断，经营更为困难，多数烟厂开工不足。1943年3月，上海民族烟厂仅存28家，为1927年卷烟厂总数的15%。在沦陷区，日伪建立起独占中国烟草事业的机构，当时有“五社联盟”之说，即“满洲烟草株式会社”、“华北烟草株式会社”、“北支东亚烟草株式会社”、“上海中华烟草株式会社”、“华南东亚烟草株式会社”等分区瓜分占领市场。还结成区域间烟草组合，借助侵略军势力，统购统销，垄断原料，合并日资烟厂，并强制收购一部分中国人的烟厂，控制中国烟草市场。抗日战争胜利后，中国民族烟草工业曾经有过短期的恢复和发展，上海民族资本烟厂一度达到80余家。不久，英美烟草公司在华企业迅速恢复，外烟输入大量增加，国产卷烟市场再度萎缩。解放战争后期，原材料供应困难，卷烟市场形成割据状态，上海一地经常开工的烟厂仅20多家。

除上海以外，各地还分散着许多卷烟厂。抗日战争前，国民政府将新设卷烟厂的地点限定于上海、汉口、青岛、天津4地。抗日战争爆发后，国民政府鼓励工厂内迁，东南、中原地区的部分卷烟设备及鲁豫皖传统烤烟区从事手工卷烟的难民进入四川、广西、贵州、云南等地区，导致这些地区小卷烟厂和手工卷烟户泛滥；同时，全国革命根据地也兴办了许多小烟厂。在市场割据的背景下，卷烟产业布局呈现畸形臃肿的状况。

3. 卷烟生产的曲折发展

1949年，中华人民共和国成立时，全国开工的卷烟厂1249家（不包括手工卷烟户），卷烟机1997台，职工86 513人，年卷烟生产能力420万箱，而市场需求量仅160万箱。为改变这种状况，在中国共产党和人民政府的领导下，烟草行业实行按计划生产，走出了一条新路。

1949～1952年国民经济恢复时期，卷烟工业的资产主要掌握在外资和私营企业手中。1949年，由于南洋兄弟烟草公司股份内存在官僚资本，人民政府先后对南洋在上海、广州、武汉的企业实行军管。1951年，实行公私合营。1952年，针对英商颐中烟草公司提出的“转让”、“承让”的请求，人民政府先后接收了颐中烟草在青岛、上海、天津等地的资产。从此，上海、青岛、天津卷烟厂（俗称“上、青、天”）成为新中国卷烟工业的骨干企业，烟草行业国营经济不断壮大，卷烟工业生产恢复发展，市场需求量不断增长。1952 年，全国卷烟产量达到 265 万箱。同一时期，国家对卷烟工业布局、结构进行了调整，许多卷烟厂自上海迁到天津、郑州、广州等地；对一些小企业先后进行了兼并重组，全国卷烟工业企业由 1249 家减少到 760 家，实际开工 590 家。这一时期国有经济壮大，其生产能力已占全行业的 56%，为烟草行业发展打下了良好的基础，也为烟草管理体制改革积累了经验。

“一五”（1953～1957）计划期间，通过加强对烟草行业的宏观管理，卷烟工业布局合理调整，卷烟工业企业由 760 家减为 110 家。1957 年，卷烟产量达到 445 万箱。“一五”计划期间，卷烟工业累积实现利税 46 亿元，相当于同期国家财政收入的 3%。

“二五”（1958～1962）计划期间，由于卷烟工业企业下放，管理上出现混乱，导致烟叶减产，卷烟产量和质量大幅度下降。1960年，卷烟工业经过调整，企业由 110 家减少为 83 家，但随着企业下放，随后又增加到104 家，出现了盲目办烟厂的情况。1962 年，全国卷烟产量只有 243.7 万箱。“二五”计划期间，卷烟工业利税只有 41.53 亿元，比“一五”计划期间降低 4.2%。

1963～1965 年，全国卷烟工业试办托拉斯，由中国烟草工业公司直接管理，改变了多头领导、分散管理的混乱局面。卷烟工业布局得到较好调整，企业由 104 家调整到 61 家，职工由 59 000 人减少到 41 000 人，卷烟牌号由 900 多个精简压缩为 428 个，名优产品产量有了较多增长。三年实现利税 56 亿元，大大高于“一五”和“二五”的水平。

1966～1976 年，由于烟草托拉斯受到批判，全国卷烟总产量 1967 年比 1966 年下降 10.3%。1969 年中国烟草工业公司撤销后，烟草行业呈现了管理混乱、盲目发展、产销失调、质量下降、效益降低的局面。

1977～1981 年，由于卷烟生产利税较高，许多地方热衷于开办烟厂，全国计划外烟厂曾发展到 400 余家，多数为公社和生产大队开办，手工卷烟更是遍地开花。这些小烟厂和手工卷烟户与计划内烟厂争夺原料，仅 1981 年，就使用烟叶近 10 万吨。大批小烟厂的存在，一方面使计划内烟厂因原料不足或等级、品种不配套，造成停产减产，卷烟质量下降；另一方面整个卷烟市场又产大于销，库存积压。据不完全统计，每年卷烟削价处理损失达 1 亿多元。同时，由于生产上的粗制滥造，高料低用和卷烟销售上的多头批发、低价竞销等问题，国家财政收入和资源受到很大的损失。

4. 卷烟工业健康发展

中国共产党十一届三中全会以后，我国进入了改革开放的新时期。针对烟草行业的特点，党和国家赋予了特殊的改革政策。这一时期，卷烟产销协调发展，产品结构不断优化。卷烟生产根据市场变化，经历了两个阶段：1982～1991 年为产量效益型阶段，全国卷烟产量由 1982 年的 1885 万箱，发展到 1991 年的 3226 万箱，每年平均增加 130 万箱，利税平均每年增加 18 亿元。但后期出现了卷烟产大于销的问题，工业企业出现了大面积亏损。1992 年起转为品种结构效益型阶段，在卷烟市场趋向饱和的情况下，注重总量控制，实行限产压库，把工作重点放在控制总量、提高质量、调整结构、增加效益上，大力扶持重点企业，培育名优品牌产品（表 1-12）。此间卷烟产量基本保持稳定，产品档次不断提高，产销保持协调发展，名优品牌卷烟发挥了巨大经济效益。2000

年的卷烟产量比1991年增加110.3万箱，年均增加12万箱。卷烟产销总量达到3397万箱（含出口），全行业工商利税比1991年增加2.3倍，年平均增加86.6亿元。

表1-12　1980～1997年全国卷烟生产统计表（年、万箱）

年　份	卷烟产量	一类烟比重	滤嘴烟比重	年　份	卷烟产量	一类烟比重	滤嘴烟比重
1980	1520.0	3.3	2.4	1989	3152.0	23.2	41.5
1981	1704.1	6.4	5.6	1990	3260.4	26.6	47.9
1982	1885.2	3.8	5.8	1991	3226.2	30.2	54.9
1983	1937.8	5.2	9.9	1992	3279.9	36.1	65.9
1984	2119.6	6.4	10.6	1993	3336.2	40.6	72.6
1985	2359.6	8.3	13.1	1994	3397.7	44.4	81.1
1986	2560.5	10.9	18.4	1995	3480.8	45.4	87.0
1987	2848.5	13.9	27.9	1996	3401.7	48.9	93.6
1988	3050.7	20.4	36.0	1997	3368.4	49.6	96.0

资料来源：程传策等，1999

2000年，我国卷烟产品合格率达到99.27%；卷烟单箱耗用烟叶39kg，比1990年的52.6kg下降了13.6kg；单箱耗用滤嘴棒8450支，比1990年的9225支下降了775支；单箱耗用卷烟纸3270m，比1990年的3736.7m下降了476.7m。同时卷烟档次结构不断优化，从1981年到2000年，滤嘴卷烟产量从95.9万箱发展到3286万箱，滤嘴卷烟产量比重达到98.5%。1996年49种名优卷烟产量为6000亿支，占总产量的30%多。卷烟工业技术水平也得到了不断提高，各项物耗指标大幅度下降（表1-13）。生产工人实物劳动生产率由1978年的187.2箱/人提高到235.3箱/人，平均每年增加2.5箱。卷烟生产企业的市场竞争力正在迅速增强，全国卷烟企业平均生产规模由1978年的7.5万箱提高到1997年的19.8万箱，增加了1倍多。

表1-13　中国卷烟制造业的主要经济指标

指　标 \ 年　份	1997	1998	1999	2000	2001	2002	2003	2004	2005
产量/万箱	3368.4	3349.5	3287.9	3336.3	3399.6	3445.2	3581.0	3748.8	3884.6
利润/万元	1 343 863	1 205 447	1 110 704	1 220 929	1 499 146	1 926 227	2 481 202	3 636 989	3 894 678
税收/万元	5 913 674	6 189 441	6 374 233	6 770 981	7 898 603	9 389 620	10 712 887	13 089 401	14 540 382
成本/万元	4 669 800	4 926 057	5 251 059	6 391 397	6 437 842	7 137 650	8 386 514	10 660 557	11 474 034
销售费用/万元	40 877	47 677	35 206	170 334	613 987	635 763	768 938	850 592	920 805
销售收入/亿元	1104.30	1154.92	1164.98	1341.12	1614.17	1848.70	2151.43	2683.61	2949.47
资产总额/亿元	1485.54	1482.39	1577.44	1722.31	2266.23	2396.80	2762.45	3012.86	3369.25
单箱利润/(元/箱)	412.82	380.29	359.64	386.76	462.93	572.92	691.87	931.41	966.91
单箱税收/(元/箱)	1856.83	1952.63	2063.93	2144.89	2439.05	2792.76	2987.25	3552.10	3609.87
单箱成本/(元/箱)	1465.77	1554.06	1700.25	2024.64	1987.97	2122.95	2338.55	2730.09	2848.60
单箱销售费用/(元/箱)	12.83	15.04	11.40	33.96	189.60	189.10	214.42	217.83	228.60
销售利润率/%	11.6	10.3	8.3	7.6	9.3	10.42	11.53	13.55	13.20
资产利润率/%	9.0	8.1	7.0	7.1	6.6	8.04	9.28	12.07	11.56
资产利税率/%	48.9	49.9	47.4	46.4	41.5	47.21	49.37	55.52	54.72

资料来源：张全在等，2006

根据国家烟草专卖局有关年份财务决算资料整理

（二）卷烟产量概况

19 世纪末，外商开始在天津、上海开设卷烟厂。清光绪二十四年（1898），土耳其籍商人开设的泰培烟厂月产卷烟 350～400 箱，年产量为 4000～5000 箱。1903 年，北洋烟草公司正式成立，最高日产量达 4 箱，年产量为 1000 箱左右。1905 年，上海三星烟草公司月产卷烟 2000 箱，年产量为 20 000 箱左右。

1912～1917 年，英美烟草公司在上海生产的卷烟年均产量 5 万～8 万箱。1918 年，英美烟草公司在沪各烟厂年产卷烟 12.28 万箱。1928 年为 17.68 万箱，而上海民族卷烟厂（包括南洋、华成在内的 20 家民族烟厂）产量 1930～1933 年分别为 32.7 万箱、38.7 万箱、42.4 万箱、30.8 万箱。

1937 年，抗日战争爆发，民族烟厂（如南洋、华成、大东等大型烟厂）的厂房、设备等被战火焚毁，被迫减产、停产，产量大幅度下降，但颐中烟草公司在上海、天津、青岛等地的各厂因地处租界未受损失，各厂产量猛增，1936～1941 年分别达到 67.76 万箱、87.26 万箱、65.12 万箱、66.16 万箱、66.26 万箱、68.28 万箱，其中 1937 年为颐中烟草公司（包括其前身英美烟草公司）在华期间的最高年产量。1941 年，太平洋战争爆发，颐中烟草公司在沪烟厂均被日军接管，产量不断下降，1942 年为 36.3 万箱，1943 年仅为 9.2 万箱。此时的上海民族烟厂纷纷歇业倒闭，仅华成尚能继续生产，产量由 1942 年的 5000 箱减至 1944 年的 3000 箱。

抗日战争期间，中国卷烟工业集中地上海、青岛、天津、汉口相继沦陷后，内地因交通阻绝，上海、青岛、天津、汉口等地卷烟无法进入，内地卷烟工业有所发展，但大多规模甚小、设备简陋、产量有限，仅为 50 000 箱左右。

抗日战争胜利后，颐中烟草公司因根据英美烟草公司伦敦总部的指示，投资减少，产量下降，1946 年在沪各厂总产量为 11.39 万箱、1947 年为 24.47 万箱、1948 年为 19.56 万箱。而上海民族烟厂的产量则屡创新高：1946 年为 73.8 万箱、1947 年为 115.2 万箱、1948 年为 110.07 万箱，分别是同期颐中烟草公司在沪各厂的 6.5 倍、4.7 倍和 5.7 倍。

中华人民共和国成立后，卷烟产量逐年上升，1949 年达 160 万箱，超过抗日战争前的水平。20 世纪 50 年代，卷烟产量呈逐步上升的态势，由 1950 年的 184.8 万箱提高到 1959 年的 546.92 万箱，增加近 2 倍。60 年代初期，因受三年困难时期影响，卷烟原料奇缺，尽管各地以烟叶茎秆、荷叶及其他可吸食的植物叶秆代替烟叶，但产量仍连续三年大幅度下降，由 1960 年的 449.25 万箱下降到 1961 年的 254.13 万箱和 1962 年的 243.7 万箱。1963 年略有回升，达 322.91 万箱，直至 1965 年方略高于 1960 年水平的 478.40 万箱。20 世纪 60 年代，中国卷烟工业发展缓慢，产量仅增加 41.64%。上海卷烟产量亦因中国卷烟工业布局的调整从 1949 年前占全国总产量的 65%左右，下降到 1969 年的 11.97%。20 世纪 70 年代初期，中国卷烟产量在 700 万～800 万箱之间徘徊。1977 年，首次突破 1000 万箱大关。

1979～1990 年期间，中国卷烟工业通过大规模技术改造，卷烟生产能力（按两班制计算）由 1203 万箱扩大到 3856 万箱，增加 2.2 倍。在这 12 年中，中国卷烟生产总量平均每年增加173万箱，到1990年达到3260.4万箱。卷烟产量的增加，充分保障了市场供应。此时，所有档次、牌号都改变了计划经济时代凭票、凭副食品供应券、凭批条供应的紧张状态。1991年，国务院出台卷烟“限产、压库、促销”政策后，中国卷烟工业走上一条“控制总量、提高质量、调整结构、增加效益”的道路。1991～1995年期间，中国卷烟生产总量年均仅有1.3%的增长，1995年达到了3480.8万箱。中国卷烟生产总量在总体稳定中略有下降，2000年为3336.3万箱。1949年到2000年，中国卷烟年生产量增长19.85倍（表1-14）。

表1-14　1979～2000年中国卷烟产量（万箱，每箱5万支）统计表

年份	全年产量	等级				
		甲级	乙级	丙级	丁级	戊级
1978	(1229.80) 1181.76	27.16	489.62	464.60	135.05	65.33
1979	(1352.26) 1302.98	34.35	77.25	444.71	114.46	104.89
1980	(1571.67) 1520.01	50.86	595.09	501.85	157.69	161.70
1981	(1758.77) 1704.05	108.56	697.25	521.83	167.80	153.63
1982	(1941.41) 1885.17	72.29	785.36	591.19	229.62	132.48
1983	(1997.59) 1937.83	100.29	770.15	574.03	179.98	220.13
1984	(2183.76) 2119.60	134.90	899.80	624.40	205.60	254.90
1985	(2421.17) 2359.51	194.98	1029.33	621.26	253.20	260.73
1986	(2624.10) 2560.50	278.70	1185.50	625.10	197.90	273.40
1987	(2954.56) 2848.50	396.30	1372.60	623.30	187.70	268.60
1988	(3107.54) 3050.70	623.10	1456.10	584.10	188.70	198.70
1989	(3211.17) 3152.00	730.10	1510.40	567.60	184.80	159.10
1990	(3318.44) 3260.40	867.80	1482.10	578.00	159.70	172.80
1991	(3287.36) 3226.20	972.60	1429.90	544.60	146.30	132.80
1992	(3339.48) 3279.90	1185.10	1429.20	505.30	160.10	
1993	(3393.00) 3336.20	1354.30	1364.70	471.70	145.50	
		一类	二类	三类	四类	五类
1994	(3455.44) 3397.80	150.30	413.10	676.30	982.50	1175.50
1995	(3535.92) 3480.80	189.40	359.40	1159.20	1306.40	466.30
1996	(3455.16) 3401.70	304.50	381.90	1413.80	1079.80	203.70
1997	(3422.60) 3368.40	324.40	481.20	1375.10	1050.60	137.10
1998	(3399.24) 3349.50	366.30	581.40	1193.00	1079.80	128.90
1999	(3333.36) 3287.90	353.50	652.20	972.30	1175.00	134.90
2000	3336.30	393.20	671.90	937.30	1233.90	100.00

注：1. 1985年“国标”中取消了戊级烟，但为了照顾一些低收入的消费者，某些厂仍在生产戊级烟

2. 1994年起等级由甲、乙、丙、丁、戊级改为一类、二类、三类、四类、五类

3. 全年产量中括号内数据包括台湾省产量，但台湾省产量未列入等级统计数中

资料来源：1. 中国烟草总公司综合计划部1985年5月编印的《烟草行业历史资料（1949～1985年）》

2. 国家烟草专卖局（中国烟草总公司）1992年7月编印的《烟草行业历史资料（1986～1990年）》

进入21世纪，国家烟草专卖局严格按照国家计划组织卷烟生产，坚持把“控量、促销、稳价、增效”作为经济运行的指导方针，以满足市场需求和产品适销对路为前提，调整产品结构，从原料、工艺、技术等方面提高产品科技含量，开展卷烟产量本利

分析，降低成本费用。2001 年，全国生产卷烟 16 997.8 亿支（3399.6 万箱），销售卷烟 16 506.4 亿支（3301.3 万箱）；2002 年，全国生产卷烟 17 225.8 亿支（3445.2 万箱），销售卷烟 16 944 亿支（3388.8 万箱）；2003 年，全国生产卷烟 17 905 亿支（3581 万箱），销售卷烟 17 710.6 亿支（3542.1 万箱）；2004 年，全国生产卷烟 18 743.9 亿支（3748.8 万箱），销售卷烟 18 742.3 亿支（3748.5 万箱）；2005 年，全国生产卷烟 19 423.2 亿支（3884.6 万箱），销售卷烟 19 472.3 亿支（3894.5 万箱）。

（三）卷烟质量概况

20 世纪 50 至 60 年代，中国卷烟质量改进非常缓慢。其间，卷烟市场经常供不应求，企业对产品质量要求相对不高。20 世纪 60 至 70 年代，轻工业部针对当时普遍存在的卷烟质量问题，制定了一系列提高卷烟质量的管理办法。这些措施逐渐形成了中国卷烟产品的质量管理体系，对保证产品质量起了一定作用。由于中国卷烟生产设备简陋，工艺技术和管理也较为落后，产品质量难以从根本上改观。如老式卷烟机造成的烟支松紧度不均、空头烟、竹节烟、含末量高等质量问题，长期得不到解决。

20 世纪 80 年代以后，卷烟供应短缺的局面得到缓解，消费者对中高档卷烟需求量日增，低档卷烟、质次价高卷烟开始滞销。这一时期努力提高产品质量，积极调整产品结构，迅速增加适销对路产品是行业的当务之急。为使烟草行业持续、稳定、健康发展，中国烟草总公司采取许多有效措施，将提高产品质量作为工作的重点，取得了较为显著的成绩。

1. 卷烟产品结构

20 世纪 80 年代，烟草行业提出“发展混合型、改造烤烟型、稳定雪茄型、开发疗效型”的卷烟发展战略，涌现出以中华牌、红塔山牌为代表的 13 种名优烤烟型产品。90 年代，高档烤烟型产品有了较快发展，形成一批名牌精品。1999 年，国家烟草专卖局评选出 53 个牌号、69 个规格的全国名优烟，标志着中国卷烟生产水平普遍提高。

混合型卷烟得到了较大发展，涌现出金桥、羊城、中南海、都宝等在市场上有影响的混合型卷烟产品。2000 年卷烟总产量 3336.3 万箱，其中，烤烟型卷烟 3138 万箱，占总产量的 94%；混合型卷烟 115.8 万箱，占总产量的 3.5%；其他类型卷烟 77.5 万箱，占总产量的 2.3%。滤嘴烟产量占总产量的 98.5%。

中国烟草行业本着为消费者健康负责的态度，加强对降低卷烟烟气中有害成分的研究。除了重视对卷烟降焦技术的研究外，通过调整烟支规格、研究高选择性吸附剂、补充有益微量元素、添加复合解毒制剂、添加从天然植物提取的生物制剂以及消除自由基等手段，使卷烟烟气中的有害成分及其对生物体的毒性不断减少，吸食的安全性不断提高。

2. 降焦、降耗工程

20 世纪 80 年代以来，中国烟草行业以提高卷烟产品质量和科技含量为中心，已基本掌握了包括烟叶配方改造、通风滤嘴、复合滤嘴、高透气度卷烟纸的应用以及加香加料技术、各种降焦添加剂（包括静电降焦、生物降焦、分子筛降焦添加剂等）的应用技术在内的各项卷烟降焦技术，全国卷烟的平均焦油量已由 70 年代初期的 30mg/支以上，降至 1997 年的 17.3mg/支，2000 年的 16mg/支，2004 年的 13.6mg/支。1997～2004 年的 8 年间卷烟焦油量下降了约 4mg/支，平均每年下降 0.4mg/支（图 1-1）。

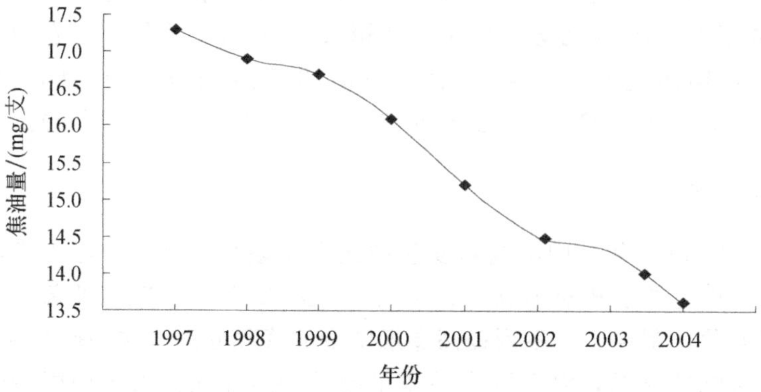

图 1-1　1997～2004 年我国卷烟焦油量降低情况
（根据国家烟草质量监督检验中心和省级烟草质检站数据绘制）

同时，卷烟牌号的焦油量分布也发生了很大的变化，较低焦油量的卷烟品牌比重逐渐增加，并出现了一些有一定市场占有率的低焦油卷烟产品（表 1-15）。

表 1-15　1997～2004 年我国卷烟实测焦油量（mg/支）与牌号分布（%）

实测焦油量/(mg/支)	年份							
	1997	1998	1999	2000	2001	2002	2003	2004
<10	0.07	0.05	0.04	0.64	0.91	1.40	2.32	2.00
10～11	0	0.14	0.33	0.28	1.06	1.28	1.16	1.77
11～12	0.35	0.43	0.46	1.28	1.56	2.62	3.81	5.76
12～13	0.69	0.72	1.13	2.52	5.48	9.02	7.79	18.18
13～14	3.11	4.54	4.55	5.98	12.25	19.01	18.91	31.49
14～15	7.82	10.09	10.74	14.29	21.76	27.24	31.01	25.06
15～16	14.67	14.97	19.31	22.34	23.63	21.76	23.38	12.86
16～17	19.93	21.20	20.85	20.52	20.43	11.82	7.96	2.66
17～18	18.75	21.25	16.17	15.29	8.78	4.08	3.48	0.22
18～19	12.94	12.65	12.91	9.63	3.88	1.28	0.17	0
19～20	9.55	7.53	7.10	4.66	0.46	0.37	0	0
20～21	7.13	3.81	3.80	2.14	0.05	0.06	0	0
21～22	2.56	1.35	1.76	0.76	0	0.06	0	0
22～23	0.97	0.58	0.50	0.13	0	0	0	0
≥23	1.45	0.72	0.33	0	0	0	0	0

注：根据国家烟草质量监督检验中心和省级烟草质检站数据

从表 1-15 可以看出，1997 年，卷烟产品实测焦油量主要集中在 15～19mg/支（占总数的 66.29%），实测焦油量小于 12mg/支的卷烟产品极少（仅占 0.42%），且有实测焦油量高于 23mg/支的卷烟；到 2004 年，绝大部分卷烟产品的焦油量都集中在 12～16mg/支（占总数的 87.59%），小于 12mg/支的卷烟已经占到 9.53%，全行业卷烟实测焦油量均在 18mg/支以下，说明卷烟焦油量的分布状况已经发生了很大的变化。

但也必须看到，与先进国家相比，我国卷烟的降焦减害工作仍有较大的差距，美国市场低于 6mg/支焦油量卷烟的市场份额逐渐增加，市场比例由 1986 年的 10.1%增加到 1995 年的约 12%，总销售量达 20 万箱左右。日本市场低于 6mg/支焦油量的卷烟销售量占日本卷烟销售总量的 40%以上，低焦油淡味卷烟已成为日本卷烟市场的主导产品。欧盟明确规定，2004 年市售卷烟必须达到“焦油 10mg/支、烟气烟碱量 1mg/支、烟气一氧化碳量 10mg/支”的最高限量要求。

3. 新技术、新工艺、新材料的应用

烟草薄片、膨胀烟丝、打叶复烤等先进工艺技术的应用，对节能降耗、改善卷烟配方结构、提高卷烟产品质量和提高吸食的安全性等起到了积极的作用。

2005 年 2 月，包括中国在内的 40 多国政府签署了《烟草控制框架公约》，这标志着该公约正式生效。由于《烟草控制框架公约》对烟草制品有诸多限制，“吸烟与健康”问题也随之愈来愈受到社会的关注，国际范围内的控烟浪潮对卷烟产品的降焦减害提出了更高要求。如何应对两个“W”（WTO 和 WHO，即世界贸易组织和世界卫生组织）的严峻挑战，如何保持烟草行业持续、稳定、健康发展是第一要务，要把避免大起大落、保持平稳发展、实现可持续增长作为当前和今后一个时期的战略方针。

目前我国卷烟与发达国家相比，仍有差距，主要有以下几个方面：一是卷烟产品的品种和结构不太合理，不符合国际市场需求；二是还没有完全掌握混合型卷烟的生产技术，再加上生产混合型卷烟的原料品质欠佳，导致我国混合型卷烟的品质与国外相比还有较大差距，影响了卷烟出口；三是无论烤烟型卷烟还是混合型卷烟，我国卷烟的总体品质与发达国家相比仍有一定的差距，在内在品质方面就更为明显；四是我国卷烟的烟气焦油量与发达国家比还相对较高，还没有掌握超低焦油和超淡味卷烟的生产技术。

（四）卷烟出口概况

自国家烟草专卖局和中国烟草总公司成立以来，我国的卷烟出口有了一定的发展，卷烟出口量也逐渐上升，到 1998 年出口量已达 37.2 万箱。但与卷烟出口大国相比，我国卷烟出口量还很小，不到世界卷烟出口总量的 2%，而且出口卷烟只占国内卷烟生产总量的 1%左右，与我国卷烟产销大国的地位极不相称。我国国内卷烟市场已处于买方市场，市场已基本饱和，烟草行业正面临着严峻的挑战。国家烟草专卖局已确立了行业国际化发展战略。我们必须尽快采取有力的措施，扩大国产卷烟的出口，并以此带动整个烟草行业的发展。

1. 加大对国际卷烟市场的研究力度

必须加大对国际卷烟市场的研究和分析力度，为卷烟出口提供可靠的决策依据。我国目前对国外卷烟市场的研究力度还很不够，卷烟出口还存在一定的盲目性。要想加大卷烟出口，使国产卷烟真正占领国外市场，就必须加强对国际市场的研究。我们不但要研究目标市场上有关生产、销售、市场结构等情况，还要研究市场环境、风俗习惯、人文地理等因素，以便对目标市场进行精确的定位，做到有的放矢。这一点必须引起烟草行业的高度重视，以便确保我国卷烟能够顺利出口，扩大国际市场。

2. 加快混合型卷烟的研究工作

在国际卷烟市场上，美式混合型卷烟已占据了主导地位，混合型卷烟也深受消费者特别是年轻消费者的喜爱，在卷烟出口市场上占据着举足轻重的地位。我国烟草界一定要根据国际市场的变化，加快混合型卷烟特别是低焦油混合型卷烟的研究和开发步伐，开发出一批卷烟品质达到或接近国际同类卷烟水平的混合型卷烟新产品，并尽快推向国际市场。为提高国产混合型卷烟品质，除组织全行业的力量进行重点研究、开发和联合攻关外，在近期还可有针对性地进口一些生产混合型卷烟专用的高品质的关键原料（白肋烟、香料烟等）和辅助材料（盘纸、专用香精香料等），尽快抢占一些国外的卷烟市场，扩大国产卷烟在国外的知名度和信誉，为今后的大批量出口打开局面。

3. 加大新混合型卷烟的研究和开发力度

新混合型卷烟（药物烟）是我国独创的新型卷烟产品。这类卷烟由于在其烟丝配方中加有一些中草药或中草药提取物而对人体具有一定的保健或疗效作用，其前景非常看好。药物烟将是我国卷烟最有可能大批量进入并最终占领国际市场的拳头产品，而且从目前国产卷烟的出口情况来看，在国外真正占领市场并被一部分消费者接受的也只有北京卷烟厂生产的药物烟。我国烟草业必须加大对药物烟的研究和开发力度，组织力量对其进行联合攻关，开发出一些对心血管和呼吸道疾病有缓解作用且效果更明显的新产品，并尽快使其成为出口创汇的拳头产品。

4. 开展超低焦油、超淡味卷烟的研究和开发工作

焦油量低于5mg/支的超低焦油、超淡味卷烟（尤其是混合型卷烟）的研究开发是21世纪世界卷烟市场的热点，并将逐渐成为市场的主流产品，发展前景十分看好。但在该类卷烟的开发和生产技术方面，我国烟草行业还很欠缺，为此要加大对该类卷烟的研究力度，研制开发出一套适合我国国情的生产技术和卷烟产品，满足国际卷烟市场的需要，并使其成为我国出口卷烟的主要产品。

5. 重视出口卷烟的宣传和促销工作

卷烟作为一种商品，需要在流通领域实现它的价值。在不断发展和竞争日趋激烈的市场经济中，必须加大产品的宣传和促销工作，使消费者，特别是国外消费者更快、更深刻地了解我国的卷烟产品，提高产品的知名度，逐渐扩大市场份额。

6. 要加大海外市场的投资

我国卷烟企业可以采用在国外投资建厂、收购当地的烟草企业或与当地组建合资企业等方式提高在国外的影响力，并尽快发展壮大，形成规模，扩大市场占有率。

五、烟草生产管理体制概况

1949～1952年，新中国成立后的恢复生产时期，国家对烟草行业的管理基本上是从分散逐步向有组织过渡。当时，对烟草行业的管理有3种情况：一是在东北和内蒙古地区实行区域性专卖，对卷烟产品、商标、盘纸以及烟叶实行专卖管理，同时取缔手工卷烟并加强缉私工作。二是在其他地区实行国有、私有兼顾，以销定产、贸易自由政策。三是没收官僚资本，接收外国资本，壮大国有经济的领导力量。这一期间，卷烟工业生产得到较好的恢复和发展，1952年全国卷烟产量达265万箱，比1949年增长

65.6%；全国卷烟工业企业由1249家减少到760家，其中开工的为590家，国有经济的力量得到积极发展，其生产能力已占到全国的56%。部分地区的烟草专卖和国有经济的壮大，为新中国烟草行业的发展打下了较好的基础。

1953～1957年，即“一五”期间，先是在轻工业部成立烟草工业管理局，接管生产规模较大的18家卷烟企业，实行全面管理。1954年，中央成立地方工业部，又接管了全部国有卷烟工业企业，解决了中央和地方分级管理的矛盾，并完成了对私营烟厂的社会主义改造。在卷烟销售方面，由商业部成立了中国专卖事业公司，统一包销全国卷烟。这一期间，由于加强对烟草行业的宏观管理，卷烟工业布局得到了较好的调整，全国卷烟企业由1952年的590家减为110家。1957年，卷烟产量达到445万箱，为1949年的2.8倍。“一五”期间，卷烟工业上缴利税46亿元，约占国家财政收入的3%。

1958～1962年，即“二五”期间，烟草行业出现生产倒退、效益下降的被动局面。当时，机构精简，企业下放，食品工业部的烟草工业管理局被精简为一个处，部所管企业全部下放到省市，省市所管企业全部下放给地、县，实行分散管理。1962年，全国卷烟产量243万箱，退到了1952年的水平，供应形势比较紧张，“二五”期间，卷烟工业上缴利税41.53亿元，比“一五”降低了4.2%。

1963～1966年期间，根据烟草行业的特点，中央成立了中国烟草工业公司，对烟草实行“供产合一”的管理体制。当时，虽然卷烟销售仍归商业部负责，但烟叶的收购、复烤、调拨以及卷烟生产已经形成了统一经营管理，实质上形成了一种不完全的全国性的专卖体制。在这种管理体制下，烟叶生产得到积极发展，产量和质量有较大幅度提高。1966年全国烟叶收购量达到60万吨，比1963年增长1.7倍，中上等烟叶比例也由23%提高到30%以上。卷烟工业布局得到较好调整，全国卷烟企业由104家调整到61家，并由烟草工业公司直接管理，改变了多头领导、分散管理的混乱局面。卷烟牌号由900多个精简压缩至428个，名优产品有了较大幅度的增长。这一期间虽然只有4年，但上缴利税56亿元，大大高于“一五”和“二五”的水平。

1967～1981年期间，这一时期我国经历了历史性灾难和拨乱反正的重要历史阶段。烟草工业公司被撤销，卷烟企业和烟叶收购部门全部下放给地方，烟草行业出现了管理混乱、盲目发展、产销失调、质量下降、效益降低的严重局面。20世纪70年代末，我国的计划外烟厂发展到近400家，导致产大于销、库存积压，每年卷烟销售上的多头批发、低价竞销等问题都比较严重，造成了国家税收的大量流失。

在总结过去30年我国烟草行业发展和管理体制变化正反两个方面经验的基础上，根据我国国情和烟草行业的特点，1981年5月，国务院决定对烟草实行国家专营，成立中国烟草总公司（China National Tobacco Corporation），并授予一定的行政管理权力。1982年1月1日，中国烟草总公司正式成立，对烟草行业的产供销、人财物、内外贸实行统一领导、集中管理。1983年9月23日，国务院发布《烟草专卖条例》，决定建立国家烟草专卖制度。1984年1月，经国务院批准，国家烟草专卖局（State Tobacco Monopoly Administration）正式成立，对烟草专卖进行全国的行政管理。在改革过程中，国务院还就清理整顿计划外烟厂、烟草机构的组建、经济特区和沿海开放城市实行烟草专卖等问题下发了一系列重要文件，做出了各方面的明确规定。到1985年底，基本完成了全国烟草机构的组建和上划工作，在我国历史上第一次建立起了“统一领导、垂直管理、专卖专营”的国家烟草专卖管理制度。1991 年 6 月 29 日，七届全国人大常委会第二十次会议正式通过《中华人民共和国烟草专卖法》。1997 年 7 月 3 日，国务院颁布《中华人民共和国烟草专卖法实施条例》。至此，实行国家烟草专卖制度这一成功的改革，以国家法律形式确定下来，有力地促进并保证了新时期我国烟草行业持续、稳定、快速的发展。

自 1982 年中国烟草总公司成立以来，我国烟草行业在“六五”、“七五”期间，通过大规模的基本建设和技术改造，“两烟”（烟叶和卷烟）生产规模迅速扩大，走出一条以规模扩张为主要特征的“规模效益型”发展道路；“八五”期间，坚持“控制总量，提高质量，调整结构，增加效益”的方针，实行了行业经济效益迅速增长，走出了一条以产品结构调整为主的“结构效益型”发展道路；“九五”期间，确立了“狠抓基础，稳重求进”的指导思想和跨世纪改革与发展的基本思路，严格控制“两烟”总量，并调整结构，行业整体经济效益保持稳步增长，走出了一条以规范运作为主要特征的“稳中求进”的发展道路。

“十五”期间，烟草行业围绕“做精做强主业、保持平稳发展”的基本方针和“深化改革，推动重组，走向联合，共同发展”的主要任务，坚决关闭小烟厂，大力推进卷烟中型及重点工业企业联合重组，积极实施品牌整合扩张，加快取消县级公司法人资格，行业组织结构调整取得了显著成效。“十五”期间，全国卷烟工业企业数量年均减少 21 家，企业平均生产规模年均扩大 66.2 亿支，最大的 10 家企业生产集中度年均提高 3.9 个百分点。到 2005 年，全国卷烟工业企业数为 44 家，比 2000 年减少了 107 家；平均卷烟生产规模为 441.4 亿支，比 2000 年增加了 331.0 亿支；最大的 10 家企业生产集中度达到了 51.9%，比 2000 年提高了 19.7 个百分点（图 1-2）。

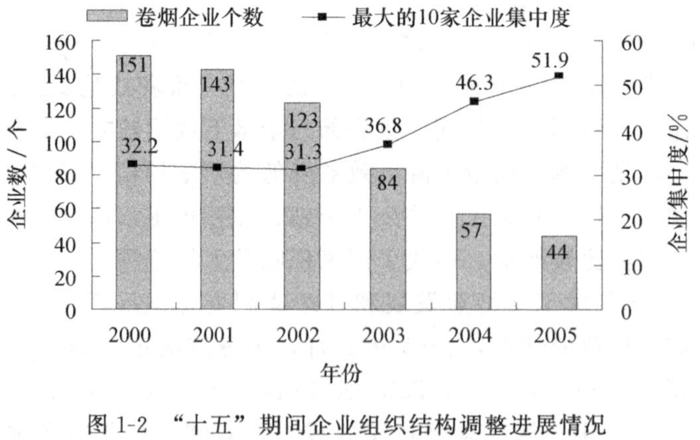

图 1-2 “十五”期间企业组织结构调整进展情况

（李保江等，2006）

“十五”期间，全国卷烟品牌数量年均减少 171 个，品牌生产规模年均扩大 9.1 亿支，最大的 10 个品牌集中度年均提高 2.1 个百分点。到 2005 年，全国卷烟品牌数为 325 个，比 2000 年减少 856 个；平均生产规模为 59.8 亿支，比 2000 年增加了 45.6 亿支；最大的 10 个品牌集中度达到了 26.4%，比 2000 年提高了 10.6 个百分点（图 1-3）。

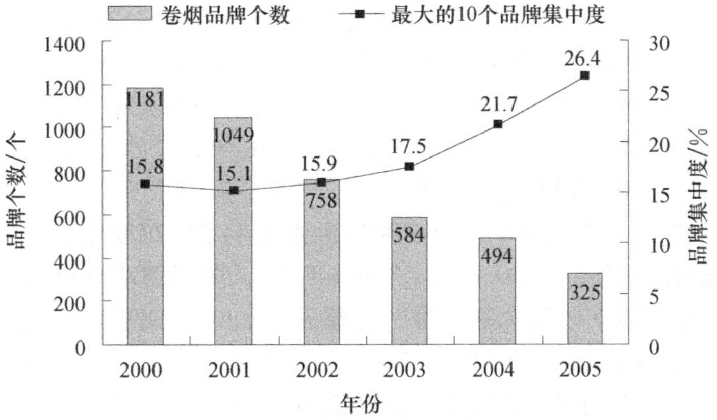

图 1-3　“十五”期间卷烟品牌整合扩张情况
（李保江等，2006）

通过改革调整，全国独立核算的商业企业已从 2000 年的 2061 家减少至 2005 年的 720 家，年均减少 268 家（图 1-4）。

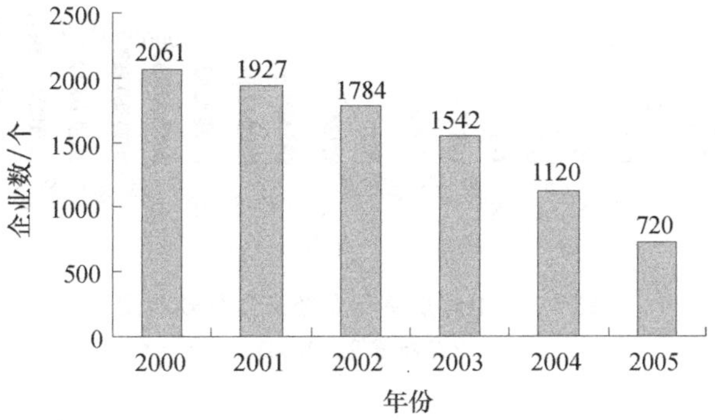

图 1-4　“十五”期间全国独立核算的商业企业变化情况
（李保江等，2006）

烟草行业的经济运行机制还包括，在利益分配上实行总公司向国家财政总承包，对下层层承包，并在全系统实行“工效挂钩”办法；在企业内部分配上，根据岗位和工种实行各种形式的经济承包责任制，并贯彻按劳分配原则；在企业领导体制上，认真贯彻“三个条例”和“企业法”精神，进一步发挥企业党组织的政治核心作用，坚持和完善厂长负责制度等。正是由于我国烟草行业建立了适应我国市场经济发展规律的经济运行机制，催化了烟草行业的经济效益和社会效益。“两烟”产量居世界第一位，拥有固定资产净值 798 亿元（1999 年底），已经形成较为完善的产供销、内外贸、人财物的统一管理、专卖专营的产业体系。

20 世纪 80 年代初实现烟草专卖制度以来，烟草行业经济效益不断提高。1982 年行业开始组建时，实现工商利税 97.6 亿元，1985 年工商合计实现利税 129.37 亿元，比 1982 年增长 32.6%。1986～1990 年，累计实现工商利税 1189 亿元，其中 1990 年为 312.26 亿元，比 1985 年增长 141.4%。1991～1995 年，累计实现工商利税 2643 亿元，比前 5 年增长 122%。1996～2000 年，累计实现工商利税 5129 亿元，比前 5 年增长 94%。烟草行业工商利税的增长，为国家财政增加了收入。1984 年烟草行业工商利税总额相当于当年全国财政收入的 6%，1988～1998 年，烟草行业实现税利总额都相当于当年国家财政收入的 10%以上，其中 1995 年、1996 年达 13%。1988～1999 年，连续 12 年实现利税总额位列全国各行业之首。

进入 21 世纪以后，中国烟草行业面临的形势发生了深刻变化，各项改革进一步推进，取得令人瞩目的成绩。2001～2005 年的 5 年间，中国烟草行业实现了创利税从突破 1000 亿元到超过 2400 亿元“翻一番”的跨越。2001 年实现工商利税 1218.9 亿元，2002 年 1459.9 亿元，2003 年 1691.7 亿元，2004 年 2234.7 亿元，2005 年达到 2494.56 亿元。“十五”期间累计实现工商利税 9099.76 亿元（图 1-5）。

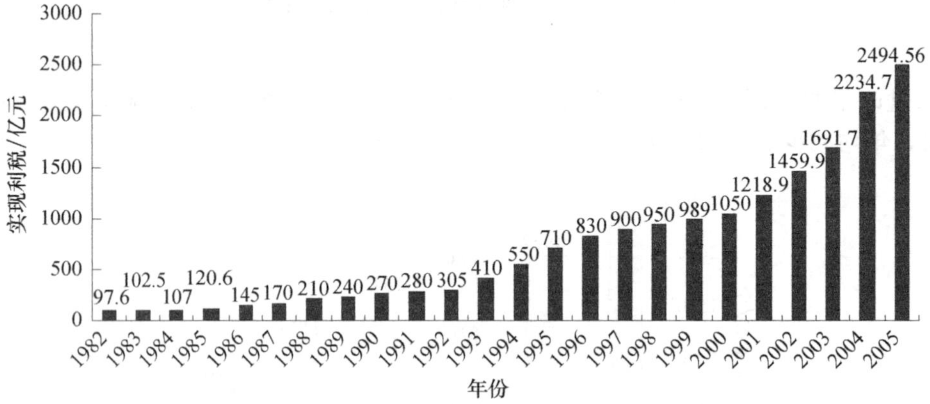

图 1-5 中国烟草行业经济运行效益图

（孙新雷等，2003）

第四节 我国烟区分布及区划

一、我国烟区分布及区划概况

由于我国烟区分布十分广泛，各烟区的自然条件相差很大，而自然条件又与烟草类型的分布、生长发育、栽培种植和产量品质有密切关系，划分烟区的目的就是在阐明自然条件的基础上，为今后的烟草生产和发展提供一定的依据。20 世纪 60 年代初期中央农业部根据行政区划，参考生态条件，将我国划分为以下六大产区。

黄淮烟区：包括河南、山东、山西、河北等省全部，江苏、安徽省的长江以北地区以及陕西省的关中平原。该区是我国最大的烟区。

西南烟区：包括云南、贵州、四川 3 省，是我国第二大烟区。

东北烟区：包括辽宁、吉林、黑龙江 3 省和内蒙古自治区的一部分。

华南烟区：包括广东、广西、福建和台湾 4 个省（区）。

华中烟区：包括湖南、湖北、江西、浙江 4 省和苏南、皖南地区。

西北烟区：包括陕北、甘南、青海东部，宁夏中部，内蒙古西部和新疆。

20 世纪 60 年代以后我国烟区有了很大变化，老烟区种植面积不断扩大，新烟区不断发展，种植分散，分布不合理，计划控制不灵，优质烟区的优势得不到充分发挥。同时，烤烟种植面积不断增加，晾晒烟种植面积逐渐下降，使得我国烟叶的产需关系失调。因此，对我国烟区进行更进一步的区域研究是合理利用自然资源、发挥地方烟草优势、实现烟草种植区域化和专业化的前提，也是扭转我国烟区布局混乱的局面，提高烟叶质量的根本措施。

1979 年成立了由中国农业科学院烟草研究所牵头，全国各地烟草研究机构参加的全国烟草种植区划研究协作组，1980 年开始工作，1985 年完成此项工作。

在对我国烟草种植区划研究时，以生态条件是否适宜生产符合卷烟工业需要的优质烤烟为标准，从适宜性和限制性两个方面选择对形成优质烤烟起主导作用或重要作用的生态因素作为判别标志，并按对烟叶质量的影响程度，定性或定量地制定指标系统，根据这个指标系统将各地划分为最适宜类型、适宜类型、次适宜类型和不适宜类型四个等级（表 1-16）。

表 1-16　烤烟适生类型划分指标系统

适生类型	主要划分指标	
不适宜类型	无霜期	＜120 天
	0～60cm 土层土壤含 Cl^- 量	＞45mg/kg
次适宜类型	无霜期	≥120 天
	日均温≥20℃持续日数	＞50 天
	≥10℃的积温	＜2600℃
	0～60cm 土层土壤含 Cl^- 量	＜45mg/kg
适宜类型	无霜期	＞120 天
	日均温≥20℃持续日数	≥70 天
	≥10℃的积温	＞2600℃
	0～60cm 土层土壤含 Cl^- 量	＜30mg/kg
	土壤 pH	5.0～7.0
	地貌类型	中低山、低山、丘陵、高原
最适宜类型	无霜期	＞120 天
	日均温≥20℃持续日数	≥70 天
	≥10℃的积温	＞2600℃
	0～60cm 土层土壤含 Cl^- 量	＜30mg/kg
	土壤 pH	5.5～6.5
	地貌类型	中低山、低山、丘陵、高原
	烟叶内在质量	香气质好、香气量足、气味纯净

同时又对我国烟区进行了详细的划分，共划分出 7 个一级区和 27 个二级区。

一级区，以方位命名，反映对烟区生产有重大影响的自然条件的地带性特征和长期历史形成的烟草生产的基本特点。

二级区采用地形区和主要的烟草类型命名，着重反映非地带性造成的自然条件的差异和烟草类型、发展方向的重大差异（表 1-17）。

表 1-17 全国烟草种植区划系统

一级区	二级区
Ⅰ北部西部烟区	（未分）
Ⅱ东北部烟区	Ⅱ-1 松嫩、三江平原晒烟区 Ⅱ-2 辽宁平原、丘陵烤烟区 Ⅱ-3 长白山山地烤烟、晒烟区
Ⅲ黄淮海烟区	Ⅲ-1 内蒙古长城沿线晒烟区 Ⅲ-2 渭北高原——陕北丘陵、沟壑烤烟区 Ⅲ-3 山西高原晒烟区 Ⅲ-4 黄淮海平原烤烟区 Ⅲ-5 山东丘陵烤烟区 Ⅲ-6 渭汾谷地烤烟区 Ⅲ-7 豫西山地丘陵烤烟区
Ⅳ长江上中游烟区	Ⅳ-1 秦岭大巴山山地晒烟区 Ⅳ-2 四川盆地晒烟、烤烟区 Ⅳ-3 川东鄂西山地白肋烟、烤烟区
Ⅴ长江中下游烟区	Ⅴ-1 鄂豫皖低山丘陵晒烟、烤烟区 Ⅴ-2 长江中下游平原晒烟区 Ⅴ-3 江南丘陵山地烤烟、晒烟区 Ⅴ-4 浙闽丘陵晒烟、烤烟区 Ⅴ-5 南岭丘陵烤烟、晒烟区
Ⅵ西南部烟区	Ⅵ-1 滇南山地烤烟、晒烟区 Ⅵ-2 川滇高原山地烤烟、晒烟区 Ⅵ-3 湘西丘陵贵州高原烤烟、晒烟区 Ⅵ-4 云南高原烤烟、晒烟区
Ⅶ南部烟区	Ⅶ-1 滇南山地晒烟区 Ⅶ-2 粤西桂南丘陵台地晒烟、烤烟区 Ⅶ-3 闽南粤东粤中丘陵平原烤烟、晒烟区 Ⅶ-4 海南雷州晒烟区 Ⅶ-5 台湾烤烟区

二、各烟区简介

（一）北部西部烟区

从黑龙江省小兴安岭向西经大兴安岭，沿内蒙古高原南部，经甘肃的渭源、青藏高原东缘，直至我国西南边陲的贡山，包括黑龙江省西部、吉林省西部、内蒙古、甘肃大部、宁夏、青海、新疆、西藏等省（区），以及四川省西部和云南省西北部，范围约占1/2 国土面积。

该区面积广阔，但热量不足，水利资源较缺，部分地区土壤有不同程度的盐渍化。北部兴安岭一带，土壤冻结期达半年以上，≥10℃积温为 1300～2200℃，无霜期只有 80～120 天。因受气候、土壤等因素的限制，大部分地区不适合于种植普通烟草。甘肃、宁夏、新疆一部分地区热量条件相对较好，≥10℃的积温为 2600～4300℃，但年降水量大多在 100mm 以下，气候干旱。有一定灌溉条件的地区，适宜种植较耐寒的黄花烟草。甘肃兰州附近黄河沿岸谷地，多为灰钙土，所产水烟质量最佳，商品性较强，已形成较集中的产区。新疆伊犁河流的伊宁、霍城等地，多为棕钙土和灰钙土，气候较温和，≥10℃的积温为 3300～3500℃，适宜栽培黄花烟草，加工后称为莫合烟。

北部西部烟区适宜发展黄花烟，对兰州水烟、新疆莫合烟，应根据需要分别在兰州附近的榆中、靖远、临洮、永登、皋兰及新疆的霍城等质量最佳的地区建立商品基地。

（二）东北部烟区

西起大兴安岭，北至小兴安岭，东抵长白山，南达辽东半岛和渤海沿岸，包括黑龙江、吉林、辽宁 3 省的大部分。区内有松辽、三江两大平原。主要土壤有黑土、黑钙土、暗棕壤、草甸土等。土层深厚，自然肥力高。但有些平原地区土壤沼泽化、盐渍化，由平原向山地过渡的山前洪积台地和岗坡地较适合种植烟草。

该区土地和水资源丰富，但热量不足。多数地区≥10℃的积温不足3000℃，北部仅2000℃左右。年日照时数2300～3000h。年降水量400～800mm。南部无霜期可达140～180天，北部仅80～120天。烟草生长季节常有低温冷害侵袭，无特殊栽培措施，北部留种困难。该区晒红烟分布较广，通称“关东烟”，著名的有吉林蛟河晒烟，黑龙江刀翎晒烟和亚布力、穆棱晒烟等。烤烟主要分布在南部辽宁省的凤城、岫岩、西丰、吉林省东部的延吉、和龙和黑龙江省北部的牡丹江地区。

本烟区的发展方向是：优质晒烟应适当集中，进一步挖掘适于做混合型卷烟原料的晒烟品种，改进烤烟生产技术，提高烟碱含量和烤烟质量。

（三）黄淮海烟区

从北部的北票、赤城、固阳一线，南至秦岭、淮河，西达包头、榆林、渭源一线，东临渤海、黄海，包括内蒙古自治区东南部，河北、山西、山东省全部，陕西、河南省大部，江苏、安徽淮河以北地区。

北部水热资源不足，≥10℃的积温仅2500～3200℃，无霜期125～150天，年降水量350～400mm，是由半湿润地区向半干旱和干旱地区的过渡地带。南部为暖温带，≥10℃的积温为4000～4500℃，无霜期175～220天，年降水量500～800mm，最多可达1000mm，多集中在夏季，常有春旱，农作物种植，自南向北为1年2熟，2年3熟和1年1熟。该区土壤较为复杂，北部多为栗钙土，西部黄土高原多为黄绵土和黑垆土。华北平原为黄潮土。淮北多为沙姜黑土，山东丘陵多为褐土和棕壤。

这是我国最大的烤烟产区，也是发展烤烟最早的产区，主要分布在豫中和鲁中。历史上著名的“许昌烟”，油润丰满，有突出的浓香。驰名中外的“青州烟”，颜色金黄，醇化潜力好。但自50年代末期以来，这些老烟区的烟质有不同程度的下降。20世纪70年代初期，山东省发展了鲁中南新烟区。80年代初期，河南开辟了豫西烟区。所产烟叶颜色较深，烟气较足，质量优于老烟区。陕西黄土高原近年来烤烟发展较快，所产烟叶燃烧性较好，但油分较少。

该区山西高原和内蒙古长城沿线，种植黄花烟较普遍，但多系农民自给性生产，商品率较低。今后烤烟发展方向是调整布局，压缩不适宜区，发展适宜区，在布局调整的同时，实行品种区域化和栽培规范化，提高烟叶质量。逐步实现区域化，专业化种植。

（四）长江上中游烟区

该区地形复杂，有秦岭大巴山山地、汉水谷地、四川盆地及川东鄂西的中山山地，包括陕西南部、湖北西部、甘肃东南部和四川盆地，地跨暖温带、北亚热带和中亚热带。热量较足，≥10℃的积温为4500～5500℃，雨量充沛，年降水量800～2000mm，但日照条件略差。

四川盆地属亚热带湿润季风气候，冬暖夏热，云雾多，部分地区日照少。主要土壤为紫色土和紫泥土，养分含量高。该区是我国晒烟和白肋烟主要产地。四川盆地的“毛烟”和“柳烟”，产量多，质量佳，颜色深褐，带有黑色光彩，富油润，烟味浓厚，是我国的优质雪茄烟原料。鄂西川东是20世纪60年代初期引进种植的白肋烟区，目前生产已具规模。本区今后应根据“因地制宜，适当集中”的方针，合理布局，搞好成都平原晾晒烟和川东、鄂西白肋烟两个生产基地的建设。

（五）长江中下游烟区

位于淮海—伏牛山一线以南，福州—梧州一线以北，鄂西北部—雪峰山一线以东，包括浙江、江西、江苏、安徽、湖北、湖南等省大部，福建西北部、广东、广西北部以及河南南部。

该区气候温暖湿润，≥10℃的积温为4500～6500℃，无霜期210～230天，年降水量800～2000mm。主要有黄壤、黄棕壤、红壤和水稻土。农作物一般为1年2熟，部分地区2年5熟或1年3熟。

该区烟草类型多样，分布广泛。烤烟主要分布在河南邓州，安徽凤阳、定远，福建永定、上杭、三明，湖北襄阳、枣阳、随州，广东梅县，湖南郴州等地。其中以永定为代表的闽西地区是我国烤烟最适宜区之一，河南邓州、湖南郴州、广东梅县的烟质也较好。该区晒烟分布较广，以江西广丰的“紫老烟”、广东南雄晒黄烟、湖北黄冈晒黄烟最负盛名。福建沙县、福鼎，江西瑞金、信丰，浙江桐乡等地的晒烟，烟质也较好。浙江新昌香料烟具有较好的香气。今后应充分发挥地区优势，以永定和湘南为烤烟生产基地，巩固新昌香料烟生产，根据需要发展广丰、信丰等利用价值较好的晒烟。

（六）西南部烟区

该区地处西南边陲，包括云南省大部，贵州全省，川南、湘西、鄂西南和桂西南。全区大部分为云贵高原及斜坡地带，海拔为1000～2000m，自然景观的差异和气候的垂直差异十分明显，水热条件较好，而光照较弱，贵州高原日照时数少。大部分地区≥10℃的积温在4500℃以上，雨量充沛，年降水量约1000mm。云南高原干湿季节明显。贵州高原阴雨天气多，但基本属于雨热同季，有利于烤烟生产。土壤主要为红壤、黄壤及黄棕壤，多呈酸性或微酸性，酸碱度适宜，含氯量较少，质地较黏，但排水良好，适宜烤烟生长。农作物1年1熟、2熟或3熟。

该区烤烟烟质较好，以玉溪为代表的滇中、滇东地区，以遵义为代表的黔北地区是我国烤烟的最适宜区之一，云南玉溪、江川所产烤烟，颜色较深，组织细致，油分足，弹性好，烟味清香。晒烟也很丰富，如贵州惠水、独山、天柱，湘西凤凰，云南腾冲等地所产晒烟各具特色，均有较高的工业利用价值。该区无论烤烟还是晾晒烟，在质量上都有明显优势。今后应有计划地建立优质烤烟生产基地，混合型卷烟和雪茄烟原料基地，压缩高寒山区的烤烟。

（七）南部烟区

该区包括福建东南部，广东、广西南部，云南西南部，海南岛及台湾省。

该区地处南亚热带及热带，水热资源极为丰富，≥10℃的积温为6500～9500℃，高温多雨，年平均气温一般在20℃以上，冬季温和无霜，年降水量多为1400～2000mm，干湿季节明显，夏秋季常有台风袭击。土壤多为红壤，农作物 1 年 3 熟至 4 熟。

该区是我国唯一可种冬烟的地区。烤烟质量以闽南较好。冬烤烟因冬春低温，大田后期多雨，加之要及时栽插早稻，使烟叶不能充分成熟即采收，烤后烟叶薄，颜色浅，香气较平淡，烟质差，产量低而不稳定。近年来改冬烟为春烟，质量有所提高。台湾莲花地区所产烟叶香气浓，吃味较好。该区晒烟较丰富。广东高鹤、新会、廉江的晒红烟，福建平和的晒黄烟，广西武鸣的晾烟各具特色。该区应压缩粤西、桂南的冬烤烟，把闽南冬烟改为春烟，避免施含氯量高的肥料，挖掘并发展晒烟生产，建立雪茄烟和混合型卷烟优质原料生产基地。

思考题

1. 烟草起源于什么年代？其证据是什么？
2. 烟草历史的记载开始于什么年代？其背景事件是什么？
3. 简述烟草在世界各大洲传播的概况。
4. 简述最初的卷烟和卷烟机的发展概况。
5. 简述世界烟草分布及各国烟草产量概况。
6. 各种类型烟草的主产国家有哪些？
7. 简述历年世界烟草生产概况及主产国家烟草生产概况。
8. 分述世界上烤烟、白肋烟、香料烟的质量状况。
9. 简述世界烟叶贸易市场概况和特点。
10. 简述世界卷烟生产概况和消费概况。
11. 目前我国烟叶生产概况如何？烟叶质量状况如何？
12. 试述我国卷烟生产概况和卷烟质量状况。
13. 试述我国烟区分布状况及主要烟区。

第二章　烟草和烟制品类型

第一节　烟草的类型划分

由于烟草在世界范围内的分布相当广泛，在各地不同的自然条件、栽培措施和调制方法的综合作用下，形成了品质特点各异的烟草类型（这里不是指植物学上的分类），另一方面，烟草消费形成的多样化也促进了烟草类型向着复杂化方向发展以至于形成了目前世界上的多种多样的烟草类型。它们都具有自己特有的品种、特定的栽培及调制方法和独具特点的品质。如有的是在自然条件下栽培，有的是在遮阴条件下栽培；有的采用烤制、晒制或晾制，有的则采用明火烤制；有的香气浓郁，有的生理强度大，有的填充力强，燃烧性好等。不同类型的烟草在工业上也有自己特定的用途。因此，为了更好地生产不同品质特点的烟草，给卷烟工业提供稳定的、多类型的原料，以满足人们的不同消费习惯，有必要对如此众多的烟草类型进行详细而又系统的分类。然而，烟草类型的多样性又给烟草类型的划分带来一定的困难。到目前为止，尽管划分类型的方法很多，但国内外尚无一个统一的、完善的标准。

就目前世界上烟草类型的划分情况来看，各国的标准极不一致，有的按植物学的分类，有的按商品类型划分，有的则按调制方法和颜色进行划分，如美国将国内大量生产的烟草分为烤烟、明火烤烟、晾烟、雪茄芯烟、雪茄内包皮、雪茄外包皮 6 类。世界上统计烟草产量时把烟叶分为烤烟、香料烟、深色晾晒烟、白肋烟、淡色晾烟、深色晾烟雪茄烟、深色明火烤烟 7 类。我国过去是根据调制方法分为烤烟、晒烟、晾烟，然后在晒烟和晾烟中又划分出几个类别，凡调制过程中以晒制为主的列入晒烟，凡以晾制为主的列入晾烟，并按不同的调制方法，结合颜色进行归纳分类。最近几年的文献中又把烟草按植物学形态、产地来源、调制方法和品质特点分为烤烟、白肋烟、香料烟、马里兰烟、黄花烟和地方性晒晾烟。此外，我国烟草工业系统也曾按香气和用途对晾晒烟划分 10 个类型：香料型、半香料型、似烤烟型、白肋烟型、调味型、雪茄型、亚雪茄型、填充型、皮丝烟型、马合烟型。在本书中，我们将根据国内外的几种分类方法，以调制方法为主，结合其他因素，对主要烟草类型进行介绍。

一、烤烟

所谓烤烟就是将这种烟草生长成熟的叶片置于烤房中，进行人工加热，控制温度湿度，使叶片变黄烤干。由于在烤房中热量的传递是靠火管来实现的，故烤烟又叫火管烤烟。又由于烤烟起源于美国弗吉尼亚州，所以它也被称作弗吉尼亚型（virginia）。

烤烟起源于一件偶然的事件。1839 年，北卡罗来纳州卡斯韦尔（Caswell）县阿比斯亚·斯拉德农场的一位青年雇工，在明火烤烟房内，用明火烤制烟叶时，由于火力非常小，并且用木炭代替湿木头，烤出的烟叶比当时正常烟叶黄亮得多。斯拉德评价了这一偶然发现的重要意义，并报道了这一雇工的发现，之后木炭烤烟就受到极大的重视。在推广的同时，人们研究了达到同样目的其他途径，到1867～1868年，开始在烤房内利用不生产燃烧烟气的火源加热。1872年，北卡罗来纳州普遍采用了暖气管。当时这些暖气管还不太完善，之后又几经改进，于1893年实验成功后推广到了全世界。

烤烟植株的重要特征是植株较大，叶片分布疏散而均匀。一般株高120～150cm，单株着叶20～30片，叶片厚薄适中，中部叶片质量最佳，烟叶自下而上成熟，分次采收烘烤。烤烟需要中等质地和肥力的土壤。忌施过多氮肥（彩图2-1，彩图2-2，彩图2-3）。

由于烤烟的调制时间较短（5～7天），避免了黄色素类物质的过度分解和多酚类物质的氧化，故烤后叶片多呈橘黄色和柠檬黄色。此外，在烤制过程中碳水化合物大量分解为糖，没有进一步氧化，并且叶片保留着充足的自然油分，致使叶片柔软、富有弹性。从化学成分上讲，在所有烟草类型中，烤烟的含糖量最高，而氮素含量适量偏低，烟碱含量中等，糖蛋比较高。

烤烟自问世以来，由于其本身的优点，迅速传遍了全世界，并逐渐占领了主导地位。目前烤烟的种植面积和产量均居第一位，世界烤烟产量占烟草总产量的55%左右，在我国烤烟的种植面积和产量分别占烟草总种植面积和产量的78%和84%左右。烤烟是卷烟工业的主要原料，可用来制造烤烟型和混合型卷烟，上部颜色较深的烤烟烟叶也可用来制造斗烟（彩图2-4，彩图2-5）。

二、晾烟

晾烟是指烟叶成熟收获后（逐叶采收或整株收获），置于阴凉通风的场所，靠自然空气的流通使其干燥而成的烟叶。晾烟有浅色晾烟（白肋烟、马里兰烟）和深色晾烟之分。而其中的白肋烟、马里兰烟和雪茄烟叶因别具一格，均已自成一类。但在我国，除将白肋烟单独作为一个烟草类型外，其余所有的晾烟均归属于此类。

（一）雪茄烟叶

雪茄烟叶是用于制造雪茄（cigar）的原料。按照烟叶专门的用途，分为芯烟、内包皮烟和外包皮烟。芯烟是雪茄烟的中心部分，含在内包皮之内，而内包皮又被外包皮所包裹。这三种烟叶都具有深色晾烟的基本特征，都拥有雪茄的香气。芯烟、内包皮和外包皮烟叶的质量特点和所要求的生长环境及栽培技术有很大的区别。

芯烟在国外几乎全部是深色晾烟，但也有使用晒烟的，在国内则以晒红烟为主。由于芯烟占雪茄烟支重量的75%左右，对内在质量起决定性作用，因此它的品质特点要具有典型的雪茄香气和吃味，且具有一定的吃味强度，颜色均匀有光泽，填充性好，燃烧性好，灰白紧卷。芯烟所要求的土壤质地较重，肥力较高，栽培上需要较多的氮肥。它对氮元素的吸收时间可以延长到成熟期。芯烟打顶较低，采用逐叶采收或整株采收，然后进行调制。

内包皮烟是一种较细致柔软的烟叶，质地细腻，具有相当大的弹性和良好的组织结构，当然还具有典型的雪茄烟烟气，对颜色的深浅无特殊的要求。为了保证内包皮烟的迅速生长，要求土壤肥沃，并且有良好的中等疏松的结构。相对高的田间湿度有助于烟叶的后期生长，可形成适宜的薄叶。内包皮烟多是逐叶采收而晾制的。

外包皮烟要求叶片大小适中，叶型较宽，完整度好，叶片薄，支脉细而不突出，组织细致，弹性好，拉力强，燃烧性均匀且完全，灰白紧卷。外观上要求光泽强，颜色较浅而均匀，高档外包皮烟以浅褐色为好。外包皮烟对香气和吃味的要求不太严格，只要不影响或有助于雪茄香气和吃味均可。优质外包皮烟对生长环境的要求非常严格，土层深厚、质地疏松、自然排水性良好、富含有机质是生产外包皮烟的理想土壤条件。只有在这样的土壤上，烟叶才能够迅速且不间断地生长，从而达到外包皮烟的质量要求。此外，湿度也是相当重要的，只有较高的空气相对湿度才能形成典型的柔软而细腻的外包皮烟。因此，长期以来，优质外包皮烟只产于在烟叶生长季节经常处于阴雨天气的热带岛屿。国外为了获得品质优良的外包皮烟叶而采用遮阴栽培，在烟田罩上较稀的纱布或遮阳网，使烟株在布幕下生长，幕下湿度较大，烈日不直接照射，使生长出身份较薄而组织细腻的叶片。我国最近几年也利用人工遮阴栽培技术，在内陆地区也能成功地生产外包皮烟叶。

雪茄烟的三种原料可来自于同一烟株上，外包皮烟是下部叶片，内包皮烟是中部叶片，芯烟则是上部叶片，一株烟上这三种烟叶的比例不一定相同，要依据品种和其他因素而定。实际上，一株烟或者一个产区由于种种因素往往只生产一种主要烟叶，而其他烟叶都是次要的，如印度尼西亚的苏门答腊东海岸是世界著名的外包皮烟产区，古巴西部的凡尔他阿巴乔是著名的芯烟产区，美国的威斯康星州则是内包皮烟产区。但是，外包皮型烟草中常有内包皮烟和芯烟，内包皮型烟草中也有外包皮烟和芯烟，而芯烟型烟草中只有少数可作为外包皮烟和内包皮烟。

我国晒烟资源丰富，很多地区种植的晒烟都具有特殊的雪茄烟香气和吃味，可用作雪茄烟原料，如四川什邡的毛烟和新都柳叶烟都是上等的芯烟原料，毛烟又是优良的内包皮烟，柳叶烟因叶窄只能择片做小雪茄包皮烟，浙江桐乡的晒红烟又是良好的外包皮原料，我国高档的雪茄烟多采用它做包皮烟，同时又是芯烟原料。其他如江西广丰的紫老晒红烟，广东高鹤的鹤山烟，广西武鸣晾烟，贵州打宾烟等都是良好的雪茄芯烟或内包皮烟原料。

（二）马里兰烟

马里兰烟（Maryland）属淡色晾烟，原产于美国马里兰州，是美国第二个古老的烟草类型。约有340多年的历史，在世界上马里兰烟的种植面积较小，产量较低，数量多统计在淡色晾晒烟内。

马里兰烟茎秆粗壮，株高180cm左右，叶形多为椭圆形，单株有效叶数32片左右，叶色深绿。从国内外的栽培情况来看种植马里兰烟的土壤以表土细沙壤、黄壤、黄棕壤，心土为沙黏土，有一定的通气透水性，pH中性至微酸性，富含磷、钾的土壤较为适宜。由于马里兰烟要求叶片薄而组织疏松，所以在生长期内要掌握没有显著缺水的环境，因为若水分缺少，会使叶片变厚、组织紧密，导致燃烧性变差。马里兰烟的施肥量比白肋烟低，和烤烟相近。在国外，多采用砍株晾制。我国习惯上采用逐叶采收法，目前正在试用半整株采收法（彩图 2-6）。

我国种植的中阔叶型马里兰 609，晾晒后，多为深黄至棕黄色，叶片薄，组织疏松，填充性强，燃烧性好，持火能力强。从化学成分上讲，马里兰烟的含糖量低，烟碱含量适中，果胶质和粗纤维的含量较高。此外，国内外的研究一致表明，马里兰烟的湿焦油量在各类烟叶中是最低的。

世界上马里兰烟的主产国是美国，产量约占马里兰烟总产量的 91%。其次，在意大利、南非和日本有少量生产。我国于 1980 年首次在河南登封试种，之后又在安徽临泉、湖北郧县和吉林伊道试种，但都未形成商品基地。目前在湖北五峰县和云南保山地区有一定量的马里兰烟生产。在工业上，马里兰烟主要用作混合型卷烟的配料，它的脚叶和顶叶也可用作雪茄芯烟的原料。此外，还可以适当用于烤烟型卷烟中，以改进吃味和燃烧性而不会影响烤烟型卷烟的风格。

（三）地方性晾烟

地方性晾烟是在特定的土壤、气候、栽培、调制和品种条件下所形成的具有地域特色的晾烟。独具一格，这类烟一般多种在重质土壤上。调制后烟叶呈棕色，颜色较深，吸味强烈，可用作雪茄烟、卷烟的原料。地方性晾烟的种类很多，零星分布于世界各地。下面仅就美国的 Perique 烟和我国的武鸣晾烟作简单介绍。Perique 烟即美国农业部分级标准中的 72 型，只产于美国路易斯安那州的几个乡镇，总产量约为 68 100kg，有 50%用于出口。据早期的报道，这种烟在吃味和香味上均不同于其他栽培类型，加工后比其他任何烟型都富有更浓的香气，它富有馥香、醇和、丰满的吃味，能刺激消化器官，而不影响神经系统。早期使用这种烟作嚼烟和丝烟的混合原料。现在，美国和其他国家用这种烟作混合型卷烟。

武鸣晾烟产于我国广西武鸣县，其栽培方法近似于晒红烟，但调制方法是整株晾晒法。待烟叶晾干后再进行堆积发酵。调制后的烟叶呈深褐色，有光泽，油分足。以手指压叶面能呈现清晰的指纹，烟把内叶片互相黏结，竖起时亦不自然散开，弹性很强，搓揉后叶片很快弹回原状。叶片较厚，主脉细小，组织细致，香味浓醇、丰满，燃烧性强，烟灰洁白不散。尤其是顶部的三片肥大的叶子——“武鸣三花顶”品质最好，具有特殊的香味且顺喉。武鸣晾烟在我国主要用作雪茄烟的芯烟原料，尤以香气质好而名贵。

三、白肋烟

白肋烟（Burley）属于淡色晾烟，起源于美国俄亥俄州，它的正确叫法应是白色白肋烟，据说白肋是一个农民的名字。1864 年，在美国俄亥俄州布朗县的乔治·韦伯农场，自肯培基引进的小白肋品种的苗床中首次发现了奶黄色缺绿突变植株，当时把它当作有病植株抛弃了。第二年重复出现时，把它保留并繁殖下来，后经专门种植证明其具有特殊的使用价值，因而发展成为烟草的一个新类型，并逐渐替代了原来的深色白肋烟品种。

白肋烟植株最典型的特征是茎和叶脉呈乳白色。它适宜于在土层深厚，肥力较高，含氮量中等偏上，富含钾、钙、排水和保水良好，结构疏松的土壤上种植。大量的研究表明，在质地较重，结构紧密的土壤上是生产不出优质白肋烟的。和雪茄包叶烟一样，白肋烟只在无明显干旱的条件下才能保证其叶片薄而组织疏松的质量特点。白肋烟生长较快，单株留叶一般为 25 片左右。叶片成熟集中，分次采收晾制或整株晾制，在任何情况下，晾制时都应当避免低温、高湿的气候条件，以防烟叶发霉。但是湿度过低，烟叶干燥过快，同样会影响烟叶的品质（彩图 2-7）。

与其他类型烟叶相比，白肋烟叶片较大而薄，组织疏松，弹性强，填充力高，阴燃保火力强，并且有良好的吸料能力，可以大量地吸收所加入的料液。白肋烟的总氮和烟碱含量较高，含糖量低。叶片具有特殊的浓香。

世界上生产白肋烟的主要国家是美国，其产量占世界白肋烟总产量的 50%左右。我国白肋烟是在新中国成立后引进发展起来的，其产区当前主要集中在鄂西和川东地区。以湖北建始、恩施、宣恩等县和四川、重庆等地生产较多。

目前世界上白肋烟类型已经发展为填充型和香味型两种，前者组织结构疏松，后者则给以强烈的白肋烟香味。生产白肋烟的国家正在致力于提高烟叶的质量，以适应优质烟制品的需要。白肋烟主要用于制造混合型卷烟。我国也把白肋烟当作雪茄包皮烟来使用。

四、晒烟

晒烟是指调制过程中大部分时间暴露于阳光下，被太阳的辐射能所干燥的烟叶。这也是一种古老的烟草类型。世界上晒烟的主产国是中国和印度。晒烟在我国有悠久的栽培历史，各地烟农不仅积累了丰富的栽培经验，并且因地制宜地创造了许多独特的晒制方法，一些名烟早已驰名中外，如四川的“泉烟”、“毛烟”和“柳烟”，江西的“紫老烟”，云南的“刀烟”，河南的“邓片”，吉林的“关东烟”等。我国习惯上按调制后烟叶颜色深浅分为晒红烟和晒黄烟两个类别（相当于国外的深色晾烟和浅色晾烟）。

（一）晒红烟

晒红烟多栽培在重质、肥沃的土壤上，施氮肥多，打顶低，留叶数少，烟叶生长旺盛，叶片肥厚，充分成熟时采收。调制过程缓慢，特别是变黄期较长，以适应烟叶化学成分变化和外观色泽形成的需要。晒制后多呈深褐色和紫褐色，以上部叶片质量最好。晒红烟的烟碱、蛋白质及其他含氮化合物含量高，糖分含量低，烟气刺激性大，生理强度大，吃味丰满，目前主要用作雪茄烟的原料，亦可用作其他烟制品的原料（彩图 2-8）。

（二）晒黄烟

我国晒黄烟的种类很多，一般按色泽可分为淡色和深色两个小类，淡色晒黄烟多栽培在中、低肥力土壤上，施肥量、密度和留叶数与烤烟相近，淡色晒黄烟一般多用于混合型卷烟和烤烟型卷烟，有的亦可用于香料型卷烟及其他烟制品。深色晒黄烟的栽培技术与晒红烟相近。这个类型烟是介于淡色晒黄烟和晒红烟之间的一个小类，它可用于雪茄烟、混合型卷烟及其他烟制品。我国的晒黄烟以广东的南雄、湖南宁乡、吉林蛟河、湖北黄冈、江西广丰的品质较好。

五、香料烟

香料烟又称东方型烟和土耳其烟。其特点是株形瘦小，株高随栽培条件有很大差异，一般为 30～180cm，高的可达 300cm。在各类型烟草中以香料烟的茎围最小，一般 4～4.5cm。香料烟每株着叶 30 片左右，其叶形变化较大，有的是心脏形，有的是宽卵圆形；有的有叶柄，有的无叶柄；有的叶柄有叶耳，有的有叶柄无叶耳（彩图 2-9）。

香料烟与其他烟草类型在形态上的重大差别，导致人们特别关注其起源。国外的研究表明，香料烟的历史约始于发现新大陆后的一百年左右，是由西班牙、葡萄牙、荷兰和英国商人带到地中海沿岸的国家，以后又传入相邻的国家。

调制后的香料烟叶片较小，只有 7.5～20cm。颜色较为复杂，在柠檬黄到红褐色之间变化，吃味好，易燃烧，填充力强。最重要的品质特点是具有浓郁的晒烟芳香。香料烟的烟碱含量较低，其他成分介于烤烟和晒红烟之间。据研究其芳香来源于叶片腺毛的分泌物，这些分泌物在醇化和发酵过程中经聚合和转化形成具有特殊香气的产物。

香料烟的品质特点与土壤、气候及栽培措施关系密切，实践证明，在有机质含量低，肥力不高，表土层较薄且有小石子的山坡沙土地上生长的香料烟的品质较好。从气候条件上讲，香料烟需要有雨的冬季、春末、夏初，又需要炎热干燥的夏季和秋季。在栽培上，香料烟的种植密度大，施肥量小，特别要控制氮肥，适当施用磷、钾肥，不打顶，烟叶品质以顶叶最好。自下而上分次采收，调制方法是先晾至凋萎变黄后进行曝晒。

香料烟生产过程中环境条件和栽培措施的改变将会从根本上改变香料烟的品质。在这方面，国外有 3 个研究结果，可以说明这个问题。第一个是把香料烟品种 Kavala 种植在古巴的 Pinardel Rio 省区雪茄烟土壤上，所产烟叶有雪茄烟的颜色、香气和质地。但叶形仍没有明显的变化。第二个是把香料烟品种 Samsun、Smyrna 和 Kavala 种植在美国康乃狄克山谷的遮阴栽培条件下，烟叶逐叶采摘晾制，所产烟叶拥有雪茄包叶烟的颜色、大小、质地和香气。而这些品种种植在美国的北卡罗来纳州，所产烟叶仍具有香料烟的典型特征。第三个是把雪茄烟品种 Guacharo 种植在美国北卡罗来纳州适合香料烟生长的气候和土壤条件下，按照香料烟的栽培和调制措施进行生产，结果所产烟叶相似于香料烟品种 Xanthi 的品质。

目前，优质香料烟集中产于地中海沿岸。其主产国有希腊、土耳其、原苏联、保加利亚、原南斯拉夫、罗马尼亚和意大利。我国在 20 世纪 50 年代引种香料烟，在浙江新昌试种成功。近几年来在湖北十堰、云南保山、新疆伊犁等地区试种都取得了良好效果，并且已成为我国香料烟的主产地。香料烟是香料型和混合型卷烟的原料。

六、黄花烟

据考证，黄花烟在哥伦布发现新大陆以前就在墨西哥栽培，起源地是玻利维亚、秘鲁和厄瓜多尔高原。黄花烟与其他几种烟草类型的根本区别是在植物学分类上属于不同的种，属于 *Nicotiana rustica*，生物学性状差异很大。黄花烟株高 30～150cm，打顶后株高 60cm 左右。单株留叶 8～12 片，叶片较小，卵圆形或心脏形，有叶柄，花色绿黄，种子较大。生育期较短，耐寒，多种植在高纬度高海拔和无霜期短的地区。栽培上黄花烟需种植在肥沃的土壤上，施氮肥较多，干旱和早霜是影响黄花烟生产的灾害性气候条件。逐叶采收或整株采收。其调制方法在我国多为晒制。国外有晒制的，也有晾制的。调制后的黄花烟，叶色有绿、黄和褐红色等，叶身肥厚，一般烟碱、总氮及蛋白质含量均高，而糖分含量较低，烟味浓烈劲头大（彩图 2-10，彩图 2-11）。

在世界上，以原苏联种植黄花烟最多，称之为莫合烟。我国栽培黄花烟的历史也较悠久，分布地区广，主要产区在新疆、甘肃和黑龙江。以兰州“水烟”，关东“蛤蟆烟”和伊犁“莫合烟”最负盛名。黄花烟的利用率较高，根、茎、叶均可吸用。兰州“水烟”和关东“蛤蟆烟”都是以烟叶制品吸用，而新疆莫合烟则分别粉碎茎秆和烟叶，制成颗粒，根据吸食者的不同要求而调整制品中的烟叶和烟秆比例，并以木质化程度高的茎秆基部和主根质量最佳，烟叶仅作辅助品。晒干加料焙炒后用纸卷或烟斗吸食，也有制成小丸作嚼烟用的。由于黄花烟的烟碱含量特别高，因此，某些国家（如美国）种植黄花烟是为了制造硫酸烟碱。

七、明火烤烟

明火烤烟是较古老的烟草类型，在世界烟叶总产中所占比例最小。我国没有明火烤烟的生产。明火烤烟多采用深色晾烟品种，有时也用烤烟品种。降水量充足、分布均匀、温度略高是其理想的气候条件。适宜较黏重的土壤，施氮肥较多，行、株距较大而打顶较低，留叶 12～16 片，在美国实行整株采收，在欧洲和非洲则采用逐叶采收。其调制方法比较特殊，把烟叶挂在烤房内，下面直接生火，使烟叶处于木头烟气的环境中逐渐干燥。明火烤烟调制技术关键是烟熏而不是加热。用小木块掺用硬木屑做燃料，能使浓烟增多而燃烧缓慢。使用木头的种类和烟气的强度不同，会使调制后的烟叶具有不同的特征。

明火烤烟颜色为棕色，叶表面残留有大量似胶状油质，叶片身份重。抽吸起来有明显的杂酚油气味。从化学成分上讲，总生物碱含量为 2.26%～2.91%，较马里兰烟、白肋烟、烤烟高，较晒烟低；总氮为 2.89%～3.15%，较白肋烟、晒烟低，含糖量较低。明火烤烟在国外主要用于鼻咽、嚼烟和斗烟的原料。

第二节　烟制品类型

自人类开始利用烟草以来，尽管对烟制品的使用方式没有多大的变化，仍然是吸、嗅、嚼。但烟草原料的类型却日趋复杂化，同时随着科学技术的进步，烟制品的制造方式发生了根本的改变。另一方面，人们对烟制品的消费需要和口味也不断地变化着。因此到目前为止世界上烟制品众多，类型各式各样。我国根据烟制品所用的烟草类型、制品形态以及使用方法不同把烟制品分为卷烟、雪茄、鼻烟、嚼烟、斗烟和水烟六类。

一、卷烟

卷烟是将烟叶切成烟丝，以卷烟纸卷制而成的烟制品。尽管在各类烟制品中卷烟的历史较短，但由于其具有携带方便、容易抽吸等优点，因而发展很快。现在卷烟已成为一种应用最广泛的烟制品。按其使用的原料类型、颜色及香味风格不同，卷烟可以分为以下几种类型。

（一）烤烟型

烤烟型卷烟是最早的卷烟类型，起源于英国，故又称英式卷烟。其配方是全部或大部分以烤烟为原料，也可加部分近似烤烟香气特点的淡色晒晾烟。烤烟型卷烟的品质特点是颜色较淡，着重香气，烤烟香气突出，不加香或少加香，香气浓馥清雅，鼻腔有优美怡人的香气，吸味醇和，劲头适中，喉部冲击力小，我国的大部分卷烟制品属于此类（彩图 2-12）。

（二）混合型

混合型卷烟的特点是采用烤烟、白肋烟、香料烟和其他晒晾烟为原料。颜色较深，着重香味，具有各类烟叶混合协调的香气，香气浓郁丰满、吸味醇厚、劲头较大，对喉部有一定的冲击感。重在口腔，特别是与鼻腔接近部位的香味感受，但鼻腔的香气不多，要避免对鼻腔的刺激，口感丰满，余味舒适。由于混合型卷烟具有良好的品质特点，加之其具有经济安全的优点，使得混合型卷烟自 20 世纪以来发展相当迅速，其产量逐渐增加。而其他类型的卷烟则相对减少。混合型卷烟按其配方特点和香味特征可分为美式混合型和西欧式混合型。

1. 美式混合型

起源于美国，已广泛流传于世界各地，并不断发展和变化。1953 年布鲁克斯（Brooks）描述了一般美国混合型卷烟的配方：烤烟 53％以上，白肋烟 33％以下，马里兰烟 5％以下，香料烟约 10％。25 年后典型的美式混合型卷烟配方演变为：烤烟 30％～33％，白肋烟和马里兰烟 30％～40％，香料烟 10％～16％，烟草薄片 15％～20％。美式混合型的质量特点是：香气浓郁，余味干净，无杂气，劲头大。

2. 西欧式混合型

以德国卷烟为代表，是以美式混合型为基础，结合当地消费者的口味习惯和烟草资源而创造出的一种香气更为浓馥、口味较为醇和的混合型卷烟。其配方特点表现在西欧式混合型卷烟中的白肋烟用量较美式混合型少，而香料烟用量较多。除法国外的其他西欧国家的卷烟制品大都属于此类。

（三）香料型

香料型卷烟也叫东方型或土耳其卷烟，是以 100％的香料烟为原料卷制而成的烟制品。现在倾向于使用烤烟中劲头较大的上部叶片，但配量以不影响原有的风格为宜，香料烟不抽梗，加工过程不采用较高的温度，以保持其特殊的香气不受损失。香料型卷烟的颜色为棕褐色，具有突出的香料烟香味。香气芬芳馥郁，烟味柔和优美。香料烟的香气特征较突出，侧流烟气香气很浓，入喉和顺，喜好这种香气的消费者都可接受。这类卷烟出在香料烟的主要生产国，如原苏联、土耳其、保加利亚、希腊和原南斯拉夫有生产外，其他国家很少吸用。

（四）晒烟型

晒烟型卷烟以经过特殊发酵处理的深色晒烟为主要原料，少量使用香料烟、白肋烟和烤烟。这类卷烟因其颜色深褐，又称为深色或褐色烟。其质量特点是：香味浓烈、刺激性大。主要生产于法国，受法国影响的国家和地区生产的卷烟，均属此类。

（五）外香型

这类卷烟采用混合型或烤烟型的烟叶配方，加入具有奶油香、可可香、玫瑰香、水果香的香精，烟气中具有独特的外加香香气。但必须注意的是外加香不能掩盖烟草本身的香气，并和烟香协调一致。

（六）薄荷型

它是用各种类型的烟叶配方制丝，然后喷加少量的薄荷香料而制成的卷烟。其特点是烟香与薄荷味并存，抽吸时给人一种清凉的感觉，要求薄荷味持久不减。新型的薄荷液喷加在滤嘴头或卷烟纸搭口上。薄荷烟主要销于湿热地区和夏令季节。

（七）雪茄型

雪茄型卷烟是完全采用具有雪茄烟叶质量特点的晾晒烟（或部分掺用上部烤烟）为原料，以棕色卷烟纸卷制而成的烟制品，抽吸时雪茄烟的香味风格明显，劲头大。

（八）新混合型

这是我国首创的新风格卷烟，过去曾叫药物烟、疗效烟和保健烟，后来统一定名为新混合型。它是以混合型卷烟配方为基础，加入部分中草药或中草药提取物而制成的烟制品。其特点是香气充足，劲头适中，吸味醇厚、纯净。更重要的是由于加入了中草药提取物，一般认为其具有祛痰、镇咳的功能，并对支气管炎有一定的疗效。

二、雪茄

雪茄烟的传统概念是指全部用雪茄烟叶卷制而成的烟制品。其质量特点是香气浓郁，吸味丰满，劲头大，碱性烟气，焦油与烟碱比值小。雪茄烟历史很早，在卷烟出现之前已广泛流传，现在雪茄烟生产占烟草总消费的9%左右。据国际烟草杂志1977年第一期介绍“雪茄烟是中美洲印第安人为自己吸用而卷制的，古巴人 Demetrio Pela 在1541年曾记载印第安人首领 Panduca 向他表演怎样卷雪茄，随后他便大量地从事制造”，可见古巴是制造雪茄的古国。之后，雪茄烟制造技术传入西班牙，1720年后便大规模生产。1788年在汉堡建立的雪茄烟厂标志着雪茄烟生产技术传入德国。我国制造雪茄烟的历史较短，始于20世纪初。1905年菲律宾华侨梁氏兄弟在广东创办雪茄烟厂，之后其他沿海城市相继办厂并向内地发展。1924年四川什邡建立工农烟厂，现在我国雪茄烟年产量约50亿支。

雪茄烟基本上是以深色晾晒烟为原料，经发酵和再发酵等工艺处理后手工或机械加工卷制而成。典型的雪茄烟要求 85%的芯烟，10.5%的内包皮和 4.5%的外包皮。这个比例为实际具有各种功能烟叶的质量。雪茄烟作为一种高档消费品，特别强调内外包皮烟的品质，但目前天然的内包皮已很少使用，内包皮烟叶的生产实际上几近灭绝，天然的外包皮使用量也在减少。大部分的雪茄内外包皮逐渐由色调和谐、拉力强的烟草薄片所替代。芯烟也一改全部由深色晾烟和晒烟为原料的特点，而使用少量的淡色烟。如美国现在的雪茄烟就混合有少量的低等级的烤烟、白肋烟和马里兰烟。经过适当处理的烟梗，尤其是白肋烟梗也包括在内，但限制使用在雪茄烟的头部。

雪茄烟在形状和规格上有很大的变化。在国外，通常平头式样和深色外包皮适用于浓味型雪茄烟，尖头式样和浅色外包皮适用于淡味型雪茄烟；颜色介于两者之间的和圆头式样则适于中味雪茄。从体积和重量上来说，雪茄有大小之分，在国外常以此作为课税的标准。其大小则以千支重量是否超过三磅来划分。此外，荷兰还生产一种微型雪茄，它是仅由一张烟叶作包皮卷制芯烟而制成的雪茄烟。我国过去也曾采用雪茄和小雪茄的叫法，以后从包皮上区分称作雪茄和纸卷雪茄（即雪茄型卷烟），近年来又从实际出发，按雪茄内、外包皮的构成不同区分为全叶卷雪茄、半叶卷雪茄（外包皮是烟叶，内包皮是烟草薄片或卷纸）和非叶卷雪茄（内、外包皮全用薄片或卷纸）。目前，国际上优质雪茄烟仍首推纯哈瓦那雪茄，而马尼拉雪茄则是大众化雪茄烟的代表（彩图 2-13）。

三、斗烟

斗烟是用烟斗抽吸的烟草制品（彩图 2-14）。斗烟所使用的烟草原料极为广泛，除少数地区和类型外，世界上所有烟叶产区所生产的烟草类型均适于制造斗烟。现在的斗烟所使用的原料种类至少在 12 种以上，有时超过 30 种。其生产过程中一般很重视加料加香，常采用浸渍的方法使料液充分渗入到烟叶中，也有直接加入经初步加工过的香料植物的。成品斗烟的含水量比卷烟和雪茄都高，如在美国法定的斗烟最大含水量是 32%。这种湿度很适合于真菌的发展，尤其是在温暖的天气，因此在斗烟中常加入一些防腐剂。

斗烟的特点是香气芬芳，吃味浓厚，燃烧性好，颜色较深。

斗烟产品的形状也是多种多样的，大体上可以划分为以下几种：①粒状斗烟，是斗烟中最古老而又最简单的一种，过去只要把干燥的烟叶弄碎，加香与否，都可使用。现在粒状斗烟的生产无论其使用的烟草类型的多少，一般多用吸收能力强的下部叶片。制造时先去梗，经加料烘焙后压成烟饼，然后切成 3mm 见方的烟粒，再经加香即成。②饼切斗烟，也是斗烟中一种主要形式。制法与粒状斗烟相似。所用烟叶大都为吸收性较强的白肋烟，去梗加料后压成烟饼。最后切成 2.5mm 厚的薄片。③黑厚斗烟，又称非洲黑斗烟。它是一种采用特殊工艺加工的熏烟，专供非洲与中南美洲使用的产品。制造时，先将熏烟叶用蒸汽回潮逐片涂上凡士林叠起放入桶内加压，然后在高温室内使油质浸入叶内，而成为黑色带油的烟饼。这种斗烟也可用为嚼烟使用。

四、鼻烟

鼻烟是一种靠鼻孔嗅吸的烟制品。鼻烟（Snuff）中文称“士拿乎”等。1503 年，西班牙修道士帕尼（Romon Pane）随同哥伦布第二次到美洲探险，发现印第安人吸闻鼻烟。在我国广州1635年的进口货单中曾发现过鼻烟税金价目表。当时认为鼻烟可以驱寒，把它作为发汗剂使用。不久，北京便有鼻烟的生产，接着广州也用国产烟叶加工鼻烟，上海是鼻烟的最大产地。到了清末使用鼻烟的习惯已经衰落。目前，在我国上海尚有一家鼻烟厂，其产品主要销于青藏高原的少数民族地区（彩图2-15）。

用于鼻烟的原料在国外主要为明火烤烟和深色晾烟，偶尔也掺用烤烟，北非的鼻烟则是以黄花烟作基本成分。我国则主要用晒红烟和黄花烟生产鼻烟，鼻烟有干鼻烟和湿鼻烟之分，干鼻烟含水量为18%～22%，湿鼻烟含水量为28%～30%。无论何种鼻烟，在制造时都要经过发酵、烘干、粉碎过筛而成为粉末，其区别除最终产品含水量不同外，还在于湿鼻烟在制造时加料较多，而干鼻烟加香较少或不加香。茉莉、玫瑰、薄荷、樟脑都是鼻烟的主要香料，也有使用玫瑰香精的。鼻烟的产量在逐渐下降，国外以美国、巴基斯坦、南非和阿尔及利亚生产较多。

五、嚼烟

嚼烟是靠嘴嚼用的烟制品。其历史也较早，在西方各国较为流行。在不宜点火的地方，例如矿井、林区或舰艇上使用。在亚洲则流行于吃槟榔果和胡椒叶的地区，例如印度、缅甸和马来群岛。方法是把烟叶加点香料和槟榔子粉一起嚼用。在英美诸国，它的产量在19世纪达到最高峰，到了20世纪初随着卷烟的兴起，产量逐渐下降。

嚼烟的基本原料是深色晾烟、白肋烟、烤烟和明火烤烟。制造嚼烟的原料一般都要去梗，然后进行加料加香。加料物质除糖料外，朗姆酒是必需的，甘草也是常用的添加剂。但是英国的嚼烟一般不进行加料。

嚼烟按其成品形态大致分为4种。①烟饼：是嚼烟的主要形式，有两种形状，一种是用烤烟和晒烟制造的略带甜味的薄形烟饼；另一种是用白肋烟或明火烤烟制成的较厚且甜味较重的烟饼。后者又称海军烟饼，用时用刀切成薄片。②丝状嚼烟：用白肋烟叶加料做成烟饼后切为细丝，有时比卷烟的烟丝还细，既可嚼用又可作斗烟使用。③烟绞：由白肋烟、晾烟和明火烤烟制成。其方法是加料后先制成饼状，然后用手或机械盘绞摺拢而成。这类嚼烟可加甜料，也可不加。④碎片嚼烟：这种嚼烟在美国的销售量最高。它和斗烟不同，是用雪茄烟叶碎片加上大量甘草汁和糖料制成。世界上生产嚼烟较多的国家是美国、阿根廷和巴基斯坦等。我国无食用嚼烟的习惯。

六、水烟

水烟是用水烟工具来吸用的烟草制品（彩图2-16）。这是我国一种传统的烟草制品类型。原来在亚洲各国颇为流行，现已多为卷烟所替代。

水烟多以晾晒烟为原料，兰州水烟则以黄花烟为原料。在制造时，烟叶经去梗后，加入相当数量的植物油，压成一定体积的烟块，再刨成细烟丝。在吸用时，由于水烟工具内水的过滤作用，可以减少一部分烟气中的焦油、烟碱和其他有害化合物的成分。据兰州大学生物教研室对9种牌号的卷烟和兰州水烟进行化验的结果发现：卷烟烟气中不同程度地含有较强的ESR（电子自旋共振波谱仪）信号，即有较强的致癌因子——自由基化合物，而经过水过滤的兰州水烟烟气中很少有自由基化合物。所以，从吸烟与健康的角度上来看，吸水烟无疑是一种比较安全的烟草消费形式。此外，经水过滤后烟气的吃味也更加醇和。历史上国内水烟久负盛名的有福建皮丝烟、山西青条烟、兰州水烟等。

思考题

1. 分别简述世界范围内烟草类型划分的依据及其烟草类型。
2. 简述烤烟型烟叶的起源，调制方法及其在世界烟草总产量中的比重。
3. 简述烤烟的质量特点及其形成原因。
4. 雪茄烟叶按用途分为哪几种？对各种烟叶的质量有何要求？
5. 与其他类型烟草比较，白肋烟的生物学特性及其适宜的环境条件有何不同？
6. 试分析香料烟品质特点的形成与生态、栽培、调制等的关系。
7. 烤烟型卷烟的品质特点是什么？
8. 混合型卷烟的品质特点是什么？

第三章　烟草生物学基础

烟草原产于亚热带，现在广泛种植于北纬60°至南纬45°间的广大区域，烟草属茄科（Solanaceae）烟草属（*Nicotiana*）。目前共发现有66个种，大都原产于热带或亚热带。其中有44个种原产中南美洲，20个种原产大洋洲。烟草属中大多为草本，少数是乔木或灌木状，有一年生的，也有多年生的。在烟草的种中，大多数是野生的，只有普通烟草（又称红花烟草）（*N. tabacum*）和黄花烟草（*N. rustica*）等有经济价值而进行了人工栽培，还有少数种，如花烟草（*N. alata*）、美花烟草（*N. sylvestris*）和粉蓝烟草（*N. glauca*）等因花色美丽而作为观赏植物来栽培。

红花烟草，一般株高约100～200cm，多叶型品种也有高达300cm左右的。有粗壮的主根及许多侧根。茎直立，叶片大，叶面密生短毛，一般少叶型品种有叶18～25片，多叶型品种则在35片以上，花呈淡红至深红色，果实为蒴果，呈卵圆形。红花烟草生长期长，适合种植于较温暖的地带。

黄花烟草，一般株高50～60cm，根系入土较浅，叶片较小而厚，呈卵圆形或心脏形，颜色较深，有叶柄，每株有叶10～15片。花呈浅黄色或淡绿色。果实为蒴果，呈椭圆形或球形。种子稍大，为红花烟草的3倍。生长期较短，耐寒能力较强，适宜在低温地区栽培。

第一节　烟草的植物学特性

一、种子

（一）种子的形态

烟草的种子一般为黄褐色，形态不一，由圆形到椭圆形，表面具有不规则的凹凸不平的花纹，这些花纹由种脐处发出的许多隆起的种脉弯曲而成，因此种皮表面具有很大的表面积，吸湿性很强，其湿度容易随外界湿度变化而变化，所以烟草种子应严格保存。烟草种子很小，普通烟草的种子长0.35～0.60mm，宽0.25～0.35mm。1g种子有10000～13000粒，千粒重为100～77mg，一株烤烟能产生种子12～15g左右，大约有15万粒种子，每667m^2可收种子8～10kg。黄花烟种的种子较大，其长度为0.55mm，宽度在0.40mm以上，种子的颜色为深褐色，千粒重约为普通烟草种子重量的3倍以上。因为烟草种子繁殖系数高，这对留种和育种工作十分有利。

（二）种子的结构

烟草的种子由种皮、胚乳、胚三部分组成（图3-1）。

1. 种皮

烟草种子的种皮是由珠被发育形成的，种皮包括胶质透明层、木质厚壁细胞层、薄壁细胞层和角质化细胞层。种皮包被在种子的表面，厚度大致相同，只有腹部略厚，发芽孔不明显，种脐略突出。烟种表面的花纹是由珠被表皮相邻的两个大型细胞的细胞壁加厚所致，花纹围成的波纹框的形态和数目反映原珠被表皮大型细胞的形状和数目。普通烟草的种脐位于种子下端的胚根附近，黄花烟的种脐位于种子腹面近下端处。

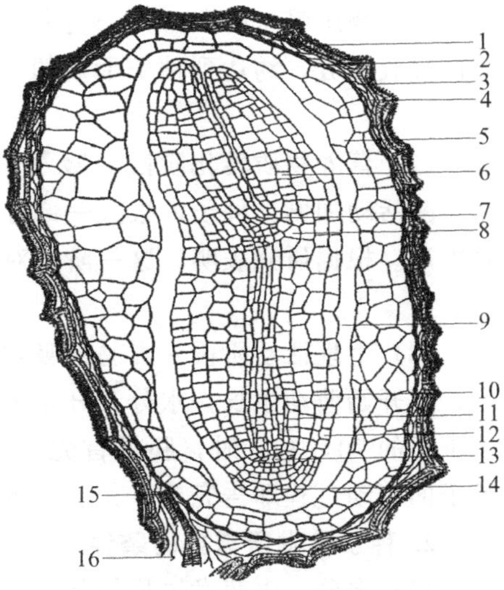

图 3-1 种子纵剖面图

（中国农业科学院烟草研究所，2005）

1. 胶质透明层；2. 木质厚壁细胞；3. 薄壁细胞层；4. 糊粉层胚乳；5. 胚乳薄壁细胞；6. 子叶；7. 胚芽生长点；8. 胚轴；9. 胚根；10. 中柱原；11. 皮层原；12. 根被皮；13. 胚根生长点；14. 根冠；15. 连接种脐的管胞；16. 种脐

2. 胚乳

胚乳是由胚囊中两个极核受精后的胚乳核分裂生成的。烟草的胚乳位于种皮内方胚的周围，由 2～4 层排列紧密的细胞构成，在种子上下两端，细胞层数较少，而腹面较多，细胞内含大量的蛋白质结晶（24%～26%）、脂肪（35%～39%）和少量的糖类（3.5%～4.0%），未成熟的种子含有一定量的烟碱，成熟时则消失。

3. 胚

胚是由受精卵发育而成的。烟草大多数胚是直生，胚根呈圆柱形，尖端略微细削，两片子叶相对贴合，着生在胚轴上，两片子叶之间无明显的胚芽分化，仅有一狭长的平面，这就是胚芽的生长点。它自上而下，由 3～4 层扁平细胞组成，最外一层排列较齐，但是原套与原体不易区分。子叶细胞中含有大量的油滴及蛋白质结晶，与胚乳细胞的结构相同，只是蛋白质结晶的颗粒较大。

（三）种子的萌发

1. 种子的萌发过程

成熟的种子，在适宜的环境条件下，经过 3 个阶段即可萌发（图 3-2）。

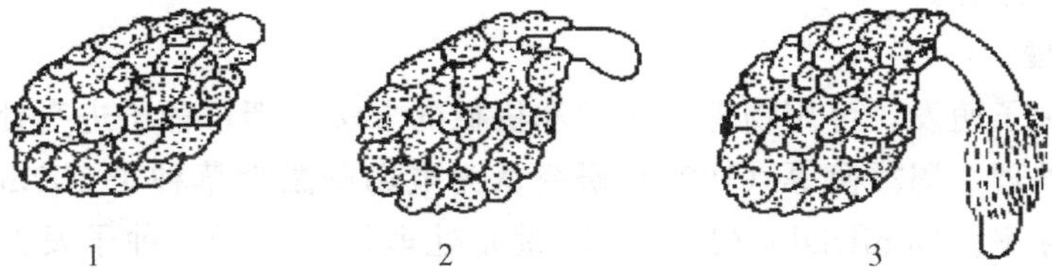

图 3-2 种子的萌发

（中国农业科学院烟草研究所，2005）

1. 种子萌发 2. 胚根突破种皮“露嘴” 3. 胚根伸长并长出根毛

（1）物理吸水阶段　种子萌发开始的12h，主要是种子吸收水分的物理过程，这一阶段吸收水分，约达到种子干重的30%左右。这时种子就膨胀，水分暂时停止进入种子。

（2）营养物质转化阶段　吸水停止以后，主要是种子内部发生一系列生物化学变化，酶活动加剧，种子内很大一部分复杂的营养物质转化为较简单的能被胚所吸收的营养物质。根据研究表明，这一阶段对光的反应比较敏感，所以有人称这一阶段为感光阶段。

（3）生理活动阶段　当易被吸收的营养物质积累到足够数量时，便进入生理活动阶段，胚开始萌动生长，水分又开始大量进入种子内。这时代谢作用旺盛，当吸水量达种子干重的70%左右时，胚根首先突破种皮而显露出来。当胚根长度约与种子相等时，种子的萌动过程即告完成，其后进入幼芽生长阶段。

2. 种子萌发所需要的条件

（1）水分　由萌发过程的几个阶段来看，每一个阶段都需要适当的水分，才能保证萌发过程的正常进行。在胚根突破种皮之前，在一定程度内周期性的使种子干燥，可增加种皮的通透性，对种子的活力不但没有显著的影响，还会刺激胚根的生长，但在胚根出现以后，供水不足，会影响胚根的生长甚至导致死亡。

（2）温度　据试验资料和生产实践表明，种子萌发的适宜温度为25～28℃，最低为11～12℃。超过28℃，发芽快一些，但发芽不整齐；若低于12℃，则萌动迟缓。另有试验证明，烟草种子萌发时，变温处理与恒温处理相比可以促进种子萌发，而且整齐。据报道，烟草种子每天在20℃经过16h，30℃经过8h的变温处理，其效果很好。

（3）氧气　在种子的萌发过程中，随着新陈代谢的逐渐旺盛，呼吸作用不断增强。另外，烟草种子含油脂较多，脂肪分解尤其需要较多的氧气。如果水分过多，在种子周围形成水膜，会隔断氧气的供应。所以，在人工催芽时，要掌握适当的水分，同时也要将种子勤加翻动，改善其通气状况。

（4）光照　关于烟草种子发芽与光照的关系问题，国内外研究比较多，普遍认为烟草系需光种子，光对烟草种子的萌发有促进作用，能明显缩短种子萌发滞后期。但不同品种，对光的反应有很大的差异，即使同一品种，也因后熟程度不同而反应不同。据汪银生（1998）试验，生理上已成熟的种子可以在黑暗中发芽，但光仍有一定的促进作用。在生产实践上，烟草催芽时，一般在黑暗处进行，也有在有光的条件下进行的，尚未发现有很大的差异。

3. 种子处理

为了促进种子萌发，可用物理、化学和机械的方法对烟草种子进行处理。

（1）物理处理　周冀衡等（1999）研究认为电场刺激烟草种子100min左右，可显著提高种子发芽率。Dimifriski（1996）用激光处理烟草种子，种子发芽率提高7%左右。汪邓民等（1998）含用K、Ca、Zn等元素化合物处理烟草种子，可促进种子萌发，提高烟苗保水力和抗旱力。

（2）化学处理　用赤霉素和微量元素溶液处理种子能促进种子的某些生理机能，提高发芽率。实验表明，10mg/kg浓度的赤霉素和0.05%的硼酸溶液处理种子效果更好。另外，河南农业大学分别用0.5%的溴化钾、0.5%柠檬酸溶液浸泡种子14h，对种子的发芽率有明显的促进作用，尤以柠檬酸效果更好。

（3）机械处理　我国很多烟区在播种以前进行人工搓种，以促进发芽。根据有关报道，搓种后种子重量减轻约10%左右，种皮外层几乎被磨平，处理以后吸水较快，但吸水量并不增加。可以推断，搓种后能促进发芽的主要原因，在于种皮软化，改善了种子的通气条件。还有报道称烟草种皮的棕色素中含有抑制发芽的物质，搓种时可以把这种物质去除掉。

二、根

（一）根的形态

1. 根的分布

烟草的根属圆锥根系，由主根、侧根和不定根三部分组成（图3-3）。烟草种子萌发时，胚根突破种皮后直接生长而成主根，主根产生的各级大小分支都叫侧根，由茎上发生的根叫不定根。烟草属直根系植物，其不像大豆、棉花的主根那么典型，同时由于移栽时主根被切断，以后在主根和根茎部分发生许多侧根，侧根又可产生二级侧根和三级侧根等。烟草茎上可以产生不定根。因此，烟草主根不明显，侧根和不定根是根系的主要组成部分。

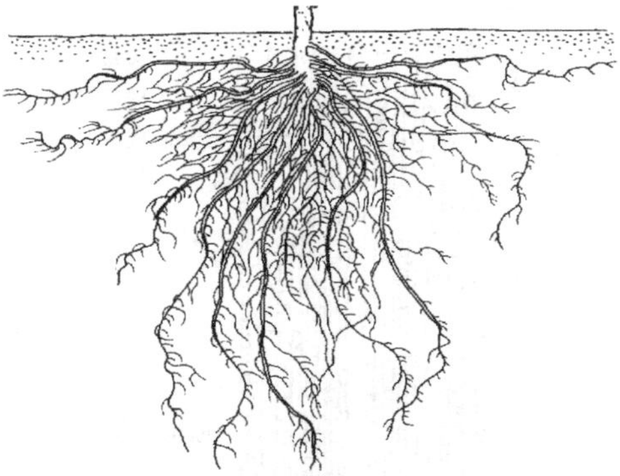

图3-3　烟草的根系

（中国农业科学院烟草研究所，2005）

烟草株高叶大，较大的蒸腾强度需要根系吸收较多的水分，故在耕作层中根系分布的深度和宽度都较大，随深入土层逐渐减少，呈圆锥形分布。根系的密集范围比分布范围小得多，根系密集深度约在地表以下40cm，密集宽度在距茎周40cm范围，打顶以后有的根系伸长到40cm以下或40cm以外，烟草的发根能力很强，采用培土的方法可使茎秆上长出很多不定根，起到充分吸收表土营养的作用。在大田生产中，由于距土表20cm以下一般存在一个紧密的犁底层，根系难以下扎，因此，烤烟的根系分布实际上以在距地表15cm左右的侧向分布为主。特别是在地膜覆盖的情况下，主根的垂直下方基本上很少有根系分布，大部分分布在距地表12cm左右的土层，且根尖上卷。戴冕认为，主要的吸收根系多在茎基周围15～20cm范围内。

2. 根的初生结构

根尖由根冠、生长点、伸长区和根毛区组成，不论主根、侧根和不定根均具有根尖。根冠位于根尖的顶端呈冠状，由薄壁细胞组成。生长点在根冠内，由一群胚性细胞构成，由其分化出根的初生结构。伸长区的特点是细胞伸长快，一面分裂，一面伸长；伸长区的上部细胞生长能力很强。根毛区是初生构造分化完成的部分，也是吸水作用最强的部分，它的表皮细胞向外突出形成密集的根毛，大大增加了吸收面积（图 3-4）。

从横切面来看，烤烟根的初生结构由表皮、皮层和中柱三部分组成。表皮的主要功能是吸收作用和保护作用，皮层位于表皮之下，是水分和溶质从根毛到中柱的疏导途径，也是幼根贮藏营养物质的场所，并有一定的通气作用。皮层由皮层薄壁组织和内皮层两部分组成，前者主要功能是通气和贮藏营养物质，后者在水分和溶质选择吸收方面起重要作用。中柱是内皮层以内的中轴部分，包括中柱鞘、初生木质部、初生韧皮部和薄壁组织 4 个部分，中柱鞘具有分裂能力，侧根由此产生，初生木质部是疏导水分的组织，初生韧皮部是疏导同化物的组织。

烟草根的次生构造是由维管束形成层和木栓形成层分化而成，在根毛区上方开始出现。维管形成层向内产生次生木质部，向外产生韧皮部，形成根的次生维管组织；木栓形成层向外产生木栓层，向内产生栓内层，形成根的周皮（图 3-5）。

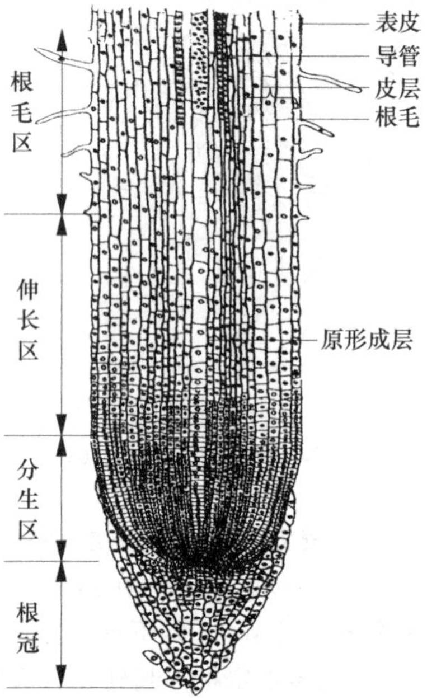

图 3-4　玉米根尖纵切，示根尖各分区

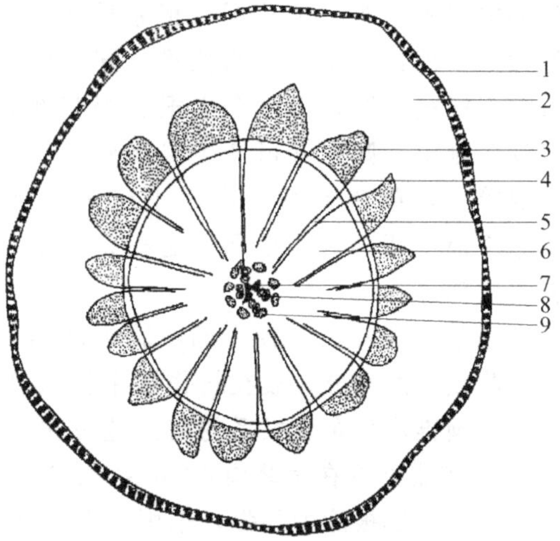

图 3-5　老根的横切面图

（中国农业科学院烟草研究所，2005）

1. 周皮；2. 皮层薄壁细胞；3. 次生韧皮部；4. 维管形成层；5. 射线；6. 次生木质部；7. 原生导管；8. 后生导管；9. 环韧皮部

（二）根的生长

种子萌发时，胚根穿破种皮不断伸长，当子叶出现后 4～5 天，出现第一片真叶。这时根系生长颇为迅速，而地上部分生长较为缓慢。这时已有第一级侧根出现，到第三片真叶出现时已有二级侧根出现，茎则几乎不生长，根系生长占优势，所以十字期以后，称之为烟苗的生根期。到第七片真叶出现时，主根长度已达到15cm以上，且明显加粗，侧根数达30条以上，须根也较多，根系已基本形成。到7～10片真叶时，已具备健壮而完整的根系。

烟草移入大田后，首先在较粗的侧根或主根上发生新根，为大田生长奠定基础。当移栽苗的新叶呈嫩绿色，而全部幼苗叶片舒展时，表明新根的发生已经开始，以后根系生长迅速，而地上部分生长相对缓慢，所形成的根系主要分布在较浅的土层里，以保证烟株对水分的需要。移栽后30～50天，根系生长最快，以后较慢，打顶又可促进根系进一步生长，到叶片收获盛期以后，根的功能就逐渐衰退。

烟草根系的生长与土壤的温度、湿度、通透性和农业技术措施有密切关系，烟草根系伸展最低温度为7℃，最高为43℃，最适宜温度为31℃，根系生长适宜持水量为60%～80%，当土壤水分偏少时，为了吸收水分，侧根增多、加粗、伸长、须根少。若土壤水分过多时，则土壤内气体交换不顺畅，烟根多分布在土壤表层。土壤质地与温度、水分有密切的关系。若表土为沙土，则移栽后烟苗容易成活，如过于黏重，在移栽初期，根系不能正常生长，也影响地上部分生长速度。

（三）根的功能

1. 支持作用

高大的烟株需要强大的根系支持才能很好地直立生长在土壤中，并且很好地抵御自然因素的侵袭，如大风、暴雨等。烟草的主根不是很发达，但是有发达的侧根和众多的不定根，特别是生长于茎基部的不定根，粗壮且均匀分布于茎基部，不但可以从表土层中吸收水分和养分，而且可以很好地对高大烟株起到支撑作用，使烟株在大风、暴雨的侵袭中免于倒伏。对烟株合理培土有利于不定根的生成。

2. 吸收机能

烟株所需要的矿物质养分和水分，大部分是通过根从土壤中吸收的。烟草根的吸收作用，主要依靠根尖的根毛区来完成。根毛区的存在使吸收面积扩大了很多。但根毛的寿命很短，只几天到几周便枯落而由新生的根毛所代替，所以要使烟株有强大的吸收机能，保持根毛的顺利生长是十分必要的。因此，栽培上要为根系生长创造一个良好的环境条件，而在移栽时尽量少伤须根。饼肥和腐殖酸与化肥配施能增强各级侧根的轴向液压疏导力；饼肥主要影响二级和三级侧根，腐殖酸主要影响一级和三级侧根。

3. 输导作用

根吸收的水分和矿物质养分及根合成的物质先通过根输送给茎，再由茎传输给各个器官组织，而由茎叶合成的有机养料也会经过根的输导传送到根的各个部分，使整个根系能够很好地生长和发挥其生理机能。

4. 合成作用

烟草的根不仅是重要的吸收器官，而且合成能力也很强，诸如氨基酸、酰胺、激素等重要有机物主要是在根部合成的，所以，根在氮素同化作用中起着极其重要的作用。烟碱是烟草化学成分的标志物质，其99.5%是在根部合成的，尤其是在根尖部分合成较多，合成以后再运送到茎叶中去。而生物碱中的假木贼碱则地上部和根部都可以合成，但以根部合成为主。随着根尖长度的增加，烟碱含量提高，且在有氧条件下比无氧条件下高。一般说，细根尖端烟碱合成及含量高于粗根。

三、茎

（一）茎的形成

烟草的顶芽和腋芽都是由叶原基、幼叶和生长点构成的。种子萌发时，胚芽就开始分化为顶芽，随着烟草个体的生长，顶芽体积不断增大，一方面是幼芽细胞的数目增多，另一方面是顶芽生长点的直径增大，逐渐形成了完善的生长锥。生长锥即烟株营养生长阶段的茎尖，由原体和原套组成。

生长锥的生理生长活动使茎秆不断伸长，髓分生组织分化出髓组织。周缘分生组织分化出维管束。这时，在外形上就可以看出茎的形态。同时，随着顶芽的不断生长和分化，主茎也不断生长。茎的生长表现在节间的伸长、节数的增加和叶片数目的增多，其次是茎的加粗生长。直到植株全部形成，茎已完全具备了完整的构造和生长在茎上的各种器官。

（二）茎的形态

茎是连接根系，支持叶、花、果实，运输水分和养料的主要器官，因而是营养器官中的一个重要组成部分。烟草具有圆柱形直立的主茎，一般为鲜绿色，老时呈黄绿色，只有白肋烟的主茎是乳白色。茎皮层的薄壁细胞内含叶绿体，可进行光合作用，合成有机物。烟草茎内充满了发达的髓，髓由薄壁细胞组成，可以贮存养料和水分。随着茎的老化，髓部薄壁细胞的水分逐渐散失，最后只剩下一些片状残余物。茎的表面密生茸毛，幼茎上尤其多，茎上有气孔，能进行气体交换，在茎的节上着生叶片，两节之间称为节间。同一烟株上，茎的节间长短不一，所以叶在茎上着生也有疏有密。茎高、节间长度及茎的粗细随烟草品种和栽培条件不同而异。烟草的株高一般为80～150cm。主茎的高度决定于节数和节距的大小，节距大而节数多者主茎也高。一棵烟的节间，一般是下部较粗，上部较长。茎的粗细，也因品种和栽培条件而不同。栽培条件好，则茎就比较粗。香料烟的茎比较细，黄花烟的茎较短。一般同一品种的不同植株，茎的粗细与叶片大小呈正比例。

（三）茎的结构

在烟草茎的横切面上，明显地分为表皮、皮层和中柱三部分（图3-6）。

1. 表皮

表皮位于茎的表面，由一层扁长方形的细胞构成，排列紧密，角质层不发达，不含叶绿体。表皮细胞有少数向外突出分化成气孔，另有一部分细胞向外突出形成表皮毛。表皮毛有保护毛和腺毛两类。保护毛是先端稍尖的单列细胞或有分叉，腺毛是由直立的单细胞或多细胞的柄和多细胞的腺头两部分组成，形态特征与叶上的毛基本相同，但柄较长。

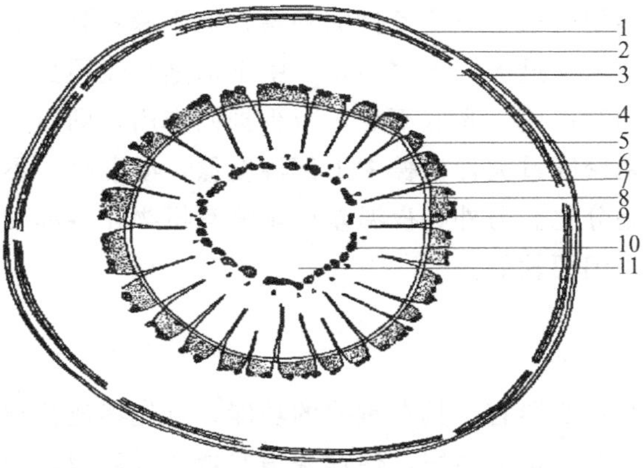

图 3-6　老茎的横切面图

（中国农业科学院烟草研究所，2005）

1. 表皮；2. 早期周皮；3. 皮层薄壁细胞；4. 韧皮纤维；5. 次生韧皮部；6. 维管形成层；7. 次生木质部；8. 射线；9. 初生木质部；10. 环髓韧皮部；11. 髓

2. 皮层

皮层由多层薄壁细胞组成。皮层细胞横切面多呈圆形或扁椭圆形，纵切面呈长形或长方形，因此，它们的立体形状是短或长圆柱形，其长轴与茎的中轴平行，有细胞间隙，但不发达。皮层的外侧及表皮内方约有几层较小的厚角组织细胞，内含有大量叶绿体。越向内方细胞越大，含叶绿素越少，最内层细胞最大，不含叶绿体。皮层的部分细胞内含有草酸钙沙晶。在皮层大细胞内方，有 2～3 层较小的薄壁细胞，排列较紧密，细胞间隙不发达，细胞呈方形、五角形或扁椭圆形。最外一层细胞含有淀粉粒，所以叫做淀粉鞘。

3. 中柱

中柱明显而宽大，自外而内有韧皮部、形成层、木质部、环髓韧皮部和髓 5 个部分。烟草的茎具双韧维管束结构，在初生木质部的内方髓的周围，有一圈较小的细胞，称为环髓带。其中有些细胞分化成为环髓韧皮部，即内韧皮部，由筛管与伴胞构成。茎内的维管束系统上下相连，而且在横方向上也是连接成网状的。

中柱的中央是由圆形的大型薄壁细胞组成的髓，胞间隙发达，髓的边缘含沙晶的细胞比中央部分多。主茎基部的髓不发达，向上逐渐变得宽大，可以达到茎直径的 2/3 以上。老茎的髓部中央部分的细胞常退化成为一个空腔。

（四）茎的生长

通常情况下幼苗在苗床期，尚看不出明显的茎，移栽以后茎的生长慢慢显示出来。烟草在大田期茎的生长，包括延长和加粗两个方面。移栽以后 35 天，即单株 14～15 片叶以前，茎的生长主要靠茎端生长点细胞不断分裂分化而进行，移栽 35 天以后，主要靠茎细胞体积的扩大而生长。加粗是茎内形成层细胞活动的结果。

烟草的茎在整个生长期间，生长速度是不一致的，大体是初期慢，中期快，后期又慢，直至停止生长。茎的生长与环境条件的关系，除土壤养分、温度、水分和光照直接影响茎的生长外，移栽密度过大，光照不足，中下部茎叶光照少，茎秆就变长变细。因为光对细胞的伸长有抑制作用，光照不足，减少抑制作用，则引起茎的变细变长。温度影响细胞的分化，移栽密度过大，植株中下部温度低，湿度高，不但影响分生组织的强烈活动，也影响茎细胞分化。另外昼夜温差也影响有机物在茎部的积累，光照不足茎部有机物积累得少，茎则细而软弱。

（五）茎的功能

茎作为烟草的一个重要器官，具有重要的功能，首先茎连接根系，支持叶、花、果实，使整个烟株成为一个有机的系统，使烟株很好地适应环境，生长发育。烟草茎的主要生理机能是输送水分和养料，这主要是通过输导组织进行的。根部吸收的水分和养料，由木质部的导管向上运输到茎叶，叶片制造的有机物质，由茎韧皮部的筛管运输到上部的嫩叶、花或果实中，同时也向下输送到根部。

由于导管是中空的死细胞，所以水和矿物质养料的运送速度和方向，主要取决于需要部分的吸收力与呼吸强度。烟草上部的嫩叶生长势较强，呼吸较旺盛，而且亲水胶体较多，所以水分和矿物质养料优先运送到顶端，下部叶片得到较少。尤其在水分不足时，下部叶片首先受到影响，所以在干旱和缺肥时，底部叶子首先发黄干枯。

有机养料的输送和矿物质营养不同，有机养料是在活的筛管中输导的，所以运送速度与茎部的生命活动有关，特别是与韧皮部的呼吸强度有密切的关系。低温、缺氧均会影响运输机能。但是有机养料的运输方向，不决定于韧皮部本身，而决定于利用养料部分的生理状态，生命活动比较活跃、代谢作用旺盛、生长较快的部分，常常是养料集中的中心。所以顶端总是占优势，而下部已长成的叶片，通常不能从其他部分获得大量的有机养料，当其本身制造的有机物质不能满足自己需要时，就只能衰老枯落。

四、叶

（一）叶的形态

生长锥的原体最外层细胞首先进行平周分裂，形成几层细胞，然后进行各个方向的分裂产生叶原基，逐步发育成叶片。叶原基在茎尖上是连续不断产生的，故叶片在茎上的分布成轴向轮次规律。烟草叶序的排列是不规则的。烟草的叶是没有托叶的不完全叶，有的品种有叶柄，有的品种无叶柄。普通烟草的品种一般没有叶柄，个别品种有叶柄，烟草无柄叶外形的各部分，顶端叫叶尖，多呈渐尖形；四周叫叶缘，平滑或呈波状；叶片宽大部分的基部叫叶基，叶基以下急速变窄，叫侧翼。侧翼下延着生在主茎上，这一部分叫翼延，俗称叶耳。但与禾本科植物的叶耳不同，普通烟草的叶都有明显的侧翼，但有的较宽，有的较窄，不论什么程度，都有翼延伸至茎部。侧翼和翼延都是叶片的组成部分，不能说这类品种有叶柄。如香料烟的沙姆逊品种，侧翼退化得只留下一条痕迹，但也属于无柄叶，只有像黄花烟那样的叶，才是真正的有柄叶（图 3-7）。

烟草的叶片中间有一条主脉，俗称“烟筋”或“烟梗”，主脉两侧有侧脉 9～12 对，主脉和侧脉形成的角度与叶形直接相关，角度大的叶宽，角度小的叶窄，叶脉的粗细，直接影响茎叶角度。脉粗的茎叶角度小，细的角度大。一般原烟的烟梗重量占全部叶片重量的 25%左右，粗的可达 30%～40%。叶片的大小和厚度，因类型和品种不同差别很大，即使同一品种也因着生部位、肥力和光照条件的不同而有明显变化。叶片大的类型，叶片长度可达 70cm 以上，而叶片小的仅 9～15cm。在同一植株上，一般是中部的叶片最大，上部次之，下部叶片较小。肥水适宜，光照条件较好的叶片大，反之则小。就一片叶而言，叶片厚度的顺序是叶中部＞叶尖＞叶缘＞叶基。

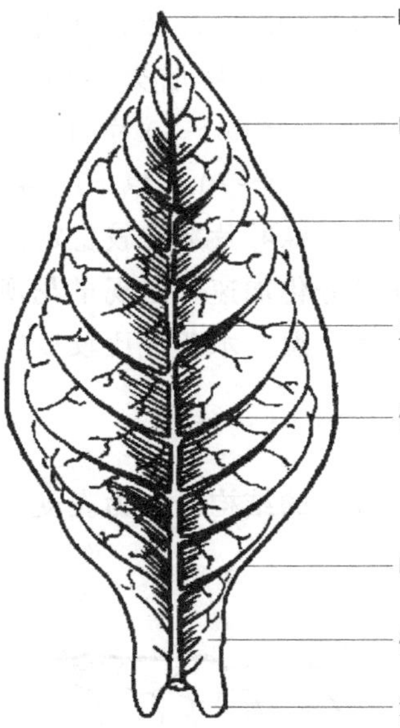

图 3-7　烤烟叶片形态
（刘国顺等，2003）

叶片的颜色，除白肋烟叶脉呈乳白色，叶片呈黄绿色外，其他类型都是绿色，只是品种之间有深绿和浅绿之分。同一品种叶色深浅与环境条件也有关。烟草的叶形差别很大，虽然叶形也受环境和着生部位的影响，但主要是品种遗传所决定，叶形是区别品种的主要特征之一，大体可分为柳叶形和榆叶形两大类。在生产上，凡是叶子长宽比例大于 2∶1 的总称为柳叶形，等于或小于 2∶1 的总称为榆叶形，这两类又可具体分为卵圆形、披针形、心脏形、椭圆形等（图 3-8）。

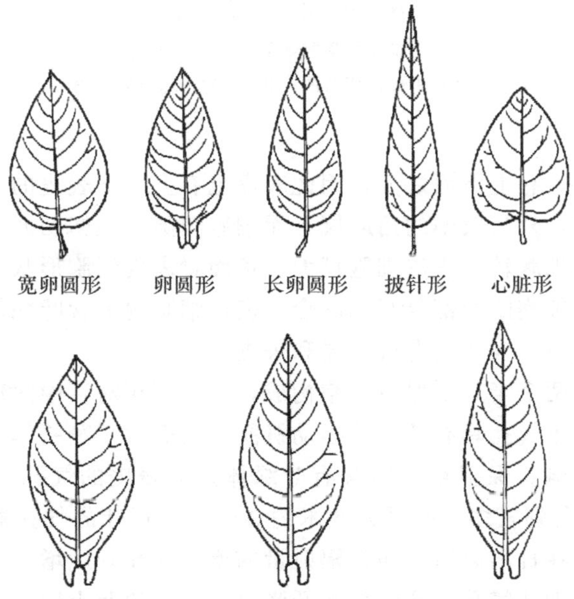

图 3-8　烟叶叶片形状
（中国农业科学院烟草研究所，2005）

每株烟的叶片数，是指有效叶数，一般黄花烟、晒红烟的叶片较少，烤烟和香料烟叶片较多。在烤烟类型中因品种不同而有差别，有 20 片左右的，如 NC89、G80、K326 等；有 20～30 片的，如红花大金元等；有 30～40 片的，如金星 6007 和春雷 3 号等；也有 60～70 片以上的多叶品种，如乔庄多叶、庆胜 2 号、革新 5 号等。在同一品种内，单株叶片数比较稳定。但是环境条件不稳定时，如苗期低温、干旱等自然因素，使花芽分化加速，出现早花现象，叶片数目则会减少。而在拉长大田初期生长时间和该阶段光、温、水条件比较良好时，单株叶数也能增加 3～5 片。

（二）叶的结构

叶片的结构可分为表皮、叶肉和叶脉三部分（图 3-9）。

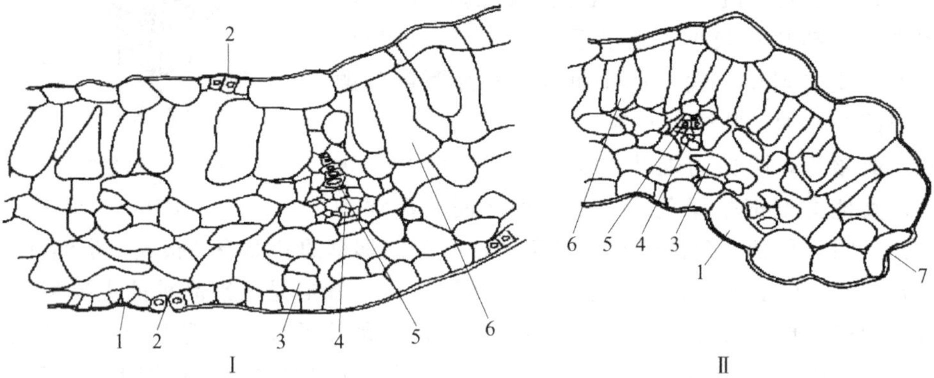

1. 下表皮　2. 气孔　3. 海绵组织　4. 韧皮部　5. 木质部　6. 栅栏组织　7. 水孔

图 3-9　叶片横切面图

（中国农业科学院烟草研究所，2005）

Ⅰ. 叶片中部横切面图；Ⅱ. 叶片边缘横切面图

1. 表皮

烟草的叶片扁平，有上下面之分，因此表皮也有上、下表皮的区别。上、下表皮都是由单层细胞构成的，外具较薄的角质层，无细胞间隙。在横切面上，表皮细胞近椭圆形或长方形。上表皮细胞较下表皮细胞稍大。正面看表皮细胞形状不整齐，呈凹凸不平的波纹状轮廓，邻近细胞凹凸部分互相嵌合。表皮细胞内不含叶绿体，叶缘部分表皮细胞常膨大，并向外突出。表皮上有气孔器和表皮毛。

（1）气孔器　由两个半月形保卫细胞构成，以凹面相对，中间环抱一气孔，通过这里进行气体交换。由于气孔具有开闭的运动机能，因而对于蒸腾作用的调节和光合作用的进行具有很大的影响。保卫细胞内含有叶绿体。上表皮的气孔较少，每平方厘米约 200 个，下表皮的气孔则较多，每平方厘米约 300 个。顶叶的气孔器较小，而脚叶的气孔器较大。据报道，在日出以后，随日辐射量的增加气孔开度增大。达高峰以后，即出现中午的闭孔现象。烟叶气孔的开张度和开张时间与叶龄及土壤湿度有关。在土壤湿度适宜时，越向上层叶片，开张度越大；土壤干燥时，上部叶片气孔开张度显著减小，开张时间缩短，中、下部叶片变化较小。

(2) 表皮毛 普通烟草幼叶的表皮上密生茸毛，随着叶龄的增加，一部分逐渐脱落，但老龄的脚叶仍有茸毛存在。黄花烟表皮上的茸毛较少。一般叶片在工艺成熟期，茸毛大部分脱落。随着烟叶的生长发育，表皮毛的形态分化显著，根据表皮毛的形态和功能，可分为保护毛和腺毛两类。

保护毛对叶片起一定的保护作用。保护毛细胞单列呈直线形或分枝形，由2～3个或更多长形细胞组成，末端一个细胞尖削，没有分泌作用。腺毛是指烟叶表面具有分泌作用的毛状体，分为长柄腺毛和短柄腺毛。腺毛由毛柄和腺头两部分组成，腺头有分泌作用。毛柄单列，少数具有分枝，由2～3个或更多短或长筒状细胞组成。细胞不含叶绿体，而有白色体。脚叶的毛柄长，顶叶的毛柄短，柄细胞也短。但无论顶叶、腰叶或脚叶，构成毛柄的细胞数目一样。长柄腺毛的腺头分泌细胞排成单列、双列或单双列结合，可分为3种。一种是单细胞，内含叶绿体和簇晶，或白色而无晶体。第二种是3个细胞排列成一列，细胞内含叶绿体和簇晶。第三种是多个细胞排成双列或单列组合，细胞内含叶绿体、簇晶和棱晶。短柄腺毛形似拳头，短柄是由上部略宽，下部细缩的细胞组成，腺头的分泌细胞由4～7个组成，细胞内不含叶绿体簇晶（图3-10）。

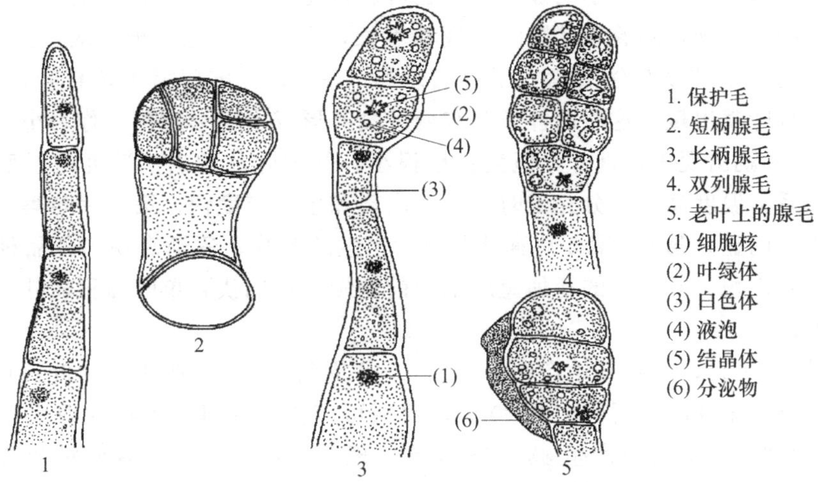

图3-10 各种毛的结构
（中国农业科学院烟草研究所，2005）

腺毛是分泌器官，主要分泌物是芳香油、树脂和蜡质，研究表明，腺毛分泌物与烟叶的香气品质有关。腺毛的数量多，香气就好，反之则香气差。腺毛的密度与烟叶的化学成分和烟气的化学成分也有一定的相关性。如腺毛密度与石油醚提取物、还原糖、总糖、总氮、蛋白质、尼古丁等呈正相关；与主流烟气总微粒物和烟碱也呈正相关。腺毛的类型对烟叶香气品质影响不同，研究表明不同类型腺毛对香气品质的影响程度是：分支腺毛＞长柄多细胞腺头腺毛＞短柄多细胞腺头腺毛＞长柄单细胞腺头腺毛。因此，在烟草生产过程中，多施有机肥和饼肥等可促进几种腺毛的生长，提高烟叶的香气品质。

2. 叶肉

叶肉分为栅栏组织和海绵组织两部分。

栅栏组织存在于上表皮的下方，是一些平行排列呈栅栏状的长柱状细胞。栅栏组织有大量的叶绿体，是光合作用的主要场所，它的细胞长轴垂直于叶表面，细胞间隙较小但自由表面积较大，有利于光合作用。烟叶只有一层栅栏组织细胞。海绵组织在下表皮的上方，一般品种有3～4层。细胞形状不规则，细胞间隙较大，呈腔穴状。海绵组织细胞叶绿体较少，但叶绿体多呈圆盘形，其直径较栅栏组织细胞的叶绿体稍大。

3. 叶脉

叶脉是水分、矿物质元素和同化产物的通道。同一叶片上不同部位的叶脉构造不同，主脉具有内韧皮部，侧脉及支脉都无内韧皮部，维管束的构造随叶脉分支的变细而趋向于简单。先是次生构造不发达，然后形成层不出现，最后只剩有极少数导管和筛管，而到叶的末端，只剩有一个管胞。

（三）叶的生长

种子萌发后，首先出现的是子叶，子叶是椭圆形，结构颇为简单，叶脉不明显，海绵组织与栅栏组织的分化也不明显。子叶也可进行光合作用。若子叶受伤，则真叶出生和生长速度明显变慢，随着真叶陆续出现和生长，子叶的功能逐渐衰弱，到第4、第5片真叶出现时，子叶就自然脱落。子叶出现后4～5天，出现第1片真叶，再过3～5天，第2片真叶就出现，这时两片子叶与两片真叶形成十字形对称，称为小十字期。以后每隔3～5天就出现1片真叶，但生长量很小。幼苗叶片的出生速度与温度、水分条件有密切关系。温度高、水分充足时，叶片出现和生长速度快。第1片与第2片真叶有时主脉分化不明显，第4、第5片真叶及以后出生的叶片，逐渐表现出各品种固有的特征。苗期的叶面积、叶干重的增加速度都是前期慢、后期快，单叶面积随叶片着生部位升高而增大。

移栽后6～7天，新叶开始产生，以后1～2周每2～4天产生1片叶；接下来的3周，每2天产生1片叶；现蕾前约10天，每天可产生1片叶。河南农业大学的研究证明，NC89品种一个季节可产生33～35片叶，现蕾前约有9～11片叶枯死脱落，打顶时去掉1～2片有效叶向花序的过渡叶（俗称“花叶”），可收叶片达20片左右。

叶面积系数在移栽后35天以前变化不大，约0.5左右；35～60天为旺长期，叶面积系数最多每天可增加0.08，现蕾时达到2.4左右；至圆顶期叶面积系数达到2.8～3.2为宜。叶面积系数增长不受现蕾打顶的影响。

就一片叶生长的过程来看，从生长点出现突起开始，经过14～16天，幼叶即可显现。一片叶的生长，大约可分为3个时期：一是细胞分裂生长期，即从幼叶出现到定型叶长的20%～40%为止；二是细胞伸长生长期，从定型叶长度的20%～40%到70%～80%，叶面积的增大，以细胞伸长为主，伴随细胞分裂；三是细胞腔隙扩展期，从定型叶长度的70%～80%到叶片定长为止。从每片叶的生长速度来看，中期生长快于初期和后期，长度增加快于宽度，夜间增长大于白天，叶的中部和基部增长大于尖部。叶片从发生到成熟，上部叶需要75～85天，叶龄最长；中部叶需要65～75天，下部叶需要55～65天，叶龄最短。

（四）叶的功能

1. 光合作用

光合作用即通过叶绿素吸收阳光的能量将吸收的二氧化碳和水制造成有机物质的过程。一般植物体干物质的90%左右，直接或间接来自光合作用。烟草叶片的光合强度，因叶片的着生部位不同而有差异，同时也受到许多环境条件的影响，如栽植密度、施肥、灌溉等。根据山东农业大学和中国农业科学研究院烟草研究所的测定结果，叶片光合面积大，约占光合面积的92%左右，而且同化二氧化碳的能力强，占全株的98%。茎的光合面积占6%左右，光合作用较弱。花序占光合作用面积的比例则更小，其中花蕾和幼果，虽然也有一定的光合能力，但在整株中所占比例最少。

2. 蒸腾作用

叶片的蒸腾作用是水分和养分吸收及传输的重要动力，叶片的蒸腾作用也是烟叶对水分自我调节的一种生理机能。烟草叶片大而薄，组织柔嫩，蒸腾作用也较强。蒸腾强度在一天中的变化则随光照强度而转移。在不同的环境条件下，蒸腾强度也不同，在密度较高的情况下，由于株间光照较弱，温度较低，所以蒸腾强度也较低，水分饱和亏缺也较小。在密度较稀的情况下则相反。栽培密度较大的烟叶中含水量较高即与此有关。

同一品种不同部位的叶片，蒸腾作用也有差别。上部叶片细胞较小，单位面积上气孔较多，叶脉较密，所以蒸腾强度比下部叶片大，同化能力也较强。同时烟草上部叶片细胞液的渗透压值较高，亲水胶体含量也较多，能从下部叶片夺取水分和养料。所以在缺水时间较长的情况下，下部叶片首先枯黄。

3. 吸收作用

烟草的吸收作用除根外，叶片也具有一定的吸收能力，叶片的角质层较薄，气孔较多，有利于吸收，且吸收快，利用率高。利用这个特点，可向叶面喷施一些内吸性农药来防治病虫害，或者通过叶面喷施的方式使烟草通过叶片取得养料，以弥补根系吸收养料的不足。尤其是微量元素使用叶面施肥效果较为明显。

五、花

（一）花的形成

烟株达到团棵后，烟棵从营养生长转向生殖生长，首先是花的生长点分化的转变。在营养生长阶段，茎的生长点不断分化出新叶，使主茎伸长，叶片增多。当转入生殖生长时，营养茎端的原套、原体结构已消失，细胞组织学分区界线亦不明显，形成了生殖茎端的心套结构，外方有7～8层分生组织细胞构成的套，包围着中央薄壁细胞的髓（心）。此时，茎端已不再产生新的叶原基，转变为生殖茎端，茎的生长点则分化出生殖器官。其次是分枝方式的转变，处在营养生长时期茎的分枝为单轴分枝，当植株发育到生殖生长时，其分枝为合轴分枝。茎顶端分化为顶花，顶花下方的腋芽则发展成为分枝。这种现象在植株外部形态上还不能马上表现出来，植株形态仍然与营养阶段相同，直到全部叶片展开以后，主茎顶部的花芽则发育成为花蕾，到现蕾期，生殖生长才明显表现出来。

（二）花的形态与结构

烟草的花是两性花，由 5 个花萼和 5 个花瓣联合成钟状和管状花冠，雄蕊 5 枚、雌蕊 1 枚（2 心皮、2 室、子房上位、多数胚珠）。

1. 花萼与花瓣

烟草花萼由 5 个萼片愈合组合钟形，包围着花冠的基部。早期花萼为绿色，有光合作用，后期为黄褐色。花萼表皮有浓密的表皮毛。花萼虽然联合，但 5 条主脉明显。花冠也是由 5 个花瓣构成，开花时先端展开成喇叭状。花瓣的颜色，未开花时是黄绿色，随着花的生长，花瓣先端的颜色逐渐变成淡红色，盛开时颜色转为深粉红色。花瓣的颜色和花的大小是烟草种的一个特征，红花烟草花冠细而长，呈红色；黄花烟草的花冠粗而短，呈黄色。花冠的上表皮细胞没有表皮毛分化，而下表皮有浓密的表皮毛，包括茸毛和腺毛两种。花冠筒上的 5 条主脉很明显，并且与花萼的主脉相间排列，说明花萼与花瓣是相间排列的。

2. 雄蕊与雌蕊

雄蕊 5 枚轮列，与花瓣相间，花丝 4 长 1 短，顶端连在花药的背部，基部着生在管状花冠的内壁上。花药短而粗，呈肾形。幼小的雄蕊只有 2 室，随着雄蕊的生长，在每个药囊中央伸出横隔壁将药室隔成前后 2 个花粉囊。在 2 个花粉囊连接的内方有许多沙晶，具有 4 个花粉囊构成的花药，成熟时前后两个花粉囊之间的横隔壁又退化消失，两个花粉囊遂又连通成 1 室。最后花药由唇细胞处向内作缝状裂开，并且在裂缝内侧的沙晶也消失。

雌蕊由柱头、花柱和子房三部分组成，形成一个长颈的细口瓶。子房有两个心皮组成，膨大成底部宽而上端略尖的圆锥形。子房的基部周围有一圈膨大蜜腺。子房上位，中轴胎座，2 房 2 室，每室生有众多的胚珠，这些胚珠受精后即发育成种子。子房顶部有一细长的花柱，花柱是实心的，从纵切面看，最外面为表皮，中央部分为较疏松的薄壁细胞组成的传递组织。在表皮与传递组织之间是皮层，其中分化有维管组织。在花柱的先端是膨大的柱头，并且在中央线上以浅沟分成两半。柱头表皮着生一层表皮毛，能分泌黏液（图 3-11）。

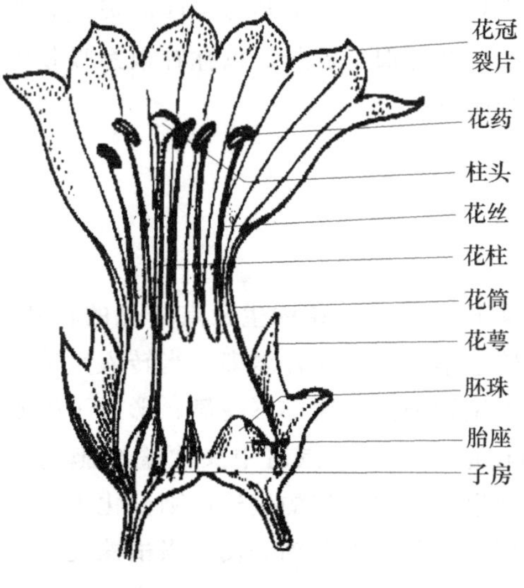

图 3-11　花的结构
（刘国顺等，2003）

（三）花的开放

烟草从现蕾到花凋谢，可以分成现蕾、含蕾、花始开、花盛开、凋谢 5 个阶段。现蕾期是在花序中部开始出现花蕾；含蕾期就是从花冠伸长到最大限度这一段时期，但是前端尚未裂开；花始开期为花冠前端开裂有缝；花盛开期为花冠开裂成平面；花凋谢期为自花冠枯黄至脱落。

烤烟一般在移栽后 50～60 天开始现蕾，自现蕾到含蕾需 10 天，自含蕾到花始开需 2 天多，从花始开到花盛开需 1 天，花盛开到凋谢需 1 天多，从凋谢到果实成熟需 25～30 天。总起来从花蕾出现到果实成熟约需要 40 天左右，一株烟草从第一朵花开放到最后一朵花开需 30～50 天。

至于盛花期，即一株烟草开花最多的日期，一般是在第一朵花开放后再经过 5 天，开花渐多，以第 16～19 天为最盛。开花顺序一般是茎顶端第一朵花最先开放，约 2～3 天后花枝上的花陆续开放。整个花序的开花顺序是先上后下，先中央后边缘。每天开花时间主要在白天，即上午 8 时至下午 8 时最多，夜晚很少。烟草在一天中的开花数量，除因品种而不同外，也随环境条件的差异而有变化。高温低湿，开花较多；低温高湿，开花较少；晴天开花多，阴雨天开花较少。

六、果实

烟草的果实为蒴果，在烟草开花后 25～30 天，果实逐渐成熟。蒴果长卵圆形，上端稍尖，略近圆锥形。成熟时沿愈合线及腹缝线开裂。花萼宿存，包被在果实的外方，与果实等长或略短。子房 2 室，内含 2000～4000 粒种子，胎座肥厚，果实成熟时，胎座干枯，由裂缝可以看到种子（图 3-12）。

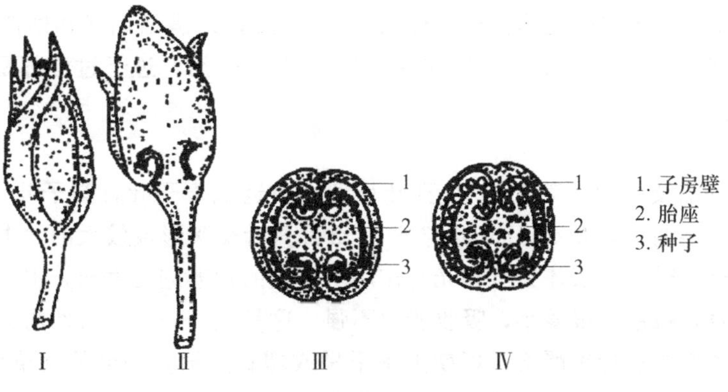

图 3-12　烟草的果实

（刘国顺等，2003）

Ⅰ. 蒴果外形；Ⅱ. 蒴果纵剖面图；Ⅲ. 未成熟果实的横剖面图；Ⅳ. 成熟果实的横剖面图

果皮棕褐色，很薄，革质，相当坚韧。由 4～5 层圆形薄壁细胞构成，维管束分布其间，幼嫩时细胞内含有叶绿体，可进行光合作用。分内外两部分，即外果皮和中果皮。外果皮由最外一层细胞组成，细胞最大，排列整齐，具有相当厚的角质。果实成熟时，外果皮干枯成膜质。中果皮由 3～4 层扁长方形细胞组成，细胞壁木质化加厚，因此成熟的果实相当坚韧。

第二节　烟草的生育期

烟草的一生，从生长发育看，可分为发根、长茎叶的营养生长和花芽分化、现蕾开花结实的生殖生长两个阶段；从栽培角度看，可分为苗床和大田两个栽培时期。根据烟草的生长发育习性和栽培特点，可分为 8 个生育期。

一、苗床期

从播种到成苗移栽前这一段时期称为苗床期。由于各地的环境条件和农业技术措施不同，苗床期长短相差很大，例如，北方烟区一般为 60 天左右，贵州 1 月份播种的为 70～120 天，四川秋播烟长达 160～180 天。不论苗床期长短，根据幼苗的形态特征和地上、地下部的动态变化，大致可分为 4 个生长期。

（一）出苗期

从播种到两片子叶平展的幼苗达 50%为出苗期。出苗期的长短因条件不同而有较大的差异。烟草种子发芽、出苗要求有适当的温度、水分和通气条件。烟草种子小，储藏养分少，顶土能力极弱。所以播种时覆土不易过厚，否则影响发芽与出土。出苗期必须具有适宜的温度、充足的水分。种子萌发的最低温度是 7.5～10℃，在 25～28℃的最适温度下生长最快，长期低于 0℃的气温有冻死烟芽的危险，高于 30℃则种子萌发和幼芽生长都慢，高于 35℃时，萌发的种子会失去活力，高于 40℃的气温有灼伤烟芽的危险。出苗期始终都必须保持土壤处于湿润和松软状态，以满足烟芽和幼苗对于水分的要求和呼吸作用的正常进行，即保持田间最大持水量的 80%，过干过湿都是不利的。

（二）十字期

出苗后真叶陆续出现。第 1、2 片真叶长到大小近似于子叶且与子叶交叉成“十字”形时，称为小十字期；第 3、4 片真叶与第 1、2 片真叶交叉形成较大的“十字”形时，称为大十字期。这一时期幼苗才完全靠光合作用所产生的营养进行生长，主要功能叶片输导组织刚开始发育，根系还很弱小，吸收能力不强。这是烟草一生中最幼弱的阶段，抗逆力很差，对环境条件要求特别严格。短期土壤干旱或烈日照射，都会使幼苗生长受到抑制，甚至导致死亡。土壤水分过多又易引起叶片发黄，生长停滞，发生病害。因此应轻浇勤浇水，保持土壤最大持水量的 60%左右。对养分的要求不太高，一般在施足基肥的情况下，不需追肥。该期的另一特点是时间长，绝对生长速度缓慢，肥、水吸收量少，因此，一切管理措施都必须以细致为中心，管好覆盖物，使其保温保湿，且适当透光，以利幼苗及早进行光合作用，合成有机养料。此外，尚须防治病虫害（彩图 3-1，彩图 3-2）。

（三）生根期

从第 3 片真叶出现到第 7 片真叶出现为生根期，是幼苗生长的一个相当重要的阶段。随着幼苗的生长，合成能力大为提高，叶片陆续出现，叶脉逐渐形成，输导系统日趋完善，叶面积迅速扩大，茎节开始伸长，生长速度较快。这一时期除地上部分变化较大外，其突出特点是根系发展十分活跃。当第 3 片真叶出现时，一级侧根大量发生，二级、三级侧根也相继出现，并发生较多的须根，主根明显加粗，到第 7 片真叶出现时，幼苗已基本形成了完整的根系，吸收能力增强，吸收量增大。据测定，此期地下部分的生长量是地上部分的 3.98 倍，所以称为生根期（彩图 3-3）。

此期烟苗已具备较强的抗逆能力，在优越条件下生长迅速，条件较差时仅生长速度减慢，不会产生严重的不良后果。此期是人们发挥主观能动性，调节生长速度，使其稳健生长，培育壮苗的有利时期。管理措施通常以促控结合为主导思想，防止烟苗徒长。地上部分和地下部分生长是一对矛盾，而矛盾的主要方面在于地下部分，应当促进根系生长，适当控制水分供应，以防水分过多，使主根入土浅，侧根发生少，而茎叶生长过旺。适当控制水分，还能使烟苗机械组织发达，茎围增粗，增强抗逆能力。同时根系的生长与光照也有密切关系，此期苗床内个体与群体的矛盾逐渐突出，光照不足由幼苗间互相拥挤遮蔽而引起。互相争光会加快地上部分的生长，而使根系生长受阻，并且容易发生病害，因此，必须及时进行间苗，加强苗床管理，及时揭开覆盖物增加光照和防病防虫。此外，在幼苗有缺肥征象的情况下，应及时供给磷、钾肥，少量施用氮肥，可促进根系生长，提高抗逆能力。

（四）成苗期

从第 7 片真叶出现到烟苗适栽时，称为成苗期。此期的特点是根系已经形成，吸收能力增强，叶数和叶面积的增加速度快，合成能力也相当强，茎的生长明显加快。第 7 片真叶出现是个转折点，烟苗自身矛盾的主要方面已转为地上部分，这时根系虽然继续生长，但是生长中心开始转移到地上部分，其生长速度超过根系（彩图 3-4）。

在管理措施上仍应控制地上部分的徒长，供应适量的水分和比较充足的养分及光照。若水肥过多，则烟苗细胞含水量高，嫩弱，抗逆力差，移栽后还苗慢。若光照不足，则光合产物少，烟苗不健壮。在栽培技术上除适当灌溉和追肥外，还应继续间苗、定苗，使个体有适当的营养面积。移栽前应适当控制水分，进行锻苗，提高烟苗素质，使其能适应大田的生长环境。待苗长到有 8～10 片真叶，叶片舒展，叶色正常，茎秆粗壮，茎高 5～8cm 时即可移栽。

苗床各生长期虽有不同特点，但是各个时期又是互相联系的。总的看来，烟苗数量的多少关键在于前期，幼苗的壮弱关键在于后期。因此，管理的原则，一般前期以促为主，后期以控为主。从环境条件和育苗要求来看，苗多苗少主要决定于水分，苗迟苗早主要决定于温度，苗的健壮与否主要决定于光照。这是一般情况下起主要作用的因素。

二、大田期

从烟草移栽到采收完毕，称为大田期。大田期的长短因品种和栽培条件而异，一般为 100～120 天左右，大致可分为以下 4 个时期。

（一）还苗期

幼苗移栽后因损伤了根系，削弱了吸收能力，而地上部分蒸腾作用照常进行，因此引起烟株体内水分亏缺，生长暂时停滞。等到根系恢复生长并达到一定程度时，烟苗才能继续生长。当叶色开始变绿，心叶开始生长时，表示移栽苗已经成活。这段时期称为还苗期，一般需要7～10天。其时间的长短与烟苗壮弱及移栽技术有密切关系。因此移栽时必须选用壮苗、减少伤害、充分供水，以加速幼苗生根，促进成活。北方有些烟区移栽烟苗带有母土，栽后立即浇水覆土，烟苗继续生长，不出现萎蔫现象，没有明显的还苗期（彩图3-5）。

（二）伸根期

从移栽成活到团棵这段时期是烟株的伸根期，细分又可分为摆小盘期、摆大盘期和团棵期（彩图3-6，彩图3-7，彩图3-8）。这一时期一般需要25～30天。烟苗成活后，茎叶开始生长，新叶不断出现。到株高33cm，叶数达12～16片（因品种而不同）时，烟株横向发展的宽度和纵向生长的高度比例约为2∶1，烟株近似球形，称为团棵。

伸根期是根系发展的关键时期，虽然这一时期茎叶生长逐渐加快，平均每3天左右出现一片新叶，但是生长中心仍在地下部分，团棵期烟株根干重占全株干重的12%以上。伸根期是烟株营养生长的一个转变时期，烟株必须在伸根期长好一个发达的根系，以保证旺长期所需的养分和水分。但是，要使根系得以发展，还要有适当的叶面积来合成有机养料，供应根系生长的需要。因此，这一时期的栽培管理原则是既要上控下促，又要上下兼顾。大田期的农业技术措施诸如蹲苗、中耕、培土、追肥都是在这一时期进行的，也是为促进根系生长，提高根系活力服务的。

（三）旺长期

从团棵到现蕾这段时期称为旺长期，这一时期的长短因品种和栽培条件的不同而有差异，一般约需30天左右。这是茎叶生长最快的时期，也是决定叶数和叶面积的关键时期。茎高平均每天增加3～4cm，约1～2天出现一片新叶，叶面积迅速扩大。随着叶面积的扩大，光合产物积累增多。所以，旺长期是决定烟叶产量和质量的重要时期（彩图3-9，彩图3-10）。

这个时期栽培管理的基本原则是既要促进茎叶的旺盛生长，使其有足够的光合面积，又要保证充分的光照条件，提高光合能力。烟株对水分、养分和光照的要求，消耗的水分约占全生育期的50%以上，对氮、磷、钾三要素的吸收也占60%～80%，因此必须注意及时供水，特别是在天气干旱和气温较高的情况下更要如此，同时供水还起到以水调肥的作用，在施足基肥和前期追肥的条件下，充足的水分和较高的温度能加速肥料的分解转化，变成根系容易吸收的水溶态养分，这样能够使土壤中的有效养分在旺长期充分吸收利用，以利于叶片的正常成熟。否则，旺长期不能满足烟株对水分和养分的要求，将造成叶数减少，叶面积减少，产量降低，后期肥力过大，烟株徒长，叶片贪青晚熟，品质下降。由于茎叶的迅速生长，个体和群体矛盾更加突出，光照条件和光合面积都不能满足烟株旺长的需要，恰当地处理好这些矛盾，是获得烟叶优质适产的关键。在这方面，合理的栽培制度和栽植方式，合理的施肥和灌溉，都是十分重要的。

（四）成熟期

烟株现蕾以后，叶片由下而上逐渐落黄成熟，这个过程称为成熟期（彩图 3-11）。这一时期包括从现蕾到烟叶采收结束。从生理和留种角度看，成熟期还包括开花结果、种子成熟采收的过程。烟草现蕾 7～10 天后开始开花，现蕾以前，茎生长锥中形成了花序原始体及第二、第三级或更高级的花序，在开始现蕾以后尚能不断形成花蕾，当遇到不良条件时，新形成的花蕾脱落，不能再形成新的花。所以现蕾前后的营养条件和环境条件，对开花结实是有决定性作用的。

烟株现蕾以后，由营养生长转入生殖生长，叶片中物质分解加强，部分有机物质向花序运输，特别是下部叶片尤甚，这对于烟叶品质和产量都是不利的。因此，在以采叶为目的时，栽培管理上应控制生殖器官的生长和腋芽的产生。主要的农业技术措施是打顶、去除腋芽和改善光照条件，促进叶片正常落黄成熟。

烟叶在成熟期需要较高的温度，在日平均温度 20℃以上时，烟叶的品质良好；温度过低，不利于成熟过程中酶的活动和物质转化，烟叶的内在品质和外观色泽都差。烟叶成熟时，对水肥条件的要求大大减少，若此期水肥供应仍不降低，会使烟株体内蛋白质的合成旺盛，消耗大量的糖分，造成烟株粗筋暴叶，贪青晚熟，品质降低。但如果烟田干旱或过早脱肥，也会造成烟株叶片薄、色泽淡，减产降质。因此，成熟期除保证充足的光照和较高的温度外，适当控制水分和养分也是十分重要的。

总的说来，根据烟草大田期生长发育的特征特性，农业技术措施的要求是，在保证全苗的基础上，前期促伸根，壮苗早发；中期促健壮生长，防止徒长；后期促适时落黄成熟，防止贪青晚熟。

思考题

1. 简述烟草根的初生构造和次生构造。
2. 简述烟草根的生理机能。
3. 简述烟草茎的形态及其生理机能。
4. 试述烟草叶的构造及其生理机能。
5. 烟草有哪些表皮毛？各有什么作用？
6. 简述烟草花的构造及其开花习性。
7. 简述烟草种子的萌发过程及其需要的条件。
8. 烟草苗床期和大田期分别划分为哪些生育期？
9. 分别论述烟草大田期根、茎、叶、花的生长过程。

第四章 烟草与环境

烟草是一种适应性广、可塑性强的经济作物。在广泛的土壤类型上和相对广泛的气候条件下都能种植，但从连续生产优质烟的角度上来说，烟草对生态条件的反应还是比较敏感的。生态条件的差异不仅影响烟草的形态特征和农艺性状，而且还直接影响着烟叶的化学成分和品质。影响烟草生长发育和产量品质的生态条件主要是地形地貌、气候条件和土壤条件。

第一节 烟草与地形地貌

科学研究和生产实践证明，地形地貌是影响烟叶质量的重要因素。在跨几个气候区的大范围内，气候条件是烟叶能否良好生长发育的主导因素，但在同一个气候区的小范围内，土地条件就对烟叶质量的好坏起主导作用。

地形地貌可以导致热量和雨量在一定范围内的再分配，也会深刻影响土壤条件的理化性状，特别是土壤空气、土壤温度和土壤养分等性状。因此在同一个气候区内，地形地貌的不同会使不同区域内的温、光、水和热量条件有相对的不同，而这几个因素是影响烟叶（特别是优质烟叶）生长的重要因素。

烟草的生长发育和产量、品质与地形地貌有着密切的关系。从世界烟草生产情况来看，在日本多雨的条件下，种植在排水良好的丘陵地带的烟叶品质较好，美国烤烟质量最优的产地也在丘陵地区，而津巴布韦烤烟则多种植在多山高原地区。20 世纪 60 年代我国烟草科技工作者对河南省优质烟原料基地的研究表明，山坡地所生产的烟叶无论外观质量还是烟气质量都明显优于平原地区所产烟叶。80 年代河南、山东和安徽等省烟草种植区划研究也证实了这一结论，并把地形地貌类型作为划分烤烟适宜生态类型的重要因素。全国区划研究报告中指出：在对山东丘陵和平原地所产的烟叶进行质量评价时，在香气质、香气量及评吸总分上，丘陵地区所产烟叶都明显地优于平原地区，而且差异分别达到显著和极显著水平。另据云南、贵州省区划研究的结果，在海拔高度超过 1800m 的地区，难以生产出优质烤烟。由以上研究可知，地形地貌对烟叶品质有着深刻的影响。而生产实践也证明了中低山、低山、丘陵、高原都是适宜于烟草生产的地形地貌条件。

第二节 烟草与气候

一、温度

温度对烟草生长的影响很显著，而且比较复杂。烟草生长在低温条件下时，由于一般生理活动减弱，生长也受到抑制，随着温度的升高而生长加快，当温度达到一定程度后，由于内在生理活动的协调性受到破坏，于是生长又开始下降。因此，烟草的生长有温度三基点，即最低温度、最适温度和最高温度。

一般认为烟草在1～2℃时植株会死亡，10～13℃时生长停止，在28℃时生长最快，温度超过35℃对生长不利。关于烟草的最适温度也有不同的研究结果，佐佐木提出烤烟生长发育的最适宜温度为27～31℃，黑田昭等指出烟草光合作用的最适温度为20～28℃。

烟草在不同的生长发育阶段所要求的温度是有差异的，前期要求低一些，后期则比较高，这样有利于叶内积累较多的同化物质。但烤烟生长发育前期如平均气温低于13～18℃将会抑制生长促进发育，导致叶片数目减少。对于成熟期温度要求一般认为不低于20℃，在20～28℃的范围内，烟叶的品质较好，要获得品质良好的烟叶，较理想的成熟阶段的温度条件为日平均温度在24～25℃范围内并至少持续30天以上。需要说明的是，如果栽培季节经常处于最适温度条件下，烟草虽然生长迅速，但植株往往比较嫩弱，是不易产生优质烟叶的。

烟草为了完成生命周期，不仅需要一定的温度条件，而且还需要一定的积温标准。如果满足了这个积温标准，烟草就能正常的成熟，反之烟草为了满足自己的需要，就要延长生长发育时间，这就是在日平均气温低的地区生育期长，而在日平均气温高的地区生育期短的生理原因。积温的表示方式有以下3种：①物理积温，即生育期内昼夜平均温度的总和。②活动积温，即生育期内高于生物学下限温度的总和。③有效积温，即生育期内活动积温与生物学下限温度之差的总和。关于具体的积温指标，不同的国家和地区是有差异的。如美国的物理积温指标为2495～3180℃，原苏联的物理积温指标为2200～2800℃。在我国，洪琪现认为大于或等于8℃的有效积温在1200～2000℃的范围内，其中收烤期在600～1200℃是贵州省生产优质烤烟的条件。林木森则认为大于或等于8℃有效积温在2000℃以上是河南许昌地区烤烟生长的热量指标。全国烟草区划研究报告中把大于或等于10℃的活动积温超过2600℃作为适宜类型的一个判别标准。

温度对烟草生长发育和产质的影响还表现在昼夜温差上。有人认为昼夜温差大对烟草的生长发育有利，因为昼夜温差大可以加强同化产物向根、茎和种子运输，减少呼吸作用的消耗，增加有机物在主要经济器官中的积累，有利于烟草的生长发育。据河南农业大学对襄城县烤烟生产和气象资料的分析表明，上等烟比例与旺长期的昼夜温差呈显著正相关。但岗村则认为，烟叶既是同化器官又是贮藏器官，在成熟期昼夜温差小反而有利于有机物在烟叶中的积累，对提高烟叶品质有利。国外尚有人指出，日间温度29～32℃，夜间温度18～21℃，而昼夜温差8.3～13.9℃对优质烟的生产最为合适。

二、日照

烟草是喜光作物，从其系统发育形成的特征来说，强烈的光照才能使其生长旺盛，叶厚茎粗，繁殖力强。但从人们对烟草品质的要求来看，在强烈的日光直射下，烟草叶片的栅栏组织和海绵组织均加厚，外观上，叶片厚而粗糙，叶脉突出，形成所谓的“粗筋暴叶”，过分强烈的日光还会形成日灼斑。另一方面，如果日光不足，组织内部细胞分裂慢，而倾向于细胞的伸长和细胞间隙的加大，植株细软纤弱。同时由于光照不足，光合作用受阻，干物质积累减少，植株生长缓慢，成熟延迟。烤后叶片薄，香气不足，品质低劣。因此，从栽培的角度出发，要求日光充分而不强烈，对烟叶的品质有利。

栽培上强调合理密植，使烟草在不太强烈的光照条件下生长，叶片有较多的栅栏组织细胞，而且栅栏组织和海绵组织细胞比较大，细胞间隙较大，组织疏松，对品质有利。云南烟叶品质目前居全国首位，优良的气候条件特别是日照强度是主要因素之一。云南烟草多栽培在丘陵地带，一般海拔在1600～1800m，光照不太强，尤其是大田生长期处在6～7月份，雨量较多。除阴云密布的雨天，几乎经常是多云间晴天，晴天间多云，多云间阴天，阴天间多云的情况，日光穿过云层，时遮时射，形成和煦的光照条件，对烟草生长有利，叶片厚薄适中，调制后光泽好，弹性强，叶片含糖量较高，烟碱含量适中，因而形成的烟叶品质良好。

光照对烟草的影响不仅在于光照的强弱，而且也表现在日照的长短上。首先，日照的长短影响着烟草的发育特征。在烟草的品种中，除多数的长日照品种外，尚有部分属于明显的短日照品种，它们只能在日照较短的情况下才能现蕾开花。其次日照的长短还影响着烟草的生长，在一定的范围内，日照时间长，延长光合作用，可以增加有机物的合成；当日照减少到每天8h以下时，烟株生长缓慢，茎的伸长延迟，叶数减少，植株矮小，叶色黄绿，甚至发生各种畸形。

烟草在大田期的日照时数也与烟草的生长发育和品质有关。在一般情况下，大田期总日照时数最好达到500～700h，日照百分率达到40%以上，收烤期日照时数要达到280～300h，日照百分率达到30%以上，才能生产出优质烟叶。大田期日照时数在200h以下，日照百分率在25%以下，采收期间日照时数在100h以下，日照百分率在20%以下，烟叶的品质较差。日照时间越长，越有利于叶内有机物的积累，在热量不足的地区，用延长日照时间弥补是可行的。晒烟和白肋烟对日照的要求，不像烤烟那样严格，但通常需要充足的阳光。与多数烟草类型相反的是雪茄包叶烟，因为要求具有薄而富有弹性的品质特点，所以需要的光照条件较弱，常栽培在具有自然遮阴或人工遮阴的条件下。

三、降水

水分是烟草生长的必要条件，因此合适的降水量是生产优质烟草的又一主要气候条件。烤烟的需雨量较大，在充足的雨量条件下，形成的烟叶组织疏松，叶脉较细，这些特征对品质的提高有利。如果雨量分布均匀，温度和其他条件又比较合适，烟叶生长良好，氮化物含量较低，调制后色泽金黄、橘黄。在生产上，如果降水不足，烟株生长缓慢，植株矮小，叶片小而厚，叶内组织紧密，单位叶面积较重，叶色较绿，不易落黄，烟株体内含氮化合物如蛋白质和烟碱等增高，糖类物质含量降低，烟味辛辣，品质欠佳，甚至燃烧性不良，产生黑灰熄火烟。如果降水过多，烟叶生长旺盛，叶片大而较薄，产量较高，但这种烟叶的细胞间隙大，组织疏松，调制后，叶色较淡。左天觉指出，当一块烟田淹水4h时，这块烟田就会受到伤害，如果延长到48h，产量就会下降15%。此外降水过多还会引起某些病害的蔓延。由此可见只有适宜的降水量才能保证优质烟的生产。

必须明确的是降水对烟草的影响不仅决定于年降雨量的大小，而且更重要的是决定于雨量的分布，生育期雨量过分集中或出现暴雨对烟株生长不利，理想的雨量分布情况是在移栽期间降水较多以利还苗，还苗后降水少一些，以利生根，团棵后有充足的雨水供应以促进旺盛生长，成熟期雨量少有利于成熟采收。有研究指出，具体的降水适宜标准是：大田前期 80～100mm，中期 200～260mm，后期 120～160mm。

对于晾晒烟来说，降雨除与烟草的生育和产质有关外，还极大地影响着烟叶成熟后的调制，烟叶在晾晒期间，若阴雨连绵，显然是很不利的，因此在安排晾晒烟的栽培季节时，还必须考虑调制时的降雨情况。

四、灾害性天气

和风能降低田间空气湿度，使烟叶组织较为紧密，并减少病害的发生和蔓延。在经常有定向风的地区，通常能生产出品质较好的烟叶，但是由于烟草个体较大，特别是大田后期株高叶茂，容易遭受风害，五级以上大风就能危害烟草，特别是后期，重则吹倒烟株，轻则使烟叶互相摩擦而造成伤痕。这种伤痕初期呈浓绿的斑点，以后经日晒而成红褐色，最后干枯脱落，造成不规则的破洞。没有成破洞的伤痕在烤后呈黑褐色，降低烟叶品质。

对于像烟草这样叶面积大，叶组织脆弱而又以叶片为主要收获对象的作物来说，冰雹的危害性很大，其危害程度因冰雹的大小、下雹的时间长短和烟草生育期而不同。苗床期遭受雹灾，只要烟苗的顶芽未被打断，仍可移栽，大田生长期，特别是在打顶后遭受雹灾，损害最大，严重时几乎绝收。受冰雹袭击后，首先应进行中耕，提高地温，使烟株良好生长，在提高主茎烟生长的同时，可根据生长季节和烟株生长情况培育杈烟，以弥补部分损失。冰雹无论大小都会给烟叶带来不同程度的危害，因此，在常遭受雹灾的地带，冰雹往往成为种烟的限制因子。

霜冻又是影响烟草生长发育和品质的一个气候因子，不仅烟草幼苗易受霜冻的危害，而且成熟的叶片也易受其影响。遭受霜冻袭击的烟叶从叶尖处开始，初期呈现水渍状，以后变为褐色，品质严重下降，因此烟草的生产应尽可能安排在无霜期。

第三节　烟草与土壤

烟草虽然适应性很强，可以在许多土壤上生长发育，但是优质烟的生产对土壤条件的要求还是比较严格的。土壤的类型、分布及土壤的理化特性都与烟草的产量、品质及风味有密切的关系。因此，选择适宜的土壤是优质烟生产的重要环节。

一、我国主要植烟土壤类型

我国植烟的土壤类型较多，主要有红壤、赤红壤、黄壤、紫色土、水稻土、黄棕壤等（表 4-1）。从地区和土壤分布规律可分为北方烟区土壤和南方烟区土壤。

表 4-1　我国主要植烟土壤类型

土壤类型	主要分布范围
红壤	福建、广东、广西、湖南、云南、贵州、四川、湖北、江西、浙江
赤红壤	福建、广东、广西、云南、台湾
黄壤	云南、贵州、四川、重庆、福建
紫色土	四川、贵州、湖北、湖南、西藏、重庆
黑色石灰土	贵州、云南、四川、重庆、广西、广东
红色石灰土	贵州、云南、四川、重庆
水稻土	广东、广西、云南、四川、福建、贵州、湖南
黄棕壤	安徽、湖北、四川、重庆
棕壤	辽宁、山东、河南、安徽、湖北
褐土	山东、河南、安徽、陕西、山西
潮土	山东、河南、安徽、山西
黑土	黑龙江、吉林
塿土	陕西、山西
黑垆土	陕西

（一）南方主要植烟土壤

1. 红壤

耕种熟化的红壤是我国种植烟面积较大的土壤类型，是云南、贵州、广西、广东、福建、湖南、湖北、江西、浙江、安徽等省（自治区）的重要植烟土壤。著名的福建永定烟、云南玉溪烟多种植在红壤土上。红壤形成于亚热带气候条件下，气候温暖，雨量充沛，无霜期长达 240～300 天。

红壤的矿物分解和淋溶作用强，土壤富铝化作用明显。母质有花岗岩、片麻岩、红沙岩、千枚岩及第四纪红色黏土等，它们对红壤的性质有明显的影响。在花岗岩上发育起来的红壤，土壤质地偏轻，含有石英沙砾。土壤 pH 4.8～5.6，有机质含量 1.2%～2.8%，阳离子交换量为 17.4cmol/kg 干土，黏土矿物以高岭石及水化云母、蛭石为主。而在第四纪红黏土上发育的红壤，土层深厚，质地黏重，土壤通气性能差。在红色沙岩上发育的红壤磷素含量低，钾素含量相对较高。红壤保肥能力低，作物营养物质氮、磷、钾、钙、镁均缺乏，其中有效磷极为缺乏，速效磷含量仅为 1～2mg/kg。矿物质营养均不能满足烟草生长需要，必须增施有机肥料和磷、钾、钙等矿物质肥料，才能生产出优质烟叶。

福建省永定县等在山地丘陵上新开垦的红壤及黄泥土上植烟，所产烟叶品质优良。这些土壤质地稍黏，小块状结构，底土较紧实，有机质含量 1.3%左右，烟叶质量好，叶色橘黄，组织疏松，香气浓、味醇和，燃烧性好，烟灰呈灰白色。江西的广丰的晒黄烟，主要栽培在红壤区域内的红色沙质壤土和红色砾质壤土上。沙质壤土上生长的烟叶，叶片厚，成熟一致，晒后呈金黄色，光泽黄亮，组织细致，油分足，弹性强，香气浓郁，生理强度大，燃烧性好。轻红黏壤土上生产出的烟叶色泽红亮，称作红烟。

2. 赤红壤

赤红壤是广东西部和东南部，广西西南部，福建、台湾南部及云南德宏等地植烟土壤类型之一。地形多为低山丘陵，由于受南亚热带气候影响，成土过程中富铝化和淋溶作用强，土壤中钙、钠含量很少，镁、钾含量很低，pH 4.5～5.8，呈强酸性。黏物以高岭石为主，土壤阳离子交换量 6.8～13.1cmol/kg 干土。在花岗岩及酸性岩母质上发育的赤红壤，土壤质地轻，多为沙质壤土。赤红壤的磷含量很低，钾的含量因母质而异，花岗岩、流纹岩母质上的赤红壤钾含量相对较高，而玄武岩、沙岩上的含量较低。

烟田耕层土壤有机质 1.93%～2.32%，全氮 0.081%～0.097%，全磷 0.021%～0.024%，全钾 1.61%～1.83%；速效性养分：碱解氮 89.9～96.00mg/kg，磷 2.0mg/kg，钾 55～73mg/kg。微量元素分别为：锌 0.3mg/kg、铜 0.75mg/kg、硼 0.38mg/kg、钼 0.11mg/kg、锰 2455ng/kg。

3. 黄壤

熟化的黄壤是云南、贵州、四川、福建等省和重庆市的植烟土壤之一。所处海拔较高，地形变化复杂，垂直差异大，地貌差异明显。成土母岩有沙岩、页岩、石灰岩、流纹岩、花岗岩、片麻岩、第四纪砾岩和红色黏土等。

黄壤处于湿润的亚热带气候条件下，土壤呈黄棕色或黄色，一般表层呈浅棕色或浅灰色，心土层是黄色黏化淀积层，厚 30～50cm，质地黏重坚实。有的底层出现杂色网纹层、铁核、铁盘等。黄壤淋溶作用较强，交换性盐基含量很低，一般不超过 10cmol/kg 干土，土壤交换量低，为 8.98～12.3cmol/kg，盐基饱和度为 5.9%～15.28%，全剖面呈强酸性反应，pH 4.5～5.5。代换性阳离子以氢离子为主，占 80%～85%，铝离子含量为 20～70mg/kg。

黄壤多数土质黏重，结构性差，黏着性、黏结性、可塑性均大，耕性不良；透水性差，易积水，影响烟草根系生长；吸湿水含量高，有效水分含量低；保水保肥力弱，氮、磷、钾、钙、镁及一些微量元素缺乏，有的速效性养分较低。植烟需增施肥料，才能提高产量和质量。

4. 紫色土

紫色土是四川中部、贵州北部、湖南安仁等地的重要植烟土壤之一，重庆东部地区也有一定分布。紫色土是在紫色岩石上发育的一种岩性土，土壤形成受母质影响，物理风化强，化学风化弱；土层内常夹有半风化母岩碎块，无明显发生层次，土壤的淋溶与淀积弱，呈均一的紫色。在质地较细的紫色岩上发育的紫色土，土层较厚，耕层中壤质到重壤质土，有良好的土壤结构，通气性良好。一般表层多核状、粒状结构，土质疏松；底层较黏重，为块状、棱块状结构。而在沙性较重的紫色岩石上发育的紫色土，土壤质地较粗，土层薄。

紫色土按母岩、酸碱度、钙质含量可分为钙质紫色土、中性紫色土、酸性紫色土。酸性紫色土成土时间长，磷钾含量较低，多呈微酸性，物理性黏粒含量低，钙质淋失，富含磷和钾，呈中性到微碱性反应。

贵州省发育在沙岩上的紫色土呈弱酸性反应，阳离子代换量较大，保肥力强，矿物质营养丰富，速效磷、钾多，含有一定量的硼、铝等微量元素，而有机质一般较低。位于丘陵坡地下部的紫色土营养丰富，对烟草能适量地供应氮、磷、钾养分。土壤表层多粒状、核状结构，土层疏松，通气性、透水性良好；底层较黏重，保水保肥，是一种良好的植烟土壤。位于丘陵中上部的紫色土，因受雨水冲刷，土层薄，质地较沙，并含破碎页岩碎块，保水保肥能力低，有机质缺乏，氮素供应不足，需要适量补给氮素，才能稳定烟叶的产量。

什邡毛烟主产于四川什邡市，土壤是紫色土区新冲积的沙壤土，土层薄，保水保肥力差，由于实行烟稻轮作和施用菜籽饼及种植绿肥，土壤肥力较高，所产毛烟品质优良。江西梅坞的暗紫色土，表层为灰黑色杂有沙砾，心土为黄紫色，有机质含量较多，肥力高，所产的晒红烟品质优。湖南省安仁等地种植烤烟的紫色土，质地轻，疏松、易耕作，磷、钾、钙含量高，为提高烟叶品质提供了条件。武鸣晾烟产于大明山下缓坡阶地，土壤母质为紫色页岩，为石灰性羊血土（紫色土类），中壤质，粒状结构，呈紫色或棕红色，土壤营养物质丰富，耕性良好。生产出的晾烟质量优良，武鸣晾烟历史悠久，远近闻名。

5. 黑色石灰土

黑色石灰土，又称黑泥土、旱地油沙土、大眼泥土、青沙烟土等，是贵州、云南、四川山地丘陵地带的植烟土壤。母质是石灰岩、白云岩风化残积、坡积物。土层厚薄不一，有的有石灰岩或白云岩碎片。腐殖质含量丰富，自然肥力高。土壤黏重，富含钙和腐殖酸钙，团粒结构或核状结构，土壤耕层疏松，便于耕作。

黑色石灰土呈中性到微碱性反应，pH 6.7～7.8，交换性阳离子含量 27.6cmol/kg 干土，交换性能强，盐基饱和度高，养分丰富，有机质含量高，氮素含量高，磷素有效性较低，钾素潜在含量少。云南黑色石灰土有机质含量 1.86%，全氮量 0.290%，全磷量 0.141%，全钾量 1.19%。碱解氮 206mg/kg，速效磷 6.0mg/kg，速效钾 120mg/kg，有效微量元素分别为：锌 2.0mg/kg，铜 1.43mg/kg，硼 0.27mg/kg，钼 0.35mg/kg，锰 2.0mg/kg。在黑色石灰土上种植烟草需根据土壤养分含量，调节养分比例，以确保烟叶质量。

6. 红色石灰土

植烟的红色石灰土分布在云南玉溪、曲靖、红河、昭通、昆明，贵州西南、广西西部等地区。土壤母质是石灰岩或白云岩风化物。土壤呈红棕色，质地为壤土到壤质黏土，呈中性反应，土壤 pH 6.5～7.5，阳离子交换量 10.0～22.0cmol/kg 干土，耕层有机质含量 1.8%以上，全氮量 0.123%～0.193%，全磷量 0.038%～0.045%，全钾量 0.87%～1.96%；碱解氮 89～138mg/kg，速效磷 3～7mg/kg，速效钾 48～136mg/kg；有效微量元素含量分别为：锌 0.6mg/kg、铜 2.0mg/kg、硼 0.6mg/kg、钼 0.1mg/kg、铁 13mg/kg、锰 82mg/kg。

红色石灰土，质地较重，耕性较差。有机质含量丰富，氮素高，磷素低，肥力中上等，光热及水分充足，土壤钾有效性高，是良好的植烟土壤。

7. 水稻土

烟稻轮作区的主要土类，主要分布于福建、广东、广西、湖南等地。由于长期耕作、施肥和实行淹水灌溉，土壤剖面具有明显的耕作层、犁底层、淀积层、还原淀积层和潜育层。水稻土的性质和养分含量因受种稻前土壤类型的影响而差异较大。宋承鉴等认为，由于种稻前基础、土壤类型不同，种稻时间长短不同，性质存在差别，通常呈酸性至中性，有机质、养分含量及其有效性较高，保水保肥能力强。

广西武鸣县罗波乡种在潴育水稻土上的晾烟，味醇正，香气好，可用于混合型卷烟和雪茄芯烟。沙质棕泥土上发育的潴育水稻土，土体深厚，轻壤质土至中壤质土，疏松，通气性和透水性良好，并具有一定保肥能力。富川县马山村在该类土壤上生产出的烤烟，品质上乘。浙江省桐乡的晒红烟种植在水稻土的小粉土上，成土母质是大河下游的冲积体及浅海沉积体，土层深厚，有明显沉积层次，呈灰色，带少量锈斑，土壤质地多数是中壤质地，土粒均匀，粉沙和细沙量较高，黏粒含量15%～20%，中性反应，种植烟草前期生长快，后期易脱肥，从施肥种类和方法上予以调节，可获得较好质量的烟叶。

（二）北方主要植烟土壤

1. 黄棕壤

黄棕壤分布于北亚热带，兼有棕壤与红壤、黄壤的某些特性，是江淮、皖南低山丘陵区及鄂西、鄂西北、湘西、渝东等烟区的主要植烟土壤。黄棕壤呈酸性反应，淋溶作用强，土壤盐基多被淋洗，黏粒形成与淋溶积聚活跃，心土黏化作用明显，形成较厚的黏化层，有的形成黏结盘；铁、铝移动明显，土壤结构体表面有明显的铁锰胶膜，有的形成铁锰结核层，黏土矿物主要是水云母和蛭石，黏土矿物已处于脱钾、脱硅阶段，土壤母质在山区比较复杂，而且丘陵区多以深厚的黄土为主。

黄棕壤表层呈灰棕色，疏松多孔，团块状结构。心土层呈棕色，棱块状、块状结构，黏粒含量超过30%，有利于保水保肥，但也容易滞水成涝。

2. 棕壤

棕壤是山东鲁中山区、辽东丘陵区、伏牛山的南北麓及怀远低山丘陵地带的主要植烟土壤之一。棕壤可细分5个亚类，即棕壤、白浆化棕壤、酸性棕壤、潮棕壤及棕壤性土。其中的棕壤和棕壤性土面积最大。

土壤pH 5.5～7.2，盐基饱和度为75%～95%，全磷量为0.023%～0.077%，有效态磷含量为1.6～9.4mg/kg，因此该类型土壤种植烟草应注意补充磷肥。棕壤的钾含量较高，耕层全钾2.51%～3.86%，速效钾65～285mg/kg。有效微量元素分别是：锌为0.82mg/kg，铜为0.95mg/kg，铁为20.59mg/kg，锰为22.11mg/kg，硼为0.32mg/kg。

棕壤母质一部分是花岗岩、片麻岩、片岩、硅质沙岩等酸性岩石风化的残积体、坡积体，一部分是山前阶地、扇形地上的沉积物。耕层因施肥而呈现灰棕色，团块状结构，质地疏松；心土层呈红棕色，微酸性至酸性反应，交换性盐基以钙为主，镁次之，钾和钠较少。黏粒矿物以水云母为主，并含有一定量的高岭石和少量的绿泥石、蛭石、蒙脱石。黏粒中有脱钾、脱硅作用，因此，棕壤总是释放出一定量的钾，有利于烟草生长。

棕壤表土层主要是沙质黏壤土、沙质壤土和黏壤土，含有一定量的沙砾。受土壤质地和结构的影响，棕壤容重较大，总孔隙度较低，而通气孔隙相对较大，有较好的通气性和透水性，有利于烟株根系的呼吸和土壤有机质的矿化分解。经过耕作后，表层土通气透水性良好，下层保水保肥，烟叶产量稳定，品质好，是生产优质烟叶的土壤。

3. 暗棕壤

暗棕壤是黑龙江东南部、吉林东部、辽宁东部的主要植烟土壤，适宜生产晒烟及烤烟。分布区域属于北温带湿润季风气候区，温暖湿润。成土母质以花岗岩为主，其次为沙、砾岩、玄武岩及变质岩。发育在酸性岩石上的暗棕壤质地较轻，含有沙砾，黏粒含量较低，一般为沙质壤土。而发育在中性岩、基性岩上的暗棕壤质地较黏，为沙质黏壤土，或粉沙质黏壤土。

暗棕壤的保肥能力强，土壤阳离子代换量较高，为 15～47cmol/kg 干土，呈微酸性至中性反应，土壤 pH5.22～7.15，有机质含量 2.94%～6.29%，全氮为 0.149%～0.31%，全磷 0.124%～0.198%，全钾 1.75%～2.67%；盐基饱和度 73.37%～98.21%，碱解氮为 150～200mg/kg，速效磷 12.32～15.25mg/kg，速效钾丰富，为 166～283mg/kg。暗棕壤有机质及其他养分丰富，保肥能力强，在种植烟草时应控制氮素肥料施用量，防止烟株生长后期贪青不落黄。

4. 褐土

褐土可细分褐土、淋溶褐土、潮褐土及褐土性土。其中淋溶褐土是生产优质烤烟的土壤。种植烟草的褐土，主要分布在鲁中、鲁南、豫中以及淮北等山麓冲积扇、山麓平原、河谷阶地及低山丘。

褐土所处地势较高，多数有一定坡度，地下水位较深，排水良好。母质多为黄土、红土，部分是石灰岩、沙页岩的残积、坡积和洪积物。土壤表层褐色至棕褐色，团粒状、团块状结构，疏松多孔，通气性、透水性良好，具有一定的淋溶作用，可溶性盐分及游离石灰质被淋。心土层呈暗褐色，干燥时常有大裂缝，为中壤质至重壤质土。有一定的黏粒淀积，一般 40～50cm 以下黏粒含量明显增加，常有假菌丝体出现，呈盐基饱和状态，离子代换量中等，呈中性至微碱性反应。

褐土中的黏土矿物以伊利石、蒙脱石居多。伊利石使黏粒中钾的含量增高，土壤全钾含量约 3%，是烟草钾素的库源。盐基代换量大，钙、镁含量高。淋溶褐土是棕壤与褐土的过渡类型。土壤淋溶作用较强，上层碳酸盐已全部淋失，一般在 1m 深土体内无钙积层，黏化作用强。表层土壤质地为沙质黏壤土和黏壤土。土壤 pH 6.3～7.5，土壤阳离子交换量为 15～25cmol/kg 干土，土壤全磷量 0.082%～0.122%，速效性磷 1.90～8.10mg/kg，全钾为 1.40%～2.96%，速效钾 59～123mg/kg。有效性微量元素分别是：锌为 0.60mg/kg、铜为 0.97mg/kg、铁为 11.49mg/kg、锰为 15.17mg/kg、硼为 0.39mg/kg。

5. 潮土

潮土是河流冲积物母质，在地下水的影响下，经过耕作熟化而形成的农业土壤。可分为两合土、淤土和沙土。广泛分布于黄河中下游的河南、河北、山东等地区。潮土的剖面分为 3 层，即耕作层、心土层和底土层。耕作层为浅棕黄色或浅灰棕黄色，颗粒或碎块状结构，疏松多孔，通气性良好。心土层棕色或浅棕色，稍紧实，块状结构，孔隙较少，毛管作用强，土体湿润。底土层浅黄棕色或浅灰棕色，块状结构，紧实，有大量铁锰斑纹和胶膜以及铁锰结核与石灰结核。

潮土理化特性因质地不同而有明显差异。一般来说，有机质含量不高，多为0.5%～1.0%，土壤反应偏碱，pH 7.5～8.5，速效氮、速效磷含量低，钾含量因质地不同而有差异。由于地下水位高，土壤水分比较充足，心土层有一个稳定的湿润层，可给作物生长提供良好的土壤水分条件。

6. 塿土

塿土是陕西关中宝鸡、凤翔一带及山西汾、渭河谷阶地的主要种烟土壤。塿土是覆盖在褐土上面、经过长期耕作熟化形成的土壤类型。剖面分上下两段，上段是经过耕作熟化的层次，厚约50cm，包括耕层、犁底层与老耕层。老耕层下是原褐土土壤剖面。

塿土腐殖质层深厚，并常出现上、下两个腐殖质层，多形成钙质腐殖质，土壤颗粒团聚好。上层疏松通气，利于有机质养分转化。下层腐殖质较多，阳离子代换量高，保肥力强。土多为重壤质土，中性至微碱性反应，全钾及速效钾含量均较大，上下层变化较小，有利于提高烟叶品质。耕层由于施肥，全磷量较高，但速效磷含量较低。代换性阳离子以钙为主，呈盐基饱和状态。

塿土中的油娄土（黑油土）是陕西植烟较多的土壤。分布在关中西部二级阶地上。土壤上部覆盖层是中壤质土，下层是重壤质土至黏土，形成上层质地轻、下层质地重的土壤剖面结构。蓄水保水性能良好，熟化土层厚、熟化度高、保肥保墒性好，易耕作，适耕期较长，肥力高，养分供应稳定。山西省烤烟以临汾垆塿土种植的烤烟品质较佳，烟叶色泽较好，组织细致，香味尚好。但个别地块所产烟叶有黑灰熄火现象，不宜植烟。在山西省曲沃县垆塿土上种植的晒黄烟，名闻中外，其中又以亭城为最好。

二、土壤主要理化特性

（一）土壤质地

土壤质地就是指土壤的沙黏性，科学的定义是指土壤中的沙粒、粉沙粒和黏粒的相对组成，根据分类标准，土壤质地有沙土、壤土和黏土三大类及其中间过渡类型。

通常，沙土类含黏粒少，含沙粒多，粒间孔隙较大，透水性能良好，但蓄水能力弱，保肥力差，养分缺乏，肥力较低。沙性土壤施入化学肥料容易流失，施入有机肥料容易分解，其肥效前期猛，后期容易脱肥。在沙质土上种植的烟草，一般叶片薄，烟碱含量较低，烘烤时易变黄，烤后颜色较淡，燃烧性好，香味较淡。

黏土类含黏粒较多，沙粒少。粒间空隙小，保水保肥性强，养分含量高。同时养分不易流失，施入有机肥料分解慢，供肥稳，肥效长。在平原黏质土上种植烟草，烟株较大，施肥不当容易造成烟株“黑暴”，不易落黄，叶片较厚，组织粗糙，不宜烘烤，烤后叶片颜色深，烟碱等含氮化合物含量高，品质不佳。但在山坡黏质土壤或有适量沙砾的黏质土壤上仍可生产出品质较好的烟叶。

壤质土类兼有沙土类和黏土类的优点。其特点是大小孔隙比例适当，通气性、透水性良好，保水保肥性强，供肥速率适中，在烟草生长的前、中、后期都能满足其需要，因此壤土类是理想的植烟土壤。从全国的土壤质地分布图来看，优质烤烟基地的土壤大多是处在轻黏土、壤土、沙壤土的范围内。如山东临沂地区的淋溶褐土，壤土质地，尤以土层中含沙粒的产烟叶品质亦较优，烟叶颜色金黄，油分足，光泽和弹性均好。

各类烟草对土壤质地的要求是不同的。晒黄烟适宜栽培在质地条件与烤烟相似的土壤上。这样，调制后的烟叶色泽黄亮，均匀，厚薄适中。晒红烟适宜种在中壤及轻黏土上，要求土壤肥力高，保水力强，氮、钾供应充分。在这种土壤上所生产的烟叶厚，色泽鲜亮，油分足，弹性强，香味浓，燃烧性好。白肋烟适宜栽培在中壤质地土壤上，要求有机质含量高，土层深厚，肥力较高，若土壤中富含钙、钾、磷则所产烟叶品质最优。香料烟则适宜栽培在土壤浅薄，表层有小石子的沙土，粉沙土，心土为黏壤土的土壤上，要求有机质含量低，含钾、磷、钙较高。这样生产的香料烟质量特征明显。在质地较重，肥力较高的土壤上生产的香料烟叶片厚大，缺少香料烟的独特香气。黄花烟则宜栽培在肥力较高的中壤质地及轻黏质地土壤上。

（二）土壤水分

土壤水分是烟草生长发育过程中生理需水和生态需水的主要来源。土壤水分状况影响烟草根系的生长和活性。直接影响烟株对水分的吸收、体内干物质的积累和烟叶的化学成分，影响土壤中营养元素的状态及烟株对营养元素的吸收，从而影响烟叶的质量和产量。

土壤水分亏缺，限制了烟叶的扩展，减慢了烟叶生长速度，叶片狭小而厚，叶肉组织紧密，叶脉较密，单位叶面积重量较大，燃烧性差，氮、蛋白质、烟碱含量增高，淀粉和糖含量减少，化学成分比例失衡，内在品质变差。而土壤水分过大，会阻碍土壤中空气的交换，削弱根系呼吸和吸肥、吸水的能力，致使烟株生长受到抑制。土壤中营养元素也会淋溶流失，影响烟叶的生长发育和品质。在土壤水分过大的土壤上生产出的烟叶，叶肉组织疏松，叶片薄，水分大，油分少，弹性差，调制后颜色黯淡，烟味淡，缺乏香味，品质也较差。此外，土壤水分过大，常常会引起一些烟草病害的发生和蔓延。

根据多年的生产实践经验，在烟草的生育前期，土壤水分保持在最大持水量的60%时，有利于协调地下部与地上部的生长，可为烟株以后的正常生育奠定良好的基础。生育中期土壤水分以最大持水量的70%～80%较为有利。烟株生育后期，为保证烟叶正常成熟，防止吸收过多的氮素，土壤水分以最大持水量的60%左右最为适宜。在生产实践中，由于土壤水分过少时可以用灌溉来弥补，而土壤水分过高的危害常常大于水分过少。如果土壤水分多到引起积水时，无论在烟草的哪一生育阶段都会造成根系缺氧，烟株萎蔫，甚至死亡。为获得优质烟叶，土壤必须排水良好，并且具有一定的持水力。

（三）土壤有机质

土壤有机质是土壤的重要组成部分，是各种营养元素的主要来源。一般来说，土壤有机质含量的多少是土壤肥力高低的一个重要指标。在一定范围内，土壤有机质含量愈高肥力性状也愈好。对烤烟来说，在有机质含量适中的土壤上能生产出品质较好的烟叶。在有机质含量过高，肥力水平相当高的土壤上，所生产出的烟叶主脉粗，叶片肥厚，烟碱及蛋白质等含氮化合物含量高，色泽较差，品质不良，但在有机质含量过低，营养贫乏的情况下，烟株生长势弱，植株矮小，叶片小而薄，产量和品质均较差。白肋烟只有种在有机质含量较高，肥力充足的土壤上才能获得良好的品质。为了保证香料烟的典型香气风格，则需要较低肥力的土壤。

根据我国烟草生产实践和大量的调查研究，我国烤烟种植的适宜土壤有机质含量为0.9%～1.2%，深色晾烟为1.3%～2.0%，白肋烟为2.0%或2.0%以上。香料烟则大都种在有机质含量1%左右的土壤上。根据全国烟区土壤取样分析的结果，全国种烟土壤有机质总含量偏低，而美国种烟土壤有机质含量一般为2.0%～2.5%。这也许是我国烟叶“发育不良”的一个原因。就土壤养分来说，黄淮烟区的速效氮在60～70mg/kg以上属高肥力，40～60mg/kg属中等肥力，40mg/kg以下属底肥力。以中、低肥力地块进行适当施肥种烟较为适宜。

（四）土壤 pH

土壤pH是代表土壤溶液中氢离子活度的负对数，又称为土壤的活性酸度，是土壤酸性的强度指标。土壤pH对土壤养分的存在形态、转化和有效性以及土壤的物理性质都有很大的影响。其总的趋势是，土壤酸性越强，则土壤有效养分越多。因此，土壤酸碱度与植物生长密切相关，各种植物都有其适宜的酸碱范围。有些植物对土壤酸碱的要求非常严格，它们只能在一定的酸碱范围内生长，否则生长受阻。烟草对土壤酸碱度的要求并不严格，在4.5～8.5的范围均能生长，但不同的酸碱条件对烟叶品质有明显的影响，从烟叶品质需要出发对土壤酸碱度亦有较严格的要求。国外烤烟土壤一般是弱酸性，pH过高，将影响烟草对磷、铁、锰的吸收，而呈缺素症状，pH过低使土壤呈强酸性，也不利于烟草的生长。我国烤烟区的土壤，由于灌溉和施肥等问题，近年来土壤pH偏高，只有在云南、贵州的大部分土壤和黄淮烟区的少数土壤，pH低于7.0，北方烟区pH 8.0以上的尚不在少数。

烟株在伸根期时，处于弱酸性条件下长势最强，其叶绿素含量、净光合速率、叶绿体Hill反应强度、硝酸还原酶和谷丙转氨酶活性及氨基酸含量均高于中性及弱碱性（pH小于等于8.0）条件；旺长期时，弱碱性处理的植株生长加快，碳氮代谢水平提高，超过中性及弱酸性处理。根际pH从5.5升至8.0，烤烟对硝态氮的吸收减少，而对铵态氮的吸收增加，吸氮总量呈上升趋势。酸性条件下烟株现蕾较中性及碱性条件下提早5～6天。烟草根系生长迅速，根干重增加，并能促进烟草对氮、钾的吸收和利用，烟草对磷的吸收几乎不受pH的影响，pH超过8.0时不宜种植烟草，5.5～8.0之间可能生产出优质烟。烟草根系对根际的pH具有较强的自我调节能力，即使土壤环境的pH不在烟株生长的最适宜范围内，烟草具有将其根系pH调节至适宜范围的能力。

综上所述，土壤酸碱度对烟草品质有重要的影响，但烟草品质并非完全取决于土壤的酸碱条件。因pH对烟草品质的作用既有普遍的规律性，也存在一定条件下的特殊性。根据我国的生产实践和具体情况，参照国内外有关资料，全国烟草种植区划研究认为，烟草适宜的土壤pH 5.0～7.0，最适宜的土壤pH 5.5～6.5。

（五）土壤含氯量

烟草是对氯反应比较敏感的作物，缺氯固然对烟草生产不利。但土壤中含氯量过高或供应量过多时，则会增大烟叶的吸湿性，降低烟叶的燃烧性，严重时产生黑灰、熄火现象。我国南方烟区的土壤和北方丘陵山地的土壤中，氯含量均很低，不会生产出黑灰熄火烟叶。只有在少数大量施用农家肥的地块会出现含氯量稍高的现象。对全国154个土壤样品分析表明，土壤含氯量与烟叶的最低阴燃持火力之间有显著的相关性，若把烟叶的最低阴燃持火力定为2s，则土壤含氯量为42mg/kg，据此可将土壤含氯量45mg/kg作为我国烟草次适宜区的最高界限。据研究资料，当土壤含氯量为30mg/kg时，烟叶的阴燃持火力为3.6s，如果达到这个标准，燃烧性就不会再成为烟叶质量的限制因素。所以，可以把土壤含氯量30mg/kg作为烟草适宜区的最高界限。

思考题

1. 适宜烟草生长的地形地貌是什么？
2. 试述烟草不同生育期适宜气温。
3. 烟草大田期对日照有何不同的要求？
4. 试述烟草大田不同时期对水分的要求。
5. 南方有哪些主要植烟土壤类型？
6. 北方有哪些主要植烟土壤类型？
7. 比较不同质地土壤对烟草生产的影响。
8. 比较不同肥力土壤对烟草生产的影响。

第五章　烟草的产量与质量

烟草是一种嗜好性经济作物，烟草生产不仅要求产量高，而且要求质量好，才能满足工业生产和消费者的要求。但是，在生产中由于诸多因素的影响，往往造成产量与质量的矛盾，甚至矛盾激化，导致高产而不优质，或者优质而低产。因此，搞好烟草生产的目的，就是要采取科学的方法，综合考虑各种因素，提供形成优质烟叶的生产环境，最终获得一定产量的优质烟叶。

第一节　烟草的产量

烟草的产量分为生物学产量和经济产量。生物学产量是指烟株各个器官的干重，经济产量是指所利用器官的干重。有一些黄花烟草的烟制品既利用叶又利用一部分茎和根，其经济产量应包括烟叶和所利用的茎和根。而其他类型烟草的主要经济产品是烟叶，其经济产量即是烟叶产量。烟叶产量的构成因素是：单位面积株数、单株叶数、单叶干重。单纯以数字计算，只要增加 3 个因素中任何一个因素的数量，都可以提高单位面积产量。

在实际生产中，3 个因素在数量上并不是可以任意增加的。有的因素增加比较容易，有的则很困难。增加单位面积株数比较容易，但实际上受烟株生长习性、品质要求和田间管理等的限制，密度的适宜范围并不太大。增加单株叶数虽然比较容易，但受品种和生长期的限制，也不能任意增加。增加单叶重相应来说比较困难，而采取一定的栽培措施也还可以做到，但是单叶重与品质也有一定的关系，不是越重越好，增加的幅度也是有限的。

而且，这 3 个因素彼此之间是有一定矛盾的。密度和单株叶数之间有矛盾，它们与单叶重的矛盾更为突出，生产实践和科学试验都证明，密度和单株叶数的增加超过了一定范围，会严重影响单叶重，叶小而薄，产量增加有限，质量却大大下降。当然，这 3 个因素间的矛盾是能够合理解决的，要靠适宜的环境条件和科学的栽培技术。

一、烟草产量的构成

（一）单位面积株数

在保持单株留叶数不变的情况下，增加单位面积上的株数，产量持续增加。但是在产量达到一定程度以后，进一步增加株数，增产的效应就逐渐降低。这是因为株数超过一定范围，烟株间对营养的竞争作用，导致单叶重下降，烟叶内含物减少，烟叶品质降低。20 世纪 70 年代为追求优质高产，栽培密度达到 27 000～30 000 株/hm^2，造成叶小片薄，烟叶质量大幅度下降。

（二）单株叶数

在保持单位土地面积上的株数不变的情况下，增加单株留叶数，烟叶的产量大幅度提高。但超过一定的叶数范围，产量降低。原因是单株叶数超过一定范围后，烟田群体的片层结构发生变化，单叶重会随单株留叶数的增加而逐渐下降。同时会造成叶小而薄、内含物质不充实，使烟叶品质降低。20 世纪 50 年代末期和 70 年代我国种植乔庄多叶、千斤黄等多叶型品种，单株叶数达 50 片以上，烟叶单产虽有提高，但质量下降幅度较大，对国外市场影响很大。

（三）单叶重

把单株叶数控制在 18～22 片，栽烟密度 18 000 株/hm^2 左右，充分利用光照、温度、降雨条件，提高营养水平增加产量是获得烟草优质丰产的重要途径。把单叶面积提高到约 1000cm^2，把单叶重提高到 6～10g，即可获得较为理想的烟叶产量。单叶重小于 6g 的烟叶，叶片色淡片薄；高于 14g 的烟叶叶片厚而粗糙，烟碱含量过高，烟气刺激性大，烟叶质量也是低的。

构成烟叶产量的 3 个因素是相互联系的，依靠单一因素虽然在一定程度上能够提高产量，但是超过一定范围之后都会降低质量。因此，提高烟叶的产量必须根据烟叶的生产特点，在质量最佳的前提下，尽可能地提高产量。

二、影响烟叶产量构成的主要因素

（一）品种

不同品种的植物学特征、烟叶的物理性状、叶内化学成分都有相对稳定的遗传性，如单株叶数和叶片形状。多叶型品种的单株叶数较多（如乔庄多叶单株叶数 50 片左右），但是叶片薄，单位叶面积重很低。少叶型品种单株叶数较少（如 NC89、红花大金元，约留 20 片），但是叶片厚，单位叶面积重比较大。一般而论，抗性强、叶数相对较多的品种，可以获得较高的产量。生产上不同品种，单株叶数差异较大，单株留叶数不同所形成的单位叶面积重量也不同。少叶型品种叶数虽少，但单叶重却远高于多叶型品种的叶片，同时由于少叶型品种叶片在发育成熟过程中接受光温条件好，叶片品质良好。多叶型品种虽然依靠较多叶片可高产，但叶片品质下降较多。

（二）种植密度

群体密度对烟草产量影响很大。加大种植密度后，由于单位土地面积上株数增加，总叶面积有所增加，产量也随之提高。但是密度过大往往导致烟叶品质严重下降，烟叶可用性降低，反而违背烟叶生产的目的。过多地扩大行株距，叶片充实度虽可增大，但密度减小，最终仍会导致产低质劣，烟叶可用性降低。国内外的有关理论和实践也已证明，合理的群体结构是保证烟草质量的重要条件。

（三）水肥条件

烟叶良好的生长需要适宜的水肥条件。为了提高产量而增大水肥供应量，虽然可以使烟株生长旺盛，但容易造成后期烟叶不易落黄成熟，难以调制，烤后烟叶质量低劣。但若水肥跟不上，则影响烟株正常生长，烟叶往往发育不良，致使产量降低，品质也下降。

（四）调制技术

烟叶的潜在产量和优良品质只有通过调制过程方能显现出来，因此，成熟采收、调制方法等，对烟叶产量和品质都有十分显著的影响。要使烟叶优质稳产，在烟田做好水肥调控的基础上，必须把好调制质量关。

第二节　烟草的质量

烟叶是烟草工业的原料，烟叶质量是烟草制品质量的基础。烟叶质量是由许多因素汇合起来所表现出的综合效果，一般包括外观质量、内在质量、化学特性、物理特性和可用性等诸多方面。影响烟叶质量的因素较多，十分复杂，而且互相联系、互相影响。例如，外观质量是指可以看到或感觉到的叶片大小、成熟度、颜色、光泽、组织结构、厚度等，内在质量包括香味、余味、刺激性、生理强度等，外观质量与内在质量有着密切的关系，一般外观质量好的，其内在质量也好；外观质量差的，其内在质量也差，外观质量在很大程度上反映了内在质量的特点及好坏。但是在特殊情况下，外观质量与内在质量却往往存在着不同程度的差异，内外不能统一。又如，国内外烟草研究工作者都认为烟叶是由各种化学成分组成的，试图寻求化学成分与内在质量的规律，曾对烤烟、雪茄烟、白肋烟、香料烟等进行了大量的分析研究工作，虽然已经鉴定出烟叶及烟气的化学成分有 5000 多种，由于烟草化学成分种类繁多，对烟叶质量的影响又十分复杂，不同类型烟草的化学成分差异极大，很难定量地加以阐述。即使对于不同类型烟叶用化学成分来说明其质量好坏，也没有得到一致的结论。

因此，多年来鉴别烟叶质量优劣的主要方法是凭外观性状和感官评吸来判断，由于人们习惯和喜好的不同，对质量的评价难免带有主观性。近些年来，较广泛地采用感官评价与化学成分分析相结合来鉴别烟叶质量，虽然取得了一定的进展，但是仍然赶不上实际的需要。缺乏客观地、完整地、量化地鉴定方法，给实际工作带来一定的困难，这是迫切需要解决的问题。鉴于此，我们仍从以下几个方面对其加以介绍。

一、烟草的质量要素

（一）外观质量

外观质量与内在质量是密切联系的，都是其物质基础——化学成分在外观特征和烟气特征上的表现，这种表现具有规律性和普遍性。

1. 成熟度

成熟度是烟叶在田间发育过程中形成质量水平的反映，成熟度好的烟叶颜色均匀一致，叶片正反面颜色差异小，油分足，色度浓，香气质好量足，吃味醇和，杂气和刺激性小。未成熟的烟叶调制后带青或有潜在浮青，缺乏光泽，组织粗糙或平滑。在任何情况下，各类型烟叶的成熟度必须达到最优程度。

2. 身份

身份指烟叶的组织构造密度，即叶肉细胞的大小及其排列的疏密程度。通常身份厚的烟叶油分足、香味好，质轻、片薄的烟叶往往色淡、少香无味。叶片过厚的烟叶，如油分差，虽身份较好但也不是优质烟叶。除雪茄包皮烟要求叶片薄外，其他类型烟叶均要求叶片的身份要好，即便香料烟也是如此。

3. 颜色

在烟草的大家族中，叶片的颜色可变性较大。烤烟最佳颜色为橘黄和金黄，而且在贮藏过程中不褪色，白肋烟和沙姆逊型香料烟要求咖啡颜色，黄花烟叶片调制后则要求叶片呈绿或黄绿色。不同烟叶类型要求烟叶的颜色差异较大，但是同一类型的烟叶则要求颜色均匀一致，有色度和光泽，从而使不同颜色的烟叶具有不同的色、香、味特点。

4. 油分和弹性

油分是指叶片内含有的一种柔润的半流体物质（芳香油和树脂）。弹性是指含水量适中的烟叶轻微撕拉时的抗碎能力，即烟叶具有的拉力。这两个因素是紧密相连的，油分足则弹性强，反之，油分少则弹性弱。一般油分多的烟叶香气质好，香气量较充足，刺激性也较轻。由于油分足弹性强，烟叶在加工等过程中的破损少，出丝率高，填充能力强，提高烟叶的可用性。

5. 大小和形状

对烟叶的大小及形状要求因烟草类型而不同。雪茄外包皮叶要求长度适中而宽度较大；香料烟烟叶长度不宜超过 16cm。日本学者提出，日本的烤烟最大叶长不宜超过 60cm。某些晒晾烟，叶片过长反而对质量不利。通常认为在香料烟和烤烟等类型中，适中偏小的叶片比大型叶片的香吃味要好。至于叶形，有人认为烤烟窄叶形品种的香味浓度通常大于宽叶形品种，后者的填充性却相对好些。山崎等以同一品种为材料，对叶的大小和形状与化学成分的关系进行专门研究证明，着生位置相同，叶形一致的情况下，叶片大则总氮、烟碱、总挥发性碱的含量高；叶宽基本一致而叶片长的总氮、烟碱含量偏高。

6. 部位

同一烟株上着生部位不同的烟叶，由于光照条件和营养条件以及成熟时环境条件等不同，其物理和化学性状有着明显的差别。在烟叶的分级中，通常把部位这一因素放在首位。一般认为烤烟的腰叶和腰叶偏上部位（上二棚）叶片质量最好。香料烟由于种植密度较大，达 24 万株/hm^2左右，以顶叶质量最好。白肋烟以下二棚和腰叶作为卷烟原料最好。

7. 杂色和破损

带有杂色的烟叶，香气质差量少，杂气增多，刺激性增大。破损对烟叶品质的影响表现在使叶组织破坏，不但损害烟叶的某些化学品质而且失去成丝的韧性，以致叶脉占的比重增加，降低了烟叶的可用性。

叶片着生部位对烟叶质量影响较大，主要是质量因素在适宜范围之内的变化。成熟度、油分、身份、叶面结构、叶片的大小和开展程度，是评价某一地区烟叶质量的重要因子。在现行国家烤烟等级标准中，成熟度是第一要素，说明了成熟度在评价烟叶外观特征中的重要性。叶片油分足、身份好、结构疏松等因素是应最大限度显现的。烤后叶片长度约60cm，宽度≥24cm是优质烟叶的良好特征。我国烟叶生产上常用上等烟比例代表生产水平的高低，国外常用品质指数衡量生产水平。

（二）化学成分

烟叶中主要化学成分的含量，在很大程度上决定了烟叶及其制品的烟气特性，因而直接影响着烟叶品质的优劣。烟叶的化学成分十分复杂，概括起来可以分为如下三大类。

1. 非含氮化合物

非含氮化合物包括单糖、双糖、淀粉、有机酸、石油醚提取物、萜烯类、多酚类、纤维素和果胶质等。在一定幅度范围内，糖含量高则烟叶品质好。淀粉会使烟叶燃烧不良，产生难闻的气味，不仅影响烟气质量，而且使安全性下降。淀粉在烘烤过程中分解的单糖，可使烟叶弹性好、吃味佳。有机酸、石油醚提取物、萜烯类、多酚类等是形成香气的重要因素，这些物质只有在良好的土壤条件和施肥措施下，才能大量形成。纤维素和果胶质属多糖类物质，分子量大，不易分解，被认为是烟草中稳定的化合物。

2. 含氮化合物

含氮化合物包括烟碱、氨基酸、蛋白质和叶绿素等。烟碱又称尼古丁，是产生生理强度的物质，含量在1.5%～3.5%为适宜。烟碱含量过高，烟气劲头过大，刺激喉部使之产生呛咳感觉；烟碱含量过低时则使烟气少香无味，不能产生吸烟应有的效应。烟叶中氨基酸与香吃味品质有一定的关系，此外，氨基酸与糖类作用的产物对烟叶香吃味品质贡献很大。蛋白质含量过高，烟叶燃烧不良，发出难闻的气味，抽吸时有苦辣味，因而香气、吃味均差，刺激性大，品质低劣。叶绿素是青杂气的主要来源，在调制过程中应尽可能消除。挥发碱类物质大多是产生刺激性的物质，应尽可能减少。

3. 矿物质

矿物质主要指钾、钙、镁、磷、硫、氯等，它们虽不是烟草的主要成分，但它们对烟草的生长发育、外观品质和内在品质都有重要的作用。尤其是钾和氯是影响烟叶燃烧性的主要成分，对烟叶的香气质和香气量的影响也很大。

由于人们抽吸的烟气是叶片化学成分燃烧时，经过蒸馏、干馏、热解产生的，烟叶的化学成分影响烟气特性，因而化学成分可以作为鉴定烟叶品质的指标。烟叶主要化学成分要有适宜含量，同时，几种主要成分间还要有一个相互协调的比例。一般认为优质烟总糖含量要求达到18%～22%，还原糖16%～18%，还原糖与总糖的比值应≥0.9。总氮含量1.5%～3.5%，蛋白质8%～10%，烟碱1.5%～3.5%，钾2%以上，氯1%以下是比较适宜的范围。其相对比值：水溶性总糖/蛋白质以2～2.5、水溶性总糖/烟碱以 8～12、总氮/烟碱以 1 或略小于 1 为宜，钾/氯以大于 4 为宜。

（三）物理特性

烟草的物理特性主要指叶片的厚度、叶质重、单叶重、平衡水含量、填充值、含梗率等。以烤烟为例，叶片厚度代表叶片的身份，鲜叶厚度一般为 0.22～0.33mm，烤后叶的厚度多为 0.10～0.14mm。叶质重代表叶片的单位叶面积质量，一般为 65～90g/m^2。单叶质量的适宜范围为 7～14g。平衡水含量一定程度上代表内含物的类型和质量，在标准温湿度条件下一般为 12%左右。填充值与叶片弹性有关，一般为 3.5～4.5cm^3/g，下部和上部叶填充值较高，中部叶填充值较低。含梗率是主脉质量占单叶质量的比值，一般为 25%～30%。从叶片质量和出丝率角度考虑含梗率应是越低越好。

（四）评吸质量

由于抽烟时人的口腔和喉部器官接触的是烟气，因此，评吸是鉴定烟叶品质的直接方法。

1. 生理强度

生理强度泛指劲头，是烟气中的烟碱对人体器官作用时，能够引起兴奋反应的程度。烟气中的烟碱越多，越使人感到有劲、过瘾。因此，生理强度主要取决于吸烟时进入烟气中的烟碱量。

2. 刺激性

刺激性是指烟气对口腔、鼻腔和喉部产生的接受程度，烟气对喉部产生的尖刺感或强烈冲击谓之刺激性。烟叶中对感觉器官起刺激作用的主要来自挥发性碱类物质，其中主要是氨，游离烟碱次之，木质素和纤维素在燃烧中产生的甲醇也会引起辛辣的感觉。

3. 苦味和辣味

苦味是指吸烟时在舌根部觉察到的一种味觉。辣味指的是吸烟时口腔和喉部引起似灼烧的一种反应。烟气的苦辣味主要取决于烟叶蛋白质和其他含氮化合物，以及高含量的挥发酸。

4. 香气

香气主要是指烟叶燃烧之后烟气所表现出来的一种特殊芳香，或令人愉快的感觉。香气概念的本身包含了质和量两个方面，即通常所说的“香气质好”和“香气量足”。香气主要取决于烟叶的多酚类、树脂物、醛、酮、挥发酸等。香气的浓淡与烟叶着生部位、烟叶类型和烟叶产地等有一定关系。一般烤烟上部叶片比中部叶片香气浓，晒晾烟的香气比烤烟浓，但晒黄烟则近似烤烟。烟气芳香醇厚称为浓香，芳香突出叫清香。在陈化发酵过程中，烟叶固有的香气会充分地表现出来。

5. 杂气

杂气指的是青杂气、枯焦气、土怪气和地方性杂气。吸烟时，产生令人愉快的气味即前述的香气，令人不愉快的气味则称之为杂气。显然，杂气与香气是相互制约的。呼吸器官所觉察到的这种杂气，其原因比较复杂。一般认为与叶绿素的分解和蛋白质及其他某些特殊成分含量有关。

6. 吃味

吃味是烟气反映在口腔内包括酸、甜、苦等味道感觉的总称，是烟气被口腔反映的味感。根据某种成分的多少，孤立地评定烟气吃味好坏是不恰当的。所谓烟气吃味的和谐性，正是上述各种特征在烟气中的和谐结合。吃味和谐的烟叶，不良气味少，烟气带甜略酸而具有浓郁的香味，其生理强度和刺激性也能较好地协调结合。

7. 燃烧性

燃烧性是所有类型烟草质量要求的共性因素。燃烧性好是烟叶质量必须具备的基础因素，燃烧性不好的烟叶在卷烟配伍中的可用性很低。

(1) 阴燃持火性　是指烟支点燃后在不抽吸的情况下能够继续燃烧的持久性。阴燃持火性差的容易熄火。阴燃持火性与叶片钾、纤维素、氯、淀粉、蛋白质等含量有关。

(2) 燃烧速度　一般要求燃烧速度较慢，燃烧过快，吸用时感觉不舒适。燃烧速度与烟叶含水率及其他成分如助燃矿物质元素有关，还与卷烟纸的孔隙度有关。

(3) 燃烧完全性　是指烟叶内所含物质燃烧充分的程度。烟叶完全燃烧之后，烟叶有机物多不存在，而剩下一些矿物质，烟灰呈白色。相反，燃烧不完全时残留有机物多，烟灰较暗或呈黑色。钙、镁能使烟叶燃烧达完全的程度，但镁过多时会使烟灰呈片状脱落。

(4) 燃烧均匀性　是指烟叶及其制品在燃烧时各部分保持均匀的速度，当然以均匀为好。与烟丝的均匀、烟支松紧度有关。

(5) 灰色和聚结性　灰色以洁白为好，淡灰色次之，黑色最差。烟叶燃烧后除要求烟灰有一定颜色外，还要求烟灰具有良好的聚结性，不能过早地跌落和飞散。一般认为烟叶中钾、钙、镁、氯在这方面起重要作用。

优质烟叶在抽吸时燃烧稳定而均匀，保火力强，灰白色，凝聚程度好，不会熄火。

(五) 安全性

随着对吸烟与健康问题讨论的广泛开展，人们越来越关注烟气的有害性问题。评价烟叶质量优劣，仅注意外观性状、化学成分和烟气特性显得不够全面和深入，评吸只能确定烟气对器官感觉良好与否，尚无法说明烟叶的安全程度。因此，必须借助化学成分鉴定烟叶安全性。

1. 农药残留

农药残留被视为粮食、蔬菜等食品的公害。烟草是叶片燃烧后的烟气直接进入人的口腔，被呼吸系统吸收产生生理效应的，烟叶中的农药残留会对消费者的健康带来危害，应在烟叶生产中消除或降低到农药残留标准以下。因为一些农药、部分除莠剂和腋芽抑制剂，在田间使用后，在烟叶中会有残留，在抽吸的烟气中尚有少量存在。因此，美国、德国、加拿大均已在烟叶生产上停止使用滴滴涕、六六六、汞化合物、硒化合物、砷酸化合物、氟乙酸、杀螨强、氯丹、杀螨特、七氯、环氧乙氯、碳氯灵、狄乙剂、异狄氏剂、艾氏剂、异艾氏剂 16 种农药。抑芽剂应用较多的马来酰肼（即顺丁烯二酸酰肼，MH），虽不直接产生有毒物质，但施用后会降低烟叶填充力，直接对烟气组成有不良影响。MH 在鲜叶和烤后烟叶中残留标准，国际规定是 100mg/kg。滴滴涕和六六六属于潜伏性中毒农药，在土壤中可残存若干年。因此只要种烟，就会发生农药残留问题。

2. 重金属

砷、铅、汞、镉等重金属元素，在烟气中多有传递作用，对人体产生危害。选择烟叶种植产区时，应分析土壤的重金属含量，过高的地方要减少种植，或采用生物方法减少土壤重金属含量。

3. 烟气中特有的有害物质

烟气化学成分相当复杂，已经发现3万多个信号。在构成烟气总量中，粒相物质约占8%，除去水分和烟碱这些粒相物质就是我们通常所说的焦油。据报道，组成焦油的化学成分总量在5200种以上，其中99.4%的成分是对健康无害的，0.4%的成分是癌症促进剂，0.2%的成分是致癌物质，如3,4-苯并芘等是世界公认的致癌物质。其他如酚类、吡啶基丙烯醛、苯并蒽是协同致癌物质。但焦油又与卷烟的香气有一定的关系，同时，又是烟叶燃烧不完全的产物，彻底去除既无必要也不可能，其产生量应低一些为好。特别是有致癌性的烟草特有亚硝胺（TSNAs），更加引起各国科学家们的极大关注，但是其形成机理还未彻底阐明，由于在调制前其含量很低，烘烤后含量增加许多，一般认为改进调制措施是减少烟草特有亚硝胺的有效途径。

烟碱被认为对心脏和呼吸器官有害，但烟碱可以满足吸烟者的生理需要与嗜好，降低到一定程度吸烟者将不接受，因而使焦油低一些和烟碱适当高一些，这样增加了生理强度，抽吸支数可减少，也就减少了焦油的吸入量。气相物质约占整个烟气总量的92%，其中一氧化碳、一氧化氮、氰化氢、丙烯醛等对呼吸器官和心血管系统影响较大，能引起器质性病变。除此之外，乙醛、苯、甲苯、氯乙烯和2-甲基丁二烯等物质是有毒的，烟气中有不可忽略的含量。

二、提高烟制品安全性的措施

目前，可通过农业和工业两方面的措施来提高烟草制品的安全性。

（一）农业方面

1. 选育推广低焦油烟草品种

目前国际上已通过各种育种途径培育出一些焦油产生量低的烟草品种，如加拿大选育并推广的低焦油烤烟品种Delgole、Newdel和Canld。另外，Sato从烤烟品种Hicks与低生物碱的雪茄烟品种NFT706杂交后代中选育出3个低焦油品系。印度也培育出低焦油、低烟碱的烟草品种。因此选育并推广低焦油烟草品种是提高烟草制品安全性的根本途径，也是可行的。

2. 提高烟叶含钾量

近年来许多国家的专家对烟叶钾含量与焦油产生量的关系进行研究。结果表明，烟叶中钾尤其是有机钾含量与焦油关系密切；在一定范围内，有机钾含量增加可以降低焦油产生量。提高烟叶钾含量的农业措施主要有：①提高土壤钾肥施用量。②改善土壤理化性状，提高钾利用率。③调整钾肥形态和性状，提高钾利用率。④施用含解钾菌的生物钾肥，促进土壤钾素释放。⑤选育富钾烟草品种。

3. 优化栽培技术措施

种植密度、施肥量、肥料种类及配比、灌溉量和灌溉方式、打顶抹杈时期和留叶数、采收成熟度等都对烟叶理化特性有明显影响。通过优化这些栽培措施，可生产出结构疏松、填充性高、内在化学成分协调、香气量足的烟叶，为烟制品提供质量好、安全性高的原料。

4. 发展低焦油类型烟草

不同类型烟草焦油产生量差异较大，所以发展低焦油类型烟草是提高烟草制品安全性的有效措施。一般认为，混合型卷烟安全性高于烤烟型卷烟。国际市场上具有竞争力的低焦油卷烟产品均为混合型卷烟。因此，国外非常重视发展晾晒烟生产，其种植面积在烟草总种植面积中占有相当大的比例。

5. 采用均质法调制烟叶

均质烟叶调制（HLC）已显示出对改变烟制品材料的组成和结构具有巨大潜力。均质烟调制工艺的开发能使烟叶在调制过程中进行所需的生物化学变化，而对现行调制不利之处可以避免。在均质烟叶调制过程中，可溶性蛋白质、多酚、过量的硝酸盐、生物碱、农药残留、放射性元素和其他许多物质都可以去除。

（二）工业方面

1. 发展滤嘴卷烟

滤嘴可除去烟碱和焦油等对健康有害的物质。由于滤嘴过滤效率与抽吸阻力是正相关的，因而工业上采用加长滤嘴或不同类型滤嘴，以提高过滤效率。还在滤嘴内加入活性炭、碱性金属氧化物、生物活性成分等，可有选择地吸附去除部分有害物质。在滤嘴接装纸上打孔，可稀释进入口腔的烟气，降低有害物质浓度。

2. 采用膨胀技术

采用二氧化碳、液态氮膨胀技术对烟叶进行膨胀处理，增加烟丝体积和孔隙度。在卷烟配方中，除主料烟之外，再适当增加一些叶薄而弹性强的烟叶或膨胀烟叶作填充料，这样烟丝填充力增高，烟叶的燃烧性提高，焦油产生量也相应降低。

3. 发展再造烟叶技术

以烟草碎片、烟末、烟梗、低等级烟叶等为原料，利用造纸法等方法制造再造烟叶，经过加工成再造烟叶烟丝，按一定比例掺配入配方烟丝中，这样可改善卷烟燃烧特性和抽吸质量，降低焦油产生量，提高安全性。同时，烟草废料又得到了充分利用，降低了成本。这种方法在 20 世纪 50 年代的美国开始应用，现在多数国家都已经应用于生产中，有的还在再造烟叶中加入吸附剂，如海泡石粉，来进一步提高卷烟的安全性。

4. 发展混合型卷烟

烤烟含糖量较高，相应地焦油产生量也高一些，而晾晒烟糖含量低，烟碱含量较高。利用烤烟、白肋烟、晾晒烟生产出的混合型卷烟，不但可以减少焦油产生量，又可提高生理强度，安全性相对高一些，这也是现在混合型卷烟发展很快的一个原因。

5. 发展药物烟和无烟气的烟制品

我国借鉴传统中草药的药理和治病实践，结合现代先进的分离提取技术，创造性地在烟制品烟丝中加入一些中草药提取物，使其在烟丝燃烧的过程中发挥作用，对心血管疾病和呼吸道疾病有一定的疗效，不但降低了吸烟的危害，而且对身体有相应的保健作用。随着技术的不断发展，一些新型的烟制品也相继被开发出来，如美国最近开发出一种无烟气的烟制品，烟丝只加热不燃烧，不产生烟气，吸烟者能够接受到烟草的香气、吃味和生理强度，而不吸入烟气，受到危害性相对较少，并且也不会污染环境，不会导致旁人的被动吸烟。还有一些国家开发出根本没有烟丝的烟制品，只是烟碱等化学物质和香精香料以一定形式发挥作用，给消费者一定的满足感，而不会产生其他有害物质。

第三节　烟草产量和质量的关系

一、产量与质量的矛盾

烟草的产量和质量在一定程度上存在着矛盾。其表现是加大密度和增加留叶数，充足供应水肥，烟叶的产量有所提高，但品质明显下降。20 世纪 60～70 年代，由于片面追求高产，加大密度和留叶数，大水大肥，这种栽培方法生产出来的烟叶烤后大多黑糟，既没有获得高的产量，又没有获得好的质量。纠正这一倾向的 80 年代前期，烟草生产上又出现了“恐肥症”，在密度和留叶数正常情况下，不敢正确施肥、浇水，使烟株生长缺水少肥，结果产量虽然不是很低，但烟叶小而薄，颜色淡，内在化学成分是高碳低氮（还原糖 25%左右，烟碱 1%左右），品质不佳。与“恐肥症”相反，在种植少叶型品种、适宜密度、单株留叶 18 片的情况下，过量施肥以追求高产量和高产值，产量虽然提高了，但是叶大而厚，颜色深，内在化学成分是高氮低碳（烟碱含量在 3%以上，还原糖在 15%以下），品质仍然不佳。这种情况在 90 年代初期和世纪之交的烟草生产阶段，全国是非常普遍的，给烟草工业的配方带来较大难度，烟草工业反映强烈。21 世纪开端，国家烟草专卖局对提高我国烟叶的市场有效供应水平和产量与质量的问题，组织了广泛的技术研讨，提出了一系列的解决产质矛盾的生产技术措施，经过实施，有效地解决了这一问题。

任何烟叶生产国家，几乎都经历过产质失调的问题。美国在 1950～1964 年只限制种烟面积，不限产量，烟农为增加单位面积上的收益，也采取了提高密度和增施肥料的措施，以致该阶段品质下降。

由以上情况看，烟草产量与品质的矛盾在一定范围内是客观存在的，其实质是产量最高点和品质的最高点不可能无条件地在同一水平上。只有采取合理农业技术措施，实行科学种烟，把这两个最高点既经济又合理地统一在一个水平上，才能达到优质适产之目的。

二、优质适产的意义

在一定基因型和一定生态型的产量变化系列中，质量最高的那一段所对应的产量，称之为最适产量。在最适产量的范围内，烟叶的质量得到了充分的表达，称之为优质适产。适产是相对于低产和高产而言。实际上，优质适产就是在产量变化系列中，不引起品质下降的最适产量。由于卷烟工业的发展，对烟叶的要求发生着变化，烟叶质量的内涵不断充实，指标更多，内容更广，要求更严。因此，我们可以把优质适产理解为：能充分满足对烟叶的某种质量要求下的最适产量范围，即获得高质量烟叶的最适产量。对产量所实行的限制促进了产量和质量矛盾的统一。

优质和适产是性质不同的两个概念，但两者又密切联系而不可分割。对一个单片烟叶而言，优质是指这片烟叶的质量表征满足了某种需要，适产是指它的单叶重量在这种质量下达到了最好水平。就单位面积上的烟株群体而言，优质是指烟叶群体的质量达到了某个总体水平，适产是指产量在适当的范围内，保证了这个质量的实现。优质烟的产量应该在适产范围内，但适产范围内的烟叶不一定优质。优质是适产的目的，适产是优质的手段。在低产水平下，适产是优质的前提；在高产水平下，适产是优质的基本保证。

三、产量的适宜范围

产量的适宜范围，是在一定基因型和生态型的产量变化系列中，质量最好的那一段所对应的产量范围。不同的烟草类型、质量要求、生态条件、遗传因素，适宜的产量范围是不相同的。为了稳定和提高烟叶的质量，世界上很多烟叶生产国都采取了各种各样的限产措施，把产量控制在适宜的范围内。我国从 1978 年以后开始了广泛的研讨，戴冕等（1982）提出了“优质适产”的概念并开展了全国性的研究，通过 4 年的研究得出了各烤烟主产省的适宜产量范围（表 5-1）。

表 5-1　我国主要烤烟生产省的烤烟适宜产量（kg/亩）范围

地　区	适产范围	地　区	适产范围
辽宁	140～170	安徽	150～175
山东（平原）	150～175	湖南	125～150
山东（丘岗）	125～150	贵州	125～150
河南（平原）	150～175	云南	140～175
河南（丘陵）	125～150	福建	125～150
陕西	150～160	广东	120～150

资料来源：戴冕，1982

其他烟草类型的适宜产量范围，也都有了大致的明确：白肋烟 150～180kg/亩（中国烟草公司，2002）；香料烟 70～90kg/亩（许树银，1994）；南雄晒黄烟 130～140kg/亩（戴冕，1986）。上面列举的各类型烟草的适宜产量范围，具体到一个地区、一个品种、不同的质量要求，其适宜产量也是不同的。例如，在云南红花大金元的适宜产量为 160～185kg/亩，G-28 为 150～175kg/亩（张崇范，1988）。应当指出，近些年来由于品种的改变，烘烤技术的提高，出现了一些超常的事例。它们的产量较高，外观质量、商品等级也不低，产值很高，但是化学成分并不协调，燃吸品质也不好，可用性甚差，特别是上部烟叶表现最为明显。因此，不得不提出控氮降碱（李继新，1995；纪成灿，

2001；詹金华，2002）的要求。这再次说明，保持适宜产量之重要。不可否认，适宜产量范围的水平是可以提高的，关键在提高烟叶质量，至少在不降低烟叶质量的前提下，来提高适产水平。遗憾的是，我们现在还没有找到更有效的解决办法。目前从大面积生产来看，各地的平均产量距适产水平都有差距，还有提高的空间。

四、统一矛盾的主要途径

（一）适当限制单位面积产量

烟叶产量和品质的矛盾在一定范围内是客观存在的，在一定条件下统一这一矛盾也是可能的。而统一矛盾的目标则应是优质适产。为了解决由于单位面积产量过高而导致烟叶品质下降的矛盾，早在20世纪40年代茄纳就指出“在一定程度上限制植物养分，以约束烟草生长，能取得烤烟生产良好的效果”。国外20世纪60年代以来在烟草生产中先后采用近似的限制单位面积产量的措施，使烟农有效地控制肥料用量，限制烟草生长过旺，作为解决烟草产量和质量矛盾的途径，并在生产实践中取得成效。

（二）保证个体和群体协调发展

国内外有关理论和实践也已证明，合理的群体结构是保证烟草质量、获得适宜产量的基础。合理则是要群体得到较大发展，保证一定的光合面积和空间，单株得到健壮的生长，单叶重保持在适宜水平。以目前的试验结果看，我国烤烟较适宜的栽培密度以16 500～19 500株/hm^{2}为宜。河南农业大学提出“下部叶阳光充足，上部叶叶片展开，整株叶厚薄适中”是烤烟较好的个体和群体长相，实践证明，可以作为衡量产质协调程度的指标。

云南江川、通海的优质烟长相，当地称为“中棵烟”，系指烟株长相既不能过旺又不瘦弱。与河南、山东烟农的既不黑暴又不早衰的烟株是一致的。中棵烟的主要内容在于适当控制烟株长势和长相，以保证150kg产量（单产）水平的优质效果（红花大金元品种）。1978年日本大堀和信等也提出品质优良的标准栽培型，是主攻每株烟草干烟叶重量，应从主攻上部叶着手，并使顶叶长得和腰叶差不多一样大，单株烟的形状最好长成接近筒状、柱状，而不长成伞状。综合国内外的经验，形成了烤烟优质适产栽培的新概念和新技术。经实践验证，成效是肯定的。

总之，培育营养良好、生长健壮的个体，构建结构合理、大小适宜的群体，使个体具有一定的营养面积和空间，保证烟叶质量的形成；使群体具有应有的光合面积和光合生产率，保证产量的满足。这样，个体和群体得到了平衡发展，产量和质量的矛盾在一定质量的水平上得到了统一，优质适产得以实现。

（三）促进各部位叶片均衡生长

烟株个体生长发育的好坏，从质量的角度考虑，最终要落实到各部位叶片的生长发育，能否满足质量的要求。受遗传因素的制约和外界环境条件的影响，烟株各部位叶片，有其不同的质量特征，部位是影响烟叶质量最重要的因素之一。生产中不可能使各部位的叶片都达到一个质量标准，但却可以使各部位叶片形成一个优化的产量和质量的组合，即合理的部位结构。形成合理的部位结构，关键在于使各部位的叶片能均衡地生长发育。均衡生长发育不是指生育进程、叶片大小、营养状况都完全一致，而是各部位叶要达到其所在位置应该达到的状态。众所周知，烟株各部位叶片在生长发育、代谢过程、物质的合成和积累、运输与消耗等方面，都是互相联系、互相依赖、互相制约的。任何一个部位的产量和质量的变化，都要引起其他部位的相应变化。株型是烟株各部位叶片生长发育状况的总体反映。唐远驹等（2001）在株型对烤烟的产量、质量影响的研究结果中，从不同株型的产量、质量部位结构的变化，说明了各部位之间的消长关系（表 5-2）；从中还可以看到部位间的变化幅度，就上等烟比例而言，上部叶比中部、下部叶大，下部叶的变化幅度最小。这也充分说明了，在形成各部位烟叶质量产量的最佳组合时，质量的控制难度大，而上部叶的影响最为重要。因此，一个合理的株型，不仅是烟株均衡生长的标志，也是形成烟株各部位质量产量最佳组合的切入点。

表 5-2　不同株型对产量、上等烟的部位结构影响

株　型	产量构成			上等烟比例		
	下部叶/%	中部叶/%	上部叶/%	下部叶/%	中部叶/%	上部叶/%
台型（倒塔型）	16.2	32.3	51.5	4.02	41.38	54.60
筒型-腰鼓型	19.0	36.2	44.8	3.40	53.85	42.75
腰鼓型-塔型	26.1	44.7	29.2	17.33	71.7	10.97

资料来源：唐远驹等，2001

各部位叶片生长发育的过程和状态不相同，而不同生态条件、不同品种类型，烟株各部位质量产量的最佳组合也是不相同的。从雷永和等（1999）提出的云南优质烤烟生产模式中，对部位结构分析的结果来看，下部叶占总质量的 25%左右，中部叶 45%左右，上部叶 30%左右，这种结构对生产云南清香型烟叶可能较为适宜（表 5-3）。为了达到这一质量要求，对各部位叶片在大小、形状、重量、生育进程、所占全株的比例以及要达到的其他质量标准，都要精心设计，认真落实，该大的要大，该小的要小，该增的要增，该减的要减，不可能要求每个部位都达到最好，但必须获得全株烟叶总体质量的最佳效果，实现优质适产。

表 5-3　云南优质烤烟的部位结构分析

部　位	叶片数	单叶重/(g/片)	产量/(g/株)	占全株百分率/%
下部叶	6	6～8	34～48	25.3～26.3
中部叶	8	8～10	64～80	45.1～44.0
上部叶	6	7～9	42～54	29.6～29.7
全株	20	7～9	142～182	100

资料来源：雷永和等，1999

五、统一矛盾的主要措施

烟草的生长发育有较为稳定的遗传特性，但是烟草可塑性强的生育特点，又使得烟草对生长环境具有较强的敏感性。只有把烟草安排在最合适的环境条件下，提供给烟草最适宜的空间和土壤营养水平，就能真正使烟叶产量与质量的矛盾得到统一，获得理想的优质适产水平。

（一）实行区域化种植

单就优质适产而言，对气候、土壤的要求非常严格，表现出明显的地域性，说明优质烟叶生长的基础，必须有良好的生态环境。因此，根据种植区划研究结论，调整烟草布局，实行烤烟种植区域化，并合理轮作，选择最佳移栽期，使烟草一生有一个最佳生态环境，这是生产优质烟的前提。烟草可生长的地域很广，而形成优质烟叶对生态条件要求的遗传特性却是不可驯化的。这些已被先进产烟国的经验证明。

（二）选用优良品种

不同品种有不同的遗传特性，遗传特性不易受环境影响而改变。烟叶生产的自然条件虽好，没有一个优良品种，不可能把烟叶品质、产量提到一个较高的水平。一般而言，品种有多叶型和少叶型之分，前者产量较高，品质较差，后者质量较高，而产量较低。目前生产上多应用少叶型品种，多叶型品种只能用于生产填充型烟叶。品种还有地区适应性，因此，良好的生态区还要选择适宜的优良品种，才能生产出优质的烟叶。

（三）栽培技术措施

1. 合理施肥

优质烟生产的环境因素包括不可控制的自然因素和可控的土壤环境。合理施肥是控制土壤环境的方法之一，其目的就是满足优质烟生长所需的无机营养。烟草对氮素营养非常敏感，为保证烟株健壮生长，需施足够的有效氮，并配以磷、钾、钙、镁、铜、铁、锌、钼、硼等营养元素，统一烟草与环境条件的矛盾，促进烟草对这些营养元素的吸收和利用，为烟叶优质适产打下基础。

2. 构建合理的群体结构

如前所述，烟草的产量主要取决于群体，而品质则取决于个体，因此，在栽培上既要有良好的群体，又要有发育良好的个体，把二者矛盾统一起来。具体应事先对水(雨、灌溉)、肥、品种特性、土壤状况等条件有充分估计，来确定密度和种植方式，构建合理的群体结构，使群体合理发展而个体又生长良好，达到个体和群体协调发展。此外，在密度合理的基础上，适量留叶也是统一烟草群体与个体矛盾的主要措施。

3. 以管理促优质适产

烟叶化学成分的形成和积累与烟株体内各种代谢活动过程有关，又受环境因素的制约。由此一些烟草工作者就提出了优质适产栽培的理论依据，其实质就是，烟草一生中的两个主要代谢过程可以人为地调控，而管理就是调控代谢作用的主要手段。

当烟草生长在水分和无机养分（尤其是氮素）供应亏缺的环境中，光合作用产物的碳返回三羧酸循环，会使脂类、挥发油类、醚溶性树脂等（包括芳香物质）碳水化合物的含量增加，从而提高香气。据此，在栽培管理上采取适量控制水分的方法，可以诱导烟叶香气物质的形成。

当过量吸入氮素而缺磷少钾时，氮代谢受阻，由于 NH_4^+-N 的拮抗作用不仅妨碍 K_2O 的吸收，而且促进氯的吸收。此时烟株生长旺盛而不壮，叶大而薄，影响田间光照、通风、温度等状况，从而进一步影响代谢过程。可通过调节水分，加强光照、通风等措施控制氮的吸入，使烟株体内代谢活动向碳代谢转化并使二者尽可能平衡。这是打顶、抑制腋芽、中耕等各种栽培措施实施的依据。

4. 合理采收和调制

烟叶在田间形成的优良品质只有通过调制才能显现出来。因此，调制技术的优劣对烟叶商品质量具有举足轻重的影响。良好的调制技术是烟叶优质适产的保证，因此要合理采收不同部位烟叶，根据不同情况烟叶制定合理的调制方法。要做到早采收下部叶，稳收中部叶，充分成熟时集中采收上部叶。烘烤过程中要使烟叶变黄充分，拉长变黄后期的叶片凋萎时间，促进叶绿素蛋白复合体和淀粉尽可能多分解，并在定色后期保持较高湿度，彻底消除叶脉的青色，提高烘烤的成熟度。

在烟叶充分成熟时，适时采收有助于最大限度地体现田间形成的烟叶产量和质量，而促使烟叶成熟集中的重要措施，就是合理的水肥调控。所以，栽培与烘烤是相辅相成的，不是没有相互影响而各自独立存在的两个阶段。

思考题

1. 影响烟叶产量构成的因素有哪些？
2. 烟叶的适宜产量指标是如何确定的？
3. 烟叶质量评价包括哪些方面？各有哪些主要指标？
4. 提高烟叶及其烟制品的安全性可采用哪些措施？
5. 烟叶产量和质量有什么矛盾？优质适产的意义是什么？
6. 统一烟叶产量和质量矛盾的途径有哪些？
7. 统一烟叶产量和质量矛盾的措施有哪些？

第六章　烟草营养与施肥

第一节　烟草的矿物质营养

矿物质营养是烟草生长发育必不可少的条件。通常，矿物质营养缺乏，则烟草生长不良，产量不高，品质不好。过多的矿物质营养供应，虽然能获得较高的产量，但品质往往不佳。矿物质营养状况与烟叶的产量和品质密切相关。由于土壤中的矿物质营养及其释放状况不完全符合优质烟叶对养分的需求，因此，必须采用正确的方法对烟草进行施肥。有效地促进和控制烟草吸收养分的过程，从而使烟草在合适的条件下生长发育，最大量地生产出优质烟叶。

对烟株进行分析测定发现，烟株中存在有 44 种元素。但是烟草为完成其正常的生长发育所必需的营养元素只有 16 种，即碳、氢、氧、氮、磷、钾、钙、镁、硫、铁、铜、钼、硼、锰、锌和氯。它们在烟草体内的新陈代谢中起着不同的重要作用，缺少任何一种，都会发生生长不正常的现象，因此被称为必需元素。在这些必需元素中，除碳、氢、氧是来自空气和水外，其他的 13 种均是以无机盐的形态由根系从土壤中吸收进入烟草体内的，故又称为矿物质元素。按其吸收量的大小，矿物质元素又可分为大量元素和微量元素。

一、大量元素及其生理作用

1. 氮

氮素是蛋白质、核酸、磷脂的主要成分，而这三者又是原生质、细胞核和生物膜的主要组成成分，它们在生命活动中具有特殊作用。因此，氮素被称为生命元素。酶及许多辅酶和辅基如 NAD^+、$NADP^+$、FAD 等的构成也都有氮参与。氮还是某些植物激素如生长素和细胞分裂素、维生素（如 B_1、B_2、B_6、PP 等）的成分，它们对生命活动起调节作用。此外，氮是叶绿素的成分，与光合作用有密切关系。氮素还是烟草生物碱的构成元素，施氮比其他营养元素对烟碱含量提高的作用更大。

氮素是影响烟株生长发育以及烟叶质量的最重要元素。施氮率比施肥的总量更多地影响烟草产量和化学组成，它在土壤中移动性很强，被植株吸收和转移也很快。利用 ^{15}N 标记证明，从根部吸收的氮在 72h 内即被结合到叶内的蛋白质中，不论 ^{15}N 从叶部还是从根部进入烟株，2～3 天内都会均匀地分布于植物体物质中。

氮素过多，烟株生长会过分旺盛，叶色浓绿，成熟迟缓或不能正常成熟。烤后叶片呈青黄色，甚至褐色或黑色，光泽不鲜，叶片疏松而粗糙。叶中蛋白质、水溶性氮、烟碱含量高，碳水化合物含量低，吃味辛辣，杂气重，刺激性强，缺乏烟草特有的香气。品质低劣，有时候甚至会失去使用价值。

氮素不足，烟株生长缓慢，株茎矮小，节距短，叶色黄绿。黄化现象从植株下部开始，向中部发展。严重时下部叶片呈淡棕色似火烧状，逐渐干枯而死亡。烤后叶片小而薄，单位面积重量轻。国外的调查还表明，缺氮与一些品种产生灰片或粗厚叶片、与另一些品种产生暗色或光滑叶片之间有明显的相互关系。缺氮的叶片内蛋白质、烟碱等含量明显降低。烟叶香气和吃味均淡薄。

2. 磷

磷是细胞内磷酸腺苷、糖脂、磷脂、核酸及含磷辅酶的重要组成成分，在烟草体内的能量代谢、碳水化合物代谢、氮代谢以及物质运转中起重要作用。

磷与蛋白质合成，与细胞分裂、细胞生长有密切关系。磷是许多辅酶如 NAD^+、$NADP^+$ 等的成分，它们参与光合作用和呼吸作用。磷是 AMP、ADP 和 ATP 的成分，在能量转移中有重要促进作用，磷对氮的代谢也有促进作用，如硝酸还原有 NAD^+ 和 FAD 参与，而磷酸吡哆醛和磷酸吡哆胺则参与氨基酸的转化；磷还参与碳水化合物的代谢和运输，如在光合作用和呼吸作用中，淀粉和糖的合成、转化、降解大多是在磷酸化后起反应的。磷与脂肪转化也有关系，脂肪代谢需要 NADPH、ATP、CoA 和 NAD^+ 参与。磷可提高烟株对外界环境的适应性，如磷能提高抗旱、抗寒、抗病等能力。

烟草生长前期对磷素比较敏感。因为通常烟株吸收的氮素营养能迅速合成氨基酸和蛋白质，当体内的磷素缺少时蛋白质合成减少，而使非蛋白质含氮化合物增多，致使生长受阻。因而移栽前期的施磷效果较好。施磷对烟草早期生长的影响比对最终烤后烟叶的产量或质量的影响更明显，磷对烟草生长最明显的影响之一是缩短植株到达成熟的时间。低磷除了推迟成熟外，还导致叶片中氮与镁的含量降低和叶片脱落。施入土壤中的磷有 15%～68%可在植株内回收。放射性磷（KH_2PO_4）示踪表明，磷从根到顶端的运转速度是 1.81cm/min。与组织结合的、在酸性中不稳定的磷以焦磷酸盐的形式与蛋白质相结合。一般认为磷可以改善烤烟的颜色，与含糖量呈正相关。

在缺磷地区适当供应磷素肥料，可以加速烟草体内的细胞分裂，加速根系和地上部分的生长，促进烟叶早熟。例如施磷后叶片工艺成熟期由脚叶到顶叶可分别提早 4～8 天。尽管磷对产量的影响很大，但总的来说，磷的主要作用在于提高烟叶品质。主要表现为磷与碳水化合物的含量呈正相关。磷还能增进烤烟色泽，增加香味。有人提出，高磷量会降低烟叶弹性，使烟叶变脆而容易破碎，但尚未得到证实。

磷素不足时，细胞分裂活动减弱或停止，叶绿素的分解亦不协调，在生育前期，其缺素症表现为生长缓慢，根系发育不全，株茎矮小，叶片狭小而直立，成簇生状，叶色浓绿色或暗绿色。由于磷在体内易于移动，故磷素缺乏症是从下部叶片开始而向上发展的。在极度缺磷的情况下，下部叶片产生白色小斑点。生育后期缺磷则成熟延迟。缺磷的烟叶经调制后呈褐色或青色，缺乏正常烟叶的光泽，品质低下。

3. 钾

钾是烟草吸收的营养元素中最多的一种。作为大量元素，钾与氮、磷情况不同，它在植物体内不是有机物的组成成分。钾在土壤中以 KCl、K_2SO_4、KNO_3 等盐类形式存在，在水中解离成 K^+ 而被根吸收。在植物体内钾呈离子状态，钾主要集中在生命活动最旺盛的部位，如生长点、形成层、幼叶等。

钾在植物体内可作为多种酶的活化剂，现已证明可促进 60 多种酶的活化；钾能促进蛋白质的合成，钾充足时，可促进形成的蛋白质较多，从而使可溶性氮减少；钾与糖的合成有关；钾与光合作用有关，钾能促进光能的利用，增强光合作用；钾在细胞中的分室化作用的功能不能被其他无机离子代替；K^+ 是构成细胞渗透势的重要成分，在根内 K^+ 从薄壁细胞运转至木质部，从而降低了木质部的水势，使水能从根系表面转运到木质部；K^+ 对气孔开放有直接作用，离子态的钾有使原生质胶体膨胀的作用，故施钾肥可提高抗逆性，即抗冻、抗旱、抗盐和抗病虫害的能力；钾还能使烟草机械组织发达，茎秆坚韧，不易倒伏。

钾是烟草灰分中的主要成分，它对于增强烟支的燃烧性和持火力有决定性的作用。烟支燃烧后的灰色也与钾含量高低有关系。叶片中钾含量高，对提高烟支的燃烧性有利，烟灰呈白色。钾能降低烟支的燃烧温度，减少烟气中的有害物质和焦油释放量，提高烟制品安全性。钾对烤烟的色泽有改进作用，Lovett（1950）报道，当调制温度上升到 49℃时，在高钾量的土壤上生长出的烟株，其烟叶经过烘烤，颜色鲜黄，并且有较少的棕色烟叶。钾素供应适当时生产的烟叶吸食香味充足，烟叶组织和吸湿性都随钾的施用而改善。钾对烟碱含量没有明显的影响。

烟草缺钾时，外部症状明显。叶片的叶尖、叶缘处首先出现黄绿色晕斑，严重时变成红铜色或棕褐色枯死斑点，最后，斑点中心组织死去脱落，使叶片形成锯齿形边缘。在叶面上形成锯齿形孔洞。由于缺钾时，叶尖、叶缘先停止生长而叶肉组织仍继续生长，所以就出现了叶尖下勾、叶缘下卷、叶面凸凹不平的特征。另外，钾素不足时，烟株生长缓慢、株茎矮小，叶片中纤维合成减少，机械组织发育不良，烟叶组织脆弱，颜色呈暗褐色。

钾在植物体内属于可再利用元素，在植物组织内钾很容易从老化的组织中转移到幼嫩部分被再度利用。因此，田间缺钾症大多是在进入旺盛生长的中后期，在中部叶片上首先表现，继而向上部发展，除严重缺钾外，下部叶片一般不会出现缺钾症。

缺钾叶片调制后，组织粗糙，缺乏油分，弹性和燃烧性极差，对于烤烟来说，颜色和光泽均不好，叶片中含糖量下降，而氮化合物含量明显上升，大大降低了烤烟的质量。生育中期缺钾，影响更为显著。钾素供应过多时，会使烟叶的吸水性大大提高，不利于烤烟的运输和贮藏。

4. 钙

烟草吸收的钙一部分参与构成细胞壁，其余的以草酸钙等形态分布于细胞液中。钙与硝态氮的吸收及还原同化、碳水化合物的合成及分解有关。钙的另一个生理功能在于它能减轻铵、镁和锰过多的毒害，预防其他离子过多而产生的缺绿病。

缺钙时，细胞分裂不能正常进行或不能完成，而形成多核细胞。钙离子可以作为磷脂中的磷酸与蛋白质的羧基间联系的桥梁，具有稳定膜结构的作用。钙能结合在调钙蛋白上形成复合物，该复合物能活化植物细胞中许多酶，对细胞的代谢调节起重要作用。

烟草幼苗期缺钙，叶片皱缩弯曲，继而尖端和边缘部分枯死，最后生长点死亡。如果未完全坏死或破损，以后又重新开始生长，部分叶尖叶缘则会脱落，叶片呈扇状。烟株缺钙时，淀粉、蔗糖、还原糖等在叶片中大量积累，叶片变得特别肥厚，植株生长不良。留种烟株在开花前缺钙，花蕾易脱落，开花时缺钙，则花冠顶部枯死，以致雌蕊突出。钙在植株体内不易流动，所以老组织中含量较多而分生组织较少，因此缺钙症状多发生在新生组织中。适量供应钙可以增加烟叶的含糖量。钙过多时，将会延长烟株的营养期和烟叶的成熟期。

5. 镁

镁是叶绿素的成分。在细胞壁的镁钙果胶中含有许多镁。镁是羧化酶和磷酸化酶的激活剂，直接参与光合作用，促进碳水化合物的代谢。镁在植物体中与20种酶有关。镁还能促进维生素A、维生素C的形成。镁对于烟支燃烧时烟灰的凝结性和色泽有良好的促进作用。

缺镁时叶绿素的合成受阻，分解加速。同时叶绿体内类胡萝卜素的含量降低，故而使光合作用强度降低。镁在体内容易移动，缺镁时生理衰老部位中的镁向新生部位移动，所以缺镁症一般在下部叶片首先出现，渐次向上部叶片发展。一片叶上首先从叶尖和叶缘发生黄白化。症状为叶肉黄绿色或白色，而叶脉仍呈绿色，继而全叶呈白色，使叶片形成清晰的网络脉纹。缺镁严重时烤后的烟叶呈现灰暗无光泽的浅棕色，叶片薄而无弹性。津巴布韦的研究指出：施用镁肥可以引起总氮的增加。在正常供应氮素的情况下，缺镁使烟碱的含量下降，游离氨基酸的含量显著增加。镁供应过多时，叶片成熟延迟。

6. 硫

硫是植物体内蛋白质和酶的构成成分，是胱氨酸、半胱氨酸、蛋氨酸等，维生素B_1、维生素H等，脱氢辅酶A及参与氧化还原过程中的含有巯基化合物的组成成分，在生长发育中起重要作用。另外，蛋白质中含硫氨基酸间的—SH与—S—S—可相互转变，这不仅可调节烟株体内的氧化还原反应，而且具有稳定蛋白质空间结构的作用。

烟草硫素贫乏的第一个症状是整个植株变成淡绿色，但上部幼叶的绿色有比下部叶片的绿色较淡的倾向。下部老叶缺硫时不像缺氮时那样常常焦枯，据此可以与缺氮症区别开来。另一方面，硫素不足时，烟株生长可能有些缓慢，叶尖往往有些向下卷缩，叶面上也会发生突起的泡点。硫素缺乏的症状大多发生在烟草生长的早期，一般是在干旱季节容易发生，在大雨后又能很快恢复。由于烟草生长上常用的氮、磷、钾肥料中含有较多的硫，所以田间种植的烟草硫缺乏症是很少出现的。

土壤施硫过高，引起土壤pH降低，导致土壤理化性质恶化，给烟草生长带来不良影响。过多的硫素还会抵消增施钾肥的作用，并抑制烟草对镁吸收。吸收过多的硫时，形成含硫化合物，使烟叶的燃烧性下降，甚至造成熄火现象。含硫化合物燃烧产生恶臭气味。

二、微量元素及其生理作用

1. 铁

铁主要分布在叶绿体内，参与叶绿素的合成过程，铁又是过氧化氢酶、过氧化物酶、细胞色素酶的辅基，所以铁参与呼吸作用及其他许多氧化还原过程。

铁素营养缺乏时，叶绿素合成受阻。由于铁在体内不易移动，所以首先在新生组织呈现缺素症。上部叶片变黄、黄白以致白色，而下部叶片仍然正常。铁过多时，在组织中沉积，烤后叶片呈现不明显的污点，叶片呈灰至灰褐色。

2. 铜

铜是一些氧化酶的辅基，故而能促进烟株内的氧化还原过程，加强呼吸作用。铜可阻止叶绿素的破坏，使之保持稳定。铜还能加强烟株对病害的抵抗能力。

铜素不足时，植株呈暗绿色，下部叶片首先出现褐色坏死症，整个植株发育不良。严重时上部叶片膨压消失，出现似永久萎蔫样症状。在开花期则表现为茎连同花序下弯、落花，死叶常呈灰白色。

3. 硼

硼参与蛋白质代谢和生物碱的合成，硼可与糖形成硼-糖复合物，因而有利于糖的运输。硼与植物开花结实有密切的关系，花粉的形成、花粉管的伸长都需要硼，硼还能促进根的生长。

缺硼时，烟株的生长受阻，根系明显瘦小，幼叶、嫩芽呈淡青色，常呈畸形、扭曲。上部叶变细而尖。就一个叶片而言，缺绿是从基部开始，畸形的小叶中脉和支脉间呈深棕色或黑色条纹，下部叶变厚发脆，中脉易破折。

4. 钼

钼是硝酸还原酶的金属成分，起着电子传递的作用。在烟草的氮营养中有一定的地位。

缺钼时，烟株生长缓慢而矮小，根系弱，幼叶上有坏死区域，老叶边缘由黄色到白色。在脉间有小坏死斑，一般是叶片皱缩呈波浪状。缺钼时还有引起早花的趋势。有人指出，钼过多时烟草受花叶病毒危害的程度加重。

5. 锰

锰是许多氧化还原酶的成分，参与有机体的氧化还原过程。锰对于叶绿素的形成有良好的影响，它还是光合作用中水光解反应所必需的一种元素。锰有利于淀粉的活性发挥，因而促进淀粉的水解和糖的转移。

缺锰时，早期嫩叶发生缺绿现象，叶脉呈淡青色甚至白色，但极小叶脉仍可保持绿色，后期叶片上出现网状坏死枯斑，组织破落。坏死斑往往从叶基和边缘开始，在叶片上出现斑点的同时，叶子的生长受阻碍。

6. 锌

锌是氧化还原反应的催化剂，能促进蛋白质氧化。锌与植株内生长素和叶绿素的合成有关。锌又是碳酸酐酶的成分，因此与光合作用有关系。

缺锌时，色氨酸合成减少，吲哚乙酸含量下降，叶绿素含量减少，由下部叶片开始出现缺绿坏死枯斑。枯死先由叶尖端开始，死斑由淡棕色到黑棕色，并且有不规则的轮纹和小颗粒。

7. 氯

氯是烟草生长必需的一种矿物质元素。已经查明，氯的生理作用在于它是光合作用过程中水光解反应中一种酶的激活剂。吸收少量的氯可促进烟株生长，使烟叶产量提高，颜色、弹性和贮藏品质得到改善。氯可改进烟叶的吸湿性，从而减轻烟叶的干裂。

氯过多时，对烟叶的影响特别严重。当叶片中含氯超过1%～2%时，叶色青绿，厚而发脆，边缘上卷，叶表面光滑，背面灰暗。这种叶片在烘烤过程中脱水慢，淀粉降解为糖的生化过程不良，淀粉含量异常高，叶绿素不能及时分解。烤干后叶片吸湿性强，燃烧性不良。叶面呈暗灰色至暗绿色，主、支脉呈灰白色。抽吸时有海藻腥味，品质极其低劣。

第二节　烟草施肥技术

正确的烟草施肥，应该根据烟草类型、品种特性、土壤肥力、肥料性质、烟草生育期内温度和降水等状况，以获得适宜的烟叶产量和优良品质作依据，来确定适宜的氮素用量、氮磷钾比例、肥料的种类、基肥追肥用量及施用方法。而且要在实验与生产实践的基础上，找出最佳的施肥方案。

一、烟草施肥依据

（一）烟草的营养特性

不同类型烟草的生长发育特点不同，所要求的烟叶化学成分也不一样。因此它们对主要矿物质营养元素的吸收量也不相同。烤烟和晒烟对主要营养元素的吸收量适中，白肋烟和雪茄烟对主要营养元素的吸收量则较大，香料烟吸收养分量最小。

国外研究表明：烟草在移栽后的35天内，由于烟株较小，各种营养元素吸收量较低，而36～76天时间是烟草生长速度最快的时期，这个阶段也是各种营养元素的吸收率最高的阶段。烟草的干物质积累达到全生育期干物质的70%以上，而这一时期烟株对各种主要营养元素的吸收量也占到总吸收量的75%～80%。进一步分析其基本规律是，烤烟对氮素的吸收高峰在移栽后的45天左右，而钾素则在55天前后，两者均比烟草的干物质积累的高峰期（移栽后65天）要早些。磷素在生育期中吸收速率比较均衡，在旺长期（移栽后65天）中才有一个小的吸收峰出现。由此可见烟草栽培过程中，肥料的施入应在烟草进入旺盛生长期前充分供给，因为施肥过迟会影响到烟草旺长期的正常生长，如不及时施肥将会对烟叶的产量和品质形成带来严重影响。特别是氮肥施用更应注意前期供给。因为除了烟草前期对氮素的大量吸收用于烟株生长之外，更重要的是施氮过迟后，还会导致烟叶内在品质降低，如烟株已进入成熟期仍不能迅速脱去氮素供应，很容易使烟叶长成“黑暴烟”，使烟叶品质降低，失去使用价值。

（二）烟草需氮、磷、钾的比例

从烟株对三要素的吸收量或从植株干物质的氮、磷、钾含量上，可以近似地反映出烟草对三要素的需要量。三要素的需要量是提高烟叶品质和产量的主要依据之一。

人工培养单株烤烟的实验表明：烟草吸收钾最多，氮次之，磷最少。氮∶磷∶钾的比例大体为1∶0.5∶2.5。其他类型的烟草吸收氮磷钾的比例也大致如此，白肋烟为1∶0.2∶1.8，晒烟为1∶0.8∶1.7。

（三）烟草不同生育期对养分的吸收

烟草在不同的生育期对养分的吸收量是不同的。一般规律是在烟草移栽后，随着植株的生长，养分吸收量也随着增加。在花芽分化完成、节间开始伸长时进入养分最大吸收期，以后又急剧下降。

根据McCants和Woltz在烤烟上的试验研究表明，烟草对营养元素的吸收和干物质的积累都近似于S形曲线（图6-1）。干物质的积累反映烟株的生长发育状况，它和营养吸收密切相关。烤烟对钾吸收量最大，其吸收规律几乎与干物质积累相一致，而且始终要比干物质积累速率有所提前。氮素吸收在收获前较为强烈（略低于钾素吸收曲线），后期缓慢甚至停止。烤烟对磷素的吸收一生都较低和平缓。5种大量元素的吸收量分别是钾素＞氮素＞钙素＞镁素＞磷素。其中大部分是在移栽35天后吸收的，而钾素的积累要比氮素稍快些，并且前期氮、钾的积累都快于干物质和钙、镁、磷的积累。

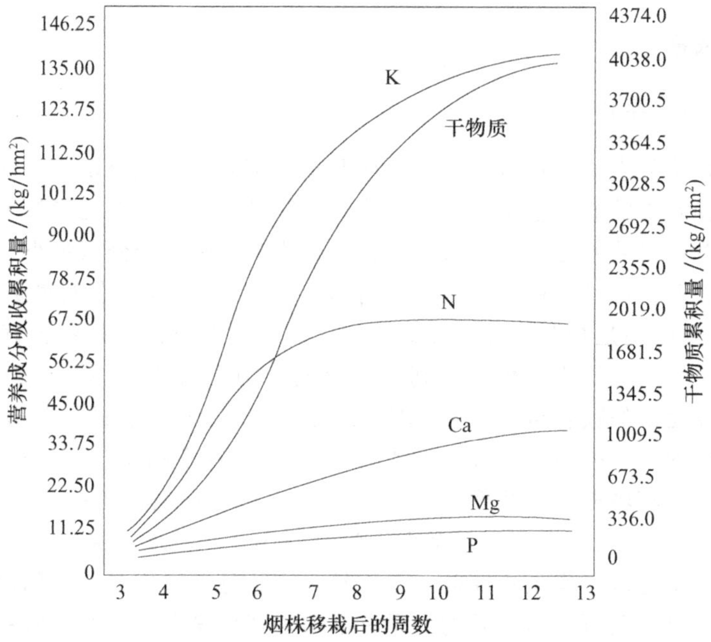

图6-1　烤烟植株干物质累积速率和营养成分吸收速率关系

（刘国顺，2003）

曹志洪等对我国南方烟区和北方烟区烤烟大田期对养分的吸收曲线和干物质积累都做了研究，并与美国烟叶生产的同类曲线作了比较。结果发现，北方烟区的干物质和钾素积累曲线在移栽后5周内几乎是重叠的，而移栽9周后开始，干物质积累又大大超过吸收钾素曲线，与美国曲线相差就更远。显然，剩余后期干物质的积累大大超过钾的吸收，是导致我国烟叶在成熟采收时的含钾量远比前中期显著下降的原因。对氮、钙、镁、磷元素的吸收曲线与美国同类曲线相近（图6-2）。

南方烟区移栽后10周之前比较接近美国的曲线。可是，此后吸收钾素曲线向下低落，而与美国的吸收钾素曲线始终是向上延伸不同。吸收钙素曲线在移栽9周以后超过吸收钾素曲线。其他氮、镁、磷的吸收与美国烟叶的吸收曲线相似，都是吸收氮素＞镁素＞磷素（图6-3）。

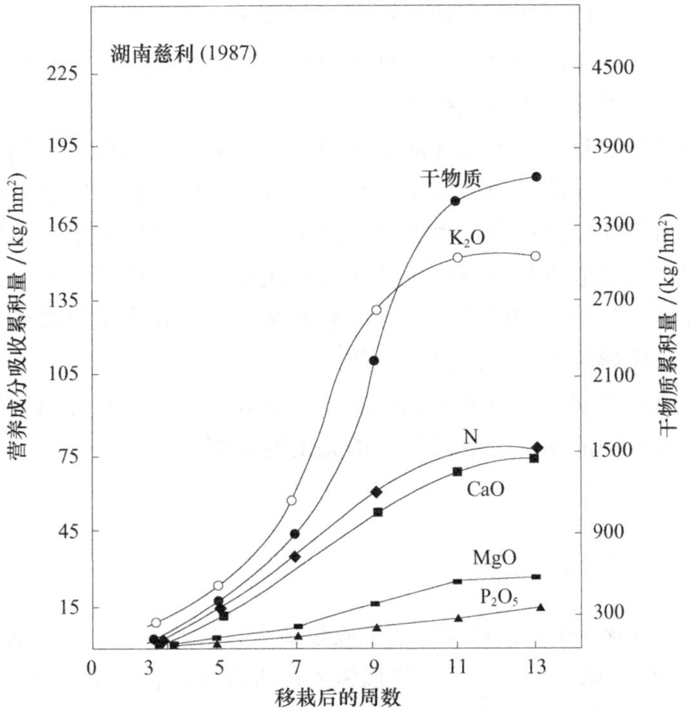

图 6-2　北方烟区烟株养分吸收曲线及干物质累积曲线
(刘国顺，2003)

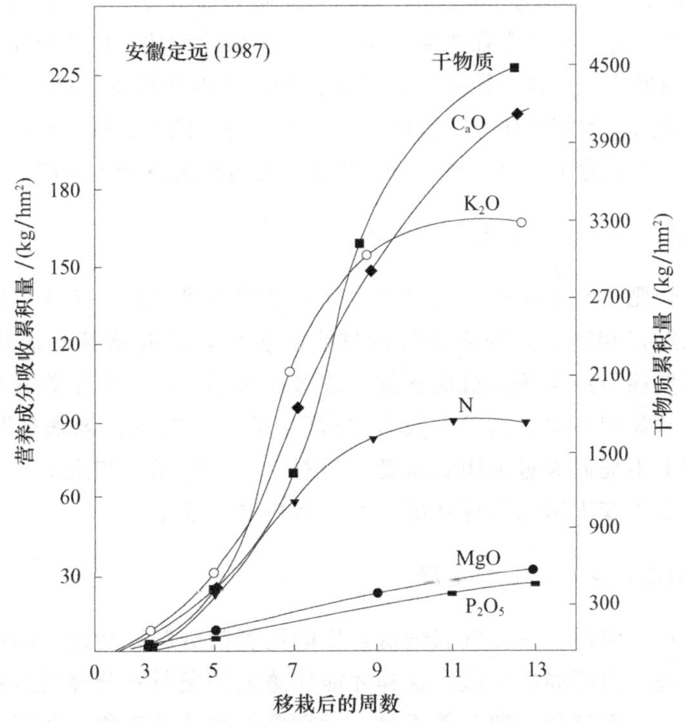

图 6-3　南方烟区烟株养分吸收曲线及干物质累积曲线
(刘国顺，2003)

白肋烟对养分的吸收规律和干物质积累与烤烟相似。

香料烟和晒黄烟在不同生育期对养分的吸收量与烤烟和白肋烟相似，也呈现出前期较少，中期较多，后期又减少的规律性。

为使矿物质营养过程符合形成优质烟的要求，以获得品质优良的烟叶，对以上这些类型的烟草施肥时，一方面，施肥量要和其对养分的吸收过程相吻合，即掌握“前期足而不过，后期少而不缺”的原则。也就是说在前期，养分供应要足，促进生长，但不能使其徒长，后期养分供应应少一些，使叶片适时成熟落黄，而不早衰。这样才能获得优质适产。另一方面，从施肥的时期上讲，所有的肥料都要在大量吸收养分时期到来之前全部施入烟田，以免影响烟草的产量和品质。

晒红烟在不同生育期对养分的吸收特点与烤烟等不同，它在打顶后要求较高的营养水平，因此对于晒红烟的施肥应掌握前后都充足的原则。

二、施肥原则

（一）适施氮肥，增施磷钾肥

在烟草的矿物质营养中，以氮磷钾的吸收量最大，同时土壤中又常缺乏，因此被称为烟叶的品质元素。氮、磷、钾三元素中又以氮素最为重要，它对烟叶产量和品质起着决定性作用。根据生产实践和大量的研究结果，只有适施氮肥才不至于造成氮素供应过多而降低烟叶的品质，但氮素供应过少会出现烟草营养不良、发育不全的现象。此外，钾对烟叶品质有良好的作用，同时钾的过量使用，对烟叶品质一般不会产生明显的不良影响。因此可以增施，但是烟草施肥又非常强调氮、磷、钾三元素的配比，也就是氮、磷、钾肥的使用必须在一定的限度之内，且保持一个合适的比例，方能获得良好的品质和适宜的产量。近几年来各地通过大量的实验研究，提出了一些当地适宜的氮、磷、钾比例，如河南提出的适宜氮、磷、钾比例为1∶1∶2或1∶1∶3等，均可作为生产上施肥的参考。

（二）复合肥、饼肥为主，农家肥为辅

烟草专用复合肥具有发苗快，营养较全面，肥效短等优点，施入土壤后，分解转化速度与烟草需肥规律相吻合，因而能使烟株生长健壮，适时落黄易烘烤，烟叶品质较高。农家肥料虽然能增加土壤有机质含量，改善土壤结构，但由于养分分解缓慢，肥效较长，概括讲是“需肥不够，禁肥有余”，与烟草的“少时富，老来贫”的需肥规律不吻合，因此生产上不提倡大量施用农家肥，但对于中下等肥力和土壤结构过于黏重的烟田，可少量使用以改变土壤的物理状况和增加有机质的含量。

（三）重施基肥，少施、早施追肥

烟草大田生长的前期，往往气温偏低，影响肥料的分解和转化，因此，烟草应以基肥为主，追肥为辅，追肥亦应早施，这样才能使施入的肥料养分释放过程和烟草对养分吸收过程相吻合，从而避免前期营养不足，后期贪青晚熟的现象。我国北方烟区一般基肥应占70％或更多，追肥占30％左右。南方烟区因温暖多雨，为减少养分的流失，基

肥用量略低，为50%～70%，追肥的用量适当增多。

三、施肥量的确定

目前，一般适宜的施肥量应以保证获得最佳品质和适宜产量为准，根据确定的适宜产量指标计算所需养分数量，然后再依据烟田肥力状况等来最后确定。

在制定施肥量时，一是要依据当地的施肥试验和施肥经验；二是要测土施肥，采用经验施肥与测土施肥相结合，以经验施肥为主的方法。现在还强调平衡施肥。另外，还要根据当地的栽培调制技术。最后还要考虑气候条件，必须以正常年份的气候条件来确定施肥量，不能以雨水多、肥料流失大的年份的施肥量为依据。

施肥量的确定，首先要确定氮素的施用量，因为氮素对烟叶的产量、质量影响最大，在一定施氮量范围内，烟叶的产量、品质随施氮量的增加而提高。但是，当施氮量超过一定限度时，则烟叶的品质就会下降。

施肥量的确定可根据测土配方施肥结合经验施肥。具体做法是首先根据理论计划产量计算出所需养分数量，然后测定土壤速效养分含量，计算出土壤中能够为烟草提供的养分数量，最后根据上述两者及土壤养分利用率和所使用肥料利用率计算出肥料的施用量。

（一）根据计划产量估算施肥量

这种方法是根据烟草计划产量所需养分总量与土壤供肥之间的差数，然后按肥料中养分的含量及利用率折算成计划用肥量。估算方法如下：

$$\text{计划施肥量/kg}=\frac{\text{烟草计划产量所需养分总量/kg}-\text{土壤养分量/kg}}{\text{肥料养分含量/\%}\times\text{肥料利用率/\%}}$$

根据国外的资料，优质烤烟的产量一般控制在2250～2625kg/hm^{2}范围内，以2250kg/hm^{2}左右较多，每公顷产量超过2625kg，则产量和品质的矛盾就会突出，产量越高，品质越差。计划产量确定以后，可按下列公式计算需养分总量。

所需养分总量/kg=(作物计划产量/100)×形成100kg经济产量所需养分量

计划产量确定以后，还应了解形成100kg产量所需氮、磷、钾的数量。根据河南农业大学1982～1983年的研究结果：每生产100kg烟叶需吸收氮3.06～3.86kg，磷0.85～0.94kg，钾5.55～6.99kg。

（二）测定土壤的供肥量

1982～1983年河南农业大学在河南主要烟区对不同肥力水平的土壤进行土壤养分含量分析（表6-1）。

表6-1　不同肥力水平土壤养分含量

养分 肥力水平	有机质/%	速效氮（N）/(mg/kg)	速效磷（P_2O_5）/(mg/kg)	速效钾（K_2O）/(mg/kg)
高肥	0.8～1.2	60以上	5～15	100～120
中肥	0.7～1.0	40左右	8左右	100左右
低肥	0.5～0.7	30以下	<5	80～100

资料来源：窦逢科等，1992

了解土壤养分的含量，还要了解这些速效养分的当年利用率。氮可按 70%，磷可按 25%，钾可按 50%计算，以 1982 年襄城县井庄中等肥力地块试验为例，该土壤中速效氮 38mg/kg（每公顷 85.5kg），速效磷 5.2mg/kg（每公顷 11.25kg），速效钾 100mg/kg（每公顷 225kg）。按上述利用率计算，则当年烟草从土壤中可利用的养分分别为：氮（N）=85.50kg×70%=59.85kg；磷（P_2O_5）=11.25kg×25%=2.81kg；钾（K_2O）=225kg×50%=112.50kg。

（三）应该补充的养分量

知道了达到计划产量所需养分量和土壤可供应养分量后，就可以计算出应该补充的养分量。计算公式是：应补充的养分量=计划产量所需养分量－土壤可供养分量。如果计划烟叶产量为 2625kg/hm²，则应需氮 101.30kg，磷 24.68kg，钾 183.60kg，那么应该补充的养分量分别是：氮=101.30－59.85=41.45kg；磷=24.68－2.81=21.87kg；钾=183.60－112.50=71.10kg。

（四）计算施肥量

知道了应该补充的养分量，再根据所使用肥料养分的含量和该肥料的利用率就可以计算出最终的施肥量。计划施肥量可利用下式计算：

$$\text{计划施肥量/kg}=\frac{\text{需要通过施肥补充的养分量/kg}}{\text{该肥料某种养分含量/\%}\times\text{该肥料的利用率/\%}}$$

各种肥料某种养分含量都有标注，各种养分的利用率为：氮肥一般为 50%，如果施用的是尿素（含氮 46%），则应施尿素量为 41.45÷(46%×50%)=180.22kg/hm²，磷肥一般为 15%，如果施过磷酸钙（含磷 14%～19%），则应施过磷酸钙量为 21.87÷(16%×15%)=911.25kg/hm²，钾肥利用率一般为 50%，如果施硫酸钾（含钾 48%～50%），则应施硫酸钾为 71.10÷(50%×50%)=284.40kg/hm²。

四、施肥方法

（一）基肥

基肥是指整地起垄时或移栽时施用的肥料，除为烟株提供营养外，还对改良土壤性状有积极作用。移栽时施基肥是指栽烟时穴施或条施的肥料，主要满足烟株早期生长的需要。

1. 适宜做基肥的肥料

生产上一般用厩肥、饼肥、复合肥、重过磷酸钙或钙镁磷肥、硫酸钾以及腐殖酸类肥料等作为基肥，各烟区施用基肥的种类及数量各不相同。一般是重施基肥，多雨地区基肥比例为 50%～60%，少雨地区基肥比例为 70%～80%。

2. 基肥的施用方法

起垄前基肥以撒施、条施居多。农家肥结合深翻施入土壤后，可与土壤紧密接触，不但可以加强微生物活动，促进土壤熟化，提高土壤的保肥和抗旱能力，而且肥效长、肥性稳，对后期上部叶片的生长有利。因此，烟田应用适量腐熟良好、质地纯净的农家肥料在整地时施入。有些化肥更应与农家肥混合做基肥施用，如磷肥可以混入农家肥中施用，可以减少磷素的固定，提高肥料的利用效率。

一般情况下，农家肥最好在冬耕时撒施一部分，翻入较深的土层中，使其有较长的土肥相溶时间，而且在不同层次分布，适宜烟草在不同生育期的需要，但一般春耕时施入的情况较多；移栽前整地起垄时，将一部分农家肥与过磷酸钙和大约50%的复合肥混合，开沟条施，如果能分层施用则更好。钾素化肥施入土壤中可很快被烟株吸收和利用，但也可被土壤晶格固定，所以硫酸钾最好分层施用。起垄时条施大约50%，移栽前开沟（深约10cm），条施余下的部分。也可以一部分混于农家肥中作移栽肥，还可以剩余一部分做前期追肥。

剩余的复合肥在移栽时采用穴施，能节约肥料，充分发挥肥效。移栽时施基肥一般是采用穴施的方法，如果预留量较多时，可用开沟条施的办法。国外用开沟条施的方法较多。饼肥也可做基肥，与化肥混合施用，还可留一部分做早期追肥。

（二）追肥

烤烟的追肥应根据烟草生长发育规律及需肥特点进行，可以分为前期追肥、中期追肥和后期追肥。有人认为，烟草在大田期可以施足基肥，不提倡追肥，有较好的效果。但在前期多雨或土壤保肥能力差时，基肥施用过多，会造成肥料的流失。因此，应根据不同地区具体情况适量追肥为好。

1. 适宜追施的肥料

适合追施的肥料很多。一般腐熟的饼肥、复合肥、速效氮肥、速效钾肥（含草木灰）、微肥等均可做追肥使用。生产上常用于追肥的肥料是三元复合肥、磷酸二氢钾、微肥和速效氮肥等。

2. 追肥的方法

在烟株生长前期，追肥量大时一般采用向土壤追肥的形式，利用条施、穴施、肥料溶液灌根施入。在烟株生长的中、后期，追肥量小时可采用根外追肥。一般追微肥和少量的磷、钾，通常采用这种追肥形式。根外追肥又称叶面喷肥或叶肥，养料从叶片的角质层和气孔进入，最后通过质膜进入细胞内，进而再分配到植物体的其他部分。这种施肥方法是烤烟中、后期追肥的最主要的方法，比较安全、有效。根外追肥可以补充烟草从土壤中吸收某些营养元素的不足，如锰、铁、铜、硼、锌等；减少养分移动和运输途径，加快烟株对营养元素吸收的速度；叶面喷施后可以减少固定，提高其利用率，如磷肥、硼肥等。烤烟喷施速效氮、磷、钾和微量元素都有明显效果，喷施微量元素除提高烟叶产量和品质外，兼有减少花叶病的功效；喷施磷酸二氢钾在烤烟增产增质方面也有明显的效果。烟草施叶肥对生产有积极作用，但叶施决不能代替基肥和正常追肥，因为其施肥量非常有限，只能作为补肥措施。

3. 追肥的时期

烟草的前期生长慢，团棵至现蕾期快，后期又慢，封顶后又有所加快。一般品种在移栽后30～40天内发叶率高，为了满足旺长期对肥料的要求，追肥越早越好；过晚影响烟草的正常生长，造成后期不易落黄，降低品质。因此，追肥主要在团棵以前，一般在移栽后 20～30 天以内施入。中、后期追肥情况少，除喷施微肥或烟田脱肥外，一般不追肥，确需追肥应尽可能提早。

我国南北方烟区土壤和气候条件相差很大，前期追肥的具体时间和方法各不相同，可参考当地经验，斟酌进行。若追肥量很小，可用肥料溶液灌根的方法追施（一般浓度为 2%～3%）。

在大田烟株表现缺氮的情况下，用少量的速效氮肥（硝酸铵或硝酸钾等）兑水灌根，但要严防过量引起贪长。需要量少时，比较稳妥的办法是叶面喷施。根外追肥的浓度以 0.5%～1.0%较为安全有效。

大田烟株表现缺磷或缺钾时用磷酸二氢钾或其他相应肥料溶液灌根。施用量小时叶面喷施，一般浓度为 0.3%～0.5%，7～10 天 1 次，连续 2～3 次。

喷施微量元素的浓度以 0.2%～0.5%为好。根据我国的具体施肥情况，一般铁为喷施 0.2%～0.3%的硫酸亚铁溶液，硼为 0.25%的硼砂溶液，锌为浓度 0.2%硫酸锌溶液，锰为浓度 0.1%硫酸锰溶液。烟草对微量元素的需求量有限，浓度过高反而引起肥害。尿素一般为 0.5%，草木灰液 10%，过磷酸钙为 0.5%，磷酸二氢钾为 0.5%。至于根外追肥的具体时间，由于夜间比白天吸收率大 3～10 倍，因此以夜间或傍晚喷施较好，下午晚些时候也可。要选择无风天气进行，便于吸收。至于喷施部位，叶背比叶面吸收快；叶位越高，吸收率越高。

第三节　烟草的肥料

一、化学肥料

化学肥料因其养分含量高，肥效迅速，易被烟草吸收利用，所以被广泛采用。但化学肥料不含有机质，具有酸碱性，若单独长期使用会使土壤物理性状改变和板结。所以应和有机肥料配合使用。在一些发达国家如美国和加拿大，烟草的前作基本是秸秆还田，或前作是适宜的绿肥，土壤有机质含量高，因此多单独使用复合化肥。

（一）单元化肥

1. 氮肥

氮肥的种类很多，大致可分为铵态氮、硝态氮和酰铵态氮，铵态氮肥有硫酸铵、碳酸氢铵、氯化铵等。其中，氯化铵能增加烟叶中的含氯量而降低烟叶的燃烧性，不宜在烟草上使用。硝态氮肥有硝酸铵、硝酸钠、硝酸钙等。酰铵态氮主要是尿素，事实上酰铵态氮肥施入土壤后，经土壤微生物分泌的脲酶作用而水解成碳酸铵或碳酸氢铵，其有效成分仍以铵离子的形态被作物吸收利用。

研究表明，铵态氮肥和硝态氮肥对烟草的产量和品质影响是不同的。一般来说，使用硝态氮时，烟株吸收充分，生长发育正常，而且品质较好，含氮量低，碳水化合物含量高。若施用铵态氮肥时，烟株吸收不良，特别是生长初期生长不正常，而且使烟叶的蛋白质、烟碱及其他氮化物含量提高，碳水化合物减少。

从生理角度来说，这种情况的出现可能与离子的颉颃作用和选择性吸收有关。实践证明：使用硝态氮时，促进烟株对钾、钙、镁离子的吸收。使用铵态氮时，烟株对钾的吸收量减少，同时促进对氯离子的吸收，而钾吸收得少，必然引起碳水化合物减少。

值得提出的是，硝态氮虽有其优点，但如单一使用硝态氮，并在叶内积累过多的硝态氮时，不仅会出现烟碱含量呈减少的趋势，而且常使主脉细小，主支脉呈白色或靠近支脉附近的叶肉上有褐色小斑点。这种烟叶吸食时易产生蛋白臭味。由上述可知：硝态氮肥和铵态氮肥配合使用有利于烟叶品质的提高，加拿大的专家认为其配合比例以75%的铵态氮和25%的硝态氮为合适。这样，硝态氮能促使形成较多的有机酸，提高燃烧性，能促进烟叶形成挥发油，增加香味。

2. 磷肥

烟草常用的磷肥有过磷酸钙、重过磷酸钙、磷矿粉和钙镁磷肥，其中最常用的是过磷酸钙。过磷酸钙呈酸性，易吸湿，无论在碱性或酸性土壤中都容易被固定，利用率很低，一般只有5%～25%，因此最好和有机肥料混合做基肥施用，或做颗粒磷肥，以减少与土壤面接触，也可以做追肥集中使用。需要指出的是过磷酸钙不能与硝态氮肥混合使用，以免氮素损失。

3. 钾肥

常用的钾肥有硫酸钾、氯化钾和硝酸钾。氯化钾能明显地降低烟叶的燃烧性，增大烟叶的吸湿性，不耐贮藏。施用硝酸钾做钾源时，在提高烟草产量与品质方面又优于硫酸钾，因为硫会引起钾的不足，而使持火时间缩短。特别要提出的是，在酸性土壤上施用硫酸钾时，由于 H^+ 和 K^+ 的代谢作用，而使土壤溶液酸度增加，故应同时施用石灰。

（二）多元复合化肥

多元复合化肥是指肥料中同时含有氮、磷、钾三要素或只含有其中任何两种元素的化肥。含其中任何两种元素的称为二元复合化肥，同时含有氮、磷、钾三种元素的称为三元复合化肥。复合化肥具有营养元素种类多、含量高、物理性状好、副成分少和易被作物吸收等优点，目前已成为烟草普遍施用的肥料。

常见的二元复合肥有磷酸铵、硝酸铵、磷酸二氢钾、磷钾肥等。除磷酸二氢钾在烟草生长的中后期做根外追肥外，其他二元复合肥在烟草上施用较少。

在烟草上大量施用的是三元复合肥。三元复合肥种类繁多。国产的三元复合肥氮、磷、钾比例有15∶15∶12、18∶18∶15、10∶10∶12、10∶24∶12和10∶20∶15等。近年来进口的三元复合肥其氮、磷、钾的比例有15∶15∶12、15∶15∶15、15∶15∶17、14∶9∶20等。现在进口的烟草专用复合肥，其养分含量为18∶16∶24，更适合烟草的生长发育。

二、有机肥料

有机肥料又叫农家肥料，其种类多，来源广，是我国农村常用的基本肥料。有机肥料不仅能给作物提供多种营养成分，而且能改善土壤理化性质，培肥土壤。有机肥料的缺点是养分含量低，肥料利用率低，施用量大。由于有机肥料的肥效迟缓，与烟草的需肥规律不吻合，因此要灵活施用，以免造成在烟叶采收时不能适时落黄，降低烟叶品质。

（一）饼肥

各种含油分较多的植物种子，经过压榨取油后，剩下的残渣用作肥料的统称为饼肥。我国饼肥的种类很多，主要有大豆饼、菜籽饼、芝麻饼、花生饼、棉籽饼和桐油饼等。我国农民早就习惯使用饼肥，并积累了丰富的经验，认为使用饼肥可提高烤烟烟叶质量。

饼肥在南方又称为“油枯”，各烟区普遍使用。山东、辽宁、安徽等烟区习惯用豆饼，福建、河南习惯使用芝麻饼，云南、贵州习惯使用菜籽饼。施用饼肥对烟叶外观品质，如颜色、光泽、油分、弹性和内在质量如香气等方面有明显的作用。

饼肥富含有机质和氮素，并含相当数量的磷、钾及各种微量元素。一般约含有机质75%～85%、氮2%～7%、五氧化二磷1%～3%和氧化钾1%～2%。烟叶生产主要施用的饼肥养分含量各不相同（表6-2）。

表6-2 主要饼肥中大中量元素的平均含量（%）

油饼种类	全 氮	全 磷	全 钾	钙	镁
大豆饼	6.68	0.440	1.19	0.69	1.51
花生饼	6.92	0.547	0.96	0.41	0.44
油菜籽饼	5.25	0.799	1.04	0.80	0.48
棉籽饼	4.29	0.541	0.76	0.21	0.54
芝麻饼	5.08	0.730	0.56	2.86	3.09
葵花籽饼	4.76	0.478	1.32	—	—
桐籽饼	2.94	0.429	1.16	0.59	0.41
茶籽饼	1.44	0.282	1.18	0.20	0.17
蓖麻籽饼	4.52	0.784	1.02	6.85	30.2
烟籽饼	1.26	0.670	1.25	0.57	0.45

资料来源：全国农业技术推广服务中心，1999

注：饼肥为风干基

饼肥中的氮、磷多呈有机态。氮以蛋白质形态为主，磷以植素、卵磷脂为主，钾大多是水溶性的。这些有机态氮、磷必须经过微生物分解后才能被烟草吸收利用。饼肥是优质有机肥料，养分完全，肥效持久，适用于各类土壤和多种作物，尤其对烟草能显著提高产量和品质。饼肥可做基肥、追肥。为了使饼肥尽快发挥肥效，施用前需进行发酵处理。

（二）厩肥和堆肥

1. 厩肥

厩肥是家畜粪尿和各种垫圈材料混合堆积的肥料。在北方多用土垫圈，在南方多用秸秆垫圈，统称厩肥。厩肥的成分依家畜种类、饲料优劣、垫圈材料和用量等条件不同而不同（表 6-3）。

表 6-3　不同厩肥的养分含量

项　目	猪圈粪	土　粪	牛栏粪	马厩粪	骡圈粪	驴圈粪	羊圈粪	兔圈粪
粗有机物/%	50.7	8.521	51.17	58.91	49.428	24.54	53.055	10.75
全氮/%	0.944	0.392	1.411	1.156	1.386	0.586	1.382	0.708
C/N	19.57	26.07	19.18	26.07	21.28	16.6	14.38	8.98
全磷（P/%）	0.465	0.211	0.363	0.347	0.365	0.303	0.316	0.63
全钾（K/%）	0.91	1.375	1.97	1.234	2.158	0.365	1.42	0.818
钙/%	2.172	—	1.97	2.408	3.912	5.048	2.735	—
镁/%	0.647	—	0.506	0.51	0.846	1.475	0.771	—
钠/%	0.522	—	0.279	0.253	1.447	2.098	0.363	—
铜/(mg/kg)	29.77	—	27.94	24.4	22.73	26.41	35.65	—
锌/(mg/kg)	97.18	—	99.02	100.56	64.06	55.7	108.99	—
铁/(mg/kg)	12 176	—	9 958	8 992	5 178	13 015	10 239	—
锰/(mg/kg)	604	—	690	628	377.9	418.8	550.1	—
硼/(mg/kg)	11.35	—	16.36	12.51	4.685	7.03	17.56	—
钼/(mg/kg)	0.939	—	1.037	0.967	0.223	—	0.987	—
铵态氮（鲜基/mg/kg）	129	78.8	240.5	147.7	39.7	183.3	124.3	44.4
速效氮（鲜基/mg/kg）	376	388	351	282	162	566	334	287
硫/%	0.316	—	0.327	0.344	0.144	0.034	0.325	—
硅/%	29.42	—	27.16	23.99	32.56	41.205	23.81	—

资料来源：全国农业技术推广服务中心，1999

厩肥平均含有机质 25%，氮约 0.5%，五氧化二磷约 0.25%，氧化钾约 0.6%。每吨厩肥平均含氮约 5kg、五氧化二磷约 2.5kg、氧化钾约 6kg。

新鲜的厩肥中含有秸秆类垫料，其中含有的纤维素、木质素等化合物难以被作物吸收利用。新鲜厩肥碳/氮比值较大，施入土壤后，由于微生物的生物吸收而与作物幼苗争水争肥。如果在嫌气条件下，还会引起反硝化作用，增加肥料中氮的损失。所以新鲜厩肥不能立即施入田间，必须经过一段时间的堆制腐熟，才能施用。如果土壤质地较轻，排水较好，气温较高，或作物生育期较长，可选用半腐熟的厩肥使用。

腐熟厩肥由于其质量差异很大，当季肥料利用率不一样。其中氮的利用率较低，一般在 10%以下，高的在 30%以上。由于土壤对厩肥中磷的固定较小，加之厩肥在土壤中的分解，产生有机酸，可提高磷的有效性。厩肥中含有较多的纤维素类化合物，可掩蔽黏土矿物的吸附位，减少磷的吸附，从而提高土壤中磷的有效性，所以厩肥中磷的利用率可达 30%～40%，高于化学肥料，厩肥中钾的利用率也很高，约为 60%～70%。厩肥具有较长的后效，如果常年大量施用，土壤中积累较多的腐殖质，不仅可以改良土壤结构，而且对提高土壤肥力、促进低产田熟化都会起到积极作用。

2. 堆肥

堆肥是指农业生产和日常生活中的植物、动物有机废弃物等在好气条件下经微生物腐解转化而成的有机肥料。

堆肥可分为普通堆肥和高温堆肥两类。普通堆肥一般混土较多，堆腐时温度较低且变化不大，所需堆制时间较长，适用于常年堆积。高温堆肥以纤维素多的有机物料为主，加入一定量的人畜粪尿等物质，以调节碳/氮比，堆腐中有明显的高温阶段，堆制时间较短，但能加速堆制物质的腐解及杀灭其中的病菌、虫卵和杂草种子。高温堆制适合集中处理大量农作物秸秆物料或生活垃圾，使之在短期内迅速成肥。如现在最常用的秸秆综合利用技术，先利用秸秆产生沼气，再利用沼气渣进行堆肥。堆肥的性质基本和厩肥类似，其养分含量因堆肥的原料和堆制方法等不同而有所差别。

3. 草木灰

草木灰是指植物有机体经过燃烧后留下的残灰。有机物和氮在燃烧过程中大多被烧掉。因此，草木灰中仅含有灰分元素，如磷、钙、钾、镁、铁及微量元素等。其中钙和钾较多，磷次之。草木灰被称作农家肥料中的钾素肥料。其实，草木灰不仅含钾素，而且还有磷、钙、镁等元素。

草木灰的成分差异很大，不同植物灰分中磷、钾、钙等含量各不相同。一般木灰含钙、钾、磷较多，而草灰含硅较多，磷、钾和钙较少，稻壳灰和煤灰中养分含量最少。同一种植物，因组织部位不同，灰分的养分含量也有差别。幼嫩组织的灰分含钾、磷较多，衰老组织的灰分含钙、硅较多（表 6-4）。

表 6-4　不同草木灰的养分含量（%）

灰　类	K_2O	P_2O_5	CaO
一般针叶树灰	6.00	2.90	35.00
一般阔叶树灰	10.00	3.50	30.00
小灌木灰	5.92	3.14	25.09
稻草灰	8.09	0.59	5.90
小麦秆灰	13.80	0.40	5.90
棉籽壳灰	5.80	1.20	5.09
糠壳灰	0.67	0.62	0.89
花生壳灰	6.45	1.23	—
向日葵秆灰	35.40	2.55	18.50
烟煤灰	0.70	0.60	26.00

资料来源：浙江农业大学，1988

草木灰中的钾 90%主要以碳酸钾的形态存在，其次是硫酸钾和氯化钾，均为水溶性钾，有效性高，但易受雨水淋失，故应避免露天存放。草木灰中磷属可溶性磷，因此对作物是有效的。草木灰由于含氧化钙和碳酸钾，故呈碱性反应，在酸性土壤上施用，不仅能供应钾，且能降低酸度，并可补充钾钙镁等元素。但草木灰不能与硫酸铵或硝酸铵等含有铵态的化肥混合施用，那样会发生化学反应，使两种肥料中的养分损失。

4. 火土灰

火土灰是指南方烟区通用的农家肥料，是采用枯枝落叶和泥土堆积熏烧而成，也有铲草皮后直接熏烧而成的。用慢火熏烧成黑褐色，在烧制过程中，有机质和氮素基本损失，只剩下磷、钾。根据贵州省烟草研究所测定，一般火土灰含氧化钾 0.6%～0.7%，五氧化二磷 0.2%～0.3%。在西南烟区，火土灰用量较大，除供应烟田磷和钾素外，还可改良根际与土壤的物理性状，提高其他肥料的利用率。育苗时，利用火土灰过筛后的粗颗粒铺于苗床表面，可使苗床的物理状况变好，浇水不易板结，有利于烟草种子的萌发和幼苗的健壮生长，对培育壮苗有益。但铲草皮烧火土灰，易造成水土流失。

三、微量元素肥料

随着科学的发展，微量元素在烟草上的应用越来越受到人们的重视，原南斯拉夫报道叶面喷施微量元素，特别是铜，能提高被病毒侵染烟株的产量。美国、加拿大也已将微量元素作为烤烟科研的主要课题。日本已研制出综合性微量元素在烟草上施用，我国土壤微量元素的普查结果表明，我国大部分土壤存在着不同程度的微量元素缺乏的情况。因此，烟株施用微量元素肥料是提高烟草产量和品质的有效措施之一。

烟草对微量元素的需要量极少，但它们所起的生理作用很大，如果土壤中这些元素供应不足就会出现不同的缺素症状，导致产量和品质下降。相反，如果土壤中这些元素含量过多，则会发生中毒现象，同样影响烟叶产量和品质。据河南农业大学连续几年的研究结果，烟草叶面喷施微量元素具有明显提高烟草产量和质量、调节烟叶化学成分的效应。

除铁外，其他喷施微量元素的处理在产量和单叶重上比用清水作对照的处理均有所提高，而对烟叶等级的影响则更为明显。从化学成分上讲，烟叶含糖量和含钾量在喷施微量元素后有升高的趋势，而总氮和含氮化合物则有降低的趋势，但处理间差异没有达到显著水平。总之对目前推广的少叶型品种在适当施用氮肥的情况下，施用微量元素可增进烟叶的易烤性，并能调节烟叶化学成分，提高产量和品质。

四、腐殖酸类肥料

腐殖酸类肥料是以腐殖酸含量较多的泥炭、褐煤、风化煤等为主要原料，加入一定量的氮、磷、钾和某些微量元素所制成的肥料。如腐殖酸铵、腐殖酸钾等，这些统称腐殖酸类肥料，简称腐肥。它是一类多功能有机和无机肥料，含有大量有机质，既有农家肥的功能，又含有速效养分，兼有化肥的某些特性。

腐殖酸能与金属离子形成络合物，如腐殖酸铁、铝、锰、铜等，这些络合物是以金属离子为中心，腐殖酸为配位体形成的络离子。在溶液中，络合物只能形成络离子，并有较强的稳定性而难以再解离。因此，腐殖酸与固磷物质如钙、镁、铁、铝形成络离子，能被植物吸收，从而活化了微量元素。同时，腐殖酸类肥料还具有以下功能：促进植物呼吸；促进微量元素吸收；改良土壤；对化肥有增效作用；刺激作物生长；增强作物抗旱能力。

据河南省农科院烟草所和腐肥办公室多年的研究结果表明，腐殖酸类肥料能改善土壤的理化性状。在适宜的土壤肥力下，对烟草的生长发育有良好的作用。腐殖酸类肥料与复合肥、饼肥比较，在烟草的产量、外观品质、化学成分内在质量上都比较接近，互有高低，纯收益略高于饼肥和复合肥。因此腐殖酸类肥料可作为烟草肥料来应用。

五、稀土微肥

稀土微肥是指含有镧、铈、镨、钕、钷、钐、铕、钆、铽、镝、钬、铒、铥、镱、镥、钇等十几种稀土元素的肥料。1976 年云南省江川县开始把稀土微肥试用于烟草。

据河南农科院烟草研究所的试验，烤烟喷施稀土微肥后，烟叶叶面积增加，其最大叶叶面积增大 69.6 平方厘米，每平方米叶面积的叶绿素含量提高 0.008mg。并且田间烟叶分层落黄，充分成熟，内质充实，烘烤中烟叶吃火耐烤，不易变褐。烤后烟叶产量提高 9.3%，且烟叶油润丰满，组织细致，颜色金黄，黄叶比重大，均价可提高 12.37%。从化学成分上讲，喷施稀土微肥后，总糖没有什么变化，烟碱提高 0.84%，其他含氮化合物略有提高。评吸结果认为以浓度 4×10^{-4} 和 6×10^{-4} 两个处理效果较好，表现为吃味醇和，香气质量提高，劲头适中。总之叶面喷施稀土微肥对烟叶产量和品质具有明显的改进作用。但稀土微肥用量很少，不能代替氮、磷、钾三要素，必须在合理施肥的基础上，喷施适量的稀土微肥，才能收到良好的效果。

六、绿肥

凡将植物的绿色部分翻入土中或割下经沤制作肥料施用的统称为绿肥。绿肥肥效好，能增加烟田的有机质，改良土壤结构，提高土壤的保水保肥性，并可防止土壤流失，提高烟叶产量和品质。常见的绿肥有紫云英、苕子、紫花苜蓿、草木樨、田菁等。

因绿肥是含氮量较多的作物，因此翻压后一般不易当茬种烟，如果这样不仅影响烟叶的正常生长成熟，而且还容易传播一些疾病。可将绿肥收割后沤制，配合厩肥做基肥施入烟田，或绿肥作物经翻压后，隔茬种烟，这样才不会影响烟草产量和品质。

思考题

1. 简述烟草的元素组成种类及含量大小。
2. 简述氮元素的生理作用及与烟草产质的关系。
3. 简述磷元素的生理作用及与烟草产质的关系。
4. 简述钾元素的生理作用及与烟草产质的关系。
5. 简述氯元素的生理作用及与烟草产质的关系。
6. 烟草需氮、磷、钾的比例有什么规律？
7. 烤烟植株干物质积累速率与主要营养元素吸收速率有什么关系？
8. 烟草的施肥原则是什么？
9. 试述测土施肥和配方施肥的基本原理。
10. 烟草施基肥有哪些方法？
11. 试述烟草施复合肥和有机肥的利弊。

第七章　烟草的栽培制度

第一节　烟草的栽培季节

一、春烟

在春季的冬闲地上栽培的烟称为春烟。在北方和南方的部分地区，常称为“早烟”。北方大多在4～5月份移栽。南方气温较高，在2月中旬至3月上旬移栽。东北寒冷地区，6月份才能移栽。

春烟约占我国烤烟面积的90%以上。国际上除印度等少数国家外，大多数烟草主产国都是种植春烟。春烟生长季节较长，烟叶在气温比较高的条件下成熟，产量较高，品质也比较好。

二、夏烟

夏烟是在6月份夏收作物收获后移栽的烟。在北方称为晚烟或麦茬烟。除春烟外，我国夏烟种植面积较大。夏烟可以提高复种指数，增加小麦播种面积，但由于生长季节较短，自然灾害较多，成熟期气温较低，品质不及春烟。前作若为夏收作物油菜、大麦，烟叶的品质较好一些。20世纪60年代山东夏烟种植面积较大，安徽、云南、贵州也有种植，70年代逐渐缩小。山东省试验认为，油菜茬移栽夏烟后，气温渐高，不仅有利于还苗，且团棵期环境条件较好，有利于幼叶分化；旺长期处于高温多雨、昼夜温差较小的季节，有利于开秸开片；成熟期雨量又减少，有利于叶内干物质的积累，烟叶产量和品质不次于春烟。贵州、云南也认为以油菜为烤烟前作较小麦为好，贵州曾称这些收获较早的茬口为“中烟”。

三、秋烟

秋烟即在秋季移栽的烟。在我国种植面积小，只有福建、台湾和广西有少量的秋烟栽培。以福建龙岩地区为例，育苗时间为7～8月份，是一年中温度最高的时期，苗期为40～50天。大田生育阶段在8～10月的秋季，月平均气温由28℃逐渐降低至21.3℃；烟叶成熟期在10月至11月中旬的秋末冬初，气温则逐渐由21℃下降为19℃。11月下旬，气温下降更多，有时还可能出现霜冻，烟叶不能很好地成熟。这样的气候条件不利于烟叶的生长，因而造成烟叶产量低、品质差。秋烟栽培过程中常采用营养袋育苗，带土移栽，缩短大田还苗期，控制施肥量，重施基肥，早施追肥，“寒露”打顶，减少留叶数，以促进烟叶适时落黄，保证上部叶能在小雪前采收结束等措施，以减少冻害，达到提高品质的目的。总之，秋烟育苗期气温太高，收烤期气温又太低，不是烤烟生长的良好气候条件。因此，近年来种植面积逐年减少，多数地区已改种春烟。

四、冬烟

冬烟，即秋末及冬初移栽的烟。我国冬烟区主要分布在广西玉林、钦州，广东的湛江、肇庆以及福建的龙岩等地区，以广西玉林地区的面积较大，在不影响粮食生产的前提下，利用双季稻的冬闲地增种一季烤烟。这些地方气候温和，无霜期长，一年四季均可种烤烟。冬烟是在 20 世纪 60 年代发展起来的，到 70 年代曾发展到近 10 万 hm^2。

广西冬烟育苗在 8 月上中旬，移栽期在 10 月上旬，12 月下旬开始收烤，次年清明节前采烤完毕。广东冬烟的育苗是在 9 月上中旬，移栽期是 11 月底至 12 月初。气候特点和广西相似，前期（还苗至伸根）气温较高，在 20℃左右，较干旱；中期（旺长期）气温比较低，约 12℃左右，且较干旱，有时还有霜冻；后期（成熟期）温度又回升。所以，冬烟前期生长快，中期生长慢，后期又出现旺长，气候条件不能满足烤烟生长发育的需要，烟叶产量和品质均不理想，因此近年来种植面积也很小，多数地区也已改种春烟。

第二节　烟草的连作与轮作

烟草连作与轮作是国内外都比较重视的问题，尤其在我国，烟草种植面积大且作物种类较多，连作或轮作更加重要。合理轮作既可以为烟草和其他作物的生长创造良好的土壤环境条件，又可以减少烟田病虫害，提高烟叶产量和品质，是一项用地与养地相结合、使粮烟不断增产的有效措施，对农田的可持续生产具有重要意义。

一、连作与轮作

（一）连作

连作是指在同一块土地连年种植同一种作物，是相对于轮作而言的。作物有耐连作、耐一定时期连作和不耐连作三种类型。烟草是不耐连作的作物，首先表现在连作病害发生严重，其次是由于连作时间过长引起土壤养分严重失调而降低烟叶产量和品质。

连作带来的主要问题是烟草病害的严重发生，因为连作为病原菌的寄生与传播提供了有利条件。烟草的很多病原物可以在土壤中或烟株残余物中存活 2～3 年甚至更长时间，如烟草黑胫病的病原菌可以在土壤中存活 3 年以上。据调查，连作烟田黑胫病的发病率为 28%～99%，三年两作发病率为 10%～41%，四年两作发病率为 8%，五年两作发病率为 5%。可见种烟的时间间隔越长，发病率越低。其他病害如烟草花叶病、根结线虫病、根黑腐病、低头黑病、青枯病、赤星病、角斑病和炭疽病等的发病率都与连作呈不同程度的正相关，连作时间越长，病害越重。为防止病害的严重发生，除选用抗病品种和采用药剂加以预防外，农业防治中最有效的措施就是合理轮作。

连作对土壤养分含量有十分显著的影响。刘方等（2002）对连作烟田土壤养分变化的分析结果表明，在正常施肥条件下，连作烟田土壤全氮、全磷和缓效钾含量变化不大，而有效养分则出现不同程度的积累，其中有效磷和有效硫明显富积，并随连作年限的延长而增加；交换钾和交换镁呈现一定程度富积，而有效氮和交换钙积累不明显；各种有效养分含量的变化顺序为磷＞硫＞钾＞氮＞镁＞钙。盆栽试验结果表明，连作6年后黄泥土有效磷、有效硫、交换钾、交换镁、交换钙含量平均比连作前分别增加204.7%、163.4%、89.6%、78.8%和23.1%，而碱解氮的含量则下降8.8%；黄沙土养分含量也有类似的变化趋势（表7-1）。

表7-1 连作对烟田土壤养分含量的影响

土壤类型	连作时间/年	pH	有机质/(g/kg)	碱解氮/(mg/kg)	有效磷/(mg/kg)	有效硫/(mg/kg)	交换钾/(mg/kg)	交换钙/(mg/kg)	交换镁/(mg/kg)
黄泥土	0	7.65	38.60	149.2	15.0	33.1	192.5	293.2	39.6
	3	7.75	36.57	143.9	25.7	54.8	242.5	323.3	48.6
	6	7.72	38.81	136.1	45.7	87.2	365.0	361.0	70.8
黄沙土	0	7.50	12.71	118.2	12.4	14.7	83.9	208.5	29.3
	3	7.59	12.35	81.6	24.6	29.6	145.0	224.2	39.5
	6	7.64	12.06	89.6	49.8	53.2	155.0	240.6	43.9

资料来源：刘方等，2002

刘方等（1997）指出，连作还使土壤有效养分的比例发生变化，特别是氮/磷、钾/磷、钾/硫、钙/镁比值明显下降，引起土壤养分失调，从而影响烟株生长，造成烟叶明显减产。晋艳等（2001）报道，连作1年烟株的株高降低13.1%，叶面积系数降低14.7%，烟叶产量降低6.7%，产值降低14.3%，上中等烟比例降低11.5%，均价降低9.2%；连作2年烟株的株高、叶面积系数、产量、产值、上中等烟比例、均价分别降低21.8%、19.4%、22.8%、41.4%、19.0%、24.3%（表7-2）。

表7-2 连作对烟草生长和烟叶经济性状的影响

处 理	株高/cm	茎围/cm	叶面积系数	产量/(kg/hm²)	产值/(元/hm²)	上中等烟比例/%	均价/(元/kg)
轮作	92.6	10.3	3.09	2001.5	22 098.2	92.38	11.03
连作1年	80.4	10.3	2.63	1866.9	18 656.7	81.76	9.97
连作2年	73.8	9.3	2.48	1547.8	12 838.4	74.72	8.29

资料来源：晋艳等，2001

刘方等（2002）研究表明，连作还导致烟叶中钙、镁、锰、硼的含量增加，钾和糖的含量下降，烟碱含量上升，糖碱比例失调，香气质量降低。

（二）轮作

1. 轮作的优点

轮作是指在同一块地上于一定年限内有计划、有顺序地轮换种植不同类型的作物。在一年多熟条件下轮作由不同复种方式所组成，称为复种轮作。轮作是作物种植制度中的一项重要内容，是对土地用养结合、增加烟叶产量、提高烟叶品质的有效措施。生产实践证明，在烟区实行定期轮作对改善土壤理化性状和生物学特性，提高土壤肥力和肥效，消除土壤中有毒物质，减轻烟草病虫害和提高烟叶品质具有重要作用。

调查资料显示，实行 3 年以上轮作，烟草黑胫病和青枯病的发病率只有 0～0.92%，隔年稻烟轮作的发病率为 4.06%～8.08%，而连作的发病率高达 4.9%～37.8%。何念杰等（1995）的调查结果也证明，烟稻轮作能有效控制烟草青枯病的发生，并可减轻烟草赤星病和野火病的危害，其主要原因是轮作减少了土壤中病原菌的数量。烟草与禾本科作物进行 2～4 年的轮作还可以减轻烟草根结线虫病的发生，烟稻轮作效果更好。在人均占有土地面积较大的美国和加拿大，烟叶生产中都以轮作作为防病的主要措施。

虽然轮作有诸多优点，但在烟叶生产上也存在连作的事实。尤其在我国人多地少的烟区，为发展烟草生产，往往对烟田进行连片成方种植以利于加强烟田基础设施建设，连作现象比较普遍。

在国外也不完全排除连作。Hawks（1983）指出，在某些农场烤烟种植面积较大的情况下，烤房和供水比较方便，土壤结构和有机质条件又不是主要问题时，如果通过其他技术措施能够严格控制病虫害的发生，烟田也可以进行连作。在美国有些地区，通过利用抗病品种和药剂防治，能有效控制烟草病害时方可进行烟田连作。

在墨西哥也有已经执行了 25 年的连作史，至今尚没有严重的病害发生。其原因一是对烟草茎和根就地焚烧，可以减少病源；二是烟田不用农家肥，以减少病害的传染机会，三是大田生育期在旱季，又采用喷灌，烟草不具备发病条件，尤其对以水为媒介传播的黑胫病防效更好。

在印度有试验结果表明，轮作烤烟的品质有所提高，但产量不及连作；而连作烤烟的产量和品质并不比轮作差，所以，在印度烤烟一般不排除连作。

有的国家，为了生产品质较好的雪茄外包皮烟而实行遮阴栽培，为充分利用遮阴架，减少生产成本，多进行连作，但在烟叶生产过程中都采取了得力有效的防病措施。

可见，在采取有效措施防治病害发生的基础上，烟田连作也是可行的。目前我国农村正在进行种植业结构调整，农村市场日益开放，烟草轮作的条件越来越受到限制，因此，研究并克服连作的弊端对我国烟叶生产的发展具有现实意义。根据国内外科研和烟叶生产实践经验，对连作烟田要采用相应的防病措施。如针对当地的病害情况，采用抗病品种；种烟的地块必须排水良好，在耕作制度上采用高培土和早培土，以减少病虫害的传播；施用腐熟卫生的农家肥料，增施钾肥，以减少病虫害的来源和增强烟株抗病性；使用高效低毒农药防治烟草病虫害等。

2. 轮作中前作的选择

在烟草轮作周期中前作的选择是轮作成败的关键，通常选择烟草前作主要从以下两个方面来考虑：一是前作收获后土壤中氮素的残留量不能过多，否则烟草施肥时氮素用量不易准确控制，直接影响烟叶的产量和品质，因此，烟草不宜置于施用氮肥较多的作物或豆科作物之后；二是前作与烟草不能有同源病虫害，否则会加重烟草的病害，因此，茄科作物如马铃薯、番茄、辣椒、茄子等及葫芦科作物如南瓜、西瓜等都不能作为烟草的前作。

一般来说，禾谷类作物中的谷子、水稻、小麦、大麦、黑麦和油料作物中的芝麻、油菜都是烟草较好的前作，因为这些作物与烟草基本没有同源的病虫害，而且这些作物收获后土壤中氮素残留量较少，接种烟草有利于土壤养分平衡和烟叶品质的提高。以河南烟区为例，一般认为春烟前茬以芝麻、谷子最好，烤后烟叶上等烟比例高。这是因为芝麻收获比较早，能及时整地，土壤有充分的休闲时间，能充分休养地力，而且土壤中氮素残留较少。谷子施氮肥较少，而吸肥能力又较强，能充分利用土壤中的氮素，有利于接种烟草。南方一年多熟制烟区，水稻、小麦、油菜都是烟草较好的前作，因为水稻、小麦秸秆和根茬的碳/氮比较大，在土壤中分解可以提高土壤有机质含量。

油菜收获较早，可以及早整地，及早栽烟，延长烟草的生长期。同时，油菜的落花落叶较多，不仅可以肥田，而且油菜根系分泌物可以活化土壤中的磷，根际有益微生物可以促进烟株生长。

在河南烟叶生产实践中，通常用甘薯作为烟草的前作。据初步分析，种甘薯施氮肥比较少，同时甘薯经过深刨复收，改善了土壤的物理性状，有利于烟草的生长发育，对提高烟叶的品质有明显的效果。因甘薯收获较晚，接种小麦产量低，以冬闲春播较好，因此人们普遍认为甘薯是烟草的良好前作。尽管甘薯和烟草都是需钾肥较多的作物，但通过增施钾肥，烟草缺钾素的矛盾可以解决。虽然甘薯和烟草都有根结线虫病，但两者不是同一个生理小种，即使甘薯发生了此种病害，也不致影响烟草。

在美国，因为土地面积较大，通常在种植烤烟的前 2～3 年，全部种植禾本科作物，而后接种烟草。加拿大在烟草收获之后，种植黑麦或小麦，黑麦成熟时不收获，连籽带秆全部掩入大田，秋天自行发芽生长，至次年 4～5 月份，再把黑麦翻入田中使其腐烂，增加土壤有机质含量，再接种烤烟，也是利用禾本科作物作为烟草的前作。

玉米是需水肥较多的作物，在种植玉米时施肥比其他作物多，而且玉米的生育期也较短，玉米收获后土壤中残留大量的氮素，因此玉米之后一般不宜接种烟草。

大豆是豆科作物，收获后会在土壤中残留较多的氮素，一般也不宜作为烟草的前作。

二、烟草的轮作制度

轮作制度是指在一个轮作周期中，各种作物合理的安排顺序和田块布局。由于自然条件和生产条件的差别，各烟区都形成了与当地情况相适应的轮作制度。在北方的一年一熟、二年三熟、三年五熟和一年两熟地区有与之相适应的轮作制度；南方的一年两熟、一年三熟和水稻为主要作物的地区也有适应该地区的轮作制度。但轮作制度的总体原则是以烟草为中心，根据烟草病虫害在土壤中的生存年限规律，在保证烟叶优质稳产的前提下定期轮作，用地与养地相结合，实现烟粮双丰收，从有限的资源中获得最大的经济效益。

（一）春烟轮作制

1. 一年一熟轮作

在东北烟区，一般在春烟之后实行冬季休闲形成三年或四年轮作的一年一熟制，其轮作方式如下：

（1）辽宁 春烟（第一年）⟶玉米或大豆或高粱（第二年）⟶谷子或玉米（第

三年）

（2）吉林　春烟（第一年）⟶玉米或大豆（第二年）⟶大豆或玉米或高粱（第三年）

（3）四川凉山　春烟（第一年）⟶玉米或大豆（第二年）⟶玉米（第三年）

以上轮作方式中烟草的前作以谷子为最好，玉米次之，高粱最差。其原因是，谷子的根系较深，须根多，而且可从土壤中吸取较多的氮素。同时谷子成熟早，可以提早秋耕，有利于土壤熟化和减少病虫害。

2. 两年三熟轮作

春烟、小麦或油菜的两年三熟轮作，主要分布在贵州、云南、广东等省，其方式如下：

（1）贵州　春烟—油菜或小麦（第一年）⟶甘薯—冬闲（第二年）

（2）广东　春烟—甘薯—冬闲（第一年）⟶花生—冬闲（第二年）

云南、贵州有些烟区土壤较瘠薄，春烟后作主要种小麦或油菜，夏作物主要种甘薯。轮作周期中有甘薯参加，结合冬闲，既可调剂劳力和肥料，又可深耕翻垡，恢复地力，为后作的生长发育创造有利条件。缺点是在轮作周期中烟草相隔时间较短。

3. 三年五熟轮作

这种轮作方式在我国春烟区占有很大比例，尤以河南、安徽应用较为普遍。这种四年两头种烟的轮作制度，中间相隔 2 年。在种烟之前，土地经过冬季休闲，充分熟化，有利于烟草的生长发育。同时轮作的周期也较长，烟草病虫害也较少，与两年三熟有一些共同的优点。主要方式如下：

（1）河南　①春烟—小麦（第一年）⟶玉米或大豆—小麦（第二年）⟶甘薯—冬闲（第三年）。②春烟—小麦（第一年）⟶谷子—小麦（第二年）⟶甘薯—冬闲（第三年）。③春烟—小麦（第一年）⟶甘薯—小麦（第二年）⟶谷子—冬闲（第三年）

（2）安徽　春烟—小麦（第一年）⟶大豆—小麦（第二年）⟶甘薯—冬闲（第三年）

这几种轮作方式说明黄淮海烟区烟草前作以谷子、甘薯结合、冬闲较为普遍，实际上这种方式在提高烟草产量和品质方面起到了积极的作用。

（二）夏烟轮作制

夏烟在夏收作物收获以后移栽，主要分布在黄淮、西南两烟区。由于气候、土壤和生产条件的差异，其轮作方式也多种多样。概括起来有一年两熟、两年三熟或四熟、三年五熟等轮作方式，形成一年、两年、三年的轮作周期。

1. 一年两熟轮作

这种方式曾在河南省和山东省烟区应用，其方式为：

夏烟—小麦（第一年）⟶夏烟—小麦（第二年）

在一些复种指数较高、小麦和烟草种植任务大的地区，烟草病虫害尚不严重时可以采用这种轮作制度。但这种轮作方式一般不应超过 3 年，而且必须采用抗病性强的品种，将烟草种在地势高、排水良好的地方，增施充分腐熟的有机肥料，搞好田间卫生等。如果水肥供应不适当，或是地势较低，则烟草生长发育不良，产量低，品质较差。

2. 两年三熟、四熟轮作

这两种轮作方式都曾在山东、安徽、河南、贵州等省烟区应用，近年来随着生产的发展，大部分烟区主要采用两年四熟轮作制，其轮作方式如下：

（1）山东　夏烟—冬闲（第一年）⟶高粱或玉米或谷子或甘薯—小麦（第二年）

（2）安徽　夏烟—小麦（第一年）⟶小麦—大豆或绿豆—小麦（第二年）

（3）贵州　夏烟—小麦（第一年）⟶小麦—甘薯或玉米—小麦或油菜（第二年）

两年三熟轮作的特点是在一个轮作周期中包括春、夏、秋三季播种的作物，夏烟两年轮换一次，有利于轮作换茬，能保证烟粮的丰产，是粮烟兼顾的措施之一，但缺点是烟草在轮作周期中相隔时间短。

3. 三年五熟轮作

这种方式主要分布在山东省，其方式是：

夏烟—小麦（第一年）⟶小麦—大豆或甘薯—冬闲（第二年）⟶玉米或谷子或高粱—小麦（第三年）

这种轮作方式实际上是两年三熟与一年两熟结合而成的，在轮作周期中有 1 次冬闲，对减轻烟草病害、提高烟叶产量和品质有积极作用，而且种烟相隔时间较长，是较好的轮作方式。

上述轮作方式无论春烟或夏烟，主要都是在旱地进行的。总的来说，以三年五熟的轮作方式种烟相隔时间较长，效果较好。一年两熟和两年三熟等轮作方式，种烟相隔时间短，有一定缺点，在种烟任务较大和病害不严重的地区可以应用，但应采取合理的措施，以保证烟叶的产量和品质。

（三）烟稻轮作制

1. 烟稻轮作的优点

在我国南方如四川、福建、广西、云南、贵州、湖南等烟区，烤烟的前作多为水稻。种稻时灌水成为水田，种烟时排水成为旱田，这种水旱轮作具有以下优点：

（1）改善土壤理化性状，提高土壤肥力。通过水旱轮作，土壤的环境条件在通气与嫌气交替的情况下发生周期性的更换，从而使土壤有机质的积累与分解过程得到适当调节。在水稻长期连作的情况下淹水时间过长，导致土壤结构恶化，容重增加，孔隙度减小，土壤呈还原状态，氧化亚铁等有毒物质增多，不利于水稻生长。但土壤养分的矿化速度较慢，在一定程度上可以防止有机质过多矿化而流失。在旱作时改善了土壤的通气条件，可以避免水稻田因氧化不足而积累过多不利于生长的物质，改善土壤矿化作用的条件。而且由于种植烟草时施肥水平较高，烟叶采收结束后土壤中剩余的肥料可以促进水稻的生长，能减少晚稻的施肥量。烟草的部分根、茎、叶残留于土壤中，其中的烟碱对水稻的病虫害具有杀灭作用，能够形成互为有利、相互促进的良性循环。因此，水旱轮作也可以改善土壤的理化性状，有利于作物的生长发育。

（2）减少病虫害和杂草。在水旱轮作条件下，通过干湿交替等多样的土壤耕作，一方面可以减少杂草的繁殖，另一方面也改变了不同杂草生长所需的环境条件，可以抑制某些杂草的生长。同时由于水旱轮作土壤条件发生了剧烈的变化，许多烟草病虫害因生存条件变化而减轻。如烟稻轮作可以有效防止烟草立枯病、青枯病等病害的发生，并能减轻烟草赤星病和野火病等叶斑类病害的危害。

(3) 实现烟粮双丰收。在南方烟区，如湖南省的一些冷浸深泥田，常年只能种一季中稻，单产很低。但实行烟稻轮作后，在冬季将稻田进行深挖，经过风霜和日晒，使田土变白，土壤理化性状得到改善，种植春烟。春烟收获后，于7月上旬再播晚稻，水稻产量也明显提高。水旱轮作可以改一年一熟为一年两熟，提高复种指数，实现粮烟双丰收。

2. 烟稻轮作方式

(1) 一年两熟轮作。烤烟⟶单季中稻或晚稻（湖南）

(2) 一年三熟轮作。①烤烟—晚稻—蚕豆（云南)。②烤烟—水稻—甘薯（四川)。③冬烟—早稻—晚稻（广东、广西)。④冬烟—花生—晚稻（广西)。

(3) 二年四熟轮作。烤烟—油菜或小麦（第一年)⟶水稻—蚕豆或小麦（第二年)（云南)。

(4) 二年五熟轮作。①烤烟—晚稻—小麦（第一年)⟶早稻—晚稻（第二年)（福建)。②烤烟—中稻或晚稻（第一年)⟶春玉米—中稻—绿肥（第二年)（广西)。

3. 烟稻轮作应注意的问题

(1) 烟稻轮作制的适宜范围。根据谈文等（1998）近10年来在湖南、江西、广西和福建等省、自治区烟区的调查研究结果，地处北纬28度以南、海拔400米以下（6月下旬至7月中旬烟叶能落黄成熟)、无霜期在280天以上、年降雨量达1500～1700毫米、活动积温达5100～5400℃，水热资源充足的地区都可推广烟稻轮作制。目前已成功地推广烟稻轮作制且烟叶质量较好的地区有福建的闽西烟区、广西的百色烟区、广东的南雄烟区、江西的吉安烟区和湖南烟区。

(2) 烟稻轮作中烟和稻的搭配及其综合栽培技术。目前已经成功推广烟稻轮作制的地区多处于南岭以北的湘江、资水的中上游与赣江中上游的浅山丘陵、山间河谷、小型冲积盆地以及南岭以南的北江上游、邕江上游。此外，还有闽江上游，武夷山东麓的丘陵山区。这些地区是我国水稻的主要栽培区，栽培水稻有悠久的历史，丰富的经验。但与烟草组合成为烟稻轮作制，还是近10多年的事，需要把两种作物联系在一起研究，寻找最适宜的烟草和水稻优良品种进行搭配，并根据不同品种的特性组装配套栽培措施，保证两种作物持续稳定双丰收。

(3) 烟稻轮作中两种作物之间的不利因素。就是要弄清楚烟稻轮作区影响烟叶落黄成熟的原因及影响晚稻成穗结实和千粒重下降的主导因素，解决这种不利的因素，从而不断提高烟稻轮作区烟叶的质量和水稻产量，做到以粮保烟，以烟促粮。

(4) 烟稻轮作制的年限。长期烟稻轮作，把烟草的病株残体还田翻入土壤中，淹水时间不能完全将病菌消灭，有些土传病害会更加严重。所以在烟稻轮作中可实行间歇性的轮作，即在同一地段进行3～5年的烟稻轮作后，更换一个地段进行烟稻轮作，原来的地段长期淹水改种双季稻。

第三节　烟草的间作套种

间作是指两种生长期相同或相近的作物，相间种植的一种种植方式。我国北方以禾本科作物和豆科作物间作（如玉米和豆类间作）比较普遍，对用地、养地和提高单位面积产量有积极意义，而且也有比较成熟的经验。

套种是指在前一种作物生长的后期，在其预留的行间或带间套种其他作物的一种种植方式。我国在蔬菜栽培上应用早且普遍。近几年在大田作物上已被广泛应用，尤其河南、山东、河北等省小麦和棉花、小麦和玉米、小麦和花生等套种的面积占70%～80%以上。在烟草上近几年有小麦套种烟草、烟草套种甘薯或花生等种植方式。

烟草间作套种可以提高复种指数、土壤、光、热和水等自然资源的利用率，在一定程度上可以缓解粮烟争地的矛盾，而且还能减轻自然灾害造成的损失，在防止冻害和烟草病虫害等方面具有重要作用。但不合理的间套作会影响烟叶的产量和品质。

一、烟草的间作

以烟草为主的间作，近年来在全国各地均有发展，间作方式也多种多样。小麦是北方的主要粮食作物，为了保证小麦的适时播种，种植夏烟时烟草生长期比较短，甚至烟叶不能充分成熟就要收获。而且夏烟生长期间正是高温多雨季节，自然灾害较多，这些都是影响烟叶产量和品质的主要原因。针对这一问题，山东烟区近年来缩小夏烟，扩大春烟种植面积，对夏烟进行间作套种，不但提高了复种指数，充分利用了自然资源，而且还提高了夏烟的产量和品质。

广东省的冬烟区人多地少，为了解决粮烟争地、争季节的矛盾，在保证烟叶产量和质量的前提下，也实行以烟为主的麦烟间作。

贵州省将烤烟与粮油作物分别在不同行垄上间隔种植，调整搭配，构成作物的复合群体。在烤烟与早稻或花生等作物间作方面取得了不少经验。

（一）间作的优点

1. 充分利用光能

烟草是喜光作物，对光照要求比较严格，在单作烟田中，种植密度较大时叶片相互遮阴，个体与群体的矛盾比较突出，随着个体的发展，必将导致光照条件的恶化，从而影响烟叶的品质。通过选择适宜的作物进行间作，可以形成比较合理的复合群体结构，改善田间光照条件。以烟薯间作为例，在一定范围内，增加烟草的密度，由于边际效应，烟株个体仍能得到较好的光照和通风条件，对烟叶质量影响较小。而甘薯比较耐阴，在甘薯生长旺盛期烟草下部叶片已经采收，田间光照条件基本能满足甘薯生长的需要。

2. 充分利用土壤肥力

仍以烟薯间作为例，烟草的主要生长期在前，甘薯的生长期在后，在烟草成熟采收前，需要较多的肥料时，甘薯的块根还没有膨大。同时在甘薯生长前期以长叶为主，将吸收较多的氮肥，以减少烟草对氮肥的吸收，有利于烟叶正常落黄成熟。当甘薯块根膨大时，烟叶已采收 2/3 以上。待烟叶全部采收后，甘薯还有 1 个多月的生长时间，只要能及时拔去烟秸，不仅对甘薯的生长没有影响，而且烟行内残留的肥料，还能满足甘薯块根膨大对肥料的要求，对甘薯产量的影响不大。

3. 提高单位土地面积的生产效益

由于间作可以充分利用光能和地力，提高复种指数，因此，合理的间作可以提高单位土地面积的生产能力。据报道，烟薯间作比烟草单作可净增产值 16 500～18 000 元/hm^2；烟与蚕豆间作比烟草单作可净增产值 9000～12 000 元/hm^2。谢秀松（1999）对福建永定烟区不同复种方式研究结果，蚕豆/春烟—稻 3 种作物三种三收和蚕豆/菜/春烟—稻—再生稻 4 种作物四种四收的两种间作方式的复种指数达 300%～500%，每公顷净收益分别达到 40 966.95～78 949.80 元，分别是当地习惯的早春烟—稻—稻和春烟—稻两种种植模式的 1.9～3.2 倍和 4.6～5.7 倍。

（二）间作的农业技术

1. 选好搭配作物

合理选择与烟草相适应的搭配作物是间作的关键技术之一。在生态适应性大致相同的前提下，根据特征特性对应互补的原则选择与烟草生态位有差异的作物进行间作。其基本原则是一高一矮、一圆一尖、一深一浅、一早一晚和一阴一阳，即两种作物必须在株形、叶形、根系深浅、成熟期早晚和对光照条件的反应等几方面得到协调。烟草是高秆作物，叶大喜光，应选择矮秆耐阴的作物与之搭配。如甘薯和花生是春烟较好的搭配作物。

广东、广西的经验，烟叶收获后不种早稻的冬烟田，可以间作大豆等作物；广东省的旱地冬烟与冬小麦间作及贵州的烤烟与旱稻或小麦间作，都取得了良好的效果。

2. 间作方式

间作作物的田间组合、空间分布及其相互关系构成了间作的复合群体结构，而间作方式直接影响作物的田间结构配置。两种作物间作时，主要从密度、带宽、幅宽、行数、间距、行距和株距等方面考虑，做到既有利于烟草的生长发育，又不影响另一种作物，充分利用自然资源，提高作物的产量和品质。

（1）春烟与甘薯或花生间作。据中国农业科学院烟草研究所研究结果，烟薯间作以 2 行烟 4 行甘薯较为适宜，2 行烟草之间有较宽的矮生作物，有利于烟草生长发育。具体做法是，烟草的行距为 80～100cm，株距为 30～40cm；甘薯的行距是 70～80cm，株距是 20～25cm；烟草与甘薯的间距是 40～50cm。而李鸿哲等则认为，烟薯间作以 1 行烟 1 行甘薯较为理想，烟草和甘薯的行距为 67cm，低起垄栽培。烟草的株距为 50cm，密度为 15 000 株/hm^2；甘薯的株距为 33cm，采用一垄双行、斜插、浅栽、三角定苗，种植密度为 60 000 株/hm^2。

春烟和花生间作与烟草和甘薯间作一样。一般以花生行距 30cm，株距 20cm；烟草行距 70cm，株距 33cm，烟草与花生的间距 40cm 效果较好。

（2）烟草与旱稻间作。据贵州烟草研究所报道，烟稻间作时可采用宽窄行种植方式，将耕地规划为117cm宽的高畦及133cm宽的低畦，在高畦上种植2行烤烟，行距为83cm；低畦内进行早稻的宽幅条播，每畦2条，每条播幅40cm，中间空20cm，烟稻间距33cm。烟叶平均产量为2604kg/hm²，不低于一般单作产量；早稻产量为11 250kg/hm²。

间作虽然能提高作物产量，增加收益，但烟草是叶用经济作物，对烟叶质量要求较为严格。在间作条件下，搭配作物难免与烟草争夺水分和养分，管理不当时很容易影响烟叶质量。因此，有关烟草合理间作的技术问题仍需要进一步研究。

二、烟草的套种

烟草套种的主要形式是麦烟套种，小麦套种烟草在不少烟区都存在，与间作一样，套种是粮烟双收的一种种植方式。

（一）麦烟套种的优点

1. 解决粮烟争季节、争劳力的矛盾

一般北方烟区夏烟生长期需100～120天，小麦收割多在6月上旬，而适宜播种期一般在9月下旬至10月上旬。两茬小麦之间相距时间较短，单作夏烟生长期不足，同时夏烟移栽正处于三夏大忙季节，移栽技术往往比较粗放，而且麦收前后气候比较干旱，影响烟株生长和烟叶的产量品质。通过套种，将夏烟的移栽提前，可以调节粮烟争季节和争劳力的矛盾，也能提高移栽质量。

2. 充分利用生长季节，提高烟叶产量和质量

烟叶是喜温作物，特别是从旺长至成熟阶段对温度和光照要求更为强烈。麦烟套种后，随着移栽季节的提前，不仅可以延长烟株营养生长时间，而且烤烟在生长期由于阳光充足，气温较高，雨量充沛，可以增加叶内干物质的积累，提高烟叶的产量和品质。根据贵州黔西县的调查统计，麦套烟与晚烟相比，平均单产增加45%，均价提高14%，黄烟率上升15%。

3. 减轻烟草某些病虫害

烟草套种以后，由于生育期提前，在某些病害发生以前，烟株已生长健壮，增强了抗病能力，因而大大减轻了其危害程度。根据山东的经验，一般在8月份为黑胫病的大发生时期，但这时套种的夏烟已进入烘烤阶段，茎秆木质化程度较高，增强了对黑胫病的抵抗能力，因而发病减轻。

麦烟套种还可以大大减轻烟草花叶病的发病率。据调查，麦烟套种花叶病的发病率为5%～15%，而单作夏烟为50%～99.5%。刘永恩等（1995）也指出，在相同条件下单作春烟花叶病的发病率高达90%以上，而麦烟套种则基本杜绝了花叶病的发生。其原因是套种烟田比单作烟田地温较高，烟株生长较快，当病害流行时，烟株已有一定的抗病能力。同时，在麦烟共生期间小麦作为烟株的屏障，可以减少蚜虫传播病害的机会。

4. 提高综合效益

麦烟套种增加了复种指数，可以充分利用土地和光、温、水资源，提高作物产量，为缓解粮烟争地的矛盾，稳定发展优质烟生产开辟了一条途径。据调查，麦烟套种烟叶产量为 2655kg/hm²，产值为 21 075 元/hm²，分别比单作春烟降低 1.7%和 3.0%，但在相同土地面积上增收小麦 3981kg/hm²，综合效益达 24 419.1 元/hm²，比单作春烟净增效益 1266.6 元/hm²。

（二）麦烟套种的农业技术

1. 品种选择

优良品种是作物高产优质的内在因素，麦烟套种应选用矮秆、早熟、高产的小麦品种；烟草则应选用优质、稳产、抗病性强、耐水肥的品种。

2. 种植方式

麦烟套种的种植方式有 1 行小麦 1 行烟（1-1 式）、2 行小麦 1 行烟（2-1 式）、3 行小麦 1 行烟（3-1 式）、4 行小麦 1 行烟（4-1 式）等多种形式。一般为 1-1 式和 2-1 式（图 7-1、图 7-2）。烟草的行距均为 120cm，株距 50～55cm，种植密度为 15 000～16 500 株/公顷；麦烟间距分别为 60cm 和 45cm，小麦产量在 2700～3300kg/hm² 之间，烟叶产量和质量与春烟无明显差异。王玉军等（1997）研究表明，在小麦株高 75cm 左右时，采用 3-1 式和 4-1 式种植，并保持麦烟间距 30cm 左右，既能有效缓解麦烟矛盾，使烤烟的产值与春烟相仿，又能充分发挥小麦的边行优势，最大限度地提高小麦产量。

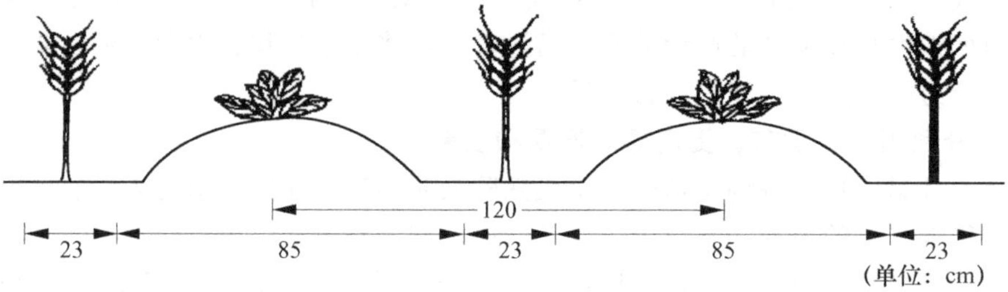

图 7-1　1 行小麦 1 行烟套种模式

（刘金海等，2001）

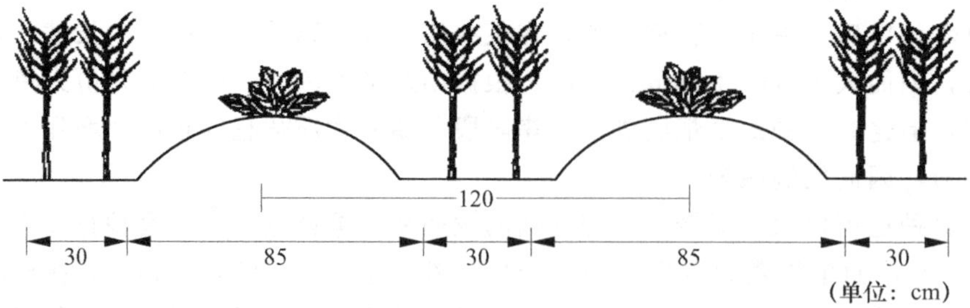

图 7-2　2 行小麦 1 行烟套种模式

（刘金海等，2001）

3. 整地施肥

麦烟套种烟田在秋作物收获后应及时耕耙，精细整地。按烟草行距 120cm 起垄，垄高 15cm，底宽 70cm，沟宽 50cm，垄体饱满平直。起垄时在垄体内进行烟田施肥，并在垄沟内施入小麦基肥。其中小麦施肥最好选用氮、磷、钾有效养分含量15%的复合化肥，不能施用含氯肥料和尿素、碳酸铵等单一形态的氮素肥料。

4. 适时移栽

适时移栽是提高套种烟叶产量和质量的重要措施之一，套种过早时麦烟的共生期延长，影响烟草的前中期生长和烟叶的产量品质；但套栽过晚不能充分利用时间，套种的优点不能充分发挥。科研和生产实践证明，北方烟区麦田套烟的适宜移栽期为5月15～20日，麦烟共生期在15～25天范围内对烟叶质量影响较小。

5. 烟田管理

加强烟田管理是麦烟套种成功的关键。麦烟套种烟田管理的主要措施是中耕培土、追肥浇水和打顶抹杈。

(1) 麦前浇水　麦收前除降透墒雨外，一般应浇第一水，既能有效促进小麦灌浆，提高小麦产量，又有利于烟株前期生长。

(2) 追肥培土　小麦收获后要及时中耕灭茬，追肥培土促进烟株多发次生根，提高根系吸收能力，确保烟株生长健壮。

(3) 麦后灌溉　追肥后要及时浇好第二水（旺长水），以水调肥，促进烟株旺盛生长。

(4) 及时打顶抹杈　烟株现蕾后要及时打顶抹杈，适当留叶，提高烟叶的产量和品质。

(5) 浇好圆顶水　烟株打顶后，根据天气情况，及时浇圆顶水，促进烟株圆顶和烟叶适时落黄成熟。

（三）麦烟套种应注意的问题

麦烟套种不是一切都好，在麦烟共生期内存在着麦烟争光、争水、争肥等矛盾。共生期越长，矛盾越突出，如果不注意这些不利因素，不及时采取措施，就会造成不应有的损失。据王玉军等（1998）报道，麦烟共生期显著影响烤烟的前中期生长，对烟叶的成熟采收、产量、上中等烟比例也有一定影响，而且共生期越长，影响越大。周国柱等（1996）对麦/烟/薯连套的研究结果也表明，虽然套种的综合效益比单作烟草高，但套种烟株根系发育较差，烟叶化学成分和香气质量也受到影响。

由于麦烟套种可以减轻部分烟草病害，特别是对烟草花叶病有较好的防治效果，同时又能提高单位土地面积上的综合生产效益，因此深受我国不少烟区烟农的喜爱。但在麦烟套种中应注意以下几方面的问题：

(1) 麦烟套种适宜于人均耕地面积小，粮烟争地矛盾突出，烟草花叶病发生严重的地区。

(2) 麦烟套种要突出以烟为主的种植模式，以防治烟草花叶病和提高烟叶质量为目的，采取合理的栽培管理措施。

(3) 麦烟套种一般要求土壤肥力较高，地势平坦，有良好的灌溉条件，以保证小麦和烟草生长发育对水分的需要。

(4) 麦烟套种要选用较抗病的烟草品种，并加强烟草病虫害的防治。

(5) 麦烟套种要通过合理的种植方式和栽培技术，建立适宜的田间复合群体结构，缓解麦烟争光、争肥、争水的矛盾。

三、间作套种存在的问题

间作套种所构成的田间复合群体比烟草单一群体复杂得多，所以应根据不同烟区的自然条件和耕作制度，因地制宜，合理布局。

（一）种间关系问题

在烟草间作套种复合群体中，作物的种间关系是决定其发生与发展的最主要的内部因素。在研究各种作物生理特性的基础上，要进一步研究其相互关系，包括不同生育阶段和不同结构中直接和间接的利害关系，尽量利用其有利的一面，克服其不利的一面，选择适当的作物种类和品种。而合理布局又是间作套种获得烟叶优质稳产的前提条件，因此应正确地选择和合理安排。例如：选择烤烟与甘薯间作，烤烟是高秆喜光作物，甘薯低矮且耐阴，二者高低结合，可以充分利用光能，利于通风、透光，减少病害发生。若烤烟与玉米等高秆作物间作，由于二者都是高秆作物，田间光照条件不如一高一低的搭配。在一高一低中对低矮作物也应适当选择，如烤烟与豆类作物尤其是大豆间作，因豆类作物有固氮作用，能增加土壤的含氮量，可能会对烟草品质产生不利影响。

（二）生态因素对复合群体发展的影响

生态因素是群体发展的外部条件，对群体的发生与发展有深刻的影响，同时群体的发展也会对生态因素产生影响。在复合群体中由于存在着层次结构和演替等现象，其生态因素间的相互作用比单一群体更为复杂，而且不同种间或同种个体之间也存在着相互影响、相互制约的关系。因此在耕作带确定以后，应掌握适宜的播、栽、间、套时间。例如小麦套种烤烟就是利用麦垄挡风保温，有利于烤烟还苗；而对小麦来说则增加了边际效应，可以提高单产。但烤烟套种过早，反而会引起烟草前期生长不良，因此二者的共生期应控制在适宜范围之内。

（三）群体结构问题

在复合群体中，由于作物种类、生长习性不同，在垂直空间所形成的片层结构也不一样，因此应从光照和土壤的有效利用综合考虑，确定适宜的群体结构。例如烟草与花生间作，在耕作带确定以后，适当增加种植密度是提高间作效应的基础。采用窄沟宽畦，在沟两旁种植 2 行烤烟，在宽畦中种植 7 行花生，当烤烟进入旺长期后开始接触花生，而花生上空成为通风透光的走廊，有利于烤烟生长，这是以烤烟为主的复合群体。当烤烟生长到遮蔽花生时，烟叶自下而上逐渐成熟采收，已腾出中下部的空间而过渡到以花生为主的复合群体。这样两种作物发育的旺盛期互相错开，能更有效地利用空间和地力，既可以提高烤烟的产量和品质，也会使花生的产量少受影响。

思考题

1. 烟草为什么要轮作倒茬？

2. 在烟草的轮作周期中如何选择烟草的前作?
3. 烟稻轮作制有哪些优点?
4. 烟草三年五熟轮作制有哪些优点?
5. 麦烟套种的技术要点是什么?
6. 烟薯间作的技术要点是什么?

第二篇　烟草原料生产

第八章　烟 草 育 苗

与其他农作物相比，烟草具有种子小，植株高大，单位面积栽植株数少等特点，因而便于育苗移栽。此外，烟草田间生长发育的一致性对烟叶品质有着重要的影响，这一生产特点也规定着烟草采用育苗移栽法。因此，育苗移栽法已成为世界各国广泛采用的烟草栽培法，舍此就难以取得理想的产量和质量。育苗移栽是集约栽培法，它具有以下几方面优点：首先，它能缩短三分之一左右的大田生长期，从而提高复种指数，经济利用土地资源；其次，可以使对环境条件极为敏感的烟苗期处于控制的环境下，为烟苗健壮、整齐一致的生长创造条件；最后，还可克服霜期对烟苗生长所带来的不利影响。因此，可以说育苗是烟草生产的重要环节，育苗质量对烟草的产量和品质影响很大，农谚“苗好一半收”的道理就在于此。

第一节　育苗方式的演变及育苗要求

一、育苗方式的演变

烟草育苗的方式很多，并且是随着生产技术的不断发展而发展的。概括起来说，其演变经历了从简单到复杂，从普通到科学，从低效到高效，从分散到集约化的过程。烟草育苗的方式因时代和地区的不同而不同，主要有如下几种：

（一）露地育苗

露地育苗比较简便易行，投资少，操作简单。育苗时不用加温设备，只需要防风防寒用的覆盖物，如塑料薄膜和草帘等。用田间露地作苗床，苗床地经整理后，规划作畦，烟畦有 3 种。

1. 平畦

平畦的畦面与地面高度相同或略高于地面，周围筑畦埂，畦间有人行道，便于灌溉和管理。平畦适用于雨水较少，地势平坦，地下水较低的地区。

2. 高畦

高畦的畦面显著高于地面，四周筑有排水沟以利排出畦内积水和提高土畦温度，是地下水位较高，雨水较多的平原地及水田地育苗的主要方式。

3. 阳畦

其特点是在畦的北、东、西三面都有矮墙，东、西两端的墙呈斜坡状，北高南低。阳畦与覆盖保温材料相结合，防风御寒作用更好，在低温多风地区宜采用。

（二）温床育苗

温床育苗是采用人工加热或利用太阳能及其他保温设备，来提高苗床温度，以达到培育壮苗目的的一种育苗方式。它能克服霜期的限制和寒冷气候的影响，可早播种，早出苗，早成苗。

这些育苗方法的优点是成本低，操作简单，缺点是易受外界环境条件影响，育出的苗不整齐，用地多，劳动强度大。目前露地育苗和温床育苗在烟草生产上已很少采用。

（三）常规育苗

进入20世纪70年代，塑料薄膜保温育苗在我国广大烟区迅速推广，以直播小拱棚育苗为主，营养钵、营养块、营养杯育苗为辅的育苗方式，成为我国各个烟区广泛采用的育苗方式，目前，还有个别产区仍然应用这种方式进行育苗。与露地育苗和温床育苗相比，小拱棚育苗等常规育苗方式可减轻外界环境条件对育苗过程的影响，尤其是低温对烟苗生长的影响，可以提早育苗期，整齐烟苗度高，且能够带营养土移栽，还苗期短，成活率高。但存在成本高，用地多，劳动强度大，工作环境差，播种期和播种质量仍受外界环境制约等方面的弱点。

（四）集约化育苗

进入20世纪80年代中后期，黑龙江省开始与加拿大合作，开展大棚育苗的实验研究工作。20世纪90年代中期，随着科学技术的发展和对外交流的进一步深入，陕西和山东等地陆续开展大棚托盘育苗技术的研究，并在这些烟区逐步推广。湖北、云南和福建等地相继开展了漂浮育苗技术的研究，并在我国南方烟区逐步推广。随着研究的深入，我国已经很好地掌握了大棚托盘育苗和大棚漂浮育苗这两种集约化育苗技术，在国家烟草总公司的有力领导下和各地烟草公司的大力扶持下，集约化育苗方式迅速在全国推广应用。2003年，全国集约化育苗推广面积已达48.5万hm^2，占总种植面积的49.34%。其中，托盘育苗18.49万hm^2，漂浮育苗30.00万hm^2，分别占总种植面积的18.81%和30.53%。这几年随着投入力度的增加，集约化育苗面积所占比例更大。目前我国烟叶生产上沿用多年的常规育苗已逐渐被大棚托盘育苗和漂浮育苗所取代，集约化育苗成为我国各个烟叶产区的主要育苗方式。随着科学技术的发展，新的育苗技术不断应用于烟草生产，在坚持“齐、壮、足”传统育苗要求的前提下，经过近5年的研究与开发，逐步形成了烟草集约化育苗的新体系，为我国烟叶生产水平的全面提高奠定了基础。

二、育苗要求

烟草育苗的基本要求是壮、齐、足和适时。所谓壮是指烟苗生长要健壮，内部代谢正常，有机营养合成和积累较多，分配合理，这样移栽后才能还苗快，成活率高，我国烟区的自然条件和栽培制度差异较人，壮苗的标准各有不同。但一般要求具有一定数量的真叶，叶色正常，叶片舒展，组织致密，节间较短，茎秆粗壮，根系发达，无病虫害。

齐是指烟苗生长要整齐一致，为大田栽培取得良好的鲜叶质量提供必要的前提条件。烟苗整齐，移栽后成活一致，大田各项管理才能顺利统一进行，烟叶成熟落黄一致，有利于提高烘烤质量。

只有培育足够的烟苗，才能实现种植计划，否则，势必造成移栽部分弱苗和小苗，给大田管理和烘烤带来困难，关于具体数量应依大田密度和栽培面积而定，此外还要留有一定数量的预备苗。

所谓适时就是要求成苗时间和栽培适期相吻合。否则，将对烟草产量和质量带来不利的影响。

就烤烟而言，根据目前我国烤烟生产采用的主要育苗方式，确定烤烟壮苗的一般标准指标如下：

常规育苗壮苗标准：苗床期65～70天；单株叶数8～9片，叶色绿至浅绿，叶片较厚；茎高8～10cm，茎粗6～8mm，且有韧性；根系发达，无病虫害，移栽后还苗快，早生快发，生长势强（彩图8-1）。

漂浮育苗壮苗标准：苗床期55～60天；单株叶数7～8片，叶色绿至浓绿，叶片稍厚；茎高6～10cm，柔韧性好，叶片在茎秆处分布均匀；根系发达，单株根系达300条以上，须根多，根白，单株根干重0.05g以上；无病虫害，群体整齐一致（彩图8-2）。

托盘育苗壮苗标准：苗床期55～60天；叶数9片左右，叶色绿至浅绿，叶片较厚；茎高8～10cm，茎直径约0.75cm，且有韧性；侧根发达，无明显主根，根系活性强；无病虫害，烟苗大小均匀，群体整齐一致。

第二节　常规育苗

常规育苗是采用育苗畦、营养袋、营养钵等和塑料薄膜小拱棚覆盖相结合的育苗方式。常规育苗又分为通床育苗（或称为直播育苗）和假植育苗（或称为两段育苗）。但随着科学技术的发展，新的育苗技术不断的应用于烟草生产，常规育苗技术已逐渐被大棚托盘育苗技术和漂浮育苗技术所取代。

一、苗床准备与制作

（一）选地

苗床地应选择背风向阳、地势平坦、土层深厚、结构良好、疏松肥沃、排水良好、靠近水源、远离菜园和村庄的生茬地。这样的地块做苗床，温度回升快，土壤通透性能好，烟苗生长快而壮，不易发生病害。南方一般选择稻田作苗床，稻田比旱地土壤含水量明显提高，烤烟种子萌发早，幼苗生长快。苗床面积要留足，一般每公顷烟田需要150m^2的苗床净面积，加上畦埂、人行道、排水沟等占地，每公顷烟田需要留足苗床地220～250m^2。

（二）整地做畦

春烟的苗床，年前需要秋耕或冬耕晒垡，早春解冻后再行浅耕或耙压。以改善土壤通气和保墒性能，减少病虫和杂草危害。用稻田作苗床，需要及早拔除稻茬，待表土发白，里土湿润，犁易入土，土不沾犁时进行翻耕。翻耕深度为 10～15cm。并根据土壤情况，进行耙耱细整、平整地面。

烟草常规育苗床分平畦和高畦两种。平畦育苗先筑畦埂，埂高 10～15cm，宽 20～30cm。畦与畦之间设人行道和排水沟。一般畦面净宽 1m，畦长 10m。畦埂整好后先将畦土浅刨 10～15cm，耙平后，再均匀的将基肥铺施于畦面，浅锄 3～5 遍，使土与肥料混合均匀，然后踏实平整。

高畦苗床适用于雨水较多，地下水位较高的平原地区的烟草育苗。制作苗床时，先做畦沟，沟深 20～30cm，宽 30～40cm，然后，再砸碎从沟中挖出的泥土，整平畦面。多数地区通常将晒垡砸碎，把大块整到畦下层，细土小块放在畦的表层，以利排除畦土中过多的水分，改善畦土的通气条件。

（三）苗床消毒

苗床整好后要进行消毒。杀灭苗床土、营养土、基质中的越冬虫卵、病原物和杂草种子是培育无病壮苗的重要措施。20 世纪 90 年代以前，化学熏蒸剂在我国很少应用，南方烟区多采用熏土法，即通过火烧或烟熏苗床土壤，起到杀菌灭虫的作用，而东北地区曾采用锅炒、笼蒸苗床土壤的办法进行消毒。20 世纪 90 年代以来，化学熏蒸剂在我国烟草生产上逐步推广应用，且范围越来越广，面积越来越大，现在已成为烟草育苗的一项培育无病壮苗的重要措施。2003 年，全国化学熏蒸面积达到 59.49 万 hm^2，占总种植面积的 62.03%。常用的熏蒸剂有溴甲烷、斯美地、棉隆等。

1. 溴甲烷熏蒸消毒

溴甲烷又称甲基溴，是一种卤代物类熏蒸剂，为无色无味液化气体，具有很强的扩散力，可以在塑料薄膜覆盖的土壤、基质内快速扩散，快速渗透。溴甲烷是一种灭生性土壤熏蒸剂，除草速度快，灭草彻底，能快速有效地杀死土壤中害虫、根结线虫、细菌、真菌菌丝，以及越冬孢子；操作方便，省时省工，但毒性大，必须严格按照产品使用说明进行。具体使用操作方法如下：

（1）苗床整好做成畦后，不必平整，以增加接触面积，用塑料薄膜封闭，薄膜下面用弓架或其他支撑物支撑。

（2）在气温 13℃以上的天气，每个标准畦释放 300～400g 溴甲烷气体。应用听装溴甲烷时，每个标准畦使用 1 听。释放后立即封闭好塑料薄膜。

（3）在气温 13℃以上的条件下，密闭熏蒸 24～48h。低于 13℃时，适当延长熏蒸时间，以 48～72h 为宜。气温低于 10℃时，不宜进行熏蒸。

（4）熏蒸结束后，揭膜通气透风 24h 后方可播种。如果熏蒸时间过长，揭膜过晚，容易引起过度熏蒸，会导致种子发芽推迟，幼芽生长受阻等问题。

2. 营养土和育苗介质消毒

营养土、育苗介质的熏蒸方法是将营养土或育苗介质粉碎过筛后，调制好湿度，摊成长 3～5m，宽 2～3m，厚 0.3m 的土层，用塑料薄膜覆盖密封，并在薄膜与土层之间留少许空间，按 50g/m^2 的用量释放溴甲烷，熏蒸 48～72h 后，揭开薄膜，对土层进行翻、晾、通风 5～8 天即可使用。

其他消毒剂用法因物理状态不同，和溴甲烷操作不大相同，但原理都一样，都是消毒剂通过渗透、挥发和土壤充分混合，来对土壤进行消毒。

（四）苗床施肥

培育壮苗需要充足的肥料，但避免过量。过量的肥料，特别是氮肥和钾肥，能给烟苗生长带来严重的危害。过量氮会造成烟苗幼嫩，容易被病菌感染，也会影响栽后成活率。

在苗床施肥中，硝态氮比氨态氮效果好。硝态氮吸收快，而氨态氮则需要较长时间的硝化作用转化后，才能供烟苗利用，影响烟苗的生长速度。一般认为，作为基肥的氮，至少要有35%～50%的硝态氮。

基肥是培育壮苗的基础。目前，多数烟区选用腐熟的优质厩肥或肥力高的堆肥，配合适量的复合肥作基肥，以使苗期氮、磷、钾肥供应平衡，有利于培育壮苗。山东烟区一般每个标准畦（$10m^2$）使用腐熟优质圈肥200～300kg，三元复合肥1～1.5kg。

苗床整好、施肥、消毒、浇足底水后，在播种前再灌浇一次透水，就可进行播种。

二、播种

目前我国烟草播种已几乎全部使用丸化包衣种子，2003年，全国包衣种子推广面积达84.17万hm^2，催芽包衣种子推广面积达3.52万hm^2，合计占全国烟草种植总面积的97.28%。现在主要是以矿物质黏土、滑石粉为主，掺入杀虫剂、杀菌剂、植物生长调节剂和速效水溶性肥料等配成系列种衣剂，对烟草种子进行三种不同功能的丸化包衣，使种子体积扩大80～100倍。烟草种子包衣后，具有“省种、省工、省肥、省药”等优点，用种量仅为裸种的1/10；可以做到均匀播种，精确播种。种衣剂中含有肥料和药剂，在幼苗生长初期可以提供部分养分，对烟草苗期病虫害有一定的防治作用。

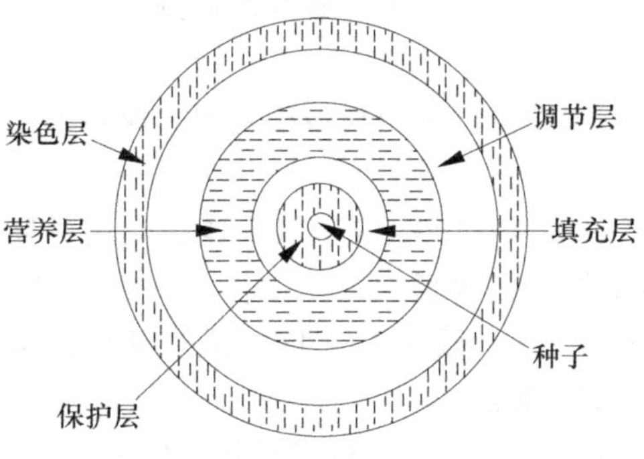

图8-1　烟草包衣种子构造剖面图
（刘国顺，2003）

包衣种子从内到外分别是烟草种子、保护层、营养层、调节层和染色层。保护层以填充物料为主，起保护种子不受刺激的作用。营养层含有多种营养成分和杀虫剂、杀菌剂等，起促进和保护幼苗生长的作用。调节层主要以填充物料来调剂增加包衣厚度，达到理想的粒径大小，同时也可以根据需要调节养分含量。染色层为化学染料，主要是用不同颜色的化学染料染色，将不同品种区分开来（图8-1）。

丸化包衣种子播种，首先要确定播种期，然后根据烟草丸化包衣种子特点，采用正确的播种方法，完成播种工作。

烟草包衣种子的质量标准为：包衣种子的纯度不低于99.5%，发芽率大于90%，含水率低于2%，单粒率大于90%，有籽率大于95%，裂解度大于99%，整齐度大于90%，单粒抗压强度大于200g。

（一）播种期的确定

烟草从播种至成苗所需时间的长短，因各地育苗期气温高低、覆盖保温条件以及播种方法的不同而有较大差异。适宜的播种期还与栽培制度和气候条件等因素有关。

播种时期是根据当地移栽时间向前推算确定的。首先要确定移栽期，以既定的移栽期为依据，减去当地正常年份的育苗天数，推算出大体的播种期。避免育苗过早或过晚，当然也不能超出适宜播种期的范围。采用塑料小棚或大棚等保护的催芽播种育苗，从播种至成苗需要 55～60 天。北方烟区春烟育苗期间气温较低，成苗时间长，一般需 60～70 天。

种子包衣后，播种至出苗的时间较长，一般比裸种长 7～10 天。因此，使用包衣种子育苗，一般应提前播种 7～10 天。

（二）播种方法

采用撒播、条播和点播方式均可。营养钵育苗、营养块育苗必须采用点播方式。撒播用种量一般每平方米 1200～1400 粒，每标准畦用成品包衣种子 50g。点播可按5cm×5cm 见方点种，每平方米点播 400 穴，每穴点 2～3 粒种子，播后立即用土覆盖。

（三）覆土盖种

播种后用过筛营养土或细沙立即盖种，一般盖种厚度为 2mm，或以盖住包衣种子一半为宜。盖种过浅，种子易脱水，影响包衣裂解和出苗；过深不利于出苗，且出苗率低。生产上较易掌握的方法是将播好种子的苗床用平板轻压，使种子陷于苗床表面，再撒上 1mm 左右的营养土覆盖即可。

盖种后，为保持土壤水分，提高土壤温度，以利于包衣种子裂解和出苗，通常在畦面上平铺一层地膜，然后再做弓架盖膜，形成拱棚苗床。据云南通海试验，两层薄膜覆盖，可提前出苗 3～4 天，而且出苗整齐。里层薄膜一般在出苗后立即揭去，以防温度过高伤害幼苗。

三、塑料薄膜覆盖

播种后立即覆盖塑料薄膜，可起到保温保湿，缩短成苗时间，提前移栽的作用。塑料薄膜具有透光性强，升温快，保湿好，防雨等特点。据测定，塑料薄膜的透光率为自然光的 60%～85%，畦内阳光充足，大量的太阳辐射使得苗床内升温快，温度高，有利于出苗和幼苗生长。塑料薄膜的密封性能好，保湿保温性强，早期可有效地防止苗床土壤水分的散失，夜间床内温度下降慢，昼夜温差小。

苗床覆盖薄膜的方式取决于支架的形式。支架不宜过高或过低，过高则床内温度不均匀，出苗不齐，烟苗生长也不一致；过低则床内温度变化快，昼夜温差大，幼苗易受冷热伤害。一般从苗床土表面到支架顶高为 40～50cm，支架一般用竹条、树条等材料，条件好的可以用钢筋做成。常规育苗最常用的方式是塑料薄膜小拱棚（彩图 8-3），顶部成拱形。操作时，先垂直于畦长固定拱形支架数支，支架间以绳索或铁丝连接拉紧，盖好薄膜，四周用土压紧密封。此种覆盖，顶架稳固，不积雨水，床内各处温度比较均匀，塑料薄膜上浮着的水珠很少流向床内两侧，对苗床两侧的烟苗影响较小。

近年来，美国等国家研制出一种微孔薄膜，细小的微孔可以散失部分水蒸汽，解决了在膜上结水珠的问题。这种微孔薄膜可以在气温较高的地区全程使用，也可以在苗床前期使用普通薄膜，中后期更换成微孔薄膜。我国在解决同样问题时采用的是无滴膜替代普通薄膜，或者采用草帘、草苫等覆盖，因为这些覆盖物透光性差，具有遮阳降温等作用。

四、苗期管理

苗期管理是指对苗床进行有效的防护，合理运用水、肥，及时间苗、定苗，并在移栽前进行锻苗。有效的苗期管理对获得高素质烟苗至关重要，苗床前期的幼苗嫩小，抗逆力弱，易受低温冷冻危害；春烟育苗，气温较低，常有寒风侵入。保温保湿，防风、防寒、防霜冻，是育苗前期的关键措施。这个过程中的病虫害防治将在有关章节叙述。

（一）温度管理

幼苗小十字期后，随着气温的上升，要进行通风，以利生长。在膜内温度达到35℃，并有继续上升的趋势时，即应适当通风降温。一般从8：00～9：00揭开薄膜两端，控制温度在35℃以内。17：00后，再将通风口盖严保温。同时，为增加光照，提高苗床温度，要对当年使用的新薄膜进行翻膜，除去蒸发在膜内的水珠。

幼苗大十字期后，通风排湿的时间要延长，如揭开两端后温度继续上升，要加大通风口。烟苗竖膀期，上午和下午揭开两端，中午还要于苗床中部的两侧，用土砖或石块撑起薄膜辅助通风降温。傍晚，再将薄膜盖严保温、防风、防雨。

（二）水分管理

种子发芽出土及幼苗正常生长，均需苗床土壤有适宜的水分。播种至壮苗形成，浇水是一项关键措施。按照烟草苗期需水规律，一般育苗前期要勤浇、少浇，使床土经常保持湿润。根据烟草生长发育特性，苗期的水分管理可分4个阶段。

1. 出苗期

这一时期需使根系活动层保持足够的水分，床土表层保持湿润，以田间最大持水量的70%左右为宜，此期又忌水分过多，以免降低地温或造成表土通气不良，一般只要播前灌足底墒，播后严密覆盖塑料薄膜，不需浇水就可以满足烟苗在这一时期的需水量。

2. 小十字期

此期幼苗根系较小，入土较浅，短时干旱和烈日暴晒时，根系吸收的水分往往不能补偿地上部蒸腾的消耗，幼苗生长则受到抑制，严重时会造成死苗。这阶段浇水特点是，床土表层发白即行喷洒浇水，以保持根层的适当水分。

3. 大十字期

大十字期是促进根系生长的控水壮根期。根系活动层的土壤含水量应保持在田间最大持水量的60%左右，保持床土表面呈不干不湿状态。

4. 竖膀期和成苗期

幼苗在竖膀期管理的中心任务是促进根、茎、叶同时生长。首先于幼苗4～5片真叶时期，选择晴天浇透水，使床土湿透，其后待苗床表土0.5cm处呈干象，再浇透水，直到幼苗竖膀，这样地上部和地下部就能兼顾生长，可使幼苗根壮、茎粗、叶茂。幼苗到成苗期，已有健壮根系，地上部生长加快，需控水锻苗，促苗健壮，减少浇水次数，增加浇水数量，保持床土上干下湿。在移栽前一天再浇一次透水，起苗时伤根少，带土多。

（三）营养管理

苗床施肥应以基肥为主，追肥为辅。基肥中的有效养分用量，至少应满足第三片真叶以前的需要。故幼苗在小十字期以前，一般不用追肥。小十字期以后，氮、磷、钾三要素吸收量逐渐增加，应视烟苗生长状况，酌情追肥1～3次。基肥充足而无需追肥时，亦可不追。

苗床追肥的原则是由少到多，由淡到浓，成苗前控肥。追肥以三元复合肥为好，要防止氮肥过多，致使烟苗幼苗软弱，苗床追肥必须严格掌握数量和浓度，防止烧苗，复合化肥浓度可掌握在1%～2%。施肥前先喷清水，施肥后再用清水冲洗幼苗。苗床追施氮肥一般只在烟苗由于缺氮而发黄时才能进行。一般每个标准畦使用0.025～0.05kg硝态氮，分两次追施。苗床追肥不宜施用有机态氮肥。

如果烟苗变黄是由于缺硫引起的，应追施含硫的肥料，如硫酸钾镁、硫酸镁或硫酸钾，一般每个标准畦用0.2kg左右。判别烟苗变黄是由于缺氮还是缺硫造成的，可以通过组织分析进行。

（四）间苗、定苗

实践证明，及时进行间苗和定苗，是培育壮苗的必要措施。留苗过密或不间苗，个体营养面积不足，幼苗纤细软弱，抗逆力差，栽后成活率低，且易发病。间苗以早为好，可进行两次。第一次在小十字期进行，苗距为1.5～2.0cm，剔除簇拥的幼苗、弱苗和过大或过小的苗。第二次间苗（定苗）在大十字期进行，保留大小适中，无病的壮苗，苗距为6～8cm，定苗时应结合拔除杂草。

五、营养袋（钵）假植

营养袋（钵、块）假植是烟草普通育苗方式中的“两段育苗”技术的关键环节。假植质量的好坏，直接影响烟苗的成苗素质和健壮程度。营养袋（钵、块）假植主要应注意以下程序。

（一）营养土的制备

假植用的营养土要求比母床土壤更肥沃疏松，质地均匀。具体制备方法同托盘育苗营养土制备技术。

（二）营养袋（钵）准备与制钵

塑料薄膜营养袋由专门厂家生产，可根据需要直接选用合适型号的营养袋。纸钵营养袋的大小一般高 8～10cm，直径 6～8cm，可采用旧报纸等材料，裁成长 38～50cm、宽 8～10cm 的纸片，用糨糊黏成筒状。

（三）假植床准备

假植苗床地的选择条件同常规育苗。假植床一般长 10m、宽 1m。苗床畦埂底宽 30cm、顶宽 25cm、高 15cm，外边斜梯形，内侧垂直，埂面平坦或略弓形，可用泥土筑成，也可用砖块砌成或用高粱、玉米秆扎成。畦面要耙平踏实。假植时，在畦面上撒上一层细沙或草木灰或锯末，以便成苗移栽时，营养袋可以顺利地与畦底土壤分开。

（四）营养袋（钵）装填与排放

一般在苗床旁边装边排。山东烟农在装袋时，将营养袋（钵）放在一块平滑的木板上，装入营养土大半袋（钵）时，用手压一压，再将袋（钵）装满，用手轻压后，去掉多余的部分，排放于假植床内。然后，用细土将营养袋（钵）与袋（钵）之间的空隙填实、填平。云南烟农则多使用塑料薄膜营养袋，直接在假植床内随装袋随排放，而营养土装填程序，南北烟区基本一致（彩图 8-4）。

营养袋（钵）装填，要求松紧一致、深浅一致、高矮一致，以免浇水后畦面高低不平。排袋要直立、均匀、紧凑，袋与袋之间不留空隙，严禁透风漏水。排与排之间交错排列，使其像蜂巢一样排列均匀、紧凑、整齐一致。如果由于畦底不平或者是由于营养袋高度不一致，造成排袋后畦面不平时，可将畦底用细沙垫起，做到上齐下不齐。浇水后如袋与袋之间仍有孔隙，要重新填平，以防局部缺水干苗。

（五）营养袋（钵）假植

假植的前 1 天在母床喷洒适量清水。选择健壮、无病虫害、整齐一致的 4 叶 1 心至 5 片真叶的烟苗进行假植。假植时用小竹片或小木棒在装填好营养土的营养袋（钵、杯）的中央挖一小穴，将烟苗植入穴内，并覆盖细营养土 2～3mm，稍加压实，随即喷洒足量清水。

（六）假植后的管理

假植完成后，立即插上拱架覆盖薄膜，增温保湿，并在薄膜上加盖草苫或带叶树枝等遮阳，以利成活。还苗后，要立即揭去遮阳物，防止烟苗因缺少光照而茎秆纤细，形成弱苗。

还苗前要保持苗床湿润。还苗后逐渐加大浇水量，减少浇水次数。总的原则是湿而不饱，干湿相间，看土浇水。浇水要在 10：00 前或 17：00 后进行。

假植苗床温度应控制在 20～28℃。温度过低，要采取盖膜增温措施，夜间应在膜上盖草帘保温；温度过高，要通风降温。

假植苗床的施肥，以营养土中肥料为主，苗期追肥为辅。如营养土配肥合理，一般不需追肥。必要时可酌情追肥，用1%～2%的磷酸二铵或硝酸铵溶液叶面喷施。喷完后，必须立即用清水将喷洒在烟苗上的肥液冲洗干净，以防止肥料烧坏幼苗嫩叶。

（七）锻苗

烟苗在成苗后至移栽前进行锻苗是提高烟苗抗逆性和移栽成活率的有效措施。实践证明，经过锻炼的烟苗，移栽后，还苗快，成活率高，生长旺。锻苗的方法有控水锻苗、揭膜锻苗和剪叶锻苗。

1. 断水锻苗

通过减少浇水次数和浇水量，控制烟苗地上部生长，促进根系发育，调节烟苗各器官平衡发展，提高烟苗细胞液浓度和糖分含量，从而提高烟苗移栽后对各种不良条件的抗逆性。一般从移栽前7～10天开始进行。

2. 揭膜锻苗

揭开薄膜使烟苗接受直射光，提高移栽后适应外界环境条件的能力，缩短还苗期。揭膜锻苗可在移栽前7～10天进行，前3～5天可白天揭开薄膜，夜间再盖好；后4～5天，则可昼夜都不覆盖薄膜。揭膜锻苗要随时注意天气变化，如遇下雨和大风降温天气，必须盖膜保温防雨。

3. 剪（掐）叶锻苗

剪（掐）叶锻苗是各地烟区常用的一种锻苗方法，即摘除烟苗底部的1～2片真叶，然后将上部相互交错的叶片剪去1/3～1/2。实践证明，剪（掐）叶锻苗有利于改善苗床通风透光条件，消除郁蔽现象；调整地下部与地上部的相互关系，控制地上部生长，促进地下部根系发达。以上三种锻苗方法结合应用，则效果更好。

第三节 大棚托盘育苗

烟草大棚托盘育苗是一种在塑料大棚内采用母床播种，烟苗生长到一定时期，再使用塑料托盘进行假植的一种烟草育苗技术。目前在北方烟区已经大面积推广，南方烟区也有推广应用。

一、托盘育苗的特点

与普通大棚育苗相比，托盘育苗具有育成的烟苗根系发达、茎秆粗壮、生长整齐、抗逆性强，且便于统一安排移栽时间、移栽后烟苗成活率高、节约苗床地，便于统一管理和先进技术的推广应用等优点。可以进行集约化生产，集约化经营，形成产、供、销一条龙的产业化育苗模式。适宜在育苗季节地温较低，气温变化幅度较大的烟区推广。

与普通育苗技术相比，大棚托盘育苗技术所育的烟苗素质高，大田烟株农艺性状得到改善，烟叶烘烤质量好，产量和上中等烟比例都有提高。但是，大棚托盘育苗要求较高的管理技术和管理水平，需要落实严密的病虫害防治措施，如果病虫害防治措施落实不力，极易造成病害蔓延，烟苗带病，给大田生产带来不利影响。

二、育苗设施

（一）育苗棚

育苗棚是集约化托盘育苗的必备设施。育苗棚的建造条件、建造质量以及棚的形式，对托盘育苗能否成功有很大影响。

1. 育苗棚的形式

目前，生产上应用的育苗棚主要有暖窖式大棚、竹木结构大棚、水泥预制件大棚、装配式大棚等，各烟区应根据需要和各地实际条件，选择建造适当的育苗棚。

（1）暖窖式大棚　亦称冬暖式大棚，是北方地区蔬菜生产上广泛采用的一种大棚，在烟草育苗上也广泛应用。这种大棚升温快，保温性能好，棚架稳固，坚固耐用。一般呈东西走向，宽 10m 左右，长度根据需要确定，一般为 50m 左右。北、东、西三面皆为土墙，呈半拱形。北墙一般高 1.5m，距离北墙 1.5m 为拱形脊，拱顶距地面 1.8m，南面高 0.8m。棚内每隔 1.5m 立东西向支撑架，架上每隔 1.5m 设南北向支撑物，拱形脊北坡用高粱秆或玉米秆覆盖，拱顶和南坡用塑料薄膜覆盖。盖膜后于膜外支撑物中间拉绳索将膜压紧。

（2）竹木结构大棚　竹木结构大棚是以竹或木杆为拱架材料搭建的大棚一般跨度在 6～12m，长 30～60m，脊高 1.8～2.5m。其特点是取材容易，成本低，建造方便，但稳固性差，使用时间短，保温性能不如暖窖式大棚，且棚内常有支柱，棚内作业不方便。这种类型的大棚，适用于经济条件较差的地区，如四川、贵州、重庆、河南、山东等地都有应用。

（3）水泥预制件拱棚　系指利用预制好的水泥柱、水泥棚架为材料建造的育苗拱棚。建造规格一般为宽 6.2m，棚高 2.4m，肩高 1.3m，棚长 30～60m。其特点是取材方便，棚架稳固，组配灵活，造价低，寿命长，保温性好，抗压性强。近年在山东和河南部分烟区普遍使用。

（4）装配式大棚　是指由专业厂家生产的以轻型镀锌管、钢管或高强度的复合材料制成的构件装配成的大棚。一般宽 6～12m，肩高 1～1.2m，脊高 2.5～3.2m，拱距 0.5～1.2m，长度 60～80m，设计使用寿命 15 年以上。采用 0.1mm 厚的聚氯乙烯塑料薄膜或无滴长寿塑料薄膜覆盖。其特点是强度高，防锈性能好，棚内无支架，操作管理方便，透光率高。但造价较高，适合于经济比较发达的地区，目前云南、福建、湖南等省应用较多（彩图 8-5）。

上述烟草育苗棚各有特点和优点，造价和适用地区也各有不同。从目前我国主要烟区的农业区域经济条件、土地管理使用现状和产区农民的经济承受能力等综合考虑，暖窖式和竹木结构的中、小型育苗棚（可供移栽面积 1～6.67hm^2）比较适合目前烟草生产的要求。既能达到培育无病壮苗的目的，又能节约资金，有利于该技术的推广。随着我国烟区农业与农村产业结构调整、农业区域经济发展和农民经济收入的不断提高，水泥预制件拱棚、钢管结构大棚将是今后发展的方向。

2. 育苗棚建造的注意事项

（1）规划要合理：应该选择地势平坦、背风向阳、靠近水源、交通方便的地形建造大棚，尽量远离菜园、果园和村庄；北方地区建棚一般东西走向，坐北朝南，南方地区可以根据地形选择朝向。

(2) 要有良好的建筑质量和性能：大棚要稳固，防风防雨，棚顶不积水；既要有好的采光、升温、保温性能，更要有好的通风、降温性能。

(3) 大小适宜　根据种植面积建适宜大小的育苗棚，北方烟区一般建造占地330～667m^{2}的育苗棚，南方烟区一般建造占地200～330m^{2}的育苗棚。

(二) 育苗盘

目前生产上多采用100孔联体聚乙烯塑料托盘，规格一般为（55～60)cm×(28～35)cm，育苗钵的上口直径3.8～4.3cm，底部直径1.5cm。底部小孔直径0.4～0.6cm，钵高5～6cm。这种托盘的优点是成本低，单位面积育苗量大，便于长距离运输，移栽时田间携带方便，拔苗容易。

育苗盘孔径越大，单钵体积越大，育出烟苗越壮，但是，单位面积烟苗数量越少，大棚利用率越低。从烟苗素质和经济效益等方面考虑，60cm×35cm，100孔育苗盘比较适合当前烟草生产实际。

聚乙烯塑料托盘的使用寿命一般可长达3年，但每年移栽后必须及时清洗干净，放在阴凉干燥处保管，否则，会缩短其使用寿命。

三、营养土的制备

营养土的制备是大棚托盘育苗生产技术的一个关键环节。托盘育苗能否成功，烟苗质量是否满足生产要求，在很大程度上取决于营养土是否适合。

(一) 营养土的基本要求

营养土一般要求为：一是容重适宜，疏松透气，吸水保水性强，浇水不板结；二是发酵充分，养分较高，均匀细碎；三是无虫卵、无病菌、无草籽。

具体技术要求是：营养土pH 6～7；适宜的容重为0.5～0.9g/cm^3，以0.9g/cm^{3}最为理想，即每个托盘装干营养土1.5～2.0kg比较适宜。

营养土过于疏松，假植后烟苗成活率低，而且极易失水干燥，不利于烟苗生长；营养土过黏过紧，通透性差，不利于根系发育，侧根少，根系不发达。营养土中含有大量有机物质，必须充分腐熟后才有利于烟苗生长，否则易烧苗伤根。

(二) 营养土的配方

营养土的原料非常广泛，腐熟秸秆、腐熟圈肥、草炭、蛭石、腐殖土、草甸十、森林土、食用菌下脚料、地表土等都可以作为配制营养土的原料。目前，各地的营养土配方都采取因地制宜、就地取材的办法，灵活性大，配制容易，成本低廉，充分考虑当地的自然资源，形成了各自的特点。

1. 主要基质

山东、陕西、河南等地多采用腐熟秸秆（麦秸、玉米秸等)、腐熟圈肥（猪粪、牛粪等)、细沙和地表土混合配制。贵州省烟草研究所研究表明，营养土配方中随着腐熟秸秆含量的增加，烟苗各项素质愈接近于壮苗标准。

食用菌下脚料也是营养土的原料，可以将食用菌下脚料与地表土、腐熟圈肥、腐熟草土等按一定比例配制成营养土，但一定要将食用菌下脚料彻底腐熟，特别是棉籽壳类物质。

酵素菌营养土的沤制一般于夏季进行，以沤制麦草为例，具体操作为：将粉碎麦草平铺成厚 20cm 的草层，加入适量酵素菌和磷酸二铵，撒上适量水后，再在上面平铺厚 10cm 的腐熟土和适量鸡粪或牛粪，再加入适量水，再铺一层草，加肥水，如此层层处理至适当高度，外面用泥封严，一个月后翻堆一遍，然后重新封严，至完全腐烂为止。腐熟土必须使用非果园地和非茄科作物前茬地的净土，以防传播病害。

2. 不同营养土配方的育苗效果

根据董建新等研究结果（表 8-1），不同营养土配方其化学成分差异明显，对烟苗素质也有显著影响。65%腐熟麦秸+10%河沙+25%腐熟猪粪，养分含量比较均衡，pH 适中；75%腐熟食用菌废料+25%地表土，全氮和速效磷含量很高，但速效钾含量只有 216mg/kg，且 pH 最高，达到 8.22；50%腐熟食用菌废料+30%地表土+20%腐熟猪粪配方与 50%腐熟食用菌废料+30%地表土+20%腐熟牛粪配方，有机质、全氮和速效钾含量均较高，但速效磷含量较低，pH 也较高；40%松针土+15%河沙+45%地表土，各项养分含量都较低，掺有腐熟猪粪的营养土比掺有腐熟牛粪的 pH 低，全氮含量略高，速效磷含量高。总的来看，利用腐熟麦秸配制的营养土，pH 较低，养分含量比较均衡；利用食用菌废料配制的营养土，pH、有机质、全氮、速效磷含量都较高；营养土中掺入腐熟猪粪和腐熟牛粪，有利于改善酸碱度，提高速效钾的含量；松针土配制的营养土养分含量较低；地表土比例过大，养分含量也较低。

表 8-1 不同营养土配方的主要养分含量

营养土配方	pH	有机质/%	全氮/%	速效钾 /(mg/kg)	速效磷 /(mg/kg)	氯 /(mg/kg)
65%腐熟麦秸+10%河沙+25%腐熟猪粪	6.97	21.6	0.51	1 366	2 655	1 482
40%松针土+15%河沙+45%地表土	7.85	8.7	0.17	71	310	107
75%腐熟食用菌废料+25%地表土	8.22	27.5	0.96	216	4 360	531
70%腐熟麦秸+30%地表土	7.29	12.5	0.35	747	1 341	1 129
50%地表土+25%腐熟猪粪+25%炉渣	7.48	11.8	0.22	653	419	133
65%腐熟麦秸+10%河沙+25%腐熟牛粪	7.56	21.5	0.44	1 292	723	610
50%腐熟食用菌废料+30%地表土+20%腐熟猪粪	7.76	28.0	0.80	2 586	572	377
65%腐熟麦秸+10%河沙+25%腐熟猪粪	8.15	26.5	0.76	2 792	256	504

资料来源：董建新等，2001

不同营养土配方的育苗效果也有很大的差异（表 8-2），以 75%腐熟食用菌废料+25%地表土和 50%腐熟食用菌废料+30%地表土+20%腐熟猪粪的育苗效果较好，前者烟苗干物质积累量最高，侧根数较多；后者烟苗的侧根数最多、干物质积累量较高。65%腐熟麦秸+10%河沙+25%腐熟牛粪育苗效果最差，其烟苗茎粗、根数、干物质积累量均为最低；65％腐熟麦秸＋10％河沙＋25％腐熟猪粪与65％腐熟麦秸＋10％河沙＋25％腐熟牛粪相比，前者的效果略好于后者，主要表现在烟苗的茎粗、根数和地下部干重上。从中还可以看出，掺有腐熟猪粪的营养土育苗效果要好于掺有腐熟牛粪的营养土。

表 8-2 不同营养土配方对烟苗素质的影响

营养土配方	＞2cm叶数/片	茎高/cm	苗茎直径/cm	1、2级侧根数/条	地下部干重/(g/株)	地上部干重/(g/株)	根冠比
65％腐熟麦秸＋10％河沙＋25％腐熟猪粪	6.8	9.36	0.57	263.3	0.094	0.613	0.154
75％腐熟食用菌废料＋25％地表土	7.0	8.61	0.56	2517	0.128	0.662	0.194
65％腐熟麦秸＋10％河沙＋25％腐熟牛粪	6.9	9.01	0.53	221.4	0.092	0.485	0.190
50％腐熟食用菌废料＋30％地表土＋20％腐熟猪粪	6.6	8.52	0.56	266.0	0.104	0.659	0.158
50％腐熟食用菌废料＋30％地表土＋20％腐熟牛粪	6.7	9.37	0.54	261.6	0.109	0.582	0.188

资料来源：董建新等，2001

（三）营养土的配制与消毒

根据营养土的原料及配方比例，要在假植前10～15天配制好营养土。腐熟秸秆、腐熟圈肥、草炭、腐殖土、草甸土、森林土、食用菌下脚料等有机物必须腐熟完全，粉碎过筛，剔出过长和腐烂不完全的部分。所用地表土必须来自无病肥沃地块。所有原料按比例充分混合拌匀，调整水分至合适程度，并堆好待消毒。营养土消毒方法可采用溴甲烷、斯美地等药剂熏蒸消毒，具体操作方法见本章第二节。

四、播种与假植

（一）母床播种

托盘育苗一般采用在母床播种，烟苗生长到一定大小再假植到托盘，在托盘上培育成苗的生产方式。南方烟区也有直接在托盘上播种的生产方式。采用假植育苗法，通过控制母床的温湿度，在早春气温较低的情况下，达到提前播种，提前成苗的目的，同时也能很好地控制子床的成苗率。

1. 母床的整理与准备

母床的整理准备与常规育苗的苗床准备相似，首先在大棚内气温比较稳定处做畦，畦土最好选用已经消毒过的营养土，厚度10cm左右。母床的面积要占大棚总育苗面积的1/3，以保证有足够的假植苗选择余地。母床整理好后要用溴甲烷、斯美地等进行熏蒸消毒。

目前，生产上重视育苗盘营养土的配制，却往往忽视了母床土。其实母床土的精细制备也非常重要。中国烟草总公司青州烟草研究所采用65％腐熟秸秆＋10％河沙＋25％腐熟猪粪做母床土，以70％地表土＋30％腐熟猪粪作为对照，结果表明：处理比对照出苗早2天，大十字期提早5天，成苗提早7天。

2. 母床播种

播种期要根据移栽时间来确定，一般在移栽前60～65天播种。播种前母床要灌足底水，在明水即将渗下时以撒播或点播的形式播种包衣种子。撒播用种量一般每平方米1200～1400粒，每标准畦用成品包衣种子50g。点播可按5cm×5cm见方，每穴点2～3粒种子。播后立即覆土盖种。为保证出苗及时均匀，一般在盖种后在畦面上盖一层地膜，保温保湿。但出苗时要及时揭掉。

（二）子床假植

烟苗在母床生长到大十字期即可假植。假植过早烟苗根系小，成活率低，操作困难；假植过晚，烟苗在母床中生长过大，茎秆高而细，取苗时根系受损较重，假植后不易还苗，成活率下降。

1. 托盘准备

托盘经过消毒处理后，即可装填营养土。营养土使用前要粉碎过筛，调整水分至适宜的程度。将托盘平放在地面或操作板上，将营养土均匀地填满每一个孔穴，并轻轻镇压，使营养土填满装平。然后用清水轻轻淋透营养土，以备假植。

2. 烟苗假植

假植的前一天给母床灌水，以利取苗假植。用铁锨将烟苗轻轻铲起，选择大小一致，无病无虫的烟苗，用竹签或铁片将烟苗移栽到孔穴中央，假植完的托盘要在平坦的地面上摆放整齐，再用喷雾器喷一次清水，以便冲掉附着在烟苗上的营养土，使苗、土结合更加紧密。假植时，可进行分工协作，流水作业，一般每亩的大棚1～2天内完成。边假植边清除母床，整平地面，摆平托盘。操作人员要严格注意操作卫生，假植工具应严格进行定时消毒，避免人为传病。

烟苗假植后，要用草帘或黑色尼龙遮阳网遮阳，防止中午太阳曝晒，影响还苗，甚至导致烟苗死亡。因托盘的孔径小，失水快，要特别重视托盘假植还苗前的水分管理，一般应于8：00～9：00或16：00～17：00，喷洒浇水1～2次。

五、苗期管理

（一）温度管理

棚内温度应根据烟苗生长的需要，采取前提后控的管理措施。前期气温较低，应以提高温度为主，尽量减少或避免13℃以下的棚内低温，同时也要注意棚内温度过高，最高温度要控制在30℃以下；后期气温较高，应以通风控温为主，最高不能超过35℃，可以根据天气情况适当通风。为了便于掌握棚内的温湿度，在棚内两头和中间悬挂3支干湿温度计（两低一高或两高一低）。通风时要注意防虫，通风口要设置防虫纱网，防止蚜虫迁飞进棚内，传播病毒。

（二）水分管理

由于棚内温度高，蒸发快，托盘钵内基质少，水分含量少，且与地面基本隔绝，水分散失快，因此要加强水分管理。烟苗在竖膀期（5～6 叶 1 心期）以前，晴天每天浇水 1～2 次，每次渗透苗钵，但不宜过湿，否则育苗盘内会滋生青苔，也易诱发病害；以后要做到看土浇水，以钵体表面出现小白点时为浇水界限。成苗期要适当控水，减少浇水量和浇水次数。一般晴天中午烟苗出现轻微萎蔫，17：00～18：00 时能恢复正常，不宜浇水，如果不能恢复正常，应适当浇水补水。浇水宜采用细孔喷壶，在 9：00 前或 17：00 后进行，严禁在中午浇水，严禁大水漫灌苗床。苗床用水要事先在棚内蓄放，水温比较自然，不能用冷凉的井水和河水。

（三）子床追肥

托盘育苗每株烟苗的基质少，肥料绝对含量少，基质主要起载体作用，烟苗所需养分主要靠追肥补充。假植还苗后，即新叶长出时，结合喷水，喷施一次育苗专用肥，浓度为 1%左右；以后每隔 5 天喷施一次，后期可根据需要适当提高浓度，最高浓度不超过 3%。也可将硝酸铵或三元复合肥充分溶于水后喷施，浓度前期为 0.1%～0.5%，后期为 0.5%～1.0%，浓度不可过高，以免造成肥害。追肥要喷匀，喷后可轻喷一次水，以冲洗叶片上的肥液，注意不要喷水过多，防止肥料流失，起不到追肥的作用。通过追肥，使烟苗营养均衡一致，叶色浓绿，生长健壮，无缺肥现象。微生物肥近年来在烟草育苗上的应用也有一定进展，主要有 VA 菌根真菌和 EM 菌等。

（四）剪叶锻苗

剪叶可使烟苗生长整齐一致、茎秆粗壮、根系发达。烟苗封盘后，叶片交叉重叠，出现生长竞争，剪苗应在此时进行，这样不仅可以削弱烟苗彼此间竞争，而且还可以使大苗等小苗，促使烟苗生长一致。每次剪的太多或剪叶次数过频，都会过度抑制烟苗的生长，延长成苗期。正常条件下，每次剪去最大叶的 1/3～1/2。每隔 4～5 天剪叶 1 次，共剪 2～4 次。也可利用剪叶部位、次数和频率调整成苗期。注意不要剪掉生长点，剪下的烟叶要随时清除。剪叶后不宜马上喷水。同一群体内烟苗剪叶处理（时间、次数、部位）要一致。剪叶时工具必须严格消毒，避免病害交叉感染。剪叶工具每隔 20 分钟用福尔马林或 1∶1 的漂白粉（5%的次氯酸钠）消毒。每次剪叶后，所有托盘都要重新摆放平整，以免浇水不匀（彩图 8-6，彩图 8-7）。控水控温也是锻苗的有效措施。烟苗竖膀后要适当控水，成苗前 5～7 天主要通过通风控水锻苗。控水要掌握好适度，避免出现严重萎蔫、根系老化等现象。

（五）病虫害防治与大棚卫生管理

托盘育苗集约化程度高，棚内温湿度高，烟苗密集，病虫害极易传播流行，因此要切实加强病虫害的防治和大棚卫生管理工作。病虫害防治要坚持“以防为主，防治并重”的原则。

一是要彻底做好营养土和育苗棚的消毒工作。

二是要严格遵守苗床卫生和苗床操作规定，严禁在棚内吸烟，禁止将烟草及其制品带入棚内。搞好苗床管理人员卫生和工具消毒，使用净水，避免非管理人员进入棚内。

不准在棚内套种蔬菜或其他作物。进行间苗、假植、剪叶等农事操作时，一定要注意操作前先用肥皂水洗手和器具的消毒工作。要彻底清除大棚内及周围的杂草和其他杂物。

三是在通风口设置好防蚜防虫纱网。

四是要加强对苗床期常见病害和病毒病的预防工作，及时喷施波尔多液、甲基托布津、退菌特、病毒抑制剂等药剂，以防止病害发生。如果发现单株病株或局部病株，要及时清除，妥善处理。苗期病害主要有炭疽病、猝倒病和立枯病，其药剂防治方法见后面有关章节。

第四节　漂浮育苗技术

烟草漂浮育苗是20世纪80年代首先在美国、日本、加拿大等国家出现，并在20世纪90年代开始推广起来的先进的育苗技术。我国在这方面工作虽然起步较晚，但近年来，随着各级烟草科研、技术、生产部门的研究、示范与推广，该技术在国内已日臻成熟，推广应用已经非常广泛。烟草漂浮育苗具有集约化的管理和技术特征，其生产效率高，烟苗根系发达，均匀一致，并为无病壮苗的生产提供了保证。漂浮育苗实质是一种无机营养液育苗。烟草漂浮育苗技术体系包括基质、漂浮盘、育苗池、营养液等条件的准备和播种、苗期管理等操作技术。

一、漂浮育苗的特点

烟草漂浮育苗的技术特点是：在塑料棚或温室内，将包衣种子直播在填有基质的锥形孔聚苯乙烯育苗盘上，再将育苗盘漂浮在盛有营养液的水池上面，烟苗生长所需要的水分和养分在基质的毛细管作用下，通过盘底小孔进入育苗盘内的基质中供烟苗吸收利用，合理的控制塑料棚或温室内的温湿度条件，育成壮苗。

漂浮育苗具有许多突出的优点：育苗设施、器具、介质、用水等消毒杀菌简便快捷，烟苗发生病、虫、草害的现象明显减少；烟苗生长快，苗齐苗匀，根系发达，壮苗率高，为机械化移栽提供了条件；水肥控制容易，育苗操作简化，劳动强度大大降低；减少了常规育苗所需经常性物料的消耗。漂浮育苗技术需要进一步完善和提高，例如如何解决好基质及基质消毒问题、苗期的管理技术等。但是，该技术的先进性、实用性得到了普遍认同，为烟草育苗开辟了新途径（彩图8-8）。

二、育苗设备

（一）育苗棚

育苗棚是烟草漂浮育苗的基本设施。目前我国烟草生产上应用的主要有可调控温室、塑料大棚和塑料小拱棚三种。可调控温室造价成本高，只在少数有条件的地区采用。目前在烟草生产上大都采用塑料大棚和塑料小拱棚。塑料大棚包括装配式大棚、竹木式结构大棚和水泥预制大棚等（见第三节相关内容）。

塑料小拱棚是根据塑料大棚漂浮育苗的原理，结合我国目前农村土地分户承包经营的现实和山地烟区的地形特点，设计的一种漂浮育苗设施。一般棚高0.7～1.0m，棚宽1.75m，棚长可随地形决定，棚架间距0.5～0.7m，棚顶做成圆拱形。棚架材料就地取材，可用竹条、竹竿，有条件的也可用钢筋制作。棚顶用0.1mm厚的聚氯乙烯塑料膜或无滴长寿塑料膜覆盖，两端固定于地面，两侧可将塑料膜部分揭开通风，棚膜之上可用与拱架平行的绳索压膜固定。拱棚两侧均加防虫尼龙纱网，网宽45cm左右。

（二）育苗池

育苗池亦称漂浮床，用来盛装营养液和育苗盘的设施。我国一般建在塑料大棚内，有的建在可控温调湿的温室中，采用小拱棚漂浮育苗方式的建在小拱棚内。

我国的漂浮育苗池主要有两种方式：一种是用黑色塑料薄膜铺在用细沙、锯木屑等材料铺平的地面上，四周用砖块或黏土堆砌成池边，营养液盛在黑色塑料薄膜上。塑料薄膜育苗池要将膜紧贴池底平铺，四周固定在池沿上，保证水位深度一致，严密不漏水。另一种方式是用水泥和砖块一次砌成的固定池。有条件的可在池中或覆膜下埋设加热装置，用来控制营养液温度（温度控制在24～26℃）。

（三）育苗盘

育苗盘是漂浮育苗的主要设备，不同型号的育苗盘对烟苗的质量和苗床利用率影响很大。漂浮育苗所用育苗盘由聚苯乙烯经模具压制而成，其特点是质量轻，漂浮能力强，支持性能好，易于运输。

育苗盘外形尺寸长67.3cm，宽34.3cm，厚为8～10cm，上面均匀分布锥形的小穴，小穴上口径大，下口径小，其体积与小穴的数量多少和盘的厚度有关。在外形尺寸相同的育苗盘上，孔穴的数量越多，小穴的体积越小，单位面积育成的烟苗数量越多，苗床利用率越高。每个育苗盘上的孔穴数从200穴到392穴，通常以每个盘上孔穴数的多少定义育苗盘的型号，如每盘200穴的育苗盘称为200#型育苗盘。

据美国弗吉尼亚综合技术大学烟草研究中心试验，288#型盘育成的烟苗在茎围、烟苗大小等方面近似于200#型盘，而用338#型和392#型盘育成的烟苗，无论是茎围，还是烟苗大小都明显小于288#型盘，但在移栽后还苗率、前期发育、产量、产值等方面没有显著差异。因此，从烟苗素质、苗床利用率、苗床管理等方面考虑，生产上采用253#型和288#型育苗盘较为适宜。我国的研究表明，200#型、242#型和253#型适用于直播漂浮育苗，288#型以上育苗盘适用于假植育苗。

育苗盘使用前要先用清水清洗，再用10%的次氯酸钠溶液浸泡或用溴甲烷密闭熏蒸后方可使用。育苗盘使用完毕，用水洗涤后再用次氯酸钠溶液浸泡、清洗后保存于避光、干燥处，注意防鼠咬。保存得当，一个盘可重复用5～6年。

三、漂浮育苗的基质

基质是漂浮育苗中用以固定烟苗的固形不含土壤的物质，它同时具有吸附营养、改善根际透气等功能。基质选择的好坏对漂浮育苗成功与否至关重要，必须遵循一定的原则选用，基质的配方相对固定，选材广泛，各地应就地取材进行配制，配好的基质要注意消毒。

（一）基质的选配

漂浮育苗的基质一般由两类物质组成，一类是有机物质，包括泥炭、草炭、炭化稻壳等；另一类是无机物质，包括蛭石、膨化珍珠岩等，两类物质按照一定的比例配制成育苗基质。一般情况下，漂浮育苗的基质以富含有机质的材料为主。关于有机质材料的选择，因各地自然条件不同，所采用的材料也有不同。常用的自配基质，其比例一般为草炭或炭化稻壳占 50%～70%（*V*/*V*），蛭石和膨化珍珠岩各占 15%～25%。

（二）基质的消毒

基质消毒是漂浮育苗中的重要环节，通常可以采用腐熟、药剂熏蒸、喷洒多菌灵或广谱性杀虫剂等手段，以达到消毒的目的。近年，云南省大理自治州研制的液压生产线，对基质进行消毒处理效果理想，应在生产上逐步扩大并推广应用。

四、营养液的配制

漂浮育苗用的营养液是由水和无机营养物质配制而成的，因此，对水质和无机营养物质的种类及比例都有严格的要求。

（一）水质

水质是漂浮育苗中的一个重要因素。比较理想的水源是井水、洁净河水和自来水，禁止用池塘水和污染的河水，以防病原菌的危害。水质影响烟苗生长的主要因素为 pH。pH 过高会导致某些元素无效，烟苗表现缺素症，同时会造成营养池中氨的积累，对烟苗产生危害。如果所用水源中某些元素缺乏或富集，同样对烟苗生长不利。我国素有南酸北碱之说，南北方水质差异较大。因此，有必要对所用的水源进行水质分析，明确水源的 pH 和养分状况，以便有针对性的进行调节。黄一兰等（2001）研究表明，配制营养液水源的 pH 可以在一定的范围之内（pH 5.5～7.0），由于受基质缓冲作用的影响，不会对烟苗造成不利影响。

（二）无机营养

漂浮育苗与常规育苗一样，要求全量的矿物质营养条件。现在，国内市场上有专用的漂浮育苗专用肥出售，生产上只要按使用说明书操作即可。一般肥料中氮磷钾三者之比为 20∶10∶20，并含有适量比例的镁、硫、铜、锌、锰、硼、钼等微量元素。施肥时按照氮素的比例计算肥料用量即可，不必考虑其他营养。

首次施肥，营养液中氮素要达到 150mg/L，浮盘入水 28 天后，追肥使营养液氮素浓度达到 100mg/L。移栽前 14 天追肥，使营养液氮素浓度达到 50mg/L。施肥的计算方法为：若烟苗池盛 100L 水，用氮磷钾三者之比为 20∶10∶20 的肥料配成 150mg/L 营养液，需要肥料的量为：所需肥料/g=(150/1000)/20%×100=75g。

（三）营养液配制方法

将计算好的肥料完全溶解于一水桶中，把育苗盘取出，将营养液均匀浇泼到育苗池中，并搅拌均匀，再把育苗盘原样放回。第二和第三次施肥采取同样的方法，注意施肥时及时注入清水至起始水位。严禁从苗盘上方加肥料溶液和水。据杨锦芝（1999）研究，为了防止营养池内蓝绿藻（青苔）的发生，施肥时间可以推迟到育苗盘放入池内12～13天，待种子萌发并出苗的时候进行。

（四）营养液灌注深度

以前，育苗池内的营养液灌注深度，一般要求在10～15cm。但据熊吉等通过试验（2003）认为，营养液灌注过深不利于提高育苗池水温度，特别是海拔较高、光热资源不足的山区。为有利于迅速提高池水温度，育苗前期池内的灌水深度，可掌握在3～5cm范围内，即以保持浮盘能够浮起为宜；待气温稳定上升到有利于烟苗生长时，再增加苗池内水的深度，以保持在10cm左右为好。

五、装盘和播种

（一）装盘

基质的装填量往往受基质材料的粒径和基质材料有机质含量的影响。一般情况下，基质材料粒径较细、有机质含量较高时，装填应疏松。通常视基质的性状，装基质量以每穴3～5g比较合适。基质装填前应喷水，使基质湿润，达到握之成团、松之即散的效果。基质装填要充分均匀、松紧适中。基质装填量大则容重高，育苗盘入水后基质吸水多，虽然烟苗叶片生长较快，但不利于根系发育，尤其降低了侧根的总长度，同时因盘面湿度大，绿藻滋生严重。

（二）播种

漂浮育苗的苗床期为55～60天，可根据当地的温度条件于移栽前55～60天播种即可。根据现阶段包衣种子的发芽率，按每穴2粒的量进行播种，基质装填后，在压盘板压过的苗穴凹陷位置，播入2粒包衣种子。可使用播种盘或真空播种器播种。如果采用手工播种，要把种子播在苗穴中心，用压盘板或手指轻轻按入1mm深，喷水，使种子裂解后，盖草炭约2mm厚，即可放盘入水（彩图8-9）。

六、苗期管理

（一）温湿度管理

漂浮育苗同普通育苗的技术形式区别虽大，但对苗期的水、温、光、气等条件要求是基本一致的。能否保持烟苗生长发育良好，是漂浮育苗成败的关键。播种后棚内应采取严格的保温措施，使育苗盘表面温度保持在21～25℃，以保证及时出苗和苗全苗旺。晴天的中午，如棚内温度高于30℃，应及时掀膜通风降温或排湿。16：00后，应及时盖膜保温。从大十字期至成苗期，随着气温的升高，要特别注意揭膜通风，避免温度超过 38℃产生热害，使烟苗变褐死亡。成苗期应将大棚两边的薄膜卷至防虫通风网的顶端，以加大通风排湿程度，使烟苗逐步适应外界的温湿度环境条件，提高抗逆性。整个育苗期间都要注意经常通风排湿，使育苗盘表面有水平气流。

（二）防盐渍化

苗床期的高温、低湿和过分的空气流动，都可促进基质表面水分的大量蒸发，而导致苗穴基质上层（0～1.3cm 处）的盐分积累，严重时可造成烟苗死亡。出苗至根系从基质伸入营养液期间，是易于产生盐渍化的重要阶段，此阶段烟苗吸收利用养分少，肥料易于富集到基质中，随着盘面水分蒸发而在基质的上层积累。因此，为了平衡基质中的养分，防止盐害的发生，自 5 片真叶后每 7～10 天进行苗盘喷淋供水，使肥料盐分向下淋溶。同时，注意保持棚内湿度不可过低。

（三）防螺旋根与消除绿藻

螺旋根是指烟苗根系中出现的部分不正常加粗、僵化，形似螺旋的根系，是漂浮育苗中的一个常见问题，各产区不同程度都有发生，直接影响到烟苗根系的活性。螺旋根的发生量与基质中低氧浓度密切相关，基质装填过于紧实，空隙率会随之减少。基质漏失也给螺旋根的产生提供了有利条件。除此之外，出苗期遇寒冷、阴云天气易产生螺旋根。

苗床空气湿度过高，又采用腐熟不充分的秸秆作为基质，营养液表面直接接受阳光照射后容易产生绿藻，影响烟苗前、中期生长发育。控制绿藻的主要措施有：一是严格按漂浮育苗盘的规格和排放数量制作营养池，尽可能使苗盘排放后几乎不露水面，若有露水面的地方尽量用其他遮光材料进行覆盖。二是采用黑色塑料薄膜铺设营养池。三是药剂防治：可用浓度为 0.025％的 $CuSO_4$ 溶液进行杀藻。

（四）其他管理措施

剪叶是漂浮育苗的一个关键环节，可以调节生长，使烟苗生长更整齐、健壮而有弹性。漂浮育苗剪叶要达到 3 次以上，不剪叶或剪叶次数不够的烟苗，茎高和韧性不够，不可能实行深栽，抗逆性较差。漂浮育苗的剪叶技术见托盘育苗。

锻苗也是漂浮育苗的一个必要措施，未进行锻苗的烟苗抗逆性能往往较差。当幼苗达到成苗标准要求时，应及时进行锻苗，锻苗时间一般应不少于 5 天以上。漂浮育苗的锻苗技术要求基本与托盘育苗相同。

病虫害防治等也是漂浮育苗管理中的重要工作，将在其他章节中专门讨论。

思考题

1. 简述烟草育苗基本要求及各种育苗方式的壮苗标准。
2. 简述常规育苗的育苗操作要点。
3. 简述常规育苗的苗床管理要点。

4. 大棚托盘育苗的特点是什么？
5. 大棚托盘育苗对营养土的基本要求是什么？
6. 简述大棚托盘育苗的母床播种和子床假植的操作要点。
7. 什么是漂浮育苗？它有什么特点？
8. 什么是漂浮育苗的基质？如何配制？
9. 什么是漂浮育苗的营养液？如何配制？
10. 简述漂浮育苗的管理要点。

第九章　烤烟栽培与调制

烤烟栽培技术应根据生产不同质量特点的优质烟叶和产量、质量指标决定：其目的是协调烤烟生长发育与环境条件的关系，群体与个体的关系，以及叶面积与叶重的关系，保证烟田植株生长发育整齐一致，同部位叶片大小、厚薄、叶片成熟度基本一致，群体结构动态和个体发育形态符合优质烟的要求，解决产量和品质的矛盾，达到优质、适产、高效的目的。烤烟栽培技术所包含的内容很多，涉及种植区划、品种布局、烟田土壤与水分管理以及栽培调控技术等。

烤烟调制是烟叶脱水干燥的物理过程和内部生物化学变化过程的统一。内容包括烟叶的变色、变干、变香的内部转化规律，环境条件（如温度、湿度、供热和通风等）及各种因素与烟叶变化的协调性，同时也包括各种环境条件下烟叶的生长发育及成熟规律，适时采收，以及烘烤设备的设计与建设等。

第一节　烤烟栽培技术

一、整地

烟田整地是改善土壤状况的重要措施，整地的方式及其质量的高低都直接或间接影响着烟草的生长发育和烟叶的产量和品质。烟田整地主要包括耕翻、碎垡、平整、起垄等耕作措施。目的在于疏松土层、改善土壤的通气性和保水、保肥能力，提高土壤微生物的活性，利于施肥和灌溉，给烟株根系的生长发育创造良好的环境。

北方烟区冬季严寒，春季干旱、少雨、多风，烟田耕地要早而适时。一般应在前茬作物收获后，及时灭茬秋耕或冬耕，晒垡或冻垡，以便蓄积雨雪，增加土壤水分。翻上来的垡土经过日晒和雪冻，可加速土壤风化。翌春解冻后，土块易于破碎，便于及时抢墒整地和起垄保墒。

南方稻烟轮作区，气温高，土壤水分多，应于秋稻成熟后期及时沥水，收获后进行晒田和及时耕翻、晒垡，提高地温、疏松土壤，利于土壤中好气微生物的活动，加速土壤的熟化过程，提高土壤肥力，促进稻田土壤向有利于烟草生长的方向转化。

不同质地的土壤耕性不同，宜耕期一般是指土壤黏结性、黏着性和可塑性都最小时的土壤水分含量范围。因此，要掌握好适耕的含水量，在适宜的时期进行耕翻。一般结构不良或黏粒含量高，质地黏重而耕作较难的烟田，要早耕翻，经冻结、融化和干湿交替等作用，促使土壤团粒化或团聚化。

耕地的质量、深度与烟叶产质的关系较为密切。一般认为深耕比浅耕好，但并不是越深越好。根系的生长取决于土壤温度、湿度、孔隙度、土壤肥力和土壤微生物的活动等条件。适当深耕有利于烟草根系的生长（表 9-1）。在同等条件下，烟草根系的分布范围、烟草根的数量和重量随耕地深度的增加而增大，且根系发达，有较多的根群分布到土层的深处，从而扩大了养分的吸收范围，提高了根系的吸收力。但深耕对烟草根系生长的有利作用是有限的，土壤越深，通气性越差，有益的好气性微生物越少，土壤肥力越低，这是深耕难于改变的规律。因此，烟草根系在土层里分布也有一定的限度。虽然，随着土壤耕翻深度的加深，分布在土壤深层的根系有所增加，但烟草根系的密集部分多集中在0～33cm的土层中，占总根量的82.07%～93.54%，越往深处则须根显著减少。

表 9-1　深耕与烟草根系生长的关系

耕深/cm	根系最大深度/cm	根系最大宽度/cm	根系密集深度/cm	根系密集宽度/cm	根重/(g/株)
20	142.0	109.5	31.8	47.2	48.2
33	151.6	117.2	33.1	49.6	49.9
50	153.0	113.7	41.3	54.5	56.1
67	157.8	120.9	44.4	56.6	62.7

资料来源：中国农业科学院烟草研究所，2000

烟田耕翻的深度，应以根系密集的范围为宜。采用起垄和地膜覆盖栽培方式，根系多集中在20～30cm以上。因此，一般烟田耕深为20～30cm，并且每隔2～3年再深耕一次，打破犁底层。在肥力较低的烟田，可适当增加耕深；肥力较高的烟田，则不宜过深。

二、起垄

随着我国烤烟“三化”生产水平的不断提高和地膜覆盖栽培技术的推广，目前，烤烟大都采用垄作和地膜覆盖栽培。烟田起垄要根据当地的气候、季节、土壤、栽培方式和条件灵活而定。

（一）起垄的作用

一般而言，烟田起垄对整地的要求较高，秋收后应及时进行秋耕或冬耕。黏性土壤还要根据其宜耕性随耕随耙。沙性土壤一般当年不耙，待第二年春天土壤解冻时及时细耙整平，以便抗旱保墒。垄作后的垄体松土层厚，既有利于保墒防旱，又能降低垄体土壤湿度，便于排水防涝防病，还能通过增加土壤表面积，接受更多的光热，提高地温。

（二）起垄的形式和要求

烤烟起垄的形式因地而异，一般有槽形垄、碟形垄、梯形垄和拱形垄等形式。槽形垄和碟形垄适合旱作烟区；梯形垄适于降雨量适中或稍大的烟区；拱形垄则适于烟草生长至成熟季节降雨量大的烟区。

1. 槽形垄和碟形垄

北方春烟区，栽烟后往往遇到干旱缺水，为此，常于早春土壤解冻后，抢墒整地起垄。一般垄距（即行距）100～120cm，垄高25～30cm，垄基宽70～80cm，垄顶圆而合。在移栽前10～20天，最好是降雨后，及时扒去垄顶5～7cm的表层土，施入基肥并耙平耧细后，平地栽烟将垄顶整成两边略高、中间稍凹的槽形垄；丘陵山地将垄体整成四周稍高、中间稍凹的碟形垄，随即先覆盖地膜保墒，然后栽烟，或者边施肥、边移栽、边整理垄型，随即覆盖地膜。这样，既有利于集雨、保墒保水，便于施肥、移栽和浇水，保证移栽质量，又有利于提高土壤温度，增加土壤透气性，改善土壤水、气、热状况，促进土壤养分转化、释放，使烟苗早栽早发，根系发达，烟叶发育成熟良好，提高烟叶品质和产量。

东北烟区，气候寒冷，春季气温回升较慢，常有霜冻，为适应烤烟膜下移栽，多采用两次作垄施肥的方式。一般于栽烟前15天左右，先做宽50cm左右的小垄，将腐熟的有机肥撒入垄沟内，隔一沟撒施一沟，然后再将施入肥料的垄沟两边的小垄，整合成一条高20～25cm，垄基宽80～90cm的拱形垄，并耙平垄面。栽烟时，先按株距在垄顶开穴，穴宽25～30cm，深15～18cm，将烟苗栽植于穴的中央，随即将植烟穴整成四周高、中间低的碟形垄，然后，将垄体和烟苗一并覆盖在地膜之下。烟苗在膜下生长15～20天，再破膜掏苗，并用细土封严地膜的掏苗开口处。

2. 梯形垄

整地与起垄的规格要求基本与槽形垄和碟形垄相同。只是在移栽前10～20天，及时扒去垄顶5～7cm的表层土，施入基肥后，将垄顶整成宽25～30cm的平面，坡地栽烟时将垄体的两边整成上窄下宽的梯形，并耙平耧细，随即先覆盖地膜保墒，然后栽烟。或者边施肥边移栽边整理垄型，随即覆盖地膜。

3. 拱形垄

拱形垄即传统的地膜覆盖垄型。起垄相对较为简单，一般垄距（即行距）100～120cm，垄高25～30cm，垄基宽70～80cm，垄顶圆而合。可先覆盖地膜保墒，然后栽烟。也可边施肥、边移栽、边整理垄型，随即覆盖地膜。

三、烤烟施肥

（一）氮肥

氮素是烟草最重要的营养，也是施肥技术中要求最为严格的元素，适量施用氮肥是生产优质烟的必要条件，但如果施用不当又是产生劣质烟的因素。因此，国内外对氮肥施用都非常重视。近几年来，全国各地做了大量的实验研究工作，旨在从根本上弄清氮素用量、形态和种类对烤烟生长发育和产质的影响，筛选和确立最佳的施肥规范，取得了不小的成绩。

河南农业大学连续两年在速效氮含量为55.9mg/kg和56.5mg/kg的土壤上进行氮素用量、形态和种类对烤烟生长发育及产量和品质影响的研究。结果表明，随着氮用量的增加，烤烟产量逐渐增加，但增加到一定程度（4.5kg/亩）增产幅度很小，甚至下降；上中等烟比例、产值、均价以施氮4.5kg/亩时最高，次之为3kg/亩。就氮素不同形态的实验结果来说，以25%硝态氮和75%氨态氮处理的产量、产值、上中等烟比例、均价最高，经济效益最好。总量为4.5kg/亩氮素，用有机态氮、无机态氮及有机态氮和无机态氮各半的处理中，产值、均价、上中等烟比例是有机氮和无机氮各半的处理最高。纯有机氮处理的产量最低，虽上中等烟比例和均价高，但产值明显低于有机氮无机氮各半和无机氮处理（表 9-2）。

表 9-2 氮素用量、形态、种类与烤烟产量、产值、均价的关系

氮素用量、形态和种类		产量		产值		均价
氮肥用量	0kg/亩	144.36	a	410.70	a	2.84
	1.5kg/亩	158.76	b	472.84	b	2.97
	3kg/亩	164.96	c	510.21	c	3.09
	4.5kg/亩	169.80	c	533.97	d	3.14
	6.0kg/亩	175.83	d	507.20	c	2.88
	7.5kg/亩	174.65	d	420.34	a	2.41
氮素形态	100%NO_3^-	147.6	a	458.30	a	3.10
	75%NO_3+25%NH_4^+	155.3	b	487.53	b	3.13
	50%NO_3^-+50%NH_4^+	164.8	c	530.52	c	3.21
	25%NO_3^-+75%NH_4^+	174.95	d	572.30	d	3.27
	100%NH_4^+	170.1	d	510.50	c	2.87
氮肥种类	1. 无机氮	175.63	a	560.81	b	3.19
	2. 1/2 有机氮+1/2 无机氮	172.38	a	580.21	a	3.36
	3. 有机氮	154.96	b	540.10	c	3.48

资料来源：河南农业大学，1988

由此可知：烤烟大田施肥中宜选用 4.5kg/亩纯氮，50%无机氮（25%NO_3^- +75%NH_4^+）+50%有机氮处理，能获得较高的产量和较好的烟叶品质。

山东烤烟生产经验是，土壤水解氮含量低于 40mg/kg，施氮素 4～5kg/亩，土壤水解氮含量为 40～60mg/kg 时，施氮素 3～4kg/亩。另外辽宁省的烤烟生产技术规范中提出，烤烟施用氮肥应本着肥地少施，薄地多施的原则，一般以 6～8kg/亩为宜。云南优质烤烟栽培技术模式中，农家肥的施用量要求 600kg/亩，氮肥的施用量因品种不同而异，K326、云烟 85、V2 3 个品种耐肥，适宜的施氮量为 7～9kg/亩；红花大金元、斯佩特 G-28、云烟 317 应严格控制施氮量，一般为 5～7kg/亩。

总之，烤烟施用氮肥应因地而异，各地都要在科学实验和调查的基础上确定当地合理的氮肥施用量。根据“少时富，老来贫”的原则，我国北方烟区的大多数经验是把全部氮肥用量的 2/3 用作基肥，1/3 用作追肥施用。追肥应于移栽后 30 天之内施入。进入成熟期后，即使发现氮肥明显不足，也不追施氮肥，以免出现“返青”现象。

（二）磷肥

和氮、钾相比，磷的特点是土壤中磷的含量很低，可用性很低，磷肥的当季利用率很低，因此虽然烤烟对磷的吸收量比氮、钾少得多，但在通常情况下，增施磷肥对烟叶产质均有明显的作用。据报道，增施磷肥还有一定的缓解氮素太多的不良作用。减轻土壤对磷的固定作用是施用磷肥中的突出问题。根据经验，磷肥和有机肥混合使用效果较好。集中施肥或施用颗粒磷肥，减少肥土接触也可减轻土壤对磷的固定，磷在土中的移动性较小，损失率极低，可以作基肥一次性施入。目前我国烤烟生产中磷肥的用量多依氮用量而定，一般要求氮、磷比例为1∶1～2。根据土壤中速效磷的含量施用，土壤速效磷含量在15mg/kg以下时，$N:P_2O_5=1:1$；土壤速效磷含量在15～40mg/kg之间时，$N:P_2O_5=1:0.5\sim1.0$；土壤速效磷含量高于40mg/kg时，$N:P_2O_5=1:0.5$。

（三）钾肥

烟叶含钾量较低是我国烤烟的质量缺陷之一，如何提高烟叶含钾量和施钾的经济效益是烤烟生产中的一个重要问题。实践证明，增施钾肥非常重要，能明显提高烟叶的内在质量。在烤烟钾肥施用中，应注意钾易于流失和烟株内可重复利用的特点。在钾肥不足的情况下应优先保证烟草生长前期的需求，掌握以基肥为主，追肥为辅的经济有效的施钾方法，在多雨地区和沙土类土壤上种植烤烟，钾肥用量较大时，应多次施用可减少养分流失，效果较好。集中施肥对减少流失也是有益的。目前我国钾肥用量亦由氮肥用量来确定。一般要求氮、钾比例为1∶2～3。

种植红花大金元、G-28、云烟317等品种，施氮量为5～7kg/亩，$N:K_2O=1:3$；种植K326、云烟85、V2等品种，施氮量7～9kg/亩，$N:K_2O=1:2$。

（四）微量元素肥料

土壤中微量元素含量差异很大，有的地区含量很高，有的则较为缺乏。是否需要使用微量元素应视具体情况而定，若生长期中发现某种微量元素缺乏症，以叶面喷施效果较好。

四、移栽

（一）适宜的移栽期

烟草移栽期的选择，实质是综合考虑主要气候因素、环境生物、栽培制度和品种特性等对烟草各个生育时期的生长、发育和产量、品质的影响，根据烟草生长发育的持续性和阶段性的要求，趋利避害，把烟草田间生长发育和正常成熟采烤均安排在适宜的生态环境中。我国地域辽阔，烟区分布范围广泛，自然条件差异大，种植制度及农业生态体系也十分复杂，各地适宜的移栽期也有很大不同。

黄淮烟区，烤烟应适时早栽。河南、安徽等烟区一般于4月中旬至5月上旬移栽。山东、陕西等省有水浇条件的平原地区，一般于4月下旬至5月中旬移栽；丘陵山区多于5月上、中旬移栽。

东北烟区气候寒冷，春季气温回升慢，秋季降温快，烤烟多为膜下移栽。辽宁、吉林、内蒙古等地一般于5月上中旬移栽；黑龙江省多为5月中、下旬移栽。

西南烟区水热资源丰富，立体农业气候特点明显，各地移栽期有很大差异。丘陵山区多于4月中旬至5月下旬移栽；低热河谷地区多于3月下旬至4月上旬移栽。高海拔地区则多于4月下旬至5月上旬移栽。

南方烟区水热资源丰富，复种指数高，地形地貌较复杂，烤烟种植有春烟和冬烟之分。福建、广东、广西等省（自治区）的冬烟产区，多于10月下旬至翌年2月中旬移栽。湘南、赣南和福建三明等地的早春烟一般于 3 月中、下旬移栽。其他地区多于 4 月中旬至 5 月上旬移栽。

（二）栽植密度

合理的密度是烟草优质适产的基本技术要求之一，是保持烟草良好个体发育和大田合理群体结构的基础。合理的密度，配合其他栽培措施，能够充分利用阳光、热量和土地资源，协调烟草生长发育与环境条件、烟叶产量与质量的关系，达到优质适产的目的。

由于烟草的栽植密度是由品种特性、自然条件、栽培技术和烟叶用途等因素决定的，因此，不同国家、不同自然和生产条件的地区、不同品种及用途的烟叶，栽植密度有差异（表 9-3）。

表 9-3　世界部分产烟国烤烟的种植密度和行株距

国　家	行距/cm	株距/cm	密度/(株/hm^2)
美国	120	50～70	16 140～11 520
加拿大	100～125	55～60	17 610～15 300
津巴布韦	100～125	40～55	24 285～14 550
澳大利亚	120	45	17 925
新西兰	105	45～53	20 490～17 565
南非	100～125	50～63．5	19 995～17 715
日本	95	45	22 710
印度	82	82	14 220
意大利	80～90	35	37 050～30 000

注：摘自《中国烟草栽培学》，1987。

我国地域广阔，地形复杂，自然条件和生产条件差异较大，因而，烤烟的栽植密度各异，田间试验和生产实践表明，一般雨量适中至较大、土层厚、土壤较肥沃的地区，种植密度以 16 530～18 180 株/hm^2 为宜；丘陵山地、土壤较瘠薄且降雨量较少的旱作烟区，栽烟密度以 18 180～21 000 株/hm^2 为宜；多雨、寡照地区和稻烟轮作区，种植密度应适当稍稀，以 15 150～16 530 株/hm^2 为宜。

（三）栽植行式

行式是指田间栽培的行距、株距及排列形式。合理的行式是在一定密度条件下，通过适当安排行距、株距和排列形式，使单位面积上的株数合理分布，充分利用地力和空间，有效地改善烟田受光和通风状况，使群体与个体间的关系得到适当的调整，促进烟草植株的生长发育，获得优质适产。

1. 等行距式

现在实际生产中最主要的栽植方式，等行距式就是行与行之间的距离相等，行距大于株距。一般行距 100～120cm，株距 50～60cm。按行间排列方式不同，又可分为并排对栽和交错栽植（又称三角定苗移栽）两种。并排对栽便于田间操作，但较易因封行而发生郁蔽现象；交错栽植烟株分布均匀，可较好地利用光能和营养，应用效果较好（表9-4）。在密度较小的情况下，等行距栽植，田间光照条件和营养面积比较均匀，便于田间管理操作，效果较好。

表 9-4 并排栽植与交错栽植对烟叶质量影响

栽植行式	株高/cm	茎秆直径/cm	叶数/片	叶片/cm						产量/(kg/hm²)	级指
				脚叶		腰叶		顶叶			
				长	宽	长	宽	长	宽		
并排	118.3	2.2	19.8	42.9	25.1	52.5	30.7	35.2	17.2	1 597	0.234
交错	118.1	2.2	19.3	43.4	25.6	53.0	30.2	35.9	17.1	1 710	0.253

资料来源：贵州省烟草研究所，1998

2. 宽窄行式

黄淮和东北烟区的部分地区曾采用这种栽植形式。宽行一般 120～140cm，窄行一般 60～80cm。但由于条件不同，有平栽后培土的，也有起垄栽植的。南方多雨地区，为便于排水或因土层浅而集中熟土层，将窄行部分做出高平畦，畦上栽两行烟，所以称一畦双行式。东北烟区的“一垄双行”也属于此种形式。但目前这种形式在烤烟生产上已很少采用。

（四）移栽方法

因各地条件及耕作习惯不同，烟草移栽方法也不尽相同，烟草移栽有垄栽与平栽、穴栽与开沟栽、手工栽与机械栽之分。若按浇水的先后，又可分为干栽和水栽（彩图 9-1）。

1. 干栽

先栽烟后浇水，即先按预定的行、株距刨穴或开沟施肥，将土、肥充分拌匀，再扒开松土栽植烟苗，然后及时浇水。若穴栽，待水渗后，撒上农药及时覆土。如沟栽，烟行应稍偏离沟的中心，即烟苗要栽在沟的一侧，以防水量大时淤苗或冲苗。开沟移栽虽可以提高移栽速度，但用水量大，降低地温明显，土壤质地黏重时则易板结，且不太适合于垄栽，是一种比较粗放的移栽方法，使用效果不如穴栽。干栽易于操作，在土壤墒情好或栽后浇水及时的情况下较适用。

2. 水栽

先浇水后栽烟，即先按行株距挖穴或开沟施肥，将土、肥充分拌匀，浇水入穴或引水入沟，趁水尚未渗下栽苗入穴，水渗后撒上农药再覆土封穴。在土壤墒情差且栽后浇水不及时的情况下，水栽能使根系及时接触水分，减轻根系损伤及烟苗水分亏缺程度，移栽成活率高，还苗快，但移栽时要在泥水中进行，操作不太方便。

3. 机械移栽

烟草机械移栽在发达国家，如美国、日本等广泛采用。20 世纪 70 年代后我国也进行了烟草移栽机械的研究，如吉林省延边朝鲜族自治州农业机械研究所研制的 2ZL-2 型联合栽植机，1981 年由河南省农业机械研究所研制的 2ZY-2 型烟草移栽机，中国农业科学院烟草研究所于 1982 年研制的 2ZYM-2 型烟棉移栽机等。这些烟草栽植机械操作简单，使用方便，栽植质量较好，工效较高，能满足烟草移栽的农艺要求。但由于我国生产条件和栽植习惯的限制，移栽机械一直未能得到推广和应用，个别地区仅使用一些简单的移栽器。随着机械化的发展，对移栽机的复合作业和工作效率要求越来越高，各国烟草移栽机的种类较多，按栽植方式分为挖穴式和挖沟式两大类。按其栽植器的不同分为夹式、筐盘式和圆盘式三种。功能较完善的移栽机，可以一次完成栽植、覆土、浇水、施肥、镇压、喷药覆膜等工序。

五、中耕

中耕的目的是通过机械力改善烟田表土物理性状，改良土壤理化因素。中耕是烤烟田间管理的重要环节之一，是保持土壤适烟性的必要措施。通过中耕可有效地调节土壤水、肥、气、热状况，改善土壤环境条件，有利于促进根系发育及地上部烟株的早发快长，对烟草优质适产起着重要作用（彩图 9-2）。

（一）中耕的作用

1. 蓄水保墒，调节土壤水分

春旱或夏旱是北方烟区烤烟生产普遍而严重的制约因素。保墒和有效存蓄土壤水分，是春烟前期的主要管理措施之一。通过中耕创造细碎的表土层，虽然增强了表土水分的扩散，但却切断了底层土壤与表层的毛管水通道，使底层土壤水分难于继续上升散失。同时，浅中耕后在表层土壤形成疏松的覆盖层，有效地减少了底层土壤水分的损失。由于根系在表土层（0～5cm）分布量很少，表土层土壤水分对根系的有效性很低，所以浅中耕增加水分损失的量主要是无效水分，而使有效水分的量得到保持，收到明显的蓄水保墒效果。

在雨水较多、土壤水分过大时，进行适当的深中耕，可增强土壤的通气性，促进土壤水分的扩散，排除过多的土壤水分，改善烟草根系生长的土壤水分环境，是调节土壤水分的重要手段。这也是农民常说的“锄头底下有水也有火”的道理。

2. 改善土壤通气性，促进根系发育

土壤中的氧气是烟草根系活动必不可少的，不仅烟草根系的呼吸作用需要，而且对根系的吸收作用至关重要。当土壤氧气充足时，根系新陈代谢旺盛，吸收能力增强；好气性微生物活动旺盛，土壤有效养分较多。只有当根系密集层土壤空隙中的空气与大气不断地进行交换，才能不断补充根系所需的氧气。生产上，由于移栽、灌溉及其他农事操作和降雨的影响，极易造成表土层板结，土壤大空隙减少，妨碍土壤空气中氧气的补充。通过中耕破除了表土板结层，创造了大孔径空隙，增加了土壤的通气性，有利于根系的发育。同时，中耕还可切断部分根系，有利于根系再生能力强这一特点的发挥，促进根系向纵深发展。

3. 提高土壤温度，调节土壤肥力

中耕可以疏松烟田表层土壤，接受太阳辐射的面积增大，尤其在气温高于地温时，能显著提高地温。在春季烤烟移栽后，能有效地起到促苗早发的作用。

烟田土壤养分中，大部分的氮化物以烟草难于吸收的有机态存在，磷化物中虽然无机态的比率比氮化物多，但它的绝大部分以不溶于水或难溶于水的状态存在，也很难被烟草吸收。这些养分矿化分解为根系易吸收的形态，主要靠好气性微生物对有机、无机物的分解来完成。土壤中铵态氮素的硝化，也是需要好气性硝化细菌的硝化作用才能实现。因此，土壤水分、土壤通气性以及其他任何影响土壤微生物活动的因素，都直接影响土壤微生物的种类和活动强度，从而影响土壤养分转化的方向和速度，对土壤养分状况起着很大作用。

4. 去除杂草，减少病虫害

中耕不但可以调节土壤养分、提高土壤通气性，还可以消灭田间杂草，减少病虫危害。烟田杂草种类多，繁殖快，不但与烟草争夺水分和养分，而且往往是传染病菌的媒介或害虫的中间寄主，中耕能够铲除杂草，对减轻和防止病虫害的发生蔓延有着重要的意义。

（二）中耕的方法

中耕对土壤理化性状的影响在很大程度上取决于中耕方法的正确与否，中耕的时期、次数、深度等，依烟草生长发育的状况、气候条件、栽培条件及土壤性质的不同而异。

还苗期是烟草恢复生长阶段，以根系生长为主。烟田的土壤温度和水分状况，是烟草生长发育的主要限制因素。此期中耕以增温、保墒、除草为目的。由于烟株幼小，根系尚未形成，宜进行浅中耕、细中耕。尤其是株间中耕，更不能过深，近根处以划破地皮即可，切忌伤根或触动烟垛。离株间稍远处可略深。雨水较多的地区，中耕以松土通气、除草为主。

伸根期烟草根系和地上部分生长速度逐渐加快，是烟草根系发展和旺长期生长的重要准备阶段。此期苗体尚小，烟田耗水量不大，过多的土壤水分对根系发展反而不利。烟田中耕以松土、通气、促根、发苗为主要目的。一般要中耕 2～3 次，在保证中耕质量的同时，尤其要注意中耕深度的变化。开始时深度为 4～6cm，之后结合培土，中耕深度逐渐加深到 8cm 左右，其中远根处深度可到 10cm 以上。通过深中耕，创造深厚的松土层，既可保墒，促进根系下扎，又可改善通气，加速肥料分解，为下一阶段烟株的旺盛生长打好基础。同时还要十分注意消灭杂草，保持田间卫生。

烟株“团棵”后，随着进入旺长期，烟株较大，田间作业不便。同时，团棵后烟株地表根系量大，中耕过深将伤害根系，影响此后的旺长。一般团棵期以后只中耕一次，而且以浅为好，中耕深度一般不超过 6～7cm，以打破表土板结，清除杂草为目的。

任何时期的烟田中耕，都必须注意土壤的适耕性，因时因地灵活掌握。原则上中耕宜在旺长以前进行。一般沙壤土中耕次数可少，黏壤土中耕次数可多。在中耕深度上，主要掌握先浅、后深、再浅和行间宜深、株间宜浅的变化。

六、培土

烟田培土，又称上厢、壅土或扶垄等，是指烟苗移栽后 25～35 天，烟株生长到 13～14 片叶时，采用机械或人工操作的工具，将烟株行间或垄沟的土壤壅培到烟株基部和垄顶上，形成规定高度的拱型垄体。

（一）培土的作用

1. 促进根系发育，扩大吸收营养面积

烟草的根系再生能力很强。培土后烟株附近活土层加厚，使烟株茎基部发生较多的不定根，从而促进烟草根系的生长发育，提高吸收养分的能力，扩大吸收营养面积，有利烤烟的优质适产和稳产、增收。

2. 便于排灌，增强抗旱防涝能力

烟田培土后，烟行成垄，行间成沟。土壤干旱时便于灌溉，利于节水，避免了大水漫灌的许多缺点。在多雨季节或地区，有利于烟田排水防涝，保持土壤湿度适宜，通气良好。同时，培土后发达的根系也增强了烟株的抗旱能力。

3. 防风抗倒，减少土传病害

烤烟叶片宽大、植株繁茂，遭遇较大风雨容易倒伏。培土后根系入土相对较深，烟株根系发达，支撑能力增强，可显著提高防风抗倒伏的能力。培土又能使过多的雨水及时顺垄沟排走，不流经根基部，从而减少土传烟草病害，如烟草黑胫病等的传播机会。因而，烟草生产上把培土作为预防黑胫病的综合措施之一。

此外，培土还能清除和掩埋杂草，具有减轻和控制草害的作用。

（二）培土的要求

1. 培土要适时

培土通常结合中耕适时进行，一般培土分两次进行。第一次在移栽后15～20天进行，培土过早，因烟苗小，容易埋住生长点，抑制烟苗生长；培土过晚，茎基部木质化程度高，发生不定根的能力减退，导致根系发育差。第二次培土在团棵时进行为宜，培土过晚，烟株太大，田间操作不便，且容易损伤叶片。

2. 注意培土高度

烟田培到垄面上的土层厚度一般为10～15cm。在丘陵山坡地培土后使垄高达到25～30cm，平原地区达到30～35cm。多雨地区或稻烟轮作区，培土可适当增高，一般应达到35cm以上。培土太低，达不到培土应有的目的。培土时要求垄体饱满，垄面拱起，与烟株茎基部密切接触，垄顶圆而合；垄沟要直，沟底要平。培土应在土壤干湿度适宜时进行，并尽可能在雨季来临之前完成。

（三）培土的方法

培土多结合中耕除草和追肥等措施进行，也可单独进行。一般先中耕松土，铲除杂草，然后开穴追肥，随即进行培土。在叶部病害严重的地区，培土前要先摘除底部老叶，待伤口愈合后再培土，以防培土后病菌从被埋茎部的伤口侵入烟株。

南方多雨烟区，移栽后的烟垄常受雨水冲刷变矮变窄，要采用多次培土的方法，将冲入行间沟内的表土及肥料重新培到垄面上，培土又起到追肥的作用。

七、灌溉与排水

（一）烤烟的需水规律

烤烟大田的需水量因地区、气候、生长季节、耕作制度和栽培技术等不同而异。就烟株整个生育过程而言，需水量随生育期不同而发生变化。烤烟大田期总的需水规律是前期少，中期最多，后期又趋减少。烟田总耗水量，在烟株生长过程中有与需水量同步变化的规律。据汪耀富（1993）研究，烤烟在田间生长前期（移栽至团棵）耗水量较少，阶段耗水率为16%～28%；生长中期（团棵至现蕾）耗水量多，需水量最大，阶段耗水率近44%～46%；生长后期（现蕾至成熟）需水量和耗水量都趋下降，阶段耗水率为35%～37%。

据各地灌水试验结果，烤烟大田生长中期（团棵至现蕾）气温逐渐升高，烟株生长旺盛，蒸腾作用最强，需水量和耗水量最大。此期供水充分与否，对烟叶产量和品质都有极大影响。只有在中期水分供应充足，前、后期水分适宜时，才能获得烟叶优质、适产、高效。

烟田灌溉，我国烟农有丰富的经验，总结出“看天、看地、看烟”的三看方法。“看天”是指气温条件，依据当年的气候特点和当时的气候变化情况而定。“看地”是指土壤质地、结构、肥力、坡度和土壤湿度而定。“看烟”是指烟株形态表现。总之，灌水要依天、地、烟三方面情况综合考虑，灵活掌握，以满足不同时期对水分的需要。

烟田灌溉，通常按照烤烟大田生育期把灌水分为移栽水、还苗水、伸根水、旺长水和平顶水等。

（二）烟田灌溉方法

良好的灌溉方法，能使土壤水分和空气得到合理调节，不产生地面径流和深层渗漏，既能保持良好的土壤结构，又能节约用水，提高水分的利用率。灌水的方法有穴灌、沟灌、喷灌、滴灌等。

1. 穴灌法

多用于移栽和山丘无灌水条件的地方抗旱保苗。在水源不足或运输不便的山冈丘陵区移栽时或移栽后遇到持续干旱时采用穴灌。一般每次每穴灌水1.5～2kg，每公顷烟田需水60～90m^3。这种灌水方法具有省水、地温变化小的特点，有利于促苗早发，特别是在地膜覆盖栽培条件下，这种方法更适宜。

2. 沟灌法

沟灌是我国烟田最主要的灌水方法。其优点是水沿着沟向两侧渗透，仅沟底部分以重力作用浸润土壤。因此，大部分土壤不板结，使土壤中水分、空气、养分较协调（水源充足的地方，移栽时也要采用此法）。一般沟灌1次的需水量为150～300m^3/hm^2。

灌水时，一般采用单沟灌，但在水源不足或土壤缺水不多时，也可隔沟灌水，这样速度快，地温稳定。为节省用水，沟灌的方式又有间断灌水法和波涌灌水法等。水沟的长度及沟中水量大小应以地面坡度、土壤类型、耕作方法及烟株生育期需水量而定。每天灌水的时间，如地温低时，中午为宜；天气炎热时，以早晚为好（彩图 9-3）。

3. 喷灌法

喷灌是节约用水、提高水利用率的先进灌溉技术。喷灌具有节水、省工、增质、经济效益高等优点。与沟灌相比，喷灌后土壤板结层薄，土壤容重减小，孔隙度增大，土壤通气性好，烟株根系和重量增加，地上部生长好，且能改善烟田小气候，为烟株生长发育创造良好的条件。喷灌不产生地表径流，减少病源传播，还能降低蚜虫及烟青虫的危害（彩图 9-4）。

喷灌的技术要点：首先要掌握好水滴大小和喷灌强度。水滴过大或过小都会对土壤结构和节水造成不利。喷水强度与土壤透水性相适应。其次是喷灌的均匀度，要尽量使喷水范围内的水分布均匀一致。喷灌时一般不易在炎热和大风天进行。夜间喷灌效果优于白天。

4. 滴灌法

滴灌是目前节水灌溉较理想的一种灌溉方法。它是用出口水很小的滴头、滴灌带，将水一滴一滴均匀而缓慢地滴在烟株根部附近的土壤中（彩图 9-5）。

目前滴灌技术已在烤烟上进行了有益的尝试。据杨金楼等（2001）研究，在烤烟上进行滴灌、沟灌与不灌的比较试验得出：滴灌比沟灌节水 50%～82.5%；花叶病、赤星病、马铃薯 Y 病毒病的发病率与病情指数均以滴灌最低、沟灌较高、不灌最高；滴灌比沟灌产量增加 20%，均价提高 20%，产值增加 30%～40%。所以，在烤烟生产上采用滴灌技术不仅能节约用水，而且能增产、增效、提高品质。对于在丘陵山区和偏干旱地区是很有推广前途的节水灌溉技术。

（三）烟田排水

烤烟在整个生育过程中需要充足的水分，但水分过多也不利于烤烟生长。烤烟根系需要利用土壤空气进行呼吸作用，才能维持其正常的生命活动。当水分过多而呈饱和或过饱和状态时，土壤空气缺乏，气体交换受阻，根系就不能进行正常的呼吸，烟株生长受阻，甚至窒息死亡。烟株受淹后，由于土壤中残留的空气量及烟根向下伸展的程度不同，可造成生长不良、萎蔫、涝烘和死亡等现象。烟株受水害的程度取决于渍水时间的长短。

我国南方烟区烤烟生长期间和北方烟区的 7～8 月份，经常阴雨连绵，或雨水集中，降雨强度大，还有暴雨或特大暴雨，不仅使土壤湿度增大，而且还会造成烟田积水，对烟株生长极为不利。雨水过多还会增高地下水位，阻碍根系生长，影响其吸收能力。因此，在多雨季节，要注意烟田排水防涝，及早搞好高质量的排水设施，使积水及时排除，降低地下水位，减少耕作层的过多水分，改善土壤通气条件，促进有机物的分解，调节土壤营养状况，为烤烟生长创造良好的条件。

1. 平地烟田排水

北方平原烟田要在整地时平整好地面，合理设置排水系统，烟垄培好土，挖好排水沟。南方烟稻轮作区的烟田要采用高垄（畦）种植，烟田再设垄沟、腰沟、围沟及通入池塘的大小干沟。在雨季来临前，注意清理沟渠，防止淤塞。

2. 坡地烟田排水

坡地烟田排水要注意水土流失。山丘地区应在烟田上方挖截水沟或筑田埂，把水引走，防止水顺坡而下，造成水土流失，甚至冲毁烟株。

（四）抗旱技术

我国北方受季风影响，多数年份春季易出现干旱，再加上可利用的水资源有限，严重影响到春烟的移栽和烟株前期的正常生长发育，为保证优质烟生产的稳定发展，应大力发展旱作农业。自 20 世纪 70 年代开始研究利用化学合成物质抵御干旱，到 80 年代得到迅速发展。在烤烟生产上施用抗旱剂，增强抗旱能力，提高烟叶产量和品质效果显著。抗旱剂种类繁多，在烤烟生产上应用面较广。根据在烤烟生产上所起的作用，大体可分为土壤保水剂、抗蒸发剂和抗蒸腾剂 3 大类。

1. 土壤保水剂

保水剂又称吸水剂，是一种高吸水性树脂。目前生产上使用的保水剂主要是 IAC-13 土壤保水剂。烟田使用后，土壤容重下降，孔隙度增加，改善了土壤水分和气体状况，提高了土壤的吸水和保水能力，降低了土壤水分的蒸发量和土壤水分的渗透速度，起到了保水抗旱的作用。烤烟生产上，移栽前在栽烟穴内施用 IAC-13 土壤保水剂 1g，与土充分拌匀，再栽上烟苗，然后浇入 1kg 水。栽后烟苗还苗快，成活率高，促进根系和地上部的生长。

2. 抗蒸发剂

抗蒸发剂是利用高分子化学物质制成的乳状液，喷洒到地面上，在地表面形成一层覆盖膜，可以抑制土壤水分的蒸发。它的特点是能够阻隔土壤水分的蒸发而不影响降雨渗入土壤。抗蒸发剂制品（如沥青乳剂）是高浓度的乳状液，使用时按规定倍数稀释后，均匀喷洒在土壤表面上，用药量为 1.2～2.25kg/hm^2，1～2h 后就形成不规则、层状、连续的多分子薄膜，阻止土壤水分进入大气层，减少水分的蒸发。

3. 抗蒸腾剂

目前生产上使用的抗蒸腾剂主要是抗旱剂 1 号，是易溶于水，生物活性物质含量较高，易于被作物吸收利用的多功能植物生长调节剂。主要作用是缩小气孔开张度，抑制叶面蒸腾，减缓土壤水分消耗，改善烟株体内水分状况。在烤烟生产上，移栽时用20～50mg/kg 溶液灌根，团棵旺长时，用 500mg/kg 溶液在叶面快速喷洒一次，可以取得很好的抗旱效果。

八、打顶与抹杈

（一）打顶的作用

在正常情况下，烟草苗期和大田前期以营养生长为主，主要是根、茎、叶的生长发育，中期是营养生长和生殖生长并进，后期则转化为以生殖生长为主，烟株主茎顶端的顶芽发育成花芽，进而现蕾、开花、结实。现蕾后，营养物质大量流向顶端，供开花结实之用。如果任其开花结实会消耗大量的养分，致使上部叶片营养不足，叶片小而轻，中、下部叶片变薄，重量减轻，底部叶片变黄枯死，降低产量和品质。在烤烟栽培中，除繁殖种子外，必须及时打顶促使营养物质集中以供应叶片生长发育，增大有效叶面积。打顶还能促进根系生长，增强根系的吸收能力，延长叶片的功能期，减缓成熟期净光合速率下降的速度，增加单叶重量，从而提高烟叶产量。

打顶可以增加与香气有关的中性挥发物质含量。一般可使调制后的烟叶香气质改善、香气量增加、劲头适中、品质提高。打顶还有利于烟叶中的胡萝卜素和叶黄素等黄色色素的积累，改善调制后烟叶的颜色，提高橘黄色和颜色较深的烟叶比例。打顶还能提高烟叶中烟碱含量，协调烟叶糖碱比等化学组分，降低烟气中的总粒相物（TPM）与总烟碱（TA）的比值，提高烟叶安全性。

（二）打顶的高度和时期

打顶的高度和时期，与留叶多少、叶片厚度、重量、化学成分及烟气中 TPM 和烟碱含量有密切的关系。各地对打顶、留叶数的研究表明，当株距、行距不变时，留叶数少会降低产量，烤后烟叶烟碱含量、叶片大小和厚度都有增加。打顶的原则是："打顶适时、留叶适当"。打顶过早，留叶过少，植株呈伞形，不但上部叶大而肥厚，品质下降，而且中下部叶片也会因顶叶遮蔽而降低品质。打顶过晚、留叶过多，顶叶瘦小，烟株呈塔形，也会降低烟叶品质。所以留叶多少要根据品种特性、烟株长相来确定。优质烟的最佳长相为顶叶生长基本停止时，叶片长度比上二棚叶短 3～4cm，植株呈腰鼓形或近似筒形。优质烟在正常情况下，单株留叶 18～22 片。打顶时，如果烟株仍长势旺，要多留 1～2 片；反之，则少留 1～2 片。

一般而言，春烟生长期长，打顶可以较高，多留叶；冬烟、夏烟生长期短，可适当低打顶，少留叶。有灌溉条件的地区，株距、行距较大的打顶可较高，多留叶；无灌溉条件，株距、行距较小的通常打顶较低，可少留叶。土壤肥力较高、施肥量多、烟株长势旺的情况下，打顶可以较高，多留叶；山丘地区、土层薄、烟株生长矮小，打顶可以较低，少留叶。

（三）打顶的方法和要求

1. 打顶的方法

国际上烟草生产先进国家，如美国、加拿大等，烟草已广泛采用机械化打顶，同时喷洒抑芽剂。我国烟区采用人工打顶，各地烟农在生产实践中积累了丰富的打顶经验。打顶时期一般以现蕾或开花为依据。打顶的方式有以下几种：

（1）现蕾打顶　即在烟株的花蕾和花梗完全露出顶端叶片，但第一中心花尚未开放时，将花蕾、花梗连同两三片小叶（也称花叶）一同摘去。此法简便易行，养分消耗较少，顶叶能充分展开，效果较好（彩图 9-6）。

（2）开花打顶　即在烟株花序的第一中心花开放时，将主茎顶部和花轴、花序，连同小叶一同摘去。开花打顶一般不损伤顶部叶片，便于采用化学抑芽，有利于叶片分层落黄成熟，但由于花梗、花序的生长，消耗部分养分。目前在国内外烟草生产上多被采用。

(3) 扣心打顶　即在花蕾包在顶端小叶内有高粱粒大小时，用小竹针挑去或用镊子夹去。此法养分消耗较少，可使顶叶长大。但此法比较费工，很容易损伤顶部叶片，并要求有较高的技术和经验。此法在目前烟草生产上已很少采用。但在土壤瘠薄的山丘地、旱地、肥少而烟株长势差的烟田，也可以考虑采用。

2. 打顶要求

在生产实践中，打顶时间的确定最终是以增产增质为依据。因此，打顶时还要考虑烟株长相、土壤肥力、施肥多少、品种特性、气候等因素。打顶早晚、留叶多少，要根据烟株长势和土壤当时的肥力状况灵活掌握。长势强、肥力足的烟田应晚打顶；反之，要适当早打顶。优质烟生产中，一般施肥较适当，可在烟田 50%烟株中心花开放时进行一次性打顶，促使各部位叶片生长发育一致。一般烤烟生产中，同一地块通常要进行 2～3 次打顶，最后一次要把生长不整齐或未现蕾的烟株顶芽一同打去。

打顶要选在晴天的上午进行，可使伤口迅速愈合。打顶时，必须注意所留花梗与顶叶平齐而略高，以免伤口离顶叶太近，影响顶叶水分保持。打下的花芽、花梗等不要抛在田间，以防传播病害。在烟田有病株（特别是病毒病）时，须先打无病烟株再打有病烟株，以免人为接触传染。

（四）抹杈

1. 抹杈的作用

一般情况下，烟株的每个叶腋中潜育着 3～4 个腋芽，其中，1 个主芽和 2～3 个副芽。这些腋芽在烟株未打顶之前，受烟株顶端生长优势影响，处于潜伏状态。打顶后由于失去顶端生长优势，这些潜伏芽便会从上而下逐渐萌发。摘除主芽后，第一和第二副芽便会依次萌发。通常在打顶后不久，腋芽就开始生长，其生长速度与打顶部位及烟株生长势有密切关系，打顶低或生长旺盛的烟株，腋芽萌发快。腋芽能长出叶片，形成枝杈和开花结实，消耗大量的养分。消耗养分的程度取决于烟杈生长时间和大小。烟杈生长愈大，消耗养分愈多，影响主茎烟叶生长。所以，要减少和控制养分的消耗，就必须及时抹杈。如果烟株枝杈丛生，还会使中下部叶片光照不足，烟田通风透光条件变劣，导致病害侵染，严重影响烟叶产量和品质。试验结果表明，及时打顶抹杈的，上部叶面积增加 23%，叶片厚度增加 8%，产量增加 20%左右，烟叶品质提高半个等级，总收益提高 27%。

2. 人工抹杈

烟株打顶或现蕾开花以后，腋芽由上而下陆续萌发成烟杈。烟杈的去除与烟叶产量品质密切相关。去除越早越彻底，烟叶产量和质量才有保证。采用人工抹杈，强调早抹、勤抹，最好腋芽长至 3～5cm 抹去。早抹烟杈小，脆嫩好抹，伤口易愈合，并能促进叶片生长，杈大养分消耗多，木质化后费工难抹，还易伤害主茎皮层。一般每隔 5～7 天抹一次，要连腋芽基部一起抹掉。

3. 化学抑芽

就世界范围而言，烟草化学抑芽研究始于 20 世纪 40 年代。20 世纪 50 年代初，内吸型烟草抑芽剂——马来酰肼（Maleic hydrazide，MH）首先在美国上市并应用于烤烟生产。尔后，又研制出触杀型、触杀-内吸型抑芽剂，并应用于烟草生产。近年来提倡触杀剂或触杀剂与内吸剂配合使用（彩图 9-7）。

我国自 20 世纪 50 年代开始研究利用药剂抑芽。20 世纪 60～70 年代从美国引进抑芽丹（MH）效果较好，但未得以推广。20 世纪 80 年代以来，随着烟草“三化生产”的推进和“科教兴烟”意识的不断增强，应用化学抑芽代替人工抹杈的省工、省事、减少病害传染机会，增产、增质、增加收益的作用，日益为我国广大烟区所接受，推广应用面积逐年增大。据中国烟叶生产购销公司统计，2003 年烟草化学抑芽剂应用面积达 55.98 万 hm^2，占全国烟草种植总面积的 58.37%。目前，我国推广的抑芽剂主要有内吸剂、触杀剂和局部内吸剂。

第二节 地膜覆盖栽培技术

烟草地膜覆盖栽培应用越来越广，但由于烟草覆盖地膜后既有正效应发生，又有负效应发生，因此，地膜覆盖栽培技术有一定的适用范围和适当的操作技术。主要的配套技术包括整地与施肥、覆盖地膜、移栽、大田管理、废膜回收等环节。目前地膜覆盖的机械化作业也日益受到关注。

一、整地

地膜覆盖栽培与传统裸地栽培相比，更强调移栽前植烟垄体表面土壤平整细碎。如果耕作、起垄的时机不当，就会使表层土块过大，造成垄面凹凸不平。不但盖膜时容易将地膜顶破，减弱地膜覆盖的效应，而且由于大土块的支撑，盖膜后易在膜下形成较大空隙，使杂草生长旺盛，影响烟株正常生长发育。烟田土壤必须在适耕的土壤水分含量范围内耕翻，才能保证起垄时垄面的平整和盖膜质量。

地膜覆盖栽培，不同气候条件的地区，其整地时期不完全相同。

无论是南方烟区，还是北方烟区，地膜覆盖栽培时整地均要求精细操作。起垄后要达到垄体表面平整，土壤细碎，无大土块（坷垃），无根茬，才能保证覆盖的地膜紧贴垄面，起到抑制杂草危害的效果，充分发挥地膜栽培的一系列效应。

二、施肥

烟草地膜覆盖栽培，烟田施肥是关键。只有合理施肥，才能保证烟草优质适产。要在烟草类型、生产目标、品种特性、土壤肥力和气候条件等方面，找出适量施肥的依据，制定合理的施肥方案。

由于地膜覆盖后，烟田的土壤养分和肥力状况发生了变化，养分释放高峰提前，所以在地膜覆盖烟田施肥时更要强调速效肥与长效肥相结合、无机肥与有机肥相结合的原则。

1. 施肥量的确定

（1）烟草大田生育前、中期降雨量大，土壤与肥料中养分流失量大的烟区，采用地膜覆盖栽培后，施肥量应比传统裸栽时大幅度减少，一般为 10%～30%；而养分流失量小的烟区，减少的幅度相对小一些，一般为10%左右。

（2）烟草大田生育前、中期降雨量少，不能满足烟株旺长需要，传统裸栽时烟草产量比较低的烟区，采用地膜覆盖栽培时，应增加施肥数量，一般增幅为10%～20%。

（3）传统裸栽时烟草产量已达到或者超过优质烟草的适产范围，但烟叶的品质较差，采用地膜覆盖栽培时，则应减少施肥数量，其减少幅度为10%～20%。

2. 有机肥与无机肥配合施用

地膜覆盖栽培比传统裸栽更强调有机肥料的施用，一般施优质腐熟的有机肥料7500～15 000kg/hm^2 为宜。确定有机肥施用量的原则为：有机质含量低、持续供肥力低的烟田，可以采用中层条施的办法，多量施用。有机质含量多、持续供肥力高的烟田，采用植烟穴内窝施的方法，少量施用。

烟草地膜覆盖栽培的施肥操作，应与起垄作业结合进行。采用高垄栽培的烟田，在起垄前将肥料均匀条施在烟苗栽植地面，然后翻土覆盖成垄。采用中低垄的烟田，起垄前按烟苗栽植行开5～10cm浅沟，将肥料均匀撒在沟内，然后翻上覆盖成垄。采用穴施方法时，栽植穴要求深20cm、长25cm左右，施用的肥料与土掺混后，拨到穴内两端或四周，肥料大部分位于垄顶表土下15cm左右。

3. 追肥方法

我国绝大多数烟区地膜覆盖栽培，全部肥料均作为基肥一次施用。当出现不能在移栽前施足全部肥料的情况时，可采用追肥的方法来补充。追肥可在距离茎基10～15cm处，扎一个10～15cm深的孔洞，将溶于水中的肥料定量灌入或用简单的背式注射器具注入，然后用土封严孔洞上口。追肥的时间，应掌握在移栽后30天内完成。

三、地膜覆盖

（一）地膜覆盖适用的范围及作用

研究结果表明，烟草地膜覆盖有其他生产措施难以替代的功效。可以在下列地区有显著的可用性与较高的经济效益。

1. 高纬度、高海拔等无霜期短的地区

这些烟区生长期间高温季节时间短，且适宜烟叶成熟的季节气温下降过快，不能满足上部叶片充分成熟要求，需要把生育期提前。采用地膜覆盖栽培，可把移栽季节大幅度提前。地膜覆盖栽培采用膜下栽植方式，可把移栽期要求的温度从日平均气温≥13℃提早至日平均气温7～9℃，大体上可以把移栽时期提前20～25天，且能免受早春霜害、冻害。移栽时期提前，再加上烟苗早长快发早成株，因而使烟叶成熟期提早到当地气温相对较高季节，使烟叶产量、品质得到提高。

2. 移栽后土壤温度低的地区

这类地区往往气温虽已达到移栽要求，但由于多雨，雨后土温急剧降低，土壤湿度大，土温回升缓慢。因此，移栽后大田初期烟苗生长很缓慢，不符合烟草优质栽培中“大田生育初期烟苗需早长快发”的要求。地膜覆盖栽培恰好有促进烟株早长快发的功效，据各烟区测定，烟苗移栽后30天，地膜覆盖烟苗单株干重可达传统裸栽烟苗的

1～2 倍，而根系干重可达传统裸栽烟苗的 1～3 倍，地膜覆盖栽培是目前烟草生产中促进烟苗早长快发最有效的栽培方法。

3. 南方多雨地区、烟稻轮作区或烟后种麦地区

这里主要指福建、赣南、湘南、广东、广西烤烟的主要倒茬种植方式。由于本地区多为当年两季作物倒茬的烟田，烟草顶部烟叶充分成熟往往与后茬作物丰产要求的插播期有冲突。为了烟粮双丰收，而需要将烟草采收结束期提前，以便能使下茬作物及时播种。烟草地膜覆盖栽培通过早栽与促进烟株早长快发、早成熟，可以把烟叶采收结束期提前 7～15 天，从而缓解两茬作物争时矛盾。

4. 少雨干旱地区

生育期内降雨量不能满足烤烟正常生长、成熟的要求，尤其是烟草生育前、中期干旱少雨的地区。烟草采用地膜覆盖栽培，将覆盖地膜的植烟垄面做成槽形、碟形，使垄顶地膜表面的雨水汇集到茎基由植烟孔下渗后得到保持。使地膜覆盖在无雨时起保墒作用，降雨时汇聚膜面降水进入根际，起到聚墒的效能，提高自然降水对根际补充的有效性，可以大大缓解降水量不足对烟株生长成熟的损害程度。少雨干旱地区垄形的改进，是我国烟草地膜覆盖栽培中的创新。

（二）压膜与封口

垄体覆盖地膜后，必须压严垄体两侧膜边。如果封压不严，则在晴天强光照射下，膜下高温气流上升外逸，膜与表土空隙的温度降低，还会使地膜覆盖抑制杂草的效果下降，甚至为其生长提供了比裸栽更有利的空间，不但起不到抑草的作用，反而有助于杂草生长。由于垄侧有较大的坡度，烟田表层土壤干燥，干土压边容易脱落，应采用在垄侧斜坡底部直下切 2～3cm 小断面，将膜边贴紧下切断面，用土挤封。烟茎周围的口也一定要封严实，否则，不但会出现与压膜不严同样的后果，而且在晴天强光照射时，高温气流会从茎周围的口出外溢，灼伤幼嫩的烟苗茎叶。一般是用土把茎与膜之间的孔隙填满压实。

（三）盖膜期限与揭膜培土时机

地膜的覆盖期限与揭膜培土时机，应以是否有利于烟草产量和品质作为标准，来决定是继续覆盖还是揭膜。一般在无异常情况出现时，地膜可以全生育期覆盖。地膜覆盖栽培的烟株根系分布要比传统裸栽的浅，吸收能力和生理活性较高的根系大都密集在膜下 5～25cm 处的表土层内，如果在烟草生长或成熟阶段揭去地膜，则膜下表土的干、湿状况极易变动，而处于该土层的根系正常的生理活动易被打乱，这对整个烟株正常生长与代谢活动不利。因此，揭膜时要随即进行大培土，以减少揭膜后表层土壤温湿度条件的急剧变化而带来不利影响，同时还可以促进不定根的生长。

对于一些优质烟产区，如果采用地膜覆盖只是为了克服生育期中某一阶段不良环境条件的影响，可根据各自的具体情况和地膜的效应是否仍对烟草有利来判断揭膜与否。比如，只为提高栽植烟苗的成活率与大田初期的早长快发，则可以在烟苗团棵时揭去地膜；或者只为使烟苗安全度过雨季前的少雨干旱季节，则在雨季来到时揭去地膜。一般情况下，移栽后 30～45 天可以考虑揭膜培土。

（四）废膜的危害及回收

地膜覆盖栽培技术应用所带来的经济效益和社会效益，已经得到普遍的认同。但由其所产生的负效应，特别是“白色污染”问题，是目前地膜应用中需要研究和克服的焦点问题。主要体现在以下方面：

1. 残留地膜对土壤环境的危害

（1）土壤渗透是自由重力水向土壤深层移动的现象，由于土壤中残膜碎片改变或切断土壤孔隙连续性，致使重力水移动时产生较大的阻力，重力水向下移动较为缓慢，从而使水分渗透量因地膜残留量增加而减少，土壤含水量下降，削弱了耕地的抗旱能力，甚至导致地下水难下渗，引起土壤次生盐碱化等严重后果。

（2）残膜造成灌水不均匀和养分分配不均，土壤通气性能降低，影响土壤微生物活动和正常土壤结构形成，最终导致土壤肥力水平降低。

2. 残膜对后期作物种植的危害

由于残膜影响和破坏了土壤理化性状，必然造成作物根系生长发育困难。凡具有残膜的土壤，阻止根系串通，影响正常吸收水分和养分；作物株间施肥时，根系与施肥区之间常有大块残膜隔离，影响肥效，致使产量下降。

3. 残膜对农村环境的影响

由于回收残膜的局限性，加上处理回收残膜不彻底，方法欠妥，部分清理出的残膜弃于田边、地头、水渠、林带中，大风刮过后，残膜被吹至田间、树梢、影响农村环境景观，造成“视觉污染”。总之，从地膜污染对环境和作物产量产生的危害可以看出，地膜栽培的农田土壤中残留地膜量，大都接近或达到了能使作物减产的临界值。因此，采收结束后，应当揭膜回收，防止地膜残留在田间污染土壤和环境。

四、移栽

（一）移栽密度

烤烟地膜覆盖栽培的行距，由烟田土壤水分、养分供应能力的高低，烟株可能生长的高矮来决定。肥力低的山岭薄地，行距 1m 即可，平原地区肥水条件好的烟田，应将行距扩到 1.10～1.20m，株距一般为 0.45～0.50m。

（二）移栽方式

烟草地膜覆盖栽培的栽植方式有膜下栽植和膜上栽植两种方式。烟苗移栽后，烟苗的地上部分裸露在膜上的方式，称为膜上栽植方式（彩图 9-8）。烟苗移栽在垄顶凹穴中，烟苗的地上部分盖在膜下的方式，称为膜下栽植方式。

（三）适栽苗形体标准

采用膜上栽植方式，要求深栽以培育发达的不定根，因此，要求苗茎要高，苗龄

8～9片真叶，茎高8～12cm，移栽时埋茎6～10cm，将这种烟苗形象的称为“葱式苗”。

采用膜下栽植方式的烟苗，需要在移栽穴内生长15～20天，要求烟苗茎短、叶片平展，苗龄6～7片真叶，茎高3～4cm，被形象地称为“碟状苗”。

五、田间管理

烟草地膜覆盖的中耕除草、防病治虫、打顶抹杈（或使用抑芽剂）等各项田间管理，与传统裸栽时要求一致，不能省略。田间烟株各部位叶片的成熟标准，也与裸栽烟田相同。根据成熟叶片的含水量与叶片素质，做到成熟采收，采取适当的调制工艺流程进行调制。

六、秸秆覆盖

在烟草生产过程中，除了地膜覆盖技术的应用外，也有部分烟区利用秸秆进行覆盖操作（彩图9-9）。在国外，秸秆覆盖在20世纪30年代主要用于防治土壤风蚀，60年代得到迅速发展，并随着研究的深入，目前已经扩展为农业抗旱的有效措施之一。

（一）秸秆覆盖的作用

试验研究表明，秸秆覆盖可以减少地表径流，防治土壤侵蚀，保持土壤水分，保持和改善土壤结构，提高土壤有机质含量，改善烟田土壤环境条件。

1. 秸秆覆盖可减少地表径流量

由于地表覆盖了一层秸秆或作物残茬，增加了地表的粗糙度，阻挡了雨水在地表的流动，增加了雨水向土体的渗入，相应减少了地表径流量。琼斯（Jones）、欧文思（Owens）、巴姆哈特（Bawmharlt）、迪克（Dick）等研究表明，秸秆覆盖与传统耕作相比，地表径流可减少50.0%～58.4%。这一作用在降雨较少的干旱和半干旱地区表现特别明显，而在降雨较多的湿润地区相对较弱。

2. 秸秆覆盖可减少土壤侵蚀

由于秸秆覆盖减低了雨水与土壤表层直接接触的机会，同时可吸收下降雨滴的能量，减弱了土壤侵蚀的动力来源，相应减少了雨水对土壤的冲刷，从而减少土壤侵蚀，在降雨大的地区尤为明显。众多研究表明，秸秆覆盖可大大减少雨水对土壤的侵蚀，甚至减少到零。秸秆覆盖在丘陵山区保护烟田土壤上具有重要意义。

3. 秸秆覆盖可减少土壤水分蒸发，提高土壤保墒效果

由于覆盖在地表的秸秆减少阳光对土壤的照射，降低土壤表层温度，加之覆盖的秸秆阻挡水汽的上升，因此秸秆覆盖条件下的土壤水分蒸发大大减少。斯德奈尔（Steiner）研究表明，秸秆覆盖可有效地控制土壤水分蒸发，可相对增加土壤含水量，提高土壤水分的有效性。这一优势在干旱地区更为明显。

宋承鉴等（1997）在山东蒙阴烟区试验结果表明：覆盖麦秸13.5t/hm^2、9.0t/hm^{2}和4.5t/hm^2，在烟草伸根期、旺长期和成熟前期土壤水分含量均高于对照区。其中盖草13.5t/hm^{2}的土壤保水效果最好，伸根期和旺长期0～20cm的耕层土壤含水量比对照区高 49.87%和 160.97%。

（二）秸秆覆盖对烤烟产量和质量的影响

宋承鉴等（1997）在山东蒙阴烟区试验结果表明：利用秸秆覆盖，烟株不论株高、有效叶片数、叶宽和叶长，经 t 检验统计，不同量秸秆覆盖处理均极显著地高于对照；而对烟株茎粗的影响，只有盖草 9.0t/hm² 处理高于对照（表 9-5）。

表 9-5 各处理烟株农艺性状比较

处　理	株高/cm	叶数/片	茎粗/cm	叶长/cm	叶宽/cm
盖草 13.5t/hm²	101.1	22.8	2.34	55.07	25.3
盖草 9.0t/hm²	110.0	17.6	3.37	67.37	32.6
盖草 4.5t/hm²	109.9	19.9	3.15	59.43	27.0
对照	89.0	14.1	2.99	53.27	24.7

资料来源：宋承鉴等，1997

注：烟草农艺性状每小区测定 15 株；茎粗以烟株底部为准，叶长为腰叶的长度，叶宽为腰叶的最大宽度

因为秸秆覆盖对土壤水分和烟株生长产生相应的影响，所以影响到烤烟最终的产量和产值。与对照相比，产量和产值均明显增加。据宋承鉴等（1997）的研究结果，盖草 13.5t/hm²、9.0t/hm²、4.5t/hm²，产量分别增加 6.68%、1.81%、9.42%，产值分别增加 8.16%、34.84%、26.03%（表 9-6）。

表 9-6 不同处理烟草的产量和产值

处　理	盖草 13.5t/hm²		盖草 9.0t/hm²		盖草 4.5t/hm²	
	盖草	对照	盖草	对照	盖草	对照
产量（kg）	2 491.5	2 335.5	2 451.0	2 407.5	2 421.0	2 212.5
产值（元）	21 456.15	19 836.75	24 325.65	18 040.5	21 536.7	17 088.0

资料来源：宋承鉴等，1997

注：表中的产值和产量是以每小区的实际折算数

可见，秸秆覆盖具有明显的保水防旱作用。盖草量在 4.5t/hm²、9.0t/hm²、13.5t/hm² 范围内，并且随着秸秆量的增加保水效果逐渐增强，秸秆覆盖对烟株的生长具有明显的促进作用，各种处理均明显好于对照。秸秆覆盖烟草的产量和产值明显高于裸地栽培。

第三节　烤烟调制设备

烟叶的调制过程是在专用设备——烤房中进行的，设计并建设一座合理的烤房是保证烘烤工艺的实施，获得好的烟叶质量的一个重要环节。自有烤烟种植以来就有了烤房的建筑，随着人类的需要和科学技术的进步，烤房的建筑形式也在不断地演变。到目前为止，国内外已经使用过和正在使用的烤房形式很多，归纳起来有以下 3 种：自然通风气流上升式烤房，气流下降式烤房和密集烤房。

20 世纪 90 年代以来，我国各地烤房设备和技术不断改进和更新，蜂窝煤火炉、立

式火炉、热风循环等技术广泛应用，目前正在积极引进和研制各种形式的密集烤房、气流下降式烤房、步进式烤房和电加热烤房等。

一、烤房的主要类型

（一）自然通风气流上升式烤房

1. 基本结构

自然通风气流上升式烤房，由土木建筑系统、挂烟设备、供热系统和通风系统等组成（图 9-1）。自然通风气流上升式烤房的火炉和火管铺设在烤房的底部，烟叶挂在其上方，火管受热后向烤房内散热，空气作为介质，自下而上运动，逐层通过烟叶进行热湿交换。自然通风气流上升式烤房沿用历史很长，其容量规格、建筑结构、天窗和地洞形式、挂烟方式、火管类型、所用燃料类型和火炉类型与结构多种多样。

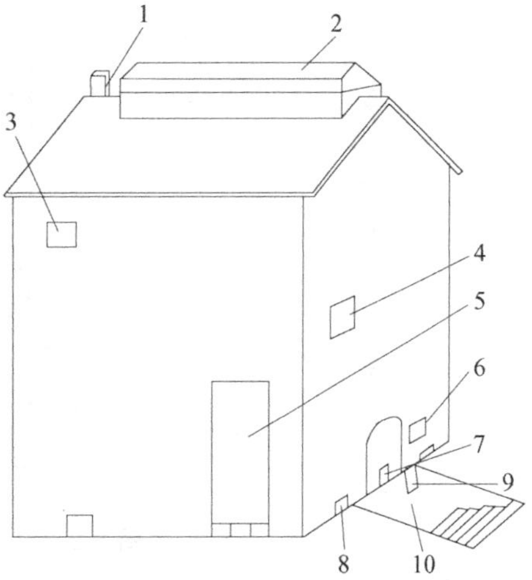

图 9-1　自然气流上升式烤房的结构

（宫长荣等，2003）

1. 烟囱；2. 天窗；3. 烟叶观察窗；4. 温度观察窗；5. 门；6. 安全观察窗；7. 烧火门；8. 冷风洞；9. 热风洞；10. 烧火坑

2. 烤房气流运动和温、湿度分布规律

（1）烤房处于密闭状态的气流和温、湿度分布规律。烟叶烘烤初始阶段，地洞和天窗一般全部关严。由于烤房密闭不通风，火管附近的冷空气被火管加热后向上运动的速度较慢，大部分热空气通常在烟层以下的空间旋转循环，仅有少量热气透过烟层传热，对流换热能力较弱，此时的传热方式主要是热辐射。如果火管分布均衡合理，则烟层平面温度比较均匀；但垂直方向温、湿度差异较大，由下而上温度降低，湿度增大。一般情况下，底棚烟叶的环境温度比二棚高 2～3℃，相对湿度低 20%左右；二棚比三棚高 1～2℃，相对湿度低 5%～10%；三棚以上，温、湿度基本相同（贾琪光等，1985）。

（2）烤房处于通风状态下的气流和温、湿度分布规律。烟叶烘烤过程中，当烟叶变化到一定程度时，需要打开天窗和地洞，进行通风排湿，使烟叶加快脱水干燥。此时，烤房内气流运动规律和温、湿度分布状况发生了变化。新鲜空气自地洞进入烤房，被火管加热后上升进入烟层，将热量传给烟叶，并带走烟叶汽化的水分。一部分暖湿气流继续穿过烟层，由天窗排出烤房，另一部分热空气在上升过程中，将热量传递给烟叶，使自身湿度和容量增大，温度降低，逐渐由上升变为下降，成为逆流。这股热流下降到一定高度时，又被上升的热气流重新加热变轻，复而上升，一部分从天窗排出，一部分又成为逆流。这样，导致在烤房中间偏上位置形成一个低温高湿区，称为冷气团（贾琪光等，1985）。此时烤房的温、湿度分布规律是：底层烟叶处的环境温度最高，相对湿度最低；中层的温度最低，湿度最高；顶层的温湿度居中。当烟叶水分散失到一定程度，烟叶不再有很多水分时，需热量减少，而且此时叶片收缩导致叶间隙增大，便于热气流上升，冷气团则逐渐缩小，直至消失，烤房从底层到顶层温度呈梯度递减，湿度梯度增加。

（二）自然通风气流下降式烤房

自然通风气流下降式烤房简称气流下降式烤房，世界仅东欧少数国家及津巴布韦使用。20 世纪 90 年代以来，贵州大学黄立栋等成功地研究了适于我国的小型气流下降式烤房（图 9-2），在贵州、河南、山东等省部分烟区有应用。

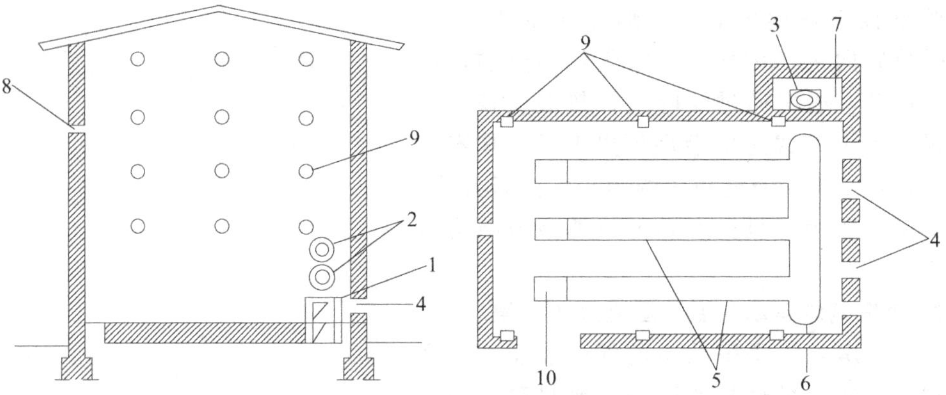

图 9-2　自然气流下降式烤房结构示意图

（宫长荣等，2003）

1. 炉灶；2. 火管；3. 烟囱；4. 进风口；5. 排湿地沟；

6. 排湿主沟；7. 排气套管；8. 观察窗；9. 挂烟梁；10. 排湿地沟口

1. 基本结构

我国的气流下降式烤房规模较小，一般长、宽分别为 2.7～2.8m 和 3.0～3.7m，装烟 4 层左右，在火管一侧的墙脚处均匀开设 4～6 个进风洞。排湿沟呈“E”字形，设置在地平面以下，有 3 条与火管垂直的排湿支沟均匀分布于烤房内，并在供热室汇总到位于火管下方的排湿主沟内，排湿主沟与包围烟囱的直立排湿套管相连接，在靠近直立排湿套管顶部的墙壁上开设回气窗。火炉设置在房内一侧，炉灶末端接底层火管。火管沿墙脚向对面墙壁延伸，在距对面墙壁 35cm 左右处向上折回至火炉顶部，再向上拐弯折回，排列成上、中、下 3 层。上层火管的末端向下砌筑，从墙基部穿出室外连接烟囱。烟囱位于排湿套管中央。

2. 工作原理和气流运动规律

烤房处于密闭状态时，冷空气被加热后上升到烤房天棚聚集，密闭的天棚迫使热气流向下运动，通过烟层，加热烟叶，并携带烟叶水分，自身降温增湿变重直到地面。下降到地面的湿热空气与火管接触，被再次加热上升，重复上述的循环过程。

烤房处于通风排湿状态时，冷空气从进风洞进入，并被火管加热后上升，经烟层下降到排湿地沟内，从排湿套管里排出烤房。此时，烟囱将加热其周围的湿空气，产生拔力，拉动烤房内空气运动。

3. 主要特点和优点

（1）装烟室内气流运动较有规律　在烟叶烘烤过程中，无论在密闭状态下，还是在通风排湿状态下，烤房的气流都能进行内循环，热气流都是自上而下通过烟层，所以，烟层平面的温、湿度比较均匀。在垂直方向上，自上而下温度递减、湿度递增，上下差异很大，所以烤房装烟层数不宜多，最多不超过 5 层。

（2）空气温度受外界影响较小　这种烤房在通风排湿时，外界进入的冷空气不直接接触烟叶，而是先被火管加热，上升后再下降，也不易受到外界天气变化的影响，这对提高烟叶质量是有利的。

（3）方便安全　火管安装在墙边上，装烟室的地面上没有火管，便于装卸烟叶。同时，由于火管上方不挂烟，不会因为落竿掉烟而引起火灾。

（4）利用烟气的余热排湿　这种烤房的排湿是借助于烟囱壁传出的热量将直立排湿管中的空气加热，使之容重变轻上升而排出。因此，有较好的节能效果。但是在建造时烟囱需要用传热系数大的材料制作，我国多采用土瓦管砌筑。

（5）排湿效果较差　这种烤房迫使热空气在烟层中向下运动，与热气流自然上升的规律正好相反，因而造成上、下烟层的温、湿度差异过大，在烘烤前期和中期，顶棚一般比底棚的温度高 10℃以上，相对湿度低 30%～50%。这种差异直到烟叶干燥时才明显减小。由于气流向下运动缓慢，导致排湿比较困难，下层烟叶经常长时间处于低温高湿环境中，容易导致干物质消耗过度，降低烤后品质。

（三）密集烤房

20 世纪 50 年代中期美国北卡罗来纳州州立大学的约翰逊（W. H. Johnson）等人进行了一项他们称之为“bulk-curing”（我国开始直译为“堆积烘烤”，1975 年将其定名为“密集烘烤”）的实验研究，1960 年设计成适合于生产上使用的结构形式。其装烟室为板块组装或土木结构。1969 年，日本鹿儿岛烟草试验场成功地研究了湿球温度自动控制系统，从而实现了烟叶烘烤自动化。

1976 年，鲍威尔（POWELL）公司又成功开发了大箱式堆积烘烤成套设备，使烟叶烘烤完全机械化和自动化。密集烤房装烟容量一般是普通烤房装烟容量的 4～7 倍；实行强制通风，热风循环；使用特制烟夹和自控系统，节省用工，有利于提高烟叶烘烤质量，所以，自诞生以后就很快得到推广应用。目前，美国、加拿大、日本等国家烤烟生产普遍使用自动化或半自动化的密集烤房。

密集烤房规格多种多样，有气流上升式和气流下降式两种，燃料有柴油、天然气、煤等，烤烟能力为 2～5hm^2 不等。密集烤房有金属框架板块结构组装形式和土木结构形式两种，各种板块结构的密集烤房，包括燃油的密集烤房和烧煤的密集烤房，都是由专门厂家生产，按照要求安装后即可投入使用。土木结构密集烤房目前尚没有定型和标准。

1. 基本结构

（1）装烟室　金属框架结构板块密集烤房呈大箱形状。其板块为复合材料，内外壁为金属材料表面喷涂绝热材料，中间以聚苯酯或聚氨酯保温，较薄（<10cm），保温性能很好（图 9-3）。

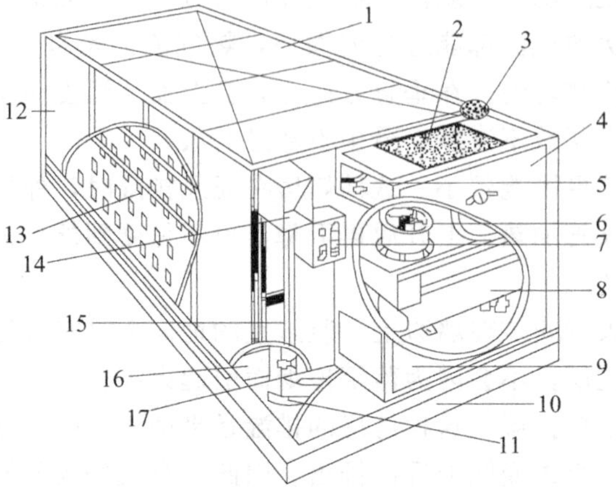

图 9-3　金属框架结构密集烤房基本结构

（宫长荣等，2003）

1. 围护结构；2. 进气口；3. 烟囱；4. 热风发生室；5. 进气口调节器；6. 轴流风机；7. 控制器；8. 热交换器；9. 燃烧器；10. 设备基础；11. 导流板；12. 烤房门；13. 烟夹；14. 排气口；15. 观察窗；16. 温度计及水槽；17. 多孔地板

（2）热风室　热风室内安装燃烧器、热交换器、烟囱和风机。燃油供热的燃烧器由滤油器、电磁油泵、电磁阀、小型离心风机、喷油嘴、电火花等装置组成。燃煤直接供热的由煤箱、自动燃煤炉和燃料推进器组成。热交换器一般为管式，管内是燃料燃烧产生的高温气体，管外是空气介质。管外空气被加热后由风机送入装烟室。废烟气由烟囱排出。燃烧器或以锅炉供热的热交换器上安装自动控制执行器。

密集烤房使用高压耐热循环风机（轴流式风机），其特点是风量大、风压小。其功率大小根据烤房容量选择。

（3）通风排湿装置　气流上升式密集烤房的通风排湿设备由进风口、进风道、多孔地板、回风道、排气口等组成。为使送风均匀，在进风道的上方设置分风板及多孔地板，多孔地板的孔隙部分一般占总面积的 26%～27%。回风道位于装烟室的上部，在回风道上分设进风口和排气口，均由闸门控制。进、排气口的闸门都关严时，热气流进行内循环；当闸门开启时，气流除了进行内循环以外，还自动打开排气口进行外循环。此时，风机工作产生的负压将外面的空气自进风口吸入，并与回风道里的回风混合，经热交换器加热以后被送入进风道，气流穿过烟层之后，由于烤房室内外的空气压力差，使一部分湿空气从排气口排出烤房。

气流下降式密集烤房在风机旁边开设进风口，烤房内的上部进风道进行分风，排气口位于装烟室下端，排气门会根据进风量大小自行开启。

（4）自动控制装置　现代化的密集烤房都安装了微电脑控制器，内存多种烘烤工艺程序，并可任意设定所需要的工艺参数，控制燃烧器的燃烧强度（或热气流量）和进排气门开关大小，实现对温、湿度的控制。

（5）烟叶夹持器　最常用的烟叶夹持方式是使用梳式烟夹和弹簧烟夹，简单实用，效率较高。

2. 土木结构的密集烤房

（1）建筑结构　土木结构密集烤房与板块结构密集烤房的基本结构相似（图 9-4），墙体用砖砌筑，以降低成本。分为装烟室和热风发生室两个部分。装烟室一般长度为6～9m，宽 3m 以下，高 2.8～3.5m。棚距以装烟后与下棚有 10cm 的空隙为准，底棚叶尖与多孔板之间有 20cm 的空隙，顶棚叶基部与房内顶部有 40～50cm 的距离。装烟室一头设对开大门用于装卸烟叶，墙体两侧分别开设 2～3 个观察窗。热风发生室与装烟室等宽，长 1.5～3.0m，设一个小门，用于进出安装和维修热风发生室内的火炉、烟管、风机等设备。

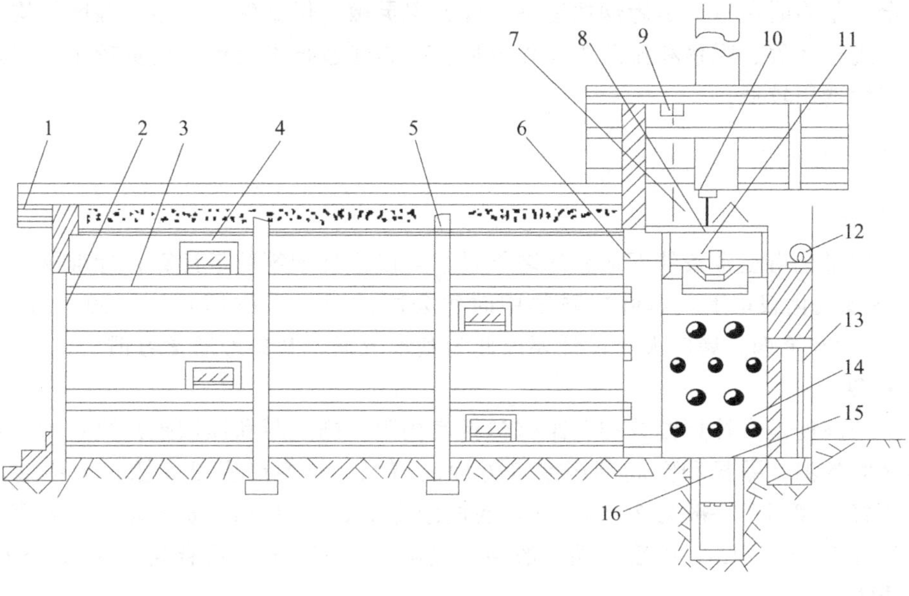

图 9-4　土木结构密集烤房基本结构

（宫长荣等，2003）

1. 雨棚；2. 大门；3. 挂烟梁；4. 观察窗；5. 挂烟梁支架；6. 回风口；7. 排气口；8. 风门；9. 滑车；10. 风门隔板；11. 冷风入口；12. 电机；13. 热风室门；14. 烟管；15. 火炉顶铸铁板；16. 火炉

（2）供热系统　供热系统由火炉、烟管和烟囱组成。火炉立式或卧式，位于热风室地坪以下，类似于普通烤房的火炉。近几年成功研制开发的使用蜂窝煤火炉的密集烤房，烟管由 2～3mm 厚的钢板卷制成，内径 20～25cm，有 3～4 层横向排列构成烟管间壁式换热器的，也有 3 层火管按一定角度焊接成“N”形的一体化形式。其下端的端口与炉膛相通，上端的一侧或两侧连通烟囱。

（3）通风排湿系统　土木结构密集烤房的通风排湿系统与板块结构密集烤房相同，包括风机、进风道、回风道和进排气窗（风门）等。多使用一台大风量低风压轴流风机。装烟室的长度在 6m 左右，承担烟叶面积 $1hm^2$ 左右的烤房，风机的风量要有 16 000m^3/h 以上，装烟室的长度 8～9m，承担烟叶面积 1.5～$2hm^2$ 的烤房，风机的风量要有 22 000m^3/h 以上。风机的安装有下置式和上置式，烤房室内有气流上升和气流下降两种形式（宫长荣等，2003）。

进风道为自然土夯实或混凝土斜坡地面，坡度为3.5%～4.2%，一般首端高度为30～40cm，末端高度为5cm。其上面为多孔分风板。分风板的孔隙量为25%～30%。回风道在顶层烟叶与房顶内侧之间，高40～50cm。进排气窗口设在回风管的顶、底两面，紧靠回风管安装。上面为排气窗，下面是进气窗，规格均为70cm×60cm。

二、普通烤房的设计

（一）基本要求

烤房是烤烟生产必备的固定设施，其性能的优劣直接关系到烟叶烘烤的成败，设计和建造的根本要求是满足烟叶烘烤工艺的需要。具体要求：一是大小适宜，结构合理，设备齐全，坚固耐用。二是烤烟性能好，即升温灵敏，保温保湿，温、湿度场均匀，排湿顺畅，进行烧火、观察和排湿等操作方便。三是建造技术简单，投资较小。四是节省燃料，使用费用较低。

（二）烤房规格

1. 容量

烤房容量是指正常条件下适宜的装烟量，常以标准烟竿数量计算，标准烟竿长度为1.5m。在规范化栽培下，烟叶成熟集中时每公顷烟田可采收烟叶45 000～51 000片，能编420～500竿烟。烤房大小设计要以此为基本依据，并参考通常习惯。

2. 高度

烤房的高度是由挂烟棚数和棚距（包括底棚距、棚间距和顶棚距）决定的。综合考虑棚次之间的温度差异和空间利用率等方面的情况，小型烤房以5棚、大中型烤房以6～7棚为好。棚间距一般为75～80cm，底棚距为180～200cm。如果设5个大棚，烤房侧墙高度为5.2～5.4m，山墙顶端一般高于侧墙1.0～1.5m，房脊高度为6.2～6.9m。

3. 规格

如果采用标准烟竿装烟，在装2路烟时，烤房内长度一般为2.7～2.9m，宽2.7～3.3m；装3路烟时，烤房内长宽一般均为4.0m。

（三）房体设计与建造

1. 地基和地坪

地基和地坪是烤房的基础，墙体、供热系统、地洞等都要在其上或其中进行建筑。因此，地基必须牢固，地坪要水平。为了减少烤房内热量向地下散失，应对地坪进行隔热处理。

2. 墙体

烤房的墙体起承重和围护作用，必须坚固耐用、保温保湿、防风防雨。生产上烤房墙体的材料和结构形式，主要有土墙、砖墙和“里生外熟”墙三类，保温性能差异很大。各种建筑结构的导热系数不同，系数越小，保温性能越好；反之保温性能越差（表9-7）。

表 9-7　部分常用建筑结构的导热系数

结　构	密度/(kg/m³)	导热系数/[kJ/(m·h·℃)]
钢筋混凝土	2 400～2 500	5.56～5.88
炉渣混凝土	1 554～1 762	1.94～2.41
水泥砂浆	1 800	3.35
土坯墙	1 600	2.51
草泥	1 000	1.26
夯实草泥	2 000	3.35
黏土砖	1 700～2 000	1.99～2.85
空心砖	1 000～1 500	1.68～2.30
沙浆黏土砖砌体	1 700～1 800	2.72～2.93
石棉水泥隔热板	250～500	0.25～0.46
蛭石混凝土板	677	0.83
泡沫塑料板	42～62	0.17

在建筑材料相同的条件下，墙体越厚，保温性能越好。但是，随着墙体厚度的增加，建筑成本也随之增加。目前生产上砖砌墙体厚度多为 24cm 或 37cm，土墙一般较厚，多在 40cm 以上。

3. 门

烤房的门是装烟、卸烟的通道，也是围护结构中保温保湿比较薄弱的地方。因此，烤房的门必须大小适宜，保温保湿，开关方便。一般宽度为 60～80cm，高度为 160cm 左右。

门的材料和结构形式对烤房的保温性能有明显的影响。生产上有单层木门、单层草帘门等，保温性较差，以双层门保温效果较好。

4. 房顶

房顶由多层结构组成，自下而上分别为骨架层（受力层，包括房梁和椽子）、保温密封层（包括搪垫和草泥）和防雨层（瓦或草）。在南方烟区，烤房房顶与顶层烟梁之间多设保温层，在保温层的平脊上开口排湿。北方烟区不设保温层，房顶严密保温，在房顶直接安装天窗。

平顶烤房的顶多为混凝土或三合土结构。在修建平顶时，事先要确定好天窗位置，留足排气窗面积，建好房顶后安装天窗。这种房顶建筑成本较高，也不利于排湿，而且防雨性较差。

5. 挂烟设备

我国采用挂竿烘烤，挂放烟竿的设备即挂烟梁，也称为挂烟桁条、烟梁、大杆、档梁等。一般与烤房山墙相平行，固定在两边侧墙上。通常用直径 10～12cm 的圆木或 8cm×12cm 的方木。两端直接插入侧墙内并固定，两路烟竿的烤房每层有 3 根挂烟梁，三路烟竿的每棚有 4 根挂烟梁，边梁可用砖凹或砖凸取代。烤房挂烟梁以 5～6 棚为宜。

底棚挂烟梁上平面到烤房内地坪面的高度称底棚高或底棚距。底棚距对底棚烟叶的烘烤质量有较大影响，过小时底棚烟叶距火管太近，往往造成烤青烟；过大则会增加烤房的高度，增大建造投资，同时降低了空间利用率。一般使用土坯火管的底棚叶尖与火管上表面距离应有 70cm 以上，加上火管的高度和烟叶的长度，底棚距应有 180cm 以上；采用陶瓦管、水泥预制管的，底棚距应有 200cm 左右；铁皮火管要达到 210cm 以上。

棚间距指上下相邻的两根挂烟梁的间距，要求 75～80cm。顶棚距是指顶棚挂烟梁上表面到房顶内侧或保温层的最近距离。南方烤房具有保温层，顶棚距至少应有 30～35cm；北方烟区多为起脊烤房无保温层，棚顶距要有 50cm 以上。

6. 观察窗

烤房常设火管观察窗、温湿度观察窗和烟叶变化观察窗 3 类。

火管观察窗也称安全观察窗，用于观察火管是否破裂、倒塌，火管上面有无落叶等情况，以免发生火灾。一般设在火炉侧面或炉门上方，其下口一般略高于火管上表面，窗高 30cm 左右，宽度为 40cm 左右，窗的里口适当放大些，使之呈喇叭状，以扩大视野，而且要在火炉对面墙上的适当位置也开设一个观察窗，以便透入光线，使观察更清楚。

温、湿度观察窗用于观察烤房内干球温度、湿球温度及其附近烟叶变化情况，位置正对底棚烟叶或二棚烟叶，下口高度要能够保证干湿球温度计的底板下端高于底棚烟叶叶尖 10cm（温度计挂在底棚时），或与二棚烟叶的叶尖平齐（温度计挂在二棚时），一般高度为 40cm，宽度为 25cm 左右，距边墙 50～60cm。

烟叶变化观察窗设在顶棚和倒二棚之间，用于观察烤房上部两层烟叶的变化，尤其用于掌握上层烟叶的干筋情况，以便及时停火。规格同温、湿度观察窗。小型烤房一般设 1 个，中大型烤房可设 2～3 个。

上述三类观察窗均设置两道门，内层为玻璃门，外层为夹心木门，要开启灵活，并增加密封性。

三、普通烤房的加热设备

烤房的加热系统由火炉、火管和烟囱 3 个部分组成。燃料在火炉中燃烧产生高温烟气流，在火管中流动以热传导和热辐射的方式向烤房内扩散热量，以空气对流方式传送到上部空间。加热系统设计安装合理与否直接影响烤房的升温能力和温、湿度分布状况（图 9-5）。

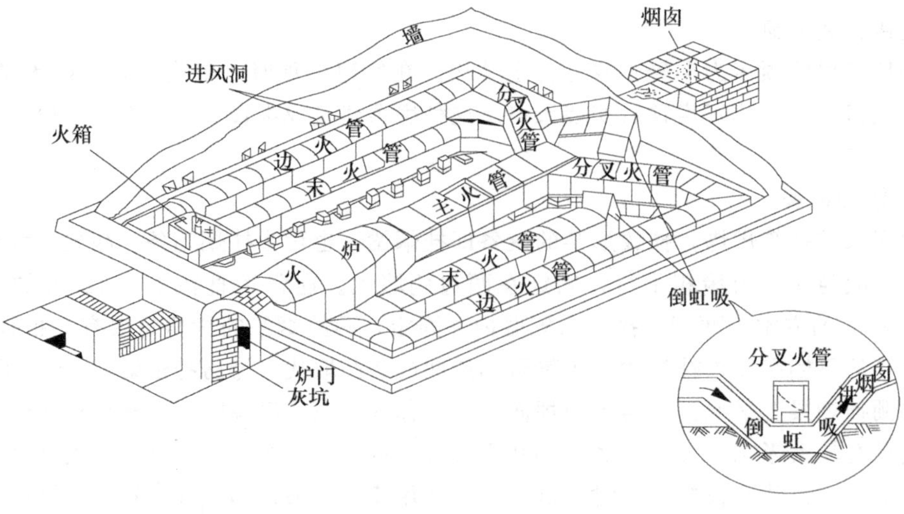

图 9-5　普通烤房加热设备示意图

（《烟叶调制与分级》编写组，2000）

（一）烤房的总耗热量

烟叶烘烤过程中，烟叶和烤房各部分消耗热量的总和，称为烤房的总耗热量。它包括：烘烤过程中烟叶升温和烟叶水分汽化的耗热量；通风排湿是加热外界进入烤房的冷空气和排出烤房的湿热空气的耗热量；烤房围护结构和地面的耗热量；绑烟工具和挂烟架的耗热量；其他修正值和附加值。

前 4 项也称为烤房的基本耗热量，最后 1 项为附加耗热量。烤房的总耗热量决定了加热设备各部分的技术参数。因此，设计烤房的加热设备时首先要了解烤房总耗热量数值。由于烤房总耗热量的各项参数受诸多因素的影响，且在烘烤中每时每刻都在变化着，计算起来十分复杂，也不可能每时每刻都计算，一般以烘烤排湿量最大时（烧火最大时）烤房的最大总耗热量作为设计烤房加热设备的依据。不同容量烤房最大总耗热量见表 9-8。

表 9-8　不同容量烤房最大总耗热量

烤房容量/竿	装鲜烟重/kg	围护结构和地面的面积/m^2			最大总耗热量 $Q_{总}$/(kJ/h)
		墙壁	房顶	地面	
200（竿长 1.4m） 或 160（竿长 1.5m）	800	46.7	12.0	7.5	104 847
500（竿长 1.4m） 或 400（竿长 1.5m）	2 000	70.4	22.4	16.0	251 157
800（竿长 1.4m） 或 640（竿长 1.5m）	3 200	91.8	37.8	27.0	398 472

（二）火炉

火炉设在一面山墙的底部中间，炉门外置，炉身安装在烤房内。生产上常用的火炉形式有卧式、立式和蜂窝煤火炉。

1. 卧式火炉

卧式火炉由炉排、炉膛、炉壁、炉门及陡坡（跃火坡）组成（图 9-6）。

（1）炉排　炉排一般由 8～10 根纵炉条并排固定在两头的横担上组成。为了使空气容易穿过煤层，使煤充分燃烧，且不至于炉排后段煤层过高，阻碍高温烟气流向火管，炉排里端要比首端低 10～20cm。炉排的下面为灰坑，上部与炉排等长等宽，下部比炉排宽 10～20cm，截面成梯形。灰坑底面到炉排最低处的高度为 45～60cm。如果过小，在积灰多的时候影响炉内进风。

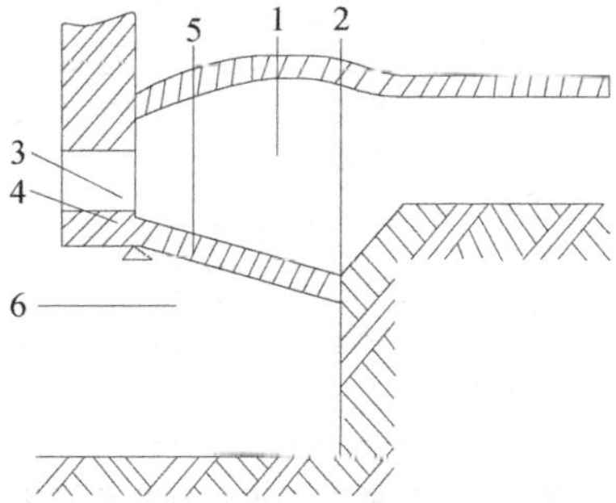

图 9-6　卧式炉结构示意图
（中国农业科学院烟草研究所，2005）
1. 炉膛；2. 陡坡；3. 炉门；4. 墙；
5. 炉条；6. 灰坑

（2）炉膛　炉膛的形状有腰鼓形、长方形和混合形等。腰鼓形炉膛的首端和尾端稍窄稍矮，中间稍宽稍高，利于热烟气流通，好烧火；长方形的炉膛前后一样宽，横断面呈梯形或顶部略呈拱形，这种形状的炉膛砌筑简便，比较牢固。不同大小的烤房，其火炉的规格不同（表 9-9）。

表 9-9　不同容量烤房的火炉规格

项　目	120 竿	150～200 竿	350～400 竿	500 竿
炉排长度/cm	70	80	100	110～120
炉排宽度/cm	30	35～40	40	40
炉排面积/m^2	0.21	0.28～0.32	0.40	0.44～0.48
炉门处炉膛高度/cm	40	40	40～45	40～45
最大炉膛高度/cm	50	55	55～60	55～60

（3）炉壁　由于火炉燃烧时炉内温度很高，有时可达 2000℃以上，故要求炉壁的材料能耐高温，一般用耐火砖或砖坯、土坯砌制，厚度为 8～12cm。

2. 立式火炉

立式火炉的炉体和炉口的水平截面呈圆形或椭圆形，纵截面上部呈锥形，下部呈圆柱形。炉膛空间较大，火口较小，炉排位于炉门下方（图 9-7）。火炉的主要技术参数见表 9-10。立式炉适宜烧各种型煤、散煤和木柴。为了提高炉内温度和降低炉顶温度，采取了保温措施，保温效果较好。

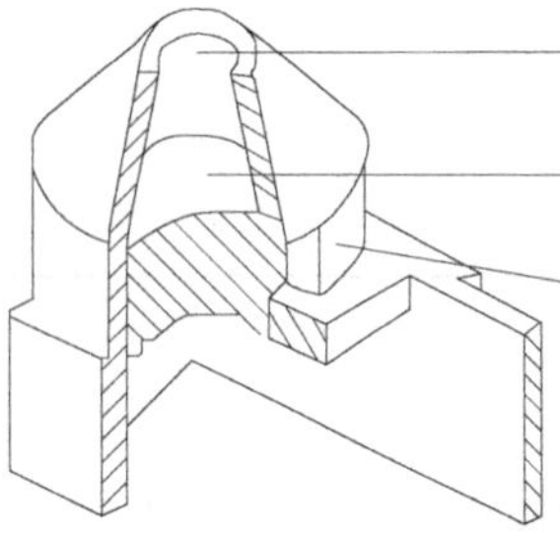

图 9-7　立式火炉示意图
（中国农业科学院烟草研究所，2005）

表 9-10　立式火炉的主要技术参数

项　　目	小型烤房	中型烤房
圆形炉膛直径/cm	55～65	80～90
椭圆形炉膛长度/cm	70×50	70×100
炉膛柱形高度/cm	30～35	40～45
炉膛锥形高度/cm	30～25	40～35
炉箅坡度/%	20	20
圆形炉口直径/cm	20～25	30～35
椭圆形炉口长宽/cm	20×30	30×40
灰口高度/cm	40	50

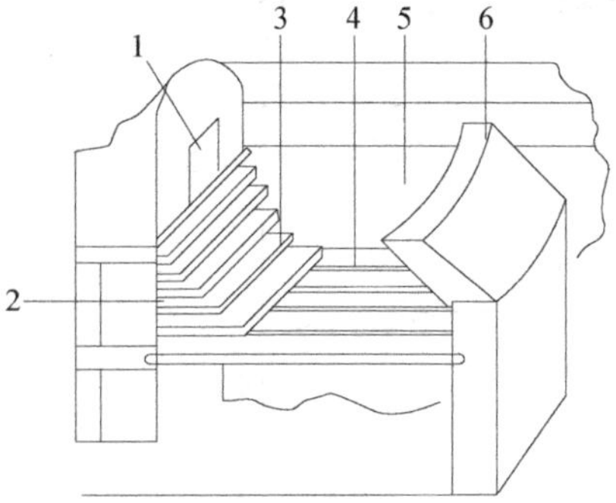

图 9-8　阶梯炉排火炉结构示意图
（中国农业科学院烟草研究所，2005）
1. 炉门；2. 过桥；3. 阶梯炉排；
4. 纵炉排；5. 燃烧室；6. 反射拱

河南省科学院能源研究所设计的阶梯炉排火炉实际上属于立式火炉类型。炉排为纵、横结合型，前一部分为横向阶梯式炉排，后一部分为纵向水平炉排（图 9-8）。同时增设了燃尽室、挡火反射拱等。此类火炉主要结构的规格为：阶梯炉排部分长度为 23cm，由 5 块长 50cm、宽 5cm、厚 0.5～0.6cm 的铁板组成，最下边一块距水平炉排 1cm，其余每块依次抬高 2.8cm，向前错开 4cm，纵炉排在横炉排以外的部分长度为 55～60cm，上距地平面 32cm；燃尽室后端距水平炉排 15cm 高处用耐火材料砌成反射拱，拱高约 25cm，拱顶距火炉顶 33cm。在这种火炉中，煤炭呈滚动燃烧。新煤加入后首先在阶梯炉排上燃烧，逐渐滚到燃尽室，在此过程中可将外部已燃尽的灰层滚落掉。

3. 蜂窝煤烤烟炉

蜂窝煤烤烟炉不砌筑炉箅。其横截面有长方形、五边形、六边形、圆形、下方上拱形、梯形等，多使用无烟蜂窝煤作燃料。有单蜂窝煤炉和双蜂窝煤炉两种（图 9-9，图 9-10）。炉壁用土砖或土坯砌筑，也可用三合土夯制。小型烤房的炉体长度为 120～140cm，炉体下面设热风洞。在炉门上设有 4～6 个进风口。单蜂窝煤炉烤房烤烟时煤块一次性加足，烘烤过程一般不需要再次添煤。双蜂窝煤炉每个炉膛较小，在低温时用一个火炉，烧大火时两个火炉交错并用。装煤块时要求煤孔对齐、串联集装、分层排放。蜂窝煤烤烟从炉口处开始点火燃烧，通过进风口的大小来控制进入火炉的空气量以调节火力大小。烧用的蜂窝煤有圆形和方形两种。

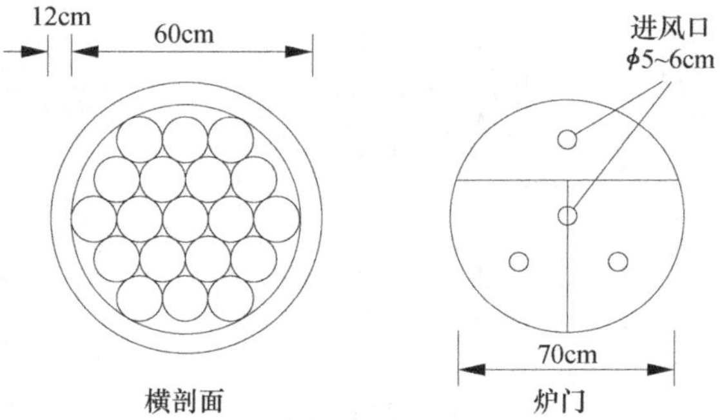

图 9-9　单蜂窝煤烤烟火炉示意图

（中国农业科学院烟草研究所，2005）

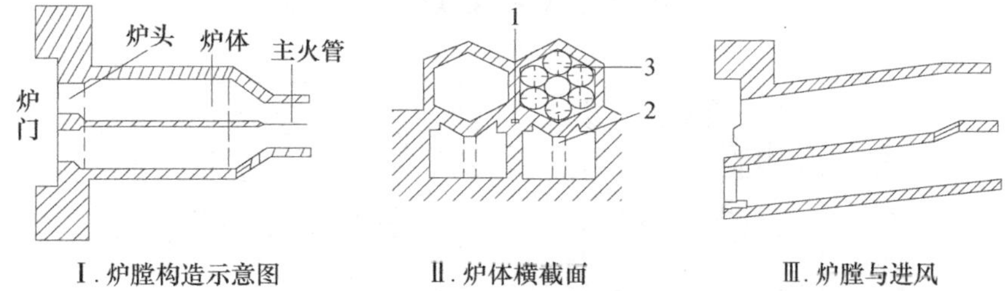

图 9-10　双蜂窝煤烤烟火炉示意图

（中国农业科学院烟草研究所，2005）

1. 补气孔；2. 热风洞；3. 炉膛（内有煤块）

蜂窝煤烤烟炉具有显著优点：一是烘烤烧火作业简便。在烘烤过程中只需要通过调节进风门和调节火闸开口的大小，就能控制煤块燃烧强度，使烤房内温度适应烟叶变化的要求，而不需要不断地进行加煤、拨火、剔渣等繁琐作业。二是有利于提高烟叶质量。蜂窝煤烤烟炉火力大小容易控制，使烤房内的温度稳定上升，与烟叶烘烤过程对热量的需求相吻合，不会出现猛升温或降温现象。三是节煤效果显著。采用型煤作为燃料，避免了可燃物质的机械损失，煤炭燃烧充分，残存于炉渣中的可燃物由传统火炉的 15%左右降低到 1%以下。

（三）火管

火管又称火龙、烟管等，是烤房的换热器。火管必须有足够的散热能力，以满足烟叶烘烤的热量需要，同时，火管排列要均衡合理，保证烤房平面温度均匀一致。我国北方烟区多采用土坯火管、砖瓦火管和水泥预制管。南方烟区多采用土瓦火管和砖瓦火管。

火管是按照烤房内平面温度均匀的要求采用一定的形式排列。为了提高热能利用率，火管底部宜悬空，不直接接触地面，火管的平面布局应尽可能做到对称、均衡，生产上多用五条分岔内翻或外翻式排列（图 9-11），小型烤房也有明三暗五形式的（图 9-12）。

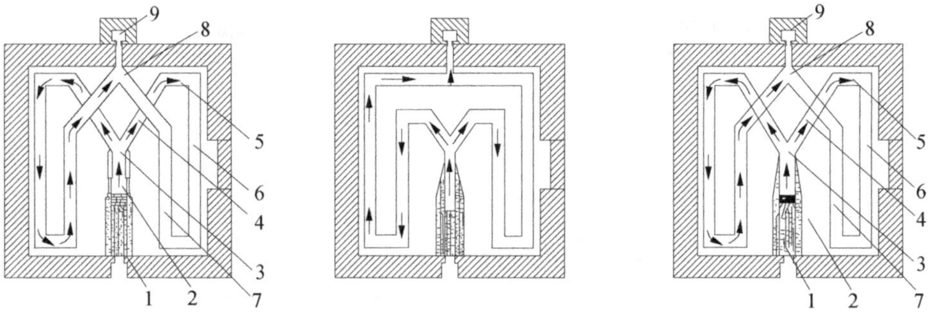

Ⅰ.内翻上爬式　　Ⅱ.外翻平走式　　Ⅲ.内翻下扎式

图 9-11　明五条火管的分布形式

（中国农业科学院烟草研究所，2005）

1. 火炉；2. 主火管；3. 分火岔；4. 岔火管；5. 横火管；6. 边火管；7. 尾火管；8. 火管尾；9. 烟囱

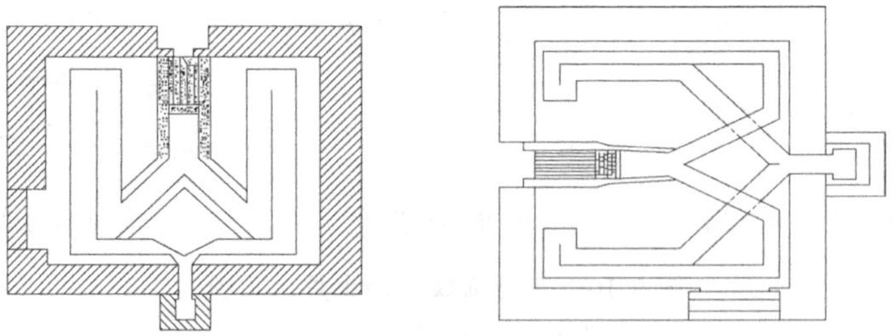

Ⅰ.外翻式　　Ⅱ.内翻式

图 9-12　明三暗五火管的布局形式

（中国农业科学院烟草研究所，2005）

立式火炉平板式换热器有风道和烟道两层，下层为进风道，高 12cm，上层是烟道，高 24cm。烟道位于风道平板之上，一般用砖按内翻下扎式砌筑，上盖预制板块，构成平板式散热器，下扎的烟道尾从内地板通出墙外进入烟囱。在火炉周围砌筑热风室，灰坑内火炉两侧各开设 1 个进风洞口。烟道下边的进风道与热风相通，热风由风道通过在烟道中间上下安装的铁管或水泥管进入烤房（图 9-13）。进风道和烟道的板块用水泥、沙、碎石、铁丝等材料预制，厚2.5cm，其规格由烤房的大小决定。立式火炉结合平板式换热器，燃料燃烧充分，散热面积大，散热快速、均匀、升温灵敏，并且采用炉旁热风道进风，节能效果明显。

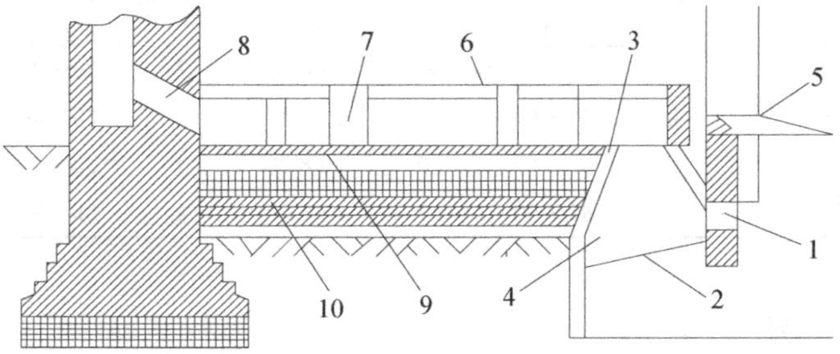

图 9-13　立式火炉平板式换热器结构示意图

（中国农业科学院烟草研究所，2005）

1. 炉门；2. 炉箅；3. 炉瓦；4. 炉膛；5. 砖砌半圆拱；6. 平板换热器；7. 热风洞；8. 出烟口；9. 隔热层；10. 地下保温层

（四）烟囱

烟囱的作用在于排出烟气，拔气助燃。这就要求烟囱必须具有一定的拔力，以克服火炉、火管和烟囱本身对烟气流通产生的阻力。烟囱的拔力是由其高度、口径以及内外的温度差所决定的。烟囱的拔力与烟囱的高度成正比，越高则拔力越大。但是，拔力过大又会拔走过多热量。烟囱位于山墙外时一般高出屋脊0.5m，位于侧墙外时则高出房檐0.8～1.0m。中小型烤房的烟囱内径以大于400cm^{2}为宜。

四、普通烤房的排湿设备

通风排湿设备由天窗、地洞以及连接它们的房体等部分构成。其作用是通过烤房内外空气流通，调节烤房内空气的湿度，排出烟叶气化水，并提供氧气满足烟叶代谢活动的需要。排湿设备的结构形式、面积大小以及位置都影响烤房的温、湿度分布和排湿效果。

（一）排气窗和进风洞开口面积

烤房排气窗、进风洞开口面积及两者之间比例是通风排湿设备的关键技术参数。经过实测和计算，排气窗与进风洞开口面积之比以1∶1或排气窗略大较为适宜。从理论上计算可知：每百竿烟叶（竿长1.5m，5kg/竿）需要排气窗的面积为0.11m^2，进风洞面积也为0.11m^2。在气压较低的地区，如高海拔地区，由于烟叶水分汽化的快、排湿快，排气窗、进风洞面积可适当缩小。在生产上，为充分发挥排气窗的蒸散排湿作用，可把排气窗开口适当扩大，每百竿（竿长1.5m）烤房需排气窗面积为0.11～0.16m^2，进风洞面积为0.10～0.12m^2。排进气面积比为1∶1～1.4∶1。不同容量烤房排气窗和进风洞面积见表9-11。

表 9-11　不同烤房排气窗、进风洞的技术参数

烤房容量/竿	排气窗						进风洞			
	长天窗		阁楼式		冷风洞		管下热风洞		炉旁热风洞	
	个数/个	长×宽/cm^2	个数/个	长×宽/cm^2	个数/个	进风口/cm^2	个数/个	进风口/cm^2	个数/个	进风口/cm^2
150	1	120×20	1	60×50	8	15×15	2	30×30	2	20×40
200	1	150×20	1	60×60	8	18×18	2	35×30	2	20×50
300	1	180×20	1	80×60	10	20×20	4	30×30	2	25×60
400	1	200×25	2	60×60	14	18×18	4	35×30	2	30×60

（二）地洞的设置

地洞分为冷风洞和热风洞两类，在建造烤房时设置冷、热两套进风洞。为了确保及时排湿，地洞的总面积应不小于 0.10m^2/100 竿。

1. 冷风洞

冷风洞又称凉风洞，是烤房最早的地洞类型，有地上式、半地上式和地下式 3 类。

地上冷风洞的进风口、进风道和出风口位于烤房地坪之上，一般在烤房的每一面墙基部开 2～4 个同样大小的洞口，所有地洞的面积之和不小于需要的面积。在地洞进风口处要安装闸门或木门，便于控制进风量。冷风洞排湿降温效果一般较好，但在气温低或刮风、下雨时，容易引起烟叶挂灰，在气温高的天气使用是有利的。为了使烤房内通风和温、湿度场均匀，冷风洞宜小而多。

半地上式、地下冷风洞是对地上冷风洞的一种改进。进风洞口仍设在地坪之上，但进风道通过墙基从地坪之下进入烤房，出风口一般设在火管正下方。这样，进入烤房的冷空气首先被火管预热，然后上升，可避免冷空气直接吹到烟叶，受刮风的影响较小，但最好还是加设防风罩。

2. 热风洞

热风洞有火管下热风洞和热风箱等形式。

火管下热风洞的进风口设在火炉一面墙的基部，常开在火炉两侧，冷空气经地坪下的收缩管进入后，吸收火管底部的热量，再从出风口散发出来，可避免冷风直吹烟叶和刮风时的不良影响，而且开关操作比较方便。

热风箱进风洞的进风洞口开在火炉和烧火坑的两侧，主火管下方砌筑热风箱，其顶盖为主火管的底壁，进风道沿炉膛和灰坑外壁向里与热风箱连通。立式炉平板式换热器烤房，火炉周围砌制热风箱。蜂窝煤炉烤房进风洞设在火炉下边，直接构成热风箱。从热风箱向两边修几条岔风道，在岔风道上面开出风口。这类热风洞能充分利用炉旁和主火管底部的热量，减少热量向地下漏失，而且进风均匀，使烤房内平面温、湿场比较均匀。但结构相对复杂，修造难度也较大。

（三）天窗

烤房天窗的结构形式有多种，20 世纪 80 年代以来，我国大部分烤房推广应用了屋

脊长天窗，南方部分烟区主要在保温层开设天窗。

1. 屋脊长天窗

屋脊长天窗架设在平行等高的双脊檩上，由一块或多块木制闸板调控排湿面积，以木制闸板形式的排湿、保湿效果最好（图 9-14）。当天窗的长度达到两边山墙时，称为通脊长天窗。通脊长天窗一般是在相距 20～25cm 的 2 条脊檩上用砖砌成，高出房脊 25cm 左右，其闸板位于脊檩上，通过牵引绳调节闸板的开度。这类天窗，导流性好，排湿能力强，排湿顺畅，烤房内温、湿度场均匀。

2. 保温层开天窗

这类天窗是在房顶和顶棚挂烟梁之间，设置水平的或具有平脊的保温层，在保温层上开 1 个或多个排湿口（图 9-15），通过闸板调控排湿面积。这类天窗保温保湿，防风防雨的效果很好。但是，它的标高相对较低，有时不能及时排湿。

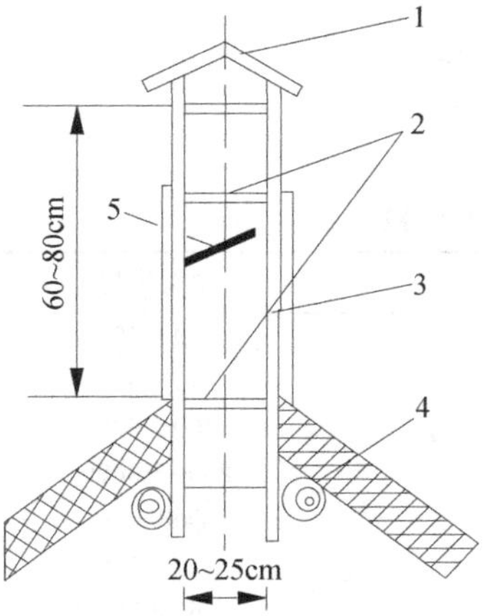

图 9-14　木制长天窗

（中国农业科学院烟草研究所，2005）

1. 天窗帽；2. 天窗框架；3. 天窗围板；4. 房脊檩；5. 天窗盖门

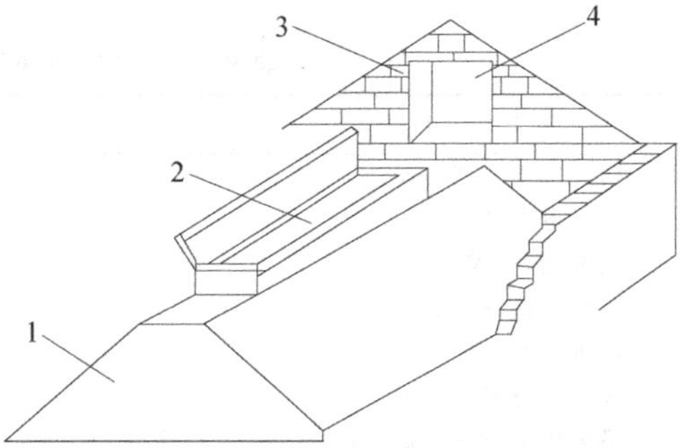

图 9-15　房脊式保温层天窗

（中国农业科学院烟草研究所，2005）

1. 保温层；2. 天窗；3. 山墙；4. 排湿口

（四）热风循环

普通烤房的热风循环是通过靠近火炉的墙壁外安装一条回风管道实现的。回风道的上端与顶棚挂烟梁上方开设的回风口相通，下端经分风道与地下进风洞接通，在回风管的中下方安装轴流式风机，拉动烤房上部空间的热空气向下运动，并由回风道、热风道进入烤房，形成部分热空气内循环。另外，在回风道外侧、风机的上方开设一个进风排湿口，安装翻板式闸板。开动风机后，关闭闸板时则烤房内空气进行内循环，打开闸板时则有一部分烤房外的冷空气进入，同时有一部分烤房内的湿热空气排出，即进行外循环（图 9-16）。风机的转速和闸板的开度根据烘烤工艺的需要进行调节。部分热风循环烤房主要技术参数见表 9-12。

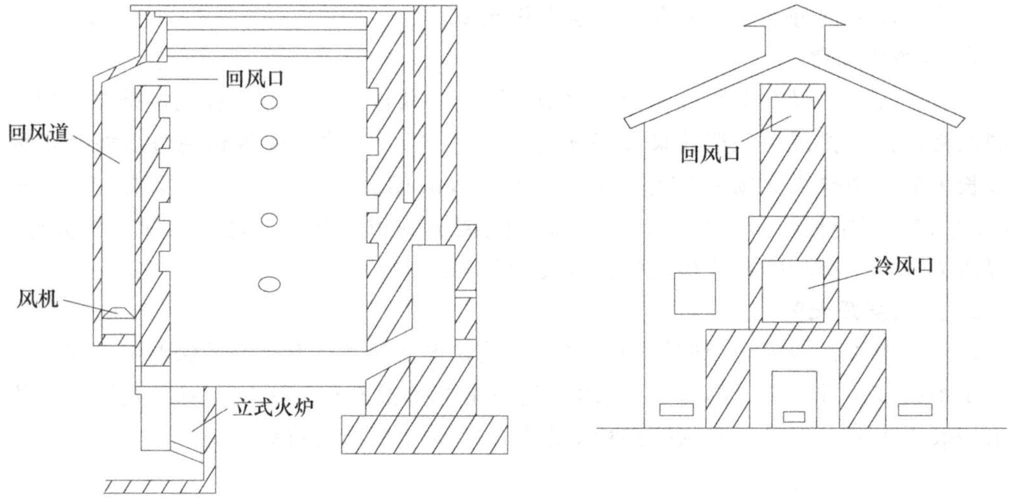

图 9-16　普通烤房热风循环示意图
（中国农业科学院烟草研究所，2005）

表 9-12　部分热风循环烤房主要技术参数

项　　目	小型烤房	中型烤房
回风口长、宽/cm	50×30	60×40
回风道内径/cm	45×50	45×50
风机功率/W	150～300	300～500
风机风量/m^3/h	1500～2000	2000～3000
风机压力/Pa	≥666.6	≥666.6
风机距分风道/cm	≥50	≥50
进风排湿口长、宽/cm	60×40	60×50

资料来源：中国农业科学院烟草研究所，2005

第四节　烟叶成熟和采收

烤烟在移栽后 60 天左右，叶片开始由下向上逐渐成熟。认识和掌握烟叶的成熟过程和特征，及时采收对提高烟叶品质，保证产量，增加收益具有十分重要的意义。

一、烟叶的生长发育过程

一般烤烟在田间实际收获的有效叶数为 20 片左右，由于出叶时间不同，烟叶在茎秆上的着生部位也就不同。烟株下部 2～3 片叶称为脚叶，向上 4～5 片叶称为下二棚叶；烟株顶端 3～4 片叶称为顶叶，向下 4～5 片叶称为上二棚叶；中部 4～6 片叶称为腰叶。通常将脚叶和下二棚叶称为下部叶，上二棚叶和顶叶称为上部叶，腰叶称为中部叶。一片烟叶从出现到衰老可分为以下几个时期：

（一）幼叶生长期

幼叶出现后 10～15 天的这段时间内称为幼叶生长期。这个时期的特点从内部讲细胞分裂十分旺盛，细胞数量迅速增加，幼叶生长期结束时，细胞分裂已基本完成，叶片组织结构基本完备。外观上表现为生长速度极慢，叶形瘦小，长 12～15cm，宽 3～4cm，近直立状，各龄小叶互相包蔽，密被茸毛，呈嫩绿色，叶重仅为最终值的 10%左右。

（二）旺盛生长期

从幼叶生长期之后到叶片基本定型之时间称为旺盛生长期。在此期间，叶片细胞迅速伸长扩大，叶面积、体积和重量迅速增加，光合作用所制造的有机物显著增多，但大都用于叶片生长、呼吸和生命活动，而在组织内充实积累的很少。叶细胞排列紧密，水分含量高，碳水化合物少，含氮化合物尤其是蛋白质含量高，叶色深绿。

（三）生理成熟期

叶片旺盛生长之后，生长速度逐渐缓慢而停止，叶片基本定型，叶内干物质的积累逐渐增多而达到最高峰，这个过程称生理成熟期。尽管烟叶在生理成熟期时的生物学产量最高，干物质积累最多，但是叶内的化学组成并没有达到人们吸食要求的最佳状态。从生理生化上说烟叶在生理成熟时仍没有发生有利于香吃味的化学变化及适合烘烤工艺要求的生理生化变化，也就是说烟叶的生理成熟并不是真正的成熟，而是始熟期。

一般农作物在生理成熟期收获，可以获得最佳的产量和经济效益，但是烟叶是一种特殊的工业原料，在生理成熟期内部生理生化变化还不充分，内在质量潜势尚未达到最佳状态，物理性状也未达到最佳状态，因此还不是最适合烘烤加工的采收时期。

（四）衰老期

生理成熟后，烟叶代谢活动逐渐趋向以分解占优势，大分子物质转化成小分子物质，外部形态表现出衰老的特征，此期称为衰老期。在烟叶衰老的过程中，核酸、蛋白质等大分子渐渐解体，防御酶（如超氧化物歧化酶、过氧化氢酶等）活性降低，细胞膜脂过氧化作用加剧，膜系统的结构与功能逐渐被破坏，胞内物质泄漏。后来进一步发展到细胞结构解体，外观呈现枯死状。

生理成熟以后，淀粉、叶绿素逐渐分解，产生一定生理消耗，烟叶颜色由绿转黄，组织逐渐变疏松，叶内化学成分趋于适宜状态。此时采收的烟叶，在烘烤过程中脱水顺利，容易变黄，烤后多呈橘黄色，其叶表及叶背面的色泽相似，叶面皱褶，油分多，韧性和弹性强，香吃味好，烤干率可能稍有下降，但质量最好，符合卷烟工业的要求，故称为工艺成熟期。工艺成熟期是人们从需要出发而选定的一个时期，是烟叶成熟衰老过程中的一个阶段。

工艺成熟的烟叶若不采收让其继续发展，则逐渐转向过熟，叶肉结构变得松弛，叶绿体消失，叶片明显衰败趋向于枯萎。随着内含物的不断消耗，不仅叶片进一步变薄，叶重明显下降，而且品质开始变劣。过熟叶烘烤时变黄快，脱水快，向变褐方向转化也快，处理不当容易烤黑。烤后烟叶身份变薄，颜色变淡，光泽变暗，油分变少，弹性较差，缺乏香气，燃吸时淡而无味，吸湿性弱易破损，不符合卷烟工业的要求，故称为工艺过熟期。在一般情况下，烟叶应在工艺成熟期时适时采收，但对于营养充足，发育良好的优质上部烟，应适当晚采，让其在工艺成熟期后进一步达到高度成熟，即进入完熟期采收，有利于其内在质量，尤其是香气、吃味的进一步改善。

二、烟叶的成熟度

烟叶成熟度是一个质量概念，是鲜烟叶适于调制加工和烟叶调制后适于卷烟可用性要求的质量状态和程度。从字面上讲，成熟度就是烟叶在田间生长发育和干物质积累更适宜于要求的程度；从生理规律上讲，成熟度就是烟叶生长完成营养积累之后各种生理生化变化达到衰老的程度；从化学构成来讲，成熟度就是烟叶化学成分在完成营养积累之后的相互转化程度。由此可知，烟叶成熟的根本含义和实质就是烟叶生长发育和干物质积累以后，从生理生化上转向烟草工业需求的变化程度。它有 3 层含义：一是烟叶生长发育过程中的一个时期，即工艺成熟期；二是具备某种特定的状态，包括叶片的组织结构、化学成分及外部的形态特征等；三是成熟的烟叶经恰当调制能够相对较好地达到卷烟工艺所要求的品质。

烟叶在成熟的过程中发生着极其复杂的生理生化和结构上的变化，从而使烟叶完美的质量逐渐得以体现，也更符合于工业的要求。这种变化在成熟时达到最佳状态。也就是说，成熟度不仅仅是指生长发育上达到成熟的程度，更重要的是指体内化学平衡和协调性趋于理想状态的程度。

由于烟叶不同部位生理特点和小环境的差异，达到成熟时的表现各不相同。研究者为了准确提出生产中不同部位烟叶成熟的外观特征，常把成熟程度划分为 5 个等级，分别记作 M_1、M_2、M_3、M_4、M_5，并给出了不同部位烟叶的外观特征（表 9-13）。

表 9-13　不同部位鲜烟叶各成熟度的外观特征

成熟等级	不同部位的外观特征		
	上部	中部	下部
M_1	叶色绿多黄少，茸毛多，主脉绿	叶色绿，茸毛稍减	叶色深绿，茸毛稍脱落
M_2	叶色黄绿，茸毛部分脱落，叶面有黄泡，主脉部分发白，叶尖下勾	叶色转黄，茸毛部分脱落，叶脉半白，叶尖下勾	叶色稍褪，茸毛部分脱落，叶脉绿色
M_3	叶黄多绿少，茸毛脱落，叶面黄泡透白，主支脉全白，叶片平伸	叶黄多绿少，叶面有黄泡，主脉及部分支脉发白，茸毛脱落，叶下垂，采摘时发脆	叶色黄绿，茸毛大部分脱落，主脉发白，叶片下垂
M_4	叶黄而发白，茸毛脱落，叶片黄斑变黄白色，鲜烟弹性变差	叶色全黄，叶面黄泡发白，黏性减退	叶色全黄，茸毛脱落，主支脉全白，采叶时发脆
M_5	叶黄白色，叶尖卷曲干枯，叶面光滑衰枯	叶黄中透白，叶尖干枯，有衰枯相	叶发白，叶尖干枯，有衰枯相

三、烟叶在成熟过程中的变化

（一）生物学特性的变化

1. 烟叶组织结构变化

据韩锦峰等（1987）研究，随烟叶成熟度的增加，叶肉细胞的大小和排列方式、叶肉细胞内的细胞核、细胞质和细胞器发生着规律性的变化。未达到成熟的烟叶，叶肉细胞排列紧密，细胞间隙很小，细胞内叶绿体数量多，原生质浓，细胞核大而明显。叶片达到成熟时，叶肉细胞排列变得疏松，细胞内叶绿体减少，原生质变稀，细胞核变小或不明显，部分细胞核消失，线粒体先膨大而后解体。烟叶过熟时，叶肉总体结构松弛，细胞失去原有的形态，原生质凝结变为丝状，栅栏组织与海绵组织区分不明显，叶绿体及细胞核消失，横切面上形成近似网状结构。不同部位相比较，烟叶成熟过程中，上部叶细胞器的变化不及中下部叶片明显。栅栏细胞的长度随着叶片成熟度发展而缩短，海绵细胞间隙增大。在同一成熟档次中，烟叶部位不同，栅栏细胞排列的密度一般是随着叶位升高而增加的，栅栏细胞的长度是下部叶较短，中部叶居中，上部叶较长。同一部位不同成熟档次的烟叶相比较，成熟档次越高，栅栏细胞的体积缩小变化越剧烈，因而单位面积或长度上的栅栏细胞数量随成熟度增加而减少。不同部位烟叶的空隙度差别很大，上部叶的海绵组织空隙度小，叶位越低，海绵组织的空隙越大，在同一部位的烟叶中，空隙随成熟度的增加而增加。

聂荣邦等（1991）研究结果表明，随着烟叶成熟度提高栅栏组织的厚度和体积变薄和缩小，单位面积、单位长度上细胞数量逐渐减少，细胞间空隙度增大（表 9-14），由此导致叶片结构由密到疏到松。在同一成熟度档次中，组织结构的稀疏又因部位不同而不同，表现为下部叶较疏，上部叶较密。冉邦定、刘敬业等（1993）研究认为，中部叶在达到工艺成熟期以前，叶片厚度和栅栏组织、海绵组织厚度稍有减少，下部叶则有较大幅度减少。在工艺成熟期后它们均明显减少。海绵组织的厚度随成熟度的增加而增加。栅栏组织与海绵组织厚度的比值以及栅栏组织与叶片厚度的比值，均随成熟度的增加表现为减少，达某一最小值后又回升，呈“V”形变化。栅栏组织与海绵组织厚度比值在成熟后期的增加是由于栅栏组织收缩量小于海绵组织收缩量而造成的。

表 9-14 不同成熟度鲜烟叶组织结构比较

部位	成熟度	叶片厚度/μm	栅栏组织厚度/μm	海绵组织厚度/μm	栅栏/海绵	栅栏组织大小长×宽/μm²	单位面积细胞数/(个/mm²)	单位长度栅栏细胞数/(个/mm)	单位长度海绵细胞数/(个/mm)	细胞间孔隙率/%
上部叶	M_1	243.6	118.8	75.1	1.58	93.5×13.7	973.4	61.4	109.3	17.1
	M_2	243.8	116.9	76.3	1.53	93.2×13.8	945.1	59.6	98.2	19.8
	M_3	242.9	115.2	78.4	1.47	89.0×12.9	897.5	54.7	87.9	26.5
	M_4	234.4	93.6	87.5	1.07	68.9×11.6	829.2	48.1	66.7	31.1
	M_5	225.1	86.3	87.9	0.99	62.4×9.4	805.7	42.7	58.4	38.0
中部叶	M_1	231.1	81.3	99.7	0.82	75.0×13.3	1026.3	56.2	96.3	19.3
	M_2	230.4	80.7	97.8	0.83	75.4×13.2	1003.7	53.1	84.7	20.6
	M_3	231.6	79.5	90.1	0.88	67.9×11.5	995.8	48.5	70.4	28.0
	M_4	181.4	76.1	81.4	0.93	59.4×10.6	991.2	45.3	56.0	35.2
	M_5	175.1	68.7	82.4	0.83	53.2×6.9	960.4	40.7	53.1	41.9
下部叶	M_1	193.8	75.9	83.2	0.91	65.2×12.0	1073.5	53.5	72.6	21.8
	M_2	195.1	74.1	80.2	0.92	61.7×11.5	1019.0	50.1	68.5	23.7
	M_3	190.7	71.6	81.2	0.82	58.3×10.8	991.4	43.9	60.7	31.4
	M_4	174.0	68.3	74.8	0.92	56.7×10.2	975.2	37.3	53.3	39.1
	M_5	165.6	62.4	68.7	0.91	50.1×7.3	933.8	34.7	48.2	46.5

资料来源：聂荣邦等，1991

2. 烟叶表面腺毛的变化

烟叶表面腺毛的类型、密度、分布等对烟叶致香物质的量和质都有很大影响。腺毛的分泌物主要是挥发性油和树脂，其中多细胞腺头腺毛分泌较多的萜、蔗糖酯，而且分泌物多，单细胞腺头腺毛分泌物中有较多的脂肪酸和蜡脂。据陈素珍等（1993）研究，烤烟品种 NC89，自叶片定长的20%到定长，腺毛密度减少 69.8%，到成熟时又减少 4.6%，其中多细胞腺头腺毛先增加后降低，以适熟时为最高。当叶片过熟时，多细胞腺头腺毛密度与总腺毛密度一致（100%），说明这时单细胞腺头已全部脱落。

（二）主要化学成分的变化

1. 碳水化合物的变化

烟叶成熟过程的本质是碳氮代谢的平衡过程。在这个过程中，烟叶淀粉含量随着烟叶的生长发育而积累，到生理成熟期达到最高点，然后逐渐分解，含量降低（贾琪光等，1985；韩锦峰等，1990）。其中下部叶淀粉积累速率小，时间短，高峰出现在生理成熟至成熟（M_3～M_4），之后迅速减少。中部叶和上部叶淀粉积累速率虽小，但时间长，至成熟时（M_4）达到最高点，此后下降。淀粉含量最高时恰恰是生理代谢的转折点，即走向以分解代谢为主的衰老过程。因此，淀粉含量可以作为判断烟叶成熟度的一个生化指标，其含量最高时标志着烟叶已经开始充分成熟。

烟叶未熟时淀粉含量较低，生理成熟时最高，工艺成熟时稍有下降，过熟时则明显下降（表 9-15）。含淀粉多的烟叶烘烤时变黄均匀，烤后能保持黄色。淀粉在烘烤过程中绝大部分能分解为糖，可使烟叶柔软，富有弹性，并能减少蛋白质燃烧时产生的杂气和刺激性，使吃味醇和。

表 9-15　不同成熟度鲜烟叶淀粉含量（%）

烟叶部位	未　熟	生理成熟	工艺成熟	过　熟
下部	14.54	25.34	23.17	19.83
中部	27.38	27.00	20.2	11.52
上部	26.98	28.29	24.76	—

资料来源：云南烟草研究所，1986

烟叶成熟过程中还原糖含量变化比较复杂。据贾琪光等（1990）研究结果，烟叶从不熟到过熟还原糖含量在 6.13%～15.87%范围内波动，但以过熟时期含量最高（表 9-16）。

表 9-16　烟叶成熟过程中还原糖含量（%）的变化

部　位	NC89					G-140				
	M_1	M_2	M_3	M_4	M_5	M_1	M_2	M_3	M_4	M_5
上部	6.33	6.21	7.05	9.12	12.40	6.53	7.96	7.88	10.07	14.55
中部	6.13	8.44	8.35	9.54	14.30	8.66	12.98	8.41	7.67	13.34
下部	7.32	8.34	7.98	9.21	15.87	10.01	11.96	10.59	12.70	14.31

资料来源：贾琪光等，1990

2. 含氮化合物的变化

在烟叶旺盛生长及以后的一段时间内，蛋白质的含量持续增加，生理成熟时最高，之后逐渐下降。营养发育良好烟株的烟叶在打顶前后进入成熟阶段，烟株对氮素物质的吸收和积累达到很低水平，工艺成熟期叶片蛋白质含量为 12%～15%，占总氮化合物的 40%～60%（表 9-17）。同时碳水化合物开始大量形成和积累。

表 9-17　不同成熟度鲜烟叶烤后含氮化合物含量比较

烟叶部位	成熟度	总氮/%	烟碱/%	蛋白质/%	总氮/烟碱
上部叶	M_1	1.84	1.92	9.43	0.958
	M_2	2.01	2.33	10.05	0.863
	M_3	2.38	2.47	12.21	0.964
	M_4	2.11	2.39	10.61	0.883
	M_5	2.05	2.22	10.41	0.923
中部叶	M_1	1.75	1.70	9.10	1.029
	M_2	1.88	2.11	9.47	0.891
	M_3	1.98	2.39	9.79	0.825
	M_4	1.99	2.40	9.85	0.829
	M_5	1.81	1.86	9.30	0.973
下部叶	M_1	1.61	1.56	8.38	1.032
	M_2	1.77	1.71	9.22	1.035
	M_3	1.86	2.01	9.45	0.925
	M_4	1.63	1.78	8.27	0.916
	M_5	1.56	1.56	8.07	1.000

资料来源：宫长荣等，1994

韩锦峰等（1994）研究认为，随着成熟度的提高，烟叶中的总游离氨基酸、α-氨基酸含量均表现为下降趋势，至工艺成熟期达到最低点后又开始上升，其变化呈“V”字形。与 Amadori 化合物有关的氨基酸总和也随烟叶的成熟发生有规律的变化（表 9-18）。

表 9-18　烟叶成熟过程中氨基酸含量（mg/100g 干烟叶）的变化

氨基酸	成熟度					
	生青	未熟	欠熟	尚熟	成熟	过熟
天门冬氨酸*	61.04	32.80	28.57	41.91	19.84	20.76
苏氨酸	162.97	152.62	75.41	55.30	130.42	162.17
丝氨酸	17.98	17.28	4.21	9.55	2.77	12.11
谷氨酸	29.93	11.33	7.12	4.17	27.72	40.73
甘氨酸	6.78	2.79	3.76	1.49	4.78	4.11
丙氨酸	44.16	43.12	16.74	10.26	35.70	42.69
缬氨酸*	12.48	5.14	4.63	1.37	2.90	3.76
蛋氨酸	—	—	—	—	5.10	—
脯氨酸*	202.71	180.68	145.66	158.62	171.51	195.55
异亮氨酸	10.07	3.32	3.71	1.46	3.12	5.42
亮氨酸	14.74	6.07	5.49	1.61	5.13	6.96
酪氨酸	23.25	14.77	13.69	8.06	14.34	34.40
苯丙氨酸*	49.10	42.83	28.93	15.50	10.83	21.01
组氨酸	51.56	49.01	44.23	35.90	20.38	31.67
赖氨酸	32.38	22.12	10.68	8.25	13.70	14.19
精氨酸*	29.81	12.38	111.18	9.55	20.71	12.05
色氨酸	12.11	18.84	32.55	22.50	29.11	11.90
总计	748.57	815.00	436.56	385.5	497.86	618.43
**	355.14	273.73	219.37	22.95	215.93	253.12

注：* 为与 Amadori 化合物有关的氨基酸，** 为与合成 Amadori 化合物有关的氨基酸的总和

资料来源：韩锦峰，1994

3. 色素含量的变化

叶绿素 a、叶绿素 b、总叶绿素和类胡萝卜素均随烟叶成熟度的提高而减少，但类胡萝卜素占色素总量的比例随成熟度的提高而增加（表 9-19）。烟叶成熟过程中颜色的变化，实质上就是叶组织内色素总量及类胡萝卜素占色素总量比例变化的外观反映。由于类胡萝卜素减少的数量相对小于叶绿素减少的数量，所以在色素总量中类胡萝卜素所占的比例呈上升的规律是十分明显的，从成熟度发展过程中类胡萝卜素占色素总量看，增加最快的是 4～5 级，同时叶绿素降解快，类胡萝卜素降解慢正是烟叶成熟越充分，烤后烟叶颜色越呈橘黄色或柠檬黄色的基础。

表 9-19 不同成熟度鲜烟叶色素含量（mg/g·FW）

烟叶部位	成熟度	叶绿素 a	叶绿素 b	总叶绿素	类胡萝卜素	类胡萝卜素/总叶绿素×100%
上部叶	0	1.1444	0.9358	2.0982	0.2149	10.24
	1	0.7719	0.6531	1.4250	0.1778	12.48
	2	0.6023	0.4938	1.0961	0.1689	15.41
	3	0.3412	0.2717	0.5429	0.1284	20.95
	4	0.2039	0.1769	0.3808	0.1031	27.07
	5	0.1215	0.1128	0.2503	0.0861	41.95
中部叶	0	0.8670	0.7281	1.5951	0.1628	10.21
	1	0.5984	0.5042	1.1026	0.1368	12.41
	2	0.4598	0.3741	0.8339	0.1290	15.47
	3	0.2645	0.2123	0.4768	0.0959	20.10
	4	0.1518	0.1361	0.2942	0.0776	26.36
	5	0.0858	0.0857	0.1726	0.0648	34.54
下部叶	0	0.6338	0.5573	1.1911	0.1139	9.28
	1	0.4358	0.3848	0.8206	0.0944	11.50
	2	0.3357	0.2914	0.6271	0.0930	14.83
	3	0.1926	0.1678	0.3604	0.0681	18.88
	4	0.1153	0.1058	0.2238	0.0551	24.60

资料来源：宫长荣等，1994

四、烟叶成熟采收

（一）烟叶成熟的判断

烟叶在田间生长进入工艺成熟时，由于内部化学成分和组织结构的改变，外部形态与色泽也发生明显的变化，这是判断烟叶成熟的共同依据。带有普遍意义的成熟特征有 6 项。

（1）叶色变浅。通常表现是绿色消退变淡，变为不同程度的绿黄色或黄绿色，甚至淡黄色，烟株自下而上呈现分层落黄。

（2）叶脉变白。首先是主脉变白发亮，进而是支脉退青变白。

（3）茸毛脱落。成熟的烟叶茸毛部分或基本脱落，叶面有光泽，树脂类物质增多，手摸烟叶有黏手的感觉，采摘烟叶时手会粘上一层不易洗掉的黑色物质，俗称烟油。

（4）容易采摘。成熟的烟叶基部与茎秆之间细胞形成离层，容易采下，采摘时有清脆响声，采后断面整齐呈马蹄形。

（5）叶尖下垂，茎叶角度增大。达到成熟的烟叶，主脉机械支撑能力减弱，叶尖表现下勾，整个叶片自然弯曲成弓形。有人形容为茎叶角度达到 90 度或叶片与地面平行。

（6）中上部烟叶的变化。叶面起皱，叶面出现成熟斑，叶尖黄色程度增大，或枯尖焦边。

很明显，上述烟叶成熟的特征仅仅是定性的，是规范化生产条件下的典型特征，在实际采收中也很难准确掌握。所以，应用中要根据烟叶生长的具体情况，不能苛求每一片烟叶都会表现出全部的成熟特征，往往是有几项能够达到就视为成熟。譬如下部叶，最容易掌握的成熟特征就是叶色稍有转黄、采摘时声音清脆、不带茎皮，采后断面整齐呈马蹄形。

烟叶成熟也可以根据叶龄判断，下部叶达到成熟的叶龄一般为 50～60 天，中部叶为 60～70 天，上部叶为 70～90 天（宫长荣等，1996）。按照烟叶在烟株上的出生时间推算，下部叶应当在移栽后 60 天左右开始成熟，中部叶在 75～85 天开始成熟，上部叶在 100～110 天后进入成熟期。

（二）烟叶采收与编烟装烟

1. 烟叶采收

烟叶采收的基本原则是成熟一片采收一片，生叶不收，熟叶不漏。正常情况下，第一次采收在烟株现蕾至开花打顶前后进行，之后紧接着进行第二次采收。接下来停 10 天左右开始采收中部叶。中部叶采完后，再停 10～15 天，开始采收上部叶。我国传统上每个烤烟生产季节要采收 5～10 次。随着烤烟生产水平提高，烟叶营养更协调，成熟时间也更集中，每次可采摘 3 片叶左右；上部 4～6 片叶集中一次采完，实践证明，采收次数 5 次左右更有利于确保烟叶质量。

2. 编烟

编烟又称编竿、绑烟、上竿，我国普遍使用绳索编烟，有死扣编烟、活扣编烟、加扦梭线编烟三种方法。密集烤房使用梳式烟夹。编烟的基本要求是：分类编烟，稀密适当。

鲜烟编竿前要严格进行分类，按品种、部位、叶片大小、颜色深浅和病虫危害情况把鲜烟叶进行分类，分别编竿，确保同竿同质。编烟时要 2～3 片叶背对背，以防烟叶在烘烤中干燥收缩向叶面卷曲时互相包裹而造成局部高温高湿而烤坏。每根 1.5m 长的标准烟竿编烟重量以 7kg 左右为宜。

3. 装烟

装烟又叫装炕、装炉、挂烟，不管普通烤房还是密集烤房，装烟适当与否都直接影响烟叶烘烤质量。装烟的基本要求是：分类装烟，稀密适当。

同一座烤房内要做到同品种、同部位、同层同质。根据烤房内的温度分布规律，成熟度略高和变黄速度快的烟叶，包括过熟叶及病虫危害的烟叶要装在温度相对较高的区域，使之尽快脱水和变黄定色，避免造成烤褐；适熟叶装在中间层次；成熟度略欠、变黄速度慢的烟叶装在温度相对较低的区域，使其有足够的时间脱水和变黄。

装烟密度通常控制在竿距20～24cm。雨天采收的烟叶或下部烟叶，编烟稍稀，竿距24～27cm；上部烟叶或天气干旱时采收的烟叶，则编烟适当稍密，竿距为20cm左右。

在靠近观察窗处要装上本炕内最有代表性的烟叶，以便于掌握烟叶变化进程，采取相应的措施，使大部分烟叶的烘烤质量得到保证。

第五节　烤烟调制原理

烤烟调制也称作烘烤，是指将田间生长成熟的鲜烟叶采收后放置于特定的设备中通过人为地控制温度、湿度、通风等条件，使烟叶向着人们需要的方向转化并干燥，最终形成卷烟工业所需原料的全部过程。由此可见，调制最终体现了烟叶的使用价值和经济价值，是烤烟生产的关键环节。需要明确的是，调制过程不能增进烟叶的产量和质量，也不能烤出超出鲜烟潜在价值的烟叶。但是，调制也绝不是被动地展现鲜烟原有的质量，它可以通过采用和鲜烟叶相适应的技术措施，在一定程度上弥补鲜烟叶田间质量的不足。从某种意义上来说，调制具有保质、保产、保收益，甚至增质、增产、增收益的作用。

一、烟叶的烘烤变化和阶段划分

（一）烟叶烘烤中的代谢活动

烟叶内含物的变化主要通过烟叶的呼吸作用进行，新采收的鲜烟叶，离开了烟株母体后，进行着饥饿代谢过程，呼吸作用继续进行。呼吸作用在生物体内可以用作呼吸底物的有机化合物进行有控制的生物氧化过程，其反应式可总结为：

$$C_6H_{12}O_6+6O_2 \longrightarrow 6CO_2+6H_2O+690\text{（千卡）}$$

上式中的能量是以化学能的形式，贮存于三磷酸腺苷中，在烘烤过程中用于细胞的生命活动，完成内含物质的转化和分解。可见呼吸作用是烤烟调制的生理基础。从呼吸作用这个角度上来说，烤烟在调制过程中的饥饿代谢过程可分为6个阶段。

1. 第一阶段

烟叶刚采收之后，呼吸作用几乎和在烟株上一样，主要的呼吸底物是碳水化合物，产生能量维持生命活动，CO_2的释放量较大。

2. 第二阶段

继续以碳水化合物为底物进行呼吸作用，但强度减弱，CO_2的释放量逐渐减少。

3. 第三阶段

CO_2的释放量又略有回升，此阶段的呼吸底物除碳水化合物外，还有糖苷类物质和蛋白质等。

4. 第四阶段

蛋白质成为主要呼吸底物。由于叶绿体中蛋白质的分解，叶绿素随之分解，类胡萝卜素等黄色素的含量相对增加，外观上叶色由绿变黄，到该阶段快结束时叶片基本完全变黄。此时，若烟叶水分尚足以继续维持酶类活动，则进入第五阶段。若此时叶内水分不能维持酶类的活动，则呼吸代谢趋于停止。

5. 第五阶段

CO_2 的释放量逐渐减少，碳水化合物和氮化物的分解转化完成，干物质的消耗基本结束，叶片变褐，叶组织细胞接近死亡。

6. 第六阶段

叶细胞原生质凝聚，生物膜结构半透性丧失，原生质结构被破坏，细胞死亡。

因为烤烟调制的目的是使烟叶本身所特有的颜色、香气和吃味得以体现，以达到卷烟工业对烟叶原料的要求，所以，就不能让烟叶的这种代谢作用进行到底，只能让其适可而止，也就是在第四阶段末，当烟叶变黄后，就应当立即控制酶的活性，终止呼吸代谢作用，以保持烟叶理想的颜色和完美的质量。

（二）烟叶颜色与含水量的变化

由含水量80％～90％的鲜烟，经调制干燥后成为含水量16％～18％的原烟。其内部和外观上都发生了一系列极其复杂和深刻的变化。内部变化是烟叶在烘烤环境这个特定条件下由旺盛的生命活动继续发展逐渐至衰老到死亡的饥饿代谢过程，外部变化是内部变化的直观反映。也是人们进行控制烘烤的依据。从烘烤过程中烟叶内部的变化而言，有组织结构的变化，有各种酶类参加的多种生理生化变化，以及受此影响的化学组分的变化。就外观变化而言，有两个变化是最为直观和明显的。一是颜色的变化：绿色—黄绿—黄色，如果控制操作不当，还会出现不同程度的青黄色和褐色；二是形态的变化：膨胀—凋萎—干燥。烟叶颜色的变化代表了内部生理生化转化的程度，烟叶形态变化代表了失水的程度，并且可以推断烟叶内部的生理生化能否继续发展。

从田间收获的烟叶是处于生命活动状态的。这是烟叶能够进行各种生理生化转化，由绿色变为黄色的先决条件。水分是生命活动的基础。所以在烟叶由绿色变为黄色的全过程中，烟叶内有一定的水分是必不可少的。但从另一方面讲，对烟叶质量的要求必须使内部的变化适可而止，也就是要求烟叶内在和外观上变化达到恰到好处时及时地终止，这可以通过控制烟叶水分来实现。显然烟叶调制过程中颜色变化和脱水干燥必须恰当地配合。

烟叶颜色的变化是叶内有机物质分解转化的结果，这是一个酶促过程，需要一定的温度和水分。水分的蒸发和烟叶的干燥是个物理过程，除需要一定的温度外，更主要的还要求烟叶所处环境的相对湿度逐渐降低，以此控制水分的蒸发。

显而易见，烟叶在调制过程中颜色变化速度快，脱水干燥速度慢，烟叶已经充分变黄，但叶内还有大量的水分，就会使酶促过程继续进行，这样颜色必然会继续发展而变为褐色。如果烟叶脱水干燥速度快，颜色变化慢，在烟叶尚未充分变黄的时候，烟叶内水分已经不足以维持生命活动，酶促反应则提前被终止，结果烟叶会呈现不同程度的青色。

总之，烤烟调制的基本原理就在于合理地控制烟叶的变色速度和干燥速度，使其互相配合，适应烟叶调制过程的进展。在调制中对这两个速度的控制，主要是通过掌握不同的温度和相对湿度来完成。调制初期，主要是让烟叶在较多水分的情况下进行有机物质的转化和分解，因而，变色速度快，干燥速度尽量放慢，采用较低温度，较高的相对湿度，使叶片丧失一定的水分但仍保持其生命活动，烟叶的变化才能顺利进行。当叶片基本上全部变黄时，需要将颜色固定下来，就应迅速减慢或停止变色速度，加快干燥速度，采用提高温度，降低相对湿度让叶片中的水分迅速蒸发排走，使黄色固定下来。在生产实践中，这样的过程就成为变黄阶段、定色阶段和干筋阶段。

（三）烘烤阶段的划分

在烟叶烘烤过程中，前期烟叶组织尚处于生命状态，发生以化学成分转化分解为主的生理生化变化。从外观上看，叶片表现出凋萎、变黄。后期以干燥为主（叶片和叶脉干燥），固定已经形成的质量性状，这一时期则以排除水分的物理过程为主。整个烟叶烘烤过程具有明显的阶段性。

根据烟叶外观特性的变化，烘烤全过程可划分为凋萎、变黄、定色、干片、干筋 5 个阶段。但是，由于凋萎和变黄总是紧密联系在一起的，很难准确地划分，而且二者内在的有机联系是这一过程的核心，因此常将凋萎和变黄划分为一个阶段，称为变黄阶段。烟叶变黄以后，排除水分使叶片干燥与黄色固定同时进行，此阶段称为定色阶段。最后是排除主脉水分，使整个烟叶全部干燥，称为干筋阶段。所以，一般将烟叶烘烤过程分为变黄、定色、干筋 3 个阶段。3 个阶段既有区别，又有密切联系。因此，烘烤阶段主要是依据烟叶变化特点和对烘烤条件的要求不同而划分的。

1. 变黄阶段

烟叶烘烤的变黄阶段是增进和改善烟叶品质的重要时期，烟叶外观和内在化学组成都发生巨大变化。但就其实质而言，可归结为水分散失的物理变化和酶促作用的生物化学变化，而一定程度的水分散失，对于加强生物化学变化起着良好的作用。因此，变黄阶段烟叶必须适度失水凋萎形成还原状态，这有利于蛋白质和叶绿素的降解，更有助于烟叶变黄后的色泽固定。而且生化变化还必须有一定的温度和水分条件。为促使烟叶由绿变黄，需要较低的温度和较高的相对湿度，以保持叶组织细胞中适量的水分，促进烟叶生命活动和变黄时生化变化的顺利进行。

由于烟叶失水和变黄是相辅相成的，所以随着烟叶变黄程度的不断增加，温度逐渐升高，相对湿度逐渐降低，使变黄与失水协调同步。

2. 定色阶段

定色阶段是决定烟叶质量的关键时期，当烟叶变黄达到一定程度时，叶片组织中促进生化变化的酶类活动必须停止，才能使叶内的生化变化停止或减小到最弱的程度，阻止烟叶进一步氧化变褐，将已获得的化学品质和外观品质固定下来。为达到这一目的，需要较高的温度和较低的相对湿度，即必须以较快的速度排除烟叶中的水分，使烟叶逐渐干燥。由于鲜烟叶的水分大部分要在定色阶段汽化排除，这就需要在较长的时间内不断的升温排湿，逐步降低烤房内的相对湿度。定色阶段升温与排湿必须同步进行，其关键是湿球温度要稳定在一定的范围之内。

3. 干筋阶段

这主要是排除烟叶主脉水分的阶段。烟叶主脉粗，组织结构紧，保水力强，水分转移距离远，气化排除缓慢，所以在烘烤过程中难以干燥，必须进一步升温、降湿才能达到干燥之目的。但干筋阶段的温度也不宜过高，否则会造成烟叶香气物质的挥发或进一步转化，降低烟叶的内在质量。

烟叶烘烤各阶段的温度、湿度和时间划分的范围见表 9-20。

表 9-20 烟叶烘烤各阶段的温湿度及时间范围

烘烤阶段	温度/℃	相对湿度/%	时间/h
变黄阶段	30～43 (45)	98～60	30～72
定色阶段	43 (45)～55	60～30	30～48
干筋阶段	55～70	<30	24～36

二、烟叶主要化学成分的变化

烟叶烘烤的化学变化是最基本、最重要的变化，而且是极其复杂的，它包括新鲜烟叶组织细胞在呼吸酶类、水解酶类及氧化还原酶类等的作用下，烟叶内含物质分解、转化和消耗的全过程。烟叶烘烤过程是在人为控制的条件下进行的，烟叶的所有化学变化以及由此而影响内在成分和外观形态的变化都有一定的规律性。

烤烟调制过程中化学成分变化的总趋势是高分子化合物转化为低分子化合物，各组分之间的比例逐渐趋于协调。培根（C. W. Bacon）等研究认为：烟叶在烘烤过程中，其体内化学成分含量的变化是十分显著的。淀粉含量大幅度降低，以变黄阶段减少量最大，还原糖含量则由烘烤前的 6.86%增加到烘烤后的 16.47%，总糖含量由 11.28%增加到 30.83%；总氮、蛋白质、烟碱等含量都有所降低，羰基化合物含量明显增加；其他组分如纤维素、灰分、有机酸、树脂等都有所变化，但变化不大（表 9-21）。

表 9-21 烘烤过程中烟叶化学成分的变化（%）

化学成分	鲜烟叶	变黄后的烟叶	青到黄的变化量	烘烤后的烟叶	青到烘烤后的变化量
淀粉	29.30	12.40	−16.90	5.52	−23.78
游离还原糖	6.68	15.92	+6.24	16.47	+9.79
左旋糖	2.87	7.06	+4.19	7.06	+4.19
蔗糖	1.73	5.22	+3.49	7.30	+5.57
粗纤维	7.28	7.16	0.12	7.34	+0.06
总氮	1.08	1.04	−0.04	1.05	−0.03
蛋白质氮	0.65	0.56	−0.09	0.51	−0.14
烟碱	1.10	1.02	−0.08	0.97	−0.13
灰分	9.23	9.24	+0.01	9.25	+0.02
钙	1.37	1.37	0	1.37	0
草酸	0.96	0.92	−0.04	0.85	−0.11
柠檬酸	0.40	0.37	−0.03	0.38	−0.02
苹果酸	8.62	9.85	+1.23	8.73	+0.11
树脂	7.05	6.53	−0.52	6.61	−0.44
果胶质	10.99	10.22	−0.77	8.48	−2.51
pH	5.55	5.64	+0.09	5.55	0
羰基化合物 (mg/100g 烟叶)	94.9	610.0	+515.1	888.0	+793.1

资料来源：Bacon et al.，1952

（一）碳水化合物的变化

碳水化合物的分解、转化、消耗和积累状况决定着烤后烟叶外观和内在品质的优劣。一般认为，烟叶淀粉和糖含量的高低直接影响燃吸时的香吃味。

淀粉的分解途径是：淀粉→糊精→麦芽糖＋蔗糖→葡萄糖＋果糖，其分解转化过程中，每一步都有酶的参与。淀粉酶的作用是切断淀粉分子中的糖苷键。

淀粉酶起作用要有适当的温度、湿度及烟叶适度失水凋萎等条件。淀粉酶活性的高低和作用时间的长短直接影响着淀粉转化程度和最终烟叶含糖量的高低。在烘烤过程中，温度和烟叶含水量是影响酶活性的重要因素。许多试验和实践证明，温度 38～45℃，烟叶水分 70％以上，淀粉酶活性强，有利于淀粉水解，其中 42～45℃淀粉酶活性最强，淀粉水解最快。70℃时淀粉酶活性完全丧失。但是，在 38℃充分延长时间（烟叶水分含量比较高）的条件下使烟叶变黄，之后再缓慢升温，烟叶水分也随着逐渐减少，淀粉也能彻底水解，最终烟叶糖分含量比升温快时还要高。因此，在烘烤期间，由于淀粉酶的活动，烟叶中的淀粉得以分解为糖；随着烘烤时间的推移，淀粉含量减少，总糖和还原糖含量相应增加。当烟叶变黄结束时，淀粉大量分解，其含量由鲜烟叶的 30％左右减少到 12％左右，待烘烤结束时降至 5％或更低。目前，国际上一般认为，烤后烟叶淀粉含量在 3％以下时香吃味好。

糖在烟叶烘烤中具有两种变化：一方面由呼吸作用而消耗；另一方面由淀粉的水解而不断积累，且积累远远大于消耗，这就是糖在烘烤期间大量积累的原因，而且主要在变黄阶段。

（二）主要含氮化合物的变化

烟叶中蛋白质有两类，即可溶性蛋白质和不溶性蛋白质，一般认为两类蛋白质的含量通常是相等的。

在烘烤期间，蛋白质在蛋白酶作用下，首先分解为多肽，再分解为氨基酸，氨基酸进一步脱氨形成有机酸和氨。烘烤初期，烟叶尚有一定的合成能力，使产生的氨进一步合成为酰胺，或与有机酸结合成铵盐，后期形成的部分酰胺又分解脱氨，使氨散失。蛋白质分解途径如下：

$$\text{蛋白质} \longrightarrow \text{多肽} \longrightarrow \text{氨基酸} \longrightarrow \left\{\begin{array}{l}\text{氨}\\ \text{有机酸}\end{array}\right. \longrightarrow \text{酰胺} \longrightarrow \left\{\begin{array}{l}\text{氨和其他碱性物质}\\ \text{有机酸和其他非氮物质}\end{array}\right.$$

新鲜烟叶中蛋白质含量是比较高的，正常成熟的鲜烟叶中蛋白质含量为 12％～15％，烘烤过程中降解量为鲜烟叶含量的 35％左右。蛋白质的降解在烟叶开始烘烤时较慢，烘烤 24h 后降解速度明显加快，定色后降解速度又逐渐下降，呈现“慢—快—慢”变化规律。烟叶中蛋白酶的活性在烘烤过程初期较低，随着烘烤进程的发展不断升高，24h 后达到第一个高峰值，此后稍有降低（李常军，2000）。在高温变黄条件下，蛋白酶在开始烘烤后快速上升，但失活较快；低温变黄能使蛋白酶在较长时间内维持活性状态；高湿条件下蛋白酶活性较高，低湿条件下蛋白酶活性相对较低。因此，高湿条件下烘烤，烟叶蛋白质分解多，最终含量就低。宫长荣等（2000）研究表明，烟叶在烘烤过程中，蛋白质和游离氨基酸含量消长关系明显，但是游离氨基酸与蛋白质含量的变化和蛋白酶的活性动态并不同步。

烘烤环境条件对游离氨基酸的含量有较大影响。据研究，变黄温度高低对氨基酸含量的影响大于湿度大小的影响，低温变黄条件下氨基酸含量明显高于高温变黄，高湿条件下变黄氨基酸含量也高于低湿变黄；略低湿度下定色，总氨基酸和 Amadori 氨基酸都远高于高湿条件（表 9-22），若干筋阶段温度高，氨基酸含量就会明显降低。

表 9-22　烘烤湿度条件对蛋白质和氨基酸含量的影响

项　目	烘烤阶段	高湿变黄	中湿变黄	低湿变黄	高湿定色	中湿定色	低湿定色
蛋白质/%	鲜烟叶	9.76					
	变黄阶段	8.34	8.79	9.08	8.65	8.78	8.81
	定色阶段	7.83	8.33	8.50	8.20	8.30	8.44
	干筋阶段	7.90	8.20	8.44	8.10	8.25	8.35
氨基酸/[mg/(g·DW)]	鲜烟叶	7.12					
	变黄阶段	9.93	9.23	9.04	9.40	9.33	9.34
	定色阶段	13.53	12.30	12.20	12.40	12.90	12.43
	干筋阶段	13.57	12.40	12.30	13.49	13.11	12.60

资料来源：宫长荣等，2000

刘敬业等（1996）研究表明，烟叶经烘烤后，除蛋氨酸、赖氨酸和胱氨酸外，其余 14 种氨基酸及氨的含量均升高。其中，脯氨酸比烤前增加了 3.50 倍，组氨酸、天门冬氨酸、谷氨酸、苯丙氨酸、缬氨酸及氨，分别是烤前的 120%～200%；相反，蛋氨酸减少幅度最大，烤后与烤前之比为 0.34。烘烤前含量较高的 3 种氨基酸依次为谷氨酸、天门冬氨酸和亮氨酸，分别占总量的 14.84%、10.81%和 8.63%，烘烤后含量较高的为谷氨酸、脯氨酸和天门冬氨酸，分别占 17.12%、15.26%和 11.37%。

董志坚等（2000）研究表明，不溶性氮和烟碱含量均随烘烤进程的推移而递减，而且烘烤前期下降幅度大于后期，以低温慢烤叶内不溶性氮分解最多，含量最低，高温快烤分解最少，含量最高（表 9-23）。这可能是由于低温慢烤条件下烟叶变黄时间长，变黄程度相对较高，同时又经过缓慢的脱水定色，致使损失量增大。烟碱变化趋势与不溶性氮相似，而且损失量随变黄时间延长而增加。在高温高湿条件下变黄，总氮消耗量较少，高湿变黄下烤后烟叶总氮含量最低；定色阶段湿度高低对烟叶总氮含量影响不大；烟碱含量受烘烤条件的影响较复杂，一般高湿变黄烤后烟叶烟碱含量较高（李常军等，2000）。烟碱和总氮的变化，多数研究者认为它们可能是经氧化而分解消失（包括蛋白质的彻底氧化）。

表 9-23　不同烘烤条件下烟叶中不溶性氮和烟碱含量的变化

烘烤时间/h	不溶性氮/%				烟碱/%			
	A	B	C	D	A	B	C	D
0	1.04	1.03	1.05	1.02	2.87	2.90	2.84	2.92
24	1.00	0.96	1.01	0.97	2.71	2.69	2.73	2.70
48	0.94	0.86	0.96	0.85	2.65	2.55	2.61	2.54
72	0.88	0.80	0.87	0.78	2.62	2.46	2.57	2.47
96	0.83	0.75	0.81	0.72	2.60	2.40	2.53	2.39
120	0.81	0.72	0.78	0.69	2.58	2.34	2.51	2.30

注：A 为高温变黄，B 为低温变黄，C 为高温定色，D 为低温定色

资料来源：董志坚等，2000

（三）色素的降解

烟叶中主要色素有叶绿素、胡萝卜素和叶黄素，其中以叶绿素含量最高，鲜烟叶中含量为0.5%～4%，而后两种色素在鲜烟叶中的含量为叶绿素的1/5～1/3。

在烘烤过程中，烟叶颜色变化的实质是叶绿素的降解和类胡萝卜素等黄色素比例的增加。在烟叶中叶绿素与蛋白质以复合体的形态存在，随着蛋白质的分解，这种复合体被破坏，同时叶绿素也被分解。在叶绿素酶的作用下，其分子结构中的卟吩环和叶绿醇之间的酯键断裂，形成叶绿醇和甲醇，再进一步分解转化。而类胡萝卜素的降解形成β-紫罗兰酮、β-大马酮等香气物质。据报道，叶绿素降解速度在烘烤开始的10h内较慢，之后明显加快，30～40h后又减慢，待变黄时结束，叶绿素含量降到鲜烟叶含量的15%～20%，而类胡萝卜素仅减少5%左右。由于叶绿素的降解速度远远大于类胡萝卜素等黄色色素的降解速度，从而引起叶内色素比例的变化，黄色素占色素总量的比例随着烘烤时间的推移而逐渐增加。据测定，类胡萝卜素占色素的比例由烘烤前的38%左右增加到烘烤后的80%左右，结果使烟叶逐渐呈现黄色。叶绿素的降解与淀粉、蛋白质的分解转化是同时进行的。因此，在烘烤过程中，叶绿素消失、烟叶变黄通常是衡量淀粉、蛋白质等有机物转化程度的直观指标，对烟叶品质的形成十分重要。

三、酶促棕色化反应

（一）棕色化反应的实质

在烟叶烘烤过程中，由于技术条件失当，将会导致烟叶由黄色变为不同程度的褐色，即通常所说的挂灰、烤糟、蒸片等，这种现象称为棕色化反应。烟叶随着棕色化程度不同，其香气质逐渐变差，香气量减少，杂气增多，刺激性增大，严重时甚至丧失商品的实用价值。

棕色化反应包括酶促棕色化和非酶促棕色化两种类型。酶促棕色化反应主要发生在烟叶定色阶段，叶组织逐渐死亡，原生质结构开始自溶和解体，细胞膜透性增大，部分物质由细胞内外渗到细胞间隙，同时氧气可以自由进出烟叶组织，多酚氧化酶活性增强，使多酚类物质迅速氧化成醌类，醌类物质积累和聚合导致烟叶呈现出不同程度的褐色。非酶棕色化反应通常指氨基酸与糖类之间的缩合反应，又称美拉德（Maillard）反应。

棕色化反应的生理实质在于烟叶内原含有许多酚类物质如咖啡酸、绿原酸、绿原酸异构体（4-咖啡奎宁酸和5-咖啡奎宁酸）芸香苷，还有些自身为黄色的黄酮类物质，在变黄过程中，通过莽草酸途径还能新生成一些多酚类物质，所有这些物质经氧化可产生淡红色直到深褐色物质。在变黄期温湿度合适，细胞还活着，正常代谢还在进行，不会发生棕色化反应。这是因为，第一，多酚类物质和使其发生反应的多酚氧化酶类各位于细胞内的一定区隔，二者不易接触，当然也就不能发生棕色化反应。第二，活细胞中氧化还原反应能维持一定的平衡，即多酚类物质不断氧化，同时也不断地还原，例如邻苯酚氧化为邻苯醌，邻苯醌还原为邻苯酚的速度相平衡，醌类物质无法积累，因而也就不呈现为黑色。而由变黄期转入定色期，叶组织逐渐死亡，原生质结构解体，细胞内隔被破坏，细胞变成全透性，氧气自由进入，原来束缚于液泡中的氧化酶类得以与多酚类物质接触，而使后者强烈氧化。多酚类物质只能被氧化，很少再还原，由于醌类物质的积累和缩合，就使烟叶出现深浅不同的褐色。据试验，一旦烟叶颜色变褐，多酚类物质就会减少85%以上。酶促棕色化反应产物十分复杂，多酚类物质可与氨基酸、糖类、生物碱和矿物质等结合，形成多种分子量不同、颜色各异的色素。目前已从烟叶中鉴定出含有绿原酸、咖啡酸、芸香苷、异栎苷、蛋白质、氨基酸、糖类、生物碱、铁、铜等不同的棕色色素。

（二）棕色化反应的调控

据韩锦峰等（1984）研究，田间鲜烟叶中多酚氧化酶活性最高，在40℃以下时相当稳定，正常烘烤条件下，随着烘烤时间的推移逐步下降，当干球温度达到47～49℃，烟叶失水率达60%左右时活性减弱，当温度在55℃以上时，就会迅速钝化失去活性。整个烘烤过程中，多酚氧化酶活性曲线呈现出平滑下降的趋势。但是，若烟叶变黄后失水量小，不凋萎塌架，随着温度的上升，在44～55℃期间多酚氧化酶活性会急剧增强，烟叶变成褐色。

哈斯勒（1957）研究发现，烟叶烘烤环境温度低于44℃时，烟叶变褐速度极为缓慢，表现并不明显，当温度升高到57℃，烟叶变褐的速度很快，仅6min烟叶即可完全褐变为棕色。约翰逊和威克斯（1970）研究认为骤然加热将诱导棕色化反应发生。诱导烟叶棕色化反应发生的外部因素，一是烘烤环境温度，二是相对湿度，两者结合影响烟叶含水量和叶内酶的活性。正常情况下的烟叶，在45～46℃时，环境相对湿度60%以上，烟叶失水量少于50%将导致棕色化反应的发生；但是，即使鲜烟叶水分较高，在此温度范围内，只要环境相对湿度在60%以下，烟叶在变黄末期的失水量大于50%，则棕色化反应就不容易发生（宫长荣等，1994）。

在烘烤过程中，酶促棕色化反应是在烟叶尚处于生命状态下进行的，因此，它受烟叶内部因素和烘烤条件双重影响。棕色化反应是烟叶组织内多酚类物质、多酚氧化酶、氧气等在一定温度和烟叶含有一定水分条件下发生的复杂的生物化学变化，多酚氧化酶活动需要一定的温湿度条件。所以烘烤中抑制多酚氧化酶活性增高，是防止烟叶发生棕色化反应的根本措施。通常在烟叶变黄后，应及时升温转入定色期，加强通风排湿，降低烟叶含水量，抑制多酚氧化酶活动，逐渐减弱并终止生化变化，将烟叶颜色固定下来。具体掌握在烟叶达到适宜变黄程度时，在45～46℃以前，烟叶失水50%以上，相对湿度60%以下，使烟叶达到小卷筒，可有效防止烟叶发生棕色化反应。另外，也有人提出在烘烤时使用多酚氧化酶抑制剂，来调控棕色化反应。总之，合理调控棕色化反应对提高烟叶质量（尤其是香气）是有重要作用的。非酶促棕色化反应在烟叶调制、复烤、发酵、陈化及卷烟烘焙等加工过程中均有发生。但对其反应机理尚不十分清楚，有待于进一步研究。

四、烘烤条件与烟叶香气品质

烤烟烟叶特有的香气特征在调制过程中产生和显露出来。烟叶内 3000 多种化学成分中有许多都与烟气香气有关，在烟叶调制期间，伴随着淀粉、蛋白质、叶绿素、类胡萝卜素、高级脂肪酸等大分子物质的降解，形成了香气前体物、美拉德反应产物、挥发性和非挥发性致香物质。在变黄阶段许多复杂的高分子化合物分解转化为比较简单的低分子化合物，形成香气前体物质或香气物质，如淀粉转化为糖，蛋白质转化为氨基酸等，糖和氨基酸都是香气前体物质；叶绿素分解形成新植二烯，类胡萝卜素分解形成巨豆三烯酮和 β-大马酮，都是香气物质。在定色阶段葡萄糖和氨基酸缩合，形成致香物质。有些香气成分进一步转化形成新的香气成分。在干筋阶段高温作用下，部分香气物质则发生分解而散失。

（一）烘烤环境温、湿度与烟叶香气品质

变黄阶段的物质转化主要是形成烟叶香气原始物质，小分子和大分子香气物质都大量增加（韩锦峰等，1989）。而且低温变黄和提高烟叶变黄程度，更有利于香气原始物质的积累（宫长荣等，1996）。定色阶段末，温度达到 50℃以后，烟叶开始出现特有的香气，但有残余青生味。而糖与氨基酸的缩合反应恰好在 50～55℃温度下激烈进行。所以，如果烟叶在变黄阶段形成了大量的糖和氨基酸类物质，在 50～55℃温度范围内又经历了较长时间，使香气物质的缩合反应得以充分进行，就能使烟叶内具有较多的香气物质（宫长荣等，1996）。日本的一项研究（1986）认为，在烘烤温度达到 60℃以后，烟叶香气变浓，青生味消失，但是随着温度继续提高，香气量减少。当烟叶干片以后，以 2℃/h 的升温速度分别升到 60℃、65℃、70℃干筋，调制后烟叶香气浓淡的顺序为 60℃＞65℃＞70℃。因此，变黄和干筋阶段温度条件对烟叶的香吃味具有决定性影响，主脉干燥的最高温度，也与烟叶香吃味的关系密切。

（二）脱水干燥与烟叶香气品质

由于烟叶水分含量影响叶内的代谢活动和物质转化，所以，烟叶的脱水速度决定了叶内代谢活动和物质转化的进程。据研究，烟叶脱水速度快慢与香吃味关系很大。如果在变黄阶段烟叶脱水过多，烤后香吃味平淡，并有强烈的苦涩味和青杂气；如果变黄阶段脱水适当，而定色阶段脱水速度过快，则干烟有辛辣味，刺激性强，烟气粗糙。反之，如果变黄或定色前期烟叶脱水速度缓慢，则烤后烟叶香气淡，香气质不好；如果变黄阶段烟叶脱水迟慢，而到定色阶段急剧脱水，则烤干后烟叶辛辣味和刺激性增强；如果到定色前期一直脱水迟缓，烤后烟叶的辛辣味和刺激性虽小，但香气质变差，香味不突出。

日本烤烟标准的脱水过程要求烟叶变黄 8～9 成时，上部叶为鲜烟重量的 80%，腰叶为 90%；叶片全黄时，重量为鲜叶重的 60%；叶片干燥（即定色后期）时重量为鲜叶重量的 30%。他们在进行香吃味研究中认为，烟叶变黄阶段重量在原始重量的（80±10）%；定色前期在原始重量的（60±10）%，定色后期为原始重量的（28±20）%范

围内，烤后烟叶外观品质虽无明显差异，但内在品质有相当大的变化，脱水过快、过慢的程度越大，香吃味的降低越严重。

（三）通风速度与烟叶香气品质

通风与烟叶干燥关系密切。从通风的角度看，风速高时，烤后烟叶趋向于柠檬黄，香味淡，辛辣味重，烟气粗糙，刺激性大；风速低时，烤后烟叶颜色较暗，但香气和吃味浓郁。烤机内挂一层烟时，叶间隙风速以 0.1m/s 烟叶的香味较好；挂两层烟叶，风速以 0.2m/s 较好。无论哪个时期，风速大于 0.3m/s，烟叶的香吃味都明显下降，风速越高，下降越严重，并且以定色末期和干筋阶段的影响最大。烘烤中适宜风速为 0.2±0.075m/s。我国目前自然通风烤房烘烤中叶间隙通风速度一般为 0.04～0.06m/s，增设机械辅助通风以后可增加到 0.1～0.12m/s。总体上我国烟叶烘烤中适当增加叶间隙通风速度有利于提高烟叶香吃味。

五、烟叶的烘烤特性

（一）烘烤特性的概念

烘烤特性是指烟叶在栽培过程中所形成的与烘烤密切相关的特性，其中包括烟叶变黄和失水快慢，定色难易以及耐高温程度等。烘烤特性也称为可烤性，并分解为易烤性和耐烤性。把易烤性、耐烤性好的烟叶称为烘烤特性好；反之，则称为烘烤特性差。易烤性指烟叶变黄与脱水的难易和快慢。凡是变黄较快，脱水容易的烟叶，易烤性好；反之，易烤性差。耐烤性指烟叶适应和耐受烘烤条件的性质。凡是适应性和耐受性强、对烘烤条件要求不严格，且反映不大敏感、不易烤坏的烟叶，耐烤性好；反之，耐烤性差。因此，烟叶烘烤特性不同，相应采取的烘烤条件就有差异。在生产实践中，正确判断烟叶烘烤特性是烤好烟叶的前提。

（二）变黄特性

1. 变黄方式

烟叶在烘烤期间有多种变黄方式，通常有“正常变黄”、“通身变黄”、“点片先黄”、“叶基先黄”等。正常变黄是指叶尖叶缘先黄，并由叶尖向叶基、由叶缘向主脉两侧逐步变黄，而叶脉变黄的先后是小细脉→侧脉→主脉。这类烟叶易烤性和耐烤性都较好，易变黄易定色，烤后质量好。通身变黄是烟叶营养不良，素质较差，如下部叶，易变黄但不耐烤，易烤成黑糟烟或花片烟。点片先黄的烟叶是施肥不当，特别是氮素营养过剩，或施肥水平较高且前期干旱后期多雨，中上部烟叶后发或返青。这类烟叶易烤性和耐烤性都不好，既易烤青又易变褐。叶基先黄的烟叶是营养水平高的烟田，在栽培密度大的情况下，尤其是降雨多时，往往烟株徒长，群体郁蔽，严重遮阴，下部叶往往叶基先黄。这类烟叶易烤性尚好，但耐烤性差，常产生花片烟。

2. 变黄速度

在烘烤过程中，烟叶变黄速度有快有慢，一般来说，氮素营养过剩或营养充足、叶片较厚的烟叶，或含水量较少干物质较多的烟叶，在烘烤中变黄较慢，易烤性较差，常出现烤青现象。反之，变黄快的烟叶易烤性较好。至于变黄慢的烟叶或变黄快的烟叶耐烤性如何，则要看造成变黄快慢的具体原因。通常，变黄速度中等的烟叶，其易烤性与耐烤性往往较好。生产上，衡量烟叶变黄速度快慢，主要看正常烘烤工艺条件下烟叶变黄速度与脱水速度是否易于协调，掌握烟叶的变黄速度，用百分率进行比较。习惯用几成黄表示，烟叶已经变黄面积占10％左右记为一成黄，占20％左右记为二成黄……以此类推，达到黄片青筋时为九成黄，黄片黄筋时为十成黄。

3. 变黄温湿度

余茂勋等（1983）对不同变黄条件对烤后烟叶化学成分影响的研究认为：低温变黄条件下烟叶中的不溶性氮分解多，高温变黄则分解较少。开始低温、后期高温变黄的烟叶，不溶性氮含量与全部用低温变黄的相近。若同样在低温条件下变黄，则高湿比低湿条件下不溶性氮分解多；大多数样品在高湿条件下变黄，比低湿条件下变黄的总糖含量低，这可能是因为高湿变黄时间长，糖分解多的缘故。还原糖含量变化与总糖变化趋势相近；淀粉含量变化趋势为：大多数样品在低温条件下变黄，比在高温条件下变黄的含量少，这可能是由于低温变黄时间长，淀粉分解较多引起的；总氮、烟碱的含量对比变化不大（表9-24）。

表9-24 不同变黄条件下烟叶干燥后的化学成分及评吸结果

样品	温度/℃	相对湿度/％	总氮/％	不溶性氮/％	总糖/％	还原糖/％	烟碱/％	评吸结果
下二棚叶	34	95～100	2.04	0.84	13.76	12.91	1.89	相近
	34	80	2.06	0.87	14.60	12.92	1.77	
	41	95～100	1.97	0.83	14.46	12.22	2.59	相近
	41	80	1.95	0.81	18.10	14.60	2.38	
	41	80	1.79	0.83	19.81	18.70	1.92	较好
	34	95～100	1.88	0.77	13.63	13.63	2.08	较差
腰叶	41	95～100	3.08	1.29	8.62	8.36	3.52	稍好
	41	80	3.12	1.32	6.65	6.03	3.34	稍差
	41	80	2.79	1.25	11.70	10.26	3.11	相近
	34	95～100	2.70	1.01	12.01	10.80	2.89	
	34	95～100	2.86	1.13	8.85	7.95	3.26	相近
	34	80	2.82	1.12	10.83	8.93	3.14	
上二棚叶	42	80	2.88	1.31	10.81	8.90	3.84	相近
	37	80	2.78	1.17	10.13	8.56	3.50	
	42	80	2.91	1.32	13.51	9.00	3.43	相近
	37	95～100	2.97	1.18	11.80	7.90	3.75	

注：表中一大行中的两小行为一片叶分成两个半叶的对比
资料来源：余茂勋等，1983

（三）脱水干燥特性

1. 烟叶脱水规律

鲜烟叶含水量很高，一般为80％～90％，而且不同生长条件、不同部位烟叶，以及同一片烟叶的主脉和叶肉之间，含水量差异很大。烟叶中水分存在形式有附着水、自由水、束缚水和化合水等，其中主要是束缚水和自由水。束缚水难以蒸发和排除；自由水则比较容易，而且与烟叶内生理生化代谢活动关系密切。烟叶水分的蒸发是通过叶内水分从栅栏组织和海绵组织细胞不断向叶表面移动、汽化、蒸发而进行的。因此在烘烤过程中，烟叶脱水主要是靠叶表面蒸发、角质层蒸发和气孔蒸发排除水分的。但烟叶成熟后和在烘烤中，气孔呈关闭状态。一般认为，烟叶脱水干燥时，以叶表面蒸发为主，而叶正面水分蒸发速度明显大于叶背面，叶肉比叶脉（尤其是主脉）快得多。不同烘烤时期，烟叶失水快慢和失水量也不同，变黄阶段失水速度慢，失水量少；定色阶段失水速度快，失水量多；干筋阶段失水速度又慢，失水量最少。

在整个烟叶含水量分布中，叶脉含水量约占整个烟叶含水量的1/3，按单位面积计算，叶脉含水量是叶片的10倍。在烘烤初期，叶组织细胞保持着水分转移的活性，而叶片的渗透压往往比叶脉高。因此，叶脉中水分就向叶片转移。在烘烤实践中常常可以看到，烘烤初期，叶片含水量几乎没有什么变化，而叶脉含水量却显著下降。但是若把叶片和叶脉分开烘烤，同一时间内，叶脉水分损失不大，而叶片含水量却显著减少。由此可以说明，在烘烤初期，叶脉中的水分移到叶片中，然后从叶表蒸发掉。当烟叶失水干燥到一定程度，水分的输导组织机能减退，水分的转移逐渐停止。这时叶片与叶脉就像一般固体物料干燥一样，按照各自的脱水过程进行脱水干燥，此时，组织较薄的叶片比组织较厚的叶脉易干燥。

2. 烟叶的干燥速度

干燥速度一般是用单位时间内物料脱水量表示。在烘烤过程中烟叶的干燥速度是不断地变化着的，①～②是预热阶段；②～③是烟叶的等速干燥阶段；③～④是减速干燥第一阶段；④～⑤为减速干燥第二阶段（图9-17）。在预热阶段，干燥速度快，时间短，脱水量小。在等速干燥阶段，烟叶温度和空气的湿球温度大致相等，内部扩散和叶表蒸发的水分是均衡的，这时内部扩散的水分是细胞容易移动的液泡水和从叶脉转移至叶片的水分。等速干燥相当于烘烤过程的变黄后期至定色前期。当能够进行内部扩散的水分减少时，便与表面水分蒸发失去平衡，干燥速度也就降低，进入减速干燥阶段。在这一时期，水分转移通道的输导组织关闭，叶片与叶脉开始分别同时进行干燥，原生质中难以转移的水分开始扩散出去，图中的③点是临界点，这时的自由含水率为100%（干基），相当于湿基含水量的50%，也就是说，在图9-17中，鲜烟叶失去一半水分后，干燥速度便急剧下降，但是这个临界含水率会由于干燥条件的不同而发生很大变化。

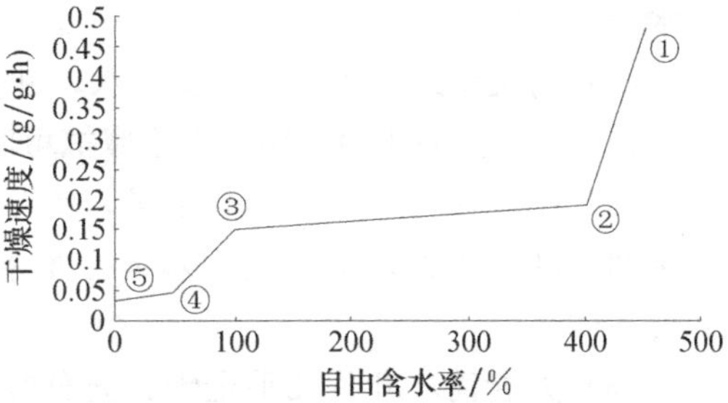

图9-17　烟叶干燥特性曲线

（日本中央烟草所，1969）

干燥条件：温度40℃，相对湿度80%，风速0.2～0.3m/s

烟叶干燥速度与变黄的关系如图9-18所示，当每公斤烟叶每小时脱水量在2.5g以下时，烟叶难以变黄，脱水量超过4.5g时，易出现青干现象。干燥速度在2.5～

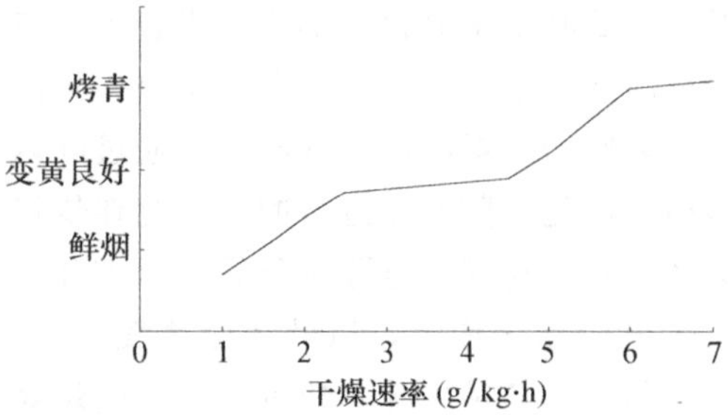

图 9-18 烟叶的干燥速度和变黄状况
(日本岗山试验场，1965；实验条件：温度 38℃，相对湿度 85%)

4.5g/(kg·h)，利于烟叶内部物质的分解转化，对于烟叶变黄比较理想。

3. 烟叶干燥引起的形变

烟叶经调制变干后，烟叶的外形发生了较大变化，其长度、宽度和厚度均收缩，并依烟叶的品种、营养状况、成熟度和部位不同，收缩率各不相同。通常，长度收缩率为10%～15%，宽度收缩率为15%～25%，厚度收缩率为45%～82%（韩锦锋等，1987)。

由于鲜烟叶栅栏组织和海绵组织细胞的形态和排列有差异，导致烘烤干燥时烟叶正反两面收缩力不同，叶片向正面卷曲。烟叶外观的形变可分为7个档次。以大田成熟即将采收的烟叶水分为100%，烤干后作为0，那么烟叶脱水干燥的形变与失水量的关系是：

(1) 膨胀发硬　烟叶含水较多，只有叶尖变软，主脉和细脉都容易折断，叶片硬脆，耐拉力弱，俗称不塌架。实际上，烟叶自采收至装炕完毕，已经脱水5%～10%。

(2) 凋萎发软　烟叶主脉两侧的叶肉及侧脉、支脉均已发软，耐拉力增强，但主脉仍呈膨硬状态，用手指夹住主脉两面一折即断，并可听到清脆的断裂声，生产上俗称烟叶塌架或叶片发软。此时烟叶失水20%左右。

(3) 主脉发软　烟叶充分变软，叶边缘开始向叶正面卷缩，手感叶片具有丝绸般柔软。主脉变软变韧，难以折断，可以在手指上缠绕，此时称为充分塌架（凋萎)。烟叶失水30%左右。

(4) 勾尖卷边　烟叶进一步脱水，叶尖和叶缘出现干燥，叶尖变干5cm左右，向上勾起，叶缘明显向正面卷缩，以手摩擦可听到轻微的沙沙声。此时烟叶失水40%左右。

(5) 小卷筒　叶片大部分干燥，单叶有一半以上面积达到干燥的程度，主脉和靠近主脉两侧叶片不干，全叶进一步向正面卷曲，又称为小打筒或半打筒。此时烟叶失水50%～60%。

(6) 大卷筒　叶片几乎全干，充分收缩卷曲，叶尖部主脉1/3左右变干，仅余主脉和基部未干，又称为大卷筒或干片。此时烟叶脱水70%～80%。

(7) 干筋　烟叶主脉和叶片都充分干燥，主脉干燥易折断。此时烟叶平衡水分为6%左右，其中叶片含水量5%左右，叶脉含水量7%～8%。

（四）定色特性

烟叶定色特性即烟叶定色的难易表现，主要是指定色阶段变黄的烟叶是否易发生褐变。在烘烤过程中，当烟叶达到变黄要求时，进入定色阶段，不同素质的烟叶对褐变条件的反应敏感程度不同。含水量多、内在化学成分不协调，特别是氮素营养相对过剩的烟叶，多酚氧化酶活性较高，脱水稍慢，转火定色不及时或温湿度波动较大，就易发生褐变。营养状况不同或成熟度不同的烟叶同竿同层同烤房烘烤，由于鲜烟叶质量和对烘烤条件要求都不同，易引起烟叶褐变。营养良好、成熟度好的烟叶，在定色阶段对温湿度要求并不苛刻，对烟叶褐变条件反应迟钝。成熟特性较差的烟叶，如有的叶尖部或叶基部成熟度差异较大，定色前期易出现糟尖青基现象。定色阶段湿球温度过低，烟叶易烤青；湿度过高，易烤黑。通风过多，易降温引起烟叶挂灰。

此外，鲜烟叶素质高的较耐高温，不易烤红，对香吃味影响小；而鲜烟叶素质低的，高温下易烤红，对香吃味影响较大，干筋阶段湿度过高，烟叶也易烤红，香气损失较明显。

（五）影响烟叶烘烤特性的因素

1. 品种

不同品种的烟叶烘烤特性不同。多叶型品种：一般叶片薄，含水量较大，干物质少，品质较差，烘烤时失水和变黄速度都较快，黄色较难固定，变黄温度宜略高。尤其多叶型品种的下二棚烟叶更难烘烤，烤后质量差。例如，红花大金元品种，失水较快，变黄慢，难定色，易烤性较差。少叶型品种：一般叶片较厚、含水量适中、保水力强、干物质多，质量较好，烘烤时失水和变黄速度较慢，适宜变黄温度略低，变黄时间较长，易定色，后期一般不耐高温。如 G-28 和中烟 90 等品种，失水和变黄速度都较快，易烤性好。K326、NC82 和 NC89 品种失水和变黄速度中等，易烤性、耐烤性好。

烟叶烘烤特性与品种的化学组成也有一定相关性。易变黄品种往往烟碱含量低，糖含量较高；不易变黄品种烟碱含量较高，糖含量低。易烤性好的品种黄色素含量较高，易烤性差的品种叶绿素含量较高（叶色深）。耐烤性好的品种，烟叶多酚氧化酶活性较弱，烟叶不易变褐。

2. 气候条件

多雨或干旱的气候对烟叶烘烤特性影响较大。多雨（湿热）条件下生长成熟的下部叶，吸氮过多，淀粉含量下降，叶片薄，干物质少，含水量大，组织疏松，保水力差。烘烤时失水和变黄速度快，难定色。

干旱条件下生长成熟的烟叶，生长速度慢，叶片变厚，叶色较淡，一般组织致密，含水量少，保水能力强，失水较慢，变黄慢而不均匀，变黄温度宜低。在气温较低、干旱、海拔较高的地区，也会产生叶片较厚、失水和变黄速度较慢的烟叶，而且这种烟叶淀粉含量较高，烤后质量较差。

前期多雨，后期干旱，烟株地上与地下生长失调，特别是中上部烟叶叶片较厚，叶面粗糙，含水量少，内在化学成分不协调，难以正常成熟，常常未落黄就出现大块焦斑，不仅成熟度不易掌握，而且变黄、定色也难，易出现烤青、花片等。

前期干旱，后期多雨，造成前期营养得不到充分利用，后期生长过快，贪青晚熟，烟叶中含氮化合物偏多，淀粉等碳水化合物积累较少，变黄阶段多出现点片先黄，变黄难、脱水慢，难定色，易烤黑。

3. 栽培条件

种植在不同土壤上的烟株，烟叶烘烤特性也有不同。黏重肥沃土壤上所产烟叶，往往叶片较肥大，主脉粗，叶色浓绿，保水力强，这种烟叶含水量大，变黄慢，难定色，后期较耐高温。

不同密度和施肥水平等都影响烟叶的烘烤特性。若种植密度适宜，施肥科学合理，及时打顶抹杈，烟叶生长发育良好，则这种烟叶干物质多、叶片较厚、水分适中，烘烤时失水和变黄速度协调，易烤性和耐烤性好。

4. 烟叶部位

不同部位烟叶，烘烤特性也有不同。下部叶由于养分和水分必然要向上部输送，而且生长在光照差、湿度大的条件下，一般叶片较薄，含水量较大（自由水比例大），干物质较少，组织疏松，烘烤时失水和变黄速度较快，难定色，不耐高温。中部叶厚薄适中，含水量适宜，干物质充实，叶片结构疏松，失水和变黄协调，易定色，耐烤性好。上部叶的性质与下部叶相反，叶片厚，水分少（自由水比例小），干物质多，保水力强，烘烤时失水和变黄慢，较易定色，常出现不同程度的烤青、挂灰等。

5. 成熟度

未成熟叶含水量大，干物质少，叶绿素和蛋白质含量高，保水力强，烘烤时失水和叶绿素降解速度较慢，叶片和烟筋均不易变黄。成熟烟叶的性质与其相反，烘烤时失水和变黄速度比未熟烟叶快，易烘烤，质量好。但生产上若采收成熟度不一致，鲜烟分类不严格，则易出现未熟叶烤青、过熟叶烤糟的现象。

（六）烟叶烘烤特性的判断

1. 鲜烟判断

（1）田间长势长相　进入成熟期烟株呈近筒形或腰鼓形，烟叶分层落黄明显，易烤性和耐烤性都较好。田间长势过旺，已达成熟叶龄而不落黄，属施肥过多尤其是施氮量过多，或者是烟田水肥条件好，后劲太大。这类烟叶含水量大，氮化合物含量高，一般不易烤也不耐烤。田间长势弱，株型明显呈塔形，叶片小，颜色浅，多属脱肥或干旱烟叶，通常易变黄但不耐烘烤。南方烟田，如果前期渍水受害，生长发育受阻，也可能表现弱小，这些烟叶一般易烤性尚可，但耐烤性较差。有些烟田群体生长发育不一致，落黄不一致，这种烟田的烟叶烘烤特性复杂，整体而言，不易烤也不耐烤。

（2）成熟度　生长发育真正达到成熟的烟叶往往易烤性和耐烤性均好，烘烤特性好。过熟烟叶易烤性提高而耐烤性下降。欠熟烟叶往往含叶绿素多，变黄难；含亲水性物质多且叶片较紧密，保水能力强，脱水也较难；加之含水量较多，内含物尚不充实，易烤性和耐烤性均不良，不易烘烤。叶龄已到但不落黄的颜色偏绿偏深的烟叶，往往变黄困难，而且一旦充分变黄后定色也较困难，容易烤黑而不好烘烤。叶龄尚不足，但已提前落黄，且叶色偏淡，甚至呈水黄、白黄、嫩黄的烟叶，往往变黄较快，变黄后变黑也较快，不好烘烤。只有适时落黄且呈纯正的绿黄色，叶面落黄相对均匀（正面与背面，叶尖与叶基，叶边缘与叶中间的差异相对较小）的烟叶，才比较好烤。

叶脉的变化是烟叶成熟度主要指标之一。凡叶脉能随着烟叶的成熟度正常变白发亮者，在烘烤中往往都能顺利变黄，比较好烤。而叶脉迟迟不变白发亮甚至始终保持绿色者，则不好烤。这类烟叶一要注意当叶龄已够，出现叶片落黄，叶面 1/2～1/3 处弯曲呈弓形等特征时，应该及时采收，而不过多考虑叶脉变白发亮；二要注意充分延长定色干筋阶段时间，使叶脉变黄，防止烤后叶脉含青度过高。凡叶脉过早变白者，多系营养不良的脱肥烟叶，需要适度高温快烤，以防烤黑。主脉粗大的烟叶不好烤，主脉较细的烟叶比较好烤。

（3）含水量　一般而言，含水量大的烟叶，易于变黄也易于脱水，但往往变黄阶段脱水量相对较少，而影响定色。含水量少的烟叶，若温度不足往往难以变黄。含水量对烟叶烘烤特性的影响，应该与烟叶干物质含量联系起来，常用“鲜干比”来衡量。

鲜干比是指鲜烟重量与烤后干烟重量之比值。它与烟叶烘烤特性的关系极为密切，生产上往往视为首要因素。不同地域或气候条件下，鲜干比差异很大。规范化生产条件下，大多数烟叶的鲜干比为5～8，这类烟叶烘烤特性好，易出优质烟。当鲜干比＜5时，烘烤时较难变黄，易烤青，也易出现挂灰等；当鲜干比为8.0～9.0时，属含水量偏多，干物质较少，定色可能有一定难度，但仍较好烤；鲜干比＞10以上的烟叶，水分过多，干物质含量过少，易烤成花片或黑糟烟。

（4）叶片厚薄　叶片厚、结构紧、叶表蜡质多的烟叶较难脱水，烘烤时容易出现挂灰，如上部叶。反之，叶片薄、结构松、叶表蜡质少的烟叶，烘烤中脱水快，易烤黑，也易烤青，如下部叶。一般认为，叶片厚薄适中和稍微偏厚，叶面油分多，黏手感强，叶肉干物质充实的，易烤又耐烤，如中部叶。从叶片厚薄来看，较厚的烟叶，其栅栏组织也较厚，叶绿素含量高，烘烤时易出现浮青或回青叶。这类烟叶要延长变黄时间，充分变黄使叶肉深层的叶绿素得到彻底分解。身份厚且内含物丰富的烟叶，不全是易烤的，但都很耐烤。

2. 烤中判断

烤中判断是在田间和烤前鲜烟判断基础上对烟叶烘烤特性的最后确诊，因此，烘烤过程中要认真观察烟叶变黄、脱水、干燥、定色等特性。

从烟叶变黄的表现看，凡是变黄快者易烤性好，而变黄慢者易烤性差；凡叶尖、叶缘先变黄，然后向叶基、向主脉两侧变黄者，往往耐烤性好；整叶较均衡退绿变黄者，耐烤性尚好；叶面先是点片状变黄，然后逐渐蔓延扩展到全叶变黄者，耐烤性也尚好；叶面变黄不均衡，或叶面凸部与凹部差异过大，或叶尖部和叶基部差异过大者，耐烤性差；叶基部局部斑块先变黄者，耐烤性也较差。

从脱水干燥速度看，凡脱水较快者易烤性较好，而脱水较慢者易烤性较差；脱水与变黄速度协调，容易达到变黄程度与干燥程度协调者，耐烤性好，脱水较慢容易导致硬变黄者，耐烤性差；脱水较快容易造成失水程度高于变黄程度而使两者不协调者，耐烤性亦较差。

从烟叶变黄到烟叶发生褐变有一个过程，凡是这个过程慢且难以出现、不易烤黑者，其耐烤性好；反之，容易造成烤黑，耐烤性差。

总之，烟叶烘烤特性是在品种特性的基础上，烟株生长发育过程中受外界条件影响而形成的。一般从成熟烟叶的含水量大小、叶色深浅、叶片和叶保护组织的厚薄、主脉粗细、着生部位等特征，了解判断烟叶烘烤特性；一方面在烤前采取一定的技术措施，提高鲜烟素质，改善烘烤特性；另一方面在烘烤中采取相应的烘烤工艺，提高烤后烟叶质量。

第六节　烤烟调制技术

烟叶烘烤工艺的制定是以田间鲜烟的烘烤特性和市场对烟叶质量的要求为依据的。

由于鲜烟的烘烤特性各异，且烟叶质量的概念又是不断变化发展的。这样，势必产生一系列适应一定历史阶段和不同鲜烟质量的烘烤工艺。

传统烘烤工艺是我国烟农长期从事烟叶烘烤实践的结晶，概括了 20 世纪 80 年代以前的研究成果。它的具体操作分为变黄初期、变黄中期、变黄末期、定色前期、定色后期和干筋期。

20 世纪 80 年代中期烤烟规范化生产不断完善，鲜烟质量逐渐提高，依据我国国情和鲜烟质量特点，烟叶烘烤工艺的研究在继承传统工艺的基础上，同时借鉴、消化和吸收了美国、加拿大、津巴布韦、巴西等国家在较低温度下使烟叶变黄的先进经验，通过长期试验和验证，形成了五阶段烘烤工艺，即底棚烟叶变黄期、中上棚烟叶变黄期、全炕烟叶变黄期、干叶期和干筋期。

20 世纪 80 年代后期以来，随着我国烟草生产由传统的产量效益型向现代质量效益型的转变，“三化”生产逐渐完善，烟叶素质也不断提高，传统烘烤技术不能适应生产要求，迫使我国烟叶烘烤工艺必须与国际先进水平接轨。中国烟叶生产购销公司组织河南农业大学等通过对烤烟烘烤理论的深入系统研究，集我国传统烘烤工艺精华和国外先进烘烤技术于一体，提出并确立了适于我国烟区自然经济状况和烟叶特点的烤烟三段式烘烤工艺。

烤烟三段式烘烤工艺以三阶梯烘烤工艺模式为基础，将烟叶烘烤过程分为变黄阶段、定色阶段和干筋阶段，每个阶段的干球温度分升温控制和稳温控制两步，每一阶段都有简单明确的技术指标要求或技术操作建议（图 9-19）。

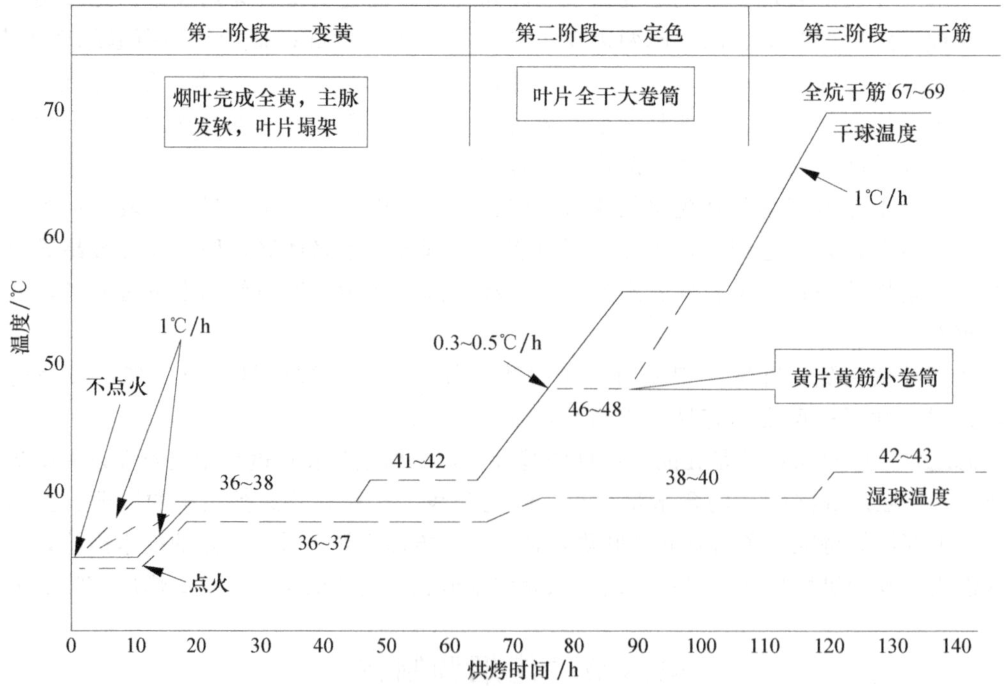

图 9-19　烤烟三段式烘烤工艺简图

（宫长荣等，2003）

一、三段式烘烤工艺

（一）变黄阶段

1. 技术关键

变黄阶段是增进和改善烟叶质量的重要阶段。技术关键是稳住温度，调整湿度，控制烧火，延长时间，使烟叶变软变黄，促进烟叶内含物质充分转化，形成丰富的香气基础物质，确保变黄与失水协调。

2. 操作要点

烟叶装炕后，要关闭天窗地洞。及时点火，一般以每小时升 0.5～1.5℃的速度升至 36～38℃，维持干湿球温度差 1～2.5℃，延长时间，直至底棚甚至二棚烟叶基本变黄。即除了叶基部微含青、叶脉为青白色外，其余全为黄色。下部叶变黄程度达 7～8 成黄；中部叶变黄程度 9～10 成黄；上部叶变黄程度达 10 成黄，且叶片充分凋萎，主脉变软，方可转火进入定色阶段。

3. 注意事项

操作过程中注意升温要稳，并提前 1～2℃封火稳温。重视稳温保湿变黄，提高变黄程度，既要防止烟叶脱水过快，难以完全变黄而出现底棚烤青，又要防止脱水过慢导致变黄过慢、养分消耗过度。当湿度偏大需要排湿时，应充分发挥天窗的蒸散排湿作用，尽量迟开地洞，防止出现温度不稳和底青。当湿度偏小时，应注意烤房严密保湿，必要时可在地上泼水增湿。烟叶变化达不到规定要求时，不可急于升温。当烟叶变黄脱水不一致时，应及时调竿、拨竿，提高烟叶变黄均衡性。

（二）定色阶段

1. 技术关键

定色阶段是决定烟叶质量的关键阶段。技术关键是加大烧火，加强排湿，稳住湿球温度，升高干球温度。在保住湿球温度适宜而又稳定的前提下，主要靠干球温度的升高来降低烤房湿度。要稳定加大烧火，加强烟叶脱水和烤房排湿。确保烟叶残留的青色消失变黄，促进烟筋充分变黄，慢升温慢定色确保外观质量；促进香气物质形成，提高烟叶内在质量；确保全炕烟叶的叶片干燥定色，为进入干筋阶段较快升温奠定良好基础。

2. 操作要点

当烟叶达到变黄要求时，一般以平均每 2～3h 升温 1℃的速度使干球温度升至 54℃，逐渐开大天窗、地洞，加强通风排湿，湿球温度稳定在 38～40℃。如果烟叶失水慢或烟筋变黄慢，可在 45～48℃延长时间，使烟筋变黄，且烟叶小卷筒，50℃之前要确保烟筋变黄，之后再以 1～2h 升温 1℃的升温速度升至 54～55℃，稳温至烟叶大卷筒。天窗、地洞开度依稳定湿球温度在适宜范围内而定。

3. 注意事项

①烧火要稳中加大，不能出现猛升或大幅度降温，以免出现挂灰、蒸片、含青等烤坏现象。②根据烟叶变黄速度确定升温速度。变黄快的烟叶要快升温，快排湿，快定

色；变黄慢的烟叶要慢升温，慢排湿，慢定色。③下部叶在45～46℃以前达到烟筋变黄，中部叶在45～47℃达到烟筋变黄，上部叶在47～49℃达到烟筋变黄。④根据鲜叶素质确定湿球温度。一般保持在38～39℃，素质好的烟叶湿球温度保持在39℃左右，素质差的烟叶保持在37～38℃。⑤为了防止上部叶出现杂色，要在48～49℃保持一定时间，使烟叶大量水分排出。在54℃左右拉长时间，促进烟叶形成更多的致香物质。⑥当烤房内同层次烟叶干燥不均衡时，说明炕内通风不均衡，要协调通风，还可以及时调整烟竿之间距离。

（三）干筋阶段

1. 技术关键

干筋阶段的技术关键是控制干球，限制湿球，减少通风，适时住火。确保烟叶干筋，减少香气物质挥发损失。

2. 操作要点

持续稳烧大火，将干球温度以每小时升温1℃速度升到65～68℃左右并稳住，湿球温度相应升到42℃左右。在烤房中部仅个别烟叶主脉有3～5cm未干时即可以停止烧火，当温度下降5℃左右后关闭地洞、天窗，完成烘烤过程。

3. 注意事项

①湿球温度达不到要求会使烟叶颜色减淡。所以，只要湿球温度不超过43℃，都可以关小地洞、天窗。但若湿球温度超过43℃，烟叶将会出现烤红。②烤房内同层次烟叶干筋表现不均衡，主要是通风不均衡所致，要协调通风，还可以及时调整烟竿之间距离。③烤房不得出现降温，否则会造成洇筋、洇片。要注意及时检查火管和落叶情况，防止火灾。

二、三段式烘烤工艺的技术原则（四看四定、四严四灵活）

用三段式烘烤工艺指导不同生态区、不同年份、各种类型的烟叶，不仅要掌握三段式烘烤的技术本质和核心，而且要掌握它的技术原则，包括工艺原则、操作原则和调整原则3个方面。

（一）工艺原则

三段式烘烤工艺原则的基本内容和要求，是看鲜烟素质制定相应的烘烤方案；看烟叶在烘烤中变化的发展，确定适应的干球温度和湿球温度。在实际烘烤过程中，对烟叶变黄和干燥的协调要求要严，具体温、湿度调控指标要灵活。

1. 看鲜烟素质制定相应的烘烤方案

要在认真分析鲜烟叶质量特点和烘烤特性基础上，严格制定烘烤技术方案，对每一个特定阶段确定相对稳定的技术指标，如完成变黄的温度、定色阶段的升温速度、适宜的湿球温度等。根据鲜烟素质确定烘烤方案是烤烟调制的技术基础，也是烘烤操作的首要任务。但是，在烘烤工艺的实施过程中，还要视烟叶变化进程的发展灵活把握，这实际上是对烟叶烘烤特性的再认识和三段式烘烤技术在实践中的再提高过程。

2. 看烟叶在烘烤过程中的变化确定适宜的干球温度和湿球温度

因为我们根据鲜烟叶状况确定的烘烤技术方案还带有试探和预测性，实施中力求工艺条件与烘烤中烟叶的具体表现相吻合，如果与烟叶的具体表现不完全吻合，还必须按照烟叶具体的变黄、干燥等表现，及时调整工艺条件，满足烟叶继续变化的需要。看烟叶变化的发展，一是看变黄程度，二是看干燥程度，关键是看变黄与干燥的协调程度，工艺条件必须确保烟叶变黄与干燥的协调。为此，一方面需要灵活运用干球温度、湿球温度、通风大小等工艺条件促进烟叶尽快达到这个标准；另一方面是灵活掌握该工艺条件所维持的时间，并在烟叶变化达到要求时，及时转入下一工艺阶段。

（二）操作原则和调整原则

操作原则实际上是工艺原则的延伸和具体运用，它的基本内容和要求是看干球温度的高低决定烧火的大小，看湿球温度高低决定天窗、地洞的开关程度；确保干球温度适宜要严，烧火大小要灵活，确保湿球温度适宜与稳定要严，天窗、地洞的开关及大小要灵活。

1. 看干球温度的高低决定烧火大小

即烧火大小以确保干球温度适宜为主要目标。某一个特定时期的适宜干球温度是由烟叶的烘烤特性和变化程度所决定的，烤房内的温度主要是由烧火大小所决定的。二者的差值决定烧火大小的调节量，当烤房干球温度高于适宜值时应采取措施调小烧火，减少烤房供热量；烤房干球温度低于适宜值时应采取措施适当加大火力。烘烤的烧火操作主要任务是以当时烟叶适宜的和烤房实测的干球温度高低为基础，调整火力大小，确保干球温度在适宜的范围内。确保干球温度适宜要严，要严格按照三段式烘烤技术要求，并适应烟叶的烘烤特性、调制进程（阶段）和变黄干燥程度。在明确适宜的干球温度之后，要确保干球温度真正处在适宜范围，不过高过低，烧火大小就一定要灵活。而且还要看烤房条件、天气变化、通风多少、烘烤状况等具体情况，灵活掌握火力大小。只有烧火大小适当而且灵活，才能确保干球温度适宜。

2. 看湿球温度高低决定天窗、地洞的开关程度

就是说天窗、地洞的开关程度直接影响湿球温度的高低，因此在烘烤操作中天窗和地洞的开与关、大和小，应以确保湿球温度适宜和相对稳定为主要目标。在三段式烘烤工艺中，明确了烟叶变黄、定色、干筋不同阶段的湿球温度适宜范围，并根据鲜烟质量、烘烤进程和烟叶变化程度，将湿球温度确定到某一个具体的点（值）。烘烤的排湿操作应以当时烤房的湿球温度和适宜湿球温度指标为基础，调整天窗、地洞的开、关和开度大小，确保湿球温度达到适宜的指标值，并稳定地保持在这个值上，上下波动在0.5℃范围之内，既不可偏高偏低，也不可忽高忽低。为严格保持湿球温度的适宜与稳定，天窗、地洞的开关及大小必须要灵活，该开则开、该关则关、该大则大、该小则小，灵活掌握。排湿操作（天窗、地洞的开关与大小）还要与烧火相互配合，开始排湿或加大排湿前要先加大烧火，减小排湿前要先控制烧火，防止因为排湿量的变化引起烤房干球和湿球温度的上下剧烈波动。

（三）三段式烘烤工艺的调控

由于烘烤对象即具体烟叶素质的多样性，也有烤房设备性能的差异，在三段式烘烤工艺的应用过程中进行变通是必要的。主要包括以下 6 个方面的技术调整。

1. 变黄温度的调控

变黄阶段主要是温度控制，一般以 38℃为基准，但往往要根据具体情况适当调高或调低。

首先，对于易烤性好、耐烤性差或易烤性差、耐烤性也差的烟叶，应适当调高主要变黄温度，防止变黄以后发生褐变。在具体的调整方法上，如果只需较小调整的，可将干球稳温点置于 38～40℃；如果需要较大调整的，可以分段进行，缩短 38℃“顿火”时间，并于 40℃、42℃分别“顿火”。除烟叶素质原因外，装烟不当有时也需要适当调高变黄温度。如装烟过密或炕内垂直温差过大时，适当调高有助于促使上方烟叶发生凋萎并正常变黄。有时烟叶垂直方向分布不合理，上方烟叶容易发生青贮效应，也需适当调高以矫正。

其次，对于十分耐烤的烟叶、水分过小的烟叶或底棚较低的烤房，一般需要适当调低主要变黄温度。调低的做法通常是增设 34℃和 36℃“顿火点”，等烟叶变黄与失水协调以后，将干球温度升到 38℃，再按常规方法烘烤。

2. 变黄阶段湿球温度调控

变黄阶段湿球温度控制通常以干湿球温度差 2℃为基准。鲜叶素质高或烟叶水分偏低时，可将干湿球温度差缩小到 1℃左右，以保湿变黄，延长变黄时间。对于鲜叶素质较差或含水率偏高的烟叶，干湿球温度差可以扩大到 3～4℃甚至更大，以加快烟叶脱水。但调整干湿温度差时要克服两种倾向：一是重视提升干球温度而忽视降低湿球温度的排湿效果，甚至滥用“高温快速排湿法”，寄希望于大幅提高干球温度来强迫烟叶尽快脱水，使烟叶发生不必要的损伤；二是过于重视扩大干湿球温度差的排湿作用，忽视时间对排湿的影响，表现在过早打开天窗、地洞，寄希望于在较低温度下就使烟叶脱水凋萎，使烟叶出现烤青现象。

3. 烟叶转火标准的调控

转火时的烟叶变黄程度，也可理解为变黄末期的变黄标准，因为其指标多变，难以定出一个固定的标准。一般而言，鲜叶素质高的烟叶，变黄阶段末应该高度变黄，可以立即定色而不烤青；对于鲜叶素质差、不好烘烤的那些烟叶，应该允许叶基、叶脉外表带有少量青色，但这些外青必须在 43℃以前得到解决。

4. 叶脉变黄温度调控

叶脉变黄不仅是指叶脉外表变黄，而且还包括内部深层次变黄。一般下部叶的叶脉要在 45℃左右完全变黄；中部叶的叶脉应在 45～47℃以前完全变黄；上部叶的中脉在 47～49℃以前完全变黄。

5. 定色阶段的升温速度调控

定色阶段的升温速度总体上是前慢后快，有慢有快。具体说来，素质好的烟叶上升速度宜慢，素质差的烟叶上升速度宜快；成熟慢的烟叶上升速度宜慢，成熟快的烟叶上升速度宜快。快时可以每小时上升1℃，慢时可以4～5h上升1℃。

6. 定色阶段的湿球温度调控

定色阶段湿球温度控制一般分段掌握。在干球温度处于38～42℃期间，仍以干湿温度差的大小掌握湿球温度高低；当干球温度处于42～50℃期间，湿球温度一般稳定在37～39℃；干球温度超过50℃后，湿球温度宜控制在40℃左右。在前述范围内，素质好的烟叶湿球温度宜高，素质差的烟叶湿球温度宜低。

（四）三段式烘烤技术的关键控制点

（1）干球温度38℃左右，烟叶变黄7～8成，叶片发软。

（2）干球温度41～42℃，烟叶基本变黄，充分凋萎塌架，主脉发软。

（3）干球温度46～48℃，烟筋变黄，达到黄片黄筋小卷筒。

（4）干球温度54℃，烟叶大卷筒。

（5）定色和干筋过程，湿球温度始终控制在43℃以下。

三、各类烟叶的烘烤技术

由于鲜烟叶的素质受土壤条件、天气条件等因素的影响而有所差异，其烘烤特性也就有一定的差异。因此，在烟叶烘烤过程中，要针对鲜烟叶的具体特点，采取与之相适应的技术来提高其烘烤质量。

（一）正常烟叶

1. 下部叶的烘烤

（1）叶位范围与烘烤目标　下部叶包括烟株第1至7～8片有效叶，即脚叶和下二棚叶。下部叶含水较多，通常达85%～90%，但身份较薄，结构较疏，保水力差，干物质积累少，烘烤时易于变黄，也易脱水，但较难定色，防止烤黑是烘烤技术的关键。

（2）采收标准　采收时成熟度判断由叶面颜色变化程度而定。一般以叶片呈现绿中泛黄至黄绿色为适宜标准，全炕烟叶中以这种适宜成熟度的叶片占主体。不采露水烟。

（3）编烟和装炕密度　编烟和装炕的密度分布关系到整个烘烤工艺的操作效果。首先要按照同竿同质的原则分类编烟，每标竿（150cm长的烟竿）均匀编叶90～100片。其次装炕时按照上“生”下“熟”的原则挂放不同成熟度的烟叶。顶棚烟竿竿距以19～22cm为宜，不可过稀，更不能过密。

（4）烘烤变量的调控　烟叶装炕后及时点火加热，以1℃/h的速度升高干球温度，提前封火，使之在36℃左右。调整天窗开启程度，使干湿球温度差保持2～3℃，延长稳火时间，使底棚叶尖变黄15～20cm，且支脉发软。之后，仍以1℃/h的速度升高干球温度并提前封火，使干球温度保持在42℃左右，调整天窗、地洞，使湿球温度保持在36～37℃，直到二棚烟叶变至黄带浮青，主脉变软。接着以1℃/2h的速度将干球温度升至46℃左右，湿球温度继续保持36～37℃，直到顶棚烟叶基本黄片黄筋，叶片勾尖卷边。然后以1℃/2h升干球温度至52～53℃，湿球温度升至37～38℃，保持这种干湿球温度至顶棚叶达大卷筒。最后以1℃/h的速度将干球温度升至68℃左右，湿球温度逐渐升到40～42℃，保持这种温湿度使顶棚烟叶达到干筋标准。下部烟叶的烘烤时间差异较大，一般南方多雨地区需80～100h，北方多数地区为100～120h。

2. 中部叶的烘烤

（1）叶位范围与烘烤目标　中部叶一般指第9～13片叶，包括全部腰叶。这些烟叶内含物丰富，含水量适中，一般为80%～85%，组织结构较疏，烘烤时较易变黄也较易失水，变黄后易于定色。既要确保外观质量，又要主攻香气，力求多出上等烟是此类烟叶的烘烤目标。

（2）采收标准　中部叶务必要掌握成熟采收。采收时全叶主色调为绿黄至黄绿色，主脉基部明显变白，多数支脉变白发亮，叶基部支脉褪绿转黄，叶片下垂，弯曲呈弓形，茎叶角度增大，叶片弹性较好。全炕应以这种成熟度的烟叶占主体。

（3）编烟和装抗密度　每标竿均匀编叶100片左右。由于叶片较大，挂烟层通风易受阻，装烟时上、下各棚密度应较稀。合肥经济技术学院在皖南和福建等地采用上密下稀二段式密度分布收到了良好的效果。即上部2～3棚烟竿竿距20～22cm，下部2～3棚为22～25cm。

（4）烘烤变量的调控　装炕后及时点火加热，以1℃/h的速度升高干球温度至35℃左右稳定，并维持干湿球温度差2℃，直到底棚烟叶变黄带浮青，支脉发软。然后继续以1℃/h的速度将干球温度升至38℃左右，湿球温度升至36℃左右，维持这种干湿球温度使二棚烟叶变至黄片青筋，支脉发软。再以0.5℃/h的速度将干球温度升至41～42℃，湿球温度升到38～39℃，稳定干湿球温度，使顶棚烟叶达黄片青筋，支脉发软。经过上述过程，全炕烟叶基本完成变黄，然后以0.5℃/h升干球温度至53～54℃稳定，稳温阶段湿球温度保持在39～40℃，保持这种干湿球温度至顶棚叶达半干至大卷筒。对于一些烟筋不容易变黄的烟叶，或者部位靠下的烟叶，可以在干球温度46～47℃、湿球温度38～39℃条件下保持一段时间，使烟筋完全变黄，二棚烟叶干燥达到小卷筒和部分大卷筒。最后以1℃/h的速度将干球温度升至67～70℃稳住，湿球温度维持在42℃左右，保持这种温湿度使顶棚烟叶达到干筋标准。整个烘烤过程所需时间南方多雨烟区为110～130h，北方耐烤的烟叶为120～140h。

3. 上部叶的烘烤

（1）叶位范围与烘烤目标　上部叶包括第13～14片叶至最顶叶。通常，上部叶干物质含量多，水分含量少，含水量一般为80%左右。叶片结构紧密，保水力强，烘烤时变黄较慢，初期难以脱水，但变黄中后期往往脱水较快，易造成暂时性排湿困难，容易出现轻重不同的烤青、挂灰、烤红等现象。烘烤操作以保证烟叶外观质量为主要目标，力求多出上等烟。

（2）采收标准　严格适时采收，既要充分成熟，又要防止过熟。烟叶适熟的特征主要表现在叶面明显落黄，一般为绿黄至黄中带绿，主支脉全白或接近全白，叶面有黄斑或黄泡，开始焦边。

（3）编烟和装炕密度　每标竿均匀编叶100～120片。各棚烟竿竿距为20cm，相邻两棚装烟数量每路相差1竿，纵向由上而下呈“多—少—多—少”密度分布。采用这种分布方式便于下面棚次的烟叶为上面棚次的烟叶提供更多的“水源”。其他装烟原则同中下部叶。

(4) 烘烤变量的调控　装炕生火后以 1℃/h 的速度升高干球温度至 36～37℃，维持干湿球温度差 2℃，维持这种烘烤条件，使烟叶出汗直到底棚叶变至黄带浮青，支脉变软。之后，以 0.5℃/h 的速度将干球温度升至 39～40℃，湿球温度稳定在 37℃，维持这种干湿球温度使二棚烟叶变至黄带浮青，主脉变软。接着以 0.33～0.50℃/h 的速度将干球温度升至 47～48℃稳住，湿球温度稳定到 38～39℃，保持至顶棚烟叶达黄片黄筋，勾尖卷边。然后以 0.5℃/h 升干球温度至 54～55℃并稳定，湿球温度升至 39～40℃，保持这种干湿球温度使顶棚叶基本干片。当全炕烟叶多数干片后，以 1℃/h 的速度升干球温度至 70℃左右稳定，湿球温度升至 42℃左右，保持这种温湿度条件直到顶棚烟叶达干筋标准。上部烟的烘烤时间，南方烟区为 120～140h，北方烟区耐烤的烟叶为 140～160h。

（二）含水量多的烟叶

1. 烟叶特性

烟田后期降雨或浇水较多，造成烟叶含水量较多，通常鲜干比常在 9 以上，高者甚至达 13～14。这类烟叶内在干物质含量少，欠充实，烘烤特性较差，容易烤黑。这类烟叶烘烤的基本原则是先拿水后拿色，防止养分过度消耗而烤黑，也要防止变黄不足而烤青。

2. 采收、编烟、装烟要点

含水量多的烟叶应适时早采，采收过迟易引起烟叶养分消耗过度。稀编竿，1.5m 长烟竿编烟 90～100 片，稀装烟，竿距掌握在 25cm 左右，有利于通风排湿、及时定色。

3. 烘烤技术要点

基本原则是先拿水，后拿色。关键是适当提高变黄温度，扩大干湿差，使烟叶先变软，再变黄，转火时变黄程度不宜高。

(1) 变黄阶段　点火时，关闭门窗，适当开启天窗，干球温度以 1.5～2.0℃/h 的速度升至 38℃，在 38～40℃稳温延长时间，干湿球温度差 3～4℃，稳温使底棚烟叶变黄四五成。叶片变软后，再以 1.0℃/h 升干球温度至 42～43℃，湿球温度稳定在 36～37℃，使下面两棚烟叶变黄八成左右，主脉变软，充分凋萎，转入定色阶段。

(2) 定色阶段　以 1.0℃/2～3h 升干球温度至 45℃，在 45～48℃稳温延长，湿球温度稳定在 36～37℃，促进叶片和烟筋充分变黄，直至下面两棚烟叶达到黄片黄筋、小卷筒，再以 1℃/1～2h 的速度升干球温度至 54～55℃，湿球温度稳定在 39～40℃，稳温至烟叶卷筒干叶。

(3) 干筋阶段　干筋阶段的操作与正常烟叶烘烤工艺要求相同。

（三）干旱烟

干旱烟按其形成条件可分为旱地烟、旱天烟和旱黄烟。通常将非灌溉的和旱地种植的通称为旱地烟；在干旱气候条件下的烟叶称为旱天烟；由于严重干旱，烟叶不能充分吸收营养，造成未老先衰，不到真熟就提早落黄的现象称为旱黄烟。旱黄烟是干旱胁迫下的假熟烟。3种干旱烟由于形成条件不同导致烘烤特性各异，也有不同的烘烤技术要求，其中旱天烟和旱地烟比较相似。

1. 旱地烟和旱天烟

（1）烟叶特性。烟叶水分含量较少，鲜干比多为5～6，有时能达到4以下，且自由水所占比例相对较少，而结合水相对较多。内含物质充实，叶片较厚，结构紧密，尤其是上部烟。烟叶生长发育较慢，耐成熟，变黄慢、脱水难，耐烤性较好，易烤性差，特别要防止烤青和挂灰。

（2）采收、编烟、装烟要点。原则上要充分成熟采收，但如果严重干旱导致底烘时，应适当提早采收，采露水烟。编烟要求与正常气候条件下相同或稍密，但不可过密，装烟密度要大一些，竿距在18～20cm，以利保湿变黄。

（3）烘烤技术要点。关键是低温慢烤，保湿变黄。采取先拿色、后拿水的原则。①变黄阶段，装烟后点火时，关严门窗及天窗、地洞。干球温度以1℃/1～2h升至34～36℃，干湿差1℃左右，如果超过2℃，应人为补湿。稳定温度使底棚烟叶叶尖变黄后以1℃/h升至38～40℃，干湿球温度差2～3℃，稳定温度使下面两棚烟叶变黄九至十成且主脉变软，再升温转入定色阶段。②定色阶段，以1℃/2～3h升干球温度至45℃，在45～48℃稳温延长时间，湿球温度稳定在38～39℃，使烟叶充分变黄，达到黄片黄筋，小卷筒，然后以1℃/1～3h的速度升干球温度到54～55℃，湿球温度控制在39～40℃，直至烟叶卷筒干片。再升温干筋，干筋阶段同正常烟叶烘烤技术要求。

2. 旱黄烟

（1）烟叶特性。旱黄烟内含物质欠充实，叶片结构稍紧密，即没达到成熟时的疏松状。由于含蛋白质等亲水性物质多，保水能力强，尽管含水量较少，但脱水较困难。变黄较慢，烤后颜色淡，且容易烤青、挂灰或变黑。易烤性与耐烤性均比正常的旱天烟差。

（2）采收、编烟、装烟要点。这种旱熟烟应尽可能灌溉补水，等真正成熟时再采收；但若持续干旱使烟叶开始出现焦尖焦边时，应及时采收。装烟密度可稍大，以利保湿变黄，但不宜过密。

（3）烘烤技术要点。关键是变黄期以较高温度、湿度使烟叶变黄和失水同步进行。点火后，以1℃/h的速度升干球温度至36℃左右，稳温使底层烟叶叶尖变黄，再以1℃/h的速度升干球温度至40～42℃，湿球温度升至37～38℃，促使烟叶失水变黄。但对转火时烟叶的变黄程度要求不宜过高，一般当底棚烟叶变黄八九成，二棚烟叶变黄七八成时就应转入定色期。定色阶段的升温速度不宜过快，一般按1℃/2～3h的速度将干球温度升到46～47℃，湿球温度保持在38℃，使烟叶在慢升温过程中充分变黄，然后再按正常工艺烘烤。

（四）返青烟

1. 烟叶特性

返青烟是指成熟期遇雨后颜色重新由黄转绿，出现返青发嫩，失去成熟状态的烟叶。返青烟不仅叶色由落黄返绿，尤其是叶脉、叶内水分较大幅度增加，而且叶内蛋白质、叶绿素明显增加，碳水化合物明显减少，化学组分趋于不协调，保水能力强。由此导致变黄和脱水都困难。这类烟叶属于难烘烤的类型，变黄表现为先慢后快，变黄后变黑速度明显加快，易出现青黄烟、青筋、花片和烤黑等。

2. 采收、编烟、装烟要点

返青烟最好等天晴之后，烟叶重新表现落黄成熟时采收，尤其是叶脉尽量发白。若天气连阴，可能底烘变坏，要及时采收。编烟、装烟密度要稀，有利于通风干燥，防止烤黑，一般烟竿竿距为 23～25cm。

3. 烘烤技术要点

返青烟烟叶烘烤关键是适温低湿变黄，低温定色。点火后，以 1℃/1～2h 升干球温度至 38℃，在 38～40℃时稳温，干湿球温度差 3～4℃，加速烟叶失水变黄。当烟叶变黄八九成，且主脉变软时，再以 1℃/3～4h 的速度升干球温度到 45℃，45～47℃充分延长时间，促进烟叶和烟筋充分变黄，大量排湿，使烟叶达到黄片黄筋，叶片干燥 2/3 左右，即半卷筒。定色阶段湿球温度控制在 37～38℃。之后同正常烟叶烘烤。

（五）秋后烟

1. 烟叶特性

秋后烟是指秋后成熟烘烤的烟叶。秋后日平均气温下降，大气湿度常常较低（有的地区可能秋雨较多），气温日较差明显加大。秋后烟往往是茬口较晚或移栽过迟所致，有时因气候因素也会产生秋后烟。但秋后烟多为上部叶，叶片较厚，叶组织粗糙，结构紧实，含水量较少，表皮角质层加厚。由于在秋后气温较低条件下成熟，落黄稳定，成熟缓慢，叶面成熟度显得不够均匀，烘烤中脱水困难。同时，气温低也给烘烤中的升温速度和稳温操作带来许多困难，尤其在夜间和凌晨排湿时烧大火也难升温，致使烟叶很难达到适宜的变黄程度，也很难顺利转火定色，导致烟叶变黄过度，叶内物质消耗过多，或出现猛升温或降温而挂灰。如果环境相对湿度很低和烟叶水分很少，炕内相对湿度也难保持，叶片容易烤青，甚至未完全变黄就挂灰。

2. 采收、编烟、装烟要点

秋后烟叶成熟缓慢，且随气温降低成熟也愈来愈慢，一般以叶龄已够、叶色转为黄绿色、叶脉变白、茸毛脱落即可采收。每标准竿编烟 120 片左右，装烟密度适当加大，尤其顶棚更要密些，以下各棚次要均匀一致，以利增加烤房保温保湿性。

3. 烘烤技术要点

装烟后关严门和窗、地洞，以严密保温保湿，并立即点火加热，以 1～1.5℃/h 的速度将干球温度升到 32℃，维持一段时间使底棚烟叶叶尖开始变黄后，再以 1℃/2～3h 的速度把干球温度升到 36～38℃稳定，保持干湿球温度差 2～3℃，如果大于 3℃，应人为增湿。当底棚烟叶变至三四成黄以后，以 1℃/h 的速度将干球温度升到 40～42℃，保持湿球温度为 36～37℃，稳定此温湿度条件，直至底棚烟叶基本全黄。之后，以 1℃/h 的速度将干球温度逐渐升到 45～48℃，充分延长时间，即实现黄烟等青烟，开始加强烟叶脱水和排湿，保持湿球温度 38℃左右，达到顶棚烟叶（实际是全炕烟叶）完全变黄。50℃前使烟筋变黄、半卷筒。定色阶段湿球温度宜稳定在 38～39℃。由于秋后昼夜温差较大，特别注意火力调整，严防猛升温或大幅度掉温。通风排湿以热风洞进风效果较好，冷风洞进风容易造成降温使叶片挂灰或色泽不鲜亮。

四、烘烤操作技术

（一）烧火技术

烧火是烟叶烘烤操作技术关键之一，是烤好烟叶的基本功。烧火适当，为烤房提供适宜的温湿度，满足烟叶变化所需要的热量，保证烟叶烘烤正常进行，同时也可以提高燃煤利用率。烧火操作受多种因素影响，其技术性强，必须根据烘烤烟叶对温湿度的要求，考虑各种因素的影响，才能调节好烧火大小。

1. 烧火原则

（1）根据烘烤过程中不同阶段工艺条件不同，烧火供热水平也有不同。一般变黄阶段要求温度低、通风少，耗热就少，烧火相应也小，俗称小火；定色阶段温度较高，升温较慢，通风排湿量最多，耗热量多，烧火相应要稳要大，俗称中火；干筋阶段温度最高，升温最快，但通风排湿量较少，耗热量比定色阶段稍小，烧火要猛要大，俗称大火。

（2）看烟叶变化，烟叶变化快时，烧火宜大，快升温；变化慢时，烧火宜缓，慢升温；烟叶变黄与干燥协调，变黄程度稍有不足时，要稳住烧火保温，延长时间，使烟叶变黄达到要求。

（3）看干球温度掌握烧火。依据烟叶特性和烘烤中烟叶变化确定温度指标后，如果烤房内温度偏低，要提火升温；如果偏高，要压火控温；如果适宜，要稳火稳温。

（4）看天气变化调节火力。天气阴晴风雨、昼夜气温变化对烤房温度影响明显。必须根据天气变化，调节火力大小，才能维持烤房的适宜温度。晴天日出后，气温逐渐上升，尤其是上午 10 时至下午 3 时左右，升温更为明显，此时如果火力不变，烤房内温度也会随之升高；日落后或阴雨天，外界气温下降，尤其凌晨，降温更明显，此时火力不变，烤房内温度也会下降。所以，晴天日出后应适当控火，日落后或阴雨天应适当提火。

（5）根据烤房升温性能确定烧火。不同烤房升温灵敏度有一定差异。烤房升温灵敏时，加火不宜过早，火力不宜过大；烤房升温困难时，加火不宜过迟，火力不宜过小。从加大火力到烤房内温度上升及其升高幅度，总需要一定的时间，这种现象称为延迟升温。只有掌握烤房延迟升温的时间和幅度，才能正确掌握烧火。

（6）根据煤质确定烧火方法。容易结渣的煤，加煤时要撒均匀；不易结渣而易流炉的煤，可呈小堆状交错加煤。对细粉状面煤，宜拌湿。无烟煤易掺入适量黏土，或制成型煤。

2. 烧火操作

火炉类型不同，烧火操作技术也不同。现以卧式火炉和蜂窝煤火炉为例介绍如下：

（1）普通卧式火炉。烧火前应备齐烧火工具（煤铲、烧火钩等），再进行烧火作业。

①生火，即点火开烤，这是烧火操作的起点。首先把炉箅后端约 2/3 的面积用炉渣或土坯块盖严，而靠近炉门处炉箅前端约 1/3 面积上放些易燃柴草，再放适量小煤块，关闭炉门后从炉条下面点火。柴草不燃尽不要乱捅火，以防漏煤漏火。煤块燃烧后，再少量多次加煤，扩大火底。如果炉门倒烟，应看炉条后端是否盖严；如果烟囱不冒烟，可在引火口点把火，增加烟囱拔力。②加煤，加煤方法有 2 种。一种是堆状，即在炉膛中间多加些，四周少加些。另一种是带状，即沿着炉膛的中线向两侧加煤成煤带，正中间形成条状燃烧带，炉膛两边缘有两个不明显的小沟。加煤时要掌握"看、勤、快、薄、匀"的原则。看是观察煤的燃烧周期变化，掌握火候加煤。火苗呈黑红色时，表明煤刚进入燃烧期；当火苗呈红白色时，表明火力正旺；火苗呈蓝红色时，表明火力开始衰败，应及时加煤。防止加煤过早或过晚，火力不旺。勤是少量多次，减少火力波动，使煤燃烧周期变幅小。快是快加煤，快开快关炉门。薄是加煤要薄。匀是加煤要均匀。③拨火剔渣，关键是要保持煤层不乱，防止"混烧"。剔渣应在炉箅下面"勤剔轻顶，剔暗不剔明"。烧小火时只剔炉渣层。烧大火时或炉渣较多时，应把烧火钩平贴炉条自前向后轻推慢顶，防止剔燃烧层使煤层混乱而漏火漏煤。④火底控制，火底指燃烧面积大小。变黄期火底应占炉箅面积 1/3 左右，当温度达到变黄期要求时，用湿煤封好，中间留 1～3 个火口继续燃烧，即"小火一点红"。转火进入定色期后，火底应占炉箅面积的 2/3 以上，随温度上升，逐渐扩大接近整个炉箅面积，干筋期应加大火力，快升温。⑤火力控制，火力主要靠燃烧面积和燃烧强度来调控。常用的方法有：火底大小、炉门开闭、烟囱火闸、加煤、煤层虚实。另外，有些烤房还在灰坑门装一挡板，上面开几个通风孔，通过控制通风孔的开度和数目调节火力。烧火时，应根据烤房的温度状况，综合运用上述技术，满足烟叶烘烤要求。

(2) 蜂窝煤火炉。①加煤，根据装烟量、烟叶水分大小及使用的煤炭质量确定每炕加入型煤数量。一般按 1kg 干烟需标煤 1.5kg 计算。要分串装炉，煤孔相对，一次装足。②生火，在民用煤炉中预先烧好引火煤，装煤后将引火煤置入炉膛前端顶部，再封严炉门，微开风门将煤燃着，也可直接从炉门引燃煤块生火。此种炉型生火以后，上火速度较慢，一般经 4～5h 才能使上方煤块烧旺，不得操之过急，切忌过多通风使火引燃过快。③调节火力，将火烧旺后，注意观察炕内升温速度，如以 1℃/h 的速度升温，意味着火力正常。调节火力主要是控制风门面积和烟囱火闸的开关程度，升温时适当开大，控温时适当关小。调节火闸对这种火炉至关重要，是烧火技术的关键之一。蜂窝煤炉火势正旺，升温转为稳温时需提前 2～3℃控火，中期甚至要提前 3～4℃控火，防止温度失控。由稳温转为升温时，也要适当提前。④供热不足的补充，如果单炉膛装煤不足，后期脱火时，可以将炉门打开再加一些煤块。有设置辅助炉时，应及时引燃辅助煤块补充供热。如果是双炉膛，可交替加煤烧火供热，但注意换炉时，防止烤房内温度大幅度下降。

(二) 排湿技术

在烘烤操作中，排湿也是关键技术之一。在烘烤过程中，任何时期的排湿操作失误，都将不利于烟叶的正常变化。生产中因烘烤不当造成的多种坏烟大都与排湿操作有关。

1. 排湿原则

（1）确保湿球温度适宜且稳定。应根据烟叶烘烤特性，确定不同烘烤阶段的适宜湿球温度。以湿球温度高低作为排湿依据，当湿球温度比规定的偏高时，扩大排湿；偏低时减少排湿；适宜时稳定排湿。

（2）充分发挥天窗的排湿作用。当单靠天窗自然蒸发排湿就能稳定湿球温度在适宜的范围时，应利用天窗排湿。这样既省工节煤，提高热效率，又能防止烟叶干燥过快而影响烟叶变黄，同时减少冷空气直吹烟叶而导致底棚烟叶过早干燥、烤青或烤房降温引起挂灰。天窗地洞配合排湿能力强，但进冷风多，耗煤多，温度不宜控制，排除同样数量的水分所需热空气多，热效率较低。

（3）以热风洞进风为主，冷风洞为辅。热风洞进风为暖空气，可避免冷空气直接进入烤房而降温，防止烟叶挂灰等；同时热效率较高，尤其在烤房内外温度差较大时，效果更明显。因此，在排湿操作时，以热风洞进风排湿为主，冷风洞在排湿不足时再用。

2. 排湿操作

（1）先开排气窗，后开进风洞。在烘烤初期，一般应关闭进风洞，主要靠调节排气窗的开度控制湿球温度，直到排气窗完全打开，充分发挥排气窗的排湿作用。当排气窗已全开，湿球温度仍偏高时，再逐渐打开进风洞。用排气窗和进风洞配合排湿，把湿球温度调节在适宜范围内。

（2）排气窗、进风洞全开，稳温排湿。如果排气窗、进风洞已全开，湿球温度仍偏高，应控制火力，稳定干球温度，延长排湿时间，直到湿球温度降到适宜时为止，称之为稳温排湿。然后再根据情况提火升温，正常烘烤。如果进风洞未全开能保持湿球稳定适宜，就不必盲目开大进风洞，也不需要稳温排湿。

（3）先关进风洞，后关排气窗。烘烤后期，湿球温度偏低时，主要靠关小进风洞控制湿球温度，直至关闭进风洞。如果湿球温度仍偏低，再关小排气窗来控制湿球温度，但排气窗不可关得太严，直到烘烤完毕。

（4）合理开闭，稳湿为准。排气窗、进风洞的开度大小以湿球温度适宜且稳定为准，根据湿球温度高低，调大或调小开度，不可忽大忽小，猛开猛闭。一般排气窗每次开闭程度以 1/5 左右为宜，进风洞为 2cm 左右为宜。

（三）干湿球温度计的使用

干湿球温度计是烟叶烘烤中最基本的检测仪表，在烟叶烘烤中广泛使用。干湿球温度计能够正确反映烤房内空气的温度和湿度高低变化，是确定烧火大小和天窗、地洞开闭程度的主要依据。目前，生产上使用的种类较多，有烤房干湿球温度计、电子温湿度测报仪和智能温湿度仪等，其中常用的干湿球温度计，简称干湿计或温度计。下面主要是介绍这种温度计的使用。

1. 干湿球温度计

（1）干湿球温度计的结构和作用。干湿球温度计由两支相同的酒精温度计、刻度盘、水壶等组成。其中左边一支温度计为干球温度计，其读数表示烤房内的温度，代表

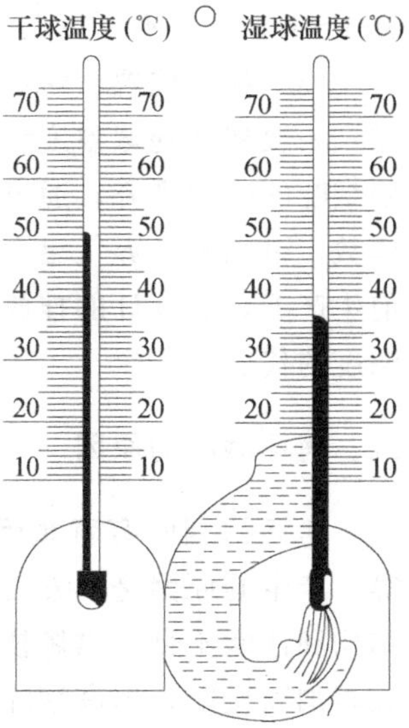

图 9-20　烤烟干湿球温度计

烟叶受热程度；右边一支下端感温球包着湿纱布的温度计为湿球温度计，其读数或与干球温度的差值表示烤房内的湿度。中间是一只特制水壶，使用时将水壶灌满清洁水，将纱布浸入湿球温度计下面的水壶中。干湿球温度计结构简单，价格便宜，使用方便，但测量的精度较差，特别是室内气流速度的变化和周围有热辐射时，对测定结果影响较大。不过在烘烤中这种影响很小，因而可以满足烤烟需要（图 9-20）。

（2）使用原理。水壶中的水分由于纱布的毛细管作用，不断地被吸到纱布上，在烤房温、湿度影响下，纱布上的水分就蒸发。蒸发水需要消耗热量，结果包着纱布的湿球温度就会下降，其读数低于干球温度。当烤房相对湿度低时，纱布的水分蒸发就快，消耗热量也多，湿球温度就低或干湿球温度差就大。当烤房相对湿度为 100%时，纱布上的水分处于平衡状态或不蒸发，则湿球温度与干球温度相等，干湿差就等于零。

空气中，这是一个吸热过程，结果使烟叶本身的温度下降。因此，可以看出，含湿烟叶与湿球温度计的温包状况相似，只是前者既有表面蒸发，又有内部扩散，水分汽化潜热平均值稍大。后者完全属于表面蒸发，水分汽化平均潜热稍小。所以，当烟叶还有一定水分时湿球温度基本上代表了烟叶温度，稳定保持规定的湿球温度就等于稳定保持了所烤烟叶的温度。

烟叶温度适宜是烤好烟叶的保证。烟叶温度过高，叶组织细胞生物膜结构过早破坏，同时多酚氧化酶类的活动提高，从而导致棕色化反应加剧，烟叶变褐。据约翰逊等人研究结果，多酚氧化酶类的激活温度为 40℃以上。生产实践认为，在叶片干燥以前，烟叶温度在 40℃以下是有益的，如果叶温超过 40℃，特别是接近和达到 45℃时，即使是很短的时间，也能造成不可逆转的损失，形成蒸片。如果烟叶温度太低，则烟叶脱水慢，烟叶的内在生化反应得不到抑制，物质转化朝不利于烟叶质量的方向转化，会出现变黄过度而使烟叶自叶背细小的叶脉出现浸渍状棕褐色，干后成为糊片。因此，只有把烟叶温度稳定在一定的范围内才能烤出优质的烟叶。大量研究表明，变黄阶段和定色阶段湿球温度以控制在 35～37℃和 38～40℃，上下波动不超过 0.5℃为宜。

2. 使用与检验

（1）质量检验。干湿球温度计是否准确、灵敏和牢固，应当检验。在水壶没有装水的情况下，两支温度计的读数应基本一致，误差不得超过 0.5℃，否则应进行校正。用手握着感温球，温度变化应明显，显示温度应准确，误差要小。或者把几个温度计相互比较，确定温度的准确性。干湿球温度计使用时容易松动错位或污染，要经常检查。发现温度计错位应及时校正并固定，棉纱布条受污染变硬时需及时更换。水壶不能漏水，如果漏水，就不能使用。

（2）使用得当。湿球水壶中应该装足量的干净水，最好用蒸馏水，也可用凉开水、干净的井水或河水。感温球应用纱布完全包裹，水壶口水面位于湿球温度计感温球正下方 1～1.5cm，不可过大、过小或斜在一旁。垂下来的纱布应当完全浸在水壶中。

（3）挂放位置。烤烟干湿球温度计应挂在能代表烤房温度的地方，读数才准确可靠。一般将干湿球温度计挂在烤房后墙与主火管之间的正中位置上方，确保感温球与底层烟叶的叶尖平齐，通过观察窗小孔的拉绳，把干湿球温度计拉至观察窗，然后应立即读数，否则受外界气温影响读数偏低。水壶中水分蒸发完毕，要及时装满清洁水。而目前生产上，温度计的挂放位置常有不当，如挂在二棚、门口或靠近墙壁都会影响烤房内温度的代表性。

五、烤坏烟叶的原因

烤坏的烟叶有青黄烟、挂灰烟、蒸片、黑糟烟、糊片、烫伤、洇筋、洇片、烤红等，产生的原因是多方面的。从烘烤方面来看，主要是烟叶采收时成熟度不够、烤房的结构和性能不良、烘烤技术掌握不当。找出烤坏烟叶的原因，就能够采取相应的技术措施，加以预防，提高烟叶的烘烤质量。

（一）青黄烟

青黄烟又叫青烟，是烤后烟叶的叶面或烟筋含有一定程度的青色（非现行烤烟分级标准所指青黄烟）。青黄烟又分为死青和活青两种。叶片呈深绿色、青绿色或青中带黄，称为死青。这类青黄烟在存放过程中不易变黄。含青度不高，为黄中带青，这种青黄烟称为活青。活青烟在适当条件下可以适度变黄。按照含青度大小，活青包括黄多青少、浮青、黄片青筋、里青等。根据含青部位，青黄烟又分为全叶青、青尖、青筋、青基、青背等。青黄烟内在化学成分转化分解是不完全的，糖含量低，总氮、蛋白质含量高，香气质差，香气量少，刺激性和青杂气重，整体质量较黄烟差。产生烤青的主要原因是：

第一，采收的烟叶不成熟或采收烟叶成熟度不一致，编烟时不分类，使不同成熟度烟叶一起编竿烘烤，烤后烟叶有青有黄。

第二，起点温度过高或底棚高度过低，底棚烟叶易烤青或青尖。

第三，烟叶变黄程度不够，过早转火定色，升温过快，叶基易烤青或叶背青。

第四，定色期升温过快，特别是在 45～50℃范围内烟叶未达到黄片黄筋，升温过快，易形成浮青、青筋、青背、回青（指烟叶表面变黄，干燥后又呈现青黄色）或里青。定色前期升温快造成烤青在生产中较为普遍。

第五，含水量少、叶片厚的上部烟，变黄温度高、湿度低，烟叶变黄不充分而烤青。

第六，排湿过早、过大或烤房局部不密封，使烟叶未达到变黄程度，就过快脱水干燥而烤成青烟。

（二）挂灰烟

烤后烟叶表面呈现出灰色、灰褐色斑点或斑块，称为挂灰，也称“灰脸”、“挂黑子”。中上部或厚叶容易产生挂灰，黄烟能挂灰，青黄烟也能挂灰。下部薄叶很少挂灰。

依其挂灰程度可分为轻度、中度、严重挂灰3种。叶片正面分散为浅色小斑点为轻度挂灰；挂灰斑点连成大斑块，颜色较深，能透过叶背称为中度挂灰；斑块大而棕黑透过叶背称为严重挂灰。按其形成原因又可分为过熟挂灰、过黄挂灰、湿挂灰、热挂灰、冷挂灰。一般轻微挂灰对品质影响不显著，商品等级稍有降低。严重时烟叶燃烧性差，香味变淡，吸味苦，余味变劣，商品等级严重降低，烟叶挂灰的主要原因有：

第一，采收烟叶过熟，如叶尖叶缘发白，或成熟度不一致，成熟度高的烟叶变黄快，内含物消耗过度而挂灰。

第二，绑烟时两片烟叶顺着重叠起来（不是背靠背），叶片在蒸发水分干燥过程中向同方向卷曲，相互包裹。包在外面的叶片正面水分被捂在里面，蒸发不出来而产生挂灰。

第三，变黄期烟叶不出汗。干旱气候条件下所形成的烟叶和较厚的上部叶及未熟叶，细胞结构致密，水分不容易汽化蒸发，变黄期不容易出汗，烤后挂灰严重。尤其是采收最后顶部的2～3片叶时，更易挂灰。

第四，变黄期低温时间过长，烟叶变黄过度，烟叶干物质过度消耗，易引起挂灰。

第五，变黄期温度不稳，忽高忽低，使干尖的烟叶处在高湿条件下，易引起叶尖挂灰。

第六，定色期烟叶含水量较多，升温过快，排湿不畅，易引起“热挂灰”，其表现是叶片基部挂灰；或者定色期严重降温，相对湿度增大，形成“冷挂灰”。

第七，定色期冷空气侵入烤房，降温使水蒸汽凝结在烤干的叶面上形成挂灰。

目前，烟叶烘烤中普遍存在着挂灰现象，只是挂灰程度不等，这是提高烟叶烘烤质量急需解决的问题。

（三）蒸片

烤后烟叶局部或全部呈褐色，称为蒸片或烫片，局部蒸片又叫花片。主要是由于烟叶在高温高湿条件下蒸烫形成的。蒸片与黑糟烟的区别在于蒸片往往较有身份，缺乏油分，尚有弹性，不易破碎，颜色黑褐色或青褐。蒸片的质量差，利用价值低。产生蒸片的原因有：

第一，编烟或装烟过密或烟叶未背对背编竿，烟叶之间水蒸气难以排出，处在高温高湿时形成蒸片。如编烟时叶面对叶背或过密，装烟拥挤或烟叶与墙壁、挂烟梁挤得紧等都易造成蒸片。

第二，烟叶在烘烤中尚未变黄或变黄不足时就遇到高温高湿条件而变为青黑色，烤后叶片较厚，干重常常减少不多，但品质极差。

第二，进入定色期后，烟叶含水量过大，升温过快过急，排湿不畅，干湿球温度一起上升，50℃以上烟叶还未小打筒，湿球温度超过40℃，烟叶在这种高温高湿条件下蒸坏或烫坏，烤后呈棕黑色，叶片较薄。

第四，烤房天窗、地洞面积小，排湿不畅，定色期烤房内水蒸气不能及时排出，形成蒸片。

第五，排气窗或房顶材料不适宜。如用塑料膜或油毡作排气窗的围护结构或排气门，房顶过薄保温性差，大量排湿时，水蒸气在排气窗或屋顶上凝结成热水珠，落到叶片上形成局部蒸片。目前，生产上往往几户搭配同一烤房烘烤，各户编烟、装烟稀密不均匀，经常出现部分烟叶蒸片现象。

（四）黑糟烟

黑糟烟指烟叶内干物质消耗过度而烤后烟叶呈褐色或黑褐色的枯焦现象。黑糟烟叶片薄、重量轻、无油分、弹性差、易破碎，无使用价值。产生的原因主要有：

第一，鲜烟叶含水量特别大，尤其是底烘叶、雨季烟、嫩黄烟等，烤后易黑糟。

第二，采收的烟叶假熟，尤其是下部叶，呈黄白色或营养不良，叶片薄，内含物消耗过度，极易烤黑糟。

第三，编烟、装烟过密，烟叶变黄时间过长，变黄过度，转火过晚，通风不及时，造成叶内养分过度消耗而烤成糟片。

第四，烟叶变黄程度过高。失水少、含水量多的“硬变黄”烟叶，定色期不能及时排出叶片中过多水分，随着时间的延长，烟叶继续变化成为黑糟烟。

第五，烤房排气窗与进风洞设置不合理，开口小，排湿不畅。烘烤时间拉长，尤其是定色期，叶内物质消耗过度，甚至形成“闷炕”，都会烤黑烟叶。

第六，由于病原物的危害，使烟叶局部受损而变坏，出现带有病斑的花叶；甚至有时是烟叶在田间受到病菌侵染，但没有表现出症状，进入烤房后，在温湿度适宜情况下烟叶继续发病，烤后呈现褐色斑点、斑块等花片，像赤星病菌就是如此。带有赤星病菌的烟叶，在烘烤的前期，由于烤房内温湿度条件适宜，病菌大量而快速繁殖，烤后出现赤星病斑。

（五）洇筋、洇片

烤后烟叶叶脉局部呈现黑褐色，称为洇筋。而叶脉两侧的叶片呈现黑褐色，称为洇片。它们形成的原因是由于干筋期大幅度降温或降温时间过长，未干叶脉中的水分渗透到烤干的叶脉部分，使叶脉变黑，甚至渗透到叶脉两侧烤干的叶片中，使之变黑。

（六）烤红烟

烤后烟叶表面呈现均匀或不均匀的红色或棕红色的斑点或斑块，称为烤红烟。造成烤红的原因是干筋期温度过高或湿度过大。一般干球温度超过 75℃或湿球温度超过 43℃时易出现烤红烟。但鲜烟质量不同，发生烤红的温度也不同。另据报道，有些营养过剩的中上部烟叶，在田间叶面出现棕黄色突出泡斑，烤后呈红色斑块，好似樱桃红色，其降烟碱含量较高，说明烟叶红色色素与生物碱转化有关。

（七）色泽灰暗烟叶

烤后颜色不鲜亮、较暗淡、光泽差的烟叶，称为色泽灰暗烟叶。主要原因是定色期烟叶仍处在生命活动状态时，湿度和排湿掌握不当引起的。一般来说，湿球温度偏高时，烟叶颜色变深；湿球温度偏低时，烟叶颜色要浅些。烟叶烘烤进入定色期，主要在

45～52℃时，湿球温度偏高，排湿不及时，烤后烟叶颜色不鲜亮。如果烟叶过熟或编烟、装烟过密，排气窗和进风洞面积较小，到需要大排湿时排湿不顺，烟叶表面的水蒸气不能及时排出，烤后烟叶就容易发暗、不鲜亮。因此编烟、装烟数量要适当，排气窗、进风洞面积设计要留有余地，烘烤时进入定色期要先加大火力，将烟叶内水分蒸发出来，开大排气窗、进风洞，加强通风排湿才能烤好烟。

另外，由于烟叶采收、上竿、运输、装炕等操作失当，造成烟叶局部机械损伤，烘烤后明显表现出局部机械损伤性斑块，如青痕等，造成烟叶品质低劣，吸食淡而无味，香气差。霉菌在烘烤前期高温高湿作用下，造成烟叶腐烂。干筋期烟叶未完全干燥过早停火，造成湿筋湿片等。总之，只有全面了解产生烤坏烟的原因，在烘烤过程中规范操作，防止烟叶向不利的方向转化，才能提高烟叶质量。

六、烤后烟叶处理

烤后烟叶处理是烟叶烘烤作业的最后环节，包括卸烟、回潮、存放等，到此才算完成烘烤全过程，可以等待分级出售。烤后烟叶处理的关键是确保烟叶质量不受损。

（一）卸烟

烟叶烘烤后从烤房中卸下取出的全过程称为卸烟，又称出炕。卸烟时间和操作不当将对烟叶质量等级有一定影响。

1. 时间

刚烤干的烟叶含水量一般在5%～8%，极易破碎。因此，卸烟的关键是减少烟叶破碎，保证烟叶完整。卸烟前应将烤房门、排气窗、进风洞全部打开，降低烤房内的温度，使烟叶吸湿变软。卸烟时间一般在清晨或傍晚进行，以利操作，确保烟叶完整。

2. 操作要求

操作时，要轻拿轻放，避免碰撞、挤压，减少破损。而卸烟时光线往往较暗，还要登高，应注意安全，防止人员受伤或碰坏火管。

（二）烟叶回潮

1. 回潮要求

烤干的烟叶必须进行回潮，才便于解竿、堆放和以后的分级扎把操作。烟叶属于胶质多孔物质，具有很强的吸湿特性。一方面利于回潮，另一方面也容易回潮过度，必须充分注意。环境条件对烟叶的吸湿性影响也很大，环境温度越高，相对湿度越大，烟叶吸湿越快，回潮也越快；相反，环境温度低，相对湿度小，烟叶吸湿慢，回潮也慢。因此，在气温较高的6～8月份，烟叶烤后易于回潮，气温较低的9～10月份，烟叶回潮较为困难。烟叶回潮时要求水分达到14%～16%，即叶片稍柔软，手压时大部分不破碎，主筋干脆，小筋稍软易断，抖动叶片有沙沙声。分级出售时尚需进行第二次回潮，要求含水量16%～18%（2～3季度为16%～17%）。烟叶含水量过低易破碎；过高时颜色变深，光泽变暗，出现“潮红”，使烟叶品质下降，甚至堆放过程中发生霉变。

2. 回潮方法

烟叶回潮的方法很多，主要有自然回潮、潮房回潮和人工回潮等。各地可根据具体情况选择合适的回潮方法。

(1) 自然回潮。

① 烤房回潮。烟叶烘烤结束后，烤房温度会自然下降，当下降到比室外气温略高时，在傍晚至早晨日出之前，把烤房门、天窗、地洞全部敞开，使湿润空气进入烤房，经过一定时间烟叶吸湿后变软，达到回潮水分要求时再卸烟解烟。烤房回潮不需任何设备，不受场地限制还省工。但烟叶回潮时的温、湿度高低、回潮时间的长短，都受当时气候条件限制。如遇天气干燥，回潮时间过长，还会影响烟叶的烘烤进度。

② 借露回潮。当烤房仍需烘烤烟叶时，就不能在烤房回潮，必须把烟卸出来，放在一定场所地面上，借助傍晚或黎明前的露水进行回潮，是为借露回潮。烟叶烤干后极易破碎，卸烟时一定要轻拿轻放，一手一竿，减少破碎率。借露回潮需把卸出来的烟叶(竿)排成鱼鳞状，即后一竿烟叶的叶尖部分压在前一竿烟叶的叶把上(叶基部)。似鱼鳞状重叠排放，这样可以防止因叶尖吸湿快，直接接触地面回潮过度。露水过少时中间必须翻动一次，烟叶才能回潮均匀。达到回潮要求时，应立即解烟。

有些地区在烤房附近的场地上，搭起一层烟架(类似烤房的一层橙梁)，把卸出来的烟竿挂在烟架上，借露回潮。这种烟架不易太高，烟尖距地面保持 30～40cm 即可。烟架太高，回潮慢；太低，叶尖易回潮过度。用烟架借露回潮，烟叶破碎少，回潮较均匀一致，占用场地少，管理方便。

(2) 潮房回潮。我国有些地区烘烤季节的后期，气温下降快，空气较干燥，如黄淮和东北烟区，不能进行自然回潮。在这种情况下，使用潮房(地窖)回潮十分必要。而且这类设备还可用于其他方面。潮房回潮可以人为控制温、湿度，回潮均匀、质量好、时间短。

① 潮房长、宽尺寸，根据回潮烟叶数量而定，其深度一般是从地面下挖 1.5m 左右，地面至屋檐高 1m 左右。用砖或土坯砌筑，屋面盖瓦或铺草，开设门窗要注意保温保湿，不易过大。若潮房地面十分潮湿，应铺一层麦草或苇席。回潮时把烟叶的叶柄朝下，叶尖朝上竖立与地面夹角 60°～70°，重叠排列。如潮房湿气不足，可在地面上洒适量的水。外界气温较低时，应在潮房内安一个取暖炉子，提高气温，并利用水壶的蒸汽增加潮房的空气湿度。回潮期间要经常检查，防止湿度过大，烟叶回潮过度而影响质量。

② 蒸汽回潮。在潮房内增设 2～3 层挂烟架(同烤房烟架一样)，把整竿的烟叶挂上或把烟叶放在地面上，将茶水炉产生的蒸汽通入潮房，进行烟叶回潮。

(3) 人工喷雾回潮。当气温下降、天气干燥而不能进行自然回潮时，又无地窖，此时可以使用人工喷雾回潮，把卸出来的整竿烟叶平放在铺有塑料薄膜的地面上，用喷雾器喷洒温水，水温一般在 60℃以上。边喷水边翻动烟叶，使喷水均匀。要防止喷水过多，宁可多喷几次达到烟叶潮润均匀，也不能一次喷水过多，然后用塑料薄膜把烟叶包好，保温保湿，待烟叶吸收喷洒的小雾滴而变软达到回潮的要求时，立即进行解烟或烟叶分级操作。

（三）烟叶存放

初烤烟叶在含水量适当（14%～15%）条件下经过一个相当时期（1～3 个月）的堆放，其外观和内在化学成分都会发生一定的变化。实际上这是一个初步的发酵和陈化的过程。例如，青黄烟叶经过堆放后，从外观上看，含青度有所减少，而黄烟叶的色泽变得更加均匀。同时，内在化学成分也有变化（表 9-25）。经过一段时间堆放的烟叶，蔗糖含量减少，还原糖的含量增加，总糖含量变化不大，烟叶品质得到改善和提高，青杂气和刺激性减轻，吃味变得醇和。

表 9-25　烤干烟叶堆放前后含糖量变化

成　分	处理Ⅰ			处理Ⅱ		处理Ⅲ	
	烤后	堆放 84 天	堆放 158 天	烤后	堆放 17 天	烤后	堆放 40 天
总糖/%	30.64	28.64	29.41	22.96	24.89	24.77	24.45
还原糖/%	17.15	23.42	25.10	12.77	16.67	16.14	22.87
蔗糖/%	12.82	4.96	3.62	9.68	7.72	8.20	1.50

资料来源：余茂勋等，1983

1. 地点选择

堆放烟叶的贮藏室要求密闭、不通风、不受阳光直接照射、不受外界温湿度变化的直接影响，因为初烤烟在堆放时，容易吸收外界湿气而回潮，也容易失去水分而干燥，阳光直射易褪色，吸收异味易污染。所以烟叶堆放地点除达到上述要求外，还应远离化肥、农药等有异味的物品。堆烟室的地面要铺架空木板，距地面 40cm 以上，木板上铺稻草或麦草，再铺草席或塑料布，然后堆烟。

2. 存放方法

烟叶一般是以垛形存放。烟垛的大小，一般高度为 1.0～1.5m，长度根据室内面积及烟叶数量而定。一个堆烟室如需堆放若干个烟垛时，垛与垛之间要留 0.7～1.0m 宽的走道，以便管理和检查。而且垛不能太靠墙，应离开墙壁 20～30cm，以免湿气侵入烟垛。

烟叶在堆放时，叶尖向里，叶柄向外，层层叠放整齐。为了以后分级方便，防止部位混淆，垛烟时应把不同部位、不同质量的烟叶分开堆放。码垛完毕后用塑料布包盖严密，上面再盖以麻袋片或草席等物遮光，防止烟叶褪色。

另外，烟叶堆放时，对部分青黄烟应单独用塑料袋装好，保持一定温湿度条件，利于青烟在堆放中变化。对少量的零星烟叶也可直接装在大小适宜的塑料袋内，密封保存。

需要特别指出的是，烟叶在堆放过程中，若发现个别湿筋或湿片烟叶，必须剔除，否则，在堆放过程中会造成烟叶霉变，降低烟叶质量。

3. 检查管理

烟叶在堆放过程中，每隔 5～7 天要检查一次烟堆温度，烟堆温度应保持在 35℃以下。温度超过 35℃，实际上是水分含量高引起的。长期贮存水分大的烟叶，导致多酚氧化酶、过氧化氢酶活动激烈，使烟叶颜色变得深暗，甚至变褐。水分过大时霉菌繁殖，引起霉变。因此，如果发现烟垛温度偏高，应立即翻垛降温。要随时注意检查室内温湿度状况。室内温度应低于 30℃，相对湿度应小于 75%。阴雨天要关闭门窗，防止湿气侵入，晴朗天可以适当打开门窗通风放湿。

第七节　烤烟良种介绍

作物品种是一种重要的农业生产资料，发展烟草生产首要的是选用优良品种。任何品种都有其特定的遗传特性，适应一定的生态条件，满足一定的生产要求，因此，随着烟草种植环境的变化和生产水平的提高，要不断地进行品种的更新，不同时期选用适宜的主栽品种和搭配品种显得非常重要，而选用品种必须了解其特征特性、适宜种植区域和良种良法配套技术，做到因地制宜。下面介绍我国烟草生产的部分主栽品种。

国家烟草专卖局（总公司）成立以来，我国烟草良种工作得到了加强，育成并引进一批新品种。据统计，自1985年以来，迄今通过全国烟草品种审定委员会审定（或认定）的烟草品种有55个。其中，烤烟品种45个，白肋烟品种6个，香料烟品种4个。这些烟草新品种的育成或引进、审定与推广，使优质、抗病品种在各烟区迅速普及，实现了全国烟草生产良种布局区域化。

一、主要烤烟品种

我国2000年种植面积达6700hm^{2}以上的主要烤烟品种有12个（表9-26）。

表9-26　我国主要烤烟品种种植情况表

烤烟品种	种植面积/hm^2	占总面积的比例/%	烤烟品种	种植面积/hm^2	占总面积的比例/%
K326	414 200	40.25	G-80	35 000	3.40
NC89	150 400	14.61	V2	24 000	2.33
云烟85	126 100	12.25	中烟98	16 100	1.56
K346	67 900	6.60	RG17	10 100	0.98
红花大金元	61 900	6.02	RG11	6 700	0.66
NC82	50 700	4.93	龙江851	6 700	0.65

资料来源：刘国顺，2003

此外，种植面积在3300hm^{2}以上的品种有：G28、吉烟7号、云烟87等。以上品种布局基本符合生产要求。

二、主要烤烟品种简介

（一）K326

1. 品种来源

由美国北卡罗来纳州诺思拉普·金（Northrup King）种子公司于1983年育成，亲本为McNair225×(McNair225×NC95纯系)。1985年引入我国，1990年通过全国烟草品种审定委员会认定，是我国栽培面积较大的烤烟品种，目前全国各烟区都有种植。

2. 主要特征特性

植株筒形，株高110～130cm，叶数22～26片，腰叶长55～65cm，宽22～26cm，

叶形长椭圆，叶色绿，叶面较皱，叶尖渐尖。花序集中，花色淡红。大田生育期 110 天左右。耐肥水，叶片成熟落黄好，易烘烤。抗南方根结线虫病，低抗黑胫病和青枯病，中感赤星病，易感烟草病毒病和气候性斑点病。

3. 产量与品质表现

一般每公顷产量为 2250～2620kg。烘烤后烟叶多橘黄色，油分多，组织疏松。原烟化学成分协调，总糖 21.47%，还原糖 17.92%，烟碱 3.65%，总氮 1.83%，蛋白质 7.50%，糖碱比 5.83。香气量较足，余味舒适。

4. 栽培调制技术要点

适宜在水肥条件较好的烟区种植。每公顷栽植 16 500～19 500 株，留叶数 18～22 片。下部叶成熟采收，中、上部叶充分成熟采收。烘烤时变黄温度 32～42℃，定色期温度 43～55℃，干筋期不超过 70℃，顶叶烘烤各阶段要适当延长时间，升温要稳。

（二）NC89

1. 品种来源

由美国北卡罗来纳州烟草试验站用烤烟品系 8655 和品系 6722 杂交选育而成。1981 年引进我国，1988 年通过全国烟草品种审定委员会认定。曾是北方烟区的主要栽培品种之一，目前，在黄淮、东北烟区均有种植。

2. 主要特征特性

植株筒形，株高 120cm 左右，茎围 7.2cm，节距 4.6cm。叶数 22～26 片，腰叶长 66.2cm，宽 30.7cm，叶形长椭圆，叶色深绿，叶尖渐尖，叶面稍平，叶片较厚，主侧脉夹角较小。花序较集中，花冠淡红色。大田生育期 110～125 天。大田前期生长迟缓，起身慢，团棵后生长速度较快。叶片成熟时间稍长，分层落黄好，较容易烘烤。中抗黑胫病、爪哇根结线虫病，中感气候性斑点病和角斑病，易感赤星病和花叶病。

3. 产量与品质表现

一般每公顷产量为 2250～2625kg。烤后烟叶多橘黄色，油分较多，组织疏松。原烟化学成分含量适宜，总糖 17.8%，还原糖 14.36%，烟碱 2.55%，总氮 1.79%，蛋白质 8.48%，糖碱比 6.98。香气量较足，吃味尚纯净。

4. 栽培调制技术要点

适宜北方烟区中等肥力土壤种植。一般每公顷施纯氮 75～82.5kg，氮：磷：钾比例一般为 1：1：(2～3)。平原地区每公顷栽植 16 500～19 500 株为宜，丘陵山冈地区每公顷不超过 21 000 株，一般留叶 18～22 片。叶片要充分成熟采收。烘烤变黄期主要温度保持在 38℃左右，下部叶变黄 8～9 成，40～43℃全部变黄，中上部叶 38℃变黄 9 成以上。定色前期慢升温，适当延长 45～47℃的保温时间，待烟筋变黄后升温转入定色后期。干筋期最高温度不超过 68℃。

（三）云烟 85

1. 品种来源

由云南省烟草研究所以云烟 2 号为母本、K326 为父本杂交选育而成。1997 年通过全国烟草品种审定委员会审定。目前，在全国各地烟区均有种植。

2. 主要特征特性

植株近筒形，打顶株高 100～110cm，茎围 9.7cm，节距 5.9cm。叶数 23～25 片，腰叶长 65～79cm，宽 28～37cm，叶形长椭圆，叶面稍皱，叶色绿，叶尖渐尖。花序小而集中，花冠淡红色。大田生育期 120 天左右。大田生长势较强，分层落黄好，易烘烤。微抗黑胫病、中抗南方根结线虫病，感爪哇根结线虫病、赤星病、气候性斑点病，易感病毒病和角斑病。

3. 产量与品质表现

一般每公顷产量 2630kg。烤后烟叶多浅橘黄色，光泽强，油分较多，组织疏松，厚度适中。原烟化学成分协调，总糖 25.17%，烟碱 2.57%，总氮 2.01%，蛋白质 9.29%，糖碱比 9.79，氮碱比 0.78。香气质较好，香气量较足，劲头适中。

4. 栽培调制技术要点

适宜在肥水条件较好的烟区种植。每公顷 15 000～19 500 株为宜，留叶 18～22 片。要注意烟草病害的防治。烟叶成熟采收。按三段式烘烤工艺烘烤。

（四）K346

1. 品种来源

由美国北卡罗来纳州诺思拉普·金种子公司用 McNair926 与 80241 杂交选育而成。1990 年在美国审定推广。1991 年引入我国，1997 年通过全国烟草品种审定委员会认定。目前在贵州、福建、湖南等省烟区有一定面积种植。

2. 主要特征特性

植株筒形，打顶株高 80～100cm，茎围 8.8～9.2cm，节距 4.5～5.0cm。可采收叶数 19～22 片，腰叶长 63.5cm，宽 27.4cm，叶形长椭圆，叶面较皱，叶色绿，叶尖渐尖，花序较松散，花冠淡红色。大田生育期 123 天左右。移栽后发苗较慢，中期生长势强。高抗黑胫病、青枯病，抗根结线虫病，中感赤星病，感气候性斑点病、花叶病和白粉病。

3. 产量与品质表现

一般每公顷产量 2200kg。烘烤后烟叶多浅橘黄色，油分较多，色度较浓，光泽较强，组织疏松。原烟化学成分协调，总糖 27.26%，还原糖 21.87%，烟碱 2.73%，总氮 1.57%，蛋白质 7.88%，钾（K_2O）1.96%，糖碱比 9.99，氮碱比 0.58。香气质中偏上，香气量尚足，浓度较浓，劲头适中，余味尚适。

4. 栽培调制技术要点

适宜中上等肥力地块种植。一般每公顷栽植 16 500～19 500 株为宜，留叶数 18～20 片。叶片充分成熟采收。烘烤时烟叶失水变黄较快，变黄温度保持在 38～40℃，干筋期最高温度，下部烟叶控制在 63℃，中部烟叶在 65℃，上部烟叶在 67℃。

（五）红花大金元

1. 品种来源

最初由云南省路南县路美邑村烟农于 1962 年从大金元中选出，1972～1974 年经云南农业科学院烟草研究所、曲靖地区烟草办公室进一步选择培育而成，1975 年定名为红花大金元。1988 年通过全国烟草品种审定委员会认定。目前，云南、四川等省都有种植。

2. 主要特征特性

植株塔形，株高 110～130cm，节距较密，茎围 9.1～11.5cm。叶数 20 片左右，腰叶长 60.7cm，宽 21.0cm，叶形长椭圆，叶色绿，叶面略皱，叶尖渐尖，主脉较粗，叶片较厚，花序繁茂，花冠深红色。大田生育期 110～120 天。田间长势强，叶片落黄慢，耐成熟。较耐旱，不耐肥，感黑胫病、赤星病。

3. 产量与品质表现

一般每公顷产量 2250～2620kg。烤后原烟多橘黄色，叶片较厚，油分足，品质好。原烟化学成分适宜，总糖 24.68%，还原糖 20.65%，蛋白质 9.13%，总氮 1.75%，烟碱 1.67%，糖碱比 12.36，氮碱比 1.05 左右。香气量足，香气质好，具典型的清香型风格。

4. 栽培调制技术要点

适宜中等肥力地块种植，要控制氮肥用量。烘烤过程烟叶变黄慢，下部叶含水量大，主脉粗，较难烘烤。定色前期慢升温，注意通风排湿。

（六）NC82

1. 品种来源

由美国北卡罗来纳州烟草实验站用烤烟品系 6129 和 Coker319 杂交选育而成。1980 年引入我国，1988 年通过全国烟草品种审定委员会认定。在山东、贵州、四川、湖南等省烟区曾有一定种植面积。

2. 主要特征特性

植株筒形，株高 100～120cm，节距适中。叶数 20～23 片，腰叶长 52.1cm，宽 22.3cm，叶形长椭圆，叶色深绿，叶片较厚，叶面较皱，叶尖渐尖。花序紧凑，花冠淡红色。大田生育期 110 天左右。耐肥，不耐旱。对低温敏感，苗期或移栽后遇较长时间低温容易发生早花。叶片优质烟特征明显，分层落黄好，容易烘烤。抗黑胫病，易感赤星病、气候性斑点病和病毒病。

3. 产量与品质表现

一般每公顷产量 2250kg。烘烤后烟叶多橘黄色，油分多，色度强，组织疏松。原烟化学成分协调，总糖 21.17%，还原糖 18.10%，烟碱 2.25%，总氮 1.84%，蛋白质 9.04%，糖碱比 9.41。氮碱比 0.82。香气质好，香气量足，吃味纯净，余味舒适。

4. 栽培调制技术要点

适宜在土壤肥沃或水肥条件较好的地区种植。育苗和移栽应适当推迟，避开早春低温，防止早花。要增施基肥，早施追肥。适当增施磷钾肥。一般每公顷栽植 16 500～19 500 株，留叶 18～20 片。叶片充分成熟采收，防止采生。烘烤变黄主要温度保持 38℃左右，下部叶 8～9 成，40～43℃全部变黄；中上部叶 38℃变黄 9 成以上。定色期慢升温，适当延长 45～47℃的保温时间，待烟筋变黄后再升温转入定色后期。干筋期温度最高不超过68℃。

（七）中烟98

1. 品种来源

由中国农业科学院烟草研究所以82-4027品系为母本、2028品系为父本杂交选育而成。1999年通过全国烟草品种审定委员会审定。目前，在山东、河南、安徽、陕西、湖北、湖南等烟区都有种植。

2. 主要特征特性

植株筒形，株高110cm左右，茎围8.4cm，节距4.2cm，叶数21～23片，平均腰叶长61.2cm，宽26.7cm。叶形长椭圆，叶面略皱，叶色绿，叶尖渐尖，主脉较细。花序集中，花冠淡红色。大田生育期118天左右。耐肥，易烘烤。抗黑胫病、赤星病，耐气候性斑点病。感花叶病、野火病和根黑腐病。

3. 产量与品质表现

一般每公顷产量2630kg左右，单叶重6～8g。烘烤后烟叶多浅橘黄色，油分较多，厚度适中。原烟化学成分协调，总糖26.43%，还原糖21.64%，烟碱2.21%，总氮1.69%，钾（K_2O）2.13%，蛋白质7.99%，糖碱比9.78，氮碱比0.77。香气量较足，香气质较好，劲头适中。

4. 栽培调制技术要点

适宜在中等以上肥力地块种植，要重施基肥，早施追肥，促苗早发。每公顷栽植16 500～19 500株为宜，留叶20～22片。中、下部叶成熟落黄好，要适熟采收，上部4～6片叶成熟落黄快而集中，可一次性采收。采用三段式烘烤工艺烘烤。

（八）RG17

1. 品种来源

美国RG种子公司用K326作母本、K399作父本杂交选育而成。1995年在美国审定推广。1995年引进我国，1999年通过全国烟草品种审定委员会认定。目前在南方烟区的部分地区有一定面积种植。

2. 主要特征特性

植株筒形，株高120～130cm，可采收叶数22～24片，腰叶长60cm，宽27.5cm。叶形椭圆，叶尖渐尖，叶色浅绿，叶面微皱。花序较松散，花冠淡红色。大田生育期116天左右，田间长势较强，成熟落黄好，易烘烤。抗南方根结线虫病，低抗青枯病、黑胫病，轻感赤星病，易感气候性斑点病和病毒病。

3. 产量与品质表现

一般每公顷产量2150kg左右，烘烤后烟叶多橘黄色，色度较强，油分多，结构疏松。原烟化学成分含量，总糖25.45%，还原糖22.03%，烟碱2.37%，总氮1.54%，蛋白质7.07%，钾（K_2O）2.29%，糖碱比9.30，氮碱比0.65。香气质较好，香气量尚足，劲头适中，余味尚适。

4. 栽培调制技术要点

适宜中等肥力地块种植，每公顷栽植 15 600～19 500 株为宜，留叶 18～20 片。充分成熟采收，采用三段式烘烤工艺烘烤。

（九）RG11

1. 品种来源

美国 RG 种子公司用 NC50 作母本、K399 作父本杂交选育而成。1993 年美国审定推广。1995 年引进我国，1997 年通过全国烟草品种审定委员会认定。目前在南方烟区的部分地区有一定面积种植。

2. 主要特征特性

植株筒形，打顶株高 90～100cm，茎围 8.5～9.0cm，节距 4.0～5.5cm，可采收叶数 19～22 片，腰叶长 60.5cm，宽 22.3cm。叶形长椭圆，叶色绿，叶面微皱，叶耳小。花序较松散，花色淡红色。大田生育期 120 天左右，耐肥，田间生长势较强。高抗黑胫病，中抗青枯病和南方根结线虫病。感气候性斑点病、根黑腐病、赤星病和花叶病。

3. 产量与品质表现

一般每公顷产量 2260kg，单叶重 6～7g。烘烤后烟叶多橘黄色，光泽较强，色度较浓，油分较多，结构疏松，厚度适中。原烟化学成分含量，总糖 23.00%，还原糖 19.79%，烟碱 2.47%，总氮 1.65%，蛋白质 7.42%，钾（K_2O）1.88%，糖碱比 9.31，氮碱比 0.67。香气质中等偏上，香气量尚足，劲头适中，余味尚适。

4. 栽培调制技术要点

适宜在中等肥力地块种植，每公顷栽植 15 600～19 500 株为宜，留叶 18～20 片。叶片充分成熟后采收，采用三段式烘烤工艺烘烤。

（十）云烟 87

1. 品种来源

由云南省烟草研究所以云烟 2 号为母本、K326 为父本杂交选育而成。2000 年通过全国烟草品种审定委员会审定。目前，在云南、贵州、四川、山东等烟区有一定种植面积。

2. 主要特征特性

植株塔形，打顶株高 110～118cm，节距 5.5～6.5cm。叶数 25～27 片，腰叶长 65～79cm，宽 28～37cm，叶形长椭圆，叶色绿，叶尖渐尖，叶面皱，主脉粗细中等。花序小而集中，花冠淡红色。大田生育期 110～115 天，耐肥水，适应性广。微抗黑胫病，中抗青枯病、南方根结线虫病，抗爪哇根结线虫病，感赤星病，易感病毒病和角斑病。

3. 产量与品质表现

一般每公顷产量 2630kg。烤后烟叶多浅橘黄色，色度强，油分多，组织疏松，厚度适中。原烟化学成分协调，总糖 32.17%，还原糖 25.41%，烟碱 2.38%，总氮 1.64%，蛋白质 7.67%，糖碱比 10.68，氮碱比 0.69。香气质较好，香气量较足，劲头适中。

4. 栽培调制技术要点

适宜在中上等肥力地块种植。一般每公顷 15 000～19 500 株，留叶 20～22 片。采收时严格掌握成熟度，成熟采收，不采生叶。烘烤时变黄期温度 36～38℃，定色期温度 52～54℃，干筋期温度 68℃以下。

（十一）中烟 14

1. 品种来源

由中国农业科学院烟草研究所于 1973 年用金星 6007 和 G-28 杂交，后用金星 6007 回交选育而成，1983 年定名为中烟 14，1992 年通过全国烟草品种审定委员会认定。在山东、河南、安徽等省烟区曾有较大面积种植。

2. 主要特征特性

植株筒形，株高 150cm 左右，节距 4.4cm，茎围 9.6cm。叶数 26～30 片，腰叶长 58.8cm，宽 25.8cm，叶形椭圆形，叶尖渐尖，叶面较平，叶色绿，主脉较粗；花序球形，花枝较集中，花冠红色。大田生育期 120～130 天。田间生长势较强，前期起身稍慢，较耐旱，耐瘠薄。中抗黑胫病，抗南方根结线虫病，较耐花叶病，轻感气候性斑点病，感赤星病。

3. 产量与品质表现

一般每公顷产量 2650kg，下部叶含水量较大，较难烘烤，中上部叶片落黄好，易烘烤。烤后原烟多浅橘黄色，叶片厚薄适中，油分足，弹性强。原烟化学成分协调，还原糖 14.15%，烟碱 1.37%，总氮 1.93%，蛋白质 10.60%，糖碱比 10.32，氮碱比 1.41 左右。原烟评吸香气质好，吃味尚纯净，劲头适中。

4. 栽培调制技术要点

适宜在丘陵山区种植。注意控制氮肥用量，适当增施磷、钾肥。一般烟田每公顷施纯氮 45～60kg。该品种主脉较粗，下部叶含水量较大，烘烤时要适当提早排湿，变黄温度可稍高，时间不宜过长，定色期宜慢升温，及早通风排湿。

（十二）中烟 90

1. 品种来源

由中国农业科学院烟草研究用 G-28、单育 2 号和净叶黄三亲本复合杂交选育而成。1993 年通过全国烟草品种审定委员会审定。在黄淮、华中、西南、东北等烟区都曾有较大面积种植。

2. 主要特征特性

植株筒形，打顶株高 95cm 左右，茎围 9.1cm，节距 5.2cm。叶数 22～24 片，腰叶长 58.4cm，宽 29.3cm，叶片长椭圆形，叶面皱，叶色绿，叶尖渐尖，主脉较粗；花序密集，花冠淡红色。大田生育期 115 天左右。耐肥，适应性广。叶片落黄快，易烘烤。抗气候性斑点病，耐病毒病，中抗黑胫病和赤星病，感野火病和南方根结线虫病。

3. 产量与品质表现

一般每公顷产量 2650kg。烤后原烟多浅橘黄色，光泽较强，结构疏松。化学成分协调，还原糖 19.3%，烟碱 2.24%，总氮 1.85%，钾（K_2O）2.48%，糖碱比 8.62，氮碱比 0.82。香气质较好，香气量较足，燃烧性较好。

4. 栽培调制技术要点

适宜在土壤肥力较好的地区种植。要重施基肥，早施、少施追肥。每公顷栽植 16 500～19 500 株，留叶 20 片左右。上部叶片成熟快而集中，4～6 片叶待成熟后一次采收。烘烤保持 38℃变黄，干筋期温度不超过 70℃，稳火干筋。

（十三）中烟 100

1. 品种来源

由中国农业科学院烟草研究所以 NC82 为母本、9201 品系为父本杂交，又用 NC82 回交选育而成。2002 年通过全国烟草品种审定委员会审定。目前在黄淮烟区有较大种植面积，其他各地烟区也有种植。

2. 主要特征特性

植株筒形，株高 103cm，茎围 8.8cm，节距 4.7cm。叶数 24 片左右。腰叶长 65.6cm，宽 30.1cm，叶形椭圆，叶面略皱，叶色绿，叶尖渐尖，主脉细。花序松散，花冠粉红色。卵圆形蒴果。大田生育期 118 天左右。耐肥，适应性广。田间分层落黄好，容易烘烤。高抗赤星病、黑胫病，中抗爪哇根结线虫病、黄瓜花叶病，感普通花叶病和青枯病。

3. 产量与品质表现

一般每公顷产量 2550kg，单叶重 7～8g。烤后烟叶多浅橘黄色，光泽强，油分较多。结构疏松。原烟化学成分协调，总糖 23.7%，还原糖 20.37%，烟碱 2.41%，总氮 1.78%，糖碱比 8.54，氮碱比 0.74 左右。香气质好，香气量较足。

4. 栽培调制技术要点

该品种适宜在肥水条件较好的烟区种植，要避开青枯病重发区。北方烟区宜重施基肥，早施追肥，一般每公顷施纯氮 75～90kg，栽植 16 500～19 500 株；南方烟区宜基肥与追肥并重，一般每公顷施纯氮 105～135kg，栽植 15 000～18 000 株。打顶时期应视田间烟株长势而定，留叶 18～22 片。烟叶采收要求下部叶适熟，中部叶和上部叶成熟采收，上部 5～6 片叶一次采收。烟叶烘烤宜采用三段式烘烤技术，应注意保证足够的烟叶变黄、定色时间，使其内在物质充分转化与香气物质的形成和积累。

（十四）中烟 101

1. 品种来源

由中国农业科学院烟草研究所以 G-80 为母本、红花大金元为父本杂交选育而成。2002 年通过全国烟草品种审定委员会审定。目前在山东、河南、安徽、湖南等省烟区都有一定种植面积。

2. 主要特征特性

植株筒形，株高 107cm，茎围 9.0cm，节距 5.0cm。叶数 22 片左右，腰叶长 61.5cm，宽 28.7cm，叶形长椭圆，叶色绿，叶尖渐尖，主脉中等。花序松散，花冠粉红色。卵圆形蒴果。大田生育期 117 天左右。不耐肥。抗黑胫病和赤星病，中耐 TMV、CMV、PVY，中抗根结线虫病，角斑病和气候斑点病较轻，感青枯病。

3. 产量与品质表现

一般每公顷产量 2550kg。烤后叶色多浅橘黄色，色度强，油分较多，结构疏松。原烟化学成分协调，总糖 22.27%，还原糖 17.63%，烟碱 2.16%，总氮 1.70%，蛋白质 8.26%，钾（K_2O）1.12%，糖碱比 8.16，氮碱比 0.79 左右。香气质较好，香气量较足，余味较舒适。

4. 栽培调制技术要点

适宜中等肥力，一般每公顷施纯氮 75～82.5kg，氮：磷：钾比例 1：（1～2）：3 为宜。一般每公顷栽植 16 500～19 500 株，留叶 18～22 片。叶片成熟落黄稍慢，采收时注意掌握成熟度，做到下部叶适熟，中部叶成熟，上部叶充分成熟采收。烘烤时，叶片变黄较慢，应适当延长 36～38℃的变黄时间，干筋期最高温度应控制在 68℃以下。

第八节 烤烟的质量特点及用途

在 20 世纪 50 年代，我国烤烟质量尚好，一般说来，色、香、味等方面都能满足当时卷烟工业的要求。山东的“青州烟”，河南的“许昌烟”，都曾在国际市场上占有一定的地位。50 年代末期以来，烤烟质量逐步下降，特别是 70 年代下降更为严重。造成烟叶质量下降的原因包括经济政策、生产条件和农业技术等多方面。由于长期以来受“重产轻质”思想的影响，种植面积盲目扩大，片面追求单产，采用多叶型品种，高密度种植，施肥不合理，多留叶或不打顶，成熟不够，调制方法不当，虽然产量较高，但是质量严重下降，偏离了优质适产的轨道。生产出的烟叶叶片小，身份薄，颜色淡。糖含量高，烟碱含量低，香气少，劲头小，烟味平淡。醇化潜力差。燃烧性不良，熄火烟时有产生，“光滑烟”和“退色烟”不断出现。具有地方特色的名烤烟如“云南烟”、“永定烟”的清香，“许昌烟”的浓香，“青州烟”的中间香，都大大减少，有的甚至原来香型完全消失或走形。不但在国际市场上没有竞争力，而且在国内也不能适应卷烟工业的需要。

20 世纪 80 年代中期以来，在中国烟草总公司坚持“计划种植，主攻质量，优质适产，坚持改革，提高效益”发展烟草生产方针指导下，采取“区域化，良种化，规范化”的措施，使我国烤烟生产加强了计划指导，在保证质量的前提下，求得产量的稳定增加，走上了健康发展的道路。特别是 1986～1988 年“中美合作改进中国烟叶质量试验研究”的开展，组织中美知名烟草专家进行协作攻关，先后考察了云贵和黄淮等烟区，把我国烟叶生产中存在的问题概括为“营养不良，发育不全，成熟不够，烘烤不当”。并进行了品种比较、氮肥用量、磷肥用量、有机（饼肥）无机肥料配合使用、移栽期、不同采收成熟度和烘烤方法、优质烟生产示范 7 项试验研究，各项试验研究都取得了显著效果，并及时应用到大田生产中去。转变了认识，更新了观念，提出了提高我国烟叶质量的栽培技术和生产优质烟的基本途径。“三化”措施进一步落实。在规范化种植上坚持培育壮苗，起垄移栽，降低密度，科学施肥，适当留叶，成熟采收，低温烘烤。烟叶质量明显提高，烟叶颜色多呈金黄或橘黄，叶片较大，组织较疏松，单叶重达6～8g，还原糖降低到16%～20%，烟碱含量达到1.5%～2.5%，内在化学成分比较协调，接近美国烤烟的化学成分指标。为卷烟工业开发高香味、高浓度、低焦油卷烟产品提供了优质烤烟原料。

研究烤烟的质量，具体来讲应该是烟叶所必须具备的性状之间的平衡。它包括四个方面，即外观质量和内在质量，所谓外观质量就是一般分级所用的概念；而内在质量就是相应的评吸结果。第三是物理性状，第四是化学成分。烟叶质量是一个相对的术语，它随着时间、地点和人们消费需求的不同而有一定的变化。随着吸烟与健康问题越来越受到重视，卷烟要提高安全性才能为消费者所接受，相应地烟叶也要提高安全性，于是就出现了烟叶可用性的概念，即可用性等于烟叶质量加上安全性。

一、烤烟的质量特点

（一）外观质量

影响烟叶外观质量的因素主要有部位、颜色、成熟度、身份、油分、叶片结构、色度、叶片长度，在这些因素中，关键的因素是成熟度。成熟度概念的改变，其他外观因素也发生相应的变化。

工艺成熟的烟叶烘烤后具备黄色烟叶的基本色，多呈金黄或橘黄，叶片正反两面色泽相似，背面看支脉明显。叶片细胞已达疏开状，细胞孔度大，叶面皱缩，组织疏松，即呈所谓的颗粒状。叶片柔软具有弹性，加压不易黏结，无虚飘感。色度饱和，光泽强。完熟烟叶烘烤后叶面皱折易破碎，颗粒多，油分较少，叶质有干燥感，叶色深，有斑点。这种烟叶闻起来有明显的醇化过的香味。生理成熟或达不到生理成熟就采收的烟叶，烤后青黄烟多，黄片青筋多，色泽淡，叶片结构紧密，光滑，质量差。

其他外观如身份、油分、色度、叶片结构、叶片长度等因素，都随着成熟度这个中心因素而发生相应的变化。成熟的烟叶身份厚薄适中或稍厚，色度饱满光泽强，油分有而不裕，富有弹性，叶片结构疏松，孔度大，叶片长度在田间最大可达70cm，宽度达25～30cm，烘烤后长度也可达50cm左右。

（二）内在质量

烟草的内在质量是指烟叶或烟丝经燃烧后所产生的烟气质量，即感官质量，主要有香气、吃味、刺激性、生理强度等。烟草类型不同，其内在质量不同。烟草类型又是由品种、自然条件、栽培方法和调制技术等多种因素形成的。烤烟适宜于温暖湿润、雨量充沛、光照充足的气候条件，及中等质地和中等肥力的土壤条件。栽培方法介于晒晾烟和香料烟之间，如施肥量中等，种植密度中等，留叶数适中，冬春季育苗移栽，夏季成熟采收等。烤烟的调制是置于烤房中，人工加热，控制温湿度，使烟叶变黄干燥。所有这些条件都决定了烤烟的质量特点不同于其他类型烟草。特别是烤烟的调制时间短，仅5～7天，避免了黄色素类物质的过度分解和多酚类物质的过度氧化，烤后烟叶多呈柠檬黄色和橘黄色。在烤制时淀粉大量分解为水溶性糖，没再进一步氧化而保留在叶片中，使叶片具有充足的自然油分，叶片柔软，富有弹性。在化学成分上，烤烟含糖量高，总氮和蛋白质含量低，烟碱含量适中，这些特点决定了烤烟具有柔和优美的内在质量。其香气优雅飘逸，为广大消费者所喜爱。形成烤烟的香气是各种化学成分综合平衡的结果，其中与芳香油、树脂、酚类及类胡萝卜素的降解产物关系密切。

我国烤烟以前分为清香型、浓香型和中间型 3 个类型，分别以云南昆明、河南许昌和山东青州为代表，现在由于栽培调制技术的发展和质量概念的转变，烤烟香气类型的差别已不明显。烤烟吃味醇和舒适，余味干净。由于烤烟水溶性糖含量高，燃吸时产生酸性反应，其味觉感受为微酸甜，消费者乐于接受。烤烟的总挥发酸含量高，总挥发性碱含量低，因而香味浓，刺激性小。烟碱含量中等，且与水溶性糖的比例协调，因而烟气柔和，并有一定的生理强度，使吸烟者能得到美的享受和生理上的满足（表 9-27）。正是由于烤烟具有上述的内在质量，所以拥有大量的消费者，在各类型烟草中占有主导地位，特别在我国更是如此。烤烟本身具备了基本协调的特性，所以在卷烟加工中不需要特殊处理，经过自然陈化即可投入使用。在加香加料上也比较轻，只是起修饰衬托作用，使烤烟本身的质量特点得到充分发挥。唯上部烟叶或颜色过深的烟叶含糖量偏低，氮化物含量稍高，化学成分不够协调，产生的烟气较浓，不能达到适度的酸碱平衡，刺激性和杂气较重，需要在配方结构中合理配比。然而这种烟叶的使用有利于增大香气量，增加吃味浓度，使烟气丰满浓厚，也有利于现代技术如膨胀、薄片、滤嘴、稀释等的应用，既降低焦油提高安全性，又不至于减少香气、浓度和生理强度。

表 9-27　我国主要烤烟的烟质特点

产地	香气类型	吃味	烟味浓度	地方性杂气	刺激性	劲头	燃烧性	灰色
云南	清香型	干净，甜味	较淡	微有	较大	适中至稍大	强	白
福建	清香型	干净，甜味	较淡	微有	较轻	较小	中等	灰白
河南	浓香型	干净	较浓	微有	有	中等	强	灰白
安徽	浓香型	尚干净	较浓	较重	较大	中等	强	灰白
广西	浓香型	尚干净	较浓	较重	有	中等	强	灰白
湖南	浓香型	干净	较浓	微有	轻	中等	强	白
湖北	浓香型	尚干净	较浓	微有	有	中等	强	灰白
四川	中间香型	尚干净	较浓	略重	有	中等	强	白
山东	中间香型	尚干净	浓	略重	较大	中等	中等	灰白
贵州	中间香型	干净	较浓	较重	有	中等	强	白
东北	中间香型	干净	淡	较重	轻	小	强	白

（三）物理特性

烤烟的物理特性不但与外观质量和内在质量有关，而且与工业加工性能的关系更为密切。主要有燃烧性、吸湿性、填充性和含梗率等。

烟叶燃烧性的好坏是烟叶质量的重要指标之一，烟叶的燃烧性可以从阴燃持火力、燃烧速度、完全性、均匀性、灰色等几个方面来衡量。燃烧性好的烟叶阴燃持火力强，燃烧速度适中，完全性、均匀性好，灰色白且烟灰凝聚。与其他类型烟草相比，烤烟的阴燃持火力和燃烧速度均属中等，燃烧比较完全、均匀，灰色白或灰白。现在我国大部产地的烤烟燃烧性强，少数为中等；燃烧后的灰色约一半产地的为白色，一半为灰白，个别产地的灰色较黑。

影响烤烟燃烧性的因素是多方面的，其中土壤和肥料最为重要。我国烤烟曾一度出现熄火现象，就是因为土壤肥力过高，养分供应失调，氮素过量而磷钾不足，有些甚至大量施用含氯化肥所造成的。现在烤烟施肥普遍受到重视，采取控制氮肥，增施磷钾肥，忌施人粪尿和含氯化肥的措施，烟叶很少出现熄火现象。另外，黑暴烟，成熟不够烘烤不当的烟，粗筋暴叶，叶片较厚，结构紧密，往往燃烧性差，反之，叶片结构越疏松燃烧性越好。从化学成分上看，钾对烟叶燃烧性起好作用，氯起坏作用，钾和氯的比值可以用来判断烟叶燃烧性。钙和磷对于烟叶燃烧性似乎是中性的，氯、硫、镁和总氮依递降次序影响阴燃时间。对于卷烟来说，除烟叶的理化特性外，烟支的水分、松紧、压降、卷纸的透气度和燃烧力，以及添加剂等，都会直接影响卷烟的燃烧性。

烟叶吸湿性是指烟叶受空气温度和相对湿度的影响而改变含水量的性能。烟叶属于毛细管多孔体的胶质物质，其组织很像一种胶质海绵体，这种组织状态使烟叶具有从大气中吸收水分和向大气中散发水分的特性。烟叶的化学成分也是具有吸湿性的原因，烟叶的胶体物质如胶质、纤维素、蛋白质等具有渗透作用，晶体物质如水溶性糖、有机酸、无机盐等具有潮解作用。

由于烟叶的组织结构和化学成分不同，直接影响烟叶的吸湿性。不同地区的烤烟吸湿性不同，如在相同温湿度条件下，昆明、青州的烤烟吸湿性较强，许昌、东北的烤烟吸湿性稍弱。

填充性是指单位重量的烟丝在标准压力下经过一定时间所占有的体积，通常用 cm^3/g 表示。每一种烟叶都有它固有的填充性，而决定其填充性的因素究竟是什么还是一个尚待研究的问题。就现有的资料看，烟叶的类型、部位和等级的不同，其填充性有着很大的差异，烟叶化学成分也是不可忽视的因素。

一般说来，烤烟的填充力比白肋烟、马里兰烟小，比香料烟大。下部烟叶比中部烟叶填充力大，中部烟叶又比上部烟叶大。就烟叶等级而言，似乎是质量好的烟叶填充力较小，质量差的烟叶则较大。影响烟叶填充力的化学成分主要有纤维素、水溶性糖以及矿物质元素钙和氯。试验证明，烟叶的纤维素含量愈高，填充力愈大；水溶性糖含量愈低，填充力愈大；钙含量愈高，填充力愈大。

含梗率是指烟叶中烟梗所占有的重量比例，以百分数表示。因为烟梗的使用价值比叶片低，所以烟叶含梗率较小为好。含梗率与烟梗粗细和叶片厚薄有关，烟梗粗的比细的含梗率高，薄叶比厚叶含梗率高，栽培措施也起一定作用。不同部位烟叶含梗率差异很大，烤烟上部叶约20%左右，中部叶约28%左右，下部叶可高达30%以上。

（四）化学成分

烟草化学成分是决定烟草品质的内在因素。在很大程度上决定了烟叶的使用价值和经济价值。因此，对烟草化学成分的研究，在烟草栽培和卷烟工业生产上都具有重要的意义。烟草的化学成分与烟草的类型、品种、栽培方法和调制技术有着密切的关系。

与其他类型烟草相比，烤烟所含化学成分的突出特点是：水溶性总糖含量最高，总氮含量最低，烟碱含量适中。烟叶总糖含量和总氮含量有一定的规律性，即总糖含量高的烟叶，总氮含量总是低；反之，总糖含量低的烟叶，总氮含量总是高。这种规律性的形成，固然与品种和栽培措施有关，但主要是调制方法不同所造成的。调制时间越长，碳水化合物因叶片的呼吸作用而消耗越多；反之，调制时间越短，碳水化合物只为短暂的呼吸作用所消耗，而大部分得以保存下来。烤烟和白肋烟分别代表了这两个极端。烤烟调制时间只有5～7天，碳水化合物消耗得少，所以总糖含量高，为16%～20%；白肋烟晾制时间长达45～55天，碳水化合物几乎为烟叶呼吸作用而消耗殆尽，所以调制后总糖含量极低，只有1%左右。至于总氮含量的高低，主要是由于遗传和栽培措施决定的，相对地与总糖含量是互为消长的。

烤烟的烟碱含量适中，这也是由于遗传性决定的。品种间固有的烟碱含量存在着差异，尽管栽培措施和自然条件都产生影响，但仍保持着品种间的相对序列。另外，提高施氮肥水平，早打顶并及时抹杈，控制土壤水分等措施能增加烟碱的含量。反之，大量的线虫及其他病害侵染损害了根系生长，土壤水分高导致生长速度快，有效氮素水平低等能减少烟碱含量。

与其他类型烟草相比，烤烟化学成分的特点还表现在：总挥发碱远低于白肋烟和马里兰烟，而与香料烟基本相同。总挥发酸低于香料烟而高于白肋烟，含量较多的是甲酸和乙酸。非挥发酸低于白肋烟、马里兰烟和香料烟，苹果酸含量相对较高，柠檬酸和草酸较低。游离氨基酸含量仅为白肋烟的三分之一，含量相对较高的为脯氨酸、天冬酰胺和谷氨酰胺。烤烟的果胶质含量和纤维素含量低于白肋烟和马里兰烟，而与香料烟基本相同。烤烟的灰分含量不足白肋烟和马里兰烟的一半，有的低于香料烟。灰分中主要成分为钾和钙，灰分的碱性是所有类型烟草中最低的。

据有关资料介绍，优质烤烟应具备香味浓，刺激性小，总糖和总氮应有一定的均衡比例，也就是强调糖氮比。水溶性糖和烟碱的比例与烟气的强度、柔和性有很大关系。糖与烟碱的比值在10左右比较好，超过15，烟气虽然柔和，但香气不足；低于6，香气和劲头都很足，但香气会显得很粗糙，刺激性大。总氮和烟碱的比值应在0.8～1.1之间，水溶性氮与总氮的比值要大于0.65。如果α-氨基氮含量高，则表明成熟度不够，质量不好。如果挥发性碱较高，则吃味比较粗糙。不溶性灰分高时，则燃烧性较差。钾的含量高时，一般物理性状都比较好。以前我国烤烟质量较差，表现在化学成分上是含糖量太高，达30%左右，烟碱含量太低，仅1%上下，各种化学成分之间比例严重失调。现在由于落实了“三化”措施，强调烟叶成熟度和低温变黄烘烤工艺，烟叶质量大幅度提高，含糖量降至16%～20%，烟碱含量达1.5%～2.5%，各种化学成分比例均衡协调，基本达到了国际上优质烤烟的质量水平。

郑州轻工业学院于1991年对河南省烤烟40级标准各等级烟叶的主要化学成分进行了分析研究。从化学成分方面说明了我国烤烟目前的质量状况，也阐明了烟叶化学成分与外观质量的关系。从表9-28中可以看出，随着烟叶等级的提高，表现在化学成分上是糖含量降低，烟碱含量提高，各种化学成分均衡协调。具有代表性的各主组等级烟叶的总糖含量大部分在16%～20%，最高不超过20%，最低为10%；总氮含量在1.5%～1.8%，最高不超过2.0%，最低不低于1.4%；烟碱含量在1.5%～2.5%，上部橘黄和红棕烟超过3%，中下部柠檬黄烟不低于1.4%；蛋白质含量比较集中在7%～9%。糖氮比在6～10；糖碱比在10左右，最高不超过15，最低不低于6；施木克值在1.2～2，个别等级超过2。以上化学指标充分说明我国烤烟已经达到或接近世界上优质烤烟的质量水平。

表9-28　烤烟40级烟叶化学成分分析表

烟叶等级	总糖/%	总氮/%	烟碱/%	蛋白质/%	总糖/总氮	总糖/烟碱	施木克值
X_1L	14.31	1.13	1.50	5.44	12.66	9.51	2.63
X_2L	12.55	1.34	1.48	6.75	9.37	8.51	1.86
X_3L	11.42	1.48	1.40	7.75	7.71	8.14	1.47
X_4L	11.07	1.55	1.61	7.94	7.14	6.86	1.39
X_1F	10.68	1.69	1.87	8.56	6.32	5.70	1.24
X_2F	11.87	1.76	1.76	9.13	6.74	6.75	1.30
X_3F	13.36	1.75	1.43	9.36	7.63	9.33	1.42
X_4F	12.41	1.88	1.53	10.13	6.60	8.13	1.22
C_1L	23.80	1.48	1.66	7.50	11.08	14.77	3.17
C_2L	19.05	1.55	1.39	8.19	12.29	13.71	2.33
C_3L	16.46	1.80	1.45	9.69	9.14	11.32	1.70
C_1F	23.29	2.14	3.14	10.00	10.88	7.42	2.33
C_2F	19.56	2.07	2.96	9.75	9.45	6.66	2.01
C_3F	15.59	1.96	2.60	9.44	7.95	7.79	1.65
B_1L	20.20	1.75	2.79	7.94	11.54	7.23	2.54
B_2L	18.20	1.83	2.30	8.94	9.95	7.91	2.04
B_3L	13.14	1.94	1.24	10.75	6.77	10.56	1.22
B_4L	11.82	2.05	2.43	10.19	5.77	4.86	1.16
B_1F	19.88	2.28	3.56	10.38	8.72	7.76	1.92
B_2F	17.94	2.26	4.19	9.56	7.94	4.28	1.88
B_3F	14.93	2.48	3.26	12.00	6.02	4.58	1.24
B_4F	12.65	2.85	4.39	13.06	4.44	2.88	0.97
B_1R	17.81	3.19	5.23	14.38	5.58	3.40	1.24
B_2R	10.41	2.97	4.69	13.50	3.51	2.22	0.77
B_3R	9.25	2.81	4.86	12.31	3.29	1.90	0.75
H_1F	7.93	3.18	4.69	14.81	2.49	1.69	0.54
H_2F	7.68	4.02	4.62	20.75	1.91	1.92	0.37
CX_1K	16.49	1.98	2.68	9.50	8.33	6.90	1.74
CX_2K	15.99	1.49	1.89	7.75	10.73	8.45	2.21
B_1K	9.71	2.41	4.18	10.56	4.03	2.32	0.92
B_2K	8.76	2.73	4.11	12.63	3.21	2.13	0.69
B_3K	7.16	2.95	2.25	16.00	2.43	2.09	0.45
S_1	17.00	1.21	1.09	6.38	14.05	15.49	2.66
S_2	15.09	1.39	0.67	7.94	10.06	22.49	1.90
X_2V	9.41	1.56	2.02	7.56	5.07	4.66	1.24
C_3V	13.40	1.86	2.73	8.69	7.20	4.90	1.54
B_2V	11.25	2.18	2.52	9.81	5.16	3.19	1.15
B_3V	10.21	2.07	4.66	7.88	4.88	2.16	1.30
GY_1	16.57	1.59	2.70	7.00	11.68	6.15	0.97
GY_2	9.49	1.29	2.95	4.88	7.36	3.22	1.49

资料来源：郑州轻工业学院，1991

二、烤烟的用途

烤烟是卷烟工业的主要原料，可用来制造烤烟型卷烟和混合型卷烟，上部颜色较深的烤烟也可用来制造斗烟。

自烟草被人们发现并成为一种消费品以来，便与人们结下了不解之缘，并由此发展成为各种类型烟草和各式各样的烟制品。烤烟是后来居上成为卷烟的主要原料。卷烟类型首先由香料型开始，再发展到烤烟型，进而又兴起了混合型。这是由于生产发展和消费需求的结果，商品本是为满足消费者需求而生产的，同时又需要不断地创新去引导消费，使消费者能更好地享受卷烟所带来的快乐和满足，以扩大其需要，才能发展生产。

烤烟型卷烟，其配方特点是全部或接近全部使用烤烟，品质特点是颜色较淡，烤烟香气突出，香气优雅飘逸，吃味醇和，劲头适中。如此内在质量使烤烟型卷烟自问世以来拥有大量的消费者。在混合型卷烟未占优势以前，烤烟型卷烟曾畅销世界市场，特别是在我国数十年来都是以生产和消费烤烟型卷烟为主，消费口味和卷烟质量要求都以烤烟型为依据。

混合型卷烟是用烤烟、白肋烟、香料烟和其他晒晾烟混合配制而成，具有各类烟叶混合谐调的香气，香气浓郁丰满，吃味醇厚，劲头较大。由于混合型卷烟具有优良的品质特点，发展相当迅速，其产量逐渐增加，而其他类型卷烟则相对减少。加之混合型卷烟具有制造经济和吸食安全的优点，生产和消费越来越多，已经成为卷烟发展的必然趋势。

由于长期受英式烤烟型卷烟的影响，我国消费者的习惯和口味转变较慢，一直是单一的烤烟型，直到20世纪70年代混合型卷烟才有所发展，但是发展速度缓慢，到80年代末和90年代初，我国混合型卷烟年产量仅为200万箱，占全国卷烟总产量的7%左右。然而，随着我国进一步改革开放和对吸烟与健康的要求，消费者对卷烟质量和安全的要求也将越来越高。国际流行混合型，国内流行烤烟型的格局必将被打破，混合型低焦油安全烟的需求量将逐年增加。为了适应卷烟的发展趋势，引导消费者吸食习惯和口味的改变，中国烟草总公司提出了“发展混合型，改造烤烟型，稳定雪茄型，开发疗效型”的卷烟发展方针。

无论是发展混合型，还是改造烤烟型，烤烟仍然是卷烟工业的主要原料。与其他类型烟草相比，烤烟的明显缺点是焦油生成量较高，安全性较低。这就需要在烤烟生产中进一步落实“三化”措施，提高烟叶成熟度，优化调制技术，平衡协调烟叶化学成分，从而多生产出符合卷烟工业需求的高香味优质烟叶。

思考题

1. 简述烟田整地的作用和要求。
2. 为什么要起垄栽烟？起垄形式有哪些？
3. 确定烟草移栽期的依据有哪些？着重简述气温的作用。
4. 如何确定适宜的烟草栽植密度？
5. 简述烟苗移栽的方法和要求。

6. 烟草中耕和培土各有什么作用？怎样进行中耕和培土？
7. 烤烟大田的需水规律是什么？一般有几次关键灌水？
8. 烤烟打顶的作用是什么？如何进行打顶？
9. 烤烟抹杈的作用是什么？如何进行抹杈？
10. 简述烤烟地膜覆盖栽培适用的范围和作用。
11. 什么叫烟叶的成熟度？强调烟叶成熟度的意义是什么？
12. 判断烟叶成熟度的外观特征主要有哪些方面？
13. 目前烤烟调制使用的烤房主要有哪些类型？
14. 普通烤房的火炉有哪些类型？
15. 普通烤房的火管布局有哪些形式？火管材料有哪些？
16. 简述烟叶烘烤原理。
17. 简述三段式烘烤工艺各阶段干球温度、升温速度、稳温范围、湿球温度控制范围、烟叶变化目标要求。
18. 下、中、上部位烟叶的烘烤特性有哪些不同？三段式烘烤工艺如何灵活应用？
19. 正常、干旱、多雨天气采收的烟叶其烘烤特性有什么不同？三段式烘烤工艺如何灵活应用？
20. 烤后烟叶如何回潮和堆放？

第十章　白肋烟栽培与调制

第一节　概　　述

一、世界白肋烟生产概况

白肋烟是淡色晾烟的一大类型，世界上白肋烟生产占淡色晾烟的50%以上，比其他淡色晾烟的总量还要多。世界白肋烟年产量约为80万吨左右，占烟草总产量的10%。美国是世界白肋烟最大的生产国，20世纪50年代其生产量曾占世界白肋烟总产量的80%以上，70年代为50%左右，随着世界各国生产量的增大，其相对比例减小。美国白肋烟主要产区有；肯塔基、田纳西、俄亥俄、印第安纳、西弗吉尼亚、弗吉尼亚、北卡罗来纳和密苏里。其他生产白肋烟的国家有：墨西哥、巴西、意大利、希腊、马拉维、韩国、阿根廷等。

二、我国白肋烟生产概况

我国白肋烟是1956年开始引种试种，到20世纪70年代初才逐渐发展起来，并形成初具规模的生产。产区主要集中在鄂西和川东一带，此外，湖南桑植、河北赤诚、山东诸城、河南西峡、浙江兰溪、安徽东至和宣城及山西、辽宁、黑龙江、广东、广西等地有少量生产。目前主要在湖北、四川、重庆、云南等地种植（表10-1）。

表10-1　2003年全国白肋烟生产情况

省（自治区）	种烟面积/hm^2	总产/t	主要种植地区	种烟县数量
四川	1 591	4 195	达州、巴中	5
湖北	10 060	22 585	恩施、宜昌	6
湖南	186	279	张家界	1
云南	800	1 750	大理	1
重庆	2 049	4 190	重庆市	6
合计	14 686	32 999		19

我国白肋烟生产由于起步较晚，生产技术条件落后，品种单一混杂，有的为多叶型劣质品种，自然留叶，或打顶不抹杈，施肥不合理，不成熟采收，晾制方法不当，又没有适当的晾制设备。受“重产轻质”思想的影响，长期以来对白肋烟的科研、生产重视程度远远不及烤烟，致使我国白肋烟生产发展缓慢，生产出的烟叶香气少，杂气重，烟碱含量低，叶片小，颜色淡，质量差，同世界水平相比，差距甚远。

1986年在“计划种植，主攻质量，优质适产，坚持改革，提高效益”发展烟叶生产方针的指导下，开始了中美合作优质白肋烟生产技术研究，经过4年的努力，于

1989 年完成研究任务。进行了品种、肥料、打顶、成熟度、收获方式和调制等试验，取得了显著的成效，特别在收获方式和调制设备等方面取得了突破性进展，烟叶外观质量已达国际先进水平，仅在香味方面还赶不上美国高质量的白肋烟；在认识上更新了白肋烟质量概念，已摸索出我国优质白肋烟生产的栽培技术、晾制设备及晾制技术，为我国白肋烟质量的提高开拓了新的前景。

第二节　白肋烟栽培技术

一、整地施肥

（一）整地

为了防止病害发生，白肋烟应实行轮作制度。美国白肋烟区，烟草是隔年种植，用牧草和三叶草，也可用小麦、大麦、燕麦等禾谷类作物与烟草轮作。我国可以在土地冬闲期间种植苜蓿，栽培前一个月将苜蓿翻耕于土中。

美国白肋烟产地在冬天或早春耕地，并在移栽前 6 周用圆盘耙耙磨已耕过的土地，进行保墒，用化学药剂除草和除去作物残茬。在加拿大一般是秋耕。中非洲在2～3月份耕地，这时土壤湿润，整地容易。我国是在安排好前茬作物的基础上，选留好的烟田冬耕。冬耕 40cm 深，能起到消融冻土，减少病虫害，提高土壤肥力、增强土壤通透性等作用。移栽前将地耙平，把准备栽烟的行间深翻 30～35cm，并清除杂草和前茬。

若实行平栽，则不需起垄；若实行垄栽，则还要结合整地进行起垄。美国、加拿大和日本的白肋烟栽培方式为平栽。中部非洲白肋烟采取垄栽，据这些国家研究，采用不同的栽培方式，白肋烟的产量、质量无显著差别。我国白肋烟区一般都采取等行距平栽，然后高培土成垄。

（二）施肥

大田期白肋烟吸收养分的总量随着基因型、栽培措施和环境因素的不同，变化幅度很大。据中国农业科学院烟草研究所研究，每生产 100kg 白肋烟干烟吸收氮 3.40kg、磷 0.72kg、钾 5.44kg、钙 6.45kg 和镁 0.16kg。据国外研究，每公顷生产 2700kg 烟叶和 2491kg 烟秸时，吸收的氮、磷、钾、钙、镁和锰分别为 184kg/hm^2、10kg/hm^2、163kg/hm^2、141kg/hm^2、20kg/hm^2 和 0.34kg/hm^2。折合每 100kg 干烟叶吸收氮 6.81kg、磷 0.37kg、钾 6.04kg、钙 5.22kg、镁 0.74kg 和锰 0.0126kg。由此可知，白肋烟吸收氮较多，磷较少，钾、钙比例较大。白肋烟是烟草中需肥量较大的类型。

1. 施肥量

白肋烟的施肥量应根据土壤养分状况和烟株的需肥量，补充所需要的养分，提高烟叶的品质。目前，国外生产香味型和填充型白肋烟推荐的氮、磷、钾施用量见表 10-2。表中低肥力土壤是指土质不良或第一年种烟。排水较好的土壤，pH 为 6.0～6.5 时，大部分氮源都可使用。当 pH 低于 6.0 时使用不产生酸的氮源，可减少锰的毒害。

表 10-2　不同类型白肋烟氮、磷、钾施用量（kg/亩）

土壤肥力	氮		磷		钾	
	香味型	填充型	香味型	填充型	香味型	填充型
极高	—	—	不施	不施	不施	不施
高	11.22	7.48	3.74～7.48	3.74～7.48	7.48～14.96	7.48～14.96
中	11.22～14.96	7.48～9.38	7.48～11.22	7.48～11.22	14.96～18.70	14.96～18.70
低	14.96～18.70	9.38～11.22	11.22～14.96	11.22～14.96	18.70～22.44	18.70～22.44

郑州烟草研究院、湖北省烟草公司、四川省烟草公司在鄂西、川东白肋烟产区试验结果表明，施纯氮 12.5kg/亩，烟叶生长发育良好，晾制后的烟叶外观质量好，均价、上等烟比例最高，感官评吸认为施纯氮 12.5kg/亩的烟叶香型风味显著，香气多，吃味好，杂气和刺激性较轻。

磷、钾肥试验结果表明，未施磷肥的处理植株瘦小，叶片短窄，叶色浓绿，成熟不正常，叶面发生褐色斑点，表明有缺磷症状；而施磷 12.5kg/亩以上的烟叶生长发育良好，无缺磷症状；施钾 12.5kg/亩的烟株表现出有一定程度的缺钾症状。施钾 25kg/亩以上的烟株无缺钾症状，生长发育良好。但以施磷、钾各 25kg/亩（即 N∶P∶K＝1∶2∶2）的烟叶的产量、产值、均价和上等烟比例为最高，外观质量和内在质量也最好。

在施纯氮 12.5kg/亩，氮、磷、钾比例为 1∶1∶2（含饼肥成分）的基础上，配施饼肥对烟叶产量影响不大，但能改善烟叶质量，增加植株的抗旱能力，起到稳产保产作用。凡施饼肥的烟叶外观质量明显好于不施饼肥的，以施饼肥 25～37.5kg/亩的烟叶产量和上等烟比例最高，颜色、叶片结构最好。感官评吸认为凡施饼肥的烟叶香型风格显著，香气足，吃味较醇和。

2. 施肥时期

白肋烟大田期整个生长季节，根、茎、叶的干物质积累变化趋势为：烟株移栽时，生长率很低。移栽后的前 30 天，烟株恢复生长，30 天后生长速度加快，几乎呈直线上升，移栽后 30～70 天干物质积累达最大量。直到打顶时，生长受到抑制，缓慢下降一段时间后又有所上升。茎的干物质积累不受打顶的影响。

白肋烟根、茎、叶的氮素积累变化趋势为：移栽后的前 30 天氮素积累少，移栽后的 30～70 天氮素积累达到最大量，打顶后有所降低，不打顶比打顶积累量稍大。烟株中氮的百分含量变化规律是：移栽后 30～70 天大幅度降低，茎由 3.76％降到 2.43％。叶中氮的百分含量降低较少，由 5.4％降到 4.7％。打顶后，根、茎、叶中氮的百分含量基本稳定。

根据白肋烟干物质和氮素积累分析可知，其最大积累量在移栽后的 30～70 天之间，因此，施肥应以基肥为主，追肥为辅，追肥要在移栽后 30 天内施完，因为肥料还有一个溶解、扩散、吸收、交换的过程。

国外对白肋烟施肥是大部分的氮、磷、钾肥在移栽前的 2 周到 4 周随整地施入，而追肥则在移栽后的25天内分1次或2次施完。若施肥量的全部或大部分在移栽后50天内施完，产量就会下降。我国湖北建始县移栽前施全部肥量的50%，其余的一半作为追肥，移栽后25天左右一次性施入。

3. 施肥方法

施肥方法有穴施、条施和撒施等。国外一般采用条施，通常生产达到最高产量时，条施较撒施省肥，条施只用三分之一到三分之二撒施肥料的量。我国湖北白肋烟区在肥料施用上多以普钙、圈肥、火土、饼肥为主进行土壤营养补充。一般中等肥力土壤施用圈肥2000～2500kg/亩，火土1500～2000kg/亩，普钙15kg/亩，菜籽饼50kg/亩，复合肥15～25kg/亩。除火土外，将其他肥料堆积发酵，使其充分混合腐熟。先将混合肥料穴施，然后放火土，淋稀粪，再以细土掩盖备栽。

二、移栽

我国白肋烟种植主要集中在湖北的恩施、宜昌，四川的巴中、达州，重庆的万州，云南的宾川等地，海拔都较高。经研究和生产实践证明，我国主要白肋烟产区应尽可能将白肋烟种植在海拔800～1200m的范围内，还应实行适当的轮作。因为合理的轮作制度可以充分利用有限的土地资源以及温、光、水、肥，调节土壤肥力和物理特性，减少病虫害，提高作物产量和质量。轮作要因地制宜，合理布局，适度集中。白肋烟的轮作原则和烤烟轮作原则基本相同。

（一）移栽期

移栽期决定着烟草生产过程所处的自然条件和社会条件，对烟叶产量有重大影响。任何作物的移栽期均以最充分地利用自然资源，扬长避短，保证单位面积最高效益，并持续增加为原则。影响移栽期的因素很多，其中主要是气候、种植制度、生产条件等。各产区应根据具体情况，通过试验，确定适宜的移栽期。

美国白肋烟生产基地肯塔基州推荐的移栽期是5月20日至6月15日，但是早栽可获得最佳品质。田纳西州移栽期稍早些，一般是5月10日到6月1日，加拿大白肋烟5月中旬移栽。欧洲和日本分别在4月和5月移栽。

我国鄂西、川东白肋烟区，依据当地的气候特点和栽培经验，认为以早栽品质好。应在2月下旬至3月上旬育苗，移栽期为4月下旬至5月上旬。7月下旬至9月上中旬进入调制期。

（二）栽植密度

白肋烟具有叶薄而轻，组织疏松而不粗糙，弹性强，填充力高，燃烧性和吸收性好，烟碱含量高等特征。若栽植过稀，叶大而厚，烟叶粗糙，吃味辛辣，产量低；过密，叶小而薄，劲头不足。具体栽植密度要依据品种、地力、栽培技术等因素而定。

世界上主要白肋烟生产国的栽植密度见表10-3。拉丁美洲生产填充型白肋烟密度为22 000～23 000株/hm^2，生产香味型白肋烟密度较低，为16 000～17 000株/hm^2。

表 10-3　国外白肋烟栽植密度

国　家	行距/cm	株距/cm	株/hm^2
美国	105	35～45	26 357～20 500
加拿大	100	40	24 200
津巴布韦	115	40～50	21 518～17 215
意大利	90	40	27 770
希腊	90	45	23 910

根据郑州烟草研究院和湖北省烟叶产销公司的研究（2001）及生产实践，我国白肋烟生产中较合适的种植密度为行距 120cm，株距 40～50cm，17 510 株/hm^2。

（三）移栽方法

湖北白肋烟区采用“窝心放土、带土带肥起苗移栽法”，移栽苗选择壮苗，不栽弱苗、病苗和断根苗。移栽时喷洒波尔多液（硫酸铜∶石灰∶水为 1∶1∶200）或代森锌（代森锌∶水为 1∶500～600）药液，用铁铲从苗床带土带肥铲起，不准拔苗。选择晴天栽烟，切忌雨天栽，以雨后天晴土壤疏松时移栽最好。移栽时，将窝内基肥均匀扒于四周，并现出窝底，然后填放细土于窝心，将烟苗垛放于细土上，保持其根群舒展，稍封土后浇粪水稳根，然后覆土，不压不挤，以所浇之水保证烟苗垛与大田土良好结合。

三、田间管理

（一）保证全苗

移栽后要经常检查，发现缺苗及时用预备苗补栽，并拔除病苗、弱苗，以达到苗全、苗齐、苗壮、生长一致。为促其快生根，早返活，用 1%的尿素溶液加少量蔗糖进行喷雾，效果明显。

（二）适当灌溉

烟田供水必须根据烟株不同生长时期和土壤墒情及气候等因素来供应适量的水分。依其需水规律，应做到前期小水勤灌，满足早期需要，后期不干不浇，以利于有机物质的积累和烟叶适时成熟，从而促进烟叶品质的提高。

旺长期土壤水分在最大持水量的 60%以下就应灌溉补水，从植株生长情况看，如中午叶片呈现轻度凋萎，傍晚时又恢复正常，说明植株为暂时生理缺水，而并非土壤缺水；若凋萎严重，傍晚不能恢复，则表明土壤水分已不能满足烟株正常生长需要，必须进行灌溉。

美国肯塔基州一般灌水 1～4 次，最后一次约在打顶期。当灌水后湿土为 50cm 深，田间持水量达 60%时可获得高产和增加收益。拉丁美洲生产填充型烟叶，则充分灌水，而生产香味型烟叶，则控制灌水。因此，灌水应结合天气、土壤、烟株的生长情况综合考虑。

（三）中耕培土与追肥

湖北白肋烟区中耕、培土与追肥结合进行，一般“三耕三追”。移栽后 7 天追粪水

1500kg/亩，浅中耕 1 次，15 天后追稍浓一点的粪水 1500kg/亩，结合第二次中耕进行。此次中耕追肥后，烟株已进入团棵期，并将迅速形成旺长趋势，虽然基肥已逐渐发挥肥效，但为满足烟株对肥料的最大要求，此时可追速效氮肥。这次追肥是产量和质量形成的关键。氮肥的施用量要以土壤肥力而定。最后一次追肥结合第三次中耕进行，同时摘去脚叶 2～3 片，以每行为垄起沟培土。沟深 13.2～16.5cm，培土呈弓背型，以利于田间操作和田间排水。烟株进入成熟期，应适量补充磷、钾肥。一般喷雾浓度为 0.3%的磷酸二氢钾溶液，以叶面显现水珠为度。

（四）打顶抹杈

打顶是为了抑制生殖生长，改变烟株养分分配状况，从而对烟叶的产量和质量发生深刻作用。打顶能促进根系的生长，增加中、上部烟叶的叶面积和下部叶的厚度，并使含水量和含糖量下降，总氮和总植物碱含量急剧上升。

1. 打顶时期

不同时期打顶对白肋烟的产量和质量有重要影响。适宜的打顶时期有利于烟叶的干物质积累，有利于形成较好的外观质量和内在质量。郑州烟草研究院的研究结果表明：随着打顶时期的推迟，烟叶烟碱含量呈下降趋势，氮碱比有升高趋势，推迟打顶时期对降低烟叶烟碱含量有一定的作用。评吸结果表明：在一定时期内，随着打顶时期的推迟，白肋烟风格程度增加，香气量增加，浓度变浓，总体质量提高。但随着打顶时期的推迟，产量、产值、均价和上中等烟比例均呈下降趋势。

郑州烟草研究院和中国白肋烟试验站对白肋烟大田生产中后期烟碱积累规律进行了研究。结果表明：烟株打顶时，烟叶烟碱含量较低，平均为 1.00%；打顶后，烟碱积累加快，含量迅速增高，打顶后 10 天增加到 2.75%，日平均增幅为 0.175%，第 20 天达到 4.38%，日增幅为 0.163%，第 30 天达到 5.71%，日增幅为 0.133%。研究结果还表明：打顶 30 天后烟碱积累速率显著降低，与第 20～30 天烟碱的积累速率相比，降幅达 40.6%，这种情况与打顶 30 天后烟株根系活力显著降低有关。

20 世纪 90 年代以来，我国白肋烟烟碱含量一直偏高，根据以上研究结果，应适当推迟打顶时期，打顶时期控制在初花期至盛花期较适宜。同一块烟田应尽可能进行一次性打顶，以便使植株生长整齐一致，后期成熟一致。

2. 留叶数

留叶数的多少对白肋烟产量、内在化学成分均有较大的影响。近年来的研究结果和实践表明，在正常生产水平下，我国白肋烟留叶数应控制在 22～24 片。在此范围内，烟株长势好者宜多，长势弱者宜少。

3. 抹杈

（1）人工抹杈　人工抹杈最好是在腋芽长至 3～5cm 时就抹去，至少每周 1 次。人工抹杈时应连同腋芽基部一同抹去，所抹下的烟杈应及时清理出烟田进行集中处理。如田间植株有感染花叶病等病害的，应先抹健株，后抹病株，以防人为传染病害。

（2）化学除芽　所有适合于烤烟的化学抑芽剂均适用于白肋烟（彩图 10-1）。

第三节　白肋烟调制设备

在国外，白肋烟的晾制设备有多种。美国是全为木板结构的KY式标准晾房，现在已采用加热设备。日本及其他国家采用的设备有室外框架、遮蔽式的晾棚、塑料棚干燥室、钢架塑料板干燥室和木制干燥室等，大都配有加热炉、散热装置和热风机等，以进行调制中的控制。

以前我国白肋烟晾制设备条件较差，主要是利用现有的民房、仓库等，就地取材，因陋就简，甚至在房檐下或树荫下进行晾制，实际上是半晒半晾，晒、晾不分，温湿度变化达不到工艺要求，严重地影响了我国白肋烟晾制质量的提高。白肋烟是晾烟，其调制必须在适用的晾房中，控制温湿度进行晾制，既然生产白肋烟就必须要有相应的晾房，应把建设晾房作为种植白肋烟的前提条件。

建造专用晾房应选在地势高，通风向阳，交通方便，排水良好的地方。晾房大小和间数要和种烟面积相适应，晾房面积是种烟面积的10%，晾房房顶和四周要能防雨、防风、防日光照射。晾房长边应面对调制期间季风的方向。挂烟架安放的方向与晾房的长边平行，挂烟的方向则与晾房长边的方向垂直，这样可使空气自由穿过烟叶或烟株，带走过量湿气的距离最短。一个值得注意的问题是晾房通风门窗要有适当的面积，应占整个边墙面积三分之一，并且能够灵活开关，以利通风排湿。如考虑到阴雨天气，需加热提高晾房内温度和降低相对湿度，则应在房内设置火管（彩图10-2）。

一、晾房

美国肯塔基州等地白肋烟晾制使用传统的标准KY式晾房。也有在传统标准晾房的基础上演变而成的简单晾房，如我国鄂西、川东、重庆及云南等地的白肋烟晾房。

（一）标准KY式晾房

标准KY式晾房是有通气孔的木制晾房，结构包括房顶、房身、通风窗、操作门、档梁5个部分。一般晾房宽12.2m，长18.3m，檐高6.1m，“人”字型屋顶，脊高9.1m，四周用木板或金属板加固。这种晾房可挂烟3～4层，最下层烟架距地面3m，层间1.5m。在侧墙上装有用铰链固定的垂直通风门（窗），通风门（窗）的面积为侧壁面积的1/3，每个通风门宽60cm。这种晾房主要是用木材或钢架建成，造价昂贵（图10-1）。

（二）简易晾房

美式晾房效果虽好，但造价高昂。我国鄂西、川东等白肋烟产区，在长期生产实践中依据美国KY式晾房建设原理，设计了一种适合我国烟区生产实际的简易晾房。这种晾房结构形式与民房相似，多采用木架结构，瓦顶或草顶，四周用砖、土坯、油毡或草帘围护。郑州烟草研究院等研究表明，简易晾房晾制的烟叶质量与美国KY式晾房晾制的效果接近，而造价却大幅度降低，是我国目前最经济、最有效的晾制设备，易于在白肋烟产区推广使用。

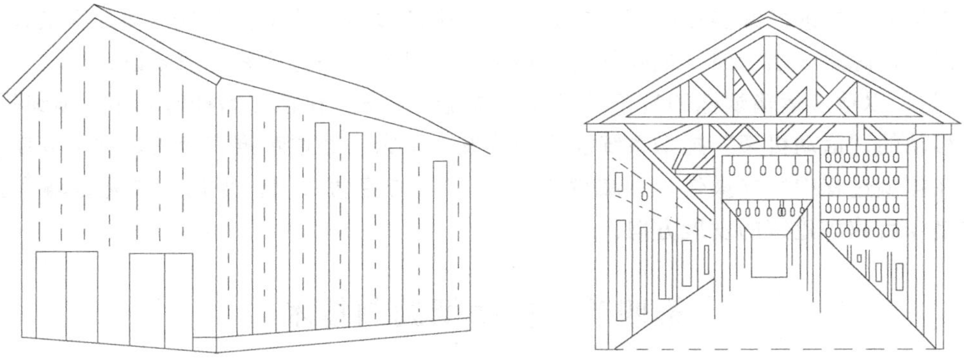

图 10-1　美国标准 KY 式晾房外形和内部结构示意图

（宫长荣等，2003）

晾房内的挂烟设备以前是挂铁丝，将烟株基部斜割一个口挂在铁丝上。因铁丝较软，挂上烟株后，不能保持一条水平直线，而产生一个弧形。现在是内设层栏，先用烟竿将烟株穿起来，再摆放在层栏上。使用穿竿方法有几个好处，一是如果烟株需要在田间进行凋萎，使用穿竿法会很方便。二是在晾房里，可按湿度的变化随时调整烟竿的密度。三是因铁丝的费用比木杆高，可以减少生产成本，并且省力省事。四是最重要的一点，这种方法改善了晾房里的环境条件，使晾房的烟株排列整齐，给通风造成有利的条件。原来用铁丝挂烟，中间下垂成弧形，不利于通风排湿，即使田间生长很整齐，在晾房里也不会整齐，晾制质量不均匀。

二、晾棚

晾棚的结构形式与简易晾房相似，一般为瓦顶或草顶，木架、砖柱或水泥柱支撑，四周为敞开式或用草帘、黑色塑料薄膜围护。这种晾制设施结构简单，造价较低，使用较广泛（图 10-2）。

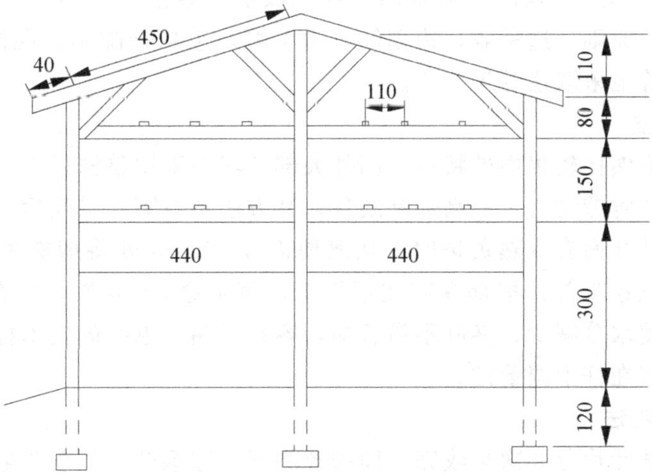

图 10-2　美国肯塔基州白肋烟晾棚（单位：cm）

（宫长荣等，2003）

烟株采收后的装卸操作一直是白肋烟整个生产过程中费工费时且劳动强度最大的环节。因此，晾房必须能便于烟叶的搬运和晾挂。目前，一些简易晾房多设计出“全宽度车道门”，以适应运输烟株的货车进出和提高挂烟效率。在挂卸烟株时采用“缆绳提升”上下移动的“活动机架”挂烟系统在美国等发达国家已经逐步推广应用，它可以使1个工人在挂烟过程中独立操作，且减少40%～50%的劳动时间。采用机械化运输和挂卸烟株是今后晾房建筑的发展方向。

第四节　白肋烟调制技术

一、成熟与采收

（一）成熟特征

白肋烟的成熟与其他类型烟草比较，有两个特点：一是叶色由绿转黄和由黄转褐的进程均较快；二是成熟较为集中。

白肋烟必须充分成熟才能采收。半整株收获时摘叶部分成熟度为叶片呈浅绿色至略带黄色，主脉基部由深绿转为白色。为保证下部叶的质量和产量，下部宜适时早收。斩株收获部分的成熟度标准应掌握在上部叶变浅黄再延长一周收获。其成熟特征为：远看全株变黄，呈柠檬黄色，近看叶片黄中带绿，沿主脉两侧有一些青色，并可见成熟斑；叶尖下钩，叶缘下卷，茎叶角度增大；茸毛脱落，叶面光滑，油分显现；主脉、支脉变白发亮，质地变脆，易从烟株上摘下。这些特征在正常情况下，打顶后3～4周即可表现出来。

（二）采收方法

1. 逐叶采收法

我国广大白肋烟产区以前习惯采用逐叶采收法。掌握“生不采，熟不漏，自下而上，随熟随收”的原则。边采收，边划筋，边上绳，边悬挂晾制。在国外，如墨西哥、日本和厄瓜多尔等也采取逐叶采收法。

2. 整株采收法

根据白肋烟成熟比较集中的特点，国外大部分习惯采用整株采收法，这种方法可以减少采收次数，节省劳动力，提高烟叶质量。其方法是当脚叶采收后，下部叶叶面大部分呈黄色，上部叶叶面有成熟黄斑时，从离地面6～10cm处将烟株割下，运回悬挂晾制。有的用烟竿刺穿基部，把烟株穿在烟竿上，每竿穿5～6株，放在有遮阴的田间，凋萎一定时间，使水分减少，茎叶不易折损，容易运输。也有的把木杆、竹竿或铁杆插入田间，把烟株绑在杆上凋萎的。

3. 半整株采收法

其方法是全株叶片分3次采收完，即脚叶和下二棚烟叶分别各采收一次，共约6～7片叶，余下的叶片待上二棚充分成熟，顶叶出现成熟斑，经调制可获得最佳收益时，于地面上10～20cm处砍株收获。近几年来我国白肋烟产区研究采用了半整株收获法。

烟叶晾制过程是在一定温度与相对湿度条件下，伴随水分的散失而在细胞内同时进行的生理生化过程。这一过程是在各种酶的催化作用下进行的。酶能保持较高活性的前提条件是有一个适当的水分环境。因此，水分的散失速度与内含物的转化过程必须协调进行，才能有利于烟叶内物质的转化和分解，以及对品质有利物质的合成，从而形成白肋烟独特的香型风味，晾制出优质烟叶。半整株收获的烟叶在调制过程中，失水较慢，调制时间长，各种酶尤其是淀粉酶保持长时间的活性，内含物转化充分，其糖类消失殆尽，表现为产量稍有降低，但品质有很大的提高。逐叶采收晾制，其烟叶失水快，内含物转化不充分，表现为单产较高，但品质较差。

生产优质白肋烟的国家，特别是美国和加拿大，整株采收晾制最为普遍。我国近几年的研究中，已经认识到整株或半整株采收是白肋烟必然的收获方式，并且半整株采收更适合我国自然条件和社会条件，正在逐步推广实行，日本也逐步实行半整株采收法。

（三）挂烟方法

无论采用哪种采收方法，都应当在晴天进行，并且不采露水烟。因为成熟的烟叶遇雨后，会发生返青现象，同时叶片上的胶质物质受到雨水冲刷，晾制后香味变淡，叶片薄，颜色浅，应等雨后天晴 2～3 天后采收。采收时应轻拿轻放，不损伤，不沾泥土，不让烟叶受阳光曝晒，以免灼伤。也不能堆放过久，以防烟叶发热烧坏。

1. 逐叶采收的挂烟方法

逐叶采收的烟叶一般用稻草绳或其他绳索绑烟。随上绳随挂烟，烟绳与屋脊方向垂直，烟绳行间对着窗户，便于通风排湿。烟绳距屋顶不小于 100cm，以防温度过高。烟叶叶尖距地面 150cm 以上，避免受地面潮湿的影响，并且操作时不致碰伤烟叶。烟绳之间距离 18～22cm，要挂直拉平，按晾房高度挂 1～3 层，层数不宜过多。

2. 整株、半整株采收挂烟方法

将烟茎基部切开一个口挂在铁丝上，或将最下部叶的叶柄直接挂在铁丝上或绳子上。挂烟株的铁丝间隔 20cm，烟株之间的距离也为 20cm。挂烟株的铁丝方向必须与当地的风向基本一致，以利于通风排湿。烟株距房顶 100cm 以上，挂烟层数依晾房高度而定，一般 1～2 层。

采用烟竿挂烟，烟竿长 130～150cm，每根烟竿穿 5～6 株烟，放在特制的框架上，在田间凋萎一定时间，待水分蒸发、烟株变轻之后，运至晾房带竿挂烟。这种方法由于在田间脱去了一些水分，运输时对烟叶的损伤较轻，挂烟时一次就可挂 5～6 株，也较省力省时。

二、白肋烟的晾制原理

白肋烟的晾制方法与烤烟完全不同。烤烟是在烤房内人工控制温湿度的条件下，使其在较短的时间内变化、干燥；白肋烟是在晾房内尽量在自然温湿度条件下，利用通风使其在较长的时间内变化、干燥。尽管有时遇到阴雨天气也有加热送风的情况，但这些毕竟是辅助性的措施。晾制是一个缓慢的过程，一般为 45～55 天。在整个晾制过程中，烟叶变化有两个明显过程；一个是变色过程；一个是干燥过程。这两个过程均受温湿度条件和通风条件影响。白肋烟的调制就在于利用特定的设备和先进的技术，在各个阶段中控制适宜的温湿度和通风量，满足烟叶变化要求，使变色过程和干燥过程互相配合，协调进行，最终获得外观质量和内在质量均好的干烟叶。

（一）晾制中的变色过程

新鲜烟叶的细胞内含有叶绿素和类胡萝卜素，叶绿素包括叶绿素 a 和叶绿素 b，类胡萝卜素主要包括胡萝卜素和叶黄素。叶绿素呈绿色，类胡萝卜素呈黄色。叶绿素的含量多，把黄色素遮蔽，所以鲜烟程绿色，晾制过程的初期，叶绿素分解消失，类胡萝卜素分解消失的速度慢，黄色素逐步显露出来，叶片就呈现黄色。在一定温度范围内，叶绿素的分解消失速度与温度高低呈正比，温度高，叶绿素消失快，变黄速度快。晾制过程的中后期，烟叶细胞结构逐渐被破坏。细胞中的多酚类物质在活细胞中作为呼吸传递物质维持着氧化还原动态平衡，当细胞结构破坏后，氧气大量浸入，平衡受到破坏，造成醌的形成和积累，醌进一步氧化聚合成褐色素，使烟叶呈现棕褐色。叶色的变化过程为淡绿—黄绿—浅黄—浅红黄—红黄—浅红棕—红棕—棕色—褐色。从浅黄到红黄这一阶段是定色的关键时期，要提高温度，降低湿度，适当通风排湿，使叶片干燥，叶色固定下来。随着定色期的进行和晾制时间的延长，叶片内多酚类物质进行一定程度的氧化，烟叶发生有控制的褐变，对于形成白肋烟特有的香吃味是有利的。但是如果定色期温度低，湿度大，通风排湿不畅，叶色不能及时固定，进行无控制的褐变，将使已形成的有利于品质的化学成分大量消耗，香吃味变差。如果变色不充分，干燥速度快，晾制时间短，烟叶内酶促反应来不及充分进行，叶绿素分解消失不彻底，就会形成浮青或青色斑块。黄色素不能充分转化，也不利于香吃味的形成。

（二）晾制中的干燥过程

烟叶干燥不是单纯的物理变化，必须与烟叶内部生理生化变化相互配合、协调进行，才能提高烟叶质量。新鲜烟叶含水分在 80％以上，晾制结束时，减少到 12％～18％。在失水过程中，干燥速度是影响颜色变化和化学变化的重要因素。晾制初期，如干燥过快，叶绿素尚未消失而叶片细胞已死亡，则易形成青烟或出现青斑。所以在叶片变黄或棕黄阶段，晾房里相对湿度要适宜，防止烟叶干燥过快。在晾制后期，则要加快干燥速度，其措施是适当升高温度，加强通风，降低相对湿度。要强调的一点是烟叶晾制后期干湿交替反复进行对于提高质量非常重要，利用白天相对湿度偏低，烟叶干一些，夜晚相对湿度大，烟叶返潮，昼夜相对湿度的变化，使烟叶一干一湿反复变化，能够改善烟叶香气质，增加香气量，消除生青杂气。

（三）晾制过程中的温湿度条件

在白肋烟晾制的各个时期，温湿度条件对其外观质量和内在质量特别是香吃味有密切关系。晾制过程中，凋萎、变黄、定色和干筋各个阶段对温湿度要求有所不同，在正常情况下，24h 内平均相对湿度为凋萎期 75％～85％，变黄和变褐期 70％～80％，干筋期 45％～60％，而温度在 16～35℃范围内，可获得较理想的调制结果。

变褐的适宜温度比变黄的适宜温度低，大体上 25～35℃是适宜的。变褐期相对湿度的实验结果是：白天温度为 25℃，其香吃味顺序是 75%RH≥70%RH＝65%RH；温度为 35℃时，其香吃味顺序是 70%RH＞75%RH＝65%RH。

定色期和干筋期以白天高温低湿，夜间低温高湿的条件较好，干叶香吃味好。白天高温低湿，夜间高温高湿的条件，则干叶香吃味较差。白天适度地变干，夜间适度吸湿，这样反复进行吸湿放湿，对白肋烟的香吃味形成有着重要意义，据研究，白肋烟的香吃味在褐变时产生，并随变褐程度增加而增加，在干筋期增加更显著。褐变后期，褐变达 75%以后，是各种香吃味形成的重要时期。调制后适当继续挂吊，干叶的香吃味继续变好。

从香吃味的形成来看，白肋烟晾制的最好条件是：早晨气温下降到最低时为 20℃左右，相对湿度 90%～95%，随着日出温度上升，到中午最高气温为 30℃左右，相对湿度为 70%～75%，温度从午后 14 时开始下降，经过夜间再降到早晨的 20℃左右，相对湿度 90%～95%，一天中这样的变化最为理想。

在晾制过程中，烟叶接触到的温度并不是固定不变的，因为外界气候常有变化，温湿度常有较大的差异幅度。只要每天的平均温度和湿度与适宜条件相差不远，就能达到良好的结果。掌握晾房内相对湿度的稳定性，必须根据天气变化调节晾房的门窗开关，避免发生大幅度的变化，影响晾制质量。

三、白肋烟的晾制方法

白肋烟是晾烟，只能采取晾制的方法才能生产出优质的烟叶。既然是晾烟，就必须有一个相应的晾制设备，晾房或者晾棚。晾房只能是起一个调节作用，不可能完全控制，主要的还是靠自然条件进行调制，若采用烤制、晒制，或者加速调制的方法，均不能生产出优质的白肋烟。

白肋烟的晾制是一个比较缓慢的过程，在整个晾制过程中，根据烟叶外观的变化分为凋萎期、变黄期、变褐期和干筋期 4 个时期。整株晾制时，烟株上各部位烟叶的变化进程不同，下部叶变化快，上部叶变化慢，当上部叶还处在变黄阶段时，下部叶已经开始变褐，因此调制过程中各阶段的划分并不是非常严格的（彩图 10-3）。

各个时期对环境条件的要求是不同的，晾房内的空气流动、空气温度和空气相对湿度是决定晾制能否成功的 3 个关键性的环境因素。在高温高湿的环境下晾制，烟叶干燥速度缓慢，为微生物活动提供有利条件，易导致深色叶或“室烧病”，甚至烟叶在晾房内烂掉，产量、品质损失严重。在高温低湿的环境下晾制，烟叶干燥速度快，容易产生青色烟，而且很可能是严重的花斑烟。在低温低湿的环境下晾制，烟叶干燥速度慢，晾制后烟叶往往缺少光泽，在一些海拔较高的地区容易发生此类情况。在低温高湿的环境下晾制，烟叶干燥速度缓慢，质量下降。因此，必须采取适当的温湿度调制技术，使各个时期的环境条件能够满足白肋烟晾制需要，从而晾制出优质的烟叶。

（一）晾房内的晾制方法

1. 凋萎期

从烟叶或烟株收获后开始脱水时起，凋萎就开始了。整株砍收一般在田间凋萎效果较好。凋萎的进行应该取决于天气条件，正常的天气凋萎程度应掌握在脱水达20%时即可，约需3天左右。潮湿的天气应让其充分凋萎之后再挂晾。白天，当外面的空气相对湿度比晾房内低时，可打开通风窗。在雨天或夜晚，当外面的空气相对湿度比晾房内高时，可将门窗关闭，如果潮湿的天气延长，可采取加热的方法提高温度，降低湿度，促使烟叶脱水凋萎。在天气燥热，相对湿度低的天气，可在收获的前几天进行灌溉，使烟株吸收足够的水分，采收后立即挂晾，以烟株所散发的水分来提高晾房内的相对湿度。

2. 变黄期

变黄期的任务是在烟叶水分散失的同时，绿色逐渐消退，黄色呈现，直到全部叶片变为正黄色。变黄期是最为重要的时期，或者说是烟叶真正的调制期。在这个时期内烟叶将发生大量的化学变化，为保证化学变化的顺利进行，必须使植株组织细胞保持活性，因而温度不宜过高，一般为30℃左右；相对湿度不宜过低，一般为85%左右。烟叶干燥速度不致过快，以利于变黄。如果干燥过快，宜形成青色或青色花片。整株砍收的叶片具有在变黄期生命活动延长7～9天的优点，可使烟叶继续成熟，使呼吸作用和可溶性组分在叶与茎之间进行重新分配，烟碱和氮化物得以较多的降解，生产出高质量的烟叶。逐叶采收的烟叶脱水较快，过早地终止了叶片的代谢过程，因而生命期要短些，主要进行的是呼吸作用。应当注意晾房内的相对湿度不要过低。

3. 变褐期

叶片全部变成黄色之后，随着烟叶水分的继续蒸发，颜色仍进一步加深，并慢慢转化为均匀一致的近红黄或红黄而被固定下来。颜色深浅的程度受相对湿度的影响较大，一般相对湿度较高，颜色深；反之，则颜色浅。这个时期的相对湿度继续保持在65%以上，如果相对湿度低于65%，也会产生杂色或红色斑块，使颜色不均匀。白肋烟要求的颜色和烤烟不同，烤烟橘黄、橘红色被认为是很好的颜色，但在白肋烟中，则被认为是杂色。白肋烟在变褐期如果脱水太快，颜色就会变得“鲜亮”，与烤烟的颜色相似，就不符合质量要求。这个时期应该通过开关门窗来调节晾房内的相对湿度，当颜色已变成符合要求时，应加强通风排湿，缩小绳距或竿距，使晾房内的相对湿度由65%降至45%以下，颜色得到固定，叶片逐渐干燥。

4. 干筋期

当叶片已趋于干燥时，主脉和支脉仍含有较多的水分。这个阶段应提高温度，相对湿度45%，加强通风，促使烟筋干燥。如果某些叶片含有较多的水分，就会损害烟叶的颜色。当烟叶主脉用手折即断时，表示晾制可以结束。整个晾制时间约为45～55天(彩图10-4)。

5. 其他特殊情况的处理

白肋烟晾制过程中，特别是后期，如遇连阴雨或晾房内通风不良、湿度过大时，易滋生细菌和霉菌，致使烟叶霉烂。遇到这种情况，轻者可通过开关门窗加以调节。室外相对湿度高于室内时，要严闭门窗，不让潮气侵入，室内相对湿度高于室外时，则应开启门窗和加宽绳距，以利通风。重者可采用加热的方法，升高温度，降低湿度，适当通风。加热要均匀，并防止熏污烟叶和引起火灾。最好选用循环加热装置，房内升温，房外冒烟，不影响烟叶质量。根据天气的变化，适当升温不要过高，一般 30～35℃，相对湿度 80％～85％即可抑制霉菌的发生，防止烟叶腐烂。加热是为了防止异常情况的发生，如果通过加热人为地设置温、湿度条件，以期缩短调整时间，那么，尽管烟叶的外观正常，其香吃味等内在质量也必然降低。

（二）白肋烟晾制后的处理

晾制后叶片全部干燥，容易破碎造成损失，需要进行回潮后下架。回潮的方法是利用烟叶吸湿性强的特点，在下架前，于夜晚或清晨，把晾房或晾棚的门窗及遮蔽物都打开，让烟叶自然回潮，当主脉易折断，叶片变软后即可下架。如果天气过于干燥，可在晾房地面洒少量水，以利于烟叶回潮，回潮不能过度，以防腐烂变质。

整株或半整株晾制的烟叶，待叶片主脉的自然浆汗消失后立即下架剥叶。先按叶片着生部位分别剥下，如果两三人同时进行流水作业，每人分别摘一定部位的烟叶则更方便。把下部叶、腰叶和上部叶分开，同时把带青的破损的叶片区分出，部位不同的烟叶分开堆放，切忌混合。然后，依部位按分级标准分级和扎把。

烟叶调制完后不能继续挂在晾房中，即便是在较好的天气里，也会使烟叶褪色，光泽变差。而在温暖潮湿的天气里，则会使烟叶发红，茎秆腐烂，烟叶发霉。并且烟叶每次的水分增加或减少，都会造成烟叶重量的损失。

第五节　白肋烟良种介绍

一、鄂烟 1 号

（一）品种来源

鄂烟 1 号原名建白 80 号。系由湖北省建始县白肋烟实验站以 MSBley21 做母本，Burley37 做父本组配而成的白肋烟雄性不育一代杂种。1995 年通过全国烟草品种审定委员会认定，定名为鄂烟 1 号，是我国白肋烟主要栽培品种，目前在湖北恩施、重庆万州和四川达州等地都有种植。

（二）主要特征特性

植株塔形，株高 130～165cm，茎围 9.5～11cm，节距 4.0～5.0cm，叶数 24～31 片，腰叶长 69cm，宽 26.1cm。叶形为长椭圆形，叶色绿，叶面较皱，叶片较厚，主脉中等，茎和叶脉呈乳白色。花序密集，花冠红色，卵圆形蒴果。大田生育期为 95～108 天，适应性广，生长势强，腋芽萌发快，较抗旱、耐涝，中抗黑胫病和根黑腐病。

（三）产量和品质表现

一般每公顷产量为 2775kg，晾制后叶色为红黄或棕黄，尚油润，结构疏松。原烟总糖含量 0.36％，蛋白质 22.19％，总氮 3.87％，烟碱 1.85％。原烟评吸，白肋烟香型风格较显著，香气稍足，劲头较小，杂气较重。

（四）栽培调制技术要点

适宜在中上等肥力土壤上种植，一般每公顷栽植 18 000～19 500 株，单株留叶20～23片。适时整株或半整株采收，在标准晾房中晾制。

二、鄂烟 2 号

（一）品种来源

是由湖北省恩施烟叶复烤厂和中国农业科学院烟草研究所用 MSKy14 做母本，L8 做父本组配的白肋烟雄性不育一代杂交种。1997 年通过全国烟草品种审定委员会审定。是我国白肋烟主要栽培品种之一，目前在湖北恩施、重庆万州和四川达州等地都有种植。

（二）主要特征特性

植株筒形，打顶高度 110cm 左右，茎围 9.85cm，节距 4.78cm，茎秆和主脉乳白色。可收叶数 22 片，腰叶长 75.0cm，宽 35.2cm，叶形为椭圆形，叶面稍皱，叶色绿，叶尖渐尖。大田生育期 91 天左右。耐肥、耐旱，适应性较广。成熟集中一致，适于整株采收晾制。高抗黑胫病“0”号小种，抗野火病和 TMV，轻感赤星病。

（三）产量和品质表现

一般每公顷产量为 2750kg，调制后原烟颜色为红黄，光泽鲜明，厚度适中。整株烟叶还原糖含量 0.93%，烟碱 4.11%，总氮 3.67%，蛋白质 15.44%，氮碱比 0.89。评吸质量为香气质较好，香气量较足，劲头大，余味尚舒适，具有典型白肋烟香型风格。

（四）栽培调制技术要点

适宜中上等肥力地块，一般每公顷栽植 18 000～19 500 株，单株留叶 18～22 片。适时整株或半整株采收，在标准晾房中晾制。

三、TN90

（一）品种来源

是由美国田纳西州大学用 Burley49 与 PVY202 杂交选育而成。1991 年在美国注册推广，1995 年引进我国，1999 年通过全国烟草品种审定委员会认定。目前在湖北、重庆等地白肋烟产区有一定面积种植。

（二）主要特征特性

植株筒形，打顶高度 125cm，茎围 9.9cm，茎叶角度小，节距 4.2cm。可收叶数 25 片左右，腰叶长 65.8cm，宽 31.9cm，叶形为椭圆形，叶色绿，叶面较皱，叶尖渐尖。

花序较集中，花冠淡红色，卵圆形蒴果。大田生育期 103 天左右。田间长势强，耐肥、叶片成熟集中。中抗黑胫病和青枯病，中感赤星病。

（三）产量与品质表现

一般每公顷产量 2380kg 左右。调制后原烟多为深红黄色，光泽强，结构疏松，厚度适中。原烟还原糖含量 1.11%，总糖 2.41%，烟碱 4.29%，总氮 2.97%，蛋白质 14.21%，钾（K_2O）2.91%。原烟评吸香气量较足，白肋烟香气风格较明显。

（四）栽培调制技术要点

适宜中上等肥力地块，一般每公顷栽植 19 950～21 300 株，单株留叶 22～24 片。叶片成熟采收，整株或半整株晾制。

四、Ky8959

（一）品种来源

由美国肯塔基大学用 Ky8529 与 TN86 杂交选育而成。1993 年在美国注册推广，1995 年引进我国，2000 年通过全国烟草品种审定委员会认定。目前在湖北恩施、云南宾川等白肋烟产区有小面积种植。

（二）主要特征特性

植株筒形，打顶高度 120～130cm，茎围 10.9cm，茎叶角度小，节距 4.26cm。可收叶数 29 片左右，腰叶长 65.9cm，宽 36.3cm，叶形为宽椭圆形，叶色黄绿，叶面较皱，叶尖钝尖。花序较集中，花冠淡红色，卵圆形蒴果。大田生育期 107 天左右。耐肥、耐涝、较耐旱。上部叶成熟快，整株成熟集中。中抗黑胫病，较耐花叶病和赤星病。

（三）产量与品质表现

一般每公顷产量 2530kg 左右。调制后原烟多为红黄色，厚度适中。原烟还原糖含量 1.03%，总糖 2.12%，烟碱 4.23%，总氮 2.71%，蛋白质 12.38%，钾（K_2O）3.56%。原烟评吸香气量尚足，浓度较浓，余味尚舒适，劲头中等。

（四）栽培调制技术要点

适宜水肥条件较好的地块，一般每公顷栽植 19 500～21 000 株，单株留叶 22～24 片。叶片成熟采收，整株或半整株晾制。

第六节　白肋烟的质量特点及用途

优质白肋烟的质量包括外观质量、内在质量和理化特性等方面，并且内在质量更为重要。其质量的要求应是烟叶有适宜的、协调的化学成分，其总糖的含量应在1%以下，尼古丁含量在4%左右，具有突出的白肋烟香型风味，浓郁的香气，颜色要求不是以浅黄色或淡黄色为好，而是以近红黄至红黄色为最佳，并且要求叶片有很好的成熟度和颗粒物质，有一定的身份和一定的厚度。这样才能适应发展过滤嘴、低焦油卷烟以及国际上出口的要求。

一、外观质量

影响白肋烟外观质量的因素主要有部位、颜色、身份、成熟度、叶片结构、叶面、光泽、颜色强度、宽度、长度、均匀度、损伤度等。对油分无要求。

（一）部位

不同部位的烟叶，其外观和内在质量各具特点，使用价值不同。以3个部位来说，下部叶片薄，弹性差，颜色淡，光泽较暗，香气量较少，杂气比上部烟叶少比中部烟叶稍多，劲头、刺激性较小，烟味淡。中部叶片大，厚薄适中，弹性强，颜色多为红黄或近红黄，光泽明亮；香气质好，香气量中等，杂气少，劲头适中，刺激性小，余味舒适。上部叶片较厚，弹性稍次，颜色深，光泽亮，香气量大，杂气较重，劲头、浓度、刺激性大。

以前认为中部烟质量最好，使用价值高，上部烟次之，下部烟较差。现在由于生产技术的改进，如施肥量增加，种植密度减少，打顶较低，留叶数较少等，上部叶片的长度和宽度大大增加，只要成熟度掌握得好，调制后颜色变化得好，都可以成为很好的烟叶。如果评吸，腰叶的香气质较好，但香气量和吃味浓度等都不如上部叶。要从可用性来讲，工业上更需要的是上部叶。

（二）颜色

烟叶颜色与其香型风格、内在质量有密切关系。白肋烟属于淡色晾烟，其基本颜色为浅黄、浅红黄、浅红棕、红棕、褐色等，而以浅红黄和浅红棕质量最佳。由于各种原因造成的杂色、深红棕、带青色、青色等，都不同程度地影响了烟叶质量，尤以青色的使用价值极低，其次是带青色、杂色、深红棕。

（三）其他

其他外观质量如成熟度、叶面、均匀度、长度等，我国以前重视不够，而这些质量因素是反映和衡量烟叶质量的重要因素。在美国白肋烟分级标准中都有严格规定。例如成熟度，除脚叶外，上、下二棚各颜色亚组一、二级烟叶均要求达到成熟，浮青烟和带青烟的成熟度为欠熟和不熟，浮青烟在各颜色亚组中最高等级为三级。对长度的规定很具体，上、下二棚叶均要求达到50.8cm以上，三级要求达到45.7cm，四级以下要求达到40.6cm。宽度的要求也是如此，随着烟叶由宽到窄、等级由高到低。白肋烟与其他类型的烟叶相比，其外观质量突出特点是，叶片较大，中下部烟叶较薄，叶片组织结构疏松，弹性强，比重小，可以减少用烟定额和减轻烟支重量。

二、内在质量

白肋烟内在质量的特点是具有突出的白肋烟香型风味和浓郁的香气。这个特点决定了它在配制混合型卷烟中成为不可缺少的重要组分。但是，特殊的栽培和调制技术，又使白肋烟的含糖量极低，一般在1%以下；蛋白质含量高，一般为18%～25%；烟碱含量较高，一般在4%左右，氨含量高等。因此，白肋烟吃味强度大，辛辣不醇和，杂气较重，刺激性和劲头较大，而且通常有较强烈的蛋白臭和氨臭。如果单独使用白肋烟生产卷烟时令人难以接受，即使与其他类型烟草混合使用，也必须对其进行特殊加工处理，方能强化其特点，克服其缺点，获得香味的协调统一，提高产品的内在质量。特殊加工处理，一是通过加料补充白肋烟不足的组分，如保润剂、甜味剂、酸味剂和提高白肋烟香味的增香剂等。白肋烟叶片组织疏松，能吸收大量的料液，这一特点除有利于通过加料改善白肋烟的品质外，也为整个产品的香味、风格设计带来极大的方便。二是在整个加工过程中采取高温高湿处理、快速干燥的工艺，能够使烟叶通过物理的化学的一系列变化，有效地排除杂气，减轻刺激性，改善吃味，使烟香透露出来。同时，各种化学成分也得到平衡协调。工艺处理要掌握在恰到好处的程度，否则得不到应有的效果，甚至适得其反。

三、物理特性

在各类型烟草中，白肋烟的钾、钙、镁等矿物质元素以及总灰分的含量最高。粗纤维含量仅次于马里兰烟，而高于其他类型烟草。因此，白肋烟具有良好的燃烧性，阴燃持火力强，燃烧速度中等偏快，燃烧完全且均匀，灰色白。由于燃烧性好，产生的焦油和一氧化碳等有害成分少，可用性强，安全性高。据资料介绍，美国烤烟焦油量为33.4mg/支，白肋烟为25.6mg/支，马里兰烟为21.2mg/支。

烟叶的平衡水分除环境温度和相对湿度的影响外，还与烟叶本身的吸湿特性有关。与烤烟相比，白肋烟的水溶性碳水化合物含量极低，而水溶性碳水化合物是吸湿性较强的物质，因此，在相同的条件下，白肋烟比烤烟的平衡水分低。

与其他类型烟草相比，白肋烟具有较高的填充力。这可以白肋烟的物理特性和各种化学成分的含量来说明。白肋烟的组织疏松，细胞间隙大，比重小，弹性强，平衡含水率小等。这些都决定了白肋烟具有较高的填充力。从各种化学成分的含量来看，白肋烟的含糖量极低，纤维素含量较高，钙含量较高，这些也决定了白肋烟具有较高的填充力。

由于白肋烟叶片较大，组织疏松，具有多孔性，因此它能够吸收大量料液，并且易于干燥。这就给加工处理提供了有利条件。经过试验，在同等条件下，白肋烟吸收料液达30%以上，烤烟仅吸收10%～20%，晒烟也只能吸收20%～30%。

根据白肋烟的这种工艺特性，在加工过程中，一方面施加适量的料液，如糖类物质和有机酸等，能够提高含糖量，降低烟碱含量，从而使化学成分趋于平衡。与其他烟叶原料相接近，降低了吃味强度和烟气pH，减少了苦味，增加了烟气的甘甜味，使之更加醇和。另一方面，通过加料贮存—干燥—冷却—回潮的工艺处理，能够减少白肋烟特有的蛋白臭、阿摩尼亚臭以及其他杂气，减少刺激性，使白肋烟的浓郁香气得以充分显露，提高白肋烟在混合型卷烟中的使用价值。白肋烟与烤烟、香料烟适当配合，可以起到调节香气和吃味的作用，得到香气谐调浓郁、吃味醇和、余味干净舒适和劲头较大的烟气质量。另外，由于白肋烟吸料能力强，保香性能好，给人为地加料加香创造了良好条件，配方工艺人员能够充分施展自己的技术特长，通过加料加香，最大限度地发挥白肋烟的优点，克服缺点，提高内在质量，创造出具有独特风格的卷烟产品。

四、化学成分

与其他类型烟草相比，白肋烟所含化学成分的突出特点是：总糖量极少，总氮含量高，烟碱含量也较高。形成这种质量特点除品种和栽培条件外，主要是由调制方法所决定的。白肋烟的氨基酸以天冬酰胺、天冬氨酸和谷氨酸含量高，其含量均超过烤烟。白肋烟的挥发性有机酸含量比烤烟和香料烟低，而非挥发性有机酸含量高，苹果酸和柠檬酸是其主要的非挥发性有机酸，且柠檬酸含量高于苹果酸，白肋烟的灰分含量高，其主要成分为钙和钾，硝酸盐亦高。

白肋烟的许多化学成分的变化与部位有关，并呈现有规律的变化。例如，灰分、水溶性灰分的碱度、钙、钾、柠檬酸、硝酸盐、石油醚提取物含量等，均从烟株的底部至顶部逐渐减少。

烟碱、总生物碱、总挥发性碱、氨基酸、总氮、蛋白质、烟气中的总粒相物、氨、氢氰酸、吡啶、二甲基吡啶、邻苯二酚、2-甲基丁二烯、一氧化碳、*N*-亚硝基二甲胺、*N*-亚硝基乙基甲基胺等，则从烟叶部位的底部到顶部逐渐增加。

白肋烟叶片各部分的化学成分分布不相同。叶片的纵向边缘总氮量和烟碱含量比叶片中心高，但横向部分之间，这两种成分变化不大。叶片中心部分的含钾量比叶片边缘部分多 50%以上。但从叶基部到叶尖部，钾的含量又逐渐下降。中脉硝态氮含量比叶片高。下部烟叶含硝态氮量比顶部叶更高，下部叶叶脉硝态氮的含量为叶片的 8 倍，为顶部叶片的 4 倍。

由于遗传性不同，品种之间的差异是很大的。例如有人测定了 6 个白肋烟品种的 149 个样品，其多酚、甾醇、生物碱和硝态氮含量的变化范围分别为 0.52%～0.61%、0.106%～0.268%、0.17%～4.93%和 0.14%～1.48%，可见品种间的变化幅度是很大的。此外，栽培技术和环境因素的不同也会使某些化学成分发生明显的变化，这些是品种和栽培措施能够改进品质的基础。

与白肋烟质量关系密切的主要化学成分有总氮、烟碱、还原糖、总挥发碱，含氨量、蛋白质等。这些成分太多、太少都不好。因此，不但要求绝对量，而且还要求它们之间的有利平衡。优质白肋烟的化学成分要求见表 10-4。

表 10-4　优质白肋烟的化学成分要求

成　分	含　量	成　分	含　量
还原糖/%	<1.0	钾/%	2.0～3.75
总氮/%	2.5～5.0	磷/%	0.25～0.50

续表

成　分	含　量	成　分	含　量
烟碱/%	2.5～4.0	硫/%	0.3～0.7
蛋白质/%	16～25	铜/(mg/kg)	6.3～14.2
挥发碱/%	0.3～0.6	铁/(mg/kg)	90～120
氯/%	<1.0	硼/(mg/kg)	20～50
灰分/%	10～20	锌/(mg/kg)	12.5～25
钙/%	1.7～3.1	锰/(mg/kg)	100～200
镁/%	0.5～0.9	铝/(mg/kg)	60～120

五、白肋烟的用途

白肋烟的原产地和主产地是美国的田纳西州和肯塔基州。最初白肋烟是斗烟和嚼烟的原料。后来在美国出现了混合型卷烟，大量的白肋烟作为混合型卷烟原料，只有身份厚的白肋烟才用来做斗烟。而嚼烟的基本原料是深色晾烟，白肋烟属浅色晾烟，也常用来做嚼烟。早期的卷烟，其主要原料或全部原料是香料烟或烤烟，如英式的纯烤烟型卷烟和埃及式的香料型卷烟。在美国的混合型卷烟未占优势以前，这两种卷烟都曾畅销世界市场。自从 1913 年 7 月 5 日著名的 R. J. 雷诺烟厂推销骆驼牌卷烟以来，美国混合型卷烟开辟了世界性的广阔市场。烤烟型、香料型、晒烟型等卷烟，都不能与之抗衡。目前，混合型卷烟已经在世界范围内代表了卷烟的发展方向。

典型的美国混合型卷烟是由烤烟、白肋烟和香料烟调配的。这种卷烟的特点一方面决定于烟草的配方；另一方面决定于所采用的特殊的加料方法及使用的香精、香料种类。白肋烟之所以作为混合型卷烟不可缺少的原料而被使用，是因为它具有以下几个方面的特点：

首先，与烤烟和香料烟相比，白肋烟具有高灰分量、高烟碱量、高总氮量、高硝酸盐量，低糖分和低挥发酸量的特点，这些化学成分上的特点都使白肋烟的烟气质量与烤烟和香料烟截然不同，而将这三个类型烟草的烟叶合理配比，能够发挥各个类型烟草的优点，而弥补其缺点，获得混合型卷烟所特有的烟气质量。香气协调浓郁，烟气细腻圆润，吃味醇厚和劲头较大，余味干净舒适，无刺激性。

其次，白肋烟叶片大而且较薄，具有非常卄松的细胞结构，因此具有良好的吸收诸如料液之类的外加物料的能力，而且保香能力强。白肋烟料液的主要成分有糖料如果糖、葡萄糖、转化糖、蜂蜜、甘草酊等，保润剂如甘油、甘醇类、山梨醇等，酸类如柠檬酸、酒石酸、苹果酸、乳酸等，其他还有助燃剂、防腐剂、香味成分等。

经过回潮的白肋烟叶均匀地喷上料液后，还要经过特殊的高温烘焙处理。处理分为三部分，在第一部分中，加有料液的烟叶被干燥至水分低于 5%，干燥的空气温度在 120～160℃之间，在这个温度变化范围化学反应得以进行。在这一阶段的末期，烟叶变得发脆，物理机械性能大为减退。在第二部分，烟叶经空气冷却。在第三部分，用水蒸气对烟叶进行再回潮，以使烟叶恢复到适合以后加工的合适水分。在这种特殊的处理过程中，白肋烟的杂气挥发散失，刺激性减轻，吃味由于糖料的作用而得以改善。酸类物质的作用能降低烟气的碱性，使烟气变得柔和。在 120～160℃下进行的烘焙和烟支的燃烧中，还原糖类能与蛋白质中的各种氨基酸起非常复杂的反应。这些复杂的反应被命名为美拉德反应、焦糖化作用和斯特雷克尔降解作用。这些反应的产物使烟草获得浓郁的香气和令人满意的吃味特征。

第三，由于白肋烟较薄，比重小，填充力高，所以在混合型卷烟中掺入白肋烟能够降低烟叶消耗，对于卷烟企业来说是很有益的。

第四，也是最重要的一点，由于白肋烟细胞组织疏松，纤维素含量高，钾、钙及总灰分含量高，燃烧性好，燃烧后产生的焦油量少，安全性高。

另外，白肋烟属于浅色晾烟，它与深色晾烟的雪茄烟质量特点有相似之处，因此常被用来作雪茄烟外包皮使用。对于雪茄烟外包皮的要求是：叶片大小适中，叶形较宽，完整度好，叶片薄，支脉细而不突出，组织细致，颜色均匀，光泽好。外包皮要求弹性好，拉力强，燃烧均匀且完全，灰分紧卷。不影响或有助于雪茄烟香吃味均可。经过选择，白肋烟基本符合上述要求。特别是在我国，手工雪茄烟的外包皮一般都是使用白肋烟。为了保证其色泽和韧性，不能进行蒸叶和高温处理，而是用一种料液对烟叶进行湿润处理。处理后的烟叶其刺激性和阿摩尼亚气息均有明显的减少，更具备了雪茄烟的香气和吃味。

我国混合型卷烟的研制生产已有几十年的时间，但与我国消费者现已逐渐乐于接受的美式混合型卷烟质量相比，仍然存在着较大差距。影响我国混合型卷烟质量提高的因素包括烟叶质量、配方结构和工艺条件等许多方面，其中白肋烟的产量和质量问题也是一个重要因素。白肋烟是生产混合型卷烟的重要原料之一。目前我国白肋烟生产的规模还远不能满足发展混合型卷烟的需求，质量上也存在一些问题，湖北恩施白肋烟质量好，在香气、色泽、劲头、填充力等方面基本接近美国白肋烟，但是总产量较小。四川产的白肋烟和湖北产的白肋烟在香气上还有明显的差别，与美国白肋烟相比，香气和吃味的差别就更大。其他省区产的白肋烟则更差。白肋烟香气差、杂气重、身份厚、填充力低，在混合型卷烟中难以提供优美的白肋烟香，这些都是发展和提高混合型卷烟的制约因素。近年来，随着卷烟消费市场的引导，白肋烟的科研和生产正日益受到重视，开始出现了好势头，但要在产量和质量上满足要求，还需要一个相当长的时间，还有许多课题要研究解决。

思考题

1. 试分析白肋烟在栽培上与烤烟有何异同点？
2. 根据白肋烟的成熟特点分析其采收方法的科学性？
3. 简述白肋烟的晾制原理。
4. 简述白肋烟的晾制方法。
5. 试述白肋烟的质量特点，包括外观质量、评吸质量、物理特性和化学成分等。
6. 白肋烟的用途是什么？其特殊处理的目的和作用是什么？

第十一章　香料烟栽培与调制

香料烟（orient tobacco）又称土耳其烟，东方型烟。香料烟与其他类型烟草在形态上的重大差别，导致人们去研究它的起源。国外的研究表明，香料烟的历史约始于发现美洲新大陆后的100年左右，是西班牙、葡萄牙、荷兰和英国商人带到靠近地中海沿岸的国家，以后又传播到相邻的内陆国家。

早期的香料烟非常普及地作为纸烟型卷烟的原料，所谓土耳其卷烟，就是100%的用香料烟卷制的，香气纯正。但是，现在除了一些起源国家（如原苏联、土耳其、保加利亚、希腊、原南斯拉夫），很少吸用这种纸烟型烟。现在一般都用香料烟和其他类型烟草制成混合型卷烟，如美国混合型和欧洲大陆型卷烟等。

香料烟的生产力水平较低，即单位面积产量低、劳动用工量大、且受适宜环境条件的限制，阻碍了这个类型烟草的发展。然而，由于香料烟能够提供非常满意的、纯净的、柔和的香气和吃味，与其他类型烟草混合，能够获得优美谐调的吸食特性，越来越多地被利用作混合型卷烟和一些卷烟中的必需成分，所以从世界上香料烟生产的总趋势看，其种植面积和年产量仍然是逐年增长的。

第一节　香料烟生产概况

一、我国香料烟生产概况

我国香料烟生产的发展历程随混合型卷烟产品的开发工作和市场需求的起伏，经过了大起大落，大致可分为4个阶段：一省主导阶段、多省试种阶段、选择优化阶段和规模发展阶段。

1951年浙江新昌县首先从土耳其引种香料烟沙姆逊品种成功到20世纪70年代末这一阶段，香料烟基本上是在浙江一省主导发展，主要在新昌和嵊县（后来为嵊州），且规模不大，面积一直徘徊在600～1200hm^2，香料烟生产标准低。虽然20世纪60年代中期，随着国际上混合型卷烟的发展，我国一些卷烟厂开始研制混合型卷烟，给国内香料烟的发展带来了希望。但到1966年前，香料烟年收购量仅为175吨。70年代国家要发展粮食，粮烟争地问题突出，并且混合型卷烟规模小，市场需求也小，致使香料烟的种植面积受到限制。到1979年，全国香料烟仅种植307hm^2。这一阶段浙江的香料烟面积仍占主导地位，但由于对品种没有进行提纯复壮和更新换代，一直沿用原品种，品种退化严重，叶片大，品质已趋下降。

从20世纪80年代初期到中后期，我国香料烟生产进入多省试种的扩大发展阶段。进入80年代，随着人们对吸烟与健康问题的关心，发展低焦油混合型卷烟已成为世界卷烟工业的新潮流。中国烟草总公司为此做出规划，发展混合型卷烟，在全国各地试种香料烟。全国有近 20 个省（区）先后积极引种试种，初期湖南双峰（1980）、湖北十堰（1981）、河北张家口（1981）、河南汝阳（1981）、内蒙古（1982）、陕西宝鸡（1984）等地借鉴新昌的经验引种香料烟沙姆逊品种，获得不同程度的成功。随着卷烟工业对香料烟的需求量不断增大，到 1986 年国内香料烟货源供不应求，仅满足需要量的 10%。因此这就促进了随后的海南（1986）、黑龙江（1986）、山东临沂（1988）、广东（1988）、贵州（1988）、安徽黄山（1987）、新疆（1988）、云南保山（1988）、辽宁（1989）、四川（1989）等地陆续引种试验和示范推广，并围绕土壤、气候条件等方面进行了初步研究。据统计（表 11-1），到 1988 年全国香料烟种植面积达到了 5512hm^2。面积的增加主要归于浙江新昌和嵊县以及湖北郧西迅速扩大种植规模，其他省份试种的面积占的比例很小。

表 11-1　全国各省香料烟种植面积（hm^2）统计

省份	1986	1987	1988	1989	1990	1991	1992	1993	1994	1995	1996	1997	1998	1999	2000
新疆	—	—	0.7	0.7	24.7	66.0	528.0	393.4	148.7	314.7	1186.7	2668.1	2666.8	2280.1	2273.4
云南	—	—		5.3	2.7	6.7	17.3	340.0	160.7	386.0	1651.4	2129.4	5307.6	2838.8	2658.8
浙江	1316.7	1533.4	1633.4	2066.8	1873.4	2533.5	2533.5	700.0	473.4	606.7	786.7	1126.7	560.0	520.0	600.0
河南	133.3	333.4	1200.1	1400.1	1000.1	366.7	493.4	560.0	433.4	433.4	466.7	546.7	146.7	133.3	10.0
湖北	200.0	1366.7	2366.8	440.0	620.0	686.7	846.7	1106.7	340.0	1126.7	1366.7	1300.1	673.4	886.7	240.0
湖南	213.3	233.3	233.3	493.4	800.0	800.0	866.7	533.4	333.4	333.4	333.4	333.4	133.3	73.3	—
安徽	—	1.3	66.7	80.0	80.0	80.0	333.4	146.7	80.0	80.0	80.0	80.0	80.0	80.0	80.0
山东	—	—	11.3	43.3	140.0	280.7	400.0	360.0	53.3	—	—	—	—	—	—
贵州	—	—	—	24.7	58.7	123.3	270.7	110.0	28.0	—	—	—	—	—	—
海南	—	—	—	14.7	27.3	25.3	57.3	100.0	66.7	39.3	25.3	38.0	37.3	—	—
陕西	—	—	—	33.3	66.7	133.3	200.0	66.7	33.3	—	—	—	—	—	—
总和	1863.4	3468.2	5512.3	4602.2	4693.6	5102.3	6547.0	4416.9	2150.8	3320.2	5897.0	8222.4	9605.1	6812.3	5862.3

资料来源：闫新甫等，2001

从 1989 年到 90 年代中期，香料烟的发展进入选择优化确定适宜种植区阶段。经过前几年的各省积极引种、试验，到 1989 年虽然有许多地区获得了成功，但是人们也开始认识到并不是所有引种地区都是最适宜香料烟发展的。到底什么样的生态、气候、土壤等自然条件适宜香料烟生长发育，哪些地方适合种植、能生产优质香料烟，这些问题引起有关部门和学者的重视，采取不急于扩大面积，稳定思想，对比国内外的生态条件，进行适宜地区选择和种植区优化的研究，引导香料烟合理布局，采用向适宜区发展的措施。1991 年和 1992 年香料烟种植面积回升，但由于我国混合型卷烟消费市场份额小，香料烟原料需求量受到限制，加之各地对香料烟质量的标准认识不一，品种退化，生产水平低，技术不完善，烟叶质量不稳，低次等级烟叶大量滞销，严重影响了种植香料烟的积极性。随后许多地区（尤其是不适宜地区）缩减甚至停止了香料烟的种植，并经过市场需求的择优、自然选择以及合理引导，逐渐向适宜区发展。到 1994 年，种植面积（2151hm^2）和收购量（近 1620 吨）几乎减缩到 80 年代中期水平（图 11-1）。最后，经过种植验证、市场反应以及专家论证，初步认为只有新疆、湖北、云南、河南、陕西、海南、湖南、安徽等几个省（区）比较适宜种植香料烟。

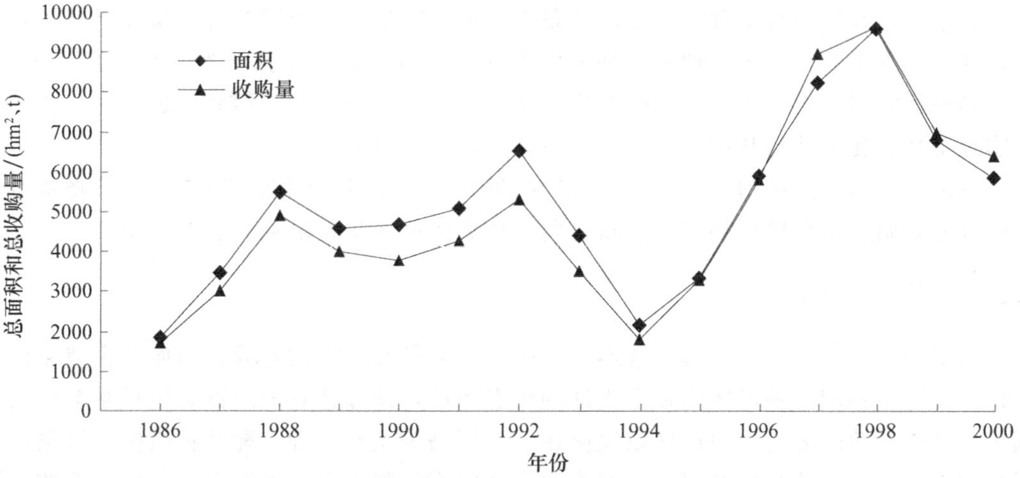

图 11-1　全国香料烟种植总面积、收购总量变化

（闫新甫等，2001）

1995 年以后，为我国香料烟规模发展阶段。90 年代中后期，随着国际混合型卷烟的进一步发展，我国卷烟产品结构的调整及对外出口的需要，全国香料烟种植面积才逐年上升。值得注意的是，此阶段除了安徽、湖南、海南有一些种植外，90%以上的种植面积集中在浙江新昌、嵊州、云南保山、新疆呼图壁、察布查尔、湖北郧西、竹山县以及河南汝阳。到 1998 年，全国的种植面积和收购量均达到历史最高水平，总面积达到 9605hm^2，收购 9668 吨烟叶（图 11-1），主要集中在新疆、云南、湖北和浙江四省（区），形成了区域性规模化种植。尤其是云南和新疆两省（区）香料烟种植区，气候干燥、少雨、光照强、土质为红壤或丘陵沙壤，与香料烟原产地的地中海巴尔干半岛的自然条件相似，具有生产优质香料烟的得天独厚的气候、土地资源，生产的香料烟具有典型的芳香型特征：云南香料烟生产投资大，发展迅速，香料烟叶片较小、风格突出；新疆香料烟叶片较厚、色泽好。两产区各有特色，并有现代化的加工厂配套，种植面积大，具备规模化生产的条件。1997 年以后，年种植面积两省（区）均在 2000hm^2以上。到 2000 年 10 月底，两省（区）历年累计共出口香料烟 6328 吨（其中，云南 5413 吨，新疆 915 吨），在我国基本上形成了南北两大香料烟生产基地。

二、香料烟的类型

国外香料烟的类型划分，有按叶形划分的，有按用途划分的，也有按产地划分的。香料烟主产国——土耳其和希腊的划分方法也不相同。土耳其主要按照产地划分类型，希腊主要按照烟叶质量特性和用途划分类型。我国香料烟在类型划分方面没有进行较深入的研究，其划分方法多沿用土耳其和希腊的分类方法，因而出现了两种不同类型划分方法。

土耳其、希腊、保加利亚和原南斯拉夫种植的香料烟，人们通常称为典型的香料烟品种。此外，意大利、阿尔巴尼亚、叙利亚、伊朗、黎巴嫩、原苏联和泰国也生产香料烟和半香料烟。优质香料烟种植区可以概括地分为伊兹密尔、黑海和大马其顿 3 个主要地区，这3个地区均具备香料烟生产的条件，但3个地区在土壤和气候条件上又各有差异，这也导致了3个地区在种植品种上的不同，并各自形成了独特的类型特色。因而，当前国外将香料烟类型按产地划分为伊兹密尔型、马其顿巴斯马型和萨姆逊型。各类型在物理特性、化学特性和烟气特性方面逐渐形成了各自的特点。

我国香料烟在类型划分上，主要按照品种的生物学特性和烟气特点区分，将香料烟品种分为萨姆逊型和巴斯马型，即将巴斯马型和伊兹密尔型统称为巴斯马型。

三、适宜品种的选择

由于我国香料烟产区地理位置不同，生态条件存在一定的差异，因而在主栽品种的选择上也有所不同。各产区应根据当地的生态条件，选择适宜的品种。生长季节降雨量偏少，高温干热的云南保山产区以克萨锡、巴斯马为主栽品种，配合种植柯玛蒂尼、巴斯马和库库鲁、伊兹米尔等耐旱品种类型。新疆产区降雨少，高温干旱是生长期的主要气候特点，烟田中期、后期土壤水分主要靠灌溉补充，根据当地的气候条件，以种植柯玛蒂尼、巴斯马为主，配合种植克萨锡、巴斯马和库库鲁、伊兹米尔等耐旱品种。湖北十堰生长期降雨量相对偏多，应选择种植沙姆逊类型的品种沙姆逊、杰尼克，并搭配种植从希腊新引进的卡特里尼（Katerini）和卡巴库拉克（Kabakulak）。浙江的新昌和嵊县、河南的汝阳、安徽的歙县等生长期降雨量偏多的产区，以种植沙姆逊类型为主，可以搭配种植巴斯马、杰尼克和从希腊新引进的卡特里尼和卡巴库拉克。

第二节　香料烟栽培技术

一、香料烟适宜的生态条件

（一）气候条件

香料烟具有较高的抗旱能力，生长季节的光照充足、高温、干热是优质香料烟生产的必要条件。典型的地中海式气候具备冬春季节降雨较充沛，烟田土壤含水量比较多，香料烟移栽后烟株的生长前期能借助土壤水分正常生长，而且这一时期有少量的降雨对土壤水分进行补充。在烟株生长到中后期，降雨基本停止，光照充足，温度升高，出现高温干热条件，由于干旱也使土壤的有效养分吸收和转化缓慢，烟株生长缓慢。昼夜温差大，白天的高温干旱使烟株及叶片出现萎蔫；夜间温度低，湿度较大，叶面常常出现结露，由于叶面的结露，使叶片萎蔫得到恢复，昼夜干湿的交替发生，使植株的生长发育处于缓慢状态。烟叶生长受到水分供应不足的干旱胁迫而出现叶片小，干物质积累丰富，身份好，香气物质积累和转化充分，烟叶的香气和吃味良好。烟叶成熟期的干旱也为调制提供了必要的条件。当前我国香料烟生产形成一定规模的云南保山、新疆、湖北、浙江等产区，基本符合优质香料烟生产所要求的生态条件。

（二）土壤条件

香料烟适宜栽培在土层较薄、肥力较低、磷钾含量较高的土壤上。在肥力高的土壤上种植香料烟，其叶片厚，缺少香料烟特有的香气。在希腊芳香性香料烟巴斯马型(Basma)适宜低肥力、含有石砾的中壤质至重壤质土。而吃味型香料烟萨姆逊(Samsun)和特撒姆拜拉型（Tsembelia）适宜山地丘陵沙质黏土。香料烟对土壤质地的要求不是十分严格，一般在表土层为沙土、沙壤土、粉沙土，心土层为黏壤土、石灰岩、片岩等的土壤上都能种植。但优质香料烟要求山坡地，土层浅薄，土壤质地为沙土、沙壤土、粉沙土和沙黏土，土壤通气性、排水性好，有机质含量较低，土壤肥力低到中等，pH 偏酸性至偏碱性。

二、香料烟栽培

（一）育苗

香料烟育苗方法与烤烟基本相同，为了培育壮苗，适时移栽，多采用塑料薄膜覆盖或阳畦保温育苗。

1. 苗床准备

由于香料烟大田移栽密度大于烤烟 5 倍以上，因而育苗面积也要相应扩大。苗床面积与大田面积之比应为 1∶30 或每 10m×1m 的床畦要育成烟苗 10 000 株，才能满足移栽的要求。一般香料烟每公顷大田面积要备足 225～300m^2 的苗床面积。

苗床地选好并确定其育苗面积后，在前一年要深耕，以利于冬季积蓄雨雪，并冻死虫卵和杂草根。开春后打碎土块做畦。畦一般宽 1m，长 10m，畦埂宽 33～36cm。将畦内土壤深翻整细，同时混入经过筛选的熟腐猪、牛、羊粪 250kg，鸡粪 1～2kg，或饼肥 2.5～5kg，过磷酸钙 0.25kg，用齿耙反复平整、压实，进行 3 次洇水，最后一次洇水下渗后即可播种。

2. 苗床管理

苗床管理在保证烟苗生长所需适宜的温湿度外，还应做到：保证稀播、匀播，要求出苗均匀一致；及时间苗定苗，一般于 2 片、4 片真叶时各间苗 1 次，保证每株烟苗有 10cm^2 左右的生长空间；在 5～6 片真叶时剪叶 1～2 次，促使烟苗整齐一致，生长健壮；及时锻苗，锻苗是一项培育壮苗的重要措施，一般在移栽前 7～10 天开始控水、控肥，揭膜通风锻苗，移栽前 3～4 大要求昼夜揭膜锻苗。

3. 壮苗标准

苗龄为 45～55 天，烟苗整齐一致，苗茎挺拔健壮，茎高 5～7cm，有韧性，不易折断；6～8 片叶，叶色呈淡绿或绿色；根系发达有韧性，拔苗时根系折断数量少；烟苗抗逆能力强，无病虫害。

（二）选地和整地

香料烟种植地块应选择防风的斜坡地或丘陵地，土层浅，有机质含量低，肥力低而又不过于贫瘠。避免选平地和低洼地。丘陵地的香料烟质量较好，斜坡面向东和向南较好。

合理轮作可以降低病虫害的发生和有利于烟叶的产量和质量。因此，烟地的选择还必须注意前 3 年没有种过茄科作物。土耳其香料烟轮作方式为烟草—小麦或玉米—烟草，但以 3 年以上轮作较好。云南烟区一般采取烟草—玉米—小麦—水稻—烟草的轮作方式。新疆烟区采取烟草—玉米—小麦—烟草，或烟草与豆科牧草的轮作方式。

选择好烟地后，应该进行整地。一般是在秋末深翻，深度为 10～26cm，让土壤进行风化和利用冬季低温冻死虫卵和病原体。翌年春季进行第二次翻耕，深度为 20～26cm，然后耙碎整平，要求地表无大土块和枯草根。

（三）施肥

1. 肥料种类

（1）氮肥对香料烟的影响。氮肥对香料烟产量和品质影响较大。希腊克特瑞尼对此进行了研究（表 11-2）。由表 11-2 可知：氮肥从 20kg 增加到 40kg，产量明显提高，产值增加，而进一步增加到 60kg，产量增加不明显，单值下降。同时也可以看出，氮肥增加，烟叶中烟碱、总氮含量升高，导致糖/蛋比值下降，质量降低。烟叶中钾、镁和钙含量随氮肥用量增加而增加，这可能是由于在土壤有机酸浓度较高时，吸收硝态氮较高引起的。燃烧性增加是由于氮肥高，叶面积增大变薄，而薄叶的燃烧性通常较厚叶和组织紧密的叶好。

表 11-2　氮肥对香料烟产量和质量的影响

用量/（kg/hm^2）	产量/（kg/hm^2）	产值/$	烟碱/%	总氮/%	钾/%	钙/%	镁/%	燃烧性/（mm/min）
20	2507	7376	1.49	2.11	2.97	2.44	0.56	3.96
40	2721	7667	1.51	2.21	3.05	2.60	0.57	4.26
60	2794	6962	1.61	2.34	3.09	2.73	0.61	4.41
80	2809	6968	1.78	2.54	3.16	2.83	0.62	4.52

（2）钾对香料烟的影响。从表 11-3 可以看出：钾肥从 30kg 增至 60kg 时，产量提高，产值增加，超过 60kg 则产量不再增加。增加钾肥，烟叶中烟碱和总氮含量趋于下降，钙含量基本不变，但镁含量略有下降。这表明，钾肥可以平衡氮肥对烟草品质的某些不利影响。当土壤中有效钾含量较低时，增施钾肥效果较明显。钾肥不影响钙的吸收，但降低镁的含量。

表 11-3　钾肥对香料烟产量和质量的影响

用量/（kg/hm^2）	产量/（kg/hm^2）	产值/$	烟碱/%	总氮/%	钾/%	钙/%	镁/%	燃烧性/（mm/min）
30	2657	7129	1.65	2.32	2.96	2.64	0.62	4.25
60	2730	7409	1.59	2.30	3.07	2.67	0.59	4.23
90	2719	7341	1.59	2.29	3.08	2.65	0.60	4.30
120	2722	7491	1.57	2.27	3.16	2.63	0.58	4.36

2. 施肥量

香料烟产量低，需肥量也低，特别是氮肥要严格控制，否则烟叶质量下降。但是，要获得香料烟的一定产量和质量，仍需少量施肥，在耕地前把少量家畜粪肥施于田间，对于贫瘠土壤尤其有利。在土耳其和希腊，大量使用绵羊和山羊粪肥作基肥。在希腊于春季撒施少量氮磷钾三元复合肥，肥料类型为4∶8∶8、6∶8∶8和4∶8∶12，施用量为112～224kg/hm^2。在土耳其广泛使用15∶15∶15型复合肥肥料，施用量为50kg/hm^2。但另据有关资料介绍，土耳其香料烟既不施基肥，又不施追肥。中非和东非种植香料烟，施用15∶15∶15的复合肥，施用量为4.5～9kg/hm^2。南非香料烟施15∶15∶15的复合肥料17～22kg/hm^2。原苏联的大叶型香料烟施肥量为氮60 kg/hm^2，磷90～120kg/hm^2，钾60～80kg/hm^2。保加利亚香料烟产区土壤含钾量丰富，种植烟草一般不施钾肥，施氮40.1kg/hm^2，磷60kg/hm^2。总肥量的2/3在移栽前10天撒施，余下的1/3在烟株培土时条施，沟深10～15cm，肥料种类为硝酸铵和过磷酸钙。

从上述可知，不同国家的香料烟施肥量差异很大，这是因为各产区生态条件不同造成的。因此，各产区应根据当地的气候条件、土壤条件、品种类型、灌溉条件等确定施肥方案，按照氮、磷、钾合理配比，并考虑土壤中微量元素的丰缺程度及补充措施，保证营养充足，烟叶发育良好。

另外，香料烟整个生长过程中干物质积累连续稳定的增长，这就需要连续不断地提供营养条件，以保证其正常生长。农家肥能缓慢的分解释放养分，适宜于香料烟的需肥规律。因此，在我国香料烟产区应以农家肥为主，少量使用化肥。

3. 施肥方法

香料烟的施肥，应根据土壤养分含量、香料烟的需肥量和需肥规律进行。实践证明，香料烟一般一次施足底肥，不追肥或少追肥为好。为了保证香料烟叶片小，有一定的厚度，必须严格控制氮肥用量。施肥量以促进早期生长为限度，在烟叶进入成熟期，氮肥基本用尽。基肥以熟腐的灰土粪、牛羊栏粪和猪粪等为好，于整地前撒施。饼肥经发酵后于移栽后半月内在烟株旁穴施或条施，结合中耕培土进行，还可配合施用磷钾肥。以后在整个生长期不再追肥。如果烟株确实因肥料不足，生长很差需要追肥时，仍以追施发酵的饼肥为好，在移栽后30天内施完，不宜追施尿素等纯氮化肥。否则追肥过晚，后期水肥充足，烟株猛长，造成烟叶恋青不落黄，降低烟叶品质。

（四）移栽

1. 移栽期

适时移栽，使香料烟生长、成熟、晒制处于气候条件最佳时期，是获得优质适产的关键措施。香料烟主产国（如土耳其、希腊和保加利亚等），其气候条件属于地中海型，年降雨量主要集中在冬季和春季。烟草生长的4～6月份降雨量较少，适合烟草生长；7～9月份雨水极少或无雨，气温较高，特点是少雨干燥，没有连阴雨天，有利于晒制烟叶。因此，这些国家的香料烟绝大部分是4～5月份移栽。例如土耳其是元月底至2月中旬播种，苗床期45～60天，4～5月移栽。希腊是2月中、下旬播种，5月底至6月初移栽。保加利亚是2～3月份育苗，4月中下旬移栽。

我国香料烟产区气候条件差异较大，各地区根据香料烟生长发育特点和晒制期间对环境条件的要求，通过实践确定适宜的移栽期。例如，湖北郧西一般在2月中旬至3月上旬育苗，4月中下旬移栽，争取在6月中下旬开始采收，8月底晒制结束为宜。新疆产区为保证上部叶片成熟的温度条件，应在 9 月上旬结束采收，避开 9 月中旬以后的低温。云南保山产区应确保下部叶片在较适宜的温度下生长发育和成熟，保证下部叶片质量。

2. 移栽密度

香料烟植株较小，叶片多，叶片小，适合密植。综合不同栽植密度对香料烟产量、产值、化学成分和评吸质量的影响，以及烟草工业对香料烟品质的要求，可知密植是生产优质香料烟的重要技术措施。与其他类型烟草相比，香料烟密度大得多，也正是由于密度大才能获得香料烟所特有的质量特点。

国外香料烟密度较大，但产地不同，品种类型不同，差异也较大。例如，土耳其一般为 15 000 株/亩，行距 40cm，株距 10cm；保加利亚为 8000～10 000 株/亩，行距 50～60cm，株距 12～13cm；希腊为 10 000～12 000 株/亩，行距 40cm，株距 12～13cm。芳香型香料烟密度最大，一般为 12 000～17 000 株/亩；其次是吃味型，一般为 9000～11 000 株/亩；密度最小的是中性型。

我国香料烟产区，由于气候、土壤条件和品种不同，密度差异也很大。云南、新疆，巴斯马型密度为 13 000～17 000 株/亩；湖北十堰、浙江新昌和嵊州、河南汝阳沙姆逊型种植密度为 11 000～13 000 株/亩；杰可尼密度一般为 13 000～14 000 株/亩。

3. 移栽方法

种植方式应采用宽窄行起垄畦栽，每畦栽两行，宽行 66cm，窄行 33cm。移栽香料烟可于当地气温稳定在 12℃以上时，按确定的密度进行。先拉线开沟，施药、施肥、浇足底水，再按一定的株距将烟苗放在沟内，待水渗透后封土。将四周松土围到烟苗茎部附近压实，围土时宜高些（但注意不能埋住心叶），可起到防风、防冻、保温作用。

（五）大田管理

1. 查苗补栽

于移栽后 2 天及时查苗、补苗，以避免断垄缺株。对后补苗应施偏心肥，浇偏心水，精心管理。

2. 追肥

我国香料烟产区，在基肥不足或地力太差的情况下，烟株前期生长势弱，适当追肥能促进烟株生长，提高产量。但追肥宜早，一般在移栽后的半月内进行，最迟不超过 30 天。每亩追施复合肥 10kg，或腐熟饼肥 25kg，开沟施肥，并结合浇水、中耕盖土。但就香料烟的需肥规律而言，一般不提倡追肥。

3. 中耕培土

由于香料烟根系较小，中耕培土有利于促进根系生长，扩大吸收面积，增强抗旱、防风、防倒伏作用，减少杂草和病虫害的发生。中耕除草培土一般进行 3 次，根据植株的生长程度进行，方法是“一浅二深三浅”。即移栽一星期后，进行第一次浅中耕，以清除杂草，松动土皮，提高地温，促进新根萌发。第二次中耕在移栽后 20 天进行，中耕时略深些，并结合培土。在烟株高约 33cm 左右，叶数 10 多片，尚未封行之前，可进行第三次中耕。中耕时可摘去脚叶 1～2 片，有利于田间通风透光。并结合培土（一般要求培土高度 6.6cm），以防止后期雨水冲刷和大风的侵袭。

4. 打顶

国外香料烟一般不打顶，一是认为打顶后特别是早打顶、低打顶将影响优质的顶叶质量，使顶叶变大，叶面粗糙，香气减少，尼古丁含量增加；二是认为打顶后引起腋芽旺盛生长，抹杈花费劳力。但也有的烟株生长后期，虫害严重，为防止病虫蔓延，而打去花序。因此，香料烟打顶与否要看具体情况而定，综合考虑，慎重处理。如果烟株生长后期土壤肥力较足，烟株生长正常，就不要打顶。如果土壤肥力较差，烟株生长后劲不足，则可在盛花期或青果期，摘除花果，保留花轴下的有效叶片。这样可以保证上部叶片充实，品质较好。在后期雨水较多，土壤中氮素养分尚充足的情况下，可以打顶留杈，以消耗养分，保证顶叶质量（彩图 11-1）。

第三节　香料烟调制技术

一、成熟和采收

（一）成熟特征

香料烟的成熟适宜程度在生理阶段上比烤烟稍早，比深色晾烟稍晚，采收成熟度应掌握在生理成熟期。土耳其爱琴地区烟叶尖部一开始变成黄绿色就采收。我国香料烟产区提出的生理成熟特征是下部叶绿色减退呈淡绿色即采收。营养充足的烟田，中上部烟叶叶片较厚，内含物充实，应掌握“嫩绿消除，浓绿尚存”，叶尖叶缘显黄，叶片黏性增大时采收。未熟叶调制后带有明显青色，过熟叶调制后叶片薄而且香气不足。香料烟顶部和底部的成熟特征无明显差别。

（二）采收

香料烟采收方法始终是片收，即按烟叶成熟顺序由下而上将成熟一致的烟叶逐层采收。国外大约在第一朵花开放时开始采收，一般为移栽后 42～56 天。每次每株采收 3～5片，整个烟株采收 5～6 次即可结束。

我国香料烟在移栽后 50 天左右开始采收下部 3～5 片土脚叶，以后每隔 5 天左右采收 1 次，每次每株采 3～5 片，整个采收调制期共采收 7～8 次。采收腰叶以下的叶片时，间隔时间短些（3～5 天），采收腰叶以上叶片时，间隔天数多些（7～9 天）。

采收要做到三不采：一是不采露水叶。带露水叶在调制时易产生黑色斑点，使品质变劣；二是不在中午采烟。因为中午阳光强烈，叶片萎蔫，采摘时易将烟杆的皮撕下，使烟株受损害；三是雨天和雨后不采烟。雨后叶片含水量增加，返青转嫩，叶片芳香物质被雨水冲刷掉，烟味变淡且不易调制。因此，雨后须经 2～3 个晴天，再进行采收。

适宜的采收时间一般在晴天傍晚进行。这时叶内含水分少，容易凋萎变黄，使品质良好。同时又可以利用晚上穿叶上架。在天气干旱和采收顶叶时，早晨和上午采摘较为适宜。采摘方法与一般烟叶采收相同。此外，还应注意采摘数量与晒制设备的平衡，以免造成鲜烟叶积压。采收的烟叶要整齐堆放，轻拿轻放，尽量避免损伤叶片（彩图 11-1）。

（三）穿叶上架

香料烟的调制，是用线绳或铁丝将鲜烟叶穿成串，挂在晒架上晒制，所以采收的鲜烟叶要经过穿叶上架的操作过程。穿叶要按未熟、适熟和过熟的烟叶分类穿串，对病虫危害和不完整的烟叶也应另行分别穿串，以保证同一串烟的品质一致。穿烟时一般以面对面、背对背为宜。穿烟方法是针线从距主脉基部1～1.5cm处中间通过，穿成一串。

穿烟密度应视烟叶部位、大小、成熟度而定。一根线上穿叶的多少，每串烟在架上排列的密度，都影响烟叶脱水速度。太稀则脱水太快，容易晒青；太密则脱水太慢，容易变黑。一般一串烟内，叶片之间的距离，下部叶间隔1.5cm，上部叶0.5cm，中部叶1cm；烟串之间的距离，下部叶20～25cm，上部叶10cm，中部叶15cm。总之，叶小稍密，叶大稍稀。烟串之间的密度以晒棚内不互相挤压，晒场上不互相碰撞，架子上下串以不遮挡阳光为好。

二、调制设备

香料烟是晒烟，调制过程以晒为主。香料烟调制设备因产区降雨量的不同而差异较大。目前，国内外使用的香料烟调制设备主要是塑料晒棚、晾棚和晒烟架。

（一）塑料晒棚

国外的希腊、泰国，以及我国的云南保山、新疆多采用这种调制设备。希腊的晒棚大多是用角铁焊成的，一般长10～20m，宽4.4m，挂叶架高0.8m，棚边高1.2m，棚脊高1.6～1.75m，棚的斜坡长2.55m。塑料薄膜一般延伸到挂烟架以下0.2m。烟串在晒棚内的挂晒密度一般为10～14cm，棚内挂一层烟。棚上的塑料薄膜一般很厚，既可以适当降低透光率、防止棚内温度过高而造成烟叶急干、青干、漂白现象发生，又可以多年使用。

我国云南保山的香料烟晒棚大多是用铝合金、三角铁或竹木材料建成的，一般中高1.8m，边高1m，宽2～4m，长5～10m，塑料薄膜延伸至挂烟架下0.2～0.3m，棚内用竹子或木杆搭成高1m，宽1m，长5～10m的挂烟架2～4副，在烟架上每隔10cm钉一个钉子，用于拴挂烟串。晒棚内只挂一层烟（图11-2）。

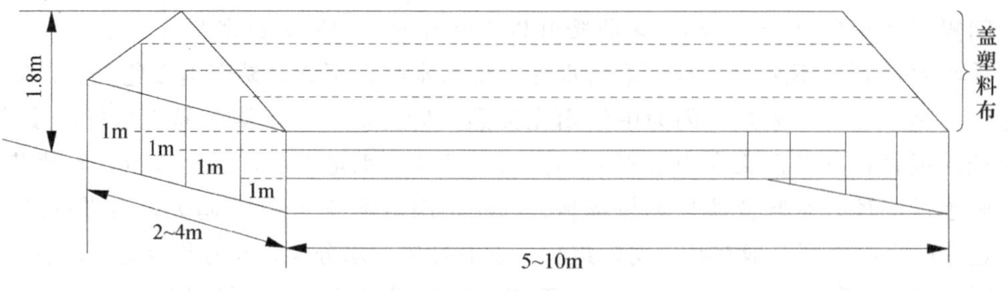

图11-2　云南保山香料烟塑料晒棚示意图
（宫长荣等，2003）

新疆香料烟晒棚与云南的晒棚结构相似，但采用的是半地下式薄膜屋脊型晒棚，便于晒制期间保湿，利于烟叶变黄。建筑时一般向地下挖 0.3m，棚高 2m，宽 2.5m，长 6～10m。

（二）晒烟架

晒烟架形式多样，我国一般是用竹子、细木杆或方木做出的长方形框架，长 2m，宽 1～1.2m。在框架两边的主杆上，每隔 10cm 钉一个钉子，用来拴挂烟串。烟叶处于凋萎变黄期时，晒烟架放在晒棚内或晾房内，凋萎变黄达要求后，将晒烟架平架在晒场上或斜靠在晒场上进行晒制，直至烟叶晒干（图 11-3）。

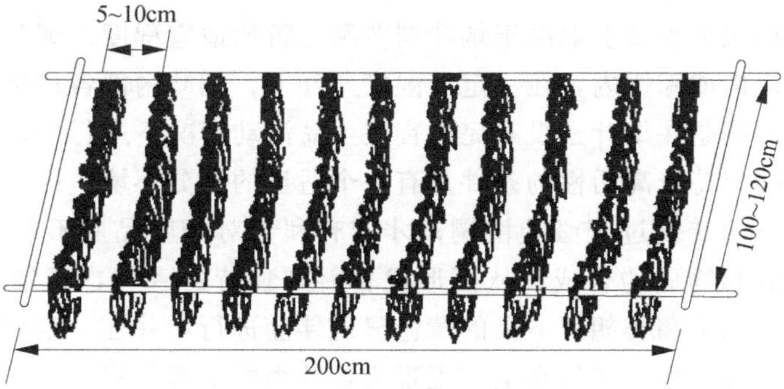

图 11-3　香料烟晒架示意图

（宫长荣等，2003）

（三）晾房

湖北陨西和浙江新昌，由于烟叶调制期间降雨量相对较大，一般采用晾房加晒场来调制香料烟。浙江新昌香料烟晾房中高 3.3m，长、宽各 5m，房顶为瓦顶或草顶，三面为土墙，一面敞开。湖北香料烟晾房中高 2m，宽 2～4m，长度视种烟多少和场地大小而定，瓦顶，用木架支持，四周敞开，如遇降雨，可用塑料薄膜覆盖（图 11-4）。

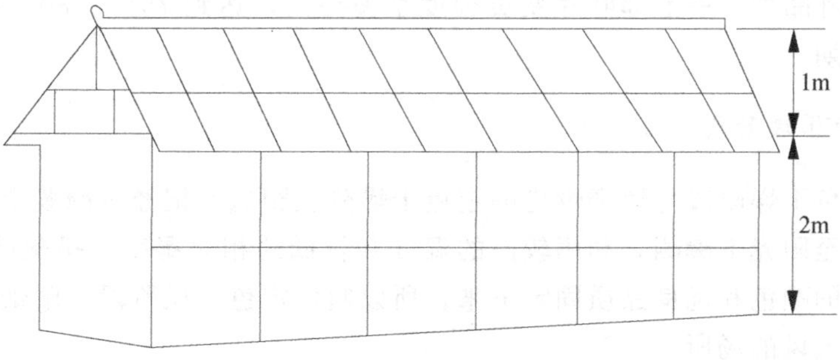

图 11-4　香料烟晾房示意图

（宫长荣等，2003）

三、调制技术

香料烟的调制过程分为两个阶段，即凋萎变黄期和定色干燥期。因为凋萎变黄期需要较低温度和较高湿度，往往需要较弱的阳光或在晾棚下进行，所以人们常称为晾制阶段。定色干燥期常需要较高的温度和较低的湿度，以利于排除水分使烟叶干燥，要在阳光下曝晒才能完成，所以人们常称作晒制阶段。因此，对于香料烟的调制方法有人说是晒制，有人说是半晾半晒，也有人说是先晾后晒。但是总的来说，香料烟的调制是以晒制为主，香料烟叶因此叫做晒烟（彩图 11-2，彩图 11-3）。

（一）凋萎变黄阶段

香料烟的品质很大程度上取决于烟叶凋萎和变黄的适宜程度。烟叶系满烟绳，绑上烟架后，置于晾房内或晾棚内，在一定温湿度条件下，烟叶内部各种化学成分进行生理生化变化，这一过程是在烟叶还没有完全丧失生命活动情况下进行的，是在各种酶的催化下进行的。酶能保持较高活性的条件是有一个适当的水分环境。因此，水分的散失速度与内部化学成分的转化过程必须协调，才能有利于对烟叶品质不利物质的转化和分解，以及对品质有利物质的合成，从而形成香料烟独特的香气，调制出优质烟叶。其中，叶绿素的分解消失和类胡萝卜素的黄色显现伴随进行，并在一定程度上反映出内部化学成分变化的适宜程度。在外观上，表现为烟叶由绿变黄的程度。

香料烟自然变黄要求温度 20～27℃，相对湿度 85％较为适宜。凋萎和变黄所需的时间，依温度、相对湿度、烟草品种、烟叶着生部位和成熟度等因素而有差异，一般需 2～3 天。烟串上架后，应根据烟叶部位、含水量情况确定变黄期的操作技术。对于下部叶片和含水量较大的叶片，要求在一定遮阳、通风条件下凋萎变黄，以免造成强光灼伤叶片；对于中上部叶片及含水量较低，干物质积累较多的叶片，可以减少遮阳程度，增加光照强度和光照时间，提高变黄温度和减少通风强度，加快变黄进程。对于不同产区、不同品种、不同部位叶片凋萎变黄程度的掌握上应有所不同，调制期降雨偏多、空气相对湿度较大、沙姆逊类型大叶片品种、叶位靠下部的叶片变黄程度要求放宽，防止变黄期过长、叶内水分散失过慢、内含物消耗过度而出现叶色过深和糟片现象发生，达到 65％～70％的变黄程度即可转到定色干燥期；调制期降雨过少、空气相对湿度偏低、巴斯马类型小叶品种、中上部叶片变黄程度掌握要高，达到 75％～80％的变黄程度再转到定色干燥期。

（二）定色干燥阶段

香料烟定色干燥阶段与烤烟烘烤的定色干燥阶段相似。把经过凋萎变黄达到定色要求的烟叶，移至阳光下曝晒，利用较高的温度和较低的相对湿度，排除叶片内的水分，使已变化适宜的颜色和优良品质固定下来，所以叫做定色干燥阶段。晒烟多选择在通风向阳，又能挡大风的场所。

这一时期的操作措施主要是增加光照强度和光照时间，揭除调制棚架上的遮阳物，使烟叶逐步达到全天在强光下曝晒，使变黄程度适当、内含物质转化充分的烟叶尽快干燥，固定叶色和停止内含物的继续转化。对于下部含水量较大的叶片、沙姆逊类大叶片品种，要求增加光照时间和提高温度的进程适当放缓，以免急速高温和曝晒造成强光灼伤叶片及出现过多糟片；对于中上部叶片及含水量较低、干物质积累较多、巴斯马小叶片品种，可以加快定色进程，增加光照强度和光照时间，干物质积累良好的上部叶片，完成凋萎变黄后即可转为全天强光曝晒进行定色干燥。

香料烟的调制时间介于烤烟和晾晒烟之间，一般下部叶调制时间稍短，约 10 天左右，中上部叶调制时间稍长，为 12～15 天。

香料烟对颜色的要求由金黄至红黄色均可。颜色的深浅，可由调制过程中变黄干燥的程度和速度来控制。变黄程度稍大，干燥速度较慢时，烟叶一般呈棕红或棕褐色；变黄程度稍轻，干燥速度较快时，烟叶一般呈金黄或红黄色。当然，由于气候条件或其他原因，使调制过程的变黄干燥程度和速度失控，烟叶将会出现各种各样的杂色（彩图 11-4）。

第四节　香料烟调制后处理

一、堆积醇化

香料烟产区调制季节往往气候干燥，晒制后烟叶常出现色泽不均匀或含青现象，影响烟叶的商品等级和内在质量。因此，必须进行堆积醇化，以消除青色使烟叶的色泽更加均匀一致。通过堆积醇化，还可以减轻青杂气，使香气显露，商品等级进一步提高。

将调制后回潮变软的烟串取下，叶尖向内，叶基向外堆放，烟堆高 1.0～1.5m，用塑料薄膜把烟堆包好，进行堆积醇化 20～30 天。醇化时烟叶水分以 12%～13%为宜，堆内温度以 30℃左右为最好。水分超过 14%，将会滋生霉菌，降低烟叶质量；水分低于 9%，醇化速度很慢且效果不佳。在整个堆积醇化期间，要经常检查烟堆的温湿度，如发现温度过高，应及时翻堆，一般整个堆积醇化期间需翻堆 1～2 次，翻堆不宜在阴雨天进行，以避免烟叶水分含量增加。

二、初加工

香料烟加工是香料烟生产过程中的一个重要环节，在提高香料烟质量和使用价值方面起着重要作用。烟叶加工是根据客户要求，并利用现有的烟叶资源进行合理地配叶，以达到最大的质量效益和经济效益，香料烟的质量和价值也只有通过加工后才能得以充分体现和完善。

希腊、土耳其等香料烟主产国均有现代化的香料烟加工厂，收购的烟叶在加工厂经过一系列的加工后进入控温控湿的陈化阶段。经过陈化，香料烟的外观品质得到进一步改善，内部化学成分进一步协调，香气更显露，叶片质量更趋一致，便于配方，这也是希腊和土耳其香料烟质量好而稳定的主要原因之一。我国在 1995 年前无香料烟加工厂，缺乏陈化理论与技术的研究，香料烟质量无保证，出口几乎为零。

为了使香料烟生产与产品加工配套，1996 年 10 月，国内第一座加工能力为 5000

吨，具有国际香料烟分级和加工水平的现代化香料烟加工厂在云南保山建成投产，打破了国内无香料烟加工能力的局面，填补了国内空白。1997 年底，新疆在石河子建成投产了我国第二座香料烟加工厂，年加工能力 2500 吨。1998 年 8 月又一座年加工能力 4000 吨的现代化的十堰香料烟加工厂顺利投产。至此，我国云南、新疆、湖北香料烟 3 个产区的 3 座现代化的可与国际接轨的香料烟加工厂的投产使用，为我国香料烟生产的持续发展奠定了良好的基础。

（一）初加工的作用

1. 合理配叶

通过合理配叶，可充分利用不同等级烟叶资源，使烟叶内在质量和效益方面发挥最大的作用。

2. 调整烟叶水分

通过加工，使香料烟的水分更加均匀一致，并达到规定的要求，有利于打包、贮存、醇化。

3. 去除杂质和灰尘

通过加工机械除尘，可除去烟叶表面的尘土和沙粒，使一部分游离烟碱挥发散失，刺激性有所降低，青杂气减少。

4. 杀菌灭虫

通过真空回潮、蒸汽加温加湿以及加工中喷洒药物，可杀死叶面细菌和虫卵，有利于烟叶的长期贮存和陈化。

（二）加工工艺流程

香料烟加工过程环节多、技术性强、工艺复杂。云南保山香料烟公司在借鉴希腊、土耳其香料烟加工工艺基础上，结合当地香料烟的质量特点，研究开发出一套完整的加工工艺流程和操作规定。主要工艺过程如下：

1. 烟叶配级

根据制作好的加工样品和配方要求，进行烟叶配料。一般外销烟加工为 AB、KP、KK 3 个等级。内销烟加工成一、二、三、四 4 个等级。配级操作应分别按照各个等级加工要求进行。

2. 真空回潮

真空回潮是指把配级后的原烟烟包送入真空回潮机内进行加温加湿的过程。通过真空回潮，使烟包疏松、叶片柔软、减少造碎和叶片黏结率。回潮前，必须对原烟进行水分抽查测定，若原烟含水率大于 14%，不进行回潮处理，直接进入拆线喂料工序，若原烟包含水率小于等于 14%，则必须进行回潮处理。回潮后烟叶的水分因加工等级不同而有差异，AB 级或一级、二级烟叶水分为 15.5%～16.5%，KP 或三级为 15%～16%，KK 或四级为 14.5%～15.5%。

3. 拆包喂料

把配好级并经回潮处理过的原烟包拆除麻片、麻绳，挑出断线、杂质、霉烟及不符合本等级要求的烟叶，经挑选送入加工线的烟叶合格率要求大于95%。拆包喂料过程中，每3h抽测一次烟叶含水率，控制参数为AB（一、二级）为15%～16%、KP（三级）为14.5%～15.5%、KK（四级）为14%～15%。

4. 第一次振动筛选

挑选后的烟叶进入筛孔直径为3.2mm的振动筛进行筛选，以筛除原烟中的沙土、灰尘、碎末及杂质。

5. 第一次贮叶混配

经过第一次筛选的烟叶，由带式输送机送入贮叶柜进行贮叶混配。使烟叶混配均匀，叶片水分含量更加均匀一致。

6. 加温加湿

通过加温加湿处理进一步调整烟叶的温度和水分，增强烟叶的柔软性和韧性，使叶片松散、便于分开，减少造碎和降低叶片黏结率，确保加工质量。加工温度不超过55℃，加工后烟叶水分同第一次真空回潮时的水分要求。

7. 机械分叶

经过加温加湿处理后的烟叶，通过靶式机械手将黏结的烟叶分开，除去叠片中夹杂的灰尘杂质，降低叶片黏结率。

8. 空吸风分

空吸风分是降低叶片黏结率、提高叶片完整率、减少杂质、控制烟叶水分的重要环节。经机械分叶后，大部分黏结烟叶已得到松散，然后烟叶进入风分机进一步松散，并对松散效果差的烟叶进行循环风分。在这个过程中，烟叶水分降低。风分工艺参数控制指标见表11-4。

表11-4　风分工艺参数控制指标（%）

加工等级	来料水分	出口水分	叶片黏结率	叶片完整率	沙土含量	杂质	其他
AB（一、二）	15.5～16.5	15～16	≤7	≥93.5	≤0.2	≤0.2	无塑料
KP（三）	15～16	14.5～15.5	≤6.5	≥92.5	≤0.2	≤0.2	无塑料
KK（四）	14.5～15.5	14～15	≤6	≥90	≤0.2	≤0.2	无塑料

注：叶片黏结率是指未处于自然松散状态、3片及3片以上黏结在一起的烟叶占全部烟叶的百分比

资料来源：聂国明等，2000

9. 第二次振动过筛

经过风分工序后，黏结的烟叶被散开、叶片间夹杂的残留灰尘、杂质及分叶造成的碎末被送入筛孔直径为3.2mm的振动筛进行再次筛选，使烟叶更加纯净。

10. 人工选叶

经风分并筛选过的烟叶，由人工将不符合本等级的叶片以及杂质挑选出来，以保证加工烟叶的一致性。

11. 第二次贮叶混配

经除杂精选后的烟叶，由带式输送机送入贮叶柜进行贮叶混配，使各等级烟叶充分混合均匀，叶片水分更加一致，确保烟叶加工质量的一致性。

12. 加药处理

为防止加工后的成品烟叶产生虫害，需要进行加药处理，加药数量由加药机根据烟叶的级别、来料流量自动控制，以确保杀虫效果并避免污染。对在原烟仓库已熏蒸、成品烟贮存期短或客户有特殊要求的烟叶可不进行加药处理。

13. 称重打包

经加药处理（若需要）的烟叶由带式输送机分别送入打包机前的小贮叶柜，经过第三次贮叶混配，再经过拨料棍将烟叶均匀地送到打包机内按设定重量进行预压打包。烟包规格为400mm×700mm×650mm，每包重可根据香料烟品种、叶片的大小、厚薄及其持水性能以及仓库条件要求进行设定，设定范围为每包 25～50kg。目前云南保山、新疆、湖北十堰香料烟加工厂包重均设定为50kg。

打包时各等级烟叶的水分控制要求为：AB（一、二级）为15%～16%，KP（三级）为14.5%～15.5%，KK（四级）为14%～15%。

14. 缝包、标签标识

符合要求的烟包，被送入缝包台进行缝包。烟包有2/3封闭，1/3不封闭，以利于自然醇化过程中的水分散发。成品烟包用标签标识，必须注明品名、产地、组别、包号、等级、重量、加工日期等要素。

15. 压包整形

烟叶在仓库内进行自然醇化期间，勤检查，并定期进行抽样检验，掌握烟叶水分散发和醇化情况。当烟包水分降至12.5%～13.5%时，自然醇化基本完成，可以进行压包整形，将原来的半封闭烟包缝合成全封闭商品包，缝包针距为15～25mm。

16. 碎烟处理

在第一次、二次振动筛选时筛出的碎烟及灰尘等，进入风分管道。碎片及碎末经落料机筛网筛选，碎片和碎末分别集中打包，包装入库待售出厂。灰尘和杂质经风吸管道集中风送到除尘室，统一由除尘器收集处理。

第五节　香料烟良种介绍

一、老沙姆逊（Samsun）

（一）品种来源

老沙姆逊型香料烟于1951年由土耳其引进我国，是浙江新昌香料烟主要栽培品种，栽培历史悠久。

（二）主要特征特性

植株为筒形，株高110～130cm，茎较细，节距3.4～4.5cm，叶数28～34片，腰叶长14～16cm，宽10～12cm，有叶柄，叶柄长4～5cm。叶片宽卵圆形，叶尖钝，叶色浅绿，叶面略皱，花冠红色。大田生育期120天左右。耐旱、耐瘠薄，易感黑胫病和青枯病。一般每公顷产量为750～900kg。调制后叶片呈橙黄或棕黄色，光泽鲜明，油润。原烟总糖 14.5%，烟碱 1.49%。香气足，吃味纯净舒适，燃烧性强，劲头适中。

（三）栽培调制技术要点

宜选择土层浅，有机质含量低，表土较疏松的地块种植。栽培密度为 82 500～90 000株/hm^2为宜。一般不打顶，分次逐叶采收，调制方法是先晾后晒。

二、新沙姆逊（Samsun）

（一）品种来源

新沙姆逊型香料烟是近年从土耳其引进的品种，主要在湖北省十堰香料烟产区种植。

（二）主要特征特性

植株为塔形，株高 130～150cm，茎围 3.6cm，节距 3.6cm。有效叶数 38～40 片，叶片小而薄，侧翼宽，呈牛舌状。大田生育期 110～115 天。调制后原烟介于淡红色和深红色之间，有弹性，韧性好，填充性好，具有舒适的甜味和特殊的香气。烟碱含量小于 1.5%，还原糖 6%～10%。

（三）栽培调制技术要点

宜选择土层浅，有机质含量低，表土较疏松的地块种植。种植密度为 82 500～90 000株/hm^2为宜。一般不打顶，分次逐叶采收，调制方法是先晾后晒。

三、卡玛蒂尼·巴斯马（Komotini Basma）

（一）品种来源

卡玛蒂尼·巴斯马型香料烟是近年从希腊引进的品种，主要在云南、新疆香料烟产区种植。

（二）主要特征特性

株高 100～120cm，茎围 3.3cm，节距 3.1cm。有效叶数 31 片。腰叶长 18.7cm，宽 8.3cm，叶形椭圆，叶色绿。叶面略皱，叶尖钝，主脉细，无叶柄。花冠红色，花序紧凑。大田生育期 100～110 天。田间生长快，抗旱能力强。中抗白粉病，耐花叶病。一般每公顷产量为 1050～1200kg。调制后原烟多为橘黄色，叶片较厚，尼古丁含量一般小于 1.5%，总糖含量为 16%～22%，香气足。

（三）栽培调制技术要点

适宜在新疆、云南干旱河谷地区种植，一般不打顶，分次逐叶采收，调制方法是先晾后晒。

四、克萨锡·巴斯马（Xanthi Basma）

（一）品种来源

克萨锡·巴斯马型香料烟是近年从希腊引进的品种，主要在云南、新疆香料烟产区种植。

（二）主要特征特性

株高 90～120cm，茎围 3.3cm，节距 3.2cm。有效叶数 25～28 片，茎叶角度小，腰叶长 18.4cm，宽 9.0cm，叶形椭圆，叶色深绿，叶面较平，叶尖钝，叶脉较细，无叶柄。大田生育期为 115 天左右。抗黑胫病，中抗丛枝病，易感白粉病。调制后原烟多为金黄色，结构疏松，厚度适中。云南保山香料烟烟碱一般低于 1%，总糖为 16%～22%，香气足。

（三）栽培调制技术要点

适宜在山区、半山区沙壤土种植，一般不打顶，分次逐叶采收，调制方法是先晾后晒。

第六节　香料烟的质量特点

一、国外香料烟的质量特点

（一）外观质量

香料烟叶片的大小是重要的质量因素，烟叶大小因品种而不同。就一个品种来说，栽培在不同环境中，叶片大小要发生变化，一般是气候湿润和水肥条件好的，叶片较大，为半香料型。就一株烟来说，以顶叶最小，质量最好。

香料烟的颜色，有青黄、柠檬黄、橙黄、棕黄、红棕和棕褐等，颜色过深不好，以黄色或带浮青为好。这种浮青经过堆积醇化很容易转变，醇化的色香味明显优于棕褐色烟叶。不论什么颜色，又以鲜明的、纯净的为好。香料烟按原产地分为巴斯马型和沙姆逊型，类型不同其外观色泽不同，一般巴斯马型要求橘黄色或金黄色，而沙姆逊型要求浅棕色或红棕色为好。

和其他类型的烟叶一样，质量好的香料烟，要求成熟度好，组织较细致，弹性强，厚薄适中。弹性好即当水分适宜时，手握展开后能恢复原状，或受压后不易破碎。香料烟叶片厚度，是上部叶较中下部叶厚，但是用显微镜观察是同一品种不同部位叶片有相同数目的细胞，上部叶片的细胞伸长较小，只是内含物较充实而显得厚。

（二）物理特性

烟株不打顶，烟叶是晒制的。因此烟叶具有丰富的黄色色素，质地柔软。烟叶表面有一层腺毛分泌物形成的胶质。与其他类型烟叶相比，香料烟的叶脉非常细，所以烟叶含梗率很低，最好的马其顿的巴斯玛烟叶，叶脉仅占整个叶片重量的5%。香料烟在制丝加工过程中不进行梗叶分离，而与叶片一起切丝，也不会有较大的梗签梗块，这是由香料烟叶脉细小和所占比例小决定的。

香料烟的吸湿性和保湿性比其他类型烟草强。这是因为香料烟对成熟度要求比烤烟稍低，调制方法为晒制，调制时间比晾烟短，影响吸湿性的物质如淀粉、糖分，特别是树脂和蜡质含量较多，因此香料烟吸湿性能好，保湿能力强，叶片柔软富有弹性，不易破碎。

香料烟的燃烧性较好，燃烧的灰分呈碱性。香料烟的灰分含量为10%～16%，比其他晾晒烟稍低。

（三）化学成分

香料烟的化学成分因品种、环境条件和栽培技术条件不同而变化较大。同是一个品种，种植地区不同，移栽密度和水肥条件不同，烟叶化学成分含量及其比例就不同，尤其是调制方法和调制后的醇化措施对烟叶化学成分有着重要影响。

1. 烟碱

香料烟的烟碱含量较低，变化范围较大，大部分烟叶的烟碱含量为0.5%～2.8%，其中有半数的在0.5%左右，平均为1%左右。从烟株底部到顶部，以中部叶烟碱含量最高，上部叶次之，下部叶最低。一张叶片中以叶尖和边缘烟碱含量最高，叶基和叶脉两侧次之。烟叶的等级高，品质好，其烟碱含量偏低；烟叶等级低品质差，烟碱含量偏高。

2. 总氮

香料烟烟叶的总氮量范围为1.49%～3.60%，一般以2.0%～2.5%较合适。其中蛋白质氮偏低，绝大部分占总氮的50%以下。逐叶采收的香料烟，上部烟和下部烟之间总氮含量变化不大，但是顶叶总氮含量高。顶部叶中可溶性氮含量比较高，下部叶总游离氨基酸含量较高，细小的差别是由于香料烟不打顶引起的。

3. 总糖

香料烟烟叶的总糖含量为2.5%～20%。在这个范围内，含糖量愈高，烟叶品质愈好。国外香料烟含糖量较高，国内的则较低。含糖量的分布与烤烟相似，即中部叶含糖量最高，顶叶含量稍低，下部叶含量最低。

4. 有机酸

香料烟含有较少的非挥发性有机酸，而含有较多的挥发性有机酸，这与香料烟的特殊品质有关。非挥发性酸中，以苹果酸含量最多，并与钙镁形成盐，对持火力有利。从下部到顶部非挥发性酸呈不规则地下降，但草酸含量显示了相反的趋势，只是在最顶部叶，草酸含量下降。在挥发性酸中，异戊酸和β-甲基戊酸占优势，对香料烟的香气有很大的作用。

5. 树脂和蜡质

香料烟烟叶的树脂和蜡质的含量范围为5.52%～12.19%，平均含量为8%～10%。

其中树脂的含量为7%～11%，蜡质的含量为0.31%～0.74%。香料烟的树脂和蜡质的含量受品种影响较大，受环境条件的影响不大。在小叶型香料烟的典型生产区域中，局部气候变异相当小，但是这种区域的范围也较小。相反，过量的降雨将增加含氮量和叶片体积，树脂和蜡质含量降低，使香料烟的典型香气特点削弱。

降异戊间二烯是从类胡萝卜素和双萜烯中获得的，这些成分也产生香料烟的香气和香味特征。当然，香味较多地受到传统生产措施，尤其是调制措施和调制后处理（醇化）的影响，最终传递的化学性质与香料烟的醇化关系非常密切。

6. 多酚类

与其他类型烟草相似，香料烟烟叶中含有许多种多酚类物质，其中绿原酸和芦丁的含量较高，而且与香料烟的品质呈正相关关系。一般香料烟中绿原酸含量为0.95%～3.43%，芦丁为0.80%～2.37%。

7. pH

香料烟烟叶的pH较低，变化范围为4.83～5.93（温度在18℃时），平均值为5。

（四）内在质量

香料烟叶片上腺毛的分泌物，有精油、树脂及蜡。这些分泌物在醇化过程中经聚合和转化而形成具有特殊香气的物质。这些分泌物多，烟叶品质就好。香料烟有一种突出的树脂香气，即与腺毛分泌物有关。

香料烟品种不同，香气的质和量不同，其主要原因是由于碳水化合物、有机酸等物质的比例不同。烟叶中酸性组分与香气关系很大。香料烟中异戊酸和β-甲基戊酸含量比烤烟高4倍左右，与香气有很大关系。此外，赖百当类化合物的降解产物为香料烟所独有，对香料烟的香味风格也起一定作用。

香料烟的吃味与化学成分特别是碳水化合物和含氮化合物的比例关系密切。烟叶中碳水化合物、树脂和精油对吃味有利，简单蛋白质、果胶和有机酸对吃味不利。香料烟种植在极度干旱的条件下，吸收水分和矿物质营养的机会少，烟叶很小，光合产物占优势，形成碳水化合物、脂肪、芳香油和树脂较多。因此，香料烟除具有芬芳的香气外，还具有柔和的吃味。如果使香料烟可利用的水分增加，氮素吸收就增加，烟叶中含氮化合物所占比例就大，进而形成粗糙的缺乏香气的烟叶。但是，如果烟叶碳水化合物含量过多，含氮化合物过少，对吃味也是不利的。

香料烟的吃味与烟碱及烟气碱度关系密切。一般来说，烟叶的吃味越好，烟碱尤其是游离烟碱含量越低。

二、我国香料烟的质量特点

我国不同地区香料烟经过几十年的栽培种植已形成了风格不同的香料烟类型，外观质量各有明显特点。按香型划分可把香料烟分为芳香型（aromatic type）、吃味型（taste type）和中间型（neutral type）。芳香型香料烟在混合型配方中主要起调香作用，吃味型香料烟起调味作用。国内一般认为云南和新疆的香料烟以芳香型为主，湖北和浙江的香料烟以吃味型为主。香料烟的感官质量评价主要是通过评吸指标来衡量，由于影响品质的化学成分较多，对于化学质量的评价目前国际上还没有现成标准，基本上是对主要成分的相对高低进行比较。

（一）外观质量

从烟叶身份来看，芳香型香料烟同部位相比，以新疆烟叶相对较厚，吃味型香料烟沙姆逊品种与杰尼克品种同部位烟叶相当，其中中上部叶以浙江嵊州、新昌的烟叶稍厚。从叶片结构来看，芳香型香料烟同部位相比新疆、云南的总体差异不大，但云南稍好。吃味型沙姆逊品种与杰尼克品种相比，上部叶浙江的沙姆逊品种稍好，中部叶湖北的杰尼克品种稍好。从烟叶颜色来看，芳香型香料烟上部烟叶云南与新疆察布查尔县的相当，下部叶以新疆察县的稍好，新疆呼图壁、温泉的香料烟含青较多；吃味型沙姆逊品种与杰尼克品种无法比较，但各自均符合国标对颜色的要求。

从烟叶光泽来看，芳香型香料烟云南与新疆察县相比，以新疆察县的稍好，云南与新疆呼图壁的烟叶光泽相当，云南下部叶与新疆温泉中部叶的光泽相对较差；吃味型香料烟沙姆逊品种与杰尼克品种光泽相当。从香料烟油分来看，芳香型中云南与新疆的香料烟相当，吃味型中沙姆逊比杰尼克稍好。

（二）感官质量

国内 4 个产区（云南保山、新疆、湖北十堰、浙江新昌和嵊州）烟样评吸情况来看，芳香型产区烟叶香味比吃味型产区烟叶的香味浓度大，香气量足，余味干净、舒适。在不同香型风格的烟样中，芳香型烟叶以云南保山香料烟质量最好；吃味型烟叶以湖北十堰的质量较好。

不同部位烟叶质量相比较，云南、湖北香料烟均呈现上部叶最好，中部叶次之，下部叶较差的趋势。新疆烟叶呈现中下部烟叶质量好于上部，浙江烟叶呈现中上部好于下部的趋势。不同产区杂色组香料烟质量相比，排序是：云南＞湖北＞新疆＞浙江。

烟叶内在质量有了明显的提高，一些主要指标接近甚至达到希腊或土耳其的质量水平，主要表现在香料烟香气特性显著或较为显著，香气量提高较为明显，余味较为舒适。

但从总体上讲，我国香料烟与国外相比还有一定的差距。有些产区烟叶存在有杂气、刺激性，有些产区烟叶燃烧性较差，甚至有熄火现象，主要表现在香料烟香气特征仍没有希腊的突出，香气量有待进一步提高。

（三）内在化学质量

香气质、香气量是评价烟叶品质的重要指标。影响香料烟品质的化学成分很多，但对致香成分的研究资料有限。已有研究表明叶片腺毛密度、分泌物与油分和香气有密切关系，烟叶中挥发性有机酸，尤其是异丁酸、异戊酸、β-甲基戊酸对烟气的吃味和香气影响较大。不同地区的烟叶各种挥发酸有一定的差别，质量好的香料烟中总挥发酸和低级脂肪酸含量比质量差的烟叶高，而且香料烟的异丁酸、异戊酸和β-甲基戊酸比烤烟和白肋烟多许多。香料烟中特有的一类化合物是赖百当类，属双萜烯内酯，一般认为这类化合物是产生香料烟特征香气的关键成分之一。但是对我国香料烟中致香物质与香气特性之间关系以及不同地区的香料烟内在化学成分质量评价等方面的系统研究甚少。

1. 云南香料烟

香气组分中有机酸类和赖百当类化合物及其降解产物含量较高，典型香料烟香气质量属性明显，烟叶中总糖（均值>12%）和钾离子含量（>1.5%）较高，氯含量（均值<0.5%）和烟碱含量较低（均值<1%），烟气偏酸性，烟叶中总体化学成分较为协调，烟叶内在化学质量超过泰国、低于希腊，接近甚至达到土耳其香料烟的质量水平。降糖增碱是进一步提高该产区香料烟香吃味的有效途径。

2. 湖北香料烟

烟叶香气组分中赖百当类化合物及其降解产物含量较高，但有机酸类物质（如β-甲基戊酸和异戊酸）含量偏低，香料烟烟叶香气属性中等，烟叶中水溶性总糖含量较低，总氮和氯离子含量较高，烟气偏碱性，K/Cl 值较小，烟叶总体化学成分尚协调，烟叶中的化学成分质量指标接近泰国香料烟的质量水平，提钾降氯是解决该产区烟叶燃烧性和香吃味质量的主要问题。

3. 新疆香料烟

烟叶香气组分中有机酸类含量较高，赖百当类及其降解产物的含量中等，香料烟特征香气特性中等偏强，烟叶中糖含量较高，总氮、烟碱、氯含量高，K/Cl 值小，烟叶中总体化学成分尚协调，烟叶中的化学成分质量指标低于希腊、土耳其，与泰国香料烟叶化学质量基本持平。增钾降氯是解决该产区烟叶燃烧性不良的有效途径。

与希腊香料烟比较，我国香料烟中低级脂肪酸含量均高于希腊烟叶，高级脂肪酸含量与希腊烟叶接近或稍低。饱和酸、一元酸、脂肪族酸均高于希腊烟叶，不饱和酸和芳香族酸与希腊接近。我国香料烟的总酸性物高于希腊烟叶，但总酸性物和各类有机酸对香料烟的致香效果及与生产环境因子的关系不清楚，需要深入研究，以完善我国香料烟质量和生产理论与技术。

香料烟是卷烟原料之一，以前非常普及的晒烟型卷烟就是完全以香料烟为原料卷制的，如土耳其卷烟就是100%的香料烟，但是现在除一些起源国家如原苏联、土耳其、保加利亚、希腊和原南斯拉夫外，其他地区很少吸用这种晒烟型卷烟，今天所生产的香料烟都是与其他类型烟草相混合，生产混合型卷烟。优质香料烟能够提供微妙的香气，纯净柔和的吃味，与其他类型的烟草相混合，能够减轻刺激性和辛辣味，获得非常满意的抽吸特性。

工业验证结果表明，云南香料烟可作为调香原料使用，可以使烤烟和白肋烟之间达成香气和吃味的平衡，增强混合型卷烟在抽吸时的主流烟气和侧流烟气的香味特征，同时在烤烟配方中具有修饰和衬托香气、改善余味的特点，能够扩展烤烟型卷烟的香味领域。

新疆香料烟具有可利用的香气风格特征和丰满程度，且在混合型卷烟中与烤烟和白肋烟的配伍性较强，反映了良好的配方利用效果。同时新疆香料烟可以作为基础调味料应用于烤烟型卷烟当中，或与其他香料烟组合成香料烟配方单元进入叶组配方使用。

湖北香料烟具有良好的填充效果，对于改善混合型卷烟的吃味浓度，提高烟气香味丰满度，净化口感效果明显，在混合型配方中与烤烟和白肋烟的配伍性较强，适用于浓味混合型配方的使用。

思考题

1. 简述我国香料烟生产概况。
2. 香料烟适宜的气候条件是什么？
3. 香料烟适宜的土壤条件是什么？
4. 香料烟施肥与烤烟和白肋烟有何异同？
5. 香料烟栽培密度有什么突出特点？
6. 香料烟是否打顶？为什么？
7. 香料烟的采收成熟度如何掌握？
8. 说说香料烟调制的晒棚、晒架、晾房的类型和建造的主要技术要求？
9. 简述香料烟的晒制技术？
10. 香料烟为什么要进行调制后的初加工？简述其工艺流程？
11. 与世界优质香料烟相比，我国香料烟的品质有哪些优缺点？

第十二章　其他晾晒烟生产

第一节　雪　茄　烟

一、雪茄烟生产概况

雪茄是烟制品的一种类型。“雪茄”（cigar）是外来语，它的传统概念是全部用烟叶卷成的烟支。雪茄由 3 部分构成，从外向内分别为外包皮叶、内包皮叶和芯叶。其烟质特点是具雪茄香型，香气浓郁，吃味浓，劲头大，烟气呈碱性，焦油与烟碱比值小。

随着生产的发展和消费者消费习惯的变化，雪茄烟的概念逐渐被扩大。只要占烟支重量 75%左右的芯烟是以雪茄烟为原料，内包皮可以是烟叶，也可以是烟草薄片或棕色卷纸，甚至只用一张烟、一层烟草薄片或一层棕色卷烟纸代替内外包皮卷制的粗细、长短不同的烟支，具有雪茄型晾晒烟香气和吃味特点的都可统称为雪茄。这样一来，雪茄的大小、形状、规格等就更加丰富多彩了。然而需要强调的是，包括纸卷的雪茄在内，雪茄的原料必须以晾晒烟叶为主，才能使产品具有雪茄独特的香气和吃味。

据原西德国际烟草杂志 1977 年第一期记载：“雪茄是中美洲印第安人为自己吸用手工卷制的。古巴人 Demetrio Pela 在 1541 年曾记载印第安人首领 Panduca 向他表演怎样卷雪茄，随后他便从事大量制造雪茄。”由此可见，古巴是制造雪茄的古国。西班牙制造雪茄技术是从古巴学到的，1720 年后便开始大规模生产。后又由西班牙传到德国，1788 年德国在汉堡建立了第一家雪茄烟厂。

雪茄工业的历史早于卷烟工业，而且早期更为兴旺。自 1875 年卷烟工业兴起，特别是美式混合型卷烟盛行之后，雪茄生产、消费便逐渐被排挤，但是因为雪茄具有独特的特点，消费者对它仍有一定的需求，于是它便作为烟制品的一种而继续发展。20 世纪 60 年代后，据不完全统计，世界雪茄年产量在 230 亿支（即 230 万箱）以上。美国产量最大（1973 年为 100.97 亿支），其次是原西德、缅甸、荷兰、比利时、英国（20 亿支以上），再次是原东德、古巴、意大利、丹麦、哥伦比亚、印度、法国、西班牙和瑞士等。

我国制造雪茄的历史较短，始于 20 世纪初。1905 年菲律宾华侨梁氏兄弟在广州创办雪茄烟厂，后来在其他沿海城市也相继办厂，并逐渐向内地发展。1924 年四川什邡始建工农烟厂，四川中江县凯江烟厂始建于 1938 年。中华人民共和国成立后，全国雪茄生产变化很快。20 世纪 60 年代约 30 万箱，70 年代约 50 万箱，80 年代初约 50 万箱，到 1985 年发展到 130 万箱。70 年代末开始，生产雪茄的企业增多，不少卷烟厂也生产雪茄，以满足市场需求。而且产品的品种结构发生重要变化，70 年代出现的各种规格的非叶卷雪茄型卷烟，到 80 年代初已占雪茄总产量的 90%以上，中档以上产品的比重日趋增大。经过多年技术改造，雪茄生产机械化程度有明显提高，摆脱手工操作的落后状况，实行机械化或半机械化，产品质量水平有明显提高。但是，随着消费者吸食口味的改变，雪茄需求量减少，产量逐年减少。到 2000 年，全国生产雪茄型卷烟 382 694箱，雪茄烟 5439 箱（表 12-1）。

表 12-1　1979～2000 年全国雪茄烟产量（箱/万支）

年　份	产　量	年　份	产　量	年　份	产　量
1979	257 200	1987	232 332	1995	188 000
1980	524 200	1988	181 645	1996	200 000
1981	544 100	1989	247 757	1997	177 000
1982	730 800	1990	278 199	1998	138 000
1983	873 800	1991	244 296	1999	120 000
1984	1 163 900	1992	259 994	2000	54 000
1985	1 307 300	1993	256 200		
1986	266 584	1994	169 000		

注：1979～1985 年属雪茄型统计，1986～2000 年属雪茄烟统计，个别年份数字取整数

资料来源：根据中国烟草总公司历年统计资料整理

我国烟草资源丰富，很多地区种植的晾晒烟都具有特殊的雪茄烟香型和吃味。但是，对于某一个地区所产的晾晒烟，是外包皮烟还是内包皮烟或者芯烟，这要看所产烟叶质量更适合哪一种用途而定。例如，四川新都柳烟，叶片窄，不适宜作外包皮或内包皮烟，绝大部分是用作芯烟，故叫做雪茄芯烟。又如，浙江桐乡红烟，叶片较薄，颜色较浅，光泽好，支脉细，适于作外包皮烟，故叫做外包皮烟，但并不是该地区所产烟叶全能作外包皮，还有一部分是用作内包皮烟和芯烟。可见，雪茄烟的 3 类烟叶的划分并不是绝对的，既不是按一株的上中下部位分别为芯烟、内包皮烟和外包皮烟，也不是按产区严格地区分为 3 个类型产区，而是在具有雪茄烟烟质特点的前提下，按烟叶质量主要适合哪一类烟而定，并同时可以生产出适合另外类型的烟叶，只是有主次之分而已。例如，四川什邡毛烟，通常高等级的用作深色外包皮，中等级的用作内包皮，低等级的则只能用作芯叶。

二、雪茄烟对环境条件的要求

（一）气候条件

雪茄烟生产需要适宜的气候条件，世界上优质雪茄烟集中在气候较温暖的地区，大部分在赤道附近的热带，纬度 15°左右，而且相当多产地与海洋性气候有关。特别是外包皮烟叶，叶片较薄，组织较细致，这要求植株生长相当快，更重要的是连续不断地生长，无明显的干旱天气。

1. 温度

烟叶成熟和调制期的气温，对雪茄烟叶的品质形成十分重要。15℃以下的气温是不适宜的。虽然在 15～35℃之间都能调制，但以温度较高为好。另外还要与空气相对湿度结合起来考虑，以调制时空气相对湿度与温度的华氏度数相等或较低（约 10 左右）

比较适宜。

2. 水分

雪茄烟的三类烟叶，对雨量的要求是不相同的。芯烟不宜多雨，外包皮烟则要求雨量充足，内包皮烟与芯烟相近。例如，生长季节中每月平均降雨量，印度尼西亚的苏门答腊东海岸外包皮烟产区在 177mm 以上，古巴的凡尔他阿巴乔芯烟产区还不到 50mm，美国威斯康星州内包皮烟产区在 90mm 左右。雨量的多少又以生长后期最为重要。

3. 日照

不同用途雪茄烟对日照的要求，以外包皮烟较为特殊，它在云雾多、日照强度较弱的条件下，（如苏门答腊东海岸）能获得较好的品质。内包皮烟对光照的要求与外包皮烟相似，而芯烟则需要充足的光照，以增加叶片身份和香气。为此，美国及其他国家采用人工幕布遮阴栽培外包皮烟。我国桐乡晒红烟是间种在桑园内。

（二）土壤条件

雪茄外包皮烟、内包皮烟和芯叶烟对土壤条件的要求各不相同。外包皮烟需要最轻质的土壤，要求土壤结构疏松，自然排水性能好，只有在这种土壤条件上才能生产出质量好的雪茄外包皮烟。例如，印度尼西亚苏门答腊东海岸的雪茄外包皮烟产区，土壤大多是黑色沙壤土、沙壤土和细沙壤土，心土为黄色的沙壤及黏壤，有机质含量高，土壤呈强或略强的酸性。内包皮烟叶对土壤条件的要求和外包皮烟比较相似。芯烟需要土壤较黏重，较肥沃，最好的芯烟一般产于具有深厚的石灰性母质的土壤，也适合种植在黏壤土和黏土上，土壤颜色一般是由黄色到红棕色。

三、雪茄烟栽培技术

（一）轮作

遮阴栽培外包皮烟一般都是采用连作，这是由于可供栽培这种类型烟叶的土壤很少，加之应用的遮阴设备投资较大，不便移动，因此不易轮作。而芯烟的栽培除少数产区实行连作外，大多数产区都是实行轮作制度。印度尼西亚是通常与水稻交替种植，一年轮换一次。这使残存在土壤中的病菌无法连续危害，从而防止了根结线虫病和细菌性萎蔫病的发生，解除了一些病害危害的实际问题。

我国雪茄烟各主要产区已有较好的轮作制度，一般为 3 年轮作制，轮作作物有水稻、小麦、油菜和绿肥等。

（二）遮阴

由于雪茄烟不需要太强烈的阳光，特别是外包皮烟，因此遮阴措施可以提高雪茄烟的质量。1914 年开始研究遮阴，由于遮阴篷布能反射较多的直射光，在天气晴朗、光线充足的情况下，可减少烟草植株接受的辐射能，并且篷布遮阴，空气流动大大受阻，可减少田间水分蒸发，提高田间相对湿度，因此用篷布进行遮阴效果较好。遮阴篷在康涅狄格州称为帐篷，而在佐治亚、佛罗里达州则叫做遮阴。这种帐篷或者遮阴，是人工创造的外包皮烟生产的适宜环境，对于雪茄烟的生产有重要意义。

一般认为，遮阴种植和生产技术必须达到最高标准，才能从这种巨大投资中获得最大利益。因此，在世界范围内，采用人工遮阴栽培的产区还是比较少的，而采用自然遮阴的较多。国内外大多产区所用遮阴材料是透光率为30%左右的纱布，也可采用芦苇帘、竹黄帘和黑色遮阳网等。我国浙江桐乡曾采用布篷遮阴，栽培后13天开始遮阴，能保持田间相对湿度80%左右，所得烟叶调制后符合外包皮烟要求。

（三）栽植密度

雪茄烟栽植密度可略大于烤烟，但也不易过密，因为烟叶既是种植的收获物，又是植株的营养器官。我国主要雪茄烟产区的栽植密度（株/hm^2）分别为：四川什邡（毛烟）30 000～33 000，四川新都（柳烟）48 000～52 500，浙江桐乡（间种在桑园地内）19 500～20 000，广东高鹤22 500左右，江西广丰15 000～18 000，广西武鸣22 500～25 500。世界上雪茄外包皮烟的密度较大，多数为22 000～30 000，而芯烟的密度一般为16 000～30 000（表12-2）。

表12-2　世界主要雪茄烟产区栽植密度

地区和类型	行距/cm	株距/cm	密度/（株/hm^2）
印尼苏门答腊外包皮烟	50～100	45	29 640
美国康涅狄格州外包皮烟	90～100	30～35	32 278
古巴外包皮烟	75	20	64 556
美国宾夕法尼亚芯叶烟	90～100	60～70	15 371～16 139
古巴芯叶烟	90	25	39 520
印度雪茄烟草	60	50	32 778

资料来源：Akehurst，1981

（四）施肥

与烤烟相比，雪茄烟需要较多的氮素，而且对氮素的吸收至少要持续到成熟期。因此，雪茄烟施肥量较烤烟多，并多施氮肥和钾肥，钾肥对改进烟叶燃烧性特别重要。雪茄烟大田生产期较短，应注意基肥和前期追肥。应多施有机肥，尤其是饼肥。

雪茄外包皮烟需要较多的氮肥才能增产。氮肥使叶片宽度增加，叶片变薄，营养期延长，并且能增加烟叶光泽。印度雪茄外包皮烟常年施肥量为：氮200kg/hm^2，五氧化二磷142kg/hm^2（磷为62kg），氧化钾299kg/hm^2（钾为248kg），氧化钙136kg/hm^2（钙为97kg）。而印度尼西亚苏门答腊的外包皮烟长期与水稻轮作，土壤提供了大量的氮素，所以施肥量较少。以施厩肥15 000kg/hm^2、氮125kg/hm^2、五氧化二磷112kg/hm^2、氧化钾224kg/hm^2为最佳施肥量。

遮阴栽培的雪茄烟地块土壤肥力较低，需要较大的施肥量。美国的康涅狄格州施肥量为：氮224kg/hm^2、磷134kg/hm^2、钾224kg/hm^2，并且为了确保雪茄外包皮烟良好的身份和弹性、好的光泽和燃烧性，往往增施牲口粪和其他有机肥，如绵子粉、蓖麻渣、骨粉和鱼粉等。有些沙质土壤上种植的雪茄包叶烟最易出现缺镁症，而镁对于燃烧性和烟灰具有正相关效应，但是过量的镁却会引起烟灰剥落。一般是根据土壤镁含量和烟株生长情况，追施一定的氧化镁，一般量为 28～84kg/hm^2。此外，有些土壤需施一定量的硼肥和钙肥。

（五）灌水

灌水是遮阴栽培雪茄外包皮烟所必需的，对于调制也是有益的。在温暖和光照不足的环境中，土壤湿度保持在田间最大持水量的 60%以上，可生产出质量好的外包皮烟，如果土壤湿度低于田间最大持水量的 50%，而生产出的外包皮烟大而厚，质量不好。雪茄芯叶烟一般不灌水，适当的缺水有利于香气物质的形成。遮阴栽培雪茄外包皮烟一般采用喷灌设备进行灌水。

（六）打顶抹杈

按照雪茄烟的不同类型，并视土壤肥力和大田生长期长短，确定打顶早晚和留叶多少。一般来说，雪茄外包皮烟打顶较晚、较高，留叶较多，一般为 18～24 片。遮阴栽培包皮烟通常是打去花序，并允许烟杈生长以提供遮阴，减少所有叶片的厚度。我国广东高鹤也采取打顶后留长烟杈，并作为收获对象。雪茄芯叶烟打顶较早、较低，留叶较少，一般为 10～14 片，甚至只有 8 片。打顶后还要控制腋芽生长，每周抹杈一次。雪茄芯烟虽然不像包皮烟那样的质量要求，但是叶片较厚也是不适宜的，正常的要求也是相当薄，有弹性。因为从长期的雪茄烟使用习惯来看，往往要从芯叶烟中选出大量的内包皮叶片，外包皮叶片也可以从芯叶烟中选出，所以打顶高低要从烟叶的实际用途来决定。

四、雪茄烟调制技术

（一）成熟采收

雪茄烟叶的工艺成熟标准，可以说与烤烟形成了两个极端，即成熟标准掌握更低些，采收更早些。判断雪茄烟叶的成熟度比烤烟困难得多，一般认为深绿转变为淡绿，或者非常淡的黄色，由叶尖向叶边缘扩展，是成熟的特征。芯叶烟的成熟度要比包皮烟高一些，这样才有利于 3 种类型烟叶不同质量特点的形成，遮阴栽培的雪茄烟，因为光照弱，相对湿度较高，烟叶成熟较慢，应适当推迟采收。采收过早，调制后颜色不鲜明；采收过迟，不但颜色不鲜明，而且组织粗糙，弹性减弱。

雪茄烟外包皮烟均采取逐叶采收法，而且采收操作需要非常细心。苏门答腊包皮烟于移栽后 45～50 天，也就是花蕾出现时，进行一次采收，前 3 次采收每隔 5 天一次，每次 2 片叶。以后成熟间隔较长，而每次采收都是 2 片叶。在 4～6 月份均为收获期，一株烟自移栽到收获完毕要 60～90 天。

采收时不损伤烟叶的完整度，保持叶片绝对平整，不可折断。鲜烟堆放时必须避免叶片发热，避免太阳暴晒并迅速运到晾房。叶片背对背，两片烟叶为一对，用 8～10 股粗线穿烟叶，在穿叶时，带线的针在烟叶中脉距基部 2.5cm 处穿过，固定在竹条上。

再将竹条固定到 2.4m 长的杆上，每杆有 100～130 片烟叶。挂好烟叶的杆悬挂在晾房中，在苏门答腊，两杆之间的距离为 22cm，使烟叶间经常能获得循环的空气。在康涅狄格州，遮阴栽培的每周采收一次，每次 3～4 片叶，叶片成对固定在 1.2m 长的烟杆上，每杆 40～44 片叶，然后挂在晾房中进行晾制。

雪茄芯叶烟的采收方法因产区的不同而不同，或者是逐叶采收，或者是砍茎收获。砍茎收获的，打顶后两周砍收，允许在田间凋萎几个小时，但要避免阳光直射。挂烟用的板条长 1.2m，每根板条挂 5～6 株。板条悬挂在框架上，相距 20cm 左右，框架垂直高度大约 1.5m。加拿大雪茄烟砍收的方式与美国相似。在古巴，砍茎收获的烟株要切成小段，每段上有 2 片叶，这些小段跨在 3m 长的杆上，挂在晾房中调制。主茎砍收后，允许烟杈生长，待烟杈上的叶片成熟继续砍收，这样能额外砍收 4～5 次。巴西也采取这种方法，在一个烟株根茬上砍收几次，每次收获几片叶。

（二）晾制设备

包皮烟晾房是很复杂的。苏门答腊晾房的典型结构是起脊形，由粗糙的木材筑成，房顶斜坡用棕榈叶覆盖，斜坡接近地面，因此边墙是活动的，可以调整不同条件下的通风面积，从完全通风到几乎不通风。每一端山墙的上部装有铰链窗遮盖，在全部打开时基本上不阻碍空气流通。建筑结构内按一定要求安装木杆，以吊挂烟杆。

康涅狄格州的晾房是木板做成的，房顶板筑成起脊结构。一个典型的晾房宽 9.8m，长 19.6m，地面到房檐的高度为 4.9m。里面用支撑杆分隔，每 4.9m 为一个单元，通常叫做“排架”。康涅狄格州的晾房含 4 个“排架”，可调制 0.4hm^2 的烟叶。晾房一端的山墙有 2 扇门，用于运烟马车进出。晾房一般采用抬高式的房脊，利于空气流通，而不漏雨。每个边墙上的通风窗可以是垂直的，也可以是水平的。遮阴栽培烟叶晾房通常是后者，两层烟杆间的距离为 60～70cm，底层烟杆距地面 2.1m。

美国砍茎收获的雪茄烟产区晾房结构与逐叶采收产区的相同，只是两层烟杆间的距离扩大为 1.5m。砍茎收获的晾房通常还可用做贮藏室，甚至是牲畜圈，一个晾房是一个良好多用途的农场建筑。加拿大的晾房与美国相似。其他国家有不同程度简化的晾棚，均采用当地材料制作而成。

（三）调制技术

调制是雪茄烟叶质量形成的重要过程之一。不同调制方法所得烟叶的质量差别很大。我国雪茄烟大都采用晒制法（实质是半晒半晾），少数采用晾制法，国外普遍采用晾制法。据国外经验，晾制法比较适合于雪茄烟，推广晾制法必须建筑晾房。

晾制是采收后的烟叶（或带茎烟叶）在自然（或辅以人为的）温度、湿度、通风条件下，逐渐干燥和化学组分发生变化而获得所需品质的过程。它不只是单纯的干燥，而是烟叶内化学组分变化与干燥速度之间巧妙的配合。调制结果的优劣，主要取决于烟叶成熟度、自然气候条件、调制设备状况和具体操作技术。综合我国雪茄烟叶的晾制经验是：晾制前期，即凋萎变黄期，晾房内要求保持较高的温度，使叶内水分散发，经 3～4 天凋萎变黄以后，晾房内需要加强通风，使相对湿度保持在 80%左右，这样可保持色泽不再转深，同时利于叶片干燥，温度以保持在26～32℃左右为宜。转入干燥后期，烟叶具有吸潮能力，吸潮后颜色加深，降低品质，需防止湿空气进入晾房。在长期阴雨或夜间温度过低时，晾房内宜加火升温，降低湿度，避免叶片颜色加深和发生霉烂变质现象。

美国遮阴栽培的外包皮烟调制过程分为3个时期：凋萎期、调制期和干筋期。在烟叶凋萎期，叶组织仍然是绿色，烟叶有生命活力，室内温度要高于外界3～5℃，相对湿度为70%。通过调整通风设备可以获得这样的温度和相对湿度。烟叶一旦凋萎完成，叶片的尖部和边缘就开始变为棕色，于是调制期开始。在调制期开始时要加热，每天加热几个小时，保持室内温度高于外界气温5～8℃，但不能超过38℃。以后隔天加热一次。当烟叶完全变成棕色，则进入干筋期。干筋期应该每天都进行加热，使温度再高些，促使烟叶干片。晚上不能降温，否则烟筋内水分进入叶片，使叶片颜色改变。在整个调整期间要通风，一直到烟叶完全干燥。

整个调制期间，除天气非常热而干燥、大风或暴雨外，通风设备是完全开放的。但是在干筋期，通常在夜间要关闭通风设备。具体操作因情况而变化。重要的问题是不要干燥得太快，不要使叶片留有绿色或不均匀的颜色。也不要延长干筋期，以免颜色太深，结构太疏松。温度太高，也有损烟叶质量，尤其是底部烟叶易于变黑。下部叶的调制期为3～4周，上部叶则要5周。在苏门答腊，只是当湿度过大、烟叶处于腐烂的危险之中时，才考虑加热帮助空气循环，这是苏门答腊包皮烟叶比美国遮阴栽培的包皮烟叶颜色深很多的原因。

砍茎收获的烟株晾制原则与逐叶采收的相同，在大田停留较短时间，使烟叶凋萎。调制过程中，夜里始终不加热，以使茎内的水分转移到叶片中，改善了烟叶干燥和变化的状况，使叶片的颜色趋于一致。在茎内水分排除之前，一直如此。由于茎内和叶内水分甚至物质的交换，起到了一个缓冲作用，所以叶片干燥较慢，调制时间自然也就延长了。

逐叶采收的烟叶，尤其是包皮烟，一旦晾制结束，就要卸烟。如果仍留在晾房中，遇到潮湿的天气还有腐烂的危险。通常是在夜间将烟叶暴露于空气中回潮，当叶片柔软到适当轻压之后又能弹开为宜。如果叶面干燥或有轻微的裂缝，说明回潮不够。回潮后的烟叶要按外观的一致性分类，扎把，再准备出售。砍茎收获的烟株晾制结束后要进行剥叶，当叶脉干燥到与茎的连接处时，剥叶即可进行。但是在美国和欧洲，通常是将调制好的烟株继续悬挂着，直到方便的时候或冬天才着手剥叶、分类、扎把、出售。

五、雪茄烟主要品种简介

在美国佐治亚州和佛罗里达州，种植的雪茄外包皮烟虽少，但是那里做了很多有意义的育种工作。20世纪60年代引进Florida15，现在已广泛种植。Florida17的产量低些，但是品质指数较高，对黑胫病和根结线虫病抵抗力较好，中抗叶斑病。Florida20对叶斑病具有良好的抗性，产量中等，但是品质指数很高。雄性不育的杂种C74对黑胫病具有良好的抗性。现在有一个育种品系Florida513，抗霜霉病，其农艺性状和品质性状都比 C74 好。威斯康星州培育出了 Havana142、Havana307、Havana501 和 Havana503。宾夕法尼亚州培育出了抗野火病和根黑腐病的雪茄芯叶烟品种 Pennleaf1 和 Pennleaf169。

古巴种植的两个雪茄烟品种很类似，一个叫 Macrophylla，是宽圆形烟叶。另一个叫 Havanenis，是较长形烟叶。前者是古巴的主要雪茄烟品种，后者种植面积的比例也较大。

苏门答腊雪茄外包皮烟品种 Dili，估计来自 Havana 系统，但现在是一个地方性品种。株高比现在的古巴品种高些、色泽淡些。爪哇烟是不知起源的地方品种，叫做 Kanari，它与抗黑胫病的 Timor 杂交，杂交后代具有抗黑胫病和品质优良的性状。爪哇的 Besuki 烟可种植在平原和高地。

加拿大奎北克省雪茄芯叶烟生产主要依靠抗病品种 Havana211 和 Ottawa705，Ottawa705的单产较低，烟气品质较醇和，并且比较高抗根黑腐病。

我国各地种植的雪茄烟绝大部分是地方农家品种。在生产上采用的有：铁杆子（四川什邡县）、青毛立耳子（四川新都县）、督叶尖杆（浙江桐乡县）、金英（广东清远县）、密叶企叶（广东廉江县）、牛利（广西武鸣县）、小牛舌、大牛舌（江西广丰县）等。采用优良品种是雪茄烟生产中的一个关键问题。我国目前品种状况很不适应实际生产，存在抗病性差和种子混杂的问题，因而烟叶质量和产量不稳定。病害猖獗年份，烟叶便大幅度减产。

六、雪茄烟叶的品质特点

（一）外包皮烟

外包皮烟要求叶片大小适中，叶形较宽，叶片薄，完整度好。支脉细而不突出，脉色与叶组织一致。叶片颜色深浅，视其所制产品的等级高低而有不同的要求，青灰、浅棕、棕、红棕、深棕均可使用，但以色浅为好，并要求颜色均匀，光泽好。组织细致，拉力强，弹性好。燃烧性好，燃吸时火口附近的黑圈窄，烟灰洁白而紧卷。对外包皮烟叶的香气和吃味无特殊要求，以不影响或有助于雪茄型香气和吃味均可。

（二）内包皮烟

内包皮烟要求叶片较大，叶形较宽，厚薄适中，完整度好，支脉细而不凸出。颜色均匀，对颜色深浅和光泽无特别要求。组织较细致，拉力强，弹性好，燃烧性好，燃烧均匀，速度适中，燃烧充分，烟灰洁白而紧卷。对内包皮烟叶的燃烧性，特别是对燃烧充分和烟灰白而紧卷易被忽视。根据研究，雪茄烟灰的白度和紧卷度，很大程度上取决于内包皮的燃烧性。只注意外包皮烟叶灰白紧卷性，忽略内包皮烟叶的燃烧充分和灰白紧卷性，就会造成雪茄烟支的燃烧性不佳，不能把外包皮烟叶燃烧性好的特点充分显示出来。烟支的烟灰不白和爆裂，经常是由于内包皮燃烧性差造成的。内包皮烟叶的香气和吃味，则要求其具有典型的雪茄型香气和吃味，因为它占整个雪茄烟支的15%左右，对产品内在质量影响较大。

（三）芯烟

芯烟占雪茄烟支重量的75%左右，它对产品的内在质量起决定性作用。首先要求它具有典型的雪茄型香气和好的吃味，并具有一定的吃味强度。同时要求它燃烧性好，特别是阴燃持火力要强，不易熄火。颜色均匀，有光泽，叶片厚薄适中，弹性好，填充力高。

国外雪茄烟3种类型烟叶的部分化学成分见表12-3。

表12-3　国外雪茄烟叶部分化学成分含量（%）

化学成分	康涅狄格雪茄外包皮烟61型	北威斯康星雪茄内包皮烟55型	宾夕法尼亚雪茄芯叶烟41型	波多黎各雪茄芯叶烟46型	古巴雪茄芯烟81型	苏门答腊雪茄外包皮烟82型
总挥发性碱	1.293	1.055	0.874	0.707	1.478	0.670
烟碱	1.47	2.63	2.04	0.90	2.23	1.42
氨	0.914	0.575	0.495	0.348	1.012	0.313
总胺	0.225	0.199	0.165	0.264	0.232	0.208
蛋白质氮	2.20	2.14	2.88	3.26	2.81	3.01
总氮	5.78	4.75	5.16	4.65	5.83	5.17
pH	6.27	6.33	6.10	7.21	6.56	7.25
灰分	23.79	24.94	24.50	22.45	22.57	22.34
碱性水溶性灰分	90.4	45.5	47.0	62.7	43.0	93.6

资料来源：Akehurst，1981

七、我国雪茄烟叶质量概况

我国晾晒烟资源丰富，很多地区种植的晾晒烟都具有特殊的雪茄香型和吃味。什邡毛烟、新都柳烟都是上等芯烟原料。毛烟又是优良的内包皮烟，高等级的烟还可作深色外包皮。柳烟因叶窄只能择片作小雪茄内、外包皮。桐乡晒红烟是良好的外包皮烟原料，高档雪茄多采用它作外包皮，它也可作为芯烟原料。江西广丰紫老烟，广东高鹤、清远、廉江晒红烟，广西武鸣晾烟，贵州打宾烟等，都是良好雪茄烟芯烟或内包皮烟原料。

我国雪茄烟原料资源虽然丰富，但是还存在一些有待解决的问题。由于原料生产者对工业要求了解不多，工业企业对各地晾晒烟又未广泛调查和深入研究，加上其他种种原因，致使原料生产与工业加工之间存在一定距离。当前我国雪茄烟原料上存在的问题有：①外包皮烟叶，特别是浅色外包皮烟原料不足，致使当前受欢迎的传统叶卷雪茄的产量不多，高档雪茄则为数更少。②烟叶燃烧性差，所产雪茄产品阴燃持火力不强，烟灰白度不高，距工业要求相差甚远。③烟叶的香气水平和余味舒适程度有下降趋势，主要反映在香气浓度不足，杂气明显，苦味和涩味较重。④外包皮烟叶质量不高，大部分烟叶的颜色深，光泽暗，叶片厚，并且烟叶完整度差，利用率低。⑤尚无完整科学的雪茄烟叶分级标准，现有各地晾晒烟的分级标准科学性差，且不统一，造成等级混杂现象突出，致使工业利用很不适应。因此，我们应从工业对雪茄烟原料的要求出发，不断改进和加强雪茄烟的生产。

第二节　马 里 兰 烟

一、概述

我国于20世纪80年代开始栽培马里兰烟草，即1980年在吉林、河南、湖北、安徽4省试种与观察，取得初步成效。1981年起列入轻工业部的重点科研项目。选择吉林省伊通县、湖北省郧县、安徽省临泉县为试验基地进行研究。经过3年的试验与研究，基本掌握了马里兰烟的质量特性和生产特点。已研究总结出适于当地的栽培与调制技术，初步形成了3个面积千亩以上的马里兰烟生产基地。烟叶质量基本具有美国马里兰烟的特点。各试点生产的马里兰烟叶，经过有关卷烟厂、雪茄烟厂工业生产验证和配方使用，效果较好，经济效益较显著。目前，湖北五峰县发展成为我国马里兰烟主要产区。近几年云南省保山地区和湖南桑植县试种马里兰烟并扩大生产。

马里兰烟属普通烟草（*Nicotiana tabacum*）或红花烟草。马里兰烟根系发达，主根有4～6条，侧根大部分在表土层深10～20cm之间。茎秆粗壮，株高180cm左右，茎粗（直径）3cm左右，植株筒形。马里兰烟叶形有宽椭圆形（少数）、椭圆形（大多数）、卵圆形（少数）、窄长形（少数）4种，其中椭圆形的属于卡特顿（Catterton）型的马里兰烟。马里兰烟叶片较薄，叶色较深。一般叶长56～70cm，宽30cm左右。有效叶片32片。节距5～6cm，自下而上叶片逐渐分层成熟。马里兰烟具圆锥花序，粉红色花，卵圆形蒴果，种子褐色。

与白肋烟比较，马里兰烟茎秆粗壮，根系发达。气候条件适宜时，叶片数量较多，生长期较长，适于中等肥力地块种植。马里兰烟和白肋烟虽同属淡色晾烟，但有其不同的植物学性状和生物学特性。据观察，马里兰烟在团棵期生长势强，现蕾期生长势较弱，打顶以后生长势又强。腋芽生长也旺盛。马里兰烟比白肋烟耐旱性强，染烟草花叶病较少，生长适应性较强。

二、马里兰烟对环境条件的要求

（一）气候条件

马里兰烟对气候条件的要求与白肋烟相似。

1. 温度

马里兰烟种子发芽的适宜温度是25～28℃。移栽后生长发育最适宜的温度是18～25℃，最高30℃。烟叶成熟期要求20～25℃，昼夜温差应较大。

2. 水分

适宜的、薄的、质地疏松的马里兰烟叶，是在稳定而不间断的生长中和无明显干旱的气候条件下形成的。生长阶段的供水条件对马里兰烟品质的形成有密切关系。生长期间要求没有显著的缺水现象，若水分缺少，生长受阻，特别是旺长期缺水重者会使烟叶枯萎，轻者会使叶片加厚，组织紧密，从而导致烟叶燃烧性差。干旱还会引起早花和早烘现象。马里兰烟不耐涝、怕积水，积水严重会淹死烟株。烟叶成熟期如果长期阴雨也会使烟叶品质下降。

3. 光照

马里兰烟生长发育需要较充足的光照。通风透气条件好的，其烟叶色泽好，厚薄适中；光照不足，烟株生长纤弱，叶片薄，品质差；光照过强，会形成“粗筋暴叶”，调制后的叶片厚，颜色深。因此，马里兰烟生长期间要求和煦光照和多云间晴天的天气。

（二）土壤条件

我国试种的结果是，坡黄土、棕黄土和黄棕壤为最适宜种植马里兰烟的土壤。而沙姜黑土、黄黏土和轻沙壤土种植马里兰烟，烟叶颜色较深，光泽稍暗，叶片较厚较粗糙，品质较差。

综合国内外情况看，种植马里兰烟的土壤以表土为细沙壤、黄壤、黄棕壤，心土为沙黏土，有一定的通气透水性，pH 中性至微酸性，富含磷、钾的土壤较为适宜。也可以看出，马里兰烟对土壤的要求与烤烟相近。

三、马里兰烟栽培技术

（一）整地移栽

1. 选地与轮作

马里兰烟在丘陵地区栽培，要选择阳光充足、靠近水源、地势平坦、耕作层较深、土壤条件相对一致的地块。这样的地块有较好的生产能力，对耕作、施肥、灌溉和田间管理都有较好的条件。研究表明，2 年或 3 年轮作，烟草的收益高于连作。长期实行作物轮作，有助于改善土壤的物理条件，增加有机质和氮素，减少根结线虫和黑胫病等病虫害的危害。

2. 整地

选好栽烟地块后，要冬耕深翻。一般栽烟前再进行一次深翻，深度 23～33cm。深翻后，平整细耙，除去杂草，撒施底肥，耙平整好，四周开好排水沟，为了方便将来培土，可以平栽，但以垄栽较好，一般垄高 10～13cm。

3. 施肥

（1）施肥量。在国外，马里兰烟施用肥料种类，主要是复合肥。美国最常用的氮、磷、钾配比为 4∶8∶12 的三元复合肥。其次是其他元素如镁、钙、铜等肥料。使用绿肥较多，农家肥较少。

在马里兰烟的生产中，氮是最关键的营养之一。从土壤中吸收氮素，直到其成熟为止，一直需要氮素。氮素太少，会导致株矮、早烘、低产和质次。氮素过多，会造成烟株生长过于高大，给收获和调制带来困难。研究表明，马里兰烟若要有好的收成，需要氮素 4.5～6.7kg/亩。一般情况下，推荐用量都会在这个范围内。在很多沙质土壤中，氮素很容易通过淋溶流失，建议氮素施用高于这个推荐量。

磷是烟株正常生长和成熟所必需的。如果烟草没有足够的磷，就会晚开花，且调制后的烟叶常带有青色。磷的推荐用量（土壤中的有效磷加上施肥量）共约 11.2kg/亩。过量的磷会导致烟叶调制后呈淡黄色或杂色，应相应地减少施用量。

钾对马里兰烟尤其重要。钾不足的烟株叶片小、外观粗糙、品质差。钾的推荐用量（土壤中的有效钾加上施肥量）共约 18.7kg/亩。

肥料中含氯量高，会降低马里兰烟调制后的烟叶品质，烟叶调制后颜色淡灰、烟梗发白，因此马里兰州限制了烟草专用肥料中氯的含量。烟草专用肥料标号为 4∶8∶12，即含氮（N）4%、磷（P_2O_5）8%、钾（K_2O）12%。这样钾的来源只能用硫酸钾或硝酸钾，不能用氯化钾。另外，若补充纯氮肥料时，一般不要使用尿素，而使用硝酸钠或硝酸铵。

在我国，以菜籽饼肥、桐籽饼肥、农家肥配合使用效果较好。近几年，郧县种植马里兰烟推荐的肥料是，氮肥用硝酸铵、碳酸氢铵等；磷肥用过磷酸钙、钙镁磷肥和磷矿粉等；钾肥宜用硝酸钾、硫酸钾，忌用氯化钾，并以氮磷钾复合肥最好。饼肥，猪、羊、牛栏粪和火土等农家肥，均可作基肥或早期追肥使用。

（2）施肥方法。①条施法：用条施辅助设备进行条施。条施是在即将移栽之前进行。施肥带深 7.6～10.2cm，到烟株的距离 10.2cm。在多数实验中，肥料条施的效果一般都比较好。②追施法：追施一般在第一次或第二次中耕时进行。在土壤容易淋溶的地方，这是个很好的措施。

我国马里兰烟施肥方法有移栽前条施和移栽 2～3 周后追施两种方法，结合使用。移栽前施肥量占总施肥量的 70%～80%，追肥占总施肥量的 20%～30%，在移栽后的 30 天内追施完毕，效果较好。

4. 移栽

（1）移栽时期。通常，当土壤温度稳定在 12℃以上即可移栽。湖北省海拔 400m 以下的地区于 4 月 15～20 日移栽，海拔 400～600m 地区 4 月 20～25 日移栽，海拔 600～800m 地区 4 月 25～30 日移栽。一般海拔每升高 100m，约推迟移栽期 2～5 天。播种期要依苗龄和移栽期来确定。务必使烟株在适宜的温度范围内（18～25℃）生长发育。

（2）移栽密度。马里兰烟栽植密度与烤烟相似，国外马里兰烟种植密度范围为 10 935～27 500 株/hm^2。近年来，生产上多采用行距 90～100cm，株距 56～57cm，栽烟 13 027～19 623 株/hm^2。

国内种植马里兰烟，综合烟农收益、产量、产值、上中等烟比例和工业使用价值的研究认为，在当前生产条件下，一般种植密度以 1300～1600 株/亩较好，其行距为 90cm，株距为 40～50cm。在不同肥力、不同地势条件下，可适当扩大或缩小株距，行距不变，有利于田间操作和管理。

（3）移栽技术。与烤烟相同。如果苗床土壤干燥，起苗前应将苗床浇足水，这样可以预防起苗时破坏根系。当气温稳定在 12℃以上即可移栽。移栽烟苗时用小铁铲挖坑，烟苗垛放入坑内，周围封好湿润的细土，轻按，叶片留在土层表面，浇压根水即可。

（二）田间管理

马里兰烟大田期的划分与烤烟相同，可分为还苗期、伸根期、旺长期、成熟期。其主要管理措施有以下几个方面。

1. 保证全苗

移栽后注意查苗补苗，对弱小苗给以偏肥、偏水，保证苗全、苗壮、苗匀。

2. 浇水

增加灌溉几乎可以提高马里兰烟所有的品质性状。卷烟工业都喜欢颜色较淡、弹性好、组织疏松的烟叶，烟草只有在水分充足的条件生长时，才能得到这样的烟叶。要避免生产身份厚，组织紧密的烟叶，烟株必须不停地生长。保证充足的土壤水分供烟株生长，对于马里兰烟尤为重要。

还苗期应保持根际土壤水分充足，为旺长期奠定良好基础。伸根期的田间管理通常以促为主，主要是促进根系的生长发育，将土壤水分控制在田间最大持水量的60%左右。旺长期是烟叶产量和质量形成的关键时期，必须保证充足的土壤水分，才能满足旺长期需水量多的要求，保证烟田最大持水量的60%～80%。在成熟期，充足的土壤水分不利于烟叶成熟，要控制土壤水分在60%左右为好。但是及时浇水会使烟株成熟度更一致。

3. 中耕培土

中耕方法因气候条件、栽培条件及烟草生长发育阶段的不同而异。还苗期中耕应以保墒、保苗、除草为主要目的。由于烟株幼小，根系尚未形成，中耕宜浅，近根处划破地皮即可，切忌伤根或触动烟垛，行间中耕也不必太深，以2～4cm为宜。伸根期中耕以保墒、促进根系生长、除草为主要目的，中耕深度为4～6cm。进入旺长期后，烟株较大，不便于中耕。马里兰烟大田中耕一般2～3次，在团棵结束前进行最后一次中耕，结合培土进行，培土高度10～16cm，埂底到埂顶28～33cm。

4. 防止早花和底烘

马里兰烟早花是因苗期长、移栽过早等造成的。防止苗床后期、大田初期的低温是预防早花最根本的措施。必须强调适期移栽，做好苗床后期及大田初期的保温工作。地膜覆盖也是预防低温影响的有效措施。如果有早花现象发生，应及时果断地放弃主茎烟生产，改为杈烟栽培，并加强田间管理，可以将早花的损失控制在很低的范围内。

马里兰烟遇久旱缺水易发生“旱烘”现象；生长后期遇雨过多，土壤湿度过大，则易发生“水烘”现象。如果有底烘现象发生，应采取提早采收等有关措施，减少叶片损失。

5. 打顶抹杈

美国马里兰烟打顶一般较晚，目的是为了获得大量的适合于做混合型卷烟的淡色薄叶原料以及较低的烟碱含量。一般在盛花期后打顶，甚至整株砍收前10天打顶，效果较好。

我国种植马里兰烟，各地必须严格采用打顶技术，并以初花期至盛花期打顶最为适宜。若工业上需要烟碱含量较低的烟叶，可以提倡盛花期打顶。打顶以后，必须及时抹除腋芽。

四、马里兰烟调制技术

（一）成熟与采收

1. 成熟特征

马里兰烟栽培的最大问题是什么时间烟叶成熟。下面是马里兰烟成熟时的特征。

烟株颜色：正常情况下，成熟烟株的绿色浅于继续旺盛生长的烟株。

烟茎硬度：仍在旺盛生长的烟株，其茎秆是软的，这种烟株开始成熟时，茎秆木质化。茎秆的这种硬度可用手检查。正常情况下，如果茎秆裂纹，烟株就成熟了。

叶片硬度：像茎秆一样，烟株正常成熟时，叶片变硬变脆。叶片发硬的一个征兆是叶片间歇振荡。

上述的特征都是烟株不再进行旺盛生长的征兆。但当烟株由于其他原因，而不是达到了成熟而停止生长时，这些征状也可能会出现。这往往是由于缺水或缺肥而引起的。

2. 采收方法

目前，马里兰烟的采收方法有 3 种。

(1) 逐叶采收法。马里兰烟的逐叶采收法与烤烟、白肋烟采收基本相同。我国大多采用此法。

(2) 半整株采收法。目前，我国正在试用此法。这种方法是把脚叶、下二棚叶逐片采收晾制，腰叶、上二棚叶、顶叶连茎一次砍收。

(3) 整株采收法。国外常采用此法。美国马里兰烟砍收时，是当脚叶已经充分成熟，大多数较好的烟叶已经完全成熟时，用刀齐烟根砍下，割下的烟株在田间凋萎 2h 左右，避免阳光曝晒，然后在茎基部穿入木杆，每根木杆穿 6 株，将烟竿挂入晾房内。

3. 上绳与晾挂

马里兰烟分片收获的上绳方法与白肋烟相同，上绳后即挂入晾房。

晾制挂烟时，应顺风向或对着门窗，以利于通风排湿。烟绳间距离 20cm 左右，一般挂烟 2～3 层。整株收获的烟竿之间的距离为 22～35cm，一般挂烟 2 层。挂烟密度前期稍密点，后期稍稀点，随时间和气候条件调整。

(二) 马里兰烟的晾制原理

马里兰烟叶晾制过程一般分为 3 个时期，即变黄期、变棕期和干筋期。

马里兰烟变黄期变化原理与烤烟、白肋烟基本相同。晾制过程中，叶色由绿逐渐变黄，最后全变成黄色，即为变黄期。变黄期是活性变化过程，叶片活组织中的淀粉等大量消耗，氮化合物也发生一系列变化，大分子营养物质向着有利于烟叶品质的方向发展，水分轻度消耗。为了完成这种理想的调制变化，叶组织必须保持活性状态。

马里兰烟晾黄以后，不是急速脱水，而是缓慢地失水，颜色仍继续变深至棕色，此期为变棕期。烟叶内含物由于分解而减少，干物质也变少，留下结构物质，烟叶微孔率增高，在卷烟加工时，对香料吸收性好，焦油生成量减少，燃烧性强。因此，该期是形成马里兰烟叶物理特性的重要调制阶段。

除去烟筋水分，使之进入干燥的阶段，即为干筋期。由于是晾制，这段时间较长，因此要创造条件（提高温度，强制通风），加速脱水，以促进干筋期的完成。

晾制期间的温湿度条件和风速对烟叶质量起着决定性影响。辅助加温有时是可行的，但是只有当真正需要时，才能那样做，不起代替良好自然条件的作用。使用通风装置也是如此。

晾制试验证明，大气温度在 16～32℃、相对湿度 60%～85%，都可以晾制好烟叶。

其中，以气温 24～27℃、相对湿度 79%～80%最为有利。

在晾制过程中，随着早晚时间温湿度变化，烟叶内部也进行着变化。在晴朗的白天，温度往往高于需要的范围，湿度低于要求的范围，产生急剧干燥的烟叶；夜间则相反。烟叶白天干燥快，夜间干燥慢，在允许的范围内，这两方面可以相互抵消。特别是带茎晾制，茎吸收和释放水分的能力具有更大的缓冲作用。

在实际生产中，最困难的是连续阴雨的低温高湿天气，轻者降低烟叶品质，重者使烟叶霉烂。如果遇到这种情况，则需要使用加热和通风设备，以提高温度，降低湿度，纠正不利的气候条件。当温度升高到 30℃、相对湿度下降到 60%时，可以防止烟叶霉烂而减少损失。

（三）马里兰烟的晾制方法

根据晾制设备的不同，马里兰烟的晾制方法可以分为 2 种。

1. 标准晾房晾制

在国外，白肋烟和马里兰烟的传统晾制方法是在大型木架结构的标准晾房中晾制。这种标准晾房建筑标准高，侧墙装有通风设备和供热设备，既可以很好地利用自然条件调制烟叶，又可以在气候条件不适宜的时候人为地加以控制，因此晾制的烟叶质量较好。整株采收烟株的晾房，长 4267.2cm，宽 1079.28cm，高 518.16cm，可容纳 $2hm^2$ 所产烟株的晾制。

利用标准晾房晾烟，要根据烟叶在晾制过程中各个时期对温湿度的要求，进行灵活操作。

(1) 温湿度检查。在晾房内有代表性的几个位置悬挂温湿度计，定期检查，发现问题，及时解决。

(2) 排除水分。要排除晾房中的水分，必须有空气流通。底层烟距地面要有足够的空间，一般为 2m，两层烟之间的距离约 1.5m。侧面通风面积要占 30%。在山墙顶部装排风扇或开较大的窗口。

(3) 调整烟竿距离。根据烟叶变化程度适当调整烟竿之间的距离，变黄期应密些，变棕期应稀些。

(4) 侧面通风。变黄期应注意保持晾房内的湿度，适当关闭侧面门窗；变棕期应注意排除水分，适当开启侧面门窗；白天外界相对湿度低于晾房时，适当开启侧面门窗，傍晚外界相对湿度上升，适当关闭侧面门窗；如果有干热风，可能导致烟叶干燥过快时，要严密关闭侧面门窗；阴雨天气，也要严密关闭侧面门窗。

(5) 辅助加热。在变黄初期，如果烟株保持膨胀状态，没有萎蔫，而且气候又持续潮湿，则必须辅助加热，使烟株排除一部分水分，变成凋萎状态。否则，晾房烧病等病害会严重危害烟叶。在变棕期，如果遇到连阴雨气候，晾房内低温高湿、相对湿度连续 24h 高于 80%时，也有发生晾房烧病的危险，必须辅助供热。加热一直持续到晾房顶部温度大约上升到 38℃为止，暂停加热，相对湿度降低。一般情况下，温度上升 5.5℃，相对湿度下降 25%；温度上升 11℃，相对湿度下降 50%。停止加热后，晾房内温度会下降，相对湿度会上升，等到相对湿度上升到临界点（即危险点时），又要重新加热，加热用的木炭、煤球或油、天然气等要避免产生异味而污染烟叶。加热应用火炉、散热器等较理想的设备，而且这些设备在整个晾房内分布均匀，以便有均匀的供热。

2. 简易晾棚晾制

建造简易晾棚投资少、劳动费用低。在美国、意大利和日本都有简易晾棚投入使用，它可以随种烟面积而调整大小，也可以靠近烟田就地建造，因此具有很大的灵活性。目前我国种植马里兰烟正在逐步推广使用简易晾棚，收到了较好的效果。晾棚中高4.5m，宽4m，长度随种烟面积而定，一般每亩需要75～80m^{2}的晾棚。棚顶呈现脊形或半圆形，用塑料薄膜覆盖，两侧用塑料薄膜围护，两端呈自然通风状。棚顶外盖以草帘用来遮蔽强烈阳光照射。在晾棚内安装干湿温度计，根据测定的温湿度高低，灵活掌握调节绳距（竿距）、确定盖草多少以及通风量的大小，才能晾好烟叶，在晾棚内晾制逐叶采收的马里兰烟、脚叶和下二棚叶需10～12天；腰叶15～20天；上二棚叶和顶叶20～25天。

3. 晾制后的处理

烟叶调制结束、主脉干透以后，要下架回潮，堆积发酵。堆积的条件是，叶片充分干燥，手摇沙沙作响，而操作时又不易折断为标准。烟堆体积因烟叶多少而定，高度可达1.8m，保持环境温度25℃左右，相对湿度80%以下，烟叶水分17%～19%。整株晾制的堆积后要剥叶，剥叶室的温湿度控制与堆积发酵相同。最后分类、分级扎把，待售。

五、马里兰烟主要品种简介

（一）马里兰609（Maryland 609）

1. 品种来源

1979年由美国引进品种，为湖北五峰县马里兰烟主要栽培品种。

2. 主要特征特性

植株筒形，株高140～165cm，茎围9～10cm，节距4.2～4.8cm，茎叶角度小，叶数25～32片。腰叶长59.3cm，宽29.6cm，椭圆形，叶色绿，叶面较平，叶片较薄。花枝繁茂，花冠红色。大田生育期100～120天。适应性广，生长势强。耐旱，耐涝，较耐肥。高抗黑胫病和根腐病，不抗花叶病，赤星病轻。

3. 产量和品质表现

一般每公顷产量2100～3375kg。晾制后叶色较淡，多呈浅棕红色，光泽稍暗，尚油润。原烟化学成分协调，总糖1.39%，蛋白质18.63%，总氮3.49%，烟碱2.92%。有似雪茄型香气，劲头稍小，燃烧性强。

4. 栽培调制技术要点

选择有机质较高的土壤种植。适当早栽，盛花期打顶，叶片成熟采收晾制。

（二）马里兰872（Maryland 872）

1. 品种来源

马里兰872是美国马里兰州烟草试验站用马里兰609和抗多种病害的Wilson品系

杂交选育而成。近年引进我国。

2. 主要特征特性

植株筒形，打顶株高 100cm 左右，茎围 9.4cm，节距 4.7cm，叶数 22 片左右，叶形椭圆形，叶色绿。大田生育期 90 天左右。抗黑胫病、野火病和气候斑点病，赤星病和花叶病较轻。

3. 产量与品质表现

一般每公顷产量 2290kg。原烟外观红黄色，光泽鲜明，油分足，身份适中，品质优良。原烟总糖 1.33％，还原糖 0.69％，烟碱 3.35％，总氮 2.64％，蛋白质 12.9％，钾（K_2O）3.06％。

4. 栽培调制技术要点

适宜在肥水条件较好的地块种植。晾制时要注意及时通风排湿。

六、马里兰烟的品质特点及用途

（一）马里兰烟的品质特点

1. 外观质量

马里兰烟的外观质量包括部位、颜色、身份、成熟度、叶片结构等。按部位分为脚叶、下二棚叶、腰叶、上二棚叶和顶叶。脚叶很薄，较短，易破碎。下二棚叶色浅较鲜明，叶片完整，是第二个有价值的部分。腰叶是最有价值的部分，颜色鲜亮被称为明亮的本叶，身份薄，色度均匀纯净，最具马里兰烟的香型风味，尤其适合于混合型卷烟。上二棚叶和顶叶一般颜色较暗，身份较厚，可用于卷烟，也可在低档次的雪茄烟中作填充料。

马里兰烟的一般底色是不同程度的棕色，因部位不同而显示出深黄、棕黄、深棕、棕红等色调，整个叶片颜色的均匀一致性是重要的，最不理想的是具有深浅不同斑点和带青色。马里兰烟的身份较薄，叶片结构疏松。逐叶采收的容易达到充分成熟，叶片皱缩具有颗粒状物。整株采收的客观上造成成熟度不一致，一般是下部叶过熟，中部叶适熟，上部叶欠熟。

2. 内在质量

马里兰烟内在质量的特点是具有椴木型香气风味，香气浓郁，吃味纯净，劲头稍大，微有杂气。不像烤烟那样柔和，也不像白肋烟那样辛辣和具有较强的刺激性。这种内在质量是由马里兰烟的品种、栽培条件和调制技术综合作用所形成的，也决定了它既适用于作普通卷烟、混合型卷烟的填充型原料，又适用于作雪茄烟的部分芯叶原料，而且在加工过程中不需要特殊的强化处理。

3. 物理特性

与其他类型烟草比较，马里兰烟最突出的优点是具有很好的物理特性。叶片较大、身份较薄、组织疏松、单位体积重量轻，有很好的韧性和弹性，因此填充力高，燃烧性强，持火力好。不仅能降低卷烟密度，增加卷烟透气度，减少烟丝用量，而且能降低烟气焦油量，提高卷烟安全性，是发展混合型低焦油安全烟的尚好调味型原料。

4. 化学成分

马里兰烟各种化学成分含量的特点是，总糖含量极低，总氮含量中等，烟碱含量比深色晾烟、白肋烟、烤烟都低，比香料烟稍高（表 12-4）。粗纤维和果胶的含量比其他类型烟草都高得多，这与它所具有的特殊物理特性是密切相关的。

表 12-4　马里兰烟与其他烟草化学成分（%）比较

成分	马里兰烟	白肋烟	烤烟	香料烟
还原糖	0.21	0.21	22.09	12.39
总氮	2.80	3.96	1.97	2.65
烟碱	1.27	2.91	1.98	1.05
粗纤维	21.79	9.27	7.88	6.63
果胶	12.14	9.91	6.19	6.77

（二）马里兰烟的用途

马里兰烟的栽培历史仅次于弗吉尼亚型烟草，是第二个古老的烟草类型。早期的美国马里兰烟主要出口到原西德和瑞士，常被称为“瑞士烟叶”，大部分作为卷烟的原料，也部分用作雪茄原料。随着混合型卷烟生产和消费的发展，特别是随着吸烟与健康问题的普遍关注，马里兰烟的使用价值越来越受到重视。它以其叶片大而薄、组织疏松、填充力高、燃烧性强、焦油和烟碱量低的突出特点，在混合型卷烟配方中起到其他类型烟无可比拟的作用，成为生产低焦油、低烟碱、安全烟不可缺少的原料。因此，发展马里兰烟生产具有广阔的前景。

在我国，虽然种植马里兰烟的历史不长，但是所生产的烟叶已经基本上具有美国马里兰烟的特点，经化验分析和评吸鉴定，具有很好的使用价值。经过有关卷烟厂、雪茄烟厂工业生产验证和配方使用，效果较好，经济效益较显著。

工业配方掺用部分马里兰烟叶后，由于其烟丝填充性能好，能降低卷烟单箱烟丝耗用量。马里兰烟叶在烤烟型低等级卷烟配方中使用，不仅克服了低级烤烟烟叶淡而无味、青杂气较重的缺点，增强了吃味和香气，而且降低了烟叶单箱耗用量。在雪茄烟配方中，适当地掺用马里兰烟叶，不仅能达到吃味好、余味舒适、燃烧性好、刺激性小、香气突出的效果，而且是生产淡味型雪茄的理想原料。同时，马里兰烟较其他烟叶填充性好、出丝率高，因而其经济效益高。

第三节　黄　花　烟

一、黄花烟生产概况

黄花烟（*N. rustica*）与其他类型烟草的根本区别是在植物分类学上属于不同的种，生物学性状差异很大。世界上种植的黄花烟草尚没有专门的统计数字，原因是在国外黄花烟草调制方法不一，有的是晒制，有的是晾制，统计数字大都归于深色晒烟或深色晾烟中。我国仅兰州水烟、新疆莫合烟有统计数字。我国黄花烟的调制方法为晒制。

由于黄花烟刺激性强，烟气不调和，很早就被普通烟草所代替。虽然如此，它仍然传播到世界各地。目前，世界上的黄花烟主要分布在亚洲和北非的一些地区，如原苏联、印度、巴基斯坦、中国和阿尔及利亚等。

我国甘肃和新疆黄花烟的生产由于可以自种自销，商品率低，因此时多时少，生产极不稳定。甘肃省和新疆吉木萨尔县 20 世纪 70 年代黄花烟种植面积、单产、总产见表 12-5。

表 12-5 我国黄花烟主产区生产情况

年份	甘肃省			新疆吉木萨尔县		
	面积/hm^2	单产/(kg/亩)	总产/万 kg	面积/hm^2	单产/(kg/亩)	总产/万 kg
1970	1220	117.5	210.25	67	199.1	19.91
1971	1253	98	184.24	60	162.8	13.75
1972	1253	84.5	165.62	47	95.7	6.70
1973	1387	111.5	239.725	73	201.35	22.15
1974	1567	117.5	313.125	60	118.85	10.69
1975	2099	105.5	347.97	20	110	3.30
1976	2673	77	308.925	20	48.0	1.44
1977	2553	76	291.08	107	102.9	16.46
1978	1993	102.5	306.475	93	161.95	22.67
1979	1040	139	355.84	87	—	—
1980	1507	—	—	63	—	—

从表 12-5 可以看出，甘肃省黄花烟每年种植面积多在 2000hm^2 以下，总产 200 万～300万 kg。种植最少的年份是 1979 年，为 1040hm^2；最多的年份是 1976 年，为 2673hm^2；1976 年达到高峰后，又逐渐减少，其单产为 75.1～139kg/亩，波动较大，产量极不稳定。

新疆黄花烟种植面积也不稳定，时起时落。20 世纪 50 年代到 60 年代初是稳步发展时期，种植面积由 1949 年的 400hm^2发展到 1962 年的 6153hm^2，达到莫合烟的最高峰，此后又下降。80 年代以前，多数年份种植 1333～2000hm^2，保持稳定生产状态。但是，随着人们生活水平的提高，吸卷烟人数的增多，莫合烟的销售量减少，其生产也处于低潮。据 1984 年统计，全疆种植面积不到 667hm^2，著名的莫合烟产地霍城县，面积也大大减少。

二、黄花烟对环境条件的要求

黄花烟较耐寒冷气候，生育期较短，主要分布在高寒山区。现以甘肃兰州一带、新疆伊犁一带黄花烟产区的气候、土壤条件为例，说明黄花烟草对环境条件的要求。

（一）气候条件

1. 温度

甘肃兰州一带黄花烟产区属于温带半干旱气候。年平均温度为 6.7～8.9℃，3 月份气温在 5℃以下，4 月份气温上升到 10℃以上，6～8 月份绝大多数在 18℃以上，初霜期在 10 月下旬，就气温而言适合黄花烟的生长。新疆黄花烟产区以霍城县为例，年平均气温 8.2～9.4℃，≥10℃的积温为 3100～3800℃，1 月份平均气温－9.8℃，7 月份为 23.4℃，大于 20℃的天数为 90 天以上，初霜期在 10 月上旬，终霜期在 5 月上旬，无霜期 167 天，能满足黄花烟的生长要求。

2. 日照

甘肃兰州一带黄花烟产区日照条件好，年日照时数在 2000h 以上，日照百分率在 60%以上，能满足黄花烟对光照的需求，新疆产区年日照时数达 3000h 左右，日照百分率为 70%。

3. 降水

甘肃兰州一带降水较少，洮河、宛川河谷地年降水 400mm 左右，兰州至靖远的黄河谷地为 300mm 以下，只能满足黄花烟蓄水量的 40%左右。根据烟草全生育期需水量的统计，适宜种植区和可种植区降水量必须大于 400mm，否则不适宜种植烟草，因此必须依赖灌溉。这一带烟区多属于川谷地，引水灌溉条件较好，补救了降水不足的不利因素。

新疆霍城县年降雨量 144～450mm，平均 217mm，年蒸发量 1405.7mm，为降雨量的 6.4 倍，必须依靠灌溉才能满足黄花烟生长的需要。吉木萨尔县年降雨量 109～277mm，平均 174mm，年蒸发量 1989～2689mm。从降雨量与蒸发量看，降雨量太少，蒸发量过高，不适于烟草生长，但该县水利资源较好，凡种植黄花烟的地方，均可灌溉。

4. 风、雹、霜

甘肃兰州一带黄花烟产区的日照、热量、降水等适合种植黄花烟，但灾害性天气较多，不利于烟草生产。首先是干旱，四五月份常出现连续几十天的无雨天气，夏季降雨较多，但变化大，最大年和最小年相差 50%，以致灌溉条件差的地区烟草播种和移栽困难。其次是早霜，有时 9 月下旬出现霜冻，绿烟未及成熟就被迫砍收，产质均受影响。再次是冰雹和 8 级以上的大风，前者于 6～8 月；后者于烟草生长后期，常造成危害。

新疆黄花烟区主要灾害性天气是干旱和霜冻。干旱尤以每年 6 月底至 7 月初从沙漠吹来的干热风影响最为严重。当地冬季严寒，霜期来得较早。早霜偶尔影响黄花烟，不能完全成熟就得砍收。

（二）土壤条件

甘肃兰州一带黄花烟产区分布在河谷阶地，海拔 1400～1900m。土壤以灰钙土为主，也有黑垆土分布。黑垆土有机质含量较多，熟化程度高，土层深厚。灰钙土土层稍薄，有机质和氮含量较低，土壤结构呈粉末状，质地疏松，易受侵蚀，水土流失较为严重，两种土壤的 pH 均为 7～8。

新疆黄花烟产区土壤以灌溉草甸土为主，母质为冲积性黄土，土层较厚，质地以中轻质为主，土壤肥沃。但耕层内土壤盐分在 0.25%以上，氯含量在 150mg/kg 以上，不宜种植烟草，但莫合烟制品以茎秆为主要原料，木质纤维素含量高，其燃烧性一般不受影响。伊犁谷地两侧的山前平原，主要土壤类型为灰钙土，质地较细，多为中壤或重壤，层次分化微弱，表层有机质含量 0.9%～2.5%，土壤盐分偏高，但对烟草影响较大的氯含量却较低（95～100mg/kg），是莫合烟的适宜种植区。

三、黄花烟栽培技术

（一）选地与轮作

甘肃和新疆两产区的黄花烟草均种植于具有灌溉条件、肥沃、松软的沙质土壤上，凡质地黏重或盐碱地均不宜种植。为合理利用土地和减少病虫害，必须进行轮作倒茬。最好的前作是多年生豆科与禾本科牧草、甜菜等，麦茬地、玉米茬地次之。为避免烟草黑胫病和向日葵列当病危害，切忌与大麻、向日葵连作，连作会造成列当危害严重，连作 3 年死亡率可达 20%～30%。

（二）整地

由于黄花烟直播或播芽，因此整地尤为重要，且比其他烟草要求严格。新疆种植莫合烟的地块，秋耕冬灌，早春及时浅耕、耙地，以利保墒播种，可达一次全苗。土地未经秋耕的，春季要及时耕翻，开沟浇水然后耙地播种。播种后，要进行镇压，以利出苗。烟地一定要平整，土地不平，不利于灌溉，往往造成缺苗。

（三）种植季节

甘肃兰州黄花烟为春烟和夏烟。例如，榆中县春烟当地称为“歇烟”，5 月中旬直播。夏烟 5 月上旬育苗，7 月份移栽（小暑），寒露、小雪收获。一般直播大田期 110～130 天；育苗移栽，则 35～40 天成苗，大田期 80～90 天即可成熟收获。新疆黄花烟为春烟，一般采用大田直播和育苗移栽两种方式。直播在 3 月上旬至 4 月上旬。育苗移栽在霍城、伊宁等县被广泛采用，一般在 3 月下旬播种育苗，4 月下旬移栽。

（四）直播和育苗

黄花烟有催芽直播和育苗移栽两种方式。

新疆伊犁地区催芽大田直播的方法是将种子置于温水（30℃）中，浸种 8～10h，然后捞起堆成小堆，用湿布盖在堆上，控制堆温 24～28℃，当少量种子露出白芽时，置于阴凉处晾至种子不相互黏结即可。以 3 月下旬至 4 月上旬播种为宜，晚播气温升高，风大，表土干燥，对出苗不利。播种量为 0.5kg/亩，烟籽可以与炒熟的部分油菜籽混合播种，以利播种均匀。播种深度为 1cm，同时要压实土壤，以便种子接触湿土。

吉木萨尔莫合烟采取育苗移栽。谷雨前后播种，播种前把盛烟种的布袋浸在温水盆中催芽，再用冷水淘洗，3 天左右就萌发，芽长 1mm 时播种。苗床宽 1.0～1.5m，长 10～15m，苗床施肥用马粪 600kg/亩。0.5kg 烟种生长的幼苗可供 2.0～2.7hm^2 大田移栽之用。播种前放水灌苗床，播种后苗床表面盖以细土。苗床管理包括施肥、浇水和除草，但不间苗。

（五）移栽密度

伊犁莫合烟直播行距65cm，株距20cm，密度为77000株/hm^2。过稀，单产不高；过密，茎秆细长，加工时出丝率低，质量也差。由于莫合烟苗期长、幼苗小，管理过程中有些植株易被损伤，所以留苗数应当增加。

吉木萨尔移栽期约在6月上中旬。在田间筑成埂，相距60cm，并向埂间沟内灌水。从苗床拔出幼苗，用水把根上覆土冲掉，将苗栽在埂坡上。大田行株距为60cm×30cm，每公顷株数为56 000株。

兰州直播春烟在小暑前后定苗，株距39.6～46.2cm，42 000株/hm^2左右，由于直播没有返苗期，生育期稍长几天。一般产量稍高于夏烟育苗移栽。兰州夏烟于小暑前后小麦成熟时，先将麦田灌水，并于上午集中拔麦，随即移栽烟苗，移栽时大田划行，行距60cm，株距40cm，平均42 000株/hm^2左右。

（六）施肥

黄花烟需氮肥较多，应根据土壤肥力和烟草生长情况合理施肥。一般以有机肥为主，掌握重施基肥，早施追肥的原则。

莫合烟对氮肥较为敏感，特别是土壤肥力不高的地区，增施氮素肥料可以提高单产20%～50%。磷素吸收量较少，钾素吸收较多，因此在施肥时要注意氮磷钾三要素的比例。新疆地区，土壤含钾丰富，因此施肥应以氮磷为主。在一般情况下，施优质农家肥75 000kg/hm^2作为基肥，在现蕾前再追加尿素300kg/hm^2、磷酸二氢胺150kg/hm^2。

兰州春烟整地时，施农家肥多的可达75 000kg/hm^2，夏季移栽时施窝肥3750～7500kg/hm^2。追肥两次，第一次在8月下旬，约10天再追第二次，两次追碳铵或硫胺750～1125kg/hm^2。

（七）浇水与中耕

干旱是黄花烟生长的灾害性天气。因此灌水次数较多。新疆莫合烟移栽后7～10天灌溉关键的“救命水”，以后每隔10～15天浇水1次，其间中耕除草共3次。大田期共浇水约7次，即还苗水、救命水、创烟水、头水、二水、三水和四水。头水在现蕾期进行，由于气温升高，植株高大，应做到二水、三水紧跟，相隔时间不能超过半月。盛花期后，地面均被烟株郁蔽，浇水间隔时间可适当延长。浇水与中耕结合，保持土壤疏松，减少水分蒸发。兰州黄花烟栽后2～3天灌大水1次，灌后3～4天深刨土。一般刨土两次，锄1次，结合两次追肥，灌水两次，使地面保持湿润。

（八）打顶与抹杈

莫合烟传统的做法是，植株进入初花期就打去顶芽，以后摘除侧芽。这样侧芽萌发快，费工也多。吉木萨尔县黄花烟移栽后25天打顶，每株留叶8～10片，打顶后抹杈最少进行4次。甘肃黄花烟按调制方法不同，分为绿烟和黄烟。绿烟要求叶片肥厚，打顶较低，每株留叶 7～8 片；黄烟留叶较多，打顶较高。按种植季节不同又分为春烟和夏烟。春烟每株留叶 15～16 片，夏烟每株留叶 8～10 片（彩图 12-1）。

四、黄花烟调制技术

（一）甘肃绿烟的采收和调制

供做绿烟原料的黄花烟，于寒露前后收获。收获前 4～5 天猛灌水 1 次，当叶片极老呈浓绿色，即可适期收获。将烟株略微拔起，使其根系断裂，但仍立于穴中，逐渐凋谢而保持绿色。6～7 天后，于中午将全株拔起，运到通风处，堆成宽约 66cm、长约 3m 的堆，烟株均匀竖立，以谷草帘覆围，避免日晒和霜害。只留堆的北面不加覆盖，使空气流通，促其风干。然后将烟株搬到场院，喷以清水后摘叶，按颜色和部位分级出售。如果不出售，用烟秆和草席覆盖，在出售时喷洒温水，随喷随拌，务使水分均匀，喷水量约为干重的 20%。

（二）甘肃黄烟的采收和调制

供做黄烟原料的黄花烟，收获甚晚。在霜降前将烟株的根群拔断或不拔断，小雪前后，烟叶已遭霜袭，干枯，变黄，随于黎明至上午 10 时前将烟株连根拔起，运到场院屋内摘叶，叶片堆积一处，上盖烟茎或草席，出售前喷 20%的水。

（三）莫合烟的采收和调制

莫合烟植株的叶、茎、主根全部利用，所以收获工作手续较多，一般按以下程序进行。

1. 收获叶片

在 9 月上旬采收绿叶，小面积种植时，在树林中串挂晾干，大面积种植时，只能就地采摘，就地晒干。即在烟地边平整场地，将采摘下来的烟叶平铺于地面上，叶背面向上，1～2 天即可晒干，并保持叶的绿色。由于叶片成熟不一致，一般分两次采收。采收要及时，早采的叶片，趁天气炎热，当天即可晒干。采收过晚，晒的时间长，叶片由绿变黄降低质量，以绿色质量为好。

2. 砍秆

分人力砍秆和机力耕翻两种方法，以机力耕翻为好。人工砍秆，容易将根部留下，收不回来，而靠近茎根部分质量最佳，是制造特级烟的主要原料。但机力耕翻应有人力辅助作业，将部分埋于土中的茎秆及时捡出来。

3. 堆放

砍下的烟秆在田间堆放。堆的大小以直径 1m 左右为宜，将烟秆头朝下，根朝上，依次排列，堆中部需留有空隙，以利于通风透气。采用这种方法，烟秆干燥快，上面的绿叶仍保持绿色。相反，烟堆过大，堆积紧实，容易造成霉烂，叶色变黄，影响品质。

4. 脱叶

在堆放后半个月，烟秆尚未完全干燥，但颜色已经发白；叶片已干，叶脉还是湿的，这时应将烟秆上剩余叶片全部摘下。否则时间过长，叶色变黄，质量下降。如果有部分叶片，特别是外层叶片变黄，则应分别摘收。在前期和后期收集的叶片，均要将叶脉另外收集，因为叶脉质量好，是制造特级烟的原料，价格也高。

5. 打根毛

脱叶后，即可将根毛用小刀或木棒打掉，将烟秆捆成小捆，运往加工部门。

五、黄花烟品种简介

（一）大叶烟（大署烟）

1. 品种来源

甘肃省兰州一带的黄花烟地方品种，栽培历史较长。

2. 主要特征特性

植株塔形，株高 90cm 左右，经围 7～8cm，节距 5～6cm。叶数 20 片左右，最大叶长 26cm，宽 25cm，有叶柄，柄长 7～8cm。叶片心脏形，色深绿，叶面皱。花枝繁茂，花冠黄色，蒴果大。大田生育期 90～100 天。耐低温，耐肥水。

3. 产量与品质表现

一般每公顷产量 3000kg 左右。烟叶烟碱含量 3.85%，总糖含量 12.01%。香气足，劲头大而醇和，是制作兰州水烟的优质原料。

4. 栽培调制技术要点

宜选择土质肥沃、灌溉条件好的地块，育苗或大田直播均可。一般每公顷种植 37 500株左右为宜，单株留叶 15～17 片。收获和晒制方法视其用作绿烟或黄烟而不同。

（二）高秆莫合烟

1. 品种来源

新疆伊宁县黄花烟地方品种，属斯卡巴变种，栽培历史较长。

2. 主要特征特性

植株筒形，株高 250～300cm，经围 10cm，节距 8cm。叶数 25～30 片，最大叶长 32cm，宽 33cm，有叶柄，柄长 11cm。心脏型，叶尖钝，叶色绿，叶面较皱。花枝疏散向上，花冠黄色。大田生育期 90 天。耐低温、耐肥。病害轻。

3. 产量与品质表现

一般每公顷产量 2250kg 左右，茎秆产量 4500kg 左右。调制后叶片绿色，组织细致。原烟化学成分含量，总糖 7.54%，还原糖 2.97%，总氮 2.54%，蛋白质 13.13%，烟叶烟碱 2.54%，是制作莫合烟的优质原料。

4. 栽培调制技术要点

宜选择土质肥沃、灌溉条件好的地块种植。一般每公顷种植 75 000～90 000 株，单株留叶 15 片左右。叶片成熟时，先收叶晒干或晾干，茎秆留在田间经自然干燥再砍收，砍收时应带主根。

六、黄花烟的品质特点及用途

(一) 黄花烟的品质特点

黄花烟叶片晒制后，叶色有绿、黄和褐等颜色，叶身肥厚，一般总氮、烟碱及蛋白质含量均较高，而糖分含量较低。烟味浓烈，劲头大。黄花烟化学成分见表 12-6。黄花烟的内在质量评吸鉴定结果见表 12-7。

表 12-6　黄花烟烟叶化学成分（%）

年份	产地	品种	总糖	还原糖	总氮	蛋白质	烟碱	钾	氯	施木克值
1980	榆中县	—	12.10	10.67	2.56	11.83	3.85	—	—	1.02
1980	兰州市	—	11.81	10.44	2.83	13.01	4.34	—	—	0.91
1985	霍城县	中秆	7.96	3.93	2.42	12.84	2.11	3.31	0.82	0.62
1985	伊宁县	高秆	7.54	2.97	2.54	13.13	2.51	2.89	0.15	0.57

资料来源：中国农科院烟草所，1985

表 12-7　皮丝型和马哈型烟质量特征

产地	等级	外观质量					内在质量					
		颜色	光泽	油分	组织	香气	吃味	杂气	刺激性	燃烧性	劲头	灰色
陕西	二	棕红	稍有	有	粗糙	有	微苦辣	略重	有	熄火	较强	黑
	四	棕褐	灰暗	少	粗糙	少	微苦辣	略重	很大	中等	强	灰白
山西	二	青黄	稍有	有	尚细致	少	干净	略重	微有	中等	强	灰白
代县	四	青黄	灰暗	有	尚细致	少	干净	略重	有	中等	强	灰白
兰州	一	青褐	灰暗	有	较粗糙	有	较苦辣	微有	很大	强	强	灰白
新疆	一	青褐	灰暗	少	较粗糙	有	较苦辣	略重	很大	强	强	灰白
黑龙江	一	青褐	灰暗	少	较粗糙	有	较苦辣	略重	很大	强	强	灰白

资料来源：轻工业部烟草研究所，1985

(二) 黄花烟的用途

黄花烟草的经济利用率较高，根、茎、叶均可吸用。兰州水烟是用烟叶配以其他原料制成烟丝，成为皮丝烟，用水烟袋吸用；东北的蛤蟆烟是烟叶揉碎用纸卷或烟斗吸用；新疆莫合烟分别粉碎茎秆和烟叶，制成颗粒，根据产品风格和吸食者要求而调整制品中的烟秆和烟叶比例，加工后用纸卷或烟斗吸用，其中以木质化程度较高的根基部和主根质量最佳，烟叶仅作辅助品；陕西、山西一带则在烟株开花至结果期整株收获晒干后一起粉碎供吸用。

第四节　地方性晒烟

一、地方性晒红烟

在我国晒晾烟中，晒红烟是种植历史最长，分布最广，面积最大的类型。据中国农业科学院烟草研究所1986～1989年对23个省（自治区）普查，全国有164个县种植晒红烟，平均年种植面积14万hm^2左右。经有关科研和使用部门的多次调研和普查，认为多数晒红烟可应用于混合型卷烟和雪茄烟。20世纪80年代，有些产地的晒红烟进入了卷烟配方。目前由于卷烟中使用晒红烟较少，国内晒红烟仍处于分散零星种植，但也有一些产地将晒红烟作为当地主要经济作物，种植较为集中，规模较大，如吉林蛟河、湖南凤凰、四川什邡等县（市），年种植面积多者在1000hm^2以上。

我国地方性晒红烟按晒烟工具和方式分为4种类型，即折晒红烟（桐乡烟等）、索晒红烟（什邡毛烟等）、捂晒红烟（穆棱烟等）和架晒红烟（亚布力晒烟等）。尽管晒制工具和方式各异，但品质特点、栽培技术、调制原理相近。因其调制方法主要采用阳光曝晒，而烟叶又均为深褐红色，故总称为晒红烟。

晒红烟多栽培在重质、肥沃的土壤上，施氮肥多，打顶底，留叶数少，烟株生长旺盛，叶片肥厚，充分成熟时采收。调制过程缓慢，特别是变黄期较长，以适应烟叶化学变化和外观色泽的形成。晒红烟的烟碱、蛋白质及其他氮化物含量高，糖分含量低，烟气刺激性强，生理强度很大，吃味丰满。晒红烟主要用作雪茄烟的原料，亦可作为其他烟制品的原料。

二、地方性晒黄烟

晒黄烟是我国晾晒烟种植面积仅次于晒红烟的一个类型。据中国农业科学院烟草研究所1986～1989年对全国23个省、区（直辖市）晾晒烟普查，有9个省、区（直辖市）45个县种植，年种植面积约为2万hm^2。主要分布在广东、江西、湖北、福建等省的山区、半山区和丘陵区的一些经济不发达地区。近年来由于卷烟工业使用少，有些晒黄烟区被烤烟所取代，种植面积下降较多，河南邓州、四川绵竹等县（市）已很少种植。目前种植较多、面积相对集中的有广东南雄、湖北黄冈、江西广丰、广东封开等县（市）。

我国各地晒黄烟种类很多，一般按色泽可分为淡色和深色两类。其中，深色晒黄烟包括折晒深黄烟（广丰烟等）、索晒深黄烟（大方、栖霞晒烟等）、半捂半晒深黄烟（蛟河晒黄烟）和生切架晒烟丝（五华生切烟等）。

深色晒黄烟的栽培技术与晒红烟相近，调制技术因工具和当地气候而异。这类烟是介于淡色晒黄烟和晒红烟之间的一种类型，它可用于雪茄烟和其他烟制品。

三、地方性晾烟

我国地方性晒烟种类很多，地方性晾烟却很少，典型的仅有武鸣晾烟。武鸣晾烟产于广西壮族自治区武鸣县，主要分布在自治区南部、大明山以西、右江支流武鸣河流域；主要产地在大明山（海拔1870m）脚下延伸的缓坡阶地上，以罗波、陆斡、马头和西江等地所产为佳。

武鸣晾烟已有100多年的种植历史。由于加工是在房间内阴干的，所以称作晾烟，又因烟叶呈长剑形，似牛的舌头，烟农称之为“牛利烟”。由于其品质好，在南洋一带深受欢迎，并远销埃及和荷兰等国。近年种植面积虽有所减少，但单产仍不低，一般为

1500～2250kg/hm^2，高的可达 3000kg/hm^2，历史最高年产达为 2750 吨。

武鸣晾烟颜色深褐，光泽鲜亮，油分充足，经冬不脆。以手指压叶面能呈现清晰的指纹，烟把内烟叶互相黏结，竖起把时亦不自然散开。弹性很强，搓揉后叶片很快弹回原状。叶片肥厚，主筋细小，组织细致，香味醇厚丰满，燃烧性强，烟灰洁白不散落，尤以顶部的三片肥大叶子—“武鸣三花顶”品质最好，具有特殊的清香甜味而顺喉，经久仍有余香。

武鸣晾烟优良品质的形成，除自然条件外，主要取决于特殊的栽培方法和调制技术。栽培方法突出的特点是重视追肥培土和打顶抹杈。调制技术是整株收获晾制，调制之后进行堆积发酵。

思考题

1. 什么叫雪茄烟？其原料和制品各有哪些特点？
2. 什么叫遮阴栽培？其目的和作用是什么？
3. 雪茄烟原料由哪三类烟叶构成？各具备什么样的品质特点？
4. 马里兰烟突出的特点有哪些？作为混合型卷烟的原料有哪些优势？
5. 黄花烟的生物学特征特性与普通烟草有哪些不同？它适应什么样的环境条件？
6. 黄花烟的烟制品有哪些？各有什么品质特点？
7. 我国晾晒烟中，主要有哪些著名的晒红烟？其共同的品质特点和用途是什么？
8. 我国晾晒烟中，主要有哪些著名的晒黄烟？其共同的品质特点和用途是什么？

第十三章　烟草主要病害及其防治

烟草是受病原危害比较严重的经济作物，从播种到收获，在整个生长过程中都可能遭受各种病原侵害，病害造成的损失程度从轻微到完全毁灭不等。据调查，全国烟草病害有 30 多种，其中危害严重的主要有炭疽病、立枯病、黑胫病、病毒病、青枯病、白粉病、低头黑病、赤星病、蛙眼病、角斑病、根结线虫病及苗床期病害等十余种。这些病害有些可在烟草生长的各个时期发生，有些只在烟草生长的某些时期危害某些器官。有些病害的发生有一定的区域性，而有些病害几乎没有区域限制，常随不同年份气候的变化而变化。

第一节　烟草苗期病害

一、烟草炭疽病

烟草炭疽病俗称“水点子”、“雨斑”、“烘斑”等，在烟草各生育期均可发生，危害烟草的叶、茎、花和果实，但以苗期两片真叶时幼苗叶片发病为主。

（一）症状

叶片感病初期，叶片上出现暗绿色水渍状小斑点，周围隆起呈赤褐色，中央凹陷，天气多雨或叶片幼嫩时，病斑多呈赤褐色或黄褐色，有时有轮纹或产生小黑点。天气干燥或叶片老化时，病斑多呈黄白色，没有轮纹或小黑点，病斑密集时，常互相合并，使叶片扭缩或枯焦。叶脉、叶柄及茎部的病斑呈菱形，凹陷开裂，黑褐色。病斑多且较大时，常使幼苗折倒，严重时烟苗成片死亡（彩图 13-1，彩图 13-2）。

（二）病原

烟草炭疽病是由细菌（*Colletotrichum nicotianae* Averna）引起的，属于半知菌亚门、毛盘孢属。

（三）发病规律

炭疽病菌以菌丝和分生孢子在病株残体、土壤、肥料、种子内外越冬，主要靠雨水和灌溉水传播。次年的初侵染源主要是带菌的肥料和种子，而大田病害的初侵染源主要是带病烟苗，其次为土壤肥料中的病株残体和野生寄主。大田期的病症主要体现在底叶，其分生孢子能借助风雨蔓延到顶叶及花序和健株上而形成再浸染。烟草炭疽病菌适应的温度范围很广，以 25～30℃为其滋生的最适温度，超过 35℃则很少发病。病苗多、雨水多或大水漫灌易于本病的流行，苗床排水不良，烟株过密则病害加重。

（四）防治方法

烟草炭疽病的防治，应从苗床无菌、烟种无菌、注意田间管理三个主要方面来考虑，必要时进行化学药剂防治。

（1）注意苗床地选择。苗床地应选在地势较高、排水良好、土质肥沃的沙壤土。同时，不能靠近菜地、烤房和烟茬地；并尽可能用塑料薄膜棚育苗，因为塑料薄膜棚能够遮雨，对防治此病有显著的作用。

（2）种子消毒。为了保证种子不带菌，应在无病田和无病烟株上采种并进行种子消毒。种子消毒办法是用0.1%硝酸银或1%硫酸铜或2%福尔马林浸种10min，然后洗净、晾干。

（3）苗床消毒。用32.7%的斯美地水剂土壤消毒剂对苗床进行消毒。施药前，将苗床土壤锄松，整平，保持潮湿，每平方米用50～75mL药液和3kg水配成60倍液，均匀浇洒在苗床表面，然后用塑料薄膜覆盖10天，揭膜后，将土壤表面耙松，使残留的药挥发，5～7天后即可播种或假植。

（4）加强苗床管理。苗床地整理应精细，不施带菌肥料，不浇带菌水，切忌大水漫灌，并注意及时排出苗床地雨后积水。雨后高温应注意通风，降低床内温度。此外，稀育苗、早间苗、育壮苗也能减轻本病的发生。

（5）药剂防治。发病前，可用1∶1∶（150～180）的波尔多液进行预防。发病后可用50%退菌特800倍液，或75%百菌清500～800倍液，或80%代森锰锌500倍液进行防治，每7～10天1次，连续2～3次，效果很好；如果用50%克菌丹500倍液喷雾则效果更好。

二、烟草立枯病

烟草立枯病是一种以苗床期危害为主的病害，在我国各烟区均有发生，但危害不是很严重，只是在个别苗床危害严重。

（一）症状

幼苗茎基部容易发病。发病初期病部表面形成褐色斑点，逐渐扩大成暗褐色椭圆形病斑，并逐渐下陷，病斑边缘明显，扩大后绕茎一周，最后茎部干枯收缩，萎蔫发黄而死，但不倒伏。在潮湿条件下，病部常有不明显的淡褐色蛛网状霉状物，并有灰色或淡褐色菌核，菌核形状不规则（彩图13-3，彩图13-4）。

（二）病原

烟草立枯病是由真菌（*Rhizoctonia solani* Kuhn.）引起的。

（三）发病规律

病菌在土壤中越冬，当苗床期的气温较低（20℃以下）且持续时间较长时容易发病；中等湿度甚至较小的湿度，有利于发病。所以在苗床后期，特别是揭膜后，遇到干热风，经常会出现发病高峰。

（四）防治方法

（1）栽培防治。参照烟草炭疽病的防治方法。

（2）药剂防治。可喷施1∶1∶(150～180）波尔多液，或50％退菌特可湿粉剂500～700倍液或80％代森锌可湿粉剂500～600倍液进行喷雾防治，每7～10天喷施1次，共3～4次，效果较好。也可用70％甲基托布津可湿粉剂1000倍液喷雾防治。发病初期也可用40％百菌清500倍液或者用70％代森锰锌可湿粉剂500倍液进行喷雾防治。

三、烟草猝倒病

烟草猝倒病也是一种以苗床期危害为主的病害，在我国各烟区均有发生，在南方烟区更为常见，危害更为严重。

（一）症状

以幼苗茎基部发病为主。发病初期，茎基部出现水渍状小点，逐步变成像开水烫过一样，暗绿色病斑四周的界线不明显。发病后期，茎基部溢缩、变细、软腐，呈线状。地上部烟茎逐渐倒折，故称“猝倒病”。如果苗床潮湿，在病苗四周的床土上，可见一层白色絮状物（菌丝体）。幼苗逐渐死亡，在苗床上形成一块一块的“圆补丁”，致使苗床严重缺苗（彩图13-5）。

（二）病原

烟草猝倒病是由真菌（*Pythium* spp.）引起的。

（三）发病规律

病菌在土壤中越冬，到春季各种条件适宜时浸染烟苗根茎，病菌主要靠雨水或者灌溉水进行传播。当苗床期的气温较低（24℃以下）且持续时间较长，阴雨连绵的天气条件下，则有利于猝倒病的发生和流行。

（四）防治方法

（1）栽培防治。参照烟草炭疽病的防治方法。

（2）药剂防治。烟苗大十字期后，可喷施1∶1∶(150～180）波尔多液进行保护，每7～10天喷施1次。发病后可用75％百菌清10 000倍液或用58％甲霜灵锰锌可湿粉剂进行喷雾防治，每亩50g，每7～10天喷施1次，共2次；也可用40％乙磷铝可湿粉剂250～300倍液泼浇苗床，每平方米用药液3～5kg。如果在苗床中发现病苗，应该立即挖除，并在病区四周喷洒0.4％酮铵合剂，以防止病菌蔓延。

第二节 烟草根茎病害

一、烟草青枯病

烟草青枯病是我国各省普遍发生的一种重要病害。其中，以台湾、浙江、福建、广东危害较重，广东、福建等地常与黑胫病混合发生，严重的全田烟苗枯死。近年来有向北方烟区发展的趋势，在山东、河南、陕西及辽宁等省都有发现，局部地区危害还比较严重，不少地区病株率可达50%～60%，其危害程度比黑胫病还重。

（一）症状

烟草青枯病是典型的维管束病害，根、茎、叶均可受害。感病植株最典型的症状是枯萎，受病萎垂的叶片，初期仍为绿色，故称“青枯病”。在病株发病的一侧叶片枯萎，无病的一侧叶片生长正常，呈现“半边疯”症状。烟株发病，先是茎和叶脉里的导管变黑，随着病势的发展，病菌侵入皮层及髓部，外表出现黑色条斑。这种黑色条斑是青枯病的主要特征。有时黑色条斑一直延伸到病株顶部，枯萎的叶柄上都有这种症状，在感病初期，田间病株常表现为一边枯萎，但无低头现象；病茎的髓部形成蜂窝状或全部腐烂，形成仅残留木质部的空腔。这两种症状可以用来区别低头黑病和黑胫病。中期病株横切，可见木质部部分变黑，用力挤压切口处，可从导管中渗出黄白色乳状黏液，即细菌的菌脓。这是细菌病害的特征（彩图13-6，彩图13-7）。

（二）病原

烟草青枯病是由细菌（*Pseudomonas solancearum* E. F. S）引起的，属于假单胞菌属。

（三）发病规律

烟草青枯病菌主要在土壤及遗落在土壤中的病株残体上越冬，亦能潜伏于种子中或生长发育的各种寄主体内越冬。因此，本病的主要初侵染来源是土壤、病残组织和肥料。病原菌借流水、肥料、病苗、人畜和生产工具等传播。该病菌多从根部的伤口侵入，自下而上发展，一般不从气孔侵入。高温（30℃以上）、高湿（90%以上的相对湿度）是本病流行的主要气候因素，其最适宜温度为34℃。因此，寒冷干燥地区发病较轻，而温暖湿润地区发病则较重。此外，地势低洼，土壤黏重，排水不良的田块易诱发此病。

（四）防治方法

（1）选用抗病品种。抗病品种有RG17、NC89、K346、K326、NC82等，各烟区可因地选择使用不同的品种。

（2）栽培措施防治。大面积实行3～5年轮作，可以有效地防治青枯病，与禾谷类轮作、水旱轮作对病菌有较好的防治效果；实施提早播种和移栽，争取早收，在雨季前大部分叶片已采收，则可避过病害；选择土壤疏松，排水良好的田块种植烟草，多雨的地区做高畦，以利排水，减轻病害；注意田间卫生，科学施肥，施用净肥，拔除病株，少施铵态氮肥，适当施用硼肥、锌肥对本病都有一定的防治效果。

（3）药剂防治。可采用农用链霉素 200 单位/mL，在移栽后用药，每 10～15 天 1 次，连续 2～3 次；或用 20%青枯灵可湿粉剂 400～600 倍液灌根，每株 50～100mL；也可用青枯散 600～800 倍液在移栽期、团棵期、旺长期各灌根 1 次。

二、烟草黑胫病

黑胫病是我国主要烟草病害之一，在河南、山东俗称“腰漏”、“黑胫”，云南、贵州俗称“瘟兜”、“下地症”。其分布范围很广，除东北烟区在 1965 年以后零星发生外，其他烟区均有发生。安徽、山东、河南为历史上的重病区，云南、贵州、广东、福建、湖南也较普遍，且多与青枯病混合发生，近年来发展的新烟区陕西、湖北等也有发生。此病的发生蔓延速度很快，对烟草生产是一个很大威胁。

（一）症状

烟草黑胫病苗期发病较少，主要危害大田成株，根、茎、叶都能发病，但以茎基部为主，茎基部受侵染后向髓部扩展，很快阻塞茎部水分运输，茎部病斑有时长达 30～70cm，病株叶片自下而上依次变黄，纵割病株茎部，髓部变成黑褐色，干缩成碟片状，碟片之间有白色菌丝，如遇烈日、高温，全株叶片常突然凋萎，然后枯死。此外，根部也常发病变黑。在多雨潮湿时，底部叶片常发生圆形大斑，病斑无明显边缘，常出现水渍状浓淡相间的轮纹，病斑扩展很快，可在数日内通过主脉蔓延到茎部（彩图 13-8，彩图 13-9，彩图 13-10，彩图 13-11）。

（二）病原

烟草黑胫病是由真菌［*Phytophthora parasitica* var. *nicotianae*（Brede de Haah）Tucker］引起的，属于鞭毛菌亚门疫霉菌属。

（三）发病规律

烟草黑胫病菌主要以菌丝和厚垣孢子在病株残体和土壤肥料中越冬。土壤肥料中的病菌是每年病害初侵染的主要来源，其次是灌溉水带菌，重病区的带病菌土也能引起初侵染。病株病组织上产生大量孢子囊，靠流水、风雨、人为的操作活动等进行重复再侵染。

黑胫病的流行，主要受病菌特性、烟草抗性和环境条件三个因素制约。

不同烟草品种的抗性有所不同，就易感病品种而言，生育期不同，感病性亦有差异，在现蕾以前是苗龄越小越易感病，现蕾以后茎基部木质化后就进入了抗病阶段。在环境条件方面，高温多湿有利于本病的流行，平均气温低于 20℃时则很少发病，幼苗在 16℃以下很少发病，23～32℃为侵染适温，28～32℃时发病最快。湿度更是流行的关键因素，7～8月份的雨量往往对病害的发生起决定作用。虽然我国目前的菌系间致病力有一定的差异，但在病害流行严重时似乎没有明显的差异。只要环境条件合适，病菌大量存在，不管是强菌系或弱菌系，同样可引起大流行。

（四）防治方法

防治黑胫病应采取以抗病品种为中心的综合防治方法。

（1）种植抗病品种。种植抗病品种是防治烟草黑胫病的经济有效措施，生产上种植的烤烟抗病品种有NC82、NC89、中烟98、云烟85、K346等；晒烟抗病品种有金英、青梗等。

（2）栽培防病。栽培防病的主要措施有：适时早栽，避过高温多雨的天气；合理轮作，与小麦、水稻、红薯、芝麻等作物进行2～3年轮作；精细整地并做好起垄培土和开沟排水工作，防止积水；注意田间卫生，健苗移栽，使用无菌肥料，灌无菌水，并注意及时清理病残组织。

（3）药剂防治。每亩可用敌克松350g拌干细土15～20kg，于移栽封窝前和起垄培土前各施1次，把药土撒在根基周围并立即封土，以免敌克松见光分解失效；在培土后如再用500倍液喷洒茎基或浇灌根部则效果更好；在发病初期，可用72%甲霜灵锰锌可湿粉剂600～800倍液，或58%甲霜灵锰锌以100g/亩的量灌根，每7～10天1次，最多2次，防治效果较好。

三、烟草根结线虫病

烟草根结线虫病俗称“根瘤”、“鸡爪根”，过去此病除了在河南省发生比较普遍外，在其他各地区发生不多。但近几年的调查表明，根结线虫病几乎在各个主要产区均有发生，病区不断扩大，危害也日益严重。

（一）症状

烟草根结线虫病在苗期很少发生，即使发生，也极少表现出症状，主要危害大田期烟株。发病初期，地上部首先从叶尖、叶缘开始变黄，继而出现红褐色枯斑，后期中下部叶片的叶尖、叶缘干枯外卷，地下部分形成大小不一的根瘤，须根很少，须根上初生根瘤为包，渐次增大，最大的似花生米，成圆形或者纺锤形，多的一条根上有几个根瘤。有时整个根系变粗呈鸡爪状。后期根部腐烂中空，仅存根皮及木质部（彩图13-12，彩图13-13）。

（二）病原

根结线虫病是由根结线虫（*Meloidogyne* spp.）引起的一种病害。

（三）发病规律

烟草根结线虫可以卵和成虫在土壤中的病残组织里及其他寄主和残根中越冬。卵孵化后，形成幼虫，侵入烟草根部，靠其吻针在根内吸取营养而生长繁殖。由于线虫的刺吸，中柱鞘细胞发生大量分裂，但不能形成细胞壁，而成为多核的巨型细胞，其周围的细胞也随之增大而形成根瘤。

烟草初次发病后的再浸染途径有病土、烟草、农具和农事操作、灌溉水等。在各种环境因素中，温度对于此病的流行起主要作用，土壤水分仅起次要作用。根据研究，22～28℃为最适宜侵染温度，10～20℃的低温和高于36℃的高温则很少侵染。此外，线虫的活动与土壤含氧量呈正相关，故在通气状况良好的沙土和壤土上，病情较重，黏土上则较轻，土壤pH的影响不大。

（四）防治方法

（1）选用抗病品种。NC89、G80、K326、中烟14等对根结线虫病具有一定的抗性，但要因地选用不同的品种。

（2）栽培措施防治。进行合理轮作，实行3年以上的轮作，如能水旱轮作效果更好；烟田要进行冬翻，冬季深翻土地可减少线虫的数量；施用不带根结线虫的肥料。

（3）药剂防治。可用15%铁灭克颗粒剂0.8～1.0kg/亩，在移栽时施在烟株附近，防治效果较好；或在大田移栽时，施用10%的克线磷颗粒剂，每株2g，2.0～2.5kg/亩；或用5%的涕灭威颗粒剂，每株2g，2.0～2.5kg/亩，也具有较好的防治效果。

第三节　烟草叶部病害

一、烟草赤星病

赤星病在山东俗称“红斑”，在河南、安徽、辽宁俗称“斑病”，在云南称“恨眼虎”，在贵州称“火炮斑”，我国各烟区均普遍发生。20世纪60年代以前是我国烟草上的次要病害，1963年突然于河南大流行，1964年在山东猖獗危害，其他烟区也日益严重，对烟草产量和质量影响很大。

（一）症状

烟草赤星病主要在大田中后期发生，特别是打顶后更易感病。除危害叶片外，也常在叶脉、花梗、蒴果上引起深褐色或黑色小斑。叶片感病后，先在下部叶片上出现圆形深褐色小点，病斑扩大后仍保持圆形，病斑上的死组织出现同心轮纹。病斑大小与湿度有关，湿度大病斑大，反之病斑小。最初斑点直径不足0.1cm，以后逐渐扩大，直径可达1～2cm。病斑边缘出现黄色晕圈。病斑与健康组织有明显的界线。病斑中产生深褐色或黑褐色霉层，即为病菌的分生孢子和孢子梗。病斑质脆、易破，天气干旱时在病斑中部破裂穿孔，严重时病斑可互相连接合并成大病斑枯焦脱落（彩图13-14，彩图13-15，彩图13-16）。

（二）病原

烟草赤星病是由真菌［*Alternaria alternata*（Frirs）Keissler］引起的，属于半知

菌亚门交链孢属。

（三）发病规律

烟草赤星病菌是以菌丝在死亡的病株残体上越冬，在早春平均气温达到7.8℃、相对湿度50%时，越冬的菌丝开始形成新的分生孢子，以后随气温上升，产生分生孢子的数量增多，病菌侵染周围的烟株，成为初侵染的菌源中心。病株死亡后，菌丝又随病残组织而越冬。

赤星病发生的先决条件，首先是烟株叶片是否进入感病阶段（即叶片生长后期），因为烟株对赤星病的抗性是随叶片的生长而下降的。其次是适宜的温湿度。调查表明，赤星病流行的温度是中温不是高温，日平均温度在20℃以下很少发病，25℃以上发病严重，温度太高反而不易发病。另外，感病阶段的降雨量决定着赤星病的流行强度，即降雨量大、降雨次数多、田间湿度大，常会引起病害的大流行；在感病阶段，日间温度高、晚上凉爽、昼夜温差大、露水大、叶面得水膜保持时间长，有利于孢子的产生和侵染，病害严重。

（四）防治方法

（1）种植抗病或耐病品种。高抗品种有中烟98等，中抗品种有云烟85、K326、RG11、G28等。

（2）改进栽培技术。培育壮苗，早管早收，争取“伏尽烟完”避过病害。合理种植，科学施肥，增施磷钾肥、有机肥、饼肥，控制氮肥用量，促使烟叶及时落黄，适时成熟。加强田间管理，增强抗病力，适时早收，减轻病害蔓延。

（3）药剂防治。第一次采收脚叶时，可用40%菌核净可湿粉剂400～500倍液喷雾防治，50～75kg/亩药液，10天左右1次，连续2～3次，防治效果较好；或50%退菌特500倍液、50%退菌灵500倍液喷雾防治，一般在脚叶采收后开始喷第一次，以后10天左右1次，连续2～3次，可基本控制赤星病的危害；发病初期，也可用10%宝丽安可湿粉剂800～1000倍液，每7～10天1次，连续2～3次，防治效果较好。

二、烟草蛙眼病

烟草蛙眼病又叫“白星病”，分布非常广，遍及世界各烟区，在北纬35°和南纬35°之间都有发生，我国贵州、云南、河南、安徽、台湾等省发生较为普遍，因气候条件不同，发病时间由北向南逐步提早，受害程度南方重于北方。

（一）症状

蛙眼病主要危害大田期成株，黄淮烟区每年都在7～8月份发生，尤以8月下旬发病最多，9月上旬即停止发展。下部叶片较易感病，严重时下部每个叶片上可产生几百个病斑。天气渐湿时上部嫩叶也会受感染。

蛙眼病病斑呈圆形，比赤星病斑小，直径多在1cm以下，因病斑周围产生愈伤组织，限制了病斑继续扩大。病斑呈褐色或灰白色，中央为白色，有狭窄而深褐色的边缘，形如青蛙眼球状，故称“蛙眼病”，病斑大小与品种和自然条件有关。病斑中间散生由分生孢子和残缺的分生孢子梗所组成的微小黑点。病害发展到后期，如果遇到暴风雨时，病斑常破裂脱落成穿孔，严重时许多病斑连接成片，使整个叶片全部枯死（彩图13-17，彩图13-18）。

（二）病源

烟草蛙眼病是由真菌（*Cercospora nicotianae* ELL. et Ev）引起的，属于半知菌亚门尾孢属。

（三）发病规律

烟草蛙眼病菌随病株残体在土壤中越冬，来年侵染烟苗或成株，带菌的幼苗也是大田初侵染的菌源，当年病斑上产生的分生孢子可以借风雨传播引起再侵染。田间发病时，首先从下部叶片开始，逐渐向上扩展。地势低洼，土壤黏重，排水不良，烟株过密，通风透光不良的烟田易感此病，反之则发病较轻，移栽较晚的烟田病害较重。受花叶病危害的叶片易感此病。此外，25～34℃的温度是蛙眼病发生的适宜温度范围，30℃是最适宜发病的温度。阴雨连绵，湿度大容易导致蛙眼病的发生，借助风雨的传播，造成蔓延和流行。

（四）防治方法

(1) 栽培防病。早播早栽，及时采收，防止叶片过熟；摘除病叶，实行深埋，做好田间卫生；与防治黑茎病结合起来，实行2～3年轮作；合理密植，科学施肥，提高烟株的抗病力，改善田间小气候，控制病害的发展。

(2) 药剂防治。常用1∶1∶(150～180）波尔多液进行喷施防治，一般发病前后每隔5天喷1次，效果良好；发病期间，可用40%灭病威可湿粉剂400倍液，或50%多菌灵可湿粉剂500倍液进行喷雾，50～75kg/亩药液，每7～10天1次，连续2～3次，防治效果较好。

三、烟草白粉病

烟草白粉病俗称“上硝”、“上灰”、“发白”，在我国各烟区均有发生，其中以华南、西南和华中烟区最为普遍，危害较重。近年来湖北、山东、河南、辽宁部分烟区亦有日益严重的趋势。受害的烟叶产量降低，品质变坏，调制后色泽不佳，缺乏弹性和香味，且易破碎，病斑部分烤后呈“糊片”，还夹杂着一种臭味。

（一）症状

烟草白粉病可以危害烟苗和成株，但大量发生危害是在大田期，其症状主要表现在叶片表面，严重时也会蔓延到茎部。通常先从脚叶发病，自下而上逐步蔓延，很快遍及全株。初期被害叶表面出现近圆形白斑，叶面出现一层白色绒状霉斑，故称“白粉病”。后期叶片正反面都有白色粉状物，并可见褪绿和表面皱缩现象，最后叶片变黄变褐而枯死（彩图 13-19，彩图 13-20）。

（二）病源

烟草白粉病是由真菌（*Erysiphe cichoracearum* DC.）引起的，属于子囊菌亚门白粉菌属。

（三）发病规律

白粉病菌在温暖地区以子囊孢子在土壤中越冬，在较冷地区则以子囊壳越冬，也可以在多年生的野生寄主上越冬。白粉病的初侵染菌态为子囊孢子，再侵染菌态为分生孢子。病菌以吸器深入表皮细胞吸取烟株的水分和营养。

该病常在温暖、潮湿、日照较少的年度和地区发生。山地及丘陵地区发生较多，平原及凉爽烟区发生较少。白粉病的病情指数随栽植密度和氮素施用量的增加而加重，随钾素使用量的增加而减轻。白粉病流行的适宜条件为“中温”、“中湿”，即温度 16～26℃、湿度 60％～75％。相对湿度 100％反而不能侵入。大雨易于冲刷叶片上的孢子和菌丝，且对孢子的萌发不利，可减少侵染机会。

（四）防治方法

（1）栽培防治。控制密度在 16 500～17 500 株/hm^2，适时早栽，及时采收；注意田间卫生，在最后一次培土时，摘除脚叶，以改善下部的通风透光条件；增施钾肥，适当减少氮肥用量；做好烟田的排水和管理工作等栽培措施均可以减轻白粉病危害。

（2）药剂防治。常用于防治白粉病的药剂有 50％退菌特 500～1000 倍液，80％代森锌 500～600 倍液，50％甲基托布津 500～1000 倍液，多菌灵 1400～1600 倍液，75％百菌清 600 倍液。一般在发病初期开始进行防治，50～75kg/亩药液，以后视病情每隔 5～10 天喷药 1 次，一般 2～3 次，防治效果较好。

四、烟草野火病

烟草野火病在世界各地都有发生，一些国家和地区如美国、原苏联、中非等危害严重。我国以云南、贵州、四川、河南和东北等省发生较重。

（一）症状

烟草野火病主要发生于大田后期，危害烟草叶片、茎、蒴果、花萼等器官。发病初期为黑褐色水渍状小圆斑，以后病斑逐渐扩大，直径可达 1～2cm，周围有较宽的黄色晕圈。相邻的病斑愈合后形成不规则的大斑，上有轮纹。天气潮湿时病部表面有薄层溢脓，天气干燥时病斑破裂脱落，叶片被毁。幼苗发病时其症状为幼苗腐烂倒伏，或只剩顶芽直立，苍白细弱，生长极慢，茎、蒴果、花萼发病后产生不规则小斑，初期成水渍状，以后变成褐色，茎上病斑稍下陷，黄色晕圈不如叶片明显（彩图 13-21，彩图 13-22）。

（二）病原

烟草野火病是由细菌［*Pseudomonas syringae* pv. *tabaci*（Wolf et Foster 1917). Young. Dye Wikie 1978］引起的，属于假单胞菌属。

（三）发病规律

烟草野火病菌除可以在病株残体上越冬外，还能在许多作物和杂草的根系附近存在。烟草种子上带的病菌亦可越冬，但不是主要的初侵染来源。

病菌借风雨或昆虫传播，从气孔或伤口侵入。因为当空气湿润，气孔中有水分时病菌才容易侵入，同时病部溢脓也需要雨水冲溅方能传播，所以多雨或暴风雨天气条件都有利于野火病的迅速发展。该病菌生活的最适温度为28～32℃，最高温度为37℃。由此可见，高温高湿是该病流行的前提条件。

（四）防治方法

(1) 合理轮作。大豆是该菌的天然寄主，在烟草中不应该安排大豆。

(2) 加强田间管理。培育壮苗，适期早栽，合理灌水，防止后期氮肥过多，并适当增施磷钾肥，及时摘除病叶；秋季烟叶采收完毕后，烟秆全部集中烧毁等措施，均可以起到减轻野火病危害的作用。

(3) 药剂防治。床苗发病和大田发病时可用1∶1∶(150～180) 波尔多液喷洒。发病较重的时候用200单位/mL的链霉素，或50%DT可湿粉剂500倍液喷洒，每周2次，每次50～75kg/亩，连喷3～5次，效果良好。

五、烟草角斑病

烟草角斑病在我国各烟区均有发生，以四川、吉林、山东、陕西、河南等省发病较重，其他地区有逐年上升的趋势。

（一）症状

大田后期发生较多，叶片受害后，初期为黑褐色水渍状小斑点，后发展成多角形或不规则黑褐色病斑，直径达1～2cm，病斑边缘明显，无黄色晕圈。天气潮湿时，病部表面产生薄层菌脓，干燥时病斑破裂脱落（彩图13-23)。

（二）病原

烟草角斑病是由细菌（*Pseudomonas syringae* pv. *talaci*）引起的，属于假单胞菌角斑专化型。

（三）发病规律

该病的发病规律与烟草野火病相似，可参照烟草野火病的发病规律。

（四）防治方法

防治方法参照烟草野火病的防治方法。

六、烟草气候斑病

烟草气候斑病在世界各产烟国均有发生。我国云南、河南、福建、湖北、湖南、安徽、广东、广西等省（自治区）危害严重，其他省份发生也比较普遍。

（一）症状

叶片进入快速生长至生理成熟期，天气出现异常时容易发生该病。病斑常集中在主脉和侧脉两侧。在已经伸长的叶片上，病斑多出现在叶尖附近。有时，中部叶片严重受害而下部叶片却没有症状。症状特点因品种、生育期、气候条件的不同差异较大，主要有白斑型、褐斑型、环斑型、尘灰型等，其中以白斑型最为常见。白斑型发生在团棵后期中下部已充分伸展的叶片上。叶面出现许多密集的圆形至不规则小点，直径1～3mm。初期为水渍状，然后变为褐色，48h以内，由深褐色变成灰白色或白色。病斑中心坏死、下陷，有时穿孔。褐斑型与白斑型相似，只是颜色为褐色。环斑型的颜色有褐色和白色，斑常组成1～3个环状斑。尘灰型似红蜘蛛危害状，各种病斑均不透明（彩图13-24，彩图13-25，彩图13-26）。

（二）病原

烟草气候斑病主要是由大气中的臭氧（O_3）引起的一种非侵染性病害。

（三）发病规律

大气中的臭氧（O_3）浓度在0.06～0.08μg/g时，与烟株接触24h以上即可发病。当臭氧浓度增大时，会缩短发病时间。若大气中有SO_2等污染物时，较低的臭氧浓度就可造成此病的发生。一般低温、多雨、日照少、持续阴雨骤然转晴的天气此病发生较重，雷阵雨天气发病也严重。磷肥、钾肥施用量过多，叶片疯长、肥厚的发病严重。连作田重于轮作田，平地重于山区。

（四）防治方法

（1）栽培措施防治。首先适期移栽，其次注意氮、磷、钾的配合施用，当氮、磷、钾的比例为1∶(1.5～2)∶3时，防治效果显著。

（2）药剂防治。从团棵起，用65%代森锌可湿粉剂500倍液，50～75kg/亩，每7～10天喷施1次，连续2～3次，或用70%甲基托布津500～1000倍液灌根；也可用乙澄双脲（EDU）喷雾，200～250g/亩，连续2～3次，具有较好的防治效果。

七、烟草普通花叶病毒病

烟草普通花叶病毒病是我国烟区普遍发生的主要病害之一，近几年来以山东、河南、湖北、辽宁、黑龙江、安徽、四川、广东等省发病较多。普通花叶病的俗名很多，如河南称“聋烟”、山东称“青花”、安徽称“莴笋”、云南称“癞烟”。此病对烟株的危害程度取决于烟株被侵染的时期。幼苗期或大田初期感病，植株矮小，叶片畸形不能开秸开片，其产量损失可达50%～70%；旺长期感病，其产量损失30%～50%；现蕾以后感病对产量影响不显著。感病烟叶经调制后，颜色不均匀，吃味明显变坏，品质下降。

（一）症状

烟草普通花叶病毒病在烟草的整个生育期内均可发生。幼苗感病后，一般在新叶上出现“明脉”现象，即沿叶脉组织变成浅绿色，迎光透视呈现半透明状，逐渐蔓延至整张叶片，形成黄绿相间的斑驳。条件适合时，几天可形成“花叶”，即叶片局部叶绿素消失，从而形成黄绿相间的镶嵌状。病叶边缘有时向内卷曲，叶基松散。由于受害叶片只一部分细胞增多或增大，致使叶片厚薄不均，形成泡斑，甚至叶片皱缩扭曲至畸形、有缺刻等。早期发病烟株生长缓慢，节间缩短，植株矮化。重病株的花变形、果实小而皱缩、种子发芽率低。接近成熟的植株感病后，只在顶叶或烟杈上表现花叶，有时有1～3个顶部叶片不表现花叶，但出现坏死斑块，被称为花叶灼斑（彩图13-27，彩图13-28）。

（二）病原

烟草普通花叶病毒病是由病毒（tobacco mosaic virus，TMV）引起的。

（三）发病规律

TMV可以在病株残体和土壤中存活，并可在其他作物和野生植物上寄生，所以烟草苗期的初染途径有：种子中混有病残组织；肥料带毒；人及其他媒介带入病残组织；带病的其他作物和野生寄主；土壤传毒，大田期发病的浸染源是病苗，土壤中的病毒或带毒的寄主。此外，收获后的病株残体、烤后的烟叶、烟末及卷烟中的烟丝等，都可成为下季烟草的侵染源。

TMV必须在烟叶有微伤时才能侵入烟叶，从气孔侵入极少，TMV的侵入方式虽然单一，但其侵入能力很强，正常叶片摩擦后，引起叶片茸毛的轻度损伤，就可以传染TMV。由TMV引起的花叶病的流行，主要是通过农事操作时人手和工具接触病叶、健叶后传染发生的。在通常情况下，刺吸式口器的昆虫不传染TMV。

气温在28～30℃时发病最盛。6～7月份处于少雨干旱的气候条件则有利于此病的发生。栽移过晚，田间管理不及时的田块发病严重。土壤肥力差，土层浅薄，排水不良，板结黏重的田块，发病较重。凡前茬为油菜、马铃薯、萝卜的田块，此病发生严重。

（四）防治方法

当前对花叶病的防治，主要是培育抗病品种和加强栽培管理提高烟株抗病力，没有比较有效的药物。

（1）种植抗病品种。具有一定的抗病性烤烟品种有辽烟 3 号、辽烟 15 号、吉烟 5 号、中烟 14、中烟 90、云烟 201 等；白肋烟品种有鄂烟 1 号和鄂烟 2 号。

（2）栽培措施防治。首先选用无病烟株上的种子；其次是培育无病壮苗，苗床应该远离毒源，如菜地、晾棚、烤房等。床土及肥料不能混入病残组织；还要合理轮作，实行 2～3 年轮作，但不与茄科和十字花科作物轮作；适时早栽，避开易感病阶段；注意田间卫生，操作时应切实做到用肥皂水清洗手及工具，同时操作人员应禁止吸烟；加强田间管理，及时追肥，培土浇水，促使烟株健壮，提高抗病力。如果田间刚出现花叶病，应立即追施速效性肥料，促使烟草尽早开秸开片，减轻危害程度。

（3）药剂防治。国外有用脱脂牛奶和放线酮防治的，能收到一定的效果；0.1%～1%的褐藻酸钠防治 TMV 效果亦好；可用 2%菌克毒克水剂 200～250 倍液，或 18%抑毒星可湿粉剂 350～500 倍液，或 3.95%病毒必克可湿粉剂 500～600 倍液等进行喷施，都具有一定的防治效果；而在发病初期，及时喷施 0.1%硫酸锌液，能钝化病毒活性，防治效果也较好。

八、烟草黄瓜花叶病毒病

黄瓜花叶病毒病在我国各烟区都有发生。近年来对烟草的危害程度日趋严重，重病区在流行年份产值损失可达 25%～30%，严重者达 50%左右。感病烟叶中碳水化合物含量减少，含氮量增加，施木克值降低，品质下降。但总的来说该病对质量的影响没有对产量的损失严重。

（一）症状

烟草黄瓜花叶病毒病在苗期和大田期均可发生。发病初期，首先在心叶上表现“明脉”，叶色浓淡不均匀，出现黄绿相间的“花叶”症状。严重时，叶片变窄、扭曲，伸直呈拉紧状，表皮茸毛脱落，失去光泽等。如果早期感染该病，烟株严重矮化，基本无利用价值。大田期的典型症状是叶片颜色深浅不均匀，上部叶狭窄，叶柄拉长，叶缘上卷，叶尖细长，呈“畸形状”；有时病叶上出现深绿色的“泡斑”；中部叶或下部叶可形成“闪电状坏死”，褐色至深褐色（彩图 13-29，彩图 13-30）。

（二）病原

烟草黄瓜花叶病毒病是由病毒（cucumber mosaic virus，CMV）引起的。

（三）发病规律

CMV 不能在干病叶中存活，主要在越冬蔬菜或多年生杂草上越冬。第二年春天由蚜虫传到烟草上去，蚜虫从 CMV 寄主上获毒以后，病毒由其口器在烟草刺吸时造成的微伤口处侵入。此外，接触摩擦也是 CMV 传播的一种感染途径。

烟草黄瓜花叶病毒病的发生流行，与寄主、气候条件、蚜虫数量及烟草感病阶段有密切关系。调查研究表明，在寄主较多的村镇附近蔬菜区，黄瓜花叶病毒病发生严重，现蕾前是烟草的感病阶段，现蕾后抗病能力较强；大田中黄瓜花叶病的发生程度与烟蚜的发生量呈正相关；如果移栽后1个月温湿度条件是气温20～26℃、相对湿度40%～80%，那么该病就容易发生，主要原因是该气候条件下利于蚜虫繁殖。

（四）防治方法

防治CMV的根本途径在于选育抗病品种。防治工作主要体现在及时防治蚜虫，从而控制黄瓜花叶病毒病的发生与流行程度。

(1) 治蚜防病。参照下一章蚜虫的防治方法。

(2) 药剂防治。参照烟草普通花叶病毒病的防治方法。

九、烟草马铃薯Y病毒病

烟草马铃薯Y病毒病又称为烟草脉带病。我国各烟区均有发生，以河南、山东、安徽、辽宁、湖北、湖南、四川等省危害严重。近年来，其他省份有逐年加重的趋势，该病已成为烟草主要病毒病害之一。

（一）症状

发病初期，新叶上表现“明脉”现象，此后由于病毒株系不同，引起的症状也有差异。常见的症状有脉带花叶型、叶脉坏死型、小叶脉绿型、枯斑型、畸型等。脉带花叶型：在较大的叶片上，沿叶脉两侧形成暗绿色脉带，脉带之间的叶肉表现黄化，在叶片基部的裂片上，这种脉带症状更加明显。叶脉坏死型：病株无明显矮化，发病叶片的小叶脉或中叶脉常有褐色坏死斑。发病严重时，坏死斑进入主脉和茎的维管束组织或髓部，形成褐色坏死，叶脉停止生长，叶片变形、扭曲（彩图13-31，彩图13-32）。

（二）病原

烟草马铃薯Y病毒病是由病毒（potato virus Y，PVY）引起的。

（三）发病规律

病毒主要在农田杂草或茄科植物上越冬，通过蚜虫、叶片摩擦等多种方式传毒（在自然条件下仍以蚜虫传播为主）。早春通过蚜虫的迁飞活动而引起苗床发病。病苗、带毒蚜虫是大田病毒传播的主要途径。其发生流行条件同CMV。

（四）防治方法

参照烟草黄瓜花叶病毒病的防治方法。

十、烟草蚀纹病毒病

烟草蚀纹病毒病在全国各烟区普遍发生，其中河南、陕西、四川、安徽、云南、广东、贵州、辽宁等省危害严重，其他地区也有加重趋势。

（一）症状

主要发生在烟株旺长以后，病株一般不矮化。初期叶面形成小斑点，然后呈白色条纹及多角形病斑，支脉间连成不规则圈纹及断续点线。有时中下部烟叶出现褪绿小黄斑，形成蚀刻状白色或黄褐色斑点，枯斑常散生或沿叶脉呈线状（彩图 13-33）。

（二）病原

烟草蚀纹病毒病是由病毒（tobacco etch virus，TEV）引起的。

（三）发病规律

TEV 主要在越冬蔬菜或多年生杂草上越冬。第二年春天由蚜虫传到烟草上去，此外接触摩擦也是 TEV 传播的一种感染途径。烟草蚀纹病毒病的发生流行，与寄主、气候条件、蚜虫数量及烟草感病阶段有密切关系。在寄主较多的地区，发病严重，现蕾前是烟草的感病阶段，现蕾后抗病能力较强；如果移栽后一个月气温 20～26℃、相对湿度 40％～80％时，那么该病就容易发生，主要原因是该气候条件下利于蚜虫繁殖。

（四）防治方法

NC89、中烟 90 对此病表现一定的抗性，各烟区可因地选择使用；其他防治方法参照烟草黄瓜花叶病毒病的防治方法。

思考题

1. 烟草 TMV 与 CMV 引起的症状有何区别？
2. 烟草 TMV 与 CMV 的传播、侵入各有何特殊性？
3. 烟草 TMV 与 CMV 两种病害在防治方法上有何异同？
4. 烟草蚀纹病毒与马铃薯 Y 病毒病外观症状有何明显的不同？
5. 试述治虫防病在 CMV、PVY、TEV 等虫传播病毒病害防治中的意义？
6. 试述烟草病毒病综合防治策略？
7. 烟草青枯病与黑胫病的病状各有何特点？
8. 烟草黑胫病的发生流行有什么特点？如何有效地防治烟草黑胫病？
9. 比较烟草野火病与角斑病的症状及病原体的区别。
10. 如何制定烟草细菌病害的综合防治措施。
11. 烟草苗床期主要发生哪些病害？其症状各有什么特点？怎样综合防治？
12. 烟草赤星病、蛙眼病的症状有何不同？又有何共同特点？
13. 如何设计根茎病害的综合防治措施？试说明其防病的理论依据。
14. 防治烟草叶部病害的方法如何？怎样提高其防治效果？
15. 烟草种子携带哪些病原真菌？如何进行种子消毒处理？
16. 如何科学地选择化学药剂？如何合理施用才能获得最佳地防治效果？
17. 根茎病害的防治为什么要强调烟田轮作？怎样轮作才能到达防治目的？
18. 根结线虫的生活史与侵染循环有何特殊性？如何进行有效防治？
19. 引起气候斑点病的主要原因是什么？受哪些条件制约？

第十四章　烟草主要害虫及其防治

烟草从苗期到成熟的整个生长发育期间，植株的各个部分都可被害虫危害。国内烟草害虫约百余种，其危害比较严重和普遍的约有 20 种左右，如地老虎、蝼蛄、烟青虫、棉铃虫、烟蚜、斑须蝽等。受害虫危害的烟叶，产量和品质都有不同程度的降低。随着烟草生产的不断发展，烟叶品质要求越来越高，今后研究和防治烟草虫害仍是保证和提高烟叶品质的关键。

第一节　地下害虫

一、蝼蛄

蝼蛄属直翅目蝼蛄科，又名啦啦蛄、啦蛄等。我国危害烟草的蝼蛄主要有华北蝼蛄（*Gryllotalpa unispina* Saussure）、东方蝼蛄（*Gryllotalpa orientalis* Burmeister）和台湾蝼蛄（*Gryllotalpa fornosana* Shiraki）3 种。

（一）分布与危害

东方蝼蛄是世界性害虫，各产烟区均有发生，在我国一般在南方烟区危害较重，但近年来吉林省及鲁豫皖烟区有普遍上升的趋势。华北蝼蛄在国外主要分布原苏联的西伯利亚、土耳其等国家，在我国主要以华北、东北及华东部分省区危害较重。台湾蝼蛄主要分布在我国台湾、广东和广西等。

蝼蛄属地下害虫，以成虫和若虫在土中取食烟种、幼根及其幼茎。根部被害后呈乱麻状，烟苗枯萎，造成缺苗。同时，蝼蛄还在土中开掘隧道，切断幼苗或使根土分离，导致烟苗枯死。4 月中旬前苗床温度高，蝼蛄已开始危害，此时烟苗被害率可达 10%～40%；4 月下旬烟苗移栽后蝼蛄危害甚烈，缺苗常达 3%～5%，严重者可达 12%。蝼蛄为害的作物很多，除烟草外，尚为害小麦、玉米、高粱、棉花、豆类、蔬菜及果树的种子及幼苗（彩图 14-1）。

（二）形态特征

（1）华北蝼蛄。成虫：体长 3.6～5.6cm，体黄褐色或者黑褐色，前胸背板盾形，中部有一暗红色心脏形凹文，前翅长 1.4cm，平叠于背面，后翅纵卷。卵：椭圆形，初产时黄白色，长 1.6～1.8mm，宽 0.9～1.3mm；孵化前深灰色，长 2.0～2.3mm，宽 1.5～1.7mm。若虫：初孵若虫头胸特别细，腹部肥大，全身乳白色，半小时后腹部由白变黄，之后每蜕一次皮体色加深一次（彩图 14-2）。

（2）东方蝼蛄。成虫：体长 3.0～3.5cm，灰褐色，全身密布细毛，前胸背板卵圆形，中间有一凹陷明显的暗红色心脏形斑纹。卵：椭圆形，初产时乳白色，长1.0～2.8mm，宽1.0～1.5mm；孵化前暗紫色，长3～4mm，宽1.8～2.0mm（彩图14-3）。

(3) 台湾蝼蛄。成虫：体长2.5～3.0cm，亦称小蝼蛄；头、胸部及触角为浅灰褐色，腹部背面浅灰色，体腹面淡黄色，翅浅灰色。

（三）生活习性

华北蝼蛄需3年完成1代，成虫和若虫均能越冬。东方蝼蛄发生代数因地区不同而不同，在我国南方每年完成1代，北方2年完成1代。以成虫或者若虫在土壤中越冬。蝼蛄昼伏夜出，以夜间9～11时活动最盛，多在表土层或地面活动。特别是在气温高、湿度大、闷热的夜晚，大量出土活动。早春或晚秋，气候凉爽，蝼蛄多在表土层活动。在炎热的中午常躲入深土层中，春秋两季温湿度适宜，是蝼蛄猖獗危害时期。蝼蛄具有强烈的趋光性、趋化性、趋粪性和喜湿性，同时对煮至半熟的谷子、炒香的豆饼掺合麦麸等亦有较好的趋性。

（四）防治方法

(1) 农业措施防治。加强农田基本建设，是防治蝼蛄的一项基本措施。深翻土地、挖渠排碱及在渠边田头栽植树木等，不仅改变了蝼蛄的生态环境，而且还能直接破坏其巢穴。

(2) 化学方法防治。①药剂处理土壤：用药种类有2%异硫酸粉剂每亩2～2.5kg；甲六粉每亩2kg；5%硫酸锌颗粒每亩1～1.5kg。将上述农药分别拌土15～30kg，混合均匀。于耕地时撒入土壤，亦可在烟草播种时撒入苗床沟内；或在烟苗受害时撒在烟株基部，然后进行灌水。②药剂拌种：用占种子重量的0.25%～0.30%的40%乐果乳油拌种，对蝼蛄有较好的防治效果。③毒饵：将豆饼、花生饼、芝麻饼压成碎糁，然后炒香，用少量水焖后，按定量拌药即成毒饵，撒入苗床或者大田中。用药种类和数量为90%晶体敌百虫500g，加水5kg拌饵料50kg；或40%乐果乳油500mL，加水5kg，拌饵料50kg。也可用干谷子5～7.5kg，加水煮至半开花时，捞出晾干至七八成，再拌90%敌百虫50～70g，晾干后撒于苗床或者大田。

(3) 物理方法防治。①灯光诱杀：选无风、无月光夜晚、气温18～22℃、相对湿度60%以上时，使用各种灯光诱杀，这种方法对防治东方蝼蛄效果尤为突出。②煤油水法：在苗床或者大田内，于蝼蛄隧道口滴入数滴煤油，后向隧道内灌水，蝼蛄即会爬出或死于隧道内。

二、蛴螬

蛴螬俗称地蚕，是金龟甲幼虫的总称，常见的有暗黑鳃金龟甲、华北大黑鳃金龟甲、铜绿金龟甲、黑绒金龟甲等。

（一）分布与危害

蛴螬在我国各烟区均有发生，可对许多种作物危害，主要危害作物的根和茎。为害烟草时，多直接咬断幼苗的根或茎，造成缺苗断垄，或啃食根部，使烟苗生长衰弱，影响产量和品质。成虫主要取食大豆、花生等作物的叶片，对烟叶很少取食。

（二）形态特征

幼虫：老熟幼虫体长 35～45mm，虫体多褶皱，静止时虫体呈“C”形，头部黄褐色，胸腹部为乳白色。成虫：体长 16～22mm，体黑色或黄褐色，小盾片近于半圆形，鞘翅长椭圆形有光泽，每侧各有 4 条明显的纵肋（彩图 14-4，彩图 14-5）。

（三）生活习性

成虫和幼虫均可在土壤中越冬。成虫白天潜伏，黄昏后开始活动，晚 8～9 时为取食、交配活动盛期，零点以后陆续入土潜伏。成虫喜食大豆、花生及甘薯等作物叶片。幼虫有假死习性，成虫有趋光性。

（四）防治方法

(1) 农业措施防治。在冬季可深翻土壤，把越冬虫翻至地表，使其冻死、晒死或者被天敌捕食，或设置黑光灯诱杀成虫。

(2) 药剂防治。在烟苗移栽时，可用 80%的敌百虫可湿粉剂 1 份兑细土 100 份配制成毒土。将毒土撒于移栽穴内，上面盖一层土，使幼苗与毒土隔开，防止产生药害，对幼虫防治效果较好。当成虫盛发期时，可用 80%敌百虫可湿粉剂 800～1000 倍液进行喷雾，或者用上述毒土撒施于田间，施用量为 15～20kg/亩。

三、金针虫

金针虫的成虫为叩头虫，属鞘翅目，叩甲科，俗名铁条虫、金耙齿等，我国常见的有沟金针虫（*Pleonomus canaliculatus*）和细胸金针虫。

（一）分布与危害

沟金针虫是亚洲特有的虫种，我国以长江以北，特别是黄淮和东北烟区受其危害较重。它多发生于平原旱地、沙壤土和沙质土中。

金针虫主要以幼虫取食烟苗根部或钻蛀地面及土中的微茎，使烟苗枯萎致死，被害部位不整齐（彩图 14-6）。金针虫食性杂，主要危害烟草、麦类、玉米、高粱、谷子、马铃薯、棉花和豆类等。

（二）形态特征

成虫：雌虫体长 1.4～1.7cm，宽 0.4～0.5cm，体形宽扁；雄虫体长 1.4～1.8cm，宽 0.35cm，体型窄长。全体栗壳色，密被黄色细毛。卵：乳白色，椭圆形，长 0.7mm，宽 0.6mm。幼虫：老熟幼虫体长 2.5～3.0cm，金黄色，体形宽而扁平，体节宽大于长，背面中央有一细纵沟。蛹：雌蛹长 1.6～2.2cm，宽 0.45cm；雄蛹长 1.5～1.7cm，宽 0.35cm。初化蛹时为淡绿色，以后变为深褐色（彩图 14-7，彩图 14-8）。

（三）生活习性

沟金针虫的生活史较长，约需 3 年完成 1 代，以各龄幼虫或成虫在 20～55cm 深土壤中越冬。3 月上旬越冬成虫开始活动，4 月上旬为活动盛期，卵经过 35～42 天后孵化为幼虫而危害烟草及其他寄主。直至第三年 8 月下旬幼虫老熟，在地表下 13～20cm 处化蛹，9 月羽化为成虫越冬。

（四）防治方法

可用 50%辛硫磷或 40%甲基异硫磷乳油 80g/亩，加适量水稀释后，均匀拌入 30kg 细土中制成毒土。在烟苗移栽时，将毒土施入穴内，然后移栽。也可将上述农药 75g 稀释于 100kg 水中，在烟苗移栽后先浇水，再将药液灌入烟苗根部周围。

四、地老虎

我国危害烟草的地老虎主要有小地老虎、大地老虎、黄地老虎、白边切根虫和三叉地夜蛾等，均属于鳞翅目夜蛾科。地虎属（*Agrotis* spp.）和切根属（*Euxoa* spp.），俗称土蚕、地蚕、切根虫等，危害严重。

（一）分布与危害

小地老虎、黄地老虎、大地老虎广泛分布于全国各烟区。从黄淮烟区至西南烟区，在栽移还苗期多混发危害；东北烟区除有小地老虎、黄地老虎外，白边切根虫、三叉地夜蛾也是主要害虫，华南冬烟苗床期和还苗期有小地老虎危害（彩图 14-9）。

地老虎危害烟草的盛期均在还苗阶段。几种地老虎均能咬食烟苗嫩叶，造成孔眼或缺刻，稍大即在近地面处咬断烟苗幼茎，造成严重缺苗。地老虎幼虫食性很杂，如小地老虎除危害烟草外，还可危害棉花、玉米、芝麻、豆类、蔬菜及一些野生植物。

（二）形态特征

下面仅以小地老虎为例，介绍其形态特征。

成虫：体长 1.6～2.3cm，翅展 4.2～5.4cm，体暗褐色，触角雄蛾羽状，雌蛾为丝状。前翅暗褐色，船桨形，后翅灰白色，扇状。卵：扁圆形，顶部稍隆起，底部较平，初产时乳白色，后变成棕褐色；长 0.5mm，宽 0.61mm。幼虫：共 6 龄，老龄幼虫体长 3.7～5.3cm。初卵幼虫灰褐色，取食到 3 龄前变为黄绿色，入土后变为灰褐色，老熟幼虫圆筒形，黑褐色，部分黄褐色。体表粗糙有若干颗粒状小突起。蛹：体长 1.8～2.4cm，赤褐色，有光泽（彩图 14-10，彩图 14-11）。

（三）生活习性

小地老虎在我国年发生代数依烟区而异，一般在 2～7 代之间变化，呈现出自北向南发生代数渐次增多的规律性。黄淮地区越冬代成虫发生期，一般在 3 月中旬至 5 月上旬，3 月下旬至 4 月上旬田间开始见卵，4 月中下旬孵化。此时正值烟草苗床生长或春烟移栽还苗阶段，烟株受害较重。6～7 月间为二代幼虫发生期，由于二代发蛾量较一代少，故二代幼虫危害较轻。8～9 月为三代幼虫发生期，烟草已基本采收完毕，故很少受害。

成虫有较强的飞翔能力，白天栖息于杂草或土块等缝隙中，傍晚 7～8 时开始活动，以 7～11 时活动最盛。成虫亦有较强的趋光性和趋化性，喜食糖酒醋混合物。

幼虫共 6 龄，初孵幼虫有食卵壳习性，1～2 龄幼虫昼夜群集于心叶及嫩叶部分，剥食表皮及叶肉，成小孔或缺刻。幼虫 3 龄以后对光线有强烈反应，白天入土，夜间出土危害。5～6 龄进入暴食期，食量占全幼虫期的 90%。幼虫有假死习性，常相互残杀，在食物不足的情况下亦有转株习性。幼虫老熟后入土 5～7cm 深做土室越冬。

（四）防治方法

(1) 农业措施防治。间除虫苗，深埋或沤肥；及时进行床苗灌溉可集中杀死幼虫或减轻危害；栽移前进行整地除草，可减少产卵寄主及幼虫食料，还可将土里的幼虫和蛹翻至土面冻晒致死。

(2) 药剂防治。①喷浇农药：在苗床期，于幼虫 3 龄前喷浇 90%敌百虫 1000 倍液，或 10%二氯苯醚菊质乳油 2000 倍液，或 50%的辛硫乳油 1000 倍液。在栽移后，亦可喷施上述农药，或用 50%辛硫酸乳油 1000 倍液浇灌烟株，每株 250～300g 药液。②鲜草诱杀：将 90%敌百虫 500mL 或 50%辛硫酸乳油 500mL 加水各 2.5～5kg，伴以幼虫喜食的碎鲜杂草或菜叶 40～50kg，拌匀后，于傍晚撒在田间，25～50kg/亩。③粉饼毒饵：用 25～20kg/亩炒香的棉饼粉或豆饼粉 50kg，加 90%敌百虫 500g 或 50%辛硫酸 500mL 混合均匀，堆焖 3～4h 后撒在田间。

(3) 其他方法。①黑光灯诱杀成虫：因成虫具有较强的趋光性，因此可设黑光灯诱杀。②糖醋酒液诱杀成虫：自发蛾初期，将配好的诱蛾剂（红糖 3 份、醋 4 份、酒 10 份、水 2 份及 0.1%量的敌百虫或辛硫酸）盛入盆内，傍晚放在田间约 1m 的支架上，引诱成虫取食。③还可以用鲜泡桐叶片 60～80 片/亩，傍晚时均匀放在田间，早上日出前捕杀叶片下面的幼虫。

第二节　刺吸型害虫

一、烟蚜

烟蚜［Myzus persicae (Sulzer)］属同翅目蚜科瘤额蚜属，又名桃蚜，俗称腻虫。

（一）分布与危害

烟蚜是世界性分布害虫，在我国各产区分布十分广泛，是各类型烟草的主要害虫。

烟蚜发生数量大，危害时间长，一般在6～7月份烟蚜集中危害旺长期烟株顶部嫩叶，留种田可持续危害到8月中下旬，以刺吸式口器吸取叶、茎、花等器官的汁液，被害烟株生长迟缓、叶片薄，烤后出现黑色污斑，既降低产量又影响质量。此外，烟蚜又是烟草黄瓜花叶病毒病和烟草蚀纹病毒病的主要传播媒介，故对烟草有严重的潜在危害。烟蚜的食性极杂，在我国其寄主植物约有170种以上，除烟草外，主要有桃、杏、李、樱桃等果树和白菜、萝卜、甜菜、黄瓜等多种蔬菜以及多种花卉、林木等（彩图14-12）。

（二）形态特征

干母：体较大，无翅，呈红、粉红、绿色等。触角5节，为体长的一半。无翅孤雌胎生蚜：体长2.2mm，长卵圆形，呈黄绿、赭红、蜡白或淡黄色，有光泽。有翅孤雌胎生蚜：体长2.2mm，体黄绿或绿色。卵：椭圆形，长0.44mm，初产时淡黄色，后变黑色，有光泽（彩图14-13，彩图14-14）。

（三）生活习性

烟蚜每年发生代数，因各地生态环境条件而异。黄淮主要产烟区每年发生24～30代，西南、华南每年发生30～40代。

烟蚜在我国黄淮地区的繁殖有全周期型和非全周期型，在西南、华南则终年以孤雌生殖方式进行。

全周期型：以有性生殖和孤雌生殖交替进行。以卵在桃树上越冬，来年2月底孵化成干母，在桃树上孤雌生殖3代后，产生有翅蚜虫于5月初开始向烟田迁飞，在烟田繁殖15～17代。7～8月产生有翅蚜，迁飞到白菜等十字花科蔬菜上，繁殖8～9代，至10月中旬产生有翅干母，迁飞到桃树上产生雌蚜，并和蔬菜上产生的雄蚜在桃树上交配产卵越冬。

非全周期型：烟蚜全年以孤雌方式繁殖。一般在3月份从越冬寄主转移危害春季蔬菜，之后转移危害烟草；秋季自烟田迁至秋菜田危害后，气温渐低，又迁至背风向阳的越冬蔬菜上；以无翅胎生蚜在蔬菜心叶里或接近地面的主根上越冬。越冬期间仍继续繁殖危害，但生活力极弱。

烟蚜的繁殖能力极强，并有明显的趋嫩性、避光性，又具有假死性。有翅胎生蚜对橘黄色有正趋性，对银灰色和白色有负趋性。

（四）防治方法

(1) 栽培防治。采用地膜覆盖，利用银灰色或白色地膜覆盖，或者采取麦烟套种技术，可以减少烟田有翅蚜的数量；还要加强田间管理，及时打顶抹杈，恶化食物环境，促使烟蚜转移外迁。

（2）药剂防治。首先对桃树等果树及越冬蔬菜进行管理，在越冬卵孵化后，用40%氧化乐果乳油1000～2000倍液进行喷雾防治。在移栽时，用15%铁灭克颗粒剂100～300g/亩，或5%神农丹颗粒剂600～900g/亩进行穴施，防治效果较好。在大田移栽后，蚜虫量上升阶段可用50%抗蚜威3000～4000倍液，或蚜必治200～300倍液，或90%万灵可溶性粉剂3000～4000倍液进行防治，50～75kg/亩药液。

二、斑须蝽

斑须蝽［*Dolycoris baccarum*（L.）］又叫细毛蝽。

（一）分布与危害

该虫在我国各烟区均有发生。成虫和幼虫均可危害烟草，刺吸烟株上部嫩叶主脉、侧脉和嫩茎及果实的汁液，导致烟株顶部叶片萎蔫，生长停滞，影响产量和质量（彩图14-15）。

（二）形态特征

成虫：体长9～13mm，为椭圆形，黄褐色至紫褐色，全身密布黑色粗刻点及白色细茸毛，触角5对，黑色，第1节短而粗，第2～5节基部黄白色，形成黄黑相间，故称斑须蝽（彩图14-16，彩图14-17）。

（三）生活习性

以成虫越冬，于第二年4月初开始活动，6月上旬之后危害严重。若虫共5龄，成虫行动敏捷，趋光性弱，有聚集习性。成虫产卵前期取食最猛烈，危害严重。卵多产于叶面、嫩茎、嫩果上，每个卵块约有12～24粒。各龄若虫均有假死性。

（四）防治方法

（1）农业措施防治。要及时打顶抹杈，人工摘除卵块并捕杀成虫。

（2）药剂防治。可用50%久效磷乳油2000倍液，或40%氧化乐果乳油1000～2000倍液，也可用40%乙酰甲胺磷进行喷雾防治，具有较好的杀虫防治效果。

三、稻绿蝽

稻绿蝽（*Nezara viridula* L.）。

（一）分布与危害

在许多省份烟区均有分布，在东北和西北烟区未见有报道。稻绿蝽寄主有水稻、豆类、花生、烟草、棉花、玉米、马铃薯等作物。稻绿蝽成虫和幼虫均可危害烟草，主要是刺吸烟株嫩茎、嫩叶、花、蕾和果内的汁液，致使烟株萎蔫，生长发育受阻。

（二）形态特征

成虫：体长11～16mm，淡绿色，共有4型。全绿型：小盾板前缘具有小白点3

个；点斑型：体绿稍带黄色，背面有 9 个浓绿斑点；黄肩型：前胸背板前缘为黄白色或橘红色，其余部分为淡绿色；综合型：头前半部分及前胸背板前半部分为黄白色，后半部分为橘黄或深黄色，体背有 9 个浓绿斑点（彩图 14-18，彩图 14-19）。

（三）生活习性

南方烟区每年发生 1～2 代，以成虫越冬。越冬成虫出蛰后一般先在杂草、小麦、紫云英等寄主的幼嫩部位危害。烟苗移栽到大田后，稻绿蝽便出现于大田，但只在烟株生长中后期危害。由于成虫性成熟需补充大量的营养物质，因此在产卵前危害特别严重。在烟田，卵多成块产于烟叶正面、反面，每个卵块有 30～50 粒。初孵幼虫不食不动，到二龄时开始进行取食。

（四）防治方法

防治方法参照斑须蝽的防治方法。

第三节　食叶型害虫

一、烟青虫

烟青虫（*Heliothis assulta* Guenee）属鳞翅目夜蛾科。

（一）分布与危害

烟青虫是烟草夜蛾的幼虫，我国各烟区均有发生，尤其在黄淮烟区、西南烟区发生严重。烟青虫为多食性害虫，危害 70 多种植物。烟青虫在烟草现蕾以前危害心芽与嫩叶，吃成小孔洞，严重时把叶肉吃光，仅留叶脉；留种烟株现蕾后，危害蕾、花和果实，有时能钻入嫩茎取食，造成上部幼茎、嫩叶枯死（彩图 14-20）。

（二）形态特征

成虫：体长 15～18mm，翅展 27～35mm。雌蛾身体背面及前翅为棕黄色，雄蛾为淡灰略带黄绿色，腹部淡黄色。复眼暗绿色。幼虫：老熟幼虫体长 31～34mm，头部黄褐色。体色可因食物或环境条件不同而变化，一般夏季多为绿色或青绿色。秋季体色多变，多为红色或暗褐色（彩图 14-21，彩图 14-22）。

（三）生活习性

烟青虫在东北地区 1 年发生 2 代；在河南、山东、安徽等省发生 3～4 代；云南、贵州发生 4～5 代；四川发生 5～6 代。但均以蛹在土壤中越冬。成虫对糖蜜的趋性强，趋光性较弱。卵多散产于烟株中上部叶片正面的中部。幼虫一般 6 龄。初孵幼虫昼夜活动危害，取食叶肉仅留表皮或蛀食成小孔。三龄以后，白天隐藏在烟叶下或土缝中，夜间及清晨活动取食，喜欢在烟株顶部咬食嫩叶，受害严重的叶片，仅留叶脉，也可蛀食花蕾、嫩果、嫩茎。幼虫有假死性及自相残杀的习性。幼虫老熟后，即钻入土下 3～5cm 处做土室化蛹。

（四）防治方法

（1）农业措施防治。在冬季可对烟田进行深翻，使蛹翻至土表面冻死。也可人工在清晨的时候在烟田捕杀幼虫。在成虫盛发期间，选取带叶杨树枝条，剪取长 33cm 左右，每 10 枝扎成 1 束，绑挂在竹竿上，插在烟田里，每公顷插 300 束，可以诱来大量蛾子隐藏其中，然后于清晨用虫网捕杀。

（2）药剂防治。可用 90％敌百虫晶体 1000 倍液，或 25％西维因乳油 500～1000 倍液，或 50％杀螟硫磷乳油 500～1000 倍液，或 50％辛硫磷乳油 1000 倍液，或 80％滴滴畏乳油 1000～2000 倍液进行喷雾防治，每 10 天左右 1 次，2～3 次即可。

二、棉铃虫

棉铃虫（*Heliothis armigera* Hubmer）又称棉铃实夜蛾。

（一）分布与危害

其为世界性害虫，我国各烟区均有分布，多与烟青虫混合发生，危害症状与烟青虫相似。

（二）形态特征

成虫：体长 14～18mm，翅展 30～38mm，雌蛾黄褐色，雄蛾灰绿色。前翅内横线和外横线不明显，外横线有一灰带，环状纹圆形，中央有一个暗斑。后翅淡灰色，中央有一个新月形黑斑，外纹有一个大黑带，黑带上有两个白斑。幼虫：体长 40～50mm，体色变化大，由淡绿至红褐乃至黑紫色。体表布满褐色或黑色长而尖的小刺（彩图 14-23，彩图 14-24）。

（三）生活习性

每年发生代数由北向南逐渐增加。长江以北地区每年发生 3～5 代，长江以南地区每年发生 5～7 代。以蛹在土中越冬。成虫昼伏夜出，对黑光灯趋性强。成虫产卵时有强烈的趋嫩性，初孵幼虫先吃卵壳，后吃嫩叶。一二龄幼虫有吐丝下垂习性，三龄幼虫进入暴食阶段，并有自相残伤习性。烟草现蕾后可钻入蕾果危害。幼虫老熟后钻入 5～15cm处做土室化蛹。

（四）防治方法

（1）农业措施防治。在冬春翻耕土地，消灭越冬的蛹；可用黑光灯诱杀成虫；也可在清晨在烟田人工捕杀幼虫；要及时打顶抹杈，控制腋芽，减少成虫产卵。

（2）药剂防治。在幼虫三龄以前可用 90％万灵可溶粉剂 3000 倍液，或 25％西维因乳油 500～1000 倍液，或 50％杀螟硫磷乳油 500～1000 倍液，也可用辛硫磷乳油 1000

倍液，50～75kg/亩进行喷雾防治。

三、斜纹夜蛾

斜纹野蛾［*Prodenia litura*（Fabricisu）］。

（一）分布与危害

其为世界性害虫，各烟区均有发生，以幼虫危害叶片。初龄幼虫啃食下表皮与叶肉，四龄后食量大增，取食叶片成缺刻，仅留主脉。

（二）形态特征

成虫：体长16～21mm，翅展31～42mm，体暗褐色。幼虫：老熟幼虫体长38～51mm，体呈圆筒形，前端稍细。体色变化大，大发生时呈黑褐色，通常为暗褐色、土黄色或淡灰绿色（彩图14-25，彩图14-26）。

（三）生活习性

斜纹夜蛾一年发生的代数因地而异，自北往南逐渐增加。河北为一年4代，山东、河南5代，湖北、江西为5～6代，福建、广东等地，终年均可发生。在长江以北地区不能越冬，属迁飞性害虫。成虫昼伏夜出，趋光、趋化性强，需补充营养，可多次交配，卵多产于烟株中部叶片背面。初孵幼虫群集在卵块附近取食叶肉，遇惊扰则爬散或吐丝下垂，三龄后暴食危害。7～8月份黄淮地区危害最重。各龄幼虫均有假死性，幼虫6龄，少数多达7～8龄。幼虫老熟后，入土做土室化蛹。

（四）防治方法

（1）农业措施防治。在冬春翻耕土地，消灭越冬的蛹；可用黑光灯、糖醋液、杨树枝诱杀成虫；也可于清晨在烟田人工捕杀幼虫；要及时打顶抹杈，控制腋芽，减少成虫产卵。

（2）药剂防治。参照烟青虫的防治方法。

第四节　其他类型害虫

一、烟草蛀茎蛾

烟草蛀茎蛾［*Phthorimaea heliopa*（Lower）］又称钻心虫、大肚烟虫。

（一）分布与危害

其主要在我国南方烟区危害，北方烟区尚未发现。以幼虫蛀食烟茎危害，受害处肿大，俗称“大肚烟”、“大脖子烟”。烟株受害后，生长停滞，新叶簇生，叶片小而厚。

（二）形态特征

成虫：体长7～8mm，翅展12～14mm，棕褐色，头顶有毛簇；褐色复眼；灰色丝状触角。幼虫：初孵时灰黄色，头部棕褐色，老龄时黄白至白色（彩图 14-27，彩图 14-28）。

（三）生活习性

以幼虫或蛹在烟草残株内越冬。广西柳州每年发生 6～7 代，云南建水每年发生 4～5 代，贵州遵义每年发生 3～4 代。第一代幼虫发生于 4～5 月间，多在烟草苗床中危害，有时可在移栽时带入大田。成虫白天潜伏，夜间活动，有趋光性。成虫有趋向弱小烟株的习性。卵多散产于烟叶背面，幼虫孵化后，沿支脉进入主脉，又沿主脉蛀入茎部，引起烟茎肿大。幼虫终生居于茎内，老熟后先在茎上咬一圆形羽化孔，吐丝结成一层薄膜封口，然后结茧化蛹。

（四）防治方法

（1）农业措施防治。要及时彻底处理烟秆，以杀死藏匿于其中的幼虫和蛹；结合间苗、除草，拔除苗床内的虫苗；要及时打顶抹杈，去除有虫顶杈，集中处理灭虫。

（2）药剂防治。发现幼虫危害叶片或幼茎后，及时用 40%乙酰甲胺磷 1000 倍液，或 40%氧化乐果乳油 1500 倍液叶面喷雾，可迅速杀死幼虫，防治效果较好。

二、烟草潜叶蛾

烟草潜叶蛾［*Phthorimaea operculella*（Zeller）］又称马铃薯块茎蛾、顺筋虫、诱花虫。

（一）分布与危害

其为我国对内、对外的主要检疫对象。大田多危害脚叶，低龄幼虫从叶背近脉处蛀入叶肉危害。幼虫蛀入叶肉后蛀食叶肉，仅剩上下两层表皮，形成白色呈丝状弯曲的隧道，褐色粪便留入叶内（彩图 14-29）。

（二）形态特征

成虫：体长 5～6mm，翅展 13～15mm，灰褐色。老熟幼虫体长 10～13mm，体白色或淡黄色（彩图 14-30，彩图 14-31）。

（三）生活习性

南方地区以蛹在枯枝落叶下越冬，或幼虫在田间残留马铃薯上越冬；北方地区以蛹在窖藏马铃薯上越冬。成虫白天潜伏在烟叶脚叶下或草丛间，晚上活动，有趋光性。

（四）防治方法

（1）农业措施防治。首先要避免烟草与马铃薯连作；要结合中耕除草，摘除脚叶集中处理。

（2）药剂防治。在成虫产卵盛期或幼虫孵化期，用 20%辛硫磷乳油 800 倍液，或

50%马拉硫磷乳油1000～1500倍液进行喷雾防治，效果较好。

思考题

1. 简述蝼蛄的分布与危害。
2. 简述蛴螬的生活习性。
3. 简述金针虫的形态特征。
4. 简述地老虎的防治方法。
5. 简述蚜虫的危害和防治方法。
6. 简述斑须蝽的生活习性。
7. 简述烟青虫、棉铃虫、斜纹夜蛾的分布与危害。
8. 简述我国烟区主要地下害虫的种类、生活史和综合防治方法。
9. 简述我国烟区烟蚜的年生活史、习性、行为和综合防治方法。
10. 简述我国烟区烟青虫和棉铃虫的年生活史、习性、行为和综合防治方法。

第三篇　烟草原料初加工

第十五章　烟 叶 分 级

第一节　烟叶分级的目的和意义

烟叶分级是针对某些表征烟叶质量因素的差异程度制定出等级标准，划分若干等级，以适应农业、工业和对外贸易的需求。

分级的目的是对烟叶内在质量进行等级划分，以便充分发挥农业资源的作用，以质论价。而内在质量往往是看不见、摸不着的东西，因而只能通过烟叶所表现出来的外观特征确定烟叶的等级。外观特征往往反映烟叶内在质量的优劣。要做好烟叶商品的统一管理，就必须进行分级，烟叶分级具有以下重要性。

1. 有利于合理利用国家资源，充分发挥其资源和经济效益

大田生长的烟叶素质各异，调制后其质量也不同。如不进行分级，优劣混在一起，其使用价值必然降低，质量好的烟叶不能发挥其应有的作用，造成资源浪费。只有按烟叶的质量优劣分清等级，才能达到优质优用，使其发挥最大的资源效益和经济效益。

2. 满足卷烟工业的需要

目前，卷烟工业对烟叶的使用以等级为基础，未经分级的烟叶不具备卷烟配方的使用条件。只有经过分级，把不同质量的烟叶区分开来，卷烟工业才能针对各级别烟叶的质量特点，进行科学配方，生产出不同类型和不同风格的卷烟，并保持卷烟产品质量的稳定。

3. 有利于以质论价，优质优价的价格政策

不同质量的烟叶有不同的使用价值，也有不同的经济价值。只有通过科学分级，才能把不同质量的烟叶区分开，以质论价，优质优价的价格政策才能得到真正贯彻。

4. 有利于促进烟叶生产的发展，提高烟农的经济收入

有了科学的分级体系，才能依据以质论价的原则，制定合理的价格政策，利于价值规律的杠杆作用，调动烟农生产优质烟叶的积极性，增加烟农的经济收入。同时，分级和价格也为烟农指明了烟叶生产的方向。因此，合理分级有利于促进烟叶生产的发展。

5. 有利于商业经营和对外贸易

烟叶分级之后，便于收购部门验级、购后复烤、调拨、贮运以及各个交接环节的检验验收。外贸部门根据烟叶的等级情况承接外商订货，发展对外贸易，为国家积累外汇。

6. 有利于做好对烟叶副产品的开发利用

目前，烟叶的用途很单一，主要用于制造卷烟。随着人们生活水平的不断提高，对卷烟质量的要求越来越高，势必对烟叶质量提出更高的要求，这样，就不可避免地造成低等级烟叶过剩，通过合理分级，可以加强对这部分副产品的开发利用。

第二节 烟叶分级标准的沿革

一、烤烟分级标准的沿革

（一）新中国成立前

烟草在我国已有300多年的历史，烤烟种植始于1913年，烤烟分级标准是在新中国成立后建立起来的，在这之前没有自己的烤烟分级标准，分级标准被英美等国垄断。收购烟叶时随意压级压价，既有英美烟草公司对烟农的巧取豪夺，又有南洋兄弟烟草公司对烟农的欺诈，还有烟行、烟商的中间盘剥。以前英美烟草公司在许昌和襄城等乡镇收购烟叶时，对广大烟农的盘剥掠夺。他们在种植烤烟初期，扶持生产，高价收购，刺激烟农种烟。当烟叶面积扩大后，则压级压价收购，收购烟叶时烟农挤进烟场一次摆好烟叶，任洋人烟师翻检划价。农民急于用钱，只好任其宰割。

英美烟草公司的收购等级标准从不公开，仅凭烟师掌握，任意压级压价。烟叶分级标准是他们盘剥烟农的重要工具之一。烟农只知卖多少钱，不知卖的什么等级。过磅时又以除水分、去杂质为借口，每包烟叶都要减少数量，正常情况下压磅15%～25%。烟农进场卖烟要交进门费，售烟后领钱时再扣里三分、外三分佣金。烟农受尽种种盘剥，苦不堪言。

（二）新中国成立后

新中国成立初期，在党和政府的领导下，烟区日益发展，为贯彻优质优价政策，烤烟生产区先后制定了地方性的分级标准。山东省曾制定20级标准，即金黄9个级、赤黄6个级、青黄4个级和一个末级。华东区有关部门在此基础上于1952年制定了16级标准，先后在山东、河南、安徽、贵州等烟区实行。河南省制定了3等9级标准，在执行中发现少量低次烟叶包含不完，后又增加了上、中、下3个次级成为12级标准，后修订为9级标准，先后在河南、云南、贵州、四川等省试行。东北烟区制定了按颜色分组的14级标准，即金黄8个级、青黄6个级，后修定为金黄5个级、青黄3个级、1个末级的9级制。该标准主要在辽宁、吉林、黑龙江三省实行。1953年福建在试行16级制标准中，发现上下部位特征不明显，暂定执行黄烟7个级，青黄烟3个级，即10级标准。广西、广东试行了黄烟7个级、青黄烟2个级的9级标准。山西省试行了8级标准，贵州省试行了6级标准，福建、安徽省试行了5级标准，湖北省试行了4级标准等。

上述标准多且乱，从而给卷烟工业生产中对烟叶的使用带来了诸多不便。当时全国最大的三家卷烟厂——上海烟厂、青岛烟厂和天津烟厂常用的烟叶主要来自中外驰名的河南许昌、山东青州、安徽凤阳、云南玉溪、贵州贵阳等产区。这些产区标准差异很大，烟叶等级质量悬殊，直接影响卷烟工艺配方及产品质量的稳定提高。因而，1951年三大烟厂正式向国家政务院及轻工业部提出统一全国烤烟分级标准的报告。国家有关部门对此非常重视，并于1952年正式委托华东区有关工业、农业、科研等主管部门研究统一烤烟分级标准问题。随后于当年的11月份在华东地区召开了有河南、山东、安徽、云南等省及上海、青岛、天津等市主管烟草部门的领导及工程技术人员、烟农代表参加的研讨会。与会代表对各省区的烤烟试行标准及烟叶实物样品进行了认真研究，之后制定了较为科学的16级烤烟分级标准，暂定在山东、安徽两省试行。1953年8月经政务院批准，河南、山东、安徽三省全面执行16级标准。云南、贵州、四川三省仍实行河南省原试行的3等9级标准，其他烟区暂执行当地标准。

1958年劳动力紧缺，有烟分不出级，烟厂停工待料，被迫暂用混级烟叶。为此，河南省政府责成主管部门，要简化烟叶分级标准，以适应新形势的要求。在省政府的领导下，由有关部门、烟农代表参加，经反复讨论、研究，将16级标准简化为10级标准，即中下部4个级、上部3个级、青黄3个级。10标准经在河南省内工农业生产实践中的广泛验证，并经国务院组织的有关省、市及主管部委参加的工业验证组，赴上海卷烟厂进行了甲、乙、丙卷烟的批量试产、市场销售（含中华牌）、评吸鉴定、化验分析等。实践证明，新、老标准分别配方、在一卡质量、二卡成本的原则下，除甲级卷烟品质稍有影响外，其他等级卷烟均无影响。因此，国务院及轻工部、商业部等主管部门一致同意，从1958年新烟上市起先由河南省全面试行。由于该标准适应了当时形势，所以很快推行到陕西、湖南、江苏、江西、河北、内蒙古及甘肃等省（区）。

1959～1961年，全国粮油烟大减产，烤烟分级标准放松执行，烟厂生产被迫掺用烟头、烟秸皮、烟杈、荷叶等，甚至树叶都掺入卷烟中。随着国民经济的恢复与发展，1962年河南省恢复了16级标准，卷烟厂亦停止了非烟叶的代用品。但当时全国执行的烤烟标准有8个之多，随着工农业生产的发展，人们生活水平的提高，统一全国烤烟标准迫在眉睫。为此，1962年在国家科委组织领导下，由国家标准局、农业部、轻工部、全国供销合作总社等有关部门参加，会同郑州烟草研究所及河南、山东、云南等省主产烟区的工程技术人员组成起草、验证领导小组，进行了多方面的调查研究及科学试验，于1962年制定出了烤烟国家标准试行方案（17级烤烟标准）。

1965年之后，通过在河南、山东、云南等省的农业验证和试收购，经全国卷烟企业使用，卷烟厂提出青黄烟调进数量不多，在配方使用上最终还是混级使用。卷烟厂提议，经国家有关部委科研单位研究，1967年取消了17级分级标准中青黄烟部位因素，即将上部的青黄2、3级并入中下部青黄2、3级，青黄烟由原来的5个等级降为3个等级，成为15级分级标准。该标准即后来15级国家标准的前身。60年代末至70年代末，山东、河南、安徽、贵州、湖南、陕西等省先后全面试行了15级分级标准，全国烤烟15级标准收购量已占总收购量的70%以上，为统一全国烤烟分级标准奠定了基础。

1981年4月，国家标准局、农业部、轻工业部、全国供销合作总社联合发布了《中华人民共和国烤烟国家标准》，自1982年新烟上市起在全国烟区执行。至此，我国有了统一的烤烟分级标准，结束了全国烤烟分级标准多而乱的局面，但由于当时有些烟区生产的烟叶上中下部位差异不太明显，因而暂定为一个国标、两个类型，即按部位分组的甲型15级国标和按颜色分组的乙型10级国标（黄烟6个级，青黄烟3个级，1个末级）。

1985年10月，国家标准局及烟草专卖局联合在河南省漯河市召开修订烤烟分级标准会议，参加会议的有各烟区主管烟检的领导、大中型卷烟厂的领导及负责烟检、工艺的工程技术人员等。会议听取了各方代表的意见，进行了认真的研讨，会后又进行了广泛的调查研究。在此基础上，修改了组织结构和部分颜色概念，放宽了对残伤的限制和对光泽的要求，严格划清了青黄烟与黄烟的界限；取消了不分部位的乙型标准，全国统一执行15级烤烟标准。

（三）现行烤烟国标的研究制定过程

在我国改革开放形势下，烟草行业与国外的技术交流、贸易往来不断扩大，改革我国烤烟标准，试行我国国标与国际标准接轨势在必行。我国烤烟标准与国外先进标准相比，主要的差距为。

(1) 部位分得过于粗放。国际上主产烤烟国家的分级标准，一般划分4～5个部位，而我国烤烟15级国家标准只是分上、下两个部位，部位划分过粗。

(2) 对上等烟的颜色、光泽要求偏严。成熟度好、颜色偏深、偏暗的烟叶，定不到好等级、卖不上好价钱、影响“三化”生产和烟叶质量的提高。

(3) 没按颜色、性质用途分组。一个等级内允许有几种颜色和不同质量的烟叶，即同一个等级内颜色、质量跨度太大，不符合国际惯例。

(4) 不利于扩大出口。由于部位分得粗，又没按颜色分组，国外专家和客商普遍反映我国烤烟标准部位混、颜色杂，因此，影响了烤烟出口数量，而且价格也比较低。

(5) 未将光滑叶、杂色叶和微带青叶单独分组。在一个等级内有几种不同特性的烟叶同时存在，不便于加工、配方。

(6) 收购时矛盾突出。由于分组少，等级数目少，级差大，价差也大，因此在收购时争级争价矛盾突出，不利于确保收购的正常秩序。

针对上述问题，1987年元月国家烟草专卖局在辽宁省大连市召开全国烟草进出口公司经理会议，会议根据我国烤烟出口中外商对烤烟15级标准提出的问题，决定制定“国家烤烟出口标准”，并委托郑州烟草研究院起草标准草案。随后于1987年5月国家烟草专卖局在郑州召开了烤烟出口座谈会。会上分析了世界烟草发展趋势和各国烤烟标准现状，提出了我国烤烟标准改革设想，讨论了郑州烟草研究院起草的“烤烟出口标准”，经过与会代表认真研讨，形成了“烤烟出口标准试用方案（第一次修订稿）”。该标准方案分4个部位、3个基本色，选用了色均度、洁净度等分级因素，共分为35个等级。

1987年10～11月，河南、山东、云南等省分别进行了农业验证（形成第二次修改稿）。

1988年2月国家烟草专卖局在深圳中美烟叶分级标准研讨会期间，又召开了验证省区和有关省的烟检专家、技术人员座谈会，代表们根据农业验证中发现的问题，和当时烟叶生产上需要提高采摘成熟度的要求，征求美国烟草分级检验专家豪纳先生的意见，在反复论证的基础上，对出口烟叶标准进行了修订。修订后的标准取消了顶叶组，增加了完熟组，并将品质因素中的“色均度”改为“色度”，取消了“洁净度”，增加了

"均匀度"。修订后增加了4个等级，共为39个等级（第三次修改稿）。国家烟草专卖局根据与会人员的意见和全国烤烟生产技术水平的日益提高，确定要将原来设想制定的烤烟出口标准代替现行的烤烟国家标准，并布置有关省区1988年继续进行农业验证。

1989年4月，在湖南省长沙市全国烤烟审样会期间，国家烟草专卖局又召开了有关省区烟检专家和农业验证小区座谈会。会议根据农业验证省区验证情况和全国烤烟生产水平，考虑到一些烟叶质量尚好，仅是由于烟叶支脉带青就定为青黄烟会造成资源浪费。这次会议决定再增加一个微带青组，共3个等级，调整了其他组部分等级，修订后的烤烟标准仍为39个等级（第四次修改稿），国家烟草专卖局1989年布置有关省区进行农业验证。

1990年4月国家烟草专卖局在上海召开全国烟叶审样会，会议期间召开了农业验证省区的代表、卷烟厂和全国大产区烟检专家座谈会。会议根据农业验证中新发现的问题，决定在原来的微带青组（V）中的3个部位3个等级基础上增加1个上部微带青等级，这样就形成了"国家烤烟40级标准"（第五次修改稿）。

1990年国家烟草专卖局在河南省宝丰县和黑龙江省绥化县进行试收购，其间又进行了两次修改，补充文字标准，使之不断完善。1991年国家烟草专卖局又将试收购扩大到8个省的20个县（市）。至此，烤烟40级标准已经有了广泛的基础，国家技术监督局批准了该标准，并于1992年8月15日发布，自1992年9月1日在全国烟区实施。但由于部分省区收购、工业验证以及技术培训工作进行迟缓，直至1996年全国才全面实施。

新标准的修订与完善，体现了等级标准与外在质量的结合及优质优价，规范和促进了我国烤烟生产，具有科学性、先进性和可行性。烤烟新标准有以下主要优点：

①能够促进烤烟"三化"生产水平的不断提高。②有利于卷烟工业生产，适应卷烟配方结构改革的需要。③有利于扩大烟叶出口，增加外汇收入。④便于烟农分级和收购验级。⑤新标准价差小且总体水平比较合理。

现行标准通过4年的实施，全国烟叶标准标样分技术委员会为使烤烟国家标准更加完善，有利于促进烤烟"三化"生产水平，尤其是烟叶成熟度的提高以及减少在烟叶收购中烟农争级争价问题，根据烟区的意见，对烤烟国家标准进行了多次讨论，进行了两次修改。第一次是报请国家技术监督局于1998年6月1日，批准GB2635—92烤烟国家标准第1号修改单，于1998年7月1日起实施。第二次国家技术监督局2000年4月4日，批准GB2635—92《烤烟》第2号修改单，其中增加了C4F、C4L，使国标成为42级，于2000年烤烟收购时开始实施。

二、白肋烟分级标准的沿革

白肋烟是新中国成立后新发展的一种类型，它是混合型卷烟原料。1956年引进种子开始试种，湖北省率先试种成功。1967年，由中国烟草工业公司郑州烟草研究所、湖北省烟叶收购供应部共同研究制定了试行标准，分中下部1～4级，上部1～2级，1个末级，共7个等级。先后在湖北、湖南、四川、河南等省试行。随着我国白肋烟和混合型卷烟发展，7级制标准已经不适应。1981～1987年经过调查研究和试验，借鉴美国白肋烟标准的优点，制定出我国白肋烟国家标准，分中下部1～6级、上部1～5级、1个末级、共12个等级。1988年7月1日由国家标准局颁布实施。

从全国执行的情况来看，白肋烟分级标准有以下的特点：①适应了我国目前白肋烟和卷烟生产需要。②标准中的等级代号和名词术语与国际上通用，便于与国外交流。③分级比较科学合理，颇受外商欢迎，有利于扩大出口。1990年以来，随着白肋烟生产技术对外交流与合作的发展，白肋烟品种、施肥、成熟采收以及晾制方法等都发生了较大变化，烟叶质量显著提高。为进一步与国际接轨，中国烟叶生产购销公司组织有关单位进行白肋烟标准修订工作。1991年起经过3次制定和修订、农业验证、工业验证和试收购，完成了白肋烟分级标准的制定和修订工作。2005年8月31日，GB8966—2005《白肋烟》由国家质量监督检验检疫总局正式批准发布，该标准将白肋烟分为28个等级。

三、香料烟分级标准的沿革

香料烟也是新中国成立后新发展的一个类型，1951年引进在浙江省新昌县试种成功。1952年制定了新昌县香料烟分级标准，分7个等级，其中1～3级设上、下副级。1968年浙江省作了修改，等级数目未变，取消1～3级的副级，全省统一执行。而后，由于混合型卷烟发展的需要，湖北、湖南、河南、河北等省也相继种植香料烟，这些省先后参照浙江省的标准，制定出地方性标准。1982年在全国香料烟质量鉴定会上，提出需要制定统一的香料烟分级标准。1983年由郑州烟草研究所、浙江烟草公司、上海烟草公司等单位，进行调查研究制定新标准。1985年制定出香料烟国家标准（草案）和检验方法国家标准（草案），经过审定，1986年国家标准局批准并颁布实施。此标准分1～4级，1个末级，共5个等级。

为发展我国香料烟生产，提高烟叶质量，国家烟草专卖局（总公司）多次组织人员赴土耳其、泰国、希腊等考察香料烟生产、调制、分级、加工等，并请国外香料烟专家来华讲学，通过与国外交流，反映出我国香料烟生产、调制、分级标准都存在一些问题，如分级标准规定的各级叶片长度都超出国外的比较多，一级为小于14cm，国外是4～7cm；颜色比国外的普遍偏深，对带青限制过严等。因此，影响到我国香料烟质量提高，亟待进行修改。中国烟草总公司经过调查研究和广泛征求意见，并组织有关技术人员对目前我国香料烟生产和卷烟需求的状况进行讨论，积极吸收国外香料烟分级标准的优点，修订了原香料烟国家标准。已将修改后的香料烟国家标准（草案），于1991年5月以中烟叶（1991）第14号文，通知各地进行验证，要求验证结束后，认真总结经验，提出修改意见，使其臻于完善。目前，新的香料烟国家标准于2000年1月24日发布，从2000年3月1日起开始实施。分B型和S型，每型各分10个等级。

四、晒烟分级标准的沿革

我国地方晒烟历史悠久，分布广泛，种植分散，栽培方法尤其是调制方法多种多样。在长期的种植过程中，劳动人民根据当地条件种植的晒烟，种类繁多，风格迥异，故难以制定一套适合全国范围的晒烟分级标准。目前，在各地应用的多为地方性标准，这些标准大体上可以分为两类：一类是地方晒黄烟分级标准；另一类是地方晒红烟分级标准。它们形式多样，内容各异，术语不统一，品质因素有简有繁，等级数目有多有少，一般为5～6级，也有分3个等级的，等级最多的是浙江桐乡晒红烟标准，有12个级，使用范围颇受局限，这些标准尽管不尽合理，不够完善，但大都是各地根据当地的种植品种、生产条件及烟叶的质量特点而制定的，对工农业生产以及对外贸易均起了一定的作用，随着晒烟生产的发展，必将得到进一步提高。

第三节 烟叶分级的原则

烟叶分级的原则应能体现分级的意义及目的，一般应符合下列原则。

（1）每个等级的质量容许度不可太宽，以符合卷烟工业的需要。若同一等级包容的烟叶质量差异幅度过大，则不利于等级的稳定，造成不同年份、不同地区、不同生产技术条件下同一等级质量差异过大，从而使卷烟工业难以保持卷烟产品质量稳定。

（2）各等级要有明显的外观特征，等级之间易于区别，方便分级操作，有利于工商交易。

（3）等级数目的设置要以科学为依据，以国情为出发点。在等级数目设置问题上，既要考虑到有利于区分不同质量的烟叶，使其符合卷烟工业的要求，又要兼顾到我国收购现状及生产者的接受能力，以利于推广。

（4）分级因素的选择应符合外观特征与内在质量密切相关的原则，也就是“表里一致”的原则。某一因素能否被确定为分级因素，取决于这一因素和内在质量是否密切相关。消费者追求的主要是烟叶的吸食质量和安全性，卷烟工业需要的则主要是吸食质量和经济特性，而在目前情况下却只能通过外观特征来衡量其内在品质，并对烟叶进行分级。显然，只有那些已被人们认识和掌握的、与内在质量密切相关并具规律性的外观因素，才能被确定为分级因素。

第四节 烟叶分级体系

目前，国内外烟叶分级基本上是按照分类—分型—分组—分级的体系进行。

1. 分类

分类是指按调制方法和主要用途进行的类别划分，如烤烟、晒烟、晾烟、白肋烟、香料烟、雪茄烟等。这些类别在植物学特性、品种特征、栽培和调制技术、外观性状、化学成分及烟气特点等方面都有显著差别，工业上也正是利用这些差别生产不同类型的烟制品。

2. 分型

分型是指按烟叶的生长地区、栽培方法、品种对烟叶使用价值的影响而进行的再区分。烟草种植在不同的地区，在不同的气候、土壤、栽培条件和品种的影响下，烟草的生理特征和质量特点都有较大的差异，这就影响着烟叶的使用价值，如云南、河南、东北烟叶。分型就是在研究这些因素综合作用的基础上，找出其共性，将这些烟叶划分在一起。美国烟叶分 7 类 27 型，其中烤烟分为 4 型。我国烤烟原来分甲型、乙型，后来取消了。现在没有分型，使用时，基本上是按省区来进行的。香料烟新国标分为 S 型和 B 型。在分型时，不同的型可以用不同的标准（S 型和 B 型），也可以使用同一个标准（美国烤烟标准）。

3. 分组

分组即按烟叶内在质量的差异反映在外观特征上的不同，把总体质量相近的烟叶划分在一起，如按烟叶部位分组、颜色分组等。

4. 分级

分级是指在同一组内，按烟叶内在质量的优劣划分成若干等级。

第五节　烤烟分级标准

一、烤烟分组

（一）分组的意义

分组是依据烟叶的部位、颜色及其他和总体质量相关的主要特征将烟叶进一步划分。烟叶的部位、颜色及其他主要特征（如杂色、带青、光滑等）均同烟叶的质量有密切关系，不同特征的烟叶具有不同的质量特点；反之，同组的烟叶具有同样的质量特征。所以，同一组内的烟叶具有较为接近的质量（包括吸食质量、内在成分、物理性状、外观特征等）。因此，分组具有下列意义。

1. 便于进一步分级操作

由于同组的烟叶具有较为接近的外观特征，所以在将组内烟叶进一步分级就相对简单，易于操作。

2. 便于工业加工

由于同组的烟叶具有较为接近的物理性状，如吸湿性、弹性、梗叶比例等，故在打叶复烤、陈化等工业加工环节针对其特点进行处理。因此，分组有利于工业加工。

3. 有利于卷烟工艺配方

同组的烟叶具有较为接近的吸食质量和物理性状，如吸食浓度、刺激性、余味、燃烧性、填充性等，卷烟工业可以根据其特点设计配方，以满足各种风格卷烟的需求。

（二）确定分组因素的原则

确定分组因素要符合以下原则。

1. 分组因素要明显可见，容易识别，便于掌握

分组是分级工作的第一步，在分级操作过程中。操作者的第一感觉是这些烟应归属哪一组？因此，分组因素一定要明确，易于识别，便于区分。

2. 分组因素要和烟叶的内在质量密切相关

分组因素是烟叶的外观特征，其必须有相对应的内在质量特点，能真正起到分组的作用。

3. 分组因素要具有相对的独特性

这一原则的含义是，作为分组因素，要能使每一组的烟叶都具有这一特点，而且这一特点是其他组的烟叶所不具备的，这样才可以使各个组之间易于区分，不至于混组。

总之，选择明显可见、易于识别和内在质量密切相关的烟叶外部特征，划分为不同组别，使每一组的烟叶具有主要的共同特征，并具有较为接近的内在质量，是确定分组因素的总体原则。

（三）组别划分

根据分组原则，为更有利于卷烟工业使用、为更好地体现以质论价，本标准改变了以往我国烤烟标准中仅以部位和颜色简单分组的做法，制定了新的分组体系，该体系包括主组和副组两部分。主组是为那些生长发育正常，调制适当的烟叶而设置的，包容了正常条件下生产的大部分烟叶。主组的分组因素为部位和颜色，是依烟叶着生部位和基本色（黄色）深浅划分的。副组则主要是为区分那些因生长发育不良和采收不当或调制失误以及其他原因造成的低质量烟叶，正常生长条件下这类烟叶所占比例是有限的。

（四）部位分组

1. 部位分组的依据

烟叶是否应以部位分组，取决于不同部位的烟叶是否具有不同的内在质量，或不同部位的烟叶是否具有不同的外观特征。大量的资料和多年的实践表明，不同部位的烟叶具有不同的外观特征，同时也具有不同的内在质量，而且这些外观特征与内在质量有着较为密切的关系，这种关系还具有一定的规律性。可以说这是烟叶的主要特点之一，也正是以部位分组的理论依据。

2. 部位分组的必要性

部位分组的必要性体现在以下两个方面。

（1）卷烟工业的需要。不同部位的烟叶具有不同的吸食质量、不同的物理性状、不同的经济价值，部位分组保证了这些质量各异的烟叶能够相对区别，因而卷烟工业可以针对各部位烟叶的特点进行加工，生产风格各异、受消费者欢迎的卷烟。从这一角度出发，烟叶十分有必要按部位分组。

（2）便于进一步分级操作。不同部位的烟叶具有不同的外观特征，而且烟叶生产的规律也具有按部位采摘、调制的特点，部位分组在操作过程中较为容易。部位分组后，每个组内的烟叶等级数大为减少。另外，确定等级的因素也相对减少，因此可为进一步分级创造有利条件。

3. 不同部位烟叶的质量规律

在烟叶生产中，按照烟叶在烟株上着生位置的不同，自下而上分为 5 个部分，分别为脚叶、下二棚、腰叶、上二棚、顶叶。国外的烤烟分级标准中有的按 5 个部位分组，有的把脚叶和下二棚合并为下部组，即分为 4 个部位组。我国在研究制定新标准时，本着去繁就简和易行的原则，认为脚叶与下二棚、上二棚与顶叶外观特征与内在质量较为接近。因此，我国烤烟国家分级标准将部位划分为下部、中部、上部 3 个组。

每一片烟叶都是一个单独的个体，既有区别于其他个体的特征，也有和其他烟叶所共有的属性，是一个共性与个性的统一体。每个部位的烟叶也是如此，绝对地把烟叶区分为几个部位，寻找绝对规律是不可能的。但是，部位较为接近的烟叶，特点也较近似。在正常情况下，其具有一定的规律性。所以，人为地把烟叶划分为几个部位，研究各部位的一般规律还是可行的。不同部位烟叶质量是有差异的，不同部位烟叶与物理特性和化学成分的关系见表 15-1 和表 15-2。

表 15-1　烟叶部位与物理特性之间的关系

部　位	厚度/μm	叶质量/(mg/cm^2)	含梗率/%	填充力/(cm^3/g)	阴燃时间/s	燃烧速率/(mm/min)
下部	75.5	7.89	27.30	5.13	3.60	4.26
中部	90.4	9.52	26.31	4.57	4.45	3.76
上部	113.1	11.42	22.49	4.99	4.90	3.16

资料来源：郑州轻工业学院，1994

表 15-2　烟叶部位与化学成分（%）的关系

部位	石油醚提取物	总氮	总糖	还原糖	挥发碱	总酸	总挥发酸	酚类物质	总灰分	总细胞壁物质
下部	6.35	1.74	14.70	13.43	0.249	12.59	0.4301	2.46	15.8	32.23
中部	9.47	2.04	21.82	19.85	0.281	12.98	0.5298	2.49	13.6	28.82
上部	8.49	2.75	15.80	14.18	0.420	15.57	0.6502	2.84	13.1	29.98

资料来源：郑州轻工业学院，1994

4. 不同部位烟叶的外观特征

不同部位烟叶外观特征的变化具有一定的规律：部位由下至上，叶片厚度由薄趋厚，叶片颜色由浅趋深，叶片结构由疏松至紧密，叶脉由细趋粗，叶尖由钝趋尖（表 15-3）。

表 15-3　各部位烟叶的外观特征

部　位	部位特征*				颜　色
	脉相	叶形	叶面	厚度	
下部	较细	较宽圆	平坦	薄至稍薄	多柠檬黄色
中部	适中、遮盖至微露、叶尖处稍弯曲	宽至较宽、叶尖部较钝	皱缩	稍薄至中等	多橘黄色
上部	较粗到粗，显露至突起	较宽至较窄，叶尖部较锐	稍皱褶至平坦	中等至厚	多橘黄至红棕

注：* 在特殊情况下，部位划分以脉相、叶形为依据

由于地区、品种、栽培措施（特别是打顶措施）以及气候条件的影响，烟叶外观特征也会发生一些变化，但外观特征的规律和概念还是基本一致的。一个地区要真正掌握住部位外观特征的变化，还必须了解当地的实际情况，烟农应做到按部位采收、烘烤和堆放，并按部位分级，就自然地区分开了部位。如果部位外观特征的几个因素相互间出现矛盾时，以脉相和叶形两要素作为区分部位的依据。

（五）颜色分组

1. 烟叶颜色的形成

烟叶颜色指新鲜烟叶经调制后呈现的颜色。烟叶的颜色是因色素的存在而产生的。烟叶中含有多种色素，随各种色素存在比例的不同而形成不同的颜色。正常情况下，烟叶中色素主要包括绿色色素、黄色色素和红色色素。绿色色素主要是叶绿素，包括叶绿素 a、叶绿素 b 及脱镁叶绿素；黄色色素主要包括叶黄素和胡萝卜素；红色色素多系醛、酮类物质转化而来。当烟叶达到生理成熟之后，内在化学成分以分解为主，各种色素也逐渐分解，在烟叶成熟和调制过程中，由于各种色素分解速度不同，分解速度快的叶绿素首先大量分解消失，黄色色素在烟叶中比例增加，外观反映黄色更为明显。根据烟叶颜色变化的特点，调制过程中把握好时机，将叶片适时干燥，停止其生化反应，则产生调制后烟叶的正常黄色。

2. 烟叶颜色与质量的关系

烟叶颜色的深浅和叶内色素比例有关，颜色的差异则在很大程度上反映了叶内化学成分的变化，也就是说，颜色的差异反映着不同的烟叶内在质量，不同颜色的烟叶必然具有不同的内在质量特点。这也正是为什么要以颜色分组的原因。如果以烟叶黄色的深浅划分叶色，则由浅至深大致包括如下变化档次：青（绿）、青黄、微青、柠檬黄、橘黄、浅红棕、红棕等。简单地讲，烟叶颜色与质量有着如下关系（表 15-4）。

表 15-4 不同颜色烟叶的化学成分（%）

颜色	总糖	总氮	不溶性氮	烟碱	蛋白质
柠檬黄	11.81	2.41	1.19	1.92	7.44
橘黄	10.74	2.63	1.23	2.36	7.69
红黄	6.73	3.51	4.22	4.22	8.38
棕黄	5.07	3.88	4.39	4.39	9.03

资料来源：郑州轻工业学院，1994

（1）颜色由浅至深、总糖含量逐渐降低。

（2）颜色由浅至深、烟碱含量逐渐增加。

（3）在青黄至柠檬黄区域内，随颜色的加深香气质由差向较好转变，柠檬黄时最佳。在柠檬黄至红棕区域内，随黄色变深香气质趋差。

（4）在青黄至橘黄区域内，随黄色加深，香气量增加；在橘黄至红棕区域内，随颜色变深香气量有所下降。

（5）在青黄至橘黄区域内，随黄色加深，烟叶杂气减少，刺激性变小，浓度变大。在橘黄至红棕区域内，随颜色加深，杂气略增、刺激性变大，浓度也略增。

从化学成分和吸食质量来看，均以橘黄色烟叶质量最佳，红棕色、柠檬黄色烟叶品质略下降，而青黄烟质量最差。

3. 影响烟叶颜色的因素

影响烟叶颜色的因素很多，从分组角度来说，烟叶颜色的深浅主要受部位、成熟程度、栽培措施、调制方法、烤后处理以及堆放时间等因素的影响，浅色烟叶，一般出自下部，愈是深色的颜色愈是出自烟株的上部。正常成熟的烟叶，颜色多橘黄色；早熟烟叶颜色多浅淡；未成熟烟叶往往带青。调制不当将会出现各种不同颜色的烟叶，如定色期排湿不畅或不及时，颜色会加深，甚至成为褐色；干筋期，温度过高则会出现烤红叶片。调制后堆存不当或分级回潮不当，也会使叶片颜色加深，以至出现潮红叶片。总之，影响烟叶颜色深浅的因素是多方面的。

4. 各颜色组概念

依据烟叶颜色与质量的关系，结合生产实际的可分性，我国烤烟国家分级标准将烤烟按基本色深浅划分为：柠檬黄色组、橘黄色组、红棕色组。

(1) 柠檬黄色组。包括正黄和淡黄。烟叶表面呈现纯正的黄色。

(2) 橘黄色组。包括深黄和金黄。烟叶表面以黄色为主，并呈现较明显黄红色。

(3) 红棕色组。包括橘红、浅红棕和红棕。烟叶表面呈现明显红棕色。

需要特别强调的是，红棕色是基本色，指的是正常生长、调制所形成的烟叶颜色；而那些因调制不当和其他原因造成的红色、棕色，如烤红、潮红等，不能视为正常的红棕色。

(六) 性质、用途分组

1. 完熟叶组

完熟叶组烟叶产生在上二棚以上位置（包括上二棚），烟叶达到高度的或充分的成熟，油分稍有，烟质（地）干燥，以手触摸有干燥感，叶面皱折，颗粒多，有成熟的斑点，叶色深。这种烟叶闻起来有明显的发酵烟的香味。手摇时，可听到干燥的“沙沙”声。

这种烟叶一般数量不多，美国每年产量仅为总产量的 0.3%～3%。在我国当前生产水平和采收不注重成熟度的情况下，完熟烟叶更少，甚至没有，所以本组只设 2 级。

2. 副组划分

(1) 光滑叶组。光滑是指烟叶组织平滑或僵硬。光滑叶的定义是指任何光滑叶面积占全叶片的 20%以上（含 20%）的烟叶均称为光滑叶。光滑叶归入光滑叶组定级。光滑叶的特征是表面光滑或僵硬、无颗粒、手触有似触塑料或硬质纸的感觉，喷水后不易吸水。

光滑叶产生的原因主要是由于光照不足、叶片生长不良、成熟度较差、叶细胞未能正常发育，导致叶细胞小，排列紧密、无孔度、内含淀粉类物质多。由于光照不足的原因，这类烟叶多产生于中下部烟叶，而上部叶因营养不良或成熟度不够也会产生光滑叶。

(2) 杂色叶组。杂色是指烟叶表面存在的非基本色颜色斑块（不包括青黄色）。杂色包括轻度阴筋、蒸片、局部挂灰、全叶受熏染、青痕较多、严重烤红、潮红、受蚜虫损害等。杂色叶定义是任何杂色面积占全叶面积的 20%以上（含 20%）的叶片均称杂色叶。杂色叶归入杂色叶组定级。本标准所称基本色，指烟叶的正常颜色，包括柠檬黄、橘黄、红棕 3 种。杂色叶依部位分为中下部杂色组和上部杂色组 2 个组。

(3) 青黄叶组。在颜色与质量的关系讨论中，已阐明了烟叶颜色是反映内在成分的外观指标，很明显，由于青黄烟反映出烟叶内部生化反应未达到期望的工艺要求，所以，不难理解为什么青黄烟被视为低质量的烟叶，青黄烟在世界各烤烟生产国都属于淘汰或严格限制的，因其吸食质量差而不受消费者的欢迎，但从我国烤烟生产的实际出发，考虑到生产技术和调制技术尚存在一定问题，目前生产中仍不可避免地产生部分青黄烟。为此，仍将这部分烟叶列为标准中正式等级，对其单独分组，以使工业有选择地利用，并充分体现以质论价的原则。

青黄色的定义是指黄色烟叶中含有任何可见的青色且不超过三成。这一定义规定了青黄烟的界限：下限为任何可见的青色，不论其含青程度多么微弱；上限为不超过三成（含三成），也就是说，或者是含青面积或者是含青程度不超过 30%即视为青黄烟。超过 30%者则视为不列级。

（4）微带青叶组。微带青叶组是从青黄烟组中进一步划分出来的叶组。青黄烟组中有部分烟叶其含青程度和面积均极微，而其他品质因素又尚好，这类烟叶的使用价值与青黄组中含青较高的烟叶相比差异较大。为体现以质论价、合理利用资源的原则，将该类烟叶划分开来，单列一组。

微带青叶的定义是指黄色烟叶上叶脉带青或叶片含微浮青面积在 10%以内者。这个定义规定了微带青叶的允许范围或者叶片含微浮青面积在 10%以内，二者不得同时并存。若叶脉带青和叶片含微浮青并存，则不属于微带青范畴，对叶片含微浮青 10%以内的理解包括两层含义，含青程度为微浮青（比浮青程度更弱）、面积不超过 10%。

上述为微带青的定义，需强调指出的是，并非所有的微带青叶均列入微带青组定级。只有既符合微带青定义，又符合微带青叶组相应品质规定的烟叶，才能在微带青组内定级，而那些含青状态符合微带青定义，但不具备相应品质的烟叶，则仍归入青黄烟组定级。

烤烟分级国家标准共包括 13 个组别，其中主组 8 个，副组 5 个。主组有下部柠檬黄、下部橘黄、中部柠檬黄、中部橘黄、上部柠檬黄、上部橘黄上部红棕和完熟叶组 8 个组；副组有光滑叶组、中下部杂色叶组、上部杂色叶组、微带青叶组和青黄叶组 5 个组。

二、烤烟分级

（一）分级因素的概念

分级因素是指用以衡量烟叶等级质量和内在质量的外观特征，称为分级因素（grading factor），又称品级因素。分级因素包括品质因素和控制因素两个方面。

1. 品质因素

品质因素（quality factor）是指反映烟叶内在质量的外观因素，如成熟度、油分、叶片结构、身份、色度、叶片长度等，这些因素是烟叶本身所固有的特征，是衡量烟叶质量优劣的依据。分级标准按烟叶等级的高低规定不同的品质因素指标，要求该级别烟叶必须达到相应规定。

2. 控制因素

控制因素（control factor）是指影响烟叶内在质量的外观因素，如残伤、杂色、破损等。控制因素不是烟叶本身固有的特征，而是因受某些外因影响而产生的。虽然控制因素不是衡量烟叶等级的决定因素，由于其存在而影响烟叶的外观和内在质量，导致烟叶质量下降。所以，标准中对不同等级的烟叶予以不同比例的限制，这个限制是允许度，允许某等级存在某种比例的控制因素，但绝非必须存在一定比例。控制因素使烟叶等级质量控制在一定的水平上，保持相对稳定的质量水平。

（二）分级因素的选择

一般来说，分级因素的选择，应遵循如下原则：①概念明确具体，不抽象，不重复。②能真实地反映烟叶的内在质量，即表里一致。③级差明显，容易识别，便于掌握。④力求与国际上的先进分级标准相一致。⑤概括性强，适应面广。既不落后于工农业的生产现状，又不是高不可攀。

根据以上分级因素选择的原则，结合我国卷烟工业的需要和农业生产实际，我国现行烤烟国家标准选用了其中比较重要的因素作为分级因素，包括品质因素和控制因素。品质因素有：成熟度、叶片结构、身份、油分、色度、长度 6 个因素；控制因素有残伤 1 个因素。

（三）分级因素分述

1. 成熟度

成熟度（maturity）是指烟叶成熟的程度。在烤烟分级标准中所称的成熟度，田间和调制成熟度，是指田间新鲜烟叶的成熟度加上调制后熟的程度。田间成熟度是指在田间烟叶生长发育达到采收烘烤的最适宜期的程度；调制成熟度是指采收的烟叶经过烘烤后反映出来的成熟程度。

成熟度是烟叶品质的中心因素，是烤烟分级的一个十分重要的因素，它与烟叶的其他外观特征密切相关。因为烟叶成熟度的不同，其他外观因素也会发生相应的变化。因此，在确定成熟度指标后，就能在一定程度上相应地确定其他外观质量指标，在一定程度上成熟度可视为烟叶质量的代名词。目前世界烤烟生产先进国家都把成熟度放在诸分级因素的首位，美国和加拿大是如此，日本在主攻烟叶香吃味的研究中，也把成熟度视为重要的分级因素。

（1）成熟度与烟叶的化学成分。烟叶的成熟度反映烟叶内在化学成分的变化程度、含量适宜程度及各种成分的协调程度，烟叶各种化学成分的含量及其比例影响着烟气质量的好坏。成熟度好的烟叶，具内含物丰富而协调，前体致香物质多。总糖含量随成熟度的提高而增加，当烟叶达到生理成熟时最高，其后随烟叶过熟而逐渐降低；烟碱含量随成熟度的提高而增加，其后随烟叶过熟而缓慢下降。成熟烟叶糖、氮、碱含量均适中，且相互间比例协调；尚熟烟叶的糖、氮、碱含量均稍低于成熟烟叶，尚适中，尚协调；欠熟烟叶的总糖含量稍高，而总氮和烟碱含量较低，糖碱比过高（表 15-5）。

表 15-5　不同成熟度烟叶的化学成分（%）

成熟度	总　糖	总　氮	烟　碱	糖碱比
成熟	12.89	2.08	2.76	4.67
尚熟	12.43	1.95	2.53	4.91
欠熟	16.02	1.36	1.22	13.13

资料来源：郑州轻工业学院，1994

（2）成熟度与烟叶的物理特性。烟叶的耐破度、延伸率和拉力这 3 项性能与烟叶及其制品的质量关系较为密切，在同等含水率条件下，这 3 项性能读数越大，意味着烟叶的在打包、搬运、抽梗、打叶、切丝、卷制等工序中损耗越小，质量越有保障。一般来说，随成熟度增加，烟叶的耐破度、拉力、延伸率和填充性增强，单位面积重量略减小。另外，随成熟度的提高，厚度变薄，燃烧性增加（表 15-6）。

表 15-6　不同成熟度烟叶的物理特性

成熟度	耐破度 /(g/cm^2)	拉力 /(g/cm^2)	伸长 /%	填充性 /(cm^3/g)	单位面积叶重 /(g/m^2)
成熟	232.37	82.5	17.1	4.57	62
欠熟	168.74	53.3	5.67	3.78	64

资料来源：河南农业大学，1984

（3）成熟度与烟叶内在质量。不同成熟度的烟叶，其内在质量有很大的差异。当烟叶成熟时烟气质量最佳，具体表现为，香气质最佳，香气量充足，杂气轻微，刺激性最小，余味最舒适，劲头中等；完熟叶香气量有所减少，木质气有所增加，刺激性较大，劲头和浓度较大；成熟度差的烟叶香气质差，香气量少，刺激性大，杂气重，余味苦涩（表 15-7）。

表 15-7　不同成熟度烟叶的内在质量

成熟度	香气质	香气量	杂气	余味	劲头	浓度	刺激性	燃烧性	灰分	质量档次
欠熟	差	少	重	苦涩	较大	较小	大	差	灰黑	差
尚熟	较好	尚充足	稍有	尚纯净	适中	中等	微有	强	灰白	中等
成熟	好	充足	微有	尚纯净	适中	中等	微有	强	白	好
完熟	尚好	充足	有	尚纯净	大	特浓	大	强	白	较好

资料来源：郑州轻工业学院，1994

综上所述，不同成熟度烟叶外观质量、化学成分、烟气质量、物理特性等方面存在很大差异，以成熟烟叶的总体质量最佳，完熟叶次之，尚熟叶再次之，欠熟叶最差。因此，成熟度是衡量烟叶质量的中心因素，是烤烟分级的首要因素。

（4）成熟度档次划分及其外观特征。不同成熟度的烟叶具有不同的外观特征，分级工作中，主要通过眼看、手摸的方法并依据烟叶的外观特征来鉴别烟叶的成熟度。根据调制后烟叶的成熟状态，现行国家烤烟分级标准将烟叶成熟度划分为完熟、成熟、尚熟、欠熟、假熟 5 个档次。

完熟（mellow）：指上部烟叶在田间达到高度的成熟且调制后熟充分。完熟烟叶由于达到高度成熟，内在化学成分消耗较多，叶片结构已表现出疏松状态，油分较少，叶质干燥，叶面皱叠，颗粒多，为橘黄色和红棕色，有明显成熟斑。常伴有赤星斑，闻香突出。

成熟（ripe）：指烟叶在田间及调制后均达到成熟程度。叶片细胞达到疏开状，即细胞间隙大、孔度大，叶片正反面色泽相似，背面视支脉明显，叶面皱，柔而不腻，韧而不脆，弹性好，色泽饱和，光泽强，加压不易黏结，无虚飘之感。

尚熟（mature）：指烟叶在田间刚达到成熟，生化变化尚不充分或调制失当后熟不够，属中等成熟。烟叶已达充分发育，但刚成熟，尚缺少成熟烟的质量特征。烘烤时，若升温不当，易出现青黄烟。颜色多为浅色，可能带有黄片青筋，叶细胞尚未疏开，组织略密，有韧性，弹性略差，略有平滑部分，光泽中等，有分量。

欠熟（unripe）：指烟叶在田间未达到成熟或调制失当，是成熟的最低程度。多指青黄色或发育不完全的烟叶，不具备成熟烟叶的质量特征。弹性差，色泽弱，叶片结构紧密，无孔度，有硬实感或光滑感，多带青色，如青黄烟和光滑叶。

假熟（premature）：指烟叶外观似成熟，实质上未达到真正成熟。此类烟叶着生位置靠近地面，叶数 2～3 片，多有烟株自苗床带来，叶形宽圆，叶小而薄，主脉细小，颜色浅淡，色度淡，油分少，弹性差，不具备成熟叶质量特征。由于脚叶受中上部烟叶遮光影响而受光不足，以及受顶端优势的影响而养分吸收少，常处于饥饿状态，从而出现成熟征兆。所以，假熟叶又叫饿熟叶。

2. 叶片结构

叶片结构（leaf structure）是指烟叶细胞排列的疏密程度，以孔度表示。叶片结构的疏密程度，应从烟叶的内在结构上认识，可以用单位面积上的细胞数目来衡量。叶细胞是按一定的间隙整齐排列的，细胞排列间隙大即是疏松，细胞排列间隙小、单位面积上的细胞数目多即是紧密。

（1）叶片结构与烟叶质量的关系。①叶片结构与烟叶理化特性：叶片是由细胞组成的，细胞发育状况和细胞排列间隙大小与烟叶的填充性、弹性、燃烧性密切相关。叶片结构疏松的烟叶，细胞发育好、间隙大，填充性、弹性、燃烧性均好。而细胞发育差、排列紧密、间隙小，则填充性、弹性、燃烧性均差。叶片结构疏松烟叶，糖含量较高；叶片结构由疏松到紧密，蛋白质、烟碱等含氮化合物含量增高。②叶片结构与烟叶内在质量：叶片结构与烟叶内在质量密切相关，叶片结构疏松的烟叶香气质好，香气量足，刺激性、杂气小，吃味纯净，余味舒适。

（2）影响叶片结构的因素。叶片结构与成熟度、部位等密切相关。随着烟叶部位的上升，单位面积上的细胞数目增多，细胞的密度增加，细胞间隙缩小；同一部位的烟叶，随成熟度的提高，单位面积上的细胞数目减少，细胞的密度降低，细胞间隙增大。所以就部位而言，上部的叶片较下部的紧密；而就同部位而言，成熟度差的烟叶较成熟度好的叶片结构紧密。从成熟度和部位二者对叶片结构的影响来看，成熟度对叶片结构的影响更大。此外，叶片结构与厚度也密切相关。

（3）叶片结构档次划分及其外观特征。在实际分级工作中，对叶片结构的判定没有绝对的量化指标，需综合考虑方能准确断定烟叶的叶片结构。一般以眼观与手摸相结合的方法进行，但偏重于手摸。一般成熟的中下部叶多具有这种叶片结构：手摸柔滑不拉手，叶片厚薄均匀，颜色较淡，干物质积累少、空虚的叶片；以及厚薄均匀，油分足，弹性强，颜色深浅适中，成熟度好，不含青的叶片；其结构一般为疏松。上部叶具有这种叶片结构：手摸拉手，凸凹不平，叶片厚、颜色深、粗筋暴脉或者成熟度差、细胞发育不良的烟叶，其叶片结构一般较紧密。

根据烟叶的结构状态，叶片结构分为疏松、尚疏松、稍密、紧密 4 个档次。

疏松（open）：指正常发育的中下部叶及完熟叶，叶片细胞排列间隙大，松弛程度高。其外观具备了成熟叶的质量特征，韧性和弹性好，色泽饱满，人工加压不会使烟叶黏结而出现难以松散的现象。这种组织结构疏松的烟叶，并不像原来认为的下部烟叶由于营养不良、片薄、油分少而脆弱、缺乏油分和弹性的烟叶所显示的那种疏松状态，必须明确这一基本概念。

尚疏松（firm）：指正常发育成熟的上部叶或尚熟的中下部叶，叶片细胞排列间隙尚大，松弛程度尚高。

稍密（close）：指正常发育成熟的上部叶或尚熟、欠熟的中下部叶，叶片细胞排列间隙较小。

紧密（tight）：多指上部烟叶，细胞排列间隙小，排列紧密。其特点是组织紧密，结构紧实，韧性尚好。

3. 身份

身份（body）是指烟叶的厚度、细胞密度和单位叶面积重量的综合状态，以厚度表示。但这里所称厚度并非单纯的物理量度，它还包含有叶片细胞密度和单位叶面积重量状态。

（1）身份与烟叶质量的关系。身份反映烟叶细胞干物质充实的程度，也即厚薄程度。干物质积累多，叶片厚。一般的，厚度由薄至厚，颜色由浅变深，单位叶面积重由小变大，含氮化合物含量逐渐增加。过厚的烟叶导致刺激性大、杂气大；厚薄适中的烟叶具有较好的物理特性、协调的化学成分和理想的烟气质量。同一部位的烟叶，叶片厚度规律是随烟叶颜色的加深，叶片厚度增大（表 15-8）；同一颜色的烟叶，叶片厚度规律是随烟叶部位升高叶片厚度增大。各部位杂色组、微带青组烟叶平均厚度大于同部位柠檬黄烟叶厚度；青黄烟平均厚度大于中下部主组及下部微带青组烟叶的厚度；光滑叶组叶片平均厚度最小，这也正说明光滑叶组烟叶的形成是由营养不良、光照不足所致。

表 15-8　不同组烟叶的叶片厚度（μm）

主组	XL	XF	CL	CF	BL	BF	BR
厚度	74.63	77.00	87.50	94.33	97.25	120.38	127.83
副组	CXK	BK	S	XV	CV	BV	GY
厚度	91.50	139.83	74.00	80.00	96.00	116.00	95.00

资料来源：郑州轻工业学院，1994

（2）影响烟叶身份的因素。叶片身份与部位、成熟度、品种、气候条件以及栽培技术密切相关。叶片厚度，一般随部位的上升而增厚。同一部位的烟叶，随成熟度的提高而趋薄。不同品种的烟叶厚度不同，少叶型品种叶片较厚；多叶型品种叶片较薄。打顶低、留叶少，叶片较厚；打顶高、留叶多，叶片较薄。干旱条件下形成的烟叶较厚，多雨条件下形成的烟叶则较薄，北方烟区生产的烟叶较南方的厚。施肥足、密度稀以及烟株营养状况和生长发育状况好，叶片较厚，反之则较薄。

（3）烟叶身份档次划分。根据烟叶厚薄和细胞密度状态，结合感观可觉察到的差异幅度，把身份分为厚（heavy）、稍厚（fleshy）、中等（medium）、稍薄（less thin）、薄（thin）。现行烤烟国家标准对厚度没有定量的规定，只有定性的、相对的档次。烟叶厚度是比较直观、具体的概念，分级工作中主要通过眼看、手摸以及结合其他外观特征来鉴别烟叶的厚薄程度。

4. 油分

油分（oil）是指烟叶组织细胞内含有的一种柔软液体或半液体物质，在烟叶外观上表现为油润、丰满或枯燥的程度。油分是国内外烤烟分级中的一个通用名词，并非指烟叶内含油的多少，而是烟叶在一定的含水量情况下，人们眼看、手摸有油润或枯燥的不同感觉。

（1）油分与烟叶质量的关系。油分与烟叶的弹性、韧性、成熟度以及理化特性、烟气质量密切相关，是一个概括性强的品质因素，在分级中起着重要的作用，尤其在上等烟中作用更大。

油分与烟叶外观质量：油分多的烟叶，弹性强，韧性好，吸湿性强。在一定水分条件下，眼看油润、色度强；手摸油润、滑腻、丰满。油分少的烟叶，眼看枯燥，手摸感到硬脆，不柔软，叶片过薄或过厚。

油分与烟叶理化特性：不同油分烟叶的理化特性有明显的差异，油分与碳水化合物含量密切相关，尤其是水溶性糖。油分多的烟叶糖分含量高，总氮、不溶性氮、烟碱含量较低。烟叶中碳水化合物与氮化合物含量互为消长，直接影响烟叶的油分状况，油分多的烟叶施木克值较大。油分多的烟叶吸湿性较强（表 15-9）。

表 15-9　不同油分烟叶的理化特性

油分档次	总糖 /%	碳水化合物 /%	总氮 /%	不溶性氮 /%	烟碱 /%	施木克值	吸湿性 /%	填充性 /(cm^3/g)
多	22.80	29.68	1.97	1.04	2.18	2.18	16.73	3.39
有	13.94	17.06	2.48	1.22	2.12	1.06	12.06	4.32
稍有	9.88	13.78	2.69	1.32	2.20	0.69	10.61	4.86

资料来源：赵献章，1997

油分与内在质量：油分的多少直接影响烟叶的香吃味。评吸表明，油分多的烟叶香气质好，香气量足，杂气少，刺激性小，劲头适中；油分少的烟叶刺激性和杂气较大，香气质差，香气量少。

（2）影响烟叶油分的因素。影响烟叶油分的因素主要有部位、色度、成熟度。一般的，中部叶的油分较多，下部叶油分较少；色度浓的烟叶油分较多，色度弱的烟叶油分较少；成熟度好的烟叶油分较多，成熟度差的烟叶油分较少。值得说明的是，充分成熟的烟叶油分并不是处于最佳状态，在油分与质量呈正相关的原则基础上，要掌握量的概念。

（3）油分档次划分及其外观特征。根据烟叶外观油分状态和感观感觉，现行国家烤烟标准中，把油分划分为多、有、稍有、少共 4 个档次。在分级工作中，主要通过眼看、手摸以及与其相关的外观特征相结合来鉴别油分的多少。在一定水分条件下，油分多的烟叶，眼看表面油润、发亮、色泽鲜艳、全叶均匀一致，手摸柔润、滑腻、叶肉充实、无轻飘和僵硬之感、厚薄适中。油分少的烟叶则相反，眼看枯燥、色泽黯淡，手摸硬脆、不柔软。

多（rich）：富油分，表观油润，叶表面有油性反映，烟叶韧性强，弹性好，手握松开后恢复能力强，耐撕裂力强。

有（oily）：尚有油分，表观有油润感，叶片有韧性，弹性较好，耐撕裂能力尚好，叶表面尚有油性反应。

稍有（less oily）：较少油分，表观尚有油润感，尚有一定的韧性和弹性，尚有撕扯力，叶表面油性反应不太明显。

少（lean）：缺乏油分，表观无油润感，韧性和弹性差，耐撕扯力弱，无油性放映。

5. 色度

色度（color intensity）是指烟叶表面颜色的均匀程度、饱和程度和光泽强度，是一个综合的概念。均匀程度指烟叶表面颜色均匀一致的状态；饱和程度是指颜色的浓淡状态；光泽强度指视觉对颜色强弱状态的反应。所以，应综合颜色的均匀状态、饱和状态和光泽强弱状态三方面因素来衡量色度。

（1）色度与烟叶质量的关系。色度的浓淡强弱与油分多少呈正相关。因此，色度与烟叶质量关系和油分基本相同。色度浓的烟叶总糖含量较高，总氮、蛋白质、烟碱等含氮化合物含量较低，施木克值较高，比例协调（表 15-10）；其烟气质量表现为香气质好，香气量足，杂气少，刺激性小，劲头适中，吸味纯净，余味舒适。色度浓的烟叶吸湿性强，填充能力较弱。随着色度的减弱烟叶的质量逐渐降低。

表 15-10　不同色度烟叶的化学成分（%）

色　度	总　糖	总　氮	烟　碱	挥发碱	蛋白质	施木克值	备　注
浓	14.29	1.58	1.16	0.045	8.61	1.66	样品为中部叶，
强	11.43	1.54	0.96	0.138	8.60	1.33	油润丰满，组织相似，
中	7.39	1.79	1.14	0.127	9.96	0.74	外观品质相似的烟叶
弱	8.71	1.78	1.12	0.124	9.90	0.37	

资料来源：赵献章，1997

（2）影响烟叶色度的因素。色度源于烟叶中的主要化学成分挥发油和树脂，若烟叶表面挥发油和树脂的含量多，调制后烟叶光泽好，色度就强；反之，叶表面的挥发油和树脂少，调制后烟叶光泽暗，色度就弱。色度的强弱与油分密切相关，油分多烟叶色泽饱和，视觉色彩反映强，色度就浓；油分少的烟叶光泽暗，色度弱。

（3）色度档次划分及外观特征。在实际分级工作中，色度的鉴别主要通过眼看和目测，从烟叶颜色的均匀程度、饱和程度和光泽强度三个方面来区分色度的强弱。我国现行烤烟国家标准将色度划分为浓、强、中、弱、淡 5 个档次。

浓（deep）：烟叶表面颜色均匀、饱满，视觉色彩反应强。

强（strong）：烟叶表面颜色均匀、饱和度尚饱满，视觉色彩反应较强。

中（moderate）：烟叶表面颜色尚均匀，饱和度与视觉色彩度反应一般。

弱（weak）：烟叶表面颜色不均匀，饱和度差，视觉色彩反应较弱。

淡（pale）：烟叶表面颜色不均匀，极不饱和，色泽淡，视觉色彩反应弱。

6. 长度

长度（length）指叶片主脉基部至叶尖的直线距离。即调制后未去梗的烟叶从主脉底端至叶尖顶端的距离，以厘米表示。对由于某些原因失去了叶尖的烟叶，则以其主脉基部沿主脉方向的实有长度计量。

（1）长度与烟叶质量的关系。叶片长度与烟叶质量有直接的关系，也是判断烟叶质量的一个因素，它反映了烟叶生长是否良好，发育是否正常。一般叶片长且大的烟叶生长发育良好，可能充分成熟，结构疏松，质量好；叶片短小，生长发育不良，不可能充分成熟，结构紧密，质量不高。叶片长度主要影响卷烟工业的出丝率以及含梗率等。叶片长度短，出丝率低，含梗率增大，标准中引用长度这一因素，可以改变烟草种植不正常的生产状态，对提高烤烟生产水平、提高烟叶质量、推广新技术以及实现优质烟规范化种植等具有积极的作用。

（2）影响烟叶长度的因素。叶片长度与部位、品种、栽培条件密切相关。一般的，中部叶较长，下部叶较短。叶片长度也能直接反映栽培条件及品种的优劣，叶片过短，说明栽培条件落后，其内在品质也不会理想。

（3）叶片长度档次划分。实际分级工作中，主要通过眼看、手摸估测叶片长度，当然也可借助尺子精确地测量，我国现行烤烟分级标准将叶片长度划分为大于或等于45cm、40cm、35cm、30cm、25cm共5个档次，以5cm为递进梯度，根据不同等级的要求，规定某个等级不低于某个长度。美国规定烟叶长度范围是40.64～50.80cm，与美国相比，我国现行标准中的长度要求是低水准的。

另外，现行标准仅规定了长度要求，而未规定宽度要求，也是从我国目前生产实际考虑的。随着生产水平的提高，还应该规定宽度的要求。

7. 残伤

残伤（waste）为控制因素，是指烟叶组织受到破坏（如病斑、枯焦），失去成丝强度和坚实性，或杂色透过叶背，使组织受到破坏，基本无使用价值，包括由于烟叶成熟度的提高而出现的病斑、焦尖和焦边，以百分数表示。

残伤对烟叶质量影响较大，残伤面积愈大，对烟质影响愈大。使上等烟香气质变坏，杂气增加；中下等烟则吃味变淡，劲头降低，杂气显著增加。如果在中档卷烟中掺入10%残伤叶片（病斑），卷烟质量明显受影响。如果用打孔器将病斑取下，进行化学分析，则与同一片无病斑叶有显著区别（表15-11）。

由表15-11可知，病斑叶片水溶性糖大量减少，烟碱减少，蛋白质增加显著，而对总氮影响较小。

残伤在分级中的运用是根据等级的高低，以残伤面积占全叶面积的百分比来控制该等级残伤不能超过其允许度，残伤允许度范围是10%～35%，等级梯度为5%。

表15-11　病斑片与正常叶片的化学成分（%）

残伤种类	总糖	总碳水化合物	总氮	不溶性氮	烟碱	施木克值
病斑	4.37	11.31	2.55	1.49	1.83	0.31
对照	10.37	14.43	2.51	1.19	2.05	0.77

资料来源：赵献章，1997

（四）烤烟分组、分级代号

1. 组别代号

X-下部叶组　　C-中部叶组　　B-上部叶组　　CX-中下部叶组
L-柠檬黄组　　F-橘黄色组　　R-红棕色组　　H-完熟叶组
K-杂色叶组　　S-光滑叶组　　V-微带青组　　GY-青黄叶组

2. 级别代号

1-一级　　2-二级　　3-三级　　4-四级

（五）烤烟等级设置

现行烤烟国家标准共设置 42 个等级，其中主组 29 个等级，副组 13 个等级（表 15-12）。

表 15-12　烤烟国家标准等级设置表

组别	主组								副组				
	XL	XF	CL	CF	BL	BF	BR	H	CXK	BK	S	V	GY
等级设置	X1L	X1F	C1L	C1F	B1L	B1F	B1R	H1F	CX1K	B1K	S1	X2V	GY1
	X2L	X2F	C2L	C2F	B2L	B2F	B2R	H2F	CX2K	B2K	S2	C3V	GY2
	X3L	X3F	C3L	C3F	B3L	B3F	B3R			B3K		B2V	
	X4L	X4F	C4L	C4F	B4L	B4F						B3V	

（六）烤烟等级品质规定

根据烤烟各等级质量的高低，我国烤烟国家分级标准对每个等级的成熟度、叶片结构、身份、油分、色度、长度和残伤 7 个外观品级因素作了具体规定（表 15-13）。

表 15-13　烟叶等级的品质规定

组别		级别	代号	成熟度	叶片结构	身份	油分	色度	长度	残伤
下部 X	柠檬黄 L	1	X1L	成熟	疏松	稍薄	有	强	40	15
		2	X2L	成熟	疏松	薄	稍有	中	35	25
		3	X3L	成搜	疏松	薄	稍有	弱	30	30
		4	X4L	假熟	疏松	薄	少	淡	25	35
	橘黄 F	1	X1F	成熟	疏松	稍薄	有	强	40	15
		2	X2F	成熟	疏松	稍薄	稍有	中	35	25
		3	X3F	成熟	疏松	稍薄	稍有	弱	30	30
		4	X4F	假熟	疏松	薄	少	淡	25	35
中部 C	柠檬黄 L	1	C1L	成熟	疏松	中等	多	浓	45	10
		2	C2L	成熟	疏松	中等	有	强	40	15
		3	C3L	成熟	疏松	稍薄	有	中	35	25
		4	C4L	成熟	疏松	稍薄	稍有	中	35	30
	橘黄 F	1	C1F	成熟	疏松	中等	多	浓	45	10
		2	C2F	成熟	疏松	中等	有	强	40	15
		3	C3F	成熟	疏松	中等	有	中	35	25
		4	C4F	成熟	疏松	稍薄	稍有	中	35	30

续表

组别		级别	代号	成熟度	叶片结构	身份	油分	色度	长度	残伤
上部 B	柠檬黄 L	1	B1L	成熟	尚疏松	中等	多	浓	45	15
		2	B2L	成熟	稍密	中等	有	强	40	20
		3	B3L	成熟	稍密	中等	稍有	中	35	30
		4	B4L	成熟	紧密	稍厚	稍有	弱	30	35
	橘黄 F	1	B1F	成熟	尚疏松	稍厚	多	浓	45	15
		2	B2F	成熟	尚疏松	稍厚	有	强	40	20
		3	B3F	成熟	稍密	稍厚	有	中	35	30
		4	B4F	成熟	稍密	厚	稍有	弱	30	35
	红棕 R	1	B1R	成熟	尚疏松	稍厚	有	浓	45	15
		2	B2R	成熟	稍密	稍厚	有	强	40	25
		3	B3R	成熟	稍密	厚	稍有	中	35	35
完熟叶组 H		1	H1F	完熟	疏松	中等	稍有	强	40	20
		2	H2F	完熟	疏松	中等	稍有	中	35	35
杂色 K	中下部 CX	1	CX1K	尚熟	疏松	稍薄	有	—	35	20
		2	CX2K	欠熟	尚疏松	薄	少	—	25	25
	上部 B	1	B1K	尚熟	稍密	稍厚	有	—	35	20
		2	B2K	欠熟	紧密	厚	稍有	—	30	30
		3	B3K	欠熟	紧密	厚	少	—	25	35
光滑叶 S		1	S1	欠熟	紧密	稍薄、稍厚	有	—	35	10
		2	S2	欠熟	紧密	—	少	—	30	20
微带青 V	下部 X	2	X2V	尚熟	疏松	稍薄	稍有	中	35	15
	中部 C	3	C3V	尚熟	疏松	中等	有	强	40	10
	上部 B	2	B2V	尚熟	稍密	稍厚	有	强	40	10
		3	B3V	尚熟	稍密	稍厚	稍有	中	35	10
青黄叶 GY		1	GY1	尚熟	尚疏松至稍密	稍薄稍厚	有	—	35	10
		2	GY2	欠熟	稍紧密至紧密	稍薄稍厚	稍有	—	30	20

（七）各等级烟叶质量

等级是衡量烟叶质量最基本的单位，不同等级的烟叶，具有不同的外观质量、物理特性、化学成分、内在质量及使用价值。

1. 各等级烟叶外观质量

烟叶的外观质量主要是指烟叶部位、颜色、成熟度、叶片结构、身份、油分、色度、长度、残伤等外观特征。不同等级的烟叶具有不同的外观质量（表 15-13）。

2. 各等级烟叶理化特性

由表 15-14 可知，同部位烟叶比较，总糖含量，一般橘黄色低于柠檬色，红棕色各级均低于相应的柠檬黄、橘黄各级，烟碱和总氮含量橘黄显著高于柠檬色相应等级，以红棕色含量最高。蛋白质同样显示橘黄色高于柠檬黄色，以红棕色为最高，并且等级越低者含量越高。糖碱比，橘黄色好于柠檬色，红棕色比值偏小。光滑烟叶是典型的高糖低烟碱，总氮也低，糖碱比最高，是质量不好的特征。吸湿性一般是橘黄色强于柠檬黄色相应等级（B3F、B4F 例外）；叶片厚度一般是橘黄色比柠檬黄色相应等级厚，红棕色为最厚，光滑叶最薄。

表 15-14 烤烟烟叶主要理化特性

等级	焦油/(mg/支)	总糖/%	总氮/%	烟碱/%	糖碱比	总灰分/%	吸湿性/%	叶片厚度/μm	填充力/(cm^3/g)
X1L	29.98	14.31	1.13	1.50	9.51	12.2	12.56	75.5	4.200
X2L	27.83	12.55	1.34	1.48	8.51	14.4	11.85	77.5	4.295
X3L	25.29	11.42	1.48	1.40	8.14	16.0	11.45	72.0	4.535
X4L	24.85	11.07	1.55	1.61	6.86	18.6	10.27	70.5	5.130
X1F	30.66	10.68	1.69	1.87	5.70	14.3	12.94	78.0	4.275
X2F	28.56	11.88	1.76	1.76	6.75	13.7	12.21	77.5	4.800
X3F	27.12	13.36	1.75	1.43	9.33	17.2	11.69	76.5	5.285
X4F	25.46	12.41	1.88	1.53	8.13	20.0	10.64	79.0	6.045
C1L	30.40	23.80	1.48	1.66	14.77	14.3	14.27	89.0	4.425
C2L	30.70	19.05	1.55	1.39	13.71	14.1	13.19	86.5	4.440
C3L	26.43	16.46	1.80	1.45	11.32	13.2	11.86	87.0	4.445
C1F	49.65	23.29	2.14	3.14	7.42	13.7	14.40	95.0	4.175
C2F	37.16	19.56	2.07	2.96	6.66	12.2	12.48	94.5	5.125
C3F	34.12	15.59	1.95	2.60	7.97	14.0	11.95	93.5	4.350
B1L	40.20	20.20	1.75	2.97	7.23	12.0	13.36	95.0	5.002
B2L	37.79	18.20	1.83	2.30	7.91	11.8	12.74	97.0	5.135
B3L	33.11	13.41	1.94	1.24	10.50	15.2	11.39	96.5	5.220
B4L	29.33	11.82	2.05	2.43	4.86	10.6	12.07	100.5	5.495
B1F	48.18	19.88	2.28	3.56	7.76	12.7	13.31	110.0	4.120
B2F	43.71	17.94	2.26	4.19	4.28	11.2	12.66	121.0	4.330
B3F	40.34	14.93	2.48	3.26	4.85	12.6	10.02	119.0	4.635
B4F	36.13	12.65	2.85	4.39	2.88	14.6	10.95	131.5	4.665
B1R	42.30	17.81	3.19	5.23	3.40	14.3	10.89	136.5	4.860
B2R	27.19	10.41	2.97	4.69	2.22	13.6	11.54	131.0	5.110
B3R	25.35	9.25	2.81	4.86	1.90	14.9	10.62	116.0	3.970
CX1K	28.28	16.49	1.98	2.68	6.90	15.2	14.00	92.0	5.265
CX2K	28.01	15.99	1.49	1.89	8.45	16.5	12.93	91.0	4.730
B1K	32.95	9.71	2.41	4.18	2.32	12.8	13.05	156.0	4.385
B2K	37.26	8.76	2.73	4.11	2.13	14.3	12.48	130.5	4.390
B3K	32.73	7.16	2.95	2.25	2.09	14.7	11.56	133.0	4.400
S1	33.95	17.10	1.21	1.10	15.49	12.8	13.11	73.0	4.075
S2	20.25	15.09	1.39	0.67	22.49	13.1	12.86	75.0	4.605
X2V	29.86	9.41	1.56	2.02	4.66	13.4	12.44	80.0	4.735
C3V	40.02	14.40	1.86	2.73	4.90	14.1	11.98	96.0	4.090
B2V	35.64	11.25	2.18	2.52	3.19	11.9	10.83	122.0	5.450

续表

等级	焦油/(mg/支)	总糖/%	总氮/%	烟碱/%	糖碱比	总灰分/%	吸湿性/%	叶片厚度/μm	填充力/(cm^3/g)
B3V	23.95	10.21	2.07	4.67	2.16	13.5	11.46	110.0	5.220
GY1	23.83	16.57	1.59	2.70	6.15	13.1	10.46	91.5	5.365
GY2	16.57	9.49	1.29	2.95	3.22	12.0	10.16	95.5	4.935

注：H1F 和 H2F 两个等级烟叶生产中较少出现，未作测定分析

烟叶吸湿性以平衡含水率表示在温度 25℃，相对湿度 65%的环境条件下平衡 5 天的含水率

资料来源：郑州轻工业学院，1994

从各等级烟叶评吸结果（表 15-15）可知，X1F、C1L、C2L、C3L、C1F、C2F、C3F、B1F、B2F 各等级烟叶，香气质好或较好，香气量充足或尚充足；无杂气或微有杂气，有较浓或中等的烟味浓度，刺激性无或微有，劲头适中，余味纯净或尚纯净，燃烧性好，灰色白。其内在质量优良且相接近，属于质量上乘者，适合于作为高档淡味烤烟型卷烟原料。

表 15-15　各等级烟叶的评吸质量

等级	香气质	香气量	杂气	浓度	刺激性	劲头	余味	燃烧性	灰色	质量档次
X1L	较好	尚足	微有	较小	微有	较小	尚纯净	强	白	较好
X2L	尚好	有	微有	较小	微有	较小	尚纯净	强	白	中等
X3L	较差	稍有	有	平淡	微有	小	微滞舌	中等	灰白	较差
X4L	差	少	较重	平淡	有	小	微滞舌	中等	灰白	差
X1F	好	充足	微有	中等	微有	适中	纯净	强	白	好
X2F	较好	尚足	微有	中等	微有	较小	尚纯净	强	白	较好
X3F	较差	稍有	有	较小	微有	较小	尚纯净	中等	灰白	较差
X4F	较差	少	较重	平淡	有	小	微滞舌	差	灰	差
C1L	好	充足	微有	较浓	无	适中	纯净	强	白	好
C2L	较好	尚足	微有	较浓	微有	适中	尚纯净	强	白	好
C3L	尚好	尚足	微有	中等	微有	较小	尚纯净	强	白	较好
C1F	好	充足	无	较浓	微有	适中	纯净	强	白	好
C2F	好	充足	无	较浓	微有	适中	纯净	强	白	好
C3F	较好	充足	微有	中等	微有	适中	尚纯净	强	白	好
B1L	较好	充足	微有	浓	微有	较大	尚纯净	中等	灰白	好
B2L	较好	尚足	有	较浓	有	适中	尚纯净	中等	灰白	好
B3L	尚好	尚足	有	较浓	有	适中	微滞舌	较差	灰	中等
B4L	较差	有	较重	中等	较大	较大	滞舌	较差	灰	较差
B1F	好	充足	微有	浓	有	较大	尚纯净	强	灰白	好
B2F	较好	充足	微有	浓	有	较大	尚纯净	强	灰白	好
B3F	尚好	尚足	有	较浓	有	较大	微滞舌	中等	灰白	中等
B4F	较差	有	较重	较浓	较大	较大	滞舌	中等	灰	较差

续表

等级	香气质	香气量	杂气	浓度	刺激性	劲头	余味	燃烧性	灰色	质量档次
B1R	较好	充足	有	浓	较大	大	尚纯净	中等	灰白	较好
B2R	尚好	充足	较重	浓	较大	大	滞舌	中等	灰白	较好
B3R	较差	尚足	较重	浓	较大	大	苦涩	差	灰	较差
H1F	尚好	充足	有	特浓	大	大	尚纯净	强	白	较好
H2F	尚好	充足	有	特浓	大	大	微滞舌	强	白	较好
CX1K	尚好	有	有	中等	有	适中	微滞舌	强	灰白	中等
CX2K	差	稍有	较重	平淡	有	较小	滞舌	中等	灰	差
B1K	尚好	尚足	较重	较浓	较大	大	微滞舌	中等	灰	中等
B2K	较差	尚足	较重	较浓	较大	大	滞舌	差	灰	差
B3K	差	有	重	较浓	大	较大	苦涩	差	灰黑	差
S1	较好	尚足	有	平淡	微有	小	尚纯净	中等	灰白	中等
S2	较差	有	有	平淡	微有	小	微滞舌	差	灰白	差
X2V	尚好	有	有	较小	微有	小	微滞舌	中等	灰白	较差
C3V	较好	尚足	微有	中等	微有	适中	尚纯净	强	白	中等
B2V	较好	充足	有	中等	有	适中	微滞舌	中等	灰白	中等
B3V	较差	有	较重	中等	较大	较大	滞舌	差	灰	较差
GY1	较差	较少	较重	中等	较大	适中	滞舌	较差	灰	差
GY2	差	少	重	较小	大	较大	苦涩	差	灰黑	差

资料来源：郑州轻工业学院，1993～1994

B1L、B2L、B1R、B2R、H1F、H2F 各等级烟叶均为上部烟叶，其突出特点是：香气质较好或尚好，香气量充足或尚充足，有或微有杂气，烟气浓度大，劲头大，刺激性大，属于低糖、高氮、高烟碱烟叶，适合作为浓味烤烟型卷烟原料。其中，B1L 和 B2L 烟叶也适用于淡味烤烟型卷烟；B1R、B2R、H1F、H2F 各等级烟叶的香气质更容易与晒晾烟的香气协调，所以更适合作混合型卷烟的原料。

X1L、X2L、X2F、B3L、B3F、CX1K、B1K、S1、X2V、C3V、B2V 各等级烟叶，虽然部位、颜色差别较大，但是其内在质量也有相似之处，即香气质尚好，香气量尚足，烟味浓度和劲头较小，杂气和刺激性较轻，余味尚纯净，综合质量中等，适用于二类卷烟，其中也有一些等级可作为一类淡味烤烟型卷烟的填充料。

X3L、X4L、X3F、X4F、B4L、B4F、B3R、CX2K、B2K、B3K、S2、B3V、GY1、GY2 各等级烟叶都是各组中等级低的烟叶，香气质差，香气量少，杂气重或较重，余味微滞舌或苦涩。其中下部烟的浓度、劲头和刺激性均小，上部烟的浓度、劲头和刺激性均较大。因此，这些等级的烟叶使用价值低，只能作为低档卷烟的原料。

（八）大等级的划分

同一组烟叶，根据质量优劣程度划分出的不同等级，即为小等级。小等级是烟叶分级的基本单位，如下部柠檬黄 1、2、3、4 级即为 4 个小等级。为便于从宏观上控制各等级烟叶在卷烟配方中的使用，根据各等级内在质量和价差情况，依各等级质量序列可把 42 个小等级划分为如下几个大等级：

1. 上等烟

上等烟的等级有：C1F、B1F、C2F、C1L、H1F、C3F、B1R、B2F、C2L、B1L、X1F。

2. 中等烟

中等烟的等级有：B2R、H2F、B3F、C3L、C4F、C4L、B2L、X1L、B2V、C3V、B3R、B4F、X2F、X2L、X2V、S1、B3L、B3V、X3F。

3. 下低等烟

下等烟的等级有：B1K、X3L、CX1K、S2、B4L、B2K、X4F、GY1、X4L、CX2K、B3K、GY2。

中上等烟是卷烟制品的基本原料等级，质量中上等且相对稳定，便于工业配方设计选配。而下低等烟不但没有什么香气，而且还有很大的杂气，因为各类杂气对质量影响大且不易克服，因此，这部分烟一般不直接用于卷烟配方，一般是一部分进行膨胀制成膨胀烟丝作为填充料使用，一部分用作制造再造烟叶的原料。

三、标准中有关条款的解释

作为标准，其文字需符合精练、不重复、概念清晰的要求。因此，标准中各条款仅作规定而不进行解释。为更好地理解标准，下面对标准中的一些条款加以解释。

1. 定级原则

烤烟成熟度、叶片结构、身份、油分、色度、长度都达到某级规定，残伤不超过某级规定时，才定为某级。这一原则表明，标准中对各级品质因素的规定是最低档次要求，而控制因素是最大允许度。只有当烟叶品质因素达到或超过某级的要求，而控制因素不超过该级最大允许度时，才可以定为某级。

例如，某上部柠檬黄叶，其品质因素依次为：成熟度为成熟、叶片结构为尚疏松、身份为中等、油分为有、色度为浓、长度为 42cm。从油分、长度来看，其达到 B2L 要求；从叶片结构、色度看，其超过了 B2L 的要求，已达到 B1L 的要求，但该烟叶只能定为 B2L。原因很简单，其油分、长度只达到 B2L 的要求而达不到 B1L 的要求。可以这样认为，对某一等级而言，允许一个或多个因素高于要求，但不允许任何一个品质因素低于要求。

2. 一批烟叶介于两种颜色的界限上，则视其他品质因素适当定色定级

烟叶颜色深浅多样，就基本色而言，其黄色由浅至深是连续变化的，各颜色间不可能有明显的空当，所以有些烟叶的颜色正好介于两种颜色的界限上（或介于柠檬黄和橘黄之间，或介于橘黄和红棕之间），难以确切判定其颜色归属。针对这种情况，该条款作了相应规定，对这一规定的理解是，对于介于颜色界限上的烟叶，参考其他因素适当定级。这里所称其他因素主要是指身份或油分。一般情况下，同部位的烟叶，橘黄色烟叶比柠檬黄色烟叶身份偏厚、油分偏多；而橘黄色烟叶比红棕色烟叶身份偏薄、油分偏多。按照这些规律，可对界限上的烟叶适当定组定级。

3. 一批烟叶在两个等级界限上，则定较低等级

烟叶分级因素主要靠人的感官识别的，各因素档次间没有明显的界限，而烟叶的品质却是千变万化的，因此当某些烟叶的品质因素介于两种程度档次的界限上时，往往很难确定其归属。针对这种情况，该条款作了如此规定，明确了对于处在两等级界限上烟叶定较低等级。

例如，某中部橘黄烟叶，各品质因素分别为：成熟度为成熟、叶片结构为疏松、身份为中等、油分为有、长度为40cm，这些因素都符合C2F规定，但该烟叶“色度”档次却处于“强”和“中”的界限上，这种情况下，依据该条款规定，应该判定为C3F。

又如，某上部橘黄叶，其成熟度、身份、长度均符合B1F规定，但其叶片结构、油分、色度这三项品质因素均处在B1F和B2F相应规定的两种程度档次界限上，依本条款规定，这样的烟叶亦应定为B2F。

4. 中下部杂色1级限于腰叶、下二棚部位

列入中下部杂色1级的烟叶，除分级因素要符合该级品质规定外，还必须具备是腰叶、下二棚叶的条件，二者必须同时符合规定时，方可列入该级。对那些确系中部、下二棚的杂色烟叶，但分级因素达不到相应规定者，则不能定为该级。对光滑1级亦应同样理解。

5. 青黄1级限于含青二成以下的烟叶

列入青黄1级的烟叶，除分级因素要符合该级别品质因素规定外，还要符合含青度的要求。含青度限于二成以下，其既包括含青面积20%以下的烟叶，也包括含青程度二成青的烟叶。对“青黄2级限于含青三成以下者”亦同样解释。

6. 中部微带青质量低于C3V的烟叶应列入X2V定级

对中部烟叶，若其含青状态属微带青范畴，但其分级因素低于C3V的品质规定的，可视其质量状况，确定是否归入X2V定级，也就是说，并非必然在X2V定级。

例如，某一中部烟叶，其含青状态为微带青，但其分级因素中油分为稍有，故不符合C3V油分规定“有”的要求，此叶符合X2V的相应规定，则可定为X2V级。但，若上例烟叶的油分档次为少，则既不符合C3V的规定，也不符合X2V的规定，就不能定X2V，只能是级外烟叶了。

7. 中部叶短于35cm者在下部叶组定级

此规定不能理解为当中部叶因叶长不足35cm而列入下部叶组定级时，可不考虑其长度。确切理解是：中部叶短于35cm者，可以下部叶组依其品质因素在相应级别定级。换言之，仅从长度一项考虑，当中部叶不足35cm时，下部1级及下部2级亦已将其排除在外。

8. 杂色面积小于20%的烟叶，允许在正组定级，但杂色与残伤相加之和不得超过相应等级的残伤百分数，超过者定为下一级；杂色与残伤之和超过该组等级残伤允许度者，可在杂色组内适当定级

该条规定有三层含义：

（1）杂色面积小于20%的烟叶，不作为杂色烟处理，可列入正组定级。

（2）这种烟叶在正组定级时，应将烟叶上的杂色与残伤合并计算，所加之和不得超过相应等级残伤允许度。例如，某品质因素为B1F的烟叶，其含杂色为5%，含残伤为12%，如何判定其等级呢？首先，该烟叶含杂色不超过20%，应在正组定级；其次，其杂色与残伤相加为17%，超过B1F残伤允许度，故应定为B2F。在此例中，如杂色和残伤相加超过20%，则最多只能定B3F等级。

(3) 对那些虽然杂色面积小于20%，但杂色与残伤相加之和已超出某组最低等级残伤允许度烟叶，仍归入杂色组内适当定级。

例如，某上部黄色烟叶，含杂色面积10%，含残伤面积30%，二者相加为40%，已超过了上部叶组最低等级残伤允许度（35%），则该烟叶应在上部杂色叶组内根据质量适当定级。

9. 烟叶上同时存在光滑与杂色面积都大于20%时，则将这类烟叶作为杂色烟叶来看待，在杂色相应级别定级

也就是说，当叶片上同时存在光滑与杂色的烟叶且面积都大于20%时，才以杂色烟叶看待。杂色叶组内可以允许含光滑面积20%以上的杂色叶，但光滑叶内却不允许含杂色面积20%以上的光滑叶。

10. 青黄烟叶片上存在杂色时仍在青黄烟组按质定级

该条应理解为，当青黄与杂色在一张叶片上共存时，则按青黄烟对待。对于青黄烟，无论其含杂色面积是否超过20%，一律作为青黄烟来处理。同样，青黄烟叶片上含有光滑，也仍以青黄烟处理。也可以这样理解，杂色叶组或光滑叶组内部不允许存在青黄烟，但青黄烟组内可容纳含有杂色或光滑的青黄叶片。

附带说明一下，杂色叶片或光滑叶片上可允许微带青存在，即当一张叶片上杂色或光滑与微带青共存时，则仍在光滑或杂色组内定级。

11. 破损率的计算

破损指烟叶因受到损伤而失去原有的完整性，且每片烟叶破损面积不超过50%。破损率以把内烟叶破损总面积占把内烟叶应有总面积的百分比计算。破损率的计算公式如下：

$$\text{破损率}(\%)=\frac{\text{把内烟叶破损总面积}}{\text{把内烟叶应有总面积}}\times 100\%$$

12. 纯度允差

纯度允差指某一等级允许混有上、下一级烟叶的幅度。这里上、下一级指上、下一级的总和。之所以规定纯度允差，是由于考虑到烟叶是农产品，分级靠感官、经验，难免有混高或混低的现象这一实际情况。而那些因主观故意造成的混低现象则不能列为允差范围。纯度允差的计算公式如下：

$$\text{纯度允差}(\%)=\frac{\text{被检样品内上、下一级重量之和}}{\text{被检样品总重量}}\times 100\%$$

13. 凡列不进标准等级但尚有使用价值的烟叶，可视作级外烟，收购部门可以根据用户需要决定是否收购

该条款表明，对于还有使用价值的级外烟叶，将由收购部门根据用户的需要，以销定购，自行决定是否收购。该条款所称的级外烟叶不包括不列级的烟叶，如青片、霜冻、火伤、火熏、异味、霉变、掺杂、水分超限等，这类烟叶一律不得收购。

四、验收规格和规则

（一）验收规格

1. 烟叶水分

（1）水分对烟叶品质的影响。烟叶对空气状态是敏感的，烟叶水分随着空气温湿度的变化而增加或减少。所以，初烤后的烟叶经过收购、打包、运输、复烤加工、贮存等环节，可以说水分是经常变化的。

烟叶的这种特点是由它本身的特性决定的。烟叶是属于胶质毛细管多孔体的物质。它的组织很像一种多孔性胶质海绵体，内含果胶、纤维素、蛋白质等胶体物质以及水溶性糖、有机酸、盐类等晶体物质。由于这些物质的作用，使烟叶对水分极为敏感，即具有十分敏感的吸湿性和放湿性。当烟叶呈现脱水时（即干燥），它迅速地从空气中吸收水分；当烟叶的含水量较大时，烟叶原含水分便向空气扩散，使烟叶脱水变干。就是说，烟叶含水量易受外界气候条件的影响。外界空气相对湿度大，则烟叶含水量大，反之则小。水分的多少会影响烟叶的物理性能，如重量、抗破碎力、填充力等，也会影响烟叶的生物化学变化，影响烟叶的色、香、味。因此，水分对烟叶的加工、贮存、运输等各个环节都有密切关系。

烟叶必须有适宜的含水量，才能维护其本身的安全，保持使用价值，水分过小，则不易打包，不利加工，亏损增大，填充力也小，利用率低；水分过大，烟叶的黏性增高，出丝率低、填充力也小，色泽变暗，同时还会出现霉变。为了保护烟叶的安全性，在收购、复烤、贮存烟叶时就要严格控制水分指标，决不能疏忽大意。

（2）烟叶水分指标。由于烟叶的水分能随着本身吸湿性的大小和空气相对湿度的高低而增减，为确保烟叶商品安全，必须规定烟叶适宜的水分指标。经过反复验证，规定适宜的水分指标是：初烤烟自然含水率为16%～18%，并根据自然气候的不同情况，二季度、三季度初烤烟水分掌握16%～17%，一季度、四季度16%～18%为宜；复烤烟含水率统一规定为11%～13%。上述含水率的规定，经过多年的实践证明，起到有利于烟叶分级，有利于保证烟叶商品安全和提高烟叶质量的作用，是比较科学、合理和切实可行的。

（3）烟叶水分的检验方法。烟叶水分检验方法，目前采用的有两种：一是仪器，二是经验性感官检验。测定烟叶水分的仪器有电烘箱、快速测定仪等。烘箱测定法比较准确可靠，这是当前国际贸易相互确认的方法。目前，我国在收购初烤烟叶时，普遍采用经验性感官检验方法，由感官测定烟叶的干、稍干、适宜、稍潮、潮五种不同物理状态的类别，再用烘箱化验进行校对。经过反复验证，就能比较自如地由感官检验烟叶水分（表15-16）。

表 15-16　不同含水率烟叶的外观特征

手感档次	干	稍　干	适　宜	稍　潮	潮
烟叶的外观物理特征	烟筋硬脆易断，手握时沙沙响，叶片易碎	烟筋稍脆易断，手握有响声，叶片稍碎	烟筋稍软不易断，手握稍有声，叶片不易碎	烟筋较韧不易断，叶片柔软，手握时响声微弱	烟筋很韧折不断，叶片湿润，手握无响声
烟叶含水量	15%以下	16%左右	17%左右	18%左右	19%左右
收购界限	不收	收购下限	适宜	收购上限	整理合格后收购

资料来源：于华堂等，1995

2. 沙土率

（1）沙土率的定义。沙土率是指调制后烟叶自然粘附着的尘土，而不是人工有意掺加的。含沙土多不仅减少烟叶的实际质量，而更重要的是影响卷烟产品质量、烟叶出口以及卷烟工人的健康。

（2）沙土率指标。初烤烟不超过 1.1%；复烤烟不超过 1.0%。

（3）沙土率的检验。沙土率检验方法分感官检验和重量检验两种，这里只说感官检验，即手抖拍烟把无沙土落下，看不见烟叶表面附有沙土即为合格。

3. 等级纯度允差

根据等级高低分别规定为，上等烟不超过 10%，中等烟不超过 15%，下等烟不超过 20%。等级纯度允差的规定在一定情况下是可以达到的。纯度允差规定的允许范围系指上下邻级的总和，不得只低不高或只高不低，纯度允差规定不能全高或全低的意思主要是强调允许的客观自然现象，而不是人为所造成的，混高了损害烟农利益，国家资源得不到合理利用，混低了国家经济受损失，卷烟质量也受影响。

4. 烟叶扎把

扎把规格要求为自然把，每把 25～30 片烟叶，把头周长 120mm，绕宽 50mm；需要同等级烟叶扎把，烟把需扎紧扎牢，不可将把头顶端裹住，烟把内不得有秸皮、烟杈、烟碎片、短梗等杂物。

（二）验收规则

1. 验收规则的概念

烟叶验收规则指检验和确定烟叶等级时所应遵循的规范原则，是烟叶标准的组成部分，是收购、检验、工商交接检验中验级人员必须遵守的原则。文字标准和实物标准是国标的核心，但在实际工作中出现的一些特殊情况的烟叶又不可能在国标中做出规定，对这些特殊情况的烟叶在验收规则中做出具体规定。例如，霉变烟叶怎么办，褪色烟叶怎么办，处在等级界限上的烟叶怎么办，这些都在国标验收规则中进行了详细的规定。

2. 烤烟验收规则的内容

（1）定级原则。烤烟成熟度、叶片结构、身份、油分、色度、长度都达到某级规定，残伤不超过某级允许度时，才定为某级。

（2）最终等级的确定。当重新检验时所定等级与确定的等级不符，则原定等级无效。

(3) 一批烟叶介于两种颜色的界限上，则视其他品质先定色后定级。

(4) 一批烟叶在两个等级界限上，则定较低等级。

(5) 一批烟叶品质因素为B级，其中一个因素低于B级规定则定C级；一个或多个因素高于B级，仍定B级。

(6) 青片、霜冻烟叶、火伤、火熏、异味、霉变、掺杂、水分超限等均为不列级，不予收购。

(7) 中下部杂色1级（CX1K）限于腰叶、下二棚部位。

(8) 光滑叶1级（S1）限于腰叶，上、下二棚部位。

(9) 青黄1级限于含青二成以下的烟叶。

(10) 青黄2级限于含青三成以下者。

(11) H组中的H1F为橘黄色，H2F包括橘黄色和红棕色。

(12) 质量低于C3V的中部微带青烟叶应列入X2V等级。

(13) 中部叶短于35cm者在下部叶组定级。

(14) 杂色面积超过20%的烟叶，在杂色组定级。

(15) 杂色面积少于20%的烟叶，允许在正组定级，但杂色与残伤相加之和不得超过相应等级的残伤百分数，超过者定为下一级；杂色与残伤之和超过该组最低等级残伤允许度者，可在杂色组内适当定级。

(16) CX1K杂色面积不超过30%，超过30%者，定为下一个等级。

(17) B1K杂色面积不超过30%。

(18) B2K杂色面积不超过40%，超过40%者，定为下一个等级。

(19) 褪色烟在光滑叶组定级。

(20) 基本色影响不明显的轻度烤红烟，在相应部位、颜色组别二级以下定级。

(21) 叶片上同时存在光滑和杂色时，在杂色组定级。

(22) 青黄烟叶片上存在杂色时，仍在青黄烟组按品质定级。

(23) 破损的计算以一把烟内破损总面积占把内烟叶总面积的百分比计算；每张叶片的完整度必须达到50%以上，低于50%者列为级外烟。

(24) 凡列不进标准级别的但尚有使用价值的烟叶，可视为级外烟。收购部门可根据用户需要议定收购。否则，拒收购。

(25) 每包（件）内烟叶自然碎叶片不得超过3%。

第六节　白肋烟分级标准

一、白肋烟分组

白肋烟分组即指依据烟叶着生部位、颜色以及其他和总体质量相关的主要特征，将相同或相近的烟叶进一步划分。白肋烟国家标准依据部位、颜色等因素及相关特征进行组别划分。

（一）部位分组

当前，我国白肋烟采收方法有两种：一是先从脚叶至下二棚逐叶采收，然后待烟叶成熟后，一次性砍株，称为半整株采收；二是烟叶自下而上分次采收，称为完全摘叶采收。由于各地气候条件和种植习惯的差异，采收方法均不相同。本标准采用了以叶序和外观特征两种划分方法，为白肋烟部位分组提供了新的途径。半整株采收的烟叶，可根据烟叶着生的部位，自下而上按叶序进行部位划分，即脚叶（1～4 片）、下二棚（5～8 片）、中部叶（9～13 片）、上二棚（14～19 片）、顶叶（20～22 片）。这种以叶序划分部位的方法既科学简单又准确合理，烟农容易掌握。由于不同部位的烟叶具有明显不同的外观特征，完全摘叶采收的烟叶可按部位特征划分。

（二）不同部位烟叶的外观特征

在划分烟叶部位时，主要从烟叶外观特征加以区分。不同部位烟叶一般是采用脉相、叶形、叶面、厚度 4 个因素进行区分。经各产区大量烟叶验证和定株观察，在一般栽培条件下，脚叶、下部、中部、上部、顶叶外观特征见表 15-17。

表 15-17　白肋烟部位特征

部　位	部　位　特　征		
	脉相	叶形	厚度
脚叶	较细	较宽圆、叶尖钝	薄
下部	遮盖	宽、叶尖较钝	稍薄
中部	微露	较宽、叶尖较钝	适中
上部	较粗	较宽、叶尖较锐	稍厚
顶叶	显露、突起	窄、叶尖锐	厚

注：在特殊情况下，部位划分以脉相、叶形为依据

脚叶：生长在烟株最下部，因靠近地面，叶面有沙土，损伤较多。常为上位叶遮盖，阳光照射不足，叶形较圆，叶尖钝，叶脉较细小，身份薄，感觉如纸，结构疏松，颜色较浅，光泽淡，弹性差。

下部叶（下二棚）：脚叶上的几片烟叶，成熟度一般较好，叶脉遮盖稍露，身份薄，叶片结构疏松，叶形较宽，叶尖较钝，易产生局部光滑，烟叶颜色略比脚叶深，以浅红黄为主，弹性中等。

中部叶（腰叶）：成熟度好，身份适中，叶形较阔，叶脉微露，主支脉夹角大，叶边叶尖带卷曲，叶尖较钝，叶片结构疏松，颜色多为浅棕色，光泽明亮，弹性强。

上部叶（上二棚）：成熟至熟，叶形较狭窄，主脉较粗，主支脉夹角较小，多为红棕色，干燥时叶缘向内折叠，绑把后主脉显露，身份稍厚，叶片结构尚疏松至稍密，弹性居中，在气候非常干燥情况下，C 叶组位置可能产生 B 叶组烟叶。

顶叶：生长在植株最顶部，叶形狭窄，手感坚硬，熟至成熟，身份厚，叶片结构密至稍密，主脉粗大，主支脉夹角小，颜色多为红棕色，容易产生杂色和含青烟叶。

不同部位烟叶外观特征的一般规律：部位由下而上，叶片厚度由薄趋厚，叶片颜色

由浅趋深，叶片结构由疏松趋紧密，叶脉由细趋粗，叶形由宽圆趋窄，叶尖由钝趋锐。

由于地区、品种、栽培措施（特别是打顶措施）以及气候条件的影响，烟叶外观特征也会发生变化，但外观特征的规律和概念还是基本一致的。因此，要想真正掌握各部位烟叶的外观特征，应该不断了解生产实际情况，更多地去熟悉烟叶外观特征，才能根据外观的变化正确判断烟叶的部位。一般来说，实行半整株采收白肋烟的产区，按叶序划分部位比较好。如果烟叶部位分组遇到外观特征发生矛盾时，应该以脉相和叶形作为区分部位的依据。

（三）不同部位烟叶的质量规律

部位较接近的烟叶，内在质量也较接近，在正常情况下具有一定的规律性。各部位与质量的规律如下：

1. 部位与烟气质量的关系

评吸结果表明，部位由下至上，白肋烟特有风格逐渐显著，香气增加，杂气减少，吸味浓厚；但随部位上升，刺激性相对增加，劲头增大；一般靠近中部的烟叶，香气质佳，烟气协调性好，余味趋于舒适，使用价值较高。

从世界范围来看，对白肋烟使用要求不一致。国外混合型卷烟所追求的是香气丰满、烟气浓厚，喜欢使用中上部烟叶；而国内混合型卷烟偏重香气细腻、劲头适中，喜欢使用中下部烟叶。

2. 部位与化学成分的关系

白肋烟含糖量低，烟碱和总氮含量随部位升高而增加，钾含量中下部叶均高于上部叶，氯离子含量下部叶较高，蛋白质含量顶叶最高，脚叶低，氮碱比值中下部叶高于上部叶。

3. 部位与物理特性的关系

白肋烟的填充力、燃烧性较烤烟好，具有良好的物理特性，部位不同的白肋烟，其物理特性见表 15-18。

表 15-18　不同部位白肋烟的物理特性

部　位	物　理　特　性				
	厚度/mm	填充值/(cm^3/g)	吸湿性/%	含梗率/%	阴燃速度/s
顶叶	0.114	4.223	12.16	28.52	4.16
上部	0.105	4.675	12.77	30.90	4.51
中部	0.092	4.778	12.59	29.77	5.01
下部	0.089	5.312	12.25	33.94	6.82
脚叶	0.073	5.020	12.01	34.01	6.52

由表 15-18 可知，随着烟叶部位升高，填充能力下降，阴燃速度下降。中下部叶填充能力较强，燃烧性较好。随烟叶部位升高，厚度增加。下部叶含梗率较高，中部居中，上部较低。

白肋烟下部叶可作混合型卷烟原料和烤烟型填充料。中部叶适合作混合型和烤烟型卷烟原料，也可作雪茄烟芯烟原料。白肋烟与烤烟比较其突出的特点是吸料率高，叶片结构疏松，含糖量很低。与烤烟类似，不同部位的白肋烟表现出腰叶、上二棚可用性最强，整体质量较高。

（四）颜色分组

烟叶颜色是指鲜烟叶经过调制后所呈现的色彩。烟叶含有不同比例的色素，因而表现出不同的颜色。白肋烟颜色分组是指依据烟叶表面所具有的不同颜色特征，将烟叶分成不同的组别。

1. 颜色分组的概念

依据烟叶颜色与质量的关系，结合生产实际的可分性，本标准采用了颜色作为分组因素，分为浅红黄、浅红棕、红棕、杂色 4 个颜色组。

（1）基本色组。①浅红黄色（L）指烟叶表面浅黄带浅棕的烟叶组，包括浅黄和浅红色。②浅红棕色（F）指烟叶表面浅棕带红的烟叶组，包括近红黄和红黄色。③红棕色（R）指烟叶表面明显棕色带红色的烟叶组，包括红棕和深棕色。

红棕色是白肋烟的基本色，指的是正常生长和调制所形成的烟叶颜色（多指烟株的上部和顶叶）。而那些因成熟不够或调制不当造成的棕灰色、褐色、潮红等，是不能视为红棕色的。

（2）杂色组（K）。杂色是指烟叶表面存在与基本色不同的颜色斑块，包括带黄、带青、灰色斑块、变白、褐色、水渍斑、蚜虫危害等。杂色面积超过 20% 的烟叶称为杂色叶，杂色叶归入杂色组定级。

为简化杂色组别和等级，根据实际需要，现行国家标准将顶叶、上部叶、中部叶、下部叶所产生的杂色叶划分为一个组别，每个部位在组别中设置 1 个等级，基本能满足实际需要。另外，验收规则规定了上部叶和中部叶、下部叶和顶叶含杂色的面积，包括青痕、青斑面积在杂色等级中的允许范围。

2. 影响烟叶颜色的因素

影响烟叶颜色的因素很多，从分组角度来说，烟叶颜色的深浅主要受部位、成熟度、栽培技术、调制工艺和贮存条件等因素的影响。

（1）部位。随烟叶着生部位的不同，由下至上，颜色由浅变深。一般来说，下部烟叶颜色较浅，上部烟叶颜色较深，中部烟叶颜色深浅适度。

（2）成熟度。田间正常成熟的烟叶，调制后颜色多呈浅红棕、红棕色，成熟度好的烟叶颜色深浅适中；过熟的烟叶除身份较薄外，颜色较浅淡；而田间成熟度差的烟叶，调制后中下部烟叶颜色浅淡，上部烟叶颜色偏深，并有含青的现象。

（3）栽培、调制技术。对烟叶颜色有影响的栽培和调制技术，主要有施肥、种植密度、打顶抹杈措施等。若施肥充足，密度较稀，打顶较低和彻底抹杈，烟株留叶数少，调制后烟叶颜色偏深；而施肥量少，种植密度大，单株留叶多，晚打顶或不打顶，抹杈不彻底，烟叶颜色较浅。当然，由于白肋烟采收和调制过程中，因受当地天气条件、晾房条件和调制技术的影响，烟叶颜色也会发生一定的变化。

（4）贮存保管。在温、湿度适宜条件下，贮存期间烟叶发生棕色化反应，可使烟叶颜色略有加深，品质有所提高。但若贮存温度高，湿度大，会使颜色加深过度，品质下降。

3. 不同颜色烟叶的质量规律

（1）颜色与部位的关系。我国现行白肋烟分级国家标准采用部位和颜色作为主要分组因素，两个分组因素之间具有一定的相关性和规律性。①一般来说，颜色越浅淡，部位越低；颜色越深，部位越高。②相同部位、不同颜色的烟叶，质量风格有一定差异，质量风格变化受颜色深浅的影响。③相同颜色、不同部位的烟叶，烟叶质量有较大的差异。虽然颜色相同，但部位对质量的变化起较大的作用。

（2）颜色与化学成分的关系。颜色由浅至深，总糖、钾含量减少，烟碱、总氮、蛋白质含量有所增加。因而，不同颜色的烟叶具有不同的质量（表 15-19）。

表 15-19　不同颜色烟叶的化学成分

部　位	颜　色	烟碱/%	总氮/%	总挥发碱/%	氨当量烟碱/%	其他挥发碱/%	蛋白质/%	烟碱/总氮	蛋白质/总氮
下部	浅红黄	3.00	3.33	0.661	0.297	0.364	17.57	0.901	5.28
中部	浅红棕	3.40	3.98	0.957	0.337	0.620	21.2	0.854	5.33
上部	红棕	2.86	4.95	1.147	0.283	0.864	25.59	0.623	5.58

（3）颜色与内在质量的关系。白肋烟颜色比烤烟深得多，但从质量角度来看，白肋烟颜色过深或过浅都不好。颜色过浅者，缺乏白肋烟风格，香味较淡，杂气较重，质量差；颜色过深者，香气较浓，劲头较大，但味苦，杂气重，质量也不好。

中下部叶颜色由浅至深（浅红黄→浅红棕），随着颜色加深其质量风格愈显著，香气增浓，劲头增大，杂气减少，内在质量递增；上部叶颜色由浅至深（红棕→深红棕→褐色），香气减少，杂气和苦味增加，内在质量下降。

如果以浅红棕色为基本色，白肋烟颜色深浅的次序为：浅黄→浅红黄→浅红棕→红棕→深棕→褐色。

（4）杂色与质量的关系。随着杂色面积的增加，蛋白质含量略有增加，总糖、总氮、钾含量有所下降，而烟碱含量变化不大。经评吸，杂色烟叶香气质差，香气量少，杂气、刺激性增大。随着杂色面积的增加，杂色程度的加重，烟叶质量降低幅度增大。

综上所述，白肋烟随颜色变化规律是：浅红黄、浅红棕→红棕→深棕→浅黄→褐色依次降低。纵观世界范围内的白肋烟，美国白肋烟颜色较深，以红色、棕色较多，成熟度好，叶片结构疏松，叶片较大，有身份，质量高。我国近几年白肋烟主产区生产水平和调制技术虽然有了较大提高，但是仍存在着下部烟叶身份较薄，颜色较浅；上部烟叶身份较厚，光泽暗；以及急干、粉红色烟叶等问题。需通过生产技术措施调整，提高营养水平，进一步改进晾制条件和调制技术，改善和提高我国白肋烟总体质量。

二、白肋烟分级

白肋烟分级因素也分为品质因素和控制因素，品质因素包括成熟度、身份、叶片结构、叶面、光泽、颜色强度、宽度、长度、均匀度 9 个，控制因素选用了损伤度（残伤、破损）1 个。

（一）成熟度

1. 概念

白肋烟的成熟度是指白肋烟调制后烟叶的成熟程度，包括两方面的含义：一是在适宜的生态条件下，烟叶生长发育达到的成熟程度；二是采收成熟的烟叶经晾制后，烟叶达到的成熟状况，即调制成熟度。

2. 档次划分

根据白肋烟晾制后成熟状况，将成熟度划分为过熟、成熟、熟和欠熟 4 个档次。

（1）过熟：特指中下部叶田间生长发育时间过长，或者晾制时间过长，造成叶内物质消耗过多。过熟叶主要产生于整株采收调制的下部叶和脚叶，中部叶也较容易产生。过熟叶手感叶片结构松弛、叶体较薄，叶色淡，叶面微皱至平展，有泡泡感，叶片斑块多，叶尖、叶边有明显损伤，严重过熟烟叶还会形成枯焦。

（2）成熟：烟叶已充分发育，并达到成熟程度。可产生于不同部位。一般中下部和上二棚发育成熟良好，顶叶发育成熟较差。具备了棕黄基本色，色泽饱满，叶片正反面色差小，叶片结构松至稍密，叶质干燥，以手触摸有干燥感，弹性好，叶面稍皱至平展。

（3）熟：烟叶已达到良好发育，基本趋于成熟，尚缺乏物质的转化和协调，尚缺少成熟的质量特征。可产生于不同部位，多指上部叶和顶叶提前采收以及调制不当。上部叶呈现微带青特征，结构稍密，身份稍厚至厚，叶色略偏深，颜色均匀度差，叶面皱缩。下部叶颜色偏浅，色泽较差。

（4）欠熟：成熟的最低档次。多指提前采收或调制失当的上部叶和顶叶，不具备成熟叶片的质量特征。弹性差，色泽弱，叶片结构紧密有硬实感，多带青色、褐色、灰片。

3. 影响成熟度的因素

营养条件、环境条件和人为采收影响大田成熟度；而晾制条件、晾制工艺、自然气候条件（温、湿、风）则影响烟叶的调制成熟度。

只有烟株营养得当、正常发育的烟叶并成熟采收，经过科学调制，才能获得真正成熟的烟叶。而营养不良或营养过剩，叶片发育不正常，难以达到田间成熟。烟叶在简易晾房条件下受阳光照射，难以达到调制成熟。

4. 成熟度与烟叶外观质量

成熟的烟叶，色度饱满，身份适中，叶片结构疏松，叶面平展，弹性强；未熟的烟叶，色泽暗，身份厚，细胞排列紧密，叶片光滑、僵硬，叶面皱缩。

5. 成熟度与烟叶物理特性

随着成熟度的提高，烟叶的厚度变薄，弹性增强，填充性增强，燃烧性也增强。

6. 成熟度与烟叶化学成分

烟叶的成熟度反映内在化学成分的变化程度和各种成分的协调程度。成熟好的烟叶，内含物丰富而协调，致香前体物质多。随成熟度的提高，总糖、总氮含量减少，当烟叶过熟时总糖、总氮含量下降。欠熟、过熟烟叶的烟碱含量高于成熟烟叶，同时氮碱比也略低。

7. 成熟度与烟气质量

随成熟度的提高，烟气质量明显改善。成熟的烟叶，香气质佳，香气量足，杂气、刺激性小，劲头适中，余味舒适，烟叶质量和安全性更符合人们的要求；过熟叶香气有所减少，木质气有所增加；未熟叶香气质差，香气量少，刺激性大，杂气重，余味苦涩。

（二）身份

1. 概念

身份指烟叶的厚度和密度，或单位面积重量，以厚度表示。

2. 档次划分

根据晾制后烟叶的厚薄程度，结合人们感官可觉察到的差异幅度，将白肋烟的身份划分为：厚、稍厚、适中、稍薄或薄。

3. 影响身份的因素

身份与白肋烟部位、成熟度、品种、气候条件及栽培技术等密切相关。一般厚度随部位升高而增厚，随成熟度的提高而变薄。不同品种的烟叶厚度不同。干旱条件下形成的烟叶较厚，多雨条件下形成的烟叶较薄。施肥足、密度稀、营养和发育状况好的烟叶较厚，反之则较薄。白肋烟是晾烟，因调制时间长，消耗内含物质多，比烤烟身份薄。

4. 身份与烟叶质量

（1）身份与烟叶化学成分。由表 15-20 可知，下部浅红黄的烟叶，烟碱、总氮、钾含量随身份增厚而略增的变化规律；中部浅红棕的烟叶，由稍薄至适中，烟碱变化不大，总氮增幅较大，钾含量有所下降；上部红棕的烟叶，由稍厚至厚，烟碱、总氮含量略有增加，身份适中和稍薄的烟叶，氮碱比表现较好。

表 15-20　不同身份烟叶的化学成分

部位	颜色	身份	烟碱/%	总氮/%	钾/%	蛋白质/%	氮碱比
上部	红棕	厚	6.83	3.51	4.18	14.68	0.51
		稍厚	6.29	3.13	4.54	12.88	0.50
中部	浅红棕	适中	4.88	4.59	3.42	23.50	0.94
		稍薄	4.38	2.27	4.06	9.53	0.52
下部	浅红黄	稍薄	3.77	3.77	4.28	19.56	1.00
		薄	3.23	2.46	3.60	11.94	0.76

（2）身份与内在质量。有关资料表明，中下部叶以适中和稍厚香气质量较好，稍薄较差。上部浅红棕烟叶以适中和稍厚香味质量较好，稍薄叶香味质量较差。上部红棕色的烟叶以稍薄至适中质量稍好，稍厚叶余味稍苦，有杂气，内在质量稍差。白肋烟以适中至稍厚质量较好，过薄或过厚质量较差。

（三）叶片结构

1. 概念

叶片结构是指烟叶细胞的疏密程度，即烟叶细胞排列的状态和密度。

2. 档次划分

叶片结构的鉴定以眼观手摸相结合的方法，结合部位和其他外观特征掌握。根据白肋烟叶片结构状态分为松、疏松、尚疏松、稍密和密 5 个档次。

(1) 松：一般产于脚叶和中下部过熟叶，细胞间隙大，即孔度大。有轻松感，重量感较轻，烟叶弹性和耐破性差。这种烟叶填充性强，吸料率高，燃烧性好。

(2) 疏松：多产于中下部叶，烟叶正常发育，成熟度良好，疏松烟叶细胞孔隙度较大。手感烟叶质地疏松，叶片舒展，韧性和弹性好；眼看色泽饱满，人工加压不会使烟叶黏结而出现难以松散的现象。

(3) 尚疏松：多产于上二棚烟叶，正常发育成熟，细胞排列稍疏松，有一定孔度。具有成熟叶的质量特征。手感烟叶适中至稍厚，叶片较舒展，韧性和弹性较好；眼看色泽较饱满。

(4) 稍密：产于上部叶和少数顶叶，成熟度稍差，细胞排列稍密，间隙小。烟叶叶面稍皱至皱缩，有厚实感，弹性较差。

(5) 密：主要产于顶叶，叶片较厚，成熟度较差，细胞排列紧密，间隙小。上部杂色烟叶。叶片皱缩，弹性差，有硬实感。光泽暗淡，颜色欠均匀。这种烟叶单位面积重量较大，燃烧性、吸料性和填充性差。

3. 影响叶片结构的因素

叶片结构与部位、成熟度和调制方法等有密切关系。脚叶结构松，下部叶、中部叶结构疏松，上部叶、顶叶结构尚疏松至密。成熟的烟叶叶片结构疏松，成熟度差的烟叶叶片结构紧密。整株晾制相应部位的烟叶比摘叶晾制的叶片结构疏松。

4. 叶片结构与烟叶质量

(1) 叶片结构与理化特性。由表 15-21 可知，叶片结构由稍密至疏松，填充能力和吸湿性增强，阴燃速度提高。叶片结构与吸料性的关系，疏松者吸料性强，尚疏松者次之，稍密者差。疏松比尚疏松和稍密的烟叶总氮、烟碱、蛋白质含量低，尚疏松比稍密的烟叶钾含量高，疏松比尚疏松的烟叶烟碱和总氮含量比较适宜，质量较好。

表 15-21　不同叶片结构烟叶的理化特性

叶片结构	烟碱/%	总氮/%	钾/%	蛋白质/%	氮碱比	填充值/(cm^3/g)	吸湿性/%	阴燃速度/(mm/nim)
疏松	4.70	3.90	3.96	19.38	0.83	5.43	12.89	5.82
尚疏松	5.05	4.14	4.39	20.51	0.82	4.67	12.77	4.51
稍密	5.86	4.68	3.16	23.02	0.80	4.12	12.16	4.16

(2) 叶片结构与内在质量。中下部叶叶片结构以疏松的质量较好，叶片结构松的烟叶质量尚好，但香气浓度、吸味不及疏松叶。上部叶尚疏松的质量较好，叶片结构稍密的烟叶有不同程度的杂气，吸味带苦，叶片结构密的烟叶杂气和苦味较重，质量较差。

综上所述，疏松和尚疏松的烟叶质量较好，密和松的烟叶质量较差。

(四) 叶面

1. 概念

叶面是指烟叶叶面和叶片的舒展或皱缩程度。

2. 档次划分

根据烟叶叶面状态分为舒展、展、稍皱、皱4个档次，叶面的鉴别主要依眼观，结合手摸。

(1) 舒展：多出自中部和近中部叶，叶面自然舒展，弹性强。

(2) 展：叶面能自然展开，有微皱的感觉，弹性较强。

(3) 稍皱：叶面皱，有弹性。

(4) 皱：多指顶叶，叶面皱缩，有折叠感，烟叶缺乏弹性，并有挂手的感觉。

3. 影响叶面的因素

白肋烟的叶面反映烟叶生长发育和成熟的状况。它与烟叶着生部位、成熟度和身份有密切关系。

一般中部叶叶面舒展，厚薄适中；脚叶、下部叶偏薄，叶面展至稍皱；上部叶、顶叶叶片较厚，叶面皱缩。舒展的烟叶燃烧性良好；皱缩叶身份厚，燃烧性差。

生长发育正常，成熟度良好的烟叶，叶面较舒展。从不熟至成熟，随着烟叶成熟度的增加，叶面舒展程度提高。但过熟或成熟度差的烟叶，叶面皱缩。

(五) 光泽

1. 概念

光泽是指烟叶表面色彩的明暗程度，即颜色对视觉反应的强弱。

2. 档次划分

根据烟叶光泽状态分为明亮、亮、中、暗4个档次。

(1) 明亮：叶面色彩明亮，视觉反应强。

(2) 亮：叶面色彩亮，视觉反应较强。

(3) 中：叶面色彩稍暗，视觉反应稍弱。

(4) 暗：叶面色彩暗，视觉反应弱。

3. 影响光泽的因素

种植地区、栽培条件、晾制条件以及水分对烟叶光泽影响较大。白肋烟是晾烟，其调制方法主要是晾制，光泽一般比烤烟暗，以明亮者为好，灰暗无光者差。

4. 光泽与烟叶内在质量

中下部烟叶以明亮者质量好，香气浓，劲头大，杂气微有，吸味纯净；亮者质量稍逊；中和暗者质量略差，香气、吸味、杂气均不如亮的烟叶。即光泽明亮的烟叶内在质量比较高。

(六) 颜色强度

1. 概念

指烟叶表面颜色的饱和度、均匀度。

2. 档次划分

根据烟叶颜色强度状态分为：浓、中、淡、差4个档次。

(1) 浓：颜色均匀、饱和。

(2) 中：颜色尚均匀、饱和度一般。

(3) 淡：颜色不均匀、饱和度稍差。

(4) 差：颜色不均匀、饱和度差。

3. 影响颜色强度的因素

种植地区、栽培条件、晾制条件对烟叶颜色强度影响较大。颜色强度以浓者为好，暗淡者差。

4. 颜色与烟叶质量

颜色强度浓者，香气浓，劲头大，微有杂气，吸味纯净；中等者香气稍浓，劲头较大，微有杂气，吸味尚净；淡和差者香气、吸味、杂气均差。因此，不同颜色强度的烟叶以浓者质量好，中者质量稍逊，淡者质量略差。

(七) 宽度

1. 概念

宽度指烟叶的宽窄程度。

2. 档次划分

根据烟叶宽窄程度分为：阔、宽、中、窄4个档次。

宽度是白肋烟标准新增加的一个品质因素，它与长度一样，是针对当前烟叶品种选育及田间生长发育提出的质量要求。宽度规定将有利于进一步规范栽培技术。

(八) 长度

1. 概念

长度指烟叶叶尖至叶柄端的距离，以厘米表示。

2. 档次划分

白肋烟叶片长度依次划分为：55cm、50cm、45cm、40cm、35cm、30cm。

3. 影响叶片长、宽度的因素

叶片长、宽度与营养水平、着生部位、品种密切相关，也反映栽培条件的优劣。营养充足、发育良好的烟叶叶片长度大、宽度大。相反，叶片短、窄。同一株烟叶由于生长发育状况和小气候不同，一般下部叶短、窄，中部叶或近中部叶叶片较长，上部叶较短。但在规范化条件下，及时打顶抹杈，上部叶也较宽大，叶片较长。有些品种叶片较窄，呈现不出优质烟的长相。品种优良、营养充足、发育良好的烟叶叶片长宽比适宜。

4. 叶片长、宽度与烟叶质量

叶片长、宽度主要影响卷烟工业的出丝率、破碎率等。一般叶片大的烟叶生长发育良好，具有较好的质量，在标准中规定叶长、叶宽，可以促进生产者提高生产水平，推广优质烟生产技术，实现规范化生产，提高烟叶质量，增强烟叶可用性，提高出丝率。

(九) 均匀度

1. 概念

均匀度指烟叶各项品质因素在叶面上均匀一致的程度。以百分比表示。

2. 档次划分

根据白肋烟等级质量优劣要求，均匀度依次划分为：90%、85%、80%、70%、60%。

质量好的烟叶，品质一致性好，各品质均匀度高。本标准除杂色组不作均匀度要求外，其他组别和等级对均匀度都作了明确规定，即质量最高为90%、最低为60%。

（十）损伤度

1. 概念

损伤度指烟叶受机械或人为因素、病虫为害等的影响，造成烟叶的损伤程度，包括破损和残伤，以百分比表示。

（1）破损：由于虫咬、雹伤、机械破损等因素的影响，使烟叶缺少一部分而失去完整性。

（2）残伤：指烟叶组织受损部分透过叶背，失去加工成丝的强度和坚实性，如病斑、枯焦等（不包括霉变）。

2. 损伤度与烟叶质量

（1）破损与烟叶质量。破损烟叶成丝率低，含梗率上升，香气降低，木质气、杂气增加。

（2）残伤与烟叶质量。残伤对质量影响较大，基本无使用价值。其面积越大影响越大，表现为上等烟香气质变差，杂气增加；中下等烟吃味变淡，劲头减低，杂气显著增加。

（十一）白肋烟标准等级设置与大等级划分

1. 等级代号

等级代号由1～3英文字母及阿拉伯数字所组成。英文字母代表部位、颜色及其他与总体质量相关的特征。

部位组代号：顶叶组-T，上部叶组-B，中部叶组-C，下部叶组-X，脚叶组-P。

颜色组代号：L-浅红黄，F-浅红棕，R-红棕，K-杂色。

级别代号：用阿拉伯数字表示品质，1、2、3分别表示一级、二级、三级。

等级代号书写一般方法是部位＋品质＋颜色。例如，下部浅红黄二级表示为X2L；中部浅红棕一级表示为C1F；上部红棕三级表示为B3R；特殊等级的符号书写方法是中部过熟四级为C4；下部过熟三级为X3；杂色按下部叶、中部叶、上部叶、顶叶分别表示为XK、CK、BK、TK；末级为N。

2. 等级设置与品质规定

现行白肋烟分级国家标准共设置28个等级。其中，主要组别21个等级，过熟2个等级，杂色4个等级，1个末级。

白肋烟标准各等级烟叶品质规定见表15-22。

表 15-22　白肋烟标准各等级烟叶品质规定

部位	等级代号	成熟度	身份	叶片结构	叶面	光泽	颜色强度	宽度	长度/cm	均匀度/%	损伤度%
脚叶 P	P1	成熟	薄	松	稍皱	暗	差	窄	35	70	20
	P2	过熟	薄	松	稍皱	暗	差	窄	30	60	30
下部 X	X1F	成熟	稍薄	疏松	展	亮	中	中	45	80	10
	X2F	成熟	薄	疏松	展	中	淡	窄	40	70	20
	X1L	成熟	稍薄	疏松	展	亮	中	中	45	80	10
	X2L	熟	薄	疏松	展	中	差	窄	40	70	20
	X3	过熟	薄	松	稍皱	暗	—	窄	40	60	30
中部 C	C1F	成熟	适中	疏松	舒展	明亮	浓	阔	55	90	10
	C2F	成熟	适中	疏松	舒展	亮	中	宽	50	85	20
	C3F	成熟	稍薄	疏松	展	亮	淡	中	45	80	30
	C1L	成熟	适中	疏松	舒展	明亮	浓	阔	55	90	10
	C2L	成熟	适中-稍薄	疏松	舒展	亮	中	宽	50	85	20
	C3L	成熟	稍薄	疏松	展	中	淡	中	45	80	30
	C4	过熟	稍薄	松	展	中	—	宽	45	70	30
上部 B	B1F	成熟	适中-稍厚	尚疏松	舒展	亮	浓	宽	55	90	10
	B2F	成熟	适中-稍厚	尚疏松	展	亮	中	宽	50	85	20
	B3F	熟	稍厚	稍密	稍皱	中	淡	窄	45	80	30
	B1R	成熟	稍厚	尚疏松	展	亮	浓	宽	50	90	10
	B2R	成熟	稍厚-厚	稍密	稍皱	亮	中	宽	50	85	20
	B3R	熟	稍厚-厚	稍密	皱	中	淡	窄	45	80	30
顶叶 T	T1	成熟	稍厚-厚	稍密	稍皱	中	中	中	45	80	20
	T2	熟	厚	密	皱	暗	淡	窄	40	70	20
	T3	熟	厚	密	皱	暗	差	窄	30	60	30
杂色 K	TK	欠熟	厚	密	皱	—	—	窄	30	—	30
	BK	欠熟	厚	密	皱	—	—	窄	45	—	30
	CK	熟	稍薄	松	展	—	—	中	45	—	30
	XK	熟	薄	松	稍皱	—	—	窄	40	—	30
N	无法列入上述等级，尚有使用价值的烟叶										

3. 大等级划分

根据烟叶的质量情况，划分大等级如下：

上等烟（8 个）：C1F、C2F、C3F、C1L、C2L、B1F、B2F、B1R。

中等烟（9 个）：C3L、C4、B2R、B3F、B3R、X1F、X1L、X2F、T1。

下底等烟（11 个）：X2L、X3、T2、T3、XK、CK、BK、TK、P1、P2、N。

三、验收规则和规格

（一）验收规则

1. 定级原则

白肋烟的成熟度、身份、叶片结构、叶面、光泽、颜色强度、宽度、长度、均匀度都达到某级规定，损伤度不超过某级允许度时，才定为某等级。

这一原则表明，标准中对各级品质因素的规定是最低档次要求，而控制因素规定的是最低允许度。只有当烟叶品质因素达到或超过某级的要求，而控制因素不超过该级允许度时，才定为某级。例如，一把烟叶大部分品质因素为 B2F 等级，其中一项因素低于 B2F 等级，则此把烟叶应为 B3F 等级，如一项或一项以上因素高于 B2F 等级，则此把烟叶仍为 B3F 等级。也就是说，允许一个或多个因素高于要求，但不允许任何一个品质因素低于要求。

2. 同一部位的烟叶在两种颜色界限上，则视其身份和其他品质因素先定色后定级

由于烟叶颜色是由浅至深连续变化的，各颜色间不可能有明显的空挡，往往一些烟叶颜色转变正好介于两种颜色的界限上（或介于浅红黄与浅红棕之间，或介于浅红棕与红棕之间)，难以确切判定其颜色归属。针对这种情况，该条款作了相应规定，对这一规定的理解是：对介于颜色界限上的烟叶，可考虑品质因素适当定级。这里所称的其他品质因素主要指身份和叶面。一般情况，同部位的烟叶，浅红棕色烟叶比浅红黄色烟叶身份偏厚，叶面舒展；而浅红棕色烟叶比红棕色烟叶身份偏薄，叶面舒展。按照这些规律，可对界限上的烟叶适当定组定级。

3. 杂色面积规定

杂色面积超过 20％的烟叶，在杂色组相应部位定级；CK、BK 允许杂色面积不超过 30％，XK、TK 不超过 40％。

该条款有四层含义：①杂色面积超过 20％的烟叶，列入杂色组定级。②若杂色面积在 20％以内，不作杂色烟处理，可在相应等级定级，但应将杂色（本标准虽未将杂色列入损伤度，但杂色毕竟是影响质量的控制因素）与损伤度其他因素综合计算，相加结果应不超过相应等级的损伤度。例如，某品质因素为 X1F 的烟叶，其含杂色 10％，残伤 8％，如何判定其等级呢？首先，该烟叶杂色不超过 20％，不在杂色组定级；其次，其杂色与残伤相加为 18％，超过 X1F 损伤度，故应定为 X2F。③对那些虽然杂色面积小于 20％，但杂色与残伤相加之和已超出该组最低等级损伤度的烟叶，仍归入杂色相应部位定级。④CK、BK 允许杂色面积不超过 30％，XK、TK 不超过 40％。相应等级杂色面积超过规定者，列入末级。

4. 含青面积不超过 15％者，允许在末级定级

5. 杂色各级允许青痕和青斑面积不超过 5％

以上两个条款表明：本标准对白肋烟含青是严格限制的。根据两个条款含义：一是含青可列入杂色组处理；二是含青面积在杂色组只规定 5％的范围。如果含青面积超过 5％，只要不超过 15％者，可在末级定级。若含青面积超过 15％，则为不列级。

6. 宽度

宽度是本标准新增加的一项指标，目前尚无量化指标，参照国际上对烟叶宽度的要求，建议按以下尺度掌握。阔：叶宽 25cm，宽：25cm～>叶宽 21cm，中：21cm～>叶宽 17cm，窄：17cm～>叶宽 13cm。

7. 有关名词

(1) 黄烟：成熟度较差，多为半晾半晒的白肋烟，缺乏白肋烟风格。

（2）生叶：成熟度很差、日光灼伤烟。此种烟组织结构紧密，有硬实、平滑感，颜色为灰褐色或绿色。

（3）糠枯：指烟叶已在田间枯萎，调整后叶表面呈现棕黑色，身份空虚，完全失去使用价值。

（4）黑糟：烟叶调制湿度较高，养分过度消耗。造成烟叶颜色变黑，组织受到破坏，失去使用价值。

（5）枯黄：烟叶已在田间干枯，大部分组织已死亡，调制后叶表面呈现黄色，身份较差，使用价值很低。

（6）含青：烟叶调制不当，含有二成以内的青色。

（7）青痕：指烟叶在调制前受到机械擦压而造成的暗青色痕迹。

（8）晾制：采收的鲜烟叶挂在晾房或晾棚内，利用避光通风的自然条件进行调制的方法。

（9）水渍烟：调制后烟叶保管不当，吸收水分过多，形成褐色或黑褐色斑块或条斑。

（二）验收规格

1. 水分指标

白肋烟适宜水分指标为：原烟水分为16%～18%，复烤烟水分为11%～13%。上述水分指标的规定，经过实践证明，起到了有利于烟叶分级，有利于保证烟叶商品安全和提高烟叶质量的作用，是比较科学、合理和切实可行的。

水分检验方法有现场用感官检验法和室内用烘箱检验法。感官检验法是在收购白肋烟时，由感官确定烟叶的干（水分15%以下，不收购）、稍干（水分16%左右，收购下限）、适宜（水分17%左右，收购）、稍潮（水分18%左右，收购上限）、潮（水分19%以上，整理合格后收购）5种不同物理状态的档次，再用烘箱法测定进行校对，经过反复验证，就能比较自如地由感官检验烟叶水分。

白肋烟水分的掌握应根据质量、地区、部位、环境等条件灵活掌握。质量高的烟叶吸湿性强，应从严掌握，质量差的烟叶吸湿性差，可适当从宽掌握；腰叶、上二棚应从严掌握，顶叶、脚叶可适当从宽掌握；在温度高、湿度大的外界环境条件下宜从严掌握水分，温度低、湿度小的环境条件下可适当从宽掌握。

对烟筋未干的烟叶，应晾干整理后再收购。

2. 沙土率的规定

沙土率系指调制后烟叶自然粘附的尘土重量与叶片重量的百分比率。其表示方法以不超过某个限度为准。

白肋烟的沙土率有如下规定：原烟P1、P2、N不超过2.0%；其他等级不超过1.0%；复烤烟不超过1.0%。

沙土率的检验方法分感官检验和重量检验两种，这里只说感官检验法。用手抖拍烟把无沙土落下，看不见烟叶表面附有沙土即为合格。

3. 纯度允差的规定

等级纯度允差是指混级的允许度，允许在上、下一级的总和之内，以百分比表示。严格地讲，纯度允差是指一把内混上、混下一级的允许程度。若把内混级超过上、下一级或混组属于严重混级。

白肋烟在收购时纯度允差有如下规定：上等烟不超过10%，中等烟不超过15%；下等烟不超过20%。

白肋烟的水分、沙土率及等级合格率检验方法同烤烟。

4. 扎把规格

白肋烟国家标准中规定采用自然扎把。每把烟叶叶片数量要求上部叶15～20片，中下部叶20～25片。扎把须同级烟叶，绕宽50mm，烟把必须扎牢扎紧，不可将把头顶端包住，烟把内不得有烟拐、秸皮、烟杈、烟碎片、短梗等杂物。

鉴于我国有些地区对扎把重视不够，少则几片，多则百余片，很不统一，烟绕也不用同级烟叶，直接影响复烤质量。因此，应以标准规定为依据，确保商品经营管理的顺利进行。

第七节　香料烟分级标准

一、香料烟分型

分型是指同一类烟叶的再划分。根据香料烟品种、生产地区、栽培方法对其质量和使用价值进行区分。

（一）分型目的

从国内外香料烟生产和质量情况可以看出，由于香料烟产地、品种、栽培方法不同，其质量和风格有较明显的差异。分型的目的是分清香型风格和使用价值，便于卷烟工业选择原料。香料烟国标根据香料烟产地、品种划分为B型（Basma）和S型（Samsun）。

（二）型的划分

1. B型香料烟

叶片小，叶脉细，颜色以金黄、橘黄为主，光泽好，弹性强，具有柔和的芳香，适用于多种卷烟配方原料，主产区在云南、新疆等地。

2. S型香料烟

叶片较小，叶脉细，颜色以金黄至深黄为主，光泽好，弹性强，具有较浓的芳香和特殊的吃味，适用于多种卷烟配方原料。主产区在浙江、湖北、河南、湖南等地。另外，Canik（杰尼克）、15A品种也属此型。杰尼克品种叶片较小，细长，叶脉细，颜色以深黄-红棕色为主，光泽好，弹性强。香气类型风格接近沙姆逊，主产区在湖北等地。

（三）香料烟型的识别

香料烟分为B型和S型，依据各型香料烟的外观特征，用感观的方法可进行识别。

1. B型香料烟的识别

B型香料烟主要从以下几个方面进行识别。

(1) 叶形：为长椭圆形，无叶柄。

(2) 叶脉：叶脉细。

(3) 叶片大小：叶片小。

(4) 颜色：多呈现金黄和橘黄，光泽好，弹性强。

(5) 鼻闻：具有柔和的芳香。

2. S型香料烟的识别

S型香料烟主要从以下几个方面进行识别。

(1) 叶形：呈现梭形或心脏形，有叶柄。

(2) 叶脉：叶脉比B型稍粗些。

(3) 叶片大小：叶片较小。

(4) 颜色：以金黄至深黄为主，光泽好，弹性强。

(5) 鼻闻：具有较浓的芳香。

二、香料烟分组

分组是香料烟分级的基础，是香料烟分级过程中不可缺少的程序，具有与烤烟分组同样的目的和意义。分组是指依据烟叶着生部位以及其他和总体质量相关的主要特征，将同一型内的烟叶作进一步的划分。

（一）部位分组

烟叶部位是指烟叶在烟株上着生的位置。香料烟按烟叶着生部位，分为上部（上二棚、顶叶）、中部（腰叶）、下部（脚叶、下二棚）3组；上、中、下部叶组代号分别是1、2、3。

1. 部位与外观特征

部位与外观特征的关系见表15-23。

表15-23　不同部位香料烟的外观特征

组　别	代　号	特　征		
		叶脉	叶片大小	厚度
上部组	1	细、显露	小	厚
中部组	2	粗、凸现	适中	适中
下部组	3	细、平	较小	薄

2. 部位与化学成分

由表15-24可知，总糖以中部最高，上部次之，下部最低；总氮以上部最高，下部次之，中部最低；烟碱以上部最高，中部次之，下部最低，但上部和中部差别不大，与下部差别较大；蛋白质和总氮的规律相同。

表15-24　不同部位香料烟的化学成分

部　位	总糖/%	总氮/%	烟碱/%	蛋白质/%	施木克值
上	7.72	2.46	0.88	14.43	0.53
中	10.82	2.00	0.86	11.57	0.94
下	4.82	2.30	0.12	13.71	0.35

3. 部位与物理特性

由表15-25可知，吸湿性以中部最大，下部最小；含梗率以中部最大，上部最小，下部居中；厚度随部位的升高而增大；百叶重以中部最大，上部最小，下部居中。

表15-25　不同部位香料烟的物理特性

部　位	吸湿性/%	含梗率/%	厚度/mm	百叶重/g
上	9.81	14.61	0.090	57.8
中	10.23	19.98	0.080	122.0
下	9.59	18.23	0.075	74.9

4. 部位与内在质量

对不同部位香料烟的评吸表明，由下部到上部香型风格逐渐显著，香气量增加，杂气减少，吸味增浓，刺激性减弱，余味变得舒适，使用价值增高，即香料烟随着部位的升高其内在质量也提高。

综上所述，香料烟随部位的升高质量提高，但也并非所有的顶叶质量都好，这是由于品种条件、栽培条件、生态环境条件影响的结果。

（二）颜色分组

B型和S型香料烟均按颜色分为3组，代号分别为A、B、K（表15-26）。

表15-26　香料烟不同颜色组颜色特征

代　号	颜色特征
A	橘黄、金黄、深黄
B	正黄、淡黄
K	红棕、浅棕、褐色

1. 颜色与化学成分

由表15-27可知，上部叶随着颜色的加深，总糖明显降低，总氮和蛋白质含量略有增加。

表 15-27　不同颜色烟叶的化学成分

部　位	颜　色	总糖/%	总氮/%	烟碱/%	蛋白质/%	施木克值
上	正黄	10.14	2.03	0.65	11.99	0.85
二	深黄	11.70	2.09	0.83	12.16	0.96
棚	红黄	7.30	2.26	1.00	13.04	0.56
	棕黄	2.22	2.29	0.78	13.47	0.16

2. 颜色与内在质量

对不同颜色烟叶的评吸表明，同部位的烟叶，以深黄色质量较好，香气量较足，香气风格较显著，杂气轻微，余味纯净、舒适。浅于深黄色，吃味浓度稍淡，香气量稍减。深于深黄者，随着颜色加深，吃味增浓，香气量减少，刺激性、杂气增加，品质降低。以深黄质量最好，从深黄至棕黄，质量有变低的趋势。当含青面积低于10%时，对烟叶内在质量影响不大，超过10%时，随着含青面积增加，香型风格减弱，香气量减少，刺激性、杂气增加，余味苦涩不舒适，质量显著下降。

三、香料烟分级

（一）分级因素

同一型烟叶分组后，依据分级因素进行等级划分。用以衡量烟叶等级质量的外观因素称为分级因素，也叫品质要素。包括品质因素和控制因素。现行香料烟国标中规定了部位、长度、颜色、光泽、身份、油分、组织结构 7 项品质因素；叶片完整度、杂色和残伤 2 项为控制因素。共 9 项分级因素。

1. 部位

（1）概念。叶片在烟株上着生的位置称为部位，自上而下分为顶叶、上二棚、腰叶、下二棚、脚叶。烟叶着生的部位不同，其外观质量、物理特性、化学成分、内在质量都不同。部位是香料烟分级标准中重要的分级因素，既是分组因素也是分级因素。

（2）档次。国标中按部位划分为上、中、下 3 个部位。

2. 叶长

（1）概念。叶片长度是从叶尖到叶基部的距离（不包括叶柄部分），以厘米表示。

（2）档次划分。B 型香料烟依次划分为小于或等于 8cm、10cm、14cm、18cm、20cm；S 型香料烟依次划分为小于或等于 12cm、16cm、18cm、20cm、22cm。

3. 颜色

（1）概念。调制后烟叶呈现的深浅不同的色彩。对其起决定作用的因素是烟叶内色素的比例和棕色化反应。各种类型的烟叶由于色素的比例和棕色化反应的程度不同，表现出深浅不同的颜色。

（2）档次划分。B 型和 S 型香料烟的颜色分 3 类：A 类为橘黄、金黄、深黄；B 类为正黄、淡黄；K 类为红棕、浅棕、褐色。允许含青度 A 类为 5%，B 类为 10%，K 类为 15%。

4. 光泽

（1）概念。光泽指香料烟调制后烟叶表面色彩的纯净鲜艳程度。纯净鲜明者质量好，灰暗无光者质量差。

（2）档次划分。光泽主要靠目光感觉其鲜艳或灰暗程度。标准中把光泽划分为鲜明、尚鲜明、较暗、暗4个档次。

5. 身份

（1）概念。身份是指烟叶的厚薄程度。

（2）档次划分。国标中把叶片身份划分为厚、中等、薄3个档次。

6. 油分

（1）概念。烟叶在适当含水率条件下，根据感官鉴别有油润或枯燥、柔软或僵硬的感觉。

（2）档次划分。香料烟分级标准中把油分划分为富有、有、少3个档次。

7. 组织结构

（1）概念。组织结构是指烟叶细胞排列的疏密程度。

（2）档次划分。香料烟分级标准中把组织结构划分为细致、稍细致、较疏松、疏松4个档次。

8. 完整度

（1）概念。完整度指调制后烟叶的完整程度。烟叶因某种原因（如虫咬、雹伤、机械伤等）损缺了一部分而失去完整性。

（2）档次划分。香料烟分级标准中把叶片完整度划分为大于或等于90%、85%、80%、70%、60%5个档次。其鉴别方法主要靠眼估测。

9. 杂色与残伤

（1）概念。杂色是指烟叶表面存在着与基本色不同的颜色斑块，如水渍斑、潮红、虫斑等，油斑不属于杂色。残伤指烟叶组织受损部分透过叶背，失去加工成丝的强度和坚实性，如病斑、枯焦等。杂色与残伤以百分比控制，不得超过标准规定。

（2）档次划分。香料烟分级标准中把杂色与残伤依次划分为小于或等于5%、10%、15%、20%、30%5个档次。

10. 香料烟等级品质规定

（1）香料烟等级设置。根据叶片的部位、长度、颜色、光泽、身份、油分、组织结构、杂色和残伤、完整度等外观分级因素判定级别，现行香料烟分级标准中共分10级，其中，下部叶组3级，中部叶组3级，上部叶组3级，另设1个末级，共10级。

（2）香料烟等级品质规定（表15-28）。

表15-28 香料烟等级品质规定

级别	代号	品质因素								控制因素	
		部位	长度/cm B型	长度/cm S型	颜色	光泽	身份	油分	组织结构	杂色残伤	完整度
上一级	A1	顶叶 上二棚	≤8	≤12	橘黄 金黄 深黄	鲜明	厚	富有	细致	≤5%	≥90%
上二级	B1	顶叶	≤10	≤16	正黄	鲜明	厚	富有	稍细致	≤10%	≥90%

续表

级别	代号	品质因素								控制因素	
		部位	长度/cm B型	长度/cm S型	颜色	光泽	身份	油分	组织结构	杂色残伤	完整度
上三级	K1	上二棚 顶叶 上二棚	≤10	≤18	淡黄 浅棕 红棕	尚鲜明	厚	有	稍细致	≤15%	≥80%
中一级	A2	腰叶	≤14	≤16	橘黄 金黄 深黄	尚鲜明	中等 至厚	富有	稍细致	≤10%	≥90%
中二级	B2	上二棚 腰叶	≤14	≤18	正黄 淡黄	尚鲜明	中等 至厚	有	较疏松	≤15%	≥85%
中三级	K2	上二棚 腰叶 上二棚	≤18	≤20	红棕 褐色	较暗	中等 至厚	有	较疏松	≤20%	≥80%
下一级	A3	下二棚 腰叶	≤18	≤20	深黄 橘黄	鲜明	薄	有	较疏松	≤15%	≥85%
下二级	B3	下二棚 腰叶	≤18	≤22	正黄 淡黄	尚鲜明	薄	有	疏松	≤15%	≥85%
下三级	K3	下二棚 脚叶	≤20	≤22	浅棕 红棕 褐色	较暗 暗	—	少	疏松	≤30%	≥70%
末级	ND	—	—	—	—	暗	—	—	—	—	≥60%

四、香料烟验收规格和规则

（一）验收规格

香料烟与烤烟一样，在收购过程中也有一定的验收规格。

1. 香料烟水分指标

收购烟叶含水率在14%～16%，打包含水率不超过15%。

2. 香料烟沙土率规定

下部烟不超过1.5%，其他等级不超过1%。

3. 香料烟纯度允差的规定

各级别混高或混低的烟叶，允许上下一个级数量之和不得超过15%。

4. 香料烟烟叶以原串或散烟收购，无扎把要求

（二）验收规则

(1) 香料烟部位、叶片长度、颜色、光泽、身份、油分、组织结构都达到某级规定，叶片完整度、杂色、含青度、残伤不得超过某级规定，才定为某级。

(2) 枯黄叶、死青烟、霉烂烟、烟杈不列级。

(3) 凡被禁用农药和其他有毒有害物质污染的烟叶不收购。

(4) 烟筋未干或含水率超过规定的烟叶必须重新晾干后再收购。

(5) 烟叶以原串或散叶收购。

（6）含水率、自然沙土率、纯度允差等不符合规定者不收购。

第八节 国外烟叶分级标准简介

一、美国烟叶分级标准简介

（一）分类

美国的烟叶按分类-分型-分组-分级的体系进行分级。首先按烟叶的调制方法和烟叶用途分类，同类烟叶再按烟叶种植的生态类型分型，同一型的烟叶又按部位、颜色、性质、用途等分组，最后根据一定的分级因素进行分级。美国按烟叶的调制方法、性质及用途进行分类，共分为9类，本土生产的烟叶分6类，分别为烤烟、明火烤烟、晾烟、雪茄芯烟、雪茄内包皮叶和雪茄外包皮叶；零星种植的烟叶分1类；进口烟叶分2类。

（二）分型

在分类的基础上，按烟叶的自然生长条件进行分型，一般用两位阿拉伯数字来表示烟叶的类和型，前一个阿拉伯数字代表类，后一个阿拉伯数字代表型。

1. 烤烟分为4型

其代号分别是11、12、13、14。

2. 明火烤烟分为3型

其代号分别是21、22、23。

3. 晾烟分为7型

其代号分别是31、32、33、34、35、36、37。

4. 雪茄芯烟分为5型

其代号分别是41、42、43、44、45。

5. 雪茄内包叶分为5型

其代号分别是51、52、53、54、55。

6. 雪茄外包叶分为1型

其代号是61。

7. 国产混杂类分为2型

其代号分别是71、72。

8. 外来雪茄烟分为9型

其代号分别是81、82、83、84、85、86、87、88、89。

9. 外来雪茄烟以外的类型分为3型

其代号分别是91、92、93。

（三）分组

1. 部位分组

美国烟叶按部位分为：P-脚叶，X-下二棚叶，C-腰叶，B-上部叶。

2. 颜色分组

美国烟叶按颜色分为：L-柠檬黄，F-橘黄，FR-橘红，R-红棕，V-浮青，K-杂色，KR-烤红，G-青色，GR-红中带青，GK-青杂，GG-灰青，KL-杂色柠檬，KF-杂色橘黄，KV-杂色浮青，KM-混杂色，KD-杂色褐红，LL-淡色柠檬。

3. 性质、用途分组

美国烟叶按性质、用途分为：H-完熟叶，M-混类叶，N-等外叶，S-碎叶，XL-近土叶，PO-氧化脚叶，XO-氧化下二棚叶或腰叶，BO-氧化上部叶或完熟叶，GL-等外薄叶，GF-等外适中叶，LP-柠檬色似腰叶的假熟叶，FP-橘黄色似腰叶的假熟叶，KK-欠熟烤红叶。

（四）分级

1. 美国烤烟分级因素（表 15-29）

表 15-29　美国烤烟分级因素表

分级因素	档次				
成熟度	不熟	欠熟	熟	成熟	完熟
叶片结构	紧密	密	松	疏松	
身份	厚	偏厚	中	稍薄	薄
油分	少	稍有	有	多	
色度	浓	强	中	弱	淡
叶宽	狭	窄	宽	阔	
叶长	以长度单位计				
均匀度	以百分率计				
损伤限度	以百分率计				
残伤限度	以百分率计				

2. 美国烤烟等级汇总（表 15-30）

表 15-30　美国烤烟等级汇总表

组　别	等级数目	等级代号
上部叶（B）	23	B1L　B2L　B3L　B4L　B5L　B6L　B1F　B2F　B3F　B4F　B5F　B6F　B1FR　B2FR　B3FR　B4FR　B5FR　B1K　B2K　B3K　B4K　B5K　B6K
完熟叶（H）	10	H3F　H4F　H5F　H6F　H4FR　H5FR　H6FR　H4K　H5K　H6K
腰叶组（C）	10	C1L　C2L　C3L　C4L　C5L　C1F　C2F　C3F　C4F　C5F
下二棚叶组（X）	10	X1L　X2L　X3L　X4L　X5L　X1F　X2F　X3F　X4F　X5F
脚叶组（P）	8	P2L　P3L　P4L　P5L　P2F　P3F　P4F　P5F
浮青叶组（V）	6	B3V　B4V　B5V　X3V　X4V　C4V
混色叶组（KM）	7	B3KM　B4KM　B5KM　B6KM　C4KM　X3KM　X4KM
杂色叶组（K）	20	B3KL　B4KL　B5KL　B6KL　B3KF　B4KF　B5KF　B6KF　B3KD　B4KD　B5KD　B6KD　B4KV　B5KV　B6KV　C4KL　C4KF　X4KL　X4KF　X4KV
混合叶组（M）	7	M4F　M5F　M4KR　M4KM　M5KM　M4GK　M5GK

续表

组　别	等级数目	等级代号
青色叶组（G）	15	B4G　B5G　B6G　B5GR　B4GK　B5GK　B5GG　B6GK　C4G　C4GK　X4G　X5G　X4GK　P4G　P5G
烤红叶组（KR）	6	B3KR　B4KR　B5KR　C4KR　X3KR　X4KR
欠熟烤红叶组（KK）	5	B3KK　B4KK　B5KK　B6KK　C4KK
光滑叶组（S）	6	B3S　B4S　B5S　C4S　X3S　X4S
淡色柠檬叶组（LL）	4	C4LL　C5LL　X3LL　X4LL
假熟叶组（P）	2	C5LP　C5FP
等外叶组（N）	13	N1L　N1XL　N1K　N1R　N1KV　N1GL　N1GF　N1GR　N1GG　N1PO　N1XO　N1BO　N2
碎叶组（S）	1	S

美国烤烟等级以 C、B、X 等英文大写字母表示部位；以 1、2、3、4、5、6 等阿拉伯数字代表等级；以 L、F、R、K、G 等英文大写字母代表颜色。

二、巴西烤烟分级标准简介

巴西的烤烟先分组、再分级。分组因素主要是部位和颜色。

（一）分组

1. 部位分组

巴西烤烟首先根据部位进行分组，分为 4 个部位组：顶部（T），4～5 片；上部（B），3～4 片；腰部（C），4～6 片；下部（X），4～5 片。

2. 颜色分组

巴西把烟叶的基本色分为 3 个组：橘黄色（O），柠檬色（L），深黄色（R）。其中，橘黄色的色值范围是 70%黄＋30%红；柠檬色是 100%黄色；深黄色是 70%红棕色＋30%棕黄。把非基本色分为杂色（K），青烟（G）。挂灰、白色、焦黄、日灼斑块、青色斑块、不均匀的烤红和出现异味的烟叶统属 K 组，杂色允许在 2 级以下定级，按杂色和异味的程度定 2 级或 3 级。

（二）分级

在部位和颜色分组的基础上，又依据成熟度、颜色、均匀度、油分、身份、香味、长度、损伤度等因素来确定等级。每个部位对应的 3 个基本色分为 3 个等级，这样共分 36 级。青烟不分部位，只有上部和下部，T、B 代表上部，X、C 代表下部。巴西烤烟共分为 48 个等级（表 15-31）。

表 15-31　巴西烤烟等级汇总表

部位组	颜色组	等　级
顶部（T）	橘黄（O）	TO1　TO2　TO3
	柠檬色（L）	TL1　TL2　TL3
	深黄（R）	TR1　TR2　TR3
	杂色（K）	TK2　TK3

续表

部位组	颜色组	等　级
上部(B)	橘黄（O）	BO1　BO2　BO3
	柠檬色（L）	BL1　BL2　BL3
	深黄（R）	BR1　BR2　BR3
	杂色（K）	BK2　BK3
腰部(C)	橘黄（O）	CO1　CO2　CO3
	柠檬色（L）	CL1　CL2　CL3
	深黄（R）	CR1　CR2　CR3
	杂色（K）	CK2　CK3
下部(X)	橘黄（O）	XO1　XO2　XO3
	柠檬色（L）	XL1　XL2　XL3
	深黄（R）	XR1　XR2　XR3
	杂色（K）	XK2　XK3
上部（TB）	青色（G）	TBG2　TBG3
下部（CX）	青色（G）	XCG2　XCG3

三、津巴布韦烤烟分级标准简介

津巴布韦的烤烟分级首先按部位、颜色进行分组，每个组又分若干等级。

（一）分组

1. 部位分组

按部位划分为：脚叶（P），下二棚（X），中部叶（C），上二棚（L），顶部叶（T），副组（A、B、NG、NGA）。副组是副产品，它来自各个部位，主要是去梗叶、抽筋烟、碎烟、不列级烟叶。

2. 颜色分组

E-浅柠檬色：柠檬色中带有灰白色；L-柠檬色：黄中微带橘黄色；O-橘黄色：中等橘黄到金橘黄色；R-浅褐色：深橘黄色到淡褐色；S-深褐色：深红色或赤褐色。

3. 性质、用途分组

A-散叶组；B-碎叶组；NG-绳结型；NGG-过多青色绳结型；NGA-散叶或碎叶；NGAG-过多青色散叶或碎叶。

（二）分级

津巴布韦的烤烟等级数目较多，分为 806 个等级，最多时可达 1200 多个等级，表达等级的代号较多，一个等级至少包括 3～5 个等级因素，以表明烟叶的不同质量特征。

四、美国白肋烟分级标准简介

美国白肋烟分级标准首先按烟叶部位分组，然后按烟叶颜色分组，最后根据烟叶的成熟度、身份、组织、叶面状态、光泽、颜色强度、叶宽、叶长、均匀度和损伤度共 10 项品质因素进行分级。

（一）该标准适用于美国白肋烟 31 型和外国白肋烟 93 型

31 型：美国晾烟，通常指美国白肋烟。主要包括肯塔基、田纳西、弗吉尼亚、北卡罗来纳、俄亥俄、印第安纳、西弗吉尼亚、密苏里等生产的白肋烟。

93 型：指进口到美国的其他国家所产的白肋烟。

（二）部位分组

（1）脚叶组（flyings）：代号 X。
（2）中下部叶组（lugs and cutters）：代号 C。
（3）上部叶组（leaf）：代号 B。
（4）顶叶组（tips）：代号 T。
（5）碎叶组（scrap）：代号 S，来自于任何部位的破碎叶片。
（6）级外组（N-G）：代号 N，来自于任何部位不能归入所列等级的烟叶。
（7）混叶组（mixed）：代号 M，来自于不同部位的混叶。

（三）颜色分组

（1）淡黄色（buff）：代号 L，棕色带黄。
（2）淡红黄色（tan）：代号 F，棕色带淡红。
（3）红棕色（red）：代号 R，棕色带红。
（4）深红棕色（d-Red）：代号 D，深棕色带红。
（5）杂色（variegated）：代号 K，色泽斑驳。
（6）混色（mixed）：代号 M。
（7）浮青（greenish）：代号 V，微弱青色。
（8）带青（green）：代号 G，叶面明显带有青色，但不包括死青。
（9）红黄色（tannish buff）：代号 FL，棕黄色带淡红。
（10）红褐色（tannish Red）：代号 FR，棕褐色带红。
（11）淡红黄浮青叶（greenish tan）：代号 VF，淡红黄叶带有浮青。
（12）红棕浮青叶（greenish Red）：代号 VR。
（13）淡红黄带青（green tan）：代号 GF。
（14）红棕带青（green Red）：代号 GR。

（四）分级因素及档次

（1）身份：薄、偏薄、中、偏厚、厚。
（2）成熟度：完熟、成熟、熟、欠熟、不熟。
（3）组织：多孔、疏松、松、密、紧密。
（4）叶面状态：舒展、展、稍皱、皱、皱缩。
（5）光泽：明亮、亮、中、暗、很暗。
（6）颜色强度：深、浅、中、淡、差。

（7）叶宽：阔、宽、中、窄、狭。
（8）长度：以英吋表示。
（9）均匀度：以百分比表示。
（10）损伤率限制：以百分比表示。

（五）等级设置

（1）脚叶组 14 个级。
（2）中下部叶组 21 个级。
（3）上部叶组 39 个级。
（4）顶叶组 21 个级。
（5）混叶组 8 个级。
（6）级外组 7 个级。
（7）碎叶组 1 个级。共 111 个级（表 15-32）。

表 15-32　美国白肋烟分级检验表（31 型）

	等级代号	身　份	成熟度	组　织	叶面状态	光泽	颜色强度	宽度	长度	均匀度	允许损伤
脚叶组	X1L	薄	完熟	疏松-多孔	展	亮	浓			95	5
	X2L	薄	完熟	疏松-多孔	展	中	中			90	10
	X3L	薄	成熟-完熟	疏松-多孔	稍皱	暗	淡			80	20
	X4L	薄	成熟-熟	疏松-多孔	皱-稍皱	很暗	差			70	30
	X5L	薄	成熟-熟	疏松-多孔	皱	很暗	差			60	40
	X1F	偏薄	完熟	疏松-多孔	展	亮	浓			95	5
	X2F	偏薄	完熟	疏松-多孔	展	中	中			90	10
	X3F	偏薄	成熟-完熟	疏松-多孔	稍皱	暗	淡			80	20
	X4F	偏薄	成熟-熟	疏松-多孔	皱-稍皱	很暗	差			70	30
	X5F	偏薄	成熟-熟	疏松-多孔	皱	很暗	差			60	40
	X4M	中-薄	成熟-熟	松-多孔	皱-稍皱					70	30
	X5M	中-薄	成熟-熟	松	皱					60	40
	X4G	中-薄	不熟	松	皱-稍皱					70	30
	X5G	中-薄	不熟	疏松	皱					60	40
中下部叶组	C1L	偏薄	成熟	疏松	舒展	明亮	深	阔	20	95	5
	C2L	偏薄	成熟	疏松	舒展	明亮	浓	宽	20	90	10
	C3L	偏薄	成熟	疏松	展	亮	中	中	18	85	15
	C4L	偏薄	成熟-熟	松-疏松	稍皱-展	中	淡	中-窄		80	20
	C5L	偏薄	熟	松-疏松	稍皱	暗	差	窄		70	30
	C1F	中-偏薄	成熟	疏松	舒展	明亮	深	阔	20	95	5
	C2F	中-偏薄	成熟	疏松	舒展	明亮	浓	宽	20	90	10
	C3F	中-偏薄	成熟	疏松	展	亮	中	中	18	85	15
	C4F	中-偏薄	成熟-熟	松-疏松	稍皱-展	中	淡	中-窄		80	20
	C5F	中-偏薄	熟	松-疏松	稍皱	暗	差	窄		70	30

续表

等级代号		身份	成熟度	组织	叶面状态	光泽	颜色强度	宽度	长度	均匀度	允许损伤
中下部叶组	C3K	中	成熟	疏松	展			中	18	85	15
	C4K	中	成熟-熟	松-疏松	展-稍皱			中-窄		80	20
	C5K	中	熟	密-松	稍皱			窄		70	30
	C3M	中-薄	成熟-熟	松-疏松	展	中	中	中	18	85	15
	C4M	中-薄	成熟-熟	松-疏松	展-稍皱	暗	淡	中-窄		80	20
	C5M	中-薄	成熟-熟	松-疏松	稍皱	很暗	差	窄		70	30
	C3V	中-偏薄	欠熟	疏松	展	亮		中	18	85	15
	C4V	中-偏薄	欠熟	松-疏松	展-稍皱	中		中-窄		80	20
	C5V	中-偏薄	欠熟	松-疏松	稍皱	暗		窄		70	30
	C4G	中	不熟	密-松	展-稍皱	中		中-窄		80	20
	C5G	中	不熟	密-松	稍皱	暗		窄		70	30
上部叶组	B1F	中	成熟	疏松	舒展	亮	深	宽	20	95	5
	B2F	中	成熟	疏松	展	亮	浓	宽	20	90	10
	B3F	中	成熟-熟	松-疏松	展-稍皱	中	中	中-窄	18	85	15
	B4F	中	熟	松	稍皱	暗	淡	窄	16	80	20
	B5F	中	熟	松	皱	很暗	差	狭	16	70	30
	B2FL	中	成熟	疏松	展	亮	浓	宽	20	95	10
	B3FL	中	成熟-熟	松-疏松	展-稍皱	中	中	中-窄	18	90	15
	B4FL	中	熟	松	稍皱	暗	淡	窄	16	85	20
	B1FR	中-偏厚	成熟	疏松	舒展	亮	深	宽	20	95	5
	B2FR	中-偏厚	成熟	疏松	展	亮	浓	宽	20	90	10
	B3FR	中-偏厚	成熟-熟	松-疏松	展-稍皱	中	中	中-窄	18	85	15
	B4FR	中-偏厚	熟	松	稍皱	暗	淡	窄	16	80	20
	B5FR	中-偏厚	熟	松	皱	很暗	差	挟	16	70	30
	B1R	偏厚-厚	成熟	松-疏松	展	亮	深	宽	20	95	5
	B2R	偏厚-厚	成熟	松-疏松	稍皱	亮	浓	宽	20	90	10
	B3R	偏厚-厚	成熟-熟	松	稍皱-皱	中	中	中-窄	18	85	15
	B4R	偏厚-厚	熟	密-松	皱	暗	淡	窄	16	80	20
	B5R	偏厚-厚	熟	密	皱缩	很暗	差	挟	16	70	30
	B4D	偏厚-厚	熟	密	皱	暗	淡	窄	16	80	20
	B5D	偏厚-厚	欠熟-熟	紧密	皱缩	很暗	淡	狭	16	70	30
	B3K	中-偏厚	成熟-熟	松-疏松	稍皱-皱			中-窄	18	85	15
	B4K	偏厚	熟	密-松	皱			窄	16	80	20
	B5K	偏厚-厚	欠熟-熟	密-紧密	皱缩			狭	16	70	30
	B2M	偏厚	成熟	疏松	展	亮	浓	宽	20	90	10
	B3M	中-偏厚	成熟-熟	松-疏松	展-皱缩	中	中	中-窄	18	85	15
	B4M	中-偏厚	成熟-熟	松-疏松	稍皱	暗	淡	窄	16	80	20
	B5M	中-偏厚	成熟-熟	松-疏松	皱	很暗	差	狭	16	70	30
	B3VF	中	欠熟	松-疏松	展-皱缩	中		中-窄	18	85	15
	B4VF	中	欠熟	松-密	稍皱	暗		窄	16	80	20

续表

	等级代号	身　份	成熟度	组　织	叶面状态	光泽	颜色强度	宽度	长度	均匀度	允许损伤
上部叶组	B5VF	中	欠熟	密	皱	很暗		狭	16	70	30
	B3VR	偏厚-厚	欠熟	松	稍皱-皱	中		中-窄	18	85	15
	B4VR	偏厚-厚	欠熟	密-松	皱	暗		窄	16	80	20
	B5VR	偏厚-厚	欠熟	密	皱缩	很暗		狭	16	70	30
	B3GF	中-偏厚	不熟	松-疏松	稍皱-皱	中		中-窄	18	85	15
	B4GF	中-偏厚	不熟	密-松	皱	暗		窄	16	80	20
	B5GF	中-偏厚	不熟	密	皱缩	很暗		狭	16	70	30
	B3GR	偏厚-厚	不熟	密-松	稍皱-皱	中		中-窄	18	85	15
	B4GR	偏厚-厚	不熟	密-紧密	皱	暗		窄	16	80	20
	B5GR	偏厚-厚	不熟	紧密	皱缩	很暗		狭	16	70	30
混叶组	M3F	中-薄	近于X3，C3，B3，T3R的总体质量，颜色较浅，允许20%浮青								15
	M4F	中-薄	近于X4，C4，B4，T4的总体质量，颜色较浅，允许20%浮青								20
	M5F	中-薄	近于X5，C5，B5，T5的总体质量，颜色较浅，允许20%浮青								30
	M4K	偏薄-偏厚	接近X4，C4，B4，T4一般色泽，允许20%浮青								20
	M5K	偏薄-偏厚	接近X5，C5，B5，T5一般色泽，允许20%浮青								30
	M3FR	中-厚	近X3，C3，B3，T3R颜色深，允许20%浮青								15
	M4FR	中-厚	近X4，C4，B4，T4颜色深，允许20%浮青								20
	M5FR	中-厚	近X5，C5，B5，T5颜色深，允许20%浮青								30

注：(1) 所有等级必须干净，否则加注U，W
(2) 生烟只适用于青烟和级外
(3) 级外N1L，N1F，N1R，N1G，N2L，N2R，N2G允许60%损伤
(4) 长度单位为英寸，1英寸＝2.54，20英寸＝50.80cm，18英寸＝45.72cm，16英寸＝40.64cm

五、巴西白肋烟（25级）分级标准介绍

（一）部位X——脚叶组

（1）X1：品质优，淡红黄脚叶。身份薄，熟，弹性好，结构疏松呈颗粒状，色度好，均匀度80%。

（2）X1L：品质良，淡黄色脚叶。身份薄，熟，弹性好，结构疏松呈颗粒状，色度好，均匀度80%。

（3）X2：品质良，淡红黄脚叶。身份薄，熟，弹性中，呈颗粒状，色度中，均匀度80%。

（4）X2L：品质好，淡黄色脚叶。身份薄，熟，弹性中，呈颗粒状，色度中，均匀度80%。

（5）XK：身份薄，残伤，黄色，色度差，无弹性，品质差，有烤烟特性及香气。

（二）部位C——中下部叶组（腰叶组和下二棚）

（1）C1：品质优，淡红黄中下部叶。身份中，成熟，平滑，弹性好，结构疏松。

呈颗粒状，色度深，均匀度 80%。

（2）C1L：品质良，淡黄色中下部叶。身份中，成熟，平滑，弹性好，结构疏松。呈颗粒状，色度好，均匀度 80%。

（3）C2：品质好，淡红黄中下部叶。身份中，熟，弹性中，呈颗粒状，色度中，均匀度 80%。

（4）C2L：品质好，淡黄色中下部叶。身份中，熟，弹性中，呈颗粒状，色度中，均匀度 80%。

（5）C3：品质差，淡黄色中下部叶。身份中，不熟或略微日灼，弹性差，色度淡，均匀度 80%。

（6）C3L：品质差，淡黄色中下部叶。身份中，不熟或略微日灼，弹性差，色度淡，均匀度 80%。

（7）CK：身份中，残伤，黄色，色度差，无弹性，品质差，有烤烟特性及香气。

（三）部位 B——上部叶组

（1）B1：品质优，淡红黄上部叶。身份中至厚，成熟，平滑，弹性好，结构疏松呈颗粒状，色度深，均匀度 80%。

（2）B1L：品质良，红黄色上部叶。身份中至厚，成熟，平滑，弹性好，结构疏松呈颗粒状，色度好，均匀度 80%。

（3）B2：品质好，淡红黄上部叶。身份中至厚，熟，弹性中，呈颗粒状，色度中，均匀度 80%。

（4）B2L：品质好，红黄色上部叶。身份中至厚，熟，弹性中，呈颗粒状，色度中，均匀度 80%。

（5）B3：品质差，淡红黄上部叶。身份厚，不熟或略微日灼，弹性差，色度淡，均匀度 80%。

（6）B3L：品质差，红黄色上部叶。身份厚，不熟或略微日灼，弹性差，色度淡，均匀度 80%。

（7）BK：身份厚，残伤，黄色，无弹性，品质差，有烤烟特性及香气。

（四）部位 T——顶叶组

（1）T1：品质优，淡红黄顶部叶。身份厚，成熟，平滑，弹性好，结构疏松呈颗粒状，色度深，均匀度 80%。

（2）T2：品质好，红黄色顶部叶。身份厚，熟，弹性中，呈颗粒状，色度中，均匀度 80%。

（3）T：身份厚，残伤，黄色，无弹性，品质差，有烤烟特性及香气。

（五）混叶组

（1）N：所有部位烟叶，日灼，几乎无白肋烟香气，等外级。

（2）G：所有部位烟叶，淡色及深色浮青。

六、土耳其香料烟分级标准简介

土耳其香料烟不分组，只分级。分级从烟株由下而上，越接近顶部烟叶，等级越高，分级因素采用部位、叶片大小、色泽、组织、弹性、叶片完整度等。土耳其香料烟共分为 4 个等级。

（1）一级（AG）。包括顶叶至腰叶。叶片为小至中等，色泽鲜明至尚鲜明，组织细密、有弹性，具有完全或部分的本型香气，叶片完整或稍不完整，无斑点和损伤。

（2）二级（BG）。包括下二棚叶和近腰叶，部分底叶和列不进一级的烟叶。叶片小、中等和大，属本型颜色，组织细密和稍细密，中性型或芳香型，叶片完整或稍不完整，稍有损伤。

（3）三级（KP）。包括底脚叶，1、2 级列不进去的烟叶。叶片小、中等和大，颜色为混色和含青，组织稍细密和脆弱，香气无要求，形状为完整和稍不完整，稍有斑点和损伤的脚叶及其他在采收过程中具有的斑点和损伤烟叶。

（4）四级（DKP）。包括 1、2、3 级列不进去的全部烟叶，叶片大小无要求，混色、青或暗青叶，组织无要求，叶片完整或不完整，有严重损伤的烟叶。

七、希腊香料烟分级标准简介

希腊香料烟分级标准是依据烟叶的颜色、部位和外观特征所表现出的物理特性依据烟叶品质依次划分为 5 个等级。

（1）一级。烟株顶部较薄的完整叶，叶色黄至橘红色，组织疏松，弹性强，香气足，燃烧性好，叶片长度为 3～7cm。

（2）二级。除顶叶外，还包括第 3 次至第 4 次采摘叶，烟叶质量特性与一级烟相同，叶片长度等于或小于 15cm。

（3）三级。第 1 次至第 2 次采摘叶，还包括其他部位有轻微病虫、调制残伤以及含青的叶片，组织疏松，有弹性，叶片长度为 15～20cm。

（4）四级。包括各部位的烟叶，2/3 以上烟叶的叶面有病虫害残伤、青色、棕色斑块，叶片较厚，稍有或无弹性，叶片长度不限。

（5）五级。包括死青、棕色和有大面积病虫害残伤以及调制灼伤的烟叶，叶片长度不限。

思考题

1. 我国统一的烤烟分级国家标准是何时制定的？何时在全国正式实施？与 15 级制烤烟分级标准相比有哪些不同？
2. 制定烟叶分级标准的原则和依据是什么？
3. 烤烟部位分组依据的外观特征是什么？
4. 简述不同部位烤烟烟叶的外观质量、内在质量、化学成分和物理特性的变化规律。
5. 烤烟颜色分组的依据是什么？烤烟分级国家标准中按颜色分为哪些组？
6. 烤烟分级标准选用了哪些分级因素？各划分了哪些档次？
7. 简述烤烟各分级因素与烟叶质量的关系。

8. 烤烟分级标准共划分了哪些组？哪些级？
9. 烤烟分级标准中对各等级烟叶的品质规定是怎么样的？
10. 烤烟大等级是如何划分的？其规格要求是怎样的？
11. 烤烟验收规则的具体内容有哪些？
12. 白肋烟分级标准中的分级因素有哪些？各有什么含义？
13. 什么是烟叶的成熟度？白肋烟成熟度分几个档次？
14. 香料烟分级国家标准有什么特点？
15. 比较香料烟和白肋烟所选用的分级因素的异同。
16. 简述美国烤烟分级标准的分型、分组、分级，分级因素及档次。
17. 名词解释：分类、分型、分组、分级、分级因素、品质因素、控制因素、成熟度、油分、色度、光泽、叶片结构、身份、残伤、纯度允差、等级合格率、验收规则、检验方法。

第十六章　打 叶 复 烤

第一节　打叶复烤的发展

烟叶复烤是指对初步调制好的原烟进行再一次烘烤加工的过程，主要目的是调整烟叶水分，便于安全贮存。烟叶复烤有挂竿复烤和打叶复烤两种工艺技术，挂竿复烤主要工艺流程可分为复烤前准备（回潮、挑选整理）、挂竿（摇把、挂竿、碎叶整理）、复烤（干燥、冷却、回潮）、打包（去竿装箱、称重、打包）、晾包、成品入库。挂竿复烤费时、费工，劳动强度大，烟叶造碎大，机械化程度低，其成品仍是带烟梗的把烟，进入卷烟企业后仍需进行打叶去梗程序，增加卷烟企业的劳动强度和生产环境噪声，并且造成工作环境卫生条件差，影响工作人员的身心健康，因此该工艺已被技术先进、实用、机械化程度高的打叶复烤所替代。

打叶复烤作为一种先进的原烟加工技术，发达国家早在 20 世纪 50 年代就开始研究，60 年代初许多发达国家已建立了相当数量的打叶复烤生产线，到 60 年代后期，一些发展中国家也开始研究打叶复烤，并引进了打叶复烤技术和设备。70 年代世界上绝大部分发达国家已完成了由挂竿复烤向打叶复烤的过渡，许多发展中国家也正在积极发展打叶复烤。

美国是世界上最先对原烟打叶复烤技术进行研究和开发使用的国家。在 20 世纪 50 年代美国就开发出了打叶复烤新工艺。到 60 年代中期，已基本上完成了由挂竿复烤向打叶复烤的更替，卷烟厂中的打叶设备也逐步被拆除和淘汰。新厂也不再设打叶工序，大部分卷烟厂直接用片烟和烟梗作为原料。到 60 年代末，美国绝大部分的烤烟和白肋烟都要进行打叶复烤处理，并以片烟和烟梗两种形式作为商品出售。在生产实践中，打叶复烤加工工艺和设备也逐步得到改进和完善，打叶复烤生产线的生产能力和机械化、自动化程度逐渐提高，产品质量也日益提高。

从 60 年代初到 70 年代，世界上许多发达国家和发展中国家都开始研究和引进推广打叶复烤新技术，其原因除了打叶复烤具有降低烟叶造碎，提高烟叶利用率等经济上的因素外，一个重要的原因就是烟叶出口的商品形式由原来的把烟转向了片烟，这就迫使许多烟叶出口国引进先进的打叶复烤技术和设备。在这 20 年中，先后就有日本、巴西、阿根廷、加拿大、墨西哥、菲律宾、泰国、韩国、印度、巴基斯坦、中国、津巴布韦、马拉维、赞比亚、原苏联、原南斯拉夫、匈牙利和澳大利亚等。几十个主要烟叶生产国开始逐步推广打叶复烤技术。

目前，美国、日本等许多发达国家已全部采用打叶复烤技术，其卷烟厂几乎全部以片烟、烟梗和再造烟叶为原料。巴西、津巴布韦等烟叶出口大国有 90%左右的烟叶利用打叶复烤技术进行处理。其他烟叶生产大国的打叶复烤烟叶也占很大的比例。

我国科技人员在80年代利用4年多的时间，成功地设计出自己的第一条打叶复烤生产线，于1986年在云南楚雄卷烟厂通过技术鉴定。随后，这条生产线逐步完善，在云南昆明、黑龙江勃利、辽宁凤城、河南宝丰、陕县、四川宜宾等地得到推广，建成第一批打叶复烤生产线，并在湖北恩施试验和完成白肋烟打叶复烤生产线。1994年后，全国共有打叶复烤生产线59条，并建有天昌（许昌）、天阳（哈尔滨）、华环（蚌埠）三家合资企业。

从最早引进的“科马斯”（COMAS）打叶复烤设备技术到后来的“伽比欧”（GABUIO）打叶复烤设备技术和“麦科塔维什”（MacTavish）打叶机、“普罗克特”（PROCTOR）烟片复烤机、“菲驰奔”（FISHBURNE）预压打包机，通过引进技术消化、吸收和国产化，取得突破性进展，打叶复烤工艺技术得到广泛推广和应用。1998年通过推行《复烤企业全面质量管理实施细则》及《烟叶复烤质量标准和检验方法》，促进加工质量的提高和企业效益的增长。打叶复烤加工工艺取得新的进步。2000年底全国已建成打叶复烤生产线71条，年复烤能力150万吨，同时有计划地关闭挂竿复烤厂。目前，随着我国烟草工业的飞速发展，我国已经基本上全部实现了烟叶打叶复烤处理。

第二节　打叶复烤的目的和作用

一、打叶复烤的目的

打叶复烤是指烟叶在复烤之前先进行梗叶分离，然后对叶片和烟梗分别进行复烤。烟叶复烤是对初步调制的原烟（包括烤烟和白肋烟等）经过打叶处理后，进行第二次烟叶水分的调整，使其达到均匀一致。初步调制的烟叶，由于分级、扎把时回潮不匀，着生部位不同，内含物质不同，吸湿能力存在着差异，加之受产地、气候条件和运输、存放条件等因素的影响，含水率不一致，一般在16%～18%，高的达20%以上，少数在15%以下。如果烟叶含水率过高，霉菌易于繁殖，轻则叶柄和叶脉处发生“霉头”，重则烟叶发生霉烂变质，造成重大经济损失；如果含水率过低会使烟叶失去韧性，易在运输、贮存、加工等过程中造成碎损。打叶的目的就是使梗叶分离，对梗和叶进行分别复烤。复烤的目的就是使烟叶含水率均匀一致，且控制在一定范围内，以促使烟叶的理化特性朝着有利的方面变化，提高烟叶品质，利于贮存保管，适应卷烟工业生产的需要。

二、打叶复烤的作用

1. 可以减少造碎

打叶复烤处理与利用复烤烟进行打叶相比，可以减少烟叶造碎3%～5%。

2. 提供规格化原料

可以向卷烟厂提供高质量、规格化的原料，为企业节约贮存、醇化和运输费用，并且与世界烟叶贸易要求接轨，利于我国烟叶原料的出口。

3. 提高烟叶的品质

通过打叶复烤，可以提高烟叶的品质。

（1）调整烟叶水分，有利于贮存。由于各种因素的影响，造成烟叶含水率有高有低等不均衡现象，通过复烤，可以进一步调整水分，使之达到国标规定的11%～13%的标准，便于包装，利于贮存，防止烟叶板结、出油和霉变，给烟叶醇化创造良好的条件。

（2）排除烟叶杂质，净化香气。在打叶复烤过程中，粘附在叶片表面上的尘土、杂质和茸毛等被排除，烟叶变得纯净；同时通过复烤机的高温处理，促使游离烟碱挥发和生青气、氨气、辛辣气味的散发，使烟叶的刺激性有所减小，香味变纯，吸味改善，烟质得以提高。

（3）杀虫灭菌，防止烟叶虫蛀霉变。经过打叶复烤处理后，附着在叶面上的霉菌、菌孢、害虫和虫卵将被杀死，有利于烟叶的安全贮存。

（4）有利于醇化，改善烟叶的色泽和品质。通过打叶复烤，使烟叶吸湿性有所减弱，利于烟叶在长期贮存的条件下进行缓慢醇化，这样既可使烟叶保持原有色泽，又可使烟叶品质得到改善。

4. 降低劳动强度，提高劳动效率

打叶复烤的机械化、自动化程度高，只需要很少的工作人员，大大降低了劳动强度，同时，生产效率得到了大幅度的提高。

5. 利于烟叶综合化利用和品质的提高

由于打叶复烤生产由复烤企业集中进行，不但生产效率提高，更利于烟末、烟梗的集中处理和综合利用；还可以有针对性地进行加料复烤、小配方打叶复烤、添加醇化剂等技术措施，更大程度的改善烟叶品质，更好地发挥烟叶的潜质，更好地满足卷烟厂产品开发的需求。

总之，烟叶通过打叶复烤，为其加工处理、贮存、保管和醇化创造了有利的条件，并为烟叶的进一步加工打下了良好的基础。

第三节　打叶复烤工艺流程

将原料加工成合格产品的工艺流程，是将各个必要的加工工序按顺序排列，将平行工段的工序也按顺序排列的加工生产过程。工序是工艺流程中的基本组成单元，它是指一个（或一组）工人在同一个工作地面上对一个劳动对象所完成的一切连续活动的总和。工段是工艺流程中按生产性质划分的生产组合，它是由完成一个相同性质工作工序的组合，每一工段都完成一个相对独立的工艺任务。

打叶复烤工艺流程包含以下工段：

（1）原料准备工段：对来料原烟烟包进行预处理，对烟叶进行清理和挑选，保证符合等级纯度要求，使烟叶原料具备投产条件。

（2）叶梗分离工段：从准备段送来的原烟，根据烟叶特性，进行叶梗分离，叶片与烟梗均应达到质量指标，并尽量减少造碎。

（3）叶片复烤段：将叶片均匀干燥到规定含水率指标。

（4）片烟包装段：将复烤后片烟按一定的重量和规格包装成为成品。

(5) 烟梗处理段：将烟梗均匀干燥到规定的含水率，分选后分别进行包装。

(6) 碎叶处理段：将有关工序产生的散碎烟叶集中进行分选处理，并将碎片干燥至规定含水率和进行包装。

一、打叶复烤工艺流程图析

打叶复烤工艺流程图是用图示来表达成品的制造过程。工艺流程图一般是用方框标出工序，将原材料投入至成品产出的各个工序按顺序排列，用线条将上下工序连接起来，用箭头符号标明原材料的投入、各种成品产出及粉尘与杂物的排出。标明在制过程的温度与含水率的检测点及金属探测点等的位置，打叶复烤工艺流程有切尖打叶复烤工艺流程和全叶打叶复烤工艺流程两种。

（一）切尖打叶复烤工艺流程

切尖打叶复烤工艺流程图如图 16-1 所示。

切尖打叶复烤工艺叶尖部分烟梗较细，根据《卷烟在制品检验标准》规定，叶中所带烟梗如果直径不超过 1.5mm，则不作为烟梗计算。因此，可以在叶梗分离工段中，先将叶尖部分切下来，叶尖经润叶（尖）筛沙、选叶后与打叶后的叶片直接汇合。

（二）全叶打叶复烤工艺流程

全叶打叶复烤工艺流程图如图 16-2 所示。

全叶打叶复烤工艺中烟叶在叶梗分离工段不切尖，经解把等工序处理后全叶进入打叶去梗工序。如果今后收购的烟叶不扎把，或在原料准备工段将烟把解开，则工艺流程的变动为：将解把工序变为翻箱喂料工序。

切尖打叶复烤工艺与全叶打叶复烤工艺比较其优点是：

(1) 提高大中片率：以中柠三（C3L）等级烟叶为例，如切尖量为 20%，大中片率将比全叶打叶提高 3%～5%。

(2) 减少造碎：如切尖量为烟叶总量的 20%，占叶片量的 25%～30%，可减少这部分叶尖的打叶造碎。对等级较低的烟叶更为显著。

(3) 可以减轻打叶负荷 20%。

采用切尖打叶复烤工艺的缺点是：

(1) 增加了一条叶尖处理线。

(2) 人为因素影响较大，容易影响成品质量的稳定，且不利于全线的机械化操作。

(3) 叶片大小悬殊、结构不合理，影响卷烟企业制丝后烟丝结构的均匀。

采用切尖打叶还是全叶打叶主要取决于烟叶和生产线条件以及客户对片烟质量的要求。

二、原料准备

原料准备又称原料预处理，主要过程包括烟叶预回潮及选叶或选把。其任务是对来

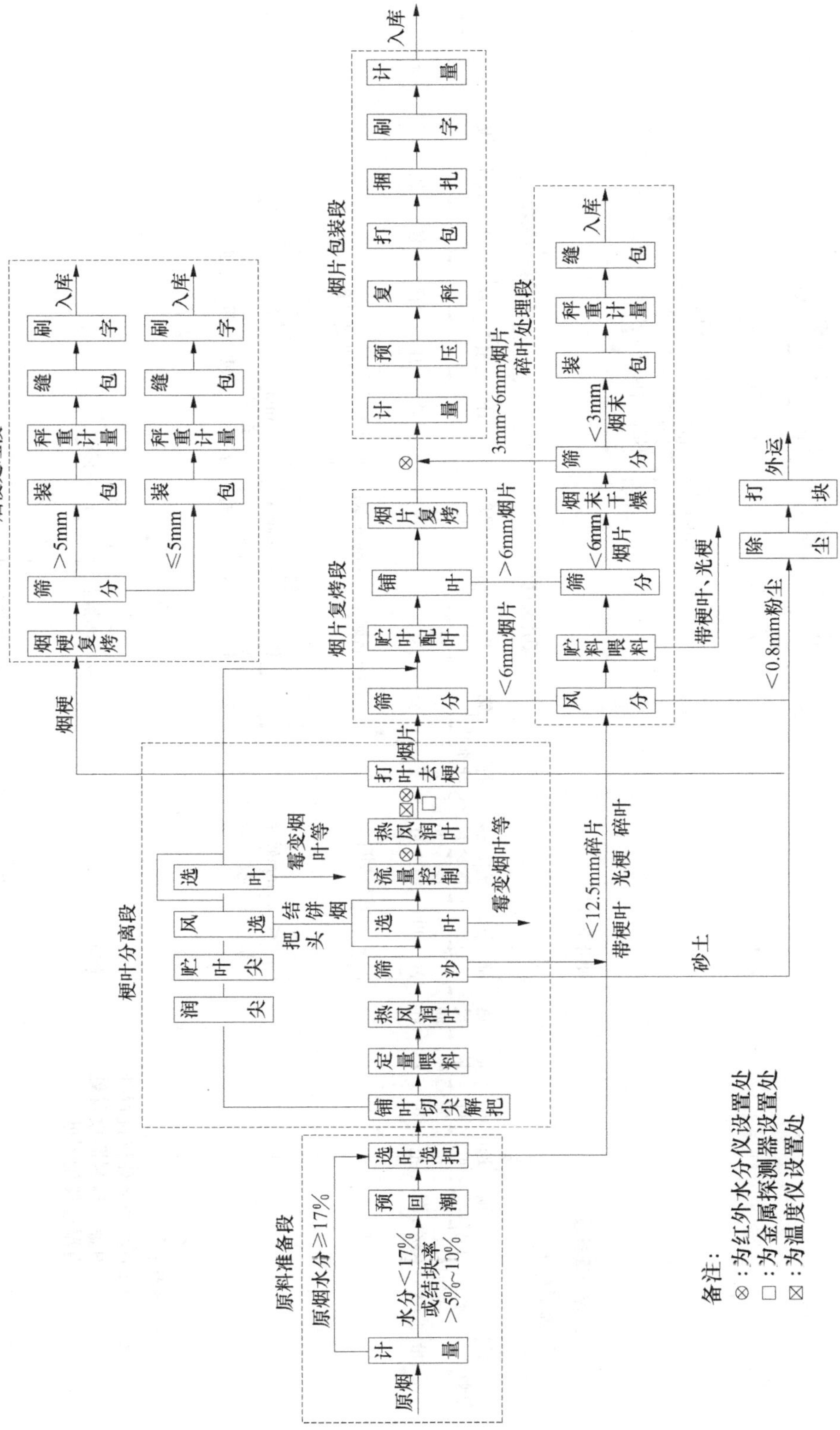

图16-1 切尖打叶复烤工艺流程图

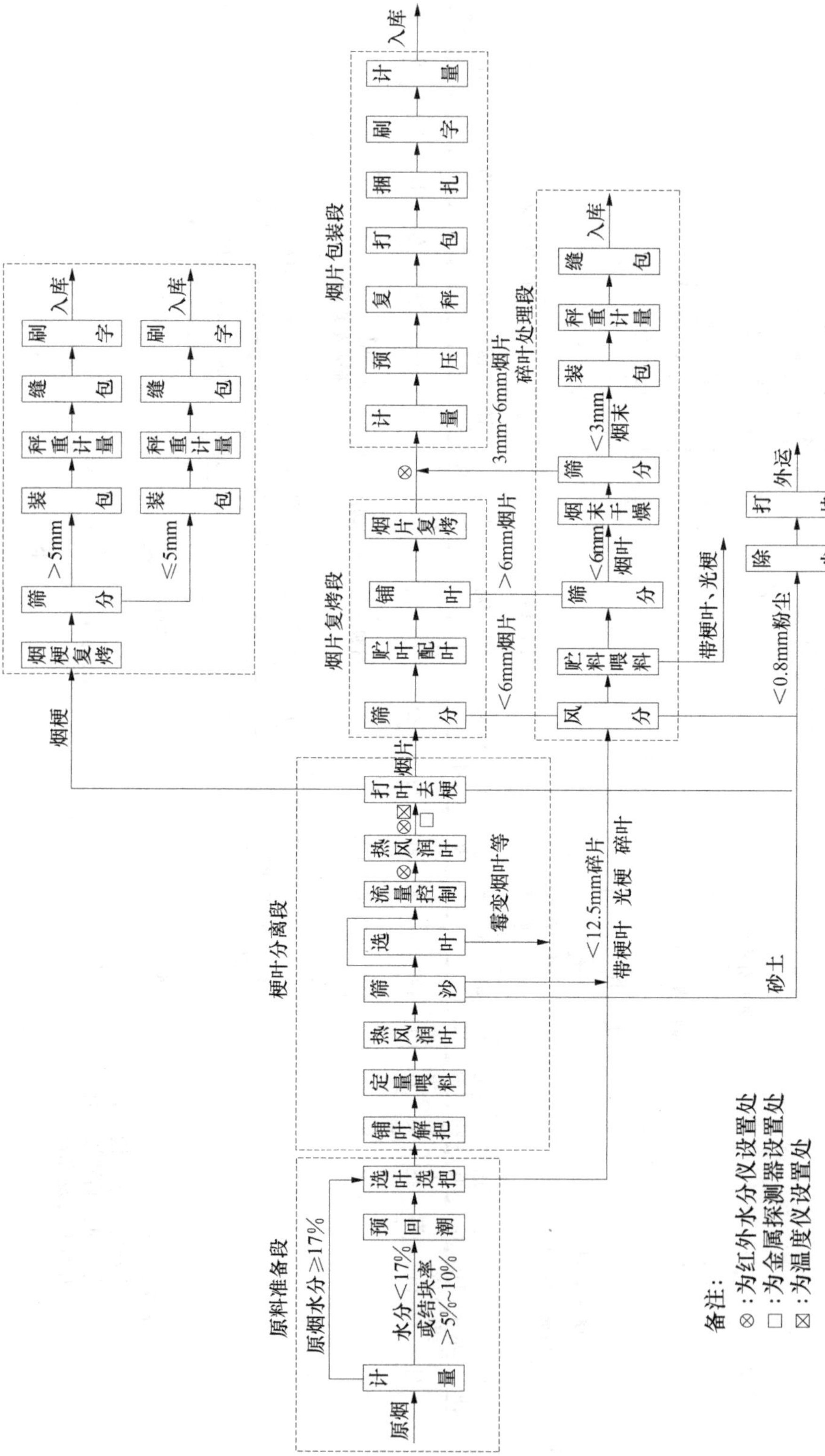

图16-2　全叶打叶复烤工艺流程图

料烟叶进行整理和准备，使烟叶等级和质量符合用户要求。在原料准备过程中，首先要对来料进行计量和抽检，使投入的烟叶等级和质量符合相关的国家标准。然后，进行预回潮和选叶或选把。若根据用户要求，需要进行配方烟叶加工时，还应增设预配叶环节，使不同等级的烟叶得到均匀掺配。

（一）烟叶预回潮

1. 任务和作用

烟叶预回潮是对来料烟叶进行增温增湿处理的一个工艺过程。原烟是否需要进行预回潮应根据原烟的含水率和黏结情况而定。气温较高、相对湿度大、烟叶柔软而松散时，一般可不经过预回潮，直接投入下道工序。当气温较低、烟叶温度也较低、烟叶板结时，则需要进行预回潮。预回潮的基本任务就是提高烟叶的温度和含水率，改变烟叶的物理特性，使之满足后加工工序对物料的工艺要求。其具体作用如下：

（1）提高烟叶的柔软性和抗破碎性，减少烟叶在加工过程中的造碎。

（2）松散烟把和烟叶，便于选叶或选把以及铺叶摆把的生产操作。

（3）减轻烟叶中的青杂气，烟叶在高温条件下进行回潮，可以在一定程度上起到杀虫灭卵的作用。

2. 加工方法

一般采用真空回潮机进行预回潮。当回潮筒内真空度达到一定值后放汽喷水，借助烟包内外压力差和温度差，使蒸汽渗透到烟包内，并冷凝于烟叶上而使烟叶升温回潮。

3. 质量要求及评价

（1）回透率。回透率作为评价真空回潮均匀性的一个指标，一般要求≥98%。如果达不到这一工艺要求，则烟包里层的烟叶温度将明显低于外层烟叶的温度，烟包内部烟叶不仅温度低，而且含水率几乎不增加，影响整包烟叶水分平衡，包心板结烟叶不松散。发生这种情况，将会增加烟叶加工造碎。

（2）烟叶含水率。回潮后的烟叶含水率要求增加2%～4%，如果来料含水率偏低，就需要多增加一些，以保证回潮后的烟叶含水率在15.5%～18.0%范围内。

（3）包心温度。回潮后的烟包包心温度一般要求在55～80℃之间。如果包心温度过高，容易引起烟叶色泽变深，温度越高，色泽转深程度越大。此外，回潮后的烟叶在开包、选叶或选把及切尖解把等过程中，烟叶要散发一定热量，使其本身的温度与环境温度达到平衡。烟叶降温主要是以散失水分带走热量的方式来完成的，这样势必要降低烟叶含水率，回潮后的包心温度越高，水分散失量越大，含水率降低越多。因此，不论从保证烟叶色泽，还是从保持烟叶含水率来说，都应控制烟叶包心温度，不应过高。当然，包心温度也不是越低越好，因为包心温度过低，一是影响烟叶在真空回潮过程中水分的增加量，二是增加了真空回潮的操作难度，同时还会延长真空回潮周期，增加能耗。

（4）水渍烟叶。水渍烟叶的缺陷：一是使烟叶色泽明显转深，二是使烟叶耐加工性能明显减弱。因此，要求真空回潮不得出现水渍烟叶现象。水渍烟叶有两种表现形式：第一，在烟叶较干较冷时，施加的水分只在表面而不能渗透到烟叶组织中；第二，烟叶吸收了部分水分，但因水分量大，烟叶表面残留了较多的水，发生这种情况一般是因为加湿量过大，加湿喷嘴雾化效果差，筒内上导水板渗漏或烟包摆放接触回潮筒壁。

回潮后的烟叶应符合表 16-1 的质量指标要求。

表 16-1　真空回潮质量指标要求

烟叶等级	回潮后包芯温度/℃	回潮后含水率/%	回透率/%
上等烟	55～65	15．5～16．5	≥98
中等烟	65～75	16～17	≥98
下低等烟	65～80	17～18	≥98

4. 技术措施

(1) 提高真空度。回潮筒内真空度的高低直接影响烟包内外的压力差，进而影响进入烟包的蒸汽量和蒸汽渗透到烟包中的均匀程度。真空度越高，筒内烟包中的余气越少，烟包内外压力差越大，蒸汽的渗透能力和烟叶吸收水分的能力越强，回潮速度越快。因此，烟包回透率也就越高，烟叶增加含水率也就越多。真空度过低，烟包中就会存在一定量的余气，当蒸汽渗入烟包中时，会使包内的余气向包中心压缩，从而阻挡蒸汽的渗入，形成“干心”。残留空气越多，干心的比例就会越大，即烟包回透率越低。真空度过低，还会因为烟叶毛细孔内仍充满空气，使冷凝在烟叶表面的水分难于被烟叶内部组织吸收，造成回潮后烟叶柔软性差。

影响真空度高低的主要因素有：①设备的密封性能。②抽空系统的抽空效率。③冷却系统的对流（空气和冷却水）状况以及冷却水温等。

(2) 改善加湿蒸汽性质。真空回潮一般采用饱和蒸汽进行加湿。过热蒸汽温度高，含湿量低，容易导致回潮烟包温度偏高，增湿量偏低。为此，必须在加湿前将过热蒸汽转化成饱和蒸汽，这就是真空回潮机设置蒸汽转化器或汽水混合器的主要作用。值得注意的是，高压下的饱和蒸汽进入回潮筒压力降低时，会变为过热蒸汽。因此，采用蒸汽引射水或汽水混合器的办法，尽量将进入回潮筒的蒸汽转变为相对压强下的饱和蒸汽，就可以降低回潮烟包温度，提高回潮烟叶含水率。

饱和蒸汽中含水量过大时，水分会浸湿表层烟叶，影响蒸汽在烟包中的扩散速度和扩散范围，造成烟包外层烟叶和里层烟叶含水率差异大，外层烟叶含水率过高会阻碍蒸汽向里层烟叶的渗透，甚至会使包心烟叶几乎不能增温增湿。

改变筒内蒸汽性质的措施有：①若采用 YG18 型真空回潮机，可在向筒内喷蒸汽的同时，调节喷水量。②若采用 STE-2 型真空回潮机，可通过调节水和汽的流量，改变水汽混合器中水和蒸汽的比例。

(3) 选择适宜的工作周期。对于要求含水率增加较少的烟包，单周期回潮即可达到要求；对于含水率要求增加较多、板结较严重的烟包或回潮后包心温度要求较低的烟包，应选择 2～3 周期回潮方可达到要求。

(4) 选择适宜的破空真空度。破空前筒内真空度通过影响回潮能力来影响烟包温度。当破空前回潮筒内真空度为绝对压力 400Pa 时，包心温度约为 85℃；绝对压力 533Pa 时，包心温度约为 75℃；绝对压力 667Pa 时，包心温度约为 65℃。若要使回潮后的包心温度达到70～80℃，破空前筒内真空度就应为绝对压力480～613Pa。原烟一般要求增湿能力不高，因此，选择适宜的破空真空度，是满足回潮烟包包心温度要求的关键。降低包心温度，还可以通过延长保湿时间、增加回潮周期等措施来实现。

(5) 要提高喷水的雾化效果，筒体内上部的积水要引导至两边的水槽中，不能下滴；烟包的摆放不能接触筒壁，这样可以减少和防止产生水渍烟叶。

(6) 真空回潮后的烟叶不得封存在回潮筒中，出筒后的烟包应及时进行拆包加工处理，以免烟叶在温湿度较高的条件下色泽变深。一般存放时间不得超过30min。

(7) 在生产中蒸汽压力、蒸汽性质、水压、水质、压缩空气等均应满足工艺条件要求；喷嘴雾化效果必须良好；各种传感元件必须保证灵敏可靠；各种仪表工作正常、数字及表盘显示准确无误；电源电压等必须符合要求，保证各电机、电器运行正常。这些都是完成工艺任务的最基本的要求。对其他工序、凡相关的条件均须要求做到，其后工序技术措施中均不再赘述。

(二) 选叶或选把

1. 任务和作用

从烟农或烟叶收购环节进入复烤厂的原烟中存在一定比例的混级烟叶，烟包中有时还混有杂物。同时，贮运过程中，还会产生一些霉变烟叶。为了保证烟叶质量，必须在打叶复烤生产之前对这些原料进行选叶或选把，清除霉变烟叶和杂物。选叶或选把的任务是：①解开原烟烟包，去除包皮，剔除包中石块、土块、稻草、麻片等杂物。②挑检出霉变和变色的烟叶，并松散烟把。③按照规定指标或者用户的要求，对烟叶进行分选。

2. 加工方法

目前我国几乎都是采用人工选叶或选把，在国外有采用光电辨色和自动选叶的方法。选叶是将烟把解开，逐片挑选，这在混杂严重或要求严格的情况下采用；选把则是根据每把烟叶的质量状况进行综合判断，不需要把烟把解开，仅将烟把中等级差别大的烟叶抽出，一般在混级不太严重的情况下采用。采用选把还是选叶，应视烟包中等级混杂程度及用户的要求而定。

(1) 人工选叶或选把。国内一般采用“地摊”式人工选叶或选把，即将烟包放到指定位置，解开后将霉变烟叶和杂物挑选出放入筐内，然后按要求逐把或人工解把逐片将符合等级和不符合等级的烟叶分别放到相应的小车上，再送至指定的备料区堆放。

一般的分选方法分为符合等级的、高于或低于等级的烟叶3个档次；混级严重者，不符合等级的烟叶还要再次分选。人工选叶或选把也有采用挑选台形式进行挑选，如在润叶后进行的选叶就属于这种情况。符合等级和不符合等级的烟叶，用不同的输送带输送。人工选叶或选把方式需用人员较多，占地面积大，环境较差，同时还存在着“人为因素”的影响。

(2) 光电辨色自动选叶。这种方法是利用光电色泽鉴别仪，采用色泽比较法，将色泽一致和不一致的烟叶自动分开，达到分选的目的。其基本方法是，烟叶由提升喂料机均匀喂入一水平输送带，带的一端设有一组光电辨色仪和剔出装置，通过辨色仪辨色后，剔出装置将不符合色泽要求的烟叶剔出到另一条输送带上，再经过一次色泽鉴别，达到自动选叶的目的。

光电选叶的优点是可实现自动化选叶，节省人工和占地面积，但投资较大，只能依据色泽进行分选，对等级质量的判断有一定的局限性。

3. 技术措施

在选叶或选把过程中，应采取以下技术措施，以保证选叶或选把工作的顺利完成。

(1) 选叶或选把区的温湿度应控制在温度20～30℃、相对湿度70%～75%范围内。光照强度不低于150lx。空气中的含尘量应小于3mg/m^3。

(2) 加强来料和选叶选把的计量管理以及质量检查和考核。

三、叶梗分离

叶梗分离的工艺任务是将烟叶上的叶片和烟梗有效地分开。完成这一任务需要经过一系列的处理过程，主要有摆把、(切尖) 解把、热风润叶和打叶去梗。

(一) 摆把、(切尖) 解把

1. 任务和作用

在切尖打叶的情况下，根据生产线的流量要求，均匀、整齐地将烟把摆放在运输带上，从烟梗直径1.5mm的位置切去叶尖，并将把头解开。在全叶打叶时，则铺叶后解把而不切尖，若前工序为解把选叶或不扎把烟叶选叶时，均不再有摆把与解把工序。

摆把的作用主要是保证切尖量和切尖质量，其次是可以挑选烟把，将霉变烟叶、杂物等不合格的来料剔除。生产配方烟叶时，还可起到烟叶预配的作用。切尖的作用是能提高产品的大片率，减轻后道工序的加工负荷；解把的作用是可以使烟叶松散，保证热风润叶时均匀地增加烟叶的温度和水分。

2. 加工方法

一般采用切尖解把机，将铺叶、切尖、解把连成一体，进行切尖解把加工。当只需要解把，无需切尖时，将上切尖刀提起即可。按核定的烟叶加工流量，分批次从不同烟包中均匀整齐地将烟把摆放在铺叶带上，定位切尖。切尖方式一般采用以叶尖为基准摆齐、排序为宜。解把方式还可以采用低速辊刀解把，也可在辊刀滚切把头后用搓辊搓散烟把。

3. 切尖解把的质量要求和评价

(1) 叶尖含梗率。叶尖含梗率作为评价摆把均匀性的一个指标，一般要求不大于2.5%。如果达不到这一工艺要求，一是会增加打叶去梗的难度，二是会使最终产品的叶中含梗率偏高，影响卷烟加工的烟丝纯净度和烟支卷制质量。因此，该指标应与打叶后叶片质量指标相协调。

(2) 解把率。解把率的高低影响后序加工的均匀性，使热风润叶后的烟叶水分偏差大，影响打叶去梗的效果。一般要求解把率不小于80%。

4. 技术措施

(1) 摆把的规范性。切尖解把的效果受人为因素的影响较大，主要要求将烟把均匀、定量、整齐、定位地铺放在摆把台输送带上，否则，就会出现漏切、斜切和倒切等现象，既影响切尖量，又影响叶尖含梗率。除此，烟把摆放不到位、重叠也会使解把率大大降低，严重时，会使切尖解把机因堵料而停机。因此，摆把过程必须加强管理，做到操作规范。

（2）切尖方式。切尖方式有两种，一种是以叶尖对齐进行切尖，另一种是以叶基对齐进行切尖。试验表明，第一种切尖方式好于第二种，以这种方式进行切尖，不仅切尖量大，而且叶尖含梗率低。

（3）切尖长度。试验表明，切尖长度越大，叶中含梗率越高；切尖长度越小，叶中含梗率越低。切尖长度对于片烟产品的尺寸规格和叶中含梗率都有较大的影响。因此，切尖长度必须根据烟叶的状况和片烟产品的质量要求指标慎重确定。

（4）解把方式。解把的方式有很多种，目前常用的有辊刀式解把和打辊式解把。采用辊刀式解把，对烟叶的造碎较少，一般其造碎率小于0.5%，解把率与工人操作和管理水平有较大关系，较好的可达80%～90%。采用打辊式解把，可消除人为因素的影响，一般解把率在90%左右，烟叶造碎率在1%左右。烟叶含水率越高，造碎率越低。

（二）热风润叶

1. 任务和作用

预回潮后的烟叶，经过开包、摆把、解把及定量喂料等工序之后，其水分约14%，这时烟叶的抗破碎性能较差，不符合打叶去梗工序的工艺要求。因此，需要在打叶去梗前对烟叶进行增温增湿，即热风润叶。通过热风润叶，可使烟叶柔软、松散，增强其韧性和抗破碎性，减少烟叶在打叶去梗过程中的造碎和灰损，从而提高打叶去梗的质量。

在打叶去梗工序之前一般采用两次热风润叶处理，这是根据烟叶原料的形式和特点确定的。烟叶不扎把的条件下，烟叶较松散，通过一次热风润叶能取得较好的润叶效果。而原烟扎把时，虽然经过了解把工序，但并不能使烟把完全松散，必须通过润叶才能使烟把逐渐松散开。实践证明对扎把的烟叶，一次润叶之后，还不能取得满意的效果，同时经过筛沙和选叶等工序后，烟叶的含水率和温度均有降低，需要通过第二次润叶，使烟叶的温度与含水率满足打叶工艺要求。

叶尖需要通过热风润叶进行加温加湿，使叶尖松散，含水率达到要求，方能与打后片烟掺配均匀，含水率一致。

2. 加工方法

一般采用滚筒式热风润叶机处理。滚筒中心线与水平面呈3°～5°的倾斜角，烟叶物料从入口端喂入，依靠滚筒的转动和筒内耙钉的作用，烟叶在筒内不断翻滚并向出口端流动。在筒入口与出口端分别设置蒸汽和水喷嘴，并配置热风系统。热风系统有顺流或和逆流式两种，各有其优缺点。筒内空气中水蒸气的分压力大于烟叶表面水蒸气分压力，而且热风温度高于烟叶温度。因此，水蒸气容易冷凝于烟叶表面，从而达到增温增湿的目的。

一般生产线在打叶去梗工序前都设置两次热风润叶，在两次热风润叶之间还设置了仓式喂料和流量控制系统。

3. 热风润叶的质量要求和评价

润后烟叶的温度、水分含量及松散情况是影响打叶去梗的重要因素。一般要求的润叶质量见表16-2。润后烟叶除满足质量指标外，感官评价也非常重要。润后烟叶感官评价的具体要求如下：

表16-2 热风润叶后烟叶质量指标要求

工序及加工参数		上等烟		中等烟		下等烟	
		烤烟	白肋烟	烤烟	白肋烟	烤烟	白肋烟
第一次润叶	含水率/%	17～18	18～20	18～19	18～20	19～20	19～21
	温度/℃	50～55	55～65	50～58	55～65	60～70	55～65
第二次润叶	含水率/%	17～19	19～21	18～20	20～22	19～21	20～22
	温度/℃	55～65	60～70	60～70	60～70	60～70	60～70
第三次润叶	含水率/%	17～18	18～20	18～19	18～20	18～19	19～21
	温度/℃	50～55	50～60	55～60	50～60	55～60	50～60

注：选定指标后含水率允差为±1%，温度允差为±5℃。

资料来源：陈良光，2002

(1) 润后烟叶应松散、无黏结、无水渍、无潮红叶、无蒸片。

(2) 一次润叶后，烟叶应柔软，手握烟筋不易折断，叶片可较大程度地从烟筋上撕下，但边缘不甚光滑。

(3) 二次润叶后，烟叶的叶片和烟筋柔软，叶片很容易从烟筋上撕下，且边缘光滑，但烟筋的表皮并未撕下。

4. 技术措施

(1) 通过调整流量控制系统，使进入润叶机的烟叶喂料均匀，流量稳定。

(2) 通过调整喷汽、喷水装置，控制工作水压和工作气压，保证喷嘴雾化效果。调整喷嘴位置，对准润叶机筒内烟叶流，使润叶机的加潮均匀，避免润叶机出口端的振槽上出现明显的水迹现象。

(3) 通过调整喷汽、喷水量和循环热风温度，协调润叶机的增温增湿量。一般一次润叶应以增加水分为主，二次润叶以增加温度为主，达到既满足规范的指标要求，又能使烟叶在润叶过程中均匀地吸收水分。

(4) 充分利用二次润叶之间的仓式喂料机的料仓，尽可能将料仓贮满，增加烟叶吸收水分的时间。

(5) 润叶后如果有结块，应采取松叶或分离措施。分离一般采取风分形式，分离出来的结块叶尖再次喂入润叶机之前。

(6) 要经常清洗循环热风中的滤网和散热器等，保证热风系统的正常循环。

(7) 对全叶打叶来说，过长的烟叶（一般＞50cm）最好要切断，避免烟叶在筒中缠结，影响润叶效果。

（三）筛沙分选

1. 任务和作用

通过筛沙分选工序，可以将烟叶上粘附的沙土大部分予以筛除，将散碎叶片筛出，减少后续工序的粉尘污染，减少对打叶去梗等设备的磨损。筛出散碎叶片，可减少散碎叶片的打叶造碎。

2. 加工方法

(1) 平面振动筛筛分。采用不同网目尺寸的复合多层网平面振动筛分，既能起到“筛沙”的作用，还可以对筛出物料进行分选。

(2) 滚筒筛筛分。转动的滚筒密封在外罩壳内，滚筒内开有长方口并镶上筛网，形成筛网筒，烟叶在筛网筒内翻滚前进，沙土和散碎叶片从网中筛出，由筛网筒下面的螺旋输送器输出。

(3) 多辊式混合筛筛分。上层装有多道同向旋转的小辊筒，小辊筒之间保持一定间隙，物料在同向旋转的小辊筒的作用下波动前进，较小尺寸的物料从间隙中漏下进入下层的振动筛，大部分尺寸较大物料从辊道上直接输出，减少了平面振动筛筛分物料量，提高了设备加工能力。

三种筛沙方法以滚筒筛筛分效果较好，筛分效率较高，但设备结构比较复杂；平面振动筛筛分效率较低，特别是当物料多，筛上物料层厚度较大时筛分效率更低；采用多辊式混合筛克服了振动筛处理量小的缺点，但碎片常夹杂于大叶片之中，不进入下面平面振动筛，因此筛分效率也不高。

3. 质量指标及评价

要求对沙土等碎杂物及散碎片的筛分效率（或筛净率）＞90%，筛分效率是指物料通过筛分后，碎片量减少的比率。

4. 技术措施

(1) 用平面振动筛一般采用 6.35mm 或 12.7mm（4 目/25.4mm 或 2 目/25.4mm）筛网。筛网尺寸越大，筛分效率越高，但筛出物料也较多。用滚筒筛一般采用 5mm 或 6.35mm（5 目/25.4mm 或 4 目/25.4mm）筛网。因此，加工方法及筛网尺寸的选择要根据加工烟叶流量、等级及要求等确定。

(2) 对于叶尖的筛沙，因为叶尖不经过打叶工序，且物流量小，因此，一般采用 6.35mm（4 目/25.4mm）筛网的平面振动筛。

(3) 对筛网要经常检修，防止筛网变形、破损或脱边。

(4) 筛网要经常清扫，以防止网孔的堵塞。

（四）选叶（尖）

1. 任务和作用

这里的选叶（尖）操作是在加工流程中动态的状况下进行的。烟把经过解把和第一级热风润叶后，绝大部分的烟叶已经松散开，可以由人工把烟叶中（特别是扎把部位中）夹杂的青烟、霉变烟叶和杂物挑拣出来，进一步提高烟叶的纯净度。

2. 加工方法

采用选叶台形式进行选叶，将一润后大流量的烟叶物料均匀地分配到多台选叶输送带，每个选叶台有一名工人进行选叶操作。在选叶（尖）过程中，挑选出来的杂物应放入专用杂物箱内，并及时进行清理；挑选出来的青烟、霉变烟应放入专用箱内，集中处理。

3. 技术措施

(1) 一般单台选叶台烟叶(叶尖)流量≤300kg/h,分配要均匀,输送带带速为10~12m/min。

(2) 烟叶(尖)在线挑选属选择性工序,即根据原料、原料处理段状况以及用户要求进行选择。当原料准备工段的选叶(把)工序可以保证烟叶的纯净度时,可以不采用在线的挑选工序。

(3) 由于选叶台选叶可能产生人为因素的影响,在加工时要严格管理。

(五) 流量控制

1. 任务和作用

将烟叶按生产工艺要求的流量,均匀地供给第二级热风润叶机,以保证进入润叶机烟叶喂料均匀,流量稳定,是保证烟叶均匀地加温加湿,提高打叶质量和稳定性的重要条件。在流量控制环节还设有贮料装置,能起到工序间的缓冲和调节作用;同时烟叶在贮料装置中还起到平衡温湿度,让水分充分渗透的作用。

2. 加工方法

在二润之前一般采用仓式喂料机加计量管和电子皮带秤流量控制方式,可以获得较高的流量精度。

3. 质量要求

对第二级润叶前的流量控制,即在测量统计中以10s的流量作为一个检测单元。要求流量精度控制在±1%以内。

4. 技术措施

(1) 调整好仓式喂料机、计量管和电子皮带秤的物料匹配,使烟叶能均匀地从电子皮带秤上流出。

(2) 调整好贮料柜及计量管上的光电开关,使控制系统灵敏,匹配准确。

(3) 经常清扫仓式喂料机活动门内及计量管内烟末和碎片;擦净观察窗,保证光电开关正常工作。

(4) 定期校正电子皮带秤,确保其称重准确。

(六) 打叶去梗

1. 任务和作用

打叶去梗的基本任务是将叶片从烟梗上撕裂下来,并使之分离,达到叶片和烟梗的质量指标。

2. 加工方法

按设备结构形式可分为卧式打叶设备、立式打叶设备和卧立结合打叶设备等几种方式,但一般采用卧式打叶设备。卧式打叶设备有多级打叶器和多级风分器,烟叶原料首先进入打叶器,在打叶器内利用打辊上的打钉与框栏之间的速度差对烟叶产生的摩擦和撕扯力,将叶片从烟梗上撕下。然后在风分器内利用叶片与烟梗悬浮速度的不同采用适当的风分风速将其分离开来。通过多级打叶风分系统，烟梗中仍含有少量的叶片（2%～3%），再通过回梗系统，将烟梗中的叶片和带叶梗分离出来再送到倒数第二级风分器中或送入最后一级打叶器中。不断循环，尽量将叶片分离出来。

3. 质量要求及评价

打叶去梗的质量指标主要有叶片结构、烟梗结构、叶中含梗率和梗中含叶率。具体指标要求见表 16-3。

表 16-3　打叶去梗质量指标要求

规格/%	上等烟	中等烟	下低等烟
＞25.4mm 叶片率	≥58	≥56	≥52
＞12.7mm 叶片率	≥87	≥85	≥81
＞6.35mm 叶片率		≥96	
＞3.18mm 叶片率		≥99.5	
＜3.18mm 叶片率		＜0.5	
叶中含梗率		≤2.5	
叶中含粗梗（＞2.38mm）率		≤0.5	
梗中含叶率		≤1.5	
＞20mm 长梗率		≥70	≥60

注：① 全叶打叶时，＞25.4mm 叶片率指标下调 2 个百分点。
② 本表为筛除碎片并掺入叶尖后的指标。

从表 16-3 的叶片结构数据是打后叶片过筛（对切尖打叶还要加入叶尖）后的指标，因此必须检测网下碎片比例：一般上、中等烟应≤1.5%，下低等烟≤3.5%，这是评价打叶去梗效果及生产线经济效益的一项重要指标。

除此之外，尘土中可燃物率也可作为评价打叶去梗效果的一项指标。尘土中可燃物率是指打叶去梗后，除尘器尘土中烟末的含量。尘土中可燃物率越高，表明在打叶过程中的烟叶造碎较大，损耗较多。因此，在保证打叶重量的前提下，应尽可能地降低尘土可燃物率，以减少烟叶造碎产生的损耗。

4. 技术措施

（1）选择适宜的烟叶温度和含水率。适宜的烟叶温度和含水率是取得良好打叶去梗效果的基本条件。若来料烟叶温度和含水率偏低，烟叶脆性增加，容易产生造碎、叶片合格率下降、碎片率和碎梗率增加、叶中含梗率偏高现象。此外，烟叶含水率和温度低，打后烟梗表面会附着许多锯齿状的小叶片，造成梗中含叶率增加。如果烟叶温度高，含水率大，往往造成打叶效率低，叶片不能及时分离出来，重复打叶，不仅合格叶片下降，而且梗中含叶率也增加；另外，还容易出现堵塞打叶机的现象。因此，烟叶温度和含水率过高或过低，都影响打叶去梗效果。一般卧式打叶机烟叶含水率和温度要达到表 16-2 二润质量指标为宜。另外，还必须注意来料烟叶温度和含水率的均匀性，以保证打叶去梗质量的稳定。

（2）严格控制烟叶流量。实践表明，进入打叶去梗工序的烟叶流量影响打叶去梗效果。当物料流量增加时，叶中含梗率虽然降低，但造碎增加，叶片合格率也随之降低，而且梗中含叶率增加。反之，则结果相反。因此，适宜稳定的物料流量是保证打叶去梗效果的基础，物料流量的波动就意味着打叶去梗效果的不稳定，过大或过小的物料流量都会因为影响打叶效果和风分效果而降低打叶去梗质量。

(3) 改善进入打叶机的物料状态。进入打叶机的烟叶一般要求松散、均匀，未解把的烟叶进入打叶机会瞬间增加打叶机的负荷，影响打叶效果。同时，未解把（或未松散）的烟叶，由于在预打叶处理（增温增湿）过程中，水分和温度增加的不均匀性，也会影响打叶和风分效果，从而降低打叶去梗质量。

(4) 选择适宜的打叶器工艺参数。打叶器的主要技术参数有打辊转速、框栏档距、打叶负荷（单位打叶器宽度上的物料量）、打钉排列、钉距和钉框距等。这些技术参数与打叶效果密切相关。打叶效果好坏，常以打叶效率表示。

打叶效率是指进入某级打叶器撕下的叶片量占投入该打叶器叶片量的百分比。科马斯打叶机组推荐的各级打叶效率参数是第 1 级 72%、第 2 级 73%、第 3 级 85%和第 4 级 100%。麦塔维打叶机组推荐的是第 1 级 65%、第 2 级 70%、第 3 级 75%和第 4 级 99%。如果增加打辊转速、减小框栏档距、钉距，打叶效率提高。反之，则打叶效率降低。

(5) 选择适宜的风分器工艺参数。风分器主要技术参数有风分风速、风分风速的均匀性、风分负荷（单位风分器宽度上的物料量）、风分料气比（单位时间内风选分离的叶片量与所用空气量之比）。这些技术参数与风分效果密切相关。风分效果好坏，常以风分效率表示。风分效率是指进入某级风分器分离出来的叶片量占投入该风分器游离叶片量的百分比，每级各风分器总风分效率应≥95%。出片率则是每级打叶器打叶效率和该级各风分器的总风分效率的综合反映。出片率是指通过各级打叶风分分离出来的叶片量与进入打叶去梗总烟叶烟片量之比。在保证叶中含梗率质量达到指标的前提下，按工艺规范推荐：打叶机组第 1 级的出片率大致为 65%～70%，第 2 级为 20%左右。科马斯打叶机组推荐的出片率分别是第 1 级 67%、第 2 级 20%、第 3 级 11%、第 4 级 2%。麦塔维打叶机组推荐的是第 1 级 62.14%、第 2 级 23.96%、第 3 级 9.64%、第 4 级 4.01%。由于打叶机性能的不同，所推荐的参数有差异，提供复烤企业参考。在打叶效率不变的条件下，如果增加风分风速、降低风分负荷，风分效率和出片率会因此增加，但叶中含梗率也相应增加。反之，风分效率和出片率会下降，叶中含梗率降低。

(6) 控制除尘风量，保证风分器内一定的负压和风速梯度，提高风分器内气流分布的均匀性也是取得良好风分效果的关键之一。

(7) 调整回梗风量控制装置，保证适当的回梗量。

四、烟片复烤

原烟从传统的挂竿复烤到现在的打叶复烤，虽然加工对象的形态发生了很大变化（以前是把烟，现在是大小均匀的叶片），但复烤过程均采用干燥、冷却和回潮 3 个工艺过程进行处理。这 3 个过程均在同一隧道式复烤机中完成。

（一）叶片筛分

1. 任务和作用

对于打叶去梗后、叶片在复烤前进行叶片筛分其主要作用是：①保证成品片烟中碎片率指标符合要求。②防止碎片在烟片复烤过程中漏网。

2. 加工方法

由于采用辊筒筛处理的叶片容易产生卷曲和造碎，因此不宜用于烟片复烤阶段。叶片复烤前的筛分一般采用振动筛筛分，为提高筛分效率，因此需要设置多级筛串联。目前大多与打叶设备直接连接。

3. 质量要求及评价

烟片复烤阶段碎片筛分的工艺质量要求其筛分效率（或筛净率）≥90%。

4. 技术措施

因目前烟片复烤阶段大部分采用平面振动筛，以下仅介绍这种形式的技术措施。

（1）来料烟叶应松散，流量应均匀、稳定。

（2）筛网尺寸一般选 4 目/25.4mm～5 目/25.4mm（5～6mm），以保证对碎片的筛分效率。

（3）振动筛一般要求两级串联，并且两级振筛之间，最好要有 90°的物料流向变化，使来料烟叶在翻动中筛分，在筛分中翻动，提高筛分效率。

（4）筛面要校准水平，防止筛面偏料，降低筛分效率。

（5）振动筛的筛网长度要合理、横断面尺寸要适当。振动筛的频率和振幅与物料运行速度和翻动状况有很大关系，直接影响筛分效率。因此，须进行准确计算并在运行中进行适当的调整，以达到规定的筛分指标。

（二）贮叶与配叶

1. 任务和作用

贮叶与配叶是两个不同的概念。贮叶是将叶片贮存在贮柜内，以保持前后工序的生产平衡；配叶则是几个等级烟叶掺配打叶复烤时（即配方打叶复烤），将各等级的叶片均匀混合在一起。贮叶与配叶工艺可以在同一工序内完成。具体作用是：①调节和平衡前后工序之间的生产能力，减少停机率，提高生产线的有效作业率；②采用配叶生产时，可将不同等级的叶片混合均匀；③采用加料复烤技术时，可以使叶片在贮柜贮存过程中充分吸收料液，从而改善其吸味品质；④通过贮柜贮存可以均衡叶片水分，提高叶片复烤的均匀性。

2. 加工方法

采用贮叶配叶柜，进行配叶时利用往复式进料运输带一层一层（或一行一行）地铺叶后，同一批烟叶由同一贮叶柜进行贮存，由拨辊松叶、出料，达到混配均匀的目的。进行贮叶时，铺料程序基本同上，当后面设备需用物料时，即可输出。

3. 质量要求及评价

经配叶贮叶以后，在同一批量配叶烟叶中，要求各等级烟叶，特别是数量较少的烟叶能掺配混合均匀，叶片温度与含水率基本平衡，含水率极差小于 2.0%。

4. 技术措施

（1）配叶或加料复烤必须采用两个或两个以上的柜体，一个贮柜进行掺配或加料叶片贮存，一个贮柜输出配好或料液充分渗透的叶片进行复烤，才能保证生产的连续。

（2）配叶贮叶必须设有明显的等级（或叶组）标志，不得出现等级（或叶组）混淆。

（3）作为配叶，单柜贮存能力必须与配方的批次量相匹配，才能便于生产组织。加工配叶组时，整批次叶片完全进柜后方能出柜，不允许边进边出。

（4）作为贮叶，因打叶后的叶片温度及含水率均较高，贮存时间过长，叶片颜色容易变深。因此，多采用单柜贮存，边进边出的办法。一般情况下，仅在前后设备出现故障时采用，缓冲时间大约半小时。

（三）烟片复烤

1. 任务和作用

烟片复烤的基本任务是通过复烤工序的干燥、冷却和回潮，使烟片含水率达到规定要求。其具体作用如下：

（1）由于复烤后的烟片吸湿性能减弱，所以有利于较长时间的自然醇化和安全贮存。

（2）提高物料的松散性和弹性。

（3）排除烟叶中的杂气，改善烟叶的吃味和香气质。

（4）杀虫灭菌，减少或避免产品在贮存过程中霉变和虫蛀的可能性。

2. 复烤设备的结构和功能

复烤设备种类很多，但其基本结构和组成大同小异，主要由喂料输送装置、干燥段、冷却段、取样间、回潮段、排气系统、供水供汽系统和控制系统等部分组成。下面以 KG2 为例说明其结构和功能（图 16-3）。

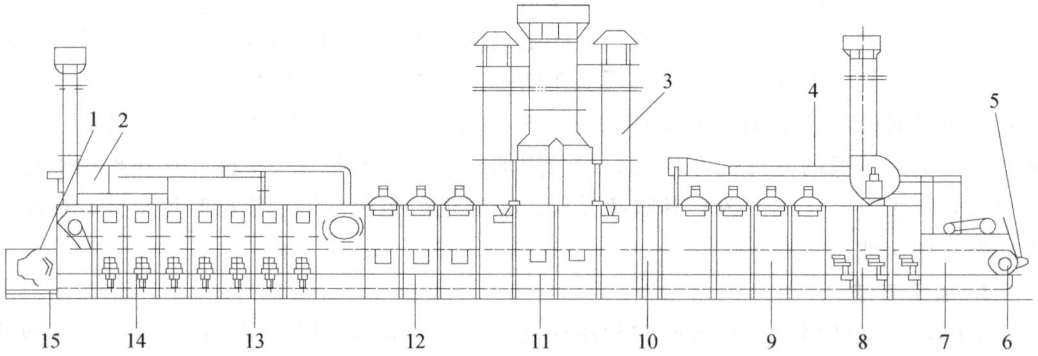

图 16-3　KG2 烟片复烤机结构示意图

（陈良元，2002）

1. 挡叶网带；2. 干燥排湿系统；3. 冷房通风系统；4. 回潮排湿系统；5. 刷叶辊；6. 网带；7. 机尾；8. 回潮二区；9. 回潮一区；10. 取样间；11. 冷却区；12. 干燥三区；13. 干燥二区；14. 干燥一区；15. 机头

（1）输送装置。输送部分的任务主要是承载和输送叶片。这部分由输送网带、机头、机尾及刷辊部件组成。机头与定量喂料机相衔接。叶片喂入后在输送带上形成厚度均匀的叶片层，然后依次通过干燥段、冷却段和回潮段。复烤后的叶片，经过刷辊被输送到下一个工序的输送带上。输送网带的动力装置为电磁调速电机，用以控制其输送速度。

（2）干燥段。干燥段主要包括 3 个干燥区及过渡区，挡叶网带及排气系统。每一个干燥区又分为 3 个室。每区的侧室装有离心通风机和散热器，以提供干燥所需的热风。干燥区的工作室内设有导风板，其一侧有调风板，用以调整热风在网面上的分布。

干燥一区和干燥二区采用下进风方式。经过散热器加热后的热风，从输送带下部向上通过料层。每台风机的导风锥上有一调节风帽，可上下调整改变网面风速。为防止向上气流将叶片层中的小叶片带走，在干燥一区和二区输送带上方装有电磁调速电机带动的挡叶网带，此网带与输送网带同步运行。干燥三区采用上进风方式，干燥热风从输送网带上面向下透过叶片层。

在干燥过程中，由于叶片水分蒸发，使空气湿度增加，所以要经排气系统排出部分湿度较大的气体，并补充新鲜空气到复烤机内。排气系统各条管路上均装有调节阀门，用以调整各区的排气量。各干燥区的门上装有活动百叶窗，外界空气可通过此窗进到机内。各干燥区均设有温度显示器，用以直接观察各区内的热风温度；还设有温度自控装置，可根据温度的设定值，自动控制干燥区内的温度并加以记录。

（3）冷却段。冷却段的通风系统具有进气通道和排气通道。室外空气经进气通道进入，由上至下透过叶片层，然后再经排气通道排至室外。在通气系统的排风管道与进风管道上设有连通管，连通管内设有调节阀。在外界气温较低的情况下，为防止叶片层经冷却后温度过低，可利用部分被排出的温度较高气体再回流到进风管，适当提高进风温度。冷却段设用温度显示器，用以观察进风温度。

（4）取样间。取样间供做经常性地取样，检查叶片水分含量。取样间不设侧室，可从两侧直接取样。

（5）回潮段。回潮段包括两个区。回潮一区采用上进风方式，回潮二区采用下进风方式。每间侧室内设置两组以汽喷水的喷嘴，通过手动阀门，调节喷汽量和喷水量，以调整回潮室内空气的温度和相对湿度。

回潮区上部装有加热排管，以防止在回潮室顶部产生的冷凝水落在叶片上；下部设有排水管，以便将冷凝水排至机外。排气系统的作用是回潮区排除部分湿空气，防止机内特别是机尾处蒸汽外溢。

（6）供汽及供水系统。主要为用汽点包括干燥区散热器、回潮区喷射装置和加热排管等提供干燥和回潮所需的蒸汽和水。回潮区蒸汽管路装有减压阀，用以保证蒸汽压力稳定。在 3 个干燥区进汽管道上，分别装有电动调节阀和手动调节阀。通过自动或手动调节阀控制蒸汽流量，达到控制加热蒸汽温度的目的。在散热器、散热排管后面安装有疏水器，以保证合理利用蒸汽。供水管路装有转子流量计，以显示用水量。

（7）控制系统。控制系统包括电控箱、温度控制系统及电气线路系统。干燥区温度系统采用单回路节流方式，当温度发生变化时，热电阻也随之改变，通过电子调节器转换成电流信号，以控制电动阀门的开度，从而控制蒸汽的流量，使温度趋于所给定的温度值。

3. 烟叶复烤原理

烟叶干燥的过程就是通过一定方式破坏液体与物料的结合状态，促使物料水分发生转移和汽化的过程。因此，可以认为，烟叶干燥是水分运动和蒸发这两个现象的结合。

当湿烟叶置于干燥条件下时，由于烟叶表面与干燥介质存在水蒸气压力差，所以烟叶表面层的自由水首先开始向干燥介质中蒸发，随后烟叶内的水分将逐步移动，并最终蒸发。其具体过程为：

(1) 烟叶表面层的自由水首先蒸发完毕。

(2) 表层自由水蒸发后，蒸发面将向烟叶内部深入。

(3) 烟叶表面层的结合水也将蒸发一部分，使其含水率降到纤维饱和点以下。

(4) 由于烟叶内部的水分多于表面层的水分，从而形成了内高外低的含水率梯度，导致烟叶内部水分将顺着含水率梯度向表层移动，最终被蒸发。

在恒温条件下，烟叶内部水分向表层移动的速度近似地与含水率梯度成正比。也就是说，含水率梯度越大，水分运动速度越快；反之，水分运动速度越慢。但是，如果含水率梯度过大，就会造成水分移动的中断。因为毛细管内水分的运动就像虹吸现象一样，必须始终保证水分的连续性，否则毛细管内的水分运动停止。在卷烟加工过程中，往往由于烟叶表面水分蒸发速度过快，造成内部含水率与表层含水率差异过大，从而使烟叶内部水分向表层的移动途径中断，产生所谓的烟丝“外焦里嫩”现象。为了避免这一现象的发生，就必须选择适宜的干燥速度，达到既能使烟叶内部的水分以最快的速度向烟叶表面移动，又不至于使烟叶内水分运动中断。

4. 烟片复烤的质量指标及评价

(1) 冷却段叶片含水率及温度。冷却后叶片含水率一般控制在 8%～10%。因为8%～10%的叶片含水率稍低于烟叶干燥曲线“拐点”含水率，即此时叶片正处于减速干燥阶段，所以选择该含水率，有利于提高复烤叶片水分的均匀性。如果过高会导致叶片含水率偏差大，过低又会使叶片增加造碎。冷却后叶片温度选择在 35～50℃，过高或过低都不利于回潮段的叶片吸收水分。

(2) 机尾叶片含水率和温度。机尾叶片含水率和温度要求分别为 11.5%～13.5%(标准偏差≤0.5%) 和 45～60℃。因为此温度和含水率既可以减少预压打包过程的造碎，又有利于烟片的保质贮存和醇化。需要说明的是，由于烟片复烤到预压打包工序有一段距离，这个距离随设备布局不同而不同；一般复烤车间未设空调，环境温度不是固定的，这样复烤后的烟片到达预压打包工序时温度与含水率都要发生变化。为了保证成品含水率达到规定要求，并满足预压打包工序对来料含水率和温度的要求，复烤后烟片的含水率和温度需要依据实际情况作适当调整。

除上述指标要求外，烟片复烤还应使烤后叶片色泽与烤前保持一致，不得有水渍、烤红和潮红现象，因为这都会降低烟叶的品质。

5. 影响烟片复烤质量的因素

(1) 烟片铺网厚度。烟片铺网的厚度对于干燥速度和回潮速度的影响表现为厚度增大，干燥和回潮速度降低，且在厚度方向上的水分差异增大。这主要是因为烟片铺网厚度与水分扩散距离呈正相关的缘故。虽然降低烟片料层厚度有利于提高烟片干燥速度和回潮速度，但料层厚度过小，在同样的产量条件下，必须要求输送网带的速度很高，这既增加了拖动力，又增加了机械磨损，因此一般选择烟片铺网厚度为 80～100mm

为宜。

(2) 气流温度。温度是影响水分运动的主要因素。气流温度越高，传给烟片的热能越多，烟片的温度也就越高，从而加快烟片内部水分移动。因为烟片温度升高，水蒸气扩散系数增大，水的黏度减小。因此，气流温度通过影响烟片温度而改变其水分的运动快慢，进而影响烟片的干燥速度和回潮速度。试验表明，在气流相对湿度恒定的条件下，气流温度越高，烟片干燥速度和回潮速度也就越快。但由于气流温度过高会影响烟片复烤的质量，如在干燥段烟片易卷曲皱缩，在回潮段易出现潮红现象，所以，需要通过试验确定适宜的复烤气流温度，一般干燥气流温度可控制在 80～120℃，回潮气流温度可控制在 45～60℃。

(3) 气流相对湿度。气流相对湿度既影响烟片的干燥速度，又影响烟片的回潮速度。它们之间的关系是气流相对湿度与烟片干燥速度呈负相关，与烟片回潮速度呈正相关。也就是说，提高气流的相对湿度会降低烟片的干燥，但有利于加快烟片回潮。在烟片复烤过程中，干燥段的气流相对湿度以 20％～30％为宜，而回潮段的气流相对湿度以 95％～98％为宜。为了维持复烤过程气流相对湿度的稳定性，应采取适宜的排气和补风措施。

(4) 气流速度。在一定范围内，气流速度对烟片的干燥和回潮均有影响。气流速度增加，烟片干燥和回潮速度加快。但在复烤过程中，气流速度受烟片飘悬速度的限制，所以烟片干燥和回潮的网面风速一般控制在 0.5～0.7m/s 为宜。

(5) 烟叶性质。在一定条件下，不同产地、品种、等级、部位的烟叶，由于吸湿性的差异，其干燥和回潮速度不同。所以，在烟叶复烤过程中，为达到最好的复烤效果，应根据加工烟叶的具体情况，确定适宜的工作参数。

五、烟片包装

烟片包装是打叶复烤的最后一道工序，在连续化的生产过程中，烟片包装一般需要经过计量控制、预压、复秤、打包、刷字、晾包等环节。

(一) 任务和作用

烟片经过复烤加工后，按照卷烟工艺要求，应经过醇化或陈化环节，进一步提高烟片品质，然后才能投入卷烟生产。此外，复烤烟片在进入卷烟厂的调拨流转中，要经过诸多的运输和贮存保管环节。因此，必须选用适当的包装材料对烟片进行包装，这样既可以使烟片在运输和贮存过程中减少造碎，又利于保证烟片质量和稳定烟片水分含量。

(二) 形式及特点

烟片包装的形式很多，我国常用的有 3 种。

1. 木夹板包装

木夹板包装是用上下两块夹板，将装入烟片的塑料袋或纸袋夹在中间，为了加强对烟片的保护作用，在塑料袋外再套上单层瓦楞纸，经捆扎后即可。木夹板包装对烟片的保护性较好，同时夹板可重复利用，因此包装成本较低，在我国已经得到较广泛的应用。

2. 瓦楞纸箱包装

瓦楞纸箱包装是采用多层的瓦楞纸做成的箱子来对烟片进行包装，包装时为了防止烟片的漏撒，往往在纸箱箱体内衬一层牛皮纸或者塑料薄膜，再用瓦楞纸箱包装。瓦楞纸箱包装对烟片的保护性好，但包装成本较高，重复利用也较困难。

3. 麻袋包装

目前国内烟片还存在少量麻袋包装，麻袋包装的特点：一是包装单位较小，适于人工搬运；二是麻袋可多次重复利用，包装费用低。

麻袋包装对烟片的保护性差，在运输和贮存过程中易使烟片造碎。经调查全国麻袋包装烟叶（包括复烤把烟）在贮存过程中的造碎率为1.22%～3.02%，霉变率为0.46%～1.66%，虫害率为1%～1.5%。总体说来，麻袋包装实际的经济损失较大，正逐步被淘汰。

（三）工艺过程

1. 计量

由于烟片是按照一定质量（重量）进行包装的，因此复烤后的烟片装箱之前必须进行计量，当其质量（重量）达到规定值时方可进行预压。计量方式有两种，一般采用电子皮带秤进行动态计量，通过皮带秤的烟片达到一定质量（重量）时，发出一个脉冲信号，以控制交替使用的另一料箱开始装箱进料。另一种方式是直接在预压工序料箱下设置计量装置，在向预压机料箱喂料的同时进行计量，达到规定质量（重量）时便可进行预压，然后物料进入另一料箱。

这两种计量方式，虽然电子皮带秤或料箱下计量装置本身的计量精度较高，但是由于物料是动态运行的，所以批量控制的偏差一般只能达到±1kg。

2. 预压

复烤后的烟片堆集密度较小，如烤烟烟片堆集密度为40～50kg/m^3，白肋烟烟片的堆集密度仅为25～35kg/m^3。在料箱中烟片堆集高度很高，如200kg/箱规格的包装，烤烟烟片在料箱中的自然堆集高度达5～6m，这样不宜直接打包。因此必须先将自然堆集的烟片预压成“烟坯”。

预压工序必须采用2个或2个以上的料箱，当1个料箱输入烟片达到规定质量（重量）开始预压时，烟片转向另1个料箱喂料，这样才能满足连续生产的需要。同时需要注意的是，烟片装箱时，应将烟片均匀地铺在料箱内，以防止烟片预压打包后，烟包歪斜或包装密度不一致。

3. 复称

由于装箱计量工序不能保证包装烟片的净质量偏差≤±0.8kg/箱（包），所以在预压工序之后，必须进行复称。通常采用人工取出或添加烟片的方法来确保包装质量（重量）达到规定要求。复称一般采用Ⅲ级秤，满量程称量精度为±0.3‰。

4. 打包

经过复称的烟坯经辊道进入打包工序，由打包压头将烟坯压至所需尺寸以下，并要保持一定时间，以保证在压力消除后，烟坯回弹高度不超过规定的高度，再封口并盖上烟箱上盖，进入捆扎工序。

5. 捆扎

捆扎工序可以和打包工序合并进行，也可以单独进行，采用自动捆扎装置或人工按包装规格的要求进行捆扎。

6. 刷字

刷字工序是将复烤企业的名称和产品的名称、产地、生产日期、等级、净重、箱号、条形码等包装规范要求的标志印刷在烟箱（包）上，或已经打印好的标签贴在烟箱（包）上，以便于识别。

7. 晾包

晾包的任务是将烟箱（包）输入晾包间，在较好的通风条件下使烟包的余热散发，并使包中含水率均衡后再入库。这是因为打包后的烟包，如果温度较高，直接堆垛入库后，容易出现结饼、色泽变深和“出油”等现象。所以，是否晾包应根据打包后烟片的温度和当地的自然气候情况决定。例如，在我国东北地区就可以不设晾包环节，因为东北地区气温较低，若进行晾包处理，烟包表层烟片遇冷容易结露，出现水珠，有损烟片质量。

（四）质量要求及评价

1. 包装规格

烟片包装主要有 3 种形式，即纸箱包装、木夹板包装和麻袋包装。现在麻袋包装已基本不用。纸箱装和木板夹包装应该达到一定的包装规格（表 16-4，表 16-5）。

表 16-4　瓦楞纸箱包装规格

烟片净质量/kg		质量偏差	包装密度/(kg/m³)		纸箱内尺寸/mm	纸箱外尺寸/mm
烤烟	白肋烟	/kg	烤烟	白肋烟	长×宽×高	长×宽×高
100	100	±0．5	370	370	1100×670×365	1136×720×400
200	180	±0．8	404	364	1095×660×685	1136×720×725

资料来源：陈良元，2002

表 16-5　木夹板包装规格

烟片净质量/kg	质量偏差/kg	包装密度/(kg/m³)	烟包长度/mm		烟包宽度/mm		烟包高度/mm	
			尺寸	偏差	尺寸	偏差	尺寸	偏差
150	±0.5	373	1000	±2	600	±2	670	±20
200	±0.5	370	1100	±2	670	±2	735	±20
400	±0.5	350	1200	±2	1000	±2	950	±20

资料来源：陈良元，2002

2. 烟片含水率

烟片产品含水率指标为 11%～13%。含水率过大，打包后烟片易发生霉变；含水率过小，烟片在打包过程中易造碎。含水率如果低于 11%，预压压力将大大增加，给打包造成很大的困难。

3. 烟片温度

烤烟烟片打包后包心温度一般控制在 35～42℃。包心温度过低，烟片在打包过程中易产生造碎；包心温度过高，由于烟包散热较困难，将影响烟片的色泽，使烟片品质降低。

4. 包装密度

复烤烟片的包装密度以 350～400kg/m³ 为宜，包装密度过大（大于 450kg/m³），烟片在打包后就会产生“出油”结饼现象，同时打包压力也会急剧增加，打包难度增加。密度过低，则要增加包装、运输和贮存的费用。在预压烟片输入料箱时铺料要均匀，才能保证包装密度均匀，包装密度偏差要不大于 10%。

5. 烟包外观

烟片无论采用何种材料包装，均应使包体方正、包皮平整、回涨一致、不露内衬、不漏烟叶。烟包表面应注明烟片产品的产地、品名、等级和生产日期等内容，且印刷要清晰、整齐。

六、烟梗处理

烟梗是烟叶的组成部分，对打叶去梗后的烟梗进行处理，是打叶复烤工艺的需要。烟梗处理质量的好坏，直接影响打叶复烤产品得率和烟梗的合理利用。

（一）任务和要求

烟梗处理的主要过程有烟梗复烤、筛分和包装。其任务是将来料烟梗进行复烤，干燥到规定的含水率，经过筛分后分别对合格烟梗和短梗进行包装。对于烟梗处理的效果和烟梗的质量也有一定的要求，其具体要求如下：

（1）成品烟梗含水率要求控制在 10%～13%。如果烟梗含水率过低，在贮存保管和运输过程中容易造碎。过高时，则会使烟梗发霉变质。这两种情况都会影响卷烟厂烟梗处理和梗丝膨胀的效果。

（2）烟梗成品中不小于 20mm 的长梗要求达到 80%以上。若其中短梗偏多，就容易使卷烟厂在制梗丝过程中烟末量多，风选梗头、梗块多。

（3）烟梗可采用麻袋包装，包装规格有：50kg/包、60kg/包和 75kg/包。也可采用纸箱包装，一般纸箱包装规格为 100kg/箱和 200kg/箱。

（二）烟梗复烤设备

烟梗复烤通常采用网带式隧道复烤机。该设备主要由输送部分、螺旋分配器、干燥段和供汽系统等部分组成。该设备外形结构与烟片复烤机相似，但网面净宽度较窄，总体尺寸较小。由于烟梗铺网后，对透过料层的气流阻力较小，风速均匀性较好，加之烟梗复烤后含水率均匀性要求比片烟低，因此，一般烟梗复烤机只设干燥段，不设冷却与回潮段。

（1）输送部分。烟梗复烤机的输送部分包括输送网带、传动系统、机头和机尾 4 个部分。输送网带由调速电机传动，可无级变速。

（2）螺旋分配器。这是一个使烟梗均匀地铺在输送网带上的螺旋分配装置。螺旋分配装置由电机传动；为防止供料量的波动影响铺梗效果，还设置传感器用以监视。根据来料量由传感器发出的信号，螺旋轴可在输送网带上升高或降低，使烟梗始终均匀地铺在整个输送网带上。调整铺梗厚度范围为40～120mm。

（3）干燥部分。干燥部分包括两个干燥区，每区侧室设置的风机和散热器，可提供干燥所需的热风。输送网带上方设有导风板，以保证网面风速均匀。风机的喇叭口上装有调节锥体，用来调节风量。通过排气系统，可排除部分湿度较大的气体。同时，通过密封板上的百叶窗可补充新鲜空气，以使循环热风的相对湿度基本稳定。

（4）供汽系统。蒸汽由主蒸汽管道经分气缸后被送入加热器。在蒸汽管道上装有减压阀，以保证加热器在稳定的气压条件下工作。

（三）工艺技术措施

（1）进入复烤机的烟梗流量应该稳定，铺网厚度为60～80mm，且要均匀一致。

（2）复烤机内网面风速控制在0.8～1.0m/s，下进风区应适当小一些。

（3）网带速度和干燥温度根据复烤后烟梗含水率进行调整和控制，烟梗干燥温度以不超过110℃为宜。

（4）振筛网孔尺寸一般为5.08mm/目，工作时不得堵塞，应经常清理，提高其对短梗的分选效率。

七、碎片处理

打叶复烤利用原烟进行梗叶分离，与传统的把烟复烤后进行打叶去梗的制叶方法相比，的确可以使叶片质量大为提高，过程损耗降低。但尽管如此，加工过程中仍会产生4%～6%的碎片。若这些碎片得不到适宜的工艺处理，就会增加打叶复烤的烟叶损耗，直接影响企业的经济效益。因此，必须对打叶复烤过程中产生的碎叶进行科学的处理。

（一）任务和要求

碎片处理的工艺任务是将打叶复烤生产过程中各工序产生的散、碎叶片集中收集、分类进行处理，剔除碎片中的烟梗、沙土及杂物，筛分出不小于6mm的碎片送至烟片复烤工序前掺配到烟片中。小于6mm的碎片干燥后，再进行分层筛分。小于0.8mm的粉尘作为尘土排除，0.8～3mm的碎片单独包装，3～6mm的烟片既可掺配到复烤后烟片中，也可根据用户要求进行单独包装。

（二）工艺过程

1. 碎片风选

各工序产生的散、碎叶片大多采用风送集中，风分器分选。风分器的工作原理是根据收集的散、碎叶片中各物料的飘悬速度差异，将碎叶片与带梗叶片和其他重物分离开来。分离出来的带梗叶片可掺配到二次润叶前进行加工处理。

2. 碎片筛分

在打叶复烤生产线上，设置了许多碎片筛分环节，以提高后续工序的加工质量，减少烟叶在加工过程中的损耗。例如，润叶前的筛分，通过排除沙土，筛分出散、碎叶，既可以提高润叶的均匀性，又可以减少打叶去梗过程对散、碎叶片的进一步造碎，还可以减少粉尘对加工设备的污染和磨损；复烤前的筛分，既是为了防止碎片在复烤过程中漏网，造成烟叶浪费，又是为了保证复烤后烟片的质量符合要求；而碎片干燥后的筛分，主要是为了将碎片分成不同规格加以合理利用。

碎片筛分的方式有许多种，主要方式有振动筛筛分、滚筒筛筛分和多辊式混合筛筛分等。

(1) 振动筛筛分。物料中的沙土和碎片在筛网上的振动与输送过程中被筛出。这种方法，往往采用不同网目尺寸的复合多层网，既能起到筛沙的作用，还可以对筛出的物料进行分选。但振动筛筛净率较低，特别是当物料多，筛上物料层厚度较大时筛净率更低。

(2) 滚筒筛筛分。转动的滚筒密封在外罩壳内，滚筒内开有长方形口并镶上筛网，形成筛网筒，烟叶在筛网筒内翻滚前进，沙土和碎叶片从网中筛出，由筛网筒下面的螺旋输出器输出。这种滚筒筛分方式筛分效果较好，筛净率较高，但设备结构比较复杂。

(3) 多辊式混合筛筛分。上层装有多道同向旋转的小辊筒，小辊筒之间保持一定间隙，物料在同向旋转的小辊筒的作用下波动前进，较小尺寸的物料从间隙中落下进入下层的振动筛大部分尺寸较大的物料从辊道上直接输出，减少了振动筛的物料量，提高了设备加工能力和振动筛的筛净率。

无论采用哪种筛分方式，都应该根据被筛分物料的性质和后加工的特点，确定适宜的筛网网孔尺寸。此外，还应该尽可能提高各工序碎片的筛净率，使之达到工艺规定的要求。

3. 碎片干燥

碎片干燥过程一般采用螺旋输送干燥器加工。

(三) 工艺技术措施

在碎片处理工艺过程中，应该采取以下一些技术措施，确保碎片处理的高效性和科学性。

(1) 风选风速应根据碎片的风分效果进行调整。

(2) 进入复烤机的碎片应采取定量喂料的方式，保证其流量的稳定性。

(3) 碎片的干燥温度根据烤后碎片的含水率进行调整和控制，一般螺旋筒体内壁的温度以不超过 130℃为宜。

(4) 碎片风选前应将各工序收集的散碎叶片进行人工除杂，主要是拣出非金属杂物。

(5) 碎片筛分装置应定期进行清理，以防网孔被堵塞，降低碎片筛分的效果。

思考题

1. 在打叶复烤过程中，为什么要进行选叶？选叶方法有哪几种？

2. 真空回潮的作用是什么？其方法和原理是什么？

3. 真空回潮的质量指标要求有哪些？各自受到哪些因素的影响？

4. 全叶打叶和切尖打叶各有什么优缺点？

5. 切尖方式有哪些？切尖比例如何确定？

6. 为什么在打叶去梗前，烟叶一般要进行两次热风润叶？

7. 打叶去梗的方法和原理是什么？

8. 碎片筛分的作用和意义是什么？

9. 烟片复烤有何作用和要求？哪些因素影响烟片复烤质量？

10. 在复烤过程中，烟片为什么要经过干燥、冷却和回潮，而不直接干燥至规定含水率？

11. 烟片包装的形式有哪几种？其要求是什么？

12. 预压和打包是否可以合并为一个工序？它需要什么条件？

13. 你对加料复烤有何看法？现行的打叶复烤应如何发展？

第十七章　烟草商品的贮存与保管

第一节　烟草商品的贮存环节

烟草商品经济价值高、贮存量大、易碎损霉变虫蛀。加强烟草商品的保管与养护工作，对于维护商品质量，促进生产发展，保障市场供求，提高企业经济效益都具有重要意义。

一、复烤前的贮存

按正常程序，农户将调制好的烟叶（烤、晾、晒）分级、扎把，积存到一定数量以后售给收购站。这段时间的贮存发生在农户家庭，时间较短，是第一次贮存。收购站把本区收购的烟叶堆贮在站内仓库中，然后打包，暂时存放后调运，为第二次贮存。收购站把烟叶发往复烤厂或卷烟厂，进入复烤前的最后一次待复烤贮存。

二、复烤后的贮存

烟叶在复烤厂经过拆包复烤后，再行成包，贮入仓库，这是复烤后的第一次贮存。这一段贮存时间视调拨计划而定，一般都很长，其中还有部分是国家的计划库存（即复烤后直接进入贮备库），必须长期贮存。因此，烟叶贮存养护的关键在这一环节上。烟叶从复烤厂调至烟厂后，在投产使用前需要在烟厂仓库中贮存。烟厂贮烟是复烤后也是最关键的一个环节，此时烟叶的质量状况将直接反映在卷烟制品上，所以也是贮保管理的重要环节。烟厂的烟叶贮存比烤厂品种更多，甚至包括未复烤叶，周转更复杂，加之不同牌号卷烟要使用不同产地、类型、质量、年份的烟叶，所以，烟厂的烟叶贮保工作任务十分繁重。

三、烟草制品的贮存

在市场经济条件下，卷烟销售已形成了“生产—采购—批发—零售—消费”的模式，因此，烟草制品在烟厂生产出来后要分别历经“生产、采购、批发、零售”各环节的贮存过程，最后进入消费者手中。其中烟厂产品生产到被采购这一过程，数量大，品种多，周转期长，是烟草制品贮存的重点。

第二节　烟草商品仓贮管理

一、仓贮业务管理

（一）商品入库业务管理

商品入库业务，是物流活动由信息活动转化为作业活动的过程，它主要包括入库前准备、收货作业和问题处理三部分。

1. 入库前准备工作

(1) 落实货源。仓库要加强与业务部门的联系，根据进货计划或购销合同制定贮存计划，提前摸清入库商品的名称、规格、产地、品名、出厂日期、含水量、包装质量、数量、到达时间及贮存的期限等等。

(2) 安排仓容。根据落实的货源信息，结合本库分区分类的管理情况，核算入库商品的仓容需要量，事先做好安排。

(3) 组织力量。对入库商品装卸、搬运、堆码、苫垫等作业，做好人员、器材、设备的准备。

(4) 根据合同规定，做好商品入库验收的准备。

(5) 安排其他作业项目的准备，如整理、加工或包装。

2. 入库作业的程序

商品入库作业，一般要经过“接货—分唛卸货—验收—交接—搬运堆码—登账—问题处理”等作业过程。这个过程分为两个阶段，第一阶段在承运部门和提货人(或监卸人)之间进行，第二阶段在提货人员(监卸员)和保管人员之间进行。

3. 入库业务的基本要求

商品入库要以合同和入库凭证为依据(国家贮备烟叶按《烟叶购销合同暂行办法》交接)，对品名、规格、数量、包装、产地、产期等逐项进行核查。验收商品的数量要准确；检查商品质量和包装要符合规定的标准；商品入库手续要齐全，确认无误，记卡上账，办理入库手续，并尽可能地缩短商品入库时间。

商品入库是仓贮的第一道环节，是搞好商品贮存的基础。必须对入库商品进行严格的数量和质量检查，防止不合格商品和包装残损商品入库，避免差错事故发生。

仓库要配备专职商品验收员，在商品入库时要按质量标准进行验收，验收工作必须2人以上，抽查比例不少于1%，同时做好记录。验收务必在办理入库手续前进行，确有困难的可在2天内进行。商品验收要采用感官验收和仪器鉴定相结合的方法进行，验收人员要在验收凭证上签字(盖章)。

在验收中若发现商品的品名、规格、等级、数量(重量)等与凭证不符。或包装破损、污染、水湿、霉变、虫害等问题，验收人员要做详细记录，并于次日前报送仓库领导和有关部门处理，同时要在凭证上注明情况，并由送货人或运输人鉴定，及时与送货方协商处理。对验收不合格的商品，未经妥善处理不得入库。

(二) 商品保管业务管理

1. 保管方法

(1) 分区分类。分区就是根据仓库的建筑、设备等条件，将库房、货棚、货场划分为若干保管商品的区域，以适应商品贮存的需要；分类就是根据商品的自然属性(如产地、品质等)及其在消费上的连带性划分若干类别，以便分别集中保管。

(2) 货位编号。它是在分区分类的基础上，将整个仓库(仓间)、货棚、货场，以及它们内部的货垛、货架、货位按顺序进行编号，并做出明显标志，以便商品出入库时按号存取。

(3) 合理堆码。它是根据商品的性能、数量、包装质量和贮存场所条件、季节变化要求，采用适当的形式、方法，将商品整齐放稳，并留出墙距、垛距和走道宽度。库房货位“六距”要合理，其中烟叶库：路距 1.4～1.8m；墙距 0.3～0.5m；柱距不小于 0.2m；垛距 0.3m，灯距 0.7m，顶距 1m 以上。卷烟库：主要通道宽度不小于 2m；一般走道不小于 1.2m，垛底距地面不小于 0.2m，垛与垛间距不小于 1m，墙距不小于 0.5m（未经干燥处理的新卷烟仓库增加到 1～1.5m），柱距不小于 0.3m，使用空调机、去湿机的库房机距为 1m。实行合理堆码，有利于保证商品安全，便于出入库作业，节约仓容和苫垫材料。

(4) 记卡标量。是对垛型规则，层次清楚，各层件数相等的货垛，在完成堆码后，将每个货位商品收发存数量记入卡片，悬挂于货位上，达到过目知数，便于盘点。国家贮备烟要单独存放，并标明“国家贮备烟叶”字样。

2. 编码管理

编码管理是仓库管理的重要方法和简洁的信息传递方式。运用编码管理，可以大幅度的提高仓库的工作效率和工作的准确性。所谓编码管理，就是将仓间、货区、货架、货位按照范围大小前后顺序，分别以代码来表示。例如，以第一位数字表示仓间的号码，第二位数字表示货区，第三位数字表示货架，第四位数字表示货位。则“2314”，就表示第二号库房，第三货区第一货架第四货位。

(1) 编码设计。编码设计要注意保持简明性、规律性和适应性的原则。简明性就是要求编码方法人人能理解，规律性就是编码方法有规律可循，适应性就是要求考虑编码的方法时留有余地，能适应情况的发展和变化。

(2) 编码设计程序。首先选择编码位数，编码位数取决于仓库的规模，小库可以使用两位编码，而大型仓库往住需要 5～6 位。例如，在一个中小型仓间辨认一个货格就需要货架号、层号、货格号 3 个号码，而大型仓库中辨认一个货格就需要库房号、货区号、货架号、层号和货位，要至少 5 个号码。第二确定编码顺序：原则是按范围由大到小，而且对货架和货位的编码要保持一定的走向。例如，货区编号由门向内，货架、货位编号由通道向两侧等。第三确定代号选择：可以选用两种符号来进行编码。第一种是阿拉伯数码，第二种是汉语拼音文字。阿拉伯数码简单易认含意明确，汉语拼音的优点是字母多（26 个）而且可以代表一定含义，如用 K 代表库房、用 P 代表货棚等。例如，K9867 代表第九库房第八货区第六货架第七层。

(3) 编码的使用。首先，仓库原有的编码不要轻易变动，防止由于编码方法改变造成工作中的差错。其次，库房、货区、货架、层次、货格、货棚、货场、货位都应在规定的部位，漆有或标有明显的永久性标志以利查找。第三，商品入库时应将编码记入入库单上，并记录于仓库账簿和保管卡片上，商品移动必须及时通知有关人员更正编码以防发生差错。第四，大件商品随带的附件不能在同一地点保存时，必须注明有附件、附件的件数及其存放货位编码。

3. 日常管理

日常管理主要是日常核对、定期盘点和临时盘点三项内容，在盘点中如发现差错，即应细查入、出库原始凭证及保管账、卡，核对有无漏记、重记，错收或错付情况。在查明之前，对溢余、短缺、差错等，上报主管业务部门处理，不能以溢余抵冲短缺部分，防止事后无法查对。

要及时向主管部门报送商品贮存状态，并建立催调制度，对于存放时间过长或已经报废的商品要催请主管部门及时处理，以免长期占用仓库。

（三）商品出库业务管理

商品出库业务是指仓库根据业务部门开出的商品出库凭证办理商品发货的一系列作业过程，它包括核单、发货、复核、办理出库手续等主要环节。烟草商品的出库业务是其物流活动中保管职能的最后阶段，其全过程突出地强调复核观念，以防差错的发生。

1. 发货前的准备

（1）商品准备。根据预收的发货凭证或确切的业务信息，提前查点商品，对单据到库的要做好分拣备货工作，以期发货工作顺利进行，对同一货主的商品，要贯彻先进先出、出陈贮新的原则。

（2）包装准备。对进行过拆箱、拆包检查或拆箱拆包分拣的商品，要重新填写装箱单并妥善包装、封口并刷唛、贴标志，破损的予以修复加固。

（3）发运准备。对由物流企业代办运输的商品，要根据交通运输部门或本单位的规定，刷唛头、贴标签、装托盘（或集装箱）并捆扎固定，在做好上述准备后将商品集中发送到待运区。

2. 三项复核

（1）单据复核。烟草商品出库时，仓库凭正式提货单发货。仓库保管员要严格审查提货单据的合法性，对单据的式样、规格、颜色、字体、印章、有效期等进行仔细辨识，凡有任何一项不符合要求的不能发货。

（2）配货复核。单据审验合格后，要及时发货。发货时要按提货单所列品种、规格逐项验货，达到单货相符后办理交接。

（3）交接复核（又称动碰复核）。货物交接时，要根据有关资料对库内外相关商品的收、付、存动态进行盘点，做到货、账、卡内外一致后才可放行。同时，注销提货单，登记垛卡。

3. 基本要求

（1）手续完备。是指商品出库必须有正式凭证，并在规定期限内有效。发现问题，必须经原开证单位重开或更改盖章，“白条”、“口头”及手续不完备时，拒绝付货。国家贮备烟的出库必须服从全国宏观调控和调节供需的需要，未经中国烟草总公司批准，不得擅自出库（《国家贮备烟叶管理办法》第八条）。

（2）发货及时。指接到发货凭证后，要及时按单付货，并尽可能提供方便。

（3）先进先出。是指商品出库要贯彻“先进先出，易霉先出”的原则，对品质不符、霉变、虫害等有问题或包装未经整理的商品，不准出库。

（4）不出差错。指出库商品通过三项复核，保证品名、数量、产地准确，商品质量完好，包装合格，标记清楚；同时核对货垛应存数量，以防止差错。付货时，要和提货人交接清楚，做到责任明确。

二、仓库设备与安全管理

（一）设备管理

仓库设备，是进行仓贮业务不可缺少的物质基础。除了仓库房屋建筑外，一切进行仓贮业务所需要和应用的设备、工具及用品，统称为仓贮设备。

仓贮设备管理，是仓库管理工作的一项重要内容，通过设备管理，充分发挥设备的使用效能并延长其使用时间，提高劳动效率，节省费用。

仓库要购置必要的商品保管、养护设备和其他设备，加强管理，进行分类、编号、登记、记卡、责任到人，专物专用，定期保养，及时维修。

仓库设备管理，要建立健全设备管理制度，实行定额管理。制定设备利用率定额、苫垫器材消费定额和设备维修定额，作为仓库设备耗费的标准。

（二）安全管理

仓库安全管理要贯彻“预防为主、防消结合”的方针，并接受公安消防部门的监督，保证人身、商品和设备的安全。

1. 分区管理与分级负责的制度

按区按级指定本责任区的安全负责人，同时加强对职工的安全教育，使职工懂得一般消防知识，会用一般消防器材。没经安全知识培训或教育的不得正式进行工作。

2. 建筑设计

新建、扩建、改建的仓库其建筑设计应按国家建委公布的《建筑设计防火规范》有关规定办理。

3. 建筑要求

仓库的存货区和办公区、生活区、油库、汽车队等严格分开，规模小的卷烟仓库和烟叶收购站也要根据具体情况尽量分开。仓库必须严格管理火种、火源、电源、水源。要建立专业消防或义务消防队，配备必要数量和相应的消防设备。

4. 安全检查制度

保管员每天上下班前要对本人负责区各检查一次。货区负责人、仓库主任、公司经理、厂长要定期检查。遇到灾害天气或特殊情况，要加强防范。夏防、冬防及重大节日前，上级公司要组织力量对所属仓库进行大检查，并邀请公安消防部门参加。

仓库发生火灾等事故，损失在5000元以上的，必须在24h内将情况报告省公司；损失在万元以上或人身伤亡事故的须当即电告各级公司，并抓紧时间对火灾事故清查处理。

此外，烟草商品仓库要做好防汛、防盗、防破坏等安全工作，并建立警卫、值班、值宿、巡逻、会客等制度。

第三节 烟草商品养护

烟草商品养护以维护商品质量，保护商品使用价值为目的，技术性强，涉及面广，是商品贮存过程中一项极为重要的技术工作。

一、烟草商品养护管理

烟草商品养护是指根据在库烟草商品质量及其变化规律所采取的维护商品质量、保护商品使用价值的管理措施，它包括养护管理和养护技术两个方面的内容。养护管理主要包括建立组织、制定计划、落实措施等内容；养护技术主要针对商品质量变化的内外因素，掌握商品质量变化规律，采用各种科学的养护方法，防止商品质量变异。

（一）贯彻商品养护方针

烟草商品养护的方针是“以防为主，防治结合”。防与治都是烟草商品养护的手段而不是目的，根本目的是维护商品使用价值，提高仓贮业的经济和社会效益。仓库人员通过研究烟草商品在外界环境条件影响下其自然属性的变化规律，广泛应用先进科学技术，积极推广成功的养护经验，采取相应的措施，有效维护商品质量，确保完好无损。

在烟草商品养护过程中，要坚持“防重于治”的原则，突出抓好预防工作。要根据在库烟草商品质量及其变化规律，确定科学合理的养护手段来维护其使用价值不受影响。烟叶未经适宜时间的贮存醇化（自然发酵），自身内含物质没有在适宜的外部条件下进行转化，其内在品质并非理想原料，质量优点不能充分显露，表现为香气质差量微，青杂气和刺激性大。因此，适宜的养护措施不仅能保护烟叶质量，而且还能起到消除不利因素，提高烟叶可用性的目的。

（二）完善商品养护制度

《卷烟仓贮管理规则》第 24 条规定，各级公司必须建立养护组织，完善商品养护制度，配备专、兼职养护人员，合理配置养护机具，经常开展科研活动，应用先进技术，不断提高养护水平，确保烟草商品在库质量。

烟草养护人员的工作职责包括：对商品入库进行质量检查；负责库内温湿度管理；仓库机具仪表使用、维修、保养；仓库虫害防治；仓库安全管理，包括电源、火源、水源以及消防设施的使用与管理；仓库档案管理，包括商品检验记录、温湿度记录、商品动碰存账目等。

（三）加强商品在库检查

根据季节、气候、贮存环境和贮期情况，对在库商品进行定期检查，并认真做好检查记录，填写库存质量检查表。发现商品质量变异及其他不安全现象，及时采取相应养护方法和补救措施避免商品损失。

在烟草商品贮存过程中检查的内容主要有：

(1) 数量检查。数量检查主要是检查账卡与货物符合程度。

(2) 质量检查。质量检查主要是检查商品包装及香吃味变化。

(3) 贮存条件检查。贮存条件检查主要是检查码垛是否适宜，密封是否严密，库房是否漏雨，房内是否清洁，库内温湿度是否符合商品安全贮存的要求等。

(4) 设备检查。设备检查主要是查验各种仪器的准确程度，去湿降温机具的工作性能等。

(5) 安全检查。安全检查重点是检查消防器材、电源、火源和水源等是否符合安全规定。

(四) 改善仓贮条件

仓库条件好坏直接影响到能否顺利开展商品养护工作，虽然不同类型的仓库设计要求有一定的差异，但都需具备维护商品质量、确保商品安全的基本条件。仓库的围护结构必须达到隔热防潮要求，库内配备必要的去湿降温机具及测温测湿仪表，以便开展仓贮温湿度的调节和控制。

(五) 专库专用

烟草商品为疏松多孔物质，极易吸附异味而“串味”，而且一旦失火多为阴燃极难灭火，因此，贮存时不可与其他产品特别是有异味的商品混贮，以防串味影响吸食质量和其他事故的发生。

(六) 搞好经常性的卫生清洁工作

对库房、货场和环境要定期大扫除，及时清除垃圾杂物，喷洒药剂防病治虫，消灭环境虫源，防止虫害传播和灰尘污染。

(七) 密封缺氧贮存

仓虫和绝大部分霉菌，必须在有氧气的条件下才能生长发育，如果在烟叶贮存过程中用塑料薄膜把烟垛密封起来，抽出垛内空气，充填 CO_2 或 N_2，害虫就会被窒息，霉菌活动受抑制，就可以达到防虫防霉的目的。有时，烟垛被密封后不必抽出空气充填 CO_2，依靠垛内烟叶的呼吸氧化、仓虫和霉菌的有氧呼吸不断消耗垛内空气中的氧气，排出 CO_2，使垛内有限的氧气下降，二氧化碳浓度上升，当氧气含量降至一定程度后（$<2\%$），同样能够达到抑制仓虫和霉菌生长发育，确保烟叶安全贮存的目的。

实践证明，密封缺氧保管投资少，简便易行，具有防虫、防霉双重功效，是实施烟草商品综合养护的有效手段。

二、烟草商品仓库温湿度管理

(一) 仓库温湿度变化规律

1. 库内温度及其变化

库内温度指库内的空气温度，其管理涉及大气温度和库内温度两部分。大气温度的变化决定着仓库温度的高低，可通过热的传导、对流、辐射等方式影响仓库温度的变化。

（1）大气温度的变化。一昼夜中，最低的气温出现在接近日出时候，日出以后气温逐渐升高，通常在 14～15 时温度达到最高值；以后气温又逐渐下降，直到次日日出前，温度又达到最低值；从日出到午后 2～3 时，温度上升较快；午后到黄昏，温度下降较慢；从夜间到次日日出，温度下降较快。

昼夜最高气温与最低气温的差值，称为气温日变幅。气温日变幅的大小，受纬度、季节、地形等因素的影响。纬度低的地方，中午太阳高度大，地面获得太阳辐射能多，而且夜间所放出的能量也多。所以，气温日变幅就比纬度高的地方为大。通常气温日变幅是随着纬度的增高而减小。在温暖季节里，由于中午太阳正射地面，辐射强度大，因此，气温日变幅就比寒冷季节为大。凹地和山谷地的空气，白天受热不易散失，气温较高；夜间空气冷却，密度较大，沿坡下滑，积聚在凹地，气温反比平地为低。所以，凹地气温日变幅大，凸地如小丘、小岗，情况相反，气温日变幅小。此外，沿海比内陆的气温日变幅小；阴天比晴天的日变幅小。一年之中，气温最高的月份，在内陆一般出现在 7 月，沿海则在 8 月；气温最低的月份，在内陆一般出现在 1 月，沿海则在 2 月。每年的平均气温大约出现在 4 月底和 10 月底。

寒流、暖流、霜冻、风、雪、雾、雨等都会造成气温的突然变化，这些变化，没有固定的时间和周期规律，称为非周期性变化。气温非周期性变化，常给商品养护工作带来困难，甚至使商品遭受损失。

（2）库内温度的变化。库内温度的热源主要来自库外。太阳光照射库房墙壁、屋顶向库内传导热量，或透过门窗向库内辐射热量，而库外大气也经四壁、库顶与库内进行热量交换，或通过门窗和孔隙等的对流。还有，库内地面以及贮存的商品对库内温度也有一定影响。

库内气温的变化，不论日变化或年变化，都与库外气温的变化大致相同。但库外温度对库内的影响，在时间上需要一个过程，并受到一定的削弱。所以，库内温度的变化，一般稍落后于库外（1～2h），而且变化的幅度也比库外小。通常是夜间的温度高于库外，而白天温度却比库外低。

库内温度的变化虽然受到外界的影响，但随着库房坐落方向、建筑条件、库房部位以及贮存商品等情况也有差别。一般说，仓库坐落在空旷的地方，外温的影响较小，坐落在周围有建筑物地方，受外温影响较大；铁皮和木板结构的仓库，受外温影响较大，石墙次之，砖墙又次之。外墙浅色有抹光的，比暗色无抹光的影响小。在库内接近库的顶部温度较高，而近于地面的部位温度较低。向阳面要比背阴面温度高；垛顶温度偏高，垛底温度偏低；库内四角比通风好的部位温度高。还有，库存商品的种类、性质以及商品码垛的形式等，都对库内温度有一定的影响。

2. 库内湿度及其变化

（1）空气湿度。空气湿度是指空气中水汽含量的多少或空气干湿的程度，常用绝对湿度和相对湿度来表示。空气的绝对湿度是指单位体积空气中实际所含的水汽量，用 g/m^3 表示，它并不能充分说明空气的干湿状态。空气的相对湿度是指空气中实际水汽量距离饱和状态的程度，能准确反映空气的干湿状态。例如，气温 10℃，绝对湿度 9.1g/m³；气温 30℃，绝对湿度 10g/m³。如果只按绝对湿度比较，就会认为前种情况下干燥些，后种情况下潮湿些。实际上，前种情况下是非常潮湿的，物体表面甚至会有水膜产生，而后种情况下，却是比较干燥的。如果把上述两种情况，用相对湿度比较一下，前种情况下的相对湿度是 98%，而后种情况下的相对湿度仅 33%。

空气中的绝对湿度、饱和湿度、相对湿度和温度之间，存在着固定的相互关系：在温度不变的情况下，即饱和湿度不变时，空气的绝对湿度越大，相对湿度也越大；绝对湿度越小，相对湿度也越小。在绝对湿度不变的情况下，空气中水蒸气含量不变时，温度越高，相对湿度越小；温度越低，相对湿度也越大。在相对湿度不变的情况下，温度越高，即饱和湿度越大，绝对湿度也越大；温度越低，即饱和湿度越小，绝对湿度也越小。由此可知，气温的变化对空气的潮湿状态具有重大的影响。原来湿度较大的空气，如果温度不断升高，就会变得越来越干燥。也就是说，接近饱和状态的空气（即相对湿度较大的空气）随着温度的升高，距离饱和也越来越远，空气相对湿度就逐渐降低。升温降潮，就是根据这个道理。

含有一定量水蒸气的空气，当温度下降到一定程度时，所含的水蒸气就会达到饱和态，并开始液化成水，这种现象叫做结露。水蒸气开始液化成水时的温度叫做“露点温度”，简称“露点”。如果温度继续下降到露点以下，空气中超饱和的水蒸气就会在商品或其他物体表面上凝结成水滴，这种现象称为“水淞”，俗称“出汗”。通常在冷热交替的季节库房中也常常会发生这种情况，含有水蒸气的热空气，遇到冷的物体或商品，使得热空气的温度急剧下降至露点以下，产生水淞现象，这种现象对烟草商品贮存的危害性是很大的。

(2) 空气湿度的变化规律。一般的，绝对湿度会随着气温的升高而增大，随着气温的降低而减小。一天之内，日出前气温最低时，绝对湿度也最低，日出后随着气温的逐渐升高而增大，到午后 2～3 时，绝对温度达到最高值。在海岛、沿海地区以及在大陆上的秋、冬季节，多是这种单峰型变化。另一种是双峰型的日变化，即在一日之中，绝对湿度出现两次波峰和两次波谷。一般是接近日出前，出现第一次最低值，这是由于日出前气温最低，空气中蒸发的水汽量少，所以绝对湿度也低。日出后，气温逐渐升高，空气中蒸发的水汽量也逐渐增多，到上午 8～9 时，绝对湿度出现了第一次最高值。随后空气对流作用逐渐增强，近地面的水蒸气受热上升，高处干燥的冷空气下沉到地面，形成空气垂直对流，因此，到午后 2～3 时，气温最高，对流作用也最强，绝对湿度又出现第二次最低值。之后，气温渐低，空气对流作用减弱，热空气停止上升，水汽聚集在地面，到晚上 8～9 时绝对湿度又出现第二次最高值。在夏季大陆上多是这种变化。绝对湿度的年变化与气温的年变化基本上是一致的，即在一年之中，绝对湿度的最高值出现在最热月份（7～8 月），最低值出现在最冷月份（1～2 月）。

相对湿度的变化与气温的变化相反，它随着气温的升高而减小，随着气温的降低而增大。且有日变化和年变化两种类型。其日变化一般是日出前相对湿度最高，日出后逐渐下降，到午后 2～3 时达到最低值。以后随着气温的下降而逐渐增大，直到次日日出前又达到最高值。相对湿度的年变化一般最高值出现在冬季，最低值出现在夏季。但是，我国各地的情况不尽相同。例如，我国东南沿海和大部分地区，由于受季风的影响，在夏季，季风从海洋上带来大量水汽，因而相对湿度就高；在冬季，季风从内陆带来干寒空气，所以相对湿度下降。

（3）库内湿度及其变化。库内湿度来源第一是库外的潮湿空气侵入库内：由于门窗的存在和建筑材料的通透性，使库外的潮湿空气浸入库内，特别是商品出入频繁、库门常开，情况更严重。第二是雨水渗透：雨水除因库房空隙直接进入库内，还可通过水分扩散、毛细现象、重力作用、风压作用及吸湿、温差的作用，首先渗入库房构件内，然后通过内表面向库内空气中散发。如果落至墙外表面的降水率小于墙体吸水率时，全部雨水均被吸收；但若吸水率小于降水率，就会在墙面上形成一层水膜，多余的水分就会顺墙流下而不会渗入墙内。因此，阴雨连绵，会造成大量水分向墙体的表面渗透，引起库内湿度增加，而短时间暴雨，渗透反而少些。第三是地面返潮，库内的地面没有铺设防潮层或地面结构不实造成缝隙，使地下水通过毛细管上返，向库内蒸发，增加库内的湿度。第四是商品体及包装物料所含水分蒸发：商品及包装物料含水分过大或受雨淋后进库，由于蒸发作用，可使库内湿度增大。

库内绝对湿度的变化受库房条件影响较大。库房密封条件好，库外对其影响轻，绝对湿度日变化小；反之，库房密封性能差，库内绝对湿度随库外空气湿度的变化而变化，使得其日变幅较大。由于库房围护结构的屏障作用，库内绝对湿度的日变化速度和幅度小于库外，它的年变化与库外空气绝对湿度的年变化相似。库内相对湿度日变幅小于库外，且随温度升高而降低，随温度下降而升高。其年变化与库外相似，即夏季大冬季小。

库内绝对湿度和相对湿度均受库房建筑结构和贮存商品状况的影响，而且在库内的不同部位有较大差异。库房和货垛的上部气温较高，相对湿度偏低，下部气温较低相对湿度偏高。特别是夏季，这种差异尤为明显，对货垛底部贮存的商品质量影响较大。库内向阳面、空气流通的地方湿度较小；背阴面、空气不流通的地方湿度偏大。

3. 仓库温湿度与烟草商品安全贮存

烟草商品具有吸湿性，这是由其结构和内在成分决定的。因为它是一种具有毛细现象的多孔胶质体，比表面积大，同时内在成分含有晶体物质（如可溶性糖、有机酸及其盐类等）和胶体物质（蛋白质、树脂、果胶等），因此，极易吸收空气中的水分。细胞内所含成分中对吸湿性影响最大的是糖类，因此，含糖较高的上中等烟吸湿性较强。

烟草还有导湿性，即烟草含水量大的部分，其水分会逐渐向含水量小的部分移动；温度高的部分所含水分可向温度低的部分移动，最后达到动态平衡。因此，当一把烟叶或一支卷烟含水率超限时，会使临近的烟叶或卷烟的含水率相应地增加。

烟草商品在贮存过程中，空气温湿度对其安全贮存影响很大。空气温度愈高，烟草中的水分子活动愈强，吸湿速度也愈快。在温度保持恒定的情况下，外界水分子密度大时，烟叶对水分子的吸附作用速度大于蒸发速度，它的含水率随之增加。当吸附作用与蒸发作用一致时，烟叶中的水分趋于平衡，此时的含水率称为平衡水分。因此，空气温度愈高，烟叶含水率达到平衡水分的速度愈快；空气相对湿度愈大，烟叶达到平衡水分的含水率也愈高。不同品质的烟叶，其吸湿能力有明显的差异，品质较好的中部叶吸湿能力最大，平衡水分也最高；上部叶次之；而身份轻薄，含纤维素、木质素较多，结构疏松的下部叶吸湿能力最小。据研究，空气相对湿度在70%以下时，随着相对湿度的上升，烟叶平衡水分含量上升较缓慢，而当相对湿度达70%时，随着相对湿度的升高，烟叶平衡水分含量快速上升。所以，在烟叶的含水率和空气温度正常的情况下，一般将70%的相对湿度定为烟叶贮存的湿度上线。但是库内湿度并非越低越好，如果相对湿度过低，由于烟叶的吸湿放湿特性，会导致其含水量下降，当烟叶含水率低于11%以下时，会影响其自然醇化，同时还会在搬运过程中碎损，因此，把60%的相对湿度作为库内湿度的下线。

卷烟从生产到贮存以及吸用都需要含有适宜的水分，才能保持应有的色、香、味质量。按照国标规定卷烟的出厂水分为12%±0.5%，但由于外界温湿度的变化，特别是包装不良时，极易引起含水量的变化，从而影响到卷烟的质量。如果库内温度为20℃，相对湿度为80%时，卷烟的平衡水分含量可达到16%～20%。在这样的条件下，霉菌很快就会繁殖生长，导致卷烟霉变。在温度为20℃，相对湿度为65%时，卷烟的平衡水分含量基本稳定在13%左右，卷烟一般很少发生霉变。因此，必须严格控制库内相对湿度不超过65%。如果温度20℃，相对湿度为小于55%，卷烟的平衡水分常常小于9%：卷烟长期贮存在这样的环境中，会引起烟丝干缩，失去光泽，烟支变硬，香气减退，时间久了，几乎没有香气，严重影响烟支吸食质量。这种情况在干燥季节和我国北方地区卷烟的贮保中容易出现，因此，国家局颁布的《卷烟仓贮规则》中防霉、防干的库内湿度为55%～65%。

由表17-1可知，为了防潮、防干、防霉，卷烟贮存的安全水分是11.5%～13.0%，实际工作中，水分的控制随气候变化而定，潮湿季节为10.5%，一般季节为11.5%，干燥季节为12.5%，最高不超过13%，最低不得低于9%。库内的相对湿度应控制在55%～65%，其中，潮湿季节为55%～60%，一般季节为60%～65%，干燥季节为65%～70%，最高不超过70%，最低不低于55%。夏季的温度应控制在25～30℃。最高不超过35℃，相对湿度控制为60%～70%；环境温度在15℃以下时，库内湿度不超过75%。贮存时烟叶的安全含水量指标为：复烤烟为11%～13%，初烤烟为13%～15%，但不能低于11%。雪茄烟在贮存时，特级和一级雪茄含水量应掌握在8%～10%，二级和三级在9%～11%，其允差为±1%。库内适宜的温度为30℃左右，相对湿度为60%～65%，最高不超过70%。塑料薄膜包装的斗烟丝应贮存在25℃的库房内。水烟丝的保管水分应控制为14%为宜，若潮湿季节水分超过14%，应立即烘烤去湿。但水分低于11%会引起干缩、走油而降低质量，失去应有的色、香、味。仓库贮存的最适宜温度为16～20℃，相对湿度为65%左右。

表17-1　烟草商品安全贮存的含水率和仓库温湿度指标

烟草制品类型	温度/℃	相对湿度/%	商品含水率/%
卷烟	25～30	55～65	11.5～13.0
原烟	25～30	60～70	13.0～15.0

续表

烟草制品类型	温度/℃	相对湿度/%	商品含水率/%
复烤烟叶	25～30	60～70	11.0～13.0
雪茄特、一级	30	60～65	8～10
雪茄二、三级	30	60～65	9～11
斗烟丝	25～30	65～70	15～16
水烟丝	16～20	65	14

（二）温湿度的调控

1. 温湿度观测

（1）温湿度仪器的设置。在库内，应根据库房面积大小、商品性质特点以及季节气候变化情况，适当设置干湿球温度表。一般情况下，在每栋库房的中央走道一侧悬挂一只干湿表，在墙壁或空中倒挂 2～5 只。在多雨季节，可增设 1～2 只，悬在空气流通、具有代表性的地点，不能挂在门、窗附近，以观测库内不同位置的温、湿度情况。其高度应与观测者的眼睛保持平视为准，一般以 1.5m 左右为宜。库内除设置干湿球温度表外，根据需要还可设置最高、最低温度表，温湿度计等，以便进一步观测和总结库内温、湿度的变化规律。

在库外，观测仪器除了测风器外，其他温度、湿度仪器，都必须放在百叶箱内，这是为了保证观测温、湿度的仪器不受阳光、雨水、强风的影响，同时又要保持空气自由畅通。百叶箱应水平设置在库外空旷的地方，牢固安装于高出地面 125cm 的特制百叶箱架子上，箱门朝向正北方向。百叶箱有大小两种箱式，大型百叶箱是放置记仪器的，小型百叶箱是放置干湿球温度表、最高最低温度和毛发湿度表等。

（2）温湿度观测与管理。对库内外温、湿度的变化情况，必须指定专人负责，定时观测记录。观测时间也应根据商品性质、季节、气候等情况而定。一般每天观测两次（重点商品可以增加一次），分别在上午 8 时和下午 4 时（使用去湿机时在开机前记录一次），观测后及时填入《仓库温湿度记录表》（表 17-2）。

表 17-2　仓库温湿度记录表

<table>
<tr><td>库号</td><td></td><td colspan="2">放表位置</td><td colspan="2"></td><td colspan="2">贮存位置</td><td colspan="2"></td><td colspan="2">适宜温度</td><td colspan="2"></td><td colspan="2">适宜相对湿度</td><td></td></tr>
<tr><td rowspan="2">日期</td><td colspan="4">上午</td><td colspan="5">中午</td><td colspan="6">下午</td><td rowspan="2">通风情况</td></tr>
<tr><td>干表温度</td><td>湿表温度</td><td>相对湿度</td><td>绝对湿度</td><td>天气</td><td>干表温度</td><td>湿表温度</td><td>相对湿度</td><td>绝对湿度</td><td>天气</td><td>干表温度</td><td>湿表温度</td><td>相对湿度</td><td>绝对湿度</td><td>天气</td></tr>
<tr><td>1</td><td></td><td></td><td></td><td></td><td></td><td></td><td></td><td></td><td></td><td></td><td></td><td></td><td></td><td></td><td></td><td></td></tr>
<tr><td>2</td><td></td><td></td><td></td><td></td><td></td><td></td><td></td><td></td><td></td><td></td><td></td><td></td><td></td><td></td><td></td><td></td></tr>
<tr><td>3</td><td></td><td></td><td></td><td></td><td></td><td></td><td></td><td></td><td></td><td></td><td></td><td></td><td></td><td></td><td></td><td></td></tr>
<tr><td>4</td><td></td><td></td><td></td><td></td><td></td><td></td><td></td><td></td><td></td><td></td><td></td><td></td><td></td><td></td><td></td><td></td></tr>
<tr><td>⋮</td><td></td><td></td><td></td><td></td><td></td><td></td><td></td><td></td><td></td><td></td><td></td><td></td><td></td><td></td><td></td><td></td></tr>
<tr><td>28</td><td></td><td></td><td></td><td></td><td></td><td></td><td></td><td></td><td></td><td></td><td></td><td></td><td></td><td></td><td></td><td></td></tr>
</table>

续表

库号		放表位置				贮存位置				适宜温度				适宜相对湿度		
日期	上午				中午					下午						通风情况
	干表温度	湿表温度	相对湿度	绝对湿度	天气	干表温度	湿表温度	相对湿度	绝对湿度	天气	干表温度	湿表温度	相对湿度	绝对湿度	天气	
29																
30																
31																
月平均温度：　月最高温度：　月最低温度：　月平均相对湿度：																
月最高相对湿度：　月最低相对湿度：																

注：天气符号：晴 ○ 阴 × 雨 △ 雪 ●　　记录员：

干湿温度表每月校正一次，水盂用水应使用蒸馏水，液面保持1/2以上。湿球上的纱布使用脱脂棉纱，每10～15天更换一次。大中型仓库，可在库外设置气候通告牌（表17-3），及时公布库外温、湿度变化情况及天气预报。对所有温、湿度资料应妥善保存，定期分析和总结，摸出本库区及各个库房的温、湿度变化规律，以便根据变化规律，及时采取措施进行控制和调节。

表 17-3　库外气候通告牌

温度/℃	相对湿度/%
绝对湿度/(g/m^3 或 mb)	风级
风向	其他气象预报
测定时间：　年　月　日　时　分	

2. 仓库密封

密封就是利用隔热防潮材料把商品尽可能地严密封闭起来，防止贮存时温、湿度发生急剧变化，减弱外界不良条件对商品的影响，以达到安全贮存的目的。

(1) 密封材料。①防潮纸：是指具有防潮能力的包装纸。常见的柏油纸、蜡纸、油纸以及用防水剂进行表面处理的纸等，主要用于密封包装。②油毡纸：俗称油毛毡。油毡纸隔潮防水性能较强，是一种较普通使用的防潮密封材料，常见于地坪、垛底等的隔潮。③塑料薄膜：塑料薄膜隔潮防水性能较强，透气率也很小，常用的塑料薄膜有聚乙烯薄膜。④稻谷壳：由于稻谷壳的成分主要是木质素和粗纤维素，壳表面有一层蜡质，且密布茸毛，壳内有空隙，因此，使用一定厚度的谷壳能起隔热防潮作用。但用作密封的谷壳含水量应控制在11%～12%为宜，为防止生虫，可掺入少量毒性较小的杀虫药剂，搅拌均匀并晾干。在地坪、垫板等铺谷壳前，应先铺上一层塑料薄膜或油毡纸，然后铺上15～20cm厚的谷壳。⑤血料和泡花碱：血料和泡花碱是用作裱糊密封的黏料。血料配方是用猪血10份、石灰3份、桐油和松香各2份，加入适量水，加热搅拌均匀。泡花碱即硅酸钠，又叫水玻璃，也是常用作密封裱糊的黏料，防霉能力较好，但具有一定的吸湿性。

（2）密封形式。

库（室）密封：是指整库密封和库内小室密封。整库密封一般适用于贮存量大，进出不频繁或整进整出的商品密封。整库密封的库房建筑条件要好，多为钢筋水泥结构的库房。具体做法是将门缝板隙用防潮纸裱糊严密，门窗缝隙用毡条或棉布条堵塞，门口设2～3m深的隔潮间，隔潮间的内门挂厚约3cm的棉布或麻布帘。目前采用“气幕隔潮”装置既能有效隔潮，又能方便商品进出。如果库内地面潮湿，可先铺一层油毡，再铺一层干燥的稻谷壳（厚约3cm），上面再铺盖芦席。窗门玻璃应用石灰水加少许桃胶刷成白色，以防日光射入或减弱库外温度对库内的影响。

库内小室密封：一般是仓库条件不宜整库密封或密封的商品数量不多，或不同类型、等级的商品需要分隔保管的情况下采用的。小室密封，就是在库内选择一个适当的地方，用木板或纤维板等材料，建成四周及室顶内隔约30cm宽的隔层式的小室。隔层中间填满干谷壳，地坪要隔潮，使上下四周密封严密。如果不做隔层式，进行严密裱糊，也可起一定的密封作用。

货垛密封：是利用隔热防潮性能较强的材料，将整个货垛的四周密封起来。目前较普遍使用的是塑料薄膜密封，其具体做法是：在枕木上平铺木板，然后铺上油毡和芦席，再铺上塑料薄膜，并自垛的顶部苫盖塑料薄膜，最后将上下两块薄膜，沿着边缘热合，使不透气。货垛密封一般用于流动性不大或整进整出的商品。

（3）注意事项。①密封的商品质量要求：对准备密封商品的质量情况，必须进行认真检查。如果发现商品的含水量过高、生霉、虫蛀或其他变质现象，要经过散潮、除霉、灭虫等处理，使商品质量恢复正常后才能进行密封。②密封时间的选择：南方最好选择在2～4月，抢在“梅雨”季节到来之前进行；北方也要选择在3～5月份雨季之前密封。③密封后商品检查：商品密封后，仍须加强管理和检查。仓库密封，只是相对而言，它常随密封的质量、密封工艺的严密程度以及外界气候变化的特点而变化。所以，密封并不能绝对隔绝库外气候条件对库内的影响，还必须经常检查，如果发现温、湿度的变化不正常、贮存条件不适宜或商品质量有异常状况等，应及时采取措施，加以调节和处理。

3. 仓库通风

通风就是根据空气自然流动的规律，使库内外的空气交换，以达到调节库内温、湿度的目的。

（1）通风原理。空气总是从压力大的地方流向压力小的地方。利用库内外空气温度的不同所产生的气压差，使库内外空气自然流动，从而调节库内温、湿度。当库内外温度不同时，如果库内温度高，空气密度小，其气压也小；库外温度低，空气密度大，其气压就大。只要库内外的温度不同，就会产生气压差。如果此时开启库房的通风口，便会引起库内外不同气压的空气自然对流，库外空气就会自然流入库内。库内外温差愈大，气压差也愈大，空气流动速度也就愈快。但是，库内各个部位的情况也不尽相同。如果库内温度高于库外时，库房下部的通风口或门口处，由于库外空气压力大于库内，库外空气就会从这些通风口流入库内。而在库内顶部的情况却与此相反，由于库内的热空气膨胀上升聚集在顶部，这时顶部的窗口或通风口处的空气压力就大于库外，库内热空气由上部流出库外，这样形成了库外空气由库房下部进风口流入，库内的热空气由上部的排气口流出的循环过程，从而使库内空气得到交换。库内外温差越大，空气自然交换的速度也较快；库房进风口和排气口距离愈远，空气流动速度也愈大，交换就愈快。

如果库外有风，可借风的自然压力加速库内外空气的对流，库外空气从迎风面的门窗流入库房，从背风面的门窗流出库外。但风力过大时不宜采用，以免引起仓库和商品的污染现象，一般风力在五级以下为宜。风级可通过陆上地面物征象予以判断（表 17-4）。

表 17-4 风级与陆上地面物征象

风级	风名	风速/(m/s)	陆上地面物征象
0	无风	0.0～0.02	静，烟直上
1	软风	0.3～1.5	烟能表示方向，树叶略有摇动，但是风向标不能转动
2	轻风	1.6～3.3	人面感觉有风，树叶有微响，旗子开始飘动，高的草和庄稼开始摇动
3	微风	3.4～5.4	树叶及小枝摇动不息，旗子展开，高的草和庄稼摇动不止
4	和风	5.5～7.9	能吹起地面灰尘和纸张，树枝摇动，高的草和庄稼波浪起伏
5	清风	8.0～10.7	有叶的小树摇摆，内陆的水面有小波，高的草和庄稼波流起伏明显
6	强风	10.8～13.8	大树枝摇动，电线呼呼有声，撑伞困难，高的草和庄稼不时倾伏于地
7	疾风	13.9～17.1	全树摇动，大树枝弯下来，迎风步行感觉不便
8	大风	17.2～20.7	折毁小树枝，人迎风前行感觉阻力甚大
9	烈风	20.8～24.4	草房遭受破坏，房瓦被掀起，大树枝可折断
10	狂风	24.5～28.4	树木可被吹倒，一般建筑物遭到破坏
11	暴风	28.5～32.6	树木可被吹倒，一般建筑物遭受严重破坏
12	飓风	＞32.6	陆上少见，其摧毁力极大

（2）通风机的选择。当烟叶含水量超过 15%，库内相对湿度超过 70%或卷烟含水量超过 13%，库内相对湿度超过 65%，就需要通风排湿。排湿前首先测定库内、外的温度与相对湿度，然后通过查表，用库外的绝对湿度除以饱和湿度，计算出通风后可能发生变化的库内相对湿度。如果这个结果小于原来库内的相对湿度，则可通风；反之，计算结果大于库内原来的相对湿度，就不能通风。

例如，库内温度 30℃，相对湿度 72%；库外温度 31℃，相对湿度 66%，这种情况是否可以通风？

查表得：库内 30℃时饱和湿度 30.3g/m^3

库外 31℃时饱和湿度 32.1g/m^3

库外绝对湿度＝库外饱和湿度×库外相对湿度＝$32.1\text{g/m}^3 \times 66\% = 21.2\text{g/m}^3$

通风后可能发生库内相对湿度＝$21.2\text{g/m}^3 \div 30.3\text{g/m}^3 = 69.9\%$

由于 69.9%＜72%，所以，可以通风。

(3) 通风方法。①自然通风：利用库房门窗、通风洞等使库内外空气进行交换，当库外无风时，自然交换主要靠库内外温差所产生的气压进行。在这种情况下，主要开启上部和下部的通风口、门窗，进行空气的自然交换。当库外有风时，库内外空气交换，主要靠风的压力。此时应关闭库房迎风面上部出气口，开启背风面上部出气口。如果上部通风口启闭不当，库房的热空气不但排不出去，反而会由库房上部吹回库房下部来。此外，还可把库房的门窗和通风口全部开启，以加速通风。②机械通风：就是在库房上部装设排风扇，在库房的下部装置送风扇，利用机械进行通风，以加速库房内外的空气交换。有的还在进风处装置空气过滤设备，以提高空气的洁净程度和降低空气的湿度和温度。

4. 仓库去湿

高温高湿的季节与地区，无良好通风时机排除库内湿气，就必须采取去湿措施调节库内的湿度。吸湿时，仓库要密封，否则难以收到应有的效果。

(1) 利用吸湿剂去湿。

生石灰（CaO）：生石灰吸湿发生的化学反应：

$$CaO + H_2O \longrightarrow Ca(OH)_2 + \text{热量}$$

$$Ca(OH)_2 + CO_2 \longrightarrow CaCO_3 + H_2O$$

1 摩尔的 CaO 能吸收 1 摩尔的水，其理论吸湿值为 32%，由于仓库使用生石灰多为工业品，含有杂质，再加上生石灰潮解后又能放出水分，常在粉化至 90%时更换，因此实际吸湿率只能达到 25%左右。应当注意利用生石灰吸湿过程有 $Ca(OH)_2$ 产生，它具有腐蚀性，不能直接与商品接触；吸湿过程中产生大量的热量，因此生石灰应与商品保持一定的距离，并经常检查，防止引起商品炭化。

氯化钙（$CaCl_2$）：氯化钙价格便宜，吸湿性能好，1kg 氯化钙可吸水 1kg 左右，它的吸湿用量约等于生石灰的四分之一。使用时，可将氯化钙放置于非金属筛内，下面用搪瓷盆接水，每隔 10m 设一处。氯化钙吸水速度比生石灰要快，4 天内吸湿率可达 100%（表 17-5），且吸水即溶化，将溶解后的水溶液放在非金属容器内熬煮，当表面呈粥状时倒入其他容器内，冷却结块后可重复使用。

表 17-5 $CaCl_2$ 与 CaO 的吸潮速度

吸潮剂	吸水量/(g/kg)	吸潮速度/%			
		1 天	2 天	3 天	4 天
氯化钙	1000	60	25	12	8
生石灰	2500	25	25	23	13

硅胶：硅胶为无色透明或乳白色颗粒，其吸湿率为 40%～50%。在硅胶中加入氯化钴（铁）后，硅胶会随吸湿程度的增加，其本身颜色会变为浅绿黄绿到深黄色。若加入溴化铜，其颜色则会随着吸湿程度的增加而为黑褐色、浅咖啡色、浅绿色直至无色。使用时可根据硅胶颜色的变化判断其吸水程度，在硅胶吸湿达到最大时，在烘箱中(130～150℃) 烘至恒重，取出后可重复使用。利用硅胶作吸湿剂，使用方便，不污染商品。

（2）机械吸湿。库房内湿空气通过吸湿机的过滤器到蒸发器上，由于蒸发器表面湿度低于空气露点湿度，空气中的水分就会凝结成水滴流入接水盘，再经排水管排出，使空气的含水量降低。除去部分水分的冷空气，经加热后排出，从而使库房内相对湿度下降，直到需要的含水量为止。

在库温 15～30℃环境中，利用去湿机去湿效果最好。低于 15℃时使用易于结露，高于 30℃时使用，会使库内增温（1～3℃）影响安全贮存。使用去湿机要经常清洗过滤器以保持其清洁和过滤作用，去湿机的出风口不能正对烟垛，因出风口温度可达 50℃，易于加速商品霉变。在一些相对湿度难以稳定的仓库，可用去湿机和生石灰配合去湿较为理想。

三、烟草商品仓贮防霉

（一）烟草商品霉变机理

在库烟草商品受到霉菌浸染后在适当的条件下可引起霉变，其霉变过程就是霉菌的生长发育过程。霉菌摄取烟草的营养物质，分解烟草的成分，破坏商品体的组织结构，并排泄出青绿、黑色素和霉腐臭气，使烟草商品霉坏变质，失去使用价值。

1. 致霉菌原

据分离鉴定，致霉菌原都属于真菌，主要有曲霉（*Aspergillus pumigats*）、青霉（*Penicillum* sp.）和毛霉（*Mucoy* sp.）等，属多细胞低等植物，其基本形态由细长菌丝和孢子组成（图 17-1）。菌丝的主要作用是吸取营养，孢子的主要作用是繁殖后代。在这些霉菌中，对烟草商品危害程度最大的是曲霉菌和青霉菌。

据谈文报道，许昌贮烟仓库的霉菌优势种是黄褐色局限曲霉和黄绿色绳状青霉。每年 4～6 月份烟草商品霉变多是青霉活动造成的，而 7～9 月份的霉变基本上是由曲霉所致。曲霉菌在自然界中分布极广，许多种曲霉菌具有强大的分解有机物的能力，在烟草商品贮存过程中，特别是在含水量较低的情况下发生霉变，多为曲霉菌生长繁殖所致。青霉菌在自然界中分布也很广泛，对存贮的烟草商品危害极为严重，在烟草上产生浓烈的霉味并分泌色素，使烟草出现各种颜色斑点，失去使用价值。青霉菌孢子萌发最低的相对湿度是 80%～88%，所以，只有当仓库内相对湿度过高时，才能给青霉菌生长繁殖创造机会。

2. 温湿度对霉菌生长的影响

霉菌的繁殖大多需要较高的温湿度和商品的含水量，若温度低，其繁殖就需要较高的湿度；若湿度低，就需要较高的温度，若温湿度低，就需要较高的商品含水率。

（1）温度。高温或低温对霉菌生长发育都不利。如果高温超过霉菌生长的最高临界线，不仅不利其生长，甚至可使霉菌致死，而低温可使霉菌的生命活动减弱，以至处于休眠状态。

由表 17-6 可以看出，曲霉菌生长发育的最低温度为 8℃，最高温度为 45℃，最适温度为 25～37℃，其中 30～35℃繁殖最为旺盛。青霉生长发育的最低温度是 2～5℃，最高温度是 45℃，最适温度是 22℃。

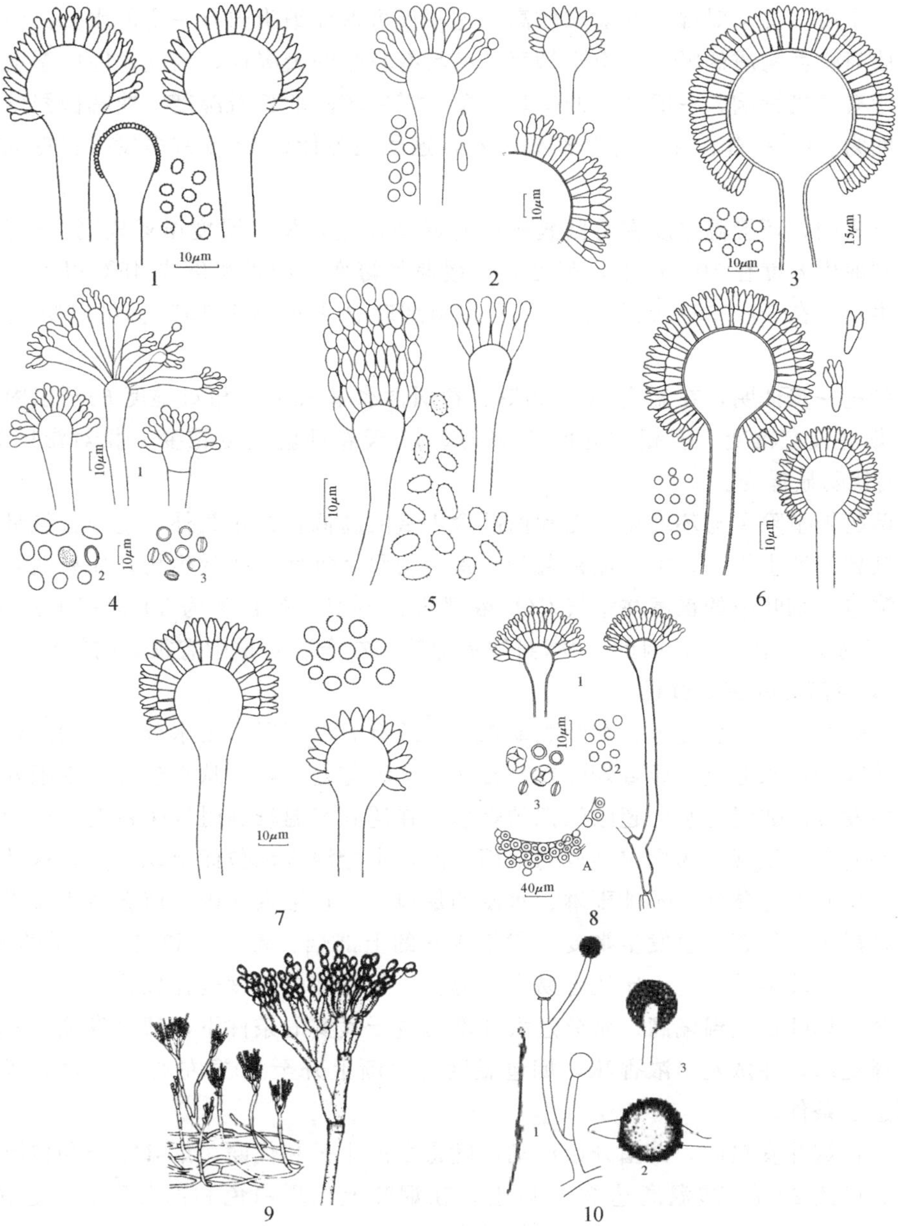

图 17-1　烟叶、卷烟霉变真菌形态

(齐祖同，1997)

1. 烟曲霉；2. 米曲霉；3. 黑曲霉；4. 灰绿曲霉；5. 局限曲霉；6. 赭曲霉；7. 黄曲霉；8. 构巢曲霉；9. 青霉；10. 毛霉

表 17-6　温度与霉菌繁殖

菌　源	最低温度/℃	最高温度/℃	最适温度/℃
曲霉菌	8	45	25～37
青霉菌	2～5	45	22
毛霉菌	2～5	45	43

（2）湿度。霉菌对湿度的要求较高，这不仅可保证细胞内有一定的水分，而且还决定着霉菌对营养物质的吸收。由于烟草商品具有较强的吸湿性，因此，库内湿度对烟草的含水量有直接影响，一般霉菌的生长繁殖都需要较高的相对湿度。曲霉菌繁殖适宜的相对湿度为70%左右、青霉菌为80%左右，这就是为什么7～9月多发生青霉危害的主要原因。

研究表明，环境温湿度在霉菌繁殖中有联动作用，相对湿度虽然较高（85%），但只要控制库内温度在10℃以下，就可以延缓商品霉变，如果温度在45℃以上，也能控制霉菌生长。在30～35℃条件下，只要控制烟叶含水量小于15%就可以阻止霉菌的繁殖。

试验进一步证明，在温度20～35℃、卷烟含水率13%、相对湿度65%以内，经过20天卷烟并没有霉变，但相对湿度70%时，15天卷烟就轻度霉变，相对湿度80%时7天卷烟就明显霉变。

霉菌的繁殖除了与环境温湿度和商品含水量的高低直接相关外，空气含氧量的多少也会对其繁殖产生影响，由于曲霉菌和青霉菌均属好氧性真菌微生物，如果缺氧就会死亡。据测定，烟叶中的霉菌在空气CO_2浓度达20%时，死亡率为50%～70%，CO_2浓度达50%时会全部死亡，因此，“密封缺氧保管”在仓贮防霉中有很好的效果。

3. 烟草商品的霉变过程

（1）烟叶商品霉变过程。烟叶贮期霉变大致有5种情况：①水分正常的烟包在高温高湿季节吸潮，水分上升导致烟叶发热霉变，这种霉变一般是从烟包外围烟把开始，逐渐向包内发展。②混有水分超限烟把的烟包，在遇到气温较高时发生霉变，这种霉变一般由包心向周围发展。③烟包堆放的地面潮湿，水分浸入烟包而出现霉变，这种霉变是从底部开始向上部蔓延。④被雨淋、水浸的烟包，一旦堆入垛内，就会由表及里发生霉变，并能浸湿其他邻包也发生霉变。⑤不成熟的上部烟、青色烟和夹有杂质的低次烟，由于自身带有较多的霉菌，比较容易自然霉变，且霉变的速度也比较快。

发热：烟叶在气温偏高、水分过大和堆压过于紧实的条件下，就会发热。发热后的烟叶色泽变深，并散发出浓香味，烟包温度可逐渐上升至30℃左右，这为霉菌的生长发育创造了条件。

霉变：烟叶发热后，霉菌开始活动，随霉菌的生长和代谢，烟叶水分和包温急剧上升，水分可达20%，包温高达35℃以上。在烟叶上出现白色和部分青、绿色菌丝体，逐渐导致烟叶色泽变暗，叶片粘连，并散发出霉味。这一阶段，一般只有3～5天，是霉菌迅速繁衍时期。此时，如果控制环境条件使空气温度下降，烟叶水分降低，霉变被抑制，烟叶上白色菌丝体就会干枯脱落，观察不到霉菌的形迹，但仍遗留着轻度的霉味，这种现象称为“风霉”、“干霉”，也俗称“气冲”。

败坏：随着霉变进一步发展，包温继续上升至40℃以上。由于烟叶内在化学成分被进一步分解、吸收和霉菌分泌物的继续积累，烟叶上的白色菌丝体都逐渐变为青绿色，并出现了霉菌的繁殖体，即孢子囊、分生孢子、分生孢子梗等，叶片粘连成饼，有的呈烟泥状，散发出强烈的霉味和腐臭味。在平均气温20℃以上时，这一阶段一般只有3天，就使烟叶彻底变坏，完全失去使用价值。

（2）卷烟的霉变过程。卷烟霉变一般从烟箱四角开始向中心发展；成条的是从两端烟盒开始向中间发展，若包装破损，则从破损处向四周发展。有时使用防霉效果不良的黏糊物料封包烟盒、烟条、烟箱，也会首先在这种封包黏糊物料上发生霉变，而后波及卷烟。因此，检查卷烟是否霉变，采取“箱从四角”、“条从两端”及“包装破损处”，容易发现。

受潮：在空气相对湿度增高时，卷烟吸收空气中的水分而受潮。高级卷烟由于在制造过程中加入了各种香精和调料，如沙糖、甘油、可可、甜酒类等，其吸潮较其他卷烟更为严重。卷烟受潮是其霉变的先决条件，受潮后的卷烟烟条发软、烟丝色泽变暗、吸阻增加、燃烧迟缓而且容易熄火。

冲烧：卷烟受潮后，烟丝中的胶体物质发生膨化现象，产生膨化热，此时若气温偏高就会导致卷烟发热，引起烟丝中酶活性提高而加速其生化呼吸作用，而酶促反应又使得卷烟含水量进一步增加。冲烧后卷烟的烟丝颜色严重发暗，吸食时内在品质下降、香气减弱。

霉变：卷烟受潮发热后，霉菌随之生长繁殖。先在烟支两端出现白色或青、绿色菌丝体，进而在烟丝中出现黑色粉状孢子群体，并散发出霉腐气味。在烟支盘纸上出现黄色污迹或青、黑色霉点，卷烟完全失去吸食价值。

在实验保管中，由于低级卷烟使用了部分未经复烤和发酵的烟叶，且烟叶中掺用梗丝较多，而加工中梗丝含水率高，且吸湿能力与吸湿速度均高于烟丝，再加之包装材料的防潮能力不如高级卷烟好，易受外界温湿度的影响。因此，在相同条件下，低级卷烟比高级卷烟更容易霉变，在贮存时要特别注意。

（二）烟草商品霉变防救

烟草商品霉变防救遵循“以防为主，防救结合”的方针。由于霉菌的繁殖与环境条件之间表现出“适宜则旺盛；不适则生存；恶劣则死亡”的特点，因此，贮保中努力排除适宜条件，控制不适宜条件和创造恶劣条件，预防霉变。一旦商品发生霉变，要根据其霉变程度，采取积极措施把损失降低至最低限度。

1. 改善仓库条件

卷烟仓库除配备必要的吸湿设备、降温设备外，重点应放在库房密封上。仓门四周要钉上绒布或胶皮，门口挂棉布帘，最好能装上风幕，使门关闭时能隔离内外空气流通。窗缝全部用油灰密封，墙缝用麻刀灰和油灰填实，然后再用塑料薄膜张盖，阻止外界环境的影响。

烟叶库房除配备必要的排风设备外，库房要既能密封，又能通风，其密封条件可以比卷烟库房低。露天货位的垛基要用三合土垫高夯实，上铺垫石 1～3 层，垫石间要留有空隙，垫石上铺芦席 2～3 层，以利防潮通风。库区要保持清洁卫生，埋设排水管道，保持地面干燥。

2. 严格入库检查

烟草商品入库一定要对其含水率进行严格仔细检测，卷烟控制在 11.5%～13.0%，原烟控制在 13.0%～15.0%，复烤烟控制在 11.0%～13.0%。对于水分超限、污染水湿、发热霉变、包装破损等商品拒绝入库，必须接受时，可暂存于固定的“病号区”内，经抢救处理和检验合格时才能入库贮存。

3. 进行合理堆码

（1）卷烟垛。在高温多雨季节，卷烟垛最好码成通风垛，或垛的层高适当减低，一般码五层高。在空气温度正常的季节里，可码成密集垛型，并根据包装质量，在保证烟箱不受损的前提下，适当增加层高，一般可码6～7层高。烟垛要注意保持一定的墙距与垛距。

（2）库房烟叶垛。烟叶库房要优先贮存复烤烟和待投烤原烟，上等烟要力争全部入库。一般码成平顶型。根据烟叶品质，确定码垛高度，机烤烟一般上等烟码4～5层高、中等烟码六层高、下等烟七层高。烟叶水分偏高的，要适当减层。垛顶要保持1.5m左右的空间。

（3）露天烟叶垛。露天烟叶垛的垛底不宜太宽，一般不超过4m，多为4包烟的宽度。要码成屋脊型，码垛高度不超过十层。机烤烟垛一般中等烟铺底四层开始收脊。原烟中等烟铺底五层开始收脊，下低等烟铺底四层开始收脊，收脊方式为3-2-1。收脊后上盖席再盖帆布，扎牢。

4. 加强商品在库检查

加强烟草商品的在库查核，目的是随时掌握商品的质量变化，以便及时分析研究，采取相应措施，保证商品安全贮存。

（1）水分检测。①感官鉴别法：卷烟可轻轻搓捏烟支，感到疏松，有弹性，说明含水率正常，在12%左右；感觉软绵，少弹性，说明含水率过大，超过13%；如感觉有明显的“沙沙”声，烟支发硬，烟丝易脱落，说明含水率过小，达不到10%。初烤烟有4种类型：稍干：含水率13%～14%，烟梗脆易断，手握“沙沙”作响，叶片易碎；适中：含水率15%～16%，烟梗稍脆易断，手握有响声并稍碎；稍潮：含水率16%～17%，烟梗稍软不易断，手握叶片稍有响声但不碎；较潮：含水率19%～20%，烟梗折不断，叶片湿润，手握无响声。复烤烟手感特征按上述“稍干”一档估计。②仪器检测法：一是烘箱测定：1/100天平称烟丝10g放进烘箱内，保持100℃烘2h，取出放入干燥器冷却半小时，然后取出称重计算含水量。二是红外线测定法：将样品放入盒内，置于距红外线灯下10～30cm处的台盘上烘烤10～20min称重计算含水量。

（2）温度检测。①感官鉴别法：将手插入烟包内，凭手的感觉和鼻闻烟味鉴别包温（表17-7）。②利用CLW-3型测温测湿仪，将热敏电阻探头固定在烟箱或烟包内，接通仪器后即可读出商品体温度。

表17-7 不同温度下烟包内烟叶的感官特征

状　态	温度/℃	感官特征
微热	25～30	有微热感，闻到清香味
热	30～35	有热感，烟叶色泽略深，浓香味
较热	35～40	有较强的热感，烟叶微褐色，稍有霉味
高热	45℃以上	有烫热感、烟叶深褐色，有严重的霉腐味

5. 烟草商品霉变抢救

在烟叶贮存中，“微热”和“热”属于自然发酵现象。但包温超过35℃以上，手插烟包有较强的热感，就是严重的霉变信号。卷烟虽然不能用手测温度，但可以通过眼看鼻闻和抽吸的方法来鉴别其是否霉变，只要嗅到酸味，说明已经开始霉变了，低档卷烟初期霉变有难闻的鱼腥气，中期是杂草腐烂气。此外，还可以用湿润棉签擦烟丝或烟梗白点处，若是发霉则可擦去，擦不去，可能是残伤白点或溢出物，说明卷烟没有霉变。若商品霉变，立即采取措施翻垛普查，逐件（包）分类，区别正常、发热、霉变3种情况，分别处理。

（1）调节库内温湿度。发热霉变的商品，其水分、温度均偏高，必须首先调节库内的温湿度，最大限度地排湿降温，限制其发展。

（2）整理烟垛。在整垛商品仅下部分热而其余均正常的情况下，说明下部商品发热与受压有关，应采取倒垛措施，把垛下商品翻到垛上部，使其散热降温，恢复正常。在整垛商品普遍发热的情况下，应采取改变垛型措施，把实心垛改为空心垛、单层垛等，并适当减少垛层，促其降温。若商品发热严重将要霉变，要立即采取拆口排晾措施，把烟包侧立通风，拆口散潮。还可在拆口后摇包，卷烟可架条排潮，这样散潮降温效果更好

（3）分类处理。烟叶开始发热霉变，一般先由烟包的中心部位（散堆烟则相反）开始发展到全包；烟垛先由个别烟包开始而蔓延到全垛。若发现垛内个别烟包发生霉变，应组织力量逐包检查，拆包挑选，逐把选叶，把霉变把挑出，其余另行成包保存。针对霉变卷烟要逐箱检查，先选箱后选条再选盒，潮湿季节检查箱边、高温期检查箱心，把霉烟和未霉烟分类贮存。未霉烟再区分冲烧与否分别处理，不冲烧的卷烟价值不变，冲烧的卷烟只能降价处理。根据国家食品卫生法有关规定，霉变卷烟禁止销售，因此，霉变卷烟不管霉变程度如何，均需废弃。

（4）加工复烤。大垛烟叶（主要是指初烤烟）开始发热霉变时，用上述方法难以补救，在有条件的地方，可立即进入车间复烤。

四、烟草商品仓贮虫害防治

烟叶被仓虫蛀食后，单位重量减轻，破碎损耗率增加，质量下降，叶片支离破碎，出丝率低；虫尸、虫粪、虫卵及丝状物潜藏于烟叶内，在卷烟加工过程中不易剔除，卷入纸烟中，吸食会产生恶臭味，危害消费者的健康。卷烟遭虫蛀后，烟支漏气，无法吸食，失去使用价值。烟草商品仓库的包装物料也会遭到虫蛀，受到损失。因此，仓虫防治是烟草商品养护的核心内容之一。

（一）烟草仓虫生物学特征

了解和掌握烟仓害虫生物学特性，是进行有效防治的基础，有助于寻求针对性措施预防和灭杀，减少其危害损失。

1. 隐蔽性

仓虫虫体微小，有的以毫米计算，虫体颜色与商品颜色近似，产卵时大都潜入叶片

夹缝或包装物折缝中，且成虫多具假死性，检查时不易被发现。

2. 繁殖能力

仓虫为多食性或杂食性昆虫，食性广泛，没有烟草就蛀食其他商品。条件适宜时，每年繁殖多代，且产卵量多（50～100 个），卵孵化率高，繁殖期短，虫口密度增加很快。

3. 适应性

仓虫耐饥、耐热、耐冷，烟草水分在 13%～18%之间均能适应，温湿度较高的地方繁殖更为迅速。烟草甲、烟草粉螟都有长期不食而不死的特性，大谷盗甚至能耐饥 2 年。虽然 40℃以上和 4℃以下是多数仓虫及虫态的致死温度，但有的仓虫在 48℃的高温并不会死亡，大谷盗成虫及幼虫在零下 9.4℃低温下能成活数星期。

4. 停育与休眠

仓虫在环境条件不利（如低温、高温、干燥、缺食等）的情况下，生长发育会临时停止或进入休眠状态。在休眠状态下的仓虫代谢活动极低，抗逆能力大大增强。

5. 趋性

趋性是指仓虫在外界条件刺激下的运动反应。趋向刺激物运动的反应为正趋性，背向刺激物运动的反应为负趋性。在光的刺激下引起的运动反应为趋光性，在温度的刺激下引起的运动反应为趋温性，在化学物质的刺激下引起的运动反应为趋化性。烟草甲具有负趋光性，但多数仓虫对黑光灯（波长 280～380nm）有正趋性。越冬仓虫多具趋湿性。性引诱剂具有明显引诱雄性烟草甲的作用。

（二）烟叶仓贮常见害虫

根据多年来烟草商品贮藏期虫害发生的情况分析可知，在仓贮害虫中，烟草甲（*Lasioderma scrrjcorne* Fabriclus）和烟草粉螟（*Ehestia elutello* Hiibner）分布最广，危害最大，其次是大谷盗（*Tenebroides mauritanicus* L.）和黑皮蠹（*Attagenus piceus* Otivier）。

1. 烟草甲

（1）分布与危害。全国普遍发生，是我国最主要的烟叶仓贮害虫，其虫口数量占虫口总数的 85%以上。烟草甲以幼虫危害烟叶，烟叶被害后支离破碎，出丝率降低，品质变坏；虫尸及其排出的粪便会污染烟叶，燃吸时产生恶臭味。烟草甲食性杂，是烟叶的毁灭性害虫。

（2）形态特征。成虫：体长 2.5～3.3mm，椭圆形，有光泽，全身密被黄褐色细毛；头隐于前胸背板下方，口器无上唇，上颚外露；触角位于复眼前方，由 11 节组成，3～10 节为锯齿形，第 11 节为椭圆形；小盾片凹陷，呈三角形，上有刻点；前翅近基部外缘突出弯曲，覆盖腹部末节；3 对足等长，跗足 5 节，末端有 2 爪（彩图 17-1）。

卵：长椭圆形，长约 0.4mm，淡黄色，表面光滑，一端有若干微小突起。

老熟幼虫：体长 4mm，蛴螬形，体淡黄白色，密被金黄色细长毛；头黄褐色，左右两侧各有一深褐色斑，口器上唇退化留有痕迹，上颚具 2 齿，坚硬外露；腹部末节的肛前片呈新月形，骨片前着生直立的细毛；3 对胸足细小，等长，有稀毛，末端有 2 爪（彩图 17-2）。

蛹：长约 3mm，乳白色，有光泽。复眼褐色，椭圆形；前胸背板位于头的上方，其后缘角向两侧突出；雌蛹腹末有肉状刺突一对，使尾端呈叉状，雄蛹腹末为圆锥状。

（3）生活史与习性。烟草甲一年繁殖 2～8 代，最适宜温度为 28～32℃，最适宜相对湿度为 70%～75%。气温 16℃以下时，以幼虫结茧越冬，越冬幼虫 5 月开始化蛹，再羽化为成虫。成虫有趋光性、假死性，卵多散产在缝隙中，一生最少产卵 103～126 粒。幼虫自烟包四角蛀入咬食叶片，蛀孔圆形并有棕色粪便。幼虫抗干旱、耐饥饿能力很强，数十天无食仍能生存。幼虫老熟后，在缝隙中结白茧化蛹。

2. 烟草粉螟

（1）分布与危害。烟草粉螟在国内各主要产烟区均有分布。烟草粉螟以幼虫蛀食烟叶，导致成丝率下降，品质下降，同时虫尸、虫粪会污染烟叶（彩图 17-3）。烟草粉螟食性较广，是我国贮烟中最重要的害虫之一。

（2）形态特征。成虫：体小，体长 6～7mm，翅展 13～18mm；下唇须弯向头顶或伸向前方；前翅狭长，淡褐色至深褐色，边缘有深色窄线，亚缘线弯曲，两侧有不明显的深色线，中室外方有两个小黑点，上下排列；后翅灰白色（彩图 17-4）。

卵：椭圆形，长约 0.6mm，初产时为淡粉绿色至乳白色，孵化前转呈淡乳黄色，不透明略带光泽，表面有网状纹。一龄幼虫头前胸盾淡赤褐色，胴部乳白色。

老熟幼虫：体长 10～15mm，头赤褐色，前胸盾、臀板及毛片黑褐色，胴部淡黄色至黄色，有的略带绿色，背面通常呈桃红色，黑褐色毛片成行排列（彩图 17-5）。

蛹：长 7～8.5mm，黄褐色，羽化前转呈棕褐色，腹末背面中部有 4 根尾钩。

（3）生活史与习性。烟草粉螟一般 1 年发生 3 代，以幼虫在缝隙中越冬。越冬幼虫在茧内化蛹，4～5 月份大量出现成虫，白天不活动，有趋光性。卵多产在折缝中，每雌蛾产卵 48～112 粒。幼虫取食时吐丝缀连，潜伏食害，由叶片边缘逐步向里蛀食，被蛀食穿孔的烟叶易发生霉烂变质。幼虫老熟后在各种缝隙中做丝茧化蛹。烟草粉螟的生长繁殖的适宜温度为 21～32℃。

3. 大谷盗

（1）分布与危害。大谷盗在国内各产烟区均有分布，在南方烟区发生较重。在上、中等烟叶中发现较多，食量很大，不仅能危害烟叶且能蛀穿贮存物包装材料及仓库内地板等。

（2）形态特征。成虫：体长 6.5～10mm，赤褐色至黑褐色，全体呈扁平长椭圆形，光滑无毛，有光泽；头部略呈三角形，复眼小，圆形，触角 11 节，棒状，第 7～10 节略呈锯齿状，上颚发达外露；前胸背板前缘呈凹形，后缘与鞘翅基部之间缢缩呈颈状；小盾片呈半圆形，每鞘翅上各有 7 条纵列点线；腹部腹面赤褐色（彩图 17-6）。

卵：乳白色，无光泽，细长椭圆形，一端稍膨大，长约 1.5mm。

老熟幼虫：体长 18～21mm，呈长扁平形，体前部较窄，后部渐宽；白色或灰白色；头部近方形，黑褐色，上颚大而外露，胴部共 12 节，多皱纹；前胸盾中间有一淡色窄缝，中胸及后胸背面各有一对黑褐色斑，腹末生一对黑褐色臀叉，胸足淡褐色、末端各有一对爪（彩图 17-7）。

蛹：近纺锤形，扁平，长约 9mm，初蛹呈乳白色，后变淡黄色；触角、复眼、翅和足的痕迹明显，头、胸连接处收缩，腹部各节两侧各有一小突起，各着生褐色细毛 2 根；腹末着生一对褐色小肉刺。

（3）生活史与习性。大谷盗 1 年发生 1～3 代。大多数以成虫在缝隙中越冬。成虫性凶猛，除危害烟叶外，常自相残杀或捕食其他仓贮害虫，寿命 1～2 年。卵产在烟叶或缝隙中。幼虫性凶猛，常自相残杀，取食烟叶，咬坏烟叶包装材料，有时也捕食其他仓贮害虫。老熟时多蛀入木板或其他木质物内，做一蛹室化蛹。大谷盗成虫和幼虫均喜潜伏于阴暗角落。大谷盗最适宜发育温度为 27～28℃。耐饥、耐寒能力很强，成虫能耐饥 180 天左右，幼虫耐饥能力更强，可达 1～2 年。当温度在－9.4～－6.7℃时，成虫和幼虫仍可活数星期。

4. 黑皮蠹

（1）分布与危害。黑皮蠹分布几乎遍及世界各国，国内各省均有分布。幼虫危害各种动物、植物干物质，如昆虫标本，贮藏烟叶、毛制品、禾谷类粮食及其加工品、豆类及各种植物种子。

（2）形态特征。成虫：体长 2.8～5mm，宽 1.5～2.5mm，体暗赤褐色或黑色，椭圆形，背面显著隆起，体背除前胸背板基部着生黄褐色毛外，其余全部着生黑色毛。头部有一中单眼，两复眼的距离约为复眼最大直径的 2 倍。触角 11 节，淡褐色，末节黑色，末节长度约为第 9、10 两节总长的 3～4 倍（雄性）或仅略长（雌性），第 9、10 节几乎相等；前足腿节的内缘与外缘隆起，中、后足腿节的前缘比后缘明显隆起（图 17-2）。

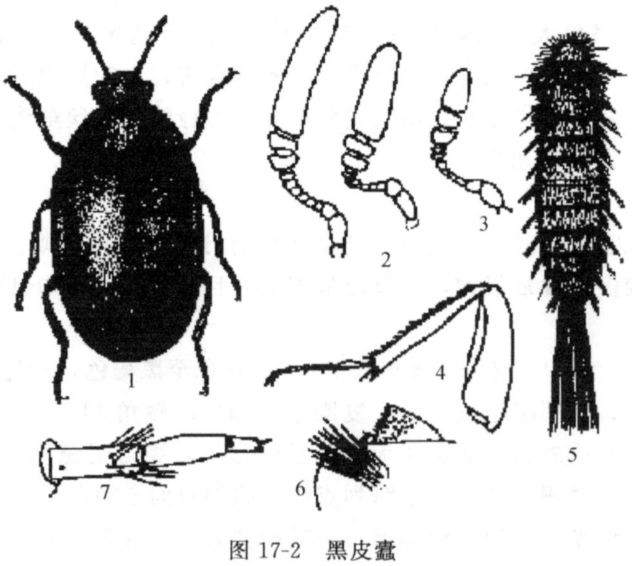

图 17-2　黑皮蠹

（程传策等，1999）

1. 成虫；2. 雄成虫触角；3. 雌成虫触角；4. 成虫后足；5. 幼虫；6. 幼虫右上颚背面，示毛簇及白叶；7. 幼虫触角

卵：长 0.6～0.9mm，宽 0.25～0.35mm，椭圆形，乳白色，略有光泽。

老熟幼虫：体长约 10mm，近圆筒形，体金黄色，赤褐色至褐色，节间及腹面淡白色，口器黑色，腹末有与体近等长的黄褐色卷曲细毛。

蛹：较扁的圆锥形，长 5～8mm，宽 2～3mm，淡黄褐色，体密被淡黄褐色茸毛。鞘翅伸达第 5 腹节腹面，腹部背面第 5～7 节间各有一黑褐色口形凹陷，凹陷的前缘有微小齿突。腹末有一对褐色肉刺。

(3) 生活史与习性。黑皮蠹在温带地区 1 年 1 代，以幼虫群体在仓库内墙壁、地板、垫木、砖石、碎烟末、烟包折叠缝等处越冬。越冬幼虫于 4 月中旬化蛹，4 月下旬出现成虫，6 月为成虫盛发期。成虫于 5 月上、中旬开始产卵，幼虫在 7、8、9 月份危害，10 月份开始越冬。幼虫在正常情况下为 7～12 龄，但在不良环境下能增加到 20 龄或更多。幼虫期长短因温度、湿度、食物等条件的变化而不同，即使在同一生活环境下，幼虫期的长短也有差异，一般 6 个月完成 1 代的幼虫期为 55～130 天，1 年完成 1 代的为 222～472 天，2 年完成 1 代的幼虫经过 2 次越冬，历时可达 600 多天。幼虫耐饥抗寒能力强，据 Back 和 Cotton (1926) 报道，幼虫在 −1.1～1.7℃ 中能存活 314 天，在 −3.9～1.1℃ 中能生存 198 天。

(三) 仓贮害虫的预防

仓库害虫的主要来源，一是收购的烟叶中带有害虫，入库时被带进仓库；二是重复利用的包装物料附着有幼虫或虫卵，重新成包后被贮存入库；三是害虫从库外飞进库内以及越冬仓虫返回库内；四是藏在仓库墙壁、苫垫器材缝隙中的仓虫等。针对仓库害虫的来源和传播，采取相应的预防措施，劣化仓虫生长发育的环境条件，对于避免和减少仓虫危害，可以起到事半功倍的效果。

1. 清仓消毒

在原烟收购、烟叶调拨、成品入库之前，要抓紧空仓时机进行全面彻底清扫和消毒工作。凡是容易潜藏害虫的地方，如仓库内天棚、地脚、墙壁、柱子、门窗等处，均应彻底清扫消毒。对仓库用具和材料，如垫木、垫席、木架、包装材料和扫帚、簸箕等工具，用“剔、刮、敲、洗、晒、熏”等方法进行清理消毒，专人保管，专库专用。

对库内、室内有利仓虫隐藏越冬的一切缝隙洞孔，进行细致的剔刮，并全部用麻刀灰浆进行堵嵌（用油灰嵌填，效果更好），嵌填要密实面平，再用熟石灰浆粉刷一遍。对空仓，用敌敌畏进行全面消毒，施药后将仓库密闭 10h 以上再通风，待药味散尽后，烟草商品入库贮存。实践证明，在产烟区的贮烟场所，早春抓紧害虫未羽化前的时机，在商品入库前进行清茧消毒，对于歼灭大量的越冬害虫，抑制第一代害虫的繁殖，具有特别显著的效果。

2. 加强虫情检疫

商品入库验收时，首先检查商品包装周围的缝隙处，有无虫茧形成的絮状物、仓虫排泄物和蛀粉等，然后开包检查。要注意检查烟叶卷折处有无虫茧和蛀孔，也可翻动敲打，观察有无蛾类飞动。检查中如发现仓虫，必须做好记录并及时报告，不经杀虫处理，禁止入库。

3. 消灭环境虫源

在贮烟集中场所、仓房周围的建筑物、包装材料和垃圾中，都潜藏有大量的仓虫，这些都可能成为仓贮烟草的害虫来源，因此，必须对这些地方进行经常性的清理消毒工作。

4. 隔离防虫

有计划地将有虫烟草与无虫烟草、已经熏杀烟草与未经熏杀烟草、新烟与陈烟、长期贮存与准备外调或即将加工使用的烟叶分别存放，严加隔离。

清理有虫烟叶应在专设场所进行，防止仓虫外逸，清理出来的仓虫、虫粪（可能混有虫卵）、烟末、垃圾等要集中焚毁。清理场所要定期进行喷洒杀虫药剂，也要注意人身与工具上附着的仓虫。对具有完整天棚、墙壁的仓库（特别是成品库），在需要开启的窗户上，要安装60目/（英寸）的纱窗，以阻止仓虫飞入。

5. 加强虫情测报

要加强对仓虫危害的检查，每年4月和11月要进行全面检查。检查方法：虫口密度（头/包）＝每千克烟叶害虫个数×50，害虫造成的烟叶损失率按（$B_1+B_2+B_3$）÷W×100%（式中B_1为仓虫重量，B_2为虫粪重量，B_3为虫屑重量，W为取样重量）计算。特别是在成虫季节，每隔一周要对贮存商品抽查一次（检查有无虫卵、初孵幼虫）。可以利用黑光灯进行诱捕测虫，也可用性引诱剂诱捕测虫。

（四）仓虫的灭杀

烟草商品仓库一旦发生虫害，就要不失时机进行灭杀，制止其蔓延，减少商品虫蛀损失。

1. 极温杀虫

仓虫是变温动物，它本身没有一定的体温，其体温随气温的变化而变化（表17-8）。从发育起点到高温临界区的温度范围被称为有效温度。在有效范围内，最适合仓虫生长发育的温度为最适温区，一般为22～30℃。其他温度范围，仓虫能完成正常的生长发育，被称之为有效温区，烟草商品贮保过程中，如果控制库内温度在有效范围之外，就能不同程度地抑制或杀死仓虫。

表17-8 温度变化对仓虫生育的影响

温度/℃	温 区	仓虫生育表现
52～48	致死高温区	仓虫因过热，体内蛋白质凝固很快死亡
48～45	停育高温区	仓虫因过热，新陈代谢加速，生命活动降低，呈热昏迷状态（夏眠）
45～35	高温临界区	仓虫因温度过高，生长发育开始被抑制
15～8	发育起点	仓虫有可能生长发育温度
8～4	停变低温区	仓虫因温度过低，新陈代谢变慢，呈冷昏迷状态（冬眠）
4	致死低温区	仓虫因过冷，体液冻结，细胞内原生质停止活动而死亡

（1）高温杀虫。根据仓虫长期对环境的适应性，一般对高温的抵抗力低于对低温抵抗力。这是由于：①高温使害虫的新陈代谢加快，虫体失水过多。②高温熔化了虫体的

护蜡层，破坏了害虫的上表皮与外表皮结构。③高温引起虫体蛋白质凝固，使生命活动受到破坏。④高温使虫体内腹质液化，损害虫体神经系统。例如，烟草甲，它的生长发育适温为35℃，相对湿度65%～75%，生存临界高温极限为47.5～58.5℃，超过这个极限就会使它在短期内死亡。

在烟叶加工过程中如把烟复烤加温程序为：70℃—96℃—99℃—96℃—88℃，返潮55～60℃，全程历时49min；片烟的复烤加温程度为：71℃—74℃—80℃—77℃—71℃，返潮55℃，全程历时40min。复烤中的高温处理加上加工中的风力除杂作用，基本上达到消灭潜藏害虫的效果。

(2) 低温杀虫。降低贮烟环境温度，可抑制害虫繁殖和杀死害虫。其主要原因：①害虫在低温冷麻痹状态时，体内营养物质逐渐消耗，抗寒能力降低，最后因新陈代谢停止而死亡。②害虫处于致死低温时，细胞内游离水分外溢到细胞间隙结冰，使细胞膜受损而破裂。③因游离水分结冰，使细胞原生质脱水浓缩，盐分浓度加大，代谢物不能正常排泄。④低温破坏或抑制虫体内的酶活性，使代谢作用停止而死亡。

利用低温杀虫，在我国北方地区是一项行之有效的措施。我国东北和华北地区在冬季贮存的情况下，利用通风降温的方法能起到很好的杀虫效果。

2. 药剂杀虫

所谓药剂杀虫，就是用有毒的化学药剂直接与虫体接触，引起害虫内部组织细胞破坏产生病理变化，最后使全部生理机能丧失，直至死亡。化学药剂杀虫的效果，与选择杀虫期关系很大。一般在仓虫三龄前的幼虫期施药灭杀效果最好。因此，仓虫在三龄前的幼虫期，虫体小，体壁薄，抗药力弱，药剂很容易透过体壁表皮，破坏内部组织细胞，致使死亡；随着仓虫龄期的增长，虫体内脂肪越多，抗药能力越强。所以，药剂杀虫，要不失时机地选择最适杀虫期施药，方能达到最理想的杀虫效果。目前，用于防治烟草仓虫的药剂主要有敌敌畏、磷化铝、溴甲烷3种。根据其毒效，前一种为一般毒剂，后两种为剧毒毒剂。

(1) 敌敌畏（DDVP），是一种浅色油状液体，有机磷制剂，纯品无色，相对密度1.415（25℃），沸点84℃，挥发性较强，有轻微芳香味，略溶于水，可与大部分有机溶剂混合，有50%和80%两种规格。

敌敌畏对害虫具有胃毒、触杀、熏杀3种作用。防治仓虫主要是触杀和熏杀作用，因此杀虫效果与温度有直接关系，温度越高杀虫效果愈显著，如温度在35℃左右，施药1～2h害虫即被杀死。但它的渗透力较差，对烟包内幼虫无直接熏杀作用，只有在高浓度和密封情况下，才能杀死包内部分幼虫。通常的施药方法有两种：其一是悬挂法：将药液渗入棉球、旧布或废纸中，每距离1～2m，悬挂于货垛或走道里，使药力慢慢挥发于空气中，药性可滞留5～6天，对羽化的成虫具有明显的杀伤力。50%乳剂可兑水10～15倍，用量以每立方米500mg（稀溶液）为宜。其二是喷雾法：将乳剂溶液兑水40～50倍，装入压缩喷雾器内，均匀地喷洒在烟垛四周空间，使之挥发弥散，可在几小时内杀死仓内飞蛾。用药量为1000～2000mg/m^3，如在当天下午6时喷洒，翌晨开启门窗1～2h，即可照常工作。

用药时间，应选择害虫繁殖旺盛、气温较高的情况下进行，一般每年要熏杀3遍，分别在5月、7月和10月进行，每月喷洒2～3次，每次间隔一周左右。

(2) 磷化铝（AlP），相对分子质量57.96，又称费斯毒净，是一种新型熏蒸杀虫剂，它的主要成分是由磷化铝、氨基甲酸铵及其他辅助剂混合组成，压制成重3g的片剂（也有粉剂），内含有效的杀虫成分磷化氢33%，药片呈绿色或黄褐色。AlP在空气中会逐渐吸收水汽而分解产生磷化氢、氨和二氧化碳，残渣为氢氧化铝，其化学反应式：

$$AlP + NH_2COOH_4 + 3H_2O \longrightarrow Al(OH)_3 + PH_3\uparrow + CO_2\uparrow + 2NH_3\uparrow$$

磷化氢、氨等为警示性气体，二氧化碳可防止磷化氢自燃。药剂分解速度取决于空气温度和相对湿度，在温湿度较高时，分解较快。一般12～15℃需5天，16～20℃时需4天，20℃以上只需3天，气温在10℃以下不适合使用。达到熏蒸密封时间以后，即可通风散毒，至少充分通风48h以上，经检查确认仓内无毒后，才能正常出入工作。

磷化铝分解后产生的有效杀虫成分为磷化氢，分子式PH_3，相对分子质量34.04，系无色有乙炔味气体，液态比重为0.746（零下90℃），气态比为1.183，沸点为零下87.5℃，发火点150℃，在常温下比较稳定，但当空气中浓度达26g/m^{3}时，就会自燃和起爆。这主要是由于磷化铝产生的磷化氢中混有少量双磷（P_2H_3），当浓度过高时，双磷便自燃，导致磷化氢燃烧，因此，使用磷化铝熏蒸杀虫，药片要散开，不能重叠，用药量要控制在6g/m^3（2片），这既能杀死害虫，又能保证安全。

磷化氢是一种剧毒气体，引起动物中毒主要通过抑制中枢神经、刺激肺部、引起肺水肿和心脏扩大。当空气中磷化氢气体浓度在0.002～0.001mg/L时，能闻到臭味，浓度0.01mg/L时对人已相当危险，浓度达到0.14mg/L时可致人死亡。因此，在投毒和散毒的过程中，要用湿润的硝酸银试纸检查空气中含磷化氢浓度。磷化氢与硝酸银溶液接触时会产生棕黑色沉淀。其化学反应式是：

$$PH_3 + 3AgNO_3 \longrightarrow Ag_3P\downarrow + 3NHO_3$$

用3%～5%$AgNO_3$溶液浸湿试纸，悬挂于接触熏蒸的空间，如滤纸在空气中7s完全变黑色，就说明空气中磷化氢浓度达5×10^{-4}%以上，能引起人体中毒。

磷化铝分解后残留的白色粉末为氢氧化铝，但其中尚含有没有分解的磷化铝（1.2%～2%），因此对残渣应予深埋。同时，磷化铝罐内的小布袋，内装吸收剂，最易自燃，在施药后要认真清点数目，罐、袋相符后，随时把小布袋深埋60cm地下，空罐入库。磷化氢对金属有不同程度的腐蚀性，对铜腐蚀强烈。因此，施药前应将仓库内所有电器设备、铜质机械和仪器等拆除或涂油，或用塑料薄膜封护。磷化铝不能直接用金属容器存放。

气温的高低，对磷化铝的水解和释放出磷化氢有明显的影响，当气温低于10℃时，则磷化氢的浓度上升缓慢，高峰不显，毒气扩散慢，滞留时间短，达到有效浓度0.7mg/L的时间少于48h，不能完全杀虫。当气温达10℃以上时，磷化铝的分解速度加快，磷化氢浓度高峰出现的时间随气温的升高而缩短，有效浓度的持续时间一般都能超过48h，因此，在气温低时，投药量应适当增加，密封时间要延长（表17-9）。

表 17-9　气温对磷化氢浓度持续时间的影响

温度/℃	投药量/(g/m^3)	投药后 PH_3 浓度高峰出现的时间	达到有效浓度 0.7mg/L 持续时间
3.5～7.5	7.5	高峰不明显	不到 24h
10～16	7.5	72～96h 后	72h 以上
16～18	7.0	48～72h 后	72h 以上
22～25	6.5	40～48h 后	72h 以上
24～32	6.0	24h 后	80h 左右

试验测定 PH_3 被分解后，向烟包中渗透较迅速，当气温较低时，开始的 48h 内，烟包外的 PH_3 浓度稍高于包内，以后趋向内外平衡；而气温高时，包内外 PH_3 浓度差异始终不明显（表 17-10）。

表 17-10　气温对烟包内处磷化氢浓度差异的影响

时间/h	气温为 10～16℃时 PH_3 浓度/(mg/L)		气温为 30～36℃时 PH_3 浓度/(mg/L)	
	包外	包内	包外	包内
24	0.40	0.36	1.10	1.12
48	0.71	0.70	1.03	1.07
72	0.89	0.92	0.66	0.62
96	1.02	1.03	0.26	0.36
120	0.85	0.85	0.10	0.06

(3) 溴甲烷（CH_3Br），相对分子质量为 94.95，其化学名称为溴代甲烷，又称甲基溴、溴化甲烷。它在加压贮存于钢瓶内时，为无色或微带黄色易于流动的液体，在常温常压下，为无色无味的气体。温度高时略有香甜味，不易被人察觉，是一种没有警示性的气体。它的液态相对密度为 1.73（0℃），气态比空气重 2.2 倍，每升重 3.95g（23℃），施药时宜自上而下喷施，沸点 4.5℃，适宜在较低气温下使用。它不溶于或稍溶于水，但可大量溶于油类、乙醇、乙醚、二硫化碳、二氯乙烷和苯等有机溶剂，可作含水量较高的贮物熏蒸剂，但含氮量高的雪茄烟和晾晒烟叶不宜使用溴甲烷。

溴甲烷的主要特点是沸点低，杀虫力强，化学性能稳定（在一般浓度下，不易燃烧、爆炸），渗透力强，对烟垛内的各虫期仓虫均能致死。同时被熏蒸物吸附性小，易于散发，故密封条件要严格。

溴甲烷侵入虫体后，产生麻醉性毒害，能伤害仓虫的细胞原生质和刺激虫的神经，使之兴奋而死亡。它还有积累性中毒的作用，对高等动物也是一种强烈的神经毒剂。人中毒后，通常有 4～6h 的潜伏期，甚至 4～5 天后才出现中毒症状，在施用时应特别注意安全。溴甲烷在不同浓度下使人中毒情况是：浓度在 (50～70)$\times10^{-4}$%时，人轻微中毒；浓度在 (2000～4000)$\times10^{-4}$%时，人滞留 30～60min 即可严重中毒致死；当浓度达到 20 000$\times10^{-4}$%时，人可立即死亡。

溴甲烷的用药量可参考表 17-11。在施药时，将钢瓶放在仓（帐）外的磅秤上，称得总重量，减去所需的施药量，把游锤固定在设定的标尺处，然后用长橡皮管一根，一端牢固接在钢瓶的喷嘴上，另一端通入仓房窗口或帐幕顶部放在烟垛顶上，随后开启钢瓶的阀门，药剂即可迅速喷洒在烟垛上；可慢慢地将橡皮管逐步向外移动，使药液能均匀地喷在垛表层。当磅秤的标尺下降到平衡时，立即将阀门关闭，抽出橡皮管，将窗口或帐幕严密糊封，用测溴灯测定周围有无毒气逸出，如有漏气，应立即糊封。当熏蒸结束，散毒通风一定时间后，也可用测溴灯检查现场和仓库，直至溴甲烷散尽，方可撤除警戒，进入仓内工作。

表 17-11　溴甲烷防治仓虫用药量

温度/℃	溴甲烷用量/(g/m³)		密封时间/h
	仓间	帐篷	
10～25	36～30	40～30	不少于 96
25～35	26～30	30～36	不少于 72

测溴灯是检查溴甲烷气体的特用工具，种类很多，但其原理都是一样的。测溴灯以甲醇为燃料，装燃料不要超过容器的 2/3，盖子和灯芯都要旋紧，以防毒气侵入燃料，罩在灯芯上的细铜丝经火焰灼烧时，如遇溴甲烷气体，即生成铜的溴化物，这种化合物的显色反应为蓝绿色。因此，若测溴灯的火焰呈绿色或蓝色，即表示有溴甲烷气体存在，浓度愈大所显示的颜色愈深（表 17-12）。

表 17-12　测溴灯焰色与溴甲烷浓度关系

火焰颜色	体积浓度/(10^{-4}%)	质量浓度/(g/m³)
原色	0	0
微绿色	40	0.010
淡绿色	60	0.014
浓绿色	100	0.024
浓绿略带蓝色	130	0.034
浓绿带蓝色	180	0.048
浓蓝绿色	240～360	0.058～0.086
浓蓝色	600 以上	0.192 以上

（五）化学药剂杀虫的注意事项

（1）供熏杀用的仓库，周围 30m 不得有生产车间、居民、交通要道和家畜饲养室等，应设警戒线，专人负责。

（2）仓库的门窗、风洞与管道、线路孔等缝隙都要糊封，一般要糊三层，底两层用较薄的纸，外层用牛皮纸和塑料薄膜。

（3）参加投毒人员要对药剂的毒性特点、中毒症状和急救措施等有充分了解，在投毒前做好准备工作。投毒工作中，严格执行操作规程，佩戴有效防毒面具，严密组织，定点分工，投毒后人员迅速退出，由外面糊封。

（4）参加投毒人员必须身体健康，施药时限不超过 20min，散毒时限要有 48h。投药后要洗澡更衣，注意休息。

（5）对熏蒸仓虫的全过程，要由专人记录，认真填报“熏蒸灭杀仓虫报告表”（表 17-13）。

表 17-13　熏蒸灭杀仓虫报告表

熏蒸地点		熏蒸形式		熏蒸仓（垛）号	熏蒸体积/m^3
熏蒸内容	商品名称	件数	入垛时间	害虫名称	曾否杀过
熏蒸过程	时间/过程	投毒	密封	散毒	正常出入
	开始时间	日　时　分	日　时　分	日　时　分	日　时　分
	操作时间				
熏蒸期天气	气候条件				
	天气	气温/℃	相对湿度/%	风向	风力（级）
密封期		最高	最高		
		最低	最低		
散毒日					
负责人	项目	指挥人	操作负责人	警戒负责人	
	投毒				
	密封				
	散毒				
	正常出入库				
熏蒸效果	原虫害情况		现在效果		鉴定人：
投毒参与人：					
密封参与人：					
散毒参与人：					
备考					

填表人：　　填表日期：　　年　　月　　日

思考题

1. 名词解释：烟草商品仓库、编码管理、烟草商品养护、平衡水分。
2. 烟草商品仓库的演变方式有几种？为什么？
3. 试述烟草商品保管业务管理。
4. 简述烟草商品养护管理措施。
5. 简述库内温湿度的变化规律。
6. 为什么说只有相对湿度而不是绝对湿度才真正反映库内空气的干湿程度？
7. 试述烟叶贮存期间的质量变化。
8. 如何进行仓库温湿度调控？
9. 简述烟草商品霉变的机理及主要过程。
10. 试述烟草商品霉变的防救。
11. 简述烟草仓贮害虫的主要种类及危害特点。
12. 试述烟草仓贮害虫的预防和杀灭措施。
13. 试述烟叶缺氧养护方法。

第十八章　烟叶的发酵与陈化

第一节　烟叶发酵概述

一、烟叶发酵的重要意义

烟叶发酵是卷烟加工中极为重要的环节，良好的发酵工艺可以改善烟叶品质。未经发酵处理的烟叶不同程度地带有多种品质缺陷，生青杂气和刺激性突出，没有陈化烟叶的特征香气，香气质单调，香气量不足；不能直接用来生产卷烟。通过发酵处理后，烟叶青杂气和刺激性减轻，烟草特征香气显露，可用性显著提高，因此烟叶必须经过发酵处理才能用于生产卷烟。

二、烟叶发酵的概念

广义上讲，烟叶烘烤（或晾晒）、复烤和发酵均属烟叶调制的大概念。随着烟叶加工技术的改进和发展，烟叶调制被细分成不同的概念。一般将烟叶发酵定义为：烟叶通过烘烤（或晾晒）和复烤后，在人工强化条件或自然条件下陈化一个过程；使烟叶内含物发生一系列化学或生物化学变化，减少原烟某些品质缺陷，使烟叶香气更加显露，吸食品质明显增强的一个卷烟加工的重要工艺环节。

根据发酵条件和方法的不同，烟叶发酵被分为自然发酵和人工发酵。自然发酵是在库房室温条件下将烟叶贮存一段时间，在自然条件下陈化烟叶，使烟叶更符合吸食要求。这种发酵方法先是被欧美烟叶生产国家采用，现在我国也普遍采用。人工发酵是在特定的人工强化温度和空气湿度的发酵室内，使烟叶加速发酵，使其符合吸食要求的烟叶发酵方式。这种方法是 20 世纪 50 年代原苏联科学家发明并在东欧和中国被广泛应用的一种烟叶发酵方法。现在这种方法还主要用于某些晾晒烟发酵，而烤烟、白肋烟和香料烟等基本不用这种发酵方法。

烟叶发酵、烟叶陈化和烟叶醇化都是含不同侧重内容的烟叶发酵概念。陈化，主要偏重于自然发酵，也叫醇化。发酵，主要偏重于人工发酵。醇化，侧重于人工发酵和自然发酵后的效果。多数情况下，醇化等同于陈化，而烟叶发酵与微生物发酵是两个完全不同的概念。

三、烟叶发酵的机理

烟叶发酵过程的主要物质转化途径和主要催化因子是烟叶发酵机理研究的两大核心问题。1858 年英国科学家 Koller 最早对烟叶发酵机理进行研究，指出在某些方面雪茄烟的发酵与乙醇发酵相似，并试图用微生物来提高烟叶发酵效果，没有取得成功。1950

年美国烟草专家 Frankenburg 提出由酶催化烟叶发酵的理论，并在晾晒烟发酵过程中发现近半数的蛋白质被蛋白酶水解成大量氨基酸。20 世纪 50 年代原苏联科学家做了大量微生物烟草发酵试验，均未获得成功；随后改变方法用提供酶作用的温湿度条件创造了人工发酵方法。1977 年瑞士化学家 Demole 证实了烟草的主要香气成分来源于类胡萝卜素、西柏烷类和赖百当类化合物的降解。1980 年以后，我国以高校和研究院为核心的科研队伍对烟叶发酵机理展开了大量研究，对烟叶发酵机理两个核心问题的研究结果进行归纳，可以指导我们加深对烟叶发酵机理的了解。

（一）陈化过程烟叶内含物的主要转化途径

1. 烟叶萜烯类化合物降解作用

烤烟和白肋烟主要含两大类萜烯化合物：西柏烷类和类胡萝卜素。这两大类化合物的降解可产生 50 多种香气成分，是陈化烟叶表现天然烟香特征的主要成分，香料烟的典型香型来自于赖百当类和类胡萝卜素降解产物（Demole and Dietrich，1977）。

2. Maillard 作用

还原糖和氨基酸在一定条件下产生分子重排，形成类黑素（Maillard，1912；Hodge，1968）。烟草内含有丰富的还原糖和氨基酸，通过陈化形成 56 种杂环化合物，统称烟草类黑素，此类成分可使烟草表现陈烟香气，在自然条件下这是一个缓慢的分子重排过程。Maillard 作用是烟叶还原糖和氨基酸含量下降的原因之一，使烟叶颜色略有加深。

3. 烟叶残存叶绿素降解作用

通过调制后，烟叶中仍然含有一定量的叶绿素和叶绿蛋白复合体，致使未陈化烟叶表现较重的青杂气特征。通过陈化，烟叶残留叶绿素进一步降解，生成吡咯类化合物，表现陈烟香气特征。在自然条件下这也是一个缓慢的过程。

4. 杂气成分的缓慢挥发作用

自然陈化过程，烟草逐渐形成挥发性的小分子醛、醇、酸、氨、挥发碱（包括游离态烟碱）等对烟草吸食有明显影响的不良成分，这些成分具有明显的挥发性特征，在陈化过程中会逐步挥发。小分子不良成分形成是一个化学过程，挥发作用则是典型的物理过程。

5. 酰胺与易分解氨氮化合物的脱氨挥发作用

烟草氨氮化合物在陈化过程中脱去氨基，形成有机酸和 NH_3，有机酸积累和 NH_3 的挥发可达到醇化烟叶的效果。烤烟陈化后总氮一般下降 4%，晾晒烟的下降幅度远远大于烤烟。

6. 缓慢酸化作用

陈化过程烟叶内含有部分易氧化的有机物质被氧化为有机酸（其中包括部分还原糖）；另外酰胺和部分易转化氨氮化合物脱氨挥发形成有机酸；同时部分挥发碱挥发使烟叶碱性下降。三方面的作用导致烟叶有机酸相对积累，总酸量相对上升，使烟叶出现明显的酸化过程，该过程还伴随着部分游离态烟碱与有机酸形成有机酸盐，使游离态烟碱变为结合态，有明显的醇化烟气效果。

7. 多酚降解作用

通过陈化处理，烟草多酚含量迅速下降，一年陈化可使烤烟多酚含量下降21%，16天人工发酵处理使烤烟多酚含量下降51%。因为烤烟多酚主要是芸香甙和绿原酸，它们是一类烤烟特征香气成分，多酚的过多降解，会使烤烟香气变淡。适当分解也有降低烤烟苦涩味的效果。但人工发酵过量降解多酚对烟香有负面影响，应适当控制。

8. 游离烟碱转化降解作用

烟叶内含游离烟碱常引起较强的刺激性和不良吃味，陈化过程游离烟碱逐渐从结合烟碱中产生，并逐步降解为中性成分烟酸和其他类似物，消除强烈刺激性和不良残留余味。因为游离烟碱在烤烟中是缓慢形成的，所以它的降解也是逐渐进行的。

9. 果胶质降解作用

果胶质是引起烟气尖刺感的重要成分，陈化过程果胶质被缓慢降解为果胶酸和其他成分，尖刺感逐渐减弱。

烟草陈化过程除上述9个主要转化途径外，还有许多转化，但它们不是影响烟叶品质的主要途径。

（二）烟叶发酵的主要催化因子

晾晒烟陈化过程烟叶内残存部分活性水解酶和少量活性细胞，大约晾晒烟一半的蛋白质被蛋白酶降解，产生相当数量的氨基酸（Frankenburg，1950）。晾晒烟陈化初期的主要催化因子主要是残存水解酶，后期则是其他酶类。香料烟特征香气有别于烤烟和白肋烟，而白肋烟与烤烟特征香气差异是由化学成分间的巨大比例差异导致的。

烤烟陈化的催化因子有别于晾晒烟，经初烤和复烤两次高温处理，烤烟残存水解酶活性不能被检测到（卢红等，2001），烤烟陈化初期的激烈程度不如晾晒烟。烤烟细胞内酶类是陈化的主要催化因子，主要来自烘烤前的鲜活烟叶，烘烤后活性变得极端微弱，以致烤烟发酵往往达不到晾晒烟的效果，必须采用长时间的陈化处理。

（三）烟叶陈化与环境条件的关系

1. 温度

烟叶陈化的9个主要物质转化途径对温度的要求各不相同。以反应速度而论，多酚氧化最快为47℃，Maillard作用最适温度为90～110℃，在105℃时合成的烤烟类黑素最具纯正陈化香气。温度越高杂气挥发越快，香气损失也随温度上升而加快。以烤烟品质而论，陈化温度以30～38℃最优。

2. 烟叶含水量和空气湿度

烤烟防霉含水量以低于12%为标准，但对烤烟陈化最有利的含水量是13%～14%，工业上往往将烟叶含水量降至12%以下，陈化过程烟叶从空气中吸湿，含水量一般上升至13%～14%；烤烟陈化在空气相对湿度60%～80%时效果最佳，空气湿度随气温变化而变化，干湿交替对烟叶排杂有利，尤其是具有挥发性的强极性成分排除，需要烤烟有分子水的吸收排放过程。

3. 打包方式及光线

烟包有少量气体交换有利烤烟陈化排杂和保持香质，工业上烟包密度一般为 370kg/m^3。包装材料需无异味并具有一定吸湿能力，以木材最佳，其次是纸箱。光线对烟香不利，光线直接破坏某些带双键的化学成分，包括多种香气成分，避光对陈化质量有利。

四、烟叶发酵技术

烟叶发酵主要分为自然发酵和人工发酵两类。

（一）自然发酵

自然发酵也称陈化或醇化，主要是借助自然气候的变化进行发酵，所以也叫季节性发酵。它的主要特点是在烟叶贮藏期间，利用一年一度的春季温度上升，促进烟叶内酶的活动，使烟叶经过缓慢的发酵过程，以达到改善烟叶品质的目的。其优点是工艺简单，操作方便，发酵后烟叶色泽鲜明，比较均匀，而其缺点主要有：时间长（1～2年），占用仓库面积大，烟叶周转慢，不够经济。

（二）人工发酵

烟叶的人工发酵，又称加温发酵。它是利用人为的适合烟叶内在品质变化的条件（即适宜的温度和湿度），促使烟叶加快变化的方法。发酵后烟叶质量相当于陈烟质量。其优点是：发酵周期短，一般为 12～15 天，比较经济。

烟叶的类型不同，其发酵方法也不同，这主要根据烟叶的性质和具体要求来决定。决定烟叶发酵方法的主要条件包括：①烟叶的特性，主要指烟叶的成熟度，烟叶等级的高低，烟叶的柔软粗糙程度，调制方法，化学成分及烟叶含水量的大小。②周围空气的温度和相对湿度。③发酵的堆垛体积和重量。④各种类型烟叶的发酵程度。⑤发酵前烟叶的贮存时间。

1. 烤烟人工发酵方法

在我国，卷烟工业所需原料绝大部分是烤烟，作为烤烟型卷烟对烟叶的色泽要求偏浅。因此发酵时，烟叶的含水量要低，否则，将会使烟叶颜色加深。有的甚至会变成褐色，光泽较暗，香气减少。不同烟叶有不同的发酵方法。烟叶发酵水分差距较大。一般来说，烟叶水分较高，如原烟水分 18%～20%，发酵作用较猛烈，发酵进展速度快，发酵时间短，质量较差；反之，若烟叶水分较低，复烤后烟叶水分控制在 11%～13%，发酵作用较缓慢，发酵时间长，烟叶质量好。

温度是烤烟发酵的主要技术条件，温度太低，烟叶发酵进程缓慢。例如，在冬季，烟叶温度低至 0℃时，烟叶在仓库贮存基本上不发酵。到春末夏初气温达到 20℃左右时，烟叶即开始发酵。根据有关方面的研究认为，中、高等级烟叶仍采用 50℃发酵法；低等级烟叶采用 55℃发酵法。采用一次连续性强化醇化或发酵—醇化—再发酵来延长发酵时间，促进烟草的棕色化反应，以达到改进色、香、味的目的。

2. 白肋烟发酵方法

烤烟的主要烟气趋酸性反应，而白肋烟则产生一种碱性的烟气，有一种浓郁好闻的香气，对卷制混合型卷烟是很有益处的。但白肋烟也有其较突出的缺点，氨气很重，故而使用前应进行发酵。其发酵方法为：第一阶段，发酵室温度提高到 50℃的升温阶段，时间为 2～2.5 天；第二阶段，发酵的烟叶保温 10 天；第三阶段：发酵终了后 2～2.5 天。总的发酵时间为 14～15 天，烟叶水分为 15%～17%之间，发酵后的白肋烟烟叶质量，应除去大量的氨，使其浓郁香味显露出来，吃味纯净，刺激性减轻，颜色呈棕色，一般最低要求呈棕褐色即可。

3. 香料烟发酵方法

香料烟的上部烟叶和顶叶具有较浓的香气，这种香气叫做热固树脂香，它释放出烟草的自然组分，造成更有效的香味。香料烟的热固树脂比其他类型的烟草要强 4～6 倍，其熔点只有 59～67℃。因此，在发酵上采用较低的温度，否则热固树脂变为热熔树脂，香气容易挥发。

香料烟经过分级包装，水分为 14%～16%，即可进行发酵，发酵的温度 40～45℃较宜，发酵时间为 30～45 天。香料烟发酵的质量，要求保持其原有的色泽和香气，只改善它的生青气即可。

4. 雪茄烟发酵方法

雪茄烟的发酵方法大致分为两类：堆垛发酵和装箱发酵。通常所用的雪茄烟外包皮、内包皮和芯烟的发酵方法是不同的。对外包皮烟叶而言，一般比较喜欢青灰色或棕黄色。因此，采用较低温度和较长发酵时间，即经过长时间的低水分条件下进行缓慢的发酵方法。从质量方面讲，要求只控制其颜色不转深，适当减轻刺激性，通常用装箱发酵来完成。内包皮和芯烟则与外包皮烟相反，发酵时不控制颜色，只注重提高内在质量，降低尼古丁含量，消除氨气，保留雪茄烟香气，故采用堆垛方法。烟叶水分较大，一般第一次堆垛时，烟叶的水分在 40%～50%之间，堆垛温度升到 58℃以后，经过若干次倒垛，烟叶水分逐渐降低到 18%～20%，尼古丁从 4%～7%降低至 2%左右，氨气就可以消除，烟叶所含的强烈雪茄烟香显露出来，此时即停止发酵。

5. 晒黄烟发酵方法

晒黄烟在混合型卷烟中作用较大，可以增加吸味，谐调烟气，增加光泽油润等。但晒黄烟的突出缺点是地方性杂气较重。晒黄烟的发酵以湖北均县为例，用 60℃发酵，相对湿度在 65%～70%，发酵时间 9～11 天，地方性杂气即显著减轻，颜色适当地转棕色，有光泽。因此，初步认为发酵晒黄烟采用 60℃温度为宜。

6. 晒红烟发酵方法

我国的晒红烟作为混合型卷烟原料是有其广阔前途的。例如，吉林延边的晒红烟，已用于著名的人参牌卷烟中；再如，贵州的打宾、独山，湖南的凤凰、辰溪，江西的云都、广丰，广东的罗定，浙江的桐乡和遂昌，其晒红烟都是较好的混合型卷烟原料。但上述地方晒红烟的特点是烟碱含量高，含糖量低，土杂气重，烟味辛辣、苦涩，劲头特大，要改进其质量，必须采用人工发酵方法。

(1) 真空回潮法：将烟包温度升到 90℃再进行发酵，发酵室的温度为 50℃，相对湿度 70%，发酵时间 2～4 天，晒红烟质量便有很大改善，不仅杂气减轻，氨气消除，而且劲头亦有所降低。

(2) 60℃人工发酵法：发酵前将烟叶水分从16%加至30%左右，在发酵室内发酵4～6天，其杂气和氨气消除，劲头和刺激性减轻，烟香显露，但颜色转变为较暗淡。

(3) 采用蒸、煮、漂、洗的方法：以蒸的烟叶质量最佳，蒸的时间按烟叶质量好坏确定，一般2～3h即可，煮、漂、洗，对烟叶香气有损失，处理时间宜短，一般3～5min即可。

第二节　烟叶发酵过程中的变化

一、发酵过程中干物质的损耗

在发酵过程中，烟叶内在化学成分发生很大变化，主要表现为氧气的吸收和二氧化碳、水、氨、挥发性小分子物质的排出，最终导致干物质的减少。一般而言，经发酵后，烤烟干物质的减少范围从微量到2%，晾晒烟干物质损耗较大，一般在3%～4%。但是，有些晾晒烟在采用特殊方法进行人工发酵时干物质损耗则较大，最高可达18%左右。

烟叶中的亲水性胶体物质在发酵过程中会进一步分解，从而使那些原来与胶体物质结合在一起的水分被游离出来，导致烟叶表现出回潮现象。发酵过程中出现的这种特异现象，在发酵成熟度差的烟叶上表现尤为突出。当然，造成烟叶发生回潮现象所用的水分，除了发酵过程中烟叶内某些物质的结合水可能被释放排出外，还可能由氧化反应的结果所产生。这又可能是由于脱氢作用过程中产生的氢与氧结合的产物。显然，这种现象表现的强烈程度与烟叶干制加工进行的深度有关。换言之，如果烟叶在干制时化学变化比较小，那么，这种烟叶在发酵过程中从结合状态释放出来的水分就多，发酵时发生回潮现象就比较明显，烟叶内部发热就高，此类烟叶在发酵时的干物质损耗就大。

(一) 干物质的损耗量

烟叶发酵过程中的干物质损耗主要是有机物挥发造成的，这些挥发物质主要是：游离烟碱氧化，果胶质分解时甲醇排出体外，在条件适宜的情况下氨类物质的排出。另外，还有一些芳香油类和有机酸类物质的排出。有试验报道，烟叶内有机酸含量越高，发酵时干物质损耗就越大，其结果见表18-1。

表18-1　室内发酵时烟叶干物质和有机酸类的损耗

等　级	实验重复	烟叶干物质损耗/(mg/100mgCa)			损耗/%	有机酸类/(mg/100mgCa)			损耗/%
		发酵前	发酵后	损耗		发酵前	发酵后	损耗	
1	1	2 676	2 640	36	1.35	330	293	37	11.21
	2	2 420	2 390	30	1.24	285	252	33	11.58
	3	2 422	2 393	29	1.20	294	259	35	11.90
	4	2 332	2 300	32	1.37	281	248	33	11.74
	5	2 471	2 439	32	1.27	302	266	36	11.92
	平均			31.8	1.29			34.8	11.67

续表

等级	实验重复	烟叶干物质损耗/(mg/100mgCa)			损耗/%	有机酸类/(mg/100mgCa)			损耗/%
		发酵前	发酵后	损耗		发酵前	发酵后	损耗	
2	1	2 639	2 602	37	1.42	415	361	54	13.01
	2	2 704	2 663	41	1.53	388	336	52	13.40
	3	2 494	2 459	35	1.30	335	291	44	13.42
	4	2 398	2 363	35	1.47	298	258	40	13.13
	5	2 542	2 584	38	1.49	363	316	47	12.94
	平均			37.2	1.46			47.4	13.18
3	1	2 659	2 604	55	2.07	436	375	61	13.99
	2	2 610	2 560	50	2.00	451	385	66	14.63
	3	2 410	2 361	49	2.02	418	360	58	13.88
	4	2 471	2 418	53	2.16	446	380	66	14.08
	5	2 497	2 445	52	2.09	418	358	60	14.35
	平均			51.8	2.07			62.2	14.33

资料来源：Frankenbury，1947

（二）影响干物质损耗的因素

烟叶等级不同，发酵时干物质的变化不同，等级越低的烟叶，发酵后干物质的损耗越大。烟叶水分对于发酵烟叶干物质的变化也有很大影响，烟叶水分含量越高，发酵后干物质损耗越大。烟包容积和重量对干物质的损耗量也有影响，烟包容量越大，干物质的损耗越多。发酵时烟叶温度与干物质损耗量呈正相关。

晒烟烟叶在发酵过程中干物质的损耗比烤烟多，其原因主要是：一方面晒烟烟叶具有较高的原始水分；另一方面是在调制过程中，晒烟中的胶体物质未受到充分破坏，干制后烟叶仍具有较强的持水力。此外，成熟度越差的烟叶，发酵时干物质损失越大。

烟叶发酵虽然造成其干物质的损耗，使其重量有所下降，但发酵明显地改善了烟叶的内在和外观品质，故这种干物质的损耗是一种正常的工艺损耗。烟叶发酵过程中，由于干物质损耗而造成重量下降的多少，只能反映烟叶发酵时进行的猛烈程度，并不能说明发酵方法的好坏。也就是说，发酵对烟叶重量的损失多少并不表明发酵成功与否，在某种情况下，烟叶发酵时有相当多的物质减少，并未获得发酵的成功；相反，烤烟借助陈化，改善了品质，但烟叶干物质损耗却比较少，这是因为叶组织里发生一些很细微的或者更重要的化学变化，并不释放出挥发性产物而使干物质减少。

二、发酵过程中糖类化合物的变化

（一）淀粉的变化

淀粉是烟草光合作用的最初产物，作为一种贮备物质积存于烟草植株中。鲜烟叶含淀粉较多，一般的，在完全成熟的烟叶中含淀粉10%～30%，高的可达40%之多。但是，当烟叶采收下来后，其中的淀粉便迅速消失，经过调制和发酵后的烟叶含淀粉很少，一般为5%左右。这是因为在调制和发酵加工过程中，由于酶的催化作用，淀粉被转化为糊精、麦芽糖或葡萄糖。

$$\underset{\text{淀粉}}{(C_6H_{10}O_5)_n} \xrightarrow[H_2O]{\text{酶}} \underset{\text{糊精}}{(C_6H_{10}O_5)_x} \xrightarrow[H_2O]{\text{酶}} \underset{\text{麦芽糖}}{C_{12}H_{22}O_{11}} \xrightarrow[H_2O]{\text{酶}} \underset{\text{葡萄糖}}{2C_6H_{12}O_6}$$

香料烟自然发酵前淀粉含量为5.18%，经2年自然发酵变为4.38%。烤烟人工发酵前后淀粉的含量分别为4.15%和4.08%。说明淀粉在整个发酵过程中，尽管有所消耗，但总含量变化很小，尤其是烤烟的变化最小（表18-2）。

表18-2　发酵后烟叶糖类化合物的变化

品　种	发酵方法	淀粉/%	水溶性糖/%	总计/%
香料烟	自然发酵前	5.18	11.03	16.21
	自然发酵1年	4.43	9.03	13.46
	自然发酵2年	4.38	8.78	13.16
烤烟	人工发酵前	4.15	19.02	23.17
	人工发酵后	4.08	16.73	20.81

资料来源：钟庆辉，1994

（二）可溶性糖的变化

调制后的烤烟，一般含有10%～30%的可溶性糖。在发酵过程中，由于烟叶内部发生强烈的化学反应，使烟叶中的水溶性糖含量发生明显的变化。以香料烟和烤烟为例（表18-2），经过发酵的烟叶水溶性糖损失量达16%～25%之多。另据玉溪卷烟厂张德厚报道，采用同年份、同地区、同品种、同等级烤烟的可比条件，经过2.5年自然陈化过程的烟叶，其总糖量减少7.64%。

发酵后的烟叶中一般都不含蔗糖，蔗糖在发酵过程中几乎全部被分解。而复杂多糖类物质，如纤维素、半纤维素和木质素等都改变极微。相反，这些成分在发酵后的烟叶中含量有所增加，原因是发酵过程中其他许多成分被消耗，烟叶干物质明显减少，而纤维素等则几乎未被分解，这些物质的含量比例相对地增加。

三、发酵过程中含氮化合物的变化

（一）蛋白质的变化

烟叶的蛋白质属于复杂高分子化合物，性质比较稳定，在通常的发酵条件下，一般变化不大。因此，发酵处理烟叶，蛋白质几乎不减少，甚至有的烟叶在发酵后蛋白质含量反而会略有增加，其主要原因是由于发酵后烟叶干物质总量减少，蛋白质则几乎保持不变，结果在干物质总量中所占的比例相对增长（表18-3）。

（二）水溶性含氮化合物的变化

烟叶中的水溶性含氮化合物主要是指氨基酸、水溶性短肽、烟碱和氨，与蛋白质的变化相反，上述水溶性含氮化合物在发酵过程中却发生明显的变化（表18-3）。

表 18-3 发酵后烟叶中含氮化合物的变化（%）

品 种	发酵方法	蛋白质氮	水溶性氮	烟 碱	总 氮
香料烟	自然发酵前	0.95	0.217	1.00	2.17
	自然发酵 1 年	0.93	0.156	0.92	2.01
	自然发酵 2 年	0.92	0.145	0.86	1.93
	变化（%）	−3.1	−33.1	−14.0	−11.2
烤烟	人工发酵前	0.73	0.169	2.05	2.95
	人工发酵后	0.77	0.113	1.96	2.84
	变化（%）	5.20	−33.1	−4.39	−3.60

资料来源：钟庆辉，1994

由表 18-3 可以看出，无论是经过自然陈化，还是经过人工发酵，烟叶中的水溶性含氮化合物变化较大。经发酵后水溶性氮降低 33%以上；烟碱氮损失量达 14%左右。

总氮量在发酵过程中的损失一般占干物质重量的 0.01%～0.6%，或者是原始氮含量的 0.25%～12%。据张德厚报道，采用同年份、同地区、同品种、同等级的烤烟，经过 2.5 年的自然陈化，其总氮量减少 6.84%，烟碱减少 10.95%。烟叶中氮量损失的主要原因是一部分挥发性氮化合物的分解产物——氨散失到了空气中。当然这种氨挥发量的多少，要依据烟叶组织的 pH、烟叶的温度、水分、周围环境的温度以及空气流动的情况而定。如果被发酵烟叶含水量较大，发酵过程空气的温度和湿度较高，而且烟叶又呈碱性反应，那么烟叶中的氮量损失就较大，即氨容易从烟叶组织中逸出。此外，氮量损失的另一原因，可能是在发酵过程中，氮化合物从叶片中转移到主脉中去，因为一般烟叶的主脉在分析以前均去掉。这种转移的结果，虽然使叶片中的氮减少，却不能从发酵烟堆中发现有含氮物质的挥发。

烟碱主要是游离态烟碱发生变化，因为挥发性生物碱类易于氧化。经过发酵之后，烟叶中的游离态烟碱明显减少。游离态烟碱是挥发性的，即使在呈酸性反应的介质中，仍具有较强的挥发性。前已述及，发酵过程中烟碱含量下降 14%左右，主要就是由于游离态烟碱的挥发损失。游离态烟碱在烟叶中的绝对含量不大，通常为 0.2%以下，但它对于烟叶的吃味影响特别大。因此，烟叶中游离态烟碱降低，意味着烟叶的内在品质在一定程度上得到改善。

四、发酵过程中其他化学成分的变化

（一）多酚类的变化

烟叶在调制之后，多酚类物质被氧化转变为醌类。在发酵过程中，醌可以与氨基酸相互作用，并能形成黑色素物质，多酚物质一般在发酵烟叶内要减少 40%～50%。

（二）果胶质的变化

果胶类物质具有还原特性，能进一步被分解。烟叶中含有相当数量的果胶质，尤其是上部烟。果胶质数量和性质的变化，必导致烟叶持水性的变化。在发酵过程中，烟叶中的果胶质受果胶分解酶的催化而发生水解，其中的某些成分被分离出来，使果胶质的结构发生改变。

甲醇从果胶质中被分离的程度与发酵的温度有关。在一般情况下，发酵时的温度越高，则甲醇的分解及损失量也越大。经过发酵的烟叶，甲醇的损失量约为25%～50%，而在高温下发酵的雪茄烟叶，甲醇含量要降低90%左右，烟叶发酵后，果胶质的分解和甲醇的析出，降低了烟叶的吸湿性和膨胀性，因而对烟叶机械性能有所影响，其结果使烟叶的弹性和吸湿力都得到改善。由此可见，发酵对于改善烟叶品质具有重要意义。

（三）有机酸的变化

烟叶中的有机酸在烟叶新陈代谢、物质积累和物质转化过程中起着重要作用和物质的转变起着重要的作用，对于烟叶的吸食品质也有重要影响。它可以增加烟气酸性，醇化烟气，使烟味变得甜润舒适。在发酵过程中，烟叶有机酸含量增加，水浸出液的pH变小（表18-4）。

表18-4　发酵后烟叶有机酸的变化

品　种	发酵方法	pH		水溶性酸/%	
		发酵前	发酵后	发酵前	发酵后
土耳其烟	自然发酵2年	4.40	4.31	—	—
烤烟	人工发酵	4.99	4.81	4.35	4.76
烤烟	人工发酵	5.03	4.76	3.65	4.77

资料来源：肖协忠等，1997

发酵后烟叶中水溶性有机酸增加的原因可以概括为以下四个方面：①部分氨基酸通过酶促反应分解出氨，使原来与氨结合的羧基以自由态的酸存在。②在烟叶发酵过程中，一部分有机酸矿物盐会发生组成形式上的变化。其中一部分有机酸矿物质盐发生离解，其阳离子有可能与酸性气体（如碳酸气）结合成稳定的盐，而阴离子部分便可能形成自由态的有机酸。③在发酵过程中，烟叶中的某些糖类化合物发生氧化分解，也可能产生一系列有机酸。例如，葡萄糖经氧化变成葡萄糖酸，葡萄糖酸还可进一步氧化形成葡萄糖二酸。④经过发酵，烟叶中的果胶质和木质素等复杂高分子化合物发生分解，也可得到部分有机酸。

在发酵过程中，由于烟叶中有机酸含量比例发生变化，必然引起其他组分的改变。例如，与挥发酸（蚁酸或醋酸）结合而成的烟碱盐。由于分解作用，这部分烟碱可能与不挥发酸重新组合成较稳定的烟碱有机酸盐。据化学分析结果表明，经过发酵，烟叶中的游离态烟碱降低60%以上，而结合态烟碱则平均增长5%以上。这一点充分说明，发酵过程中，烟碱盐发生重新组合盐化，显然，这一过程是与有机酸含量的变化相伴发生的。

（四）香气物质的变化

烟叶中的香气物质，按其产生香气的特点，可分为两大类：第一类为烟叶香气物质，它是指在通常情况下能从烟叶中散发出芳香气味的物质，主要是指挥发油；第二类为烟气香气物质，是指经过燃烧后产生特殊香气的物质，多为复杂高分子化合物，也称潜香物质。

由于烟叶的香气物质中有一部分具有较强的挥发特性，因此，若想获得香气较浓的烟叶，应特别注意发酵温度的控制。一般来说，烟叶发酵时的温度宜控制在40℃左右，否则，烟叶中原有的易挥发性香气物质会因温度高而损失掉。而由复杂高分子化合物分解产生的香气物质也可能因高温而散失，所以，高温发酵对于烟叶中香气物质的积累是不利的。

一般而言，经过发酵后，烟叶中的挥发油含量会减少，但总的香气物质会增加（表18-5）。然而，下述情况并非普遍规律，有的白肋烟经发酵后，其石油醚提取物是下降的，特别是香料烟，其原因可能是此类烟叶原料挥发油较多，在发酵过程中这部分物质损失亦较多。尽管烟叶在发酵之后香气物质略有下降或增长甚微，但是烟叶的芳香特性只有通过较好的发酵之后才能充分显现出来，这是因为经过发酵，烟叶中的胶体物质、高分子含氮化合物以及其他能产生劣性气味的物质被除去或者发生质的改变，其结果使烟叶的芳香特性能突出地表现出来，就如同叶绿素的分解使得黄色素被表现出来一样。因此，发酵后的烟叶更富有芬芳特性。

表 18-5 发酵后烟叶石油醚提取物的变化

品　种	发酵方法	石油醚提取物/%		
		发酵前	发酵后	变化
烤烟	人工发酵	7.01	7.17	+2.28
烤烟	自然发酵	5.71	5.73	+0.35

资料来源：肖协忠等，1997

总之，各种类型的烟叶都只有通过良好的发酵，才能具有最佳的品质。如前所述，烟叶经过长时间的贮存陈化或人工发酵之后，总的质量特性得到显著的改善，烟叶的色泽更加均匀、协调，香气被显露出来，烟叶更具有芬芳、舒适的特征芳香，吃味变得醇和而谐调，烟叶的物理特性有了良好的改善，持水力下降，弹性增加，其商品品质得到全面改善，可用性提高。

第三节　烟叶发酵过程中的非酶棕色化反应

早在1912年，Maillard研究氨基酸和还原糖的反应，企图阐明蛋白质的生物合成。他的目的没有达到，但他发现了葡萄糖和甘氨酸在水中加热到100℃时变成红棕色至棕黑色，黏度增加，并放出CO_2最后产生一种黑色聚合物，不溶于水和酸，即所谓类黑素，其产率为56%。类黑素的结构很复杂，至今尚不十分明了，据红外光谱分析，知道有羟基、羰基的存在。

烟叶中发生的棕色化反应可分为两类：一是有酶参与活动的棕色化反应。例如，绿原酸和其他多酚类化合物，在酶的作用下氧化成醌，最后与氨基酸、蛋白质以及其他化合物缩合成为有颜色的大分子化合物。另一类为非酶棕色化反应（Maillard reaction）。

在烟叶陈化或发酵中产生香味物质的是糖类与氨基酸、多肽和蛋白质作用的 Maillard 反应的产物。其中，有些化合物具有令人欢迎的香气和吸味，但有些却带有不好的气息和吸味。寻求最适的反应条件和研究其反应机理，使反应产物具有良好的香味，是烟草化学工作者所追求的主要目的。

一、非酶棕色化反应机理

烟草中糖类和氨基酸所进行的非酶棕色化反应，其机理非常复杂。目前只是对 Maillard 反应产生低分子和中分子物质的化学原理比较清楚，而对于该反应所产生的高分子聚合物的研究尚是空白。霍琪（J. E. Hodge）于 1953 年首次提出了 Maillard 反应的网络系统分类图解，对 Maillard 反应的化学原理做了系统的论述。以后又有 Ellis（1959）、Reynolds（1963、1965）、Mauron（1981）、Namiki 和 Hayashi（1983）等对 Maillard 反应作了相应的论述。至今为止，霍琪提出的网络分类图解仍然是对 Maillard 反应化学原理最简明扼要的阐述（图 18-1）。

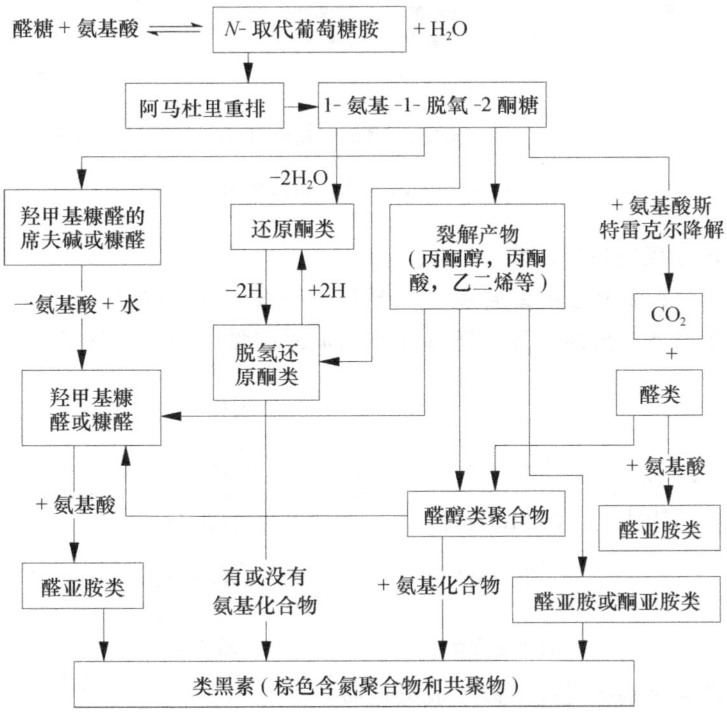

图 18-1　Maillard 棕色化反应路线
（Hodge，1953）

糖类和氨基酸的非酶棕色化反应的第一步是氨基糖的缩合反应，形成的氨基糖经阿马杜里和海因氏重排（Amadori and Heyns reassingement）得到的中间产物可产生糠醛类和还原酮类或脱氢还原酮类。这些酮类又环化和裂解成各种化合物。其中二酮类和氨基酸的反应，即斯特雷克尔降解反应（Strecker degradation），所生成醛类和氨基酮是杂环化合物的重要来源。在图 18-1 中可以看到醛类的自身缩合以及缩合物与氨基酸的作用成为醛亚胺或酮亚胺，最后产生含氮的高分子共聚物（类黑素）。由于分子质量的不同，产物具有棕黄至黑的颜色。Vernin 等根据霍琪的图再加以简化，使香味物质中杂环化合物的来源，更有清晰的概念（图 18-2）。

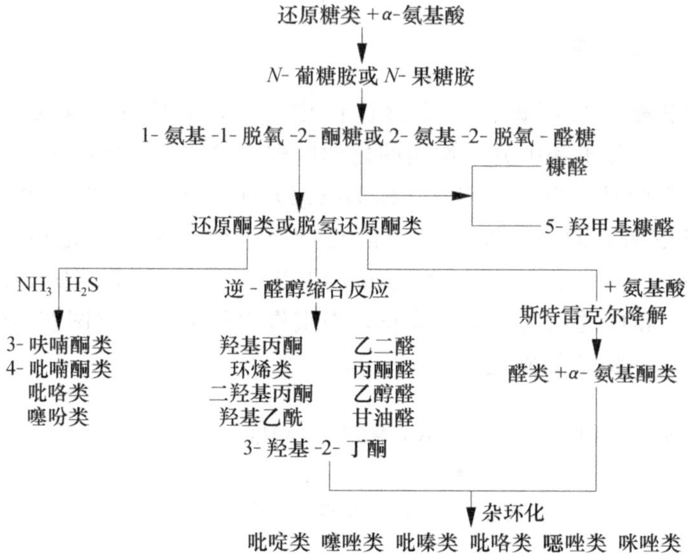

图 18-2　杂环化合物的形成

初级 Maillard 反应包括两步：

第一步：糖类和氨基酸的缩合反应。葡萄糖和氨基酸反应以 1∶1 的比例生成 N-葡萄糖胺。缩合作用涉及糖的开环，胺基的亲核加成应除去一个水分子。

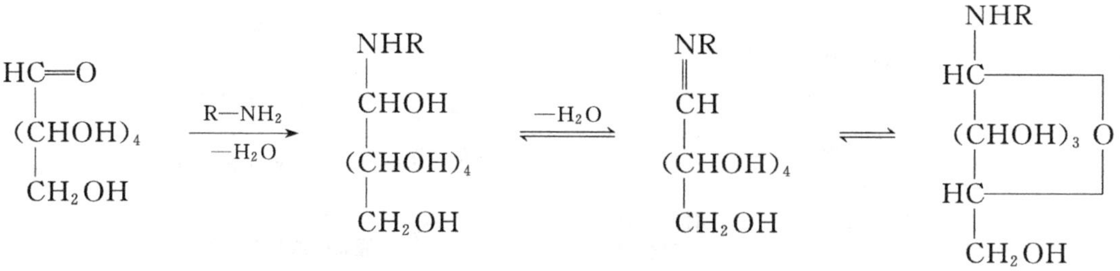

葡萄糖　加成化合物　希夫碱　N-葡萄糖胺

同样，果糖和氨基酸反应可以生成果糖胺：

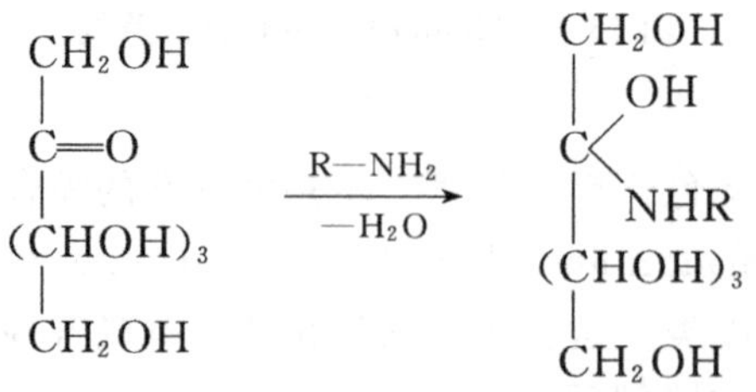

果糖　N-果糖胺

第二步：阿马杜里和海因氏重排反应。*N*-葡糖胺的分子重排叫阿马杜里（Amadori）重排。它生成产物1-氨基-1-脱氧-2-酮糖。氨基酸自身对这一反应具有催化作用。氨基糖类的重排受到阻碍（即Amadori重排受阻）则棕色化反应停止发生。氨基果糖的重排产生1-氨基-2-脱氧-2-醛己糖，这一反应叫做海因氏重排反应。阿马杜里和海因氏重排反应产物在天然产品（如杏、甜菜糖蜜、调制后的烟草、甘草、茶叶、肝和烤肉）中存在。还原糖和氨基酸的缩合与阿马杜里和海因氏重排都是初级Maillard反应。初级Maillard反应不引起褐变，不产生香味。关键的是阿杜马里和海因氏重排，其产物1-氨基-1-脱氧-2-己酮糖和2-氨基-2-脱氧-1-己醛糖是极为重要的不挥发的香味物质前体物。这个中间产物的分解对棕色化反应产物有重要影响。

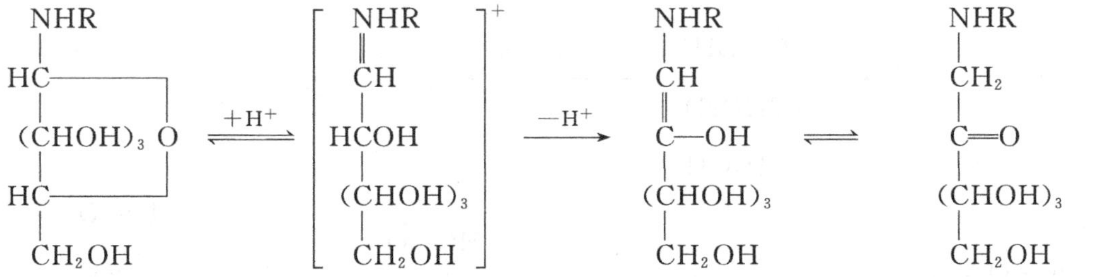

葡糖胺　　希夫碱的阳离子　　烯醇式　　1-氨基-1-脱氧-2-己酮糖

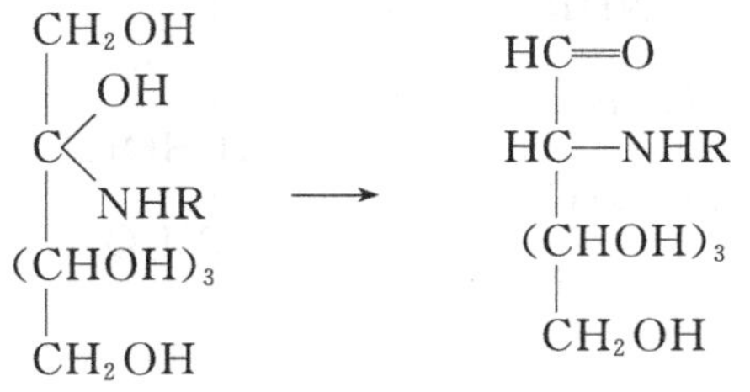

果糖胺　　2-氨基-2-脱氧-己醛糖

高级Maillard反应包括3条主要反应路线：

第一，阿马杜里和海因氏中间体的重排和脱氨形成还原酮、脱氢还原酮。1-氨基-1-脱氧-2-酮糖加热至100～110℃，即能重排成为2,3-烯二醇，在C1位置上脱去氨基产生脱氢还原酮和还原酮。氨基酸和氧能加速反应。还原酮的存在可抑制脂类和酚类氧化所产生的不良香味。除2，3重排外，与海因氏中间体一样也可进行1，2重排，脱氨脱水成为3,4-烯-1,2-二酮。阿马杜里和海因氏中间体的裂解，形成二羰基化合物，如丙酮醛、乙二醛、2,3-丁二酮、羟基丙酮等香味物质。

第二，糠醛类和呋喃酮的生成。阿马杜里或海因氏重排所产生的中间体，脱氨形成还原酮类，可以环化为糠醛类化合物。戊糖生成糠醛，己糖生成羟甲基糠醛。糠醛类是呋喃衍生物和食品中有香味的杂环化合物的前体。中间体重排的还原酮最终可以转化为呋喃酮。

上述两条路线生成的中间产物及以后发生的反应是非常复杂的，其最后结果都生成含N色素——类黑素。在此过程中还包括醛醇缩合，醛、氨基聚合以及吡嗪、吡啶、吡咯等含N杂环化合物的生成。

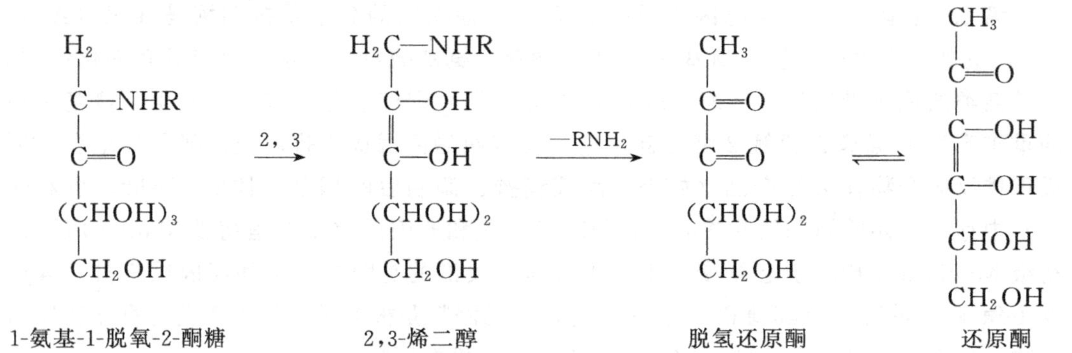

1-氨基-1-脱氧-2-酮糖　　2,3-烯二醇　　脱氢还原酮　　还原酮

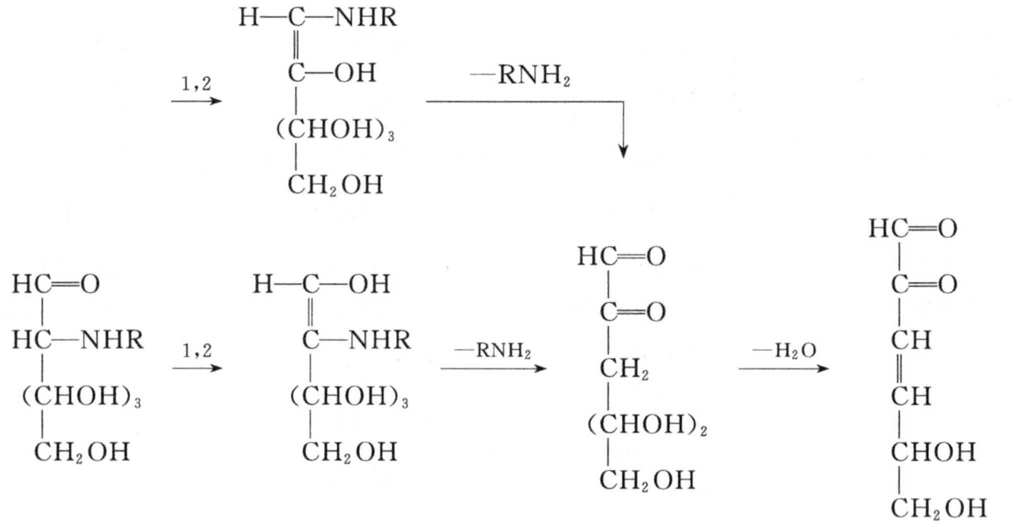

2-氨基-2-脱氧-2-醛糖　　2,4-烯-1,2-二酮

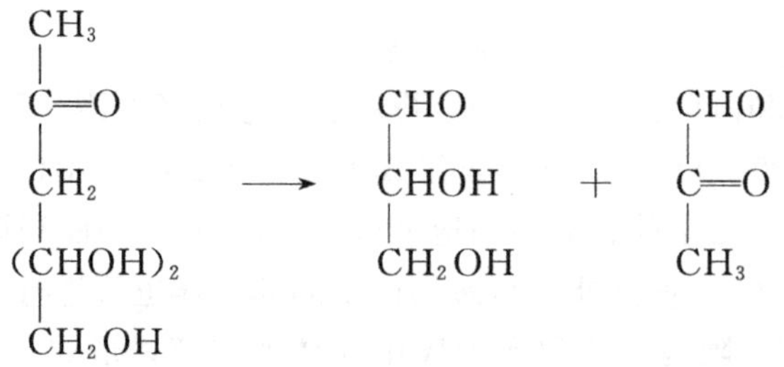

还原酮　　甘油醛　　丙酮醛

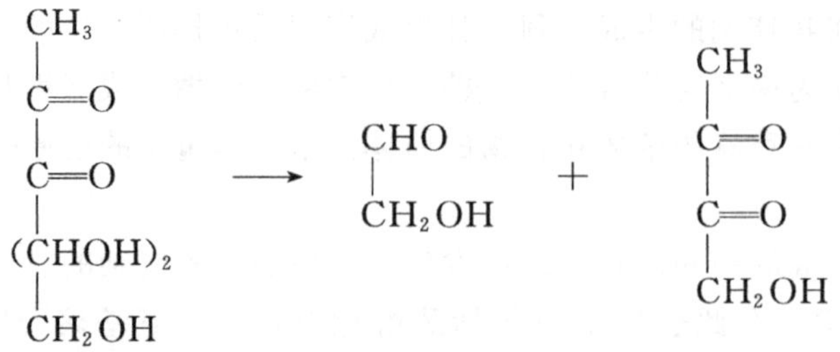

脱氢还原酮　　乙醇醛　　1-羟基-2,3-丁二酮

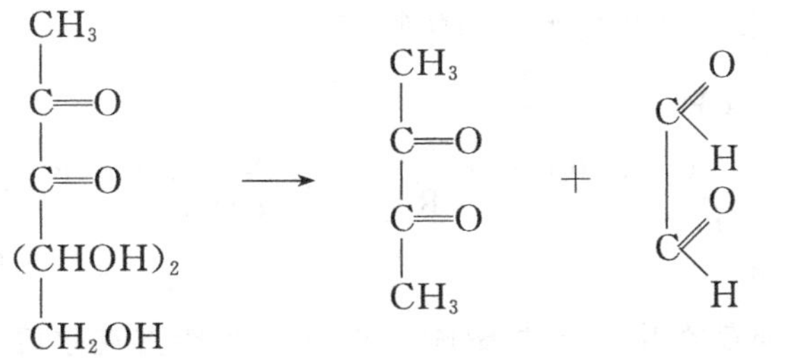

脱氢还原酮 2,3-丁二酮 乙二醛

第三，氨基酸的斯特雷克尔降解。在 Maillard 棕色化反应中是一个很重要的步骤。在上述反应中生成的二羰基化合物与氨基酸作用，产生一个很活泼的氨基酮和比氨基酸少一个碳原子的醛，并放出 CO_2。Maillard 的文献中提到棕色化反应有 CO_2 的释出，用同位素示踪的试验中证实放出的 CO_2 主要来源于氨基酸中的羰基。氨基酸氧化降解所生成的醛是棕色化反应中醛类的主要来源。氨基酮由于其活泼的性质，在形成各种杂环化合物中更占有重要的地位。例如：

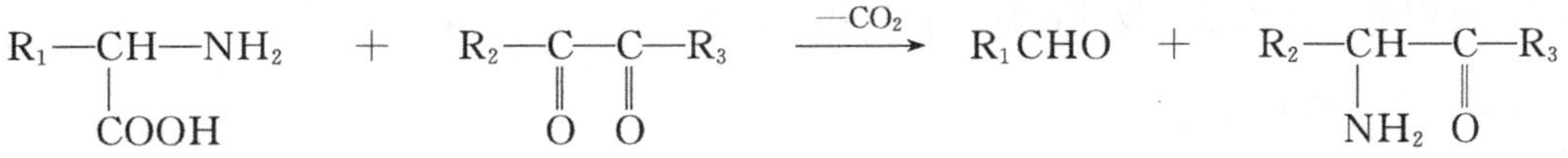

氨基酸 2,3-丁二酮 醛 氨基酮

醛醇缩合反应：斯特雷克尔降解生成的醛类可以进行醛醇缩合，使相对分子质量小的醛缩合成为不同分子质量的醛。不同反应产物既可与其他化合物反应，也可最后生成大分子的聚合物，或者与其他化合物反应成为类黑素。

$$R_1-CH_2-CHO+R_2-CH_2CHO \longrightarrow R_1-CH_2CH_2OH+R_2-CH_2CHO$$

$$\xrightarrow{-H_2O} R_1-CH_2CH=\overset{\overset{\displaystyle R_2}{|}}{C}CHO$$

各种杂环化合物的生成：Maillard 棕色化反应还产生各类杂环化合物，现分类举例加以说明。

A. 吡喃类化合物：阿马杜里反应产物还原酮的环化可以生成吡喃类化合物，如吡喃酮。据检测 Maillard 反应中存在的麦芽酚对烟草的吸味有改善作用。

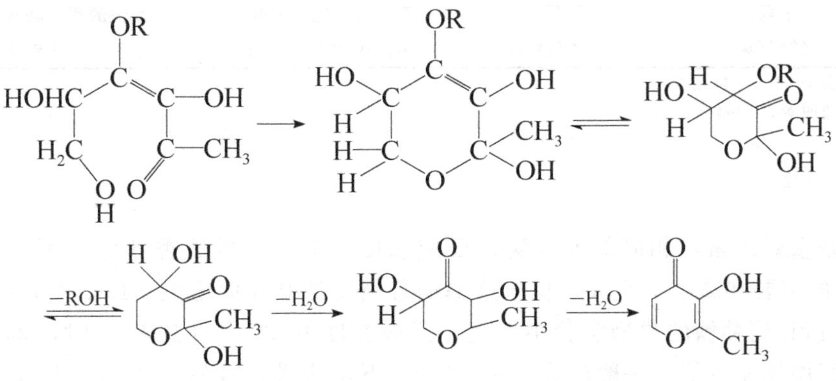

B. 吡咯类：烟草本身含有吡咯类化合物，烟碱分解也产生吡咯类化合物。这里说

的是阿马杜里中间产物可环化为吡咯衍生物。

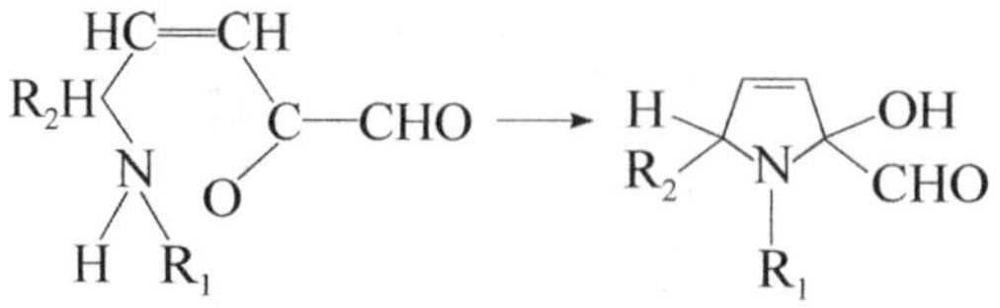

C. 吡嗪类：对烟草香味有重要影响。它可由斯特雷克尔降解产生的氨基酮缩合而成。

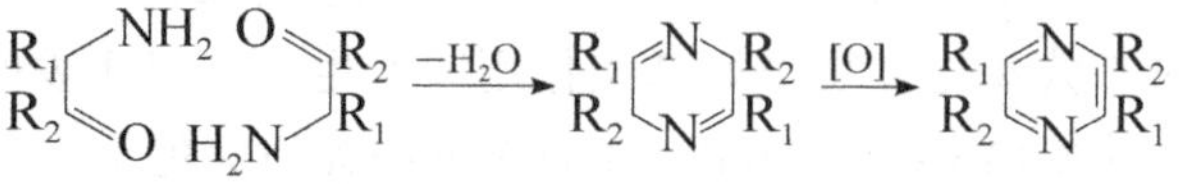

二、影响非酶棕色化反应的因素

棕色化反应机理复杂，影响因素较多，其中主要的影响因素有反应物的种类、反应温度、反应体系含水量、反应时间、pH 和压力等。

（一）反应物的种类

糖类中仅仅是还原糖能提供反应所必需的羰基。不同的还原糖反应的速率是不同的。Lewis 和 Lea（1950）实验证明，在 30℃反应体系，含水量 15%时，反应活性的顺序是：木糖＞阿拉伯糖＞葡萄糖＞乳糖和麦芽糖＞果糖，葡萄糖的反应活性是果糖的 10 倍。氨基化合物的反应体系和一般胺类较氨基酸易于反应。在氨基酸中以碱性的反应速度较快，氨基在 ε-位或在末端者，比 α-位的较易褐变。蛋白质能与羰基化合物发生 Maillard 反应，但其反应速度要比肽和氨基酸缓慢。

参与棕色化反应的糖和氨基酸的种类不同，产生的物质的香气有所不同（表 18-6）。

表 18-6　4 种氨基酸分别与 4 种糖类反应时产生的香味

反应物	甘氨酸	谷氨酸	赖氨酸	苯丙氨酸
葡萄糖	不讨厌的焦糖味	愉快的旧木味	不讨厌的烘山芋味	不愉快的陈腐焦糖味
果糖	不愉快的焦糖味	很弱	讨厌的煎干乳酪味	非常讨厌的刺激气味
麦芽糖	很弱	很弱	不愉快的烧木材味	愉快的甜焦糖味
蔗糖	轻微氨味	愉快的焦糖味	不愉快的烂土豆味	不愉快的焦糖味

注：反应温度为 100℃，pH 6.5
资料来源：金闻博等，1994

（二）反应温度

反应温度是重要因素，相同的反应物，反应温度不同，生成的香气可能不同（表 18-7）。香味物质主要在高温下生成。反应速率随着温度的升高而增大。Lea 和 Hannan（1949）在酪蛋白和葡萄糖的典型实验中发现，反应温度由 0℃升高到 80℃时，氨基酸参与反应的速度增加 4 万倍。一般认为，在 20℃以下反应进行较慢，在 30℃以上反应加快，并且温度每升高 10℃，反应速率增加 3～5 倍。

表 18-7　葡萄糖与不同氨基酸反应后产物的香味

氨基酸名称	香味	
	反应温度 100℃	反应温度 180℃
缬氨酸	黑面包气味	刺鼻的巧克力香味
亮氨酸	甜巧克力气味	（不愉快的）灼烧干乳酪气味
异亮氨酸	霉香	（不愉快的）灼烧干乳酪气味
脯氨酸	灼烧蛋白质气味	愉快的面包香
蛋氨酸	土豆气味	土豆气味
精氨酸	爆米花气味	燃烧糖味

资料来源：金闻博等，1994

（三）反应时间

反应时间有可能影响反应的完全程度，因而有可能影响产物的香气。

（四）水分

水分对于棕色化反应是必需的，但过量水分则对反应有抑制作用。体系中水分含量在 10%～15%时最易发生反应，在 30%时褐色最深。含水量为 0 或高于 90%时，均观察不到褐变现象。

（五）pH

pH 升高，溶液碱性增大，反应速度加快。羰氨缩合过程中游离的氨基减少，反应体系的 pH 下降，所以在碱性条件下有利于 Maillard 反应；当 pH 偏酸性时，棕色化反应会受到抑制。磷酸盐和柠檬酸盐由于其缓冲作用和催化活性都加快反应的速度，亚硫酸盐和酸式亚硫酸盐可以抑制该反应。

（六）压力

压力也可能影响棕色化反应速度和产物的香味。

烟叶在调制中发生棕色化反应，生成许多致香成分，对于改善卷烟的气味，增加香气，降低杂气和刺激性，都是十分有益的。烟叶在自然陈化和人工发酵过程中也存在棕色化反应。陈化和发酵的烟叶从外观上看，颜色加深，香气透露，这与棕色化反应有关。此外，棕色化反应还应用于白肋烟的高温处理和烟丝加香加料中。因此，应用棕色化反应来改善烟草制品的品质已成为国际上的一个热门课题，许多研究正在广泛进行。在应用棕色化反应的同时，进一步弄清楚反应机理，不仅具有重要的理论意义，而且有重大的实际意义。

三、非酶棕色化反应产物中的代表性香味物质

前面已讲到糖类和氨基酸的非酶棕色化反应中，氨基糖的生成为以后各种反应提供了条件。阿马杜里和海因氏重排生成各种含羰基和二羰基化合物，斯特雷克尔降解形成氨基酮化合物和醛类，这三种反应是极其重要的。上述各种化合物间错综复杂的反应，产生了多种致香物质，已知在烟草或烟气中存在的非酶棕色化反应所产生的致香成分见表 18-8。

表 18-8　非酶棕色化反应所产生的致香成分

致香成分	烟气香味	致香成分	烟气香味
乙酸	辛辣的、刺激的	丙酮醛	饱满、甜、焦糖
丙酸	刺激的、辛辣的	丙酮	
丁酸	润和、黄油、水果香	2-丁酮	甜、酮味
异戊酸	甜、酒	2-戊酮	酮味、水果、甜味
乙醛	刺激、辛辣、稍有水果香	4-庚酮	甜、水果、青香
丙醛	刺激、坚果香	丙酮醇	润和、酒香
丁醛	刺、青香	3-羟基-2-丁酮	甜、黄油香
异丁醛	巧克力、甜、坚果香	双乙酰	黄油香、甜香
异戊醛	巧克力、黄油、坚果香	2,3-戊二酮	黄油香
正戊醛	巧克力、水果香	苯乙酮	甜、酮味（樱桃）
2-甲基-丁醛	巧克力、白肋烟香	甲基-环戊烯醇酮	甜、焦糖-枫槭香
正己醛	调料、青苹果香	呋喃	
正癸醛	青、柠檬香	呋喃醛	甜、醇-面包、黄油
丙烯醛		呋喃酸	稍甜、坚果香
苯乙醛	花香（玫瑰）	呋喃醇	可可、豆、油香
苯甲醛	杏仁、樱桃、甜香	2-乙酰呋喃	青、草质香
5-羟基-甲基-呋喃醛	甜、花香、烤烟味	2,6-二甲基吡嗪	单调草的甜
2,5-二甲基呋喃		2-乙基吡嗪	土味
5-甲基-2-乙酰呋喃	白肋烟味	2-乙基-6-甲基吡嗪	干燥、甜、树脂气
5-甲基呋喃	甜	2-乙基-5-甲基吡嗪	醇芳
异麦芽酚	烤、焦糖味	2,5-二甲基-3-乙基吡嗪	白肋烟味
麦芽酚	甜、似烤烟香	2,3-二甲基-5-乙基吡嗪	
2-乙酰吡嗪	黄油、坚果	3-甲基-2-吡咯醛	甜、樱桃
6-甲基-2-乙酰吡嗪	黄油、坚果	5-甲基-2-吡咯醛	樱桃
3-甲基-2-乙酰吡嗪		2-吡咯醛	甜、润和
2-甲基吡嗪	甜、芳香	2-乙酰基-5-甲基吡咯	甜、樱桃
2,3-二甲基吡嗪	烤面包香	2-乙酰基吡咯	花香、清香、酒香
2,3,5-三甲基吡嗪	白肋烟特征、甜	吡啶	甜、烤烟香
四甲基吡嗪	白肋烟味	2-甲基吡啶	白肋烟特征
2,5-二甲基吡嗪	土味、愉快气息	3-甲基吡啶	白肋烟特征

第四节　烟草萜烯类化合物在发酵过程中的降解与香气物质的形成

烟草内含丰富的萜烯类化合物，种类很多，但主要分为三类：一是类胡萝卜素，二是西柏烷类，三是赖百当类。其中，烤烟和白肋烟所含萜烯类物质属类胡萝卜素和西柏烷类。香料烟除含有丰富的类胡萝卜素外，还特别含有赖百当类，是香料烟特征香气不同于其他类型烟草的主要原因之一。萜烯类化合物是烟草重要的香气前体物质，它们的降解产物是烟草最重要的香气来源之一。

一、类胡萝卜素降解机理和香气物质的形成

在醇化发酵过程中，类胡萝卜素不仅继续降解使中性香味物质总量增加，而且降解产物继续发生转化（如氧化、还原及脱水等），生成香味方面更有作用的化合物。类胡萝卜素降解反应机理是：在单线态氧分子的攻击下，生成A、B、C三种氧化物中间体，重排分解后生成氧化产物（图18-3）。β-胡萝卜素在6-7、7-8、8-9和9-10不同位置发生键的断裂，分别生成有9、10、11和13个碳的化合物，如图18-4所示。图中4个C_9～C_{13}化合物分别是2，2，6-三甲基-5-环己烯酮、β-环柠檬醛、二氢猕猴桃内酯、β-紫罗兰酮等，经进一步转化，就可生成β-二氢大马酮（图18-5），后者在卷烟加香中广泛应用。

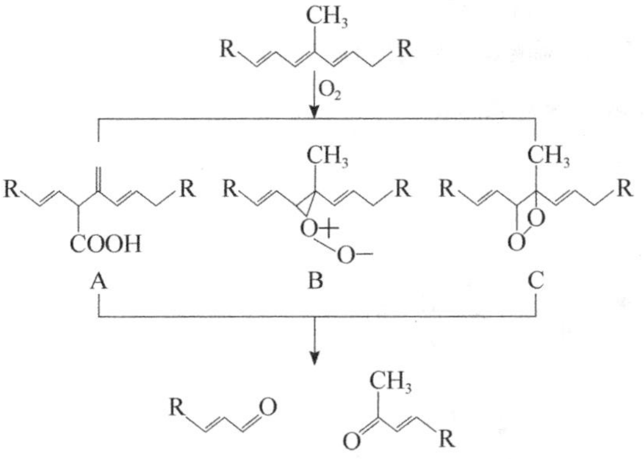

图18-3 类胡萝卜素的氧化降解机理

(Demole and Dietrich, 1977)

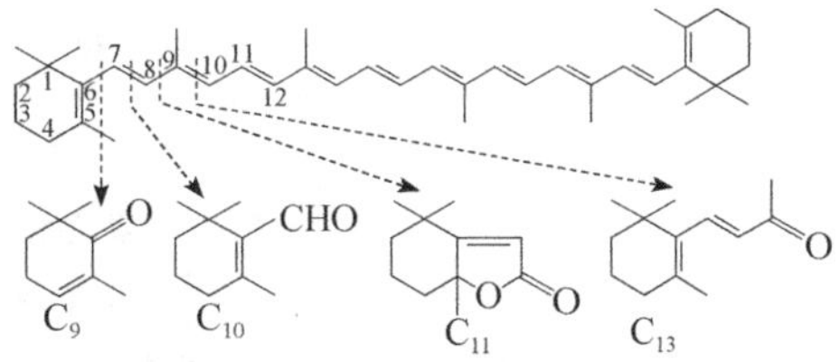

图18-4 β-胡萝卜素的降解s

(Demole and Dietrich, 1977)

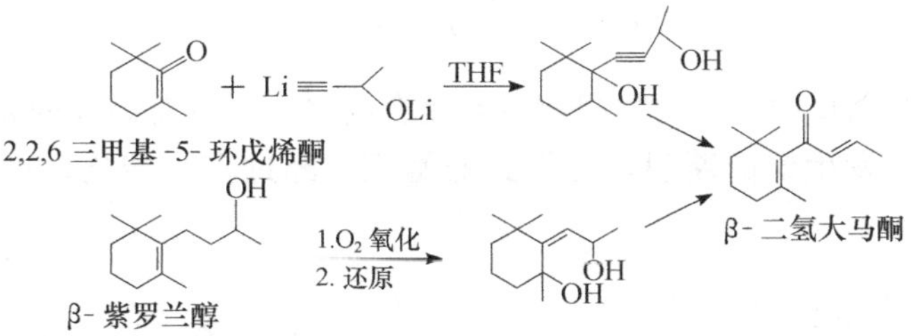

图18-5 β-二氢大马酮的合成

(Demole and Dietrich, 1977)

叶黄素在9-10位发生双键断裂，可以生成3-羟基-α-紫罗兰酮，经过氧化还原，生成3-氧化-α-紫罗兰醇，再脱水就形成了烟草中特别重要的香味成分——巨豆三烯酮（图18-6）。叶黄素在6-7位置上发生碳链断裂，可以生成非常重要的香味成分——氧化异佛尔酮，氧化异佛尔酮目前是国内外广泛使用的烟用香原料。另外，叶黄素在21-22位置上发生键的断裂，生成3-羟基-β-紫罗兰酮，它可以进一步转化成β-大马酮，如图18-7所示。β-大马酮具有玫瑰的特征香气，加入烟草能使烟气香气质量明显提高，因而在卷烟加香方面也很有用。

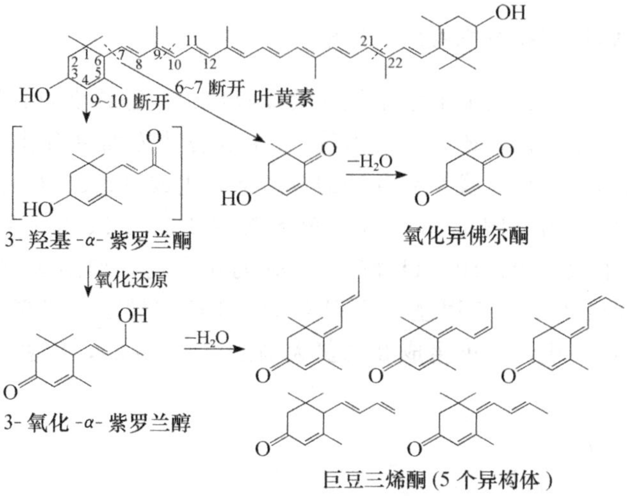

图 18-6　叶黄素降解产物及其转化

(Demole and Dietrich，1977)

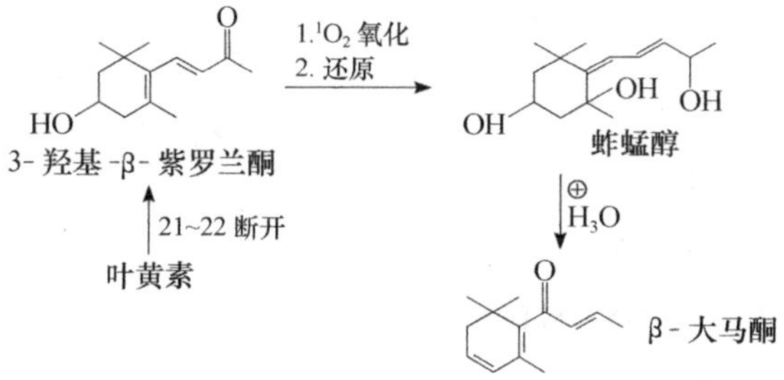

图 18-7　β-大马酮的形成路线

(Demole and Dietrich，1977)

新叶黄素也是烟草中主要的类胡萝卜素化合物之一，具有高度的光学活性。新叶黄素在 9～10 位置上发生键的断裂，可得到蚱蜢酮，经过多步转化，也能生成 β-大马酮（图 18-8）。

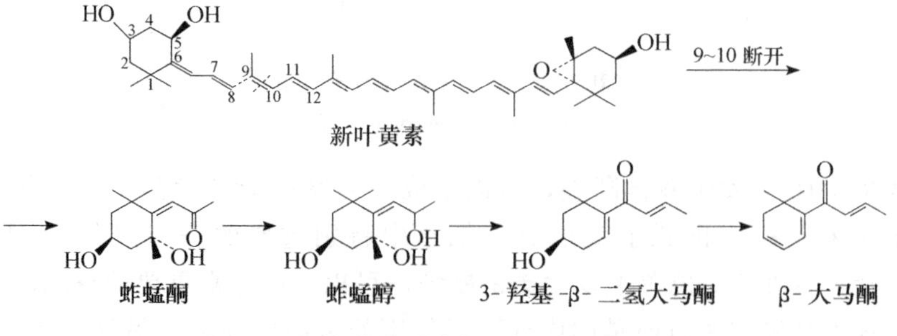

图 18-8　新叶黄素的降解及 β-大马酮的生成

(Demole and Dietrich，1977)

无环状结构的类胡萝卜素，如六氢番茄红素和八氢番茄红素，在调制及醇化过程中降解成6-甲基-5-庚烯-2-酮，又进一步代谢成6-甲基-2-庚酮、异辛二烯酮（醇）等，所以在继续醇化过程中，6-甲基-5-庚烯-2-酮有所减少，异辛二烯酮有所增加。上述化合物的降解及转化见图18-9。

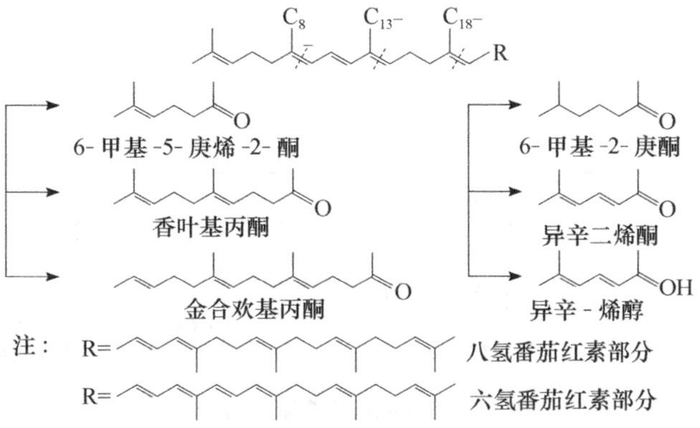

图18-9　无环类胡萝卜素的降解

(Demole and Dietrich，1977)

色素类物质氧化降解是因双键断裂的部位不同，可产生不同碳原子数的化合物，进一步形成许多重要的香气物质。据报道，至今已有80多种C_7～C_{13}的挥发性成分作为类胡萝卜素的分解产物被鉴定出来，如α-胡萝卜素生物降解生成α-紫罗兰酮和β-紫罗兰酮，再经连续的氧化、重排，还原生成其他多种酮类成分。六氢番茄红素氧化生物降解可生成丙酮、6-甲基-5-庚烯-2-酮及其衍生物假性紫罗兰酮等。新叶黄素生物降解形成蚱蜢酮和β-大马酮。大马酮和紫罗兰酮可增加烟草的花香香味。二氢猕猴桃内酯和巨豆三烯酮等也是类胡萝卜素的降解产物，前者能起消除刺激性的作用，后者能增加烟叶中的花香和木香特征。

Weeks等（1985）对比了美国20世纪40年代、50年代和80年代主要烤烟品种的中性挥发物，发现80年代的品种，在烟味香味品质提高的同时，类胡萝卜素降解产物明显增多，含量也显著增加。

由于类胡萝卜素是烟叶重要的香气前体物，因此人们利用各种手段试图提高烟叶的类胡萝卜素含量，以达到提高烟叶香气量的目的。例如，采用育种方法筛选类胡萝卜素含量高的品种；采用转基因技术培育类胡萝卜素含量高的优良品种；直接向收获后的烟叶上喷洒类胡萝卜素提取液，让类胡萝卜素随调制等过程而降解；还有人将类胡萝卜素提取物进行深度氧化，生产烟用香料。但是研究发现烟叶的类胡萝卜素含量与生物碱含量呈显著的正相关。Weeks及其同事（1985）发现，在用基因调节生物碱合成的烟草品系里，烟碱含量低的基因型烟草，类胡萝卜素降解产物的含量也相应较低。

二、西柏烷类化合物降解机理和香气物质的形成

西柏烷类化合物及其降解产物构成烟草香味的重要组分，其中西柏三烯的a+c、a+e、b+e、c+e位断裂分别得到C_{18}、C_{15}、C_{14}和C_{13}的降西柏烷类化合物，其中C_{13}就是茄尼酮（图18-10）。

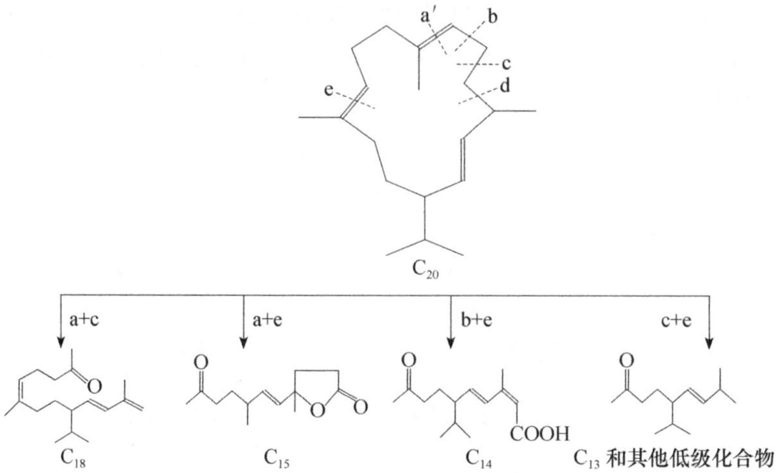

图 18-10　西柏三烯降解的产物

(Demole and Dietrich，1977)

茄尼酮是烟草中重要的香味成分，它的进一步反应产物大多也有香味，在酸的催化下，茄尼酮端基烯键与水作用形成醇，然后在过氧酸的作用下，形成环氧化合物，该中间产物不稳定，它的酮基与环氧基反应形成氧杂的双环化合物，这一结构的化合物具有特别的香味，在改变烟草香味方面有重要作用（图 18-11）。

茄尼酮的反应不仅可发生在两个烯键上，其左端的羰基亦较活泼（图 18-12）。茄尼酮与过氧酸作用，再经碱性还原就得到较茄尼酮少两个碳原子的醇，此醇氧化后变成 C_{10} 的含羟基的不饱和酮。在酸性介质中，它可环化成为四氢吡喃的羰基衍生物，若经进一步氧化，就可得到烟草中有名的香味成分 α-异丙基丁酸内酯。

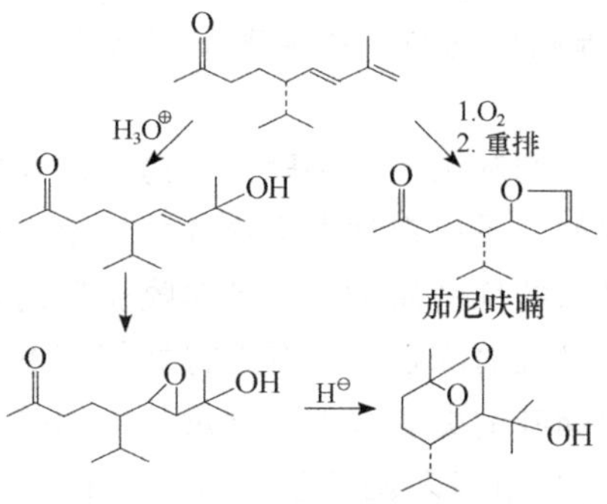

图 18-11　茄尼酮的转化

(Demole and Dietrich，1977)

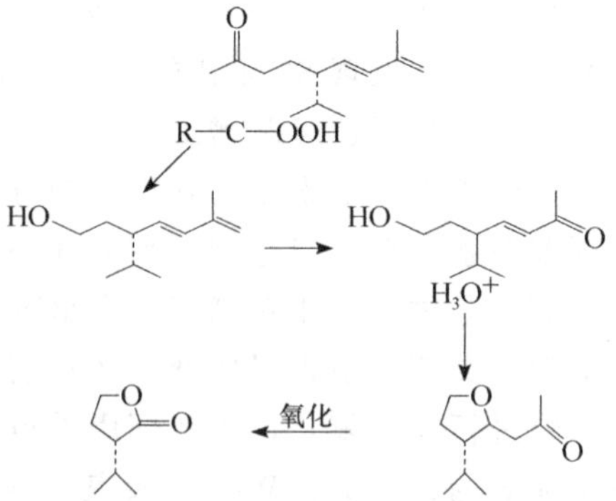

图 18-12　茄尼酮的氧化降解

(Demole and Dietrich，1977)

三、赖百当类化合物的降解和香气物质的形成

赖百当类化合物是香料烟叶中独有的香气成分。其中，较典型的是硬尾醇、E-13-赖百当烯-8,15-二醇、泪柏醇、冷杉醇等（图 18-13）。

泪柏醇的降解可能形成环醚，也可能形成醛，这些产物大都具有旋光性，C_{18}和C_{16}产物的“+”旋光异构体具有明显香味，而“-”异构体几乎无味，可见立体构象因素对于香味是有影响的。

硬尾醇的降解情况与泪柏醇类似，在b位断裂得到硬尾内脂，硬尾内脂还原就得到降龙涎香醚。c位和d位断裂分别得到C_{15}的1,2,5,9-四甲基-2-羟基-十氢萘和C_{14}的2-羟基补身酮（图18-14）。

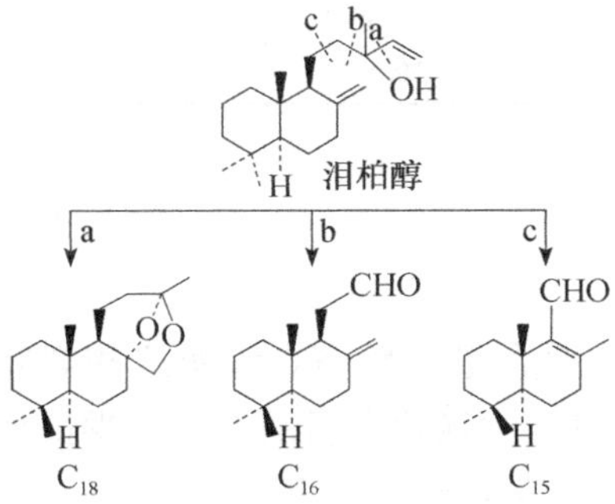

图18-13　泪柏醇的降解
(Demole and Dietrich，1977)

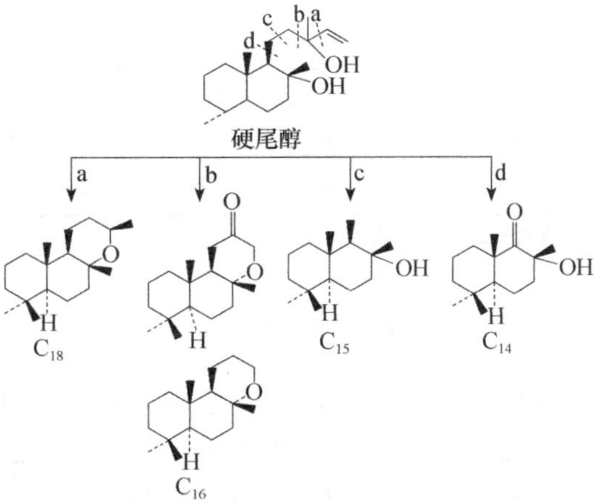

图18-14　硬尾醇的降解
(Demole and Dietrich，1977)

第五节　烟叶自然陈化进程和效果

刚调制的烟叶的品质存在不同程度的缺陷，如香气粗糙、杂气较重、刺激性较大等缺点，不能直接用于卷烟生产，须经过适当的陈化或人工发酵处理烟叶才具有醇和及芳香的气息，同时烟叶的杂气和刺激性降低，燃烧性提高。研究烟叶自然陈化过程中烟叶质量状况的变化和最终的效果，对提高烟叶质量和可用性具有重要的实际意义。

一、常规化学成分的变化进程

范坚强等（2003）研究了福建和云南烤烟片烟在陈化过程中常规化学成分的变化情况，对陈化的效果进行了分析和探讨。

（一）还原糖含量的变化

由表18-9可以看出，还原糖含量随着陈化的进行而逐渐降低，在陈化的前两年，还原糖含量的降低幅度较大，第三年则变化不大，且其下降幅度因产地、等级（配方）而异。王晓辉等（2004）对陈化过程中云南烤烟复烤片烟的理化指标变化进行了研究。研究表明，B2F和C3F的总糖含量在陈化初期呈现明显的降低趋势，随着陈化时期的延长，不再有大的变化。

表 18-9　陈化过程中片烟还原糖含量的变化（%）

陈化时间（月）	福建 S04-98	福建 S05-98	福建 Z05-98	云南 S01-98A	云南 S01-98B
0	24.45	16.32	24.98	21.52	24.45
6	23.53	15.42	21.58	20.63	24.20
9	23.01	14.06	20.29	20.48	23.73
12	22.58	13.46	20.44	19.00	23.85
18	21.46	14.06	19.55	19.49	23.70
21	21.74	13.22	19.38	19.05	23.06
24	21.70	12.53	21.07	17.96	23.00
30	20.66	12.76	20.07	18.75	22.65
33	21.44	12.69	19.13	19.08	22.34
36	21.02	12.63	18.58	19.57	22.11

资料来源：范坚强等，2003

（二）淀粉含量的变化

由表 18-10 可知，除福建 S05-98 外，其余片烟的淀粉含量均较高，说明这些烟叶的田间成熟度不够，烘烤方面也存在一定的问题；陈化过程中淀粉含量的变化与供试片烟的产地、等级（配方）有关。福建 S04-98 和福建 S05-98 片烟的淀粉含量均大幅降低，而福建 Z05-98、云南 S01-98A 和云南 S01-98B 片烟的淀粉含量虽有一定幅度的降低，但降低幅度较小。淀粉的降解主要是淀粉酶的作用，片烟中的淀粉酶在贮存过程中仍有一定的活性。

表 18-10　陈化过程中片烟淀粉含量的变化（%）

陈化时间（月）	福建 S04-98	福建 S05-98	福建 Z05-98	云南 S01-98A	云南 S01-98B
0	9.41	5.20	9.04	5.99	5.60
6	7.51	4.25	8.85	5.62	5.57
9	7.40	3.75	8.40	5.71	5.52
12	7.07	3.72	8.51	5.26	5.18
18	6.48	3.75	8.53	5.53	5.45
21	6.70	3.88	8.70	5.24	5.44
24	6.76	3.88	8.62	5.25	5.50
30	6.56	3.69	8.43	5.41	5.50
33	6.44	3.72	8.44	5.58	5.39
36	6.41	3.57	8.85	5.68	5.42

资料来源：范坚强等，2003

（三）烟碱和挥发碱含量的变化

由表 18-11 和表 18-12 可知，供试片烟的烟碱及挥发碱含量在陈化过程中均呈持续降低的趋势。与开始陈化时相比，陈化 36 个月后，福建 S04-98、福建 S05-98、福建

Z05-98 片烟、云南 S01-98A 片烟、云南 S01-98B 片烟的烟碱含量分别降低 0.37、0.47、0.27、0.15 和 0.24 个百分点，挥发碱含量分别降低 0.044、0.051、0.036、0.023 和 0.025 个百分点。王晓辉等（2004）对陈化过程中云南烤烟复烤片烟的理化指标变化进行了研究。结果表明，烟碱和挥发碱在陈化过程中呈小幅下降趋势。

表 18-11　陈化过程中片烟烟碱含量的变化（%）

陈化时间（月）	福建 S04-98	福建 S05-98	福建 Z05-98	云南 S01-98A	云南 S01-98B
0	2.82	3.80	2.46	2.60	2.30
6	2.86	3.76	2.34	2.63	2.25
9	2.72	3.61	2.32	2.57	2.17
12	2.70	3.59	2.32	2.58	2.14
18	2.84	3.59	2.28	2.56	2.20
21	2.75	3.53	2.31	2.55	2.13
24	2.70	3.62	2.19	2.48	2.14
30	2.65	3.51	2.26	2.42	2.03
33	2.46	3.44	2.30	2.15	2.12
36	2.45	3.33	2.19	2.45	2.06

资料来源：范坚强等，2003

表 18-12　陈化过程中片烟挥发碱含量的变化（%）

陈化时间（月）	福建 S04-98	福建 S05-98	福建 Z05-98	云南 S01-98A	云南 S01-98B
0	0.181	0.244	0.152	0.167	0.157
6	0.179	0.236	0.137	0.168	0.164
9	0.161	0.224	0.140	0.159	0.153
12	0.153	0.214	0.136	0.161	0.139
18	0.172	0.208	0.134	0.161	0.147
21	0.156	0.205	0.130	0.162	0.143
24	0.163	0.207	0.130	0.154	0.141
30	0.152	0.204	0.126	0.150	0.141
33	0.147	0.211	0.128	0.132	0.143
36	0.137	0.193	0.116	0.144	0.132

资料来源：范坚强等，2003

（四）总氮含量的变化

由表 18-13 可知，除福建 S05-98 片烟在陈化 6 个月时总氮含量明显比其他陈化期高（可能是样品不均匀造成的）外，其他供试片烟在不同陈化时期的总氮含量没有明显差异。此外，同一供试片烟在不同取样时期总氮含量的微小差异可能是由样品本身的差异、取样或分析操作误差引起的。王晓辉等（2004）对陈化过程中云南烤烟复烤片烟的理化指标变化进行了研究。结果表明，陈化过程中总氮含量呈小幅下降趋势。

表 18-13 陈化过程中供试片烟总氮含量的变化（%）

陈化时间（月）	福建 S04-98	福建 S05-98	福建 Z05-98	云南 S01-98A	云南 S01-98B
0	1.57	1.77	1.32	1.34	1.20
6	1.45	2.25	1.36	1.26	1.28
9	1.60	1.97	1.31	1.26	1.36
12	1.42	1.93	1.27	1.39	1.18
18	1.58	1.88	1.40	1.30	1.17
21	1.58	1.97	1.33	1.24	1.43
24	1.56	1.88	1.30	1.32	1.29
30	1.64	1.88	1.32	1.35	1.22
33	1.58	1.87	1.21	1.31	1.23
36	1.65	1.81	1.23	1.23	1.29

资料来源：范坚强等，2003

（五）pH 及挥发酸的变化

由表 18-14 可知，片烟 pH 随着陈化的进行均呈降低趋势。经过 3 年的醇化，福建 S04-98、福建 S05-98、福建 Z05-98、云南 S01-98A、云南 S01-98B 片烟的 pH 分别降低 0.760、0.555、0.415、0.770 和 0.640。王晓辉等（2004）对陈化过程中云南烤烟复烤片烟的理化指标变化进行了研究。结果表明，陈化过程中 B2F 和 C3F 水浸液的 pH 均缓慢下降。当从 1 个月陈化到 47 个月时，C3F 和 B2F 的 pH 分别下降了 4.97% 和 5.68%，且 B2F pH 的下降速度略快于 C3F（图 18-15）。

表 18-14 陈化过程中片烟 pH 的变化

陈化时间（月）	福建 S04-98	福建 S05-98	福建 Z05-98	云南 S01-98A	云南 S01-98B
0	5.060	5.200	5.055	5.535	5.545
6	4.895	5.140	5.035	5.460	5.530
9	4.800	5.020	4.870	5.340	5.350
12	4.680	4.905	4.695	5.190	5.220
18	4.660	4.870	4.830	5.175	5.205
21	4.605	4.830	4.670	5.080	5.130
24	4.575	4.775	4.600	5.080	5.060
30	4.535	4.765	4.570	5.065	5.040
33	4.490	4.705	4.570	5.025	4.995
36	4.380	4.645	4.640	4.765	4.905

资料来源：范坚强等，2003

一般认为，烟叶等级越高，挥发酸的含量也越高。由表 18-15 可知，片烟的挥发酸含量在陈化过程中呈明显上升的趋势，陈化 36 个月后，所有供试片烟的挥发酸含量均上升 1 倍以上，云南 S01-98A 片烟挥发酸含量增加最多，增幅达 471%；陈化 33 个和 36 个月样品的挥发酸含量差异很大，多数片烟样品的挥发酸含量在陈化 36 个月时增加较多，在进行外观评价时，陈化 36 个月样品的颜色均发生了明显的褐变。由此可见，挥发酸含量的过度增加对烟叶质量也有不利的影响。

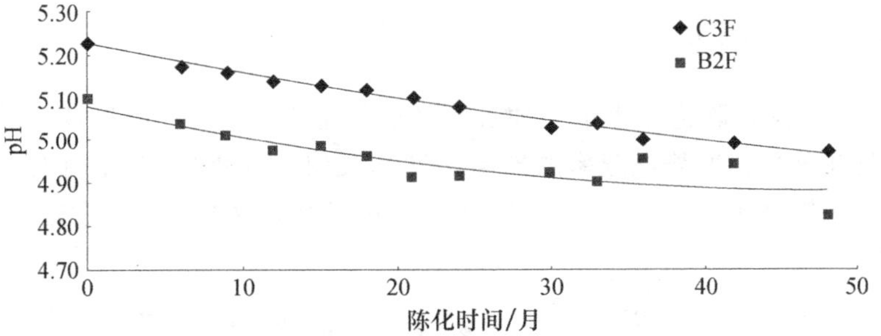

图 18-15　不同等级复烤片烟不同陈化时间 pH 的变化

（王晓辉等，2004）

表 18-15　陈化过程中片烟挥发酸含量的变化（%）

陈化时间（月）	福建 S04-98	福建 S05-98	福建 Z05-98	云南 S01-98A	云南 S01-98B
0	0.205	0.208	0.193	0.186	0.135
6	0.297	0.222	0.210	0.202	0.140
9	0.344	0.271	0.294	0.252	0.242
12	0.387	0.385	0.320	0.315	0.310
18	0.383	0.357	0.325	0.323	0.306
21	0.351	0.366	0.328	0.340	0.380
24	0.384	0.366	0.333	0.403	0.379
30	0.404	0.396	0.343	0.399	0.394
33	0.464	0.491	0.360	0.492	0.444
36	0.473	0.601	0.516	0.652	0.773

资料来源：范坚强等，2003

二、物理特性的变化规律

（一）平衡含水率的变化

王晓辉等（2004）对陈化过程中云南烤烟复烤片烟的理化指标变化研究结果（表 18-16）表明，随着陈化时间的增加，C3F 和 B2F 的平衡含水率均呈先降后升总体降低趋势；进一步分析可以发现，从 1 个月始，基本上每隔一定时间（约 9 个月）片烟的平衡含水率会出现一个相对低点值。C3F 和 B2F 的首次取样时间为 1998 年 12 月，相隔 9 个月恰为 1999 年的 9 月份，是云南气候较干燥的时期。陈化片烟平衡含水率的这种变化趋势似与年度季节气候变化相关，这种推测有待以后进一步实验验证。

表 18-16　陈化期间云南烤烟复烤片烟平衡含水率的变化（%）

陈化时间	C3F	B2F	陈化时间	C3F	B2F
1 个月	12.28	12.23	22 个月	11.60	11.53
7 个月	11.62	11.82	25 个月	11.79	11.80
10 个月	11.48	11.71	31 个月	11.74	11.74
14 个月	11.81	11.79	34 个月	11.77	11.75
17 个月	11.55	11.73	37 个月	11.86	11.84
19 个月	11.51	11.49			

资料来源：王晓辉等，2004

（二）静燃速率的变化

由图 18-16 可知，陈化过程中 2 种云南烤烟复烤片烟样品的静燃速率均有不同程度的提高，而且在陈化初期静燃速率的提高速度都较快，陈化到 47 个月时，C3F 和 B2F 的静燃速率分别提高了 11.22％和 16.98％。B2F 静燃速率的提高速度略高于 C3F。

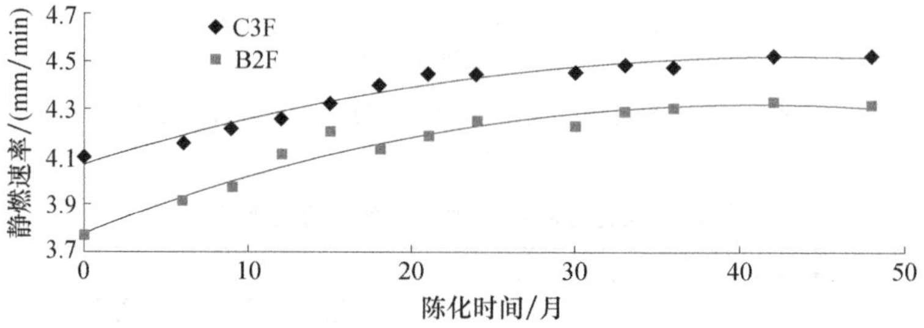

图 18-16　陈化期间云南烤烟复烤片烟静燃速率的变化
（王晓辉等，2004）

（三）填充值的变化

填充值是卷烟加工烟丝的一个重要物理指标，与烟支的烟气焦油释放量和内在质量等有密切关系。在自然陈化期间，烟叶发生了物理、化学等方面的变化，这也必然导致烟丝填充值的变化。在测量条件一致的情况下，烟丝填充值主要受烟丝特性影响，其中密度、弹性是影响烟丝填充值的最重要特性。细胞壁是细胞结构骨架，细胞壁物质以及烟丝中大分子物质对受到压迫时具有抗张作用，表现出弹性。细胞壁物质以及烟丝中大分子物质含量高时，弹性好、填充值高。在烟叶陈化过程中，大分子物质逐渐向小分子物质转变，并有一部分小分子物质散发到空气中去。大分子物质以及细胞壁物质的转变必然会造成其含量减少，抗张作用减弱，有使填充值减少的趋势；同时由于大分子物质转变，部分小分子物质散发到空气中去，会使单位重量烟丝体积增大，有使填充值增大的趋势。两种作用同时存在，不同时期有一种作用起重要作用，导致烟丝填充值发生变化。

李成富等（2006）对烤烟烟叶自然陈化期间烟丝填充值的变化规律进行了研究。研究结果表明，不同地区上、中部烟叶在自然陈化 7～51 个月期间，烟丝填充值呈现波浪式上升；不同产区和不同等级样品之间略有差异，基本上是先略微降低，后增加，之后再降低，又再升高；不同产区存在时间上的差异。综合各样品在不同陈化时期填充值平均值来看，陈化 7 个月之后填充值开始略微降低，11 个月左右时形成第一个谷底，然后升高，23 个月左右时达到第一个高峰后又开始降低，30 个月左右时处于第二个谷底，然后再次升高，40 个月左右时达到第二个高峰后又开始降低。第二个高峰值大于第一个高峰值且大于陈化 7 个月时的填充值，第二个谷底值大于第一个谷底值。

三、香味成分的变化进程

胡有持等（2004）对云南烤烟复烤片烟自然陈化时间与质量的关系进行了研究，烟叶经过 3 年多的陈化，不同性质的香味成分和质量都发生了一系列的变化。

（一）中性香味成分

由表 18-17 可知，在自然陈化过程中，云南复烤片烟多数中性香味成分的含量随陈化时间的增加而呈先升后降趋势，比较突出的有糠醛、苯乙醛、芳樟醇、茄酮、β-大马酮、β-二氢大马酮、香叶基丙酮、二氢猕猴桃内酯、巨豆三烯酮（a，b，c，d 异构体）以及 3-羟基大马酮等。例如，糠醛的含量由 1 个月时的 4.18μg/g 逐渐增加到 25 个月时的 7.32μg/g，之后开始下降，到 47 个月时下降到 5.28μg/g；香叶基丙酮的含量由 1 个月时的 2.08μg/g 逐渐增加到 31 个月时的 3.88μg/g，之后开始下降，到 47 个月时下降到 3.28μg/g；二氢猕猴桃内酯的含量由 1 个月时的 1.89μg/g 逐渐增加到 34 个月时的 5.27μg/g，之后开始下降，到 47 个月时下降到 5.02μg/g。这些中性香味成分大多在 22 个月到 37 个月的时间范围内具有较高的含量，最大值大多在 25～34 个月的时间范围内出现。

表 18-17 不同陈化时间云南烤烟复烤片烟的中性香味成分（μg/g）

项目＼时间/月	1	7	10	14	17	19	22	25	31	34	37	43	47
糠醛	4.18	4.77	5.35	4.68	5.64	5.99	6.44	7.32	6.85	6.96	6.76	6.85	5.28
苯甲醛	1.52	1.30	1.26	1.57	1.20	1.20	1.11	1.14	1.32	1.09	1.11	1.12	1.31
苯甲醇	35.64	34.92	38.70	34.21	31.00	31.89	28.02	28.15	29.33	28.72	28.14	27.85	30.18
6-甲基-5-庚烯-2-酮	1.00	0.89	0.82	0.52	0.46	0.70	0.41	0.63	0.65	0.50	0.44	0.42	0.37
苯乙醛	2.60	2.84	3.96	4.03	4.19	4.16	5.52	5.10	4.48	4.92	4.35	5.05	5.65
2-乙酰吡咯	0.43	0.59	0.59	0.66	0.56	0.64	0.51	0.50	0.53	0.81	0.50	0.43	0.43
芳樟醇	0.48	0.58	0.71	0.63	0.67	0.70	0.97	0.88	0.68	0.70	0.61	0.49	0.57
β-苯乙醇	7.54	7.16	7.67	6.48	6.65	6.69	5.75	6.30	6.23	7.46	6.42	6.59	6.86
异佛尔酮	0.82	0.69	0.61	0.63	0.56	0.40	0.47	0.38	0.42	0.45	0.42	0.41	0.39
氧化异佛尔酮	0.37	0.41	0.40	0.44	0.47	0.33	0.28	0.25	0.26	0.27	0.18	0.19	0.20
茄酮	23.22	28.43	29.74	31.27	30.18	30.67	31.49	33.24	31.91	29.85	28.96	28.91	28.35
β-大马酮	4.05	5.22	5.91	5.58	5.54	6.72	7.04	8.17	7.91	7.83	6.96	6.59	7.08
β-二氢大马酮	0.83	1.09	1.13	1.04	1.14	1.42	1.62	1.66	1.88	1.74	1.57	1.54	1.66
香叶基丙酮	2.08	2.31	2.25	2.47	2.47	3.10	3.20	3.85	3.88	3.78	3.20	3.07	3.28
β-紫罗兰酮	1.30	1.07	1.42	2.08	2.16	2.25	2.03	1.82	2.40	2.46	2.52	2.19	2.11
二氢猕猴桃内酯	1.89	1.89	2.67	3.16	3.14	3.52	3.57	3.93	4.33	5.27	4.97	4.07	5.02
巨豆三烯酮 a	1.12	1.48	1.64	1.73	1.89	1.96	2.15	1.94	2.66	2.35	2.21	2.19	2.18
巨豆三烯酮 b	4.58	6.19	6.78	7.61	7.01	7.15	8.75	10.31	8.51	9.48	8.77	8.84	8.94
巨豆三烯酮 c	0.85	0.76	1.20	1.35	1.49	1.79	1.81	1.55	2.08	2.33	1.88	1.83	1.76
巨豆三烯酮 d	3.31	4.04	4.17	4.83	5.23	5.31	5.56	6.19	6.63	6.80	6.71	6.40	6.32
3-羟基大马酮	0.64	0.75	0.81	0.99	1.08	1.13	1.17	1.07	1.26	1.35	1.28	1.26	1.25
新植二烯	544.38	571.60	631.48	609.71	620.60	618.17	577.04	664.15	632.09	653.73	602.40	598.39	601.59
十六酸乙酯	2.40	2.76	3.03	3.12	3.46	4.40	4.13	3.87	4.89	4.65	4.21	4.20	4.09
醛类物质	8.30	8.91	10.57	10.28	11.03	11.35	13.07	13.56	12.65	12.97	12.22	13.02	12.25

续表

项目 \ 时间/月	1	7	10	14	17	19	22	25	31	34	37	43	47
醇类物质	43.66	42.66	47.08	41.32	38.32	39.27	32.74	35.33	36.23	36.88	35.16	34.93	37.61
酮类物质	44.17	53.33	56.88	60.54	59.68	62.94	65.98	71.06	70.47	69.19	65.10	63.83	63.90
酯类物质	4.29	4.65	5.70	6.28	6.60	7.92	7.70	7.80	9.22	9.93	9.18	8.27	9.11
羰基化合物	52.90	62.83	68.04	71.48	71.27	74.93	79.56	85.12	83.66	82.98	77.83	77.27	76.58
中性总量（新植二烯除外）	100.85	110.14	120.82	119.08	116.19	122.13	120.00	128.25	129.11	129.79	122.17	120.47	123.30

资料来源：胡有持等，2004

有些成分的含量随陈化时间的增加而呈下降趋势，主要有苯甲醛、6-甲基-5-庚烯-2-酮、苯甲醇、β-苯乙醇、异佛尔酮等。然而呈下降趋势的成分含量的“减少量”，远不及多数中性香味成分含量随陈化时间增加先升后降趋势中的“增加量”。

当中性香味成分按类划分时，醛类成分的含量呈先增后降趋势，在陈化初期增加较快，由 1 个月时的 8.30μg/g 增加到 25 个月时的 13.56μg/g，之后缓慢降低到 47 个月时的 12.25μg/g。达到最大值时醛类成分的含量增加了 63.37%；醇类成分的含量总体上呈减少趋势，到 47 个月时醇类成分的含量降低了 13.86%；酮类成分的含量呈先增后降趋势，在 22～37 个月时的含量较高，在 25 个月达到最大值时其含量增加了 60.88%；酯类成分在 19～47 个月时的含量较高，34 个月时达到最大值；羰基化合物是烤烟烟叶中性香味成分的重要组成成分，也是影响烟叶品质的重要化学成分，因此人们常用其含量的多少来衡量烤烟烟叶香气的强弱。在自然陈化过程中，云南复烤片烟羰基化合物含量呈先增后降趋势。在 22 个月之前增速较快，在 22～34 个月的时间范围内增速变缓并出现最大值，之后缓慢下降。在 25 个月达到最大值时其含量增加了 60.91%。

在陈化初期，云南烤烟复烤片烟中性香味成分总量的增加速度较快，陈化中期增速变缓并出现最大值，陈化后期出现下降趋势。在 19～43 个月的时间范围内的含量较高，在 34 个月达到最大值时其含量增加了 28.70%。以上分析表明，云南烤烟复烤片烟样品醛类成分、酮类成分、酯类成分、羰基化合物和中性香味成分总量大多在 22～37 个月的时间范围内具有较高的含量，最大值大多在 25～34 个月的时间范围内出现。在陈化初期和中期，这些中性香味成分的逐渐增加和积累，有利于香气质、香气量的改善与提高；云南烤烟复烤片烟样品醇类成分的含量呈下降趋势，其含量的降低有利于减轻烟气的刺激性，改善余味。

（二）酸性香味成分

由表 18-18 可知，在自然陈化过程中，多数酸性成分的含量随陈化时间的增加呈先增后降趋势，表现较为突出的有戊酸、β-甲基戊酸、己酸、庚酸、辛酸、壬酸、十一酸、十四酸、12-甲基十四酸、十五酸、14-十五烯酸、十六酸、十七酸、十八酸等。例如，β-甲基戊酸的含量由 1 个月时的 0.23μg/g 逐渐增加到 31 个月时的 0.44μg/g，之后开始下降，到 47 个月时下降到 0.28μg/g；十六酸的含量由 1 个月时的 77.77μg/g 逐渐增加到 31 个月时的 142.81μg/g，之后开始下降，到 47 个月时下降到 119.29μg/g。

这些酸性成分大多在22～37个月的时间范围内具有较高的含量，最大值大多在31个月时出现；油酸、亚油酸、亚麻酸呈先降后升再降趋势。油酸的含量由1个月时的5.26μg/g逐渐降低到10个月时的4.79μg/g，后逐渐增加到31个月时的12.04μg/g，之后再出现下降趋势；亚油酸的含量由1个月时的13.88μg/g逐渐降低到10个月时的10.97μg/g，后增加到31个月时的37.91μg/g，之后再出现下降趋势；亚麻酸的含量由1个月时的26.42μg/g降低到10个月时的23.51μg/g，后增加到31个月时的50.31μg/g，之后再出现下降趋势。

表 18-18　不同陈化时间云南烤烟复烤片烟的酸性和碱性香味成分（μg/g）

项目 \ 时间/月	1	7	10	14	17	19	22	25	31	34	37	43	47
异戊酸	0.13	0.16	0.16	0.21	0.18	0.14	0.22	0.25	0.12	0.11	0.12	0.11	0.09
戊酸	0.11	0.12	0.09	0.12	0.15	0.19	0.20	0.20	0.17	0.17	0.15	0.14	0.14
β-甲基戊酸	0.23	0.29	0.32	0.30	0.36	0.39	0.25	0.23	0.44	0.32	0.31	0.30	0.28
己酸	0.08	0.09	0.11	0.12	0.10	0.21	0.14	0.18	0.23	0.17	0.15	0.10	0.16
庚酸	0.15	0.19	0.19	0.19	0.19	0.22	0.18	0.20	0.19	0.24	0.17	0.13	0.13
辛酸	0.20	0.24	0.34	0.33	0.28	0.31	0.30	0.30	0.38	0.33	0.35	0.20	0.19
壬酸	0.16	0.15	0.14	0.18	0.21	0.23	0.26	0.30	0.27	0.21	0.26	0.21	0.20
癸酸	0.27	0.31	0.34	0.41	0.39	0.34	0.34	0.33	0.37	0.38	0.38	0.29	0.34
十一酸	0.11	0.12	0.13	0.17	0.20	0.18	0.22	0.20	0.25	0.23	0.19	0.19	0.21
十二酸	0.13	0.17	0.16	0.19	0.23	0.20	0.28	0.21	0.25	0.23	0.19	0.19	0.21
十四酸	4.12	4.73	3.50	3.21	4.49	6.32	7.70	6.67	7.48	6.75	6.84	7.21	6.90
12-甲基十四酸	0.66	0.74	0.47	0.44	0.45	0.95	0.90	0.83	1.18	0.94	0.85	1.03	1.14
十五酸	2.46	2.80	1.87	1.72	2.41	3.31	4.21	3.66	4.03	3.51	3.25	3.40	3.00
14-十五烯酸	0.98	1.08	0.91	0.83	1.16	1.24	1.56	1.90	2.35	2.18	2.54	2.25	2.34
十六酸	77.77	78.55	73.11	75.33	108.10	112.59	126.77	136.88	142.81	124.30	124.98	116.35	119.29
十七酸	1.42	1.23	1.18	1.28	1.95	2.45	2.65	3.01	2.87	2.48	2.39	2.46	2.73
十八酸	3.22	2.90	2.64	2.74	4.64	4.74	6.38	7.76	4.82	4.53	7.61	10.36	10.96
油酸	5.26	4.94	4.79	5.94	7.36	10.66	12.10	8.94	12.04	11.18	11.41	10.53	12.54
亚油酸	13.88	11.24	10.97	11.52	17.07	32.57	16.80	24.85	37.91	35.69	36.35	34.73	35.41
亚麻酸	26.42	24.04	23.51	26.95	30.91	37.56	38.57	42.53	50.31	48.44	48.30	47.16	46.77
饱和酸	46.54	41.30	40.18	45.24	56.50	82.02	69.13	78.22	102.61	97.49	98.60	94.68	97.06
不饱和酸	91.22	92.74	84.75	86.94	124.33	132.76	151.00	161.21	165.87	144.91	148.20	142.70	146.02
酸性总量①	137.76	134.09	124.93	132.18	180.83	214.78	220.13	239.43	268.48	242.40	246.80	237.38	243.08
吡啶	0.07	0.09	0.10	0.10	0.11	0.11	0.15	0.13	0.17	0.11	0.16	0.16	0.16
2,3-二甲基吡嗪	0.08	0.12	0.15	0.13	0.09	0.11	0.11	0.12	0.09	0.16	0.09	0.09	0.06
四甲基吡嗪	0.02	0.03	0.03	0.03	0.04	0.04	0.03	0.03	0.03	0.03	0.03	0.03	0.03
2,3′-二联吡啶	0.17	0.19	0.16	0.13	0.12	0.14	0.11	0.09	0.16	0.15	0.16	0.14	0.14
碱性总量②	0.34	0.43	0.44	0.39	0.36	0.46	0.40	0.37	0.45	0.45	0.44	0.42	0.39
酸、碱、中性总量	238.95	244.66	246.19	251.65	297.38	337.31	340.53	368.05	398.04	372.64	369.41	358.27	366.77

注：① 为所分析酸性成分的合计量

② 为所分析碱性成分的合计量，不包括烟碱等其他碱性成分

资料来源：胡有持等，2004

在自然陈化过程中，随着陈化时间的增加，云南烤烟复烤片烟的不饱和酸总量、饱和酸总量和酸性成分总量均先小幅降低，升高后再降低的变化趋势。云南烤烟复烤片烟C3F不饱和酸总量、饱和酸总量和酸性总量分别在22～37个月、19～37个月、22～47个月的时间范围内的含量较高。

以上分析表明，云南烤烟复烤片烟样品大多数酸性成分、饱和酸、不饱和酸和酸性成分总量大多在22～37个月的时间范围内具有较高的含量，最大值大多在25～34个月的时间范围内出现。酸性成分的逐渐增加和达到最大值是云南烤烟复烤片烟香味品质逐步改善与提高的重要因素之一。

（三）碱性香味成分

由表18-18可知，在自然陈化过程中，云南烤烟复烤片烟中吡啶、2,3-二甲基吡嗪、四甲基吡嗪的含量均呈先增后降趋势，而2,3′-联吡啶的含量总体上呈降低趋势。吡啶、2,3-二甲基吡嗪、四甲基吡嗪均是重要的碱性香味成分，其含量的增加有利于烟气浓度和丰满程度的增强。2,3′-联吡啶的含量较高时，烟气粗糙、刺激性大，因此其含量的降低有利于烟叶香气品质的提高与改善。

在自然陈化过程中，随着陈化时间的增加，云南烤烟复烤片烟C3F的酸、碱、中性成分总量在陈化初期增速较快，之后变缓，后期出现下降趋势。在25～37个月的时间范围内，其含量较高。最大值在31个月时出现，达到峰值时其含量增加了66.58%。因此，在自然陈化2～3年的时间范围内云南烤烟复烤片烟样品酸、碱、中性成分总量维持较高含量，最大值在陈化到两年半左右时出现。

四、感官质量的变化效果

烟叶在自然陈化过程中，常规化学成分和香味成分都发生了相应的变化，感官质量自然也会发生相应的变化。胡有持等（2004）对云南烤烟复烤片烟自然陈化时间与质量的关系进行了研究，不但分析了陈化时间与感官质量之间的关系，也分析了香味成分与感官质量之间的相关性。

由表18-19可知，在自然陈化过程中，云南烤烟复烤片烟的整体质量及香气质、香气量、杂气、刺激性、浓度、劲头和余味均发生了明显的变化。在前22个月，其感官质量总分基本上每季度提高2分，香气质、香气量、杂气、刺激性、余味、劲头等各项感官质量指标均有不同程度的提高与改善。当陈化到37个月时，除香气量、杂气指标的感官质量得分较34个月时有所降低，其他感官指标的感官质量得分基本上保持不变，感官质量总分略有减少；继续陈化时，香气质、香气量均有一定程度的下降，感官质量总分也有一定幅度的降低。因此，香气质、香气量、杂气、刺激性和感官质量总分在陈化初期快速增加，在陈化中期维持一定的高值且持续的时间较长，陈化后期出现下降趋势；浓度、余味、劲头指标的感官质量得分在陈化初期、中期呈增长趋势，在陈化后期达到高值并维持一定的时间；燃烧性、灰色指标的变化不明显。

表 18-19　不同陈化时间云南烤烟复烤片烟的感官质量

陈化时间/月	香气质 20分	香气量 18分	杂气 12分	刺激性 12分	浓度 10分	劲头 10分	余味 10分	燃烧性 4分	灰色 4分	总分 100分
1	16.00	13.00	8.00	7.00	6.00	9.00	6.00	4.00	3.00	72.0
7	16.88	13.88	8.13	7.13	6.00	9.13	7.00	4.00	3.00	75.1
10	16.88	13.88	8.25	7.25	6.00	9.13	7.13	4.00	3.00	75.5
13	17.00	14.75	9.00	7.63	6.00	9.13	8.50	4.00	3.00	80.8
17	17.88	14.88	9.50	7.88	6.00	9.13	8.50	4.00	3.00	80.8
19	18.00	15.13	9.63	8.00	6.13	9.13	8.63	4.00	3.00	81.6
22	18.00	16.00	10.00	8.90	6.10	9.20	8.90	4.00	3.00	84.1
25	18.00	16.10	9.90	8.60	6.55	9.10	8.85	4.00	3.00	84.2
31	18.00	16.00	10.00	8.50	6.50	9.50	9.00	4.00	3.00	84.5
37	18.00	15.80	9.80	8.50	6.50	9.50	9.00	4.00	3.00	84.1
43	17.80	15.60	9.80	8.30	6.50	9.50	9.00	4.00	3.00	83.5
47	17.80	15.50	9.80	8.30	6.50	9.50	9.00	4.00	3.00	83.4

资料来源：胡有持等，2004

云南 C3F 的香气质、香气量及感官质量总分的高值区在 22～34 个月之间，与其羰基化合物、中性香味成分、酸性成分及酸、碱、中性成分总量的高值区相同。也就是说，在自然陈化过程中，云南烤烟复烤片烟样品香气质、香气量以及整体感官质量的变化规律与其香味成分含量的变化趋势是一致的。正是香味成分在陈化初期的快速增加，陈化中期的缓慢增长和达到最大值，陈化后期的下降趋势，使云南烤烟复烤片烟在自然陈化过程中香气质、香气量以及整体感官质量呈现出感官质量上升期、感官质量高峰和相对稳定期以及感官质量下降期。感官质量高峰和相对稳定期是选择烟叶最佳陈化时间和最佳使用时间范围的重要依据。根据云南烤烟复烤片烟自然陈化中各类香味成分的动态变化规律，结合感官质量与使用成本等，从打叶复烤后的时间计，云南烤烟复烤片烟自然陈化的最佳使用时间为 22～34 个月。

烟叶的香味成分与感官质量存在着密切关系，通过对香味成分和感官质量之间的相关性分析可知（表 18-20），在自然陈化过程中，苯甲醇、β-苯乙醇和 2,3′-联吡啶与云南烤烟复烤片烟的感官质量均呈负相关关系，说明苯甲醇、β-苯乙醇和 2,3′-联吡啶的含量较高时对烤烟的质量具有负面影响；苯乙醛、香叶基丙酮、二氢猕猴桃内酯、巨豆三烯酮 a、巨豆三烯酮 b 等均是重要的中性香味成分，它们与云南烤烟复烤片烟的感官质量具有较高的正相关关系。醛类、酮类、酯类和羰基化合物及中性香味成分总量均与云南烤烟复烤片烟的感官质量呈正相关关系。羰基化合物与云南烤烟复烤片烟感官质量的相关系数大于 0.90。醇类化合物与云南烤烟复烤片烟样品的感官质量呈负相关关系。酸、碱、中性成分总量与感官质量的相关系数大于 0.90，具有比较突出的正相关关系。

表 18-20　云南烤烟复烤片烟香味成分与感官质量的相关系数

名　称	相关系数	名　称	相关系数
糠醛	0.86	异戊酸	−0.10
苯甲醛	−0.67	戊酸	0.75
6-甲基-5-庚烯-2-酮	−0.82	β-甲基戊酸	0.27

续表

名　称	相关系数	名　称	相关系数
苯甲醇	−0.90	己酸	0.66
苯乙醛	0.87	庚酸	0.12
2-乙酰吡咯	0.05	辛酸	0.31
芳樟醇	0.40	壬酸	0.80
β-苯乙醇	−0.64	癸酸	0.42
异佛尔酮	−0.94	十一酸	0.94
氧化异佛尔酮	0.71	十二酸	0.79
茄酮	0.62	十四酸	0.85
β-大马酮	0.89	12-甲基十四酸	0.66
β-二氢大马酮	0.92	十五酸	0.73
香叶基丙酮	0.88	14-十五烯酸	0.82
β-紫罗兰酮	0.85	十六酸	0.91
二氢猕猴桃内酯	0.89	十七酸	0.89
巨豆三烯酮	0.93	十八酸	0.66
巨豆三烯酮	0.89	油酸	0.91
巨豆三烯酮	0.92	亚油酸	0.78
巨豆三烯酮	0.96	亚麻酸	0.89
3-羟基大马酮	0.97	不饱和酸	0.87
新植二烯	0.53	饱和酸	0.92
十六酸乙酯	0.93	酸性总量	0.92
醛类化合物	0.94	吡啶	0.84
醇类化合物	−0.89	2,3-二甲基吡嗪	−0.12
酮类化合物	0.93	四甲基吡嗪	0.38
酯类化合物	0.94	2,3′-联吡啶	−0.50
羰基化合物	0.94	碱性总量	0.34
中性总量（新植二烯除外）	0.83	酸、碱、中性总量	0.94

资料来源：胡有持等，2004

戊酸与感官质量呈正相关关系，饱和高级脂肪酸与感官质量呈正相关关系，不饱和高级脂肪酸与感官质量呈正相关关系。关于不饱和脂肪酸，Enzell（1980）认为，不饱和脂肪酸分解产生低级醛和低级醇类，如已烯醛和己烯醇等，新烟的青杂气和刺激性与不饱和脂肪酸密切相关；但在自然陈化过程中，不饱和脂肪酸显著减少，代谢产物中仅己烯酸和乙酸己烯酯两种成分增加。而 Davis（1976）认为，不饱和脂肪酸增加烟气的丰满度和粗糙感；Matsushima（1980）认为，烤烟精油的油臭气息与不饱和脂肪酸密切相关，不饱和脂肪酸是烤烟主要的致香成分之一，并认为亚麻酸、茄酮、巨豆三烯酮和糠醛主要形成了烤烟精油的香气。在胡有持等（2004）的研究中，不饱和脂肪酸与烤烟复烤片烟香味品质密切相关，是烤烟的主要致香成分之一。

五、烟叶加料陈化的效果

由于自然陈化的时间比较长，大量的烟叶在陈化过程中会占用仓库和资金，增加企业的成本。烟叶加料陈化能否在保证烟叶陈化质量的前提下，缩短陈化周期，甚至提高烟叶陈化的质量，一些烟草科技工作者进行了相应的研究。所谓加料陈化技术主要是在复烤前对烟片进行加料处理，然后进行复烤及陈化，其目的主要是针对烟叶的内在质量缺陷，使加料物质与烟叶本身成分在陈化过程中发生反应，改善烟叶品质，提高烟叶可用性。

（一）常规化学成分的变化

张晓兵等（2005）对不同地区不同等级复烤片烟加料陈化后常规化学成分的变化进行了研究。由表 18-21 可知，未加料和加料样品的理化指标变化情况基本一致，其中总糖、总烟碱、焦油、烟气烟碱和 CO 都随着复烤和烤后放置时间的延长逐渐降低，而多数样品的糖碱比和焦碱比有升高的趋势，主要是由于总糖和焦油的下降幅度略小于总烟碱的降幅；在复烤后和烤后放置时间较短时，如放置 3 个月、6 个月时，加料样品的总糖、总烟碱、焦油和烟气烟碱的平均降低幅度要大于未加料样品，且随着放置时间的延长，二者的区别逐渐减小。而 CO 的降幅二者基本接近。同时大多数加料样品的糖碱比和焦碱比也略高于未加料的样品。此外，实验中还发现，在复烤后和烤后放置 3 个月、6 个月、1 年、2 年，加料与未加料烟叶样品的总烟碱和烟气烟碱虽然都呈下降趋势，但二者的降幅却存在明显差异，如与放置开始相比，放置两年的烟叶样品，其总烟碱的下降幅度一般大于烟气烟碱的降幅。

表 18-21　加料复烤前后片烟常规化学成分的变化

烟叶样品	处　理	阶　段	总糖/%	总烟碱/%	糖碱比	焦油/(mg/支)	烟气烟碱/(mg/支)	焦油/烟碱	CO/(mg/支)
重庆 KG1-C2L	未加料	烤前	25.60	2.97	8.62	12.15	2.54	8.72	15.34
		烤后	25.15	2.89	8.70	12.09	2.54	8.70	15.24
		3 月	24.71	2.82	8.76	12.03	2.51	8.70	15.07
		6 月	23.85	2.64	9.03	11.94	2.42	9.07	14.76
		12 月	23.50	2.45	9.59	11.80	2.35	9.20	14.50
		18 月	23.20	2.30	10.09	11.60	2.20	9.82	14.30
		24 月	23.05	2.10	10.98	11.50	2.25	9.56	14.10
	加料	烤前	25.55	2.90	8.81	11.92	2.43	9.02	14.80
		烤后	25.12	2.83	8.83	10.75	2.39	8.67	14.76
		3 月	24.45	2.72	8.99	19.18	2.31	8.61	14.70
		6 月	25.15	2.59	8.94	19.00	2.28	8.35	14.50
		12 月	25.26	2.55	9.12	19.20	2.23	8.61	14.45
		18 月	23.00	2.40	9.58	19.15	2.20	8.70	14.30
		24 月	22.90	2.11	9.91	19.05	2.15	8.86	14.20

续表

烟叶样品	处　理	阶　段	总糖/%	总烟碱/%	糖碱比	焦油/(mg/支)	烟气烟碱/(mg/支)	焦油/烟碱	CO/(mg/支)
重庆 Y2-CX2K	未加料	烤前	19.30	2.85	6.77	19.75	2.45	8.06	14.87
		烤后	19.10	2.80	6.82	19.45	2.40	8.10	14.67
		3 月	28.90	2.74	6.90	19.35	2.37	8.16	14.54
		6 月	28.10	2.65	6.75	19.17	2.24	8.56	14.10
		12 月	17.80	2.50	7.12	18.90	2.20	8.59	14.30
		18 月	17.50	2.30	7.61	18.75	2.25	8.35	14.10
		24 月	17.20	2.10	8.19	18.50	2.30	8.04	14.25
	加料	烤前	19.28	2.75	7.01	19.23	2.23	8.62	14.00
		烤后	28.81	2.54	7.41	19.00	2.17	8.76	14.15
		3 月	28.25	2.35	7.72	18.50	2.04	9.07	14.60
		6 月	17.75	2.02	8.37	17.50	1.95	8.97	11.80
		12 月	17.50	1.95	8.97	17.40	1.98	8.97	11.75
		18 月	17.20	1.94	8.87	17.25	1.95	8.85	11.50
		24 月	17.15	1.95	8.79	17.18	1.94	8.86	11.45
福建三明 H1-C3F	未加料	烤前	24.90	2.90	8.59	12.70	2.84	7.90	16.10
		烤后	24.87	2.16	8.70	12.35	2.83	7.90	16.04
		3 月	24.85	2.75	9.04	11.50	2.81	2.44	15.90
		6 月	23.75	2.81	8.45	10.12	2.74	2.30	14.30
		12 月	23.15	2.10	8.57	10.30	2.70	7.52	14.20
		18 月	22.90	2.63	8.64	0.15	2.65	7.60	15.30
		24 月	22.75	2.60	8.75	19.80	2.60	7.62	15.20
	加料	烤前	24.37	2.85	8.73	21.50	2.75	7.82	15.50
		烤后	24.31	2.79	8.59	20.95	2.68	7.82	15.15
		3 月	24.75	2.73	9.07	20.00	2.60	7.69	14.80
		6 月	23.15	2.60	8.90	15.65	2.35	7.71	14.00
		12 月	22.95	2.65	8.56	20.10	2.65	7.58	14.20
		18 月	22.10	2.55	8.94	19.30	2.65	7.47	14.25
		24 月	22.73	2.50	9.09	19.85	2.55	7.18	13.90
云南玉溪 H3-C2F	未加料	烤前	32.00	2.33	13.73	19.10	2.23	8.57	15.10
		烤后	31.93	2.31	13.82	11.67	2.18	8.56	15.04
		3 月	31.75	2.31	13.74	11.40	2.10	8.76	14.9
		6 月	31.20	2.28	13.61	17.54	2.87	9.38	13.40
		12 月	29.90	2.20	13.59	17.50	2.05	8.54	14.50
		18 月	29.75	1.98	15.03	17.40	1.95	8.92	14.30
		24 月	29.60	1.95	15.18	17.55	1.80	9.75	14.10

续表

烟叶样品	处　理	阶　段	总糖/%	总烟碱/%	糖碱比	焦油/(mg/支)	烟气烟碱/(mg/支)	焦油/烟碱	CO/(mg/支)
云南玉溪H3-C2F	加料	烤前	31.10	2.38	13.07	11.80	1.90	9.85	15.20
		烤后	30.10	2.31	13.33	11.17	1.86	9.17	14.78
		3月	30.07	2.28	13.46	11.36	1.86	9.84	14.10
		6月	29.97	2.20	13.62	11.10	1.82	9.95	13.95
		12月	30.10	2.15	14.00	17.90	1.85	9.68	13.85
		18月	29.30	2.05	14.54	17.60	1.80	9.78	13.70
		24月	29.65	2.02	14.61	17.61	1.80	9.81	13.60
云南玉溪H3-C3F	未加料	烤前	31.50	2.56	12.30	19.80	2.34	8.46	16.90
		烤后	31.10	2.49	12.53	19.81	2.27	8.74	16.84
		3月	30.10	2.43	12.67	20.20	2.21	9.14	16.70
		6月	29.15	2.25	12.96	19.70	2.18	9.04	16.02
		12月	29.10	2.20	13.55	19.81	2.20	9.02	16.20
		18月	29.50	2.10	14.05	19.60	2.05	9.56	16.20
		24月	29.10	2.02	14.26	19.45	2.01	9.68	16.05
	加料	烤前	31.15	2.44	12.77	20.34	2.14	9.49	16.90
		烤后	31.47	2.40	12.95	26.27	2.13	9.52	16.75
		3月	30.11	2.35	12.86	20.10	2.15	9.35	16.70
		6月	29.21	2.17	13.46	19.30	2.01	9.85	15.02
		12月	29.40	2.15	13.67	19.81	2.10	9.47	15.78
		18月	29.15	2.10	13.93	19.65	1.98	9.92	15.66
		24月	29.65	2.08	13.97	19.60	1.99	9.85	15.55

资料来源：张晓兵等，2005

（二）中性香味成分的变化

牟定荣等（2004）研究了自然陈化过程中加料和未加料云南复烤片烟B2F香味成分、pH以及感官质量的变化。其中B2F为未加料处理样品，B2F1为加料处理样品。

由图18-17可知，云南B2F中性香味成分的总量呈增加趋势，到32个月时中性香味成分的总量较3个月时的含量增加了49.34%，而B2F1中性香味成分的总量呈先增后降趋势，在14个月时，B2F1中性香味成分的总量达到最大值，较3个月时的含量增加了49.15%。到32个月时中性香味成分的总量增加了40.32%。虽然加料后样品中中性香味成分总量达到最大值的时间提前了21个月，但B2F1中性香味成分总量的高值区的时间区间为11～20个月，较B2F中性香味成分总量的高值区持续的时间区间短。

其中，醇类：陈化过程中加料样品醇类物质的含量呈先增后降趋势（图18-18），在11个月时达到最大，较3个月时的含量增加了34.38%，而未加料样品醇类物质的含量虽然也呈先增后降趋势，但出现峰值的时间比加料样品提前了约6个月，且增幅（18.73%）也小于加料样品；醛酮类：醛酮类物质均呈增加趋势（图18-19，图18-20），但加料样品的增幅较大，陈化32个月时比未加料样品醛类和酮类物质的含量分别多增

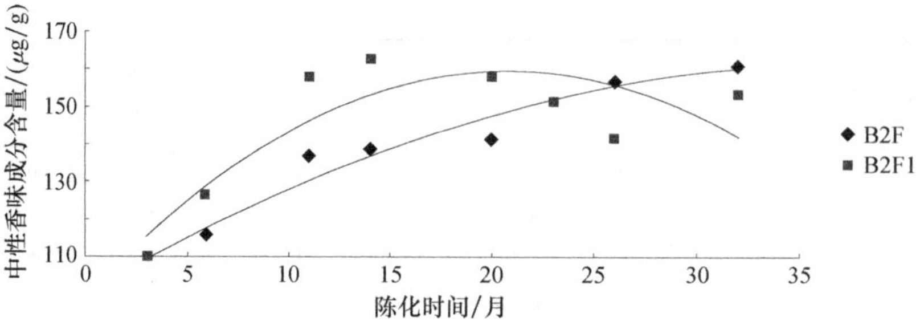

图 18-17　B2F 和 B2F1 中性香味成分随陈化时间的变化

(牟定荣等，2004)

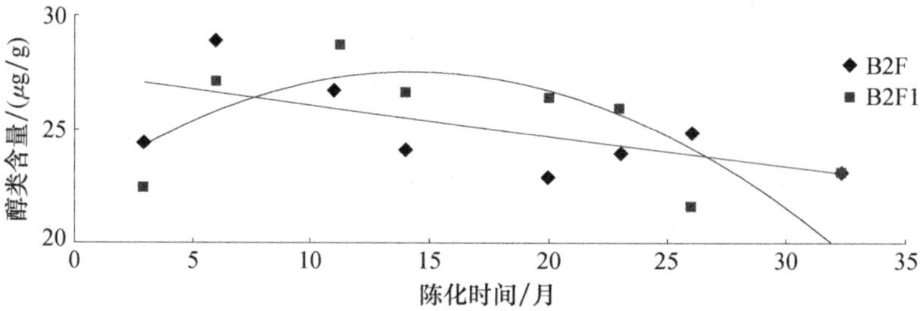

图 18-18　B2F 和 B2F1 醇类成分随陈化时间的变化

(牟定荣等，2004)

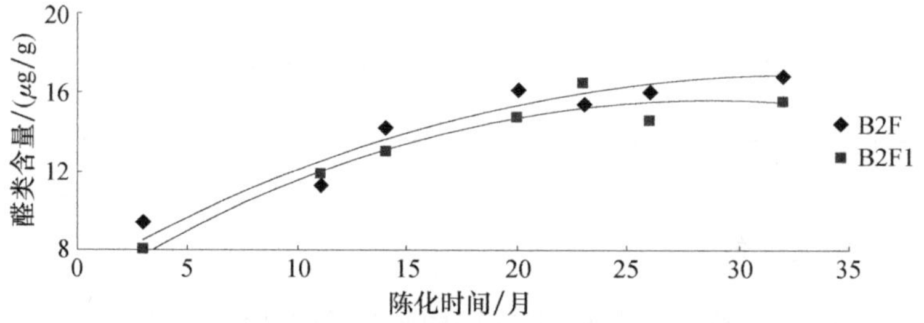

图 18-19　B2F 和 B2F1 醛类成分随陈化时间的变化

(牟定荣等，2004)

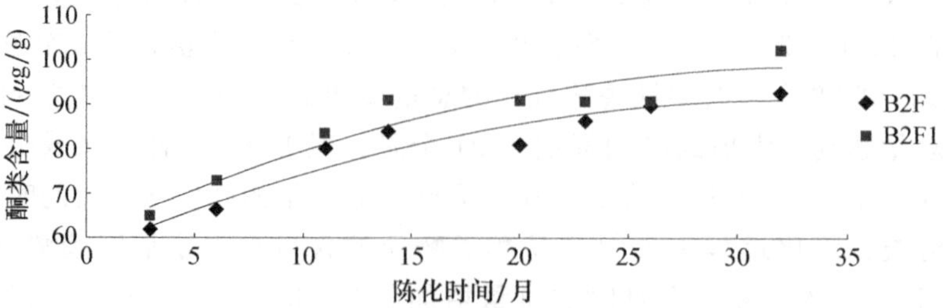

图 18-20　B2F 和 B2F1 酮类成分随陈化时间的变化

(牟定荣等，2004)

加了 15.84 和 8.39 个百分点，醛酮类物质合计量多增加了 8.57 个百分点；酯类：由图 18-21 可知，随着陈化时间的延长，加料样品酯类物质的含量呈先增后降趋势，在陈化 11～14 个月的时间内的含量较高，在 11 个月出现最大值时酯类物质的含量增加了 131.52%，而未加料样品酯类物质的含量一直呈增加趋势，在陈化 32 个月时的含量增幅达 146.73%。

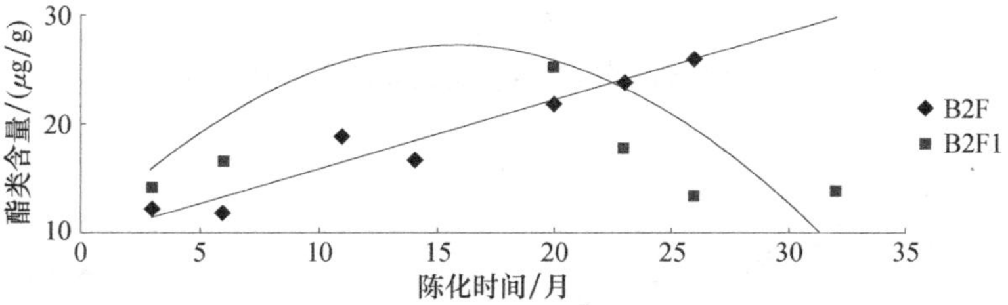

图 18-21　B2F 和 B2F1 酯类成分随陈化时间的变化

（牟定荣等，2004）

（三）酸性香味成分

陈化过程中未加料与加料样品酸性成分均呈增加趋势，在 11 个月时加料样品酸性成分较陈化 3 个月时的增加了 39.07%，明显高于未加料样品 22.83%的增幅；到 32 个月时未加料与加料样品酸性成分分别增加了 53.78%和 50.19%。其中，C_{10}以下酸的含量均呈先增后降趋势，未加料样品 C_{10}以下酸含量的最大值出现在 23 个月，达到最大值时低级脂肪酸含量较陈化 3 个月时的增加了 203.70%，而加料样品的最大值出现在 14 个月，较 3 个月时的含量增加了 79.72%；C_{10}以上酸的含量也均呈增加趋势，陈化 32 个月时加料和未加料样品的含量较 3 个月时分别增加了 49.54%和 53.75%；若从饱和性考虑，不饱和酸与饱和酸的含量也均呈增加趋势，当从陈化 3 个月到 32 个月时，未加料样品不饱和酸的含量与饱和酸的含量分别增加了 53.01%和 53.97%，加料样品则分别增加了 21.86%和 58.53%。

（四）碱性香味成分

陈化过程中，未加料样品碱性成分呈先增后降趋势，而加料样品则呈一直降低趋势，而且在各取样时期，加料样品碱性成分的总量均低于未加料样品，到 32 个月时未加料与加料样品碱性成分较陈化 3 个月时的含量分别降低了 11.76%和 10.20%。

（五）香味成分总量

由图 18-22 可知，陈化期间，加料样品的香味成分总量呈先增后降趋势，到 32 个月时，未加料与加料样品酸碱中香味成分的总量较陈化 3 个月时分别增加了 50.84%和 43.71%。

（六）烟草水溶液的 pH

由图 18-23 可知，自然陈化过程中，虽然未加料与加料样品的 pH 均呈降低趋势，但加料样品 pH 的下降速度比未加料样品 pH 的下降速度稍慢，32 个月时未加料与加

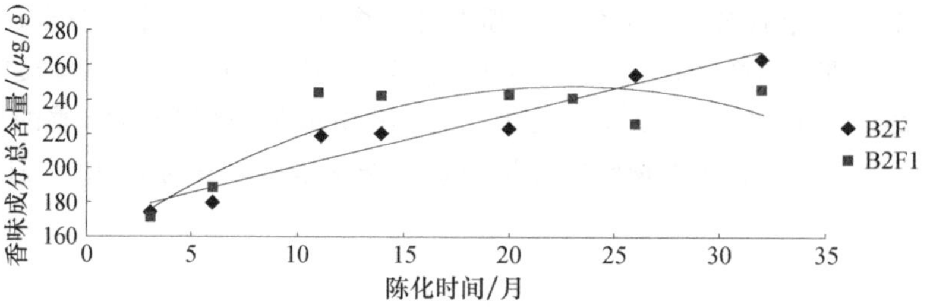

图 18-22 B2F 和 B2F1 香味成分总量随陈化时间的变化

(牟定荣等，2004)

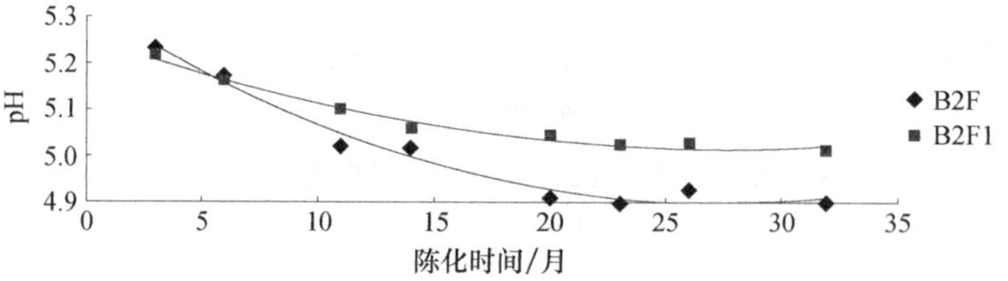

图 18-23 B2F 和 B2F1 的 pH 随陈化时间的变化

(牟定荣等，2004)

料样品的 pH 较陈化 3 个月时分别降低了 6.31%和 4.02%。这与上述加料样品酸性成分的增幅略低的变化结果是一致的。

（七）感官质量的变化

从评吸结果可知（表 18-22），在陈化 23 个月之前，B2F1 在各取样时期的感官质量均好于 B2F 的感官质量，B2F1 陈化半年后的品质质量与 B2F 陈化一年的品质质量相当。但在随后的陈化过程中，其品质质量均略低于同期 B2F 的感官质量。B2F1 的香气质、香气量和整体感官质量的高分值区分别为：11～23 个月、20～23 个月和 20～23 个月，其最大值时间均为 23 个月，较 B2F 提前了 1 年。因此，云南烤烟加料复烤烟片 B2F 自然陈化样品的适宜使用时间为 11～23 个月。

表 18-22 加料和未加料云南烤烟复烤片烟 B2F 不同陈化时间的感官质量变化

陈化时间（月）	香气质		香气量		杂气		刺激性		浓度		劲头		余味		总分	
	B2F	B2F1	B2F	B2F1	B2F	B2F1	B2F	B2F1	B2F	B2F1	B2F	B2F1	B2F	B2F1	B2F	B2F1
3	15.00	16.00	13.00	13.88	8.00	8.75	8.00	8.63	7.00	7.38	9.00	9.13	6.00	6.88	73.0	77.6
6	15.63	16.25	13.63	14.25	8.13	8.75	8.13	8.75	7.13	7.50	9.00	9.13	6.63	7.50	75.3	79.1
11	16.50	17.00	14.55	14.75	8.50	8.88	8.35	9.00	7.35	7.63	8.85	9.13	7.40	7.75	78.5	81.1
14	16.75	17.00	14.95	15.00	8.70	8.75	8.50	8.88	7.55	7.63	9.00	9.00	7.70	8.00	80.2	81.3
20	16.85	17.30	15.10	15.30	8.90	9.00	8.75	9.00	7.70	7.50	9.10	9.00	7.80	8.10	81.2	82.3
23	16.90	17.50	15.15	15.50	9.00	9.00	8.90	9.00	7.70	7.50	9.15	9.00	7.85	8.20	81.6	82.7
26	17.00	17.20	15.25	15.20	9.00	8.80	8.90	9.00	7.80	7.50	9.15	9.00	7.85	8.00	81.9	81.7
32	17.00	17.20	15.35	15.20	9.00	8.80	8.90	9.00	7.85	7.50	9.15	9.00	7.85	8.00	82.0	81.7

资料来源：牟定荣等，2004

六、密封降氧陈化的变化

烟叶在自然陈化过程中，由于微生物、酶及氧化作用，外观及内在品质均会发生一系列的变化，其外观的变化主要表现为随着陈化的进行，颜色逐渐加深，这主要与两类棕化反应有关，一类是氨基酸和还原糖之间发生的非酶棕化反应，即 Maillard 反应；另一类为酶促棕化反应，是多酚类物质在多酚氧化酶和过氧化物酶催化下氧化成醌，与氨基酸、蛋白质等形成分子质量较大的棕褐色色素。在陈化的白肋烟中鉴定出一种铁-蛋白质-绿原酸-芸香苷复合物的深棕色色素，其含量相当于叶重的 0.32%。烤烟、白肋烟、马里兰烟和香料烟的棕色色素在物理性质和化学组成上基本相似，这些棕色色素可能是多酚与蛋白质结合形成的，而蛋白质可能就是多酚氧化酶本身。烟叶中的多酚氧化酶（polyphenol oxidase，PPO）是一种铜离子结合酶，在组织发育过程中形成并贮存于叶绿体中，在烟叶的生长、初烤、复烤以及贮存过程中具有重要作用，当细胞膜的完整性被破坏时，叶绿体中的 PPO 可与酚类物质结合生成 σ-酮，这些高度活泼的酮与氨基酸及蛋白质聚合生成色素物质，使得烟叶的颜色转深。

非酶棕化反应虽与颜色转深有一定的关系，但该反应能生成小分子的香味物质，有利于改善烟叶质量，因此不需控制。而酶促棕化反应对烟叶颜色的转深影响极大，其本身并不形成有利于烟叶香气的成分，因此需要加以控制。为此，范坚强等（2005）进行了烟片密封降氧陈化试验，研究了烟片在密封降氧陈化过程中发生的变化，以期解决烟叶在醇化过程中颜色过度转深的问题。

（一）烟片外观质量的变化

由表 18-23 可知，各样品经陈化后，颜色、色度和油分均发生了明显的变化，但变化的幅度因陈化条件不同而差异明显。正常陈化样品的颜色转深非常明显，从第一次取样到最后 1 次取样，云南马龙 C4F－2002T 由 47 分（浅橘黄）变为 75 分（浅橘红—橘红）；福建连清 B2F－2002 由 60 分（深黄）变为 90 分（红棕）。而密封降氧样品的颜色变化幅度相对较小，从第一次取样到最后 1 次取样，云南马龙 C4F－2002T 从 47 分（浅橘黄）变为 69 分（浅橘红）；福建连清 B2F－2002 从 68 分（深黄）变为 73 分（浅橘红）。正常陈化样品的均匀度呈现出陈化前期上升、后期下降的趋势，而密封降氧样品下降不明显；饱满度是随着陈化的进程均逐渐增加，但正常陈化样品的增幅高于密封降氧的样品；光泽度呈现出陈化前期上升、后期下降的趋势，以正常陈化样品的下降幅度较大；油分也呈现出陈化前期上升、后期下降的趋势。综合比较，密封降氧贮存有利于保持烟片的颜色、均匀度、光泽度和油分，外观质量明显优于正常陈化的烟片。

表 18-23 不同陈化条件下烟片的外观质量变化

试验设置	取样时间	颜色（100 分）		色度						油分（100 分）	
				均匀度（100 分）		饱和度（100 分）		光泽度（100 分）			
		马龙 C4F	连清 B2F	马龙 C4F	连清 B2F	马龙 C4F	连清 B2F	马龙 C4F	连清 B2F	马龙 C4F	连清 B2F
对照	2003-03	47	60	85	77	70	80	85	72	80	71
	2003-06	54	65	87	76	75	83	86	70	84	73
	2003-09	62	75	89	70	79	87	81	68	82	65
	2003-12	72	85	83	65	85	90	65	64	78	55
	2004-06	75	90	81	60	85	93	70	62	78	50

续表

试验设置	取样时间	颜色（100分）		色度						油分（100分）	
				均匀度（100分）		饱和度（100分）		光泽度（100分）			
		马龙C4F	连清B2F	马龙C4F	连清B2F	马龙C4F	连清B2F	马龙C4F	连清B2F	马龙C4F	连清B2F
密封降氧	2003-03	47	68	85	70	70	84	85	68	80	71
	2003-06	52	60	88	78	73	82	88	73	82	73
	2003-09	60	65	90	80	77	85	83	82	85	77
	2003-12	70	72	84	78	82	88	78	72	82	75
	2004-06	69	73	86	78	80	89	80	70	83	74

资料来源：范坚强等，2005

（二）烟片中多酚含量的变化

由表 18-24 可知，烟片经陈化后，其绿原酸、新绿原酸、芸香苷、4-O-咖啡喹尼酸和多酚总量均明显降低，但变化的幅度因贮存条件不同而差异明显。其中，正常陈化样品的绿原酸、芸香苷和多酚总量的下低幅度明显高于密封降氧样品。从第一次取样到最后 1 次取样，云南马龙 C4F－2002T 正常陈化样品的绿原酸、荟香苷和多酚总量的降低幅度分别为 29.32%、30.12% 和 27.03%；而密封降氧样品的降低幅度分别为 18.97%、25.07%和 19.39%。福建连清 B2F－2002 正常陈化样品的绿原酸、芸香苷和多酚总量的降低幅度分别为 19.46%、18.46%和 17.86%；而密封降氧样品的降低幅度分别为 3.84%、16.26%和 10.71%。由此可知，正常陈化条件下的酶促棕化反应速度明显高于密封降氧醇化的速度，说明密封降氧能够降低贮烟环境的氧气量，在一定程度上抑制酶促棕化反应的进程。

表 18-24 不同陈化条件下烟片多酚含量的变化（%）

试验设置	取样时间	绿原酸		新绿原酸		芸香苷		莨菪亭		4-*O*-咖啡喹尼酸		多酚总量	
		马龙C4F	连清B2F	马龙C4F	连清B2F	马龙C4F	连清B2F	马龙C4F	连清B2F	马龙C4F	连清B2F	马龙C4F	连清B2F
对照	2003-03	1.354	0.872	0.262	0.175	1.514	1.051	0.032	0.037	0.342	0.210	3.504	2.346
	2003-06	1.224	0.789	0.243	0.161	1.384	0.892	0.030	0.036	0.317	0.196	3.198	2.075
	2003-09	1.208	0.737	0.233	0.148	1.232	0.839	0.032	0.038	0.318	0.186	3.023	1.949
	2003-12	0.986	0.739	0.213	0.150	1.021	0.826	0.038	0.048	0.300	0.190	2.557	1.954
	2004-06	0.957	0.711	0.211	0.142	1.058	0.857	0.040	0.038	0.292	0.179	2.557	1.927
密封降氧	2003-03	1.355	0.808	0.253	0.177	1.516	0.972	0.030	0.041	0.326	0.216	3.481	2.213
	2003-06	1.296	0.856	0.245	0.166	1.473	0.944	0.029	0.033	0.325	0.206	3.369	2.205
	2003-09	1.257	0.786	0.228	0.155	1.289	0.823	0.033	0.035	0.318	0.195	3.125	1.994
	2003-12	1.060	0.794	0.208	0.156	1.071	0.795	0.038	0.037	0.291	0.195	2.668	1.976
	2004-06	1.098	0.777	0.225	0.154	1.136	0.814	0.038	0.037	0.310	0.195	2.806	1.976

资料来源：范坚强等，2005

（三）烟片感官质量的变化

由表 18-25 可知，在陈化的前期（2003 年 9 月以前），正常陈化样品的评吸得分高于密封降氧样品；而在醇化的中后期（2003 年 12 月～2004 年 6 月），正常陈化样品的评吸得分低于密封降氧样品。密封降氧条件下，感官质量呈缓慢上升趋势，两种烟片的评吸综合得分均以 2004 年 6 月为最高；而正常陈化条件下，两种烟片的评吸综合得分分别以 2003 年 6 月和 2003 年 9 月为最高，之后明显下降。

表 18-25　不同陈化条件对烟片感官质量的影响

试验设置	取样时间	香气								烟气及口感特征										劲头		综合得分	
		香气质		香气量		杂气		细腻		成团性		回甜感		刺激性		余味		干燥感					
		A	B	A	B	A	B	A	B	A	B	A	B	A	B	A	B	A	B	A	B	A	B
对照	2003-03	82	76	82	78	78	74	80	70	78	73	80	68	75	70	75	70	75	70	80	74	65	73
	2003-06	84	78	82	77	80	75	82	74	80	76	83	72	78	73	80	76	80	74	81	76	62	69
	2003-09	82	80	82	78	78	77	78	76	77	78	80	74	75	75	78	77	78	76	80	77	65	67
	2003-12	80	76	81	79	78	74	78	73	76	74	78	82	78	69	77	70	80	69	80	74	62	73
	2004-06	78	76	80	76	78	73	76	74	75	73	75	72	75	71	74	69	73	70	77	74	64	74
密封降氧	2003-03	78	78	82	78	73	74	76	73	76	76	72	72	70	72	70	75	70	73	76	75	68	69
	2003-06	78	78	82	78	73	74	78	74	77	76	75	73	73	72	73	75	73	74	77	77	67	68
	2003-09	80	79	82	78	75	75	80	75	80	77	81	74	78	74	78	76	81	75	79	77	64	67
	2003-12	82	77	82	78	78	74	81	73	80	75	82	73	76	71	78	72	80	71	80	75	62	72
	2004-06	85	81	82	78	81	78	81	77	79	79	83	75	78	76	80	79	80	76	82	77	60	66

注：A 是马龙 C4F；B 是连清 B2F

资料来源：范坚强等，2005

七、陈化条件对陈化效果的影响

对烟叶进行自然陈化是改善质量、提高其可用性的有效方法。国外在 20 世纪 60～70 年代就已开始对影响烟叶自然陈化的因素进行研究，认为影响烟叶自然陈化的因素主要有温度、相对湿度、烟叶含水率及空气含氧量，温度高、相对湿度大时烟叶的陈化速度将加快。但以前对烟叶自然陈化条件的研究多是在实验室条件下进行的，与实际生产情况有一定差异。为给实际生产过程中设定合适的陈化条件提供理论依据，宋纪真等(2003) 进行了陈化条件对烤烟烟片陈化质量影响的试验。全年平均温度 22.1℃，平均相对湿度 67.9%为处理Ⅰ，全年平均温度 22.5℃，平均相对湿度 62.9%为处理Ⅱ，全年平均温度 23.0℃，平均相对湿度 61.8%为处理Ⅲ。

不同条件下陈化烟片的外观质量以处理Ⅲ最好，其次是处理Ⅱ，处理Ⅰ稍差。原因是处理Ⅰ受 4～9 月高湿环境条件的影响较大，在陈化 24 个月时颜色明显转深，说明较高的相对湿度不利于片烟的自然陈化。

贮存条件对片烟的吸味品质有较大影响，处理Ⅰ不利于香气量的增加及香气质的改善，除陈化 18 个月时的香气得分较高外，其他陈化时间的香气得分均较低；处理Ⅱ和处理Ⅲ的香气得分较接近，以处理Ⅲ的得分稍高。

由表 18-26 可知，处理Ⅱ和处理Ⅲ对口感的影响也好于处理Ⅰ，表现为刺激性降低较明显，每个醇化时间均以处理Ⅰ的口感得分较低；处理Ⅱ和处理Ⅲ相比，在陈化的前期（陈化 18 个月前），处理Ⅱ的口感得分低于处理Ⅲ，而在陈化的后期（陈化 18 个月后），处理Ⅱ的口感得分则高于处理Ⅲ。

表 18-26 陈化条件对福建 Z05-98 片烟吸味品质的影响

醇化时间（月）	处理Ⅰ				处理Ⅱ				处理Ⅲ			
	香气	口感	浓度	杂气	香气	口感	浓度	杂气	香气	口感	浓度	杂气
0	5.25	5.25	6.50	4.50	5.25	5.25	6.50	4.50	5.25	5.25	6.50	4.50
6	5.44	5.44	6.30	5.08	5.75	5.73	6.25	5.00	6.05	6.05	6.25	5.35
9	5.81	5.72	6.07	5.27	5.90	5.83	6.15	5.10	5.95	5.85	6.28	5.40
12	6.13	5.81	5.81	5.42	6.13	6.05	6.10	5.38	6.18	6.08	6.13	5.68
18	6.75	6.28	5.64	5.96	6.48	6.28	5.98	5.65	6.53	6.35	6.10	5.95
21	6.75	6.32	5.63	5.96	6.75	6.45	5.95	5.83	6.80	6.35	6.10	6.10
24	6.47	6.09	5.60	5.59	6.53	6.45	5.92	5.85	6.75	6.23	6.08	6.00
30	6.15	5.85	5.49	5.53	6.38	6.28	5.88	5.65	6.38	5.98	6.00	5.70
33	5.83	5.59	5.34	5.34	6.05	5.98	5.80	5.34	6.13	5.83	5.97	5.45
36	5.31	5.16	5.33	4.84	5.53	5.55	5.77	5.05	5.63	5.33	6.03	5.13

资料来源：宋纪真等，2003

贮存条件对片烟的烟气浓度也有较大影响，以处理Ⅰ的烟气浓度降低幅度较大，其次是处理Ⅱ，而处理Ⅲ的烟气浓度降低幅度较小。贮存条件对杂气也有一定的影响，在陈化的整个过程中，处理Ⅲ的杂气得分均高于处理Ⅰ和处理Ⅱ；处理Ⅱ和处理Ⅰ相比，在陈化的前中期（陈化 30 个月前），处理Ⅱ的杂气得分低于处理Ⅰ；而在陈化的后期（陈化 30 个月后），处理Ⅱ的杂气得分高于处理Ⅰ，说明处理Ⅲ（温度较高）更有利于杂气的消除。综合看来，处理Ⅲ对片烟的陈化效果最好，其次是处理Ⅱ，而处理Ⅰ不利于片烟的陈化。也就是说相对较高的温度和较低的相对湿度有利于片烟陈化的质量，而相对较低的温度和较高的相对湿度则对片烟陈化的质量不利。

八、最佳陈化期和适宜贮存时间

烟叶在自然陈化的过程中，其质量并不是随着陈化时间的增长而不断的增加，烟叶质量在提高到一定程度以后，如果继续进行陈化，质量就要下降。因此，对于烟叶陈化最佳时期和合适贮存时间的确定是非常重要的。陈万年等（2003）对福建和云南烤烟片烟的最佳陈化期及适宜贮存时间进行了研究。所用片烟样品为福建 S04-98 烟片（由福建 B1F、B2F、C2F、C3F 构成，其中 B2F 等级占 70%以上）；福建 S05-98 烟片（由福建 B1F、B2F、C2F、C3F 构成，其中 B2F、C3F 等级占 80%左右）；福建 Z05-98 烟片（主要由福建 X3F、C4F、B3F 等级构成）；云南 S01-98A 烟片（由云南 C2F、C3F、B1F、B2F 构成，主要等级为 C2F、C3F）；云南 S01-98B 烟片（由云南 C2F 选下、C3F 选下、B1F 选下、B2F 选下构成，主要等级为 C2F 选下、C3F 选下）。供试材料均采用牛皮纸夹板包装（每件净重 200kg）。

最佳陈化期的判断应主要根据吸味品质的改善程度，并尽可能考虑外观质量。吸味品质达到最佳时为最佳陈化期，此时烟叶的质量状态最好。但全部烟叶不可能都在最佳的质量状态时用完，在最佳陈化期前后的一段时间内使用，烟叶仍处于较好的质量状态，我们称这个时间段为适宜贮存时间。

由表 18-27 可知，福建 S04-98 烟片在陈化期为 18～24 个月时外观质量较好，在陈化期为 21 个月时评吸质量最佳，其最佳陈化期为 21 个月，适宜贮存时间为 12～24 个月；福建 S05-98 在陈化期为 9～30 个月时外观质量均较好，在陈化 18～21 个月时评吸质量最佳，其最佳陈化期为 18～21 个月，适宜贮存时间为 18～30 个月；福建 Z05-98 在陈化期为 9～18 个月时外观质量较好，在陈化期为 21 个月时评吸质量最佳，其最佳陈化期为 21 个月，适宜贮存时间为 18～30 个月；云南 S01-98A 烟片在陈化期为 18～21 个月时外观质量最好，在陈化期为 21 个月时评吸质量最佳，其最佳陈化期为 21 个月，适宜贮存时间为 18～30 个月；云南 S01-98B 烟片在陈化期为 12～18 个月时外观质量较好，在陈化期为 21 个月时评吸质量最好，其最佳陈化期为 21 个月，适宜贮存时间为 12～24 个月。

表 18-27　福建、云南烟片在醇化过程中吸味品质的变化

等级	吸味品质	醇化时间/月									
		0	6	9	12	18	21	24	30	33	36
福建 S04-98	香气	6.00	6.54	7.46	7.93	7.67	7.89	7.54	7.18	6.79	6.51
	口感	6.00	6.32	7.20	7.50	7.76	7.67	7.26	7.20	7.01	6.75
	浓度	7.00	6.76	6.43	6.17	6.06	5.94	5.83	5.67	5.51	5.41
	杂气	4.50	4.95	6.04	6.41	6.49	6.56	6.28	6.17	6.00	5.72
	总分	74.2	79.7	91.0	96.0	96.6	97.6	94.1	92.5	90.1	86.9
福建 S05-98	香气	5.25	5.72	6.09	6.32	7.01	7.03	6.69	6.06	5.68	5.25
	口感	4.50	5.04	5.36	5.31	6.02	6.09	5.89	5.55	5.12	4.82
	浓度	8.50	7.71	7.36	7.34	6.84	6.91	6.84	6.74	6.39	6.31
	杂气	4.50	5.01	5.25	5.21	5.83	5.83	5.53	5.27	5.06	4.84
	总分	60.1	68.0	72.6	73.3	82.3	82.5	79.7	75.2	72.3	69.0
福建 Z05-98	香气	5.25	5.75	5.90	6.13	6.48	6.75	6.53	6.38	6.05	5.53
	口感	5.25	5.73	5.83	6.05	6.28	6.45	6.45	6.28	5.98	5.55
	浓度	6.50	6.25	6.15	6.10	5.98	5.95	5.92	5.88	5.80	5.77
	杂气	4.50	5.00	5.10	5.38	5.65	5.83	5.85	5.65	5.35	5.05
	总分	69.4	75.5	77.1	79.9	83.4	85.8	85.0	83.2	80.1	75.4
云南 S01-98A	香气	7.20	7.43	7.60	7.68	7.90	8.00	7.90	7.70	7.40	7.15
	口感	6.75	6.88	6.95	7.08	7.18	7.35	7.25	7.10	6.85	6.58
	浓度	7.00	7.00	6.80	6.80	6.75	6.73	6.72	6.70	6.68	6.63
	杂气	6.00	6.10	6.28	6.35	6.53	6.63	6.58	6.40	6.18	5.90
	总分	86.2	88.0	90.0	91.1	93.1	94.5	93.6	91.7	88.9	86.1
云南 S01-98B	香气	6.00	6.35	6.35	6.45	6.53	6.78	6.43	6.23	6.03	6.08
	口感	6.75	7.00	6.88	7.05	7.10	7.28	7.086	6.90	6.83	6.80
	浓度	6.00	6.00	5.82	5.82	5.73	5.70	5.68	5.67	5.67	5.67
	杂气	5.25	5.53	5.58	5.68	5.75	5.88	5.63	5.50	5.48	5.43
	总分	82.3	85.5	85.7	87.1	88.1	90.4	87.5	85.6	84.4	84.3

资料来源：陈万年等，2003

思考题

1. 烟草发酵的概念是什么？

2. 简述烟草发酵的机理。
3. 烟叶发酵过程中干物质为什么会损耗？
4. 烟叶发酵过程中淀粉和水溶性糖发生什么变化？
5. 在烟叶发酵过程中主要含氮化合物发生什么变化？
6. 在烟叶发酵过程中有机酸发生什么变化？其机理是什么？
7. 美拉德反应的机理可概括为哪几个方面？
8. 影响 Maillard 反应产物香气的因素有哪些？
9. 类胡萝卜素在烟叶发酵过程中主要产生哪些香气物质？其香气特征是什么？
10. 西柏烷类在烟叶发酵过程中主要产生哪些香气物质？其香气特征是什么？
11. 赖百当类在烟叶发酵过程中主要产生哪些香气物质？其香气特点是什么？

主要参考文献

《襄城烟草志》编辑室．襄城烟草志．北京：中国展望出版社，1990

《烟草商品学》编写组．烟草商品学．北京：中国财政经济出版社，1981

《烟叶调制与分级》编写组．烟叶调制与分级．北京：中国财政经济出版社，2000

《烟叶生产与管理》编写组．烟叶生产与管理．北京：中国科学技术出版社，2002

艾树理．我国烤烟育种现状．烟草科技，1992（3）：32～35

白建保．烟草病虫害防治图说．郑州：河南科学技术出版社，2003

查普林（美国）．以烟叶和烟气中化学成分不同水平为目标培养烟草品种（中国烟草学会成立大会会刊）．北京：轻工业出版社，1985

长沙卷烟厂等．1980年湖南双峰县香料烟试种总结．烟草科技，1981（1）：15～20

陈汉新，夏良正．新昌晒晾烟调查．中国烟草，1985（1）：35～38

陈良元．卷烟生产工艺技术．郑州：河南科学技术出版社，2001

陈瑞泰，宋志林，王承训等．我国烟草生产现状．中国烟草，1982（1）：1～9

陈瑞泰，宋志林，郑训忠．我国兰州水烟和新疆莫合烟的历史现状和展望．中国烟草，1981（4）：5～13

陈瑞泰等．烟草病虫害防治．济南：山东科学技术出版社，1989

陈瑞泰等．烟叶烘烤与分级．济南：山东科学技术出版社，1989

陈万年，宋纪真，范坚强等．福建和云南烤烟烟片的最佳醇化期及适宜贮存时间．烟草科技，2003（7）：9～12

陈彦青．西峡县试种白肋烟．中国烟草，1983（1）：36～37

程传策，李广才，程占省．烟草商品学教程．北京：中国经济技术出版社，1999

丁清源．浅谈提高郧西香料烟质量的途径．烟草科技，1986（1）：34～38，56

董继超，张华，梁全喜等．香料烟成熟特性的研究．烟草科技，1992（5）：42～43

窦逢科，张景略．烟草品质与土壤肥料．郑州：河南科学技术出版社，1992

范传书．白肋烟平衡含水率测定报告．烟草科技，1989（6）：18～20

范坚强，宋纪真，陈万年等．醇化过程中烤烟片烟化学成分的变化．烟草科技，2003（8）：19～22

范坚强，宋纪真，赖成连等．密封降氧抑制醇化过程中烟片颜色转深实验．烟草科技，2005（12）：3～5，26

符云鹏，刘国顺，刘学芝等．烤烟叶片发育过程中氨基酸含量变化的研究．中国烟草学报，1998（1）：15～19

赴保加利亚香料烟考察组．保加利亚东方烟栽培技术．烟草科技，1983（2）：51～56

宫长荣，杨焕文，王能如等．烟草调制学．北京：中国农业出版社，2003

宫长荣，于建军，赵铭钦等．烟草原料初加工．北京：中国轻工业出版社，1993

宫长荣，王能如，汪耀富．烟叶烘烤原理．北京：科学出版社，1994

郭培国，李荣华，陈建军．烟叶FI蛋白的简捷提取技术及氨基酸成分分析．中国烟草学报，2002（2）：16～19

国家烟草专卖局科教司，郑州烟草研究院．GB—5606-2005《卷烟》系列国家标准宣贯教材．北京：

中国标准出版社，2005
国家烟草专卖局科教司，中国烟叶生产购销公司.《烟叶 打叶复烤 工艺规范与打叶烟叶 质量检验》实施指南. 北京：中国农业科学技术出版社，2002
韩光. 香料烟的生产. 中国烟草，1981（2）：34～38
韩锦峰，齐群钢. 不同药剂浸种对提高种子活力的影响. 烟草科技，1988（4）：28～31
韩锦峰，王瑞新，刘国顺. 烟草栽培生理. 北京：中国农业出版社，1986
韩锦峰译. 铵态氮和硝态氮对烤烟产量和品质的影响. 烟草科技，1986（2）：63
侯文华等. 烟叶烘烤理论与实践. 北京：中国农业出版社，1990
胡国松，赵元宽，曹志洪等. 我国主要产烟省烤烟元素组成和化学品质评价. 中国烟草学报，1997（3）：36～43
胡国松，郑伟，王震东等. 烤烟营养原理. 北京：科学出版社，2000
胡有持，牟定荣，李炎强等. 云南和河南陈化的复烤片烟质量的差异. 烟草科技，2004（9）：33～35
胡有持，牟定荣，李炎强等. 云南烤烟复烤片烟自然陈化的时间与质量的关系. 中国烟草学报，2004（4）：1～7
黄国启. 白肋烟低畦紧实底育苗法. 烟草科技，1983（1）：35～37
黄建如. 挥发地方优势，发展香料烟生产. 中国烟草，1987（1）：39～40
黄治业，黄文秀，吴克宁等. 土壤酸碱度对香料烟品质影响的初步研究. 烟草科技，1990（1）：26，27～29
江载宝，温育华，张仁怀. 五华生切烟. 烟草科技，1983（2）：49～50
蒋予恩，佟道儒，李毅军. 新疆霍城莫合烟. 中国烟草，1986（3）：29～31
金敖熙. 雪茄烟生产技术. 北京：中国轻工业出版社，1982
金敖熙. 雪茄烟消费的增长及由此所想到的. 烟草科技，1983（1）：14～16
金闻博，戴亚. 烟草化学. 北京：清华大学出版社，1994
雷永和，施永超. 优质烤烟栽培技术模式. 昆明：云南科学技术出版社，1999
李成富，周显升，历昶堃等. 烤烟烟叶自然陈化期间烟丝填充值变化规律研究. 中国烟草科学，2006（2）：14～15
李汉超，王淑娴. 烟草烟气化学及分析. 郑州：河南科学技术出版社，1991
李遂已，王福江. 防治烟草根结线虫病试验总结. 烟草科技，1990（5）：43～45
李炎强，胡有持，朱忠等. 云南烤烟复烤片烟陈化过程中香味成分的变化及与感官评价的关系研究. 中国烟草学报，2004（1）：1～8
李炎强，冼可法，赵明月等. 云南、河南烤烟中挥发性、半挥发性游离及结合态脂肪酸的研究. 中国烟草学报，2000（1）：1～6
李仲林，周秀如，凌云霄等. 论我国优质烤烟基地的土壤环境. 中国烟草，1987（4）：34～40
廖尚廉，夏绍华. 进一步提高什邡烟质量的意见. 中国烟草，1983（4）：16～17
刘长华译. 氮、钾对白肋烟的产量品质和化学成分的影响. 烟草科技，1984（3）：54～58
刘国顺，王彦亭，汪耀富. 烟草栽培学. 北京：中国农业出版社，2003
刘乃云译. 白肋烟干制的温湿度条件. 烟草科技，1981（3）：62～68
刘乃云译. 白肋烟株形和光照条件、品质的关系. 烟草科技，1981（1）：58～62
刘乃云译. 采收时间及干制条件对白肋烟外观性状及吃味品质的影响. 烟草科技，1983（1）：50～55
刘树杰. 土壤水分与烟草生长发育和产量品质的关系. 中国烟草，1985（3）：9～12
柳汝难，韦双元，戴冕等."紫老"红烟与"金白"黄烟. 烟草科技，1984（1）：29～32
卢红，王晶晶，陆富等. 发酵处理对烟叶多酚化合物的影响. 云南农业大学学报，2000（2）：24～26

卢红，王晶晶，曾德骐等．陈化过程烤烟氧化酶活性跟踪分析．云南农业大学学报，2001（2）：54～56
卢红，王晶晶，曾德骐等．陈化过程烤烟主要水解酶活性跟踪分析．云南农业大学学报，2001（2）：57～59
茆寅生．日本烟草调制的研究Ⅱ、晒晾烟的调制条件与香吃味的关系．中国烟草，1986（3）：32～35
牟定荣，王晓辉，赵云川等．云南烤烟复烤片烟B2F加料陈化的研究．烟草科技，2004（12）：15～19
钱凌．烟草病毒病防治研究报告．烟草科技，1988（2）：41～42
轻工业部烟草工业科学研究所．烤烟分级．北京：中国轻工业出版社，1984
轻工业部烟草工业科学研究所．烤烟栽培．北京：中国轻工业出版社，1981
轻工业部烟草工业科学研究所等．马里兰烟栽培调制技术及基地的初步建立的报告．烟草科技，1984（3）：23～28，22
冉邦定．云南烤烟产区的气候条件及其综合利用．中国烟草，1985（1）：15～17，25
石锟．学习美国白肋烟标准的体会．烟草科技，1987（4）：38，30
史宏志，黄元炯，刘国顺等．我国烟草和卷烟生物碱含量和组成比例分析．中国烟草学报，2001（2）：8～12
史宏志，刘国顺．烟草香味学．北京：中国农业出版社，1998
舒达银．莫合烟栽培技术．中国烟草，1983（3）：37～38
宋纪真，张增基，陈永龙等．贮存条件对烤烟片烟醇化质量的影响．烟草科技，2003（9）：6～8
苏德成等．烤烟栽培．济南：山东科学技术出版社，1989
苏林堂．腐殖酸复合肥用于烟草优质稳产试验．烟草科技，1984（2）：24～26
孙立瑶．栖霞晒烟．中国烟草，1982（4）：20～23
孙希芳译．烤烟的微量元素．中国烟草，1983（4）：36
孙新雷，程传策，李拂琳等．烟草商品学．北京：中国农业出版社，2003
谈文等．烟草病理学．郑州：河南科学技术出版社，1989
唐韫谣．钾肥不同用量对烤烟产量、质量的影响的试验总结．烟草科技，1986（1）：39～40
田文敬，陈志华，朱卫科等．泰国香料烟考察报告．中国烟草，1992（3）：10～13
汪庭录，林国平，韦有轩等．烟草育苗的未来．烟草科技，1990（4）：30～31
王宝华，吴帼英，黄静勳．烟叶植物学特性的观察．中国烟草，1983（2）：1～6
王恩沛．马里兰烟的试种及其发展前景．中国烟草，1981（4）：24～25
王晶晶．卷烟配方与烟支设计．北京：中国农业科学技术出版社，2000
王立民译．白肋烟的采收装挂及晾制．烟草科技，1984（3）：52～54
王立民译．白肋烟生产．中国烟草，1985（2）：46～49
王如定，刘敬祥．美国白肋烟和我国白肋烟质量初步比较．烟草科技，1981（4）：31～32
王瑞新，韩富根，卢红等．烟草化学．北京：中国农业出版社，2003
王卫东等．烤烟生产原理．北京：中国轻工业出版社，1988
王晓辉，赵云川，李炎强等．陈化过程中云南烤烟复烤片烟B2F和C3F某些理化指标的变化．烟草科技，2004（10）：18～20
王学德．试谈张家口地区发展香料烟的适宜性．烟草科技，1981（1）：20～22
吴鸣，冼可法，赵明月．云南烤烟中半挥发性碱性成分的分析．中国烟草学报，1999（1）：8～11
夏良正，艾树理．建国后烟草发展历史的回顾与浅析．中国烟草，1987（2）：42～45
肖协忠，李德臣，吴帼英等．烟草化学．北京：中国农业科学技术出版社，1997

徐亚中. 美国马里兰烟. 中国烟草，1981 (4)：21～23
闫克玉，赵献章，贺化祥等. 烟叶分级. 北京：中国农业出版社，2003
闫克玉. 卷烟烟气化学. 郑州：郑州大学出版社，2002
闫克玉. 烟草化学. 郑州：郑州大学出版社，2002
闫新甫，高学林，张虹. 我国香料烟的发展及其质量评价. 中国烟草学报，2001 (1)：32～39
严浩然译. 晾制中白肋烟烟叶内蛋白质、氨基酸和氨的浓度变化. 烟草科技，1981 (2)：45～51
杨国安. 清代烟草业述要（中国烟草学会成立大会暨第一次会员代表大会会刊）. 北京：中国轻工业出版社，1985
叶依能. 烟草：传入、发展及其他. 中国烟草，1986 (3)：23～26
尹启生译. 怎样正确掌握白肋烟的调制. 烟草科技，1987 (3)：29～32
于华堂，刘广路，李忠信等. 土耳其香料烟的栽培调制及加工技术. 烟草科技，1985 (1)：40～46
余茂勋等. 烟叶烘烤. 北京：中国轻工业出版社，1983
张保占，李富欣，谢德平等. 冷热结合下排湿烤房烟叶烘烤实用技术. 香港：香港天马图书出版有限公司，2005
张胜利. 洛阳地区试种香料烟的几点技术问题. 烟草科技，1981 (1)：25～27
张胜利. 汝阳县香料烟调制试验报告. 烟草科技，1984 (1)：26～28
张晓兵，唐宏，宗永立. 加料复烤对烤烟烟叶主要化学成分、香味成分和感官质量的影响. 烟草科技，2005 (5)：23～28
张逸宾. 哥伦布与烟草. 中国烟草，1981 (4)：42～43
张逸宾. 烟草春秋. 北京：中国轻工业出版社，1987
章楷. 从烟草在我国的引进传播说到禁烟戒烟. 烟草科技，1990 (4)：42～45
浙江农业大学. 有机化学. 北京：中国农业出版社，1980
郑州卷烟厂等. 河南孟津县国营农场试种香料烟总结. 烟草科技，1981 (1)：22～25
郑州烟草研究院等. 优质白肋烟生产技术研究（二）. 烟草科技，1990 (6)：35～40
郑州烟草研究院等. 优质白肋烟生产技术研究（一）. 烟草科技，1990 (5)：30～33
中国农业科学院烟草研究所. 中国烟草栽培学. 上海：上海科学技术出版社，1987
中国农业科学院烟草研究所. 中国烟草栽培学. 上海：上海科学技术出版社，2005
中国烟草通志编纂委员会. 中国烟草通志. 北京：中华书局，2006.
中国烟草总公司贵州烟草公司科技处. 烟草工业实用技术手册. 贵阳：贵州人民出版社，1989
周国柱译. 化学成分对烤烟和白肋烟质量的影响. 烟草科技，1985 (3)：59～60
朱显灵，郑富钢，曹振杰. 2005年世界烟草生产报告. 中国烟草学报，2006 (4)：58～64
朱尊权. 烟叶分级和烟草生产技术的改变（二）. 烟草科技，1990 (4)：2～5
朱尊权. 烟叶分级和烟草生产技术的改变（一）. 烟草科技，1990 (3)：2～7
朱佐新. 美国专家对鄂西白肋烟进行考察并提出建议. 烟草科技，1986 (4)：30～31
訾天镇，杨同升. 晾晒烟栽培与调制. 上海：上海科学技术出版社，1988
訾天镇等. 烟草栽培. 郑州：河南科学技术出版社，1985
左天觉（美国）. 安全烟草及安全烟草制品（中国烟草学会成立大会会刊）. 北京：轻工业出版社，1985
左天觉（美国）. 吸烟与健康——世界重大活动的回顾（中国烟草学会成立大会暨第一次会员代表大会会刊）. 北京：中国轻工业出版社，1985
左天觉，朱尊权等译. 烟草的生产、生理和生物化学. 上海：上海远东出版社，1993
[坦] 布·卡·阿克赫斯特著，訾天镇，侯文华，杨同升等译. 烟草—栽培加工与化学. 上海：上海

交通大学出版社，1990

Chotiauchit P，Vorabhleluk S. Studies on Phenolic compounds in Thai flue-cured tobacco Thai J. Agt. Sci，1986 (19)：147～154

Demole E，Dietrich P. Chemical composition of burley tobacco (*Nicotiana tabacum* L.) Proceedings of Amer. Chem. Soc. Symp. Recent Advance in the Chemical Composition of Tobacco and Tobacco Smoke，1977：1～36

Frankenburg W G. Chemical changes in the harvested tobacco Leaf. Ⅱ Chemical and enzymic conversions during fermentation and aging. Adv. Enzymology，1950 (10)：325～431

Kalliands AG. Phenolics and acids in leaf and their relationship to smoking quality and aroma. Recent Adv. Tobacco Science，1976 (2)：61～79

图　　版

彩图2-1　烤烟品种K326
（中国农业科学院烟草研究所，2005）

彩图2-2　烤烟品种NC89
（中国农业科学院烟草研究所，2005）

彩图2-3　烤烟品种云烟87
（中国农业科学院烟草研究所，2005）

彩图2-4　20世纪90年代河南把烟
（中国烟草通志，2006）

彩图2-5　20世纪90年代河南片烟纸箱包装
（中国烟草通志，2006）

彩图2-6　马里兰烟
（中国农业科学院烟草研究所，2005）

彩图2-7　白肋烟
（中国农业科学院烟草研究所，2005）

彩图2-8　晒红烟（品种为小青花）
（中国农业科学院烟草研究所，2005）

彩图2-9　香料烟
(中国农业科学院烟草研究所，2005)

彩图2-10　黄花烟
(中国农业科学院烟草研究所，2005)

彩图2-11　黄花烟
(中国农业科学院烟草研究所，2005)

彩图2-12　卷烟

彩图2-13　雪茄烟

彩图2-14　吸食斗烟所用的烟斗

彩图2-15　嗅吸鼻烟所用的鼻烟壶

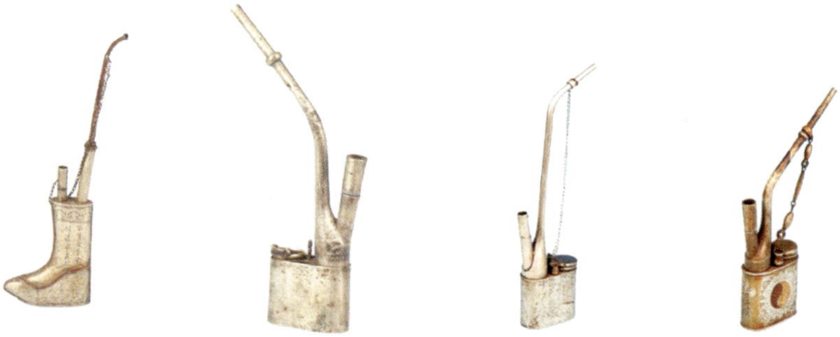

彩图2-16　吸食水烟所用水烟工具

彩图3-1　小十字期
（雷永和等，1999）

彩图3-2　大十字期
（雷永和等，1999）

彩图3-3　生根期
（雷永和等，1999）

彩图3-4　成苗期
（雷永和等，1999）

彩图3-5　还苗期
（雷永和等，1999）

彩图3-6　摆小盘期
（雷永和等，1999）

彩图3-7　摆大盘期
（雷永和等，1999）

彩图3-8　团棵期
（雷永和等，1999）

彩图3-9　旺长期烟株
（雷永和等，1999）

彩图3-10　旺长期烟田
(中国农业科学院烟草研究所,2005)

彩图3-11　成熟期
(中国农业科学院烟草研究所,2005)

彩图8-1　营养钵育苗成苗
(雷永和等，1999)

彩图8-2　漂浮育苗壮苗
(雷永和等，1999)

彩图8-3　塑料薄膜小拱棚
(雷永和等，1999)

彩图8-4　营养钵装填、摆放与假植
（雷永和等，1999）

彩图8-5　装配式塑料大棚
（雷永和等，1999）

彩图8-6　人工剪叶
（雷永和等，1999）

彩图8-7　机械剪叶
（雷永和等，1999）

彩图8-8　漂浮育苗大棚
(中国农业科学院烟草研究所，2005)

彩图8-9　人工播种
(雷永和等，1999)

彩图9-1　烟苗移栽
(雷永和等，1999)

彩图9-2　中耕
(雷永和等，1999)

彩图9-3　沟灌
(雷永和等，1999)

彩图9-4　喷灌
(雷永和等，1999)

彩图9-5　滴灌
（雷永和等，1999）

彩图9-6　烟株封顶打杈期
（雷永和等，1999）

彩图9-7　化学抑芽
（雷永和等，1999）

彩图9-8　烟苗膜上栽植方式
（雷永和等，1999）

彩图9-9　麦秸秆烟田覆盖
（中国农业科学院烟草研究所，2005）

彩图10-1　20世纪90年代白肋烟生产
（中国烟草通志，2006）

砖瓦晾房

标准晾房

彩图10-2　20世纪90年代白肋烟晾房
（中国烟草通志，2006）

田间成熟期

挂入晾房

彩图10-3　20世纪90年代白肋烟成熟和晾制
（中国烟草通志，2006）

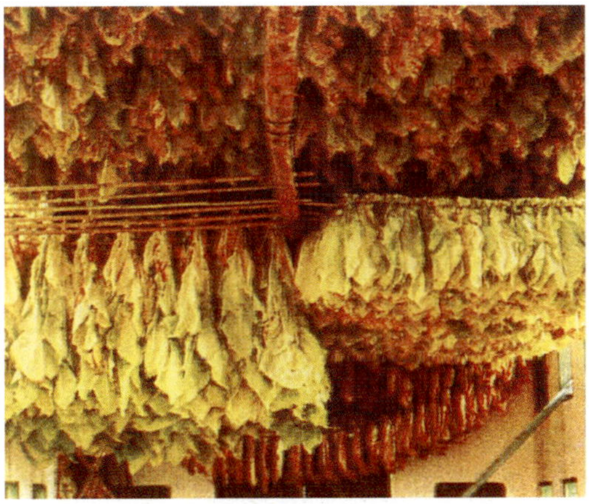

调制初期

调制结束

彩图10-4　20世纪90年代白肋烟调制
（中国烟草通志，2006）

彩图11-1　香料烟不同生长期烟田情况

①20世纪90年代云南香料烟田；②90年代新疆香料烟花期大田；③ 90年代云南烟农采摘香料烟

（中国烟草通志，2006）

彩图11-2　20世纪90年代云南烟农穿制香料烟

（中国烟草通志，2006）

彩图11-3　20世纪90年代浙江香料烟晾晒架

（中国烟草通志，2006）

彩图11-4　20世纪90年代香料烟调制后期
（中国烟草通志，2006）

彩图12-1　20世纪90年代新疆莫合烟“吊死黄”的整株晾制
（中国烟草通志，2006）

彩图13-1　烟草炭疽病苗床危害状
（中国农业科学院烟草研究所，2005）

彩图13-2　烟草炭疽病大田叶片症状
（中国农业科学院烟草研究所，2005）

彩图13-3　烟草立枯病茎及根部症状
（白建保，2003）

彩图13-4　烟草立枯病死苗上蛛网状菌丝
（白建保，2003）

彩图13-5　烟草猝倒病苗床危害状
（白建保，2003）

彩图13-6　烟草青枯病
（中国农业科学院烟草研究所，2005）

彩图13-7　烟草青枯病大田危害状
（白建保，2003）

彩图13-8　烟草黑胫病大田病株
（白建保，2003）

彩图13-9　烟草黑胫病叶部“黑膏药”斑
（白建保，2003）

彩图13-10　烟草黑茎病“烂腰”
（白建保，2003）

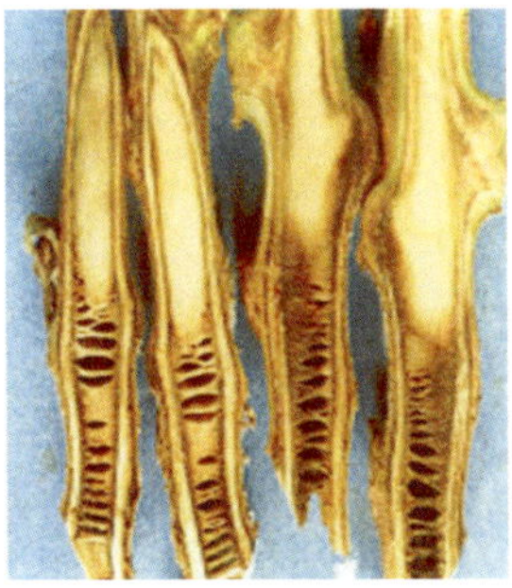

彩图13-11　烟草黑胫病茎部解剖图
（中国农业科学院烟草研究所，2005）

彩图13-12　根结线虫病大田危害状
（白建保，2003）

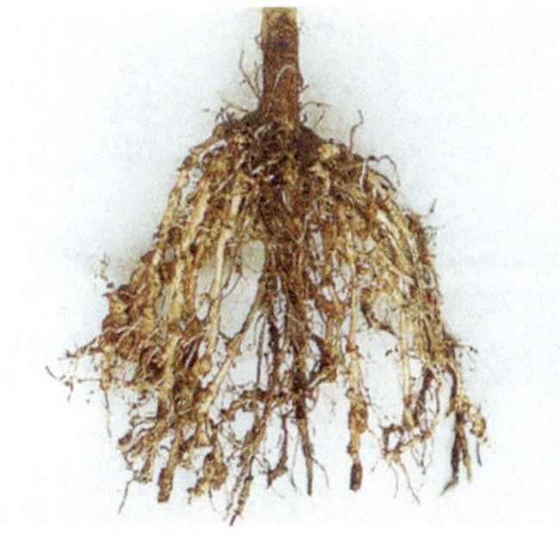

彩图13-13　根结线虫病根部危害状
（白建保，2003）

彩图13-14　烟草赤星病茎部症状
（白建保，2003）

彩图13-15　烟草赤星病初期叶片症状
（白建保，2003）

彩图13-16　烟草赤星病后期叶片症状
（白建保，2003）

彩图13-17　烟草蛙眼病初期叶片症状
（白建保，2003）

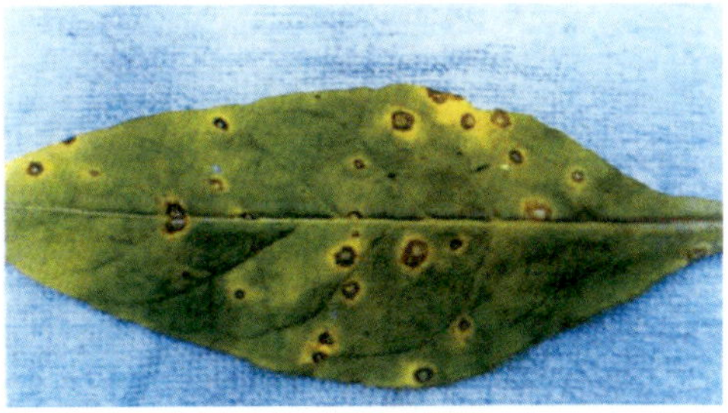

彩图13-18　烟草蛙眼病中期叶片症状
（白建保，2003）

彩图13-19　烟草白粉病前期叶片症状
（白建保，2003）

彩图13-20　烟草白粉病后期叶片症状
（白建保，2003）

彩图13-21　烟草野火病前期
叶片症状
（白建保，2003）

彩图13-22　烟草野火病后期
叶片症状
（白建保，2003）

彩图13-23　烟草角斑病
（白建保，2003）

彩图13-24　烟草气候
斑点病“白斑型”
（白建保，2003）

彩图13-25　烟草气候
斑点病“褐斑型”
（白建保，2003）

彩图13-26　烟草气候
斑点病“环斑型”
（白建保，2003）

彩图13-27　烟草普通花叶病毒病早期发病植株症状
（白建保，2003）

彩图13-28　烟草普通花叶病毒病后期发病植株症状
（白建保，2003）

彩图13-29　烟草黄瓜花叶病毒病“花叶症”
（白建保，2003）

彩图13-30　烟草黄瓜花叶病毒病“脉坏死症”
（白建保，2003）

彩图13-31　烟草马铃薯Y病毒病“脉带症”
（白建保，2003）

彩图13-32　烟草马铃薯Y病毒病“脉坏死症”
（白建保，2003）

彩图13-33　烟草蚀纹病毒病后期叶片症状
（白建保，2003）

彩图14-1　蝼蛄危害状
（白建保，2003）

彩图14-2　华北蝼蛄
（白建保，2003）

彩图14-3　东方蝼蛄
（白建保，2003）

彩图14-4　金龟甲成虫
（白建保，2003）

彩图14-5　蛴螬
（白建保，2003）

彩图14-6　金针虫危害状
（白建保，2003）

彩图14-7　沟金针虫成虫
（白建保，2003）

彩图14-8　沟金针虫幼虫
（白建保，2003）

彩图14-9　地老虎危害状
（白建保，2003）

彩图14-10　小地老虎成虫
（白建保，2003）

彩图14-11　小地老虎幼虫
（白建保，2003）

彩图14-12　蚜虫危害状
（白建保，2003）

彩图14-13　蚜虫成虫
（白建保，2003）

彩图14-14　蚜虫若虫
（白建保，2003）

彩图14-15　斑须蝽危害状
（白建保，2003）

彩图14-16　斑须蝽成虫
（白建保，2003）

彩图14-17　斑须蝽若虫和卵
（白建保，2003）

彩图14-18　稻绿蝽成虫
（白建保，2003）

彩图14-19　稻绿蝽若虫
（白建保，2003）

彩图14-20　烟青虫危害状
（白建保，2003）

彩图14-21　烟青虫成虫
（白建保，2003）

彩图14-22　烟青虫幼虫
（白建保，2003）

彩图14-23　棉铃虫危害状
（白建保，2003）

彩图14-24　棉铃虫幼虫
（白建保，2003）

彩图14-25　斜纹夜蛾成虫
（白建保，2003）

彩图14-26　斜纹夜蛾幼虫及危害状
（白建保，2003）

彩图14-27　烟草蛀茎蛾成虫
（白建保，2003）

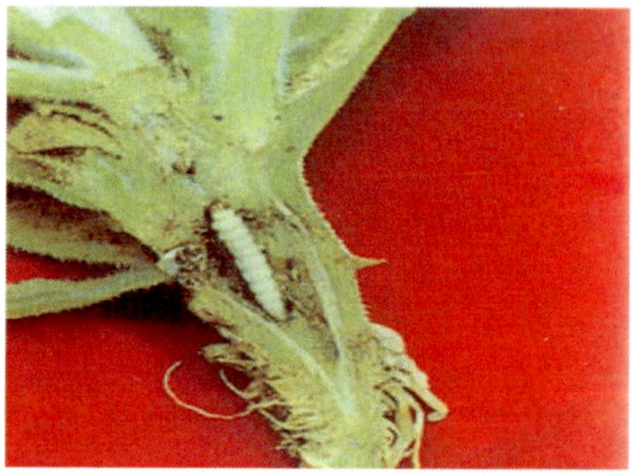

彩图14-28　烟草蛀茎蛾幼虫及危害状
（白建保，2003）

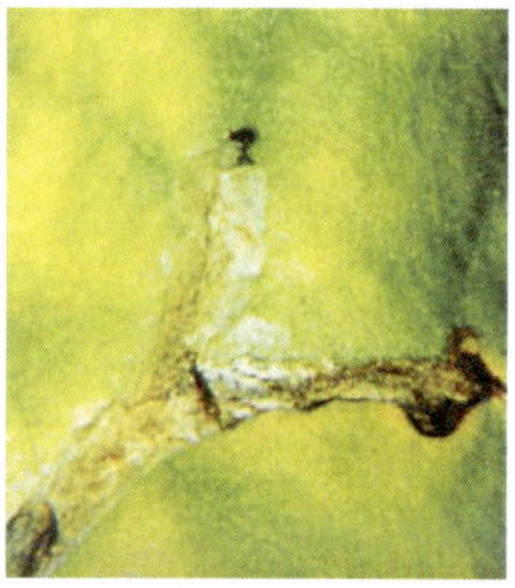

彩图14-29　烟草潜叶蛾危害状
（白建保，2003）

彩图14-30　烟草潜叶蛾成虫
（白建保，2003）

彩图14-31　烟草潜叶蛾幼虫
（白建保，2003）

彩图17-1　烟草甲成虫
（白建保，2003）

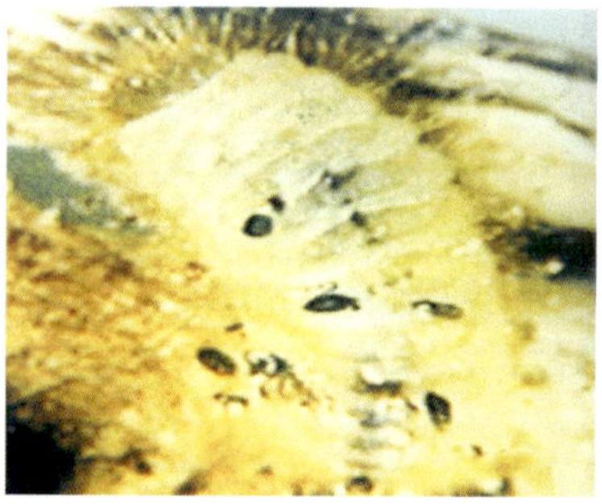

彩图17-2　烟草甲幼虫
（白建保，2003）

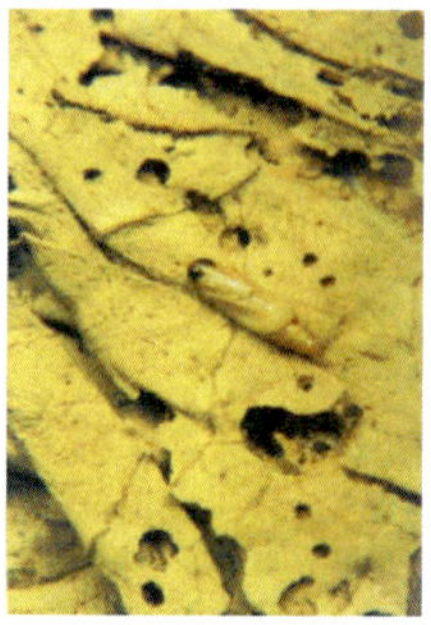

彩图17-3　烟草粉螟危害
（白建保，2003）

彩图17-4　烟草粉螟成虫
（白建保，2003）

彩图17-5　烟草粉螟幼虫
（白建保，2003）

彩图17-6　大谷盗成虫
（白建保，2003）

彩图17-7　大谷盗幼虫
（白建保，2003）